ILUSTRACIÓN DE LOS [...] BÁSICOS DE GRA[...]

Principio de desplazamiento vertical

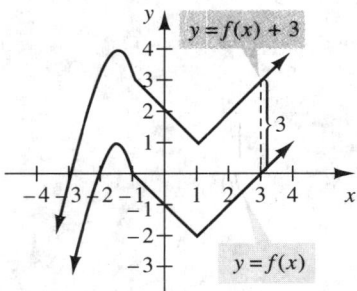

Principio de desplazamiento horizontal

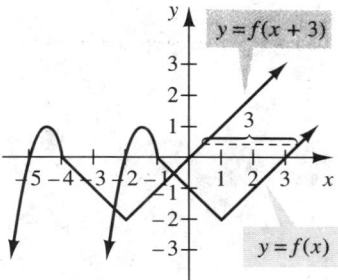

Principio de alargamiento

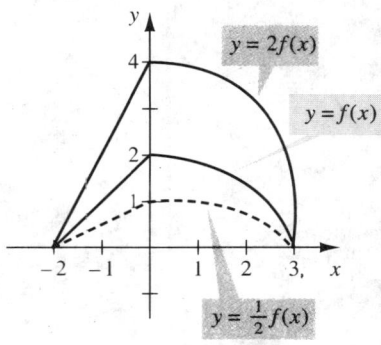

Gráfica de $-f(x)$

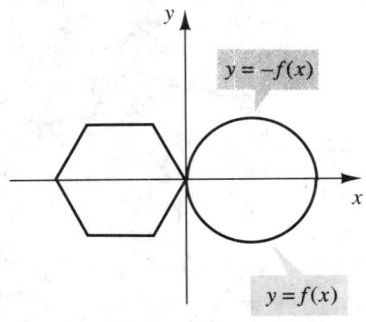

Gráfica de $f(-x)$

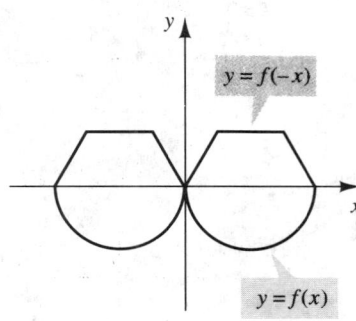

Gráfica de $|f(x)|$

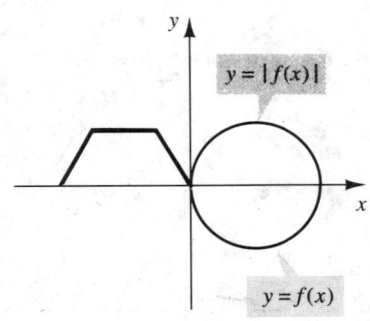

Gráfica de $f^{-1}(x)$

Combinación de los principios de graficación para graficar $y = \left|\dfrac{1}{x} - 2\right|$

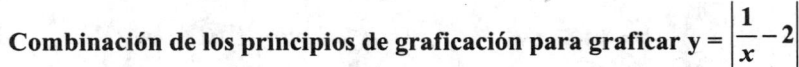

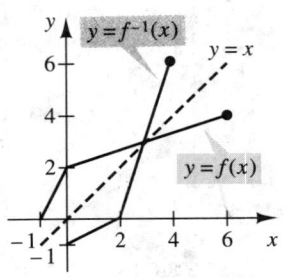

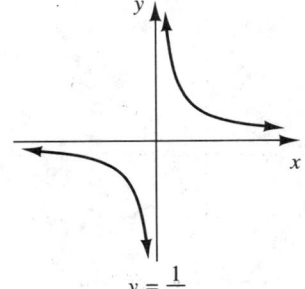

$y = \dfrac{1}{x}$

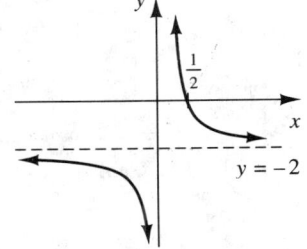

$y = \dfrac{1}{x} - 2$

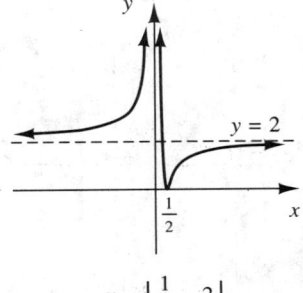

$y = \left|\dfrac{1}{x} - 2\right|$

ALGEBRA Y TRIGONOMETRÍA CON GEOMETRÍA ANALÍTICA

ALGEBRA Y TRIGONOMETRÍA CON GEOMETRÍA ANALÍTICA

Primera Edición

ARTHUR GOODMAN
Queens College of the City University of New York

LEWIS HIRSCH
Rutgers University

TRADUCCIÓN:
Oscar Alfredo Palmas Velasco
Facultad de Ciencias
Universidad Nacional Autónoma de México

REVISOR TÉCNICO:
Víctor Hugo Ibarra Mercado
Lic. en Física y Matemáticas
ESFM-IPN
Coordinador Matemáticas Aplicadas
Universidad Anáhuac Escuela de Actuaría

PRENTICE HALL HISPANOAMERICANA, S.A.
MÉXICO • NUEVA YORK • BOGOTÁ • LONDRES • SYDNEY
PARÍS • MUNICH • TORONTO • NUEVA DELHI • TOKIO
SINGAPUR • RÍO DE JANEIRO • ZURICH

EDICIÓN EN ESPAÑOL:

PRESIDENTE DIVISION LATINOAMERICA DE SIMON AND SCHUSTER:	RAYMUNDO CRUZADO GONZÁLEZ
DIRECTOR GENERAL:	MOISÉS PÉREZ ZAVALA
GERENTE DIVISIÓN UNIVERSITARIA:	ENRIQUE IVÁN GARCÍA HERNÁNDEZ
GERENTE EDITORIAL COLLEGE Y PTR:	JOSÉ TOMÁS PÉREZ BONILLA
EDITOR:	LUIS GERARDO CEDEÑO PLASCENCIA
DIRECTOR DE EDICIONES	ALBERTO SIERRA OCHOA
GERENTE DE PRODUCCIÓN:	JULIÁN ESCAMILLA LIQUIDANO
SUPERVISOR DE TRADUCCIÓN:	JORGE BONILLA TALAVERA
SUPERVISOR DE PRODUCCIÓN:	OLGA ADRIANA SÁNCHEZ NAVARRETE

EDICIÓN EN INGLÉS:

Editorial production/supervision: Debra Wechsler; Rachel J. Witty, Letter Perfect, Inc.
Development editor: Phyllis Dunsay
Design director: Florence Dara Silverman
Interior design, layout, and cover desing: Lisa Jones
Cove art: Marjory Dressler
Buyer: Trudy Pisciotti

GOODMAN: ALGEBRA Y TRIGONOMETRÍA CON GEOMETRÍA ANALÍTICA, (1a. edición)

Traducido del inglés de la obra: **PRECALCULUS**

All rights reserved. Authorized translation from English language
edition published by Prentice Hall Inc.

Todos los derechos reservados. Traducción autorizada de la edición
en inglés publicada por Prentice Hall Inc.

All rights reserved. No part of this book may be reproduced or transmitted in any form or by any means,
electronic or mechanical, including photocopying, recording or by any information storage and retrieval system,
without permission in writing from the publisher.

Prohibida la reproducción total o parcial de esta obra, por cualquier medio, o método
sin autorización por escrito del editor.

DERECHOS RESERVADOS © 1996, respecto a la primera edición en español publicada por
PRENTICE HALL HISPANOAMERICANA, S.A.
    Enrique Jacob 20, Col. El Conde
    53500 Naucalpan de Juárez, Edo. de México
    Miembro de la Cámara Nacional de la Industria Editorial, Reg. Núm. 1524

ISBN 968-880-710-9

Original English Language Edition Published by Prentice Hall Inc.
    Copyright © MCMXCIV
    All rights reserved

ISBN 0-13-716408-4

IMPRESO EN MÉXICO/PRINTED IN MEXICO

MAY

OFFSET LIBRA
FRANCISCO I. MADERO No. 31
IZTACALCO C.P. 08650
MEXICO, D.F.

1997

6000

CONTENIDO

Prefacio para el profesor   x

Prefacio para el estudiante   xiv

CAPÍTULO 1
Álgebra: Los fundamentos   1

- **1.1** Los número reales   2
- **1.2** Operaciones con números reales   11
- **1.3** Expresiones polinomiales y racionales   18
- **1.4** Exponentes y radicales   32
- **1.5** Los números complejos   46
- **1.6** Ecuaciones y desigualdades de primer grado con una sola variable   51
- **1.7** Ecuaciones y desigualdades de valor absoluto   60
- **1.8** Ecuaciones cuadráticas y racionales   65
- **1.9** Desigualdades cuadráticas y racionales   73
- **1.10** Sustitución   79
  - Ejercicios de repaso   84
  - Prueba de práctica   86

CAPÍTULO 2
Funciones y gráficas: Parte I   87

- **2.1** El sistema de coordenadas cartesianas: graficación de rectas y círculos   88
- **2.2** Pendiente   105
- **2.3** Ecuación de una recta   115
- **2.4** Relaciones y funciones   126
- **2.5** Notación funcional   138
- **2.6** Relación de ecuaciones con sus gráficas   145
- **2.7** Introducción al trazo de curvas: simetría   162
  - Resumen   169
  - Ejercicios de repaso   172
  - Examen de práctica   174

CAPÍTULO 3
Funciones y gráficas: Parte II   175

- **3.1** Principios básicos de graficación   176
- **3.2** Más principios de graficación: Tipos de funciones   190
- **3.3** Extracción de funciones de situaciones reales   202
- **3.4** Funciones cuadráticas   214

	3.5	Operaciones sobre funciones	225
	3.6	Funciones inversas	232
		Resumen	242
		Ejercicios de repaso	245
		Examen de práctica	248

CAPÍTULO 4
Funciones polinomiales, racionales y radicales 249

4.1	Funciones polinomiales	250
4.2	División de polinomios y división sintética	266
4.3	Raíces de ecuaciones polinomiales: el teorema del residuo y el teorema del factor	271
4.4	Más acerca de las raíces de ecuaciones polinomiales: El teorema de la raíz racional y la regla de los signos de Descartes	279
4.5	Funciones racionales	288
4.6	Funciones radicales	301
4.7	Variación	310
	Resumen	316
	Ejercicios de repaso	319
	Examen de práctica	320

CAPÍTULO 5
Funciones exponenciales y logarítmicas 321

5.1	Funciones exponenciales	322
5.2	Funciones logarítmicas	334
5.3	Propiedades de los logaritmos; ecuaciones logarítmicas	343
5.4	Logaritmos comunes y naturales; ecuaciones exponenciales y cambio de base	349
5.5	Aplicaciones	358
	Resumen	372
	Ejercicios de repaso	373
	Examen de práctica	374

CAPÍTULO 6
Trigonometría 375

6.1	Medición de ángulos y dos triángulos especiales	376
6.2	Las funciones trigonométricas de un ángulo general	387
6.3	Trigonometría de un triángulo rectángulo y aplicaciones	399
6.4	Las funciones trigonométricas como funciones de números reales	414
	Resumen	420
	Ejercicios de repaso	422
	Examen de práctica	424

CAPÍTULO 7
Las funciones trigonométricas 425

7.1	Las funciones seno y coseno y sus gráficas	426
7.2	Las funciones tangente, secante, cosecante y cotangente y sus gráficas	444
7.3	Identidades básicas	452
7.4	Ecuaciones trigonométricas	460
7.5	Las funciones trigonométricas inversas	466

Contenido

        Resumen   478
        Ejercicios de repaso   480
        Examen de práctica   481

CAPÍTULO 8
Más trigonometría y sus aplicaciones 483

- **8.1** Las fórmulas para la suma   484
- **8.2** Las fórmulas para el doble y para la mitad de un ángulo   489
- **8.3** La ley de los senos y la ley de los cosenos   497
- **8.4** Vectores   512
- **8.5** La forma trigonométrica de los números complejos y el teorema de DeMoivre   525
- **8.6** Coordenadas polares   533
- Resumen   544
- Ejercicios de repaso   547
- Examen de práctica   550

CAPÍTULO 9
Secciones cónicas y sistemas no lineales 551

- **9.1** Secciones cónicas: círculos   552
- **9.2** La parábola   556
- **9.3** La elipse   570
- **9.4** La hipérbola   586
- **9.5** Identificación de secciones cónicas: formas degeneradas   602
- **9.6** Traslaciones y rotaciones de los ejes de coordenadas   606
- **9.7** Sistemas no lineales de ecuaciones y desigualdades   625
- Resumen   635
- Ejercicios de repaso   639
- Examen de práctica   642

Respuesta a los ejercicios de práctica R1

Índice I1

PREFACIO
PARA EL PROFESOR

Los últimos 10 años han sido un periodo de gran reflexión para la comunidad matemática acerca de qué y cómo enseñar a los preuniversitarios las matemáticas de introducción al cálculo. Preocupados porque un porcentaje muy alto de estudiantes que llevan cálculo no logran completar satisfactoriamente la serie de cursos, algunos profesionales han sugerido renovar el plan de estudios de esta asignatura e introducir una nueva tecnología en el salón de clases.

Aun cuando están a discusión muchas ideas innovadoras y estimulantes, nuestra experiencia nos ha enseñado que uno de los principales factores que contribuyen a los bajos resultados de los estudiantes, es que llegan al curso de cálculo sin alcanzar el grado mínimo indispensable de habilidad matemática para cursar con éxito esta asignatura. Con esto queremos decir que muchos estudiantes no han tenido la suficiente práctica en el tipo de razonamiento que se requiere para entender y aplicar los conceptos del cálculo. Incluso estudiantes cuyas habilidades algebraicas son adecuadas, a menudo no son capaces de aplicar apropiadamente estas habilidades al cálculo. Puede ser que tengan un costal lleno de herramientas y que incluso sepan cómo utilizar cada una, pero con frecuencia no reconocen cuáles son las adecuadas para una determinada situación. Esta falta de habilidad también se manifiesta en el hecho de que los estudiantes a menudo conciben un problema de una sola manera: algebraicamente. Para comprender los conceptos del cálculo se requiere que los estudiantes vean un problema desde otras dos perspectivas, numérica y geométricamente, en forma gráfica.

En este texto hemos hecho un esfuerzo meticuloso para proporcionar al estudiante la oportunidad de visualizar las preguntas desde varios ángulos, con el fin de que se tome el tiempo necesario para analizar un problema cuidadosamente, de manera que comprenda con claridad qué se le está planteando; para reformular los problemas en términos más conocidos, y para reconocer que la mayoría de los problemas matemáticos requiere significativamente más razonamiento y menos escritura. Confiamos en que si a los estudiantes se les inculca repetidamente esta filosofía, llegarán a comprender que deben invertir la mayor parte de su tiempo y de su esfuerzo en conceptualizar y formular cuidadosamente el problema, en lugar de concentrarse en la respuesta. Si aprenden a plantearse a sí mismos las preguntas correctas, las respuestas llegarán solas.

Este texto está dirigido a estudiantes que se están preparando para tomar cálculo u otros cursos que requieren fundamentos similares. Aunque se supone que los estudiantes que utilicen este libro llevaron álgebra intermedia, los que enseñan precálculo saben que los estudiantes llegan con niveles distintos de habilidades algebraicas.

Muchos de ellos nunca dominaron realmente el material mientras lo aprendían, otros pueden tener una laguna de varios años entre el estudio del álgebra y el del precálculo. En consecuencia, el material de revisión incluido en el capítulo 1 es bastante detallado. Los profesores pueden elegir entre repasar en clase el material de revisión o dejar que los alumnos lo estudien por ellos mismos y, en ese caso, empezar el curso con el capítulo 2. Sin embargo, hay que prestar particular atención a la sección 1.9 sobre *Desigualdades cuadráticas* y a la sección 1.10 sobre *Sustitución*. Puede ser que el material de estas secciones, que se utiliza repetidamente a lo largo del texto, sea nuevo para muchos de los estudiantes.

Prefacio para el profesor

Una lectura cuidadosa del índice muestra que los temas cubiertos y su orden son bastante tradicionales (como en la mayoría de los libros de precálculo). Lo que creemos distinto en este texto es su enfoque, las ideas que hemos decidido resaltar y algunas de las características especiales que hemos introducido.

Este libro está lleno de figuras. En particular, los capítulos 2 y 3 contienen, tan sólo, más de 200 figuras, de ahí que toda idea pudiera expresarse con una figura así se ha expuesto. En muchas ocasiones, en lugar de remitir al estudiante a una gráfica que ya apareció antes, repetimos la gráfica para ayudar a la claridad de la explicación.

Se ha puesto mucha atención en el desarrollo de los principios y de las técnicas del trazado de gráficas y se alienta a los estudiantes para que conozcan por ellos mismos un catálogo de gráficas y ecuaciones básicas. Este conocimiento será útil para que cuando los estudiantes lleven cálculo puedan concentrarse en el material del cálculo y no se pregunten sorprendidos: "¿De dónde salió esa gráfica?"

Calculadoras Este texto se escribió suponiendo que los estudiantes que entran a un cur-so de precálculo tienen acceso a una calculadora científica. En los conjuntos de ejercicios, a *propósito*, no hemos identificado los que requieren el uso de una calculadora. Creemos que la calculadora debe ser una herramienta que los estudiantes utilicen en cualquier práctica (tal como utilizan sus conocimientos algebraicos) y a lo largo de su experiencia, y como guía, en algunos ejemplos aprenderemos dónde y cuándo es necesario o adecuado su uso.

Trigonometría Como nuestro enfoque del texto muestra, sentimos que en este nivel la mayoría de las ideas se presentan con mayor efectividad pasando de lo más concreto a lo más abstracto. Nuestra experiencia en el salón de clases nos dice que, con respecto a la trigonometría, esta filosofía, aunque sigue siendo básicamente válida, necesita modificarse ligeramente. En lugar de empezar con la trigonometría del triángulo rectángulo, que en nuestra opinión hace que los estudiantes piensen exclusivamente en los muy restringidos términos de "opuesto, adyacente e hipotenusa", introducimos en primer término la medición con radianes y luego definimos las funciones trigonométricas del ángulo general en la posición canónica. Una vez que el estudiante se ha familiarizado algo con las funciones trigonométricas de esta situación general, analizamos su aplicación específica a los triángulos rectángulos y hacemos hincapié en que la medición en radianes de un ángulo no es más que un número real. Esto lleva, de una manera bastante natural, a entender las funciones trigonométricas como funciones de números reales y a desarrollar el aspecto más analítico de la trigonometría. Las aplicaciones trigonométricas se tratan en los capítulos 6, 7 y 8.

Características especiales

1. **Funciones y gráficas**. En los capítulos 2 y 3 hemos introducido y desarrollado el concepto de una función y de su gráfica. Hemos puesto particular atención en señalar la conexión entre las interpretaciones algebraica y geométrica de algunos conceptos importantes.

    Toda una sección (2.6) está dedicada a la interpretación de gráficas: desarrollar la capacidad de observar la gráfica de una ecuación (extrayendo información geométrica) y reconocer las características clave que describen la relación que establece la ecuación (una relación algebraica).

2. **Perspectivas diferentes**. Donde quiera que se presente la oportunidad de resaltar la conexión entre la interpretación algebraica y la geométrica de una misma idea, se muestran cuadros con perspectivas diferentes. Véase, por ejemplo, la página 150. De esta manera, se anima al estudiante a que piense acerca de las ideas matemáticas desde más de un punto de vista.

3. **Las aplicaciones y los modelos matemáticos.** Hemos desplegado un esfuerzo consciente para incluir problemas escritos y aplicaciones donde quiera que sea posible y, por lo general, están integrados a lo largo de todo el texto. Sin embargo, hay algunos lugares donde la concentración de aplicaciones es mayor.

   La sección 3.3 ofrece una amplia introducción a la idea de los modelos matemáticos, proporcionando al estudiante la oportunidad de utilizar el concepto de función en diversas situaciones. Toda esta sección permite a los estudiantes poner en práctica sus habilidades y obtener la experiencia necesaria para utilizar estas ideas en el cálculo.

   La sección 3.4, sobre funciones cuadráticas, incluye problemas de optimización, que lleva con estas ideas a dar un paso más adelante. A través de estos problemas los estudiantes pueden ver por qué podríamos querer expresar una cantidad como una función de otra y es una nueva oportunidad para ver cómo las perspectivas algebraica, gráfica y numérica de cada una de ellas ofrece una visión particular del problema.

   El capítulo 5 incluye varios ejercicios que muestran la notable variedad de disciplinas en las que las cantidades se relacionan mediante funciones exponenciales o logarítmicas.

4. **Calculadoras gráficas.** Es evidente que son una valiosa herramienta de aprendizaje. No obstante, estamos conscientes de que la mayoría de los estudiantes aún no tienen acceso a ellas. En consecuencia, la presentación del texto no depende del uso de una calculadora gráfica. Sin embargo, hemos incluido problemas diseñados para utilizar este tipo de calculadoras (o un *software* para calcular gráficas, que puede estar disponible en un laboratorio de matemáticas) como una herramienta de aprendizaje. Los hemos puesto con un cuadro bajo el título de **GRAFIJACIÓN**.[1] En su mayoría, son problemas diseñados para permitir al estudiante explorar el material que se expondrá más adelante, dándole una mejor visión del mismo, o para aclarar alguno de los puntos de una exposición anterior. Además, muchos de los conjuntos de ejercicios incluyen algunos específicamente diseñados para ser resueltos en una calculadora gráfica.

5. **Análisis de problemas.** Como se mencionó antes, nos interesa mucho ayudar a los estudiantes a desarrollar el nivel mínimo de habilidad y madurez matemáticos necesarios para tener éxito en cálculo. Uno de los pasos que hemos dado en esta dirección es considerar algunos problemas y presentar su solución en un formato de preguntas y respuestas, de modo que los estudiantes puedan ver algo del proceso de pensamiento implicado en la manera de abordar y resolver problemas nuevos o poco conocidos. De esta manera, esperamos que el estudiante desarrolle estrategias adecuadas para resolver problemas. Véase el ejemplo 7 de la página 120 y el ejemplo 3 de la página 204.

6. **Comentarios al margen.** A lo largo del texto hemos utilizado unos márgenes que añaden otra dimensión a la discusión del texto. Reconociendo que los estudiantes a menudo son demasiado pasivos cuando leen matemáticas, las preguntas y comentarios colocados al margen izquierdo del texto diseñados específicamente para involucrar más activamente al estudiante en la exposición presentada.

Reconocimientos

Los autores desean sinceramente darles las gracias a los siguientes revisores por la gran cantidad de comentarios y sugerencias que atinadamente nos hicieron durante la preparación de este texto.

Dr. Sabah Al-Hadad, *California Polytechnic State University* (San Luis Obispo, CA)
Dr. Frank Battles, *Massachusetts Maritime Academy* (Buzzards Bay, MA)

---

[1] (N. del T.) Es decir, este término indica un recuadro donde se busca fijar el concepto en cuestión por medio del uso de una calculadora gráfica.

Prefacio para el profesor

Dr. Carole Bauer, *Triton College* (River Grove, IL)
Helen Burrier, *Kirkwood Community College* (Cedar Rapids, IA)
Eunice Everett, *Seminole Community College* (Sanford, FL)
Dr. Paul Fallone, *University of Connecticut* (Hartford, CT)
Judy Kasabian, *El Camino College* (Torrance, CA)
Vince McGarry, *Austin Community College* (Austin, TX)
Lois Miller, *Golden West College* (Huntington Beach, CA)
Richard Nadel, *Florida International University* (Miami, FL)
Jack Porter, *University of Kansas* (Lawrence, KS)
Cheryl V. Roberts, *Northern Virginia Community College* (Annadale, VA)
Kathy V. Rodgers, *Southern Indiana University* (Evansville, IN)
Ken Seydel, *Skyline College* (San Bruno, CA)
Edith Silver, *Mercer County Community College* (Trenton, NJ)
Ara Sullenberger, *Tarrant County Junior College* (Fort Worth, TX)
Bruce Teague, *Santa Fe Community College* (Gainesville, FL)
Faye Thames, *Lamar University* (Beaumont, TX)
Dr. William Tomhave, *Concordia College* (Moorhead, MN)
Robert Urbansky, *Middlesex County College* (Edison, NJ)
Dr. Jan Vandever, *South Dakota State University* (Brookings, SD)
Carol Warnes, *University of Georgia* (Athens, GA)
John F. Weglarz, *Kirkwood Community College* (Cedar Rapids, IA)
Gary L. Wood, *Azusa Pacific University* (Azusa, CA)
Mary Yorke, *Eastern Michigan University* (Ypsilanti, Mi)

También queremos darle un reconocimiento a la ayuda de los siguientes colegas que revisaron las pruebas de galeras:

Margaret Donlan, *University of Delaware* (Newark, DE)
Anne Landry, *Dutchess Community College* (Poughkeepsie, NY)
David Randall, *Oakland Community College* (Union Lake, MI)

También queremos darles las gracias a nuestros estudiantes que tuvieron la amabilidad de permitirnos probar en clase este texto en su forma manuscrita. Sus críticas y su entusiasmo fueron invaluables.

Por supuesto, escribir y producir un libro de texto es un esfuerzo conjunto. Debemos agradecer al personal de Prentice Hall: a Rob Koehler, Priscilla MacGeehon y Debra Wechsler por sus esfuerzos durante las diversas etapas de este proyecto; a Margaret Donlan y Ann Landry por su ayuda en la elaboración de los ejercicios y para verificar las soluciones; y queremos agradecer especialmente a Phyllis Dunsay por sus incansables esfuerzos en darle a este texto su forma actual, así como a Rachel J. Witty por su extraordinaria capacidad para llevar a término este proyecto. Desde luego los autores son los únicos responsables de cualquier error que haya quedado y estaríamos muy agradecidos si nos los hicieran saber.

Por último, queremos dar las gracias a nuestras esposas, Sora y Cindy, respectivamente, y a nuestras familias, por comprender la gran cantidad de tiempo que exige un proyecto como éste.

Arthur Goodman
Lewis Hirsch

PREFACIO
PARA EL ESTUDIANTE

Este libro de texto pretende exponer muchas ideas y ayudarle a desarrollar diversas habilidades que le serán útiles en su estudio del cálculo. Quizá la más importante de estas habilidades sea la capacidad de enfocar matemáticamente un problema: leer una pregunta, entender lo que se está preguntando y elaborar una estrategia coherente para resolver el problema. (Hacer estas tres cosas no asegura el éxito, pero al menos le da una buena probabilidad de obtenerlo.) Al leer el libro, usted notará que se hace mucho hincapié en la idea de *entender realmente* lo que quiere decir una pregunta y lo que se está preguntando.

Un texto de matemáticas debe leerse siempre con lápiz y papel a la mano. Aun cuando hemos incluido la mayoría de los pasos de las soluciones de los ejemplos ilustrativos, invariablemente faltan algunos (a menudo los pasos algebraicos). Usted, por sí mismo, debe completar estos pasos.

Calculadoras

La calculadora se ha convertido en una herramienta indispensable para el trabajo, la escuela y la casa. Desde la calculadora básica de cuatro funciones hasta la calculadora programable para gráficas, la mayoría de las personas posee una o sabe cómo utilizarla. En este texto, aunque se incluyen tablas en el apéndice, suponemos que los estudiantes tienen acceso a una calculadora científica (una que tenga las funciones trigonométricas básicas y las teclas de función logarítmica), de modo que puedan utilizarla para encontrar estos valores tan fácilmente como si fueran cálculos básicos.

Como seguramente sabe, no todas las calculadoras son iguales; para algunos cálculos, calculadoras diferentes requieren distintas secuencias de teclas oprimidas para llegar a la respuesta numérica que se pretende. Por ejemplo, para muchas de las calculadoras científicas estándar, para encontrar $\sqrt{27}$ se tiene que presionar la secuencia $\boxed{2}\,\boxed{7}\,\boxed{\sqrt{}}\,\boxed{=}$, o simplemente $\boxed{2}\,\boxed{7}\,\boxed{\sqrt{}}$; sin embargo, en la calculadora gráfica y en algunas de las calculadoras programables, la secuencia que debe presionarse es $\boxed{\sqrt{}}\,\boxed{2}\,\boxed{7}\,\boxed{=}$. Otro ejemplo: para encontrar el sen 23°, algunas calculadoras requieren la secuencia $\boxed{2}\,\boxed{3}\,\boxed{\text{sen}}\,\boxed{=}$, mientras que otras requieren $\boxed{\text{sen}}\,\boxed{2}\,\boxed{3}\,\boxed{=}$.* En este texto, cuando demostremos el uso de una calculadora científica, utilizaremos el tipo más común, a saber, la que requiere que se oprima el número *antes* de oprimir la tecla de función.

En cualquier caso, se puede ver por qué es importante que se familiarice con su calculadora y lea el manual que la acompaña, a fin de determinar cómo realizar ciertos cálculos o cómo utilizar algunas teclas.

Respuestas exactas.
Saber *cómo* y *cuándo* utilizar una calculadora para un problema puede hacer la diferencia en la exactitud o no de su resultado. En este texto, a menos que se

---

* La mayoría de las calculadoras científicas tiene integrado el orden algebraico de las operaciones. Esto significa que si se quiere calcular la expresión 3 + 4 · 5, se debe oprimir $\boxed{3}\,\boxed{+}\,\boxed{4}\,\boxed{\times}\,\boxed{5}\,\boxed{=}$, y la calculadora "sabe" que debe calcular 4·5 antes de sumar 3 para obtener la respuesta correcta, 23.

Prefacio para el estudiante

especifique otra cosa, se espera que proporcione respuestas exactas (respuestas no redondeadas). Si tiene que sumar $\frac{2}{3} + \frac{4}{5}$, entonces la respuesta exacta es $\frac{2}{3} + \frac{4}{5} = \frac{22}{15}$. Si realiza este cálculo en una calculadora, su resultado será de 1.4666667 redondeado a 7 cifras decimales. Aunque esta respuesta es correcta, no es exacta. Además, suponga que utiliza una calculadora para un problema y que necesita calcular $\frac{33}{7}$ en su calculadora antes de utilizar este resultado en sus cálculos. Si redondea $\frac{33}{7}$ a 4.71, automáticamente estará introduciendo un error y se reflejará en la solución, dependerá de las operaciones que se realicen con este número, pero su respuesta no será exacta. Aun si introduce en su calculadora $\frac{33}{7}$ como $\boxed{3}\,\boxed{3}\,\boxed{\div}\,\boxed{7}\,\boxed{=}$, su calculadora redondeará el número antes de efectuar los cálculos, lo que dará como resultado una respuesta más precisa, pero que aún no es exacta.

Recomendaciones generales sobre el uso de la calculadora. A continuación enumeramos algunas recomendaciones generales para el uso de la calculadora cuando se resuelven problemas.

1. Cuando se pide o se requiere una respuesta exacta como $\frac{\pi}{4}$, $\sqrt{3}$ o $\frac{3}{7}$, *no* debe utilizar la calculadora excepto, quizá, para *comprobar* la precisión de sus cálculos.
2. Cuando resuelva la mayoría de los problemas, realice cuanto le sea posible de la solución en papel. Aunque la calculadora puede ser necesaria para algunos cálculos que se realicen en diversas etapas de una solución, debería usted tratar de escribir cuantos pasos le sea posible. Esto le ayudará a comprender el problema; y estará en posibilidad de verificar la lógica de los pasos de su solución, sus errores de precisión y verificar que la respuesta de la calculadora tenga sentido. En muchos casos, los errores de redondeo pueden minimizarse si trabaja el problema en papel y guarda los cálculos del último paso en la calculadora. (Otra razón para guardar lo más posible de su trabajo es que los profesores están con frecuencia más interesados en *cómo* resolvió el problema que en su respuesta final.)
3. Siempre que sea posible debería verificar sus cálculos y respuestas en la calculadora. (Si su respuesta es exacta, recuerde que la calculadora a menudo le dará una respuesta redondeada.)

Recuerde que la calculadora es una herramienta que facilita los cálculos de un problema. *No es un sustituto para la comprensión* de qué es lo que hace y por qué.

La calculadora y la exactitud de la medición. Las mediciones de las cantidades físicas casi nunca son exactas; son aproximaciones que contienen errores. Por ejemplo, cuando se utiliza una regla para medir la longitud de un objeto, se sabe que en algún momento hay que estimar la medición lo más cercanamente posible, digamos un décimo, a la unidad.

La manera más sencilla de escribir un número que indique también el error de medición en el que se ha incurrido es escribir menos o más dígitos. Por ejemplo, cuando se registra una cantidad medida como 4.2, por lo general significa que confiamos en que la estimación es exacta en un decimal y que su valor verdadero se encuentra entre 4.15 y 4.25. Si se registra el mismo valor como 4.20, esto significa que confiamos en que el valor es exacto hasta dos decimales y que su valor real se encuentra entre 4.195 y 4.205. Nótese que la precisión de una medida se indica con el número de dígitos del valor registrado y que el último dígito siempre es incierto.

El uso de la calculadora facilita que se confunda la exactitud de los cálculos con la precisión en las medidas. Por ejemplo, supongamos que queremos encontrar el largo de la hipotenusa, c, de un triángulo rectángulo, cuyos catetos miden 16.4 cm. y 82.6 cm. Por el teorema de Pitágoras, llegamos al valor $c = \sqrt{(16.4)^2 + (82.6)^2}$. Utilizando una calculadora (que puede mostrar hasta ocho dígitos), llegamos a $c =$ **84.212351**. Este valor nos da la impresión de un nivel de precisión que no está garantizado. Los catetos sólo son exactos hasta un decimal, y estas medidas se utilizaron para calcular la hipotenusa. ¿Cómo puede la hipotenusa ser más precisa que cualquiera de las dos medidas que se utilizaron para calcularla? Por consiguiente, en los problemas que implican cálculos con mediciones, nuestra respuesta final nunca debe tener un mayor grado de exactitud que cualquiera de las medidas que se utilicen para calcularla. Para nuestro problema del triángulo, esto significa que la mejor estimación es $c = 84.2$ cm.

Calculadoras gráficas y paquetes de gráficas para computadoras. A lo largo de este texto subrayamos la importancia de entender la relación entre variables o ecuaciones, visualizando la relación a través de gráficas. Las calculadoras de gráficas y los paquetes de gráficas para computadoras han hecho que el trazado de gráficas sea accesible rápidamente. Podemos trazar gráficas de funciones con rapidez e incluso calcular puntos de una gráfica con un alto grado de exactitud.

Nos damos cuenta de que la mayoría de los estudiantes podrían no tener acceso a esta tecnología y, por lo tanto, no hemos hecho que este texto dependa de su uso. Sin embargo, como reconocemos que esta tecnología puede ser una herramienta valiosa para el aprendizaje, hemos incluido problemas diseñados para utilizar este tecnología.

Si tiene acceso a una calculadora gráfica o a un *software* de gráficas, le sugerimos que aproveche los ejercicios de **GRAFIJACIÓN** esparcidos en el texto. Estos ejercicios están diseñados para permitirle explorar y descubrir por sí mismo las relaciones y los conceptos analizados en el texto. Se dará cuenta de que con mucha frecuencia el proceso de explorar y llegar a sus propias conclusiones le ayudará a comprender mejor los conceptos que se están estudiando.

Puesto que existen varios modelos de calculadoras gráficas (y de software), los ejercicios de **GRAFIJACIÓN** no son específicos para alguna calculadora; contienen sólo instrucciones generales que utilizan terminología común. Debe leer cuidadosamente el manual de su calculadora (o la documentación del software) para aprender cómo utilizar las herramientas de graficación de que dispone.

CAPÍTULO 1

Álgebra: Los fundamentos

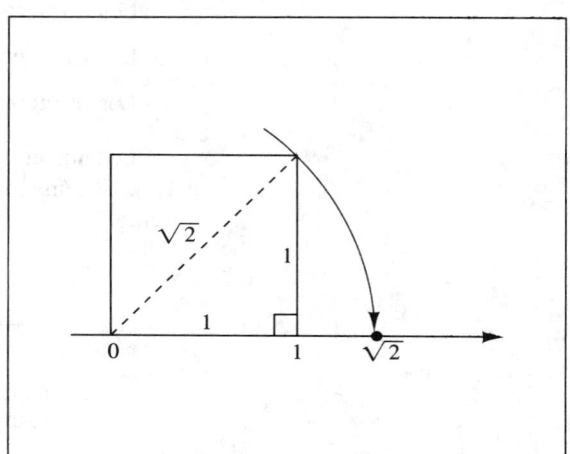

1.1	Los número reales
1.2	Operaciones con números reales
1.3	Expresiones polinomiales y racionales
1.4	Exponentes y radicales
1.5	Los números complejos
1.6	Ecuaciones y desigualdades de primer grado con una sola variable
1.7	Ecuaciones y desigualdades de valor absoluto
1.8	Ecuaciones cuadráticas y racionales
1.9	Desigualdades cuadráticas y racionales
1.10	Sustitución

Ejercicios de repaso ■ *Prueba de práctica*

Este capítulo repasa algunas de las habilidades y conceptos importantes y fundamentales de álgebra que son necesarios para el precálculo. Su propósito no es servir como sustituto de un sólido curso previo de álgebra; es una visión general de las bases de la "aritmética simbólica", así como una demostración de cómo los problemas más rigurosos o complejos de álgebra pueden enfocarse y resolverse utilizando las propiedades básicas fundamentales.

1.1 Los números reales

Empezaremos con algunos de los conjuntos básicos de número con los que ya está familiarizado:

Los **números naturales** (los números para contar): $N = \{1, 2, 3, 4, 5, \ldots\}$

Los **números enteros no negativos**: $W = \{0, 1, 2, 3, 4, \ldots\}$

Los **enteros**: $Z = \{\ldots, -3, -2, -1, 0, 1, 2, 3, \ldots\}$

Los **números racionales**: $Q = \{\frac{q}{p} \mid p, q \in Z, \text{ y } q \neq 0\}$

Los números racionales se asocian con puntos sobre la recta numérica (véase la figura 1.1). El número asociado con un punto de la recta numérica se llama **coordenada** del punto.

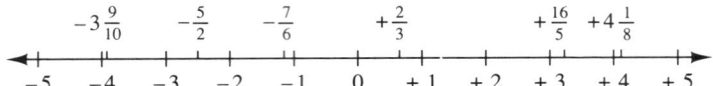

FIGURA 1.1 El número asociado con un punto sobre la recta numérica se llama la **coordenada** del punto.

Después de asociar cada número racional con un punto de la recta numérica, nos encontramos con que todavía quedan puntos sin asociar. Estos números que no corresponden a ningún número racional se llaman *números irracionales*. Para tener una mejor idea de cómo son los números irracionales, examinemos los números racionales en forma decimal.

Usted recordará que algunas fracciones tienen una representación decimal finita, como $\frac{1}{4} = 0.25$, mientras que otras tienen una representación decimal infinita, como $\frac{1}{3} = 0.333\overline{3}$. (La barra significa que los dígitos que están bajo la barra se repiten sin fin.) El primer caso se llama **decimal finito** (el decimal termina o en algún punto está seguido de ceros); el segundo caso se llama **decimal periódico** (el mismo grupo de dígitos del decimal se repite indefinidamente).

Si un decimal termina, podemos reconocerlo fácilmente como un número racional. Por ejemplo, 0.863 es igual a $\frac{863}{1000}$. Por otra parte, si el decimal se repite, el proceso de escribirlo como un cociente de enteros no resulta tan directo. El ejemplo 1 ilustra cómo se puede escribir el decimal periódico 0.189189189 como un número racional.

> Si un número se puede escribir como un cociente de dos enteros, entonces es un número racional. ¿Por qué implica esto que 2.36 es un número racional?

EJEMPLO 1 Demostrar que $0.189189\overline{189}$ es un número racional.

Solución A fin de demostrar que un número es racional, debemos representarlo como un cociente de enteros, p/q. Empecemos de la siguiente manera:

Sea $x = 0.189189\overline{189}$ *Multipliquemos ambos lados de la ecuación por 1000. Entonces*

$1000x = 189.189189\overline{189}$

1.1 Los números reales

Ahora restemos $x = 0.189189\overline{189}$ de $1000x = 189.189189\overline{189}$:

$$1000x = 189.189189\overline{189}$$
$$x = 0.189189\overline{189}$$

Observamos que las porciones decimales periódicas de los números coinciden exactamente. Por lo tanto

$$999x = 189$$
$$x = \frac{189}{999} = \boxed{\frac{7}{37}}$$

Nótese que la ecuación $1000x = 189.189189\overline{189}$ se encuentra multiplicando ambos lados de la ecuación $x = 0.189189\overline{189}$ por 1000 (*puesto que* 1000 *es la potencia de* 10 *necesaria para recorrer el punto decimal y hacer que coincidan las porciones decimales infinitamente periódicas de los números*). ∎

Por consiguiente, los decimales finitos y periódicos representan números racionales. Es un hecho que los decimales que *no son finitos ni periódicos* no son *números racionales*. En otras palabras, un decimal de este tipo no se puede representar como el cociente de dos enteros. (El ejercicio 53 muestra cómo podemos probar que un número específico no puede representarse como un cociente de dos enteros.)

Este conjunto de decimales que no son finitos ni periódicos recibe el nombre de conjunto de **números irracionales**. Por ejemplo, π, $\sqrt{2}$, $\sqrt[5]{3}$ son números irracionales. No podemos escribir sus valores exactos como decimales. En el mejor de los casos, podemos aproximar sus valores decimales utilizando una tabla, una calculadora o una computadora y utilizar el símbolo $\approx$ para indicar una aproximación. Por ejemplo, $\sqrt{2} \approx 1.414$ ($\sqrt{2}$ es aproximadamente 1.414).

Lo importante para nosotros es reconocer que los números irracionales también representan puntos sobre la recta numérica (véanse los ejercicios 50-52). Si tomamos todos los números racionales junto con todos los números irracionales (tanto positivos como negativos), obtenemos todos los puntos de la recta numérica. Este conjunto se llama el conjunto de los *números reales* y, por lo general, se designa con la letra **R**.

Los números reales $R = \{x \mid x$ corresponde a un punto sobre la recta numérica$\}$.

A menos que se indique lo contrario, supondremos que siempre trabajamos dentro del marco del sistema de los números reales.

La figura 1.2 muestra la relación que existe entre los conjuntos antes expuestos.

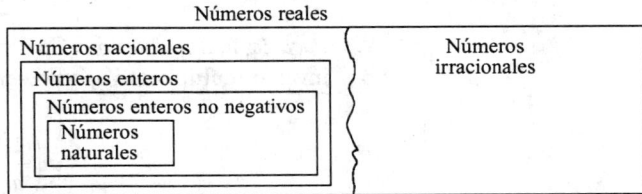

FIGURA 1.2

Propiedades de los números reales

Los números reales, junto con las operaciones de suma (+) y multiplicación (·), obedecen las 11 propiedades enumeradas en el siguiente cuadro. La mayoría de estas propiedades son directas y pueden parecer triviales. Sin embargo, veremos que estas 11 propiedades básicas son muy poderosas, ya que nos permiten avanzar en la simplificación de las expresiones algebraicas.

Las propiedades conmutativas

1. *Para la suma*: $a + b = b + a$
2. *Para la multiplicación*: $ab = ba$

Las propiedades asociativas

3. *Para la suma*: $a + (b + c) = (a + b) + c$
4. *Para la multiplicación*: $a(bc) = (ab)c$

La propiedad distributiva

5. $a(b + c) = ab + ac$ o $(b + c)a = ba + ca$

Neutros

6. *Para la suma*: Existe un único número real, llamado neutro aditivo, representado por 0, que tiene la propiedad de que $a + 0 = 0 + a = a$ para todos los números reales, a.

7. *Para la multiplicación*: Existe un único número real, llamado neutro multiplicativo, representado por 1, que tiene la propiedad de que $a \cdot 1 = 1 \cdot a = a$ para todos los números reales, a.

Inversos

8. *Para la suma*: Cualquier número real a, tiene un único inverso aditivo, representado por $-a$, que tiene la propiedad de que
$$a + (-a) = (-a) + a = 0$$

9. *Para la multiplicación*: Cualquier número real a, excepto 0, tiene un único inverso multiplicativo, representado por $\frac{1}{a}$, que tiene la propiedad de que
$$a\left(\frac{1}{a}\right) = \left(\frac{1}{a}\right)a = 1$$

Propiedades de cerradura

10. *Para la suma*: La suma de dos números reales es un número real.
11. *Para la multiplicación*: El producto de dos números reales es un número real.

En el producto ab, a y b se llaman *factores*; en la suma $a + b$, a y b se llaman *términos*.

1.1 Los números reales

Cuando decimos que un conjunto es cerrado bajo una operación, queremos decir que cuando se realiza la operación sobre dos elementos del conjunto, el resultado será un elemento del mismo conjunto. Por ejemplo, podríamos empezar con el conjunto de los números enteros no negativos y desarrollar un sistema de números enteros no negativos, que tenga las propiedades asociativa, conmutativa, distributiva y neutro (no hay inversos). Este sistema sería cerrado bajo la suma y la multiplicación; esto es, las sumas y productos de números enteros no negativos son de nuevo números enteros no negativos.

EJEMPLO 2 Demostrar que el conjunto de números irracionales no es cerrado bajo la multiplicación.

Solución

¿Qué necesitamos hacer?	Demostrar que el conjunto de números irracionales no es cerrado bajo la multiplicación.
¿Cómo empezamos?	Primero hay que comprender lo que se pregunta. Esto requiere saber qué es la cerradura.
¿Qué significa el enunciado "los irracionales son cerrados bajo la multiplicación"?	Significa que el producto de dos números irracionales es un número irracional.
¿Cómo demostramos que este conjunto no es cerrado?	Se nos pide encontrar un ejemplo de dos números irracionales cuyo producto no sea otro número irracional.

En matemáticas, cuando se nos pide demostrar, probar o justificar algo, por lo general hay que remitirse a las definiciones de los términos que se están utilizando. Con frecuencia debemos restablecer el problema utilizando una definición.

En este problema debemos preguntarnos lo que significa que el conjunto de números irracionales sea cerrado bajo la multiplicación. Repasando los comentarios previos sobre la cerradura, vemos que esto significa que el producto de dos números irracionales es siempre otro número irracional. Puesto que queremos mostrar que este conjunto *no* es cerrado bajo la multiplicación, basta con encontrar un ejemplo de un par de números irracionales cuyo producto *no* sea irracional. Esto es lo que se llama un *contraejemplo*.

$\sqrt{2}$ y $\sqrt{8}$ son dos números irracionales, cuyo producto $\sqrt{2}\sqrt{8} = \sqrt{16} = 4$, es un número racional. Por lo tanto, el conjunto de los números irracionales no es cerrado bajo la multiplicación. ∎

Recuerde que las propiedades de los números reales no se aplican sólo a números o a variables sencillas, sino también a expresiones más complejas. Por ejemplo, el enunciado

$$(2x^2 + 3x - 1)(x + 2) = (2x^2 + 3x - 1)(x) + (2x^2 + 3x - 1)(2)$$

es una aplicación de la propiedad distributiva, donde $2x^2 + 3x - 1$ se distribuye sobre $x + 2$.

El orden y la recta numérica real

El orden de los números se determina mediante el símbolo "menor que", <, y podemos definirlo utilizando la recta numérica:

$a < b$ significa que a está a la izquierda de b en la recta numérica.

Por consiguiente, $3 < \pi$ significa que 3 está a la izquierda de π en la recta numérica, como se muestra en la figura 1.3.

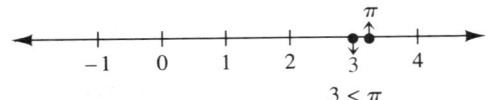

FIGURA 1.3

De manera algebraica, el símbolo $<$ tiene el siguiente significado:

> $a < b$ significa que $b - a$ es un número positivo.

Por lo tanto, $3 < 8$, *ya que* $8 - 3 = 5$ es positivo; también se puede ver que $\sqrt{2} < 2$ ya que $2 - \sqrt{2} \approx 2 - 1.414$ es positivo.

El símbolo "mayor que" se define de manera similar: *$a > b$ significa que $a - b$ es positivo*.

El símbolo de desigualdad $\leq$ significa "menor o igual que"; por lo tanto $6 \leq 6$. De manera similar se define $\geq$, que significa "mayor o igual que". Por lo general, ponemos una diagonal sobre los símbolos de igualdad o de desigualdad cuando queremos señalar que la expresión no es verdadera; por ejemplo $5 \neq 4 - 1$ significa que "5 no es igual a $4 - 1$".

Las desigualdades que utilizan los símbolos $<$ y $>$ se llaman desigualdades *estrictas*, y las desigualdades que utilizan los símbolos $\leq$ y $\geq$ se llaman desigualdades *débiles*. Por la definición de menor que y de mayor que,

$a > 0$ significa que a es positivo y *$a < 0$ significa que a es negativo*.

La doble desigualdad, $a < x < b$, se utiliza para indicar que un valor está entre otros dos. Por ejemplo, $-3 < x < 6$ significa que x está entre -3 y 6. En realidad, la doble desigualdad es una combinación de dos desigualdades que deben satisfacerse simultáneamente; es decir, $a < x < b$ es una combinación de las dos desigualdades $a < x$ y $x < b$, donde x satisface *ambas* desigualdades al mismo tiempo. Es obvio que para que la doble desigualdad $a < x < b$ tenga sentido, a debe ser menor que b.

¿Por qué no tiene sentido escribir $-2 < x < -4$?

¿Por qué no tiene sentido escribir $2 < x > 5$?

LA PROPIEDAD DE TRICOTOMÍA

Para $a, b \in \mathbf{R}$, una y sólo una de las siguientes expresiones se cumple:

$a < b$, $a > b$,   o $a = b$.

PERSPECTIVAS DIFERENTES: *Desigualdades*

DESCRIPCIÓN GEOMÉTRICA

$a < b$ significa que a está a la izquierda de b en la recta numérica.

DESCRIPCIÓN ALGEBRAICA

$a < b$ significa que $b - a$ es un número positivo.

1.1 Los números reales

La notación de intervalos

Otra manera de expresar conjuntos de números descritos por desigualdades es utilizando la notación de intervalos. Esta notación es una manera conveniente y compacta de representar intervalos en la recta numérica. Empezaremos con intervalos acotados, es decir, intervalos que tienen dos extremos.

Utilizamos paréntesis para indicar que un extremo *no* está incluido y corchetes para indicar que se incluye el extremo. Por lo tanto, para $a < b$, tenemos lo siguiente.

NOTACIÓN DE INTERVALOS: INTERVALOS ACOTADOS

Notación de conjuntos		*Notación de intervalos*	*Gráfica lineal*
$\{x \mid a \leq x \leq b\}$	se escribe como	$[a, b]$, llamado el *intervalo cerrado de a a b*.	•——• a b
$\{x \mid a < x < b\}$	se escribe como	(a, b), llamado el *intervalo abierto de a a b*.	○——○ a b
$\{x \mid a \leq x < b\}$	se escribe como	$[a, b)$, llamado *intervalo semiabierto*: *cerrado en a y abierto en b*.	•——○ a b
$\{x \mid a < x \leq b\}$	se escribe como	$(a, b]$, llamado *intervalo semiabierto*: *abierto en a y cerrado en b*.	○——• a b

El número menor se escribe siempre a la izquierda del mayor. Por desgracia, el intervalo abierto (a, b) utiliza la misma notación que el par ordenado (a, b). No obstante, siempre debe quedar claro, a partir del contexto de un problema, si estamos hablando de un intervalo o de un par ordenado.

Cuando expresamos intervalos, rectas o semirrectas, no acotados, utilizamos el símbolo de infinito, ∞ o $-\infty$, dentro de la notación de intervalos, de la siguiente manera.

NOTACIÓN DE INTERVALOS: INTERVALOS NO ACOTADOS

Notación de conjuntos		*Notación de intervalos*	*Gráfica lineal*
$\{x \mid x \geq a\}$	se escribe como	$[a, \infty)$, llamado el *intervalo no acotado de a hasta infinito (positivo), cerrado en a*.	•——→ a
$\{x \mid x > a\}$	se escribe como	(a, ∞), llamado el *intervalo no acotado de a hasta infinito (positivo), abierto en a*.	○——→ a
$\{x \mid x \leq a\}$	se escribe como	$(-\infty, a]$, llamado el *intervalo no acotado de infinito (negativo) hasta a, cerrado en a*.	←——• a
$\{x \mid x < a\}$	se escribe como	$(-\infty, a)$, llamado el *intervalo no acotado de infinito (negativo) hasta a, abierto en a*.	←——○ a

Los símbolos ∞ y $-\infty$ no representan números; son simplemente símbolos que nos recuerdan que el intervalo continúa por siempre, o aumenta (o disminuye) sin fin. Por lo tanto, siempre escribimos un paréntesis junto al símbolo ∞.

Recordemos que siempre que utilizamos la notación de intervalos, estamos trabajando dentro del marco del sistema de los números reales. La línea gruesa de la gráfica señala que se incluyen todos los puntos de la línea.

EJEMPLO 3 Graficar las siguientes desigualdades en la recta numérica y expresar el conjunto utilizando la notación de intervalos.

(a) $\{x \mid x > -3\}$ (b) $\{s \mid s \leq 4\}$ (c) $\{t \mid -2 < t \leq 6\}$

Solución

(a) $\{x \mid x > -3\}$ ———•———————→ que es $(-3, \infty)$
$\phantom{(a)\ \{x\mid x>-3\}}$ $-4\ -3\ -2\ -1\ 0\ 1\ 2\ 3\ 4$

(b) $\{s \mid s \leq 4\}$ ←———————•—— que es $(-\infty, 4]$
$\phantom{(b)\ \{s\mid s\leq 4\}}$ $-2\ -1\ 0\ 1\ 2\ 3\ 4\ 5$

(c) $\{t \mid -2 < t \leq 6\}$ —•—————•—— que es $(-2, 6]$
$\phantom{(c)\ \{t\mid -2<t\leq 6\}}$ $-3\ -2\ -1\ 0\ 1\ 2\ 3\ 4\ 5\ 6\ 7$ ∎

Valor absoluto

De manera geométrica, el valor absoluto de un número es su distancia al cero sobre la recta numérica. El valor absoluto de x se simboliza por $|x|$. Por lo tanto

$$|-4| = 4 \quad \text{Ya que } -4 \text{ está a } 4 \text{ unidades de distancia del cero en la recta numérica (Figura 1.4)}$$

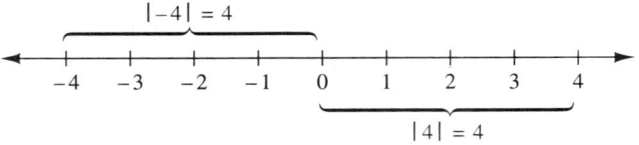

FIGURA 1.4

Además,

$$|4| = 4 \quad \text{Ya que } 4 \text{ está a } 4 \text{ unidades del cero en la recta numérica.}$$

De manera algebraica, definimos el valor absoluto de la siguiente manera:

VALOR ABSOLUTO

$$|x| = \begin{cases} x, & \text{si } x \geq 0 \\ -x, & \text{si } x < 0 \end{cases}$$

Hablemos un poco acerca de esta notación. La notación expresa de manera simbólica que la definición de $|x|$ depende del valor de x: si x es no negativo ($x \geq 0$), entonces $|x|$ es simplemente x; por otra parte, si x es negativo ($x < 0$), entonces $|x|$ es $-x$, lo que hace que $|x|$ sea positivo. Por ejemplo, $|5| = 5$, ya que $5 \geq 0$, y $|-5| = -(-5) = 5$ ya que $-5 < 0$. En consecuencia, $|x|$ nunca puede ser negativo.

EJEMPLO 4 Escribir lo siguiente sin los símbolos de valor absoluto.

(a) $|\pi - 3|$ (b) $|3 - \pi|$ (c) $|x^6 + 1|$ (d) $|y - 3|$

Solución De acuerdo con la definición de valor absoluto, para calcular las expresiones de valor absoluto debemos saber si la expresión sin los valores absolutos es positiva o negativa.

(a) Puesto que $\pi \approx 3.14$, entonces $\pi - 3$ es positivo; por lo tanto

$$|\pi - 3| = \boxed{\pi - 3} \quad (\text{ya que } \pi - 3 \geq 0)$$

1.1 Los números reales

(b) Por otro lado, $3 - \pi$ es negativo; por lo tanto

$$|3 - \pi| = -(3 - \pi) = \boxed{\pi - 3} \qquad (ya\ que\ 3 - \pi < 0)$$

$$Nota:\ |\pi - 3| = |3 - \pi|$$

(c) Aunque x es una variable, sabemos que x^6 debe ser siempre no negativo. Entonces, $x^6 + 1$ debe ser positivo; por lo tanto

¿Por qué x^6 debe ser no negativo?

$$|x^6 + 1| = \boxed{x^6 + 1} \qquad (ya\ que\ x^6 + 1 > 0)$$

(d) No podemos determinar si la expresión $y - 3$ es positiva, negativa o cero, así que no podemos evaluar esta expresión. Sin embargo, podemos utilizar la definición de valor absoluto para volver a escribir esta expresión sin los símbolos de valor absoluto:

$$|y - 3| = y - 3 \text{ cuando } y - 3 \geq 0 \qquad (es\ decir,\ cuando\ y \geq 3)$$

$$|y - 3| = -(y - 3) = 3 - y \text{ cuando } y - 3 < 0 \qquad (es\ decir,\ cuando\ y < 3)$$

Podemos resumir esto como:

$$\boxed{|y - 3| = \begin{cases} y - 3 & \text{cuando } y \geq 3 \\ 3 - y & \text{cuando } y < 3 \end{cases}}$$

■

La distancia sobre la recta numérica

En la figura 1.5 podemos ver que la distancia entre dos puntos de la recta numérica puede encontrarse utilizando la diferencia de las coordenadas; por ejemplo, la distancia entre los puntos con coordenadas 5 y 2 es $5 - 2 = 3$ unidades.

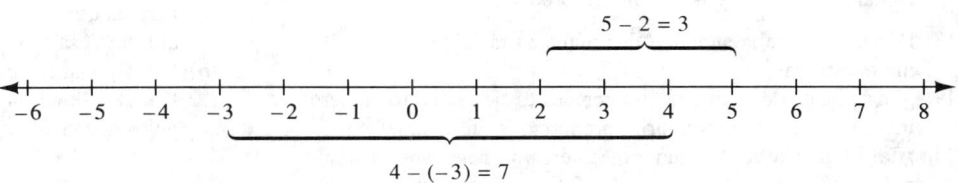

FIGURA 1.5

Puesto que queremos que la distancia sea positiva, utilizamos el valor absoluto para definir la distancia, como sigue:

LA DISTANCIA ENTRE DOS PUNTOS SOBRE LA RECTA NUMÉRICA

Sobre la recta numérica real, la distancia entre dos puntos con coordenadas a y b es $|a - b|$ o $|b - a|$.

Observe que la distancia entre 4 y −3 es 7, sin importar si la calculamos como $|4 − (−3)|$ o $|−3 − 4|$. En el ejercicio 54 aparece un esquema de una demostración algebraica de que $|a − b| = |b − a|$. Observe también que esta definición es consistente con la definición geométrica de $|x|$ como la distancia a 0 sobre la recta numérica, ya que $|x| = |x − 0|$.

EJERCICIOS 1.1

En los ejercicios 1-6, exprese los decimales que se repiten infinitamente como un cociente de dos enteros, $\frac{p}{q}$.

1. $0.22\overline{2}$
2. $0.3535\overline{35}$
3. $4.55\overline{5}$
4. $6.2323\overline{23}$
5. $8.238238\overline{238}$
6. $14.354354\overline{354}$

En los ejercicios 7-16, si se proporciona un enunciado verdadero, indique la propiedad ilustrada por esa expresión. Si la expresión no es verdadera para todos los números reales, escriba FALSO y proporcione un contraejemplo (un ejemplo que demuestre que la expresión no es verdadera).

7. $\left(x + \frac{1}{2}\right) + \frac{2}{3} = x + \left(\frac{1}{2} + \frac{2}{3}\right)$
8. $y + (5 + x) = y + (x + 5)$
9. $3 + (xy) = (3 + x)(3 + y)$
10. $5a + 0 = 5a$
11. $[3(xy)z] = [(3x)(yz)]$
12. $\left(\frac{3}{4} + x\right)1 = \frac{3}{4} + x$
13. $(x − y + z)(a + b) = (x − y + z)a + (x − y + z)b$
14. $(x + 4) + [−(x + 4)] = 0$
15. $\frac{1}{x^2 + 1} \cdot (x^2 + 1) = 1$
16. $a(bc) = (ab)(ac)$
17. Demuestre que el producto de dos números racionales es un número racional. SUGERENCIA: Comience con dos números racionales, $\frac{a}{b}$ y $\frac{c}{d}$, y determine su producto.
18. Demuestre que la suma de dos números racionales es un número racional.
19. ¿La suma de dos números irracionales es siempre otro número irracional? En caso contrario, proporcione un contraejemplo.
20. ¿La diferencia de dos números enteros no negativos es siempre un número entero no negativo? En caso contrario, proporcione un contraejemplo.

En los ejercicios 21-26, grafique cada conjunto sobre la recta numérica real.

21. $\{x \mid x < 4\}$
22. $\{x \mid x \geq −5\}$
23. $\{x \mid x > 5\}$
24. $\{x \mid −3 < x \leq 2\}$
25. $\{x \mid −8 < x < −2\}$
26. $\{x \mid −2 \leq x < 4\}$

En los ejercicios 27-36, grafique el conjunto sobre la recta numérica y exprésalo mediante la notación de intervalos.

27. $\{x \mid x > 5\}$
28. $\{x \mid x \leq −1\}$
29. $\{x \mid x \geq −5\}$
30. $\{x \mid −3 < x\}$
31. $\{x \mid −8 \leq x < −5\}$
32. $\{x \mid 0 < x \leq 6\}$
33. $\{x \mid −2 \geq x\}$
34. $\{x \mid −3 < x < 4\}$
35. $\{x \mid −9 < x \leq −2\}$
36. $\{x \mid 0 \leq x \leq 6\}$

En los ejercicios 37-44, escriba cada expresión sin los símbolos de valor absoluto.

37. $|3 − 5|$
38. $|\pi − 3.14|$
39. $|\sqrt{2} − 1|$
40. $|1 − \sqrt{2}|$
41. $|x − 5|$
42. $|x + 4|$
43. $|x^2 + 1|$
44. $|x^4 + 3|$

En los ejercicios 45-48, determine la distancia sobre la recta numérica entre cada par de puntos con las coordenadas dadas.

45. 2 y 3
46. 5 y −9
47. −3 y 8
48. −8 y −4

PREGUNTAS PARA REFLEXIONAR

49. La *propiedad transitiva* de las desigualdades establece que si $a < b$ y $b < c$, entonces $a < c$. Demuestre esta propiedad. SUGERENCIA: Determine lo que significa cada expresión mediante la definición algebraica de una desigualdad.
50. Localice $\sqrt{2}$ sobre la recta numérica mediante los siguientes pasos.
    (a) Trace un cuadrado unitario sobre la recta numérica de manera tal que la base del cuadrado sea el segmento de recta que empieza en 0 y termina en 1.
    (b) La diagonal del cuadrado lo divide en dos triángulos rectángulos, donde la diagonal es la hipotenusa de ambos triángulos rectángulos. (Véase la siguiente figura.)

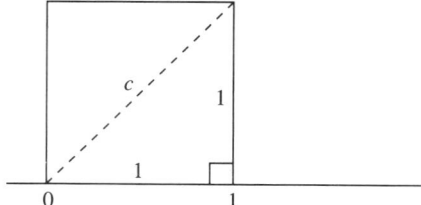

    (c) Utilizando el teorema de Pitágoras de la geometría, muestre que la longitud de la diagonal del cuadrado es $\sqrt{2}$.

(d) Coloque la punta de un compás en 0 y ábralo hasta la longitud de la diagonal.

(e) Gire el compás hacia abajo hasta la recta numérica para localizar $\sqrt{2}$ en la recta numérica. (Véase la siguiente figura.)

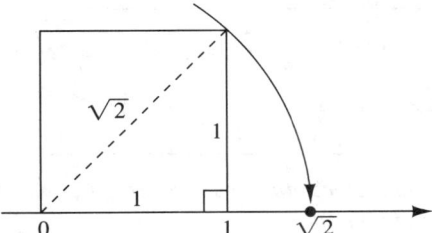

51. Localice $\sqrt{3}$ sobre la recta numérica utilizando el método descrito en el ejercicio 50. SUGERENCIA: Localice primero $\sqrt{2}$.

52. Localice $\sqrt{5}$ en la recta numérica utilizando el método descrito en el ejercicio 50.

53. Lo siguiente es un esquema de cómo podríamos demostrar que $\sqrt{2}$ no es un número racional.

(a) Demuestre que para todos los enteros, n, n^2 es par si y sólo si n es par.

(b) Suponga que $\sqrt{2} = \dfrac{m}{n}$, donde $\dfrac{m}{n}$ está *reducida a su mínima expresión*.

(c) Multiplique ambos lados de la ecuación anterior por n y eleve al cuadrado ambos lados. Demuestre que esto implica que m^2 es par y que, por consiguiente, m también es par.

(d) Si m es par, entonces podemos escribir $m = 2k$ para algún k. Sustituya $2k$ por m en la ecuación original; siguiendo un procedimiento similar, demuestre que esto implica que n es par.

(e) ¿Por qué esto contradice la suposición original? ¿Qué significa esto con respecto a la suposición original?

54. Demuestre que $|a - b| = |b - a|$ para todos los números reales a y b. SUGERENCIA: Según la propiedad de la tricotomía, sólo una de las siguientes afirmaciones es válida: $a = b$, $a < b$ o $a > b$. Verifique cada caso utilizando la definición de $|a - b|$, para determinar si para todo número real a y b, $|a - b| = |b - a|$.

1.2 Operaciones con números reales

La resta y la división

La resta y la división se definen de la siguiente manera:

$$\textbf{Resta: } a - b = a + (-b) \qquad \textbf{División: } \frac{a}{b} = a\left(\frac{1}{b}\right) \quad \text{para } b \neq 0$$

Por lo tanto, restar b significa *sumar el inverso aditivo de b*; dividir entre b significa *multiplicar por el inverso multiplicativo de b*. Por ejemplo:

$$5 - (+8) = 5 + (-8) = -3, \quad y \quad \frac{6}{2} = 6\left(\frac{1}{2}\right) = 3.$$

¿Qué ocurre si intentamos dividir un número distinto de cero entre 0? Supongamos que $\dfrac{6}{0} = x$. Esto quiere decir que $x \cdot 0 = 6$, y esto nos lleva a la contradicción $0 = 6$. Para cualquier número distinto de cero a, $\dfrac{a}{0}$ nos llevará a la contradicción $a = 0$. Por lo tanto, la división de un número distinto de cero está *indefinida*. Por otra parte, si $a \neq 0$, $\dfrac{0}{a} = 0$, ya que $0 \cdot a = 0$.

Si tratamos de dividir 0 entre 0, incurrimos en problemas por otra razón. Supongamos que proponemos que $\dfrac{0}{0}$ sea igual a algún número r. Entonces esto significa que $r \cdot 0 = 0$. Pero esto es verdadero para todos los números r. Esto significa que cualquier número servirá; es decir, $\dfrac{0}{0}$ no es único. Por lo tanto, decimos que $\dfrac{0}{0}$ está *indeterminado* (no existe una respuesta única). En resumen:

> Si a es un número distinto de cero, entonces
>
> $\dfrac{a}{0}$ está indefinido,   mientras que $\dfrac{0}{a} = 0$ y $\dfrac{0}{0}$ está indeterminado.

Exponentes

Definimos

> $x^n = x \cdot x \cdot x \cdots x$, donde el factor x aparece n veces y n es un número natural.

Para x^n, x es la **base** y n el **exponente**. Un exponente que es un número natural nos dice cuántas veces aparece x como factor en el producto. x^n es la **n-ésima potencia de** x. (Observe que $x = x^1$; es decir, un exponente que se omite se supone que es igual a 1.)

Calcular o evaluar una expresión con una base numérica significa multiplicar la expresión. Por ejemplo:

x^2 se lee "x al cuadrado"
x^3 se lee "x al cubo"

$$3^5 = 3 \cdot 3 \cdot 3 \cdot 3 \cdot 3 = 243$$

$$(-2)^4 = (-2)(-2)(-2)(-2) = +16 \quad \textit{Por otro lado,}$$

$$-2^4 = -(2^4) = -(2 \cdot 2 \cdot 2 \cdot 2) = -16$$

Recuerde que el exponente se aplica sólo a la cantidad que se encuentra inmediatamente a la izquierda. En la expresión $3 \cdot 2^4$, elevamos 2 a la cuarta potencia y luego multiplicamos esto por 3 para obtener 48. Así mismo, en -2^4, elevamos 2 a la cuarta potencia y luego utilizamos el signo menos para obtener -16.

Operaciones múltiples

Si se tiene que realizar más de una operación en una expresión, hay que establecer cuál debe realizarse primero: un orden de operaciones. Por ejemplo, para calcular la expresión $3 + 2 \cdot 4$, podríamos obtener la respuesta 20 u 11, según si sumamos o multiplicamos primero. Establecemos el siguiente **orden de operaciones:**

1. Primero se realizan las operaciones dentro de los símbolos de agrupación, comenzando por el más interno.
2. Después se calculan las potencias (y raíces) en cualquier orden.
3. Se realizan la multiplicación y la división, procediendo de izquierda a derecha.
4. Por último, se efectúa la suma y la resta, procediendo de izquierda a derecha.

Por ejemplo, para evaluar la expresión numérica $4[-5 - 3(-2)^2]$ procederíamos de la siguiente manera:

Como práctica, intente resolver este problema con su calculadora.

$$4[-5 - 3(-2)^2] = 4[-5 - 3(4)] = 4[-5 - 12] = 4[-17] = -68$$

1.2 Operaciones con números reales

Sustitución

Las aplicaciones algebraicas requieren con mucha frecuencia que sustituyamos las variables por valores numéricos y luego realicemos las operaciones con los valores sustituidos. En este caso, se nos pedirá calcular una expresión dados los valores para las variables.

EJEMPLO 1 Dados $x_1 = 3$, $y_1 = -7$, $x_2 = -2$, y $y_2 = 5$, calcular lo siguiente:

$$\sqrt{(x_1 - x_2)^2 + (y_1 - y_2)^2}$$

Solución x_1, x_2, y_1 y y_2 son **variables con subíndices**. En general, es buena idea encerrar entre paréntesis los valores que se van a sustituir. Esto ayuda a evitar que se confundan con las operaciones originales. Sustituimos $x_1 = 3$, $y_1 = -7$, $x_2 = -2$ y $y_2 = 5$ en la expresión:

$$\sqrt{(x_1 - x_2)^2 + (y_1 - y_2)^2} = \sqrt{[(3) - (-2)]^2 + [(-7) - (5)]^2}$$ *Efectuamos primero las operaciones dentro de los corchetes.*

$$= \sqrt{[5]^2 + [-12]^2}$$

$$= \sqrt{25 + 144}$$ *Después las potencias dentro del radical*

$$= \sqrt{169} = \boxed{13}$$ ∎

Las fracciones y sus operaciones

Mientras que un número racional es un cociente de dos enteros, $\frac{p}{q}$ donde $q \neq 0$, una *fracción* es un cociente de cualesquiera dos números $\frac{a}{b}$ donde $b \neq 0$. Sabemos por nuestra experiencia anterior que dos fracciones pueden parecer diferentes pero en realidad ser equivalentes. Por consiguiente, definimos lo que queremos expresar mediante "=" cuando trabajamos con fracciones de la siguiente manera:

EQUIVALENCIA DE FRACCIONES

$$\frac{a}{b} = \frac{c}{d} \quad \text{si y sólo si} \quad ad = bc \quad (b, d \neq 0)$$

Por lo tanto, $\frac{6}{13} = \frac{24}{52}$ ya que $6 \cdot 52 = 13 \cdot 24 = 312$.

EJEMPLO 2 Demostrar que $\frac{2}{\sqrt{2}} = \frac{\sqrt{2}}{1}$.

Solución De nuevo, para demostrar o justificar una afirmación dada, a menudo nos remitimos a una definición. En este ejemplo, observamos la definición de "=" para fracciones y volvemos a expresar el problema utilizando esta definición. Si se expresa $\sqrt{2}$ como la fracción $\frac{\sqrt{2}}{1}$, vemos que $\frac{2}{\sqrt{2}}$ sea igual a $\frac{\sqrt{2}}{1}$ significa que $(2)(1)$ debe ser igual a $\sqrt{2}\sqrt{2}$. Puesto que, $(2)(1) = 2 = (\sqrt{2})(\sqrt{2})$, tenemos que $\frac{2}{\sqrt{2}} = \sqrt{2}$. ∎

Una fracción reducida a su mínima expresión o escrita en su forma más simple es una fracción que no tiene factores (distintos de ±1) comunes para el numerador y el denominador. Si pedimos que todas nuestras fracciones se reduzcan a su mínima expresión, entonces, en lugar de recurrir a la definición de equivalencia, podemos observar mediante un examen que las dos fracciones son equivalentes. Por consiguiente, el principio fundamental de las fracciones resulta, por lo general, más útil:

EL PRINCIPIO FUNDAMENTAL DE LAS FRACCIONES

$$\frac{a \cdot k}{b \cdot k} = \frac{a}{b} \quad b, k \neq 0$$

Este principio dice que si dividimos o multiplicamos el numerador y el denominador de una fracción por la misma expresión distinta de cero, obtenemos una fracción equivalente.

Para reducir una fracción a su mínima expresión, a menudo se requiere factorizar el numerador y el denominador y luego utilizar el principio fundamental, eliminando los factores comunes del numerador y el denominador. Por ejemplo: $\frac{24}{52} = \frac{4 \cdot 6}{4 \cdot 13} = \frac{6}{13}$.

Definimos las operaciones con fracciones de la siguiente manera:

OPERACIONES CON FRACCIONES

Multiplicación

$$\left(\frac{a}{b}\right)\left(\frac{c}{d}\right) = \frac{ac}{bd}$$

División

$$\left(\frac{a}{b}\right) \div \left(\frac{c}{d}\right) = \frac{ad}{bc}$$

Suma

$$\frac{a}{b} + \frac{c}{d} = \frac{ad + bc}{bd}$$

Resta

$$\frac{a}{b} - \frac{c}{d} = \frac{ad - bc}{bd}$$

Observe que la resta sigue siendo la suma del inverso aditivo y la división también sigue siendo la multiplicación por el recíproco. Por ejemplo:

$$\left(\frac{2}{7}\right) \div \left(\frac{5}{8}\right) = \left(\frac{2}{7}\right) \cdot \left(\frac{8}{5}\right) = \frac{2 \cdot 8}{7 \cdot 5} = \frac{16}{35}$$

1.2 Operaciones con números reales

Si los denominadores de dos fracciones son idénticos, podemos utilizar la propiedad distributiva para encontrar que:

$$\frac{a}{c} + \frac{b}{c} = \frac{a+b}{c}$$

Por consiguiente, un método alternativo para combinar fracciones con denominadores distintos es expresar las fracciones como fracciones equivalentes que tienen como denominador a su mínimo común denominador (MCD) y luego sumarlas, como acabamos de hacer, como fracciones que tienen el mismo denominador. Por ejemplo:

$$\frac{5}{18} + \frac{11}{12} \quad \textit{El MCD es 36, el mínimo múltiplo de 12 y de 18.}$$

$$= \frac{5 \cdot 2}{36} + \frac{11 \cdot 3}{36} = \frac{10}{36} + \frac{33}{36} = \frac{43}{36}$$

Como práctica, intente este problema con su calculadora.

EJEMPLO 3 Evaluar la expresión numérica.

$$3\left(-\frac{2}{3}\right)^2 + 4\left(-\frac{2}{3}\right) + 5$$

Solución

$$3\left(-\frac{2}{3}\right)^2 + 4\left(-\frac{2}{3}\right) + 5 = 3\left(\frac{4}{9}\right) - \frac{8}{3} + 5 = \frac{4}{3} - \frac{8}{3} + 5 = \frac{4}{3} - \frac{8}{3} + \frac{15}{3}$$

$$= \boxed{\frac{11}{3}} \quad \blacksquare$$

Fracciones complejas

EJEMPLO 4 Escribir lo siguiente como una fracción simple reducida a su mínima expresión. $\dfrac{\dfrac{3}{5} + \dfrac{2}{3}}{\dfrac{3}{4} - \dfrac{2}{5}}$

Solución Ofrecemos dos métodos de solución. En nuestro primer método, tratamos el problema como una situación de operaciones múltiples. Es decir, expresamos la fracción como el problema:

$$\left(\frac{3}{5} + \frac{2}{3}\right) \div \left(\frac{3}{4} - \frac{2}{5}\right)$$

$$\frac{\dfrac{3}{5} + \dfrac{2}{3}}{\dfrac{3}{4} - \dfrac{2}{5}} = \frac{\dfrac{9+10}{15}}{\dfrac{15-8}{20}} = \frac{\dfrac{19}{15}}{\dfrac{7}{20}} = \left(\frac{19}{15}\right)\left(\frac{20}{7}\right) = \frac{19 \cdot 20}{15 \cdot 7} = \boxed{\frac{76}{21}} \quad \textit{(Cuando se reduce)}$$

Una manera alternativa para eliminar los denominadores de fracciones dentro de una fracción compleja es aplicar el principio fundamental, multiplicando el numerador y el denominador de la fracción compleja por el MCD de *todas* las fracciones simples de la fracción compleja.

En este caso, el MCD de $\frac{3}{5}, \frac{2}{3}, \frac{3}{4}$, y $\frac{2}{5}$ es 60:

$$\frac{\left(\frac{3}{5} + \frac{2}{3}\right)\frac{60}{1}}{\left(\frac{3}{4} - \frac{2}{5}\right)\frac{60}{1}} = \frac{\left(\frac{3}{5}\right)\frac{60}{1} + \left(\frac{2}{3}\right)\frac{60}{1}}{\left(\frac{3}{4}\right)\frac{60}{1} - \left(\frac{2}{5}\right)\frac{60}{1}} = \frac{36 + 40}{45 - 24} = \boxed{\frac{76}{21}}$$

∎

EJEMPLO 5 La *media armónica* de n números positivos, $X_1, X_2, X_3, \ldots, X_n$, se define como sigue:

$$h = \frac{n}{\frac{1}{X_1} + \frac{1}{X_2} + \frac{1}{X_3} + \cdots + \frac{1}{X_n}}$$

(a) Determinar el valor exacto de la media armónica de 4, 6 y 7.

(b) Determinar la media armónica de 4, 6 y 7, redondeada a cuatro cifras decimales utilizando una calculadora.

Solución

(a) Puesto que tenemos tres números, $n = 3$, y si sustituimos $X_1 = 4$, $X_2 = 6$ y $X_3 = 7$ en la fórmula dada:

$$h = \frac{n}{\frac{1}{X_1} + \frac{1}{X_2} + \frac{1}{X_3} + \cdots + \frac{1}{X_n}}$$

Sustituimos $X_1 = 4$, $X_2 = 6$, $X_3 = 7$, y $n = 3$ para obtener

$$= \frac{3}{\frac{1}{4} + \frac{1}{6} + \frac{1}{7}}$$

Multiplicamos el numerador y el denominador por el MCD de $\frac{1}{4}$, $\frac{1}{6}$, y $\frac{1}{7}$, que es 84.

$$= \frac{3}{\frac{1}{4} + \frac{1}{6} + \frac{1}{7}} \cdot \frac{\frac{84}{1}}{\frac{84}{1}}$$

$$= \frac{252}{21 + 14 + 12} = \boxed{\frac{252}{47}}$$

(b) La manera en que usted puede manejar este problema utilizando una calculadora depende del tipo de calculadora que use. Si ésta tiene una tecla $\boxed{1/x}$ (o una tecla $\boxed{x^{-1}}$), entonces puede introducir la siguiente secuencia de teclas:

$$\boxed{4}\ \boxed{1/x}\ \boxed{=}\ \boxed{+}\ \boxed{6}\ \boxed{1/x}\ \boxed{=}\ \boxed{+}\ \boxed{7}\ \boxed{1/x}\ \boxed{=}\ \boxed{\div}\ \boxed{3}\ \boxed{=}\ \boxed{1/x}\ \boxed{=}$$

Esta secuencia de teclas calcula $\frac{\left(\frac{1}{4} + \frac{1}{6} + \frac{1}{7}\right)}{3}$, y luego calcula su recíproco.

Esto da como resultado (hasta 8 cifras decimales) 5.36170213, que se redondea a $\boxed{5.3617}$.

Si su calculadora no tiene la tecla $\boxed{1/x}$, entonces tiene que introducir los números conforme realice los cálculos. La exactitud de su respuesta depende de qué tanto redondee

1.2 Operaciones con números reales

usted sus cálculos al introducirlos. Por ejemplo, podría calcular el denominador de la fracción compleja, $\frac{1}{4}+\frac{1}{6}+\frac{1}{7}$, introduciendo la siguiente secuencia de teclas:

$$\boxed{1}\ \boxed{\div}\ \boxed{4}\ \boxed{=}\ \boxed{+}\ \boxed{1}\ \boxed{\div}\ \boxed{6}\ \boxed{=}\ \boxed{+}\ \boxed{1}\ \boxed{\div}\ \boxed{7}\ \boxed{=}$$

que da como resultado (hasta 8 cifras decimales) 0.55952381.

Si escribimos este número como 0.5595, redondeado a 4 cifras decimales, y utilizamos este número redondeado en el cálculo final, obtenemos 3 ÷ 0.5595 = 5.3619, que NO tiene una precisión de cuatro cifras decimales. ∎

EJERCICIOS 1.2

En los ejercicios 1-26, evalúe las expresiones numéricas.

1. $-3 + (-6) - (+4) - (-8)$
2. $-6 + (-2) - (-9) - (-4)$
3. $(-6)(-2)(-3)$
4. $(-5)(-8)(-6)$
5. $-2 - 3.552$
6. $-8 + 5.582$
7. $-4 + 7.29$
8. $-4 - 7.29$
9. $-2[3 - (2 - 5)]$
10. $-6[2 - (5 - 8)]$
11. $2 - (-3)^2$
12. $2(-3)^2$
13. $6 - [4 - (5 - 8)^2]$
14. $9 - \{3 - [6 - 2(9 - 4)^2]\}$
15. $|-6 - 5| - |6 - 5|$
16. $|-4 - 4| - |4 - 4|$
17. $\dfrac{|-9 - 5|}{|-9| - |5|}$
18. $\dfrac{|-6 - 12|}{|-6| - |12|}$
19. $\dfrac{3}{4} - \dfrac{2}{3} + \dfrac{1}{2}$
20. $\dfrac{3}{5}\left(-\dfrac{2}{3}\right) - \dfrac{1}{2}$
21. $\left(-\dfrac{2}{5}\right)^2 - \dfrac{3}{4}$
22. $\left(-\dfrac{3}{4}\right) - \left(\dfrac{2}{3}\right)^2$
23. $6\left(-\dfrac{2}{3}\right)^2 + \left(-\dfrac{2}{3}\right) - 2$
24. $6\left(\dfrac{1}{2}\right)^2 + \left(\dfrac{1}{2}\right) - 2$
25. $3\left(-\dfrac{1}{5}\right)^2 + 2\left(-\dfrac{1}{5}\right) - 3$
26. $2\left(-\dfrac{1}{4}\right)^2 - 3\left(-\dfrac{1}{4}\right) + 8$

En los ejercicios 27-30, escriba cada expresión como una fracción simple reducida a su mínima expresión.

27. $\dfrac{3 + \dfrac{3}{5}}{5 - \dfrac{1}{8}}$
28. $\dfrac{4 - \dfrac{2}{3}}{\dfrac{2}{5} - 6}$
29. $\dfrac{\dfrac{2}{3} - \dfrac{1}{2}}{\dfrac{1}{8} + \dfrac{2}{5}}$
30. $\dfrac{\dfrac{3}{5} - \dfrac{1}{2}}{\dfrac{7}{10} - 2}$

En los ejercicios 31-34, calcule cada expresión dado que $x = -1$ y $y = -2$.

31. $2x^2 - 4y^2$
32. $|x - y| - |x| - |y|$
33. $\dfrac{x^2 - 2xy + y^2}{x - y}$
34. $(x - y)^2 - x^2 - y^2$

35. La *media geométrica* de n números positivos, $X_1, X_2, X_3, \ldots, X_n$, se define como sigue:

$$g = \sqrt[n]{X_1 \cdot X_2 \cdot X_3 \cdots X_n}$$

Determine la media geométrica de 5, 8, 7, 9, 7, 8 y 6 redondeada a cuatro cifras decimales.

36. La *media armónica* de n números positivos $X_1, X_2, X_3, \ldots, X_n$ se definió en el ejemplo 6. De manera equivalente, podemos definir la media armónica como sigue:

$$h = \dfrac{1}{\left[\dfrac{1}{X_1} + \dfrac{1}{X_2} + \dfrac{1}{X_3} + \cdots + \dfrac{1}{X_n}\right]/n}$$

Determine la media armónica de 5, 8, 7, 9, 7, 8 y 6, exactamente y redondeada a cuatro cifras decimales.

37. Dado que $s_e = s_y \sqrt{1 - r_{xy}^2}$, si $s_y = 1.25$ y $r_{xy} = 0.4$, determine s_e redondeado a dos cifras decimales.

38. Dado que $s_e = s_y \sqrt{1 - r_{xy}^2}$, si $s_y = 2.24$ y $r_{xy} = 0.73$, determine s_e redondeado a cuatro cifras decimales.

39. Dado que

$$Z = \dfrac{Z_{r_1} - Z_{r_2}}{\sqrt{\dfrac{1}{n_1 - 3} + \dfrac{1}{n_2 - 3}}}$$

calcule Z con una precisión de dos cifras decimales para $Z_{r_1} = 0.50$, $Z_{r_2} = 0.32$, $n_1 = 65$ y $n_2 = 83$.

40. Dado que

$$t = \frac{\overline{X} - a}{\frac{s_x}{\sqrt{n}}}$$

calcule t con una precisión de dos cifras decimales para $\overline{X} = 90$, $a = 95$, $s_x = 5.2$, y $n = 15$.

41. Dado que

$$\sigma_r = \sqrt{\frac{1 - \rho^2}{n - 1}}$$

calcule σ_r con una precisión de tres cifras decimales para $\rho = 0.5$ y $n = 100$.

42. Dado que

$$\sigma_r = \sqrt{\frac{1 - \rho^2}{n - 1}}$$

calcule σ_r con una precisión de tres cifras decimales para $\rho = 0.67$ y $n = 128$.

43. Utilice las propiedades de los números reales y la definición de la suma racional para demostrar que $\dfrac{a}{c} + \dfrac{b}{c} = \dfrac{a + b}{c}$.

44. Utilice la *definición de fracciones equivalentes* para demostrar que:

(a) $\dfrac{1}{\sqrt{2}} = \dfrac{\sqrt{2}}{2}$ (b) $\dfrac{5}{\sqrt{3}} = \dfrac{5\sqrt{3}}{3}$

45. Utilice *el principio fundamental de las fracciones* para demostrar que:

(a) $\dfrac{1}{\sqrt{2}} = \dfrac{\sqrt{2}}{2}$ (b) $\dfrac{5}{\sqrt{3}} = \dfrac{5\sqrt{3}}{3}$

PREGUNTAS PARA REFLEXIONAR

46. Considere la expresión $\dfrac{3}{x}$. Analice lo siguiente:

(a) ¿Qué ocurre con el valor de $\dfrac{3}{x}$ cuando x es cada vez más grande?

(b) ¿Qué ocurre con el valor de $\dfrac{3}{x}$ cuando x permanece positivo pero se hace cada vez más pequeño (cercano a 0)?

(c) ¿Qué ocurre con el valor de $\dfrac{3}{x}$ cuando x permanece negativo pero se acerca cada vez más a 0?

(d) ¿Puede $\dfrac{3}{x}$ llegar a ser cero? Explique su respuesta.

47. Considere que definimos y de la siguiente manera:

$$y = \begin{cases} x + 1 & \text{si } x < 2 \\ x^2 & \text{si } x \geq 2 \end{cases}$$

Esta notación indica que y está definida mediante dos reglas posibles, dependiendo del valor de x: si x es menor que 2, para obtener y se utiliza $x + 1$; si x es mayor o igual que 2, entonces para obtener y se utiliza x^2. Por lo tanto, si $x = -5$, entonces, puesto que -5 es menor que 2, utilizamos la primera regla para encontrar y: $y = x + 1 = -5 + 1 = -4$. Si $x = 8$, como 8 es mayor (o igual) que 2, utilizamos la segunda regla para determinar y: $y = x^2 = (8)^2 = 64$. Determine y, definido anteriormente, para $x = 1$ y para $x = 3$.

48. Dado

$$y = \begin{cases} x & \text{si } x \geq 0 \\ x - 3 & \text{si } x < 0 \end{cases}$$

determine y cuando (a) $x = 4$, (b) $x = -3$, (c) $x = 0$.
Sugerencia: Véase el ejercicio 47.

1.3 Polinomios y expresiones racionales

Una **expresión algebraica** es una expresión que se obtiene sumando, restando, multiplicando, dividiendo y calculando raíces de constantes y/o variables. Por ejemplo:

$$2x^{-\frac{1}{2}} + 7, \quad \frac{\sqrt{3x - 4}}{5x^2 - 3}, \quad 3x^2 + \frac{2}{x} - 1, \quad \text{y} \quad x^3 - 2x + 3$$

son expresiones algebraicas. En esta sección revisaremos dos tipos particulares de expresiones algebraicas: los polinomios y las expresiones racionales.

1.3 Polinomios y expresiones racionales

Polinomios

> Un **polinomio en una variable** es una expresión de la forma:
>
> $$a_n x^n + a_{n-1} x^{n-1} + a_{n-2} x^{n-2} + \cdots + a_2 x^2 + a_1 x + a_0,$$
>
> $$a_n \neq 0$$
>
> donde las a_i son números reales, x es una variable y n es un entero no negativo, llamado el **grado del polinomio**. Cada expresión $a_i x^i$ es un **término** del polinomio.

Cuando un polinomio se escribe con sus términos ordenados en potencias descendentes, se dice que está en **forma canónica**. Un polinomio como $5 + 3x - 4x^2$ escrito en su forma canónica es $-4x^2 + 3x + 5$. En esta forma, por la definición, $n = 2$, $a_2 = -4$, $a_1 = 3$ y $a_0 = 5$. Observe cómo los subíndices de a coinciden de manera conveniente con los exponentes de x.

Cuando escribimos según las potencias descendentes, suponemos que las potencias de la variable que están ausentes tienen coeficientes iguales a 0. Por ejemplo, $3x^5 - 2x + 3$ se puede reescribir como $3x^5 + 0x^4 + 0x^3 + 0x^2 - 2x + 3$.

Un polinomio con más de una variable contiene términos como $ax^m y^n z^s$, donde a es real, x, y y z son variables y m, n y s son enteros no negativos.

Podemos clasificar los polinomios por el número de términos que los conforman: un monomio es un polinomio con un solo término, un binomio es un polinomio con dos términos y un trinomio es un polinomio con tres términos.

Además del número de términos, también podemos clasificar un polinomio por su grado. Definimos primero el grado de un monomio: el **grado de un monomio** es la suma de los exponentes de sus variables. Por ejemplo, $-3x^2 y^3 z$ tiene grado 6, ya que $2 + 3 + 1 = 6$ (recuerde que $z = z^1$). El **grado de un polinomio** es el mayor de los grados de los monomios que lo forman. Por ejemplo, $7x^2 y^4 - 3x^7 y^5 z^2$ tiene grado 14, ya que el grado más alto de los monomios del polinomio es 14, el grado del segundo término; $7x^4 - 4x^6$ tiene grado 6, ya que el término de grado mayor, $-4x^6$, tiene grado 6.

El grado de una constante *distinta de cero* es 0 (podemos reescribir 4 como $4x^0$). Cuando el número 0 se considera como polinomio, lo llamamos el **polinomio cero**; el grado del polinomio cero es indefinido.

Una tercera manera de clasificar polinomios es por el número de variables. El siguiente es un ejemplo de un polinomio de dos variables escrito en forma canónica.

$$x^7 y + x^6 + x^3 y^2 + x^2 y^3 + x$$

Los términos están ordenados por grado descendente de las potencias de x.

Operaciones con polinomios

Recuerde que $x^n = x \cdot x \cdot x \cdot x \cdots x$, donde el factor x aparece n veces. Por lo tanto, $3xxxxxyyy = 3x^5 y^3$.

Utilizando la definición de la notación exponencial y las propiedades de los números reales, podemos deducir las siguientes reglas para los exponentes dados por números naturales:

$$x^n x^m = x^{n+m}, \quad (x^n)^m = x^{nm} \quad \text{y} \quad (xy)^n = x^n y^n$$

Utilizamos estas primeras reglas de los exponentes para encontrar productos de potencias con la misma base. Utilizando las propiedades asociativa y conmutativa de la multiplicación (esto es, ignorando el orden y la agrupación), podemos determinar el siguiente producto:

$$(5x^3 y^6)(-6x^4 y^2) = (5)(-6)x^3 x^4 y^6 y^2 = -30x^7 y^8$$

La propiedad distributiva permite agrupar términos semejantes; por ejemplo,

$$3x^2 y^3 - 8x^2 y^3 = (3 - 8)x^2 y^3 = -5x^2 y^3$$

La suma (y la resta) de polinomios es tan sólo una cuestión de eliminar símbolos de agrupación y combinar términos semejantes. Por ejemplo,

$(2x^2 - 3) + (x - 4) - (5x^2 - 1)$

$= 2x^2 - 3 + x - 4 - 5x^2 + 1$ *Observe que* $-(5x^2 - 1) = -1(5x^2 - 1)$
$\qquad\qquad\qquad\qquad\qquad\qquad\qquad\qquad = -5x^2 + 1$
$= -3x^2 + x - 6$

La propiedad distributiva, junto con las demás propiedades de los números reales y la primera regla de los exponentes, nos proporcionan los procedimientos para multiplicar polinomios. Por ejemplo,

$$3x^3 y^2 (2x^2 - 7y^3) = 3x^3 y^2 (2x^2) - 3x^3 y^2 (7y^3) = 6x^5 y^2 - 21x^3 y^5$$

Recuerde que las variables en expresiones equivalentes pueden representar no sólo números, sino también otras variables, expresiones o polinomios. Por lo tanto, podemos aplicar la propiedad distributiva al multiplicar $(2x + 5)(x + 3)$ de la siguiente manera:

$$(2x + 5)(x + 3) = 2x(x + 3) + 5(x + 3)$$
$$(B + C) \cdot A = B \cdot A + C \cdot A$$

Observe que A representa el binomio $x + 3$ al aplicar la propiedad distributiva. El problema aún no está terminado, ya que ahora debemos aplicar la propiedad distributiva de nuevo y luego agrupar términos semejantes:

$(2x + 5)(x + 3)$ *Distribuimos* $x + 3$.

$= (2x)(x + 3) + (5)(x + 3)$ *Aplicamos de nuevo la propiedad distributiva.*

$= (2x)x + (2x)3 + (5)x + (5)3$ *Simplificamos y agrupamos términos semejantes.*

$= 2x^2 + 6x + 5x + 15$

$= 2x^2 + 11x + 15$

1.3 Polinomios y expresiones racionales

Al multiplicar dos polinomios, cada término de un polinomio se multiplica por cada término del otro polinomio.

Existen varios productos particulares que desempeñan un papel preponderante en matemáticas. Si se conocen estos productos se puede acortar el proceso para multiplicar binomios. Ya estamos familiarizados con las formas generales del álgebra básica.

FORMAS GENERALES

1. $(x + a)(x + b) = x^2 + (a + b)x + ab$
2. $(ax + b)(cx + d) = acx^2 + (ad + bc)x + bd$

Los productos notables son productos específicos de binomios que pueden obtenerse de las formas generales (que, a su vez, se deducen de la propiedad distributiva).

PRODUCTOS NOTABLES

1. $(a + b)(a - b) = a^2 - b^2$ Diferencia de dos cuadrados
2. $(a + b)^2 = a^2 + 2ab + b^2$ Cuadrado perfecto de una suma
3. $(a - b)^2 = a^2 - 2ab + b^2$ Cuadrado perfecto de una diferencia

---

Los productos notables son importantes en la factorización; en muchos casos, la manera más rápida para factorizar una expresión es reconocerla como un producto notable. Además, cuando se reconocen y utilizan los productos notables, se puede reducir el tiempo necesario para efectuar la multiplicación.

EJEMPLO 1   Efectuar las siguientes operaciones.
(a) $(2a - 7b)(2a + 7b)$ (b) $(2a - 7b)^2$ (c) $(x + y - 3)(x + y + 3)$
(d) $2x(x - 4)^2 - (x + 4)(x - 4)$

Solución   Los primeros tres problemas se pueden trabajar utilizando las formas generales o, de manera más lenta, utilizando la propiedad distributiva. Sin embargo, la manera más rápida es utilizar los productos notables:

(a) $(2a - 7b)(2a + 7b) = (2a)^2 - (7b)^2$ *Producto notable 1: diferencia de cuadrados*

$$= \boxed{4a^2 - 49b^2}$$

> Recuerde que cuando usted eleva un binomio al cuadrado, obtiene un término intermedio en el producto.

(b) $(2a - 7b)^2 = (2a)^2 - 2(2a)(7b) + (7b)^2$ *Producto notable 3: cuadrado perfecto de una diferencia*

$$= \boxed{4a^2 - 28ab + 49b^2}$$

Estudie las diferencias entre las partes (a) y (b); también observe sus semejanzas.

(c) A primera vista, $(x+y-3)(x+y+3)$ no parece estar en la forma de un producto notable o en la forma general. Sin embargo, podemos reagrupar los términos dentro de los paréntesis y ponerlos en la forma de un producto notable o en la forma general. Este producto es una diferencia de dos cuadrados, con $x+y$ como el primer término y 3 como el segundo término. Agregamos paréntesis alrededor de $x+y$ para ver el producto con mayor claridad.

$[(x+y)-3][(x+y)+3]$ *Aplicamos la diferencia de cuadrados.*

$= (x+y)^2 - 3^2$ *Aplicamos después el producto notable 2 a $(x+y)^2$.*

$= \boxed{x^2 + 2xy + y^2 - 9}$

(d) Seguimos el mismo orden de operaciones que se analizó en la sección 1.2 (es decir, paréntesis, exponentes, multiplicación y división y, por último, suma y resta).

$2x(x-4)^2 - (x+4)(x-4)$ *Elevamos al cuadrado el binomio $(x-4)$ y determinamos la diferencia de cuadrados $(x+4)(x-4)$.*

$= 2x(x^2 - 8x + 16) - (x^2 - 16)$ *Distribuimos $2x$ y restamos $x^2 - 16$.*

$= 2x^3 - 16x^2 + 32x - x^2 + 16$

$= \boxed{2x^3 - 17x^2 + 32x + 16}$

Observe que multiplicamos $(x+4)(x-4)$ antes de restar. Es un buen hábito conservar los paréntesis para recordar que estamos restando toda la expresión $(x^2 - 16)$. ∎

EJEMPLO 2 Se va a construir una caja abierta con una pieza de cartón rectangular de 1 pie por 3 pies, recortando cuadrados idénticos de longitud x de cada una de las esquinas de la hoja de cartón y doblando luego los lados por las líneas punteadas como se muestra en la figura 1.6. Determine el volumen de la caja en términos de x.

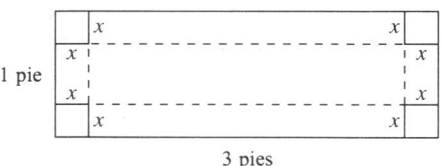

FIGURA 1.6

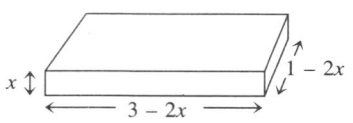

FIGURA 1.7

Solución El volumen de una caja está dado por $V = lah$, donde l es el largo, a el ancho y h la altura.

Según la figura 1.6, si el cartón se dobla a lo largo de las líneas punteadas, entonces su altura es x. El largo de la caja es $3 - 2x$, ya que hemos eliminado x longitud de cada lado del cartón. Por esta misma razón, el ancho de la caja es $1 - 2x$ (véase la figura 1.7). Por lo tanto,

1.3 Polinomios y expresiones racionales

$$V = lwh$$
$$= (3 - 2x)(1 - 2x)x$$
$$= (3 - 8x + 4x^2)x$$
$$= \boxed{3x - 8x^2 + 4x^3} \text{ pies cúbicos} \qquad \blacksquare$$

Factorización

Factorizar un polinomio es volver a escribirlo como un producto de polinomios. La propiedad distributiva nos proporciona un método para factorizar polinomios así como para multiplicarlos.

$$\textit{Multiplicación} \rightarrow$$
$$a(b + c) = ab + ac$$
$$\leftarrow \textit{Factorización}$$

A menos que se indique lo contrario, factorizamos sobre los enteros; es decir, todos los factores polinomiales deben tener coeficientes enteros.

El tipo más elemental de factorización consiste en factorizar el máximo factor común. Por ejemplo, el monomio que constituye el máximo factor común de $24x^2y^3 - 16xy^3 - 8y^4$ es $8y^3$, porque $8y^3$ es el factor más grande que es común a *los tres* términos $24x^2y^3$, $-16xy^3$ y $-8y^4$. Por lo tanto,

$$24x^2y^3 - 16xy^3 - 8y^4 = (8y^3)(3x^2) + (8y^3)(-2x) + (8y^3)(-y)$$

Por la propiedad distributiva obtenemos

$$= 8y^3(3x^2 - 2x - y)$$

Podemos generalizar la factorización común a expresiones más complejas, como se muestra a continuación.

EJEMPLO 3 Factorizar por completo las siguientes expresiones: **(a)** $3x(y - 4) + 2(y - 4)$ **(b)** $(x + 2)^2 + (x + 2)$ **(c)** $4x(x - 4)^2 - 2(2x^2 + 1)(x - 4)$

Solución

(a) Para factorizar una expresión como $3x(y - 4) + 2(y - 4)$, observamos que $y - 4$ es común a las dos expresiones, $3x(y - 4)$ y $2(y - 4)$, y por lo tanto se puede factorizar, de la misma manera que se factorizaría A de $3xA + 2A$.

$$3x \cdot A + 2 \cdot A = A \cdot (3x + 2)$$
$$3x(y - 4) + 2(y - 4) = \boxed{(y - 4)(3x + 2)}$$

(b) Para factorizar $(x + 2)^2 + (x + 2)$, observamos que $x + 2$ es el factor común de $(x + 2)^2$ y de $x + 2$. Esto es similar a factorizar $A^2 + A$ para obtener $A(A + 1)$.

$$A^2 + A = A \cdot [A + 1]$$
$$(x + 2)^2 + (x + 2) = (x + 2)[(x + 2) + 1] \qquad \textit{Simplificamos entonces } [(x + 2) + 1].$$
$$= \boxed{(x + 2)(x + 3)}$$

(c) De nuevo, para factorizar $4x(x-4)^2 - 2(2x^2+1)(x-4)$, observamos primero que $2(x-4)$ es común a cada término, $4x(x-4)^2$ y $-2(2x^2+1)(x-4)$. Por lo tanto, podemos factorizar $2(x-4)$ y ponerlo a la izquierda de $2x(x-4)$ y $-(2x^2+1)$.

$$4x(x-4)^2 - 2(2x^2+1)(x-4)$$
$$= 2(x-4)[2x(x-4) - (2x^2+1)] \qquad \textit{Después, simplificamos el paréntesis.}$$
$$= 2(x-4)[2x^2 - 8x - 2x^2 - 1]$$
$$= 2(x-4)[-8x - 1] \qquad \textit{Podemos factorizar } -1 \textit{ de } -8x - 1$$
$$\qquad \textit{para obtener}$$
$$= \boxed{-2(x-4)(8x+1)} \qquad \blacksquare$$

El máximo factor común de un polinomio no siempre resulta evidente. A menudo tenemos que efectuar uno o dos pasos para escribir al polinomio en una forma que se pueda factorizar. Primero, podríamos agrupar los términos y luego factorizar los grupos antes de que se vea con claridad qué se puede factorizar de la expresión completa. Esto se conoce como **factorización por agrupación** y se ilustra en el ejemplo 4.

EJEMPLO 4 Factorizar por completo la siguiente expresión:

$$3xb - 2b + 15x - 10$$

Solución

$3xb - 2b + 15x - 10 \qquad \textit{No existe un factor común a todos los términos, así que los agrupamos por pares y factorizamos cada par.}$

$$= 3xb - 2b + 15x - 10$$
$$= b(3x-2) + 5(3x-2) \qquad \textit{Ahora factorizamos } 3x-2 \textit{ de cada grupo.}$$
$$= \boxed{(3x-2)(b+5)} \qquad \blacksquare$$

Factorización de trinomios

Por el álgebra básica, ya deberíamos estar familiarizados con la factorización de polinomios de la forma $Ax^2 + Bx + C$. Los casos más sencillos son aquellos cuyo coeficiente principal cumple $A = 1$, es decir, cuando el trinomio tiene la forma $x^2 + Bx + C$. Por otra parte, la factorización de un trinomio general $Ax^2 + Bx + C$ requiere una técnica de ensayo y error.

EJEMPLO 5 Factorizar por completo las siguientes expresiones:

(a) $3y^3 - 6y^2 - 105y$

(b) $12a^3 + 2a^2 - 4a$

Solución

(a) $3y^3 - 6y^2 - 105y$ *No lo olvide: siempre factorice primero el máximo factor común.*

$$= 3y(y^2 - 2y - 35)$$ *Después, factorizamos $y^2 - 2y - 35$*

$$= \boxed{3y(y-7)(y+5)}$$

(b) $12a^3 + 2a^2 - 4a$ *Primero factorizamos el monomio común $2a$.*

$$= 2a(6a^2 + a - 2)$$ *Factorizamos $6a^2 + a - 2$ en $(2a-1)(3a+2)$.*

$$= \boxed{2a(2a-1)(3a+2)}$$ ∎

Factorización utilizando los productos notables

Si intentamos factorizar $9x^2 + 30x + 25$ con un método de prueba y error, podríamos tardarnos bastante para llegar a la factorización correcta. Sin embargo, si reconocemos este polinomio como una forma de un producto notable, podemos reducir en gran parte nuestro trabajo.

Enumeremos de nuevo los productos notables que hemos visto hasta ahora y agreguemos otros dos.

PRODUCTOS NOTABLES

1. $a^2 - b^2 = (a+b)(a-b)$ — Diferencia de dos cuadrados
2. $a^2 + 2ab + b^2 = (a+b)^2$ — Cuadrado perfecto de una suma
3. $a^2 - 2ab + b^2 = (a-b)^2$ — Cuadrado perfecto de una diferencia
4. $a^3 - b^3 = (a-b)(a^2 + ab + b^2)$ — Diferencia de dos cubos
5. $a^3 + b^3 = (a+b)(a^2 - ab + b^2)$ — Suma de dos cubos

EJEMPLO 6 Factorizar por completo las siguientes expresiones.
(a) $9x^2 + 30x + 25$ **(b)** $x^4 - y^4$ **(c)** $27x^3 + y^3$ **(d)** $24x^4 - 3x$

Solución

(a) $9x^2 + 30x + 25 = (3x)^2 + 2(3x)(5) + 5^2$ *Cuadrado perfecto de una suma*

$$= \boxed{(3x+5)^2}$$

(b) $x^4 - y^4$ *Volvemos a escribir esta expresión como una diferencia de dos cuadrados.*

$$= (x^2)^2 - (y^2)^2$$ *Factorizamos: diferencia de cuadrados*

$$= (x^2 - y^2)(x^2 + y^2)$$ *Ahora factorizamos $x^2 - y^2$.*

$$= \boxed{(x - y)(x + y)(x^2 + y^2)}$$

(c) $27x^3 + y^3$ *Volvemos a escribir como una suma de cubos.*

$$= (3x)^3 + y^3$$ *Factorizamos: suma de dos cubos.*

$$= (3x + y)[(3x)^2 - (3x)(y) + y^2]$$ *Simplificamos dentro de los paréntesis.*

$$= \boxed{(3x + y)(9x^2 - 3xy + y^2)}$$

(d) $24x^4 + 3y$ *Primero factorizamos el monomio común, $3x$.*

$$= (3x[8x^3 - 1]$$ *Ahora volvemos a escribir $8x^3 - 1$ como una diferencia de cubos.*

$$= 3x[(2x)^3 - 1^3]$$ *Factorizamos como una diferencia de cubos.*

$$= 3x(2x -)[(2x)^2 + (2x)(1) + 1^2]$$ *Simplificamos dentro de los paréntesis.*

$$= \boxed{3x(2x - 1)(4x^2 + 2x + 1)}$$ ∎

Ahora aplicaremos lo que sabemos acerca de la factorización de productos notables a expresiones más complejas.

EJEMPLO 7   Factorizar por completo las siguientes expresiones:

(a) $x^3 - x^2 - 4x + 4$ **(b)** $x^2 - 4xy + 4y^2 - 9$

Solución

(a) Cuando aparece un signo negativo entre los pares de binomios que intentamos agrupar, a veces tenemos que extraer un factor negativo para que los factores binomiales sean idénticos. Por ejemplo, para factorizar $x^3 - x^2 - 4x + 4$, tendríamos que extraer el factor -4 de $-4x + 4$:

$x^3 - x^2 - 4x + 4$ *Primero separamos los pares*

$$= x^3 - x^2 \quad - 4x + 4$$ *Factorizamos x^2 del primer par y -4 del segundo. [Tenga cuidado: verifique con la multiplicación.]*

$$= x^2(x - 1) - 4(x - 1)$$ *Factorizamos $x - 1$ para obtener*

$$= (x^2 - 4)(x - 1)$$ *Factorizamos ahora la expresión $x^2 - 4$.*

$$= \boxed{(x - 2)(x + 2)(x - 1)}$$

(b) Si tratamos de factorizar $x^2 - 4xy - 4y^2 - 9$, agrupando en pares, no encontraríamos factores comunes. Supongamos, sin embargo, que agrupamos los tres primeros términos.

$x^2 - 4xy + 4y^2 - 9 = (x^2 - 4xy + 4y^2) - 9$ *Observamos que $x^2 - 4xy + 4y^2$ es el cuadrado perfecto $(x - 2y)^2$, y $9 = 3^2$.*

$\qquad\qquad\qquad\quad = (x - 2y)^2 - (3)^2$ *Una diferencia de cuadrados.*

$\qquad\qquad\qquad\quad = [(x - 2y - 3][(x - 2y) + 3]$

$\qquad\qquad\qquad\quad = \boxed{(x - 2y - 3)(x - 2y + 3)}$ ∎

Hacemos la siguiente advertencia general para la factorización de polinomios:

Siempre extraiga primero el mayor factor común. Si el polinomio que va a factorizar es un binomio, entonces podría ser una diferencia de dos cuadrados o una suma o diferencia de dos cubos. Si el polinomio que va a factorizarse es un trinomio, entonces (1) si dos de los tres términos son cuadrados perfectos, el polinomio podría ser un cuadrado perfecto o (2) en caso contrario, el polinomio podría ser una de las formas generales. Si el polinomio que va a factorizarse consiste en cuatro o más términos, entonces intente la factorización por agrupación.

Expresiones racionales

Una **expresión fraccionaria** es un cociente de dos expresiones algebraicas $\dfrac{a}{b}$ (b ≠ 0).

Definimos una **expresión racional** como un cociente de dos polinomios, $\dfrac{p}{q}$, con la condición de que el denominador no sea el polinomio cero. (Recuerde que el polinomio cero es simplemente 0.)

No obstante, aunque el denominador no sea el polinomio cero, debemos tener cuidado con la división entre cero; un polinomio distinto de cero puede tener un valor nulo si sustituimos ciertos valores para la variable. Por ejemplo, $\dfrac{3x - 4}{2x - 1}$ es una expresión racional, cuyo denominador es el polinomio distinto de cero $2x - 1$. Sin embargo, puesto que $2x - 1$ es cero cuando $x = \dfrac{1}{2}$, la expresión $\dfrac{3x - 4}{2x - 1}$ no está definida para $x = \dfrac{1}{2}$. De la misma manera, la expresión $\dfrac{x + y}{x - y}$ no está definida cuando $x = y$.

Fracciones equivalentes

En la sección 1.2 ya hemos definido lo que entendemos por fracciones equivalentes. También mencionamos en esa sección que, como requerimos fracciones reducidas a su mínima expresión, podemos observar su equivalencia examinándolas. Para reducir fracciones a su mínima expresión, es necesario utilizar el principio fundamental de las fracciones:

$$\frac{a \cdot k}{b \cdot k} = \frac{a}{b} \quad (b, k \neq 0).$$

De nuevo, una fracción reducida a su mínima expresión o escrita en su forma más simple es una fracción que no tiene factores comunes (distintos de ± 1) tanto en su numerador como en su denominador. Esto nos exige factorizar el numerador y el denominador y luego dividir, para eliminar los factores comunes de ambos; por ejemplo,

$$\frac{x^2 - y^2}{(x-y)} = \frac{(x-y)(x+y)}{(x-y)(x-y)} = \frac{x+y}{x-y} \qquad \textit{Primero factorizamos, luego reducimos.}$$

Recuerde, *el principio fundamental de las fracciones nos permite reducir utilizando factores comunes, no términos.*

EJEMPLO 8 Expresar la siguiente fracción en su forma más simple:

$$\frac{5(x^2+2)^2 - 5x(x^2+2)(2x)}{(x^2+2)^4}$$

Solución En lugar de iniciar este problema efectuando operaciones para simplificar el numerador, hay que comenzar por extraer el factor común $5(x^2+2)$ del numerador:

$$\frac{5(x^2+2)^2 - 5x(x^2+2)(2x)}{(x^2+2)^4} \qquad \textit{Factorizamos } 5(x^2+2) \textit{ del numerador.}$$

$$= \frac{5(x^2+2)[(x^2+2) - x(2x)]}{(x^2+2)^4} \qquad \textit{Ahora simplificamos } [(x^2+2) - x(2x)].$$

$$= \frac{5(x^2+2)(2-x^2)}{(x^2+2)^4} \qquad \textit{Reducimos mediante el factor } (x^2+2).$$

$$= \boxed{\frac{5(2-x^2)}{(x^2+2)^3}}$$

Intente resolver este problema simplificando primero el numerador.

Abordando el problema de esta manera reducimos el trabajo de realizar operaciones polinomiales en el numerador. Sin embargo, aún más importante es el hecho de que si usted simplifica el numerador como primer paso, podría no darse cuenta de que el polinomio del numerador puede factorizarse. ∎

Operaciones con expresiones racionales

Realizamos operaciones aritméticas con expresiones racionales tal como lo haríamos con los números racionales (véase la página 14):

EJEMPLO 9 Realizar las operaciones y expresar la respuesta en su forma más simple.

(a) $\dfrac{a^2 - ab + b^2}{a^2b - ab^2} \cdot \dfrac{a^3 + a^2b}{a^3 + b^3}$ (b) $\dfrac{5x - 10}{x - 4} + \dfrac{3x - 2}{4 - x}$

(c) $-\dfrac{4x(x+1)}{(x^2-2)^3} + \dfrac{1}{(x^2-2)^2}$

1.3 Polinomios y expresiones racionales

Solución

(a) $\dfrac{a^2 - ab + b^2}{a^2b - ab^2} \cdot \dfrac{a^3 + a^2b}{a^3 + b^3}$ *Factorizamos.*

$= \dfrac{a^2 - ab + b^2}{ab(a - b)} \cdot \dfrac{a^2(a + b)}{(a + b)(a^2 - ab + b^2)}$ *Luego reducimos.*

$= \boxed{\dfrac{a}{b(a - b)}}$

(b) $\dfrac{5x - 10}{x - 4} + \dfrac{3x - 2}{4 - x}$ NOTA: *Puesto que $x - 4$ es el negativo de $4 - x$, multiplicamos el numerador y el denominador de la segunda fracción por -1.*

$= \dfrac{5x - 10}{x - 4} + \dfrac{(3x - 2)(-1)}{(4 - x)(-1)}$ *Ahora los denominadores son los mismos.*

$= \dfrac{5x - 10}{x - 4} + \dfrac{-3x + 2}{x - 4}$ *Combinamos los numeradores.*

$= \dfrac{5x - 10 + (-3x + 2)}{x - 4} = \dfrac{2x - 8}{x - 4}$ *Factorizamos y reducimos.*

$= \dfrac{2(x - 4)}{x - 4} = \boxed{2}$

(c) $-\dfrac{4x(x + 1)}{(x^2 - 2)^3} + \dfrac{1}{(x^2 - 2)^2}$ El MCD es $(x^2 - 2)^3$.

A continuación, reescribimos cada fracción como una fracción equivalente con el MCD en el denominador.

$= -\dfrac{4x(x + 1)}{(x^2 - 2)^3} + \dfrac{1 \cdot (x^2 - 2)}{(x^2 - 2)^3}$ *Combinamos los numeradores; colocamos esto sobre el denominador común.*

$= \dfrac{-4x(x + 1) + (x^2 - 2)}{(x^2 - 2)^3} = \boxed{\dfrac{-3x^2 - 4x - 2}{(x^2 - 2)^3}}$ ∎

EJEMPLO 10 Expresar como una fracción simple reducida a su mínima expresión.

$$\dfrac{\dfrac{3}{x + h} - \dfrac{3}{x}}{h}$$

Solución Utilizando el segundo método para simplificar fracciones complejas como en la sección anterior, multiplicamos el numerador y el denominador por $x(x + h)$, que es el MCD de $\dfrac{3}{x+h}$ y $\dfrac{3}{x}$.

$$\begin{aligned}
\dfrac{\dfrac{3}{x+h} - \dfrac{3}{x}}{h} &= \dfrac{\left(\dfrac{3}{x+h} - \dfrac{3}{x}\right)}{h} \cdot \dfrac{x(x+h)}{x(x+h)} && \text{\textit{Aplicamos la propiedad distributiva.}} \\
&= \dfrac{\left(\dfrac{3}{x+h}\right)\dfrac{x(x+h)}{1} - \left(\dfrac{3}{x}\right)\dfrac{x(x+h)}{1}}{h[x(x+h)]} && \text{\textit{Reducimos donde sea adecuado.}} \\
&= \dfrac{3x - 3(x+h)}{hx(x+h)} && \text{\textit{Simplificamos ahora el numerador.}} \\
&= \dfrac{-3h}{hx(x+h)} && \text{\textit{Reducimos mediante el factor común de h.}} \\
&= \boxed{\dfrac{-3}{x(x+h)}}
\end{aligned}$$

EJERCICIOS 1.3

En los ejercicios 1-32, realice las operaciones y exprese sus respuestas en la forma más simple.

1. $(3x^2y)(-2xy^2)$
2. $(-7x^2y)(3xy^3)$
3. $(-3xy)^2(5xy)$
4. $(6xy^2)^2(-3x^2y^3)^2$
5. $(2x - 3)(3x + 2)$
6. $(5x - 9)(3x + 2)$
7. $(2x - 7)(3x + 1)$
8. $(2x - 5)(7x + 3)$
9. $(3x - 2)(2x^2 - 3x + 1)$
10. $(2x - 1)(4x^2 + 2x + 1)$
11. $(5x + 3)(25x^2 - 15x + 9)$
12. $(2x + 3)(x^2 - 2x + 1)$
13. $(x - 3)(x - 2)(x + 1)$
14. $(x - 4)(x + 5)(x - 1)$
15. $(x - 3y)^2$
16. $(x - 3y)(x + 3y)$
17. $(x^2 - 7)(x^2 + 7)$
18. $(x^2 + 7)^2$
19. $(2x - 3y)^2$
20. $(2x - 3y)(2x + 3y)$
21. $(x - y + 7)(x - y - 7)$
22. $(2x + 3 - y)(2x + 3 + y)$
23. $(x - y + 2)^2$
24. $(x + y + 3)^2$
25. $(x - 2)^2 - (x - 2)(x + 2)$
26. $(x - 2)(x + 2) - (x - 2)^2$
27. $5y(y - 5)^2 - (y - 5)(y + 5)$
28. $6x(x - 3)(x + 3) - (x - 3)^2$
29. $2(x - 3)^2 - 2x^2$
30. $5(x - 1)^2 - 5x^2$
31. $2(x + h)^2 + 1 - (2x^2 + 1)$
32. $3(x + h)^2 + 2(x + h) - 2 - (3x^2 + 2x - 2)$
33. En términos de x, determine el área de la región sombreada que se muestra en la figura siguiente.

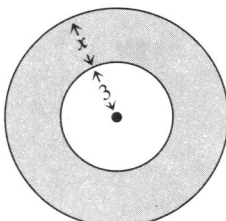

34. Se va a construir una caja abierta con una pieza rectangular de cartón de 2 pies por 3 pies, recortando cuadrados idénticos de longitud x de cada una de las esquinas de la hoja de cartón y doblando posteriormente los lados por las líneas punteadas, como se muestra en el ejemplo 2. Determine el volumen de la caja en términos de x.

35. Se va a construir una caja abierta cortando cuadrados de las esquinas de una pieza rectangular de 2 pies por 3 pies de cartón y doblándola luego por la línea punteada, como se muestra en la figura del ejemplo 2. Si los cuadrados que se van a cortar tienen longitud x, determine el *área de la superficie* de la caja en términos de x.

36. Un jardín rectangular está rodeado por un camino de ancho uniforme de 2 metros de ancho. Si la longitud del jardín es dos veces su ancho, exprese el área total del camino y del jardín en términos del ancho del jardín.

En los ejercicios 37-66, factorice cada expresión tanto como sea posible.

37. $x^2 + x - 20$
38. $6x^2 - 7x - 3$
39. $12x^2 + 10x - 12$
40. $3x^3 - 3x^2 - 6x$
41. $3a(b - 2) - (b - 2)$
42. $(x - 3)^2 - (x - 3)$
43. $5x(x - 1)^2 + 10(x - 1)^3$
44. $3x(x - 2) + 2(x - 2)^2$
45. $3x(x - 2)(2x^2 + 1) - 6(x + 3)(2x^2 + 1)$
46. $4x(x - 2)^2(x - 1) + 8(x - 2)(x - 1)$
47. $ax + bx - 2a - 2b$
48. $x^3 - 5x - 2x^2 + 10$
49. $x^3 - 5x - 3x^2 + 15$
50. $x^3 - 7x - 2x^2 + 14$
51. $x^2 - 9$
52. $x^4 - 16$
53. $x^2 - 8x + 16$
54. $4x^2 + 4xy + y^2$
55. $8x^3 - 1$
56. $27x^3 + 8$
57. $81x^3 - 24$
58. $64x - 27xy^3$
59. $x^3 + 3x^2 - 16x - 48$
60. $x^3 - 3x^2 - 25x + 75$
61. $x^4 - 10x^2 + 24$
62. $2x^3 - 50x + 2x^2 - 50$
63. $x^2 - 2xy + y^2 - 16$
64. $x^2 + 4x + 4 - y^2$
65. $a^5 - a^3 - a^2 + 1$
66. $x^5 - x^2 - 4x^3 + 4$

En los ejercicios 67-72, simplifique la fracción.

67. $\dfrac{2x^3 - 2xy^2}{4x^4 - 8x^3y + 4x^2y^2}$

68. $\dfrac{4x(x + 2)^2 - 2x^2(2)(x + 2)}{(x + 2)^4}$

69. $\dfrac{3(x + h) + 1 - (3x + 1)}{h}$

70. $\dfrac{(x + h)^2 + 2(x + h) - 3 - (x^2 + 2x - 3)}{h}$

71. $\dfrac{(x^2 - 4)^2(-4) - (-4x)(4x)(x^2 - 4)}{(x^2 - 4)^4}$

72. $\dfrac{(x^2 - 3)^2(-6x) - (-3x^2 - 9)(4x)(x^2 - 3)}{(x^2 - 3)^4}$

En los ejercicios 73-84, efectúe las operaciones y exprese cada respuesta en su forma más simple.

73. $\dfrac{6x^2 - 7x - 3}{4x^2 - 12x + 9} \cdot \dfrac{2x - 3}{3x^2 - 5x - 2}$

74. $\dfrac{5x - 1}{5x + 2} \div \dfrac{25x^2 - 10x + 4}{125x^3 + 8}$

75. $\dfrac{27x^3 - 8}{9x^2 - 4} \div (9x^2 + 6x + 4)$

76. $\dfrac{6x^2 - 8x}{3x^3 - x^2 - 4x} \cdot \dfrac{4x^4 - 8x^3 - 12x^2}{2x - 6}$

77. $\dfrac{x}{x - y} - \dfrac{x}{y}$

78. $\dfrac{2y + 10}{3 - y} + \dfrac{y + 7}{y - 3}$

79. $\dfrac{2a + 6}{a^2 + 5a + 6} + \dfrac{5a + 1}{a + 2}$

80. $\dfrac{x}{x - 2} + \dfrac{2}{x^2 - 4x + 4}$

81. $\dfrac{3x}{x - 1} + \dfrac{x + 3}{x - 2} + 2x - 3$

82. $\dfrac{3y - 4}{y - 5} + \dfrac{4y}{10 + 3y - y^2}$

83. $-\dfrac{x^2 + 1}{(x - 2)^2} + \dfrac{2x}{x - 2}$

84. $\dfrac{2}{(x^2 - 3)^2} - \dfrac{8x^2}{(x^2 - 3)^3}$

En los ejercicios 85-90, exprese cada fracción como una fracción simple reducida a su mínima expresión.

85. $\dfrac{1 - \dfrac{1}{x^2}}{\dfrac{x - 1}{x}}$

86. $\dfrac{x + \dfrac{2}{xy^2}}{\dfrac{1}{x} + 2}$

87. $\dfrac{\dfrac{1}{x + 3} - \dfrac{1}{x + 1}}{2}$

88. $\dfrac{\dfrac{3}{x - 1} - \dfrac{3}{x - 4}}{3}$

89. $\dfrac{\dfrac{5}{x + h} - \dfrac{5}{x}}{h}$

90. $\dfrac{\dfrac{3}{(x + h)^2} - \dfrac{3}{x^2}}{h}$

91. $\dfrac{\dfrac{3x + 1}{x - 4}}{\dfrac{2x + 1}{x + 2} - \dfrac{x}{x - 4}}$

92. $1 - \dfrac{1}{1 - \dfrac{1}{1 - \dfrac{1}{x}}}$

PREGUNTAS PARA REFLEXIONAR

93. Describa lo que sucede al valor del polinomio $x^2 + 2x + 3$ si x es cada vez más grande.

94. Describa lo que sucede al valor de $\dfrac{x + 3}{x - 4}$ si:

(a) $x > 4$, y x se aproxima cada vez más a 4.
(b) $x < 4$, y x se aproxima cada vez más a 4.

1.4 Exponentes y radicales

Originalmente, definimos x^n considerando x n veces como factor. Según esta definición, n debe ser un número natural. No tiene sentido que n sea negativo o cero. Sin embargo, podemos extender la definición de exponentes para incluir a 0 y los exponentes negativos de la siguiente manera:

Definición del exponente cero

$$x^0 = 1 \qquad (x \neq 0)$$

NOTA: 0^0 está indefinido

Definición de los exponentes negativos

$$x^{-n} = \frac{1}{x^n} \qquad (x \neq 0)$$

Como resultado de la definición de exponentes negativos, tenemos que $\dfrac{1}{x^{-n}} = \dfrac{1}{\frac{1}{x^n}} = x^n$.

Vemos que *si se cambia el signo del exponente de una potencia, ésta se transforma en su recíproco*. Así,

$$x^{-3} = \frac{1}{x^3}, \qquad \frac{1}{x^{-4}} = x^4, \qquad \frac{1}{2^{-2}} = 2^2 = 4, \qquad 10^{-5} = \frac{1}{10^5} = \frac{1}{100{,}000}$$

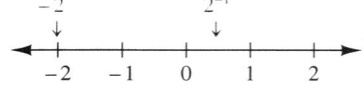

FIGURA 1.8

No debe confundirse el signo de un exponente con el signo de la base. Por ejemplo: -2 es un número que está 2 unidades a la izquierda del cero en la recta numérica, mientras que $2^{-1} = \dfrac{1}{2}$ es un número positivo que se encuentra media unidad a la derecha del cero, como se muestra en la figura 1.8.

Las reglas para los exponentes se enumeran en el siguiente cuadro.

REGLAS PARA EXPONENTES ENTEROS

1. $x^n x^m = x^{n+m}$
2. $(x^n)^m = x^{nm}$
3. $(xy)^n = x^n y^n$
4. $\dfrac{x^n}{x^m} = x^{n-m} \qquad (x \neq 0)$
5. $\left(\dfrac{x}{y}\right)^n = \dfrac{x^n}{y^n} \qquad (y \neq 0)$

Estas reglas se pueden utilizar para reducir el proceso de multiplicación y división de expresiones que incluyen exponentes.

EJEMPLO 1 Realizar las operaciones y simplificar; expresar cada respuesta como una fracción simple con exponentes positivos.

(a) $\dfrac{(2a^{-2}b)^{-3}(-3ab)^{-2}}{a^{-4}}$

(b) $\dfrac{a^{-2} - b^{-2}}{a^{-1} + b^{-1}}$

(c) $5(x - 6)^{-1} + 5x(x - 6)^{-2}$

1.4 Exponentes y radicales

Solución

(a) $\dfrac{(2a^{-2}b)^{-3}(-3ab)^{-2}}{a^{-4}}$ *Utilizamos la regla 3 y la regla 2.*

$= \dfrac{2^{-3}a^{6}b^{-3}(-3)^{-2}a^{-2}b^{-2}}{a^{-4}}$

$= \dfrac{2^{-3}(-3)^{-2}a^{6}a^{-2}b^{-3}b^{-2}}{a^{-4}}$ *Utilizamos la regla 1 y la regla 4.*

$= 2^{-3}(-3)^{-2}a^{6+(-2)-(-4)}b^{-3+(-2)}$

$= 2^{-3}(-3)^{-2}a^{8}b^{-5}$ *Volvemos a escribir la expresión utilizando exponentes positivos.*

$= \dfrac{a^{8}}{2^{3}(-3)^{2}b^{5}} = \boxed{\dfrac{a^{8}}{72b^{5}}}$

(b) Recuerde que las reglas de los exponentes se aplican a los factores, no a los términos. Debemos volver a escribir cada *término* del numerador y del denominador utilizando la definición de los exponentes negativos.

$\dfrac{a^{-2} - b^{-2}}{a^{-1} + b^{-1}} = \dfrac{\dfrac{1}{a^{2}} - \dfrac{1}{b^{2}}}{\dfrac{1}{a} + \dfrac{1}{b}}$ *Multiplicamos el numerador y el denominador de la fracción compleja por $a^{2}b^{2}$. (¿Por qué?)*

$= \dfrac{\left(\dfrac{1}{a^{2}} - \dfrac{1}{b^{2}}\right)a^{2}b^{2}}{\left(\dfrac{1}{a} + \dfrac{1}{b}\right)a^{2}b^{2}} = \dfrac{b^{2} - a^{2}}{ab^{2} + a^{2}b} = \dfrac{(b-a)(b+a)}{ab(b+a)} = \boxed{\dfrac{b-a}{ab}}$

(c) $5(x - 6)^{-1} + 5x(x - 6)^{-2}$ *Volvemos a escribir cada término utilizando los exponentes positivos.*

$= \dfrac{5}{x - 6} + \dfrac{5x}{(x - 6)^{2}}$ *El MCD es $(x - 6)^{2}$.*

$= \dfrac{5(x - 6)}{(x - 6)^{2}} + \dfrac{5x}{(x - 6)^{2}}$

$= \dfrac{5(x - 6) + 5x}{(x - 6)^{2}} = \boxed{\dfrac{10x - 30}{(x - 6)^{2}}}$ ∎

Notación científica

La notación científica es una manera concisa para escribir números muy grandes o muy pequeños. Por ejemplo, la masa aproximada de la Tierra, escrita en forma decimal estándar es 5,980,000,000,000,000,000,000,000 kilogramos. Mediante la notación científica, podemos escribir este número como 5.98×10^{24}.

DEFINICIÓN Un número está en **notación científica** si tiene la forma $a \times 10^{n}$ donde $1 \leq a < 10$ y n es entero.

1.645×10^4 está escrito en notación científica, con $a = 1.645$ y $n = 4$. 6.8×10^{-5} está escrito en notación científica, con $a = 6.8$ y $n = -5$.

La conversión de la notación científica a la estándar es directa: sólo hay que mover el punto decimal hacia la derecha o hacia la izquierda. Por ejemplo,

$$1.642 \times 10^5 = 1.642 \times 100{,}000 = 164{,}200$$

$$7.3 \times 10^{-4} = 7.3 \times 0.0001 = 0.00073$$

El paso intermedio puede omitirse, observando que el número de lugares que se mueve el punto decimal está dado por el valor absoluto del exponente de 10; la dirección en la que se mueve el punto decimal está determinada por el signo del exponente.

La conversión de la notación estándar a la científica requiere un poco más de razonamiento, pero nuevamente se trata de un sencillo desplazamiento del punto decimal hacia la derecha o hacia la izquierda, como se muestra en el Ejemplo 2.

EJEMPLO 2 Expresar lo siguiente en notación científica:

(a) 78,964   **(b)** 0.00751

Solución

(a) 78,964   *La notación científica requiere que el número tenga la siguiente forma:*

$= 7.8964 \times 10^n$ *Lo que falta por determinar es la potencia de 10.*

Como hemos movido el punto decimal de 78,964 cuatro lugares hacia la izquierda, es obvio que el valor del número cambió. Para regresar el número a su valor original, lo multiplicamos por una potencia de 10 que lo recorra 4 lugares hacia la derecha: esto es 10^{+4}. Por lo tanto,

$78{,}964 = \boxed{7.8964 \times 10^4}$

(b) 0.00751   *En notación científica, el número debe tener la siguiente forma:*

$= 7.51 \times 10^n$ *Puesto que movimos el punto decimal 3 lugares hacia la derecha, necesitamos multiplicar la cantidad por la potencia de 10 que regrese el punto decimal 3 lugares hacia la izquierda: 10^{-3}.*

$0.00751 = \boxed{7.51 \times 10^{-3}}$

Una manera más rápida de expresar lo anterior es que la potencia de 10 regresa el punto decimal a su posición original. ∎

Si ha intentado utilizar una calculadora para calcular $6{,}500{,}000 \times 950{,}000$, probablemente su calculadora mostrará en la pantalla 6.175 E 12 o 6.175 12. Cuando se obtiene una respuesta en esta forma, por lo general es porque la respuesta tiene más dígitos de los que la calculadora puede exhibir. 6.175 E 12 o 6.175 12 es la manera en que la calculadora expresa el número 6.175×10^{12}; de igual manera, cuando una calculadora muestra en la pantalla 2.3852 E − 15, esto significa 2.3852×10^{-15}.

Con frecuencia, los cálculos pueden simplificarse utilizando la notación científica. Primero convertimos todos los números de la notación estándar a la científica y luego efectuamos los cálculos.

EJEMPLO 3 Si la masa de una partícula es 4.3×10^{-7} gramos, entonces la masa de 5 millones de esas partículas ¿es más próxima a 1 gramo, 10 gramos, 100 gramos o 1000 gramos?

1.4 Exponentes y radicales

Solución Para determinar la masa de 5 millones de estas partículas, simplemente multiplicamos la masa de una partícula por 5 millones = 5,000,000 como sigue:

$(4.3 \times 10^{-7})(5,000,000)$ *Volvemos a escribir* 5,000,000 *utilizando la notación científica.*

$= (4.3 \times 10^{-7})(5 \times 10^6)$ *Separamos las potencias de* 10.

$= (4.3)(5) \times (10^{-7})(10^6) = 21.5 \times 10^{-1}$

$= 2.15$ gramos

De las opciones dadas, este resultado está más próximo a $\boxed{1 \text{ gramo}}$.

La mayoría de las calculadoras científicas tienen una tecla $\boxed{\text{EXP}}$ o $\boxed{\text{EE}}$ que le permite introducir estos números en notación científica. Para efectuar la multiplicación anterior en notación científica utilizando una calculadora, oprima la secuencia de teclas: $\boxed{4}$ $\boxed{.}$ $\boxed{3}$ $\boxed{\text{EXP}}$ $\boxed{7}$ $\boxed{+/-}$ $\boxed{\times}$ $\boxed{5}$ $\boxed{\text{EXP}}$ $\boxed{6}$ $\boxed{=}$ para obtener 2.15. ∎

Exponentes racionales

A continuación ampliaremos aún más la definición de exponentes para incluir los exponentes de números racionales. Para esto, supondremos que queremos que las reglas de los exponentes enteros también se apliquen a los exponentes racionales y luego utilizaremos las reglas para mostrar cómo definir un exponente racional. Por ejemplo, ¿cómo se define $a^{1/2}$? Considere $9^{1/2}$:

Si aplicamos la regla 2 y elevamos al cuadrado $9^{1/2}$, obtenemos $(9^{1/2})^2 = 9^{2/2} = 9^1 = 9$

Así, $9^{1/2}$ es un número que, al elevarse al cuadrado, da 9.

Existen dos posibles respuestas: 3 y −3, ya que al elevar cualquiera de estos números al cuadrado se obtiene 9. A fin de evitar ambigüedades, definimos $a^{1/2}$ (llamada la raíz cuadrada principal de a) como la cantidad *no negativa* tal que, al elevarse al cuadrado, resulta ser a. Por lo tanto, $9^{1/2} = 3$.

¿Tenemos dos opciones para el valor de $8^{1/3}$?

Llegamos a la definición de $a^{1/3}$ por el mismo procedimiento que seguimos para $a^{1/2}$. Por ejemplo, si elevamos al cubo $8^{1/3}$, obtenemos $(8^{1/3})^3 = 8^{3/3} = 8^1 = 8$. Por lo tanto, $8^{1/3}$ es el número que, elevado al cubo, da 8. Puesto que $2^3 = 8$, tenemos que $8^{1/3} = 2$. De manera similar, $(-27)^{1/3} = -3$.

Así, definimos $a^{1/3}$ (la raíz cúbica de a) como la cantidad que, al elevarse al cubo, resulta igual a a.

Generalizamos con la siguiente definición:

DEFINICIÓN DE $a^{1/n}$

Si n es un entero positivo, impar, entonces

$$a^{1/n} = b \quad \text{si y sólo si} \quad b^n = a$$

Si n es un entero positivo par y $a \geq 0$, entonces

$$a^{1/n} = |b| \quad \text{si y sólo si} \quad b^n = a$$

$a^{1/n}$ es la **raíz n-ésima principal de a**. Por lo tanto, $a^{1/n}$ es el número real (no negativo cuando n es par) tal que, al elevarse a la n-ésima potencia, resulta igual a a.

Observe que al trabajar con raíces pares, debemos tener cuidado con dos aspectos: (1) nos interesa sólo la raíz principal (no negativa) de la expresión, y (2) puesto que al elevar cualquier número real a una potencia par, siempre obtendremos un número no negativo, la raíz par de un número negativo no puede ser un número real. Por lo tanto,

$(1/6)^{1/2} = 4$ *ya que* $4^2 = 16$ $\qquad$ $27^{1/3} = 3$ *ya que* $3^3 = 27$

$(-125)^{1/3} = -5$ *ya que* $(-5)^3 = -125$ $\qquad$ $(-16)^{1/4}$ no es un número real

$\left(\dfrac{1}{81}\right)^{1/4} = \dfrac{1}{3}$ *ya que* $\left(\dfrac{1}{3}\right)^4 = \dfrac{1}{81}$

Hasta ahora hemos definido $a^{1/n}$, donde n es un número natural. Con ayuda de la segunda regla de los exponentes, podemos definir la expresión $a^{m/n}$, donde m y n son números naturales y $\dfrac{m}{n}$ está reducida a su mínima expresión.

DEFINICIÓN DE $a^{m/n}$

Si $a^{1/n}$ es un número real, entonces $a^{m/n} = (a^{1/n})^m$ (la raíz n-ésima de a elevada a la m-ésima potencia).

También podemos definir exponentes racionales negativos:

$$a^{-m/n} = \dfrac{1}{a^{m/n}} \quad (a \neq 0)$$

Ahora que ya hemos definido los exponentes racionales, podemos afirmar que *las reglas para los exponentes enteros siguen siendo válidas para los exponentes racionales, siempre y cuando la raíz sea un número real*, es decir, siempre que no se trate de raíces pares de números negativos.

Por las reglas de los exponentes, determinamos que $(a^{1/n})^m = (a^m)^{1/n}$. Por lo tanto, podemos considerar $a^{m/n}$ de dos maneras:

Si $a^{1/n}$ es un número real: $a^{m/n} = (a^{1/n})^m = (a^m)^{1/n}$.

EJEMPLO 4   Evaluar lo siguiente:

(a) $27^{2/3}$ **(b)** $36^{-1/2}$ **(c)** $(-32)^{-3/5}$

Solución   En general, es más sencillo determinar la raíz *antes* de elevar a una potencia.

(a) $27^{2/3} = (27^{1/3})^2 = 3^2 = \boxed{9}$

(b) $36^{-1/2}$ $\qquad$ *Comenzamos por utilizar la definición de un exponente negativo.*

$\qquad = \dfrac{1}{36^{1/2}} = \boxed{\dfrac{1}{6}}$ $\qquad$ *Observe que el signo del exponente no tiene efecto en el signo de la base.*

1.4 Exponentes y radicales

(c) $(-32)^{-3/5} = \dfrac{1}{(-32)^{3/5}}$ *Volvemos a escribir la expresión utilizando exponentes positivos.*

$= \dfrac{1}{[(-32)^{1/5}]^3}$ *Primero determinamos la raíz.*

$= \dfrac{1}{(-2)^3} = \boxed{-\dfrac{1}{8}}$

Un punto de confusión que surge con frecuencia se refiere a las diferencias entre los exponentes negativos y los exponentes fraccionarios: los exponentes negativos implican el uso de *recíprocos* de la base, mientras que los exponentes fraccionarios dan como resultado *raíces* de la base. Por ejemplo,

$$x^{-4} = \dfrac{1}{x^4}, \quad \text{mientras que} \quad x^{1/4} = \text{la raíz cuarta de } x$$

$$16^{-4} = \dfrac{1}{16^4} = \dfrac{1}{65{,}536}, \quad \text{mientras que} \quad 16^{1/4} = 2$$

¿Qué diferencia existe entre 4^{-2}, $4^{1/2}$ y $4^{-1/2}$?

Como establecimos con anterioridad, definimos los exponentes racionales de tal manera que las reglas para los exponentes enteros sigan siendo válidas para los exponentes racionales. Por consiguiente, simplificamos expresiones con exponentes racionales aplicando las mismas reglas que utilizamos para los exponentes enteros. Al igual que con los exponentes enteros, cuando se nos pida simplificar una expresión, las bases y los exponentes deben aparecer el menor número de veces posible.

A menos que se indique lo contrario, supondremos que todas las variables representan números reales positivos.

EJEMPLO 5 Realizar las operaciones y simplificar. Expresar la respuesta utilizando únicamente exponentes positivos.

(a) $(y^{2/3} y^{-1/2})^2$ (b) $\left(\dfrac{a^{1/2} a^{-2/3}}{a^{1/4}}\right)^8$ (c) $2x(x^2 + 4)^{3/5}(x^2 + 4)^{-1/2}$

Solución Asegúrese de que puede seguir los cálculos.

(a) $(y^{2/3} y^{-1/2})^2 = (y^{[2/3]+[-1/2]})^2 = (y^{1/6})^2 = y^{2/6} = \boxed{y^{1/3}}$

(b) $\left(\dfrac{a^{1/2} a^{-2/3}}{a^{1/4}}\right)^8$ *Podemos optar por simplificar primero el interior de los paréntesis; sin embargo, para este problema, si aplicamos primero las reglas 5 y 3, las operaciones con fracciones resultan más sencillas.*

$= \dfrac{(a^{1/2})^8 (a^{-2/3})^8}{(a^{1/4})^8} = \dfrac{a^4 a^{-16/3}}{a^2} = a^{4-(16/3)-2} = a^{-10/3} = \boxed{\dfrac{1}{a^{10/3}}}$

(c) $2x(x^2 + 4)^{3/5}(x^2 + 4)^{-1/2} = 2x(x^2 + 4)^{[\frac{3}{5} - \frac{1}{2}]}$

$= \boxed{2x(x^2 + 4)^{1/10}}$

EJEMPLO 6 Realizar las operaciones y simplificar la siguiente expresión: $(5a^{1/2} + 3b^{1/2})^2$.

Solución

$(5a^{1/2} + 3b^{1/2})^2$ *Para elevar al cuadrado un binomio, podemos utilizar el producto notable del cuadrado perfecto.*

$= (5a^{1/2})^2 + 2(5a^{1/2})(3b^{1/2}) + (3b^{1/2})^2$

$= 5^2 a^{2/2} + 30 a^{1/2} b^{1/2} + 3^2 b^{2/2}$

$= \boxed{25a + 30 a^{1/2} b^{1/2} + 9b}$ ∎

> Observe que al elevar al cuadrado $a^{1/2}$ **no** se obtiene $a^{1/4}$.

En álgebra básica acostumbramos factorizar polinomios. Podemos utilizar los mismos principios de factorización que hemos aprendido en álgebra para factorizar expresiones con términos que contengan exponentes racionales. Por ejemplo, para factorizar $x^3 + x^2$, sabemos que el máximo factor común es x^2, que es x elevado al menor exponente que aparece en la expresión. Por lo tanto, $x^3 + x^2 = x^2(x + 1)$.

De la misma manera, podemos factorizar $x + x^{1/3}$ observando que el máximo factor común es $x^{1/3}$, que es x elevado al menor exponente que aparece en la expresión. Por lo tanto,

$$x + x^{1/3} = x^{1/3}(x^{2/3} + 1) \qquad \text{Nota: } x = x^1 = x^{\frac{2}{3} + \frac{1}{3}} = x^{2/3} x^{1/3}$$

EJEMPLO 7 Factorizar la siguiente expresión: $10x(x - 3)^{1/2} + 5(x - 3)^{3/2}$.

Solución En la expresión $10x(x - 3)^{1/2} + 5(x - 3)^{3/2}$, cada término, $10x(x - 3)^{1/2}$ y $5(x - 3)^{3/2}$, tiene un factor común de $5(x - 3)^{1/2}$. Por consiguiente, podemos extraer este factor común y simplificar el resto de la expresión de la siguiente manera:

$10x(x - 3)^{1/2} + 5(x - 3)^{3/2}$ *Volvemos a escribir cada término con $5(x-3)^{1/2}$ como factor.*

$= [5(x - 3)^{1/2}][2x] + [5(x - 3)^{1/2}][x - 3]$ *Factorizamos $5(x-3)^{1/2}$ de cada término.*

$= [5(x - 3)^{1/2}][2x + (x - 3)]$ *Simplificamos $[2x + (x - 3)]$.*

$= [5(x - 3)^{1/2}][3x - 3]$ *Factorizamos $[3x - 3]$.*

$= [5(x - 3)^{1/2}][3(x - 1)]$

$= \boxed{15(x - 3)^{1/2}(x - 1)}$ ∎

EJEMPLO 8 Expresar como una sola fracción sencilla reducida a su mínima expresión:

$$2x(x^2 - 2)^{1/2} + x^2(x^2 - 2)^{-1/2}$$

Solución

$2x(x^2 - 2)^{1/2} + x^2(x^2 - 2)^{-1/2}$ *Volvemos a escribir cada término utilizando exponentes positivos.*

$= 2x(x^2 - 2)^{1/2} + \dfrac{x^2}{(x^2 - 2)^{1/2}}$ *El MCD es $(x^2 - 2)^{1/2}$.*

1.4 Exponentes y radicales

$$= \frac{2x(x^2-2)^{1/2}(x^2-2)^{1/2}}{(x^2-2)^{1/2}} + \frac{x^2}{(x^2-2)^{1/2}}$$

$$= \frac{2x(x^2-2)+x^2}{(x^2-2)^{1/2}}$$

$$= \boxed{\dfrac{2x^3+x^2-4x}{(x^2-2)^{1/2}}}$$

Una segunda manera de abordar el mismo problema es factorizar primero la expresión $x(x^2-2)^{-1/2}$ de cada término:

$2x(x^2-2)^{1/2} + x^2(x^2+2)^{-1/2}$ *Volvemos a escribir cada término con $x(x^2-2)^{1/2}$ como factor.*

Observe que
$(x^2-2)^{-1/2}(x^2-2) = (x^2-2)^{1/2}$

$= [x(x^2-2)^{-1/2}][2(x^2-2)] + [x(x^2-2)^{-1/2}][x]$ *Utilizamos la propiedad distributiva.*

$= [x(x^2-2)^{-1/2}][2(x^2-2)+x]$ *Ahora volvemos a escribir la expresión utilizando exponentes positivos.*

$$= \frac{x[2(x^2-2)+x]}{(x^2-2)^{1/2}}$$ *Simplificamos el numerador.*

$$= \boxed{\dfrac{2x^3+x^2-4x}{(x^2-2)^{1/2}}}$$ ∎

Expresiones radicales

La notación radical es una manera alternativa de escribir una expresión con exponentes racionales. Es decir, definimos

DEFINICIÓN $\sqrt[n]{a} = a^{1/n}$ donde n es un entero positivo

$\sqrt[n]{a}$ se llama también la ***n*-ésima raíz principal de *a***. En $\sqrt[n]{a}$, n es el **índice** del radical, el símbolo $\sqrt{}$ es el **radical** o **signo radical** y la expresión a dentro del radical es el **radicando**.

Puesto que $\sqrt[n]{a} = a^{1/n}$, donde n es un entero positivo, tenemos que

Para un número real a y n un entero positivo *impar*, $\sqrt[n]{a} = b$ si y sólo si $b^n = a$.

Para un número real no negativo a y n un entero positivo *par*, $\sqrt[n]{a} = |b|$ si y sólo si $b^n = a$.

Por lo tanto, $\sqrt[n]{a}$ es la cantidad (no negativa cuando n es par) tal que, al elevarse a la n-ésima potencia, resulta igual a a.

$$\sqrt[3]{64} = 4 \quad \text{pues} \quad 4^3 = 64$$
$$\sqrt[5]{-32} = -2 \quad \text{pues} \quad (-2)^5 = -32$$
$$\sqrt{9} = 3 \quad \text{pues} \quad 3^2 = 9$$

Observe que aunque $(-3)^2 = 9$, sólo nos interesa la raíz cuadrada principal o no negativa.

$\sqrt[6]{-64}$ no es un número real, *ya que ningún número real da como resultado un número negativo cuando se eleva a la sexta potencia.*

En general, determinamos lo siguiente.

Para un número real a y un entero positivo n,

$$\sqrt[n]{a^n} = \begin{cases} |a|, & \text{si } n \text{ es par} \\ a, & \text{si } n \text{ es impar} \end{cases}$$

Por ejemplo:

$$\sqrt[3]{5^3} = 5$$

$$\sqrt[4]{(-3)^4} = |-3| = 3 \qquad \text{NOTA: } \sqrt[4]{(-3)^4} = \sqrt[4]{81} = 3.$$

También observe que $(\sqrt[4]{-3})^4$ no es igual a $\sqrt[4]{(-3)^4}$, ya que $\sqrt[4]{-3}$ no es un número real.

Utilizando la notación de radicales, los siguientes enunciados son equivalentes:

Si $a^{1/n}$ es un número real, entonces $(a^m)^{1/n} = (a^{1/n})^m$

Si $\sqrt[n]{a}$ es un número real, entonces $\sqrt[n]{a^m} = (\sqrt[n]{a})^m$.

EJEMPLO 9 Reescribir la siguiente expresión sin utilizar radicales:

$$\frac{2x}{\sqrt{x^2 - 5}}$$

Solución

$$\frac{2x}{\sqrt{x^2 - 5}} = \boxed{\frac{2x}{(x^2 - 5)^{1/2}} \quad \text{o} \quad 2x(x^2 - 5)^{-1/2}}$$

∎

Simplificación de expresiones radicales

Ahora que hemos definido los radicales, nuestro siguiente paso es determinar cómo escribirlos en forma simplificada. Recuerde que una expresión radical está simplificada si los exponentes de los factores del radicando son menores que el índice y no existen fracciones dentro del radical. Junto con la definición de radical, las tres propiedades siguientes de los radicales nos proporcionarán gran parte de lo que necesitamos para simplificar radicales. Estas propiedades de los radicales son consecuencia de sus contrapartes exponenciales.

1.4 Exponentes y radicales

> **PROPIEDADES DE LOS RADICALES**
>
> Si $\sqrt[n]{a}$ y $\sqrt[n]{b}$ son números reales:
>
> 1. $\sqrt[n]{ab} = \sqrt[n]{a}\sqrt[n]{b}$　　　2. $\sqrt[n]{\dfrac{a}{b}} = \dfrac{\sqrt[n]{a}}{\sqrt[n]{b}}$　$(b \neq 0)$
>
> 3. $\sqrt[n]{\sqrt[m]{a}} = \sqrt[mn]{a}$　$(a \geq 0)$

¿Cómo se relacionan las propiedades de los radicales con las reglas de los exponentes?

Las propiedades 1 y 2 son en realidad variantes de la tercera y quinta reglas de los exponentes, y la propiedad 3 es el resultado de aplicar la segunda regla de los exponentes: $(a^{1/n})^{1/m} = a^{1/mn}$.

Con la definición de radical y las tres propiedades de los radicales, podemos simplificar muchas expresiones radicales. A continuación presentamos unos cuantos ejemplos de cómo podríamos utilizar las propiedades para simplificar radicales.

EJEMPLO 10 Expresar lo siguiente en su forma radical más simple.

(a) $\sqrt{25x^4y^2}$　(b) $\sqrt[3]{\dfrac{27}{y^{18}}}$　(c) $\sqrt[3]{24}$　(d) $\sqrt[3]{\sqrt[4]{2x^2}}$　(e) $\sqrt[3]{x^3+y^3}$

Solución

(a) $\sqrt{25x^4y^2}$　　　　*Aplicamos la propiedad 1.*

　　$= \sqrt{25}\sqrt{x^4}\sqrt{y^2}$

　　　　　　　　　　　Ya que $5^2 = 25$, $(x^2)^2 = x^4$, y $(y)^2 = y^2$, tenemos

　　$= \boxed{5x^2|y|}$

Observe que $\sqrt{y^2} = |y|$, pero podemos escribir $\sqrt{x^4} = x^2$ en lugar de $|x|^2$. ¿Por qué?

(b) $\sqrt[3]{\dfrac{27}{y^{18}}} = \dfrac{\sqrt[3]{27}}{\sqrt[3]{y^{18}}} = \boxed{\dfrac{3}{y^6}}$

(c) $\sqrt[3]{24} = \sqrt[3]{8 \cdot 3} = \sqrt[3]{8}\sqrt[3]{3} = \boxed{2\sqrt[3]{3}}$

(d) $\sqrt[3]{\sqrt[4]{2x^2}} = \boxed{\sqrt[12]{2x^2}}$

(e) $\sqrt[3]{x^3+y^3}$　$\boxed{\text{no se puede simplificar}}$　　*(¿Por qué no?)*　■

Las dos primeras propiedades nos permiten multiplicar y dividir expresiones radicales con el mismo índice. Si necesitamos expresar un producto o un cociente de expresiones radicales con diferentes índices bajo un mismo radical, podemos convertirlos a exponentes fraccionarios, como se muestra a continuación.

EJEMPLO 11 Expresar $\sqrt[5]{x^2}\sqrt[3]{x^4}$ como un solo radical simplificado.

Solución

De manera alternativa, podemos volver a escribir $x^{26/15}$ como $x^{15/15} \cdot x^{11/15} = x \cdot x^{11/15}$ y después reescribimos este producto utilizando notación de radicales.

$\sqrt[5]{x^2}\sqrt[3]{x^4}$ *Volvemos a escribir utilizando exponentes radicales.*
$= x^{2/5}x^{4/3} = x^{\frac{2}{5}+\frac{4}{3}} = x^{26/15}$ *Volvemos a escribir utilizando notación de radicales y simplificamos.*
$= \sqrt[15]{x^{26}} = \sqrt[15]{x^{15}}\sqrt[15]{x^{11}} = \boxed{x\sqrt[15]{x^{11}}}$ ∎

En cálculo, es importante que usted se sienta seguro al trabajar con expresiones que incluyen exponentes fraccionarios o sus formas radicales equivalentes.

La propiedad distributiva nos permite agrupar términos con factores radicales. Por ejemplo, podemos agrupar $3\sqrt{2} + 4\sqrt{2}$ de la siguiente manera:

$$3\sqrt{2} + 4\sqrt{2} = (3+4)\sqrt{2} = 7\sqrt{2}.$$

EJEMPLO 12 Simplificar $\sqrt{27} - \sqrt{81} + \sqrt{12}$.

Solución Simplificamos primero cada término.

$\sqrt{27} - \sqrt{81} + \sqrt{12} = \sqrt{9}\sqrt{3} - \sqrt{81} + \sqrt{4}\sqrt{3} = 3\sqrt{3} - 9 + 2\sqrt{3}$

     Después agrupamos donde sea posible hacerlo.

$= \boxed{5\sqrt{3} - 9}$

Observe que no podemos reducir $5\sqrt{3} - 9$, al igual que no podemos reducir $5x - 9$. ∎

Al igual que en la multiplicación de polinomios, podemos utilizar la propiedad distributiva o los productos notables para multiplicar expresiones con más de un término radical.

EJEMPLO 13 Realizar las operaciones indicadas.

(a) $(2\sqrt{x} - 3\sqrt{y})(2\sqrt{x} + 3\sqrt{y})$ (b) $(\sqrt{x+y})^2 - (\sqrt{x} + \sqrt{y})^2$

Solución

(a) $(2\sqrt{x} - 3\sqrt{y})(2\sqrt{x} + 3\sqrt{y})$ *Ésta es una diferencia de cuadrados.*
$= (2\sqrt{x})^2 - (3\sqrt{y})^2$ *Elevamos cada término al cuadrado.*
$= 2^2(\sqrt{x})^2 - 3^2(\sqrt{y})^2$
$= \boxed{4x - 9y}$.

(b) $(\sqrt{x+y})^2 - (\sqrt{x} + \sqrt{y})^2$
$= x + y - [(\sqrt{x})^2 + 2\sqrt{x}\sqrt{y} + (\sqrt{y})^2]$ *Observe la diferencia en la manera de trabajar con $(\sqrt{x+y})^2$ y $(\sqrt{x}+\sqrt{y})^2$*
$= x + y - [x + 2\sqrt{xy} + y]$
$= x + y - x - 2\sqrt{xy} - y = \boxed{-2\sqrt{xy}}$.

∎

1.4 Exponentes y radicales

> ¿De qué forma escribiría $3x - 5y$ como un producto utilizando la diferencia de cuadrados? ¿La diferencia de cubos?

El ejemplo 13(a) muestra que cualquier expresión que contenga una diferencia puede factorizarse si eliminamos nuestra restricción de que los factores sean polinomios con coeficientes enteros.

Racionalización de expresiones radicales

En algunos casos, las expresiones radicales son más fáciles de trabajar si se elimina el radical del numerador (o del denominador); esto recibe el nombre de *racionalización del numerador (o del denominador)*. Este proceso puede llevarse a cabo utilizando el principio fundamental de las fracciones.

EJEMPLO 14 Racionalizar **(a)** el denominador de $\dfrac{\sqrt{2}}{\sqrt{5}}$; **(b)** el numerador de $\dfrac{\sqrt{2}}{\sqrt{5}}$.

Solución

(a) Aplicamos el principio fundamental de las fracciones y multiplicamos el numerador y el denominador por $\sqrt{5}$. Elegimos $\sqrt{5}$ porque al multiplicar el denominador por $\sqrt{5}$ obtenemos la raíz cuadrada de un cuadrado perfecto, lo cual a su vez racionaliza la expresión. Así,

$$\frac{\sqrt{2}}{\sqrt{5}} = \frac{\sqrt{2}}{\sqrt{5}}\frac{\sqrt{5}}{\sqrt{5}} = \frac{\sqrt{10}}{\sqrt{5^2}} = \boxed{\frac{\sqrt{10}}{5}}$$

(b) Para eliminar el radical del numerador, utilizamos el principio fundamental de las fracciones y multiplicamos el numerador y el denominador por $\sqrt{2}$.

$$\frac{\sqrt{2}}{\sqrt{5}} = \frac{\sqrt{2}}{\sqrt{5}}\frac{\sqrt{2}}{\sqrt{2}} = \boxed{\frac{2}{\sqrt{10}}}$$ ∎

En la racionalización del denominador tratamos de multiplicar el numerador y el denominador de la fracción por *la expresión que hará que el denominador sea la raíz n-ésima de una n-ésima potencia perfecta*.

> ¿Qué principio permite "eliminar el radical del denominador" cuando dicho denominador se racionaliza?

EJEMPLO 15 Racionalizar el denominador de $\dfrac{1}{\sqrt[3]{2x^2}}$.

Solución Para cambiar $\sqrt[3]{2x^2}$ por la raíz cúbica de un cubo perfecto, podemos multiplicar el numerador y el denominador por $\sqrt[3]{4x}$. Entonces $\sqrt[3]{2x^2}\sqrt[3]{4x} = \sqrt[3]{8x^3} = 2x$.

$$\frac{1}{\sqrt[3]{2x^2}} = \frac{1}{\sqrt[3]{2x^2}} \cdot \frac{\sqrt[3]{4x}}{\sqrt[3]{4x}} = \frac{\sqrt[3]{4x}}{\sqrt[3]{8x^3}} = \boxed{\frac{\sqrt[3]{4x}}{2x}}$$ ∎

En el ejemplo 15 racionalizamos el denominador de una fracción con un solo término radical en el denominador. Para racionalizar el denominador de una fracción con más de un término en el denominador, aprovechamos la diferencia de cuadrados y multiplicamos el numerador y el denominador por el conjugado del denominador; el **conjugado** de $a + b$ es $a - b$.

EJEMPLO 16 Racionalizar el denominador de $\dfrac{2}{3 + \sqrt{5}}$.

Solución

$$\frac{2}{3 + \sqrt{5}}$$ *Multiplicamos el numerador y el denominador por $3 - \sqrt{5}$, el conjugado de $3 + \sqrt{5}$.*

$$= \frac{2}{3 + \sqrt{5}} \cdot \frac{3 - \sqrt{5}}{3 - \sqrt{5}}$$ *El denominador es una diferencia de cuadrados.*

$$= \frac{2(3 - \sqrt{5})}{(3)^2 - (\sqrt{5})^2}$$ *No multiplique todavía el numerador.*

$$= \frac{2(3 - \sqrt{5})}{9 - 5} = \frac{2(3 - \sqrt{5})}{4} = \boxed{\frac{3 - \sqrt{5}}{2}}$$ ■

EJEMPLO 17 Racionalizar el numerador y simplificar: $\dfrac{\sqrt{x} + 2}{x - 4}$

Solución Podemos abordar este problema de dos maneras. Primero, podemos racionalizar esta expresión multiplicando el numerador y el denominador por $\sqrt{x} - 2$:

$$\frac{\sqrt{x} + 2}{x - 4} = \frac{\sqrt{x} + 2}{x - 4} \cdot \frac{\sqrt{x} - 2}{\sqrt{x} - 2}$$

$$= \frac{(\sqrt{x})^2 - 2^2}{(x - 4)(\sqrt{x} - 2)}$$ *No multiplique todavía el denominador.*

$$= \frac{x - 4}{(x - 4)(\sqrt{x} - 2)}$$ *Ahora reducimos.*

$$= \boxed{\frac{1}{\sqrt{x} - 2}}$$

Una segunda manera de resolver este problema es reescribir el denominador como una diferencia de cuadrados. Si notamos que cada término del binomio del denominador (x y 4) es el cuadrado de cada término del binomio del numerador ($\sqrt{x}$ y 2), podemos factorizar el denominador como se muestra a continuación.

$$\frac{\sqrt{x} + 2}{x - 4} = \frac{\sqrt{x} + 2}{(\sqrt{x} + 2)(\sqrt{x} - 2)} = \frac{1}{\sqrt{x} - 2}$$ ■

EJERCICIOS 1.4

En los ejercicios 1-8, realice las operaciones y simplifique. Exprese sus respuestas únicamente con exponentes positivos.

1. $\dfrac{(x^2y)^2(x^3y)^2}{(xy)^4}$

2. $\dfrac{(3a^2b)^2(2ab)^3}{6a^2b^3}$

3. $\dfrac{(3x^{-1}y^{-2})^{-3}(x^2y^{-1})^3}{(9x^{-2}y)^{-2}}$

4. $\dfrac{4^{-2}16^{-1}}{2^{-4}}$

5. $\dfrac{x^{-1} + 2}{x + 2}$

6. $\dfrac{x^{-1} + 2}{(x + 2)^{-1}}$

7. $\dfrac{x^{-1} + y^{-1}}{xy^{-1}}$

8. $\dfrac{x^{-2} + y^{-2}}{(x + y)^{-2}}$

9. Exprese 7,500,000,000 utilizando notación científica.
10. Exprese 0.000000653 utilizando notación científica.

1.4 Exponentes y radicales

11. El Sol se encuentra aproximadamente a 93 millones de millas de la Tierra. ¿Cuánto tarda la luz, que viaja aproximadamente a 300,000 kilómetros por segundo, en llegar a nosotros desde el Sol?

12. Los científicos calculan que cada segundo el Sol convierte alrededor de 700 millones de toneladas de hidrógeno en helio. Si el Sol contiene cerca de 1.49×10^{27} toneladas de hidrógeno, ¿cuántos años tardará aproximadamente en agotarse la provisión de hidrógeno del Sol?

En los ejercicios 13-16, evalúe la expresión.

13. $32^{-3/5}$
14. $\left(\dfrac{1}{8}\right)^{2/3}$
15. $\left(-\dfrac{8}{27}\right)^{-2/3}$
16. $\dfrac{9^{-1/2}\, 81^{1/4}}{27^{-2/3}\, 3^{-2}}$

En los ejercicios 17-24, realice las operaciones y exprese la respuesta en la forma más simple, utilizando únicamente exponentes positivos.

17. $\dfrac{x^{1/2} y^{2/3}}{x^{-1/3}}$
18. $\dfrac{x^{1/2} x^{-2/3}}{x^{-3/4}}$
19. $(x^2 + 1)^{-1/2}(x^2 + 1)^{3/5}$
20. $\dfrac{(x^2 + 1)^{1/3}}{(x^2 + 1)^{-2/3}}$
21. $(x^{1/2} + 2)^2$
22. $(x^{1/3} + y^{1/3})(x^{2/3} - x^{1/3}y^{1/3} + y^{2/3})$
23. $(x^{1/2} + 2)(x^{1/2} - 2)$
24. $4x(x^{-1/2} + 1)^2$

En los ejercicios 25-30, exprese como una fracción simple, únicamente con exponentes positivos.

25. $3(x + 1)^{-1} - 3x(x + 1)^{-2}$
26. $2x(x + 1)^{-2} - 6(x + 1)^{-1}$
27. $4x^3(x^2 + 1)^{-1/2} + 4x(x^2 + 1)^{1/2}$
28. $2x^2(x^2 - 2)^{-2/3} + (x^2 - 2)^{1/3}$
29. $\dfrac{3x^3}{2}(x^3 - 3)^{-1/2} + (x^3 - 3)^{1/2}$
30. $\dfrac{2x^2}{3}(x^2 - 4)^{-2/3} + (x^2 - 4)^{1/3}$

En los ejercicios 31-32, reescriba la expresión, pero sin radicales.

31. $\dfrac{3}{x\sqrt{x^3 - 3}}$
32. $\dfrac{3x^2}{\sqrt{x^2 - 1}}$

En los ejercicios 33-38, exprese el radical en su forma más simple.

33. $\sqrt{24x^4 y^6}$
34. $\sqrt[3]{24x^4 y^6}$
35. $\sqrt{\dfrac{16x^8}{9}}$
36. $\sqrt{\dfrac{24x^8}{9x^3}}$
37. $\sqrt{3x^3}\sqrt[3]{81x^5}$
38. $\sqrt{\sqrt[3]{5x^2}}$

En los ejercicios 39-42, racionalice el denominador y exprese su respuesta en la forma radical más simple posible.

39. $\dfrac{5}{\sqrt{3x^5}}$
40. $\dfrac{5}{\sqrt[3]{3x^5}}$
41. $\dfrac{1}{\sqrt{x} - 4}$
42. $\dfrac{a - b}{\sqrt{a} - \sqrt{b}}$

En los ejercicios 43-48, racionalice el numerador y simplifique la fracción cuando sea posible.

43. $\dfrac{\sqrt{x^2 - 3x + 2}}{x - 1}$
44. $\dfrac{\sqrt{5}}{5x + 25}$
45. $\dfrac{\sqrt{x} - 3}{x - 9}$
46. $\dfrac{\sqrt{x} + 2}{x^2 - 3x - 4}$
47. $\dfrac{\sqrt{x + h} - \sqrt{x}}{h}$
48. $\dfrac{\sqrt{x + h + 3} - \sqrt{x + 3}}{h}$

En los ejercicios 49-64, realice las operaciones y exprese su respuesta en la forma radical más simple; donde sea posible racionalice los denominadores.

49. $(3xy^2 \sqrt{x^2 y})(2x\sqrt{18xy^2})$
50. $\dfrac{xy^2 \sqrt{24x^2 y}}{x\sqrt{8x^5 y}}$
51. $\dfrac{\sqrt{x^2 - 2x + 1}}{\sqrt{x - 1}}$
52. $\dfrac{\sqrt{(x^2 - 2)^3}}{\sqrt{x^2 - 2}}$
53. $\sqrt{27} - 3\sqrt{18} + 6\sqrt{12}$
54. $2\sqrt{32} - \sqrt{8} - 3\sqrt{2}$
55. $(2\sqrt{3} - 5)(2\sqrt{3} + 2)$
56. $(3\sqrt{x} - 2)(2\sqrt{x} + 5)$
57. $(\sqrt{a} - 5)(\sqrt{a} + 5)$
58. $(\sqrt{x} - 5)^2$
59. $(\sqrt{x} - 3)^2 - (\sqrt{x - 3})^2$
60. $(\sqrt{x} - 6)^2 - (\sqrt{x - 6})^2$
61. $\dfrac{\sqrt{2}}{\sqrt{7} - \sqrt{5}}$
62. $\dfrac{20 + \sqrt{60}}{4}$
63. $\dfrac{12}{\sqrt{6} - 2} - \dfrac{36}{\sqrt{6}}$
64. $\dfrac{20}{\sqrt{7} + 3} + \dfrac{28}{\sqrt{7}}$

En los ejercicios 65-70, exprese la expresión como una sola fracción simple.

65. $2x - \dfrac{1}{\sqrt{x^2 - 2}}$
66. $5x + \dfrac{2x}{\sqrt{x + 3}}$
67. $3\sqrt{x^2 - 2} - \dfrac{2}{\sqrt{x^2 - 2}}$
68. $3x\sqrt{x^2 + 4} + \dfrac{5x}{\sqrt{x^2 + 4}}$
69. $\dfrac{\sqrt{\dfrac{2}{x + h}} - \sqrt{\dfrac{2}{x}}}{h}$
70. $\dfrac{\dfrac{1}{\sqrt{x + h + 1}} - \dfrac{1}{\sqrt{x + 1}}}{h}$

1.5 Los números complejos

Cuando resolvemos la ecuación $3x + 5 = 7$, obtenemos como solución $x = \frac{2}{3}$. Si nos limitáramos al conjunto de los enteros, entonces esta ecuación no tendría solución. Sin embargo, si podemos extendernos al conjunto de los números racionales, entonces disponemos de la solución $x = \frac{2}{3}$. De manera similar, para resolver la ecuación $x^2 = 3$, tenemos que "ir más allá" de los racionales y definir los números reales para obtener las soluciones $x = \sqrt{3}$ y $x = -\sqrt{3}$.

Se podría pensar que nuestro sistema es completo, pero existen ecuaciones polinomiales que siguen sin poderse resolver. Por ejemplo, la ecuación $x^2 = -5$ no tiene como solución un número real, porque ningún número real elevado al cuadrado nos da como resultado un número negativo.

Para obtener las soluciones de estas ecuaciones, definimos un sistema que va más allá de los números reales. Comenzamos por definir i.

La unidad imaginaria, i, está definida por
$$i^2 = -1$$

Por lo tanto, $i = \sqrt{-1}$.
De acuerdo con esta definición, tenemos:

i
$i^2 = -1$
$i^3 = i^2 i = (-1)i = -i$
$i^4 = i^2 i^2 = (-1)(-1) = +1$

Si continuamos, $i^5 = i^4 i = (1)i$, $i^6 = i^4 i^2 = (1)(-1) = -1$, etcétera. Encontramos que este ciclo se repite después de i^4, así que cualquier potencia de i puede escribirse como i, -1, $-i$ o 1.

EJEMPLO 1 Reescribir las siguientes expresiones como ± 1 o $\pm i$: **(a)** i^{39} **(b)** i^{26}

Solución Puesto que $i^4 = 1$, sería conveniente factorizar la cuarta potencia perfecta más grande de i.

(a) $\quad i^{39} = i^{36} i^3 \quad$ 36 es el múltiplo más grande de 4 en 39; por lo tanto i^{36} es la cuarta potencia perfecta máxima que es factor de i^{39}. Reescribimos i^{36} como una cuarta potencia perfecta.

$\quad\quad = (i^4)^9 i^3 \quad$ Ya que $i^4 = 1$, obtenemos

$\quad\quad = (1)^9 i^3 = i^3 = \boxed{-i}$

Por lo tanto, $i^{39} = -i$.

En realidad, encontramos que $i^s = i^r$, donde r es el residuo de s dividido entre 4, y después reescribimos la expresión como $\pm i$ o ± 1.

1.5 Los números complejos

(b) $\quad i^{26} = (i^4)^6 i^2 \qquad$ NOTA: *si se divide 26 entre 4 queda un residuo de 2; por lo tanto, $i^{26} = i^2$*

$\qquad\quad = 1^6 i^2$

$\qquad\quad = i^2 = \boxed{-1}$

Utilizando i ahora podemos reescribir las raíces cuadradas con radicandos negativos de la siguiente manera:

$$\sqrt{-4} = \sqrt{4(-1)} = \sqrt{4i^2} = \sqrt{4}\sqrt{i^2} = 2i$$

$$\sqrt{-\frac{1}{16}} = \sqrt{\frac{1}{16}(-1)} = \sqrt{\frac{1}{16}i^2} = \sqrt{\frac{1}{16}}\sqrt{i^2} = \frac{1}{4}i$$

Utilizaremos i, la unidad imaginaria, para definir un nuevo tipo de número: el número complejo.

DEFINICIÓN Un **número complejo** es un número que puede escribirse en la forma $a + bi$, donde a y b son números reales e i es la unidad imaginaria. a es la **parte real** de $a + bi$ y b es la **parte imaginaria** de $a + bi$.

Por ejemplo, en el número complejo $3 + 4i$, 3 es la parte real y 4 es la parte imaginaria.

Si a es un número real, entonces podemos reescribirlo como el número complejo $a + 0i$. Puesto que podemos escribir cualquier número real en la forma compleja (con la parte imaginaria igual a cero), concluimos que todos los números reales son números complejos. En otras palabras, el conjunto de números reales es un subconjunto de los números complejos.

Si un número complejo distinto de cero no tiene parte real (la parte real es cero), entonces decimos que el número es imaginario puro. Por ejemplo: $3i$, $-4i$ y $i\sqrt{5}$ son números imaginarios puros.

EJEMPLO 2 Escribir lo siguiente en la forma $a + bi$.

(a) $\quad 5 + \sqrt{-16} \qquad$ **(b)** $\quad -5 \qquad$ **(c)** $\quad \dfrac{6 - \sqrt{-3}}{2}$

Solución

(a) $\quad 5 + \sqrt{-16} = \boxed{5 + 4i} \qquad$ Ya que $\sqrt{-16} = \sqrt{16(-1)} = \sqrt{16i^2} = 4i$

(b) $\quad -5 = \boxed{-5 + 0i}$

(c) $\quad \dfrac{6 - \sqrt{-3}}{2} = \dfrac{6 - i\sqrt{3}}{2}$

$\qquad\qquad\quad = \dfrac{6}{2} - \dfrac{\sqrt{3}}{2}i = \boxed{3 - \dfrac{\sqrt{3}}{2}i} \qquad$ *La parte real es 3; la parte imaginaria es $-\dfrac{\sqrt{3}}{2}$.*

Dos números complejos son iguales si sus partes reales son idénticas *y* sus partes imaginarias son idénticas. De manera algebraica, establecemos esto de la siguiente manera.

> **EQUIVALENCIA DE NÚMEROS COMPLEJOS**
>
> $a + bi = c + di$ si y sólo si $a = c$ y $b = d$

Ahora que hemos definido los números complejos, nuestro siguiente paso será examinar las operaciones con estos números.

Suma y resta de números complejos

La suma y la resta de números complejos son relativamente directas.

> ***Suma de números complejos:***
>
> $$(a + bi) + (c + di) = (a + c) + (b + d)i$$
>
> ***Resta de números complejos:***
>
> $$(a + bi) - (c + di) = (a - c) + (b - d)i$$

Esto dice que la parte real de la suma (diferencia) es la suma (diferencia) de las partes reales y la parte imaginaria de la suma (diferencia) es la suma (diferencia) de las partes imaginarias.

EJEMPLO 3   Realizar las operaciones.

(a) $(3 + 4i) + (5 - 6i)$ **(b)** $(6 + 9i) - (3 - 2i)$

Solución

(a)   Podríamos utilizar la definición de suma y resta:

$$(3 + 4i) + (5 - 6i) = (3 + 5) + (4 - 6)i = \boxed{8 - 2i}$$

O podemos considerar i como una variable y agrupar términos:

$$(3 + 4i) + (5 - 6i) = 3 + 4i + 5 - 6i = \boxed{8 - 2i}$$

(b) $(6 + 9i) - (3 - 2i) = (6 - 3) + [9 - (-2)]i$

$\qquad\qquad\qquad = \boxed{3 + 11i}$ *Utilizando la definición*   ■

Producto de números complejos

Podemos considerar un número complejo como un binomio y multiplicar dos números complejos utilizando la multiplicación binomial:

$(a + bi)(c + di) = ac + (ad + bc)i + bdi^2$ *Forma general 2*

$\qquad\qquad\qquad = ac + (ad + bc)i + bd(-1)$ *Ya que $i^2 = -1$*

$\qquad\qquad\qquad = ac - bd + (ad + bc)i$ *Agrupamos términos de modo que las partes reales estén juntas y las imaginarias también.*

1.5 Los números complejos

Así, formulamos la regla para multiplicar números complejos.

Producto de números complejos:
$$(a + bi)(c + di) = (ac - bd) + (ad + bc)i$$

Quizá no sea muy útil memorizar en este momento esta regla como un producto notable. Es mejor tan sólo multiplicar dos números complejos como binomios, sustituir i^2 por -1 y luego agrupar las partes reales y las imaginarias para conformar un número de la forma $a + bi$.

EJEMPLO 4 Realizar las operaciones.

(a) $(3 + 2i)(4 - 5i)$ (b) $(3 - 7i)^2$ (c) $(5 - 2i)(5 + 2i)$
(d) $(3 + i)^2 - 2(3 + i)$

Solución

(a) $(3 + 2i)(4 - 5i)$

$= 12 + (8 - 15)i - 10i^2$ *Ya que $i^2 = -1$, entonces $-10i^2 = -10(-1) = +10$.*

$= 12 - 7i + 10 = \boxed{22 - 7i}$

(b) $(3 - 7i)^2 = (3)^2 - 2(3)(7i) + (7i)^2$ *Producto notable: un cuadrado perfecto de una diferencia*

$= 9 - 42i + 49i^2$ *Ya que $49i^2 = 49(-1) = -49$*

$= 9 - 42i - 49 = \boxed{-40 - 42i}$

(c) $(5 - 2i)(5 + 2i) = 5^2 - (2i)^2$ *Producto notable: la diferencia de cuadrados*

$= 25 - 4i^2$ *Ya que $-4i^2 = -4(-1) = +4$*

$= 25 + 4 = \boxed{29}$ *Observe que el resultado es un número real.*

(d) $(3 + i)^2 - 2(3 + i)$ *Primero las potencias: elevamos al cuadrado $(3 + i)$.*

$= 9 + 6i + i^2 - 2(3 + i)$ *Después multiplicamos.*

$= 9 + 6i + i^2 - 6 - 2i$

$= 9 + 6i - 1 - 6 - 2i = \boxed{2 + 4i}$ ∎

Observe que en la parte (c) del ejemplo 4, el producto de dos números complejos $5 - 2i$ y $5 + 2i$ da como resultado el número real 29. Los dos números $5 - 2i$ y $5 + 2i$ son *conjugados complejos* uno del otro. El **conjugado complejo** de $a + bi$ es $a - bi$ (e inversamente, el conjugado complejo de $a - bi$ es $a + bi$). En general, *el producto de dos números complejos que son conjugados uno del otro produce un número real*:

$(a + bi)(a - bi) = a^2 - (bi)^2$ *Diferencia de cuadrados*

$= a^2 - b^2 i^2$ *Ya que $i^2 = -1$, $-b^2 i^2 = -b^2(-1) = b^2$.*

$= a^2 + b^2$ *Observe que $a^2 + b^2$ es un número real.*

Utilizaremos este resultado como ayuda para determinar algunos cocientes de números complejos.

Cocientes de números complejos

Nuestro objetivo es expresar un cociente de números complejos en la forma $a + bi$. Si tenemos un cociente de números complejos y un número real, donde el número real es el divisor, entonces expresar el cociente en la forma $a + bi$ es similar a dividir un polinomio entre un monomio. Por ejemplo,

$$\frac{6 - 5i}{2} = \frac{6}{2} - \frac{5}{2}i = 3 - \frac{5}{2}i$$

Si tenemos presente que $i = \sqrt{-1}$ es una expresión radical, veremos que las técnicas de racionalización utilizadas con cocientes de radicales resultan útiles cuando se trabaja con cocientes de números complejos si el divisor tiene una parte imaginaria.

EJEMPLO 5 Expresar lo siguiente en la forma $a + bi$.

(a) $\dfrac{4 + 3i}{2i}$ **(b)** $\dfrac{7 - 4i}{2 + i}$

Solución

(a) Tratamos esta expresión como si fuéramos a racionalizar un denominador: multiplicamos el numerador y el denominador por i.

$$\frac{4 + 3i}{2i} = \frac{(4 + 3i)}{2i} \cdot \frac{i}{i} = \frac{4i + 3i^2}{2i^2} \quad \textit{Y, ya que } i^2 = -1,$$

$$= \frac{4i + 3(-1)}{2(-1)} = \frac{-3 + 4i}{-2} = \boxed{\frac{3}{2} - 2i}$$

(b) Nuestro objetivo es obtener un número real en el denominador para poder expresar el resultado en la forma $a + bi$. Procedemos como sigue:

$\dfrac{7 - 4i}{2 + i}$ *Multiplicamos el numerador y el denominador por el conjugado del denominador, que es $2 - i$.*

$= \dfrac{(7 - 4i)(2 - i)}{(2 + i)(2 - i)}$

$= \dfrac{14 - 7i - 8i + 4i^2}{2^2 - i^2}$ *Como $i^2 = -1$, obtenemos*

$= \dfrac{14 - 7i - 8i - 4}{4 + 1}$ *Observe que el denominador es ahora un número real.*

$= \dfrac{10 - 15i}{5}$ *Después, reescribimos la expresión en la forma de un número complejo.*

$= \dfrac{10}{5} - \dfrac{15}{5}i = \boxed{2 - 3i}$ ■

Hemos definido los números complejos y sus operaciones. Los números complejos, junto con las operaciones aritméticas que hemos definido para ellos, obedecen las mismas propiedades que los números reales (asociativa, conmutativa, distributiva, inversos, etcétera) y forman un sistema llamado el sistema de los números complejos, que se designa por C. En la sección 1.8 veremos que cualquier ecuación de segundo grado tiene solución en C, el sistema de los números complejos. En el capítulo 4 veremos que cualquier ecuación polinomial tiene todas sus soluciones en C.

EJERCICIOS 1.5

En los ejercicios 1–6, exprese cada término como ± 1 o $\pm i$.

1. i^{16}
2. i^{35}
3. i^{100}
4. i^{43}
5. i^{4n+3} (n entero)
6. i^{4n+1} (n entero)

En los ejercicios 7–10, escriba en la forma $a + bi$.

7. $3 + \sqrt{-16}$
8. $2 - \sqrt{-12}$
9. $5 - \sqrt{-\frac{1}{12}}$
10. $\frac{2 + \sqrt{-12}}{2}$

En los ejercicios 11–32, realice las operaciones y escriba los resultados en la forma $a + bi$.

11. $(3 + 2i) + (6 - 8i)$
12. $(7 + 2i) + (3 - 5i)$
13. $(8 - 2i) + (9 + 2i)$
14. $(7 + 6i) - (7 - 6i)$
15. $(2 - 3i)(5 + i)$
16. $(5 + 3i)(2 - i)$
17. $(5 - 6i)(5 + 6i)$
18. $(3 - 8i)(3 + 8i)$
19. $(2 - 3i)^2$
20. $(5 - i)^2$
21. $\dfrac{2 + 8i}{2}$
22. $\dfrac{5 - 15i}{3}$
23. $\dfrac{2 + 3i}{i}$
24. $\dfrac{6 - 2i}{2i}$
25. $\dfrac{3}{2 + i}$
26. $\dfrac{4}{3 - i}$
27. $\dfrac{i}{2 - i}$
28. $\dfrac{i}{2 + i}$
29. $\dfrac{i + 1}{i - 1}$
30. $\dfrac{i - 1}{i + 1}$
31. $\dfrac{6 - 2i}{5 + 2i}$
32. $\dfrac{1 + i}{3 + 2i}$

En los ejercicios 33–36, realice las operaciones y escriba los resultados en la forma $a + bi$.

33. $(2 + i)^2 - 4(2 + i)$
34. $2(1 - i)^2 - 4(1 - i)$
35. $(2 - 2i)^2 + 2(2 + i)$
36. $(1 - 3i)^2 - 2(1 + 3i)$
37. Verifique que $3 + 2i$ es una solución de $x^2 - 6x + 13 = 0$.
38. Verifique que $2 - i$ es una solución de $3x^2 - 12x = -15$.
39. Exprese i^{-1} en la forma $a + bi$.
40. Exprese i^{-2} en la forma $a + bi$.

PREGUNTA PARA REFLEXIONAR

41. El número i nos permite representar otras raíces pares de números negativos además de las raíces cuadradas. Muestre cómo se puede representar $\sqrt[6]{-1}$ utilizando i. Sugerencia: $\sqrt[6]{x} = x^{1/6} = (x^{1/3})^{1/2} = \sqrt{\sqrt[3]{x}}$. ¿Qué hay de $\sqrt[10]{-1}$? ¿$\sqrt[14]{-1}$?

1.6 Ecuaciones y desigualdades de primer grado en una variable

Ecuaciones de primer grado

Una ecuación es la afirmación simbólica de una igualdad. Es decir, en vez de escribir "el doble de un número es cuatro unidades menor que el número", escribimos: $2x = x - 4$. Nuestro objetivo es determinar la solución de una ecuación dada. Por **solución** entendemos el valor o valores de la variable que hacen verdadera a la proposición algebraica.

En algunos casos, podemos tener una ecuación que siempre sea verdadera. Por ejemplo, $x + 6 = x + 8 - 2$ es *verdadera para todos los valores de la variable para los que esté definida*. A este tipo de ecuaciones las llamamos **identidades**. Por otro lado, existen ecuaciones para las que no existe solución, como $x + 2 = x + 1$. Una ecuación así es una **contradicción**. Una ecuación que es verdadera para algunos valores de la variable y falsa para otros es una **condicional**. La ecuación condicional $3x - 2 = 5x - 1$ es verdadera cuando $x = -\frac{1}{2}$ y falsa cuando x tiene cualquier otro valor.

DEFINICIÓN   Una **ecuación de primer grado en una variable** es una ecuación que se puede escribir en la forma $ax + b = 0$, donde a y b son constantes y $a \neq 0$.

En otras palabras, una ecuación de primer grado es una ecuación en la que el máximo grado de la variable es 1.

Las ecuaciones que tienen soluciones idénticas se llaman **ecuaciones equivalentes**. Las ecuaciones $3x - [5 + 2(x - 1)] = 2x + 1$ y $x = -4$ son equivalentes, ya que tienen exactamente la misma solución, -4. Nuestro objetivo es considerar una ecuación y, con ayuda de unas cuantas propiedades, cambiar gradualmente la ecuación dada por una *ecuación obvia* equivalente, una ecuación de la forma $x = a$ (o $a = x$), donde x es la variable que estamos despejando.

La **propiedad de sustitución** establece que si $a = b$, entonces a puede utilizarse para reemplazar a b y viceversa. La **propiedad de la suma para la igualdad**, si $a = b$, entonces $a + c = b + c$, es sencillamente una aplicación específica de la propiedad de sustitución. Esto también es cierto para la **propiedad de la multiplicación**: Si $a = b$, entonces $ac = bc$. (No necesitamos establecer específicamente una propiedad para la resta o para la división, ya que éstas se definen en términos de la suma y de la multiplicación, respectivamente.)

Las propiedades implican que: (1) *Sumar (restar) la misma cantidad a ambos lados de una ecuación producirá una ecuación equivalente*, y (2) *multiplicar (dividir) ambos lados de una ecuación por la misma cantidad* distinta de cero *producirá una ecuación equivalente*.

Ya tenemos dos (o cuatro) formas para transformar una ecuación en una ecuación equivalente. Nuestro propósito es aplicar las transformaciones anteriores a una ecuación hasta que la reduzcamos a una ecuación obvia.

En general, nuestra estrategia es: (1) Primero simplificamos tanto como sea posible cada lado de la ecuación. Si hay fracciones en la ecuación, debemos utilizar la propiedad de la multiplicación para "eliminar los denominadores". (2) Utilizando la propiedad de la suma (o de la resta), agrupamos todos los términos que contengan la variable por despejar en un solo lado de la ecuación. (3) Utilizamos la propiedad de la división (o de la multiplicación) para aislar la variable y obtener una ecuación obvia. (4) Por último, verificamos todas las soluciones en la ecuación original.

EJEMPLO 1   Despejar x.

(a) $820x = 10x + 30(50 - x)$

(b) $\dfrac{3}{x - 1} + 5 = \dfrac{4 - x}{x - 1}$

(c) $\dfrac{8}{x - 5} - \dfrac{5}{x + 3} = \dfrac{3x + 49}{x^2 - 2x - 15}$

Solución

(a) $820x = 10x + 30(50 - x)$ ⬥ *Simplificamos el lado derecho.*

$820x = 10x + 1500 - 30x$

$820x = 1500 - 20x$ ⬥ *Aplicamos la propiedad de la suma (sumamos $20x$ a cada lado de la ecuación).*

$840x = 1500$ ⬥ *Ahora, utilizamos la propiedad de la división (dividimos cada lado de la ecuación entre 840).*

$$x = \frac{1500}{840} = \boxed{\frac{25}{14}}$$

Recuerde verificar el resultado $\frac{25}{14}$ en vez de x en la ecuación original.

(b) $\dfrac{3}{x-1} + 5 = \dfrac{4-x}{x-1}$ ⬥ *Multiplicamos cada lado de la ecuación por $x-1$ para eliminar los denominadores.*

$\dfrac{3}{x-1}(x-1) + 5(x-1) = \dfrac{4-x}{x-1}(x-1)$ ⬥ *Multiplicamos.*

$3 + 5(x-1) = 4 - x$ ⬥ *Simplificamos el lado izquierdo.*

$5x - 2 = 4 - x$ ⬥ *Aplicamos las propiedades de la igualdad.*

$6x = 6$

$x = 1$

Al parecer tenemos una solución para esta ecuación. Sin embargo, si verificamos esta solución sustituyendo 1 por x en la ecuación original, obtenemos términos indefinidos (cero en el denominador). Por consiguiente, la solución a la que llegamos aplicando las propiedades no funciona. ¿Hemos cometido un error? No, cuando multipliquemos ambos lados por $x-1$, debemos estar seguros de que $x-1 \neq 0$ para obtener una ecuación equivalente. Esto significa que x no puede ser igual a 1; por lo tanto $\boxed{\text{la ecuación no tiene soluciones}}$.

(c) $\dfrac{8}{x-5} - \dfrac{5}{x+3} = \dfrac{3x+49}{x^2-2x-15}$ ⬥ *Multiplicamos ambos lados de la ecuación por el MCD de todas las fracciones. Puesto que $x^2 - 2x - 15 = (x-5)(x+3)$, el MCD es $(x-5)(x+3)$ (observe que $x \neq 5$, $x \neq -3$).*

> ¿Por qué excluimos 5 y −3 en el ejemplo 1(c)?

$\dfrac{8}{x-5}(x-5)(x+3) - \dfrac{5}{x+3}(x-5)(x+3) = \dfrac{3x+49}{(x-5)(x+3)}(x-5)(x+3)$

Reducimos.

$8(x+3) - 5(x-5) = 3x + 49$ ⬥ *Simplificamos el lado izquierdo.*

$3x + 49 = 3x + 49$

En este punto observamos que esta ecuación siempre es verdadera. Si comenzamos por aplicar las propiedades de la igualdad, terminaríamos con una ecuación del tipo 0 = 0 o 49 = 49. Como estos postulados son siempre verdaderos *y como son equivalentes a la ecuación original*, la primera ecuación debe ser verdadera para todos los reales excepto 5 y −3 . ∎

Utilizamos las mismas estrategias para resolver ecuaciones literales (ecuaciones con más de una letra).

EJEMPLO 2 Despejar la variable indicada en la siguiente ecuación.

$$y = \frac{x-1}{2x+3} \quad \text{(despejar } x\text{)}$$

Solución

$y = \dfrac{x-1}{2x+3}$ *Multiplicamos ambos lados por $2x + 3$.*

$y(2x+3) = x - 1$ *Simplificamos el lado izquierdo.*

$2xy + 3y = x - 1$ *Ahora aislamos los términos en x (agrupamos todos los términos con x en uno de los lados y todos los términos que no contienen x en el otro lado).*

$2xy - x = -3y - 1$ *Ahora factorizamos x del lado izquierdo.*

$(2y - 1)x = -3y - 1$ *Por último, dividimos ambos lados por el multiplicador de x: $2y - 1$.*

$$x = \frac{-3y-1}{2y-1}, \quad \text{o} \quad x = \frac{3y+1}{1-2y}$$

∎

EJEMPLO 3 Dada la fórmula $P = \dfrac{kV}{T}$, donde k es una constante, ¿qué ocurre a T cuando P se duplica y V se triplica?

Solución Puesto que queremos examinar lo que le sucede a T cuando P se duplica y V se triplica, primero despejamos T en la ecuación:

$P = \dfrac{kV}{T}$ *Despejamos T para obtener*

$T = \dfrac{kV}{P}$ *Duplicar P significa utilizar 2P en lugar de P y triplicar V significa utilizar $3V$ en lugar de V en la fórmula $T = \dfrac{kV}{P}$. Por lo tanto, la nueva T, a la que llamaremos T', es*

$T' = \dfrac{k[3V]}{[2P]}$

$= \dfrac{3}{2}\dfrac{kV}{P}$ *Y, puesto que $\dfrac{kV}{P} = T$,*

$T' = \dfrac{3}{2}T$

1.6 Ecuaciones y desigualdades de primer grado en una variable

> Por lo tanto, duplicar P y triplicar V causa que T se multiplique por $\dfrac{3}{2}$.

EJEMPLO 4 Una tienda de descuento de computadoras realiza una barata de fin de verano de dos tipos de computadoras. Se obtienen $41,800 por la venta de 58 computadoras. Si uno de los dos tipos se vendió a $600 y el otro a $850, ¿cuántas computadoras de cada tipo se vendieron?

Solución Sea x el número de computadoras de $600 vendidas, entonces $58 - x$ es el número de computadoras de $850 vendidas (ya que se vendieron 58 computadoras en total).

Nuestra ecuación incluye la cantidad de dinero obtenida de la venta de cada tipo de computadora. (Es decir, el *valor* de las computadoras vendidas.) Calculamos la cantidad de la siguiente manera:

$$\begin{pmatrix}\text{Cantidad obtenida por}\\ \text{la venta de computadoras}\\ \text{de \$600}\end{pmatrix} + \begin{pmatrix}\text{Cantidad obtenida por}\\ \text{la venta de computadoras}\\ \text{de \$850}\end{pmatrix} = \begin{pmatrix}\text{Cantidad}\\ \text{total}\\ \text{obtenida}\end{pmatrix}$$

$$\begin{pmatrix}\text{Número de computado-}\\ \text{doras vendidas a \$600}\end{pmatrix}\begin{pmatrix}\text{costo de una com-}\\ \text{putadora de \$600}\end{pmatrix} + \begin{pmatrix}\text{Número de computado-}\\ \text{ras vendidas a \$850}\end{pmatrix}\begin{pmatrix}\text{costo de una compu-}\\ \text{tadora de \$850}\end{pmatrix} = \$41{,}800$$

$$x \cdot 600 + (58-x) \cdot 850 = 41{,}800$$

Nuestra ecuación es $600x + 850(58 - x) = 41{,}800$, que nos da como resultado $x = 30$. Por lo tanto, hubo

> $x = 30$ computadoras vendidas a $600 y $58 - 30 = 28$ computadoras vendidas a $850.

EJEMPLO 5 Pérez puede procesar 200 formas por hora y Martínez puede procesar 150 formas por hora. ¿Cuánto tardarían en procesar 900 formas trabajando juntos, si Pérez comienza $\dfrac{1}{2}$ hora después que Martínez?

Solución La relación implícita es que la cantidad de trabajo realizado es igual al producto de la velocidad a la que se hace el trabajo y del tiempo que se trabaja, o $Q = RT$. Si Pérez puede procesar 200 formas en 1 hora, entonces puede procesar $200 \times 2 = 400$ formas en 2 horas, $200 \times 3 = 600$ formas en 3 horas, etcétera.

Sea t el número de horas que trabaja Martínez. Entonces Martínez procesa $150t$ formas en t horas. Por otra parte, Pérez empieza a trabajar $\dfrac{1}{2}$ hora después, por lo que su tiempo de trabajo es $t - \dfrac{1}{2}$ horas; en consecuencia, Pérez procesa $200\left(t - \dfrac{1}{2}\right)$ formas.

Nuestra ecuación ilustra la contribución que hace cada uno.

$$\underbrace{150t}_{\substack{\text{Número de formas}\\ \text{procesadas por Martínez}}} + \underbrace{200(t - 1/2)}_{\substack{\text{Número de formas}\\ \text{procesadas por Pérez}}} = \underbrace{900}_{\substack{\text{Número total de}\\ \text{formas procesadas}}}$$

Esto nos lleva a

$$350t - 100 = 900$$

Despejamos t para obtener $t = \boxed{2\dfrac{6}{7} \text{ horas}}$ para procesar 900 formas.

EJEMPLO 6 Si Martínez tarda 3 horas en terminar un trabajo y Pérez tarda 2 horas en realizar el mismo trabajo, ¿cuánto tiempo tardarían en terminar el trabajo si lo hacen juntos?

Solución Éste es el mismo tipo de problema de rapidez, sólo que las velocidades son ligeramente distintas a las del ejemplo 5. Decir que Martínez tarda 3 horas en terminar un trabajo significa que su velocidad es $\frac{1}{3}$ de trabajo por hora. Observe que $\frac{1}{3}$ de trabajo por hora significa que en 2 horas se terminan $\frac{2}{3}$ del trabajo; en 3 horas, $\frac{3}{3}$, o 1 trabajo está terminado, etcétera. Ahora que tenemos sus velocidades en la forma conocida, podemos abordar el problema de la misma forma que en el ejemplo 5.

Si t es el tiempo que tardan en completar el trabajo juntos, entonces Martínez puede realizar $\frac{1}{3}t$ de trabajo en t horas y Pérez puede llevar a cabo $\frac{1}{2}t$ de trabajo en t horas. Por lo tanto, juntos pueden efectuar $\frac{1}{3}t + \frac{1}{2}t$ de trabajo en t horas. Puesto que queremos determinar cuánto tardan en terminar 1 trabajo, nuestra ecuación es la siguiente:

$$\underbrace{\frac{1}{2}t}_{\text{Parte del trabajo realizada por Pérez}} + \underbrace{\frac{1}{3}t}_{\text{Parte del trabajo terminada por Martínez}} = \underbrace{1}_{\text{Un trabajo completo}}$$

Despejando t, obtenemos que $t = \boxed{\dfrac{6}{5} \text{ horas, o 1 hora con 12 minutos}}$. ∎

Desigualdades de primer grado

DEFINICIÓN Una **desigualdad de primer grado** es una desigualdad que puede escribirse en la forma $ax + b < 0$, donde a y b son constantes, con $a \neq 0$. (El símbolo < puede sustituirse por >, ≤ o ≥.)

Para resolver desigualdades, necesitamos las propiedades de las desigualdades que se enumeran más adelante. Recuerde que aunque las ecuaciones condicionales de primer grado tienen soluciones únicas, por lo general las soluciones para las desigualdades de primer grado son conjuntos infinitos.

PROPIEDADES DE LAS DESIGUALDADES

Para $a, b, c \in R$, si $a < b$, entonces

1. $a + c < b + c$ **2.** $ac < bc$ cuando $c > 0$ **3.** $ac > bc$ cuando $c < 0$

Así, para producir una desigualdad equivalente, podemos sumar (restar) la misma cantidad a ambos lados de una desigualdad, o multiplicar (dividir) ambos lados de una desigualdad por (entre) la misma cantidad *positiva*. Por otro lado, debemos invertir el símbolo de la desigualdad para producir una desigualdad equivalente si multiplicamos (dividimos) ambos lados de una desigualdad por (entre) la misma cantidad *negativa*.

1.6 Ecuaciones y desigualdades de primer grado en una variable

EJEMPLO 7 Despeje la variable. Exprese su respuesta utilizando la notación de intervalos.

(a) $5x + 8(20 - x) \geq 2(x - 5)$ (b) $-2 \leq \dfrac{5}{3} - 3x < 5$

Solución

(a) $5x + 8(20 - x) \geq 2(x - 5)$ *Simplificamos cada lado de la ecuación.*
$5x + 160 - 8x \geq 2x - 10$
$160 - 3x \geq 2x - 10$ *Ahora aplicamos las propiedades de las desigualdades.*
$-5x \geq -170$ *Dividimos ambos lados entre -5.*
$x \leq 34$ *Observe que se invirtió el símbolo de la desigualdad.*

Utilizando la notación de intervalos, la respuesta es $\boxed{(-\infty, 34)}$.

(b) $-2 \leq \dfrac{5}{3} - 3x < 5$

Esta doble desigualdad en realidad es dos desigualdades que se deben satisfacer simultáneamente: $-2 \leq \frac{5}{3} - 3x$ y $\frac{5}{3} - 3x < 5$. Podríamos dividir la doble desigualdad en dos desigualdades, $-2 \leq \frac{5}{3} - 3x$ y $\frac{5}{3} - 3x < 5$, resolverlas y reescribir la solución como una doble desigualdad. Sin embargo, podemos reducir nuestra tarea aislando x en el miembro intermedio de la siguiente manera:

> Resuelva el ejemplo 7(b) utilizando dos desigualdades.

$-2 \leq \dfrac{5}{3} - 3x < 5$ *Multiplicamos cada lado por 3.*
$-6 \leq 5 - 9x < 15$ *Restamos 5 a cada lado.*
$-11 \leq -9x < 10$ *Dividimos cada lado entre -9.*
$\dfrac{11}{9} \geq x > -\dfrac{10}{9}$ *Observe que hemos invertido los símbolos de desigualdad.*

Por lo tanto: $-\dfrac{10}{9} < x \leq \dfrac{11}{9}$, o, utilizando la notación de intervalos, $\boxed{\left(-\dfrac{10}{9}, \dfrac{11}{9}\right]}$. ∎

EJEMPLO 8 Una solución al 10% de alcohol debe mezclarse con una solución al 25% de alcohol para producir 24 litros de una solución que tenga al menos 15% pero no más de 20% de alcohol. ¿Cuánta solución al 10% de alcohol puede utilizarse para producir una mezcla con un contenido de alcohol dentro de los límites dados?

Solución Este problema tiene una estructura similar al ejemplo 4 de esta sección. En el ejemplo 4 establecimos una diferencia entre la cantidad (¿cuánto?) y el valor (¿cuánto cuesta?), pero en este problema establecemos una diferencia entre la cantidad de la solución del contenido de alcohol puro de cada solución. Por ejemplo, 40 galones de una solución al 25% de alcohol contendrían $0.25(40) = 10$ galones de alcohol puro.

Escribimos una *desigualdad* que refleje el hecho de que las cantidades de alcohol puro en cada una de las soluciones que van a mezclarse deben sumar la cantidad de alcohol puro de la mezcla final.

Si x es la cantidad de solución al 10%, entonces $24 - x$ es la cantidad de solución al 25%. Nuestra desigualdad es

$$0.15(24) \leq 0.10x + 0.25(24 - x) \leq 0.20(24)$$

Cantidad total de alcohol en 24 litros de una solución al 15% ≤ **Cantidad de alcohol en la solución al 10%** + **Cantidad de alcohol en la solución al 25%** ≤ **Cantidad total de alcohol en 24 litros de una solución al 20%**

$$0.15(24) \leq 0.10x + 0.25(24 - x) \leq 0.20(24)$$

Eliminamos los decimales: Multiplicamos los tres miembros por 100

$$(100)0.15(24) \leq (100)[0.10x + 0.25(24 - x)] \leq (100)[0.20(24)]$$

$$15(24) \leq 10x + 25(24 - x) \leq 20(24)$$

Simplificamos cada miembro para obtener

$$360 \leq 600 - 15x \leq 480$$

Despejamos x para obtener

$$16 \leq x \geq 8 \quad \text{o} \quad 8 \leq x \geq 16$$

Por lo tanto, podemos utilizar entre 8 y 16 litros de solución de alcohol al 10% para producir mezclas dentro de los límites deseados. ∎

EJERCICIOS 1.6

En los ejercicios 1-22, despeje la variable correspondiente. Para las desigualdades, exprese su respuesta utilizando la notación de intervalos.

1. $2 - 3(x - 4) = 2(x - 1)$
2. $3x - [2 + 3(2 - x)] = 5 - (3 - x)$
3. $4x + \dfrac{2}{3} \leq 2x - (3x + 1)$
4. $5x - 2 > 3x - \left(x - \dfrac{1}{5}\right)$
5. $5\{y - [2 - (y - 3)]\} > y - 2$
6. $2 - \{a - 6[a - (4 - a)]\} \leq 3(a + 2)$
7. $\dfrac{2}{3}x - 5 = \dfrac{3}{2}x + 4(x - 1)$
8. $\dfrac{3}{4}(2x - 3) = \dfrac{2}{3}x + 5$
9. $-\dfrac{7}{y} + 1 = -13$
10. $\dfrac{2}{x + 3} - 4 = 8$
11. $\dfrac{3x + 1}{2} - \dfrac{1}{3} < 1$
12. $\dfrac{5x - 2}{3} \geq \dfrac{x + 3}{4}$
13. $-\dfrac{7}{y} + 3 = 3$
14. $\dfrac{3}{a - 2} + 5 = \dfrac{1 + a}{a - 2}$
15. $\dfrac{2}{x + 3} + 4 = \dfrac{5 - x}{x + 3}$
16. $\dfrac{7}{a - 1} + 4 = \dfrac{a + 6}{a - 1}$
17. $\dfrac{4a + 1}{a^2 - a - 6} = \dfrac{2}{a - 3} + \dfrac{5}{a + 2}$
18. $\dfrac{5}{y + 3} + \dfrac{2}{y} = \dfrac{y - 12}{y^2 + 3y}$
19. $\dfrac{5}{2x + 1} + \dfrac{3}{2x - 1} = \dfrac{22}{4x^2 - 1}$
20. $\dfrac{1}{3x + 4} + \dfrac{8}{9x^2 - 16} = \dfrac{1}{3x - 4}$
21. $\dfrac{6}{3x + 5} - \dfrac{2}{x - 4} = \dfrac{10}{3x^2 - 7x - 20}$
22. $\dfrac{6}{x^2 - 3x} = \dfrac{12}{x} + \dfrac{1}{x - 3}$

En los ejercicios 23-36, despeje la variable dada.

23. $3x + 2y - 4 = 5x - 3y + 2;\ y$
24. $\dfrac{x}{3} + \dfrac{y}{4} = \dfrac{x}{2} + 3;\ x$
25. $S = 2LH + 2LW + 2WH;\ W$
26. $ax + b = cx + d;\ x$
27. $A = \dfrac{1}{2}h(b_1 + b_2);\ h$
28. $A = \dfrac{1}{2}h(b_1 + b_2);\ b_1$
29. $(3x - 2)(2y - 1) = 0;\ y$
30. $(3x - 2)(2y - 1) = 0;\ x$
31. $\dfrac{x - \mu}{s} < 1.96;\ s\ (s > 0)$
32. $\dfrac{x - \mu}{s} < 1.96;\ \mu\ (s > 0)$
33. $\dfrac{1}{f} = \dfrac{1}{f_1} + \dfrac{1}{f_2};\ f$
34. $\dfrac{1}{R} = \dfrac{1}{R_1} + \dfrac{1}{R_2} + \dfrac{1}{R_3};\ R_2$

35. $y = \dfrac{3x - 2}{x}$; x

36. $y = \dfrac{2x + 3}{5x - 1}$; x

En los ejercicios 37-44, despeje x. Grafique su respuesta sobre la recta numérica.

37. $-4 < 3x - 2 < 5$

38. $-5 \leq 2x - 5 < 8$

39. $0 < 5 - 2x \leq 4$

40. $-1 \leq 3 - \dfrac{1}{2}x \leq 2$

41. $-\dfrac{3}{2} < \dfrac{1}{3} - x < 2$

42. $0 \leq \dfrac{2 - 3x}{5} < \dfrac{1}{2}$

43. $2x - 3 < 4 < 3x - 1$

44. $5x - 2 < 5 \leq 2x - 1$

45. Si $s = kt^2$, donde k es una constante, ¿qué le sucede a s si se triplica?

46. Si $V = \dfrac{kT}{P}$, donde k es una constante, ¿qué le sucede a P si V se reduce a la mitad?

47. Si $E = \dfrac{k}{d^2}$, donde k es una constante, ¿qué le sucede a E cuando d se triplica?

48. Si $F = \dfrac{km_1 m_2}{d^2}$, donde k es una constante, ¿qué le sucede a F cuando d se duplica y m_1 se reduce a la mitad?

49. Un camión transporta una carga de 50 cajas; algunas de éstas son cajas de 20 kg y el resto son cajas de 25 kg. Si el peso total de todas las cajas es de 1175 kg, ¿cuántas cajas hay de cada tipo?

50. Un comerciante desea comprar una remesa de radiorelojes. Los modelos sencillos de AM cuestan $25 cada uno, mientras que los modelos de AM/FM cuestan $30 cada uno. Además, hay que pagar un cargo por envío de $70. Si gasta $700 en 24 radiorelojes, ¿cuántos compró de cada tipo?

51. Los asientos de luneta para cierto espectáculo en Broadway cuestan $48 cada uno y los de galería cuestan $28 cada uno. Si un club de teatro gasta $2,328 en la compra de 56 asientos, ¿cuántos asientos de luneta compró?

52. Un plomero cobra $22 por hora de trabajo y $13 por hora de su asistente. En un determinado trabajo, el asistente trabajó solo durante 2 horas haciendo el trabajo preparatorio; luego el plomero y su asistente terminaron juntos el trabajo. Si la cuenta total por el trabajo fue de $271, ¿cuántas horas trabajó el plomero?

53. Un gerente necesita 7,200 copias de un documento. Una copiadora nueva puede hacer 70 copias por minuto y un modelo antiguo puede hacer 50 copias por minuto. La copiadora antigua empieza a hacer las copias pero se descompone antes de terminar el trabajo y es reemplazada por la copiadora nueva, que termina el trabajo. Si el tiempo total para terminar las copias fue de 1 hora y 50 minutos, ¿cuántas copias hizo la copiadora antigua?

54. Un obrero experimentado puede procesar 60 artículos por hora, mientras que un obrero nuevo puede procesar sólo 30. ¿Cuántas horas tardan en procesarse 500 artículos, si el obrero nuevo empieza el trabajo 3 horas antes de que se le una el obrero experimentado?

55. ¿Cuántas onzas de una solución al 20% de alcohol (por volumen) deben mezclarse con 5 onzas de una solución al 50% de alcohol para obtener una mezcla al 30% de alcohol?

56. El radiador de Tamara tiene una capacidad de 3 galones. Su radiador está lleno al máximo de su capacidad con una mezcla de anticongelante y agua al 30%. Si se le vacía cierta cantidad del anticongelante viejo y se vuelve a llenar el radiador a su máxima capacidad con agua pura para obtener una mezcla al 20%, ¿cuánta mezcla se le vació?

57. Cindy quiere invertir $8,000 en dos certificados del mercado de dinero; uno produce 9% de interés al año y el otro, un certificado de alto riesgo, produce 14% al año. Si necesita recibir un ingreso de por lo menos $890 al año por sus dos inversiones, ¿qué cantidad *mínima* debe invertir en el certificado de alto riesgo para obtener el ingreso deseado?

58. La maestra de matemáticas de Lisa califica su curso de la siguiente manera: hace dos exámenes, cada uno equivale al 20% de la calificación; los cuestionarios y las tareas combinados equivalen a otro 20% de la calificación; y el examen final equivale al 40% de la calificación definitiva. Lisa obtuvo una calificación de 85 en el primer examen, 65 en el segundo examen y tiene un promedio de 72 por la combinación de cuestionarios y tareas. ¿Cuál es la calificación mínima que debe obtener en el examen final para tener una calificación definitiva del curso de por lo menos 80?

59. La tubería A puede llenar una piscina con agua en 3 días y la tubería B puede llenar la misma piscina en 2 días. Si se utilizan ambas tuberías, ¿en cuánto tiempo se llenaría la piscina?

60. Las tuberías A y B juntas pueden llenar una piscina en 2 días. Si la tubería A puede llenar sola la piscina en 5 días, ¿cuánto tiempo se tardaría en llenar la piscina la tubería B sola?

61. Cuando se abre la llave de una bañera (y el desagüe está tapado), la bañera se llena en 10 minutos; cuando el desagüe se destapa (y se cierra la llave), la bañera llena se vacía en 15 minutos. ¿Cuánto tiempo tarda en llenarse la bañera si se abre la llave y el desagüe se destapa?

62. ¿Cuánto tiempo tarda en llenarse la tina del ejercicio 61 si se vacía en 6 minutos cuando el desagüe está abierto?

PREGUNTAS PARA REFLEXIONAR

63. Si $\dfrac{1}{a} < 0$, ¿qué se puede decir de a?

64. ¿Cuándo $\dfrac{1}{a}$ es igual a 0? Explique su respuesta.

65. Un estudiante debe resolver la desigualdad $\dfrac{3}{x - 2} > 4$. El primer paso que dio el estudiante fue transformarla en $3 < 4(x - 2)$. Explique qué hizo mal el estudiante.

1.7 Ecuaciones y desigualdades con valor absoluto

Ecuaciones de valor absoluto

Consideremos la ecuación $|x| = 3$. Recuerde que en la sección 1.1 vimos que $|x|$ es la distancia desde x hasta 0 en la recta numérica. Por lo tanto, $|x| = 3$ significa que x está a 3 unidades de 0 en la recta numérica.

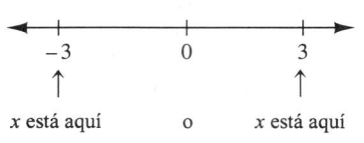

FIGURA 1.9

Según esta definición, por la figura 1.9 podemos ver que hay dos respuestas posibles: $x = -3$ o $x = 3$, ya que tanto -3 como 3 están a 3 unidades del 0.

EJEMPLO 1 Resolver la siguiente ecuación: $|4x - 7| = 5$.

Solución $4x - 7$ debe estar a 5 unidades del 0 sobre la recta numérica como se muestra en la figura 1.10.

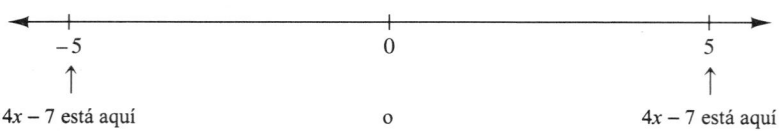

FIGURA 1.10

Por lo tanto,

$$4x - 7 = -5 \quad \text{o} \quad 4x - 7 = 5 \qquad \textit{Despejamos cada ecuación para obtener}$$

Por lo tanto, $\boxed{x = \dfrac{1}{2} \quad \text{o} \quad x = 3}$

Algebraicamente podemos ver que:

> Para $a \geq 0$,
> $$|x| = a \quad \text{es equivalente a} \quad x = -a \quad \text{o} \quad x = a$$

EJEMPLO 2 Resolver lo siguiente: $|2x - 8| + 4 = 10$.

Solución

$|2x - 8| + 4 = 10$ *Primero ponemos la ecuación en la forma $|u| = a$, aislando el valor absoluto en un solo lado de la ecuación.*

$|2x - 8| = 6$ *Esto significa*

$2x - 8 = -6 \quad \text{o} \quad 2x - 8 = 6$ *Resolvemos cada ecuación para obtener*

$\boxed{x = 1 \quad \text{o} \quad x = 7}$

EJEMPLO 3 Resolver la siguiente ecuación: $|2x - 5| = |3x - 5|$.

Solución Para que los valores absolutos de las dos expresiones sean iguales, deben estar a la misma distancia de 0 en la recta numérica. Esto puede suceder si las dos expresiones son iguales o si una de ellas es el negativo de la otra (Si $|a| = |b|$, entonces o $a = b$ o $a = -b$). Por lo tanto,

$$2x - 5 = 3x - 5 \quad \text{o} \quad 2x - 5 = -(3x - 5)$$

Resolvemos ambas ecuaciones para obtener

$$\boxed{x = 0 \quad \text{o} \quad x = 2}$$

∎

Desigualdades con valor absoluto

Para resolver desigualdades con valor absoluto nos remitiremos de nuevo a la definición geométrica del valor absoluto. Notemos primero que $|x| < 5$ significa que x debe estar dentro de una distancia de 5 unidades alejado de 0 en la recta numérica. Por lo tanto, por la figura 1.11, vemos que x debe estar entre -5 y 5 o $-5 < x < 5$.

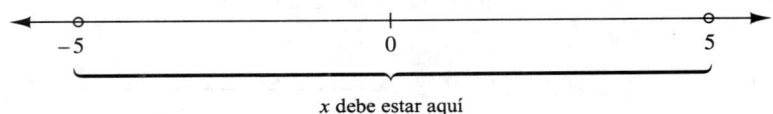

FIGURA 1.11

EJEMPLO 4 Despejar x: $|5x - 3| < 8$.

Solución $5x - 3$ debe estar a menos de 8 unidades de 0 en la recta numérica, como se muestra en la figura 1.12.

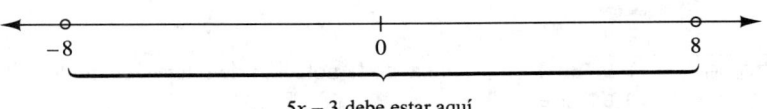

FIGURA 1.12

Por consiguiente, $-8 < 5x - 3 < 8$.   *Al resolver esta doble desigualdad, tenemos*

$$-1 < x < \frac{11}{5}.$$

Utilizando la notación de intervalos, la solución es $\boxed{(-1, 11/5)}$. ∎

El procedimiento para resolver $|x| > a$ es diferente al procedimiento para resolver $|x| < a$. Ésta es la razón por la que es importante que usted sea capaz de visualizar el significado del valor absoluto.

Por ejemplo, $|x| > 5$ significa que x está a *más* de 5 unidades de 0 en la recta numérica. En la figura 1.13 podemos ver que las soluciones se encuentran en los extremos de la recta numérica. Debemos utilizar dos desigualdades para describir el conjunto solución: $x < -5$ o $x > 5$. (No podemos utilizar la palabra "y" entre los conjuntos porque eso implicaría que x debería satisfacer ambas condiciones al mismo tiempo, lo que obviamente es imposible.)

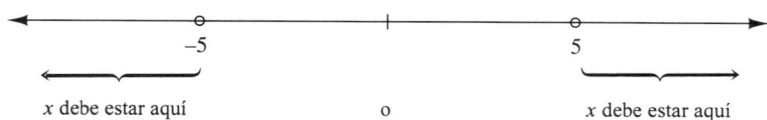

FIGURA 1.13

EJEMPLO 5 Despejar x: $|2x - 9| > 7$.

Solución $2x - 9$ debe estar a más de 7 unidades de 0 en la recta numérica, como se muestra en la figura 1.14.

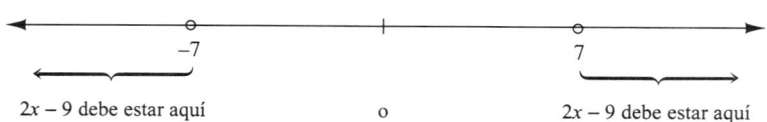

FIGURA 1.14

Por lo tanto,

$$2x - 9 < -7 \quad \text{o} \quad 2x - 9 > 7 \qquad \textit{Resolvemos cada desigualdad para obtener}$$
$$x < 1 \quad \text{o} \quad x > 8$$

Esta notación $(-\infty, 1) \cup (8, \infty)$ significa que x debe estar en el intervalo $(-\infty, 1)$ **o** en el intervalo $(8, \infty)$.

Utilizando la notación de intervalos, podemos escribir la solución como: $\boxed{(-\infty, 1) \cup (8, \infty)}$. ∎

Algebraicamente, podemos resumir la solución de las desigualdades con valor absoluto como sigue:

Para $a > 0$,

$|x| < a$ es equivalente a $-a < x < a$.

$|x| > a$ es equivalente a $x < -a$ ó $x > a$.

EJEMPLO 6 Resolver las siguientes desigualdades. Expresar las respuestas utilizando la notación de intervalos.

(a) $\left|\dfrac{3-7x}{2}\right| \leq 12$ (b) $\left|\dfrac{2}{3}x + 1\right| > 5$ (c) $|9x + 1| + 5 < 1$

Solución

(a) $\left|\dfrac{3-7x}{2}\right| \leq 12$ *Esto se traduce en*

1.7 Ecuaciones y desigualdades con valor absoluto

$$-12 \leq \frac{3-7x}{2} \leq 12 \qquad \textit{Multiplicamos cada miembro por 2}$$

$$-24 \leq 3 - 7x \leq 24 \qquad \textit{Sumamos −3 a cada lado.}$$

$$-27 \leq -7x \leq 21 \qquad \textit{Luego dividimos cada lado entre −7.}$$

$$\frac{27}{7} \geq x \geq -3 \qquad \textit{Note que los símbolos de desigualdad se invirtieron.}$$

Utilizando la notación de intervalos, obtenemos $\boxed{\left[-3, \frac{27}{7}\right]}$.

(b) $\left|\dfrac{2}{3}x + 1\right| > 5$ *Esto se traduce en*

$\dfrac{2}{3}x + 1 < -5$ o $\dfrac{2}{3}x + 1 > 5$ *Resolvemos las dos desigualdades:*

$2x + 3 < -15$ o $2x + 3 > 15$

$x < -9$ o $x > 6$ *que es* $\boxed{(-\infty, -9) \cup (6, \infty)}$

(c) $|9x + 1| + 5 < 1$ *Primero aislamos el valor absoluto sumando −5 a cada lado de la desigualdad.*

$|9x + 1| < -4$

En este punto podemos detenernos; la desigualdad establece que una cantidad con valor absoluto es menor que un número negativo. Puesto que los valores absolutos son no negativos, esto es imposible y, por lo tanto, la respuesta es: $\boxed{\text{no hay solución}}$. ∎

PERSPECTIVAS DIFERENTES:
Ecuaciones y desigualdades con valor absoluto

DESCRIPCIÓN GEOMÉTRICA

El valor absoluto de x, $|x|$, es su distancia a 0 en la recta numérica. Para $a > 0$,

$|x| = a$ significa que x está a a unidades de 0 en la recta numérica:

$|x| < a$ significa que x está a menos de a unidades de 0 en la recta numérica:

$|x| > a$ significa que x está a más de a unidades de 0 en la recta numérica:

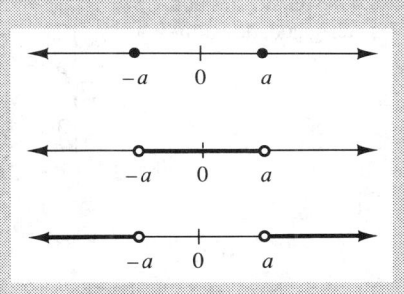

DESCRIPCIÓN ALGEBRAICA

Para $a > 0$,

$|x| = a \Leftrightarrow x = a$ o $x = -a$

$|x| < a \Leftrightarrow -a < x < a$

$|x| > a \Leftrightarrow x < -a$ o $x > a$

Concluimos esta sección con otras cuantas propiedades del valor absoluto.

MÁS PROPIEDADES DEL VALOR ABSOLUTO

1. $|a| \geq 0$
2. $|ab| = |a||b|$
3. $\left|\dfrac{a}{b}\right| = \dfrac{|a|}{|b|}$
4. $|a|^2 = |a^2| = a^2$
5. $|a+b| \leq |a| + |b|$ *(La desigualdad del triángulo)*
6. $|a| - |b| \leq |a+b|$

EJEMPLO 7 Utilizando las propiedades anteriores, mostrar que $\left|\dfrac{-2x^2-3}{3}\right|$ se puede escribir como una expresión sencilla sin símbolos de valor absoluto.

Solución

$$\left|\frac{-2x^2-3}{3}\right| = \frac{|-2x^2-3|}{|3|} \quad \text{Por la propiedad 3}$$

$$= \frac{|(-1)(2x^2+3)|}{|3|} \quad \text{Factorizando } -1 \text{ de } -2x^2-3$$

$$= \frac{|-1||2x^2+3|}{|3|} \quad \text{Por la propiedad 2}$$

En este punto sabemos que $|-1| = 1$ y que $|3| = 3$; y puesto que $2x^2 + 3$ es siempre positivo (¿por qué?), concluimos que:

$$\left|\frac{-2x^2-3}{3}\right| = \boxed{\frac{2x^2+3}{3}}$$

■

EJERCICIOS 1.7

En los ejercicios 1-34, resuelva las ecuaciones o desigualdades con valor absoluto. Exprese las soluciones de las desigualdades utilizando la notación de intervalos.

1. $|x| = 12$
2. $|x| = -4$
3. $|x| < 9$
4. $|x| \geq 9$
5. $|x - 8| \leq 2$
6. $|x + 3| > 5$
7. $|2x - 4| = 7$
8. $|5 - 3x| = 8$
9. $|5 + 2x| < 3$
10. $|7 + 3x| \geq 4$
11. $\left|x - \dfrac{2}{3}\right| > \dfrac{2}{3}$
12. $\left|x - \dfrac{1}{5}\right| \leq \dfrac{3}{5}$
13. $|3 - 2x| < 3$
14. $|4 - 3x| > 5$

1.8 Ecuaciones cuadráticas y ecuaciones en forma cuadrática

15. $\left|\dfrac{x}{3} + 1\right| = \dfrac{3}{4}$
16. $\left|1 - \dfrac{x}{5}\right| = \dfrac{4}{3}$
17. $\left|\dfrac{x}{2} - \dfrac{2}{3}\right| > \dfrac{1}{2}$
18. $\left|\dfrac{x}{5} + \dfrac{1}{2}\right| < \dfrac{3}{5}$
19. $\left|\dfrac{x}{2} - \dfrac{x}{3}\right| \geq \dfrac{1}{2}$
20. $\left|\dfrac{x}{5} + \dfrac{x}{2}\right| < \dfrac{1}{2}$
21. $\left|\dfrac{2x - 3}{2}\right| = 4$
22. $\left|\dfrac{1 - 3x}{5}\right| < 6$
23. $\left|\dfrac{5 - x}{5}\right| = \dfrac{1}{2}$
24. $\left|\dfrac{3 - 5x}{2}\right| \leq \dfrac{1}{2}$
25. $|3x - 2| = |-5|$
26. $|2 - 7x| = |-2|$
27. $|3x - 4| = |x|$
28. $|2x - 3| = |x - 5|$
29. $|3x - 2| + 3 = 6$
30. $|1 - 5x| - 4 = 7$
31. $|5 - 3x| - 4 < 8$
32. $|2 - 3x| + 5 > 9$
33. $|3x - 2| + 3 \leq 1$
34. $|1 - 5x| + 4 \geq 2$

En los ejercicios 35-42, reescriba las expresiones sin los símbolos de valor absoluto, *si es posible*.

35. $|x^2 + 8|$
36. $|3x^2 + 10|$
37. $|-4x^2 - 9|$
38. $|-5 - 3x^4|$
39. $|3x^3 + 3|$
40. $|2x^2 - 5|$
41. $\left|\dfrac{-5 - x^6}{4}\right|$
42. $\left|\dfrac{7x^4 + 5}{-3}\right|$

43. Demuestre que si $\left|\dfrac{1}{a}\right| < \left|\dfrac{1}{b}\right|$ y $a, b \neq 0$, entonces $|b| < |a|$.

PREGUNTA PARA REFLEXIONAR

44. Demuestre que $||x| - |y|| \leq |x - y|$. SUGERENCIA: Empiece con la desigualdad del triángulo (propiedad 5). Sustituya $x + y$ por a y $-y$ por b.

1.8 Ecuaciones cuadráticas y ecuaciones en forma cuadrática

Ecuaciones cuadráticas

Una **ecuación de segundo grado** es una ecuación polinomial en la que el máximo grado de la variable es 2. En particular, una ecuación de segundo grado de una sola variable recibe el nombre de **ecuación cuadrática**. Definimos la **forma canónica** de una ecuación cuadrática como: $Ax^2 + Bx + C = 0$, donde $A \neq 0$.

Como en todas las demás ecuaciones, las soluciones de las ecuaciones cuadráticas son valores de la variable que hacen que la ecuación sea una proposición verdadera. Las soluciones de $Ax^2 + Bx + C = 0$ también se llaman las *raíces de la ecuación polinomial* $Ax^2 + Bx + C = 0$.

LA REGLA DEL PRODUCTO NULO

Si $a \cdot b = 0$, entonces $a = 0$ o $b = 0$

Al resolver la ecuación $Ax^2 + Bx + C = 0$, si puede factorizarse el polinomio $Ax^2 + Bx + C$, entonces podemos utilizar la regla del producto nulo para reducir el problema resolviendo dos ecuaciones lineales. Por ejemplo, para resolver la ecuación $6x^2 - x - 2 = 0$, podemos factorizar el lado izquierdo y obtener $(3x - 2)(2x + 1) = 0$. Por consiguiente, podemos concluir que $3x - 2 = 0$ o que $2x + 1 = 0$, lo que nos da por resultado $x = \dfrac{2}{3}$ o $x = -\dfrac{1}{2}$.

Capítulo 1 Álgebra: Los fundamentos

Otro método es aplicar el teorema de la raíz cuadrada:

TEOREMA DE LA RAÍZ CUADRADA
Si $x^2 = d$, entonces $x = \pm \sqrt{d}$.

Este teorema se aplica por lo general para resolver ecuaciones cuadráticas que no tienen término de primer grado. Por ejemplo, al resolver la ecuación $x^2 = 3$, podemos aplicar este teorema para obtener $x = \pm \sqrt{3}$.

EJEMPLO 1 Resolver lo siguiente:

(a) $4x^2 + 10x = 6$
(b) $\dfrac{y}{y-5} - \dfrac{3}{y+1} = \dfrac{30}{y^2 - 4y - 5}$

(c) $5x^2 - 6 = 8$
(d) $(x-2)^2 = 6$

Solución

(a)
$$4x^2 + 10x = 6 \quad \text{Pasamos a la forma canónica.}$$
$$4x^2 + 10x - 6 = 0 \quad \text{Factorizamos el lado izquierdo.}$$
$$2(2x - 1)(x + 3) = 0 \quad \text{Por lo tanto, tenemos}$$
$$2x - 1 = 0 \quad \text{o} \quad x + 3 = 0 \quad \text{Al resolver ambas ecuaciones lineales, obtenemos}$$

$$\boxed{x = \dfrac{1}{2} \quad \text{o} \quad x = -3}$$

> Hemos ignorado el factor 2 cuando aplicamos la regla del producto nulo. ¿Qué nos permite hacerlo?

(b) $\dfrac{y}{y-5} - \dfrac{3}{y+1} = \dfrac{30}{y^2 - 4y - 5}$
Observando que $y^2 - 4y - 5 = (y-5)(y+1)$, multiplicamos ambos lados por el MCD de todas las fracciones: $(y-5)(y+1)$.

$$\dfrac{y}{y-5}(y-5)(y+1) - \dfrac{3}{y+1}(y-5)(y+1) = \dfrac{30}{(y-5)(y+1)}(y-5)(y+1)$$

Esto da como resultado

$$y(y+1) - 3(y-5) = 30 \quad \text{Simplificamos cada lado de la ecuación y lo escribimos en la forma canónica.}$$
$$y^2 - 2y - 15 = 0 \quad \text{Factorizamos}$$
$$(y-5)(y+3) = 0 \quad \text{Esto da como resultado}$$
$$y = 5) \quad \text{o} \quad y = -3$$

Al verificar las soluciones, encontramos que debemos eliminar $y = 5$ como una solución posible, ya que nos conduce a una expresión indefinida. Por consiguiente, la solución es $\boxed{y = -3}$.

1.8 Ecuaciones cuadráticas y ecuaciones en forma cuadrática

(c) Observamos que no hay término de primer grado, por lo que nuestro enfoque sería aplicar el teorema de la raíz cuadrada.

$5x^2 - 6 = 8$ *Aislamos x^2 del lado izquierdo antes de aplicar el teorema de la raíz cuadrada.*

$5x^2 = 14$

$x^2 = \dfrac{14}{5}$ *Aplicando el teorema de la raíz cuadrada, tenemos que*

$x = \pm\sqrt{\dfrac{14}{5}}$ *o (con el denominador racionalizada)* $\boxed{x = \pm\dfrac{\sqrt{70}}{5}}$

(d) Podríamos efectuar la multiplicación del lado izquierdo y escribir la ecuación en la forma canónica; sin embargo, encontraríamos que, en la forma canónica, la expresión cuadrática no se factoriza con coeficientes enteros. Puesto que tiene la forma de una cantidad elevada al cuadrado igual a un número, aplicaremos primero el teorema de la raíz cuadrada.

$(x - 2)^2 = 6$ *Aplicamos el teorema de la raíz cuadrada.*

$x - 2 = \pm\sqrt{6}$ *Aislamos x (sumamos 2 a ambos lados de la ecuación).*

$x = \boxed{2 \pm \sqrt{6}}$ ∎

> Intente resolver $(x - 2)^2 = 6$, realizando primero la multiplicación del lado izquierdo y utilizando el método de factorización.

La parte (d) del ejemplo 1 muestra que si podemos construir un cuadrado perfecto a partir de una ecuación cuadrática (es decir, obtener una ecuación de la forma $(x + p)^2 = d$), entonces podemos aplicar el teorema de la raíz cuadrada y despejar x para llegar a $x = -p \pm \sqrt{d}$.

El método para construir un cuadrado perfecto se llama **completar el cuadrado**. Se basa en el hecho de que al efectuar la multiplicación indicada por el cuadrado perfecto $(x + p)^2$, con p constante, obtenemos

$$(x + p)^2 = x^2 + 2px + p^2$$

Observe la relación que existe entre el término constante, p^2, y el coeficiente del término del término intermedio, $2p$: el término constante es el cuadrado de la mitad del coeficiente del término intermedio, o

$$\left[\dfrac{1}{2}(2p)\right]^2 = p^2$$

Supongamos que empezamos con la ecuación $x^2 + 6x - 5 = 3$.

$x^2 + 6x - 5 = 3$ *Escribamos de nuevo esta ecuación como*

$x^2 + 6x = 8$ *Entonces podemos hacer que el lado izquierdo sea un cuadrado perfecto si sumamos $\left[\dfrac{1}{2}(6)\right]^2 = 9$ a ambos lados de la ecuación, a fin de obtener*

$x^2 + 6x + 9 = 8 + 9$ *A continuación reescribimos esta ecuación como*

$(x + 3)^2 = 17$ *Apliquemos entonces el teorema de la raíz cuadrada para obtener*

$x + 3 = \pm\sqrt{17}$ *Finalmente, aislemos x.*

$x = -3 \pm \sqrt{17}$

EJEMPLO 2 Resolver mediante el método de completar el cuadrado: $2x^2 - 8x + 4 = 6$.

Solución Observemos que el coeficiente principal (en este caso el coeficiente de x^2) *no* es 1 y que el método de completar el cuadrado se basa en elevar al cuadrado un binomio cuyo coeficiente principal es 1. Por lo tanto, nuestro primer paso es hacer que el coeficiente principal sea 1.

$2x^2 - 8x + 4 = 6$ *Dividimos ambos lados entre 2, el coeficiente de x^2.*

$x^2 - 4x + 2 = 3$ *Aislamos el término constante del lado derecho de la ecuación. (Este paso permite ver cómo completar el cuadrado en el lado izquierdo de la ecuación.)*

$x^2 - 4x = 1$ *Tomamos la mitad del coeficiente del término intermedio y elevamos al cuadrado $\left(\left[\frac{1}{2}(-4)\right]^2 = 4\right)$: sumamos 4 en ambos lados de la ecuación.*

$x^2 - 4x + 4 = 1 + 4$ *Factorizamos el lado izquierdo y simplificamos el lado derecho.*

$(x - 2)^2 = 5$ *Despejamos x utilizando el teorema de la raíz cuadrada.*

$x - 2 = \pm\sqrt{5}$ *Aislamos x.*

$x = \boxed{2 \pm \sqrt{5}}$ ∎

Despeje x completando el cuadrado en la ecuación $Ax^2 + Bx + C = 0$.

A diferencia del método de factorización, todas las ecuaciones cuadráticas pueden resolverse completando el cuadrado. Si fuéramos a completar el cuadrado de la ecuación cuadrática general. $Ax^2 + Bx + C = 0$, $A \neq 0$, llegaríamos a la fórmula que se escribe a continuación:

LA FÓRMULA CUADRÁTICA

Si $Ax^2 + Bx + C = 0$ y $A \neq 0$, entonces

$$x = \frac{-B \pm \sqrt{B^2 - 4AC}}{2A}$$

EJEMPLO 3 Resolver lo siguiente utilizando la fórmula cuadrática: $2x^2 + 2x = -8$.

Solución Antes de utilizar la fórmula cuadrática, escribimos la ecuación en forma canónica e identificamos A, B y C de la siguiente manera: $2x^2 - 2x + 8 = 0$. Por lo tanto, $A = 2$, $B = -2$ y $C = 8$. De la fórmula cuadrática, obtenemos

1.8 Ecuaciones cuadráticas y ecuaciones en forma cuadrática

$$x = \frac{-(-2) \pm \sqrt{(-2)^2 - 4(2)(8)}}{2(2)} = \frac{2 \pm \sqrt{-60}}{4}$$

$$= \frac{2 \pm 2i\sqrt{15}}{4} \qquad \textit{Factorizamos y reducimos.}$$

$$= \frac{2(1 \pm i\sqrt{15})}{4} = \boxed{\frac{1 \pm i\sqrt{15}}{2}} \qquad \textit{No existen soluciones reales.} \qquad \blacksquare$$

EJEMPLO 4 Una piscina rectangular de 20 pies por 55 pies está rodeada por un camino de concreto de ancho uniforme. Si el área del camino de concreto es de 400 pies cuadrados, encuentre su ancho.

Solución Podemos dibujar un diagrama de la piscina y del camino, llamando x al ancho uniforme del camino de concreto como se puede apreciar en la figura 1.15.

Observando la figura 1.15, podemos ver que el largo del rectángulo exterior es de $55 + x + x = 55 + 2x$ pies y el ancho del rectángulo exterior es $20 + x + x = 20 + 2x$ pies. Por lo tanto, el área del rectángulo exterior (la piscina y el camino) está dada por $(55 + 2x)(20 + 2x)$. Puesto que el área de la piscina es $20 \times 55 = 1100$ pies cuadrados y el área del camino es de 400 pies cuadrados, el diagrama nos muestra que:

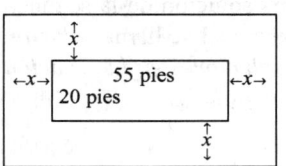

FIGURA 1.15

Por lo tanto, nuestra ecuación es

$$1100 + 400 = (55 + 2x)(20 + 2x) \qquad \textit{Qué se convierte en}$$
$$1500 = 1100 + 150x + 4x^2 \qquad \textit{Y se escribe en forma canónica como}$$
$$0 = 4x^2 + 150x - 400 \qquad \textit{Resolvemos factorizando:}$$
$$0 = 2(2x - 5)(x + 40) \qquad \textit{Por lo tanto,}$$
$$x = \frac{5}{2} \quad \text{o} \quad x = -40 \qquad \textit{Eliminamos la respuesta negativa.}$$

El ancho del camino es $\frac{5}{2} = \boxed{2\frac{1}{2} \text{ pies}}$. $\blacksquare$

Ecuaciones con radicales: ecuaciones que pueden reducirse a la forma cuadrática

La propiedad multiplicativa de la igualdad nos lleva al siguiente teorema:

TEOREMA 1.1 Si $a = b$, entonces $a^n = b^n$.

Si queremos resolver una ecuación que contiene un radical o un exponente fraccionario como $x^{1/3} = 5$, o $\sqrt[3]{x} = 5$, entonces podemos aplicar el teorema 1.1 elevando cada lado de la ecuación a la tercera potencia:

$x^{1/3} = 5$ *Elevamos cada lado de la ecuación a la tercera potencia (la potencia que produce x^1).*

$(x^{1/3})^3 = (5)^3$ *Por la segunda regla de los exponentes, $(x^{1/3})^3 = x^{(1/3)\cdot 3} = x^1$.*

$x = 5^3 = 125$

Antes de continuar, debemos hacer notar algunas cosas acerca de la utilización de este teorema. Primero, el uso de este teorema (es decir, elevando ambos lados de una ecuación a la misma potencia) *no* necesariamente producirá una ecuación equivalente, como ocurría con las demás propiedades de la igualdad. Este teorema garantiza únicamente que las soluciones de la primera ecuación se comportan como soluciones de la ecuación transformada.

Por ejemplo, si empezamos con la ecuación $x = 2$, observamos que existe una única solución a esta ecuación: 2. Sin embargo, si elevamos al cuadrado ambos lados de esta ecuación, obtendremos la ecuación $x^2 = 4$, que tiene dos soluciones: $x = +2$ y $x = -2$. Al elevar al cuadrado ambos lados de esta ecuación, obtuvimos una solución de la segunda ecuación que no es una solución de la primera. Esta solución adicional se llama *solución extraña*. Por consiguiente, siempre debemos *verificar nuestras soluciones en la ecuación original para asegurarnos de que no hemos elegido soluciones extrañas*.

EJEMPLO 5 Resolver lo siguiente.

(a) $\sqrt{3x+1} + 3 = x$ **(b)** $(x-2)^{1/5} = 3$

Solución

(a) Si intentamos elevar al cuadrado ambos lados de la ecuación y lo hacemos adecuadamente, la nueva ecuación sería entonces $3x + 1 + 6\sqrt{3x+1} + 9 = x^2$. (Observe que seguimos teniendo un radical en la ecuación transformada.) Nuestro primer paso debe ser aislar el radical:

$\sqrt{3x+1} + 3 = x$ *Aislamos $\sqrt{3x+1}$.*

$\sqrt{3x+1} = x - 3$ *Después, elevamos al cuadrado ambos lados de la ecuación.*

$(\sqrt{3x+1})^2 = (x-3)^2$ *Esto nos da*

$3x + 1 = x^2 - 6x + 9$ *Escribimos esta ecuación cuadrática en forma canónica.*

$0 = x^2 - 9x + 8$ *Resolvemos factorizando.*

$0 = (x-1)(x-8)$ *Por lo tanto,*

$x = 1$ o $x = 8$

Debe verificar las respuestas en la ecuación original. En este caso, determinamos que $x = 1$ no funciona, pero 8 sí. Entonces la respuesta es $\boxed{8}$.

(b) $(x-2)^{1/5} = 3$ *Elevamos ambos lados de la ecuación a la quinta potencia.*

$[(x-2)^{1/5}]^5 = 3^5$ *Esto nos da*

$x - 2 = 243$ *Por lo tanto,*

$x = \boxed{245}$

De nuevo, si usted verifica encontrará que esta respuesta sí es una solución a la ecuación original. ∎

1.8 Ecuaciones cuadráticas y ecuaciones en forma cuadrática

La ecuación $4x^{2/3} - 9x^{1/3} + 2 = 0$ no es una ecuación cuadrática; sin embargo, podemos utilizar los métodos analizados en esta sección para resolver una ecuación de este tipo. Utilicemos el método de **sustitución de variables** de la siguiente manera:

Sea $u = x^{1/3}$. Entonces $u^2 = (x^{1/3})^2 = x^{2/3}$.

Al sustituir u por $x^{1/3}$ y u^2 por $x^{2/3}$,

$4x^{2/3} - 9x^{1/3} + 2 = 0$	*Se convierte en*
$4u^2 - 9u + 2 = 0$	*En esta ecuación podemos despejar u factorizando.*
$(4u - 1)(u - 2) = 0$	*Por lo tanto,*
$u = \dfrac{1}{4}$ o $u = 2$	*Pero debemos despejar x. Sustituimos $x^{1/3}$ por u y obtenemos*
$x^{1/3} = \dfrac{1}{4}$ o $x^{1/3} = 2$	*Elevando al cubo ambos lados de cada ecuación resulta*
$(x^{1/3})^3 = \left(\dfrac{1}{4}\right)^3$ o $(x^{1/3})^3 = (2)^3$	
$x = \dfrac{1}{64}$ o $x = 8$	

Se dice que la ecuación $4x^{2/3} - 9x^{1/3} + 2 = 0$ puede *reducirse a la forma cuadrática*. El patrón que hay que observar es que, ignorando los coeficientes, una de las expresiones variables debe ser el cuadrado de la otra.

La regla del producto nulo puede generalizarse para resolver ecuaciones polinomiales de grado superior como se demuestra a continuación.

EJEMPLO 6 Resolver lo siguiente:

(a) $x^4 + x^2 - 6 = 0$ (b) $x^3 + 4x^2 - x - 4 = 0$

Solución

(a)
$x^4 + x^2 - 6 = 0$	*Factorizamos la expresión del lado izquierdo.*
$(x^2 + 3)(x^2 - 2) = 0$	*Hacemos que cada factor sea igual a 0.*
$x^2 + 3 = 0$ o $x^2 - 2 = 0$	*Aislamos x^2 en cada ecuación.*
$x^2 = -3$ o $x^2 = 2$	*Calculamos las raíces cuadradas.*
$x = \pm\sqrt{-3}$ o $x = \pm\sqrt{2}$	
$x = \pm i\sqrt{3}$ o $x = \pm\sqrt{2}$	

$$\boxed{x = \pm i\sqrt{3}, \pm\sqrt{2}}$$

(b)
$$x^3 + 4x^2 - x - 4 = 0 \quad \text{\textit{Factorizamos el lado izquierdo de la ecuación agrupando.}}$$
$$x^2(x+4) - (x+4) = 0 \quad \text{\textit{Factorizamos } x+4 \textit{ del lado izquierdo.}}$$
$$(x^2 - 1)(x+4) = 0 \quad \text{\textit{Aún podemos factorizar } x^2 - 1.}$$
$$(x-1)(x+1)(x+4) = 0 \quad \text{\textit{Igualamos cada factor igual a 0 y obtenemos}}$$
$$\boxed{x = 1, -1, \text{ o } -4}$$

EJEMPLO 7 Resolver lo siguiente: $\dfrac{(x-5)^{1/2}(x+3)^{1/5}}{(x-2)^{1/3}} = 0$.

Solución Ésta es una expresión racional igual a 0. Si recordamos que $x \neq 2$ (es decir, el denominador no puede ser igual a 0), podemos resolver esta ecuación multiplicando ambos lados por $(x-2)^{1/3}$. De otra forma, podemos simplemente reconocer que la única manera de que una fracción pueda ser igual a 0 es que su numerador sea 0 (y su denominador sea distinto de 0). Por lo tanto, si $x \neq 2$,

$$\dfrac{(x-5)^{1/2}(x+3)^{1/5}}{(x-2)^{1/3}} = 0 \quad \text{\textit{Se convierte en}}$$

$$(x-5)^{1/2}(x+3)^{1/5} = 0 \quad \text{\textit{Puesto que el producto es igual a 0, podemos igualar cada factor a 0 para obtener}}$$

$$(x-5)^{1/2} = 0 \quad \text{o} \quad (x+3)^{1/5} = 0 \quad \text{\textit{Lo cual implica}}$$

$$\boxed{x = 5 \quad \text{o} \quad x = -3}$$

Muestre que si $q \neq 0$, entonces la expresión racional $\dfrac{p}{q} = 0$ si y sólo si $p = 0$.

EJERCICIOS 1.8

En los ejercicios 1-6, despeje la variable factorizando o utilizando el teorema de la raíz cuadrada.

1. $0 = y^2 - 65$
2. $x^2 + 7 = 2$
3. $2x^2 - 7x = 15$
4. $2a^2 - 12 = -5a$
5. $x - 3 = \dfrac{1}{x+3}$
6. $\dfrac{3}{x+4} + \dfrac{5}{x+2} = 6$

En los ejercicios 7-10, resuelva completando el cuadrado.

7. $x^2 + 2x - 4 = 0$
8. $2a^2 + 4a - 3 = 0$
9. $\dfrac{1}{a-5} + \dfrac{3}{a+2} = 4$
10. $3a^2 - 6a + 5 = 0$

En los ejercicios 11-16, resuelva mediante cualquier método algebraico.

11. $(x+5)(x-7) = 3$
12. $(t+3)(t-4) = t(t+2)$
13. $\dfrac{3}{x-2} = x$
14. $\dfrac{1}{x+2} = x - 4$
15. $\dfrac{x}{x+2} - \dfrac{3}{x} = \dfrac{x+1}{x}$
16. $\dfrac{3}{x-2} + \dfrac{7}{x+2} = \dfrac{x+1}{x-2}$

17. Dado $s_e = s_y\sqrt{1 - r_{xy}^2}$, si $s_e = 1.24$ y $r_{xy} = 0.63$, determine s_y a dos cifras decimales.

18. Dado $s_e = s_y\sqrt{1 - r_{xy}^2}$, si $s_e = 1.72$ y $s_y = 3.73$, determine r_{xy} a dos cifras decimales.

19. Dado $Z = \dfrac{Z_{r_1} - Z_{r_2}}{\sqrt{\dfrac{1}{n_1 - 3} + \dfrac{1}{n_2 - 3}}}$

determine el número entero n_1 para $Z = 0.8$, $Z_{r_1} = 0.62$, $Z_{r_2} = 0.52$ y $n_2 = 83$.

20. Dado $Z = \dfrac{Z_{r_1} - Z_{r_2}}{\sqrt{\dfrac{1}{n_1 - 3} + \dfrac{1}{n_2 - 3}}}$,

determine el número entero n_2 para $Z = 1.2$, $Z_{r_1} = 0.85$, $Z_{r_2} = 0.45$ y $n_1 = 14$.

21. Dado $t = \dfrac{\overline{X} - a}{\dfrac{s_x}{\sqrt{n}}}$, determine el número entero n para

$t = 3.2$, $a = 68$, $\overline{X} = 70$ y $s_x = 3.4$.

22. Dado $t = \dfrac{\overline{X} - a}{\dfrac{s_x}{\sqrt{n}}}$, determine $\overline{X}$ hasta dos cifras decimales

para $a = 65$, $t = 1.3$, $s_x = 3.4$ y $n = 50$.

En los ejercicios 23-28, despeje la variable dada.

23. $K = \dfrac{2gm}{s^2}$ para s ($s > 0$)

24. $V = \dfrac{2}{3}\pi r^2$ para r ($r > 0$)

25. $3a^2 + 2b = 5b - 2a^2x - 2$ para a

26. $x^2 - 6xy + 5y^2 = 0$ para y

27. $s_e = s_y\sqrt{1 - r_{xy}^2}$ para s_y ($s_y > 0$)

28. $s_e = s_y\sqrt{1 - r_{xy}^2}$ para r_{xy}

29. La suma de un número y su recíproco es $\dfrac{13}{6}$. Determine los números.

30. El producto de dos números es 5. Si su suma es $\dfrac{9}{2}$, determine los números.

31. El largo de un rectángulo es 5 veces más que el doble de su ancho. Si su área es 75 m^2, determine sus dimensiones.

32. Determine el área de un cuadrado si su diagonal es igual a 8 cm.

33. Una piscina cuadrada de 21 pies por 21 pies está rodeada por un camino de ancho uniforme. Si el área del camino es de 184 pies cuadrados, determine el ancho del camino.

34. Un jardín circular está rodeado por un camino de ancho uniforme. Si el camino tiene un área de 57π pies cuadrados y el radio del jardín es de 8 pies, determine el ancho del camino.

En los ejercicios 35-48, despeje la variable.

35. $\sqrt{x - 2} = x - 4$
36. $\sqrt{3x + 1} + 3 = x$
37. $\sqrt{7x + 1} - 2\sqrt{x} = 2$
38. $\sqrt{3s + 4} - \sqrt{s} = 2$
39. $x^4 - 17x^2 + 16 = 0$
40. $x^3 - 2x^2 - 15x = 0$
41. $x^{1/2} + 8x^{1/4} + 7 = 0$
42. $x^{-2} - 2x^{-1} - 15 = 0$
43. $\sqrt{a} - \sqrt[4]{a} - 6 = 0$
44. $\left(x + \dfrac{12}{x}\right)^2 - 15\left(x + \dfrac{12}{x}\right) + 56 = 0$
45. $x^3 - 9x + 4x^2 - 36 = 0$
46. $x^4 - 81 = 0$
47. $\dfrac{(x - 3)^{1/3}}{(x + 7)^{2/3}} = 0$
48. $\dfrac{(x + 1)^{1/5}(x - 6)^{2/3}}{(x - 1)^{1/2}} = 0$

49. Verifique que $2 + i$ es una solución de $2x^2 - 8x + 10 = 0$.
50. Verifique que $2 + \sqrt{3}$ es una solución de $x^2 - 4x + 1 = 0$.

PREGUNTAS PARA REFLEXIONAR

51. Complete el cuadrado para la ecuación cuadrática general $Ax^2 + Bx + C = 0$ ($A \neq 0$) para verificar la fórmula cuadrática.
52. Determine una ecuación cuyas raíces sean las siguientes.
 (a) 3 y 5   **(b)** 4 y –2   **(c)** $3 - i$ y $3 + i$

1.9 Desigualdades cuadráticas y racionales

Desigualdad cuadrática

Una desigualdad cuadrática está en **forma canónica** si tiene la forma $Ax^2 + Bx + C < 0$. (Podemos reemplazar < con >, ≤ o ≥.)

Si recordamos que $u > 0$ significa que u es positivo, entonces resolver una desigualdad como $2x^2 + 5x - 3 > 0$ significa que nos interesa encontrar los valores de x que harán que $2x^2 + 5x - 3$ sea positivo. O también, como $2x^2 + 5x - 3 = (2x - 1)(x + 3)$, estamos buscando valores de x que hagan que $(2x - 1)(x + 3)$ sea positivo.

Aunque haremos referencia a la recta numérica, nuestro enfoque para resolver desigualdades cuadráticas será principalmente algebraico. Después de escribir la desigualdad en forma canónica determinaremos el signo de cada factor de la expresión para diversos valores de x. Entonces determinamos la solución examinando el signo del producto. Este proceso se llama *análisis de signos*.

Regresando al problema $2x^2 + 5x - 3 > 0$: esto se traduce en encontrar valores de x que hagan que $(2x - 1)(x + 3)$ sea positivo. Para que $(2x - 1)(x + 3)$ sea positivo, los factores deben ser ambos positivos o ambos negativos. Para determinar cuándo sucede esto, primero encontramos los valores de x para los cuales $(2x - 1)(x + 3)$ sea igual a 0; llamamos a estos los *puntos de corte* de $(2x - 1)(x + 3)$. Los puntos de corte son $\frac{1}{2}$ y -3.

A continuación tracemos una recta numérica y examinemos el signo de cada factor cuando x toma diversos valores sobre la recta numérica, sobre todo alrededor de los puntos $\frac{1}{2}$ y -3.

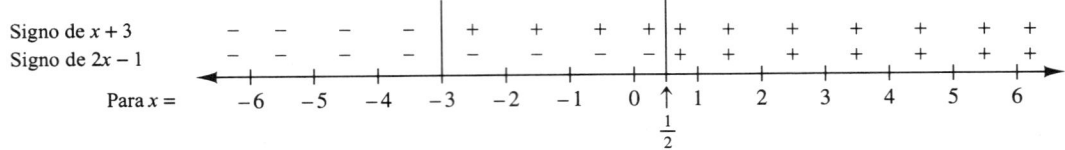

FIGURA 1.16

La figura 1.16 ilustra que el factor $x + 3$ es negativo cuando $x < -3$ y positivo cuando $x > -3$. También muestra que $2x - 1$ es negativo para $x < \frac{1}{2}$ y positivo para $x > \frac{1}{2}$. Observando la figura y los signos de los factores, podemos observar con facilidad que el *producto* de los dos factores es positivo cuando $x < -3$ o $x > \frac{1}{2}$. Véase la figura 1.17.

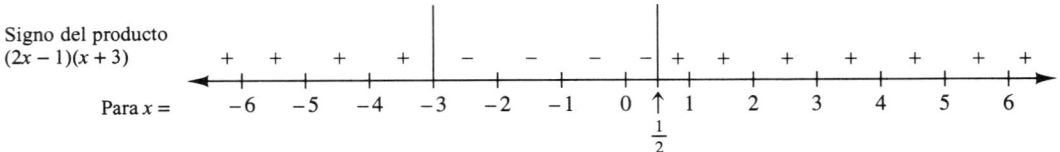

FIGURA 1.17

Por lo tanto, $2x^2 + 5x - 3 > 0$ (es positivo) cuando x se encuentra en cualquiera de los dos intervalos $(-\infty, -3)$ o $(\frac{1}{2}, \infty)$, de modo que la solución es $(-\infty, -3) \cup (\frac{1}{2}, \infty)$.

Podemos abreviar este análisis observando que (1) los puntos de corte de las desigualdades dividen la recta numérica en intervalos, y (2) lo más importante, el signo del producto no cambia *dentro* de un intervalo (excluyendo los puntos de corte); es decir, *si la expresión es positiva (o negativa) para un valor dentro del intervalo, es positivo (o negativo) para todos los valores dentro del intervalo.*

Por lo tanto, si queremos encontrar el signo del producto dentro de cada intervalo, todo lo que tenemos que hacer es verificar un valor dentro del intervalo. Por ejemplo, encontramos que los puntos de corte para la expresión $2x^2 + 5x - 3 = (2x - 1)(x + 3)$ son -3 y $\frac{1}{2}$. Esto divide a la recta numérica en tres intervalos, como se muestra en la figura 1.18.

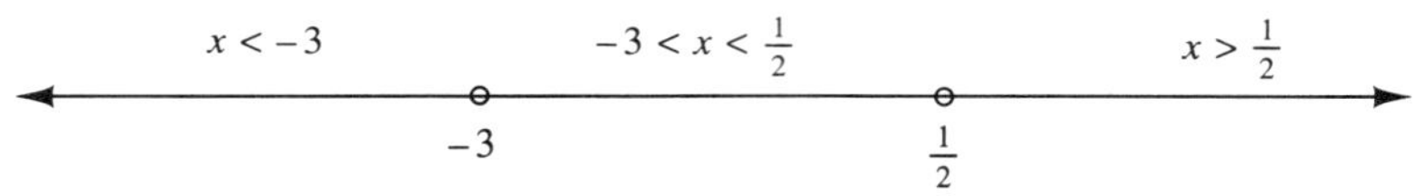

FIGURA 1.18

1.9 Desigualdades cuadráticas y racionales

Revise el análisis de signos anterior y piense por qué el producto nunca cambia sus signos dentro de un intervalo.

Elegimos cualquier valor en el intervalo de la izquierda (es decir, cualquier valor menor que -3), digamos, $x = -10$. Cuando $x = -10$, la expresión $(2x - 1)(x + 3) = [2(-10) - 1][(-10) + 3]$ es positiva y, por lo tanto, $(2x - 1)(x + 3)$ es positiva para *todos* los valores de x del intervalo $(-\infty, -3)$.

Elegimos cualquier valor en el intervalo del centro, $\left(-3, \frac{1}{2}\right)$, como $x = 0$ y observamos que cuando $x = 0$, la expresión $(2x - 1)(x + 3) = [2(0) - 1][0 + 3]$ es negativa; por lo tanto, $(2x - 1)(x + 3)$ es negativa para *todos* los valores de x en $\left(-3, \frac{1}{2}\right)$.

Por último, elegimos cualquier valor en el intervalo $\left(\frac{1}{2}, \infty\right)$, como $x = 100$, y observamos que para $x = 100$, la expresión $(2x - 1)(x + 3)$ es positivo; por lo tanto, $(2x - 1)(x + 3)$ es positivo para *todos* los valores de x en $\left(\frac{1}{2}, \infty\right)$. (Observemos que no estamos interesados en el valor exacto sino sólo en el *signo* de la expresión evaluada.)

Por consiguiente, la solución es: $(-\infty, -3) \cup \left(\frac{1}{2}, \infty\right)$, ya que $2x^2 + 5x - 3$ es positiva cuando x cae en estos intervalos.

Por otro lado, el análisis idéntico también nos lleva a la solución de $2x^2 + 5x - 3 < 0$. Es decir, $2x^2 + 5x - 3$ es negativo cuando x se encuentra en el intervalo $(-3, \frac{1}{2})$.

EJEMPLO 1 Resolver: $3x^2 - 7x \leq -2$.

Solución

$\quad\quad 3x^2 - 7x \leq -2$ *Escribimos esto en forma canónica.*
$\quad 3x^2 - 7x + 2 \leq 0$ *Factorizamos.*
$(3x - 1)(x - 2) \leq 0$ *Determinamos los puntos de corte [determinamos x cuando $(3x - 1)(x - 2) = 0$]. Los puntos de corte son $\frac{1}{3}$ y 2.*

Trace en una gráfica los puntos de corte en la recta numérica de la figura 1.19, escoja cualquier valor dentro de cada intervalo determinado por los puntos de corte y verifique el signo del producto. Utilicemos $x = -10$, $x = 1$ y $x = 10$ como valores de prueba para los tres intervalos, sustituyamos estos valores para x en $(3x - 1)(x - 2)$ y encontramos que el producto es positivo, negativo y positivo respectivamente.

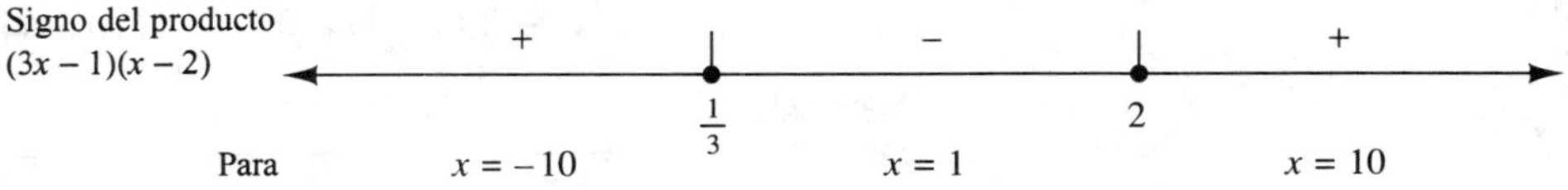

Signo del producto
$(3x - 1)(x - 2)$ $\quad+\quad\quad\quad-\quad\quad\quad+$
$\quad\quad\quad\quad\quad\quad\quad\quad\quad\quad\quad\quad\frac{1}{3}\quad\quad\quad\quad 2$
Para $\quad\quad x = -10\quad\quad x = 1\quad\quad x = 10$

FIGURA 1.19

El producto $(3x - 1)(x - 2)$ es negativo para x en el intervalo $\left(\frac{1}{3}, 2\right)$ y, puesto que $(3x - 1)(x - 2) = 0$ en $x = \frac{1}{3}$ y $x = 2$, incluimos los puntos extremos en la solución de esta desigualdad. Por lo tanto, todas las soluciones a la desigualdad $3x^2 - 7x \leq -2$ caen en el intervalo $\boxed{\left[\frac{1}{3}, 2\right]}$.

Observe que los extremos $\frac{1}{3}$ y 2 están incluidos en el intervalo.

■

EJEMPLO 2 Resolver lo siguiente: $x^2 - 2x - 2 < 0$.

Solución Puesto que no podemos factorizar $x^2 - 2x - 2$, utilizamos la fórmula cuadrática para determinar que sus raíces son $1 \pm \sqrt{3}$. Esto nos proporciona los puntos de corte para el polinomio $x^2 - 2x - 2$. Utilizamos el análisis de signos en la figura 1.20 con los puntos de prueba dados. NOTA: $1 + \sqrt{3} \approx 2.7$ y $1 - \sqrt{3} \approx -0.7$.

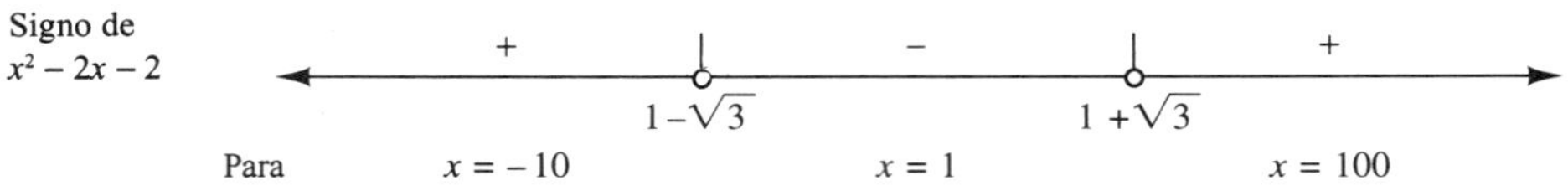

Signo de
$x^2 - 2x - 2$

```
              +           |        -         |        +
        <-----------------o------------------o----------------->
                        1-√3              1+√3
Para        x = -10          x = 1           x = 100
```

FIGURA 1.20

Al sustituir los valores de prueba -10, 1 y 100 para x en la expresión $x^2 - 2x - 2$, determinamos que $x^2 - 2x - 2$ es negativo sólo cuando x está en el intervalo $\boxed{(1 - \sqrt{3}, 1 + \sqrt{3})}$. ∎

Aplicamos el mismo método para resolver desigualdades polinomiales de grado mayor.

EJEMPLO 3 Resolver lo siguiente: $(x - 2)(x + 2)(x - 5) > 0$.

Solución Los puntos de corte son 2, -2 y 5. Analizamos los signos de la misma manera que analizamos desigualdades cuadráticas. Véase la figura 1.21.

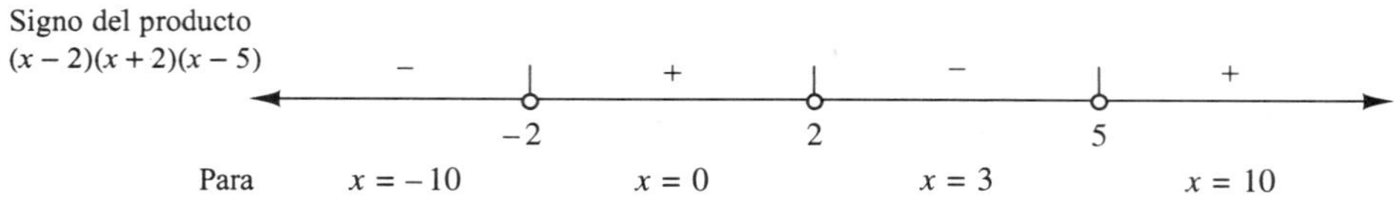

Signo del producto
$(x - 2)(x + 2)(x - 5)$

```
           -         |        +         |        -         |        +
      <--------------o------------------o------------------o--------------->
                   -2                   2                  5
Para    x = -10         x = 0             x = 3             x = 10
```

FIGURA 1.21

Por lo tanto, la solución es $\boxed{(-2, 2) \cup (5, \infty)}$. ∎

EJEMPLO 4 ¿Para cuáles valores de x la expresión $\sqrt{x^2 - x - 2}$ es real?

Solución Primero observamos que $\sqrt{x^2 - x - 2}$ es real cuando la expresión bajo el radical no es negativa. Por lo tanto, el problema se reduce a resolver la desigualdad cuadrática $x^2 - x - 2 \geq 0$.

$$x^2 - x - 2 \geq 0 \quad \text{Factorizamos}$$
$$(x - 2)(x + 1) \geq 0 \quad \text{Los puntos de corte son 2 y } -1.$$

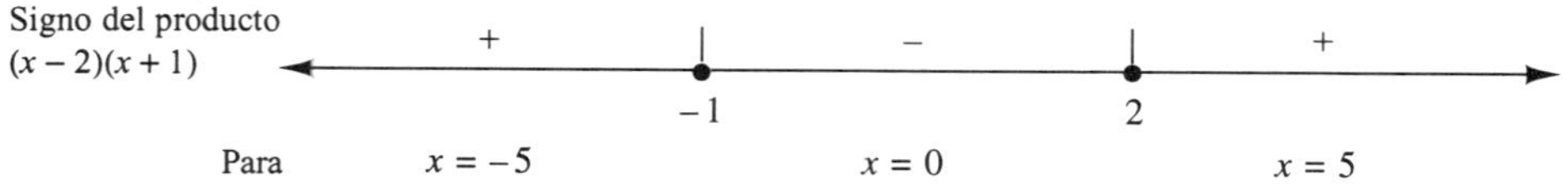

Signo del producto
$(x - 2)(x + 1)$

```
              +           |        -         |        +
        <-----------------•------------------•----------------->
                         -1                  2
Para        x = -5           x = 0             x = 5
```

FIGURA 1.22

1.9 Desigualdades cuadráticas y racionales

En la recta numérica de la figura 1.22, tenemos la información necesaria. Por lo tanto, $x^2 - x - 2 \geq 0$, o $\sqrt{x^2 - x - 2}$ es real, cuando x se encuentra en el intervalo $\boxed{(-\infty, -1] \cup [2, \infty)}$. ■

Desigualdades racionales

Podemos aplicar el mismo método para resolver desigualdades racionales como

$$\frac{x-4}{x-3} > 0 \quad \text{o} \quad \frac{2x-1}{x-5} \leq 2$$

estas desigualdades son distintas de las desigualdades lineales con constantes en el denominador. Al intentar resolver $\frac{x-4}{x-3} > 0$, nuestra primera inclinación podría ser despejar el denominador multiplicando ambos lados de la desigualdad por $x - 3$. Con las *ecuaciones*, este método es adecuado, siempre y cuando recordemos que $x \neq 3$. Sin embargo, con las desigualdades necesitamos saber si el multiplicador, $x - 3$ es positivo o negativo para determinar si el símbolo de la desigualdad debe o no invertirse. Aunque podríamos razonar analizando caso por caso, resulta más fácil abordar este problema de una manera similar a la que se utilizó para las desigualdades cuadráticas, como se muestra en el siguiente ejemplo.

EJEMPLO 5 Resolver lo siguiente. **(a)** $\frac{x-4}{x-3} > 0$ **(b)** $\frac{2x-1}{x-5} \leq 2$

Solución

(a) Para resolver $\frac{x-4}{x-3} > 0$, necesitamos determinar los valores de x que hacen positivo a $\frac{x-4}{x-3}$.

Para que el cociente sea positivo, el numerador y el denominador deben tener el mismo signo. *Ahora podemos definir los puntos de corte de una expresión racional como el valor o valores donde el numerador es* 0 *o donde el denominador es* 0.

$\frac{x-4}{x-3} > 0$ *Los puntos de corte son* 4 *(donde el numerador es* 0*) y* 3 *(donde el denominador es* 0*). Trazamos los puntos de corte en la recta numérica y realizamos el análisis de signos para obtener la figura* 1.23.

Signo del cociente
$\frac{x-4}{x-3}$

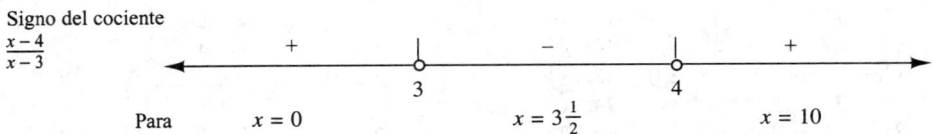

Para $\quad x = 0 \qquad x = 3\frac{1}{2} \qquad x = 10$

FIGURA 1.23

La solución es $\boxed{(-\infty, 3) \cup (4, \infty)}$.

(b) Primero debemos escribir esta expresión en la forma $R \leq 0$, donde R es una expresión racional, antes de poder aplicar el análisis de signos:

$$\frac{2x-1}{x-5} \leq 2 \qquad \text{Obtenemos 0 del lado derecho.}$$

$$\frac{2x-1}{x-5} - 2 \leq 0 \qquad \text{Expresamos el lado izquierdo como una sola fracción.}$$

$$\frac{2x-1}{x-5} - \frac{2(x-5)}{x-5} \leq 0$$

$$\frac{2x-1-2(x-5)}{x-5} \leq 0 \qquad \text{Que se convierte en}$$

$$\frac{9}{x-5} \leq 0 \qquad \text{Existe un único punto de corte: 5. Véase la figura 1.24.}$$

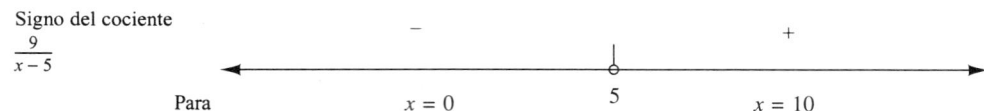

FIGURA 1.24

Observe que excluimos $x = 5$. (¿Por qué?) Por lo tanto, la respuesta es $\boxed{(-\infty, 5)}$. ∎

EJERCICIOS 1.9

En los ejercicios 1-50, resuelva las desigualdades. Exprese su respuesta utilizando notación de intervalos.

1. $x^2 + 2x - 24 > 0$
2. $x^2 + 3x - 10 < 0$
3. $2x^2 - 3x - 2 < 0$
4. $5x^2 - 14x - 3 > 0$
5. $x^2 - 5x \leq 24$
6. $x^2 - 10 \geq -1$
7. $2x^2 - 3x \geq 5$
8. $6x^2 - 5 \leq -13x$
9. $15x^2 - 2 \leq 7x$
10. $6y^2 + 1 \leq 5y$
11. $8x^2 - 6 > -8x$
12. $6y^2 - 12 > -21y$
13. $9x^2 - 6x + 1 \geq 0$
14. $25x^2 \leq -10x - 1$
15. $x^2 - 2x > -1$
16. $x^2 + 4x + 4 < 0$
17. $y^2 > 1$
18. $x^2 \leq 16$
19. $x^3 + 4x^2 - x - 4 < 0$
20. $x^4 - 16 > 0$
21. $x^3 + 2x^2 - 4x - 8 \geq 0$
22. $x^3 + x^2 - 9x - 9 > 0$
23. $x^2 - 3x - 3 < 0$
24. $x^2 - 2x - 2 < 0$
25. $2x^2 - x - 2 \geq 0$
26. $2x^2 - 3x - 1 \geq 0$
27. $\dfrac{5}{x+1} < 0$
28. $\dfrac{3}{x-4} \leq 0$
29. $\dfrac{2x-1}{x+5} \geq 0$
30. $\dfrac{x-7}{x+7} > 0$
31. $\dfrac{x-2}{x+1} < 0$
32. $\dfrac{2x+3}{x-5} \leq 0$
33. $\dfrac{5x-1}{x-2} \geq 0$
34. $\dfrac{7x+3}{x-1} > 0$
35. $\dfrac{-2x}{x-1} \leq 0$
36. $\dfrac{-4x}{x+1} \geq 0$
37. $\dfrac{3x}{x-1} < 1$
38. $\dfrac{4}{x-1} > 3$
39. $\dfrac{x-1}{x+1} \geq 2$
40. $\dfrac{2x-3}{x-3} \leq 1$
41. $\dfrac{x-2}{(x+1)(x-3)} \geq 0$
42. $\dfrac{x+5}{(x-1)(2x+3)} \leq 0$
43. $\dfrac{2x}{x^2-1} \leq 0$
44. $\dfrac{5x}{x^2-16} \geq 0$
45. $\dfrac{x^2-9}{x+5} < 0$
46. $\dfrac{x^2-4}{x-3} > 0$
47. $\dfrac{-2x}{x^2+1} \leq 0$
48. $\dfrac{5x}{x^2+16} \geq 0$
49. $\dfrac{a^2-1}{a^2-16} > 0$
50. $\dfrac{x^2-2x-3}{x^2+x-2} < 0$

En los ejercicios 51-54, dado que $|a| < |b| \Leftrightarrow a^2 < b^2$, utilice esta propiedad para resolver las siguientes desigualdades de valor absoluto. Exprese su respuesta utilizando la notación de intervalos.

51. $|2x - 1| < |x|$
52. $|3x - 1| > |x|$
53. $|x - 3| < |x + 2|$
54. $|2x + 1| > |x + 3|$

55. Un biólogo determina que el tamaño de la población de una cierta especie de vida marina está relacionado con la temperatura del agua en una localidad particular de la siguiente manera:

$$N = 1{,}000(-T^2 + 42T - 320)$$

donde N es el tamaño de la población y T es la temperatura del agua en grados Celsius. ¿Cuál debe ser el rango de temperatura del agua para que el tamaño de la población sea al menos de 96,000?

56. La concentración de una cierta droga en la corriente sanguínea varía con el tiempo de la siguiente manera:

$$C = \frac{3t}{t^2 + t + 1}$$

donde C es la concentración de la droga en la corriente sanguínea en miligramos/litro, t horas después de haberla tomado por vía oral. Se determinó que la droga es efectiva si la concentración es de por lo menos 0.6 miligramos/litro. ¿Durante cuánto tiempo es efectiva la droga?

1.10 Sustitución

Hasta ahora, hemos analizado ecuaciones y desigualdades solas, como condiciones impuestas sobre una variable. En ocasiones, podríamos tener que tratar con más de una ecuación en la que las condiciones se imponen sobre una o más variables.

EJEMPLO 1 Si el perímetro de un cuadrado es de 32 centímetros, determinar su área.

Solución Nuestra primera reacción es empezar con la fórmula del área de un cuadrado, que es $A = s^2$, donde s es la longitud de un lado. Esta fórmula requiere que dispongamos de s, la longitud del lado, para calcular el área. No conocemos la longitud del lado, pero sí conocemos el perímetro. Por lo tanto, buscamos la fórmula del perímetro de un cuadrado y vemos si podemos utilizar de alguna manera esa información para encontrar la longitud del lado. La fórmula para el perímetro es $P = 4s$.

Para determinar s, dado el perímetro, sustituimos $P = 32$ en la fórmula para el perímetro y despejamos s:

$$P = 4s \Rightarrow 32 = 4s \Rightarrow s = 8 \text{ pulgadas}$$

Ahora, tenemos que $s = 8$ y podemos determinar el área del cuadrado al sustituir $s = 8$ en la fórmula del área, $A = s^2$.

$$A = s^2 \Rightarrow A = 8^2 \Rightarrow A = 64 \text{ pulgadas cuadradas.}$$

Por lo tanto el área del cuadrado es $\boxed{64 \text{ pulgadas cuadradas.}}$ ∎

Suponga que se nos ha encargado una tarea que nos pide determinar continuamente el área de un cuadrado dado su perímetro. En lugar de continuar el proceso de dos pasos descrito en el ejemplo 1, sería más conveniente tener una sola fórmula que establezca una relación directa entre el área de un cuadrado y su perímetro. Podemos expresar el problema como: "Determine el área de un cuadrado dado su perímetro" o "Exprese el área de un cuadrado en términos de su perímetro". Queremos demostrar que los pasos dados en el proceso de desarrollar esta fórmula no son muy distintos del enfoque adoptado en el ejemplo 1.

EJEMPLO 2 Si el perímetro de un cuadrado es P, determinar su área A, en términos de P.

Solución De nuevo, nuestra primera reacción es comenzar con la fórmula para el área de un cuadrado, que es $A = s^2$, donde s es la longitud del lado.

Esta fórmula requiere que tengamos s, la longitud de un lado, para calcular el área. No tenemos la longitud del lado, pero sí el perímetro. Por lo tanto, determinemos una fórmula que relacione el perímetro a la longitud de un lado. Esta fórmula es $P = 4s$.

Determinar s dado P significa despejar s en términos de P. De aquí que

$$P = 4s \Rightarrow s = \frac{P}{4}$$

Ahora que tenemos s (en términos de P), podemos determinar el área del cuadrado sustituyendo $s = \frac{P}{4}$ en la fórmula del área, $A = s^2$.

$$A = s^2 \qquad \textit{Sustituimos } s = \frac{P}{4}.$$

$$A = \left(\frac{P}{4}\right)^2 = \frac{P^2}{16}$$

Por lo tanto, $\boxed{A = \frac{P^2}{16}}$

Observe que si $P = 32$, entonces $A = \frac{32^2}{16} = 64$, como determinamos en el ejemplo 1. ∎

Al determinar el área de un cuadrado, A, en términos de su perímetro, P, tuvimos que despejar de manera explícita el lado s en $P = 4s$ y luego sustituir $\frac{P}{4}$ en vez de s en la fórmula $A = s^2$. Este método de reemplazo de una variable por una expresión que aparezca en otra se llama *sustitución*.

EJEMPLO 3 Determinar el área A de un cuadrado en términos de la longitud de su diagonal, d.

Solución Abordamos este problema como si nos hubieran dado una cantidad para la longitud de la diagonal y tuviéramos que encontrar el área. De nuevo, nuestra primera reacción es comenzar con la fórmula para el área del cuadrado que es $A = s^2$, donde s es la longitud de un lado.

La fórmula requiere que tengamos s, la longitud de un lado, para calcular el área. No tenemos la longitud del lado, pero sí la longitud de su diagonal, d. Por lo tanto, necesitamos determinar una relación entre el lado s y la diagonal d. Podemos trazar un cuadrado con una diagonal, etiquetada d, y un lado etiquetado s. Véase la figura 1.25.

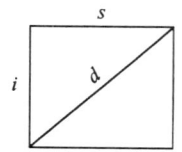

FIGURA 1.25

Observemos que se forma un triángulo rectángulo con la diagonal como hipotenusa; por el teorema de Pitágoras, la relación entre sus lados y la diagonal es

$$s^2 + s^2 = d^2 \quad \text{que se simplifica como} \quad 2s^2 = d^2$$

Aún necesitamos s para determinar A, para despejar s en términos de d:

$$2s^2 = d^2$$

$$s^2 = \frac{d^2}{2} \qquad \textit{Podemos detenernos aquí.}$$

1.10 Sustitución

En lugar de continuar nuestro intento de despejar s, observemos que tenemos A en términos de s^2. Puesto que ya tenemos s^2 en términos de d, podemos determinar el área del cuadrado sustituyendo $s^2 = \dfrac{d^2}{2}$ en la fórmula para el área, $A = s^2$.

$$A = s^2 \qquad \textit{Sustituimos } s^2 = \dfrac{d^2}{2}.$$

$$A = \dfrac{d^2}{2}$$

Por lo tanto, $\boxed{A = \dfrac{d^2}{2}}$.

EJEMPLO 4 Un bote está anclado a la mitad de un lago en calma cuando su tanque de combustible comienza a gotear, dejando una mancha aceitosa sobre su superficie (véase la figura 1.26). Si el radio de la mancha crece a una velocidad constante de 2 pies/minuto, ¿cuánta área cubrirá la mancha? **(a)** ¿1 hora después de que empezó? **(b)** ¿t minutos después de que empezó?

FIGURA 1.26

Solución

(a) En este ejemplo comenzamos con el área de un círculo, dada por $A = \pi r^2$. Necesitamos determinar el radio. Tenemos que el radio crece a 2 pies/minuto. Utilizando la fórmula de la distancia, *distancia = tasa × tiempo*, podemos determinar que al cabo de 1 hora (60 minutos), el radio es $2 \times 60 = 120$ pies.

Puesto que $r = 120$, el área de la mancha después de 1 hora es:

$$A = \pi r^2$$
$$= \pi(120)^2$$
$$= \boxed{14{,}400\pi \approx 45{,}240 \text{ pies cuadrados}}$$

(b) De nuevo, el área de un círculo está dado por $A = \pi r^2$. Necesitamos determinar el radio. Hemos dicho que el radio crece a 2 pies/minuto. Utilizando la fórmula de la distancia, podemos determinar que el radio $r = 2t$. Véase la figura 1.27.

El área de la mancha después de t minutos es

$$A = \pi r^2$$
$$= \pi(2t)^2$$
$$= 4\pi t^2$$

Por lo tanto, $\boxed{A = 4\pi t^2 \text{ pies cuadrados}}$.

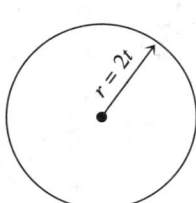

FIGURA 1.27

EJEMPLO 5 Un granjero desea cercar un terreno cuadrado con materiales para cercas: este material cuesta $6 por pie. Si el área del terreno es A pies cuadrados, en términos de A, ¿cuánto le costará encerrar el terreno con la cerca?

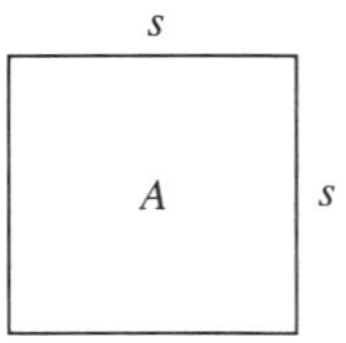

Solución Trazamos un diagrama (véase la figura 1.28) y observamos lo siguiente:

El costo de la cerca se determina multiplicando el precio por pie de cerca por el número de pies que tendrá ésta. El número de pies de material para cercas utilizado es el perímetro del terreno. Puesto que el costo por pie de cerca es $6 y si llamamos P al perímetro, el costo total de la cerca es $C = 6P$. Ya que el terreno es cuadrado, utilizamos la fórmula para el perímetro de un cuadrado: $P = 4s$, donde s es la longitud del lado.

Para que podamos calcular el perímetro, necesitamos conocer la longitud del lado. No tenemos dicha longitud, pero conocemos el área y, por lo tanto, buscamos una fórmula que relacione el área de un cuadrado con la longitud de su lado. La fórmula es: $A = s^2$.

Utilizamos la fórmula del área para determinar s en términos de A:

$$A = s^2 \implies s = \sqrt{A} \qquad (s \text{ debe ser positivo.})$$

Ahora tenemos s en términos de A. Podemos determinar el perímetro al sustituir $s = \sqrt{A}$ en la fórmula del perímetro: $P = 4s$ para obtener

$$P = 4s \qquad \textit{Sustituimos } s = \sqrt{A}$$
$$= 4\sqrt{A}$$

El costo por la cerca es $6P = 6(4\sqrt{A}) = \boxed{24\sqrt{A} \text{ dólares}}$. ∎

FIGURA 1.28

EJEMPLO 6 Dado que el volumen de una esfera está determinado por $V = \dfrac{4}{3}\pi r^3$, donde r es su radio, determinar el volumen de una esfera en términos de su diámetro.

Pregúntese: ¿Cómo determinaría el volumen dado que el diámetro es 10?

Solución Partimos del volumen de la esfera en términos de su radio como $V = \dfrac{4}{3}\pi r^3$. Ya que deseamos determinar el volumen en términos del diámetro, necesitamos determinar una relación entre el radio y el diámetro de una esfera. Ya sabemos que si d es el diámetro y r es el radio, entonces

$$d = 2r \implies r = \dfrac{d}{2}.$$

Por lo tanto, dado el diámetro, podemos determinar su radio. Sustituyamos ahora el radio en la fórmula del volumen de la siguiente manera:

$$V = \dfrac{4}{3}\pi r^3 \qquad \textit{Sustituimos ahora } \dfrac{d}{2} \textit{ por } r$$
$$= \dfrac{4}{3}\pi \left(\dfrac{d}{2}\right)^3 \qquad \textit{Y simplificamos.}$$
$$= \dfrac{4\pi d^3}{24}$$

Por lo tanto, $\boxed{V = \dfrac{\pi d^3}{6}}$. ∎

EJERCICIOS 1.10

1. Determine el área de un cuadrado si **(a)** su perímetro es 84 pulgadas y **(b)** su perímetro es x pulgadas.
2. Determine el perímetro de un cuadrado si **(a)** su área es 90 pulgadas cuadradas y **(b)** su área es A pulgadas cuadradas.
3. Determine el área de un cuadrado si su diagonal mide 5 pies.
4. Determine el área de un cuadrado si su diagonal mide x pies.
5. Determine la diagonal de un cuadrado si su área es 84 centímetros cuadrados.
6. Exprese la diagonal de un cuadrado en términos de su área, A.
7. Determine la diagonal de un cuadrado en términos de su perímetro, P.
8. Determine el perímetro de un cuadrado si su diagonal es de 12 pies.
9. Exprese el perímetro de un cuadrado en términos de su diagonal, d.
10. Determine el perímetro de un cuadrado si su diagonal es 8 pies.
11. Determine el volumen de una esfera dado que su diámetro es 8 pies.
12. Determine el área de la superficie de una esfera si su diámetro es 8 pies.
13. Exprese el área de la superficie de una esfera en términos de su diámetro.
14. Exprese el área de la superficie de una esfera en términos de su volumen, V.

Utilice la siguiente figura para los ejercicios 15-18. El círculo está inscrito en el cuadrado.

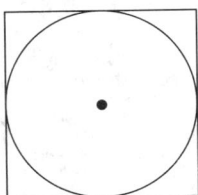

15. Si el radio del círculo es 5 pulgadas, ¿cuál es el área del cuadrado?
16. Si el lado del cuadrado es de 8 pulgadas, determine el área del círculo.
17. Si el radio del círculo es r pulgadas, exprese el área del cuadrado en términos de r.
18. Si el lado del cuadrado es s pulgadas, exprese el área del círculo en términos de r.
19. El radio de un círculo crece a una velocidad constante de 3 pulgadas/segundo. **(a)** ¿Cuál es el área del círculo después de 2 segundos (comenzando en $r = 0$)? **(b)** ¿Cuál es el área del círculo después de t segundos (comenzando en $r = 0$)?
20. El área de un círculo crece a una velocidad constante de 10 pies cuadrados/segundo. **(a)** ¿Cuál es el radio del círculo después de 2 segundos (comenzando en $A = 0$)? **(b)** ¿Cuál es el radio del círculo después de t segundos (comenzando en $A = 0$)?

21. El radio de una bola de nieve crece a una velocidad constante de 3 pulgadas/minuto. ¿Cuál es el volumen de la bola de nieve después de 5 minutos (comenzando en $r = 0$)?
22. El volumen de una bola de nieve crece a una velocidad constante de 8 pulgadas cúbicas/minuto. ¿Cuál es el radio de la bola de nieve después de 5 minutos (comenzando en $V = 0$)?
23. El radio de una bola de nieve crece a una velocidad constante de 3 pulgadas/minuto. ¿Cuál es el volumen de la bola de nieve después de t minutos (comenzando en $r = 0$)?
24. El volumen de una bola de nieve crece a una velocidad constante de 8 pulgadas cúbicas/minuto. ¿Cuál es el radio de la bola de nieve después de t minutos (comenzando en $V = 0$)?
25. Un granjero desea encerrar un terreno rectangular con material de cerca; este material cuesta $8 por pie. Si el perímetro del terreno es 500 pies, ¿cuánto le costará encerrar el terreno con la cerca?
26. Un granjero desea encerrar un terreno rectangular con material de cerca; este material cuesta $8 por pie. Si el perímetro del terreno es P pies, ¿cuánto le costará (en términos de P) encerrar el terreno con la cerca?
27. Un granjero desea encerrar un terreno cuadrado con material de cerca; este material cuesta $8 por pie. Si el área del terreno es 200 pies cuadrados, ¿cuánto le costará encerrar el terreno con la cerca?
28. Un granjero desea encerrar un terreno cuadrado con material de cerca; este material cuesta x dólares por pie. Si el área del terreno es 1,000 pies cuadrados, ¿cuánto le costará (en términos de x) encerrar el terreno con la cerca?
29. Un jardinero desea encerrar un jardín circular con material de cerca; el material cuesta $2 por pie. Si el radio del jardín es de 5 pies, ¿cuánto le costará encerrar el jardín con la cerca?
30. Un jardinero desea encerrar un jardín circular con material de cerca; el material cuesta $3 por pie. Si el radio del jardín es r pies, ¿cuánto le costará (en términos de r) encerrar el jardín con la cerca?
31. Un jardinero desea encerrar un jardín circular con material de cerca; el material cuesta $3 por pie. Si el área del jardín es 90 pies cuadrados, ¿cuánto le costará encerrar el jardín con la cerca?
32. Un jardinero desea encerrar un jardín circular con material de cerca; el material cuesta $3 por pie. Si el área del jardín es A pies cuadrados, ¿cuánto le costará (en términos de A) encerrar el jardín con la cerca?
33. Dos botes salieron del puerto al mismo tiempo en ángulos rectos uno con respecto al otro. Si un bote viaja a 30 millas/hora y el otro viaja a 40 millas/hora, ¿qué tan lejos se encontrarán los botes entre sí después de 2 horas?
34. Dos botes salieron del puerto al mismo tiempo en ángulos rectos uno con respecto al otro. Si un bote viaja a 30 millas/hora y el otro viaja a 40 millas/hora, ¿qué tan lejos se encontrarán los botes entre sí después de t horas?

Capítulo 1 EJERCICIOS DE REPASO

En los ejercicios 1-2, exprese como cociente de dos enteros.

1. $8.2525\overline{25}$ **2.** $72.47247\overline{247}$

En los ejercicios 3-4, establezca cuál es la propiedad de los números reales ilustrada.

3. $5 - (x + 4) = 5 - (4 + x)$

4. $(x + 3)(x^2 - 3) = x(x^2 - 3) + 3(x^2 - 3)$

En los ejercicios 5-8, grafique el conjunto sobre la recta real y exprésalo utilizando la notación de intervalos.

5. $\{x \mid x \geq -4\}$ **6.** $\{x \mid -8 < x \leq -1\}$
7. $\{x \mid x < 3\}$ **8.** $\{x \mid x \geq 0\}$

En los ejercicios 9-10, escriba cada expresión sin los símbolos de valor absoluto.

9. $|1 - \sqrt{5}|$ **10.** $|x - 8|$

En los ejercicios 11-16, evalúe las expresiones numéricas.

11. $6 - \{4 - [5 - 2(3 - 9)]\}$
12. $|-5| - |-9| - |-5 - 9|$
13. $2\left(\dfrac{2}{3}\right)^2 - \left(\dfrac{2}{3}\right) + 6$ **14.** $5\left(-\dfrac{1}{3}\right)^2 - 2\left(-\dfrac{1}{3}\right) - 4$
15. $\dfrac{3 - \frac{1}{2}}{\frac{2}{5} - 1}$ **16.** $\dfrac{\frac{1}{5} - \frac{2}{3}}{1 - \frac{3}{4}}$

En los ejercicios 17-26, efectúe las operaciones y exprese sus respuestas en la forma más simple.

17. $(-2xy)^2(3xy)^3$ **18.** $3xy^2(2xy^2 - 3y^2)$
19. $(x - 3)(2x + 7)$ **20.** $(3x - 4)(2x - 1)$
21. $(5a^3 - b)(5a^3 + b)$ **22.** $(5a^3 - b)^2$
23. $(3x - 1)(9x^2 + 3x + 1)$
24. $(1 + 2x)(1 - 4x + 16x^2)$
25. $2x(x - 2)^2 - (x + 2)(x - 2)$
26. $(x - 2)^2(x - 3)^2$

En los ejercicios 27-36, factorice de la manera más completa posible.

27. $x^2 - 2x - 15$ **28.** $6x^2 - 11x - 10$
29. $3y(x - 2)^2 + 5(x - 2)$
30. $2x(x + 8)^2 - 2x^2(x + 8)^3$
31. $25x^2 - 30x + 9$ **32.** $a^4 - 81$
33. $a^3 + a^2 - 16a - 16$ **34.** $2x^3 + 6x^2 - 18x - 54$
35. $a^5 - a^3 + a^2 - 1$ **36.** $a^2 + 4a + 4 - x^2$

En los ejercicios 37-44, efectúe las operaciones y exprese sus respuestas en la forma más simple.

37. $\dfrac{4x^2 - 12xy + 9y^2}{2x^2 - xy - 3y^2} \cdot \dfrac{3x + y}{6x^2 - 7xy - 3y^2}$

38. $\dfrac{2x^2}{x^2 + 3x + 9} \div \dfrac{2x^3 - 18x}{x^3 - 27}$

39. $\dfrac{3x}{x - 2} + \dfrac{1}{x}$ **40.** $\dfrac{2x - 3}{x + 3} - \dfrac{x - 1}{x - 3}$

41. $\dfrac{3x}{(x - 1)^2} - \dfrac{2}{x - 1}$ **42.** $\dfrac{2x}{x^2 - 1} + \dfrac{2}{x^2 - 2x + 1}$

43. $\dfrac{\frac{1}{x} + \frac{6}{y}}{\frac{1}{x^2} - \frac{36}{y^2}}$ **44.** $\dfrac{\frac{3y - 1}{2y + 1} + \frac{2y}{4y^2 - 1}}{\frac{3}{2y - 1} + 3}$

En los ejercicios 45-52, efectúe las operaciones y exprese sus respuestas en la forma más simple, únicamente con exponentes positivos.

45. $(xy^2)^{-2}(xy^{-2})^{-3}$ **46.** $(3x^{-1}y^{-2})^{-1}(2x^{-2}y)^{-3}$
47. $\dfrac{x^{-1}y^{-2}}{xy^{-2}}$ **48.** $\dfrac{x^{-1} + y^{-2}}{xy^{-2}}$
49. $\dfrac{3x^{-2}y^{-2}}{x^{-1}y}$ **50.** $\dfrac{3x^{-1} - y^{-2}}{x^{-1} + y}$
51. $\dfrac{x^{2/3}x^{-1/4}}{x^{-2/5}}$ **52.** $\dfrac{2x(x^2 + 4)^{-3/2}}{(x^2 + 4)^{-1/2}}$

En los ejercicios 53-54, evalúe el número.

53. $(-64)^{-2/3}$ **54.** $81^{-3/4}$

En los ejercicios 55-56, exprese cada uno como una sola fracción simplificada, sólo con exponentes positivos.

55. $2x(x^2 + 1)^{1/2} + x^2\left(\dfrac{1}{2}\right)(x^2 + 1)^{-3/2}$

56. $(x^2 - 1)^{1/3} + \dfrac{2x^2}{3}(x^2 - 1)^{-2/3}$

En los ejercicios 57-58, escriba de nuevo la expresión utilizando exponentes racionales.

57. $3x^2\sqrt{x^2 + 1}$ **58.** $4x^5\sqrt[3]{x^2 -}$

En los ejercicios 59-60, vuelva a escribir la expresión utilizando notación de radicales.

59. $2x(x + 1)^{1/2} + x^2(x^2 + 1)^{-3/2}$

60. $(x^2 - 1)^{1/3} + \dfrac{2x^2}{3}(x^2 - 1)^{-2/3}$

En los ejercicios 61-62, reescriba en la forma radical más simple.

61. $\sqrt{48x^{12}y^{15}}$

62. $\sqrt{\dfrac{48x^{12}y^{15}}{16x^4y^8}}$

En los ejercicios 63-64, exprese cada uno en la forma radical más simple, con el denominador racionalizado.

63. $\dfrac{5x}{\sqrt{x^5}}$

64. $\dfrac{\sqrt{8}}{\sqrt{6} - \sqrt{2}}$

En los ejercicios 65-70, realice las operaciones y exprese en la forma radical más simple con el denominador racionalizado.

65. $(\sqrt{2x} - 2)^2$

66. $(\sqrt{2x} - 2)(\sqrt{2x} + 2)$

67. $(\sqrt{a} - 4)^2 - (\sqrt{a} - 4)^2$

68. $\dfrac{\sqrt{x^2 + 2x - 3}}{\sqrt{x + 3}}$

69. $\dfrac{\sqrt{8}}{\sqrt{11} - \sqrt{3}}$

70. $\dfrac{x^2 - 7x - 18}{\sqrt{x + 3}}$

En los ejercicios 71-72, exprese cada uno como una sola fracción.

71. $2 - \dfrac{2}{\sqrt{x^2 - 4}}$

72. $5\sqrt{3x^2 - 2} - \dfrac{5}{\sqrt{3x^2 - 2}}$

En los ejercicios 73-78, efectúe las operaciones y exprese el resultado en la forma $a + bi$.

73. $(3 + 4i) + (2 - 5i)$

74. $(6 - 3i) - (2 + 5i)$

75. $(5 + i)^2$

76. $(3 - 2i)(3 + 2i)$

77. $\dfrac{2 + 3i}{2i}$

78. $\dfrac{6 + 3i}{2 - 3i}$

En los ejercicios 79-86, despeje la variable. Para las desigualdades, exprese sus respuestas utilizando notación de intervalos.

79. $2 - \{3 - [2(1 - x)]\} = 5x + 3$

80. $3 - 2[2 - (x - 6)] = 2x + 8$

81. $3x - \dfrac{2}{5}x \geq -2x + 3(1 - x)$

82. $\dfrac{3x - 2}{5} - 2 < \dfrac{2x - 3}{2}$

83. $\dfrac{4}{x^2 - 2x} - \dfrac{3}{2x} = \dfrac{17}{6x}$

84. $\dfrac{3x}{x - 1} - 2 = \dfrac{3}{x - 1}$

85. $2 < 5 - 3x \leq \dfrac{7}{3}$

86. $-2 \leq \dfrac{5}{2}x + 3 \leq 4$

En los ejercicios 87-88, despeje la variable dada.

87. $C = \dfrac{5}{9}(F - 32); \ F$

88. $y = \dfrac{x - 9}{3x + 1}; \ x$

89. Raju tiene 2 litros de una solución al 60% de alcohol. ¿Cuál es la cantidad mínima de agua que debe añadir a la solución para tener una solución que tenga menos de 40% de alcohol?

90. Collin tarda 3 horas en pintar un cuarto y Mary tarda $2\dfrac{1}{2}$ horas en pintar el mismo cuarto. ¿Cuánto tardarían los dos en pintar el cuarto si trabajan juntos?

En los ejercicios 91-98, despeje la variable dada. Para las desigualdades, exprese su respuesta utilizando notación de intervalos.

91. $|7x - 2| = 9$

92. $|2x - 3| = 4$

93. $|5 - 3x| < 6$

94. $|5 - 3x| \geq 6$

95. $\left|\dfrac{1 - 4x}{3}\right| \geq 5$

96. $\left|1 - \dfrac{4}{3}x\right| < 3$

97. $|x - 1| = |5x + 3|$

98. $|x - 2| = |x + 2|$

En los ejercicios 99-100, escriba cada uno como una sola expresión, de ser posible sin valores absolutos.

99. $|-7x^2 - 3|$

100. $|-6x^4 - 3x^2 - 4|$

En los ejercicios 101-102, despeje completando el cuadrado.

101. $x^2 - x = 8$

102. $2t^2 = 8t + 10$

En los ejercicios 103-112, despeje mediante cualquier método algebraico.

103. $3x^2 + 8 = 23$

104. $6x^2 = 2 - x$

105. $\dfrac{3}{x - 2} + \dfrac{2}{x - 1} = \dfrac{3}{2}$

106. $\dfrac{1}{x} + x = 2$

107. $\dfrac{6}{x^2 - 2x - 3} + \dfrac{x}{x - 3} = 3$

108. $\dfrac{(x - 3)^{1/3}(x + 1)^{1/2}}{(x - 2)^{1/5}} = 0$

109. $\sqrt{3x + 1} + 1 = x$

110. $(x - 3)^{-1/3} = 4$

111. $2x^{2/3} - x^{1/3} = 3$

112. $\sqrt{5x + 1} - 1 = \sqrt{3x}$

En los ejercicios 113-114, despeje la variable dada.

113. $5x^2 + 7y^2 = 9; \ x$

114. $15a^2 + 7ab - 2b^2 = 0; \ a$

En los ejercicios 115-124, resuelva las desigualdades y exprese sus respuestas utilizando notación de intervalos.

115. $3x^2 - 14x - 5 > 0$

116. $2x^2 \geq -5x - 3$

117. $x^2 - 4x + 4 < 0$

118. $x^3 + 2x^2 - x - 2 \leq 0$

119. $\dfrac{3x - 2}{x + 1} > 0$

120. $\dfrac{3 - 2x}{x - 5} \leq 0$

121. $\dfrac{3x-1}{x} \leq 2$ **122.** $\dfrac{x}{3x+1} < 5$

123. Dos unidades comunes de medición en física y química son el *angstrom* (escrito Å), que es 10^{-8} centímetros y la *micra* (escrito μ), que es 10^{-4} centímetros. ¿Cuántos angstroms hay en una micra?

124. Carlos lanza una pelota al aire hacia arriba desde un edificio. La ecuación $s = -16t^2 + 80t + 44$ nos da la distancia, s, en pies, a la que se encuentra la pelota del suelo t segundos después de haber sido lanzada hacia arriba.
  (a) ¿A qué altura sobre el suelo se encuentra la pelota después de $t = 2$ segundos?
  (b) ¿Cuánto tarda la pelota en llegar al suelo?

125. Un jardín circular está rodeado por un camino de ancho uniforme. Si el camino tiene un área de 44π pies cuadrados y el radio del jardín es de 10 pies, determine el ancho del camino.

126. El radio de un círculo crece a una velocidad constante de 5 pulgadas/segundo. ¿Cuál es el área del círculo después de t minutos (comenzando en $r = 0$)?

127. Un jardinero desea encerrar un jardín circular con material de cercas; el material cuesta $3 por pie. Si el radio del jardín es de r pies, ¿cuánto le costaría (en términos de r) encerrar el jardín con la cerca?

Capítulo 1 EXAMEN DE PRÁCTICA

1. Establezca la propiedad de los números reales ilustrada por
$(x^2 + 3)\left(\dfrac{1}{x^2 + 3}\right) = 1$.

2. Grafique los conjuntos sobre la recta numérica real y exprésalos utilizando la notación de intervalos.
  (a) $\{x \mid x \leq -2\}$ **(b)** $\{x \mid -6 < x \leq -2\}$

3. Escriba sin los símbolos de valor absoluto: $\left|1 - \sqrt{5}\right|$.

4. Evalúe la expresión numérica: $\dfrac{\frac{2}{5} - 3}{1 - \frac{3}{2}}$.

5. Efectúe las operaciones y exprese sus respuestas en la forma más simple.
  (a) $(3a^2 - 2b)(3a^3 + 2b)$
  (b) $3x(x-5)^2 - (x+5)(x+5)$

6. Factorice lo más que sea posible.
  (a) $10x^2 + x - 2$ **(b)** $3y(y+3)^2 + 15(y+3)$
  (c) $x^3 + 2x^2 - 9x - 18$

7. Realice las operaciones. Exprese sus respuestas en la forma más simple únicamente con exponentes positivos.
  (a) $\dfrac{3}{x+1} - \dfrac{2x}{(x+1)^2}$ **(b)** $\dfrac{\frac{1}{b} - \frac{5}{a}}{\frac{1}{b^2} - \frac{25}{a^2}}$
  (c) $\dfrac{x^{-2} + y^{-2}}{(x+y)^{-2}}$ **(d)** $\dfrac{3x^2(x^3-2)^{-1/3}}{(x^3-2)^{2/3}}$

8. Reescriba cada una de las expresiones en la forma radical más simple. Racionalice el denominador cuando sea posible.
  (a) $\sqrt{\dfrac{32x^9 y^7}{18x^4 y^8}}$ **(b)** $\dfrac{5x^2}{\sqrt{2x}}$
  (c) $(3x - \sqrt{2})^2$ **(d)** $\dfrac{\sqrt{9}}{\sqrt{10} - \sqrt{7}}$

9. Realice las operaciones y exprese en la forma $a + bi$.
  (a) $(3 - 5i)^2$ **(b)** $\dfrac{2 - 3i}{3 + i}$

En los ejercicios 10-23, despeje la variable. Para las desigualdades, exprese sus respuestas utilizando notación de intervalos.

10. $4 - [3(2 - x)] = x + 3$ **11.** $\dfrac{x-1}{3} - 1 < \dfrac{x+3}{2}$

12. $|7 + 2x| = 7$ **13.** $\left|\dfrac{2}{3}x - 2\right| \leq 5$

14. $|7 - 2x| > 4$ **15.** $|2 - 3x| = |3x - 2|$

16. $(2x - 1)(x + 2) = 5x + 2$

17. $3x^2 - 2x = 5 - 2x$

18. $\dfrac{2}{x-2} + \dfrac{3}{x+2} = \dfrac{5}{x^2-4}$

19. $\sqrt{x-5} + 4 = x - 1$ **20.** $2x^2 \leq x + 3$

21. $(x-1)(x-2) > 2x - 2$

22. $\dfrac{x-2}{2x+1} > 0$ **23.** $\dfrac{x-5}{x} \geq 2$

24. Ken puede procesar 200 formas en 3 horas y Kim puede procesar las mismas 200 formas en $2\frac{1}{3}$ horas. ¿Cuánto tiempo tardarían los dos en procesar las 200 formas si trabajan jun-tos?

25. Sandy lanza una pelota al aire. La ecuación $s = -16t^2 + 40t + 96$ da la distancia, s, en pies a la que se encuentra la pelota del suelo t segundos después de haber sido lanzada. ¿Cuánto tiempo tarda la pelota en tocar el suelo?

26. Un granjero quiere encerrar un terreno circular con material de cercas. El material cuesta $6 por pie. Si el área del terreno es de A pies cuadrados, ¿cuánto le costará (en términos de A) encerrar el terreno con la cerca?

CAPÍTULO 2

Funciones y gráficas: Parte I

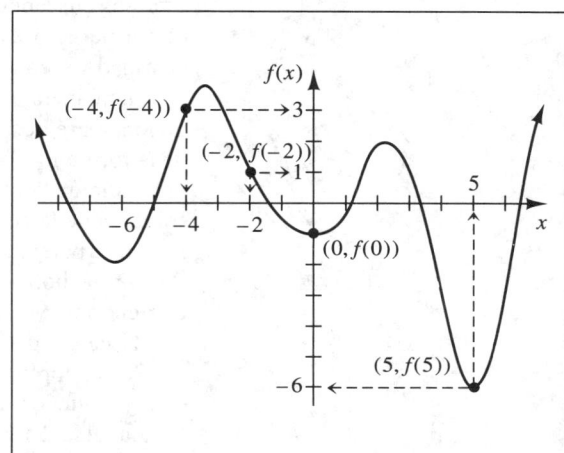

2.1	El sistema de coordenadas cartesianas: graficación de rectas y círculos
2.2	Pendiente
2.3	Ecuación de una recta
2.4	Relaciones y funciones
2.5	Notación funcional
2.6	Relación de ecuaciones con sus gráficas
2.7	Introducción al trazo de curvas: simetría

Resumen ■ *Ejercicios de repaso* ■ *Examen de práctica*

El concepto de función es una de las ideas más importantes en matemáticas. Es una idea que unifica muchas ramas diversas de las matemáticas y permite que una gran variedad de disciplinas sean "matematizadas". Con frecuencia escuchamos frases como "La tasa de inflación es una función de la productividad de la fuerza de trabajo" o "las tasas de los seguros de vida son una función de la edad de una persona". Entendemos que tales enunciados significan que existe una relación entre una de las cantidades y la otra.

En este capítulo describimos diversos tipos de relaciones matemáticas y definimos de manera precisa lo que entendemos por una función. Además, comenzamos el análisis de la forma de graficar varios tipos de ecuaciones y funciones, el cual continuará en todo el texto.

2.1 El sistema de coordenadas cartesianas: graficación de rectas y círculos

Cuando resolvemos una ecuación de primer grado en una variable, intentamos encontrar todos los valores de la variable que satisfacen cierta condición. Cada ecuación es, de hecho, una condición. Por ejemplo, cuando resolvemos una ecuación como $3x - 2 = 11$, estamos buscando todos los números que satisfacen la condición "dos menos que el triple de un número es 11". Una ecuación en una variable impone una condición sobre una cantidad desconocida.

De manera análoga, una ecuación de primer grado en *dos variables* impone una condición sobre dos cantidades desconocidas. Por ejemplo, cuando resolvemos una ecuación de la forma $y = 3x - 6$, estamos buscando todas las *parejas* de números x y y que satisfacen la condición "el valor y es 6 unidades menor que el triple del valor x". Recuerde que una solución de la ecuación $y = 3x - 6$ consta de *dos* números: un valor para x y un valor para y. Así, la pareja de números $x = 5$, $y = 9$ es una solución a esta ecuación.

De hecho, podemos generar una infinidad de soluciones a la ecuación $y = 3x - 6$, eligiendo un valor para x y encontrando después el valor para y correspondiente que haga que la pareja de números satisfaga la ecuación.

Por ejemplo, si hacemos $x = -1$, entonces $y = 3(-1) - 6 = -9$. Así, $x = -1$, $y = -9$ es *una* solución a esta ecuación.

La tabla 2.1 contiene algunas de las soluciones a la ecuación $y = 3x - 6$. Puesto que no podemos enumerar la infinidad de parejas de números x y y que satisfacen esta ecuación, ¿cómo podríamos exhibir todas las soluciones? Una respuesta está en el uso del sistema de coordenadas (rectangulares) cartesianas, ideado por el filósofo y matemático francés René Descartes (1596–1650).

TABLA 2.1

x	$y = 3x - 6$	y
-2	$y = 3(-2) - 6$	-12
-1	$y = 3(-1) - 6$	-9
0	$y = 3(0) - 6$	-6
1	$y = 3(1) - 6$	-3
2	$y = 3(2) - 6$	0

El plano cartesiano se forma mediante dos rectas numéricas reales, perpendiculares entre sí, en sus respectivos puntos 0 (orígenes). La recta numérica horizontal se llama el eje x; la recta numérica vertical se llama el eje y. Juntas reciben el nombre de **ejes de coordenadas**, y su cero común se llama **origen**. Al igual que utilizamos la recta numérica real para representar al conjunto de los números reales, podemos utilizar el plano cartesiano para representar las parejas ordenadas de números reales. La recta numérica real con frecuencia recibe el nombre de sistema de coordenadas unidimensional, puesto que sólo se necesita un número para identificar un punto, mientras que el plano cartesiano es un sistema de coordenadas bidimensional, ya que se necesitan dos números para identificar un punto.

2.1 El sistema de coordenadas cartesianas: graficación de rectas y círculos

Como se muestra en la figura 2.1, los ejes de coordenadas dividen al plano en cuatro partes llamadas **cuadrantes**. Se numeran de I a IV en el sentido contrario al de las manecillas del reloj, iniciando en el cuadrante superior derecho. *Observe que los puntos* **sobre** *los ejes de coordenadas no se consideran parte de* **algún** *cuadrante*.

Este sistema de coordenadas nos permite asociar un punto en el plano con cada *pareja ordenada* (x, y). El primer y segundo miembros de la pareja ordenada se llaman con frecuencia la coordenada x y la coordenada y, respectivamente. Para trazar (graficar) el punto asociado con una pareja ordenada (x, y), comenzamos desde el origen y nos movemos $|x|$ unidades a la derecha si x es positivo o a la izquierda, si x es negativo, y después $|y|$ unidades hacia arriba si y es positivo o hacia abajo si y es negativo.

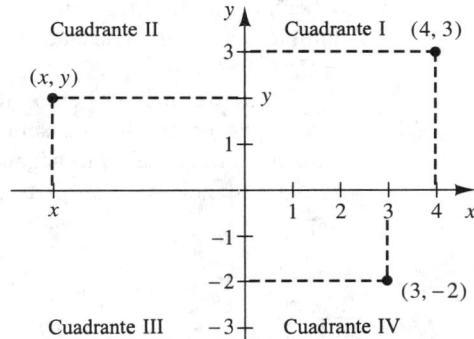

FIGURA 2.1 Determinación de la pareja ordenada (x, y) correspondiente a un punto en un sistema de coordenadas rectangulares.

Al igual que cada pareja ordenada tiene asociado un punto, también cada punto está asociado con una pareja ordenada. La figura 2.1 indica la forma en que podríamos determinar la pareja ordenada correspondiente a un punto particular. La coordenada x se determina al *proyectar* el punto en forma vertical hasta el eje x y la coordenada y se determina mediante la proyección del punto en forma horizontal hasta el eje y.

Así, tenemos una correspondencia uno a uno entre el conjunto de puntos en el plano y el conjunto de parejas ordenadas de números reales; es decir, cada punto en el plano tiene asignada una única pareja de números reales, y cada pareja de números reales tiene asignado un único punto en el plano. Por esta razón, con frecuencia nos referimos al punto (x, y) en vez de la pareja ordenada (x, y).

Si recordamos el significado de una pareja ordenada, reconocemos que todos los puntos sobre el eje x son de la forma $(x, 0)$. (¿Por qué?) De manera análoga, todos los puntos del eje y son de la forma $(0, y)$. (¿Por qué?)

Con este sistema de coordenadas a la mano, podemos regresar a la pregunta ¿cómo podemos exhibir el conjunto solución a la ecuación $y = 3x - 6$? Si observamos de nuevo las parejas de números (x, y) que aparecen en la tabla 2.1 y satisfacen la ecuación $y = 3x - 6$, y localizamos estos puntos en un plano de coordenadas, vemos que los puntos parecen estar en una línea recta. Véase la figura 2.2. Al trazar una línea recta por los puntos, decimos dos cosas: primero, cada pareja ordenada que satisfaga la ecuación es un punto sobre la recta; y, en segundo lugar, cada punto de la recta corresponde a una pareja ordenada que satisface la ecuación. Con frecuencia, sólo diremos que *el punto satisface la ecuación*. Veremos que la siguiente definición es útil.

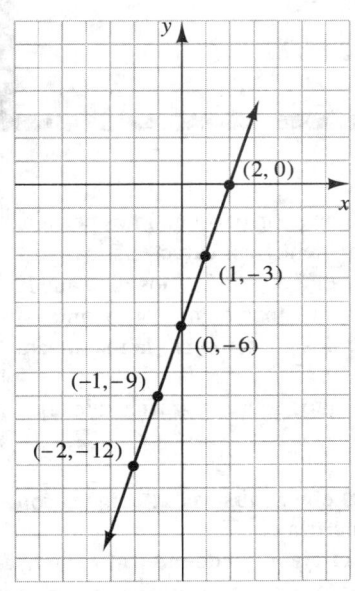

FIGURA 2.2 Parejas ordenadas que satisfacen $y = 3x - 6$

DEFINICIÓN La **gráfica** de una ecuación es el conjunto de puntos cuyas parejas ordenadas satisfacen la ecuación.

Así, la línea recta de la figura 2.2 es la gráfica de la ecuación $y = 3x - 6$. De hecho, la gráfica de cualquier ecuación de primer grado en dos variables es una línea recta. Establecemos esto de manera formal en el siguiente teorema.

TEOREMA 2.1 La gráfica de una ecuación de la forma $Ax + By = C$ (donde A y B no son iguales a cero) es una línea recta.

Por esta razón, una ecuación de primer grado recibe con frecuencia el nombre de **ecuación lineal**. La forma $Ax + By = C$ es la *forma general* de la ecuación de una recta. Al continuar nuestro análisis de las líneas rectas, veremos que el recíproco de este teorema también es cierto; es decir, una gráfica de línea recta tiene una ecuación de la forma $Ax + By = C$.

Recuerde que no hemos demostrado este teorema. (El hecho de que los puntos graficados *parezcan* estar sobre una línea recta no demuestra que todos los puntos que satisfacen la ecuación lo hagan.) Las demostraciones de este teorema y su recíproco serán la sustancia de gran parte de nuestro análisis en las primeras tres secciones de este capítulo.

GRAFIJACIÓN

Utilice una calculadora gráfica o computadora para graficar $y = 2x - 5$. Si tiene una calculadora gráfica, utilice la función de trazo para determinar

(a) y cuando $x = 2$. **(b)** y cuando $x = -0.1$
(c) y cuando $x = 0.4$ **(d)** y cuando $x = -5$

Describa la gráfica de la ecuación $y = 2x - 5$.

Al avanzar en el texto, señalaremos que la forma de una ecuación particular nos permite con frecuencia reconocer cuál es su gráfica, y al hacer esto, identificar características particulares de esta gráfica que facilitan su trazo. Por ejemplo, el teorema 2.1 nos dice que la gráfica de una ecuación de primer grado en dos variables es una línea recta. Por lo tanto, si queremos graficar tal ecuación, sólo necesitamos encontrar dos puntos sobre la recta, para después trazar la recta que pasa por estos dos puntos.

En todo nuestro trabajo de graficación existen ciertos puntos sobre la gráfica a los que queremos prestar particular atención.

DEFINICIÓN Las **intersecciones de una gráfica con el eje x (abscisa al origen)** son los valores de los puntos donde la gráfica cruza el eje x.
Las **intersecciones de una gráfica con el eje y (ordenada al origen)** de una gráfica son los valores de los puntos donde la gráfica cruza el eje y.

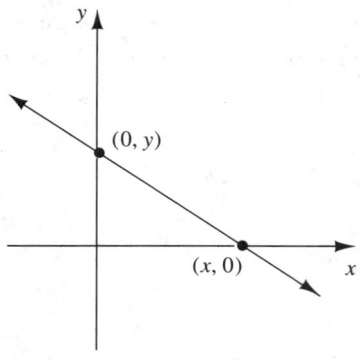

FIGURA 2.3 Determinación de las intersecciones de una recta con los ejes

Observe de nuevo la figura 2.2. La gráfica de $y = 3x - 6$ cruza el eje x en $(2, 0)$, de modo que tiene una intersección con el eje x de 2. La gráfica cruza al eje y en $(0, -6)$, de modo que tiene una intersección con el eje y de $y = -6$.

Observe que, puesto que las intersecciones con el eje x corresponden a puntos sobre el eje x (y cada punto sobre el eje x tiene una coordenada y igual a 0), estas intersecciones se pueden determinar al sustituir $y = 0$ en la ecuación y despejar x; de manera análoga, las intersecciones con el eje y se pueden determinar al sustituir $x = 0$ en la ecuación y despejar y. Véase la figura 2.3. *Siempre que sea posible (y práctico), indicaremos las intersecciones de la gráfica con los ejes.*

Ilustraremos ahora la forma de utilizar las intersecciones con los ejes para graficar una ecuación lineal.

EJEMPLO 1 Trazar las gráficas: **(a)** $5y - 2x = 12$ **(b)** $y = -3x$

Solución

(a) Reconocemos $5y - 2x = 12$ como una ecuación de primer grado en dos variables, por lo que su gráfica es una línea recta. Cualesquiera dos puntos sobre la recta nos bastan para trazar la gráfica. Determinaremos las intersecciones con los ejes, ya que con frecuencia se pueden calcular fácilmente. Para determinar la intersección con el eje x, hacemos $y = 0$ y despejamos x. En otras palabras, hacemos $y = 0$ en $5y - 2x = 12$ y obtenemos $5(0) - 2x = 12 \Rightarrow -2x = 12 \Rightarrow x = -6$. Así, la intersección con el eje x es -6, lo que significa que la recta cruza el eje x en $(-6, 0)$.

De manera análoga, para determinar la intersección con el eje y, hacemos $x = 0$ en $5y - 2x = 12$ y obtenemos $5y - 2(0) = 12 \Rightarrow 5y = 12 \Rightarrow y = \dfrac{12}{5} = 2\dfrac{2}{5}$, lo que significa que la recta cruza el eje y en $\left(0, \dfrac{12}{5}\right)$.

Para trazar la gráfica de $5y - 2x = 12$, ubicamos los puntos correspondientes a las intersecciones con los ejes y trazamos la recta que pasa por ellos. Véase la figura 2.4.

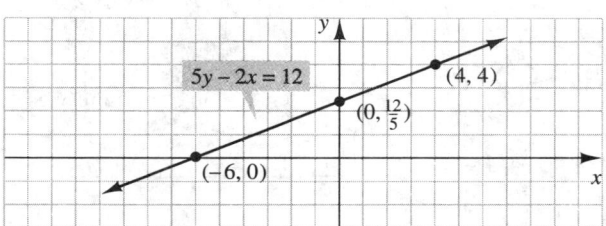

FIGURA 2.4

Puesto que cualesquiera dos puntos que encontremos determinan una recta, por lo general es una buena idea determinar un tercer punto como verificación. Por ejemplo, podemos elegir un valor de x, como $x = 4$, y determinar el valor de y correspondiente.

$$5y - 2(4) = 12, \quad \text{lo que da} \quad 5y = 20 \quad \text{y entonces} \quad y = 4$$

Por lo tanto, el punto $(4, 4)$ debe estar en la recta, y sí está. (Véase la figura 2.4.)

(b) Como en la parte (a), reconocemos que la gráfica de $y = -3x$ es una línea recta. Comenzamos por determinar las intersecciones con los ejes. Hacemos $y = 0$ en $y = -3x$ y obtenemos $x = 0$. La intersección con el eje x es 0, lo que significa que la recta pasa por $(0, 0)$. Puesto que la recta pasa por el origen, de inmediato sabemos que la intersección con el eje y también es 0.

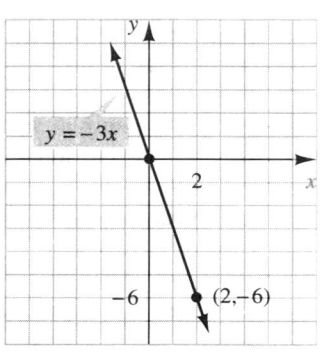

FIGURA 2.5

Las intersecciones sólo nos proporcionan *un* punto. Para trazar la gráfica, debemos determinar otro punto. Hacemos esto eligiendo al azar un valor para x (o y) y despejando la otra variable.

$y = -3x$ *Elegimos $x = 2$.*

$y = -3(2) = -6$ *Así, el punto $(2, -6)$ está sobre la recta.*

La gráfica aparece en la figura 2.5.

PERSPECTIVAS DIFERENTES: *Intersecciones con los ejes*

Considere las interpretaciones geométrica y algebraica de las intersecciones con los ejes de la gráfica de $3x - 2y = 6$.

INTERPRETACIÓN GEOMÉTRICA

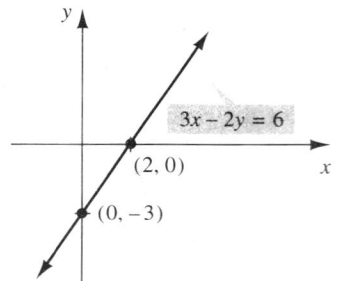

INTERPRETACIÓN ALGEBRAICA

Para determinar la intersección con el eje x, haga $y = 0$ y despeje x:

$3x - 2y = 6$
$3x - 2(0) = 6$
$3x = 6$
$y = 2$

Para determinar la intersección con el eje y, haga $x = 0$ y despeje y:

$3x - 2y = 6$
$3(0) - 2y = 6$
$-2y = 6$
$y = -3$

La recta cruza el eje x en el punto $(2,0)$.   ↔   La intersección con el eje x es 2.

La recta cruza el eje y en el punto $(0, -3)$.   ⟵⟶   La intersección con el eje y es -3.

EJEMPLO 2 Trace las gráficas de las siguientes ecuaciones en un sistema de coordenadas rectangulares: **(a)** $x = -4$ **(b)** $y = 2$

Solución

(a) Si hubiéramos pedido graficar la ecuación $x = -4$ en una recta numérica, habríamos trazado la gráfica que se muestra en la figura 2.6.

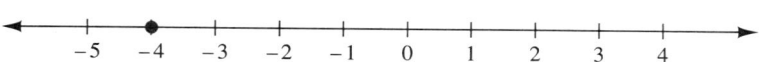

FIGURA 2.6 La gráfica de $x = -4$ en una recta numérica

Sin embargo, en este ejemplo nos piden que grafiquemos en un sistema de coordenadas rectangulares. La ecuación $x = -4$ está en la forma $Ax + By = C$, con $A = 1$, $B = 0$ y $C = -4$.

$$Ax + By = C$$
$$1x + 0y = -4$$

Como mencionamos anteriormente, una ecuación se puede ver como una condición que x y y deben satisfacer. La ecuación $x = -4$ impone la condición de que la coordenada x de cualquier punto que satisfaga la ecuación debe ser -4. Puesto que y no aparece en la ecuación $x = -4$, *no* existe una condición sobre y. En otras palabras, x debe ser igual a -4, pero y puede ser cualquier número real. Esto produce una recta paralela y a 4 unidades a la izquierda del eje y. La gráfica aparece en la figura 2.7.

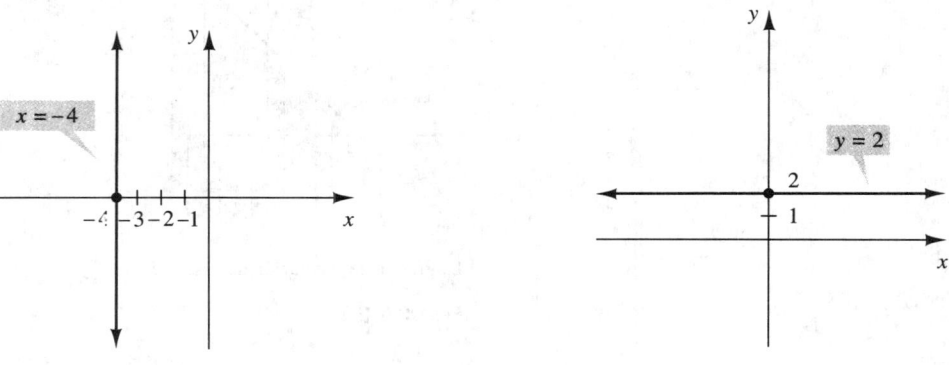

FIGURA 2.7　　　　　　　　　　　**FIGURA 2.8**

(b) De manera análoga, la ecuación $y = 2$ se ajusta a la forma general $Ax + By = C$, con $A = 0$, $B = 1$ y $C = 2$. La ecuación $y = 2$ impone la condición de que la coordenada y de cualquier punto sobre la recta debe ser 2, mientras que x puede ser cualquier número real. Esto produce una recta paralela y a 2 unidades arriba del eje x. La gráfica aparece en la figura 2.8. ∎

En general, la gráfica de una ecuación de la forma $x = h$ es una línea recta paralela al eje y y que pasa por el punto $(h, 0)$. La gráfica de una ecuación de la forma $y = k$ es una línea recta paralela al eje x y que pasa por el punto $(0, k)$.

Graficación de desigualdades lineales en dos variables

Sobre la recta numérica, un sistema de coordenadas unidimensional, la gráfica de una desigualdad como $x \geq a$ es una *semirrecta* (o rayo) que comienza en (o está acotado por) el *punto $x = a$* (Figura 2.9).

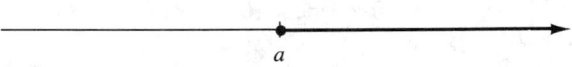

FIGURA 2.9 La gráfica de $x \geq a$ en una recta numérica

94   Capítulo 2   Funciones y gráficas: Parte I

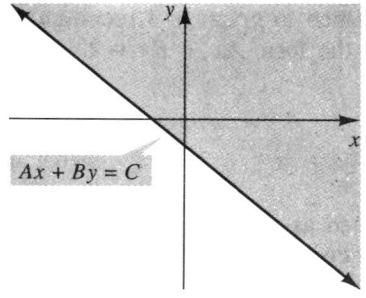

FIGURA 2.10 La gráfica de un conjunto solución típico para $Ax + By \leq C$

Aparece una situación análoga al graficar desigualdades lineales en *dos variables* sobre un plano de coordenadas rectangulares bidimensional: La gráfica de $Ax + By \leq C$ es un semi-*plano* acotado por la *recta* $Ax + By = C$. Véase la figura 2.10.

Consideremos la desigualdad $y - x \leq 5$. ¿Cómo se ven las soluciones? Si despejamos y y reescribimos esta ecuación como $y \leq x + 5$, entonces podemos ver que estamos buscando todos los puntos del sistema de coordenadas rectangulares en donde la coordenada y es menor o igual que 5 unidades más que la coordenada x. (Todos los puntos sobre o debajo de la recta $y = x + 5$.) Esto se muestra en la figura 2.11(a).

Por otro lado, la misma ecuación se puede reescribir como $y - 5 \leq x$, lo que se puede interpretar como todos los puntos del plano tales que la coordenada x es mayor o igual que 5 unidades menos que la coordenada y. (Todos los puntos sobre o a la derecha de la recta $y - 5 = x$.) Esto se muestra en la figura 2.11(b).

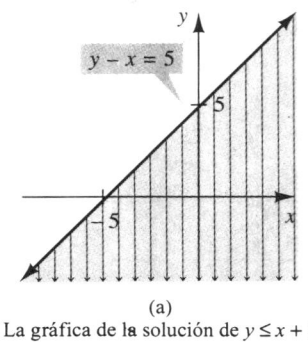   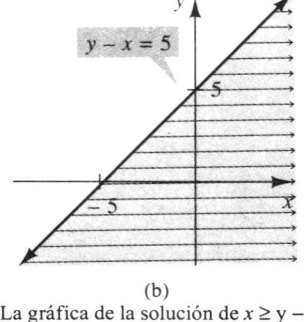

(a)   (b)
La gráfica de la solución de $y \leq x + 5$ La gráfica de la solución de $x \geq y - 5$

FIGURA 2.11

Ambos puntos de vista del problema nos conducen a la misma solución: el semiplano a la derecha y acotado por la recta $y - x = 5$. La región sombreada es la solución. Esto significa que cualquier punto en la región sombreada es una solución de esta desigualdad y que cualquier punto que no esté en la región no es una solución. Por ejemplo, el punto $(-1, 2)$ está en la región sombreada y $y - x \leq 5$ es verdadero para $x = -1$ y $y = 2$. El punto $(-3, 6)$ *no* está en la región sombreada y $y - x \leq 5$ *no* es verdadero para $x = -3$ y $y = 6$.

EJEMPLO 3   Graficar la solución de $2y - 3x > 12$.

Solución   Sabemos que la solución será un semiplano acotado por la *recta* $2y - 3x = 12$. Por lo tanto, primero graficamos la recta, como se indica en la figura 2.12. Observe que trazamos una línea punteada en vez de sólida. La línea punteada indica una desigualdad estricta; es decir, los puntos sobre la recta *no* son parte del conjunto solución.

Sabemos que todas las soluciones están en algún lado de la recta, de modo que sólo debemos verificar un punto *que no esté en la recta*. Si las coordenadas del punto de prueba elegido satisfacen la desigualdad, entonces todos los puntos de ese lado de la recta satisfacen la desigualdad y, por lo tanto, la solución es el semiplano que incluye al punto de prueba.

Si el punto de prueba no satisface la desigualdad, entonces ningún punto de ese lado de la recta satisface la desigualdad, y la solución es el semiplano del otro lado de la recta. Con frecuencia, $(0, 0)$ es un punto de prueba adecuado (mientras no esté en la recta):

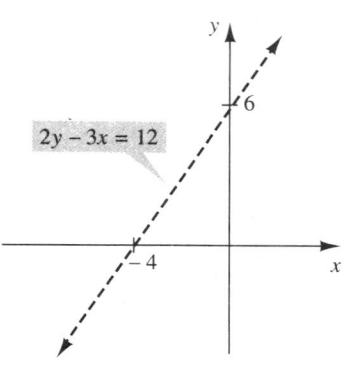

FIGURA 2.12

2.1 El sistema de coordenadas cartesianas: graficación de rectas y círculos   **95**

$$2y - 3x > 12 \qquad \text{Sustituimos } x = 0 \text{ y } y = 0.$$
$$2(0) - 3(0) \overset{?}{>} 12 \qquad \text{Esta desigualdad es falsa.}$$

Puesto que la desigualdad es falsa para el punto de prueba, (0, 0), sombreamos el *otro* lado de la recta, como se indica en la figura 2.13. ∎

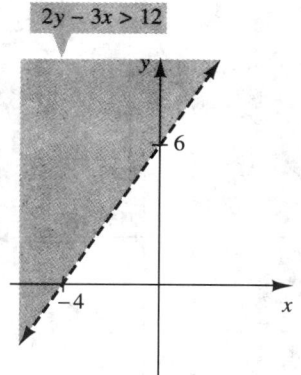

FIGURA 2.13 El conjunto solución de $2y - 3x > 12$

> ### GRAFICACIÓN DE DESIGUALDADES LINEALES
>
> En resumen, graficamos las desigualdades lineales como sigue:
>
> 1. Trazamos una gráfica de la ecuación de la recta que es la frontera de las soluciones. La recta estará punteada si se trata de una desigualdad estricta (< o >) y sólida si es una desigualdad débil (≤ o ≥).
>
> 2. Elegimos un punto de prueba: se selecciona un punto que no esté en la recta y se determina si sus coordenadas satisfacen la desigualdad.
>
> 3. Si las coordenadas del punto de prueba satisfacen la desigualdad, sombreamos el semiplano del lado de la recta que incluye al punto de prueba; si las coordenadas del punto de prueba no satisfacen la desigualdad, sombreamos el otro lado de la recta. La solución a la desigualdad es el lado sombreado, junto con la recta, si es sólida.

EJEMPLO 4 Graficar las siguientes desigualdades: **(a)** $3x \leq 2y$ **(b)** $x < -1$

Solución

(a) $3x \leq 2y$

1. Trazamos la gráfica de $3x = 2y$ utilizando una recta sólida.
2. Utilizamos el punto (1, 4) como el punto de prueba, pues no está sobre la recta. Sustituimos $x = 1$ y $y = 4$ en $3x \leq 2y$. Puesto que $3(1) \leq 2(4)$ es verdadero, sombreamos el semiplano del lado que contiene al punto (1,4).
3. La gráfica del conjunto solución de $3x \leq 2y$ se muestra en la figura 2.14.

¿Por qué no utilizamos (0,0) como el punto de prueba?

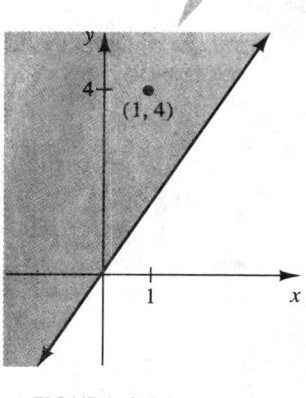

FIGURA 2.14

(b) $x < -1$

1. Trazamos la gráfica de $x = -1$ utilizando una recta punteada.
2. Utilizaremos el punto (0, 0) como el punto de prueba, pues no está sobre la recta. Sustituimos $x = 0$ y $y = 0$ en $x < -1$. Como $0 < -1$ no es verdadero, sombreamos el semiplano del lado de la recta que no contiene a (0, 0).
3. La gráfica del conjunto solución de $x < -1$ se muestra en la figura 2.15.

¿En qué difiere la gráfica de $x < -1$ en la recta numérica de la gráfica de $x < -1$ en un sistema de coordenadas rectangulares?

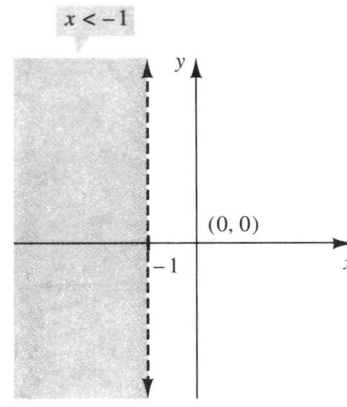

FIGURA 2.15 La gráfica del conjunto solución de $x < -1$ ∎

EJEMPLO 5 Una empresa farmacéutica desarrolla un medicamento llamado Darbane, que reduce de manera sustancial el dolor de la artritis, pero que tiene el efecto colateral negativo de producir úlceras estomacales. Sin embargo, los químicos de la empresa han determinado que este efecto se puede eliminar si el usuario ingiere *al menos* 500 mg de antiácido por cada gramo de Darbane. Escriba una desigualdad que exprese la cantidad de medicamento que se puede ingerir sin el efecto colateral negativo; después grafique el conjunto solución. (Suponga que el usuario puede ingerir fracciones de miligramos.)

Solución Sea x la cantidad de Darbane ingerido por el usuario, y sea y la cantidad de antiácido ingerido con Darbane. Convertimos a gramos y observamos que 500 mg = $\frac{1}{2}$ gramo, por lo que, para no tener efectos negativos, la cantidad de antiácido ingerido debe ser *al menos* $\frac{1}{2}$ de la cantidad de Darbane ingerida. Por lo tanto tenemos

$$y \geq \frac{1}{2}x$$

¿Sabe por qué el hecho de que la cantidad de antiácido ingerido deba ser menor que la mitad de Darbane ingerido se traduce como $y \geq \frac{1}{2}x$?

(Vemos que esta ecuación es correcta al observar que si una persona ingiere 1 gramo de Darbane, $x = 1$, entonces él o ella debe ingerir al menos $\frac{1}{2}$ gramo de antiácido, $y \geq \frac{1}{2}$.) La gráfica de la solución aparece en la figura 2.16. Observe que (3,10) está en el conjunto solución, lo que significa que se pueden ingerir 3 gramos de Darbane sin el efecto colateral si se ingieren al mismo tiempo 10 gramos de antiácido. Por otro lado, (15,5) no está en el conjunto solución, lo que significa que 15 gramos de Darbane junto con 5 gramos de antiácido seguirán teniendo efectos colaterales. El sentido común nos dice que los valores negativos de x y y no tienen sentido, de modo que sólo hemos graficado aquella parte de la solución de $y \geq \frac{1}{2}x$ que se indica en la figura 2.16.

En realidad, habría otras limitantes para las dosis de medicamento; aunque el punto (300, 5000) está en el conjunto solución, no sería real esperar que el cuerpo tolere cantidades tan enormes de medicamento. En la sección 9.8 resolveremos las desigualdades simultáneas y analizaremos la forma de controlar varias restricciones.

2.1 El sistema de coordenadas cartesianas: graficación de rectas y círculos 97

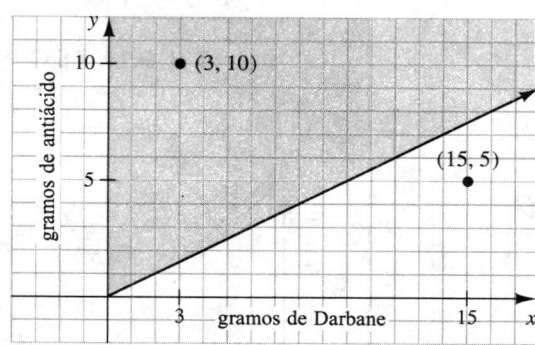

FIGURA 2.16

Las fórmulas de la distancia y del punto medio

Aunque tendemos a considerar el sistema de coordenadas cartesianas como algo dado (recuerde que sólo tiene cerca de 350 años de antigüedad), es importante reconocer que se trata de una idea revolucionaria. El hecho de contar con un sistema de coordenadas nos permite enfrentar problemas geométricos desde un punto de vista algebraico. Las ideas que vamos a analizar son parte de una rama de las matemáticas llamada *geometría analítica*.

Por ejemplo, la distancia entre dos puntos y el punto medio de un segmento de recta son ambas ideas inherentemente geométricas; sin embargo, con la ayuda de un sistema de coordenadas, podemos obtener una fórmula algebraica para cada una de ellas.

EJEMPLO 6 Determinar la distancia entre las siguientes parejas de puntos:

(a) $(-4, 3)$ y $(2, 3)$ **(b)** $(4, -2)$ y $(4, 5)$

Solución Trazamos las parejas dadas de puntos en la figura 2.17.

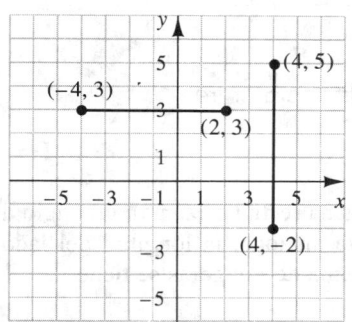

FIGURA 2.17 Determinación de distancias horizontales y verticales

(a) Puesto que los puntos $(-4, 3)$ y $(2, 3)$ están en la misma recta horizontal, la distancia entre ellos es la misma distancia que entre los puntos -4 y 2 en el eje x. Como vimos en el capítulo 1, la distancia entre los puntos a y b sobre una recta numérica es $|a - b|$. Por lo tanto, la distancia entre $(-4, 3)$ y $(2, 3)$ es $|2 - (-4)| = \boxed{6}$.

(b) De manera análoga, los puntos $(4, -2)$ y $(4, 5)$ están en una recta vertical, de modo que la distancia entre ellos es el valor absoluto de la diferencia entre sus coordenadas y (ordenadas). Por lo tanto, la distancia entre $(4, -2)$ y $(4, 5)$ es $|5 - (-2)| = \boxed{7}$. ∎

En el ejemplo anterior, podríamos haber determinado simplemente las distancias contando las unidades horizontales o verticales. Hemos elegido un método más formal de modo que podamos reconocer que la distancia entre los puntos (x_1, y_1) y (x_2, y_1) que están en la misma recta horizontal, es $|x_2 - x_1|$, y que la distancia entre los puntos (x_1, y_1) y (x_1, y_2) que están en la misma recta vertical, es $|y_2 - y_1|$.

Para obtener una fórmula para la distancia entre dos puntos *cualesquiera*, también necesitaremos el teorema de Pitágoras.

EL TEOREMA DE PITÁGORAS Y SU RECÍPROCO

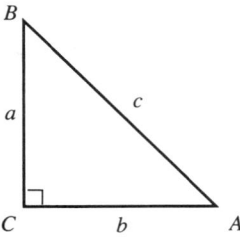

En el triángulo rectángulo ABC con los nombres que se indican en la figura, $a^2 + b^2 = c^2$.

El recíproco de esto también es cierto. Es decir, si $a^2 + b^2 = c^2$, entonces $\triangle ABC$ es un triángulo rectángulo, con c como hipotenusa.

Supongamos ahora que queremos determinar la distancia d entre dos puntos cualesquiera (x_1, y_1) y (x_2, y_2). Podemos bajar perpendiculares hacia los ejes, como se indica en la figura 2.18, formando así un triángulo rectángulo cuyo tercer vértice es (x_2, y_1).

¿Por qué es el tercer vértice (x_2, y_1)?

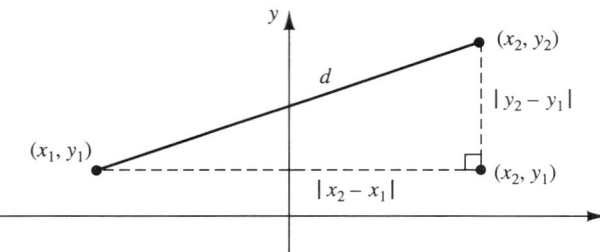

FIGURA 2.18 Determinación de la distancia entre dos puntos

Puesto que los puntos (x_1, y_1) y (x_2, y_1) están en la misma recta horizontal, la longitud del lado horizontal del triángulo es $|x_2 - x_1|$. De manera análoga, la longitud del lado vertical del triángulo es $|y_2 - y_1|$. Por lo tanto, por el teorema de Pitágoras se tiene

$d^2 = |x_2 - x_1|^2 + |y_2 - y_1|^2$ *Puesto que la distancia d debe ser positiva, utilizamos la raíz cuadrada positiva para obtener*

$d = \sqrt{|x_2 - x_1|^2 + |y_2 - y_1|^2}$ *Demuestre que $|x_2 - x_1|^2 = (x_2 - x_1)^2$ y análogamente para las y.*

$d = \sqrt{(x_2 - x_1)^2 + (y_2 - y_1)^2}$ *Así, hemos obtenido la fórmula de la distancia.*

LA FÓRMULA DE LA DISTANCIA

La distancia entre los puntos (x_1, y_1) y (x_2, y_2) en el plano cartesiano es

$$d = \sqrt{(x_2 - x_1)^2 + (y_2 - y_1)^2}$$

2.1 El sistema de coordenadas cartesianas: graficación de rectas y círculos

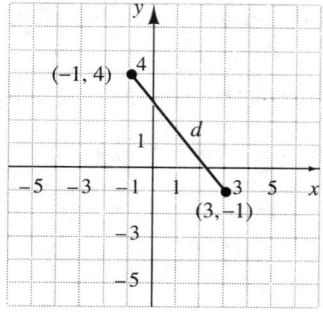

FIGURA 2.19

EJEMPLO 7 Determinar la distancia entre los puntos $(3, -1)$ y $(-1, 4)$.

Solución Aunque este ejemplo se puede resolver sin un diagrama, le recomendamos ampliamente que siempre que sea posible trace un diagrama para acompañar a su solución. Trazamos los puntos en la figura 2.19. De manera arbitraria, hacemos $(x_1, y_1) = (3, -1)$ y $(x_2, y_2) = (-1, 4)$. Aplicamos la fórmula de la distancia para obtener

$$d = \sqrt{(x_2 - x_1)^2 + (y_2 - y_1)^2}$$

$$d = \sqrt{(-1 - 3)^2 + [4 - (-1)]^2} = \sqrt{(-4)^2 + 5^2} = \sqrt{16 + 25}$$

$$= \boxed{\sqrt{41}} \approx 6.4$$

Es importante observar que la fórmula de la distancia también se aplica a dos puntos que están en una recta horizontal o vertical. Si aplicamos la fórmula de la distancia a los puntos $(4, -2)$ y $(4, 5)$, obtenemos

$$d = \sqrt{(4 - 4)^2 + [5 - (-2)]^2} = \sqrt{0^2 + 7^2} = \sqrt{7^2} = 7$$

lo que coincide con los resultados del ejemplo 6.

A veces necesitamos determinar el punto medio de un segmento de recta. En la figura 2.20 hemos trazado un segmento de recta que une los puntos $P(x_1, y_1)$ y $Q(x_2, y_2)$.

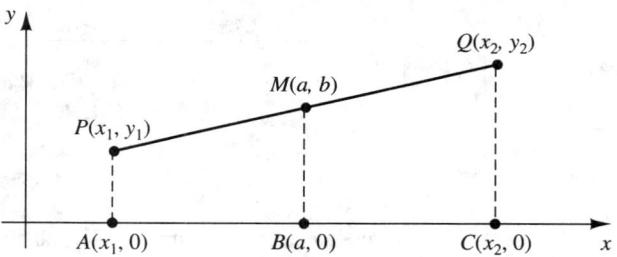

FIGURA 2.20 Determinación del punto medio de un segmento de recta

¿Por qué A, B y C tienen las coordenadas $(x_1, 0)$, $(a, 0)$ y $(x_2, 0)$, respectivamente?

Sea $M(a, b)$ el punto medio del segmento de recta $\overline{PQ}$. Hemos trazado líneas punteadas por P, $M(a,b)$ y Q paralelas al eje y, obteniendo los puntos $A(x_1, 0)$, $B(a, 0)$ y $C(x_2, 0)$ sobre el eje x.

Es un hecho básico de la geometría que si rectas paralelas intersecan segmentos iguales en una recta, entonces intersecan segmentos de recta iguales en cualquier recta. En otras palabras, si $\overline{PM} = \overline{MQ}$, entonces se tiene $\overline{AB} = \overline{BC}$, lo que significa que B es el punto medio de $\overline{AC}$. Pero como $\overline{AC}$ está sobre el eje x, su punto medio es justamente el promedio de las coordenadas x. Por lo tanto, $a = \dfrac{x_1 + x_2}{2}$. De manera análoga, $b = \dfrac{y_1 + y_2}{2}$. Así, hemos mostrado lo siguiente.

LA FÓRMULA DEL PUNTO MEDIO

El punto medio M del segmento de recta que une los puntos $P(x_1, y_1)$ y $Q(x_2, y_2)$ es

$$M\left(\frac{x_1 + x_2}{2}, \frac{y_1 + y_2}{2}\right)$$

EJEMPLO 8 Determinar el punto medio del segmento de recta que une los puntos (−3, 5) y (2, 1).

Solución Utilizamos la fórmula del punto medio para determinar dicho punto como

$$\left(\frac{-3+2}{2}, \frac{5+1}{2}\right) = \boxed{\left(-\frac{1}{2}, 3\right)}$$

∎

Círculos

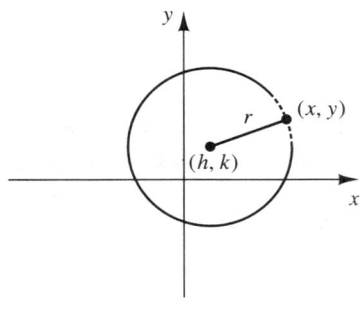

FIGURA 2.21 Un círculo con centro (h, k) y radio r

Un **círculo** se define como el conjunto de todos los puntos de un plano cuya distancia a un punto fijo es constante. El punto fijo se llama el centro, C, y la distancia constante al centro del círculo se llama el radio, r (donde $r > 0$).

Coloquemos un círculo de radio r en el plano cartesiano, con el centro en el punto (h, k). Elijamos un punto en el plano, y llamémosle (x, y). Véase la figura 2.21.

La definición de un círculo nos dice que para que (x, y) esté en el círculo la distancia del centro (h, k) a (x, y) debe ser r. Por la fórmula de la distancia, tenemos

$$\sqrt{(x-h)^2 + (y-k)^2} = r$$

Por conveniencia, eliminamos el radical elevando al cuadrado ambos lados de esta ecuación para obtener lo siguiente.

LA FORMA CRÓNICA DE LA ECUACIÓN DE UN CÍRCULO

$$(x - h)^2 + (y - k)^2 = r^2$$

es la ecuación de un círculo con centro (h, k) y radio r.

Ésta es la **forma canónica de la ecuación de un círculo** (también conocida como forma estándar). El centro y el radio son todo lo que se necesita para describir o graficar un círculo.

EJEMPLO 9 Determinar la ecuación de un círculo con:

(a) Centro $(2, 5)$ y radio 6

(b) Centro $\left(\frac{1}{2}, -3\right)$ y radio $\sqrt{2}$

Solución

(a) Si observamos la forma canónica, puesto que el centro es $(2, 5)$, tenemos $h = 2$ y $k = 5$; como el radio es 6, $r = 6$.

$$(x - h)^2 + (y - k)^2 = r^2 \quad \text{Sustituimos } h = 2, k = 5, y\ r = 6$$

$$(x - 2)^2 + (y - 5)^2 = 6^2$$

Por lo tanto, la ecuación del círculo es

$$(x - 2)^2 + (y - 5)^2 = 36 \quad \text{que, al multiplicar, es}$$

$$x^2 + y^2 - 4x - 10y - 7 = 0$$

(b) Si observamos la forma canónica, puesto que el centro es $\left(\frac{1}{2}, -3\right)$, tenemos $h = \frac{1}{2}$ y $k = -3$. Como el radio es $\sqrt{2}$, $r = \sqrt{2}$, se tiene

$$(x - h)^2 + (y - k)^2 = r^2 \quad \text{Sustituimos } h = \tfrac{1}{2}, k = -3, y\ r = \sqrt{2}.$$

$$\left(x - \frac{1}{2}\right)^2 + (y - (-3))^2 = (\sqrt{2})^2 \quad \text{Que se simplifica en}$$

$$\left(x - \frac{1}{2}\right)^2 + (y + 3)^2 = 2$$

Por lo tanto, la ecuación del círculo es

$$\left(x - \frac{1}{2}\right)^2 + (y + 3)^2 = 2 \quad \text{que, al multiplicar, es}$$

$$x^2 + y^2 - x + 6y + \frac{29}{4} = 0$$

Aunque ambas formas de la respuesta son aceptables, la forma canónica de la ecuación tiene la ventana significativa de facilitar el reconocimiento del centro y del radio. ∎

EJEMPLO 10 Trazar la gráfica de las siguientes ecuaciones:

(a) $(x + 3)^2 + (y - 4)^2 = 8$ **(b)** $x^2 + y^2 = 9$

Solución

(a) Reconocemos que la ecuación dada está en la forma canónica para la ecuación de un círculo, $(x - h)^2 + (y - k)^2 = r^2$, de modo que podemos leer los valores h, k, y r, teniendo cuidado con los signos.

$$x - h = x + 3 \Rightarrow -h = 3 \Rightarrow h = -3$$
$$y - k = y - 4 \Rightarrow k = 4$$
$$r^2 = 8 \Rightarrow r = \sqrt{8} = 2\sqrt{2}$$

Así, el centro del círculo es $(-3, 4)$; el radio es $2\sqrt{2} \approx 2.8$. Con esta información, podemos trazar fácilmente la gráfica del círculo, que aparece en la figura 2.22.

(b) La ecuación $x^2 + y^2 = 9$ también está en forma canónica. (Se puede pensar como $(x - 0)^2 + (y - 0)^2 = 3^2$.) En consecuencia, el centro es $(0, 0)$ y el radio es 3. La gráfica aparece en la figura 2.23. ∎

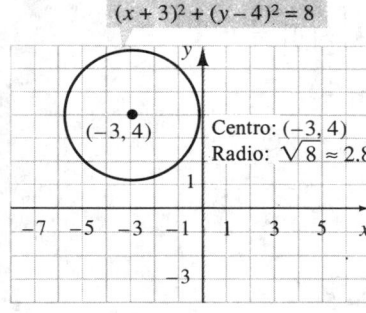

FIGURA 2.22

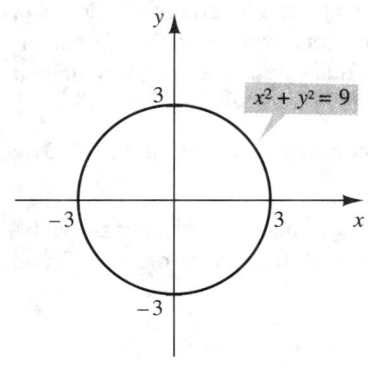

FIGURA 2.23

Supongamos que la ecuación de la parte (a) del ejemplo anterior no estuviera en forma canónica, donde la identificación del centro y radio de un círculo es directa, sino en su forma multiplicada, $x^2 + y^2 + 6x - 8y + 17 = 0$. ¿Podríamos reconocer que ésta es la ecuación de un círculo? ¿Cómo determinar el centro y el radio?

Si la ecuación $(x - h)^2 + (y - k)^2 = r^2$ se multiplica, obtenemos una ecuación de la forma $x^2 - 2hx + h^2 + y^2 + 2ky + k^2 = r^2$ (recuerde que h, k, r son sólo números reales). La característica fundamental de esta ecuación es que es una *ecuación de segundo grado en donde x^2 y y^2 aparecen con coeficiente* 1. Así, si tenemos una ecuación de segundo grado en x, y en donde los coeficientes de x^2 y y^2 son ambos 1 o pueden hacerse ambos 1, reconoceremos que es la ecuación de un círculo.

Así, si tenemos una ecuación como $x^2 + y^2 - 4x + 8y = 5$, reconoceremos que es la ecuación de un círculo, y nuestro objetivo será cambiarla a su forma canónica, para poder leer el centro y el radio.

La forma canónica de un círculo implica el uso de cuadrados perfectos; esto sugiere que la técnica de completar cuadrados analizada en el capítulo 1 será de utilidad.

EJEMPLO 11 Determinar el centro y radio de: $x^2 + y^2 - 4x + 8y = 5$

Solución Determinamos el centro y el radio completando el cuadrado.

$x^2 + y^2 - 4x + 8y = 5$ *Los términos se agrupan como se muestra.*

$(x^2 - 4x \quad) + (y^2 + 8y \quad) = 5$ *Completamos el cuadrado para cada expresión cuadrática:*

$$\left[\frac{1}{2}(-4)\right]^2 = 4; \quad \left[\frac{1}{2}(8)\right]^2 = 16.$$

Sumamos ambos números a los dos lados de la ecuación.

$(x^2 - 4x + 4) + (y^2 + 8y + 16) = 5 + 4 + 16$

Reescribimos las expresiones cuadráticas en forma factorizada.

$(x^2 - 2) + (y^2 + 4) = 25$

Así, tenemos un círculo con $\boxed{\text{centro } (2, -4) \text{ y radio } \sqrt{25} = 5}$. ∎

Al avanzar en el texto, uno de nuestros principales objetivos es construir un catálogo de ecuaciones básicas y de sus gráficas; es decir, un catálogo de ecuaciones cuyas gráficas se puedan reconocer rápidamente. Con base en el trabajo que hemos realizado hasta ahora, nuestro catálogo contiene las gráficas de las líneas rectas y los círculos. Si encontramos la ecuación $x^2 + y^2 = 9$, de inmediato reconocemos que su gráfica es un círculo con centro $(0, 0)$ y radio 3.

EJEMPLO 12 Determinar la ecuación de un círculo con diámetro en los puntos $(2, 3)$ y $(-4, 7)$.

Solución Trazamos un diagrama (figura 2.24) de modo que podamos visualizar los datos y lo que debemos determinar. Analicemos el problema con cuidado, en orden, a fin de desarrollar la estrategia para su solución.

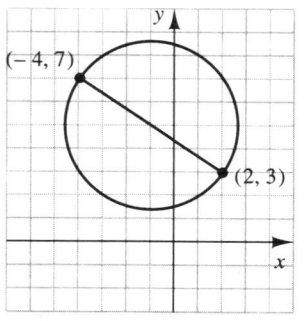

FIGURA 2.24 El círculo con diámetro dado por los extremos $(2, 3)$ y $(-4, 7)$

¿QUÉ DEBEMOS DETERMINAR?   La ecuación de un círculo con un diámetro dado.

2.1 El sistema de coordenadas cartesianas: graficación de rectas y círculos

¿QUÉ SE NECESITA PARA DETERMINAR LA ECUACIÓN DE UN CÍRCULO?	El centro y el radio.
¿QUÉ INFORMACIÓN ESTÁ DADA EN EL PROBLEMA?	Los extremos del diámetro.
¿CÓMO PUEDO REESTABLECER EL PROBLEMA EN TÉRMINOS MÁS SENCILLOS?	Determinar el centro y radio del círculo, dados los extremos de un diámetro.
¿QUÉ INFORMACIÓN O CONOCIMIENTO ADICIONAL NECESITO PARA RESOLVER ESTE PROBLEMA MÁS SENCILLO?	Que el centro del círculo sea el punto medio del diámetro (lo que requiere la fórmula del punto medio) y que el radio de un círculo sea la distancia del centro del círculo a cualquier punto del mismo, incluyendo a los extremos dados de un diámetro (lo que requiere la fórmula de la distancia).

Para localizar el centro, determinamos el punto medio entre (2, 3) y (−4, 7), que es

$$\left(\frac{2+(-4)}{2}, \frac{3+7}{2}\right) = (-1, 5)$$

Por lo tanto, el centro del círculo es (−1, 5).

Para determinar el radio utilizamos la fórmula de la distancia, para determinar la distancia entre el centro (−1, 5) y uno de los extremos del diámetro; utilizamos el extremo (2, 3):

$$r = \sqrt{(-1-2)^2 + (5-3)^2} = \sqrt{9+4} = \sqrt{13} \qquad \textit{Por lo tanto, el radio es } \sqrt{13}.$$

¿Podría determinar el radio utilizando únicamente los extremos del diámetro?

Ahora sabemos que el centro es (−1, 5) y el radio es $\sqrt{13}$, por lo que la ecuación del círculo es

$$(x+1)^2 + (y-5)^2 = (\sqrt{13})^2 \quad \text{o bien} \quad \boxed{(x+1)^2 + (y-5)^2 = 13} \qquad \blacksquare$$

Dos de las cuestiones principales en las que centraremos nuestra atención en todo el texto son:

Pregunta 1: Dada una ecuación, ¿cómo determinamos su gráfica?

Pregunta 2: Dada una gráfica, ¿cómo determinamos su ecuación?

En esta sección hemos analizado la pregunta 1 en lo relativo a las líneas rectas y los círculos y la pregunta 2 en lo relativo a los círculos. Es decir, dadas las ecuaciones $3x + 5y = 8$ y $x^2 + y^2 = 9$, reconocemos que la primera es una línea recta y la segunda un círculo y debido a este reconocimiento podemos trazar sus gráficas con relativa facilidad. Recíprocamente, si especificamos el centro y radio de un círculo (es decir, si conocemos su gráfica), podemos escribir su ecuación. En las siguientes dos secciones enfrentaremos la pregunta 2 en lo relativo a las líneas rectas: ¿Cómo obtener la ecuación de una recta si ya conozco su gráfica?

EJERCICIOS 2.1

En los ejercicios 1-14, determine las intersecciones de la ecuación dada con los ejes.

1. $5y - 4x = 20$
2. $7x - 2y = 14$
3. $x + 3y = 6$
4. $y + 2x = 8$
5. $3x - 8y = 16$
6. $7y + 5x = 10$
7. $2x + 9y + 6 = 0$
8. $6x - 5y + 3 = 0$
9. $x = -3$
10. $y - 5 = 0$
11. $6y = 5x + 8$
12. $4x = 3y - 10$
13. $2x = 3y$
14. $7x - 2y = 0$

En los ejercicios 15-32, trace la gráfica de la ecuación dada en un sistema de coordenadas rectangulares. Indique las intersecciones con los ejes.

15. $5x - 4y + 20 = 0$
16. $7y - 3x = 21$
17. $y = -3x - 6$
18. $y = 2x - 8$
19. $\dfrac{y}{4} - \dfrac{x}{5} = 1$
20. $\dfrac{x}{3} + \dfrac{y}{2} = 2$
21. $\dfrac{5x}{6} + y = 10$
22. $\dfrac{3y}{2} - x = 6$
23. $6y - 3x = 10$
24. $5x + 2y - 9 = 0$
25. $x = -2$
26. $y = \dfrac{3}{2}$
27. $y = 3$
28. $y = 3x$
29. $5x - 4y = 0$
30. $5x - 4 = 0$
31. $y = -\dfrac{3}{4}x - 6$
32. $y = \dfrac{2}{5}x + 4$

En los ejercicios 33-40, trace la gráfica de la desigualdad dada en un sistema de coordenadas rectangulares.

33. $2y - 3x \leq 12$
34. $5y + 4x + 20 > 0$
35. $4x + 7y > 10$
36. $y - 5x \geq 8$
37. $x + 3 < 0$
38. $y - 4 \leq 2$
39. $y \geq 4x$
40. $3x - 4y < 0$

41. Utilice d como eje vertical y t como eje horizontal y trace la gráfica de la ecuación $d = 5t$.
42. Utilice D como eje vertical y p como eje horizontal y trace la gráfica de la ecuación $D = -20p + 160$.
43. Utilice s como eje vertical y t como eje horizontal y trace la gráfica de la ecuación $s = 0.5t + 15$.
44. Utilice V como eje vertical y p como eje horizontal y trace la gráfica de la ecuación $V = 200 - 8p$.

En los ejercicios 45-50, determine la longitud y el punto medio del segmento de recta que une los dos puntos dados.

45. $A(-3, 4)$ y $B(1, -1)$
46. $P(2, -3)$ y $Q(3, 6)$
47. $R(1, 5)$ y $S(-1, -4)$
48. $E(0, 0)$ y $F(2, 4)$
49. $C(0, 0)$ y $D(a, a)$
50. $T(0, 0)$ y $U(a, 2a)$

51. Trace el triángulo ABC con vértices $A(-1,0)$, $B(4,0)$ y $C(4,6)$. ¿Cuál es el área del triángulo ABC?
52. Trace el rectángulo $ABCD$ con vértices $A(5, 0)$, $B(5, 4)$, $C(-3, 4)$ y $D(-3, 0)$. ¿Cuál es el área del rectángulo $ABCD$?
53. Utilice el recíproco del teorema de Pitágoras para demostrar que los tres puntos $A(2, 1)$, $B(7, 2)$ y $C(5, -1)$ son los vértices de un triángulo rectángulo. ¿Cuál es el área de $\triangle ABC$?
54. ¿Cuál de los tres puntos $(1, 5)$, $(2, 4)$ y $(3, 3)$ está más lejos del origen? ¿Sería igual la respuesta si intercambiamos las coordenadas (x, y) de cada punto?
55. Determine el valor (o valores) de w de modo que los puntos $(0, 3)$ y $(6, w)$ estén a 10 unidades de distancia.
56. Determine el valor (o valores) de t de modo que los puntos $(3, -2)$ y $(1, t)$ estén a 4 unidades de distancia.
57. ¿Podría encontrar un punto $(x, 4)$ que esté a dos unidades de distancia del punto $(5, 1)$. Explique.
58. ¿Podría encontrar un punto $(2, y)$ que esté a una unidad de distancia del origen? Explique.

En los ejercicios 59-62, escriba una ecuación del círculo con el centro C y radio r dados.

59. $C = (2, 3); \quad r = 3$
60. $C = (7, -4); \quad r = 5$
61. $C = \left(\dfrac{1}{2}, 4\right); \quad r = 6$
62. $C = \left(-\dfrac{3}{4}, -2\right); \quad r = \sqrt{7}$

En los ejercicios 63-70, identifique el centro y radio del círculo dado.

63. $(x - 3)^2 + (y - 2)^2 = 16$
64. $\left(x - \dfrac{1}{2}\right)^2 + (y + 3)^2 = 24$
65. $x^2 + y^2 = 16$
66. $x^2 + (y + 2)^2 = 72$
67. $x^2 + y^2 - 6x - 10y = -9$
68. $x^2 + y^2 - 4x + 6y + 4 = 0$
69. $x^2 + y^2 + 6y = 0$
70. $x^2 - 4x + y^2 = 1$

71. Trace la gráfica de $(x - 2)^2 + (y + 3)^2 = 4$.
72. Trace la gráfica de $x^2 + y^2 + 6x - 10y + 33 = 0$.
73. Determine una ecuación del círculo con un diámetro cuyos extremos son $(-2, 8)$ y $(4, -5)$.
74. Determine una ecuación del círculo con un diámetro cuyos extremos son $(-3, 5)$ y $(-4, 0)$.
75. Determine una ecuación del círculo que pasa por el punto $(2, 6)$, con centro $(3, -5)$.
76. Determine una ecuación del círculo que pasa por el punto $(3, -2)$, con centro $(2, 5)$.
77. Determine la circunferencia del círculo que pasa por el punto $(3, -4)$ con centro $(5, 2)$.

78. Determine el área del círculo que pasa por el punto (3, −2) con centro (5, 2).
79. Determine una ecuación del círculo tangente al eje x con centro (3, −2).
80. Determine una ecuación del círculo tangente al eje y con centro (3, −2).
81. Determine una ecuación del círculo tangente al eje x en (3, 0) y tangente al eje y en (0, −3).
82. Determine las ecuaciones de todos los círculos con radio 6 y tangentes a ambos ejes. SUGERENCIA: Verifique cada cuadrante.
83. El círculo con centro (0, 0) y radio 1 es el *círculo* unitario.
    (a) Escriba una ecuación del círculo unitario.
    (b) Determine cuáles de los siguientes puntos están sobre el círculo unitario.

$$\left(\frac{3}{5}, -\frac{4}{5}\right), \quad \left(-\frac{\sqrt{3}}{2}, \frac{1}{2}\right), \quad \left(\frac{2}{3}, \frac{3}{5}\right)$$

PREGUNTAS PARA REFLEXIONAR

84. ¿Se ajusta la ecuación $\frac{x}{4} + \frac{y}{5} = 2$ a la forma de una ecuación de primer grado en dos variables, es decir, $Ax + By = C$? En tal caso, ¿cuáles son los valores A, B, C? ¿Son únicos estos valores? Explique.
85. Utilice la fórmula de la distancia para demostrar que el punto $M\left(\frac{x_1 + x_2}{2}, \frac{y_1 + y_2}{2}\right)$ es equidistante de los puntos $P(x_1, y_1)$ y $Q(x_2, y_2)$.
    (a) ¿Demuestra esto que el punto $M\left(\frac{x_1 + x_2}{2}, \frac{y_1 + y_2}{2}\right)$ es el punto medio de la recta que pasa por $P(x_1, y_1)$ y $Q(x_2, y_2)$? Explique.
    (b) ¿Puede utilizar la fórmula de la distancia para demostrar que M es el punto medio del segmento $\overline{PQ}$? ¿De qué forma?
    (c) ¿Piensa que esta demostración es más sencilla o más compleja que la ofrecida en el texto, en la presentación de la fórmula del punto medio?
86. Defina las intersecciones con los ejes de dos formas:
    (a) En términos de la gráfica de una ecuación
    (b) En términos de una ecuación de una gráfica
87. ¿Cómo podría utilizar la fórmula de la distancia para demostrar que los tres puntos $P(-3, 4)$, $Q(0, 1)$ y $R(3, -2)$ son colineales (están en una misma recta)?
88. Hemos supuesto de manera implícita que siempre utilizamos unidades de la misma longitud en ambos ejes; sin embargo, esto no es necesario. Describa la forma de elegir unidades a lo largo de los ejes coordenados para trazar la gráfica de $y = 0.01x + 2$.
89. En nuestro análisis para obtener la fórmula del punto medio, vimos que la coordenada x del punto medio se puede determinar promediando las dos coordenadas x. Suponga que $x_1 < x_2$; muestre que obtenemos el mismo resultado si, en vez de lo anterior, sumamos a x_1 la mitad de la distancia entre x_1 y x_2.
90. Al obtener la fórmula de la distancia establecimos que $|x_2 - x_1|^2 = (x_2 - x_1)^2$. Demuestre este hecho. SUGERENCIA: Recuerde que $|x| = x$ si $x \geq 0$ o $-x$ si $x < 0$.

2.2 Pendiente

En la última sección planteamos dos preguntas generales: Dada una ecuación, ¿cómo determinamos su gráfica? Dada una gráfica, ¿cómo determinamos su ecuación? En la última sección contestamos la primera pregunta para las ecuaciones de primer grado en dos variables. Repetiremos estas preguntas para varias gráficas y ecuaciones conforme avancemos en el texto. En esta sección comenzaremos a responder la segunda pregunta, cuando la gráfica sea una línea recta. Las ideas que desarrollaremos en esta sección juegan un papel central también en el cálculo.

Recuerde que, como señalamos antes, una ecuación es una condición que deben satisfacer todos los puntos sobre la gráfica. Una vez determinada tal condición, obtenemos una ecuación traduciendo en forma matemática dicha condición.

Supongamos que tenemos cualquier recta no vertical L. Elegimos cuatro puntos distintos en L, que indicamos por $P(x_1, y_1)$, $Q(x_2, y_2)$, $S(x_3, y_3)$ y $T(x_4, y_4)$. También formamos los triángulos rectángulos PQR y STU. Véase la figura 2.25.

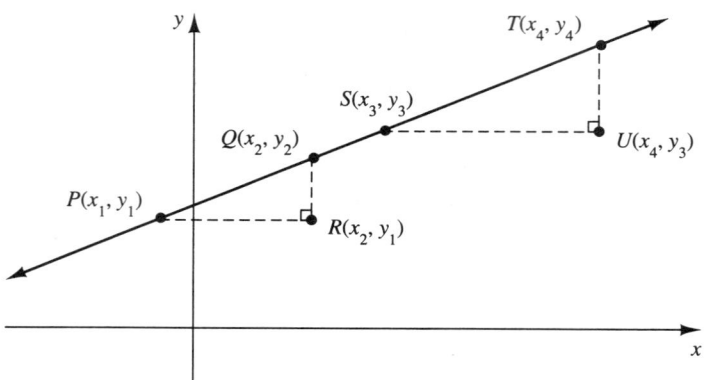

FIGURA 2.25 Los triángulos PQR y STU son semejantes.

Puesto que $\overline{PR}$ y $\overline{SU}$ son paralelos, al igual que $\overline{QR}$ y $\overline{TU}$, tenemos que $\angle QPR \cong \angle TSU$ (son ángulos correspondientes formados por rectas paralelas), y $\angle R$ y $\angle U$ son ambos ángulos rectos. En consecuencia, los triángulos PQR y STU son triángulos semejantes; por lo tanto, sus lados correspondientes son proporcionales. Es decir,

$$\frac{|\overline{QR}|}{|\overline{PR}|} = \frac{|\overline{TU}|}{|\overline{SU}|} \qquad \text{NOTA: } |\overline{QR}| \text{ indica la longitud del segmento de recta } QR.$$

$$\frac{y_2 - y_1}{x_2 - x_1} = \frac{y_4 - y_3}{x_4 - x_3}$$

En otras palabras, como los triángulos PQR y STU son semejantes, siempre que nos movemos de un punto en una recta vertical a otro punto sobre la recta, la razón del cambio en las coordenadas y con el cambio en las coordenadas x permanece *constante* para cada recta. Esto es precisamente lo que buscábamos: una condición que deben satisfacer todos los puntos sobre la recta.

En realidad, hasta la siguiente sección obtendremos la ecuación de una recta a partir de esta condición. Dedicaremos el resto de esta sección a ampliar la idea de que la razón del cambio en y con el cambio en x es constante. Comenzaremos con la siguiente definición.

¿Será constante la razón $\dfrac{y_2 - y_1}{x_2 - x_1}$ si los puntos (x_1, y_1), (x_2, y_2) están en una gráfica que no sea una línea recta?

DEFINICIÓN Sean $P_1(x_1, y_1)$ y $P_2(x_2, y_2)$ cualesquiera dos puntos distintos en una recta L no vertical. La **pendiente** de la recta L, que se denota con m, está dada por

$$m = \frac{y_2 - y_1}{x_2 - x_1}$$

Observe que, con base en el análisis anterior, la pendiente de una recta no vertical está bien definida. Es decir, toda recta no vertical tiene una única pendiente. Sin importar los puntos elegidos, la razón del cambio en y con el cambio en x será constante.

2.2 Pendiente

EJEMPLO 1 Determinar la pendiente del segmento de recta que une los dos puntos dados:

(a) $P(-1, 2)$ y $Q(3, 8)$ (b) $P(-1, 2)$ y $S(3, -1)$
(c) $P(-1, 2)$ y $R(4, 2)$

Solución Aunque no siempre es necesario, por lo general es una buena idea trazar un diagrama como ayuda para visualizar la información dada. Véase la figura 2.26.

(a) Utilizamos los puntos $P(-1, 2)$ y $Q(3, 8)$ y la fórmula para la pendiente de una recta, para calcular la pendiente de la recta que pasa por P y Q como

$$m = \frac{8 - 2}{3 - (-1)} = \frac{6}{4} = \frac{3}{2} \quad \text{o} \quad m = \frac{2 - 8}{-1 - 3} = \frac{-6}{-4} = \frac{3}{2}$$

Así, la pendiente es $\boxed{m = \frac{3}{2}}$. Recuerde restar las coordenadas x en el mismo orden que las coordenadas y.

(b) Utilizamos los puntos $P(-1, 2)$ y $S(3, -1)$ para calcular la pendiente de la recta que pasa por P y S como

$$m = \frac{-1 - 2}{3 - (-1)} = \frac{-3}{4} = \boxed{-\frac{3}{4}}$$

(c) Utilizamos los puntos $P(-1, 2)$ y $R(4, 2)$ para calcular la pendiente de la recta que pasa por P y R como

$$m = \frac{2 - 2}{4 - (-1)} = \frac{0}{5} = \boxed{0}$$

¿Qué nos dice este número, la pendiente, acerca de una recta? Comenzaremos con la siguiente regla básica.

> Siempre que describamos una gráfica, la describimos moviéndonos de *izquierda a derecha*. En otras palabras, la describimos para valores crecientes de x.

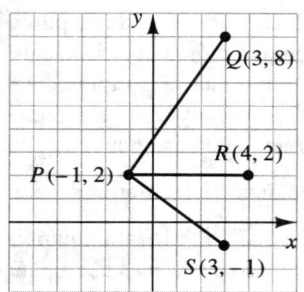

FIGURA 2.26

No importa cuál de los puntos sea el primero y cuál el segundo, mientras se sea consistente con ambas coordenadas.

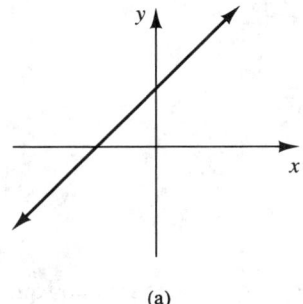

(a)

Esta línea es ascendente. Esto significa que los valores de y crecen cuando nos movemos de izquierda a derecha.

FIGURA 2.27

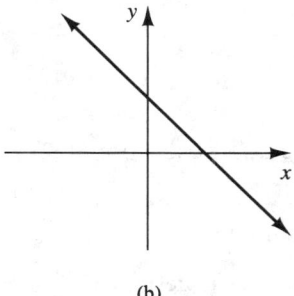

(b)

Esta línea es descendente. Esto significa que los valores de y disminuyen cuando nos movemos de izquierda a derecha.

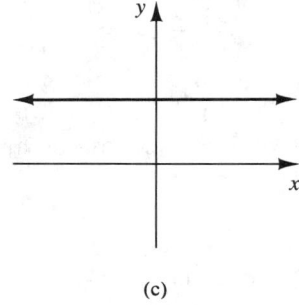

(c)

Esta línea no es ascendente ni descendente. Esto significa que los valores de y son constantes cuando nos movemos de izquierda a derecha.

La pendiente es en realidad una razón de cambio. Cuando nos movemos de un punto en una recta a otro, la pendiente nos dice cuánto cambia y en comparación con cuánto cambia x. Lo que es importante reconocer es que la pendiente de una recta es simplemente un número que nos da información acerca de la "inclinación" de la recta y su dirección.

Por ejemplo, si observamos de nuevo la figura 2.26, la recta que pasa por P y Q tiene una pendiente de $\frac{3}{2}$, lo que significa que cuando nos movemos de izquierda a derecha sobre la recta, la razón de cambio en y entre el cambio en x es 3 a 2. Por lo tanto, para ir de un punto a otro de la recta, un aumento de 2 unidades en la coordenada x es acompañado por un cambio de 3 unidades en la coordenada y. Así, la recta que pasa por P y Q, que tiene una pendiente *positiva*, se eleva (asciende) al movernos de izquierda a derecha.

La recta que pasa por P y S en la figura 2.26 tiene una pendiente $\frac{-3}{4}$, lo que significa que al movernos de izquierda a derecha sobre la recta, un cambio de 4 unidades en la coordenada x es acompañada por un cambio de -3 unidades en la coordenada y (lo que significa que la coordenada y disminuye 3 unidades). Así, la recta que pasa por P y S, que tiene una pendiente *negativa*, baja (desciende) al movernos de izquierda a derecha. En otras palabras, en una recta con pendiente positiva, los valores y se incrementan al movernos de izquierda a derecha, mientras que en una recta con pendiente negativa los valores de y se decrementan al movernos de izquierda a derecha.

¿Qué es lo que realmente nos dice la pendiente acerca de una recta?

La figura 2.28 ilustra rectas con varias pendientes que pasan por el punto (3, 2). Observe que si el valor absoluto de la pendiente es mayor, la recta es más empinada.

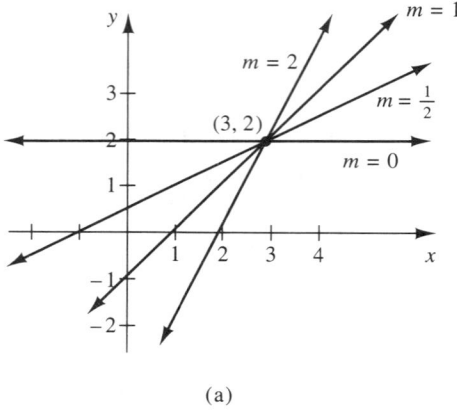
(a)

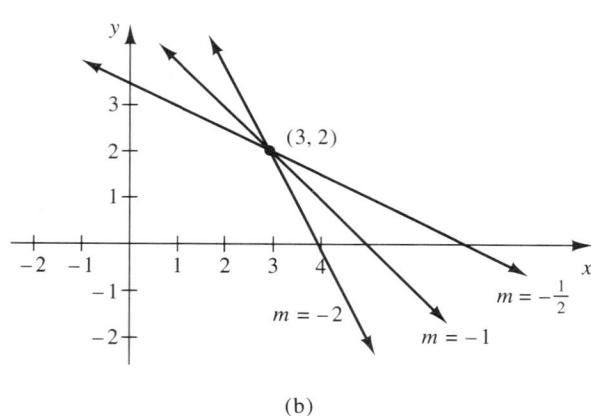
(b)

FIGURA 2.28 Rectas con diversas pendientes que pasan por (3, 2)

Revisemos nuestra definición de la pendiente y observemos que especificamos que la recta L no sea vertical. ¿Por qué? Si intentamos calcular la pendiente de una recta vertical como la que pasa por los puntos (2, 1) y (2, 5), obtenemos

$$m = \frac{5-1}{2-2} = \frac{4}{0} \qquad \text{que es indefinido}$$

Así, la *pendiente de una recta vertical es indefinida*.

2.2 Pendiente

Tenga cuidado en no confundir una recta que tiene pendiente 0 y es horizontal con una recta cuya pendiente es indefinida y es vertical. Véase la figura 2.29.

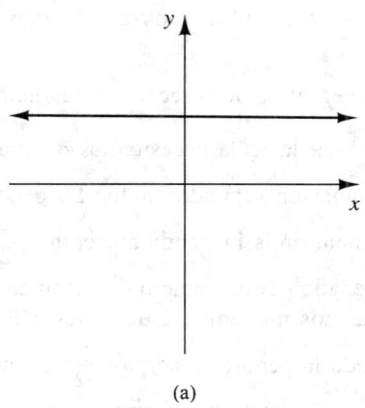

(a)

Una recta horizontal; su pendiente es 0

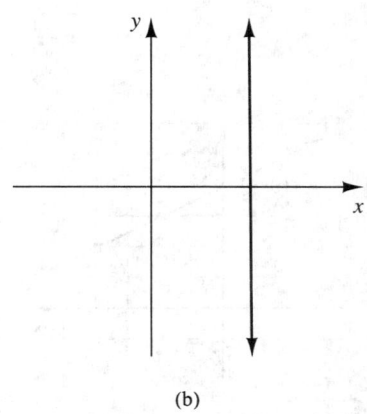

(b)

Una recta vertical; su pendiente es indefinida

FIGURA 2.29

¿Qué diferencia hay entre una recta de pendiente 2 con una recta de pendiente $\frac{1}{2}$?

¿Qué diferencia hay entre una recta de pendiente 2 con una recta de pendiente −2?

RESUMEN DE PENDIENTES

1. Una recta con pendiente positiva sube al movernos de izquierda a derecha.
2. Una recta con pendiente negativa baja al movernos de izquierda a derecha.
3. Una recta con pendiente cero es horizontal.
4. Una recta con pendiente indefinida es vertical.

EJEMPLO 2 Determinar la pendiente de la recta $3x - 4y = 18$.

Solución Con base en la definición, para determinar una pendiente necesitamos dos puntos sobre la recta. Podemos calcular la pendiente utilizando cualesquiera dos puntos en la recta $3x - 4y = 18$. Por conveniencia, elegimos los puntos correspondientes a las intersecciones de esta recta con los ejes: $\left(0, -\frac{9}{2}\right)$ y $(6, 0)$.

De la fórmula para la pendiente de una recta, obtenemos

$$m = \frac{-\frac{9}{2} - 0}{0 - 6} = \frac{-\frac{9}{2}}{-6} = \frac{3}{4}$$

Así, la pendiente es $\boxed{m = \frac{3}{4}}$.

Calcule la pendiente de la recta utilizando los puntos (2, −3) y (10, 3)

Si elegimos cualesquiera otro par de puntos que satisfacen la ecuación $3x - 4y = 18$, como (2, −3) y (10, 3), obtendremos la misma respuesta: $m = \frac{3}{4}$. De nuevo, esto ilustra el hecho de que la pendiente de una recta es independiente de los puntos elegidos en la misma.

En la siguiente sección descubriremos otro método para determinar la pendiente de una recta dada su ecuación. ∎

EJEMPLO 3 Trace la gráfica de la recta con pendiente $-\frac{1}{2}$ que pasa por el punto (2, 3).

Solución Para graficar la recta necesitamos dos puntos sobre la misma. Tenemos un punto, ¿cómo determinar un segundo punto? La pendiente dada de $-\frac{1}{2}$ puede pensarse como $\frac{-1}{2}$ o $\frac{1}{-2}$. Si pensamos la pendiente como $\frac{-1}{2}$, entonces un cambio de 2 unidades en x va acompañado por un cambio de −1 unidad en y; es decir, para ir de un punto a otro sobre la recta, nos movemos 2 unidades a la derecha y 1 unidad hacia abajo. Otra alternativa, viendo la pendiente como $\frac{1}{-2}$, es moverse 2 unidades a la izquierda y 1 unidad hacia arriba. De cualquier forma, terminamos con la misma recta. Véase la figura 2.30. ∎

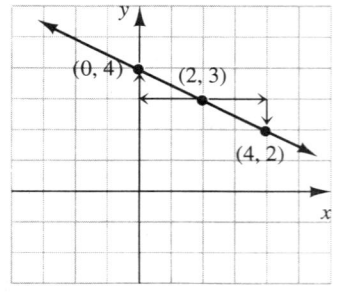

FIGURA 2.30 La gráfica de la recta con pendiente $-\frac{1}{2}$ que pasa por (2, 3)

Aquí es importante reconocer que una vez dado un punto y una pendiente, la recta queda completamente determinada.

Un punto y una pendiente determinan una recta.

A través del estudio de las matemáticas, las rectas paralelas y perpendiculares han jugado un destacado papel, y también son especiales con respecto de sus pendientes.

TEOREMA 2.2 Sean L_1 y L_2 rectas no verticales con pendientes m_1 y m_2, respectivamente. Entonces

1. L_1 y L_2 son paralelas si y sólo si sus pendientes son iguales, es decir, $m_1 = m_2$.

2. L_1 y L_2 son perpendiculares si y sólo si sus pendientes son recíprocas negativas; es decir,

$$m_2 = -\frac{1}{m_1} \qquad \text{o, de manera equivalente,} \qquad m_1 \cdot m_2 = -1$$

Demostración La parte 1 de este teorema parece muy convincente. El hecho de que las rectas sean paralelas sugiere que tienen la misma inclinación, lo que a su vez significa que tienen la misma pendiente. Una demostración formal de esto se bosqueja en el ejercicio 47, al final de esta sección.

2.2 Pendiente

La parte 2 de este teorema no es tan intuitiva y ofrecemos aquí una demostración formal. Para simplificar, asumimos que las rectas L_1 y L_2 se intersecan en el origen. (En el caso general se utiliza una demostración similar.) Sean P y Q, respectivamente, los puntos donde L_1 y L_2 intersecan a la recta $x = 1$, como se indica en la figura 2.31.

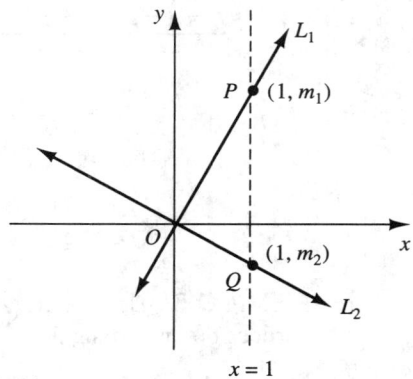

FIGURA 2.31

Como la pendiente de L_1 es $m_1 = \dfrac{m_1}{1}$, al cambiar x en 1 unidad, y cambia en m_1 unidades, de modo que las coordenadas de P son $(1, m_1)$. De manera análoga, las coordenadas de Q son $(1, m_2)$.

Ahora, L_1 es perpendicular a L_2 si y sólo si $\angle POQ$ es un ángulo recto. Al aplicar el teorema de Pitágoras, $\angle POQ$ es un ángulo recto si y sólo si

$$|\overline{PQ}|^2 = |\overline{OP}|^2 + |\overline{OQ}|^2$$

Al aplicar la fórmula de la distancia, obtenemos

$$\left(\sqrt{(1-1)^2 + (m_1 - m_2)^2}\right)^2 = \left(\sqrt{(m_1 - 0)^2 + (1-0)^2}\right)^2 + \left(\sqrt{(m_2 - 0)^2 + (1-0)^2}\right)^2$$

$$\left(\sqrt{(m_1 - m_2)^2}\right)^2 = \left(\sqrt{(m_1)^2 + 1}\right)^2 + \left(\sqrt{(m_2)^2 + 1}\right)^2$$

$$(m_1 - m_2)^2 = (m_1)^2 + 1 + (m_2)^2 + 1$$

$$(m_1)^2 - 2m_1 m_2 + (m_2)^2 = (m_1)^2 + (m_2)^2 + 2 \qquad \text{Simplificamos esta ecuación para obtener}$$

$$-2m_1 m_2 = 2$$

$$m_1 m_2 = -1$$

como se requiere, lo que demuestra la parte 2 del teorema en el caso en que las dos rectas se intersecan en el origen. ∎

EJEMPLO 4 Determinar el valor de t de modo que la recta que pasa por los puntos $A(2, t)$ y $B(5, -2)$ sea paralela a la recta que pasa por los puntos $C(-6, 3)$ y $D(0, -4)$.

Solución Un diagrama nos ayudará a visualizar con exactitud lo que pide este ejemplo. En la figura 2.32 hemos graficado los puntos A, B, C y D. Observe que aunque no conocemos el lugar exacto del punto $A(2, t)$, sabemos que debe estar en la recta $x = 2$. El ejemplo

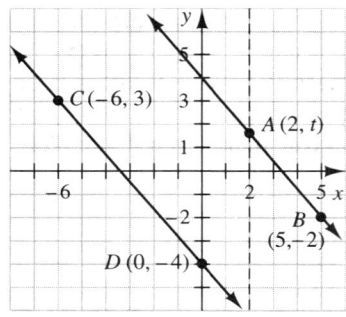

FIGURA 2.32

pregunta por el valor de *t* que hace que la recta que pasa por *A* y *B* sea paralela a la recta que pasa por *C* y *D*.

El hecho de que las rectas sean paralelas nos dice que las pendientes deben ser iguales. Esto nos lleva a la ecuación

$$m_{\overline{AB}} = m_{\overline{CD}}$$

$$\frac{t - (-2)}{2 - 5} = \frac{3 - (-4)}{-6 - 0}$$

$$\frac{t + 2}{-3} = \frac{7}{-6} \qquad \textit{Multiplicamos ambos lados de la ecuación por } -3.$$

$$t + 2 = \frac{7}{2} \Rightarrow \boxed{t = \frac{3}{2}}$$

■

EJEMPLO 5 Demostrar que los puntos $P(-3, 1)$, $Q(-2, -2)$, $R(1, -1)$, y $S(0, 2)$, son los vértices de un rectángulo.

Solución   Existen varias formas de demostrar que *PQRS* es un rectángulo. Utilizaremos la idea de pendiente. En la figura 2.33 dibujamos el cuadrilátero formado por los cuatro puntos dados. Analicemos con cuidado este problema, a fin de desarrollar una estrategia para la solución.

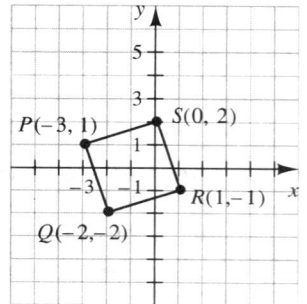

FIGURA 2.33

¿Qué necesitamos hacer? (Utilizaremos el diagrama para ayudarnos en este análisis.)	Demostrar que los cuatro puntos dados son los vértices de un rectángulo.
¿Qué es un rectángulo?	Un rectángulo es un paralelogramo (los lados opuestos son paralelos); todos los ángulos son rectos.
¿Qué se necesita para mostrar que una figura de 4 lados es un rectángulo?	Necesitamos mostrar que los lados opuestos de la figura son paralelos y que los lados adyacentes son perpendiculares.
¿Cómo demostramos que los lados son paralelos o perpendiculares?	Determinamos las pendientes de los lados opuestos. Si estas pendientes son iguales, entonces los lados opuestos son paralelos. Determinamos las pendientes de los lados adyacentes. Si estas pendientes son recíprocas negativas, entonces los lados adyacentes son perpendiculares.
¿Cómo replantear el problema en términos más simples?	Podemos demostrar que *PQRS* es un rectángulo si mostramos que los lados $\overline{PQ}$ y $\overline{RS}$ tienen pendientes iguales; que los lados $\overline{PS}$ y $\overline{QR}$ tienen pendientes iguales; y que las pendientes de $\overline{PQ}$ y $\overline{QR}$ son recíprocas negativas.

2.2 Pendiente

Determinamos las pendientes de los cuatro lados del cuadrilátero PQRS.

$$m_{\overline{PQ}} = \frac{1-(-2)}{-3-(-2)} = \frac{3}{-1} = -3 \qquad m_{\overline{RS}} = \frac{2-(-1)}{0-1} = \frac{3}{-1} = -3$$

$$m_{\overline{QR}} = \frac{-2-(-1)}{-2-1} = \frac{-1}{-3} = \frac{1}{3} \qquad m_{\overline{PS}} = \frac{2-1}{0-(-3)} = \frac{1}{3}$$

$\overline{PQ}$ y $\overline{RS}$ son paralelos, ya que sus pendientes son iguales. De manera análoga, $\overline{PS}$ es paralelo a $\overline{QR}$. Por lo tanto, PQRS es un paralelogramo. Además, como las pendientes de los lados adyacentes son recíprocas negativas, también sabemos que todos los ángulos son rectos, por lo que PQRS es un rectángulo. ∎

En la siguiente sección completaremos nuestro análisis de las ecuaciones de líneas rectas.

EJERCICIOS 2.2

En los ejercicios 1-6, bosqueje las rectas que pasan por los puntos dados y calcule su pendiente.

1. (2, 1) y (5, 6)
2. (−3, 2) y (4, −1)
3. (0, 3) y (3, 0)
4. (−4, 0) y (0, −4)
5. (−2, −1) y (1, −3)
6. (−3, −4) y (1, 5)

En los ejercicios 7-20, determine la pendiente de la recta que pasa por los puntos dados.

7. (2, 7) y (4, 10)
8. (−1, 5) y (2, −3)
9. (−4, −3) y (2, 1)
10. (−2, 6) y (−4, −8)
11. (−4, 2) y (6, 2)
12. (−1, 3) y (−1, −5)
13. $\left(\frac{1}{2}, \frac{3}{5}\right)$ y $\left(\frac{3}{4}, \frac{2}{3}\right)$
14. $\left(\frac{1}{6}, \frac{1}{4}\right)$ y $\left(-\frac{1}{2}, 2\right)$
15. $(2, \sqrt{3})$ y $(4, \sqrt{27})$
16. $(\sqrt{8}, 4)$ y $(\sqrt{18}, -2)$
17. (a, a^2) y (b, b^2) $(a \neq b)$
18. (b, a^2) y (a, b^2) $(a \neq b)$
19. (r, s) y $(r+s, 2s)$ $(s \neq 0)$
20. $(-p, n)$ y $(2p, 5n)$ $(p \neq 0)$

En los ejercicios 21-26, bosqueje la recta que pasa por el punto dado y que tiene la pendiente indicada.

21. (−1, 2), $m = 3$
22. (2, −3), $m = -2$
23. (4, 0), $m = -\frac{2}{3}$
24. (0, −3), $m = \frac{1}{4}$
25. (−5, 1), $m = 0$
26. (−5, 1), m indefinida

En los ejercicios 27-32, determine si la recta que pasa por los puntos P_1 y P_2 es paralela o perpendicular (o ninguna de las dos) a la recta que pasa por los puntos P_3 y P_4.

27. $P_1(2, 1)$, $P_2(4, 3)$, $P_3(-2, -1)$, $P_4(-4, -3)$
28. $P_1(-1, 4)$, $P_2(3, 2)$, $P_3(2, -3)$, $P_4(3, -1)$
29. $P_1(-3, -2)$, $P_2(-1, 1)$, $P_3(5, 4)$, $P_4(7, 1)$
30. $P_1(2, 9)$, $P_2(5, 10)$, $P_3(-4, -5)$, $P_4(-1, -6)$
31. $P_1(1, 4)$, $P_2(-3, 4)$, $P_3(-2, 7)$, $P_4(-2, -3)$
32. $P_1(1, 2)$, $P_2(3, 6)$, $P_3(-6, -7)$, $P_4(-1, -2)$,

33. Determine el valor de c para que la recta que pasa por los puntos (2, 5) y (−4, c) tenga pendiente $-\frac{1}{2}$.

34. Determine el valor de a para que la recta que pasa por los puntos (−2, 4) y (a, 1) tenga pendiente $\frac{2}{3}$.

35. Determine el valor de t para que la recta que pasa por los puntos (0, t) y (t, −1) sea paralela a la recta que pasa por los puntos (1, 2) y (2, −3).

36. Determine el valor de c de modo que la recta que pasa por los puntos (c, 1) y (1, c) sea perpendicular a la recta que pasa por los puntos (−2, 5) y (3, −4).

37. Determine el valor (o valores) de h de modo que la recta que pasa por los puntos (h, 1) y (−1, h) sea perpendicular a la recta que pasa por los puntos (7, h) y (h, 2).

38. Determine el valor (o valores) de t para que la recta que pasa por los puntos (t, t) y (3, 4) sea paralela a la recta que pasa por los puntos (−9, t) y (t, 9).

39. Demuestre que los puntos $P(-3, 0)$, $Q(1, 2)$ y $R(3, -2)$ son los vértices de un triángulo rectángulo.

40. Demuestre que los puntos $A(0, -4)$, $B(4, -2)$, $C(5, 4)$ y $D(1, 2)$ son los vértices de un paralelogramo.

41. Demuestre que los puntos $P(-3, -2)$, $Q(1, 4)$, $R(-2, 4)$ y $S(-4, 1)$ son los vértices de un trapecio.

42. Demuestre que los puntos $A(-2, -5)$, $B(2, -4)$, $C(1, 0)$ y $D(-3, -1)$ son los vértices de un cuadrado.

43. Sea ABCD el paralelogramo con vértices $A(0, 0)$, $B(4, 0)$, $C(5, 2)$ y $D(1, 2)$. Demuestre que el cuadrilátero formado al unir los puntos medios de los lados de ABCD es también un paralelogramo.

44. Sea ABCD el cuadrado con vértices $A(0, 0)$, $B(6, 0)$, $C(6, 6)$ y $D(0, 6)$. Demuestre que el cuadrilátero formado al unir los puntos medios de los lados de ABCD es también un cuadrado.

45. La siguiente figura muestra cuatro rectas con pendientes m_1, m_2, m_3 y m_4. Enumere estas pendientes en orden creciente.

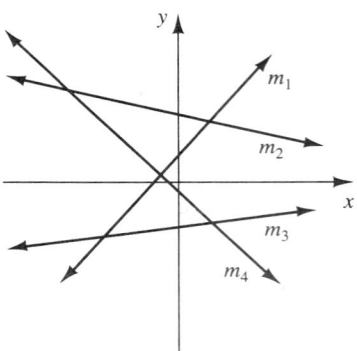

46. La figura adjunta muestra tres rectas con las ecuaciones que se indican.
   (a) Muestre que los valores b_1, b_2, y b_3 son las intersecciones con el eje y de sus respectivas rectas.
   (b) Enumere las pendientes en orden decreciente y las intersecciones con el eje y en orden creciente.

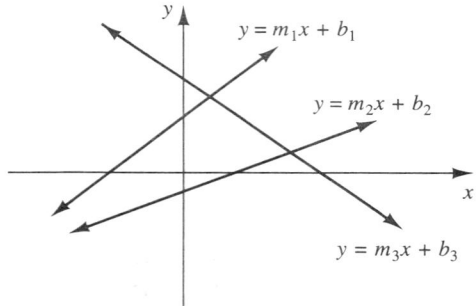

PREGUNTAS PARA REFLEXIONAR

47. En este ejercicio daremos un bosquejo de la demostración de la parte 1 del teorema 2.2, que dice que dos rectas no verticales son paralelas si y sólo si sus pendientes son iguales. Sean L_1 y L_2 dos rectas no verticales con pendientes m_1 y m_2, respectivamente, que se cruzan con la recta M, como en la figura adjunta. Hemos trazado $\overline{ST}$ y $\overline{PQ}$ paralelos al eje x, y $\overline{UT}$ y $\overline{RQ}$ paralelos al eje y. Justifique cada una de las siguientes proposiciones. (Véase la figura siguiente.)
   (a) Como $\overline{PQ}$ es paralelo a $\overline{ST}$, $\angle MST \cong \angle SPQ$.
   (b) L_1 es paralela a L_2 si y sólo si $\angle 1 \cong \angle 2$.
   (c) L_1 es paralela a L_2 si y sólo si $\angle 3 \cong \angle 4$.
   (d) Como $\angle T$ y $\angle Q$ son ángulos rectos, L_1 es paralela a L_2 si y sólo si $\triangle STU$ es similar a $\triangle PQR$.

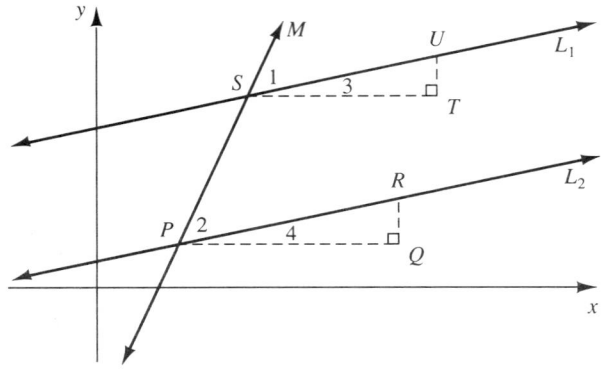

   (e) L_1 es paralela a L_2 si y sólo si
   $$\frac{|\overline{UT}|}{|\overline{ST}|} = \frac{|\overline{RQ}|}{|\overline{PQ}|}.$$
   (f) L_1 es paralela a L_2 si y sólo si $m_1 = m_2$.

48. ¿Cómo describiría una recta cuya pendiente es positiva? ¿cuando ésta es negativa? ¿nula? ¿indefinida?

49. ¿Cómo puede utilizarse la idea de pendiente para demostrar que los tres puntos $(-2, -3)$, $(2, -2)$ y $(6, -1)$ son colineales?

50. ¿Qué sucede a nuestra visualización de una recta con pendiente 3 si no insistimos en que las unidades a lo largo de ambos ejes sean las mismas? Trace la gráfica de una recta que pasa por el punto $(2, 3)$ con pendiente 3 si las unidades a lo largo del eje x son dos veces más grandes que las unidades a lo largo del eje y. Ahora, trace de nuevo la gráfica si las unidades a lo largo del eje y tienen el doble de tamaño que las unidades a lo largo del eje x.

51. Demuestre la parte 2 del teorema 2.2, en el caso en que las dos rectas se intersecan en el punto (a, b).

52. Como lo mencionamos anteriormente, la pendiente de una recta puede pensarse como una razón de cambio. Suponga que la altura h, en metros, de un objeto sobre la superficie después de t segundos está dada por la ecuación $h = 3t + 2$ para $t \geq 0$. Así cuando $t = 4$, $h = 14$, lo que significa que el objeto se encuentra a 14 metros por arriba de la superficie después de 4 segundos.
   (a) ¿Qué distancia ha recorrido el objeto del tiempo $t = 5$ al tiempo $t = 8$?
   (b) ¿Cuál es la velocidad promedio del objeto durante estos 3 segundos? Recuerde que la velocidad promedio se calcula al dividir la distancia recorrida entre el tiempo transcurrido.
   (c) Repita las partes (a) y (b), cuando t varía del tiempo $t = 10$ al tiempo $t = 15$.
   (d) Si t corresponde al eje horizontal y h al eje vertical, trace la gráfica de $h = 3t + 2$ para $t \geq 0$. ¿Cuál es la pendiente de esta recta?
   (e) ¿Cuál es la velocidad promedio del objeto y la pendiente de la recta relacionada con ella?

2.3 Ecuaciones de una recta

Ahora podemos contestar la pregunta planteada anteriormente: dada una recta, ¿cómo determinamos su ecuación? Supongamos que tenemos dada una recta L con pendiente m que pasa por el punto (x_1, y_1), como se indica en la figura 2.34.

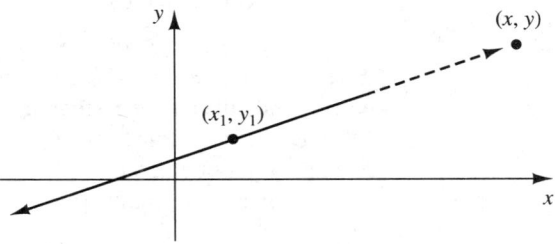

FIGURA 2.34

Si (x, y) es cualquier otro punto, entonces la condición que éste debe satisfacer para estar sobre la recta es que la pendiente de la recta, determinada mediante los puntos (x_1, y_1) y (x, y) debe ser m. Si la pendiente es m, entonces el punto está sobre la recta; si la pendiente no es m, entonces el punto no está sobre la recta.

De manera algebraica, traducimos esta condición como

$$\frac{y - y_1}{x - x_1} = m \qquad \text{para } x \neq x_1$$

Al multiplicar ambos lados de la ecuación por $x - x_1$, obtenemos lo siguiente.

FORMA PUNTO-PENDIENTE DE UNA ECUACIÓN DE UNA LÍNEA RECTA

Una ecuación de la recta con pendiente m y que pasa por el punto (x_1, y_1) es

$$y - y_1 = m(x - x_1)$$

Recuerde que en la *fórmula punto-pendiente*, (x_1, y_1) denota al punto *dado* y (x, y) denota a cualquier otro punto sobre la recta.

EJEMPLO 1 Escribir una ecuación de la recta con pendiente $\frac{2}{3}$ que pasa por el punto $(-2, 5)$.

Solución Daremos aquí la información precisa necesaria para utilizar la forma punto pendiente para la ecuación de una recta. El punto dado $(-2, 5)$ corresponde a (x_1, y_1) y la pendiente es $m = \frac{2}{3}$.

$y - y_1 = m(x - x_1)$ Sustituimos $(-2, 5)$ por (x_1, y_1) y $\frac{2}{3}$ por m.

$y - 5 = \frac{2}{3}[x - (-2)]$ y por esto, la ecuación de la recta es $\boxed{y - 5 = \frac{2}{3}(x + 2)}$

Por el momento dejaremos la respuesta en esta forma. Analizaremos las formas posibles de la respuesta en el ejemplo 3. ∎

La forma punto pendiente nos permite escribir una ecuación de una recta dada su pendiente y *cualquier* punto sobre la recta. Veamos lo que ocurre cuando el punto dado es el correspondiente a la intersección de la recta con el eje y; es decir, supongamos que la recta tiene pendiente m e intersección con el eje y (ordenada al origen) b, lo que significa que la recta pasa por el punto $(0, b)$.

Al aplicar la forma de punto − pendiente obtenemos

$y - y_1 = m(x - x_1)$ Sustituimos $(0, b)$ en vez de (x_1, y_1).
$y - b = m(x - 0)$
$y - b = mx$

De esta ecuación, por lo general, se despeja y para obtener lo siguiente.

LA FORMA PENDIENTE-ORDENADA AL ORIGEN, DE UNA ECUACIÓN DE UNA RECTA

Una ecuación de la recta con pendiente m y ordenada al origen b es

$$y = mx + b$$

EJEMPLO 2 Escriba una ecuación de la recta con pendiente -2 que pasa por el punto $(0, -3)$.

Solución Puesto que la recta pasa por el punto $(0, -3)$, sabemos que la intersección con el eje y es -3. Por lo tanto, utilizamos la información dada para aplicar la forma pendiente-ordenada al origen con $m = -2$ y $b = -3$.

$$\boxed{y = -2x - 3}$$ ∎

EJEMPLO 3 Escriba una ecuación para la recta que pasa por los puntos $(1, 2)$ y $(3, -5)$.

Solución Este ejemplo ilustra el hecho de que al escribir la ecuación de una recta (mientras ésta no sea vertical), siempre podemos utilizar la forma de punto-pendiente o la forma pendiente-ordenada al origen. En cualquier caso, tenemos que calcular la pendiente de la recta dada. La pendiente es

$$m = \frac{-5 - 2}{3 - 1} = \frac{-7}{2}$$

2.3 Ecuaciones de una recta

Si optamos por utilizar la forma punto-pendiente, podemos utilizar cualquiera de los dos puntos dados.

Si utilizamos el punto (1, 2), obtenemos $\boxed{y - 2 = -\dfrac{7}{2}(x - 1)}$.

Si utilizamos el punto (3, −5), obtenemos

$$y - (-5) = -\dfrac{7}{2}(x - 3)$$

$$\boxed{y + 5 = -\dfrac{7}{2}(x - 3)}.$$

Si optamos por utilizar la forma pendiente-ordenada al origen, procedemos como sigue.

$y = mx + b$ *Sustituimos $m = -\dfrac{7}{2}$. Necesitamos determinar el valor de b.*

$y = -\dfrac{7}{2}x + b$ *Como sabemos que la recta pasa por los puntos (1, 2) y (3, −5), cualquiera de estos puntos satisface la ecuación. Sustituimos (1, 2) y despejamos b.*

$2 = -\dfrac{7}{2}(1) + b \;\Rightarrow\; b = \dfrac{11}{2}$ *Por lo tanto, obtenemos*

$$\boxed{y = -\dfrac{7}{2}x + \dfrac{11}{2}}$$

¿Cuáles son las ventajas y desventajas de utilizar la forma pendiente-ordenada al origen?

Muestre que las dos primeras respuestas son equivalentes a la tercera, cambiándolas por su forma $y = mx + b$.

Aunque estas tres respuestas parecen diferentes, de hecho, son equivalentes. Si consideramos las dos primeras respuestas y las cambiamos por su forma pendiente-ordenada al origen, obtenemos la tercer respuesta. Una de las ventajas de la forma pendiente-ordenada al origen es que esta respuesta aparece siempre en la misma forma. Aunque acabamos de ver que el uso de la forma pendiente-ordenada al origen implica algunos cálculos adicionales, para la mayor parte de los casos esta forma es la más útil y preferida. ■

GRAFIJACIÓN

Utilice una calculadora gráfica o una computadora.

1. Grafique lo siguiente en el mismo conjunto de ejes coordenados: $y = 2x$, $y = 3x$, $y = 5x$. ¿Qué puede concluir acerca de la forma en que m afecta la gráfica de la ecuación $y = mx$?

2. Grafique lo siguiente en el mismo conjunto de ejes coordenados: $y = 3x - 1$, $y = 3x$, $y = 3x + 1$. ¿Qué puede concluir acerca de la forma en que b afecta la gráfica de la ecuación $y = mx + b$?

Una de las características más útiles de la forma pendiente-ordenada al origen es que cuando la ecuación de una recta se escribe como $y = mx + b$, la pendiente de la recta se identifica de inmediato como el coeficiente de x.

EJEMPLO 4 Determinar la pendiente de la recta cuya ecuación es:

(a) $y = -4x + 7$ **(b)** $3x - 4y = 18$

Solución

(a) Al comparar la forma pendiente-ordenada al origen $y = mx + b$ con $y = -4x + 7$, basta leer la pendiente (así como la ordenada al origen).

$$y = \quad mx \ + \ b$$
$$\downarrow \quad \downarrow \quad \downarrow$$
$$y = \ -4x \ + \ 7$$

Por lo tanto, la pendiente es $\boxed{-4}$.

(b) En el ejemplo 2 de la sección 2.2 determinamos la pendiente de la recta con ecuación $3x - 4y = 18$ identificando dos puntos de la recta y utilizando la definición de la pendiente. Sin embargo, ahora tenemos un método alternativo. Podemos leer la pendiente de una recta directamente de su ecuación, siempre que ésta esté *precisamente* en la forma pendiente-ordenada al origen.

$$3x - 4y = 18 \quad \textit{Despejamos y explícitamente de esta ecuación.}$$

$$-4y = -3x + 18 \ \Rightarrow \ y = \frac{3}{4}x - \frac{9}{2}$$

Por consiguiente, la pendiente es $\boxed{\dfrac{3}{4}}$. ∎

EJEMPLO 5 Escribir una ecuación para la recta que pasa por el punto $(4, 0)$ y es perpendicular a la recta con ecuación $5y - 3x = 15$.

Solución Una vez más, es buena idea trazar un diagrama como ayuda para visualizar lo que se pregunta. Trazamos el punto $(4, 0)$ y la recta cuya ecuación es $5y - 3x = 15$. Véase la figura 2.35. Hemos trazado una línea punteada perpendicular a $5y - 3x = 15$, la cual pasa por el punto $(4, 0)$. Buscamos la ecuación de la recta punteada.

Analicemos el problema con cuidado para desarrollar una estrategia de solución.

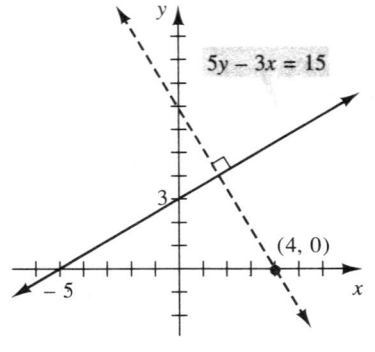

FIGURA 2.35

¿Qué necesitamos determinar?	La ecuación de una recta.
¿Qué se necesita para determinar la ecuación de una recta?	Un punto sobre la recta y su pendiente.
¿Qué información está dada en el problema?	El punto está dado, junto con la ecuación de una recta perpendicular a la recta cuya ecuación queremos determinar.

2.3 Ecuaciones de una recta

¿Cómo determinamos la pendiente de una recta dada la ecuación de una recta perpendicular a ella?	Las pendientes de rectas perpendiculares son recíprocas negativas. Si determinamos la pendiente de la recta perpendicular, calculamos su recíproco negativo y tendremos la pendiente de la recta que queremos determinar.
¿Cómo determinamos la pendiente de la recta cuya ecuación está dada?	Colocamos la ecuación dada en forma pendiente-ordenada al origen.

Con base en este análisis, comenzamos por determinar la pendiente de la recta cuya ecuación está dada.

$$5y - 3x = 15 \Rightarrow 5y = 3x + 15 \Rightarrow y = \frac{3}{5}x + 3$$

Así, la pendiente de la recta dada es $\frac{3}{5}$.

Por lo tanto, la pendiente de la recta perpendicular es $-\frac{5}{3}$.

Ahora que tenemos el punto $(4, 0)$ y la pendiente $-\frac{5}{3}$, podemos utilizar la forma punto-pendiente para obtener

$$y - 0 = -\frac{5}{3}(x - 4)$$

de modo que nuestra respuesta final para la ecuación de la recta punteada es

$$\boxed{y = -\frac{5}{3}x + \frac{20}{3}}.$$

EJEMPLO 6 Escribir una ecuación para la recta que pasa por la pareja dada de puntos.

(a) $(4, 3)$ y $(-2, 3)$ (b) $(2, -3)$ y $(2, 5)$

Solución

(a) La pendiente de la recta es $m = \frac{3 - 3}{4 - (-2)} = \frac{0}{6} = 0$. Mediante la forma punto-pendiente con el punto $(4, 3)$, obtenemos

$$y - 3 = 0(x - 4) \Rightarrow y - 3 = 0 \Rightarrow \boxed{y = 3}$$

Otra alternativa sería observar, de los puntos dados, que la recta que pasa por ellos sea horizontal, a 3 unidades sobre el eje x; como vimos en la sección 2.1, una ecuación de esta recta es $y = 3$. (Véase la figura 2.36.)

(b) Si intentamos calcular la pendiente de la recta que pasa por $(2, -3)$ y $(2, 5)$, obtenemos

$$m = \frac{5 - (-3)}{2 - 2} = \frac{8}{0} \quad \text{que no está definida}$$

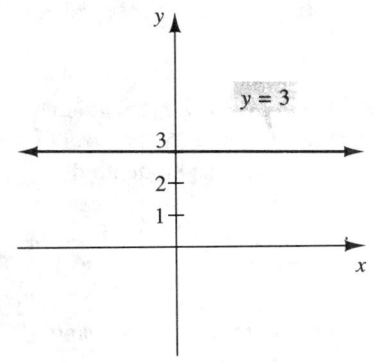

FIGURA 2.36

¿Puede ponerse en forma pendiente-ordenada al origen la ecuación de una recta vertical?

En consecuencia, no podemos utilizar la forma punto-pendiente o pendiente-ordenada al origen, ya que cada forma requiere que la recta tenga una pendiente. (Esta situación explica el por qué el análisis que condujo a la obtención de ambas formas especificaba una recta L no vertical.) Una vez que reconocemos que tales puntos determinan una recta vertical, 2 unidades a la derecha del eje y (véase la figura 2.37), sabemos que la ecuación de esta recta es $\boxed{x = 2}$. ∎

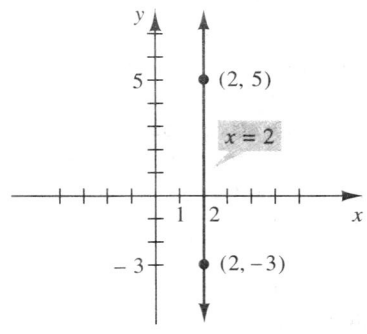

FIGURA 2.37

EJEMPLO 7 Determinar una ecuación para la mediatriz del segmento de recta que une los puntos $P(-3, 1)$ y $Q(4, 2)$.

Solución La figura 2.38 muestra $\overline{PQ}$ con su mediatriz indicada por la recta punteada. Analicemos el problema con cuidado para desarrollar una estrategia de solución.

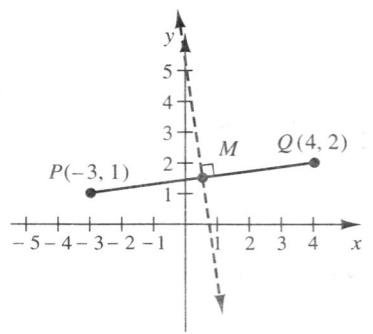

FIGURA 2.38

¿Qué necesitamos determinar? (Utilice el diagrama como apoyo para este análisis.)	La ecuación de una recta.
¿Qué se necesita para determinar la ecuación de una recta?	Un punto sobre la recta y la pendiente.
¿Qué información está dada en el problema?	La línea que necesitamos determinar es la mediatriz del segmento que une a dos puntos dados.
¿Qué es la mediatriz?	Es una recta que divide al segmento de recta dado en dos partes iguales y es perpendicular al segmento de recta.
¿Cómo nos ayuda la información dada para determinar al punto?	Puesto que la mediatriz divide al segmento en dos partes iguales, debe pasar por el punto medio del segmento de recta.
¿Cómo nos ayuda esta información para determinar la pendiente?	Las pendientes de rectas perpendicular son recíprocas negativas. Si determinamos la pendiente del segmento de recta, calculamos su recíproco negativo y tendremos la pendiente de la recta que queremos determinar.
¿Cómo podemos replantear el problema en términos más sencillos?	Determinar el punto medio (mediante la fórmula correspondiente) y la pendiente de la mediatriz, tomando el recíproco negativo de la pendiente del segmento de recta.

Con base en este análisis, comenzamos utilizando la fórmula del punto medio, para determinar el punto medio de $\overline{PQ}$.

$$\text{Punto medio de } \overline{PQ} = \left(\frac{-3+4}{2}, \frac{1+2}{2}\right) = \left(\frac{1}{2}, \frac{3}{2}\right)$$

2.3 Ecuaciones de una recta

Determinamos la pendiente de $\overline{PQ}$ utilizando los dos puntos dados.

$$m_{\overline{PQ}} = \frac{2-1}{4-(-3)} = \frac{1}{7}$$

Por consiguiente, la pendiente de una recta perpendicular será -7, y tenemos entonces la siguiente ecuación de la mediatriz de $\overline{PQ}$:

$$y - \frac{3}{2} = -7\left(x - \frac{1}{2}\right) \quad \text{o} \quad \boxed{y = -7x + 5} \qquad \blacksquare$$

En secciones posteriores, veremos que las rectas y sus ecuaciones juegan un papel muy significativo.

EJEMPLO 8 Suponga que una zapatería determina que vende 23 pares de zapatos por día, a $30 el par, y 20 pares por día a $36 el par. Suponga que existe una relación lineal entre P, el precio de un par de zapatos, y N, el número de pares vendidos, pronostique el número de pares vendidos por día, a $40 el par.

Solución Podemos expresar la información dada como parejas ordenadas. Somos libres de expresar las parejas con P como primera coordenada y N como la segunda, o viceversa. Al leer el ejemplo, parece razonable suponer que el número de pares de zapatos vendidos *depende* únicamente del precio. Al trazar la gráfica de una relación entre dos cantidades, se acepta por lo general que la cantidad dependiente (en este caso, el número de pares vendidos) se considera como el eje vertical, mientras que la cantidad de la que depende (en este caso, el precio) se considera como el eje horizontal. En consecuencia, escribiremos las parejas ordenadas como (P, N).

La información dada nos proporciona las parejas ordenadas (30, 23) y (36, 20). Puesto que se nos dice que la relación entre el precio y cantidad de pares vendidos es lineal, calculamos la pendiente de la recta:

$$m = \frac{23 - 20}{30 - 36} = \frac{3}{-6} = -\frac{1}{2}$$

Podemos utilizar la forma punto-pendiente con el punto (36, 20) para escribir una ecuación que describa la relación entre P y N.

$$N - 20 = -\frac{1}{2}(P - 36)$$

Ahora, podemos sustituir $P = 40$ para determinar la cantidad de pares vendidos cuando el precio es $40.

$$N - 20 = -\frac{1}{2}(P - 36) \quad \textit{Sustituimos } P = 40.$$
$$N - 20 = -\frac{1}{2}(40 - 36)$$
$$N - 20 = -2$$
$$N = 18$$

¿Existe una ventaja al transformar la ecuación $N - 20 = -\frac{1}{2}(P - 36)$ a la forma pendiente-ordenada al origen?

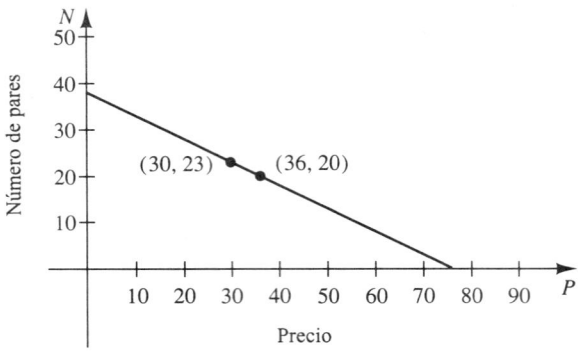

FIGURA 2.39 La relación lineal entre el precio y la cantidad de zapatos vendidos.

Así, si existe una relación líneal, la tienda venderá 18 pares de zapatos al día, a $40 el par. La figura 2.39 ilustra la relación lineal entre el precio y la cantidad de pares de zapatos vendidos. Hay que destacar algunos aspectos de esta gráfica. En primer lugar, la gráfica sólo aparece en el primer cuadrante, puesto que no tiene sentido que P (el precio por par) o N (la cantidad de pares de zapatos vendidos por día) sean negativos. En segundo lugar, se puede considerar, desde el punto de vista real, que N sólo asuma valores enteros (no se puede vender una fracción de un par de zapatos), de modo que la gráfica sólo sería un conjunto discreto de puntos. Sin embargo, para analizar la gráfica, con frecuencia sirve trazar el segmento de recta completo. ∎

Un comentario final: En esta sección hemos demostrado que la ecuación de una línea recta es una ecuación de primer grado en x y y. Aún no hemos demostrado el teorema 2.1 (enunciado originalmente en la sección 2.1), que establece que la gráfica de una ecuación de la forma $Ax + By = C$ (con A y B no ambos iguales a cero) es una línea recta. La demostración de este teorema se bosqueja en el ejercicio 71.

EJERCICIOS 2.3

En los ejercicios 1-4, escriba una ecuación para la recta que satisface las condiciones dadas y trace su gráfica.

1. La recta tiene pendiente 3 y pasa por el punto $(-1, 2)$.
2. La recta tiene pendiente $-\frac{1}{4}$ y pasa por el punto $(0, 0)$.
3. La recta tiene pendiente $\frac{2}{5}$ y pasa por el punto $(-2, -3)$.
4. La recta tiene pendiente -3 y pasa por el punto $(0, 2)$.

En los ejercicios 5-22, escriba una ecuación para la recta que satisface las condiciones dadas.

5. La recta L tiene pendiente 4 y pasa por el punto $(-3, 4)$.
6. La recta L tiene pendiente $\frac{3}{5}$ y pasa por el punto $(-2, -1)$.
7. La recta R pasa por los puntos $(2, 6)$ y $(8, 3)$.
8. La recta T pasa por los puntos $(-2, -5)$ y $(-6, -7)$.
9. La recta F pasa por el origen y tiene pendiente 4.
10. La recta G pasa por el origen y tiene pendiente $-\frac{1}{4}$.
11. La recta L tiene pendiente $-\frac{2}{3}$ y ordenada al origen 4.
12. La recta L tiene pendiente $\frac{1}{4}$ e intersección con el eje x es -2.
13. La recta R tiene una intersección con el eje x de 5 y una intersección con el eje y de -1.
14. La recta Q tiene una intersección con el eje y de 3 y una intersección con el eje x de -2.
15. La recta V es vertical y pasa por el punto $(-3, 4)$.
16. La recta H es horizontal y pasa por el punto $(-3, 4)$.

17. La recta T tiene pendiente $-\frac{1}{3}$ y cruza al eje y en $y = 5$.

18. La recta R tiene pendiente $\frac{2}{7}$ y cruza al eje x en $x = -5$.

19. La recta F no tiene intersecciones con el eje x y pasa por el punto $(3, 5)$.

20. La recta G no tiene intersecciones con el eje y y pasa por el punto $(3, 5)$.

21. La recta L pasa por los puntos $(2, -5)$ y $(-3, -5)$.

22. La recta L pasa por los puntos $(-4, 6)$ y $(-4, -1)$.

En los ejercicios 23-30, determine la pendiente de la recta con la ecuación dada.

23. $y = -2x + 7$

24. $y = \frac{3}{5}x - \frac{2}{3}$

25. $y = \frac{2x + 5}{3}$

26. $y = \frac{1}{3} + \frac{7}{4}x$

27. $x = 5y - 1$

28. $6x - 5y = 10$

29. $\frac{4x + 3y}{3} = 2$

30. $\frac{5x}{4} - \frac{4y}{5} = 1$

En los ejercicios 31-44, escriba una ecuación para la recta que satisface las condiciones dadas.

31. La recta S pasa por el punto $(1, -5)$ y es paralela a $y = 4x - 7$.

32. La recta S pasa por el punto $(-2, 3)$ y es perpendicular a $y = -4x + 1$.

33. La recta M pasa por el punto $(4, 7)$ y es perpendicular a $y = -\frac{3}{4}x + 9$.

34. La recta T pasa por el punto $(5, -5)$ y es paralela a $y = \frac{4}{5}x + 2$.

35. La recta S pasa por el punto $(5, 0)$ y es paralela a $5y - 4x = 9$.

36. La recta R pasa por el punto $(0, 5)$ y es perpendicular a $7x + 4y = 1$.

37. La recta M pasa por el punto $(7, 4)$ y es perpendicular a $6x - 7y = 6$.

38. La recta T pasa por el punto $(-3, 3)$ y es paralela a $10y - 8x = 7$.

39. La recta L pasa por el punto $(0, 0)$ y es perpendicular a $y = x$.

40. La recta L pasa por el punto $(0, 0)$ y es paralela a $x + y = 8$.

41. La recta L pasa por el punto $(-4, 5)$ y es paralela al eje x.

42. La recta L pasa por el punto $(-4, 5)$ y es paralela al eje y.

43. La recta T es perpendicular a $2x + 7y = 14$ y tiene la misma ordenada al origen.

44. La recta T es paralela a $6y - 4x = 9$ y tiene la misma intersección con el eje x.

45. Determine una ecuación para la mediatriz del segmento de recta que une a $(-4, 3)$ con $(1, 0)$.

46. Determine una ecuación para la mediatriz del segmento de recta que une al centro del círculo $x^2 + y^2 - 4y = 1$ con el centro del círculo $x^2 + 3x + y^2 = 5$.

47. Determine una ecuación para la mediatriz del segmento de recta que une los puntos donde la recta $5y - 3x = 2$ interseca a los ejes.

48. (a) Determine una ecuación para la mediatriz del segmento de recta que une $(1, 2)$ con $(5, 8)$ utilizando el método bosquejado en el ejemplo 7.

(b) Determine una ecuación para esta mediatriz, utilizando la fórmula de la distancia; verifique que obtiene el mismo resultado que en (a). SUGERENCIA: La mediatriz de un segmento de recta es la recta que contiene a todos los puntos equidistantes de ambos extremos.

49. Una compañía que renta automóviles cobra $29 por día, más $0.30 por milla. Escriba una relación que relacione el costo C de renta de un auto con el número de millas m recorridas.

50. Una compañía que renta automóviles cobra $39 por día, más $0.22 por milla y también solicita a sus clientes que adquieran un seguro por daños, con un costo de $8 por día. Escriba una ecuación que relacione el costo C de renta de un auto por 3 días con el número de millas m recorridas.

51. Cada mes, la compañía de energía eléctrica local cobra una cuota de $7 por los primeros 35 kilovatios–hora o menos, y $0.12 por cada kilovatio por arriba de los 35. Escriba una ecuación que describa la relación entre la cantidad de dinero A de una cuenta por consumo de energía y el número total de kilovatios–hora h utilizados por un cliente cada mes. Trace la gráfica de esta ecuación.

52. Cada mes, la compañía telefónica local cobra una cuota de $11.60 por las primeras 80 unidades de mensaje y 10.6 centavos por cada unidad de mensaje por arriba de las 80. Escriba una ecuación que describa la relación entre la cantidad de dinero A de una cuenta telefónica y el número total de unidades de mensaje m utilizados por un cliente cada mes. Trace la gráfica de esta ecuación.

53. Suponga que un fabricante determina que existe una relación lineal entre P, la ganancia obtenida, y x, el número de artículos producidos. La ganancia es de $600 por 50 artículos y $750 por 65 artículos.

(a) Escriba una ecuación que relacione x y P.

(b) ¿Cuál sería la ganancia esperada si se producen 90 artículos?

54. Un inspector de control de calidad determina que existe una relación entre D, el número de artículos defectuosos producidos, y h, el número de horas extra trabajadas por los empleados. Cuando los empleados trabajaron un total de 120 horas extra, se determinaron 80 artículos defectuosos; cuando se trabajaron 70 horas extra, se encontraron 60 artículos defectuosos. Si el inspector sospecha que la relación entre h y D es lineal, ¿cuántos artículos defectuosos espera encontrar si se trabajan 90 horas extra?

55. En fisiología, el ritmo cardiaco de un corredor, N, en latidos por minuto, se relaciona de manera lineal con la velocidad del corredor, s. El ritmo cardiaco de un corredor es de 80 latidos por minuto a una velocidad de 15 pies/segundo y 85 latidos por minuto a una velocidad de 18 pies/segundo.
    (a) Escriba una ecuación que exprese N en términos de t.
    (b) Utilice la ecuación obtenida en la parte (a) para predecir el ritmo cardiaco del corredor a una velocidad de 25 pies/segundo.

56. Un obrero en una línea de ensamble recibe un salario de $13.50 por hora. Además, el obrero recibe una comisión de $0.65 por unidad producida.
    (a) Escriba una ecuación que relacione el salario por hora W y el número de artículos producidos por hora, x.
    (b) Utilice la ecuación obtenida en la parte (a) para determinar el salario por hora, si el obrero produce 5 unidades por hora.
    (c) Utilice la ecuación obtenida en la parte (a) para determinar el número de unidades por hora que debe producir el obrero si desea obtener un salario por hora de al menos $22.

57. Una empresa compra una maquinaria en $8, 500. Si la máquina se deprecia linealmente hasta un valor nulo en 12 años, escriba una ecuación que exprese el valor V de la máquina después de t años.

58. Una pequeña compañía compra un sistema de cómputo por $30, 000 y, por cuestiones de impuestos, utiliza el método de depreciación lineal para llegar a un valor de recuperación de $1, 800 después de 10 años. Escriba una ecuación que describa el valor V del sistema de cómputo después de n años.

59. Una agencia de renta de autos compra un automóvil en $12,375 e incurre en gastos de $8.25 diarios para operar el vehículo. Entonces, renta el auto por $49.95 el día.
    (a) Escriba una ecuación para el costo total C de compra y operación del auto durante d días.
    (b) Escriba una ecuación para el ingreso total I, obtenido si el auto se renta durante d días.
    (c) La ganancia de la compañía relativa a este auto se obtiene calculando $I - C$. El *punto de equilibrio* para una empresa es aquel punto en que el ingreso y los costos son iguales (es decir, la ganancia es nula). Determine el número de días que debe rentarse este auto para que la compañía quede de en equilibrio.
    (d) Trace las gráficas de las ecuaciones para C e I sobre el mismo sistema de coordenadas y dé una descripción gráfica del punto de equilibrio.

60. En economía, una *ecuación de demanda* describe la relación entre el precio p de un artículo y el número de artículos n que se pueden vender a ese precio. La *ecuación de oferta* describe la relación entre el precio de venta previsto s de un artículo y el número de artículos n que el fabricante está dispuesto a producir por ese precio.
    (a) ¿Esperaría que el precio de demanda p aumente o disminuya al aumentar n? Explique.
    (b) ¿Esperaría que el precio de oferta s aumente o disminuya al aumentar n? Explique.
    (c) Un fabricante de ropa estima que para cierto traje de baño, la ecuación de demanda es $p = 100 - 0.05n$ y la ecuación de oferta es $s = 70 + 0.03n$. ¿Coinciden p y s, dados por estas ecuaciones, con las respuestas de las partes (a) y (b)?
    (d) Trace las gráficas de la ecuación de demanda y la ecuación de oferta en el mismo sistema de coordenadas. (Necesitará nombrar al eje vertical como p y s.)
    (e) Utilice las gráficas obtenidas en la parte (d) y considere que p y s son precios y que n es el número de artículos producidos, para determinar el rango posible de valores que tienen sentido para p, s y n.
    (f) El precio en que la oferta y la demanda son iguales es el *precio de equilibrio*. Utilice la ecuación dada en la parte (c) para determinar el precio de equilibrio para esos trajes de baño.

61. Una compañía que vende equipos de audio sabe que puede vender 275 reproductores de casetes portátiles al mes, a un precio de $62.50. Con base en cierta información de mercado, la compañía piensa que si el precio de incrementa $2.50, se venderán 10 unidades menos al mes.
    (a) Sea N el número de reproductores de casetes vendidos al mes y P el precio por unidad. Suponga que existe una relación lineal entre el número de aparatos vendidos y el precio de cada aparato, y escriba una ecuación para N en términos de P.
    (b) Utilice la ecuación obtenida en la parte (a) y determine la cantidad de aparatos vendidos a un precio de $75.
    (c) ¿A qué precio vendería la compañía 240 reproductores de casetes al mes?

62. El costo de producción de un artículo consta por lo general de dos componentes: los **costos fijos**, como el costo de la maquinaria, los seguros y los impuestos, y el **costo por artículo**, como el costo de la materia prima, la mano de obra o las utilerías. Suponga que el costo C de producción de x artículos está dado aproximadamente por la ecuación

$$C = 20x + 120$$

    (a) ¿Cuál es el costo fijo? Sugerencia: ¿Cuál es el costo de producción de 0 artículos?
    (b) Una cantidad importante en economía, conocida como **costo marginal**, es aproximadamente igual al costo de producción de *un* artículo adicional; es decir, la diferencia entre el costo de producción de x artículos y $x + 1$ artículos. Calcule el costo marginal para esta ecuación de costo.
    (c) ¿Cuánto costaría producir 250 artículos?

63. Dos sistemas comunes para medir la temperatura son la escala Celsius C y la escala Fahrenheit, F. El agua se congela a 0°C y 32°F; el agua hierve a 100°C y 212°F. Dado que las escalas Celsius y Fahrenheit se relacionan de manera lineal, determine una ecuación que dé la temperatura Celsius en términos de la temperatura Fahrenheit. ¿Cuál es el equivalente en Celsius de 98.6°F?

64. Utilice la información dada (y obtenida) en el ejercicio 63 para escribir una ecuación que dé la temperatura Fahrenheit en términos de la temperatura Celsius.

65. Los antropólogos extrapolan con frecuencia la apariencia de un ser humano a partir de las partes de un esqueleto descubierto. Por ejemplo, se ha determinado que existe una relación lineal entre la longitud f del fémur (hueso del muslo) y la altura h del humano del que proviene el hueso. Suponga que se sabe que un fémur de longitud 47.5 cm corresponde a una altura de 177.8 cm y que un fémur con 39.1 cm de largo corresponde a una altura de 146.3 cm.
  (a) Escriba una ecuación que exprese la altura en términos de la longitud del fémur (redondeando a décimos).
  (b) ¿Qué altura corresponde a un fémur con 52 cm de largo?

66. Por geometría elemental sabemos que una recta tangente a un círculo es perpendicular a un radio trazado al punto de tangencia. Utilice este hecho para escribir la ecuación de la recta tangente al círculo $x^2 + y^2 = 25$ en el punto $(-3, 4)$.

67. Trace la gráfica del círculo $x^2 + y^2 = 169$ y escriba una ecuación para la recta tangente a este círculo en el punto $(5, -12)$. (Véase el ejercicio 66.)

68. Trace la gráfica de $y = x - 2$, y utilice la gráfica para responder las siguientes preguntas.
  (a) ¿Para cuáles valores de x está la gráfica sobre el eje x?
  (b) ¿Para cuáles valores de x ocurre que $x - 2 > 0$?
  (c) ¿Para cuáles valores de x ocurre que $y > 0$?

69. Trace la gráfica de $y = 2x + 3$, y utilice la gráfica para responder las siguientes preguntas.
  (a) ¿Para cuáles valores de x está la gráfica debajo del eje x?
  (b) ¿Para cuáles valores de x ocurre que $2x + 3 < 0$?
  (c) ¿Para cuáles valores de x ocurre que $y < 0$?

PREGUNTAS PARA REFLEXIONAR

70. Dada la recta con ecuación $5y - 7x = 11$, describa dos formas para determinar su pendiente. ¿Cuál método es más sencillo?

71. En este ejercicio bosquejamos una demostración del hecho de que la gráfica de una ecuación de la forma $Ax + By = C$, donde $B \neq 0$, es una línea recta. (Observe que si $B = 0$, la ecuación queda $Ax = C$, que sabemos tiene como gráfica una recta vertical.)
Nuestra estrategia consiste en mostrar que *cualquiera* de dos parejas ordenadas (x_1, y_1) y (x_2, y_2) darán la misma pendiente. Esto implica entonces que la gráfica es una línea recta. Podemos proceder de la manera siguiente: muestre primero que si (x_1, y_1) es un punto que satisface $Ax + By = C$, entonces $y_1 = \dfrac{C - Ax_1}{B}$, lo que proporciona la pareja ordenada $\left(x_1, \dfrac{C - Ax_1}{B}\right)$ en la gráfica. De manera análoga, para (x_2, y_2), obtenemos $\left(x_2, \dfrac{C - Ax_2}{B}\right)$ en la gráfica. Muestre ahora que la pendiente determinada por estos dos puntos es independiente de x_1 y x_2.

72. Existe otra forma más para una ecuación de primer grado en dos variables: demuestre que la ecuación de una recta que pasa por $(a, 0)$ y $(0, b)$, donde $a \neq 0$, $b \neq 0$, se puede escribir en la forma

$$\frac{x}{a} + \frac{y}{b} = 1$$

¿Por qué cree que esta forma se llama *forma de intersección con los ejes* (*o forma simétrica*)?

73. Considere los siguientes 10 puntos de datos:

$(-1, -4.8)$, $(0, -2)$, $(0.5, -0.4)$, $(1, 1)$, $(1.5, 2.7)$,

$(2, 3.8)$, $(2.4, 5.5)$, $(3.1, 7.2)$, $(3.7, 8.4)$, $(4, 10)$

Trace una línea recta que, en su opinión, sea la más cercana posible a la mayor parte de estos puntos. Estime la ecuación de esta recta.

GRAFIJACIÓN

Utilice su calculadora o computadora para graficar las dos ecuaciones dadas, en el mismo conjunto de ejes coordenados. Identifique la ordenada al origen de cada uno y analice las analogías y diferencias entre las dos gráficas.

74. $y = x$, $y = 2x$
75. $y = 2x$, $y = 3x$
76. $y = x - 3$, $y = 2x - 3$
77. $y = 2x - 1$, $y = 3x - 1$
78. $y = x$, $y = -x$
79. $y = 2x$, $y = -2x$
80. $y = 5x - 2$, $y = -5x - 2$
81. $y = 3x + 1$, $y = -3x + 1$

Utilice su calculadora o computadora para graficar las tres ecuaciones dadas, en el mismo conjunto de ejes coordenados. Identifique la ordenada al origen de cada uno y analice las analogías y diferencias entre las tres gráficas.

82. $y = x$, $y = x - 3$, y $y = x + 3$
83. $y = 2x$, $y = 2x - 3$, y $y = 2x + 3$
84. $y = 5x$, $y = 5x - 1$, y $y = 5x + 2$
85. $y = -2x + 3$, $y = -2x - 2$, y $y = -2x - 4$

2.4 Relaciones y funciones

Nuestra vida cotidiana tiene muchas situaciones en las que encontramos relaciones entre dos conjuntos. Por ejemplo,

A cada persona que paga impuestos en los Estados Unidos le corresponde un número de seguro social.

A cada automóvil le corresponde un número de placa.

A cada círculo le corresponde una circunferencia.

A cada artículo en un supermercado le corresponde un precio.

A cada número le corresponde su cuadrado.

A cada número no negativo le corresponden sus dos raíces cuadradas.

Para aplicar las matemáticas a varias disciplinas, debemos hacer que la idea de "relación" entre dos conjuntos sea matemáticamente precisa. Comencemos con la siguiente definición:

DEFINICIÓN Una **relación** es una correspondencia entre dos conjuntos, de modo que a cada miembro del primer conjunto (llamado **dominio**) le correspondan uno o más miembros del segundo (llamado **rango**).

Consideremos la relación descrita por la siguiente tabla, en la que asociamos a cada persona enumerada, su número telefónico.

Dominio	Rango
Sara ⟶	297-4419
Juan ↘	
Georgina ⟶	348-7743
Luis ⟶	459-8810
↘	459-8811

Observe que Luis tiene dos números telefónicos, mientras que el número 348-7743 está asociado a dos personas, Juan y Georgina.

Analicemos otro ejemplo. Sea D el dominio dado por el conjunto $\{u, v, w\}$ y R el rango dado por el conjunto $\{4, 7, 11\}$. Existen varias relaciones posibles con dominio D y rango R, cuatro de las cuales son las siguientes:

Relación A	Relación B	Relación S	Relación T
$u \longrightarrow 4$	$u \longrightarrow 7$	$u \longrightarrow 4$	$u \longrightarrow 4$
$v \longrightarrow 7$	$v \longrightarrow 11$	$v \longrightarrow 7$	$v \longrightarrow 7$
$w \longrightarrow 11$	w	$w \longrightarrow 11$	$w \longrightarrow 11$

En la relación A, u tiene asignado 4, v tiene asignado 7 y w tiene asignado 11.

En la relación B, u tiene asignado 7 y v, w tienen asignado 11.

En la relación S, u tiene asignado 4, v tiene asignado 4 y w tiene asignados 7 y 11.

En la relación T, u tiene asignados 4 y 7, v tiene asignado 11 y w tiene asignado 11.

2.4 Relaciones y funciones

De hecho, cualquier tipo de correspondencia nos proporciona una relación, siempre que cada elemento del dominio tenga asignado al menos un elemento en el rango.

Una forma alternativa de describir una relación utiliza la notación de parejas ordenadas. Por ejemplo, podemos escribir las correspondencias en la relación A como

Relación A	*Notación de pareja ordenada*
$u \longrightarrow 4$	$(u, 4)$
$v \longrightarrow 7$	$(v, 7)$
$w \longrightarrow 11$	$(w, 11)$

Así, podemos escribir la relación A como el conjunto de parejas ordenadas $A: \{(u, 4), (v, 7), (w, 11)\}$.

Al utilizar la notación de parejas ordenadas, supondremos (a menos que se diga lo contrario) que la primera coordenada es un miembro del dominio y la segunda coordenada es el miembro asociado del rango.

Cualquier conjunto de parejas ordenadas describe una relación. El conjunto de todas las primeras coordenadas (x-) constituye el dominio, y el conjunto de todas las segundas coordenadas (y-) constituye el rango. Las propias parejas ordenadas describen la correspondencia.

Podemos reescribir las relaciones B, S y T como sigue:

relación B: $\{(u, 7), (v, 11), (w, 11)\}$

relación S: $\{(u, 4), (v, 4), (w, 7), (w, 11)\}$

relación T: $\{(u, 4), (u, 7), (v, 11), (w, 11)\}$

Al igual que la notación de flechas, cada conjunto de parejas ordenadas define una relación. Así, también podemos definir una relación como sigue.

DEFINICIÓN Una **relación** es un conjunto de parejas ordenadas (x, y). El conjunto de valores x es el *dominio* y el conjunto de valores y es el *rango*.

EJEMPLO 1 Determinar el dominio y rango de las relaciones siguientes.

(a) $K: \{(-4, 0), (-2, 2), (0, 4), (3, 5), (6, 2)\}$ **(b)** $L: \{(a, b), (b, c), (c, a)\}$

Solución

(a) El dominio es el conjunto de primeras coordenadas; por lo tanto, el dominio de K, que denotaremos como D_K, es

$$D_K = \{-4, -2, 0, 3, 6\}$$

El rango es el conjunto de segundas coordenadas; por consiguiente, el rango de K, que denotaremos R_K, es

$$R_K = \{0, 2, 4, 5\}$$

(b) Al observar la relación L podemos ver que el conjunto de primeras y segundas coordenadas son iguales. Por lo tanto, tenemos

$$D_L = R_L = \{a, b, c\}$$

■

Si el dominio o rango de una relación es infinito, no podemos enumerar cada asignación de elementos, por lo que en vez de ello utilizaremos la notación de construcción de conjuntos para describir la relación. La situación que encontraremos con mayor frecuencia es la de una relación definida por una ecuación o fórmula. Por ejemplo,

$$R = \{(x, y) \mid y = 2x - 3\}$$

es una relación para la que el valor del rango sea 3 unidades menor que el doble del valor del dominio. Se entiende que x representa los valores del dominio y y representa valores del rango. Por lo tanto, $(0, -3)$, $(0.5, -2)$ y $(-2, -7)$ son ejemplos de parejas ordenadas que son parte de la asignación. Con frecuencia se elimina la notación de construcción de conjuntos y sólo se escribe que la relación está descrita por $y = 2x - 3$.

Puesto que una relación se puede describir como un conjunto de parejas ordenadas, o una ecuación en dos variables, también podemos utilizar el sistema de coordenadas rectangulares para especificar la relación. En la figura 2.40 hemos trazado una gráfica y nombrado algunos de los puntos sobre la misma. Como tal gráfica es un conjunto de parejas ordenadas, es automáticamente una relación; *los propios puntos sobre la gráfica dan la relación*.

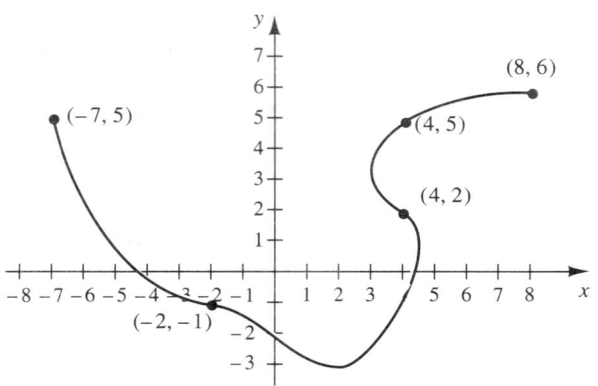

FIGURA 2.40 La gráfica de una relación

Al analizar la gráfica podemos determinar varias cosas. En primer lugar, cada punto sobre la gráfica nos indica el valor y asociado a cada valor x. Por ejemplo, $(8, 6)$, $(4, 5)$, $(4, 2)$ y $(-2, -1)$ están sobre la gráfica, lo que significa que 6 está asignado a 8, 5 y 2 están asignados a 4 y -1 está asignado a -2.

También podemos identificar el dominio y rango de la relación observando lo siguiente: todo valor x entre -7 y 8 tiene un valor y asociado, mientras que un valor x a la izquierda de -7 o a la derecha de 8 no tiene valores y asociados (no existe ningún punto en la gráfica para continuar hacia arriba o hacia abajo). Así, podemos ver que el dominio es el conjunto de números entre -7 y 8. Alternativamente, podemos proyectar el punto en la gráfica hacia arriba o hacia abajo al eje x para ver los valores x que están en el dominio. Véase la figura 2.41(a).

Como en el rango, podemos ver que la mínima coordenada y en la gráfica es -3, la máxima coordenada y en la gráfica es 6, y cada valor y entre estos valores también es la coordenada y de algún punto (o puntos) de la gráfica. Por lo tanto, podemos ver que el rango es el conjunto de números entre -3 y 6. El rango también puede verse proyectando

---

Dada la gráfica de la relación, ¿cómo podemos determinar su dominio?

Dada la gráfica de una relación ¿como podemos determinar su rango?

2.4 Relaciones y funciones

los puntos de la gráfica a la izquierda o a la derecha del eje y. Véase la figura 2.41(b). Cuando determinamos el dominio y el rango de una relación mediante su gráfica, decimos que determinamos el dominio y el rango por *inspección*.

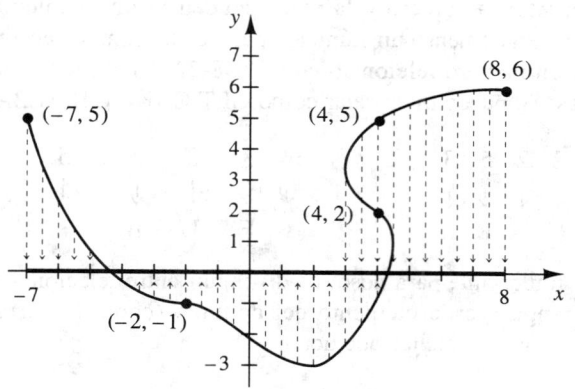
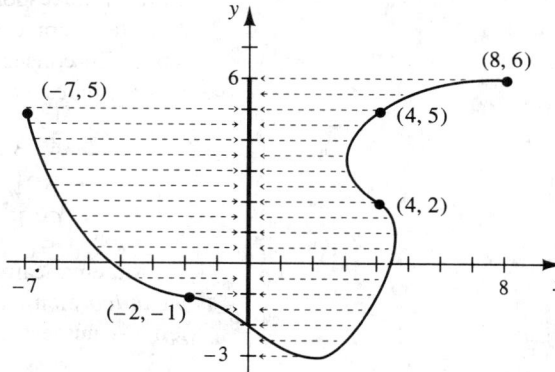

(a) Para obtener el dominio proyectamos los puntos en la gráfica verticalmente al eje x.

El dominio es $\{x \mid -7 \leq x \leq 8\}$

(b) Para obtener el rango proyectamos los puntos en la gráfica horizontalmente al eje y.

El rango es $\{y \mid -3 \leq y \leq 6\}$

FIGURA 2.41 Determinación del dominio y rango mediante una gráfica

Si resumimos nuestro análisis hasta el momento, tenemos cuatro maneras de expresar la misma relación.

Mediante un diagrama de flechas

$-2 \longrightarrow 4$
$2 \nearrow$
$0 \longrightarrow 0$
$3 \longrightarrow 9$
$5 \longrightarrow 25$

Con parejas ordenadas

$\{(-2, 4), (0, 0), (2, 4), (3, 9), (5, 25)\}$

Mediante una ecuación

$y = x^2$, para $x = -2, 0, 2, 3, 5$

Mediante una gráfica

(gráfica con puntos en $-2, 2$ con $y=4$; 3 con $y=9$; 5 con $y=25$)

Funciones

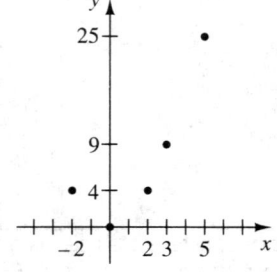

FIGURA 2.42 Un teclado telefónico común

Consideremos una relación de la vida real descrita por la parte de un teclado telefónico ilustrado en la figura 2.42.

Es muy común ver anuncios comerciales que notifican su número telefónico diciendo algo como lo siguiente:

"Para obtener una cotización por teléfono de un auto nuevo, marque BUY CARS".

Cualquiera que desee hablar a este número podrá decodificar BUY CARS como el número 289-2277. Esto se debe a que el teclado telefónico establece una correspondencia entre el conjunto de letras del alfabeto (excepto la Q y la Z) y el conjunto de números $\{2, 3, 4, 5, 6, 7, 8, 9\}$. La correspondencia entre los dos conjuntos es la indicada por el teclado telefónico; es decir, las letras A,B,C corresponden al número 2; las letras D,E,F corresponden al número 3, etcétera.

Es importante observar que, aunque el teclado telefónico establece una correspondencia entre letras y números, como se indica en la figura, existe una diferencia cualitativa entre la correspondencia letra → número y la correspondencia inversa número → letra: cada letra corresponde a exactamente un número, pero cada número corresponde a 3 letras. En consecuencia, un número telefónico como 438-2253 no puede codificarse *de manera única* en palabras. Se puede interpretar como GET CAKE o IF U BAKE.

$$\begin{array}{cccccccc} 4 & 3 & 8 & 2 & 2 & 5 & 3 \\ \downarrow & \downarrow & \downarrow & \downarrow & \downarrow & \downarrow & \downarrow \\ G & E & T & C & A & K & E \end{array} \quad \text{o} \quad \begin{array}{cccccccc} 4 & 3 & 8 & 2 & 2 & 5 & 3 \\ \downarrow & \downarrow & \downarrow & \downarrow & \downarrow & \downarrow & \downarrow \\ I & F & U & B & A & K & E \end{array}$$

Matemáticamente es importante para nosotros distinguir entre relaciones que asignan un *único* elemento del rango a cada elemento del dominio (como la correspondencia letra → número en el teléfono) y aquellas que no.

DEFINICIÓN Una **función** es una relación tal que a cada elemento del dominio le corresponde exactamente un elemento del rango.

Observe que toda función es una relación, pero no toda relación es una función.

Analicemos de nuevo las relaciones A, B, S y T, que reescribimos aquí,

A: $\{(u, 4), (v, 7) (w, 11)\}$ $\qquad$ B: $\{(u, 7), (v, 11), (w, 11)\}$

S: $\{(u, 4), (v, 4), (w, 7), (w, 11)\}$ $\qquad$ T: $\{(u, 4), (u, 7), (v, 11), (w, 11)\}$

A es una función, ya que a cada elemento en el dominio, $\{u, v, w\}$, se le asigna sólo un elemento en el rango.

Por otro lado, S y T no son funciones; en S, w tiene asignados *dos números*, 7 y 11; en T, u tiene asignados 4 y 7.

En B, aunque el elemento del rango 11 se asigna a dos elementos del dominio, v y w, sigue siendo una función, ya que a cada elemento del dominio, $\{u, v, w\}$, se le asigna sólo *un elemento del rango*, $\{7, 11\}$: u tiene asignado un único valor, 7; v tiene asignado un valor, 11; y w tiene asignado sólo un valor, 11.

> Si dos x diferentes se asignan a la misma y, ¿por qué B sigue siendo una función?

Si recordamos la relación del teléfono, tenemos que la asignación letra → número es una función (una frase le da un solo número), pero la asignación número → letra no es una función (un número puede producir más de una frase).

También una función puede verse como una "máquina" mediante la cual usted coloca un elemento del dominio, x, y le regresa el elemento asociado en el rango, y. La figura 2.43(a) ilustra la idea de una máquina de función general, mientras que la figura 2.43(b) ilustra la función $y = x^2 + 4$.

> Piense la forma en que una calculadora actúa como una máquina de función.

Por lo tanto, consideramos x como la entrada y su valor y como la salida. Considere la función $\{(2, 4), (3, 4), (5, 8)\}$. Si colocamos 2 en la máquina, ésta regresa 4; si colocamos 3, regresa 4; y si colocamos 5, regresa 8.

Si intentamos definir una máquina de función mediante la relación $\{(2, 5), (3, 8), (3, 9)\}$, entonces nos veremos en problemas si colocamos 3; no podemos asegurar si saldrá un 8 o un 9. Como pueden surgir dos salidas a partir de una entrada, $\{(2, 5), (3, 8), (3, 9)\}$ no es una función.

2.4 Relaciones y funciones

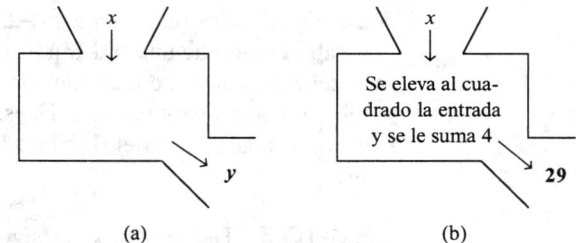

FIGURA 2.43 Ver una función como una máquina

EJEMPLO 2 Determinar si las siguientes relaciones son funciones.

(a) $\{(5, -2), (3, 5), (3, 7)\}$ **(b)** $\{(2, 4), (3, 4), (6, -4)\}$

Solución

(a) Puesto que el elemento 3 del dominio tiene asignados dos valores diferentes en el rango, 5 y 7, no es una función.

(b) Cada elemento en el dominio, $\{2, 3, 6\}$, tiene asignado no más de un valor en el rango; 2 tiene asignado 4, 3 tiene asignado 4 y 6 tiene asignado −4. Por lo tanto, es una función. ∎

Como en el caso de las relaciones, podemos describir una función mediante una ecuación. Por ejemplo,

$$y = 2x + 1$$

es una función, ya que cada x produce sólo una y.

Será de utilidad el siguiente vocabulario: la **variable independiente** se refiere a la variable que representa los valores posibles en el dominio, y la **variable dependiente** se refiere a la variable que representa los valores posibles en el rango. Así, en nuestra notación usual de parejas ordenadas (x, y), x es la variable independiente y y es la variable dependiente.

Es de mucha ayuda ver las funciones dentro del marco "se toma x (un valor en el dominio) y se determina y (el valor correspondiente en el rango)". Para la función $y = 2x + 1$, si elegimos $x = 4$, entonces $y = 2(4) + 1 = 9$, de modo que $(4, 9)$ es una asignación descrita por esta función. De esta forma, podemos generar tantas parejas ordenadas como queramos. La pregunta que resta es: ¿cuál es el dominio de $y = 2x + 1$? Para responder esta pregunta necesitamos establecer la siguiente regla básica.

> El **dominio natural** de una función es el conjunto de números reales para el cual la ecuación o fórmula está definida y que produce valores de números reales en el rango. A esta función se le llama una *función real de una variable real*. En otras palabras, la función debe tener una entrada real y una salida real. A menos que se especifique lo contrario, se supone que una función tiene su *dominio natural*.

Así, el dominio de $y = 2x + 1$ es el conjunto de todos los números reales, puesto que no existe restricción alguna para el número real que podemos elegir como x. El rango también es el conjunto de todos los números reales. Por otro lado, el dominio de $y = \dfrac{1}{x + 2}$

consta de todos los reales *excepto* −2, ya que $x = -2$ produce un valor indefinido para y. En general, el rango de una función es más difícil de identificar que el dominio; hablaremos más del rango un poco más adelante en esta sección.

Resumiendo, para nuestros fines una función es una relación entre x y y tal que para cada valor real de x en el dominio le corresponde exactamente un valor real de y en el rango.

EJEMPLO 3 Determinar si las siguientes ecuaciones definen a y como función de x; en tal caso, determinar el dominio.

(a) $y = -3x + 5$ (b) $y = \dfrac{2x}{3x - 5}$ (c) $y = x^2$

(d) $y^2 = x$ (e) $y = \dfrac{4}{x^2 + 1}$

Solución

(a) Para determinar si $y = -3x + 5$ define a y como función de x, necesitamos saber si cada valor de x determina un único valor de y. PIENSE: Al considerar x, se obtiene exactamente una y. Observando la ecuación $y = -3x + 5$, podemos ver que una vez elegida x, se multiplica por −3 y se le añade 5. Así, para toda x existe una (única) y. Por lo tanto, $y = -3x + 5$ es una función.

Para su dominio, podemos ver que no existe restricción en los valores que podemos elegir para x. (¿Existe algún número real que no pueda multiplicarse por −3 y después sumar 5 al resultado?) Por lo tanto, el dominio es el conjunto de todos los números reales.

(b) Si analizamos con cuidado la ecuación $y = \dfrac{2x}{3x - 5}$, podemos ver que todo valor x determina de manera única un valor y. (Un valor x no puede producir dos valores diferentes para y.) Por lo tanto, $y = \dfrac{2x}{3x - 5}$ es una función.

Para su dominio, nos preguntamos, ¿existen valores de x que deban excluirse? Como $y = \dfrac{2x}{3x - 5}$ es una expresión fraccionaria, debemos excluir cualquier valor de x que anule al denominador. Debemos tener

$$3x - 5 \neq 0 \Rightarrow x \neq \dfrac{5}{3}$$

Por lo tanto, el dominio consta de todos los números reales excepto $\dfrac{5}{3}$. El dominio es $\{x \mid x \neq \dfrac{5}{3}\}$.

(c) Para la ecuación $y = x^2$, si elegimos $x = 3$, obtenemos $y = 9$, y si elegimos $x = -3$, también obtenemos $y = 9$. Sin embargo, esto no representa problema alguno en cuanto a que $y = x^2$ sea una función. Cada x tiene asignada exactamente un valor y, su cuadrado. ¡Tenga cuidado! La definición de función requiere que cada valor x en el dominio tenga asignado exactamente un valor de y, *no* necesariamente que cada valor x tenga un valor de y diferente. Por lo tanto, $y = x^2$ es una función.

Como podemos calcular el cuadrado de cualquier número, el dominio es el conjunto de todos los números reales.

(d) Para la ecuación $y^2 = x$, si elegimos $x = 9$ obtenemos $y^2 = 9$, lo cual implica $y = \pm 3$. En otras palabras, existen *dos* valores de y asociados con $x = 9$. Por lo tanto, $y^2 = x$ no es una función.

Observe con cuidado las partes (c) y (d) para asegurarse de que $y = x^2$ es una función, pero $y^2 = x$ no lo es.

(e) Al examinar la ecuación vemos que cada valor x determina un valor de y; por lo tanto $y = \dfrac{4}{x^2 + 1}$ es una función.

Al tratar de determinar el dominio de $y = \dfrac{4}{x^2 + 1}$, como se trata de una expresión fraccionaria, debemos excluir de nuevo los valores que anulan al denominador. En otras palabras, requerimos

$$x^2 + 1 \neq 0$$

$$x^2 \neq -1 \quad \textit{Esta proposición es verdadera para todos los números reales.}$$

En otras palabras, no existen valores reales de x que anulen al denominador, por lo que no necesita excluirse algún valor de x. Por lo tanto, el dominio es el conjunto de todos los números reales. ∎

EJEMPLO 4 Determinar el dominio de la función $y = \sqrt{3x - x^2}$.

Solución Analicemos este problema con cuidado para entender con claridad lo que se pregunta y poder desarrollar una estrategia de solución.

¿QUÉ NECESITAMOS DETERMINAR?	El dominio de la función $y = \sqrt{3x - x^2}$.
¿QUÉ ES EL DOMINIO?	Los valores reales de x que definen y hacen real a y.
¿CUÁNDO ESTÁ DEFINIDA Y Y ES REAL?	Cuando la expresión bajo el radical es no negativa.
¿CÓMO PUEDO REPLANTEAR EL PROBLEMA EN TÉRMINOS MÁS SENCILLOS?	Puesto que no negativo significa mayor o igual que cero, resolvemos la desigualdad $3x - x^2 \geq 0$.

Como la raíz par de un número negativo no está definida en el sistema de números reales, necesitamos que x satisfaga la desigualdad

$3x - x^2 \geq 0$ *Ésta es una desigualdad cuadrática; la resolvemos mediante el análisis de los signos.*

$x(3 - x) \geq 0$ *Signo de $3x - x^2$*

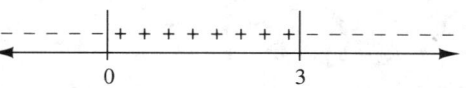

Como queremos que $3x - x^2 = x(3 - x)$ no sea negativa, el análisis de signos muestra que el dominio es

$$\{x \mid 0 \leq x \leq 3\} \quad \text{o, mediante la notación de intervalos,} \quad [0, 3] \quad \blacksquare$$

134   Capítulo 2   Funciones gráficas: Parte 1

Cabe aquí un comentario. A veces, los estudiantes comentan, a propósito de problemas como el ejemplo 4, "sé como resolver una desigualdad cuadrática, pero eso no es lo que pedía el problema". Bueno, de hecho, el problema no pide directamente la resolución de la desigualdad cuadrática. Un problema como éste obliga al lector a reformular la pregunta en términos más familiares. Nuestro análisis sobre la pregunta y la condición que debe satisfacer x nos lleva a reconocer que el dominio se puede determinar mediante un análisis de signos. El análisis de una pregunta y su descomposición en partes más pequeñas y digeribles es una idea que utilizaremos muchas veces en este libro.

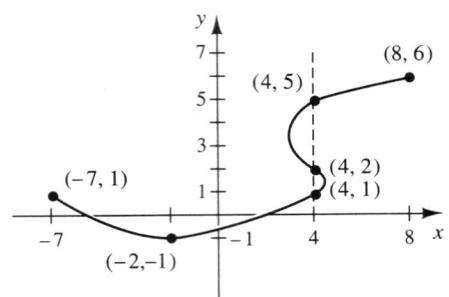

FIGURA 2.44   La gráfica de una relación

Como en el caso de las relaciones, podemos describir las funciones mediante sus gráficas. Por ejemplo, en la figura 2.44, hemos trazado una gráfica y nombrado algunos puntos de su gráfica. La gráfica representa una relación; pero ¿es una función? Como los puntos (4, 1), (4, 2) y (4, 5) están en la gráfica, existe un valor ($x = 4$) que tiene tres valores de y asociados con éste. Pero una función sólo puede asignar un valor de y a cada x. Por lo tanto, podemos ver que esta relación *no* es una función.

Podemos generalizar este último comentario como sigue. Podemos determinar visualmente si una gráfica es la gráfica de una función mediante un sencillo procedimiento llamado la **prueba de la recta vertical**.

LA PRUEBA DE LA RECTA VERTICAL

Si alguna recta vertical interseca una gráfica en más de un punto, entonces la gráfica *no* es la gráfica de una función.

Alternativamente, la prueba de la recta vertical dice que cualquier recta vertical puede intersecar la gráfica de una función en, a lo más, un punto.

PERSPECTIVAS DIFERENTES: *Funciones*

Considere las descripciones geométrica y algebraica de una función.

DESCRIPCIÓN GEOMÉTRICA

Esto *es* una función.

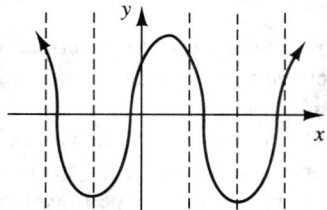

Esto *no* es una función

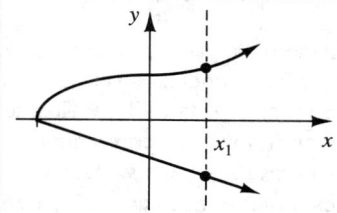

DESCRIPCIÓN ALGEBRAICA

Si una relación asigna más de un valor de y a *cualquier* valor x, entonces *no* es una función.

Cualquier recta vertical atraviesa la gráfica a lo más una vez; por lo tanto, a cada valor de x se le asigna exactamente un valor de y.

Observe que dos valores de y diferentes están asignados a x_1; esto viola la definición de una función.

EJEMPLO 5 ¿Cuál de las siguientes es la gráfica de una función?

(a)

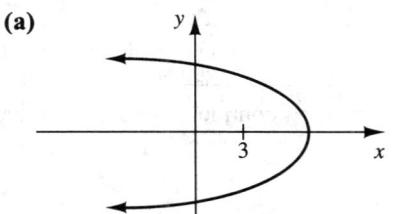

(b)

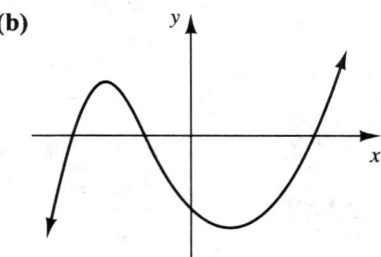

¿Por qué se utiliza una recta vertical para determinar si una gráfica es una función?

Solución Si imaginamos una recta vertical moviéndose a través de la gráfica de izquierda a derecha, vemos que a la gráfica de la parte **(a)** la corta dos veces la recta vertical $x = 3$, mientras que la gráfica de la parte **(b)** nunca es intersecada más de una vez por cualquier recta vertical. Véase la figura 2.45.

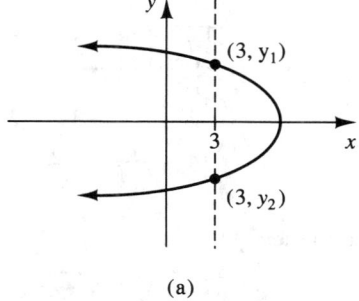

(a)

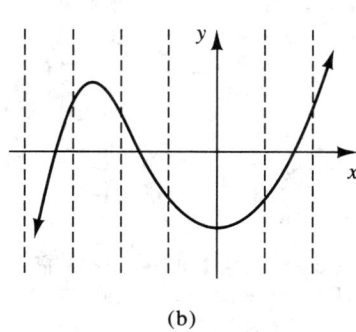

(b)

FIGURA 2.45 Uso de la prueba de la recta vertical

(a) En la figura 2.45(a), la recta vertical nos muestra que existen dos valores de y, y_1 y y_2, asociados a $x = 3$. Por lo tanto, la gráfica de la parte (a) no es la gráfica de una función.

(b) De acuerdo con la prueba de la recta vertical, la gráfica de la parte (b) es la gráfica de una función. ∎

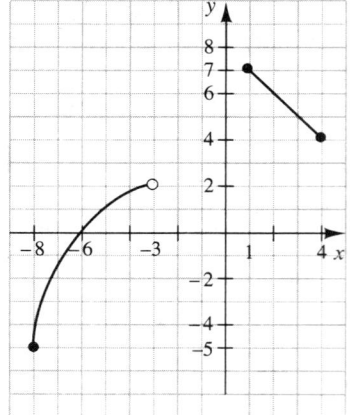

FIGURA 2.46

EJEMPLO 6 Dada la gráfica en la figura 2.46, determine si es la gráfica de una función y encuentre su dominio y rango.

Solución Utilizamos la prueba de la recta vertical, imaginamos una recta vertical que se mueve por la gráfica y podemos ver que cualquier recta vertical cruzará la gráfica a lo más una vez. Por lo tanto, ésta es la gráfica de una función.

Para determinar el dominio, proyectamos la gráfica de manera vertical hacia el eje x para ver cuáles valores de x tiene valores y asociados con ellos. Si vemos la gráfica con cuidado, podemos observar que cada valor x entre -8 y -3 (incluyendo -8 pero excluyendo -3) y cada valor x entre 1 y 4, inclusive, tiene un valor y asociado a éste. Por lo tanto, el dominio es

$$\{x \mid -8 \leq x < -3 \text{ o } 1 \leq x \leq 4\}$$ o, de manera equivalente, $$[-8, 3) \cup [1, 4]$$

Al buscar el rango, proyectamos la gráfica de manera horizontal hacia el eje y para ver cuáles valores de y tienen valores x asociados a ellos. Si vemos de nuevo la gráfica con cuidado, podemos ver que el rango incluye cada valor de y entre -5 y 2 (incluyendo -5, excluyendo 2) y cada valor de y entre 4 y 7, inclusive, Por lo tanto, el rango es

$$\{y \mid -5 \leq y < 2 \text{ o } 4 \leq y \leq 7\}$$ o, de manera equivalente, $$[-5, 2) \cup [4, 7]$$ ∎

En la siguiente sección continuaremos nuestro análisis, con atención particular hacia las funciones.

EJERCICIOS 2.4

En los ejercicios 1-6, el diagrama de flechas dado define una relación. Traduzca el diagrama a la notación de parejas ordenadas. Determine el dominio y rango de la relación. ¿Es la relación una función?

1. $A \longrightarrow 10$
   $B \longrightarrow 20$
   $C \longrightarrow 30$

2. $1 \longrightarrow a$
   $3 \longrightarrow a$
   $5 \longrightarrow b$
   $7 \longrightarrow c$

3. $6 \longrightarrow A$
   $10 \longrightarrow B$
   $15 \longrightarrow C$
   $19 \longrightarrow D$

4. $J \longrightarrow 21$
   $K \longrightarrow 22$
   $L \longrightarrow 23$
   $M \longrightarrow 24$
   $N \longrightarrow 25$

5. A
   B
   $C \longrightarrow 7$
   D

6. A
   $7 \longrightarrow B$
   C
   D

En los ejercicios 7-12, determine el dominio y rango de la relación dada. ¿Es la relación una función?

7. $\{(-4, -3), (2, -5), (4, 6), (2, 0)\}$

8. $\left\{(8, -2), \left(6, -\dfrac{3}{2}\right), (-1, 5)\right\}$

9. $\{(-\sqrt{3}, 3), (-1, 1), (0, 0), (1, 1), (\sqrt{3}, 3)\}$

10. $\left\{\left(-\dfrac{1}{2}, \dfrac{1}{16}\right), (-1, 1), \left(\dfrac{1}{3}, \dfrac{1}{81}\right)\right\}$

11. $\{(0, 5), (1, 5), (2, 5), (3, 5), (4, 5), (5, 5)\}$

12. $\{(5, 0), (5, 1), (5, 2), (5, 3), (5, 4), (5, 5)\}$

En los ejercicios 13-42, determine el dominio de la relación dada. ¿Describe la función dada a y como función de x?

13. $y = -3x + 2$

14. $y = x^2 + 3$

15. $y = \dfrac{1}{x - 2}$

16. $y = \dfrac{x + 4}{x + 8}$

17. $y = x^2 - 3x - 4$

18. $y = \dfrac{1}{x^2 - 3x - 4}$

19. $y = \sqrt{x + 2}$

20. $y = \dfrac{1}{\sqrt{x - 4}}$

21. $y = \dfrac{2x - 5}{3x + 4}$

22. $y = \dfrac{6x}{x^2 - x - 1}$

2.4 Relaciones y funciones

23. $y = \dfrac{|x|}{x}$
24. $y = \dfrac{-4}{x^3 - 9x^2}$
25. $y = \dfrac{5}{\sqrt{x^2 - 9}}$
26. $y = \sqrt{x^2 - 6x + 5}$
27. $y = \sqrt{x^2 + 16}$
28. $y = \sqrt[3]{x - 8}$
29. $y = \sqrt[5]{x^2 - 2x - 3}$
30. $y = \sqrt[4]{x^2 - 2x + 1}$
31. $y = \sqrt{8 - 5x}$
32. $y = 8 - \sqrt{5x}$
33. $y = \sqrt{|x - 4|}$
34. $y = \dfrac{1}{x^2}$
35. $y = \dfrac{\sqrt{x + 5}}{x - 3}$
36. $y = \dfrac{\sqrt{x - 3}}{x + 2}$
37. $y = \dfrac{7}{\sqrt{3x - 2x^2}}$
38. $y = \dfrac{3x}{x^2 + x + 1}$
39. $y = \dfrac{x^2 - 3x - 10}{x - 5}$
40. $y = \dfrac{x^3 - 5x^2}{x}$
41. $y = \dfrac{2x - 8}{x^2 - 16}$
42. $y = \dfrac{3x + 15}{x^2 + 3}$

En los ejercicios 43-48, determine si la gráfica dada es la gráfica de una función.

43.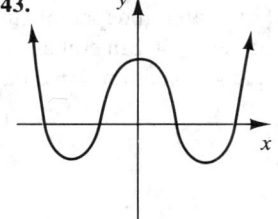

44.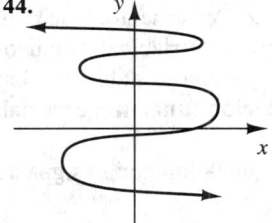

45.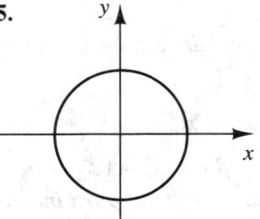

46.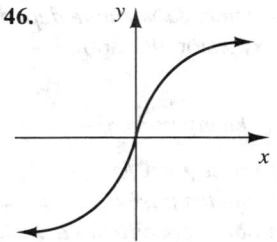

47.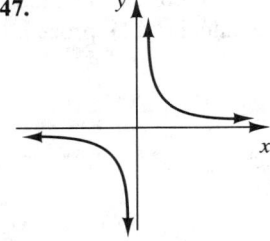

48.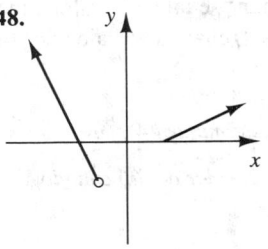

En los ejercicios 49-54, utilice la gráfica dada para determinar el dominio y rango de la relación o función.

49.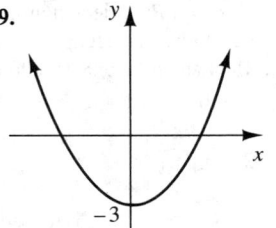

50.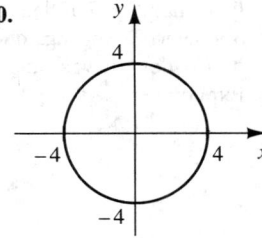

51.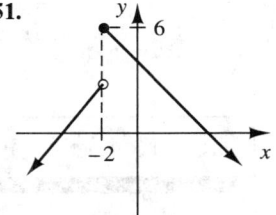

52.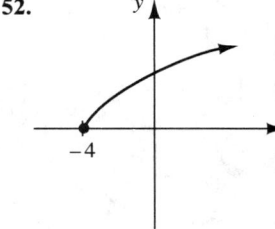

53.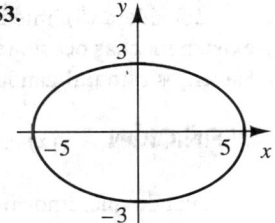

54.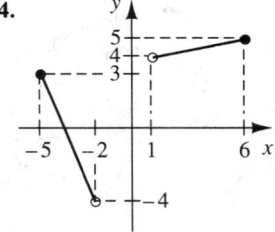

55. Suponga que una compañía de renta de autos cobra una tarifa de $22 por día más $0.11 por milla. Exprese el costo de una renta de 5 días como una función del número de millas manejadas, m.

56. Un conductor de camiones maneja desde un punto A hacia el este, a 50 millas/hora durante h horas y después maneja hacia el norte a 60 millas/hora durante otras h horas, hasta llegar al punto B. Exprese la distancia total d entre los puntos A y B como una función de h.

57. Una corredora participa en una carrera con una duración de 6 horas. Ella corre con una velocidad promedio de 8 km/h durante t horas y el resto del tiempo con una velocidad promedio de 10 km/h. Exprese la distancia total, d que corre esta persona, como función de t.

58. Un granjero tiene 100 pies de cerca, que se cortará en dos partes. La primera pieza, con x pies de largo, será colocada en forma de cuadrado, y con el resto de la cerca también se formará un cuadrado. Exprese el área total encerrada por los dos cuadrados como una función de x.

PREGUNTAS PARA REFLEXIONAR

59. Enuncie con palabras lo que hace de una relación una función.

60. Los siguientes diagramas de flechas definen dos funciones que llamamos F y G. F tiene dominio A y rango B; G tiene dominio S y rango T. Suponga que se invierten todas las flechas. ¿Cuál de los dos nuevos diagramas de flechas sería una función? Explique.

GRAFIJACIÓN

61. Utilice una calculadora gráfica o computadora para trazar la gráfica de cada ecuación.
  (a) $y = x^2 - x - 6$
  (b) $y = \sqrt{36 - 4x^2}$

62. ¿Cómo utilizaría una calculadora gráfica para trazar la gráfica de la relación $x^2 + y^2 = 4$?

F

A	B
a	10
b	20
c →	30
d →	40

G

S	T
a	10
b	20
c	30
d	

2.5 Notación funcional

En la última sección vimos que ecuaciones como $y = 3x + 4$ y $y = x^2 - 1$ definen a y como función de x. Como en estas ecuaciones aparece despejada y en forma explícita, podemos decir que y depende del valor de x. Por lo tanto, x se considera la variable independiente ("se considera x"), mientras que y es la variable dependiente ("se obtiene y"). Sin embargo, existen muchas ocasiones en que queremos establecer o enfatizar que y es una función de x. Hacemos esto utilizando una **notación funcional** especial: $f(x)$.

DEFINICIÓN $f(x)$ es el valor que la función f asigna a x.

Cuando queremos indicar que y es una función de x, escribimos

$$y = f(x) \qquad f(x) \text{ se lee "} f \text{ de } x\text{"}$$

$f(x)$ no es más que otro nombre para la variable dependiente.

Así, podemos describir una expresión del tipo $x^2 - 1$ como una función de x si escribimos

$$f(x) = x^2 - 1 \qquad \text{La expresión } x^2 - 1 \text{ es una función de } x.$$

(De hecho, muchas veces escribimos a y y a $f(x)$ juntas, como $y = f(x) = x^2 - 1$.)

Es muy importante reconocer que los paréntesis en $y = f(x)$ no se utilizan para indicar un producto, sino que se utilizan para especificar la variable independiente.

La mayor parte del tiempo utilizaremos las letras f, g, h, F, G y H, para las funciones.

La notación funcional es una abreviatura muy útil para sustituir valores. Por ejemplo, si $f(x) = x^2 - 1$, en vez de preguntar "¿cuál es el valor funcional asociado con $x = 4$?", todo lo que tenemos que preguntar es "¿cuál es el valor de $f(4)$?". Para calcular $f(4)$, procedemos de la manera siguiente:

$f(x) = x^2 - 1$ *Para determinar $f(4)$, sustituimos $x = 4$ en $x^2 - 1$.*

$f(4) = (4)^2 - 1 = 15$ *$f(4)$ es el valor de $f(x)$ cuando 4 se sustituye en vez de x.*

2.5 Notación funcional

Es útil pensar en x como la *entrada* y $f(x)$ como la *salida*. Así, al calcular $f(4)$, **4 es la entrada y $f(4) = 15$ es la salida**.

$$\begin{array}{c} \textit{Entrada} \\ \downarrow \\ f(4) = 15 \\ \uparrow \\ \textit{Salida} \end{array}$$

EJEMPLO 1 Dada la función $g(x) = \frac{1}{3}x^3 + 2x - 4$, determinar lo siguiente:

(a) $g(-3)$ (b) $g\left(\frac{1}{2}\right)$ (c) $g(t)$

Solución Recordemos que x es la variable independiente y que $g(x) = \frac{1}{3}x^3 + 2x - 4$ nos dice que la regla de asignación para la función g de este ejemplo consiste en "considerar la entrada, elevarla al cubo y multiplicarla por $\frac{1}{3}$, para después sumar dos veces la entrada y restar 4". Seguiremos esta regla en todas las partes del ejemplo, sin importar qué valor tenga la entrada.

(a) $g(x) = \frac{1}{3}x^3 + 2x - 4$ *Para determinar $g(-3)$, reemplazamos todas las ocurrencias de x con -3.*

$g(-3) = \frac{1}{3}(-3)^3 + 2(-3) - 4$

$\quad\quad = -9 - 6 - 4$ *Así,*

$\boxed{g(-3) = -19}$

Recuerde que $g(-3) = -19$ significa que cuando $x = -3$, $g(x) = -19$.

(b) $g(x) = \frac{1}{3}x^3 + 2x - 4$ *Para determinar $g\left(\frac{1}{2}\right)$, reemplazamos x con $\frac{1}{2}$.*

$g\left(\frac{1}{2}\right) = \frac{1}{3}\left(\frac{1}{2}\right)^3 + 2\left(\frac{1}{2}\right) - 4$

$\quad\quad = \frac{1}{3}\left(\frac{1}{8}\right) + 1 - 4 = \left(\frac{1}{24}\right) - 3$

$\boxed{g\left(\frac{1}{2}\right) = -\frac{71}{24}}$

(c) $g(x) = \frac{1}{3}x^3 + 2x - 4$ *Para determinar $g(t)$, reemplazamos todas las ocurrencias de x con t.*

$g(t) = \frac{1}{3}(t)^3 + 2(t) - 4$ *Así,*

$\boxed{g(t) = \frac{1}{3}t^3 + 2t - 4}$ ∎

Capítulo 2 Funciones y gráficas: Parte I

EJEMPLO 2 Dada la función $f(x) = 3x^2 - 4x + 5$, determinar lo siguiente y simplificar:

(a) $f\left(\dfrac{1}{t}\right)$ (b) $\dfrac{1}{f(t)}$ (c) $f(a+2)$ (d) $f(a) + 2$ (e) $f(2x)$ (f) $2f(x)$

Solución

(a) $\quad f(x) = 3x^2 - 4x + 5 \qquad$ *Para determinar $f\left(\dfrac{1}{t}\right)$, reemplazamos x con $\dfrac{1}{t}$.*

$$f\left(\dfrac{1}{t}\right) = 3\left(\dfrac{1}{t}\right)^2 - 4\left(\dfrac{1}{t}\right) + 5 = 3\left(\dfrac{1}{t^2}\right) - \left(\dfrac{4}{t}\right) + 5 \qquad \textit{Así,}$$

$$\boxed{f\left(\dfrac{1}{t}\right) = \dfrac{3}{t^2} - \dfrac{4}{t} + 5 = \dfrac{3 - 4t + 5t^2}{t^2}}$$

(b) Para determinar $\dfrac{1}{f(t)}$, primero calculamos $f(t)$ y después consideramos su recíproco.

Como $f(t) = 3t^2 - 4t + 5$, tenemos $\quad \boxed{\dfrac{1}{f(t)} = \dfrac{1}{3t^2 - 4t + 5}}$

Observe la diferencia entre las partes **(a)** y **(b)**. En la parte **(a)** elegimos un valor t y consideramos su recíproco como entrada, mientras que en la parte **(b)** elegimos un valor t y después consideramos el recíproco de su salida.

(c) $f(x) = 3x^2 - 4x + 5 \qquad$ *Recuerde que x representa la entrada de la función. A veces es útil ver la función como $f(\ ) = 3(\ )^2 - 4(\ ) + 5$.*

Siempre que sustituyamos algo llamado x en los paréntesis de la izquierda, también debemos sustituirlo en la derecha. Por lo tanto, reemplazamos todas las ocurrencias de x con $a + 2$ y simplificamos.

$$f(a+2) = 3(a+2)^2 - 4(a+2) + 5$$
$$= 3(a^2 + 4a + 4) - 4a - 8 + 5$$
$$= 3a^2 + 12a + 12 - 4a - 8 + 5 \qquad \textit{Así,}$$

$$\boxed{f(a+2) = 3a^2 + 8a + 9}$$

(d) $f(a) + 2$ significa que debemos sumar 2 a $f(a)$. Primero determinamos $f(a)$:

$$f(a) = 3a^2 - 4a + 5 \qquad \textit{De modo que}$$
$$f(a) + 2 = \underbrace{3a^2 - 4a + 5}_{f(a)} + 2 \qquad \textit{Así,}$$

$$\boxed{f(a) + 2 = 3a^2 - 4a + 7}$$

Observe la diferencia entre las partes **(c)** y **(d)**. En la parte **(c)**, estamos sumando 2 a a y utilizando esto como la *entrada*, mientras que en la parte **(d)**, estamos sumando

2.5 Notación funcional

salida $f(a)$. Así, no hay por qué esperar que $f(a + 2)$ y $f(a) + 2$ sean iguales, y, como acabamos de ver, no lo son.

(e) $f(x) = 3x^2 - 4x + 5$

Volvemos a, no considerar x de manera literal; x representa la entrada. Para calcular $f(2x)$, $2x$ es la entrada; es decir, reemplazamos todas las ocurrencias de x con $2x$.

$f(2x) = 3(2x)^2 - 4(2x) + 5$ *Así,*

$$\boxed{f(2x) = 12x^2 - 8x + 5}$$

(f) $2f(x)$ significa que multiplicamos $f(x)$ por 2.

$f(x) = 3x^2 - 4x + 5$ *Primero determinamos $f(x)$; después multiplicamos por 2.*

$2f(x) = 2(3x^2 - 4x + 5)$ *Así,*

$$\boxed{2f(x) = 6x^2 - 8x + 10}$$

¿En qué forma difieren $f(2x)$ y $2f(x)$?

Observe la diferencia entre las partes (e) y (f). En la parte (e), $f(2x)$, estamos duplicando x y utilizando esto como la entrada, mientras que en la parte (f), $2f(x)$, estamos duplicando la salida. Tampoco existe una razón para esperar que los dos resultados sean iguales. ∎

EJEMPLO 3 Dada la función $H(x) = \dfrac{x+3}{x-4}$, determinar $H\left(\dfrac{1}{x+1}\right)$.

Solución

$H(x) = \dfrac{x+3}{x-4}$ *Para determinar $H\left(\dfrac{1}{x+1}\right)$, reemplazamos cada ocurrencia de x por $\dfrac{1}{x+1}$.*

$H\left(\dfrac{1}{x+1}\right) = \dfrac{\dfrac{1}{x+1} + 3}{\dfrac{1}{x+1} - 4}$ *Simplificamos la fracción compleja.*

$= \dfrac{\left(\dfrac{1}{x+1} + 3\right)(x+1)}{\left(\dfrac{1}{x+1} - 4\right)(x+1)} = \dfrac{1 + 3x + 3}{1 - 4x - 4} = \boxed{\dfrac{3x+4}{-4x-3}}$ ∎

EJEMPLO 4 Dada $f(x) = x^3 + 1$, determinar lo siguiente:

(a) $f(x) + 4$ (b) $f(x + 4)$ (c) $f(x) + f(4)$ (d) $f(x + 4) - f(x)$

Solución

(a) $f(x) + 4$ nos pide sumar 4 a $f(x)$.

$f(x) + 4 = \underbrace{x^3 + 1}_{f(x)} + 4 = \boxed{x^3 + 5}$

(b) $f(x+4)$ nos pide utilizar $x+4$ como la entrada de $f(x)$.

$$f(x) = x^3 + 1$$
$$f(x+4) = (x+4)^3 + 1 \qquad \text{Desarrollamos } (x+4)^3.$$
$$f(x) = x^3 + 12x^2 + 48x + 64 + 1 \qquad \text{Por tanto}$$
$$\boxed{f(x+4) = x^3 + 12x^2 + 48x + 65}$$

(c) $f(x) + f(4)$ nos pide sumar $f(4)$ a $f(x)$.

$$f(x) + f(4) = \underbrace{(x^3 + 1)}_{f(x)} + \underbrace{(4^3 + 1)}_{f(4)}$$
$$= x^3 + 1 + 64 + 1 \qquad \text{Así}$$
$$\boxed{f(x) + f(4) = x^3 + 66}$$

¿En qué se diferencian $f(x) + 4$, $f(x+4)$ y $f(x) + f(4)$?

Observe las diferencias entre las partes **(b)** y **(c)**. Simplemente no podemos sumar $f(4)$ a $f(x)$ para obtener $f(x+4)$. Es importante reconocer que, en general,

$$f(a+b) \neq f(a) + f(b).$$

(d) Para determinar $f(x+4) - f(x)$, necesitamos $f(x+4)$, que en la parte **(b)** se determinó como $x^3 + 12x^2 + 48x + 65$. Después restamos $f(x)$ de esta expresión y simplificamos.

$$f(x+4) - f(x) = \underbrace{(x^3 + 12x^2 + 48x + 65)}_{f(x+4)} - \underbrace{(x^3 + 1)}_{f(x)}$$
$$= x^3 + 12x^2 + 48x + 65 - x^3 - 1 \qquad \text{Simplificamos para obtener}$$
$$\boxed{f(x+4) - f(x) = 12x^2 + 48x + 64}$$
■

EJEMPLO 5 Dada $f(x) = x^2 - x + 1$, determinar $\dfrac{f(x+3) - f(x)}{3}$.

Solución Una expresión de la forma $\dfrac{f(x+h) - f(x)}{h}$ es un *cociente de diferencias* para $f(x)$. El cociente de diferencias juega un papel central en cálculo. En el ejercicio 74 damos un indicio acerca del significado del cociente de diferencias, pero por ahora nos dedicaremos a simplificar los cocientes de diferencias en forma algebraica, como en este ejemplo.

Comenzaremos por determinar $f(x+3)$ para $f(x) = x^2 - x + 1$.

$$f(x+3) = (x+3)^2 - (x+3) + 1$$
$$= x^2 + 6x + 9 - x - 3 + 1$$
$$= x^2 + 5x + 7$$

2.5 Notación funcional

Por lo tanto,

$$\frac{f(x+3)-f(x)}{3} = \frac{\overbrace{x^2+5x+7}^{f(x+3)}-\overbrace{(x^2-x+1)}^{f(x)}}{3} \quad \text{No olvide los paréntesis alrededor de } f(x).$$

$$= \frac{x^2+5x+7-x^2+x-1}{3} = \frac{6x+6}{3} = \frac{6(x+1)}{3}$$

$$= \boxed{2(x+1)} \quad \blacksquare$$

Funciones definidas por partes

Aunque todas las funciones que hemos examinado hasta este punto de la sección sólo tienen una regla de asignación para todos los miembros de su dominio, éste no es siempre el caso.

Por ejemplo, considere la siguiente función $f(x)$:

$$f(x) = \begin{cases} x^2+3 & \text{si } -3 \leq x < 2 \\ 5x-4 & \text{si } x \geq 2 \end{cases}$$

Esto significa que debemos utilizar la regla $f(x) = x^2 + 3$ para cualquier x en el intervalo $[-3, 2)$, pero utilizar la regla $f(x) = 5x - 4$ para cualquier x en el intervalo $[2, \infty)$.

Si queremos determinar $f(-1)$, primero observamos que -1 está en el intervalo $[-3, 2)$, por lo que utilizamos la regla superior. Así, $f(-1) = (-1)^2 + 3 = 4$.

Si queremos determinar $f(2)$, observamos que 2 es mayor o igual que 2, por lo que utilizamos la regla inferior. Así, $f(2) = 5(2) - 4 = 6$.

Si queremos determinar $f(-4)$, observamos que no existe una regla para $f(x)$ cuando x es menor que -3. Por lo tanto, -4 no está en el dominio y por lo tanto no existe un valor asociado a este punto.

Tal función, que tiene más de una regla de asignación, dependiente del valor de entrada, es una **función definida por partes.** El *dominio de una función definida por partes* es el conjunto de valores x para los cuales existe una regla de asignación. Así, la función definida por partes anterior $f(x)$ tiene como dominio $\{x \mid x \geq -3\}$.

EJEMPLO 6 Dada la función $G(x) = \begin{cases} x-1 & \text{si } -5 \leq x < -1 \\ x^3 & \text{si } -1 \leq x < 2 \\ 6 & \text{si } x > 2 \end{cases}$

Determinar: **(a)** $G(0)$ **(b)** $G(5)$ **(c)** $G(2)$ **(d)** $G(-5)$

Solución

(a) Como 0 está entre -1 y 2, utilizamos la segunda regla para obtener $G(0) = 0^3 = 0$. Así, $\boxed{G(0) = 0}$.

(b) Como 5 es mayor que 2, utilizamos la tercera regla para obtener $\boxed{G(5) = 6}$. Observe que la tercera regla asignará el valor 6 a cualquier valor x mayor que 2.

(c) Para determinar $G(2)$, observamos que $x = 2$ no está en ninguna de las tres categorías. $x = 2$ no está en el dominio de $G(x)$ y por lo tanto $\boxed{G(2) \text{ no está definido}}$.

(d) Para determinar $G(-5)$, utilizamos la primera regla y obtenemos $G(-5) = -5 - 1 = -6$. Así, $\boxed{G(-5) = -6}$.

$\blacksquare$

Capítulo 2 Funciones gráficas: Parte 1

En esta sección, nuestra atención se centró en la comprensión y uso de la notación funcional desde un punto de vista algebraico. En la siguiente sección analizaremos la interpretación gráfica de la notación $f(x)$.

EJERCICIOS 2.5

En los ejercicios 1-20, sean $f(x) = 5x - 2$, $g(x) = 3x^2 - 4x + 1$ y $h(x) = \sqrt{4x - 3}$. Determine:

1. $f(6)$
2. $g(-5)$
3. $h(10)$
4. $f(-2)$
5. $g(8)$
6. $h(0)$
7. $f\left(\dfrac{1}{3}\right)$
8. $g\left(-\dfrac{1}{2}\right)$
9. $f(x + 2)$
10. $f(x) + 2$
11. $g(x - 1)$
12. $g(x) - g(1)$
13. $h(x^2)$
14. $[h(x)]^2$
15. $g(3x)$
16. $3g(x)$
17. $f(4x + 7)$
18. $4f(x) + 7$
19. $g(x + h)$
20. $f(x - a)$

En los ejercicios 21-40, dadas $F(x) = \dfrac{x}{x + 1}$ y $G(t) = \dfrac{1}{\sqrt{t - 1}}$, determinar:

21. $F(9)$
22. $F(-2)$
23. $G(15)$
24. $G(6)$
25. $F\left(\dfrac{1}{2}\right)$
26. $G(1)$
27. $G(t^2)$
28. $F\left(\dfrac{1}{x}\right)$
29. $F(-1)$
30. $F(x^2)$
31. $F(x + 1)$
32. $G(t - 1)$
33. $5G(6)$
34. $G(30)$
35. $F(40)$
36. $8F(5)$
37. $F\left(\dfrac{a}{3}\right)$
38. $G(t^2 + 1)$
39. $F(x - 1)$
40. $G\left(\dfrac{a}{a + 1}\right)$

En los ejercicios 41-60, sean $f(x) = 4x - 3$, $g(x) = \dfrac{1}{x}$ y $h(x) = x^2 - x$. Determine (y simplifique):

41. $f(5x + 7)$
42. $5f(x) + 7$
43. $g(x - a)$
44. $f(x) + f(a)$
45. $g(x) - g(a)$
46. $f(x) + a$
47. $g(x) - a$
48. $f(x + a)$
49. $f(4)h(4)$
50. $f(1)g(2)h(-3)$
51.
52. $h[f(4)]$
53.
54. $h[g(x)]$
55. $h(kx)$
56. $kh(x)$
57. $f(g[h(3)])$
58. $f(3)g(3)h(3)$
59. $h\left(\dfrac{1}{x}\right)$
60. $\dfrac{1}{h(x)}$

En los ejercicios 61-66, sean $f(x) = 2 - 3x$, $g(x) = x^2 - 3x + 2$. Determine (y simplifique):

61. $\dfrac{g(x) - g(5)}{x - 5}$
62. $\dfrac{f(x) - f(2)}{x - 2}$
63. $\dfrac{f(x + 3) - f(x)}{3}$
64. $\dfrac{g(x + 4) - g(x)}{4}$
65. $\dfrac{g(x + h) - g(x)}{h}$
66. $\dfrac{f(x + h) - f(x)}{h}$

67. Dada $f(x) = \begin{cases} 3x - 5 & \text{si } x < 1 \\ x^2 - 1 & \text{si } x \geq 1 \end{cases}$

   Determine: **(a)** $f(-3)$, **(b)** $f(1)$, **(c)** $f(6)$.

68. Dada $g(x) = \begin{cases} x^2 - 3x + 2 & \text{si } x \leq -5 \\ x + 1 & \text{si } -5 < x < 2 \\ 8 & \text{si } x > 2 \end{cases}$

   Determine: **(a)** $g(-4)$, **(b)** $g(2)$, **(c)** $g(-6)$, **(d)** $g(4)$.

69. Dada $h(s) = \begin{cases} |2s - 1| & \text{si } 0 \leq s < 3 \\ \dfrac{s + 1}{s - 1} & \text{si } 3 < s \leq 7 \end{cases}$

   Determine: **(a)** $h(0)$, **(b)** $h(3)$, **(c)** $h(5)$, **(d)** $h(8)$.

70. Dada $f(x) = \begin{cases} 3x - 5 & \text{si } -2 \leq x < 1 \\ x^2 - 4 & \text{si } 1 < x \end{cases}$

   Determine el dominio de $f(x)$.

71. Si un objeto se arroja hacia arriba desde el nivel del suelo con una velocidad inicial de 50 pies/segundo, entonces su altura h después de t segundos está dada por la ecuación

$$h(t) = 50t - 16t^2$$

   (a) Determine la altura del objeto después de 1, 2 y 3 segundos.
   (b) ¿Cuántos segundos tarda el objeto en regresar al suelo?

72. Si un objeto se arroja desde una ventana a 600 pies sobre el suelo, entonces su altura h después de t segundos está dada por la ecuación

$$h(t) = 600 - 16t^2$$

(a) Determine la altura del objeto después de 1, 2 y 3 segundos.
(b) ¿Cuántos segundos (aproximadamente) tarda el objeto en regresar al suelo?

PREGUNTAS PARA REFLEXIONAR

73. Dada $f(x) = 5x + 7$, analice lo que es *incorrecto* de lo siguiente:
(a) $f(x + 4) \stackrel{?}{=} 5x + 7 + 4 \stackrel{?}{=} 5x + 11$
(b) $f(x + 4) \stackrel{?}{=} (5x + 7)(x + 4) \stackrel{?}{=} 5x^2 + 27x + 28$
(c) $f(2x) \stackrel{?}{=} 2(5x + 7) \stackrel{?}{=} 10x + 14$
(d) $f(x^2) \stackrel{?}{=} (5x + 7)^2 \stackrel{?}{=} 25x^2 + 70x + 49$

74. Suponga que $y = f(x) = 3x - 6$.
(a) Determine $f(9)$ y $f(4)$ y explique por qué esto significa que los puntos (9,21) y (4,6) están sobre la gráfica de $f(x)$.
(b) Calcule $\dfrac{f(9) - f(4)}{9 - 4}$. ¿Cuál es el significado de este cociente de diferencias?
(c) Calcule el cociente de diferencias $\dfrac{f(x + h) - f(x)}{h}$ para $y = f(x) = mx + b$. ¿Cuál es el significado de este cociente de diferencias para una función cuya gráfica sea una línea recta?

2.6 Relación de ecuaciones con sus gráficas

Suponga que administramos una fábrica y determinamos que la relación entre el costo de fabricación de artículos, $C(x)$ y el número de artículos producidos diariamente por nuestra fábrica, x, se relacionan de la siguiente manera: $C(x) = 10,000(-3x^2 + 2x + 10)$. Como gerentes, nuestra finalidad sería la de comprender esta relación o conocer "el comportamiento de esta función", tal vez en un esfuerzo por minimizar el costo, $C(x)$. Supongamos que somos investigadores médicos que determinamos que la disminución de la presión sanguínea en una persona, $D(x)$, se relaciona con la cantidad de una sustancia particular ingerida por la persona, como sigue: $D(x) = \frac{1}{3}x^2(k - x)$, (donde k es una constante positiva). Si queremos saber lo que ocurre a la presión sanguínea cuando modificamos la dosis (tal vez para determinar la dosis adecuada para cierto paciente), es importante comprender esta relación matemática. En esta sección veremos cómo se relacionan las ecuaciones con sus gráficas. Nuestro objetivo es comprender mejor la forma en que las variables se relacionan en una ecuación, dando una imagen de la relación mediante una gráfica.

Supongamos dada la ecuación $y = x^2 - x - 6$. ¿Cómo describir la relación entre x y y? ¿Qué piensa que ocurra a y al variar x? ¿Aumenta y al aumentar x? ¿Puede y ser positiva, o y es negativa para todos los valores de x?

Podríamos sustituir valores de x y ver lo que ocurre a y, como en la tabla 2.2. Sin embargo, una tabla podría no dar una imagen clara de la relación entre x y y; si omitimos algunos valores de x, podríamos omitir valores importantes de y. Por ejemplo, podríamos omitir los valores máximos y mínimos de y.

TABLA 2.2

x	−2	−1	0	1	2	3
y	0	−4	−6	−6	−4	0

Sería bueno tener una "instantánea" de esta relación (una imagen que nos diga de inmediato la forma en que están relacionadas las variables). Esta imagen es lo que es una gráfica. Aprenderemos a obtener la gráfica de $y = x^2 - x - 6$ en la sección 3.4.

Por ahora, examinaremos con cuidado la gráfica de la figura 2.47 para ver lo que significa que un punto (x, y) esté en la gráfica y la forma de determinar y dado x y dada la gráfica de una relación.

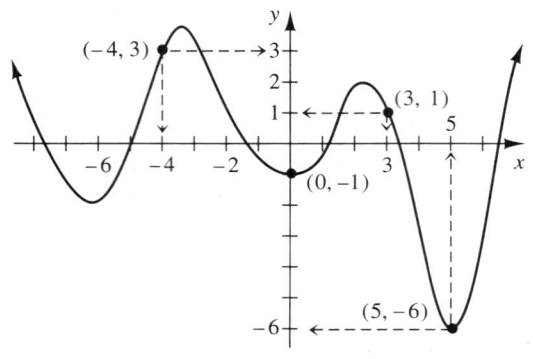

FIGURA 2.47

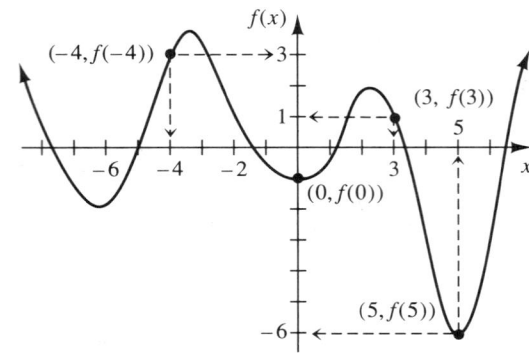

FIGURA 2.48

Podemos ver en la figura 2.47 que el punto $(5, -6)$ está sobre la gráfica. Esto significa que la gráfica pasa por un punto que está a 5 unidades horizontales a la derecha del eje y y 6 unidades verticales por debajo del eje x. Si necesitamos determinar el valor de y asociado a un valor x particular, partimos del valor x en el eje x, proyectamos de manera vertical hacia arriba o hacia abajo en la gráfica, y después proyectamos de manera horizontal hasta el eje y y leemos este valor de y. Por lo tanto, si $x = 3$, vemos que para esta gráfica, $y = 1$. Observe que en $x = 3$, la altura de la gráfica (la distancia vertical desde el eje x) es 1; de manera similar, si $x = -4$, $y = 3$.

La coordenada x indica la distancia horizontal desde el eje y y la coordenada y indica la distancia vertical desde el eje x.

Regresemos a la gráfica de la figura 2.47; si utilizamos la notación funcional, podemos decir que la gráfica corresponde a $y = f(x)$. Entonces, en vez de escribir $y = 3$ cuando $x = -4$, podemos escribir $f(-4) = 3$. De manera análoga, $y = -1$ cuando $x = 0$ y podemos escribir $f(0) = -1$. La figura 2.48 repite la figura 2.47 con el eje vertical denominado $f(x)$ en vez de y.

Con referencia a la figura 2.48, resumiremos la equivalencia de estas alternativas. Véase la tabla 2.3.

TABLA 2.3

Notación (x, y)	Notación $y = f(x)$	Notación $(x, f(x))$
$(-4, 3)$	$3 = f(-4)$	$(-4, f(-4))$
$(3, 1)$	$1 = f(3)$	$(3, f(3))$
$(0, -1)$	$-1 = f(0)$	$(0, f(0))$

2.6 Relación de ecuaciones con sus gráficas **147**

De nuevo, $f(x)$ es el valor y en x, y da la "altura" de la gráfica (la distancia vertical sobre o debajo del eje x). Por lo tanto, $f(a)$ es la altura de la gráfica en $x = a$; la altura de la gráfica en $x = b$ es $f(b)$. Véase la figura 2.49.

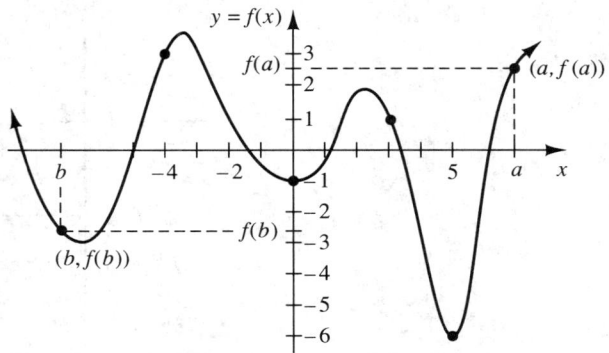

FIGURA 2.49

EJEMPLO 1 Considere la función definida por la gráfica de la figura 2.50 para determinar lo siguiente.
(a) $f(6)$ y $f(-3)$ (b) ¿Para cuáles valores de x es $f(x)$ igual a 2?

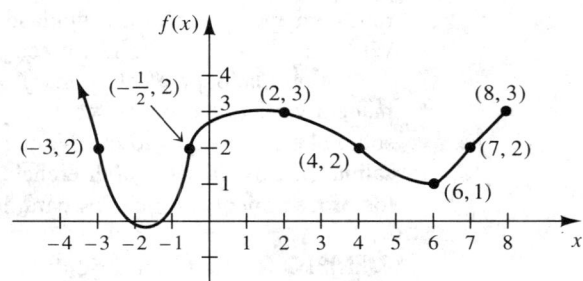

FIGURA 2.50 La gráfica de $f(x)$

Solución

(a) Observe que el eje vertical se denomina $f(x)$ en vez de y. Podemos pensar en los puntos de la gráfica como (x, y), o, en forma equivalente, $(x, f(x))$. Cuando escribimos $f(6)$, queremos indicar el valor de y cuando $x = 6$. Al observar la gráfica podemos ver que el punto $(6,1)$ está sobre ella; por lo tanto, $\boxed{f(6) = 1}$.

También podemos ver que el punto $(-3, 2)$ está sobre la gráfica; por consiguiente, $\boxed{f(-3) = 2}$. Recuerde que, con base en la gráfica dada, $(6, 1)$ es lo mismo que $(6, f(6))$ y $(-3, 2)$ es lo mismo que $(-3, f(-3))$.

(b) Preguntar ¿para cuáles valores de x es $f(x)$ igual a 2? es equivalente a preguntar para cuáles valores de x es $y = 2$. Al observar la gráfica vemos que $\boxed{f(x) = 2 \text{ para } x = -3, -\tfrac{1}{2}, 4 \text{ y } 7}$. ∎

En la última sección aprendimos que, algebraicamente, $f(a + 3)$ y $f(a) + 3$ no son lo mismo. Si recordamos que $f(a)$ es la "altura" de la gráfica en a, podemos demostrar de manera geométrica las diferencias entre ambas cantidades. Véase la figura 2.51.

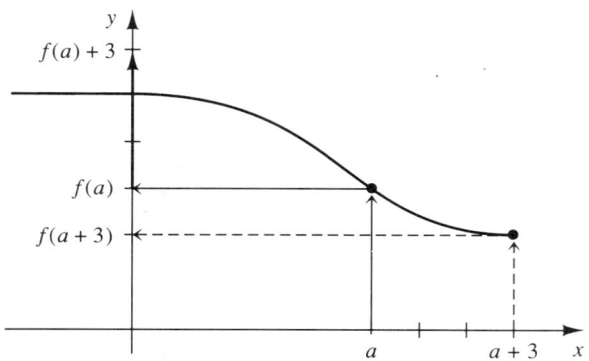

FIGURA 2.51 Comparación de $f(a) + 3$ y $f(a + 3)$

Observe que para determinar $f(a) + 3$ hay que determinar primero $f(a)$. Para esto, primero localizamos a, nos movemos de manera vertical hasta intersecar la gráfica, y después proyectamos de manera horizontal sobre el eje y. Para determinar $f(a) + 3$, nos movemos de manera vertical tres unidades más. En el lenguaje de la sección 2.5, esto es equivalente a utilizar a como la entrada y después sumar 3 a la salida $f(a)$.

Por otro lado, para determinar $f(a + 3)$, determinamos primero $a + 3$, nos movemos de manera vertical hasta intersecar la gráfica, y después proyectamos de manera horizontal sobre el eje y. Esto es lo mismo que utilizar $a + 3$ como entrada y después determinar la salida $f(a + 3)$. Observe la diferencia entre las dos expresiones, tanto en su valor como en los procedimientos utilizados para determinar cada expresión.

EJEMPLO 2 La figura 2.52 es la gráfica de $y = f(x) = x^2 + 1$.

(a) Determine $f(3 + 2)$ y $f(3) + 2$.
(b) Evalúe $f(3 + 2)$ y $f(3) + 2$ para verificar su respuesta.

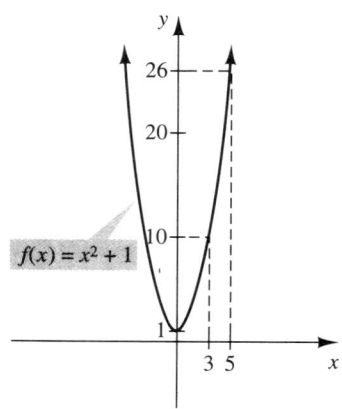

FIGURA 2.52

2.6 Relación de ecuaciones con sus gráficas

Solución

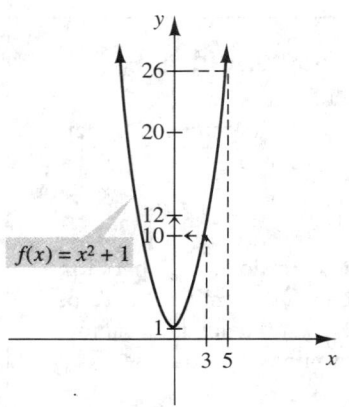

FIGURA 2.53 Determinación de $f(3+2)$ y $f(3)+2$

(a) Para determinar $f(3 + 2) = f(5)$, primero localizamos 5 sobre el eje x, proyectamos de manera vertical hacia arriba hasta intersecar la gráfica y después proyectamos de manera horizontal sobre el eje y, que en este caso es 26. Véase la figura 2.53.

Para determinar $f(3) + 2$, partimos de 3 en el eje x, proyectamos de manera vertical hacia arriba hasta intersecar la gráfica, proyectamos de manera horizontal sobre el eje y para obtener 10 y por último nos movemos hacia arriba 2 unidades más sobre el eje y para obtener 12. Véase la figura 2.53.

(b) Si $f(x) = x^2 + 1$, para evaluar $f(3 + 2) = f(5)$ debemos evaluar $f(x)$ en $x = 5$:

$$f(x) = x^2 + 1 \qquad \textit{Para determinar } f(5), \textit{ sustituimos } x = 5 \textit{ en } f(x).$$
$$f(5) = 5^2 + 1 = 26 \qquad \textit{que se confirma mediante la figura 2.53.}$$

Evaluar $f(3) + 2$ significa evaluar primero $f(3)$ y después sumar 2 al resultado:

$$f(3) = 3^2 + 1 = 10 \qquad \textit{Por lo tanto,}$$
$$f(3) + 2 = 10 + 2 = 12 \qquad \textit{que también es confirmado por la figura 2.53.} \quad \blacksquare$$

GRAFIJACIÓN

Utilice una calculadora gráfica:

1. Grafique la función $y = f(x) = 3x^2 - 2x + 1$ y utilice la función de trazo para
   (a) Aproximar los valores de $f(2)$ y $f(4)$.
   (b) Aproximar los valores de x para los cuales $f(x) = 1$ y los valores de x para los cuales $f(x) = 4$.
2. Grafique la función $y = f(x) = x^3 - 1$ y utilice la función de trazo para
   (a) Aproximar los valores de $f(2)$ y $f(-2)$.
   (b) Aproximar el valor de x para el cual $f(x) = 1$ y el valor de x para el cual $f(x) = -3$.

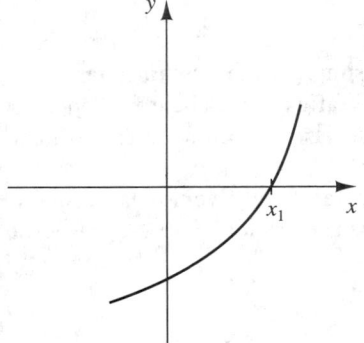

FIGURA 2.54 x_1 es una intersección con el eje x o, de manera equivalente, $f(x_1) = 0$ y por lo tanto x_1 es un cero de $f(x)$.

Los ceros de una función

DEFINICIÓN Dada una función $y = f(x)$, una solución de la ecuación $f(x) = 0$ es un **cero** de la función.

Un cero de una función se define de manera algebraica: es una solución de la ecuación funcional $y = f(x) = 0$; es decir, el valor de x donde $f(x) = 0$. Por otro lado, hemos definido una intersección con el eje x de una gráfica como la coordenada x de un punto donde la gráfica cruza al eje x. Puesto que una intersección con el eje x corresponde a una coordenada y igual a 0, cada intersección de la gráfica con el eje x corresponde a un cero de la función. Así, tenemos una relación directa entre un concepto algebraico (una solución a una ecuación) y otro gráfico (una gráfica que cruza el eje x). Véase la figura 2.54.

PERSPECTIVAS DIFERENTES: Los ceros de una función

Consideremos las descripciones geométrica y algebraica de los ceros de una función. Consideremos la función $y = f(x) = (x + 3)(x - 1)(x - 2)$ cuya gráfica se muestra aquí.

DESCRIPCIÓN GEOMÉTRICA

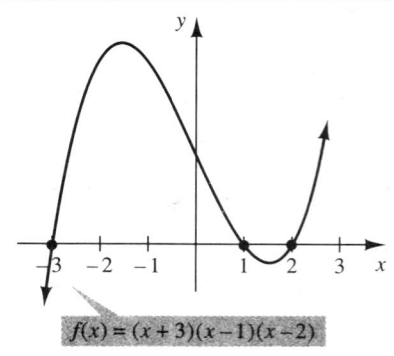

$f(x) = (x + 3)(x - 1)(x - 2)$

DESCRIPCIÓN ALGEBRAICA

Los ceros de una función son los valores de x para los cuales $f(x) = 0$. Por ejemplo, para determinar los ceros de $f(x) = (x + 3)(x - 1)(x - 2)$, resolvemos la ecuación $(x + 3)(x - 1)(x - 2) = 0$ en términos de x, lo que implica $x = -3$, 1 y 2.

Los ceros de una función son las intersecciones de la gráfica con el eje x. En este ejemplo, las intersecciones de $f(x) = (x + 3)(x - 1)(x - 2)$ con el eje x son -3, 1 y 2.

Si utilizamos la notación funcional, las intersecciones de una función con el eje x son las soluciones de la ecuación $f(x) = 0$; la intersección de una función con el eje y es $f(0)$.

EJEMPLO 3 Dada la gráfica de $f(x) = x^2 - x - 3$ en la figura 2.55.
(a) Estimar los ceros de $f(x)$ utilizando la gráfica de $f(x)$.
(b) Determinar los ceros de $f(x)$ de manera algebraica.

Solución

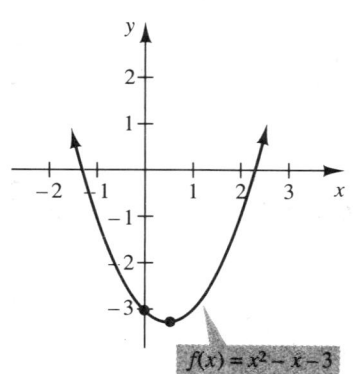

FIGURA 2.55

(a) Para estimar los ceros de $f(x)$ mediante la gráfica, simplemente buscamos las intersecciones con el eje x (las coordenadas x donde la gráfica cruza el eje x). Podemos ver dos intersecciones: podemos estimar una como $-1\frac{1}{3}$; la otra se puede estimar como $2\frac{1}{3}$.

(b) Para determinar los ceros de $f(x)$ de manera algebraica, resolvemos la ecuación $f(x) = 0$ por medios algebraicos; es decir, resolvemos la ecuación $x^2 - x - 3 = 0$. Para esto, utilizamos la fórmula cuadrática:

$$x = \frac{-B \pm \sqrt{B^2 - 4AC}}{2A}.$$

$x^2 - x - 3 = 0 \qquad$ *Por lo tanto $A = 1$, $B = -1$ y $C = -3$. Entonces*

$$x = \frac{-(-1) \pm \sqrt{(-1)^2 - 4(1)(-3)}}{2(1)} = \frac{1 \pm \sqrt{1 + 12}}{2} = \frac{1 \pm \sqrt{13}}{2}$$

Por lo tanto, los ceros son $\boxed{\dfrac{1 \pm \sqrt{13}}{2}}$.

¿Cómo determinamos la intersección de una función con el eje y? ¿Podría una función tener más de una intersección de este tipo?

¿Cómo determinamos la intersección de una función con el eje x? ¿Podría una función tener más de una intersección de este tipo?

Podemos comparar nuestras estimaciones de los ceros en la parte (a) con los valores exactos. Si aproximamos $\sqrt{13} \approx 3.6$, determinamos los "valores exactos" de los ceros como

$$x \approx \frac{1 \pm 3.6}{2} = 2.3 \text{ y } -1.3$$

lo que se compara de manera favorable con nuestras estimaciones a partir de la gráfica. ∎

GRAFIJACIÓN

1. Estime los ceros de $f(x) = 5x^2 - 2x - 1$ graficando $f(x)$ mediante su calculadora gráfica, y utilice la función de trazo para localizar sus intersecciones con el eje x.

2. Estime los ceros de $g(x) = x^3 + 3$ graficando $g(x)$ mediante su calculadora gráfica, y utilice la función de trazo para localizar sus intersecciones con el eje x.

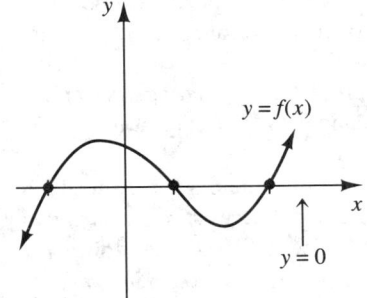

FIGURA 2.56 Las soluciones de $f(x) = 0$

Las soluciones de la ecuación $f(x) = 0$ se encuentran observando los valores x en los que la altura de la gráfica de $f(x)$ es 0. Podemos replantear esto diciendo que buscamos los valores de x donde la gráfica de $f(x)$ interseca la recta horizontal $y = 0$ (el eje x). Véase la figura 2.56.

Las flechas que aparecen en los extremos de la gráfica indican que ésta continúa en la dirección de las flechas, de modo que la figura 2.56 ilustra todos los ceros de $f(x)$.

Podemos generalizar esta idea y establecer que las soluciones de la ecuación $f(x) = k$ se determinan buscando los valores x donde la gráfica de $y = f(x)$ interseca la recta $y = k$.

GRAFIJACIÓN

Utilice una calculadora gráfica:

1. Estime las soluciones de $x^2 - 4x - 5 = -8$ de la manera siguiente: Grafique $y = x^2 - 4x - 5$ y $y = -8$ en el mismo conjunto de ejes coordenados y utilice la función de trazo para estimar los puntos de intersección de las dos gráficas.

2. Estime las soluciones de $(x - 2)(x + 1)(x - 7) = 2$ de la manera siguiente: Grafique $y = (x - 2)(x + 1)(x - 7)$ y $y = 2$ en el mismo conjunto de ejes coordenados y utilice la función de trazo para estimar los puntos de intersección de las dos gráficas.

Interpretación de la gráfica de *f(x)*: tendencias generales

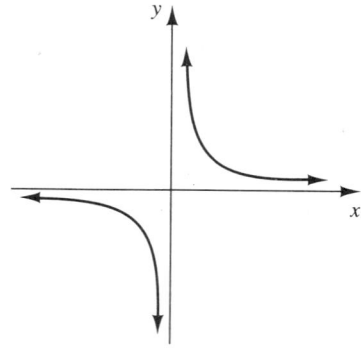

FIGURA 2.57 La gráfica de una función $y = f(x)$

Considere la gráfica de una función $f(x)$, que aparece en la figura 2.57. La imagen nos dice unas cosas con respecto a la relación entre x y $y = f(x)$. Una cosa que podemos ver de inmediato es que la gráfica no cruza el eje y. Esto nos dice que 0 no está en el dominio de esta función.

Veamos lo que ocurre cuando x es positiva (permanece a la derecha del eje y). Observe que si x es extremadamente grande (es decir, cuando nos movemos cada vez más a la derecha, lo que denotamos $x \to +\infty$, los valores de $f(x)$ (los valores de y) siguen siendo positivos (sobre el eje x) pero se acercan cada vez más a cero. Por otro lado, cuando x se acerca a 0 *por la derecha* (x sigue siendo positivo), los valores de $f(x)$ (los valores de y) son cada vez más grandes, lo que se denota como $f(x) \to +\infty$.

A la izquierda del eje y (cuando x es negativo), vemos que cuando nos movemos cada vez más a la izquierda, lo que denotamos $x \to -\infty$, los valores de $f(x)$ se acercan cada vez más a 0, pero siguen siendo negativos. Por otro lado, cuando x tiende a 0 *por la izquierda* (x sigue siendo negativo), los valores de $f(x)$ tienden a $-\infty$, lo que denotamos $f(x) \to -\infty$.

El análisis de la gráfica de $f(x)$ revela con frecuencia las tendencias generales de una función para valores grandes y pequeños de x.

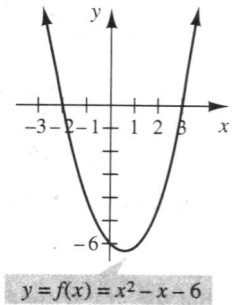

$y = f(x) = x^2 - x - 6$

FIGURA 2.58

Interpretación de la gráfica de *f(x)*: Desigualdades

En el caso anterior de $f(x)$, analizamos lo que ocurre a y cuando x es positiva o negativa. Una gráfica también nos puede decir cuándo (es decir, para cuáles valores de x) la función es positiva o negativa.

Regresemos a $y = f(x) = x^2 - x - 6$, que analizamos anteriormente en esta sección y cuya gráfica aparece en la figura 2.58. Observe con cuidado esta gráfica y note que nos indica la relación entre x y y de inmediato.

Podemos ver que $f(x) = 0$ cuando $x = -2$ y 3, lo que escribimos de manera equivalente como $f(-2) = f(3) = 0$. Cuando la gráfica va por debajo del eje x, $y = f(x)$ es negativa, o $y < 0$. Esto ocurre cuando x está entre -2 y 3. (Observe que hablamos del comportamiento de y cuando x varía.) Para describir esto, escribiríamos $f(x) < 0$ cuando x está en el intervalo $(-2, 3)$. Por otro lado, cuando la gráfica se encuentra por arriba del eje x, $y = f(x)$ es positiva, o $y > 0$, y esto ocurre en los intervalos $(-\infty, -2) \cup (3, \infty)$. Véase la figura 2.59.

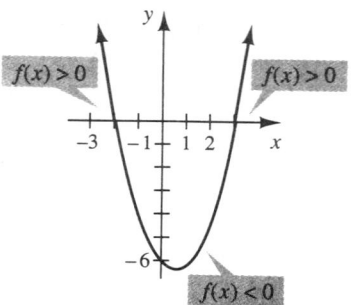

FIGURA 2.59 Interpretación de desigualdades en forma gráfica

Recuerde que en el capítulo 1 resolvíamos desigualdades como $x^2 - x - 6 > 0$ o $x^2 - x - 6 < 0$. Para resolver estas desigualdades de manera algebraica, realizamos un análisis de signos para determinar los valores de x para los cuales la expresión era positiva o negativa. Si observamos la gráfica de $y = f(x) = x^2 - x - 6$, notamos que si proyectamos hacia el eje x cuando y es positiva y cuando y es negativa, obtenemos el mismo resultado que cuando realizamos el análisis de signos. Véase la figura 2.59.

PERSPECTIVAS DIFERENTES: *Resolución de desigualdades*

ANÁLISIS GEOMÉTRICO

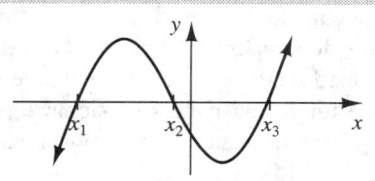

Suponga que ésta es la gráfica de $y = f(x)$. Resolver la desigualdad $f(x) > 0$ significa que buscamos los valores de x donde la gráfica de $f(x)$ está sobre el eje x. Con base en la gráfica, $f(x) > 0$ para x en $(x_1, x_2) \cup (x_3, \infty)$.

ANÁLISIS ALGEBRAICO

Resolver la desigualdad $f(x) > 0$ significa que buscamos los valores de x para los cuales la expresión $f(x)$ es positiva y por lo general implica un análisis de signos.

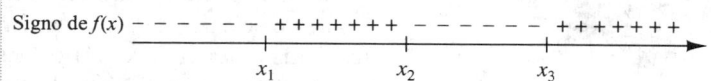

EJEMPLO 4 Utilice la gráfica de $f(x) = x^3 - 7x + 6$ en la figura 2.60 para resolver la desigualdad $x^3 - 7x + 6 \geq 0$.

Solución Determinar dónde $x^3 - 7x + 6 \geq 0$ significa que queremos encontrar los valores x de los puntos donde $f(x)$ es positiva o cero. Podemos replantear esto en términos de los intervalos donde la gráfica de $f(x)$ está en o sobre el eje x. Podemos ver de la gráfica en la figura 2.60 que $f(x)$ está sobre el eje x cuando x está en los intervalos $(-3, 1) \cup (2, \infty)$ y es cero cuando $x = -3, 1, 2$. Por lo tanto, la solución de la desigualdad $x^3 - 7x + 6 \geq 0$ es $[-3, 1] \cup [2, \infty)$. ∎

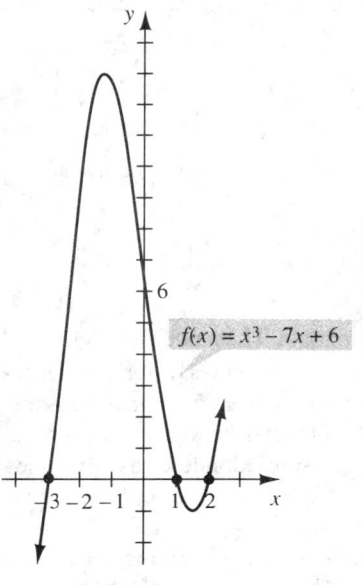

FIGURA 2.60

GRAFIJACIÓN

Utilice una calculadora gráfica o computadora.

1. Estime las soluciones de $2x^3 - 2x \leq 0$ de la manera siguiente: grafique $y = 2x^3 - 2x$ y determine los valores de x donde la gráfica está en o debajo del eje x.

2. Estime las soluciones de $x^4 - 2x^2 + 3x - 2 > 0$ de la manera siguiente: grafique $y = x^4 - 2x^2 + 3x - 2$ y determine los valores de x donde la gráfica está sobre el eje x.

Funciones crecientes y decrecientes

Cuando hablamos de una función creciente o decreciente, nos referimos al valor de $f(x)$ cuando x *crece*. Esto es consistente con nuestro acuerdo anterior de describir la gráfica de una función *conforme nos movemos de izquierda a derecha*. Por lo tanto, cuando decimos que $f(x)$ es una función creciente, queremos decir que cuando x crece, $f(x)$ siempre crece. Geométricamente, esto significa que si nos movemos de izquierda a derecha, la gráfica asciende. Por otro lado, cuando decimos que $f(x)$ es una función decreciente, entendemos que cuando x crece, $f(x)$ decrece. (Nuestro marco de referencia para x es siempre para valores crecientes de x.) Geométricamente, esto significa que cuando nos movemos de izquierda a derecha, la gráfica desciende.

> Cuando decimos que una función $f(x)$ es creciente o decreciente, ¿qué queremos indicar acerca de los valores de x o de y?

Desde el punto de vista algebraico, definimos las funciones crecientes y decrecientes como sigue.

DEFINICIÓN Una función $y = f(x)$ es una **función creciente** en un intervalo I si y sólo si para x_1 y x_2 en el intervalo, $x_1 < x_2$ implica $f(x_1) < f(x_2)$. Una función $y = f(x)$ es una **función decreciente** en un intervalo I si y sólo si para x_1 y x_2 en el intervalo, $x_1 < x_2$ implica $f(x_1) > f(x_2)$.

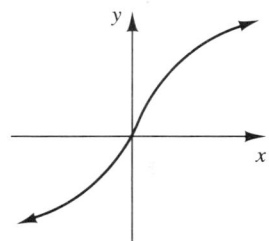

La gráfica de una función creciente
(a)

La gráfica de una función decreciente
(b)

FIGURA 2.61

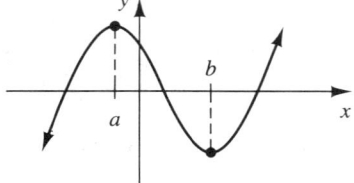

FIGURA 2.62 Esta función es creciente en los intervalos $(-\infty, a)$ y (b, ∞) y decreciente en el intervalo (a, b).

Las funciones que se ilustran en la figura 2.61 son siempre crecientes o siempre decrecientes, pero muchas funciones no caen en esta categoría: podrían ser funciones constantes, como $f(x) = 3$ (que no crece ni decrece), o tal vez ser crecientes en algunos intervalos y decrecientes en otros. Tal vez estemos interesados en los sitios donde estas funciones crecen o decrecen; es decir, **en los intervalos de x** donde $f(x)$ es creciente o decreciente. Véase la figura 2.62.

Si nos referimos de nuevo a la gráfica de $f(x) = x^2 - x - 6$ (véase la figura 2.63 en la página 155), podemos ver que y es decreciente (se hace cada vez menor) en el intervalo $(-\infty, \frac{1}{2}]$. (De nuevo, observe que hablamos del comportamiento de y para valores de x.) También vemos que y es creciente en el intervalo $[\frac{1}{2}, \infty)$.

2.6 Relación de ecuaciones con sus gráficas

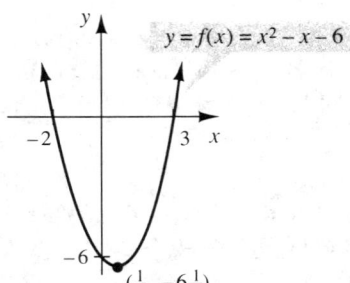

FIGURA 2.63

Observe que en el punto $\left(\dfrac{1}{2}, -6\dfrac{1}{4}\right)$ sobre la gráfica de $y = x^2 - x - 6$ de la figura 2.63, la función pasa de decreciente a creciente. Un punto sobre la gráfica de una función donde ésta cambia de decreciente a creciente (o viceversa) es un **punto de cambio de dirección (punto de retorno)** de la gráfica.

EJEMPLO 5 Utilice la gráfica de $f(x)$ en la figura 2.64 para identificar dónde $f(x)$ es creciente y dónde $f(x)$ es decreciente.

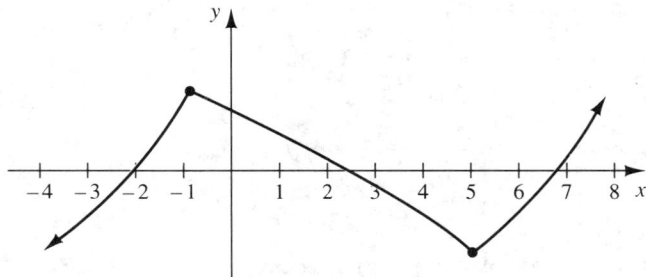

FIGURA 2.64

Solución Determinar los puntos donde $f(x)$ es creciente significa que queremos determinar los intervalos en x donde la gráfica de $f(x)$ asciende cuando nos movemos de izquierda a derecha. Podemos ver de la gráfica de la figura 2.64 que $f(x)$ aumenta cuando x está en los intervalos $(-\infty, -1] \cup [5, \infty)$.

Por otro lado, determinar dónde $f(x)$ es decreciente significa localizar el intervalo (o intervalos) de x donde la gráfica de $f(x)$ desciende *cuando nos movemos de izquierda a derecha*. Así, podemos ver que $f(x)$ es decreciente en el intervalo $[-1, 5]$. ∎

Continuaremos nuestro análisis de las funciones crecientes y decrecientes en un capítulo posterior.

Como hemos demostrado en esta sección, la imagen de una ecuación en la forma de su gráfica proporciona mucha información acerca de la relación entre las dos variables de la ecuación. Al graficar una ecuación podemos comprender mejor la naturaleza de la relación, las tendencias generales y locales, y los valores importantes para una ecuación. En la siguiente sección continuaremos analizando las relaciones expresadas por las ecuaciones mediante el estudio de sus gráficas.

EJERCICIOS 2.6

1. Utilice la siguiente gráfica de $y = f(x)$ para determinar
   (a) $f(-4)$ (b) $f(-1)$ (c) $f(0)$ (d) $f(2)$ (e) $f(5)$
   (f) ¿Para cuáles valores, si existen, se cumple $f(x) = 2$?
   (g) ¿Para cuáles valores, si existen, se cumple $f(x) = 1$?
   (h) ¿Para cuáles valores, si existen, se cumple $f(x) = -1$?
   (i) ¿Para cuáles valores, si existen, se cumple $f(x) = 4$?

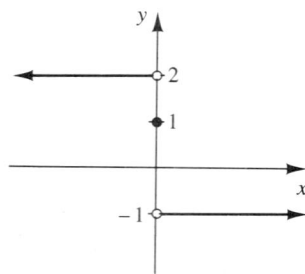

2. Utilice la siguiente gráfica de $y = g(x)$ para determinar
   (a) $g(-5)$ (b) $g(-2)$ (c) $g(0)$ (d) $g(1)$ (e) $g(3)$
   (f) ¿Cuáles son los ceros de $g(x)$?
   (g) ¿En qué intervalos $g(x) > 0$?
   (h) ¿En qué intervalos $g(x) < 0$?
   (i) ¿Cuántas soluciones existen para la ecuación $g(x) = -1$?

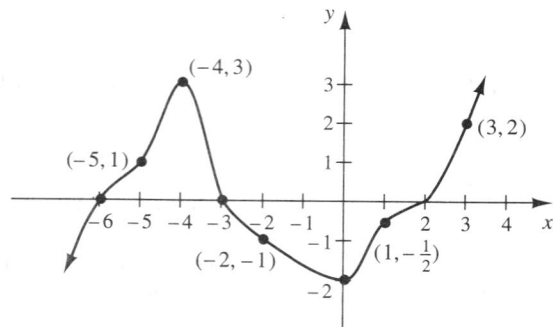

3. Utilice la siguiente gráfica de $y = h(x)$ para determinar
   (a) $h(-2)$ (b) $h(6)$ (c) $h(0)$ (d) $h(4)$ (e) $h(-4)$
   (f) ¿Cuáles son los ceros de $h(x)$?
   (g) ¿En qué intervalos $h(x) > 0$?
   (h) ¿En qué intervalos $h(x) < 0$?
   (i) Con base en la gráfica, ¿cuál es el dominio de $h(x)$?
   (j) Con base en la gráfica, ¿cuál es el rango de $h(x)$?

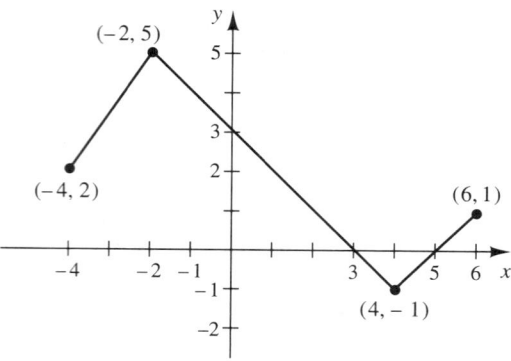

4. Utilice la siguiente gráfica de $y = F(x)$ para determinar
   (a) $F(6)$ (b) $F(-5)$ (c) $F(1)$
   (d) ¿Cuántos ceros tiene $F(x)$?
   (e) ¿Cuántas soluciones existen para la ecuación $F(x) = 3$?
   (f) Con base en la gráfica, ¿cuál es el dominio de $F(x)$?
   (g) Con base en la gráfica, ¿cuál es el rango de $F(x)$?

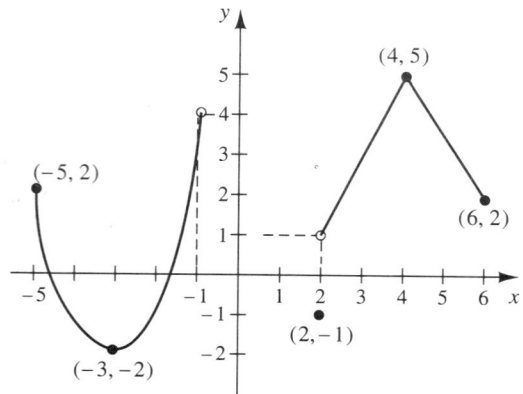

5. Utilice la siguiente gráfica de $y = F(x)$ para determinar
   (a) $F(-7)$ (b) $F(-5)$ (c) $F(-2)$ (d) $F(1) + F(4)$
   (e) $F(1 + 4)$
   (f) Con base en la gráfica, ¿cuál es el dominio de $F(x)$?
   (g) Con base en la gráfica, ¿cuál es el rango de $F(x)$?

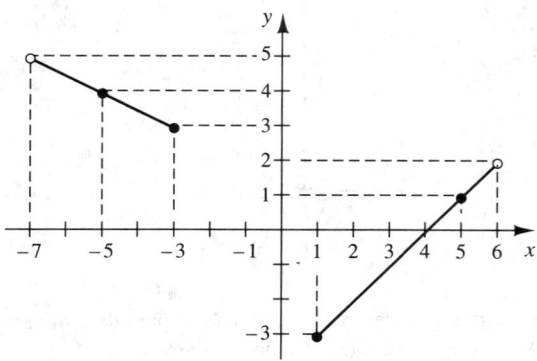

6. Utilice la siguiente gráfica de $y = g(x)$ para determinar
   (a) $g(6)$ (b) $g(-3)$ (c) $g(3)$ (d) $g(-1) + g(1)$
   (e) $g(-1 + 1)$
   (f) ¿En cuáles intervalos es constante $g(x)$?
   (g) Con base en la gráfica, ¿cuál es el dominio de $g(x)$?
   (h) Con base en la gráfica, ¿cuál es el rango de $g(x)$?

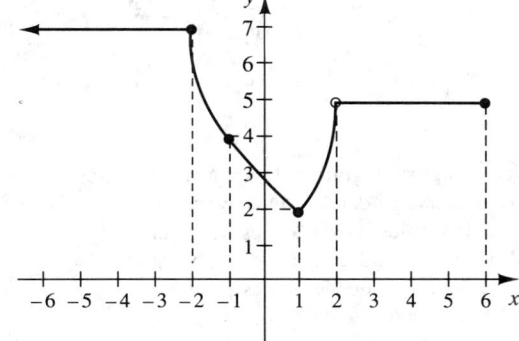

7. (a) Utilice la siguiente gráfica de $f(x)$ para estimar sus ceros.
   (b) Dado que ésta es la gráfica de $f(x) = x^2 - 2x - 4$, determine los ceros de $f(x)$ de manera algebraica y aproxime las respuestas algebraicas hasta décimos.

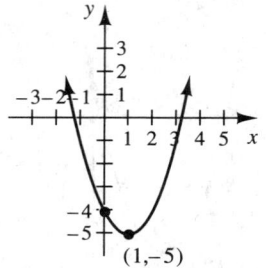

8. (a) Utilice la siguiente gráfica de $g(x)$ para estimar sus ceros.
   (b) Dada la gráfica de $g(x) = -x^2 - 4x + 3$, determine los ceros de $g(x)$ de manera algebraica y aproxime las respuestas algebraicas hasta décimos.

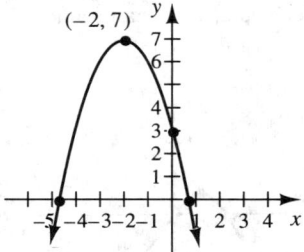

9. (a) Utilice la siguiente gráfica de $g(x)$ para estimar sus ceros.
   (b) Dada la gráfica de $g(x) = -x^2 + 3x + 1$, determine los ceros de $g(x)$ de manera algebraica y aproxime las respuestas algebraicas hasta décimos.

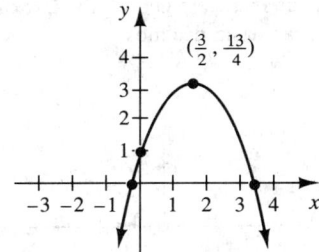

10. (a) Utilice la siguiente gráfica de $h(x)$ para estimar sus ceros.
    (b) Dado que ésta es la gráfica de $h(x) = x^2 + 5x + 3$, determine los ceros de $h(x)$ de manera algebraica y aproxime las respuestas algebraicas hasta décimos.

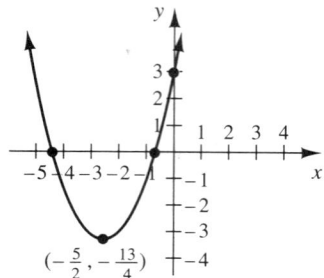

11. (a) Utilice la siguiente gráfica de $F(x)$ para estimar sus ceros.
    (b) Dado que ésta es la gráfica de $F(x) = x^3 - x^2 - x$, determine los ceros de $F(x)$ de manera algebraica y aproxime las respuestas algebraicas hasta décimos.

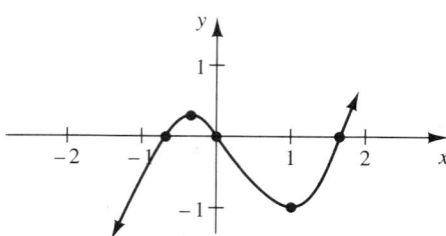

12. (a) Utilice la siguiente gráfica de $G(x)$ para estimar sus ceros.
    (b) Dada la gráfica de $G(x) = -x^3 - 2x^2 + x$, determine los ceros de $G(x)$ de manera algebraica y aproxime las respuestas algebraicas hasta décimos.

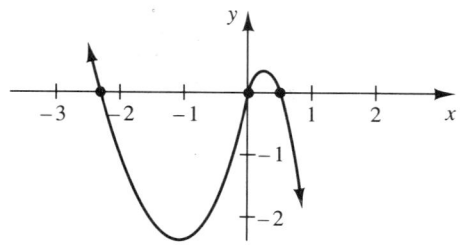

13. Utilice la siguiente gráfica de $y = F(x)$, para responder cada una de las preguntas.
    (a) ¿Qué ocurre a $F(x)$ cuando $x \to \infty$?
    (b) ¿Qué ocurre a $F(x)$ cuando $x \to -\infty$?
    (c) ¿Qué ocurre a $F(x)$ cuando $x \to 3$?

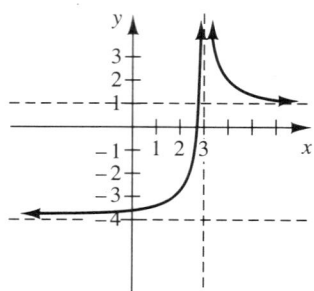

14. Utilice la siguiente gráfica de $y = G(x)$ para determinar
    (a) ¿Qué ocurre a $G(x)$ cuando $x \to \infty$?
    (b) ¿Qué ocurre a $G(x)$ cuando $x \to -\infty$?
    (c) ¿Qué ocurre a $G(x)$ cuando $x \to -2$?

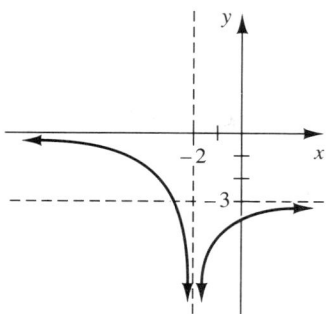

15. Utilice la siguiente gráfica de $y = f(x)$ para determinar
    (a) Los intervalos donde $f(x)$ es creciente.
    (b) Los intervalos donde $f(x)$ es decreciente.
    (c) Los intervalos donde $f(x)$ es no negativa.
    (d) Los intervalos donde $f(x)$ es positiva.
    (e) Los intervalos donde $f(x)$ es negativa.

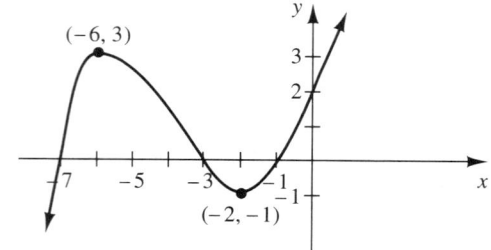

16. Utilice la siguiente gráfica de $y = g(x)$ para determinar
  (a) Los intervalos donde $g(x)$ es creciente.
  (b) Los intervalos donde $g(x)$ es decreciente.
  (c) Los intervalos donde $g(x)$ es constante.
  (d) Los intervalos donde $g(x)$ es positiva.
  (e) Los intervalos donde $g(x)$ es negativa.

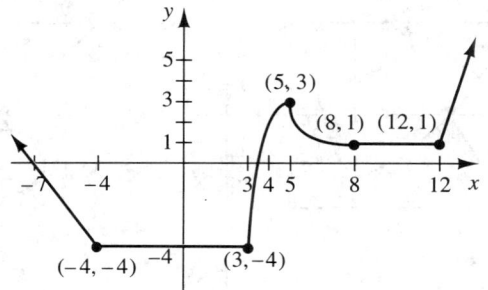

17. Utilice la siguiente gráfica de $y = f(x)$ para determinar
  (a) Los intervalos donde $f(x)$ es creciente.
  (b) Los intervalos donde $f(x)$ es decreciente.
  (c) Los intervalos donde $f(x)$ es no negativa.
  (d) Los intervalos donde $f(x)$ es positiva.
  (e) Los intervalos donde $f(x)$ es negativa.

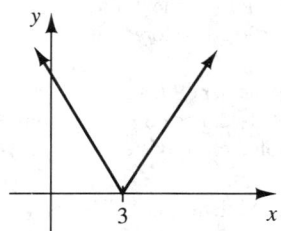

18. Utilice la siguiente gráfica de $y = g(x)$ para determinar
  (a) Los intervalos donde $g(x)$ es creciente.
  (b) Los intervalos donde $g(x)$ es decreciente.
  (c) Los intervalos donde $g(x)$ es no negativa.
  (d) Los intervalos donde $g(x)$ es positiva.
  (e) Los intervalos donde $g(x)$ es negativa.

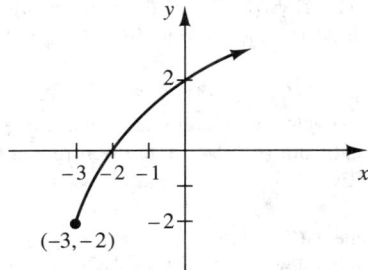

19. Utilice la siguiente gráfica de $y = f(x)$ para determinar
  (a) Los intervalos donde $f(x)$ es creciente.
  (b) Los intervalos donde $f(x)$ es decreciente.
  (c) Los intervalos donde $f(x)$ es constante.
  (d) Los intervalos donde $f(x)$ es positiva.
  (e) Los intervalos donde $f(x)$ es negativa.

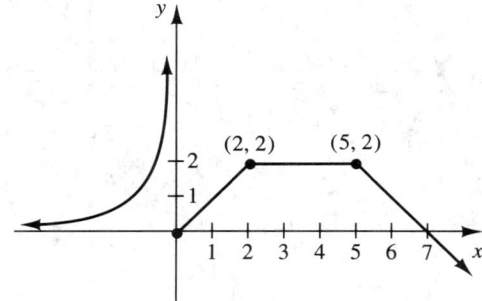

20. Utilice la siguiente gráfica de $y = g(x)$ para determinar
  (a) Los intervalos donde $g(x)$ es creciente.
  (b) Los intervalos donde $g(x)$ es decreciente.
  (c) Los intervalos donde $g(x)$ es no negativa.
  (d) Los intervalos donde $g(x)$ es positiva.
  (e) Los intervalos donde $g(x)$ es negativa.

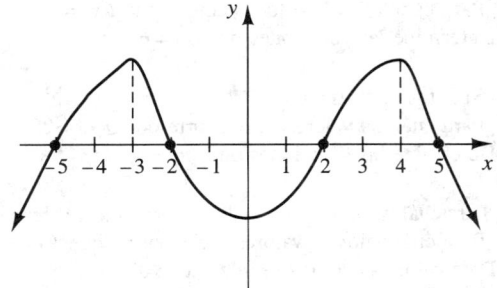

Responda los ejercicios 21–28 utilizando las gráficas de la figura adjunta.

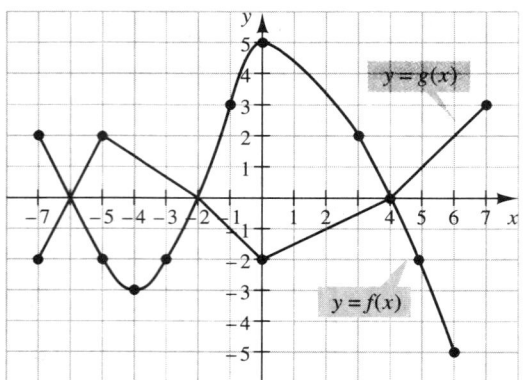

Responda los ejercicios 29–36 mediante las gráficas de la figura siguiente.

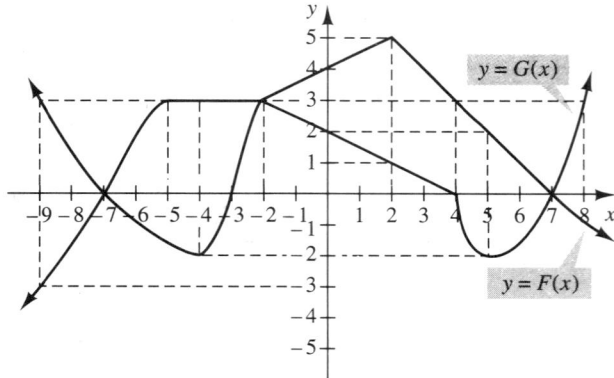

21. Determine **(a)** $f(-1)$ **(b)** $f(0)$ **(c)** $f(4)$
   (d) ¿Para cuál valor (o valores) de x ocurre que $f(x) = -2$?
   (e) ¿Para cuántos valores de x ocurre que $f(x) = 4$?

22. Determine **(a)** $g(-1)$ **(b)** $g(0)$ **(c)** $g(4)$
   (d) ¿Para cuál valor (o valores) de x ocurre que $g(x) = -2$?
   (e) ¿Para cuál valor (o valores) de x ocurre que $g(x) = 4$?

23. **(a)** ¿Cuántos ceros tiene $f(x)$?
   (b) ¿Para cuántos valores de x ocurre que $f(x) = 2$?
   (c) Determine las soluciones de $f(x) = 6$.

24. **(a)** ¿Cuántos ceros tiene $g(x)$?
   (b) ¿Para cuántos valores de x ocurre que $g(x) = 2$?
   (c) Determine las soluciones de $g(x) = 6$.

25. **(a)** ¿Para cuál valor (o valores) de x ocurre que $f(x)$ sea positivo?
   (b) ¿Para cuál valor (o valores) de x ocurre que $f(x) < 0$?
   (c) Determine las soluciones de $f(x) \geq 0$.

26. **(a)** ¿Para cuál valor (o valores) de x ocurre que $g(x)$ es negativo?
   (b) ¿Para cuál valor (o valores) de x ocurre que $g(x) \geq 0$?
   (c) Determine las soluciones a $g(x) \leq 0$.

27. **(a)** Determine $f(3) - g(-7)$.
   (b) ¿Para cuál valor (o valores) de x ocurre que $f(x) > g(x)$?
   (c) ¿Para cuál valor (o valores) de x ocurre que $g(x) - f(x)$ es no negativa?

28. **(a)** Determine $g(-6) - f(-1)$.
   (b) ¿Para cuál valor (o valores) de x ocurre que $f(x) = g(x)$?
   (c) ¿Para cuál valor (o valores) de x ocurre que $g(x) > f(x)$?

29. Determine **(a)** $F(-2)$ **(b)** $F(0)$ **(c)** $F(2)$
   (d) ¿Para cuál valor (o valores) de x ocurre que $F(x) = 3$?
   (e) ¿Para cuál valor (o valores) de x ocurre que $F(x) = 0$?

30. Determine **(a)** $G(2)$ **(b)** $G(0)$ **(c)** $G(5)$
   (d) ¿Para cuál valor (o valores) de x ocurre que $G(x) = 3$?
   (e) ¿Para cuál valor (o valores) de x ocurre que $G(x) = -3$?

31. **(a)** ¿Cuántos ceros tiene $F(x)$?
   (b) ¿Para cuántos valores de x ocurre que $F(x) = 2$?
   (c) ¿Cuántas soluciones existen para $F(x) = -6$?

32. **(a)** ¿Cuántos ceros tiene $G(x)$?
   (b) ¿Para cuántos valores de x ocurre que $G(x) = 2$?
   (c) ¿Cuántas soluciones existen para $G(x) = 6$?

33. **(a)** ¿Para cuál valor (o valores) de x es positiva $F(x)$?
   (b) ¿Para cuál valor (o valores) de x ocurre que $F(x) < 0$?
   (c) Determine las soluciones de $F(x) \geq 0$.

34. **(a)** ¿Para cuál valor (o valores) de x es negativa $G(x)$?
   (b) ¿Para cuál valor (o valores) de x ocurre que $G(x) \geq 0$?
   (c) Determine las soluciones de $G(x) \leq 0$.

35. **(a)** Determine $F(-4) - G(-4)$.
   (b) ¿Para cuál valor (o valores) de x ocurre que $F(x) > G(x)$?
   (c) ¿Para cuál valor (o valores) de x ocurre que $G(x) - F(x)$ es no negativa?

36. **(a)** Determine $G(7) - F(5)$.
   (b) ¿Para cuál valor (o valores) de x ocurre que $F(x) = G(x)$?
   (c) ¿Para cuál valor (o valores) de x ocurre que $G(x) > F(x)$?

2.6 Relación de ecuaciones con sus gráficas

Con frecuencia, las gráficas se utilizan en muchas disciplinas. Éstas nos permiten visualizar las relaciones entre varias cantidades. Los siguientes ejemplos ilustran esta idea.

37. Ecología Un biólogo ruso, G.F. Gause, formuló el principio de *exclusión por competencia*, el cual establece que en cualquier comunidad biológica dada, sólo una especie puede ocupar un nicho ecológico durante un periodo amplio de tiempo. (Un nicho ecológico se refiere a la posición de un organismo en la estructura del ecosistema.) En un intento por dar fundamento a su hipótesis, Gause realizó una serie de experimentos de laboratorio. En uno de tales experimentos, Gause utilizó los cultivos de laboratorio de dos especies de paramecios, *Paramecium aurelia* y *Paramecium caudatum*. Cuando las dos especies crecieron bajo condiciones idénticas en recipientes independientes, *P. aurelia* creció mucho más rápido que *P. caudatum*. Cuando las dos especies crecieron en el mismo recipiente, *P. aurelia* rápidamente excedía en mucho el número de *P. caudatum*, que pronto desaparecía. La figura adjunta muestra el resultado de este experimento. El eje t horizontal indica el número de días transcurridos desde que se inició el cultivo. El eje P vertical indica el número de paramecios presentes. Así, un punto sobre una de las gráficas indica la cantidad de paramecios de un tipo presentes después de t días. Las gráficas sólidas indican el comportamiento de los cultivos mixtos, mientras que las gráficas punteadas indican el comportamiento de cada tipo de paramecio, en forma independiente.

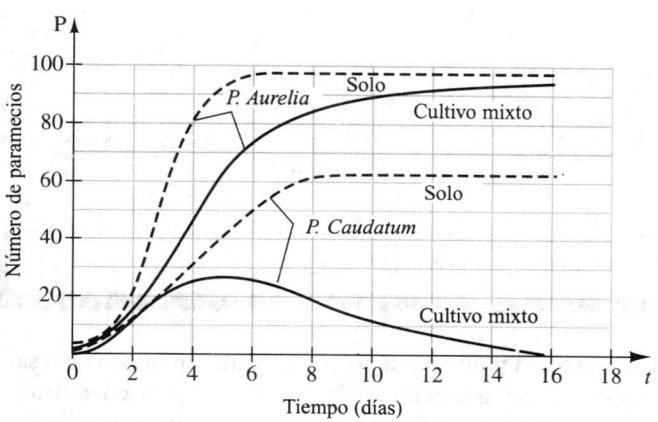

Resultados del experimento de Gause con dos especies de paramecio

(a) Describa lo que ocurre con el tiempo a cada especie cuando crecen independientes.
(b) Describa lo que ocurre con el tiempo a cada especie cuando crecen juntas.
(c) Explique por qué la gráfica de los datos apoya o rechaza el principio de exclusión por competencia de Gause.

38. Medicina La gráfica adjunta ilustra la relación entre la dosis d de un medicamento particular y su efecto sobre el ritmo cardiaco H, en un mono hembra. ¿Cuál es la dosis mínima que mantendrá un ritmo normal de 72 latidos por minuto?

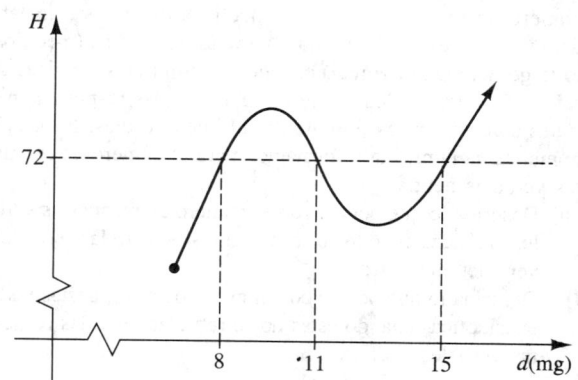

Relación entre la dosis de medicamento d y el ritmo cardiaco H

39. Negocios La siguiente gráfica ilustra la relación entre la ganancia P en miles de dólares para una compañía, y el número de máquinas en operación x.
  (a) ¿Cuál número de máquinas maximiza la ganancia?
  (b) ¿Cuál es la ganancia máxima?

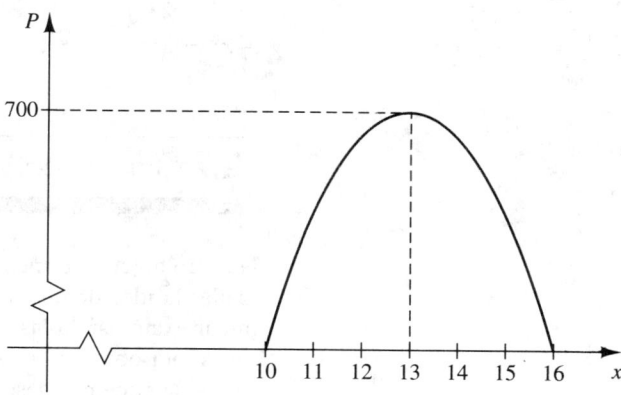

Relación entre la ganancia P y la cantidad de máquinas en operación x

40. Psicología

La figura adjunta contiene la gráfica de los datos reunidos en un experimento para medir cómo se puede influir sobre el comportamiento verbal anormal mediante técnicas de refuerzo y la atención social. La gráfica sólida indica la forma en que el número de respuestas verbales sicóticas (medidas a lo largo del eje vertical) cambian en un periodo de 36 días (medidos a lo largo del eje horizontal) cuando las respuestas sicóticas son reforzadas durante los primeros 18 días y las respuestas neutrales son reforzadas durante los últimos 18 días. La gráfica punteada da la misma información para el número de respuestas verbales neutras.

(a) Describa lo que ocurre con el número de respuestas verbales sicóticas cuando se refuerzan éstas y no las respuestas verbales neutrales.

(b) Describa lo que ocurre con el número de respuestas verbales sicóticas cuando éstas no se refuerzan y sí las respuestas verbales neutrales.

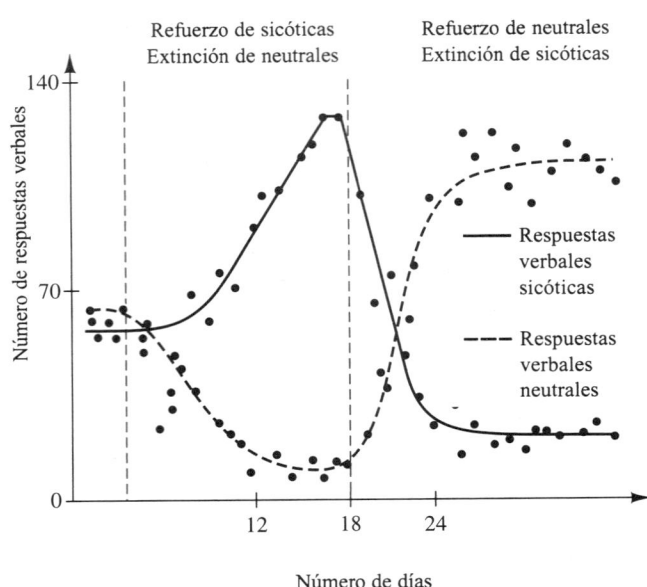

Incidencia de comportamiento verbal sicótico y neutral afectado por técnicas de refuerzo social

GRAFIJACIÓN

En los ejercicios 41-46, utilice una calculadora gráfica o una computadora para obtener la gráfica de la función dada y utilice la gráfica para determinar

(a) los ceros de la función
(b) los intervalos donde la función es positiva
(c) los intervalos donde la función es negativa

En caso necesario, redondee a centésimos.

41. $f(x) = x^2 - x - 6$
42. $f(x) = -x^2 - 2x + 8$
43. $y = \dfrac{x^2 - 1}{x^2 + 1}$
44. $y = \dfrac{-1}{x^2 - 2}$
45. $y = x^3 - 3x + 1$
46. $y = x^4 - 2x^3 - x + 1$

2.7 Introducción al trazo de curvas: simetría

Nuestro objetivo principal en esta sección y durante todo el siguiente capítulo será desarrollar la idea de que ciertas características *geométricas* de una gráfica se pueden determinar examinando las características *algebraicas* de su ecuación y viceversa.

Ahora observaremos una característica geométrica de una gráfica particular y veremos si la podemos describir de manera algebraica. Consideremos la letra **A** que se muestra en la figura 2.65.

Hemos trazado una recta vertical a través de la letra; observemos que si doblamos la letra a lo largo de la línea punteada, las dos mitades coincidirán. En forma alternativa, podemos decir que se coloca un espejo sobre la recta vertical a través de la **A**, la mitad izquierda de la letra sería la reflexión de la mitad derecha, y viceversa, como se muestra en la figura 2.66. Decimos que la letra **A** es **simétrica con respecto** de la recta vertical que pasa por su centro; la recta se llama **eje de simetría**.

FIGURA 2.65

FIGURA 2.66

Consideremos la gráfica de la figura 2.67. Observemos que si imaginamos un espejo sobre el eje y, entonces la parte de la gráfica a la izquierda del eje y es la reflexión de la parte de la gráfica a la derecha del eje y (y viceversa). Se dice que dicha gráfica es **simétrica con respecto del eje y**.

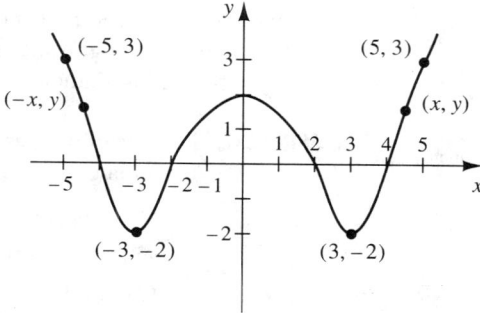

FIGURA 2.67 Una gráfica que exhibe simetría con respecto del eje y.

¿Cómo describir esta simetría en forma algebraica? Si observamos con cuidado la gráfica de la figura 2.67 vemos que los puntos $(5, 3)$ y $(-5, 3)$ están sobre la gráfica. De manera análoga, también tenemos las siguientes parejas de puntos sobre la gráfica: $(4, 0)$ y $(-4, 0)$, $(3, -2)$ y $(-3, -2)$ y $(-2, 0)$ y $(2, 0)$.

Podemos establecer esto de manera concisa: en general, si una gráfica exhibe simetría con respecto del eje y, entonces, siempre que un punto (x, y) esté sobre la gráfica, también estará $(-x, y)$. Ésta es una descripción algebraica de la simetría con respecto del eje y. De hecho, por ser tan concisa, por lo general utilizamos esta descripción algebraica para definir este tipo de simetría (lo que haremos en un momento).

La figura 2.68 ilustra dos tipos adicionales de simetría. La gráfica de la figura 2.68(a) es simétrica con respecto del eje x. Observe que para cada punto y unidades verticales de un lado del eje x le corresponde otro punto y unidades verticales, del otro lado del eje x. De nuevo, podemos establecer esto de manera concisa: siempre que un punto (x, y) esté en la gráfica, también lo estará $(x, -y)$.

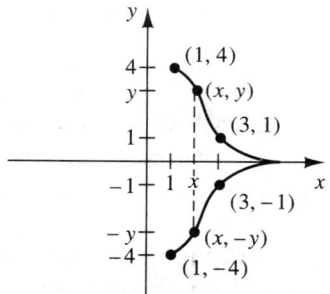

(a) Una gráfica que exhibe simetría con respecto del eje x

FIGURA 2.68

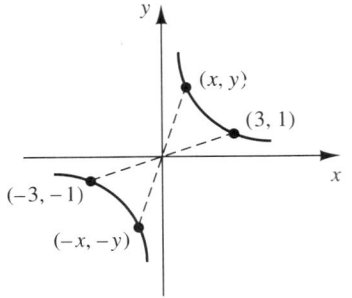

(b) Una gráfica que exhibe simetría con respecto del origen

FIGURA 2.68

Aunque podemos describir con facilidad la simetría con respecto de una recta como el eje *x* o el eje *y*, la simetría con respecto de un punto es más difícil de describir. Analizamos la simetría con respecto del origen en este momento, porque aparecerá con frecuencia en nuestro análisis de las funciones.

La gráfica de la figura 2.68(b) es simétrica con respecto del origen. Este tipo de simetría se llama simetría con respecto del origen, pues el origen es el punto medio del segmento de recta que une los dos puntos (x, y) y $(-x, -y)$. Observe que siempre que un punto (x, y) esté en la gráfica, también estará el punto $(-x, -y)$.

Así, daremos las siguientes definiciones.

DEFINICIÓN Una gráfica es **simétrica con respecto del eje *y*** si siempre que (x, y) esté en la gráfica, $(-x, y)$ también está en la gráfica.

Una gráfica es **simétrica con respecto del eje *x*** si siempre que (x, y) esté en la gráfica, $(x, -y)$ también está en la gráfica.

Una gráfica es **simétrica con respecto del origen** si siempre que (x, y) esté en la gráfica, $(-x, -y)$ también está en la gráfica.

Si la gráfica de una ecuación es simétrica con respecto del eje *y*, entonces, por definición, si (x, y) está en la gráfica, $(-x, y)$ también está en la gráfica. Por lo tanto, (x, y) y $(-x, y)$ satisfacen la ecuación de la gráfica. Esto significa que, en la ecuación de la gráfica, *x* y −*x* producen la misma *y*; o, en otras palabras, el *reemplazo de x por −x produce la misma ecuación*. Éste es un criterio conveniente para la simetría. De la misma forma podemos utilizar estas definiciones para establecer los otros criterios algebraicos para la simetría.

CRITERIOS DE SIMETRÍA

1. La gráfica de una ecuación exhibe *simetría con respecto del eje y* si al reemplazar *x* por −*x* se obtiene una ecuación equivalente.
2. La gráfica de una ecuación exhibe *simetría con respecto del eje x* si al reemplazar *y* por −*y* se obtiene una ecuación equivalente.
3. La gráfica de una ecuación exhibe *simetría con respecto del origen* si al reemplazar *x* por −*x* y *y* por −*y* se obtiene una ecuación equivalente.

EJEMPLO 1 Determinar los tipos de simetría (si los tiene) que exhiben las gráficas de las siguientes ecuaciones.

(a) $y = x^3$ **(b)** $y = x^2 - 4$ **(c)** $y = x^3 - x^2 - 2x$ **(d)** $x^2 + y^2 = 4$

Solución Podemos verificar la simetría de cada una de estas situaciones aplicando los criterios de simetría recién descritos. Hacemos esto reemplazando primero *x* por −*x* en la ecuación original y viendo si obtenemos una ecuación equivalente; después hacemos lo mismo reemplazando *y* por −*y*; por último, reemplazamos *x* por −*x* y *y* por −*y* y vemos si obtenemos una ecuación equivalente.

Recuerde que una gráfica puede exhibir más de un tipo de simetría, de modo que necesitamos aplicar los criterios de manera individual. Sin embargo, si una gráfica exhibe dos de estas simetrías, entonces necesariamente debe exhibir la tercera. Por ejemplo, si una gráfica exhibe las simetrías con respecto de ambos ejes, entonces necesariamente

2.7 Introducción al trazo de curvas: simetría

exhibe la simetría con respecto del origen, pues reflejar una parte de la gráfica con respecto del eje y y después con respecto del eje x es equivalente a una reflexión con respecto del origen. Véase la figura 2.69.

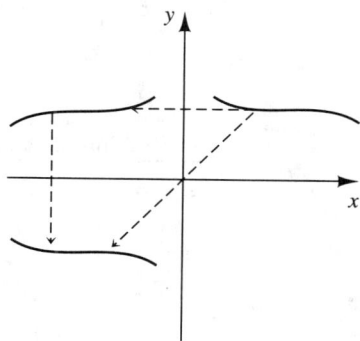

FIGURA 2.69 La simetría con respecto de ambos ejes implica la simetría con respecto del origen.

Observe que estamos respondiendo a cuestiones geométricas en torno a la simetría examinando cada ecuación de manera algebraica. Cada una de las preguntas en este ejemplo es de un tipo que analizaremos con más detalle en secciones posteriores del texto. Aunque no hemos analizado aún la forma de obtener las gráficas de estas ecuaciones, incluimos sus gráficas para visualizar la simetría deducida en forma algebraica.

(a) Verificación de la simetría con respecto del eje y

$y = x^3$ *Para verificar la simetría con respecto del eje y, reemplazamos x por $-x$.*

$y = (-x)^3 = -x^3$ *Esto no es equivalente a $y = x^3$. Por lo tanto, la gráfica de $y = x^3$ no exhibe simetría con respecto del eje y.*

Verificación de la simetría con respecto del eje x

$y = x^3$ *Para verificar la simetría con respecto del eje x, reemplazamos y por $-y$.*

$-y = x^3$ *Esto no es equivalente a $y = x^3$. Por lo tanto, la gráfica de $y = x^3$ no exhibe simetría con respecto del eje x.*

Verificación de la simetría con respecto del origen

$y = x^3$ *Para verificar la simetría con respecto del origen, reemplazamos x por $-x$ y y por $-y$.*

$-y = (-x)^3$

$-y = -x^3$ *Esto es equivalente a $y = x^3$. Por lo tanto, la gráfica de $y = x^3$ sí tiene simetría con respecto del origen.*

La gráfica de $y = x^3$ aparece en la figura 2.70.

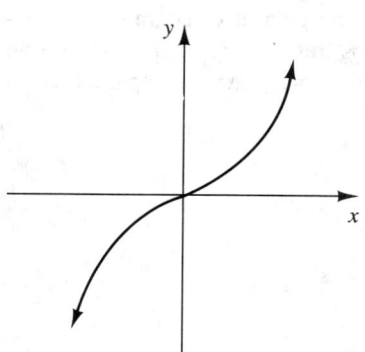

FIGURA 2.70 La gráfica de $y = x^3$ exhibe simetría con respecto del origen.

(b) Verificación de la simetría con respecto del eje y

$y = x^2 - 4$ *Reemplazamos x por −x.*

$y = (-x)^2 - 4 = x^2 - 4$ *Ésta es la ecuación original. Por lo tanto, la gráfica de $y = x^2$ sí tiene simetría con respecto del eje y.*

Verificación de la simetría con respecto del eje x

$y = x^2 - 4$ *Reemplazamos y por −y.*

$-y = x^2 - 4$ *Esto no es equivalente a $y = x^2 - 4$. Por lo tanto, la gráfica de $y = x^2$ no tiene simetría con respecto del eje x.*

Verificación de la simetría con respecto del origen

$y = x^2 - 4$ *Reemplazamos x por −x y y por −y para verificar la simetría con respecto del origen.*

$-y = (-x)^2 - 4$
$-y = x^2 - 4$ *Esto no es equivalente a $y = x^2 - 4$. Por lo tanto, la gráfica de $y = x^2 - 4$ no tiene simetría con respecto del origen.*

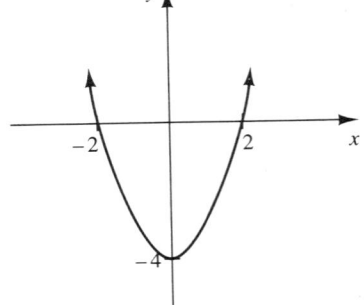

FIGURA 2.71 La gráfica de $y = x^2 - 4$ exhibe simetría con respecto del eje y.

En realidad, una vez que sabemos que la gráfica de $y = x^2 - 4$ tiene simetría con respecto del eje y pero no con respecto del eje x, no puede tener simetría con respecto del origen, de modo que la verificación del criterio para esta última simetría era innecesaria. Recuerde que *es* posible que una gráfica no exhiba simetría con respecto de los ejes pero que sea simétrica con respecto del origen.

La gráfica de $y = x^2 - 4$ aparece en la figura 2.71.

(c) Podemos realizar la verificación de los tres criterios de simetría en cualquier orden. Sin embargo, tiene sentido realizar primero la verificación de la simetría con respecto de los ejes, ya que si una gráfica exhibe *sólo una* de estas simetrías, no puede tener simetría con respecto del origen, y si una gráfica exhibe *ambas* simetrías, debe tener simetría con respecto del origen. Se deja al estudiante que verifique que la ecuación $y = x^3 - x^2 - 2x$ no cumple los tres criterios y por lo tanto no exhibe ninguna de las tres simetrías. La gráfica de $y = x^3 - x^2 - 2x$ aparece en la figura 2.72.

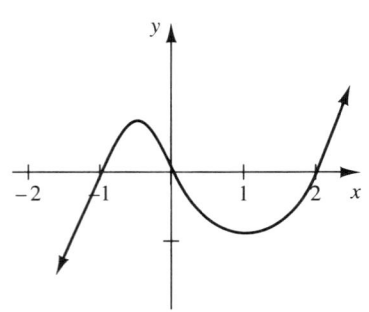

FIGURA 2.72 La gráfica de $y = x^3 - x^2 - 2x$ no exhibe ninguna de las tres simetrías.

2.7 Introducción al trazo de curvas: Simetría

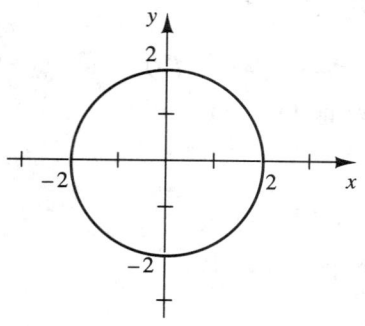

FIGURA 2.73 La gráfica de $x^2 + y^2 = 4$ exhibe las tres simetrías.

(d) Es muy sencillo reconocer que cuando reemplazamos x por $-x$ o y por $-y$ en la ecuación $x^2 + y^2 = 4$, obtenemos una ecuación equivalente. Así, la ecuación $x^2 + y^2 = 4$ exhibe la simetría con respecto de ambos ejes y, necesariamente, la simetría con respecto del origen. Como vimos en la sección 2.1, la gráfica de $x^2 + y^2 = 4$ es un círculo con centro $(0,0)$ y radio 2; aparece en la figura 2.73. ∎

EJEMPLO 2 Determinar el punto simétrico al punto $(-2, 3)$ con respecto del eje x, del eje y y del origen.

Solución El punto simétrico al punto $(-2, 3)$ con respecto del eje y es el punto con la misma "altura" que $(-2, 3)$; por lo tanto, su coordenada y es 3. Está a la misma distancia del eje x, sólo que del lado opuesto de este eje; por lo tanto, su coordenada x es 2. El punto es $(2, 3)$.

El punto simétrico al punto $(-2, 3)$ con respecto del eje x es el punto con la misma coordenada x que $(-2, 3)$, que es -2. Está a la misma distancia del eje y, sólo que del lado opuesto de este eje; por lo tanto, su coordenada y es -3. El punto es $(-2,-3)$.

El punto simétrico al punto $(-2,3)$ con respecto del origen es el punto con coordenadas (x, y) opuestas, que es $(2, -3)$. Véase la figura 2.74. ∎

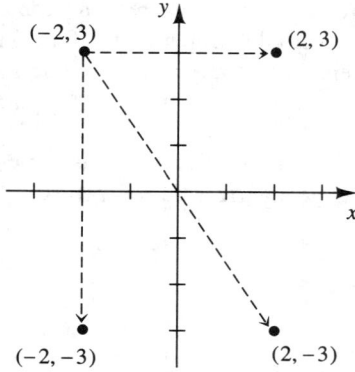

FIGURA 2.74

Hasta este momento, nuestro análisis de la simetría ha sido en torno a gráficas de ecuaciones en general. Si restringimos nuestra atención a las gráficas de funciones podemos reformular nuestros resultados relativos a la simetría.

Por ejemplo, una gráfica tiene simetría con respecto del eje y, si el mismo valor de y corresponde a x y a $-x$. Si utilizamos la notación funcional, podemos reestablecer esto como: si $f(x) = y$, entonces $f(-x) = y$, o de manera concisa, $f(x) = f(-x)$. Una función exhibe simetría con respecto del origen si valores de y opuestos corresponden a valores x opuestos. De nuevo utilizamos la notación funcional: si $f(x) = y$, entonces $f(-x) = -y$. Si observamos que $f(-x) = -y = -f(x)$, tenemos que $f(-x) = -f(x)$. Utilizamos la notación funcional para reescribir las definiciones de simetría dadas anteriormente, como sigue.

¿Por qué no hablamos de la simetría con respecto del eje x para la gráfica de una función?

DEFINICIÓN La gráfica de una función $y = f(x)$ tiene simetría con respecto del eje y si $f(-x) = f(x)$.
La gráfica de una función $y = f(x)$ tiene simetría con respecto del origen si $f(-x) = -f(x)$.

Así, para verificar la simetría con respecto del eje y o del origen para una función, examinamos $f(-x)$. Si $f(-x) = f(x)$, entonces la gráfica de $y = f(x)$ tiene simetría con respecto del eje y; si $f(-x) = -f(x)$, entonces la gráfica de $y = f(x)$ tiene simetría con respecto del origen.

EJEMPLO 3 Analice la simetría de las siguientes funciones:

(a) $y = f(x) = 2x^3 - 3x$ (b) $y = g(x) = -x^4 + 5x^2 - 6$
(c) $y = h(x) = 3x^2 - 6x$

Solución Para determinar si una función tiene simetría con respecto del eje y o del origen, comparamos $f(-x)$ con $f(x)$. Si son iguales, entonces la gráfica de $y = f(x)$ tiene simetría con respecto del eje y; si son opuestas, entonces la gráfica de $y = f(x)$ tiene simetría con respecto del origen.

(a) Para $y = f(x) = 2x^3 - 3x$, tenemos
$$f(-x) = 2(-x)^3 - 3(-x) = -2x^3 + 3x = -(2x^3 - 3x) = -f(x)$$
Por lo tanto, la gráfica de $f(x)$ tiene simetría con respecto del origen.

(b) Para $y = g(x) = -x^4 + 5x^2 - 6$, tenemos
$$g(-x) = -(-x)^4 + 5(-x)^2 - 6 = -x^4 + 5x^2 - 6 = g(x)$$
Por lo tanto, la gráfica de $f(x)$ tiene simetría con respecto del eje y.

(c) Para $y = h(x) = 3x^2 - 6x$, tenemos
$$h(-x) = 3(-x)^2 - 6(-x) = 3x^2 + 6x$$
que no es igual a $h(x)$ ni a $-h(x)$; por lo tanto, la gráfica de $h(x)$ no tiene simetría con respecto del eje y ni con respecto del origen. ∎

¿Por qué piensa que una función impar se llama así?

Una función que exhibe simetría con respecto del eje y se llama con frecuencia una *función par*, mientras que una que exhibe simetría con respecto del origen es una función *impar*. Al analizar de nuevo los resultados del último ejemplo, ¿puede ver por qué se utiliza esta terminología? (Véase el ejercicio 36.)

¿Por qué piensa que una función par se llama así?

En el siguiente capítulo continuaremos nuestro análisis de la relación entre las características algebraicas de una ecuación y las características geométricas de su gráfica.

EJERCICIOS 2.7

En los ejercicios 1-8, determine si la gráfica dada tiene simetría con respecto del eje y, del eje x o del origen, o bien, si no exhibe alguna de estas simetrías.

1.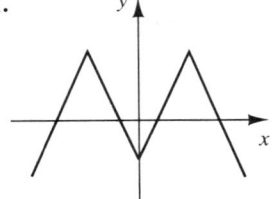

2.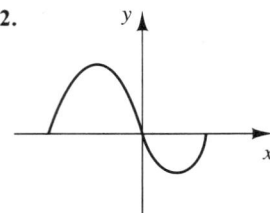

3.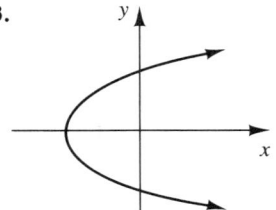

4.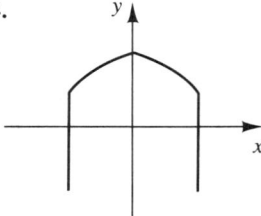

5.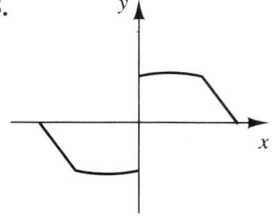

6.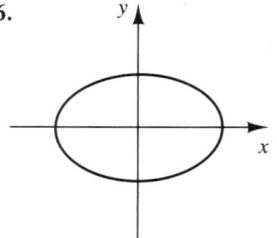

7.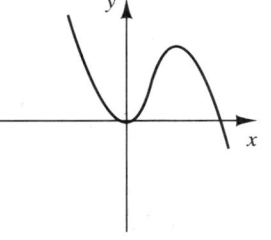

8.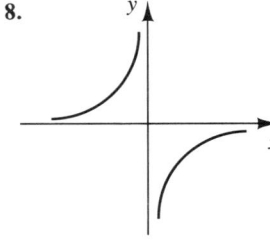

En los ejercicios 9-12, se le proporciona una parte de una gráfica. Complete la gráfica dada si exhibe **(a)** simetría con respecto del eje y y **(b)** simetría con respecto del origen.

9.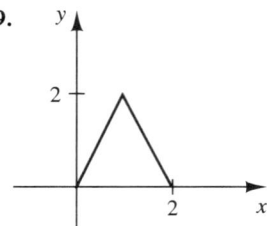

10.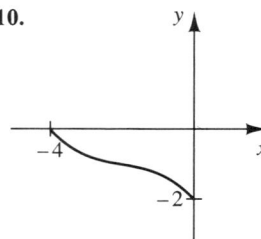

11.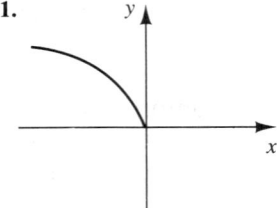

12.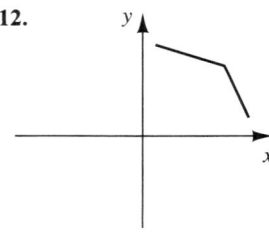

En los ejercicios 13–16 se proporcionan los extremos del segmento de recta $\overline{PQ}$. Trace la reflexión de $\overline{PQ}$ en torno de (a) el eje y, (b) el eje x y (c) el origen.

13. $P(2, 1)$ y $Q(4, 6)$
14. $P(-2, -3)$ y $Q(0, 2)$
15. $P(3, 0)$ y $Q(5, -1)$
16. $P(-4, 0)$ y $Q(0, -4)$

En los ejercicios 17–34, determine si la gráfica de la función dada tiene simetría con respecto del eje y, con respecto del origen o ninguna de éstas.

17. $y = f(x) = 4x^2 - 1$
18. $y = g(x) = -2x^3 + 16$
19. $y = h(x) = x^5 - 2x$
20. $y = f(x) = 6 + x^2 - x^4$
21. $y = f(x) = 2x^2 - 3x + 1$
22. $y = h(x) = 7$
23. $y = F(x) = \dfrac{5}{x}$
24. $y = G(x) = \dfrac{2}{x+1}$
25. $y = F(x) = -\dfrac{x^4}{x^2 - 1}$
26. $y = G(x) = \dfrac{x^2 + 9}{x}$
27. $y = F(x) = \dfrac{x^3}{x^2 - 1}$
28. $y = G(x) = -\dfrac{x^2 + 9}{x^2}$
29. $y = H(x) = |x|$
30. $y = H(x) = |x - 3|$
31. $y = f(x) = \dfrac{x}{4} - \dfrac{x}{3}$
32. $y = G(x) = \dfrac{5}{x} + \dfrac{2}{x^2}$
33. $y = h(x) = \dfrac{x - 3}{4 - x}$
34. $y = F(x) = \dfrac{x^4 + 1}{2x^2 - 8}$

PREGUNTAS PARA REFLEXIONAR

35. Hemos descrito el criterio de la recta vertical para determinar si una gráfica define a y como función de x. Suponga que queremos que la gráfica también defina a x como función de y. ¿Qué característica especial debe tener la gráfica?

36. Como mencionamos en esta sección, una función para la cual $f(-x) = f(x)$ es una *función par*, mientras que una función para la cual $f(-x) = -f(x)$ es una *función impar*. Así, una función exhibe simetría con respecto del eje y y una función impar exhibe simetría con respecto del origen.
  (a) Muestre que si $f(x)$ es un polinomio con exclusivamente potencias impares de x, entonces es una función impar.
  (b) Muestre que si $f(x)$ es un polinomio con exclusivamente potencias pares de x, entonces es una función par.
  (c) Muestre que si $f(x)$ es un polinomio con potencias pares e impares de x, entonces no es una función par ni impar.
  (d) Examine $f(x) = \sqrt[3]{x}$ y muestre que una función puede ser impar sin tener potencias impares.

37. (a) Suponga que $f(x)$ y $g(x)$ son pares. ¿Qué puede decir de $f(x) + g(x)$?
  (b) Suponga que $f(x)$ y $g(x)$ son impares. ¿Qué puede decir de $f(x) + g(x)$?
  (c) Suponga que $f(x)$ es par y $g(x)$ es impar. ¿Qué puede decir de $f(x) + g(x)$?

GRAFIJACIÓN

En los ejercicios 38–43, utilice una calculadora gráfica o una computadora para determinar si la gráfica de las ecuaciones exhibe simetría con respecto del eje y o con respecto del origen.

38. $y = x^3 + x$
39. $y = \dfrac{4}{x + 2}$
40. $y = x^4 - x^2 - 4$
41. $y = 3x - 6$
42. $y = \dfrac{x - 1}{x^2 + 1}$
43. $y = \dfrac{x}{x^2 - 5}$

Capítulo 2 **RESUMEN**

Al terminar este capítulo usted deberá:

1. Poder graficar líneas rectas en un sistema de coordenadas rectangulares. (Sección 2.1).
2. Poder calcular la pendiente de una recta. (Sección 2.2)
   La pendiente es la razón de cambio en y con respecto al cambio en x mientras nos movemos de un punto a otro sobre la gráfica. Para una recta, esta razón es constante.

Por ejemplo:
Para determinar la pendiente de la recta que pasa por los puntos $(-3, 2)$ y $(1, -4)$, utilizamos la fórmula para la pendiente de una recta vertical, que es $m = \dfrac{y_2 - y_1}{x_2 - x_1}$, y obtenemos

$$m = \dfrac{-4 - 2}{1 - (-3)} = \dfrac{-6}{4} = \dfrac{-3}{2}.$$

3. Comprender el concepto de pendiente de una recta. (Sección 2.2)
   Las rectas con pendiente positiva ascienden cuando nos movemos de izquierda a derecha, y las rectas con pendiente negativa descienden cuando nos movemos de izquierda a derecha. Una recta con pendiente nula es horizontal, mientras que una recta cuya pendiente no está definida es vertical.
4. Saber que dos rectas no verticales son paralelas si y sólo si sus pendientes son iguales, y que son perpendiculares si y sólo si sus pendientes son recíprocas negativas. (Sección 2.2)
5. Poder escribir una ecuación de una recta que satisface ciertas condiciones. (Sección 2.3)
   Una recta queda determinada una vez que conocemos un punto sobre la recta y la pendiente.
   Por ejemplo:
   Escribir una ecuación de la recta que pasa por el punto $(4, -5)$, perpendicular a la recta cuya ecuación es $3x + 4y = 7$.
   Solución:
   La pendiente de la recta cuya ecuación es $3x + 4y = 7$ se puede determinar con facilidad si escribimos esta ecuación en la forma pendiente-ordenada al origen

   $$3x + 4y = 7 \Rightarrow y = -\frac{3}{4}x + \frac{7}{4}$$

   Así, la pendiente de la recta dada es $-\frac{3}{4}$.

   La pendiente de una recta perpendicular a la recta dada será entonces $\frac{4}{3}$. Podemos escribir la ecuación de la recta perpendicular mediante la forma punto-pendiente para la ecuación de una recta, lo que implica $y - (-5) = \frac{4}{3}(x - 4)$; nuestra respuesta final se escribe por lo general como $\boxed{y = \frac{4}{3}x - \frac{31}{3}}$.

6. Poder trazar la gráfica del conjunto solución de una desigualdad lineal en dos variables. (Sección 2.1)
   La solución de una desigualdad lineal es un semiplano acotado por una recta. Utilice un punto de prueba para determinar el lado de la recta donde están todas las soluciones.
   Por ejemplo:
   Para graficar el conjunto solución de $4x - 3y > 12$, primeros trazamos la frontera de la región, que es la gráfica de la recta $4y - 3x = 12$. Trazamos una recta punteada, puesto que los puntos sobre la recta *no* se incluyen en el conjunto solución. A continuación, elegimos un punto de prueba que no esté sobre la recta, digamos $(0, 0)$, y determinamos que no satisface la desigualdad dada. Por lo tanto, la región que contiene a $(0, 0)$ no satisface la desigualdad, de modo que el conjunto solución es la región que no contiene a $(0, 0)$. El conjunto solución aparece en la figura 2.75.

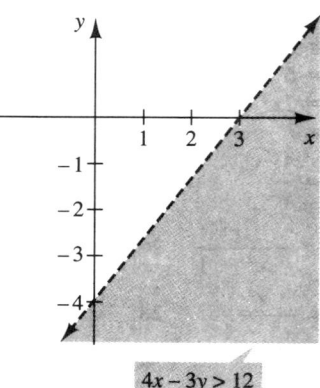

FIGURA 2.75 El conjunto solución de $4x - 3y > 12$

7. Reconocer y graficar ecuaciones de círculos. (Véase la Sección 2.1) La forma canónica de la ecuación de un círculo con centro en (h, k) y radio r es $(x - h)^2 + (y - k)^2 = r^2$. Al conocer el centro y radio del círculo es más sencillo graficarlo.
   Por ejemplo:
   Determinar el centro y radio del círculo cuya ecuación es $(x + 2)^2 + (y - 5)^2 = 15$.
   Solución:
   Al comparar la ecuación dada con la forma canónica $(x - h)^2 + (y - k)^2 = r^2$, podemos ver que $h = -2$, $k = 5$ y $r = \sqrt{15}$. Por lo tanto,

   $\boxed{\text{el centro es } (-2, 5) \text{ y el radio es } \sqrt{15}.}$

8. Comprender la definición de una función y poder determinar su dominio. (Sección 2.4). Una función es una relación entre x y y para la que a cada valor real x del dominio, le corresponde exactamente un valor real y en el rango.
   Por ejemplo:
   Determinar el dominio de la función $y = \dfrac{\sqrt{2x + 5}}{x - 3}$.

Solución:

El dominio de esta función consta de todos los números reales x para los que la expresión $\dfrac{\sqrt{2x+5}}{x-3}$ está definida y es un número real. En consecuencia, pedimos que

$$2x + 5 \geq 0 \Rightarrow x \geq -\frac{5}{2}$$

y $\qquad x - 3 \neq 0 \Rightarrow x \neq 3$

Por lo tanto, $\boxed{\text{el dominio es } \{x \mid x \geq -\dfrac{5}{2}, x \neq 3\}}$.

9. Utilizar la notación funcional para calcular valores de funciones. (Sección 2.5)
   Al utilizar la notación funcional, es útil pensar x como la entrada y $f(x)$ como la salida.

   Por ejemplo:
   Dada $f(x) = -x^2 - 3x + 2$, determinar (a) $f(-6)$ y (b) $f(x+5)$.

   Solución:

   (a) $f(x) = -x^2 - 3x + 2$ \qquad *Para determinar $f(x)$, reemplazamos x por -6.*

   $f(-6) = -(-6)^2 - 3(-6) + 2$

   $f(-6) = \boxed{-16}$

   (b) $f(x) = -x^2 - 3x + 2$ \qquad *Para determinar $f(x+5)$, reemplazamos x por $x+5$.*

   $f(x+5) = -(x+5)^2 - 3(x+5) + 2$

   $\qquad = -(x^2 + 10x + 25) - 3x - 15 + 2$

   $\qquad = -x^2 - 10x - 25 - 3x - 15 + 2$

   $f(x+5) = \boxed{-x^2 - 13x - 38}$

10. Poder leer información relativa a una función a partir de su gráfica. (Sección 2.6)

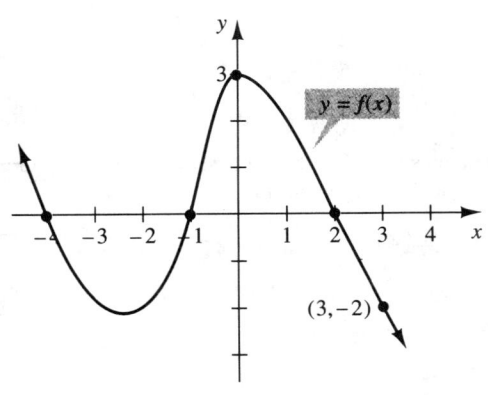

FIGURA 2.76

Por ejemplo:
Considere la gráfica de $f(x)$ en la figura 2.76.
A partir de la gráfica de $f(x)$ en la figura 2.76, podemos ver, entre otras cosas, que $f(3) = -2$; que $f(0) = 3$, que $f(x)$ tiene ceros en -4, -1 y 2; que $f(x)$ es positiva en el intervalo $(-1, 2)$ y que $f(x)$ es decreciente en el intervalo $[0, \infty)$.

11. Reconocer cuándo una gráfica exhibe simetría con respecto del eje y, del eje x, o del origen. Véase la figura 2.77. (Sección 2.7)

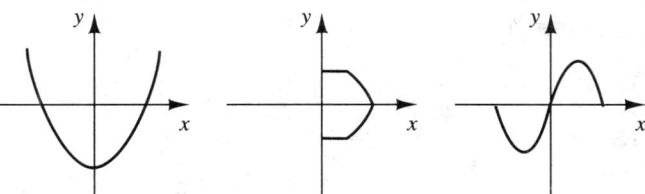

Una gráfica que exhibe simetría con respecto del eje y \qquad Una gráfica que exhibe simetría con respecto del eje x \qquad Una gráfica que exhibe simetría con respecto del origen

FIGURA 2.77

12. Poder utilizar la fórmula algebraica de una función para determinar si su gráfica exhibe simetría con respecto del eje y o con respecto del origen. (Sección 2.7)
    Una función para la que $f(-x) = f(x)$ tiene una gráfica que exhibe simetría con respecto del eje y.
    Una función para la que $f(-x) = -f(x)$ tiene una gráfica que exhibe simetría con respecto del origen.
    Por ejemplo:
    Para $f(x) = x^3 - 4x$, tenemos

    $f(-x) = (-x)^3 - 4(-x)$
    $\qquad = -x^3 + 4x = -(x^3 - 4x) = -f(x)$

    y entonces la gráfica de $f(x) = x^3 - 4x$ exhibe simetría con respecto del origen. La gráfica aparece en la figura 2.78.

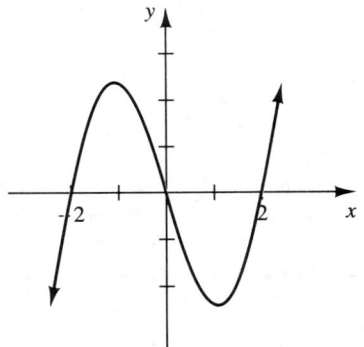

FIGURA 2.78 La gráfica de $y = f(x) = x^3 - 4x$ exhibe simetría con respecto del origen.

Capítulo 2 EJERCICIOS DE REPASO

En los ejercicios 1–18, trace la gráfica de la ecuación o desigualdad dada en un sistema de coordenadas rectangulares.

1. $4x - 5y = 20$
2. $y = 2x - 8$
3. $3x + 7y + 14 \leq 0$
4. $y = -5x$
5. $y = -5$
6. $\dfrac{x}{2} - \dfrac{y}{3} > 4$
7. $3x = 4$
8. $3x = 4y$
9. $x^2 + y^2 = 9$
10. $x + y = 9$
11. $(x - 3)^2 + (y + 4)^2 = 9$
12. $x^2 + y^2 - 6y = 1$
13. $5x + 5y = 20$
14. $5x^2 + 5y^2 = 20$
15. $x^2 - 3x + y^2 + 2y = 2$
16. $3x - 2y < 10$
17. $x < -2$
18. $y \geq \dfrac{3}{2}$

En los ejercicios 19–22, utilice la gráfica dada para determinar (a) si es la gráfica de una función, (b) su dominio y (c) su rango.

19.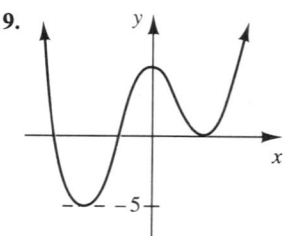

20.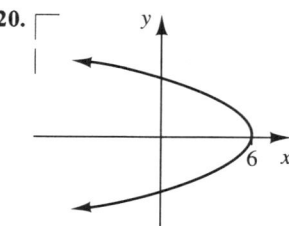

21.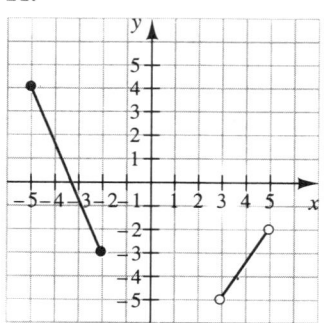

22.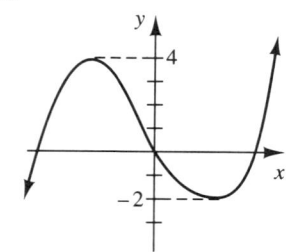

23. Dada la ecuación $y = x^4$, ¿cuánto vale y cuando $x = 2$? ¿Cuándo $x = -2$? ¿$y = x^4$ define y como función de x? Explique.
24. Dada la ecuación $y^4 = x$, ¿cuánto vale y cuando $x = 16$? ¿$y^4 = x$ define y como función de x? Explique.

25. Escriba una ecuación para la recta que pasa por los puntos $(-3, 4)$ y $(2, -5)$.
26. Escriba una ecuación para la recta que pasa por el punto $(2, 0)$ y es perpendicular a la recta cuya ecuación es $4x - 7y = 2$.
27. Determine el valor (o valores) de t de modo que la recta que pasa por los puntos $(1, -4)$ y $(t, 6)$ sea paralela a la recta que pasa por los puntos $(-3, -1)$ y $(5, t)$.
28. Demuestre que los puntos $P(-1, 3)$, $Q(3, -2)$ y $R(13, 6)$ son los vértices de un triángulo rectángulo.
29. Escriba una ecuación para el círculo con centro $(-4, 1)$ y radio 7.
30. Determine el centro y radio del círculo con ecuación $x^2 + (y + 2)^2 = 20$.
31. Determine el centro y radio del círculo con ecuación $x^2 + 8x + y^2 - 2y = 8$.
32. Trace la gráfica de $x^2 - 4x + y^2 - 6y + 9 = 0$.
33. Escriba una ecuación para el círculo con centro $(-5, 4)$ y radio $\dfrac{1}{2}$.
34. Escriba una ecuación para la recta tangente al círculo $x^2 + 10x + y^2 = 33$ en el punto $(2, -3)$.
35. Escriba una ecuación para el círculo con un diámetro cuyos extremos son $(1, -4)$ y $(0, 5)$.
36. Escriba una ecuación para el círculo con un radio de 7 unidades y centro en el punto donde la recta $3y - \dfrac{1}{2}x = 4$ corta al eje y.

En los ejercicios 37–44, determine el dominio de la función dada.

37. $f(x) = \sqrt{5 - 3x}$
38. $g(x) = \sqrt[3]{5 - 3x}$
39. $h(x) = \dfrac{x - 1}{x^2 - 3x - 4}$
40. $F(x) = \dfrac{5}{x^2 + 9}$
41. $G(x) = \sqrt{6x - x^2}$
42. $f(x) = \dfrac{\sqrt{x + 6}}{x - 2}$
43. $F(x) = \dfrac{-2}{\sqrt{x + 4}}$
44. $H(x) = 4x^3 - 5x^2 - x + 7$

En los ejercicios 45–56, utilice la función dada para determinar los valores solicitados (de ser posible).

45. $f(x) = -x^2 + 4x - 1$
   $f(-3), f(2x), 2f(x)$
46. $g(x) = \sqrt{7 - 2x}$
   $g(-9), g(0), g\left(\dfrac{1}{2}\right)$

Capítulo 2 Ejercicios de repaso

47. $h(x) = \sqrt{5}$
    $h(2), h(10), h(-3)$

48. $f(x) = 9 - 4x^2$
    $f(x + 3), f(x) + 3$

49. $g(t) = \dfrac{2t - 1}{t + 5}$, $g\left(\dfrac{1}{2}\right), g(-5), g(t + 1)$

50. $H(r) = \dfrac{r}{4r^2 + 1}$, $H\left(-\dfrac{1}{2}\right), H\left(\dfrac{1}{r}\right), H(r + 1)$

51. $f(x) = \begin{cases} -2x + 7 & \text{si } x \leq -4 \\ x^2 - 1 & \text{si } -1 \leq x \leq 8 \end{cases}$
    $f(0), f(-1), f(-5)$

52. $f(x) = \begin{cases} -x & \text{si } x \leq -2 \\ x^2 & \text{si } -2 < x < 4 \\ \sqrt{x} & \text{si } 4 \leq x \end{cases}$
    $f(3), f(4), f(-2)$

53. $f(x) = 5x^2 - 6x + 3$; $\dfrac{f(x - 4) - f(x)}{4}$

54. $g(u) = 9 - 7u$; $\dfrac{g(u + h) - g(u)}{h}$

55. $f(t) = \dfrac{-3}{t}$; $\dfrac{f(t + h) - f(t)}{h}$

56. $h(x) = \dfrac{x + 1}{x - 1}$; $\dfrac{h(x - 3) - h(x)}{3}$

57. Utilice la gráfica de $y = f(x)$ en la figura para responder lo siguiente.

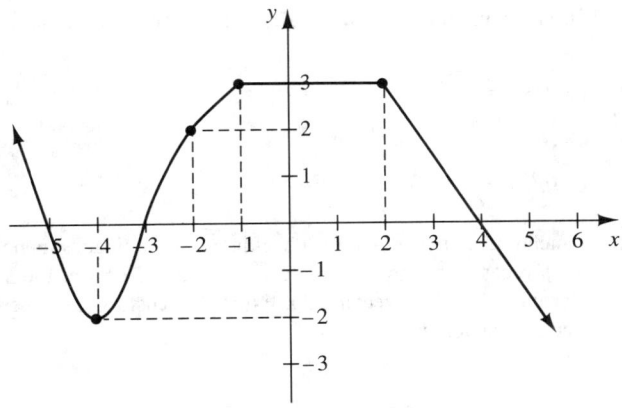

(a) Determine $f(-4), f(-2), f(0)$ y $f(1)$.
(b) ¿Cuáles son los ceros de $f(x)$?
(c) ¿En cuáles intervalos es $f(x) > 0$?
(d) ¿En cuáles intervalos es $f(x)$ negativa?
(e) ¿En cuáles intervalos es $f(x)$ creciente?
(f) ¿En cuáles intervalos es $f(x)$ decreciente?
(g) ¿En cuáles intervalos es $f(x)$ constante?

En los ejercicios 58-61, examine la gráfica dada para determinar si exhibe simetría con respecto al eje y, con respecto al eje x, con respecto al origen, o ninguna de éstas.

58.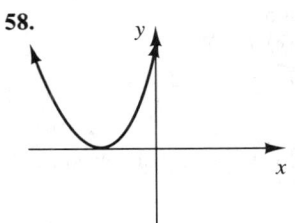

59.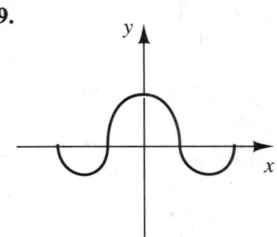

60.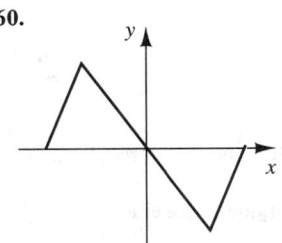

61.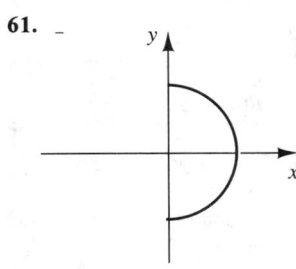

En los ejercicios 62-67, determine si la gráfica de la función dada exhibe simetría con respecto al eje y, con respecto al origen, o ninguna de éstas.

62. $f(x) = \dfrac{-3x}{x^2 + 1}$

63. $f(x) = 2x^2 - 5x$

64. $g(x) = \dfrac{x + 4}{x - 4}$

65. $h(x) = 7x - x^3$

66. $F(x) = \sqrt{9 - x^2}$

67. $G(x) = \dfrac{x^2 + 4}{x}$

68. Una compañía petrolera carga $\$1.32$ por galón, por cada uno de los primeros 150 galones de petróleo para calefacción casera, y $\$1.21$ por cada galón que exceda 150. Exprese el costo, C de una entrega de petróleo en función de g, el número de galones de petróleo adquiridos.

69. Una estudiante observa que ha recibido una calificación de 76 en su primer examen de matemáticas, después de estudiar 3 horas para el examen, y una calificación de 85 en su segundo examen de matemáticas, después de estudiar 5 horas. Suponga que existe una relación lineal entre sus calificaciones de los exámenes de matemáticas y el número de horas que estudia. ¿Cuál será su calificación si estudia 6 horas para su tercer examen de matemáticas?

70. Un asesor de computación carga $\$75$ por una consulta inicial con duración máxima de una hora, y $\$95$ por hora por cada hora adicional dedicada a un proyecto. Exprese el cargo del asesor, C, como función de h, la cantidad total de horas de tiempo de asesoría requerido.

71. En un momento determinado, los lados de un cuadrado miden 6 cm y comienzan a crecer a razón de 2.5 cm/min. Exprese el área del cuadrado t minutos después, como función de t.

Capítulo 2   EXAMEN DE PRÁCTICA

1. Dada $f(x) = -2x^2 - 5x + 3$, determine
   (a) $f(-4)$ (b) $f(x+4)$ (c) $f(4x)$
   (d) $f(x^2)$ (e) $\dfrac{f(x+h) - f(x)}{h}$

2. Dada $g(t) = \dfrac{2t+1}{t-2}$, determine lo siguiente y simplifique.
   (a) $g\left(\dfrac{2}{3}\right)$ (b) $g\left(\dfrac{1}{t}\right)$

3. Dada $F(x) = \dfrac{x}{x-3}$, determine el cociente de diferencias $\dfrac{F(x+5) - F(x)}{5}$ y simplifique.

4. Trace la gráfica de $5x - 3y = 20$. Indique las intersecciones con los ejes.

5. Escriba una ecuación para la recta que cruza el eje x en 4 y el eje y en -3.

6. Escriba una ecuación para la recta que pasa por el punto $(-2, -5)$ y que es perpendicular a la recta cuya ecuación es $3x - 7y + 10 = 0$.

7. Trace la gráfica de la ecuación $x^2 - 2x + y^2 = 0$. ¿Es la gráfica de una función? Explique.

8. Escriba una ecuación para el círculo cuyo diámetro tiene los extremos $(-3, 4)$ y $(1, -3)$.

9. Utilice la gráfica de $y = f(x)$ en la figura para contestar lo siguiente.

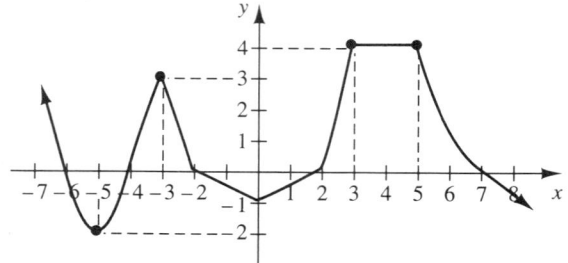

   (a) Determine $f(-5)$, $f(-3)$, $f(0)$ y $f(4)$.
   (b) ¿Cuáles son los ceros de $f(x)$?
   (c) ¿En cuáles intervalos es $f(x)$ positiva?
   (d) ¿En cuáles intervalos es $f(x) < 0$?
   (e) ¿En cuáles intervalos es $f(x)$ creciente?
   (f) ¿En cuáles intervalos es $f(x)$ decreciente?
   (g) ¿En cuáles intervalos es $f(x)$ constante?

10. La figura anexa contiene parte de una gráfica. Complete el resto de la gráfica si ésta exhibe

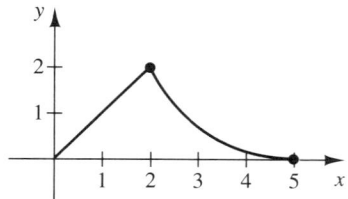

   (a) simetría con respecto al eje y
   (b) simetría con respecto al origen
   (c) simetría con respecto al eje x

11. Determine si las gráficas de las siguientes funciones exhiben simetría con respecto al eje y, al origen o ninguna de éstas.
   (a) $f(x) = \dfrac{x}{x+5}$
   (b) $F(x) = 3x^2 - x^4$
   (c) $h(x) = x - \dfrac{1}{x}$

12. El ancho de un rectángulo es w y el largo es 3 unidades menor que 4 veces el ancho. Una cerca que cuesta \$3.50 el pie se colocará rodeando al rectángulo. Exprese el costo C de la cerca como función de w.

CAPÍTULO 3

Funciones y gráficas: Parte II

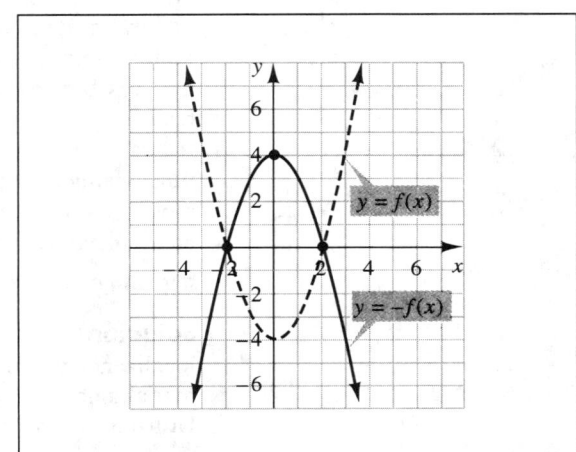

3.1 Principios básicos de graficación
3.2 Más principios de graficación: Tipos de funciones
3.3 Extracción de funciones de situaciones reales
3.4 Funciones cuadráticas
3.5 Operaciones sobre funciones
3.6 Funciones inversas

Resumen ■ *Ejercicios de repaso* ■ *Examen de práctica*

En este capítulo desarrollamos muchas de las ideas relativas a las funciones que presentamos en el capítulo anterior. En las dos primeras secciones continuamos nuestro análisis del trazo de gráficas, describiendo algunos principios básicos de graficación. En la sección 3.3 comenzamos a buscar cómo podemos aplicar la idea de funciones para modelar situaciones reales. En la sección 3.4 analizamos las funciones cuadráticas. La sección 3.5 presenta el álgebra de funciones; es decir, la forma de producir nuevas funciones, con frecuencia más complejas, a partir de otras más sencillas. La sección 3.6 concluye el capítulo con un análisis de las ecuaciones que no sólo definen a y como función de x sino también a x como función de y. Decimos que tal función tiene una inversa.

Muchas de las ideas introducidas y desarrolladas en este capítulo serán utilizadas varias veces en el resto del texto, cuando continuemos encontrando una amplia gama de funciones especiales.

3.1 Principios básicos de graficación

Como mencionamos antes, uno de nuestros objetivos principales es familiarizarnos rápidamente con una gran cantidad de gráficas que con frecuencia aparecen en el cálculo. Haremos esto de dos formas. En primer lugar, aprenderemos a reconocer las gráficas de ciertas funciones básicas. Al encontrar estas gráficas básicas, las registraremos en un catálogo. (Este catálogo es similar a la cubiertas de este libro.) Este catálogo contendrá gráficas que se reconocerán de inmediato. En segundo lugar, estableceremos un conjunto de principios básicos de graficación que nos permitirá graficar variantes de nuestras gráficas básicas. Comenzaremos este proceso aquí, aunque continuará en el resto del texto.

Para demostrar las diversas técnicas de graficación, es muy útil primero ilustrar el funcionamiento de estas ideas con una función particular. En consecuencia, nos desviaremos un momento para determinar la gráfica de la función $y = f(x) = x^2$, la que utilizaremos como plataforma de arranque para nuestro análisis.

EJEMPLO 1 Trazar la gráfica de $y = f(x) = x^2$.

Solución En general, intentaremos obtener una gráfica analizando su ecuación y no localizando puntos. Sin embargo, como tenemos que comenzar a partir de algo, calcularemos algunos valores para tener una idea de la **apariencia** *de esta* gráfica. Véase la tabla 3.1. Utilizamos estos puntos para trazar una curva suave que pase por ellos, para obtener la

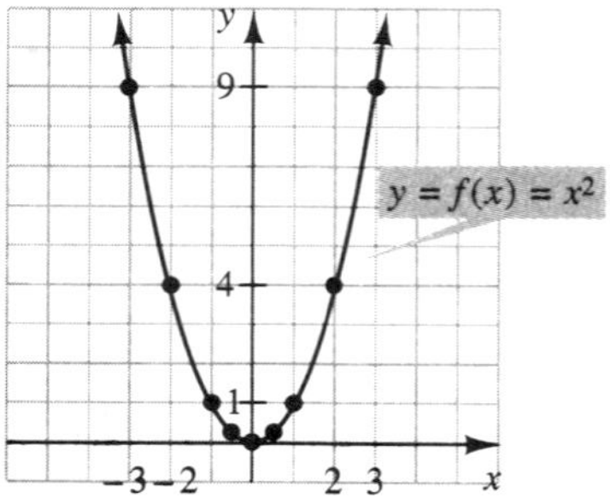

FIGURA 3.1

TABLA 3.1

x	$y = f(x) = x^2$	y
-3	$y = (-3)^2$	9
-2	$y = (-2)^2$	4
-1	$y = (-1)^2$	1
$-\frac{1}{2}$	$y = (-\frac{1}{2})^2$	$\frac{1}{4}$
0	$y = (0)^2$	0

TABLA 3.1 (continuación)

x	$y = f(x) = x^2$	y
$\frac{1}{2}$	$y = (\frac{1}{2})^2$	$\frac{1}{4}$
1	$y = (1)^2$	1
2	$y = (2)^2$	4
3	$y = (3)^2$	9

gráfica que aparece en la figura 3.1.* Con base en esta gráfica, podemos ver que el dominio es el conjunto de todos los números reales y el rango es el conjunto de todos los números reales no negativos. ∎

Nos referimos a la gráfica de $y = f(x) = x^2$ como la **parábola básica**, y es la siguiente entrada en nuestro catálogo de gráficas básicas. El punto más bajo (o más alto) de una parábola se llama **vértice**, y la recta vertical que pasa por el vértice es el **eje de simetría**. (En las secciones 3.4 y 10.2 profundizaremos en el análisis más detallado de las parábolas.)

---

* La cuestión de la forma exacta de la gráfica (es decir, la forma de unir los puntos encontrados) es muy importante. Para responder esta cuestión con precisión, por lo general se necesita de algunas técnicas del cálculo.

GRAFIJACIÓN

Utilice una calculadora gráfica o computadora.

1. Grafique lo siguiente en el mismo conjunto de ejes de coordenadas:

$$y = 0.3x^2, \quad y = x^2, \quad y = 2x^2$$

   Describa la forma en que el cambio del coeficiente a en $y = ax^2$ afecta la gráfica de $y = x^2$.

2. Grafique lo siguiente en el mismo conjunto de ejes de coordenadas:

$$y = 0.5(x^3 - 3x + 1), \quad y = x^3 - 3x + 1, \quad y = 2(x^3 - 3x + 1)$$

   Describa la forma en que el cambio del coeficiente a en $y = a(x^3 - 3x + 1)$ afecta la gráfica de $y = x^3 - 3x + 1$.

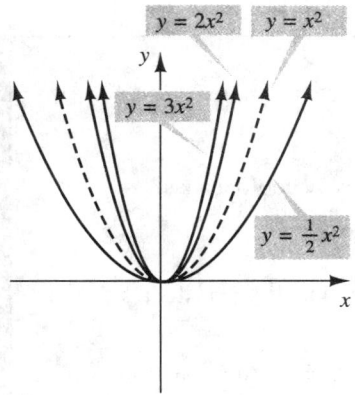

FIGURA 3.2

Supongamos que estamos analizando la gráfica de $y = 2x^2$. En vez de calcular una tabla de valores, reconocemos que para cada valor de x, excepto para $x = 0$, el valor de y en la gráfica de $y = 2x^2$ será el doble del valor de y en la gráfica de $y = x^2$. Esto da una parábola más angosta que es un poco "más aguda" en el vértice. La gráfica aparece en la figura 3.2.

De manera análoga, la gráfica de $y = 3x^2$ será aún más angosta; su gráfica también aparece en la figura 3.2.

Para un valor dado de x, el valor de y sobre la gráfica de $y = \frac{1}{2}x^2$ es la mitad del valor de y sobre la gráfica de $y = x^2$. Así, para $x \neq 0$, la gráfica de $y = \frac{1}{2}x^2$ será más ancha que la gráfica de $y = x^2$ y un poco más plana en el vértice. Véase la figura 3.2. Si $a > 0$ (y $a \neq 1$), decimos que la gráfica de $y = ax^2$ se obtiene *alargando* la gráfica de $y = x^2$.

Más en general, la gráfica de $2f(x)$ se obtiene al alargar la gráfica de $y = f(x)$ lejos del eje x, mientras que la gráfica de $\frac{1}{2}f(x)$ se obtiene al acercar la gráfica de $y = f(x)$ al eje x. En muchos casos (pero no todos), esto se puede describir diciendo que la gráfica de $af(x)$ es más ancha o angosta que la gráfica de $f(x)$, según el valor de a.

El principio de alargamiento

(para $a > 0$, $a \neq 1$)

La gráfica de $y = af(x)$ se puede obtener alargando la gráfica de $y = f(x)$. En otras palabras, la gráfica de $y = af(x)$ tendrá la misma forma básica de la gráfica de $y = f(x)$. Si $a > 1$, la gráfica de $y = af(x)$ se obtiene al alargar la gráfica de $f(x)$ lejos del eje x. Si $0 < a < 1$, la gráfica de $y = af(x)$ se obtiene al "empujar" la gráfica de $f(x)$ hacia el eje x.

¿Cómo se compara el valor de $3f(4)$ con el de $f(4)$?

La figura 3.3 ilustra el principio de alargamiento

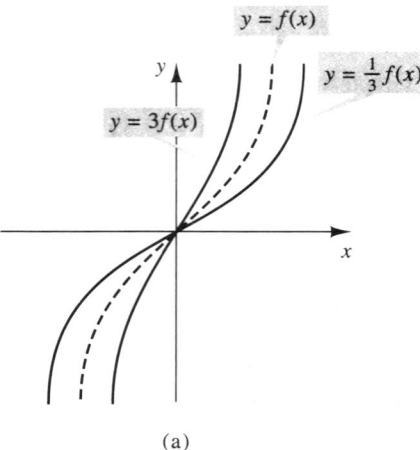

(a)   (b)

FIGURA 3.3

GRAFIJACIÓN

Utilice una calculadora gráfica o computadora.

1. Grafique lo siguiente en el mismo conjunto de ejes de coordenadas:

$$y = x^2, \quad y = x^2 + 1, \quad y = x^2 - 1$$

¿Qué puede concluir acerca del efecto sobre la gráfica de $y = x^2$ de la suma de una constante a x^2?

2. Grafique lo siguiente en el mismo conjunto de ejes de coordenadas:

$$y = x^5, \quad y = x^5 + 1, y = x^5 - 2$$

¿Qué puede concluir acerca del efecto sobre la gráfica de $y = x^5$ de la suma de una constante a x^5?

Utilicemos nuestro conocimiento de la gráfica de $y = x^2$ para graficar otras funciones.

EJEMPLO 2 Utilice la gráfica de $y = f(x) = x^2$ para trazar las siguientes gráficas.

(a) $y = g(x) = x^2 + 3$ (b) $y = h(x) = x^2 - 4$

Solución

(a) Aunque podríamos construir una tabla similar a la tabla 3.1 para $y = x^2 + 3$, existe una forma más eficiente de determinar su gráfica. Comparemos los valores de y obtenidos de las ecuaciones $y = x^2$ y $y = x^2 + 3$. Para cada valor de x, el valor de y asociado en $y = x^2 + 3$ es 3 unidades mayor que el valor de y obtenido de $y = x^2$. En otras palabras, para un valor de x particular, el punto sobre la gráfica de $y = x^2 + 3$ estará 3 unidades arriba del punto sobre la gráfica de $y = x^2$. Al aumentar en 3 unidades el

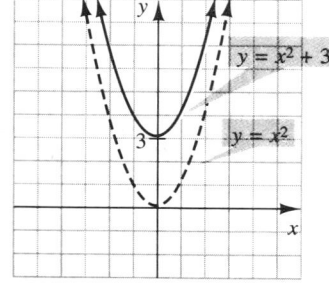

FIGURA 3.4

3.1 Principios básicos de graficación   **179**

valor de y en una gráfica, se mueve ese punto hacia arriba 3 unidades. Para obtener la gráfica de $y = x^2 + 3$, recorremos la gráfica de $y = x^2$ hacia arriba 3 unidades. La gráfica de $y = g(x) = x^2 + 3$ aparece en la figura 3.4. La gráfica de $y = f(x) = x^2$ también se incluye y se indica mediante la línea punteada.

(b) Un análisis similar indica que para cada valor de x, el valor de y en $y = x^2 - 4$ es 4 unidades menor que el valor de y en $y = x^2$. Al disminuir el valor de y sobre la gráfica de $y = x^2$ en 4 unidades, se mueve ese punto 4 unidades hacia abajo. Por lo tanto, la gráfica de $y = h(x) = x^2 - 4$ se puede obtener al recorrer la gráfica de $y = f(x) = x^2$ 4 unidades hacia abajo. La gráfica de $y = h(x) = x^2 - 4$ aparece en la figura 3.5.

La gráfica indica con claridad que hay intersecciones con el eje x, que podemos determinar al hacer $f(x) = 0$. (Podríamos haber visto que estamos determinando las intersecciones con el eje x haciendo $y = 0$. Estamos utilizando y y $f(x)$ de manera indistinta, a propósito, para recordar que ambos representan la misma cantidad.)

$$y = f(x) = x^2 - 4 \qquad \textit{Hacemos } f(x) = 0.$$

$$0 = x^2 - 4 \Rightarrow x^2 = 4 \Rightarrow x = \pm 2$$

Estas intersecciones con el eje x aparecen en la figura 3.5. La intersección con el eje y se determina desplazando la intersección original 4 unidades hacia abajo. También podemos determinarla de manera algebraica haciendo $x = 0$ y despejando y; es decir, determinando $f(0)$. ∎

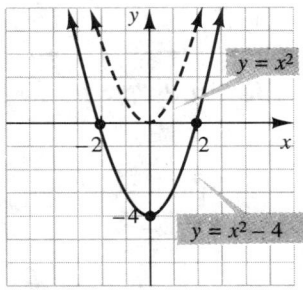

FIGURA 3.5

Ahora aplicamos las mismas ideas a una situación un poco más general.

EJEMPLO 3 Dada la gráfica de $y = f(x)$ que se muestra en la figura 3.6, trace la gráfica de:
(a) $y = f(x) - 3$ **(b)** $y = f(x) + 2$

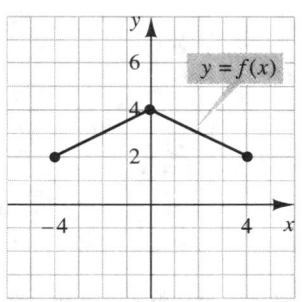

FIGURA 3.6

Solución Utilizamos las ideas presentadas en el ejemplo anterior y reconocemos que para un valor x particular, cada valor y sobre la gráfica de $y = f(x) - 3$ será 3 unidades menor que el valor y sobre la gráfica de $y = f(x)$, mientras que para un valor x particular, cada valor y sobre la gráfica de $y = f(x) + 2$ será 2 unidades menor que el valor y sobre la gráfica de $y = f(x)$. Por lo tanto, para obtener la gráfica de $y = f(x) - 3$, recorremos la gráfica original de $y = f(x)$ 3 unidades hacia abajo, y obtenemos la gráfica de $y = f(x) + 2$, recorremos la gráfica original 2 unidades hacia arriba. Las gráficas aparecen en la figura 3.7(a) y (b). De nuevo, la función original aparece como la línea punteada.

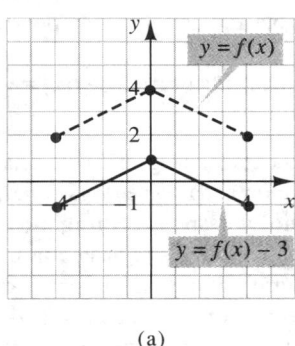 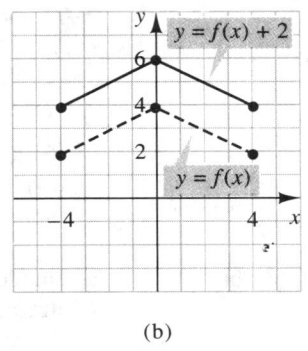

(a)   (b)

FIGURA 3.7 ∎

Podemos generalizar los resultados de los dos últimos ejemplos como el siguiente principio de graficación.

En general, ¿cómo se compara el valor de $f(2) - 5$ con el de $f(2)$?

El principio de desplazamiento vertical para gráficas

(para $c > 0$)

Para obtener la gráfica de:	Se recorre la gráfica de $y = f(x)$:
$y = f(x) + c$	c unidades hacia arriba
$y = f(x) - c$	c unidades hacia abajo

PERSPECTIVAS DIFERENTES: *El principio de desplazamiento vertical*

DESCRIPCIÓN GEOMÉTRICA

Para obtener la gráfica de $y = f(x) + 2$, la gráfica de $y = f(x)$ se recorre 2 unidades hacia arriba.

Para obtener la gráfica de $y = f(x) - 3$, la gráfica de $y = f(x)$ se recorre 3 unidades hacia abajo.

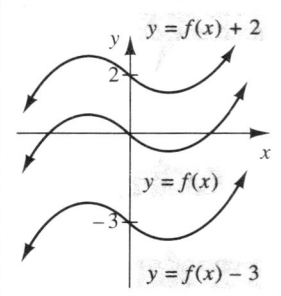

DESCRIPCIÓN ALGEBRAICA

Para cada valor de x, el valor de $y = f(x) + 2$ es 2 unidades mayor que el valor de $f(x)$. Si $f(4) = 5$, entonces $f(4) + 2 = 5 + 2 = 7$.

Para cada valor de x, el valor de $y = f(x) - 3$ es 3 unidades menor que el valor de $f(x)$. Si $f(4) = 5$, entonces $f(4) - 3 = 5 - 3 = 2$.

Podemos comparar el valor de $f(3)$ con $f(3) + 2$. En general, ¿podemos comparar el valor de $f(3)$ con $f(3 + 2)$?

En la sección 2.5 examinamos algunas funciones definidas por partes. Veamos ahora cómo graficar una función definida por partes.

EJEMPLO 4 Trazar la gráfica de $f(x) = \begin{cases} 2x - 1 & \text{si } x \leq 1 \\ -x + 4 & \text{si } x > 1 \end{cases}$. Indique las intersecciones con los ejes.

Solución Para trazar la gráfica de una función definida por partes, imaginemos que estamos graficando cada parte de la función (como si no hubiera restricciones arbitrarias sobre su dominio) y después restringimos la gráfica a las x para las que se aplica la regla.

En este ejemplo, ambas reglas en la función $f(x)$ son expresiones de primer grado, de modo que las gráficas de ambas partes serán líneas rectas. En la figura 3.8(a) hemos trazado las gráficas completas de $y = 2x - 1$ y $y = -x + 4$. Para $y = 2x - 1$, hemos resaltado la parte de la gráfica para la cual $x \leq 1$, y para $y = -x + 4$ hemos resaltado la parte de la gráfica para la cual $x > 1$. Véase la figura 3.8(a).

Por lo tanto, la gráfica de la función definida por partes $f(x)$ se obtiene al combinar las dos partes resaltadas. La gráfica de $f(x)$ aparece en la figura 3.8(b).

3.1 Principios básicos de graficación

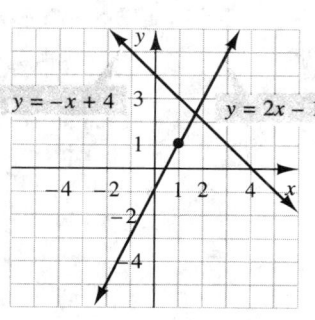
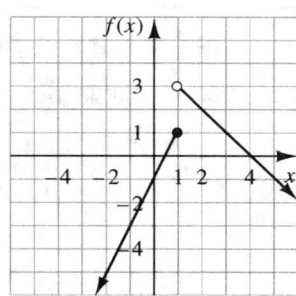

La gráfica de $y = 2x - 1$
y $y = -x + 4$

(a)

La gráfica de la función dividida
$f(x) = \begin{cases} 2x - 1 & \text{if } x \leq 1 \\ -x + 4 & \text{if } x > 1 \end{cases}$

(b)

FIGURA 3.8

El siguiente ejemplo ofrece una ligera variante de la idea de una función definida por partes.

EJEMPLO 5 Trazar la gráfica de $y = f(x) = \dfrac{x^2 - x - 6}{x - 3}$.

Solución Si observamos $f(x)$ podemos ver que su dominio consta de todos los números reales, excepto $x = 3$. Sin embargo, si $x \neq 3$, podemos simplificar $f(x)$.

$$y = f(x) = \frac{x^2 - x - 6}{x - 3} = \frac{(x-3)(x+2)}{x-3} = x + 2 \quad \text{para } x \neq 3$$

En forma algebraica, estamos estableciendo que $\dfrac{x^2 - x - 6}{x - 3}$ y $x + 2$ coinciden en todos los valores, excepto en $x = 3$. Por lo tanto, si $x \neq 3$, tenemos que $y = f(x) = x + 2$, lo que significa que la gráfica de $f(x)$ será una línea recta a la que falta el punto correspondiente a $x = 3$. La gráfica aparece en la figura 3.9.

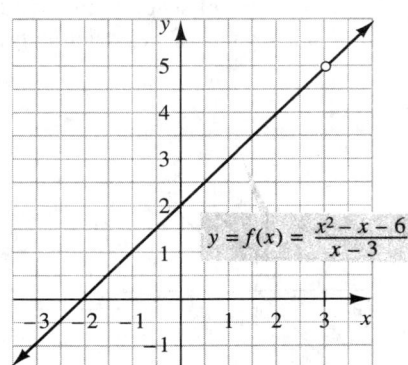

FIGURA 3.9

Tenga en cuenta que $\dfrac{x^2 - x - 6}{x - 3}$ *no* es la misma función que $y = x + 2$. Para que dos funciones sean idénticas, deben tener la misma regla de asignación *y* el mismo dominio. ∎

PERSPECTIVAS DIFERENTES: *Expresiones equivalentes*

DESCRIPCIÓN GEOMÉTRICA

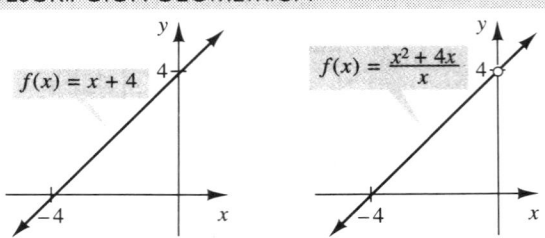

La gráfica de $f(x) = \dfrac{x^2 + 4x}{x}$ es idéntica a la gráfica de $f(x) = x + 4$ excepto en $x = 0$.

DESCRIPCIÓN ALGEBRAICA

Cuando decimos que dos expresiones algebraicas son equivalentes, la equivalencia sólo puede ser válida para aquellos valores de x para los que están definidas ambas expresiones.

Así, $\dfrac{x^2 + 4x}{x} = x + 4$ para todo $x \neq 0$.

Ahora añadiremos otra gráfica a nuestro catálogo y, al hacerlo, estableceremos un segundo principio de graficación.

EJEMPLO 6 Trazar la gráfica de $y = f(x) = |x|$.

Solución Daremos dos métodos. El primero comienza por recordar la definición algebraica del valor absoluto, que es

$$y = f(x) = |x| = \begin{cases} x & \text{si } x \geq 0 \\ -x & \text{si } x < 0 \end{cases}$$

De hecho, buscamos la gráfica de una función definida por partes. La gráfica de $y = |x|$ se verá como la gráfica de $y = x$ para $x \geq 0$ y como la gráfica de $y = -x$ para $x < 0$. (Las gráficas de $y = x$ y $y = -x$ son básicas y usted ya debe estar familiarizado con ellas.) Las gráficas aparecen en la figura 3.10(a) y (b). La gráfica de $y = f(x) = |x|$ aparece en la figura 3.10(c).

En el segundo método obtenemos la gráfica de $y = f(x) = |x|$ observando la gráfica "subyacente"; es decir, la gráfica de la función sin el valor absoluto. Analizamos después

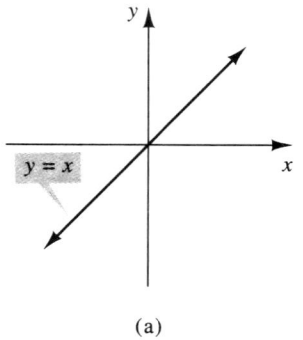
(a)

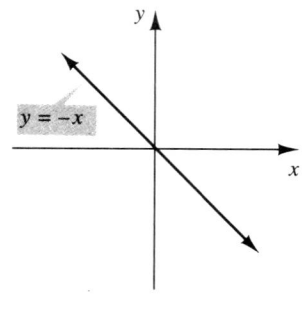
(b)

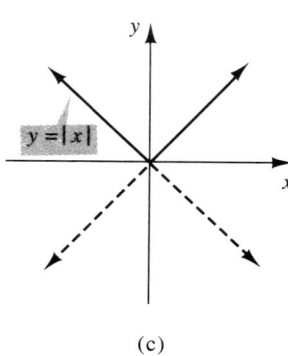
(c)

FIGURA 3.10

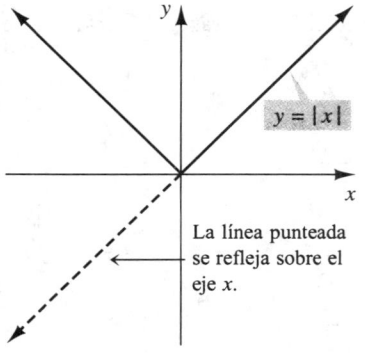

el efecto que el valor absoluto tiene sobre la gráfica subyacente. Si eliminamos el valor absoluto, obtenemos la ecuación $y = x$, cuya gráfica aparece en la figura 3.10(a). ¿Cómo se comparan los valores de y de la gráfica de $y = |x|$ con los de la gráfica subyacente $y = x$? Para los valores de x tales que x es positivo o cero en la gráfica subyacente, el valor absoluto no tiene efecto alguno. Para los valores de x tales que x es negativo en la gráfica subyacente, el valor absoluto lo hace positivo.

Así, reconocemos que el valor absoluto tiene el siguiente efecto sobre la gráfica subyacente: la parte de la gráfica subyacente en o sobre el eje x no es afectada por el valor absoluto, mientras que la parte de la gráfica subyacente por debajo del eje x se refleja sobre el eje x.

Este método de graficación de $y = f(x) = |x|$ aparece en la figura 3.11. Observe que la gráfica subyacente $y = x$ se muestra como una línea punteada.

La gráfica de $y = |x|$ debe agregarse a su catálogo de gráficas básicas. ∎

FIGURA 3.11

 GRAFIJACIÓN

Utilice una calculadora gráfica o computadora.

1. Grafique la función $y = x^2 - 5$. Después, limpie la pantalla y grafique $y = |x^2 - 5|$. Observe las diferencias entre ambas gráficas.

2. Grafique la función $y = x^3 - 3x + 1$. Después, limpie la pantalla y grafique $y = |x^3 - 3x + 1|$. Observe las diferencias entre ambas gráficas.

3. ¿Qué puede concluir acerca de la relación entre la gráfica de $f(x)$ y la gráfica de $|f(x)|$?

El segundo método utilizado en el último ejemplo se puede utilizar para responder en forma más general la siguiente pregunta. Supongamos que se conoce la gráfica de $y = f(x)$ (que llamaremos la gráfica subyacente). ¿Cómo podemos obtener la gráfica de $y = |f(x)|$? Siempre que $f(x)$ sea no negativo, el valor absoluto no le afectará, mientras que siempre que $f(x)$ sea negativo, el valor absoluto lo hará positivo. Recuerde que $f(x)$ es sólo otro nombre para y, que y sea positivo significa que el punto sobre la gráfica está sobre el eje x, y que y sea negativo significa que el punto sobre la gráfica está por debajo del eje x; así, el valor absoluto tiene el siguiente efecto sobre la gráfica subyacente.

Principio de graficación de $y = |f(x)|$

Para obtener la gráfica de $y = |f(x)|$, comenzamos con la gráfica de la función subyacente $y = f(x)$.

1. Dejamos sin cambio la parte de la gráfica subyacente en o sobre el eje x, y

2. Consideramos la parte de la gráfica subyacente por debajo del eje x y la reflejamos con respecto del eje x.

¿Cómo se compara la distancia al eje *x* de la gráfica de *f(x)* en *x* = 5 con la distancia al eje *x* de la gráfica de | *f(x)* | en *x* = 5?

EJEMPLO 7 Dada la gráfica de $y = f(x)$ en la figura 3.12, trazar la gráfica de $y = |f(x)|$.

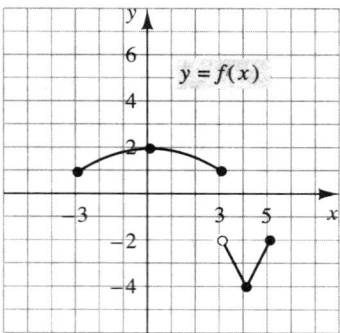

FIGURA 3.12

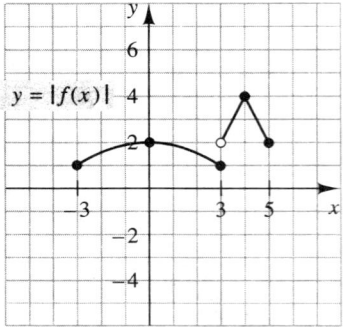

FIGURA 3.13

Solución Aplicando el principio de graficación para $y = |f(x)|$, la parte de la gráfica sobre el intervalo $[-3, 3]$ se deja sin cambio, puesto que está en o sobre el eje *x*, mientras que la parte de la gráfica por debajo del eje *x* sobre el intervalo $(3, 5]$ se refleja sobre el eje *x*. La gráfica aparece en la figura 3.13. ∎

EJEMPLO 8 Utilizar la gráfica de $y = |x|$ para trazar las gráficas de

(a) $y = f(x) = |x - 2|$
(b) $y = f(x) = |x + 3|$

Solución Podríamos trazar estas gráficas mediante el principio de graficación del valor absoluto de una función, pero ahora analizaremos las funciones desde un punto de vista ligeramente distinto, que nos conducirá a otro principio de graficación.

(a) Si observamos la función $y = |x|$, reconocemos que *y* no puede asumir valores negativos. De hecho, el valor mínimo posible de *y* es cero, que ocurre cuando la entrada *x* se anula. Esto se refleja en la gráfica mediante el hecho de que el punto más bajo sobre la gráfica de $y = |x|$ es el origen; es decir, $y = 0$ cuando $x = 0$.

Si ahora observamos la función $y = f(x) = |x - 2|$, de nuevo reconocemos que *y* no puede ser negativa. El valor mínimo posible para *y* es cero, y esto ocurre cuando $x - 2 = 0$, o cuando la entrada es $x = 2$. Así, el punto más bajo sobre la gráfica de $y = |x - 2|$ será $(2, 0)$.

De manera análoga, $|x|$ será igual a 5 cuando $x = 5$ o $x = -5$, mientras que $|x - 2|$ será igual a 5 cuando $x = 7$ o $x = -3$. Observe que 7 está 2 unidades a la derecha de 5 y -3 está a 2 unidades a la derecha de -5. Esto sugiere que los valores de *y* sobre la gráfica de $y = |x - 2|$ serán iguales a los valores de *y* sobre la gráfica de $y = |x|$ pero aparecerán 2 unidades a la derecha.

3.1 Principios básicos de graficación

Así, la gráfica de $y = f(x) = |x - 2|$ se puede obtener recorriendo la gráfica de $y = |x|$ dos unidades *hacia la derecha*. La gráfica aparece en la figura 3.14. Observe que la línea punteada es la de $y = |x|$.

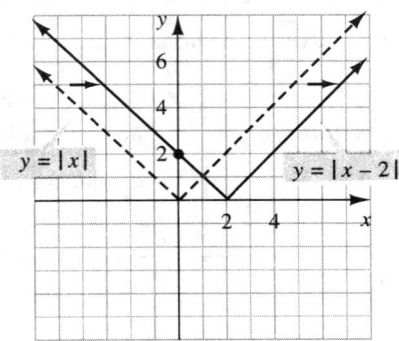

FIGURA 3.14   **FIGURA 3.15**

(b) Un análisis similar para $y = f(x) = |x + 3|$ nos dice que el punto más bajo de su gráfica aparecerá cuando $x + 3 = 0$; es decir, cuando la entrada sea $x = -3$. Esto sugiere que la gráfica de $y = f(x) = |x + 3|$ se puede obtener recorriendo la gráfica de $y = |x|$ tres unidades *a la izquierda*. La gráfica aparece en la figura 3.15. ∎

GRAFIJACIÓN

Utilice una calculadora gráfica o computadora.

1. Grafique lo siguiente en el mismo conjunto de ejes de coordenadas:

$$y = x^2, \quad y = (x - 1)^2, \quad y = (x + 3)^2$$

¿Qué puede sacar en conclusión del efecto que tiene sobre la gráfica de $y = x^2$ la suma de una constante a x antes de elevar al cuadrado?

2. Grafique lo siguiente en el mismo conjunto de ejes de coordenadas:

$$y = x^3, \quad y = (x - 1)^3, \quad y = (x + 3)^3$$

¿Qué puede sacar en conclusión del efecto que tiene sobre la gráfica de $y = x^3$ la suma de una constante a x antes de elevar al cubo?

EJEMPLO 9 Trazar la gráfica de $y = f(x) = (x - 3)^2$.

Solución Con la misma idea del ejemplo anterior, reconocemos que como el punto más bajo de $y = x^2$ ocurre cuando $x = 0$, el punto más bajo de $y = (x - 3)^2$ ocurre cuando $x - 3 = 0$, o $x = 3$. Así, la gráfica de $y = (x - 3)^2$ se puede obtener recorriendo la gráfica de $y = x^2$ de manera horizontal, 3 unidades a la derecha. La gráfica aparece en la figura 3.16. ∎

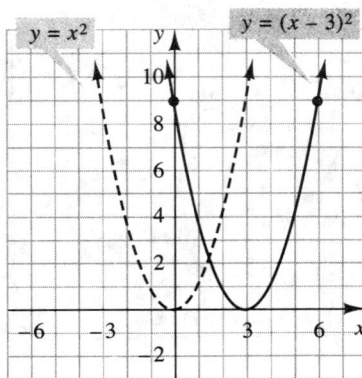

FIGURA 3.16

Podemos generalizar el resultado de los dos últimos ejemplos en el siguiente principio de graficación.

El principio de desplazamiento horizontal para gráficas

(para $c > 0$)

Para obtener la gráfica de:	**Se recorre la gráfica de $y = f(x)$:**
$y = f(x + c)$	c unidades a la izquierda
$y = f(x - c)$	c unidades a la derecha

Tenga cuidado al aplicar este principio. Si tenemos la gráfica de $y = f(x)$ y queremos la gráfica de $y = f(x + 3)$, existe una tendencia natural a recorrer la gráfica 3 unidades a la derecha, lo que es *incorrecto*. Como acaba de mostrar nuestro análisis y como lo describe el principio de desplazamiento horizontal, debemos recorrer la gráfica 3 unidades *a la izquierda*.

En general, ¿es cierto que $f(5) > f(3)$?

PERSPECTIVAS DIFERENTES: *El principio de desplazamiento horizontal*

DESCRIPCIÓN GEOMÉTRICA

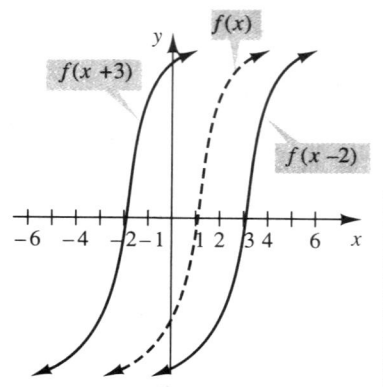

Para obtener la gráfica de $f(x + 3)$, la gráfica de $f(x)$ se recorre 3 unidades a la izquierda.

Para obtener la gráfica de $f(x - 2)$, la gráfica de $f(x)$ se recorre 2 unidades a la derecha.

DESCRIPCIÓN ALGEBRAICA

Consideremos el valor de $f(x)$ en $x = 1$, que es $f(1)$. Si queremos que $f(x + 3)$ tenga este mismo valor deberíamos tener $x + 3 = 1 \Rightarrow x = -2$. Así, el valor de $f(x)$ en $x = 1$ es igual al valor de $f(x + 3)$ en $x = -2$ (tres unidades *a la izquierda* de 1).

Si queremos que $f(x - 2)$ tenga el valor $f(1)$ deberíamos tener $x - 2 = 1 \Rightarrow x = 3$. Así, el valor de $f(x)$ en $x = 1$ es igual al valor de $f(x - 2)$ en $x = 3$ (dos unidades *a la derecha* de 1).

Aplicaremos este principio de graficación en el siguiente ejemplo.

3.1 Principios básicos de graficación **187**

EJEMPLO 10 Dada la gráfica de $y = f(x)$ en la figura 3.17, trace cada gráfica.

(a) $y = f(x + 4)$ **(b)** $y = f(x - 2)$

Solución De acuerdo con el principio de desplazamiento horizontal, la gráfica de $f(x + 4)$ se obtiene recorriendo 4 unidades a la izquierda la gráfica dada de $y = f(x)$, y la gráfica de $f(x - 2)$ se obtiene recorriendo la gráfica dada 2 unidades a la derecha. Las gráficas aparecen en la figura 3.18(a) y (b). De nuevo la línea punteada corresponde a la $f(x)$ original. ∎

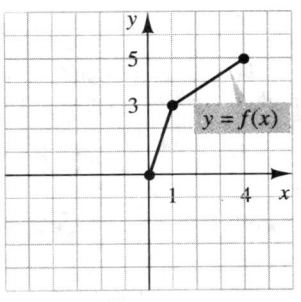

FIGURA 3.17

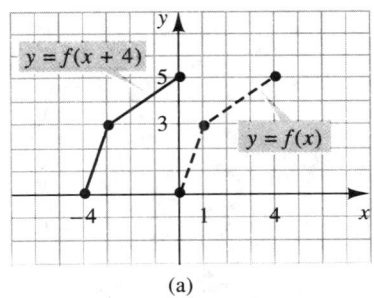

(a)

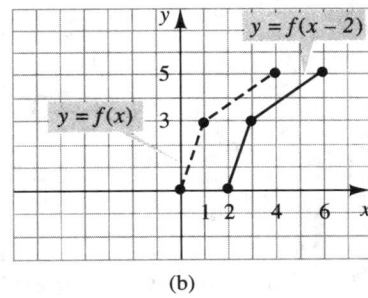

(b)

FIGURA 3.18 Uso del principio de desplazamiento horizontal

EJEMPLO 11 Trazar la gráfica de

(a) $g(x) = (x - 2)^2 + 4$ **(b)** $h(x) = |x + 2| - 3$

Solución

(a) Aquí la idea consiste en reconocer que podemos obtener esta gráfica si recorremos la parábola básica en forma horizontal y vertical. Si hacemos $f(x) = x^2$, entonces $f(x - 2) + 4 = (x - 2)^2 + 4 = g(x)$. Por lo tanto, la gráfica de $g(x)$ se obtiene al considerar la parábola básica $f(x) = x^2$ y recorrerla 2 unidades a la derecha y 4 unidades hacia arriba. Véase la figura 3.19.

(b) La clave de este problema consiste en reconocer que podemos obtener esta gráfica recorriendo la gráfica de la función con valor absoluto en forma horizontal y vertical. Si hacemos $f(x) = |x|$, entonces $f(x + 2) - 3 = |x + 2| - 3 = h(x)$. Por lo tanto, $h(x)$ se obtiene al considerar la función valor absoluto y desplazarla 2 unidades a la izquierda y 3 unidades hacia abajo. La gráfica aparece en la figura 3.20.

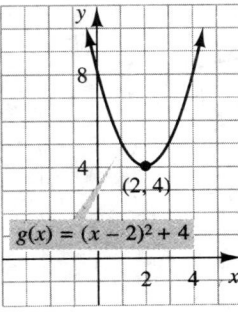

FIGURA 3.19

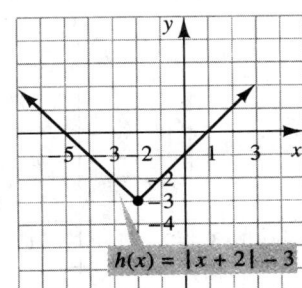

FIGURA 3.20 ∎

En la siguiente sección continuaremos el desarrollo de principios de graficación.

EJERCICIOS 3.1

1. Dada la gráfica siguiente de $y = f(x)$, en el mismo sistema de coordenadas, trace las gráficas de $y = f(x) - 3$ y $y = f(x - 3)$.

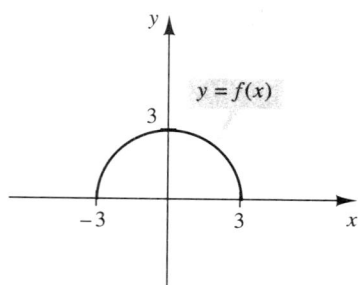

2. Dada la gráfica siguiente de $y = G(x)$, en el mismo sistema de coordenadas, trace las gráficas de $y = G(x) + 2$ y $y = G(x + 2)$.

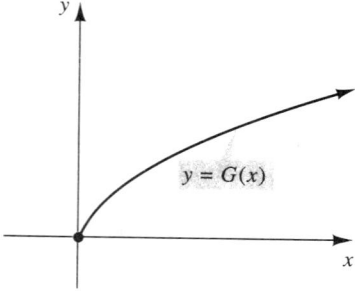

3. Dada la gráfica siguiente de $y = h(x)$, en el mismo sistema de coordenadas, trace las gráficas de $y = h(x) - 1$ y $y = h(x) + 1$.

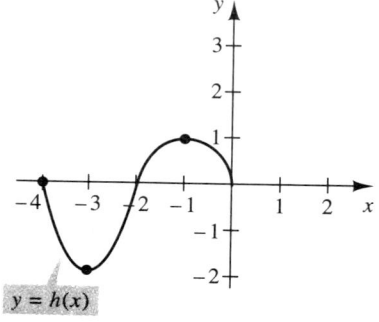

4. Dada la gráfica siguiente de $y = g(x)$, en el mismo sistema de coordenadas, trace las gráficas de $y = g(x + 3)$ y $y = g(x) + 3$.

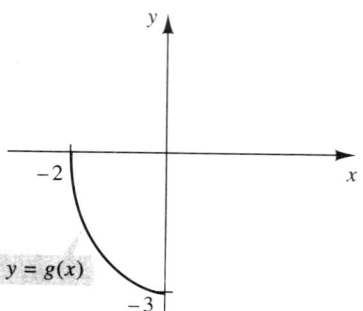

5. Dada la gráfica siguiente de $y = f(x)$, trace la gráfica de $y = f(x - 1) + 2$.

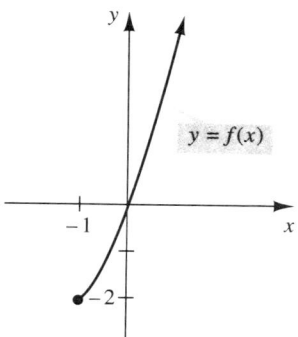

6. Dada la gráfica siguiente de $y = g(x)$, trace la gráfica de $y = g(x + 1) - 2$.

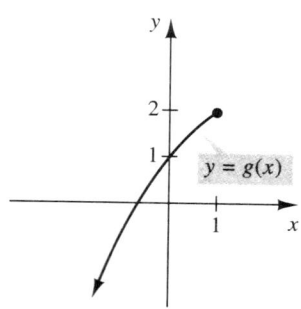

3.1 Principios básicos de graficación

7. Dada la gráfica siguiente de $y = h(x)$, trace la gráfica de $y = h(x + 2) + 3$.

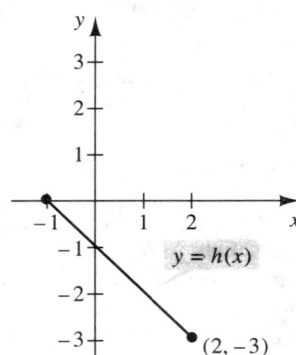

8. Dada la gráfica siguiente de $y = f(x)$, trace la gráfica de $y = f(x - 2) - 3$.

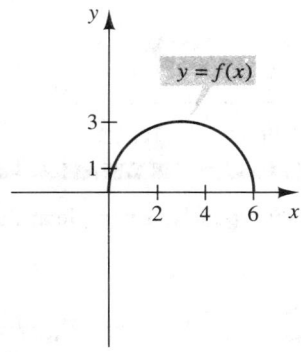

Utilice la siguiente gráfica para contestar los ejercicios 9-12.

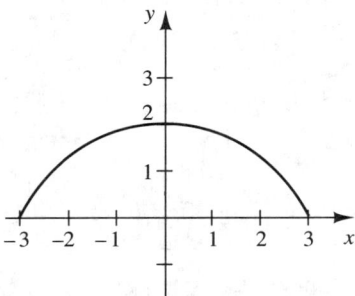

9. Si la gráfica de la figura corresponde a $y = f(x) + 2$, trace la gráfica de $y = f(x)$.

10. Si la gráfica de la figura corresponde a $y = f(x + 3)$, trace la gráfica de $y = f(x)$.

11. Si la gráfica de la figura corresponde a $y = f(x - 2)$, trace la gráfica de $y = f(x)$.

12. Si la gráfica de la figura corresponde a $y = f(x) - 3$, trace la gráfica de $y = f(x)$.

En los ejercicios 13.36, trace la gráfica de la función dada. Indique las intersecciones con los ejes.

13. $y = f(x) = x^2 + 2$
14. $y = f(x) = (x + 2)^2$
15. $y = g(x) = (x - 1)^2$
16. $y = g(x) = x^2 - 1$
17. $y = h(x) = |2x - 5|$
18. $y = h(x) = |2x| - 5$
19. $y = f(x) = |x + 4|$
20. $y = f(x) = |x| + 4$
21. $y = F(x) = (x + 1)^2 - 4$
22. $y = G(x) = (x - 1)^2 + 4$
23. $y = G(x) = (x - 2)^2 - 3$
24. $y = H(x) = (x + 2)^2 + 3$
25. $y = g(x) = |x| - 3$
26. $y = g(x) = |x - 3|$
27. $y = h(x) = |2x|$
28. $y = h(x) = 2|x|$
29. $y = F(x) = |x - 1| + 2$
30. $y = G(x) = |x + 2| - 1$
31. $y = H(x) = |-x + 2|$
32. $y = F(x) = |-x| + 2$
33. $y = f(x) = |x^2 - 4|$
34. $y = g(x) = |x^2 - 6|$
35. $y = F(x) = |(x + 2)^2 - 1|$
36. $y = G(x) = |(x - 2)^2 - 9|$

En los ejercicios 39-52, trace la gráfica de la función dada y determine su dominio y rango.

37. $f(x) = \begin{cases} 3x - 6 & \text{si } x \leq 1 \\ 1 - x & \text{si } x > 1 \end{cases}$

38. $g(x) = \begin{cases} 2x + 5 & \text{si } x < -3 \\ x & \text{si } x \geq -3 \end{cases}$

39. $f(x) = \begin{cases} x - 4 & \text{si } -2 \leq x < 2 \\ 4 & \text{si } 2 \leq x < 5 \end{cases}$

40. $g(x) = \begin{cases} -3 & \text{si } 0 \leq x < 4 \\ -2x & \text{si } 4 < x \leq 6 \end{cases}$

41. $f(x) = \begin{cases} x + 6 & \text{si } x < -6 \\ x & \text{si } -6 \leq x < 6 \\ 6 - x & \text{si } x > 6 \end{cases}$

42. $f(y) = \begin{cases} 2 & \text{si } x < -3 \\ |x| & \text{si } -2 \leq x < 2 \\ 2 & \text{si } x \geq 2 \end{cases}$

43. $f(x) = \begin{cases} -4 & \text{si } x < -4 \\ |x| & \text{si } -4 \leq x \leq 4 \\ 4 & \text{si } x > 4 \end{cases}$

44. $f(x) = \begin{cases} 2 & \text{si } x < -2 \\ -x & \text{si } -2 \leq x \leq 2 \\ -2 & \text{si } x > 2 \end{cases}$

45. $f(x) = \dfrac{x^2 - 4}{x + 2}$

46. $g(x) = \dfrac{x^2 + 3x - 18}{x - 3}$

47. $h(x) = \dfrac{2x^2 + 7x - 15}{x + 5}$

48. $f(x) = \dfrac{3x^2 - 10x + 8}{2 - x}$

49. $F(x) = \begin{cases} 0 & \text{si } x < 0 \\ \dfrac{7}{30} & \text{si } 0 \leq x < 1 \\ \dfrac{9}{15} & \text{si } 1 \leq x < 2 \\ 1 & \text{si } x \geq 2 \end{cases}$

50. $G(x) = \begin{cases} 0 & \text{si } x < 0 \\ \dfrac{4}{7} & \text{si } 0 \leq x < 3 \\ \dfrac{1}{14} & \text{si } 3 \leq x < 5 \\ 1 & \text{si } x \geq 5 \end{cases}$

51. $G(x) = \begin{cases} \dfrac{1}{5} & \text{si } 1 < x < 5 \\ 0 & \text{en caso contrario} \end{cases}$

52. $F(x) = \begin{cases} 2 & \text{si } -3 \leq x \leq 3 \\ 4 & \text{en caso contrario} \end{cases}$

PREGUNTAS PARA REFLEXIONAR

53. Analice la función $y = f(x) = -x^2$ y obtenga su gráfica, utilizando el conocimiento de la gráfica de $y = x^2$.
54. Analice la función $y = f(x) = -|x|$ y obtenga su gráfica, utilizando el conocimiento de la gráfica de $y = |x|$.
55. Con base en los ejercicios 53 y 54, ¿podría describir la forma de obtener la gráfica de $y = -f(x)$ mediante la gráfica de $y = f(x)$?
56. Describa la forma de obtener la gráfica de $y = (x - 3)^2 + 5$ a partir de la gráfica de $y = x^2$.

3.2 Más principios de graficación: tipos de funciones

Con base en las ideas presentadas en la última sección podemos completar nuestro repertorio de principios de graficación.

GRAFIJACIÓN

Utilice una calculadora gráfica o una computadora.

1. Grafique lo siguiente en el mismo conjunto de ejes de coordenadas:

$$y = x^2 + 2 \qquad y = -(x^2 + 2)$$

2. Grafique lo siguiente en el mismo conjunto de ejes de coordenadas:

$$y = x^3 - 1 \qquad y = -(x^3 - 1)$$

3. ¿Cuál piensa usted que es la relación entre la gráfica de $f(x)$ y la gráfica de $-f(x)$?

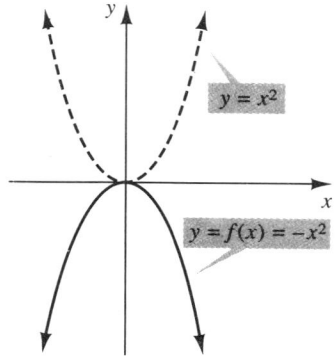

FIGURA 3.21

EJEMPLO 1 Trazar la gráfica de $y = f(x) = -x^2$.

Solución De nuevo, en vez de localizar puntos, intentaremos analizar esta función con base en lo que sabemos de la gráfica de $y = x^2$. Reconocemos que para cada valor de x, el valor de y obtenido de $y = -x^2$ será el negativo del valor de y obtenido para $y = x^2$. Todos los valores de y positivos en la gráfica de $y = x^2$ se tornarán negativos. Por lo tanto, la gráfica de $y = -x^2$ se obtendrá al "voltear" la gráfica de $y = x^2$ "de arriba hacia abajo". La gráfica aparece en la figura 3.21. ∎

3.2 Más principios de graficación: tipos de funciones

EJEMPLO 2 Trazar las gráficas de $y = f(x) = 2x + 6$ y $y = g(x) = -(2x + 6)$ en el mismo sistema de coordenadas. ¿Cómo describiría las relaciones entre $f(x)$ y $g(x)$ y sus gráficas?

Solución Reconocemos que las gráficas de $f(x)$ y $g(x)$ son líneas rectas. (¿Por qué?) Encontramos las intersecciones de cada una con los ejes; las gráficas aparecen en la figura 3.22.

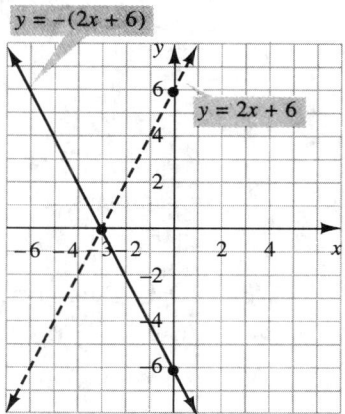

FIGURA 3.22

Observamos que $y = f(x) = 2x + 6$ y $y = g(x) = -(2x + 6)$ son negativos una de otra. Esto significa que los valores de y de la gráfica de $g(x)$ son los opuestos de los valores de y en la gráfica de $f(x)$. En otras palabras, siempre que la gráfica de $f(x)$ esté sobre el eje x, la gráfica de $g(x)$ estará debajo del eje x y viceversa. Decimos que la gráfica de $g(x)$ se obtiene *reflejando la gráfica de $f(x)$ con respecto del eje x*. ∎

Podemos generalizar los resultados de los dos ejemplos anteriores mediante el siguiente principio de graficación.

El principio de graficación para $y = -f(x)$

Para obtener la gráfica de $y = -f(x)$ se refleja la gráfica de $y = f(x)$ con respecto del eje x.

EJEMPLO 3 Dada la gráfica de $y = f(x)$ en la figura 3.23, trace cada gráfica.

(a) $y = -f(x)$ **(b)** $y = |f(x)|$

Solución Los principios de graficación nos dicen que para obtener la gráfica de $y = -f(x)$ reflejamos toda la gráfica de $f(x)$ con respecto del eje x, mientras que para obtener la gráfica de $y = |f(x)|$ sólo consideramos la parte de la gráfica que está debajo del eje x y la reflejamos hacia arriba con respecto del eje x. Las gráficas aparecen en la figura 3.24(a) y (b). La gráfica de la $y = f(x)$ original aparece como una curva punteada. Observe con cuidado las respuestas para asegurarse de ver cómo se relaciona cada gráfica con la gráfica original.

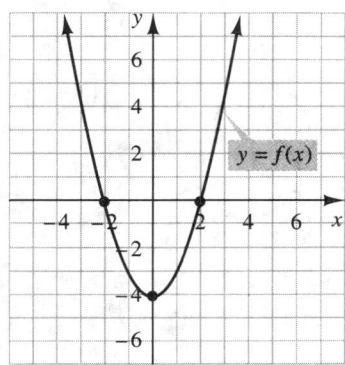

FIGURA 3.23

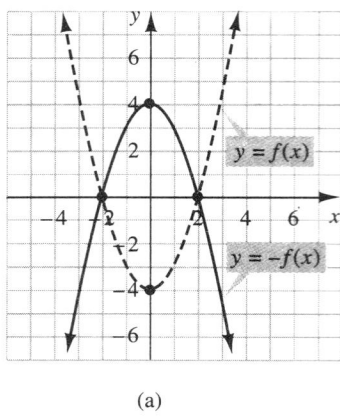

(a)   (b)

FIGURA 3.24

EJEMPLO 4 Dada la gráfica de $y = f(x)$ en la figura 3.25, trace cada gráfica.
(a) $y = f(x + 2)$ (b) $y = f(x) + 2$

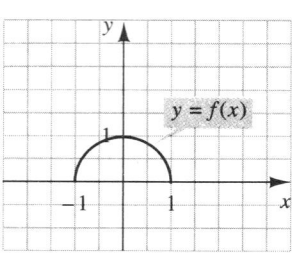

FIGURA 3.25

Solución No debemos olvidar nuestros principios de graficación anteriores. Con base en los principios para el desplazamiento horizontal y vertical, la gráfica de $y = f(x + 2)$ se obtiene recorriendo 2 unidades *a la izquierda* la gráfica de $f(x)$ y la gráfica de $y = f(x) + 2$ se obtiene recorriendo 2 unidades *hacia arriba* la gráfica de $f(x)$. Las gráficas aparecen en la figura 3.26(a) y (b).

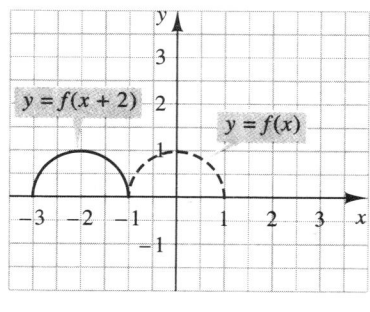 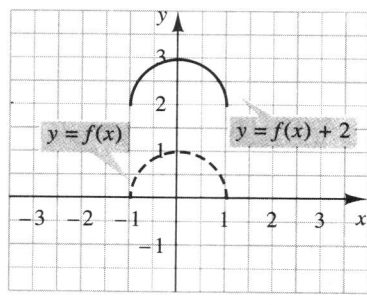

(a)   (b)

FIGURA 3.26

3.2 Más principios de graficación: tipos de funciones

EJEMPLO 5 Trazar la gráfica de $y = 2 - |x|$.

Solución Podemos reescribir la ecuación como $y = -|x| + 2$ y utilizar nuestros principios de graficación en la gráfica de $y = |x|$. Comenzamos con la gráfica de $y = |x|$ (figura 3.27(a). El signo negativo nos dice que reflejemos la gráfica de $y = |x|$ con respecto del eje x [figura 3.27(b)] y +2 nos dice que recorramos esta gráfica 2 unidades hacia arriba [figura 3.27(c)].

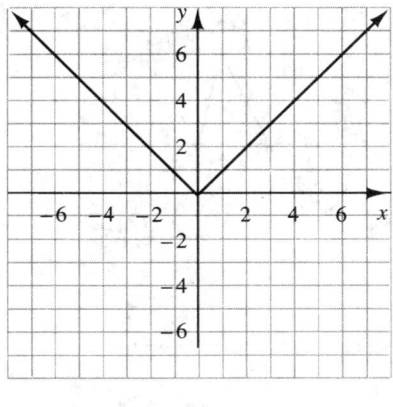
(a) La gráfica de $y = |x|$

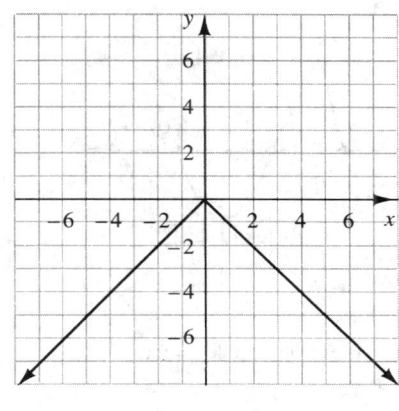
(b) La gráfica de $y = -|x|$

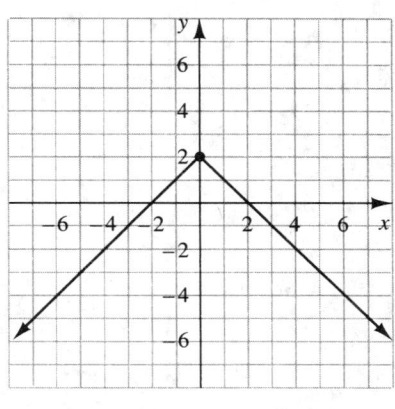
(c) La gráfica de $y = -|x| + 2$

FIGURA 3.27 La gráfica de $y = 2 - |x|$

Las intersecciones con el eje x se encuentran haciendo $y = 0$.

$$0 = 2 - |x| \Rightarrow |x| = 2 \Rightarrow x = \pm 2$$ ∎

En la sección 2.7 vimos que una función para la que $f(-x) = f(x)$ es simétrica con respecto del eje y, lo que significa que la parte de la gráfica a la izquierda del eje y se obtiene al reflejar la parte de la gráfica a la derecha del eje y con respecto del eje y (y viceversa).

Podemos generalizar lo anterior. Supongamos que conocemos la apariencia de la gráfica de $y = f(x)$ y queremos trazar la gráfica de $y = f(-x)$. Si la gráfica tiene simetría con respecto del eje y, entonces la gráfica de $f(-x)$ será idéntica a la gráfica de $f(x)$, pero ¿qué ocurre si la gráfica no tiene simetría con respecto del eje y?

GRAFIJACIÓN

Utilice una calculadora gráfica o computadora.

1. Grafique lo siguiente sobre el mismo conjunto de ejes de coordenadas:

   $$f(x) = x^3 + 1 \qquad f(-x) = -x^3 + 1$$

2. Grafique lo siguiente sobre el mismo conjunto de ejes de coordenadas:

   $$f(x) = x^5 + 3x^2 \qquad f(-x) = -x^5 + 3x^2$$

3. ¿Qué puede sacar en conclusión acerca de la relación entre la gráfica de $f(x)$ y la gráfica de $f(-x)$?

Supongamos que $x \neq 0$ de modo que x y $-x$ sean opuestos: si x está a la derecha del eje y, entonces $-x$ está a la izquierda del eje y y viceversa. Al reemplazar x con $-x$ en $f(x)$, terminamos del otro lado del eje y *pero a la misma altura que* $f(x)$. La figura 3.28(a) y (b) ilustra la gráfica de una función $y = f(x)$ y la gráfica de $y = f(-x)$.

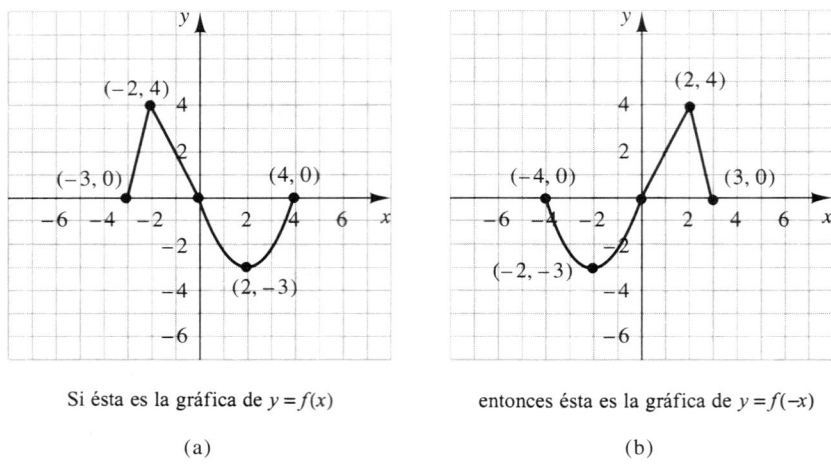

Si ésta es la gráfica de $y = f(x)$ entonces ésta es la gráfica de $y = f(-x)$
(a) (b)

FIGURA 3.28

Preste particular atención a los puntos indicados. Observe que, como el punto $(2, -3)$ está sobre la gráfica de $y = f(x)$, el punto $(-2, -3)$ está sobre la gráfica de $y = f(-x)$. En otras palabras, si $f(2) = -3$ para $y = f(x)$, entonces para $y = f(-x)$ y $x = -2$ tenemos $f(-x) = f(-(-2)) = f(2) = -3$. Lo mismo es cierto para los demás puntos sobre la gráfica.

De manera verbal, podemos describir esto diciendo que lo que ocurre en la gráfica de $y = f(x)$ a la derecha ocurre en la gráfica de $y = f(-x)$ a la izquierda, y viceversa. Más precisamente, la gráfica de $y = f(-x)$ se obtiene al reflejar la gráfica de $y = f(x)$ con respecto del eje y.

Con base en este análisis podemos formular el siguiente principio de graficación:

Principio de graficación para $y = f(-x)$

Para obtener la gráfica de $y = f(-x)$, reflejamos la gráfica de $y = f(x)$ con respecto del eje y.

Recuerde que para utilizar este principio de graficación, debemos conocer la apariencia de la gráfica de $y = f(x)$.

3.2 Más principios de graficación: tipos de funciones

EJEMPLO 6 Dada la gráfica de $y = f(x)$ en la figura 3.29, trace la gráfica de $y = f(-x)$

Solución Utilizamos el principio de graficación para $y = f(-x)$ y reflejamos la gráfica dada con respecto del eje y para obtener la gráfica de la figura 3.30.

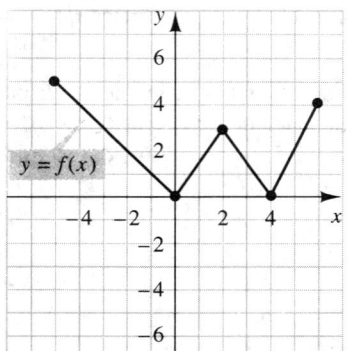

FIGURA 3.29

Si la gráfica de $f(x)$ tiene simetría con respecto del eje y, ¿cuál es la relación entre las gráficas de $f(x)$ y $f(-x)$?

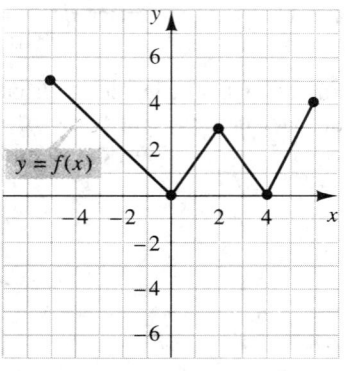

FIGURA 3.30

EJEMPLO 7 Dada la gráfica de $y = f(x)$ en la figura 3.31, trace cada gráfica.

(a) $y = -f(x)$ **(b)** $y = f(-x)$

Solución Es muy importante aplicar nuestros principios de graficación con cuidado. Para obtener la gráfica de $y = -f(x)$ reflejamos la gráfica original con respecto del eje x, y para obtener la gráfica de $y = f(-x)$, reflejamos la gráfica original con respecto del eje y. Las gráficas aparecen en la figura 3.32(a) y (b).

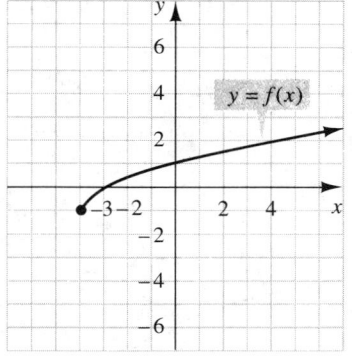

FIGURA 3.31

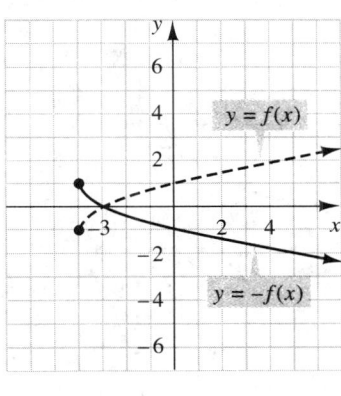

(a)

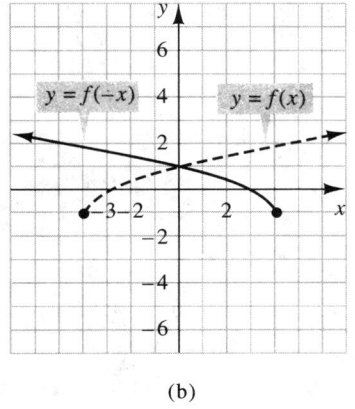

(b)

FIGURA 3.32

196   **Capítulo 3**   Funciones y gráficas: Parte II

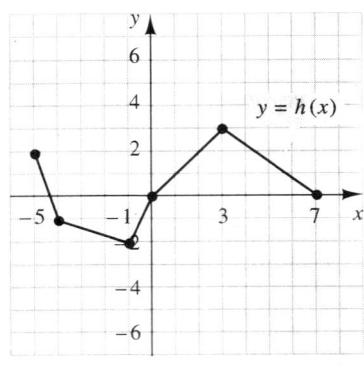

FIGURA 3.33

EJEMPLO 8   Dada la gráfica de $y = h(x)$ en la figura 3.33, trace la gráfica de $y = h(-x) + 2$.

Solución   Para obtener la gráfica de $y = h(-x) + 2$, consideramos la gráfica de $y = h(x)$, la reflejamos con respecto del eje y para obtener $h(-x)$, y después la recorremos en forma vertical 2 unidades hacia arriba para obtener $h(-x) + 2$. Los dos pasos para obtener la gráfica aparecen en la figura 3.34.

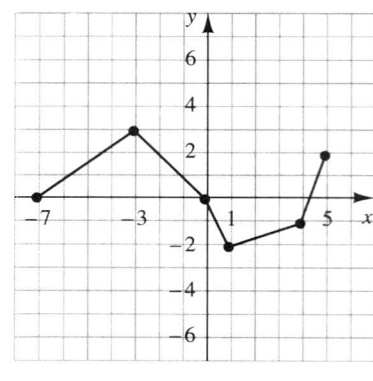
(a) La gráfica de $y = h(-x)$

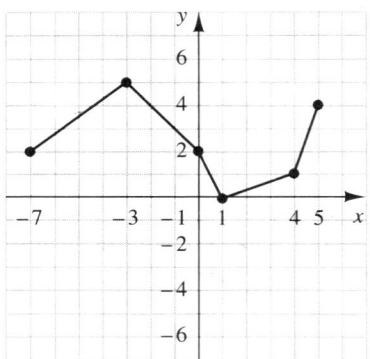
(b) La gráfica de $y = h(-x) + 2$

FIGURA 3.34

EJEMPLO 9   La figura 3.35 a la izquierda ilustra la gráfica de $y = f(x)$.

Describa las gráficas de la figura 3.36(a), (b) (c) y (d) siguientes en términos de $f(x)$.

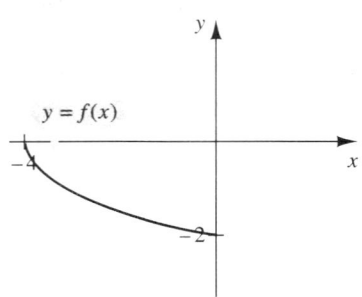

FIGURA 3.35

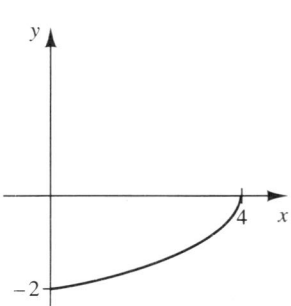
(a)

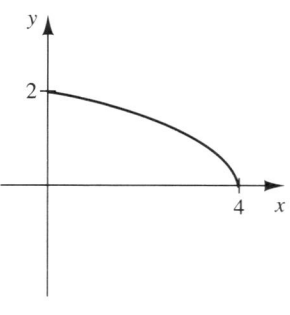
(b)

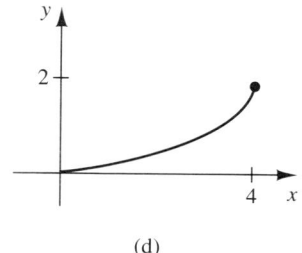
(c)   (d)

FIGURA 3.36

3.2 Más principios de graficación: tipos de funciones

Solución

La gráfica dada en	Se obtiene	De modo que su ecuación es
Figura 3.36(a)	reflejando la gráfica de $f(x)$ con respecto del eje y	$y = f(-x)$
Figura 3.36(b)	reflejando la gráfica de $f(-x)$ con respecto del eje x	$y = -f(-x)$
Figura 3.36(c)	reflejando la gráfica de $f(x)$ con respecto del eje x	$y = -f(x)$
Figura 3.36(d)	reflejando la gráfica de $f(x)$ con respecto del eje y y recorriéndola en forma vertical 2 unidades hacia arriba	$y = f(-x) + 2$

■

Para facilitar su referencia, resumiremos aquí los diversos principios de graficación, con una ilustración de cada uno.

RESUMEN DE PRINCIPIOS DE GRAFICACIÓN

El principio de alargamiento

(para $a > 0$, $a \neq 1$)

La gráfica de $y = af(x)$ se puede obtener alargando la gráfica de $y = f(x)$. En otras palabras, la gráfica de $y = af(x)$ tendrá la misma forma básica de la gráfica de $y = f(x)$. Si $a > 1$, la gráfica de $y = af(x)$ se obtiene al alargar la gráfica de $f(x)$ lejos del eje x. Si $0 < a < 1$, la gráfica de $y = af(x)$ se obtiene al "empujar" la gráfica de $f(x)$ hacia el eje x.

El principio de desplazamiento vertical para gráficas

(para $c > 0$)

Para obtener la gráfica de:	Se recorre la gráfica de $y = f(x)$:
$y = f(x) + c$	c unidades hacia arriba
$y = f(x) - c$	c unidades hacia abajo

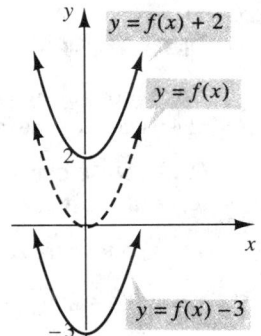

El principio de desplazamiento horizontal para gráficas

(para $c > 0$)

Para obtener la gráfica de:	Se recorre la gráfica de $y = f(x)$:
$y = f(x + c)$	c unidades a la izquierda
$y = f(x - c)$	c unidades a la derecha

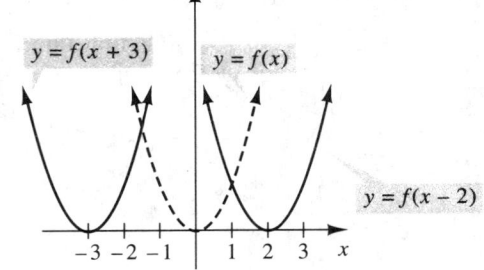

Principio de graficación para y = | f(x) |

Para obtener la gráfica de $y = |f(x)|$, se parte de la gráfica de la función subyacente $y = f(x)$.

(a) Se deja sin variación la parte de la gráfica subyacente en o sobre el eje x.
(b) Se considera la parte de la gráfica subyacente que está por debajo del eje x y se refleja con respecto del eje x.

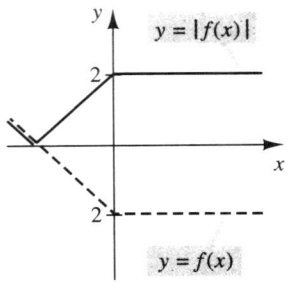

Principio de graficación para y = −f(x)

Para obtener la gráfica de $y = -f(x)$ se refleja la gráfica de $y = f(x)$ con respecto del eje x.

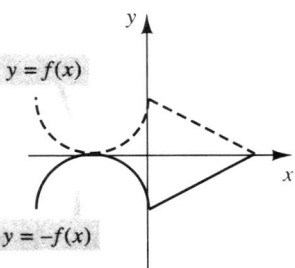

Principio de graficación para y = f(−x)

Para obtener la gráfica de $y = f(-x)$, reflejamos la gráfica de $y = f(x)$ con respecto del eje y.

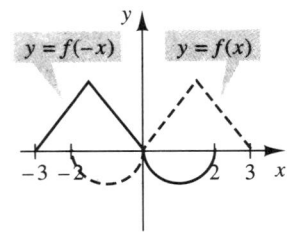

Tipos de funciones

Como continuaremos exponiendo una gran variedad de funciones y sus gráficas, es útil clasificarlas para facilitar su referencia.

Funciones constantes Una función de la forma $y = f(x) = K$, donde K es una constante, es una **función constante**. Si $y = f(x) = 6$, entonces la función asigna un valor de y igual a 6, a cada entrada x. Así, $f(2) = 6$, $f(-9) = 6$, $f(0) = 6$, $f\left(\frac{1}{5}\right) = 6$, etcétera. Recuerde de la sección 2.2 que la gráfica de una función de la forma $y = K$ es una recta horizontal.

Funciones lineales Una función de la forma $y = f(x) = mx + b$ es una **función lineal**. El nombre se debe claramente al hecho de que la gráfica de una función de la forma $y = mx + b$ es una línea recta. (Observe que una función constante es una función lineal con $m = 0$.)

3.2 Más principios de graficación: tipos de funciones

Funciones cuadráticas Una función de la forma $y = f(x) = ax^2 + bx + c$ con $a \neq 0$ es una **función cuadrática**. (Si $a = 0$, entonces la función se convierte en $y = f(x) = bx + c$, que es una función lineal.) Analizaremos las gráficas de las funciones cuadráticas con detalle en la sección 3.4.

Funciones polinomiales Las funciones constantes, lineales y cuadráticas son ejemplos particulares de una clase más general de funciones.

DEFINICIÓN Una **función polinomial** es una función de la forma

$$y = p(x) = a_n x^n + a_{n-1} x^{n-1} + a_{n-2} x^{n-2} + \cdots + a_2 x^2 + a_1 x + a_0, \quad a_n \neq 0$$

Cada a_i es un número real, y n es un entero no negativo. Tal función polinomial tiene grado n.

Por ejemplo, $f(x) = 6x^3 - 5x + 1$ es un ejemplo de función polinomial de grado 3.

Funciones racionales Una función que se puede expresar como el cociente de dos polinomios es una **función racional**. $f(x) = \dfrac{x-1}{x^2+1}$ y $g(x) = \dfrac{1}{x-5}$ son ejemplos de funciones racionales.

Observe que toda función polinomial $p(x)$ es también una función racional, puesto que se puede escribir como $\dfrac{p(x)}{1}$. Analizaremos las funciones polinomiales y racionales en el capítulo 4.

Algunas otras funciones que ya hemos analizado o que analizaremos son $f(x) = |x|$, la función valor absoluto; $f(x) = \sqrt{x} = x^{1/2}$, una función radical; $f(x) = 2^x$, una función exponencial; y las funciones logarítmicas y trigonométricas.

Concluimos esta sección con un tipo distinto de función. Es importante recordar que *cualquier* regla que asigna un valor único de y a cada valor de x es una función bien definida. Consideremos la siguiente función.

DEFINICIÓN La **función máximo entero**, que se escribe $f(x) = [x]$, indica al máximo entero menor o igual que x.

Así, por ejemplo,

$[6.4] = 6,$ pues 6 es el máximo entero menor o igual que 6.4

$[5] = 5,$ pues 5 es el máximo entero menor o igual que 5

$[-2.8] = -3,$ pues -3 es el máximo entero menor o igual que -2.8

En términos de la recta numérica, la función máximo entero asigna a cada x el entero más cercano en o a la izquierda de x.

EJEMPLO 10 Trazar la gráfica de $y = f(x) = [x]$.

Solución Puesto que la regla para la función máximo entero es poco usual, su gráfica será un poco distinta de lo que hemos visto hasta ahora.

200   **Capítulo 3**   Funciones y gráficas: Parte II

Por ejemplo,

Cuando $0 \leq x < 1$, $y = [x]$ será igual a 0.

Cuando $1 \leq x < 2$, $y = [x]$ será igual a 1.

Cuando $2 \leq x < 3$, $y = [x]$ será igual a 2.

De manera análoga,

Cuando $-3 \leq x < -2$, $y = [x]$ será igual a -3.

Cuando $-2 \leq x < -1$, $y = [x]$ será igual a -2.

Cuando $-1 \leq x < 0$, $y = [x]$ será igual a -1.

En cada intervalo de la forma $[n, n + 1)$, donde n es un entero, $y = [x]$ será constante e igual a n. Así, la gráfica consta de una serie de segmentos de recta horizontales. Una parte representativa de la gráfica aparece en la figura 3.37. Este tipo de gráfica, que consta de una serie de segmentos de recta horizontales, es llamada **función escalonada**. ■

En la siguiente sección veremos cómo la idea de una función se puede aplicar para describir situaciones de la vida real.

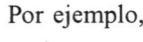

FIGURA 3.37

EJERCICIOS 3.2

1. Dada la gráfica siguiente de $y = f(x)$, trace las gráficas de $y = -f(x)$ y $y = f(-x)$.

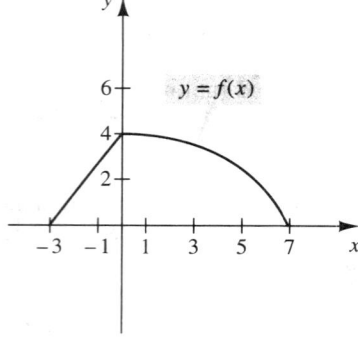

2. Dada la gráfica siguiente de $y = g(x)$, trace las gráficas de $y = |g(x)|$ y $y = -g(x)$.

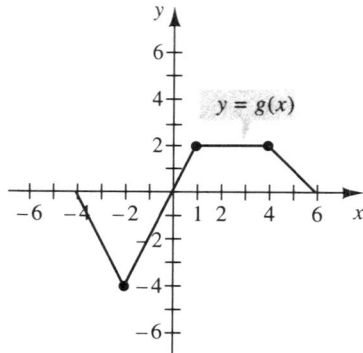

3. Dada la gráfica siguiente de $y = h(x)$, trace las gráficas de $y = h(x) - 2$ y $y = h(x - 2)$.

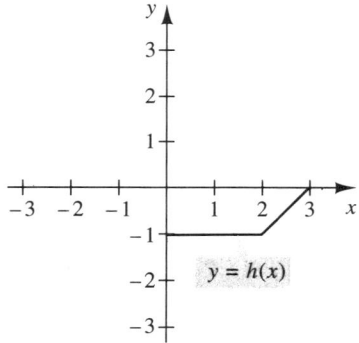

4. Dada la gráfica siguiente de $y = g(x)$, trace las gráficas de $y = g(x + 3)$ y $y = -g(x + 3)$.

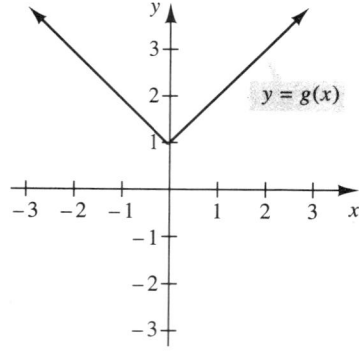

3.2 Más principios de graficación: Tipos de funciones

5. Dada la gráfica siguiente de $y = f(x)$, trace las gráficas de $y = f(x - 1)$ y $y = f(1 - x)$. SUGERENCIA: Para obtener la gráfica de $f(1 - x)$, refleje la gráfica de $f(x + 1)$ con respecto del eje y. Explicación: Al reemplazar x por $-x$ en $f(x + 1)$ se obtiene $f(-x + 1) = f(1 - x)$ y causa una reflexión con respecto del eje y.

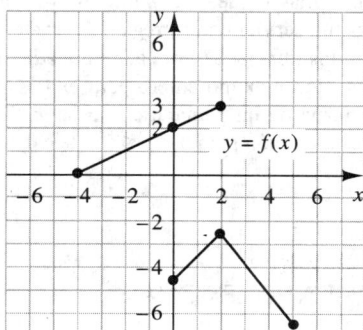

6. Dada la gráfica siguiente de $y = g(x)$, trace las gráficas de $y = g(x - 1)$ y $y = g(1 - x)$. Véase la sugerencia en el ejercicio 5.

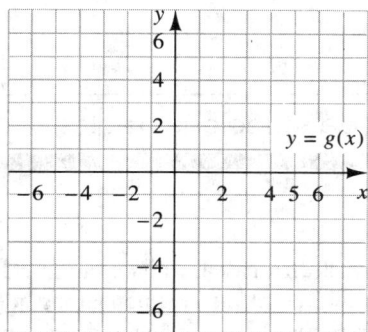

En los ejercicios 7-12, utilice la siguiente gráfica de $y = f(x)$ para obtener las gráficas pedidas.

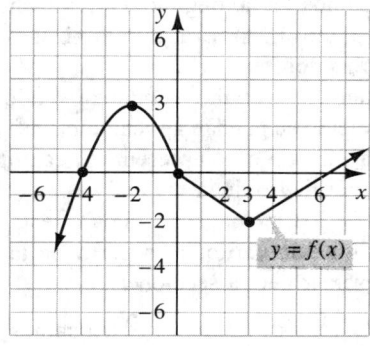

7. $y = f(-x)$ y $y = -f(x)$
8. $y = |f(x)|$ y $y = -f(-x)$
9. $y = |f(x)| + 2$ y $y = |f(x + 2)|$
10. $y = -f(x - 2)$ y $y = f(2 - x)$
11. $y = f(-x) - 3$ y $y = f(-x - 3)$
12. $y = |f(-x)|$ y $y = -f(-x)$

En los ejercicios 13-28, trace la gráfica de la función dada e indique las intersecciones con los ejes.

13. $y = f(x) = x^2 + 4$
14. $y = f(x) = (x + 4)^2$
15. $y = f(x) = -x^2 + 4$
16. $y = f(x) = -(x + 4)^2$
17. $y = g(x) = |x - 5|$
18. $y = g(x) = |x| - 5$
19. $y = g(x) = 3 - |x|$
20. $y = g(x) = |3 - x|$
21. $y = f(x) = (x + 1)^2 + 1$
22. $y = f(x) = -(x - 1)^2 - 1$
23. $y = h(x) = |x^2 - 9|$
24. $y = h(x) = ||x| - 3|$
25. $y = F(x) = -(x + 1)^2$
26. $y = G(x) = |16 - x^2|$
27. $f(x) = \begin{cases} |x| - 4 & \text{si } -4 \le x \le 4 \\ 16 - x^2 & \text{en caso contrario} \end{cases}$
28. $f(x) = \begin{cases} 2 - |x| & \text{si } -2 \le x \le 2 \\ |x| - 2 & \text{en caso contrario} \end{cases}$

Utilice la figura siguiente en los ejercicios 29-32.

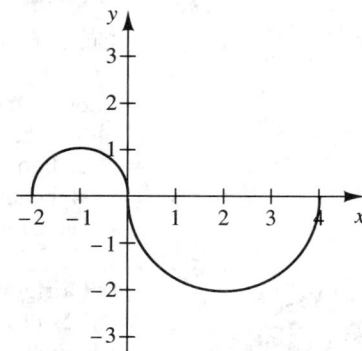

29. Si la gráfica corresponde a $y = f(-x)$, trace la gráfica de $y = f(x)$.
30. Si la gráfica corresponde a $y = -f(x)$, trace la gráfica de $y = f(x)$.
31. Si la gráfica corresponde a $y = -f(x) + 1$, trace la gráfica de $y = f(x)$.
32. Si la gráfica corresponde a $y = f(-x + 1)$, trace la gráfica de $y = f(x)$.

En los ejercicios 33-44, describa con palabras lo que haría a la gráfica de $y = f(x)$ para obtener la gráfica de la función dada.

33. $f(x) - 4$
34. $f(x - 4)$
35. $f(-x)$
36. $-f(x)$
37. $|f(x)|$
38. $-f(-x)$
39. $-f(x) + 3$
40. $f(-x) - 3$
41. $f(x + 3) + 4$
42. $f(x - 2) - 5$
43. $f(2 - x)$
44. $f(1 - x) + 1$

En los ejercicios 45-48, utilice $[x]$, la función máximo entero, para evaluar cada expresión.

45. $[6]$
46. $[-8]$
47. $[-2.9]$
48. $[6.7]$

En los ejercicios 49-52, trace la gráfica de la función dada.

49. $y = f(x) = [x] + 1$
50. $y = f(x) = [x + 1]$
51. $y = f(x) = [2x]$
52. $y = f(x) = 2[x]$

53. Suponga que el costo de una llamada telefónica entre Atlanta y Houston es de $0.80 por el primer minuto y $0.50 por cada minuto adicional o fracción. Podemos aplicar la función máximo entero para expresar el costo C de dicha llamada telefónica, como función de la duración m de la llamada en minutos.

$$C = 0.30 - 0.50[-m] \qquad \text{para } m > 0$$

Trace la gráfica de esta función para una llamada telefónica cuya duración no es mayor que cinco minutos.

54. Suponga que un servicio de entrega nocturna cobra $12.50 por las primeras dos libras y $3 por cada libra adicional o fracción. Utilice la función máximo entero para expresar el costo C de entrega nocturna de un paquete que pesa p libras, y trace la gráfica de esta función para $0 < p \leq 6$.

PREGUNTA PARA REFLEXIONAR

55. Describa la forma como graficaría $y = a(x - h)^2 + k$.

3.3 Extracción de funciones de situaciones reales

Consideremos el siguiente problema:

> Supongamos que una persona desea construir una casa de verano rectangular de un piso con 150 metros cuadrados de espacio en el piso. Supongamos además que los códigos de construcción locales requieren que el largo y ancho de la construcción sea al menos de 6 metros. Para conservar la energía, ¿cómo deberán elegirse las dimensiones de la casa para minimizar el perímetro de la construcción?

La figura 3.38 ilustra la vivienda. Llamamos l a la longitud y w al ancho.

Los problemas de este tipo, donde intentamos maximizar o minimizar cierta cantidad reciben el nombre de **problemas de optimización**.

Para resolver este problema por completo, necesitamos algunos métodos de cálculo. Sin embargo, antes de que las técnicas de cálculo se puedan aplicar a una situación real de este tipo, primero es necesario escribir una función que represente la cantidad en la que estamos interesados. (En este problema, el perímetro de la vivienda es el que debe minimizarse.) Puesto que aún no disponemos de los métodos de cálculo, esta sección está dedicada al proceso de extracción de una función particular a partir de la información dada. Ampliaremos las ideas establecidas primero en la sección 1.10.

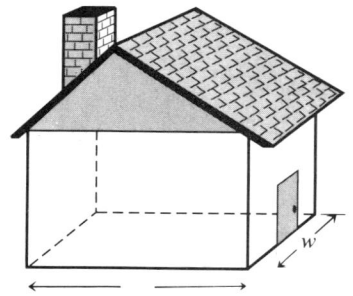

FIGURA 3.38

EJEMPLO 1 Expresar el perímetro de la casa de campo que acabamos de describir como una función de su ancho w, y determine su dominio.

3.3 Extracción de funciones de situaciones reales

Solución El objetivo es expresar el perímetro de la casa como función de w. Tenemos el perímetro P, dado por $P = 2w + 2l$. Para expresar el perímetro como una función de una variable, necesitamos utilizar el hecho de que el área debe ser de 150 metros cuadrados.

$$A = lw = 150 \quad \text{Despejamos } l.$$

$$l = \frac{150}{w}$$

Ahora podemos sustituir l en la ecuación del perímetro, lo que da el perímetro como función de w.

$$P = 2w + 2l \quad \text{Sustituimos } l = \frac{150}{w}.$$

$$P = P(w) = 2w + 2\left(\frac{150}{w}\right) = 2w + \frac{300}{w}$$

Lo que nos resta es determinar el dominio para la función $P(w)$. Nos han dicho que el largo y el ancho deben ser al menos de 6 metros, de modo que $w \geq 6$. Como $l \geq 6$ y el área debe ser de 150 metros cuadrados, tenemos

$$lw = 150 \Rightarrow w = \frac{150}{l} \leq \frac{150}{6} = 25$$

¿Por qué $l \geq 6$ implica que $\frac{150}{l} \leq \frac{150}{6}$?

Por lo tanto, el perímetro P de la casa como función de su ancho, w, es

$$\boxed{P = P(w) = 2w + \frac{300}{w} \quad \text{para } 6 + w \leq 25}$$ ∎

Dedicamos el resto de esta sección al examen de varios ejemplos que nos piden extraer una función de una situación real. Conforme avancemos, haremos algunas pausas para dar un esquema de método de solución de este tipo de problema.

FIGURA 3.39

EJEMPLO 2 Una plataforma petrolera está derramando petróleo en el océano, creando una mancha circular de petróleo en la superficie del mar (figura 3.39). Suponga que el diámetro está creciendo con una razón constante de 8 metros/minuto. Exprese el área de la mancha como función de t, el tiempo en minutos desde que inició el derrame.

Solución

¿QUÉ NECESITAMOS DETERMINAR?	El área A de una mancha circular de petróleo en términos de t, el número de minutos desde que inició el derrame.
¿CÓMO DETERMINAMOS EL ÁREA DE LA MANCHA?	Puesto que la mancha de petróleo es circular, utilizamos la fórmula para el área de un círculo, $A = \pi r^2$, donde r es el radio del círculo.

Tenemos el área en términos de r, su radio. ¿Cómo expresamos el área en términos de t?

Podemos expresar el radio en términos del diámetro, y tenemos el diámetro en términos del tiempo. En otras palabras, puesto que el radio es la mitad del diámetro, podemos sustituir $r = \frac{d}{2}$, en la fórmula para A

$A = \pi r^2$ *Sustituimos* $r = \frac{d}{2}$.

$= \pi\left(\frac{d}{2}\right)^2 = \frac{\pi d^2}{4}$

Nos indican que el diámetro crece a razón de 8 metros/minuto. Si t es el tiempo en minutos desde que inició el derrame, podemos expresar el diámetro d, en términos de t mediante $d = 8t$ (distancia = razón × tiempo) y sustituimos A en la fórmula.

$A = \frac{\pi d^2}{4}$ *Sustituimos* $r = 8t$

$= \frac{\pi(8t)}{4} = 16\pi t^2$ metros cuadrados

Así, el área de la mancha como función de t es $A(t) = 16\pi t^2$. El enunciado del problema no nos dice cuánto tiempo durará el derrame, de modo que suponemos que el dominio de la función es $t \geq 0$.

$$\boxed{A(t) = 16\pi t^2 \text{ metros cuadrados} \quad \text{para } t \geq 0}$$ ∎

EJEMPLO 3 Un área rectangular de 2500 pies cuadrados debe cercarse. Dos lados opuestos de la cerca costarán $3 el pie; los otros dos lados costarán $2 el pie. Si x representa la longitud de los lados que requieren la cerca más cara, expresar el costo total de la cerca como una función de x.

Solución

¿Qué debemos determinar?

El costo total de la cerca en términos de x, la longitud de los lados que requieren la cerca más cara.

¿Cómo determinamos el costo total?

El costo de la cerca se determina multiplicando la longitud de la cerca por el costo por unidad de longitud. Puesto que existen dos tipos de cerca, necesitamos identificar la longitud de cerca de cada precio. Trazamos un diagrama del rectángulo y llamamos x a los lados caros y, a los lados menos caros, y.

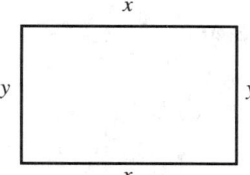

El diagrama indica que tenemos $2x$ pies de la cerca más cara; por lo tanto, el costo total para la cerca de \$3 es $3(2x) = 6x$. Puesto que tenemos $2y$ pies de la cerca de \$2, el costo total de la cerca menos cara es $2(2y) = 4y$. Por lo tanto, el costo total de toda la cerca es $C = 6x + 4y$ dólares.

El costo se expresa en términos de dos variables. ¿Cómo expresamos el costo sólo en términos de x?

Necesitamos determinar una relación que nos permita expresar y en términos de x. Sabemos que el área del rectángulo es de 2 500 pies cuadrados; por lo tanto, podemos escribir $A = 2500 = xy$. Despejamos y en esta ecuación para obtener $y = \dfrac{2500}{x}$ y sustituimos esto en la ecuación de costo.

$$C = 6x + 4y \qquad \text{Sustituimos } y = \frac{2500}{x}$$
$$= 6x + 4\left(\frac{2500}{x}\right) = 6x + \frac{10\,000}{x}$$

Puesto que x representa la longitud de un lado del rectángulo, el dominio de esta función es $x > 0$. Así, la respuesta es

$$\boxed{C(x) = 6x + \frac{10\,000}{x} \qquad \text{para } x > 0}$$

∎

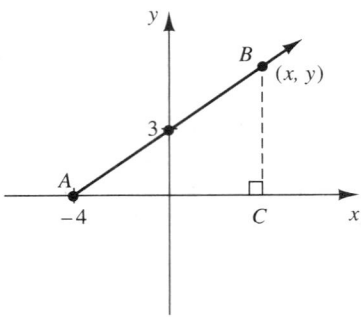

FIGURA 3.40

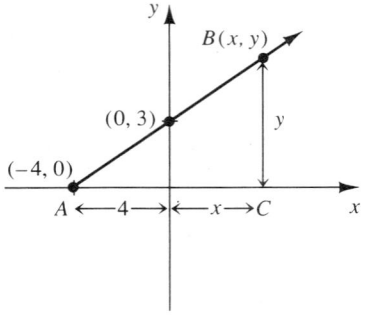

FIGURA 3.41

EJEMPLO 4 Utilice la figura 3.40 para expresar el área de $\triangle ABC$ como función de x.

Solución Primero, debemos constatar que la pregunta tiene sentido. Se elige un punto $B(x, y)$ en la recta que pasa por los puntos $A(-4, 0)$ y $(0, 3)$ y se baja una perpendicular desde el punto (x, y) hasta el eje x, formando el $\triangle ABC$. A cada punto (x, y) le corresponde un triángulo, y por tanto un área. Así, a cada x le corresponde exactamente un área del $\triangle ABC$, de modo que el área del triángulo es una función de x.

Comenzamos con la fórmula del área A de un triángulo, $A = \frac{1}{2}bh$. (Con frecuencia llamamos a ésta la *fórmula genérica*; es decir, puesto que buscamos el área de un triángulo utilizamos la fórmula para el área de *cualquier* triángulo.) A continuación utilizamos la figura dada para aplicar la fórmula genérica a este ejemplo particular. Observamos que la distancia del origen al punto A es 4 unidades y la distancia entre el origen y el punto C es x unidades, de modo que la longitud de la base AC es $x + 4$. La altura BC del triángulo es y. Véase la figura 3.41. Así, la fórmula del área para este triángulo es

$$A = \frac{1}{2}(x+4)y$$

El ejemplo nos pide expresar el área como función de x. Todo lo que resta es determinar una relación que nos permita expresar y en términos de x. Puesto que el punto (x, y) está sobre la recta que pasa por los puntos $(-4, 0)$ y $(0, 3)$, la ecuación de esta recta nos proporciona la relación buscada. Para obtener la ecuación de esta recta, primero determinamos su pendiente como

$$m = \frac{3-0}{0-(-4)} = \frac{3}{4}$$

Puesto que la ordenada al origen de la recta es 3, tenemos que $y = \frac{3}{4}x + 3$ es una ecuación para esta recta. Al sustituir esto en la fórmula del área obtenemos

$$A = A(x) = \frac{1}{2}(x+4)\left(\frac{3}{4}x + 3\right) = \frac{3}{8}x^2 + 3x + 6$$

Con base en el diagrama dado, el punto (x, y) se elige a la derecha del punto $(-4, 0)$, de modo que el dominio de $A(x)$ es el conjunto de números reales mayores que -4. Así, la respuesta es

$$\boxed{A(x) = \frac{3}{8}x^2 + 3x + 6, \text{ para } x > -4}$$ ∎

EJEMPLO 5 Suponga que el área de la superficie de un cilindro circular recto cerrado es 30π centímetros cuadrados. Exprese el volumen del cilindro como una función de su radio r.

Solución Para responder esta pregunta necesitamos conocer las fórmulas para el área de la superficie S y el volumen V de un cilindro circular recto cerrado. Véase la figura 3.42. Así, vemos que la fórmula para el volumen depende de r y h. Para expresar el volumen sólo como función de r, necesitamos una relación entre r y h.

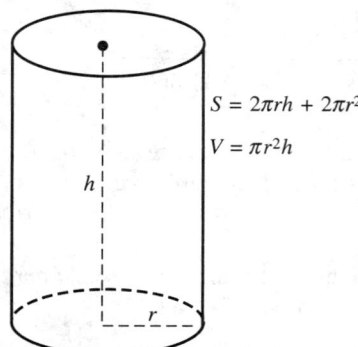

FIGURA 3.42 Un cilindro circular recto cerrado con las fórmulas para el área de la superficie y el volumen

El hecho de que el área de la superficie es 30π centímetros cuadrados nos permite utilizar la fórmula para el área de la superficie para despejar h en términos de r.

$$S = 2\pi rh + 2\pi r^2$$
$$30\pi = 2\pi rh + 2\pi r^2 \quad \textit{Dividimos ambos lados entre } 2\pi \textit{ y despejamos h.}$$
$$15 = rh + r^2$$
$$\frac{15 - r^2}{r} = h$$

Ahora podemos sustituir h en la fórmula del volumen.

$$V = \pi r^2 h \quad \textit{Sustituimos h.}$$
$$V = V(r) = \pi r^2 \left(\frac{15 - r^2}{r}\right) \quad \textit{Así, el volumen como función de r es}$$

$$\boxed{V = V(r) = 15\pi r - \pi r^3}$$

¿Cuál es el dominio de $V(r)$? Obviamente, como r representa el radio del cilindro, r debe ser positivo. Sin embargo, la altura h también debe ser positiva, de modo que de la ecuación $h = \frac{15 - r^2}{r}$, pedimos que $15 - r^2 > 0$. Al resolver esta desigualdad cuadrática determinamos que el dominio de $V(r)$ es $D_V = \{r \mid 0 < r < \sqrt{15}\}$ ∎

EJEMPLO 6 Supongamos que una compañía fabricante de computadoras determina que puede vender 2000 computadoras a un precio de $750 y que por un incremento de $25 en el precio de cada una, serán vendidas 40 computadoras menos. Sea n el número de incrementos de $25 en el precio. Exprese el ingreso total por ventas de computadoras como función de n.

Solución El ingreso se calcula multiplicando el número de computadoras vendidas por el precio de cada una.

ingreso = (número de computadoras vendidas)(precio por computadora)

Ésta es la *fórmula genérica*. En una situación como ésta, podría ser de utilidad construir una tabla con algunos valores numéricos de n.

n	Precio por computadora	Número de computadoras vendidas	Ingreso
0	750	2000	750(2000)
1	750 + 25	2000 − 4	(750 + 25)(2000 − 40)
2	750 + 2(25)	2000 − 2(40)	(750 + 2(25))(2000 − 2(40))
3	750 + 3(25)	2000 − 3(40)	(750 + 3(25))(2000 − 3(40))
⋮	⋮	⋮	⋮
n	750 + n(25)	2000 − n(40)	(750 + n(25))(2000 − n(40))

Así, si llamamos a la función de ingreso $R(n)$, tenemos

$$R(n) = (750 + 25n)(2000 - 40n) = -1000n^2 + 20\,000n + 1\,500\,000$$

Puesto que el número de computadoras vendidas es $2000 - 40n$ y este número no puede ser negativo, necesitamos que $2000 - 40n \geq 0 \Rightarrow n \leq 50$. Así, el dominio de $R(n)$ es $\{n \mid 0 \leq n \leq 50\}$ ∎

EJEMPLO 7 La figura 3.43 ilustra un rectángulo inscrito en un círculo. Exprese el área del rectángulo $EFGH$ como una función del radio r del círculo.

Solución Puesto que estamos buscando el área A del rectángulo, la fórmula genérica para este ejemplo es $A = bh$, donde b y h representan la base y altura del rectángulo, respectivamente. En este ejemplo, la fórmula es $A = 8x$.

Todo lo que nos resta es determinar una relación entre x y r. Es un hecho básico de la geometría que, como el ángulo EHG es recto, la diagonal EG del rectángulo es un diámetro del círculo. Por lo tanto, podemos nombrar la diagonal EG como $2r$. (Véase la figura 3.44.)

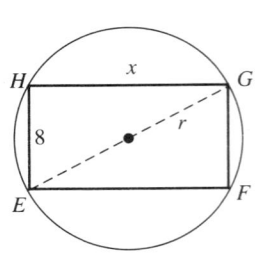

FIGURA 3.43

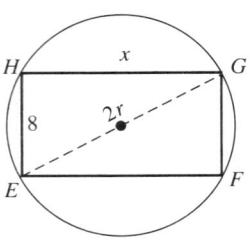

FIGURA 3.44

$\triangle EGH$ es un triángulo rectángulo, de modo que podemos aplicar el teorema de Pitágoras para obtener

$x^2 + 8^2 = (2r)^2$ *Despejamos x*

$x = \pm\sqrt{4r^2 - 64}$ *Puesto que x es una longitud, tomamos la raíz cuadrada positiva.*

$x = \sqrt{4r^2 - 64} = \sqrt{4(r^2 - 16)} = 2\sqrt{r^2 - 16}$

Ahora sustituimos x en la fórmula para el área y obtenemos $A = 8x = 8(2\sqrt{r^2 - 16})$.

Puesto que el diámetro del círculo debe ser mayor que 8, r debe ser mayor que 4, de modo que el dominio de $A(r)$ es el conjunto de números reales mayores que 4.

$$A(r) = 16\sqrt{r^2 - 16}, \text{ para } r > 4$$

∎

Este proceso de extracción de una función a partir de la información específica que describe una situación de la vida real recibe con frecuencia el nombre de **modelación matemática**. Con base en estos ejemplos, podemos sugerir el siguiente esquema:

ESQUEMA PARA OBTENER UN MODELO MATEMÁTICO

1. Lea el problema hasta que comprenda con claridad la información dada y lo que se busca. Con frecuencia, un diagrama es de extrema utilidad para organizar y relacionar la información dada.
2. Escriba una expresión (fórmula) para la cantidad buscada. Esto es lo que llamamos la *fórmula genérica*. Por ejemplo, si se busca un volumen, escriba una fórmula para el volumen; si se busca un costo total, escriba una fórmula para el costo.
3. En caso necesario, aplique la fórmula genérica a la situación particular en consideración. Es decir, reemplace elementos como la base, la altura, el radio, o el precio por las letras o valores dados en el problema o que aparecen en el diagrama.
4. Utilice la información dada para expresar todas las variables en términos de la variable especificada.
5. Utilice los resultados obtenidos en los pasos 3 y 4 para escribir la cantidad requerida como una función de la variable especificada.
6. Utilice la información dada o las limitaciones físicas del problema para determinar el dominio de la función.

Observe que en las cubiertas interiores de este libro se resumen algunas fórmulas genéricas útiles.

EJEMPLO 8 Un tanque de petróleo tiene la forma de un cono circular recto, con una altura de 15 pies y un radio de 4 pies. Suponga que el tanque se llena hasta una profundidad de h pies. Sea x el radio del círculo sobre la superficie del petróleo. Exprese el volumen de petróleo en el tanque como una función de x.

Solución Seguiremos el esquema dado.

1. La figura 3.45 ilustra la situación descrita en el ejemplo.
2. La fórmula para el volumen V de un cono circular recto es $V = \frac{1}{3}\pi r^2 h$. (*Ésta es la fórmula genérica*.)
3. Así, el volumen de petróleo en el tanque es $V = \frac{1}{3}\pi x^2 h$. (*Ésta es la fórmula genérica aplicada a este ejemplo particular.*) Para expresar el volumen como función de x, necesitamos determinar una relación entre x y h.
4. Si observamos con cuidado la figura 3.45, podemos ver que el $\triangle ABC$ es similar al $\triangle ADE$, por lo que podemos escribir la siguiente proporción.

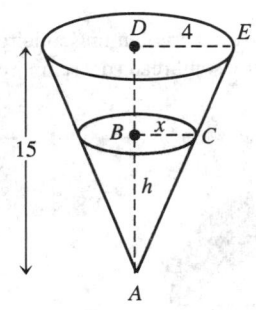

FIGURA 3.45

$$\frac{h}{x} = \frac{15}{4} \qquad \textit{Despejamos h.}$$

$$h = \frac{15}{4}x \qquad \textit{Ahora sustituimos h en la fórmula del volumen.}$$

$$V(x) = \frac{1}{3}\pi x^2 \left(\frac{15}{4}x\right) = \frac{5}{4}\pi x^3$$

5. $\boxed{V(x) = \frac{5}{4}\pi x^3.}$

6. Puesto que x es el radio del círculo sobre la superficie del petróleo, x sólo puede tener un valor mayor o igual que 0 (si el tanque está vacío) y menor o igual que el radio del tanque (si el tanque está lleno). Por lo tanto, el dominio de $V(x)$ es

$\boxed{\{x \mid 0 \leq x \leq 4\}}$. ∎

En el resto del texto continuaremos aplicando estas ideas acerca de la extracción de funciones a una más amplia variedad de situaciones. En la siguiente sección examinamos algunos problemas de optimización que se pueden resolver sin los métodos del cálculo.

EJERCICIOS 3.3

En cada uno de los siguientes ejercicios, extraiga la función requerida y determine su dominio.

1. Utilice la figura adjunta.
   (a) Exprese y como función de x.
   (b) Exprese el área del $\triangle ABC$ como función de x.

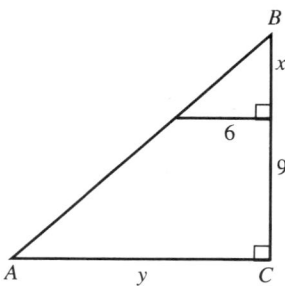

2. En la figura, el punto (x, y) está sobre la recta que pasa por los puntos $(0, 2)$ y $(5, 0)$.
   (a) Exprese y como función de x.
   (b) Exprese el área del $\triangle ABC$ como una función de x.

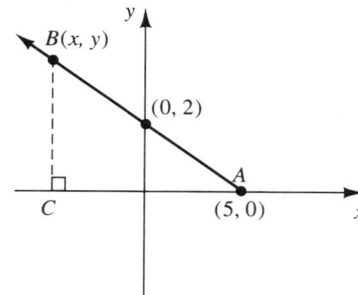

3. La siguiente figura ilustra al $\triangle ABC$ inscrito en un semicírculo de radio r. Exprese el área de la parte sombreada del semicírculo como función de r.

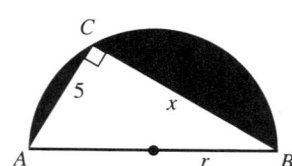

4. La figura ilustra al trapecio isósceles *ABCD*. Exprese el área del trapecio como función de *x*.

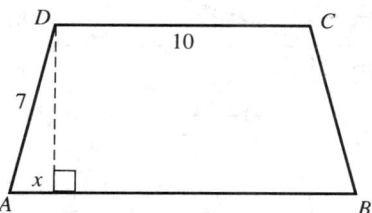

5. Una caja cerrada tiene una base cuadrada de lado *x* y una altura *h*. Si el volumen de la caja es 80 centímetros cúbicos, exprese el área de la superficie de la caja como función de *x*.

6. Se desea fabricar una caja abierta mediante una hoja rectangular de metal de 30 por 40 centímetros, cortando cuadrados idénticos de lado *x* de cada una de las esquinas de la hoja, doblando los lados para formar la caja, como se muestra en la figura. Exprese el volumen de la caja resultante como función de *x*.

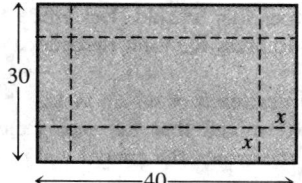 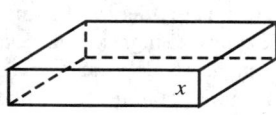

7. Exprese el área de un círculo como una función de su circunferencia.

8. El volumen de un cilindro circular recto es 20 pulgadas cúbicas. Exprese el área de la superficie del cilindro como una función de su radio *r*.

9. Un hombre de 6 pies de altura está a *x* pies de distancia de un asta de 20 pies que tiene una luz en la parte superior, como se muestra en la figura. Exprese la longitud de la sombra *s* del hombre como función de *x*.

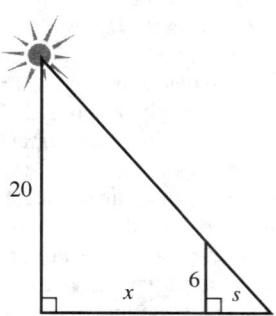

10. Un tanque de agua tiene la forma de un cono circular recto de altura 15 pies y radio 5 pies. Si el tanque se llena de modo que el radio del círculo en la superficie del agua es *r*, exprese el volumen del agua en el tanque como función de la profundidad *d*. Véase la siguiente figura.

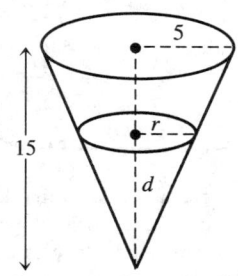

11. El punto (4, 1) está sobre la recta que pasa por los puntos (*a*, 0) y (0, *b*). Utilice la figura para expresar el área del △*ABC* como función de *a*.

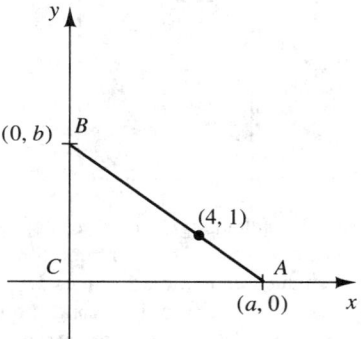

12. Se elige el punto *D*(*x*, *y*) sobre la recta que une al origen con el punto (4, 7). Utilice la figura para expresar el área del rectángulo *ABCD* como función de *x*.

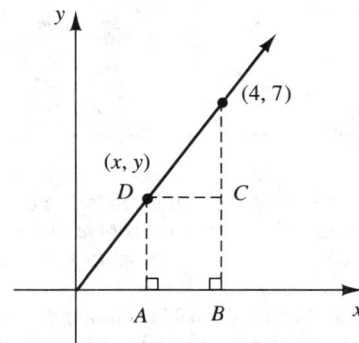

13. Una pista de atletismo tiene la forma de un rectángulo con un semicírculo de radio r en cada extremo, como se muestra. Si la distancia total alrededor de la pista es 200 metros, exprese el área encerrada por la pista como función de r.

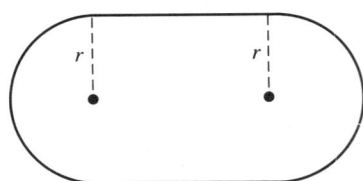

14. Se construye una ventana con la forma de un rectángulo, con un semicírculo de radio r en la parte superior, como se muestra. Si el área de la ventana es 10 pies cuadrados, exprese el perímetro de la ventana como función de r.

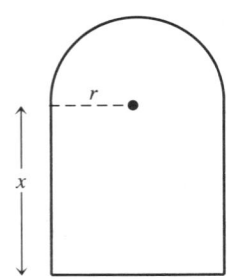

15. A las 6:00 A.M., se suelta un globo meteorológico desde el suelo; éste se eleva a una razón constante de 5 pies/segundo. Un observador se sitúa en un punto a 120 pies del punto de liberación. Si t representa el número de segundos que han transcurrido desde la liberación del globo, exprese la distancia del observador al globo como función de t. Véase la figura.

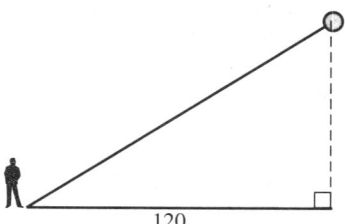

16. La siguiente figura ilustra un cable telefónico que está conectado de un punto P que está a x pies sobre el suelo en un poste telefónico, a un punto a 8 pies del suelo en una casa, localizada a 30 pies del poste.
    (a) Exprese la longitud del cable como una función de x.
    (b) ¿Dónde debe conectarse el cable de modo que su longitud sea 50 pies? (Redondee su respuesta a décimas de pie.)

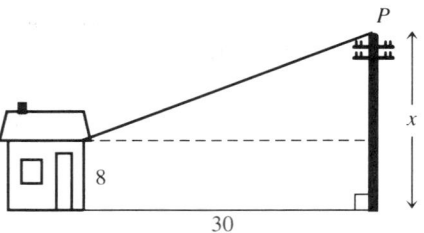

17. Se desea cortar en dos partes un cable de 30 cm de longitud. Con una parte se debe formar un cuadrado y con la otra un círculo.
    (a) Exprese el área total encerrada por el cuadrado y el círculo como una función del lado s del cuadrado.
    (b) Exprese el área total encerrada por el cuadrado y el círculo como función del radio r del círculo.

18. Suponga que en el ejercicio 17, el cable tiene longitud L. Exprese el área total encerrada por el círculo y el cuadrado como función de L y s.

19. Un fabricante de zapatos puede vender 3500 pares de zapatos a $24 cada uno. Se determina que por cada reducción de 50 centavos en el precio, se pueden vender 80 pares de zapatos adicionales. Sea n el número de reducciones de 50 centavos. Exprese el ingreso total como función de n.

20. Una huerta de naranjas tiene 800 árboles, cada uno de los cuales produce 750 naranjas por año. Se determina que por cada árbol adicional plantado en la misma huerta, la producción anual por árbol disminuye en 30 naranjas. Sea n el número de árboles adicionales plantados. Exprese la producción anual total de naranjas como función de n.

21. Un equipo de basquetbol profesional determina que adquirirán boletos de admisión general un promedio de 8 500 por juego, con un precio de $9 por boleto, y que por cada 50 centavos de aumento en el precio, se venderán 225 boletos menos. Si n representa el número de veces que se incremente el precio del boleto en 50 centavos, exprese el ingreso obtenido de los boletos de admisión general como función de n.

22. Un pequeño fabricante de computadoras determina que está vendiendo 750 computadoras por mes, a un precio de $1250 cada una, y que por cada $75 de reducción en el precio, se venden cada mes 35 computadoras más. Si r representa el número de veces que se reduce el precio en $75, exprese el ingreso generado cada mes por ventas de computadoras como función de r.

23. Una persona desea cercar un jardín rectangular anexo a su casa. Un lado del jardín estará acotado por la propia casa y los otros tres lados serán cercados por 80 pies de cerca. Exprese el área del jardín como función de una variable.

24. Una fábrica necesita cercar un lote de estacionamiento de forma rectangular junto a un edificio. Un lado del estacionamien-

to estará delimitado por el propio edificio, de modo que sólo se necesita una cerca para los otros tres lados. Si el estacionamiento debe tener un área de 100 metros cuadrados, exprese la longitud de la cerca necesaria como función de una variable.

25. Un agricultor desea cerrar un terreno rectangular y subdividirlo, como se indica en la figura. La cerca de uso intensivo para el perímetro cuesta $5 el pie, mientras que la cerca regular para el interior cuesta $3 el pie. Exprese el área total que se puede encerrar por $240 como una función de una variable.

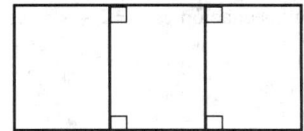

26. Si el agricultor del ejercicio 25 desea utilizar la misma configuración para encerrar un área de 480 pies cuadrados, exprese el costo total de la cerca como función de una variable.

27. Se desea realizar una partición, como se muestra en el diagrama anexo, de modo que encierre un área de oficinas de 400 pies cuadrados.
    (a) Exprese la longitud de la partición como función de x.
    (b) Si la partición cuesta $18 el pie, exprese el costo total de la partición como función de x.

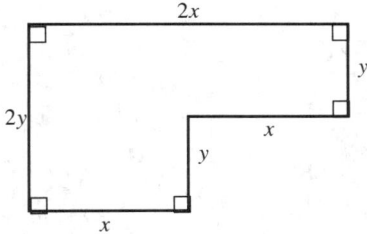

28. Un globo de aire caliente se libera desde el punto A sobre el suelo y se eleva en forma vertical a razón de 3 metros/minuto. Un observador se sitúa sobre el suelo, a 200 metros del punto A de liberación. Si t representa el número de segundos después de soltar el globo, exprese la distancia del observador al globo como función de t.

29. Una compañía telefónica necesita tender un cable telefónico desde el punto A al lado de un río que tiene un ancho de 1 milla hasta el punto D en la orilla opuesta y a 6 millas río abajo, como se indica en el siguiente diagrama. La compañía tenderá el cable por debajo del agua, de A hasta algún punto C en la orilla opuesta, a x millas de B, y luego un cable sobre el suelo de C a D. Exprese la longitud total del cable como función de x.

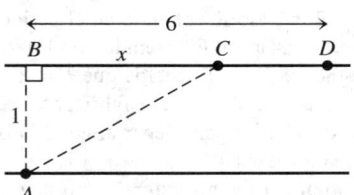

30. Un diseñador gráfico está creando un cartel cuyas dimensiones serán 18 por 30 pulgadas. El cartel tendrá alrededor un borde uniforme de x pulgadas de ancho, con una ilustración en el centro.
    (a) Exprese el área del borde como función de x.
    (b) Exprese el área de la ilustración central como función de x.

31. Una compañía de tarjetas de crédito carga un interés sobre una cuenta sin pagar. Las tasas de interés mensual son de 1.65% por los primeros $2000 no pagados y 1.25% por cualquier cantidad arriba de $2000. Exprese el interés mensual I como una función de la cuenta no pagada b.

32. Un vendedor recibe una comisión de 6% por los primeros $20 000 en ventas realizadas cada mes y 10% por una cantidad sobre los $20 000 en ventas. Exprese la comisión mensual C del vendedor como una función de las ventas mensuales s.

33. Con una hoja rectangular de aluminio, de 18 pies de largo y 1 pie de ancho, se desea formar un canal para el agua de lluvia, doblando una banda de x pies de ancho a lo largo de cada orilla de la hoja, como se ilustra en la figura. Exprese el volumen de lluvia que puede controlar el canal como función de x.

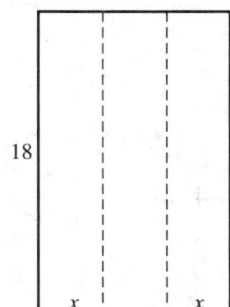 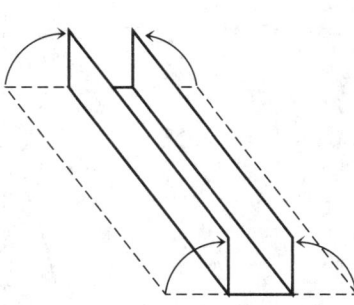

34. Un fabricante produce un artículo que le cuesta $17.50 por unidad. También existen costos diarios fijos de $1900, sin importar la cantidad de unidades producidas. Cada unidad se vende en $29.75. Sea x el número de unidades producidas durante un periodo de 10 días.
    (a) Exprese el costo total C por producir x artículos durante un periodo de 10 días.

(b) Exprese el ingreso R obtenido en el periodo de 10 días.

(c) Exprese la ganancia P obtenida en el periodo de 10 días como función de x. (Recuerde que $P = R - C$.)

(d) ¿Cuántos artículos se deben fabricar y vender durante el periodo de 10 días para llegar al equilibrio (es decir, para que R sea igual a C)?

35. Exprese el volumen de una esfera como una función del área de su superficie.

36. Exprese el área de la superficie de una esfera como función de su volumen.

37. Exprese el área de la superficie de un cilindro circular recto cerrado de altura 10 pulgadas como función de su volumen V.

38. Exprese la distancia D entre el punto $(1, 4)$ y un punto (x, y) sobre la parábola $y = x^2$ como función de x.

39. Exprese la distancia D entre el punto $(-1, 2)$ y un punto (x, y) sobre la parábola $y = 9 - x^2$ como función de x.

40. Exprese la distancia D entre el punto $(-2, 4)$ y un punto (x, y) sobre la parábola $y = (x + 2)^2$ como función de y.

41. Exprese la distancia D entre el punto $(5, 3)$ y un punto (x, y) sobre la parábola $y = -(x - 5)x^2 + 3$ como función de y.

42. Exprese la distancia D entre el punto $(6, 0)$ y un punto (x, y) sobre la curva cuya ecuación es $y = \sqrt{x}$ como función de x.

43. Exprese la distancia D entre el punto $(0, 2)$ y un punto (x, y) sobre la curva cuya ecuación es $y = 2 - \sqrt{x}$ como función de x.

3.4 Funciones cuadráticas

Una **función cuadrática** es una función de la forma $f(x) = Ax^2 + Bx + C$, $A \neq 0$. En la sección 3.2 desarrollamos el hecho de que la gráfica de $f(x) = a(x - h)^2 + k$ (llamada una parábola) se puede obtener al aplicar los principios de graficación a la gráfica de la parábola básica $f(x) = x^2$.

EJEMPLO 1 Trazar una gráfica de la función $y = f(x) = -(x - 3)^2 + 4$.

Solución Véase la figura 3.46.

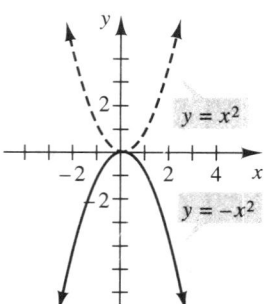

A partir de la parábola básica $f(x) = x^2$, el primer signo negativo nos dice que reflejemos la gráfica $f(x) = x^2$ con respecto del eje x.

(a)

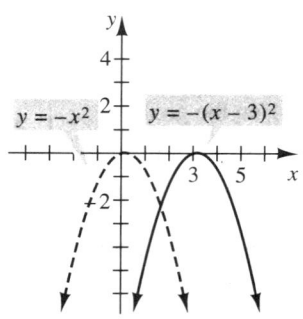

$(x - 3)^2$ nos dice que recorramos la gráfica en sentido horizontal, 3 unidades a la derecha.

(b)

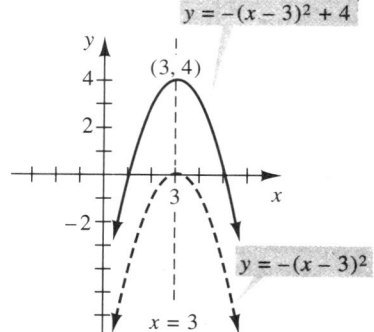

+4 nos dice que recorramos la gráfica de manera vertical, 4 unidades hacia arriba, para obtener la gráfica de $f(x) = -(x - 3)^2 + 4$.

(c)

FIGURA 3.45

3.4 Funciones cuadráticas

Observe que el vértice se desplaza de (0, 0), 3 unidades a la derecha y 4 unidades hacia arriba, hasta (3, 4), y el eje de simetría es ahora la recta vertical $x = 3$. Como es usual, las intersecciones con el eje x se encuentra resolviendo $f(x) = 0$. ∎

En general, la gráfica de $f(x) = a(x - h)^2 + k$, llamada **forma canónica de la función cuadrática**, se puede determinar recorriendo y alargando (y tal vez reflejando con respecto del eje x) la gráfica de $f(x) = x^2$. Observe que al desplazar la gráfica de $f(x) = x^2$ para obtener la gráfica de $f(x) = a(x - h)^2 + k$, el vértice se desplaza de (0, 0) a (h, k), y el eje de simetría se recorre de $x = 0$ (el eje y) a la recta vertical $x = h$. Por lo tanto,

> La gráfica de $f(x) = a(x - h)^2 + k$ es una parábola con vértice (h, k) y eje de simetría $x = h$.

Tal vez parezca extraño que h vaya precedida de un signo menos, y k precedida por un signo más: esto se construye de esta forma para facilitar la identificación del vértice, (h, k), y del eje de simetría, $x = h$.

Como en el caso del círculo, una parábola se define también en términos geométricos. Mediante esta definición geométrica (que veremos en el capítulo 10), podemos deducir el hecho de que la ecuación de una parábola se puede expresar en la forma $f(x) = Ax^2 + Bx + C$, donde A, B y C son constantes y $A \neq 0$. Ésta es la *forma general de la función cuadrática*.

Observe que si desarrollamos $f(x) = a(x - h)^2 + k$, obtenemos $f(x) = ax^2 - 2ahx + ah^2 + k$ que es de la forma $f(x) = Ax^2 + Bx + C$, una función cuadrática (recuerde que a, h y k son constantes).

Por otro lado, podemos considerar cualquier función cuadrática $f(x) = Ax^2 + Bx + C$ y ponerla en la forma $f(x) = a(x - h)^2 + k$ completando el cuadrado, como analizamos en el capítulo 1. Por ejemplo, para que la ecuación $f(x) = x^2 + 6x + 5$ quede en la forma $f(x) = a(x - h)^2 + k$, procedemos como sigue:

$f(x) = x^2 + 6x + 5$ *Primero agrupamos los términos en los que aparecen potencias similares de x.*

$= (x^2 + 6x \quad) + 5$ *A continuación completamos el cuadrado para la expresión dentro del paréntesis. Obtenemos la mitad del coeficiente de x y lo elevamos al cuadrado.*

$\left[\dfrac{1}{2}(6)\right]^2 = (3)^2 = 9$

Para completar el cuadrado de $x^2 + 6x$, necesitamos tener $x^2 + 6x + 9$.

Recuerde que no queremos sumar 9 a ambos lados de la ecuación porque queremos que $f(x)$ quede despejado. Así, para compensar el 9 sumado dentro del paréntesis también debemos *restar* 9 dentro del paréntesis si queremos garantizar que la función transformada sea equivalente a la función original. Tenemos

$f(x) = (x^2 + 6x + 9 - 9) + 5$ *Reagrupamos y ponemos la parábola en forma canónica.*

$= (x^2 + 6x + 9) - 9 + 5$

$= (x + 3)^2 + 4$ *Ésta es la forma canónica de la parábola, con $a = 1$, $h = -3$ y $k = -4$.*

Ahora podemos identificar con facilidad el vértice de la parábola, como $(-3, -4)$.

EJEMPLO 2 Identificar el vértice y eje de simetría de la gráfica de la función $f(x) = 2x^2 - 6x + 7$.

Solución En casos en que el coeficiente principal A no sea 1, procedemos como sigue:

$f(x) = 2x^2 - 6x + 7$ *Factorizamos el coeficiente 2 de $2x^2 - 6x$.*

$= 2(x^2 - 3x) + 7$ *Completamos el cuadrado de $x^2 - 3x$: $\left[\frac{1}{2}(-3)\right]^2 = \frac{9}{4}$. Sumamos y restamos $\frac{9}{4}$ dentro de los paréntesis.*

$= 2\left(x^2 - 3x + \frac{9}{4} - \frac{9}{4}\right) + 7$ *Ahora distribuimos el 2 a $-\frac{9}{4}$, lo que deja un cuadrado perfecto dentro de los paréntesis.*

$= 2\left(x^2 - 3x + \frac{9}{4}\right) - 2\left(\frac{9}{4}\right) + 7$ *Se pone la parábola en forma canónica.*

$f(x) = 2\left(x - \frac{3}{2}\right)^2 + \frac{5}{2}$ *Ésta es la forma canónica, con $a = 2$, $h = \frac{3}{2}$, y $k = \frac{5}{2}$.*

Por lo tanto, $\boxed{\text{el vértice es } \left(\frac{3}{2}, \frac{5}{2}\right);\ \text{el eje de simetría es } x = \frac{3}{2}.}$ ∎

Puesto que la gráfica de $f(x) = Ax^2 + Bx + C$, para $A > 0$, es una parábola que se abre hacia arriba, el vértice proporciona el punto más bajo sobre la gráfica de $f(x)$, llamado *mínimo de $f(x)$*. Si $A < 0$, la parábola se abre hacia abajo y el vértice proporciona el punto más alto sobre la gráfica de $f(x)$, llamado el *máximo de $f(x)$*. En el ejemplo 2, determinamos que el vértice de $f(x) = 2x^2 - 6x + 7$ es $\left(\frac{3}{2}, \frac{5}{2}\right)$. Esto nos dice que el valor mínimo de $f(x) = 2x^2 - 6x + 7$ es $\frac{5}{2}$, y este mínimo ocurre cuando $x = \frac{3}{2}$.

Pensemos un poco en el vértice de la parábola general $y = f(x) = Ax^2 + Bx + C$, desde un punto de vista algo poco diferente. Recordemos que el eje de simetría divide la parábola en dos partes idénticas que son el reflejo una de la otra. En particular, si existen intersecciones con el eje x, *el eje de simetría debe pasar por el punto medio entre las intersecciones con el eje x*.

Por ejemplo, las intersecciones de $y = f(x) = x^2 - 4x$ con el eje x se pueden determinar con facilidad mediante factorización. $0 = x^2 - 4x = x(x - 4) \Rightarrow x = 0$ o $x = 4$, de modo que el eje de simetría debe ser la recta vertical $x = 2$. Véase la figura 3.47. Puesto que el vértice está en el eje de simetría, sabemos que la abscisa del vértice es $x = 2$, y podemos determinar la ordenada al sustituir $x = 2$ en $y = x^2 - 4x$, obteniendo $y = -4$. Así, el vértice es $(2, -4)$, como se indica en la figura 3.47.

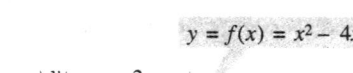

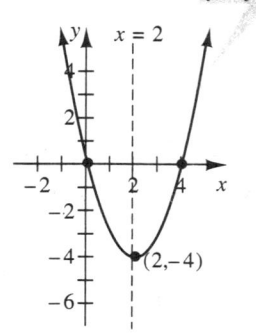

FIGURA 3.47 Observe que el eje de simetría es la recta vertical a la mitad del camino entre las intersecciones con el eje x.

Podemos utilizar este mismo método para determinar la abscisa del vértice de cualquier parábola de la forma $y = f(x) = Ax^2 + Bx$. Determinamos las intersecciones con el eje x haciendo $y = 0$ y despejando x.

$$0 = Ax^2 + Bx = x(Ax + B) \Rightarrow x = 0 \text{ o } x = -\frac{B}{A}$$

3.4 Funciones cuadráticas

Puesto que las intersecciones con el eje x son $x = 0$ y $x = -\dfrac{B}{A}$, el eje de simetría será de nuevo la recta vertical que pasa por el punto medio entre ellos. Utilizamos la fórmula para el punto medio y obtenemos que el punto medio tiene la abscisa

$$x = \dfrac{0 + \left(-\dfrac{B}{A}\right)}{2} = -\dfrac{B}{2A}$$

Así, hemos determinado que la abscisa del vértice de cualquier parábola de la forma $y = Ax^2 + Bx$ es $x = -\dfrac{B}{2A}$.

El principio de desplazamiento vertical nos dice que la gráfica de la parábola general $y = f(x) = Ax^2 + Bx + C$ se obtiene recorriendo la parábola $y = Ax^2 + Bx$ hacia arriba o hacia abajo C unidades. Esto recorre la ordenada del vértice de manera vertical, hacia arriba o hacia abajo, *pero no tiene efecto sobre la abscisa del vértice*, de modo que la abscisa del vértice de $y = Ax^2 + Bx + C$ sigue siendo $x = -\dfrac{B}{2A}$. Si sabemos que la abscisa del vértice es $x = -\dfrac{B}{2A}$, esto nos permite determinar el vértice sin necesidad de completar el cuadrado. Resumimos este análisis como sigue:

Si sabemos que el eje de simetría es vertical y pasa por el punto $\left(-\dfrac{B}{2A}, 0\right)$, ¿cuál es su ecuación?

¿Cómo se relaciona la gráfica de $y = Ax^2 + Bx$ con $y = Ax^2 + Bx + C$?

> Una ecuación de la forma $y = f(x) = Ax^2 + Bx + C$, $A \neq 0$, es una parábola con eje de simetría $x = -\dfrac{B}{2A}$. La abscisa del vértice es $-\dfrac{B}{2A}$.

EJEMPLO 3 Graficar la función $y = f(x) = -x^2 + 6x - 7$. Indique las intersecciones con los ejes, el vértice y el eje de simetría.

Solución Ésta es la ecuación cuadrática $f(x) = Ax^2 + Bx + C$, con $A = -1$, $B = 6$ y $C = -7$. Por lo tanto, la abscisa del vértice es

$$x = -\dfrac{B}{2A} = -\dfrac{6}{2(-1)} = 3 \text{ y el eje de simetría es } x = 3$$

Puesto que la abscisa del vértice es 3, la ordenada del vértice es

$$f(3) = -(3)^2 + 6(3) - 7 = 2.$$

Por lo tanto, las coordenadas del vértice son (3, 2).
La intersección con el eje y es -7, pues $f(0) = -(0)^2 + 6(0) - 7 = -7$.
Las intersecciones con el eje x se determinan mediante la fórmula cuadrática:

$$x = \dfrac{-6 \pm \sqrt{6^2 - 4(-1)(-7)}}{2(-1)} = \dfrac{-6 \pm \sqrt{8}}{-2} = \dfrac{-6 \pm 2\sqrt{2}}{-2} = 3 \pm \sqrt{2}.$$

Puesto que $\sqrt{2} \approx 1.41$, las intersecciones con el eje x son

$$x = 3 + \sqrt{2} \approx 4.41 \quad \text{y} \quad x = 3 - \sqrt{2} \approx 1.59.$$

La gráfica aparece en la figura 3.48.

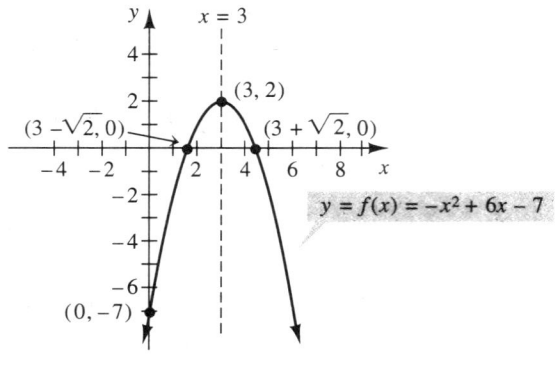

FIGURA 3.48

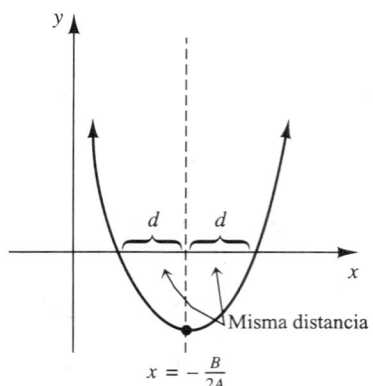

FIGURA 3.49 Si una parábola tiene intersecciones con el eje x, éstas son equidistantes del eje de simetría.

Observe que no tuvimos que preocuparnos por desarrollar una fórmula para encontrar la ordenada del vértice, pues es mucho más fácil sustituir el valor de x en la ecuación para determinar su ordenada.

Observemos la figura 3.49 y notemos algo acerca de la fórmula cuadrática y su relación con los ejes de simetría, el vértice y las intersecciones de la gráfica de $f(x) = Ax^2 + Bx + C$ con el eje x. Las dos soluciones de la ecuación $Ax^2 + Bx + C = 0$ son las intersecciones de la gráfica $f(x) = Ax^2 + Bx + C$ con el eje x. Las dos soluciones se determinan aplicando la fórmula cuadrática, la cual nos indica que debemos sumar y restar la misma cantidad $\dfrac{\sqrt{B^2 - 4AC}}{2A}$ a $-\dfrac{B}{2A}$, que es la abscisa del vértice.

Al resolver una ecuación cuadrática, la fórmula cuadrática nos dice que si se anula la expresión bajo el radical $B^2 - 4AC$, entonces existe una única solución de $Ax^2 + Bx + C = 0$. Esto significa que la parábola $f(x) = Ax^2 + Bx + C$ tiene sólo una intersección con el eje x y por lo tanto su vértice está *sobre* el eje x. Si $B^2 - 4AC < 0$, entonces existen dos soluciones, pero ambas son imaginarias; por lo tanto, la gráfica de $f(x) = Ax^2 + Bx + C$ no tiene intersecciones con el eje x. Por otro lado, si $B^2 - 4AC > 0$, entonces existen dos soluciones reales y, por lo tanto, dos intersecciones de la gráfica de $f(x) = Ax^2 + Bx + C$ con el eje x.

¿Qué dice el hecho de que las raíces de $Ax^2 + Bx + C = 0$ sean imaginarias acerca de las intersecciones de la gráfica $f(x) = Ax^2 + Bx + C$ con el eje x?

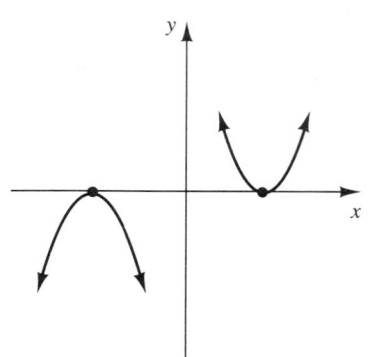

$B^2 - 4AC = 0$ significa una intersección de x.

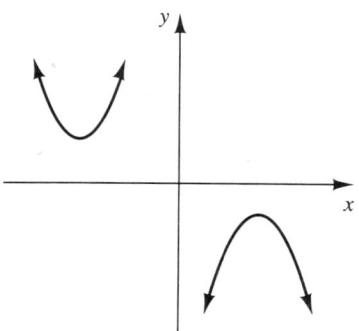

$B^2 - 4AC < 0$ significa no intersección de x.

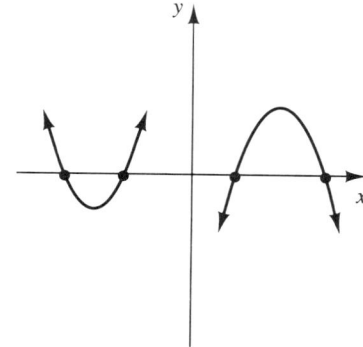

$B^2 - 4AC > 0$ significa dos intersecciónes de x.

FIGURA 3.50

3.4 Funciones cuadráticas

La expresión $B^2 - 4AC$ es el **discriminante** de la ecuación $Ax^2 + Bx + C = 0$. En la figura 3.50 consideramos las tres posibilidades del discriminante e ilustramos algunas posibles gráficas de $y = Ax^2 + Bx + C$ para cada uno de estos casos. ∎

EJEMPLO 4 Trazar la gráfica de $g(x) = |x^2 - 2x - 3|$.

Solución En primer lugar, observemos que estamos trazando el valor absoluto de la función cuadrática $f(x) = x^2 - 2x - 3$. Como $f(x)$ es la función subyacente, comenzamos trazando $f(x)$: su eje de simetría es $x = 1$; su vértice es $(1, -4)$; la intersección con el eje y es $(0, -3)$; y sus intersecciones con el eje x son -1 y 3. La gráfica de $f(x) = x^2 - 2x - 3$ aparece en la figura 3.51(a).

Para trazar la gráfica de $g(x) = |x^2 - 2x - 3|$, dejamos sin cambio aquellas partes de la gráfica de $f(x)$ que se encuentran sobre el eje x, y consideramos aquellas partes de $f(x)$ que se encuentran bajo el eje x y las reflejamos con respecto del eje x, como se ilustra en la figura 3.51(b).

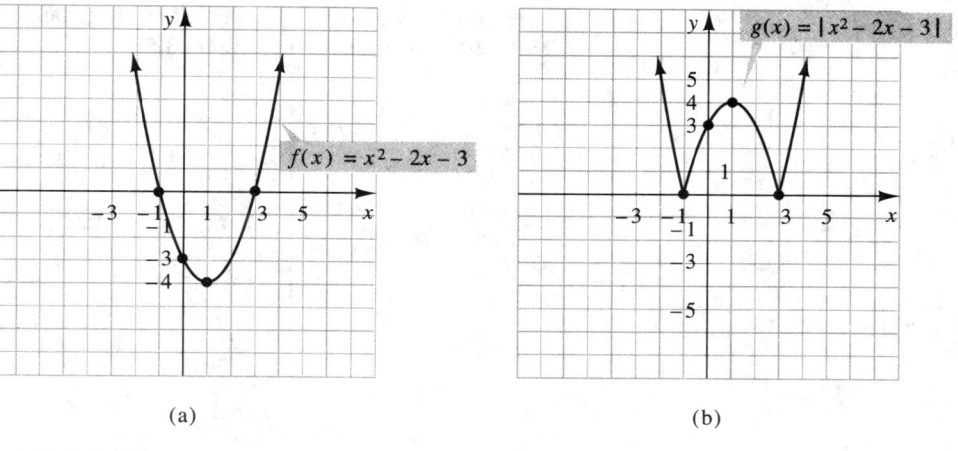

(a)   (b)

FIGURA 3.51 ∎

A veces, las relaciones entre las variables se pueden describir mediante funciones cuadráticas y vemos que es importante identificar el vértice. Podemos aplicar lo aprendido acerca de funciones cuadráticas en precálculo para determinar este punto importante.

EJEMPLO 5 La ganancia semanal de Ajax Inc., se relaciona con la cantidad de artículos producidos cada semana de la siguiente manera:

$$P(x) = -2x^2 + 96x - 52$$

donde $P(x)$ es la ganancia semanal en cientos de dólares y x es el número de artículos producidos por semana. ¿Cuántos artículos deben producirse a la semana para obtener una ganancia semanal máxima? ¿Cuál es la ganancia semanal máxima?

Solución Observemos que la relación es cuadrática; por lo tanto, si el eje horizontal es el número de artículos producidos a la semana, x, y el eje vertical es la ganancia semanal en cientos de dólares, $P(x)$, la gráfica de $P(x)$ es una parábola que abre hacia abajo. (¿Por qué?) Las parejas ordenadas que satisfacen la ecuación son de la forma $(x, P(x))$. Como la parábola abre hacia abajo, el vértice es el punto más alto. Esto significa que el vértice es el punto que proporciona la ganancia máxima $P(x)$. Así, determinar el número de artículos que proporcionan la ganancia máxima es equivalente a determinar la abscisa del vértice de la parábola $P(x) = -2x^2 + 96x - 52$. Para determinar la abscisa del vértice, utilizamos $-\dfrac{B}{2A}$, con $A = -2$ y $B = 96$:

$$x = -\frac{B}{2A} = -\frac{96}{2(-2)} = 24$$

Por lo tanto, Ajax Inc., debe producir $\boxed{24 \text{ artículos a la semana}}$ para obtener la ganancia máxima.

Para determinar dicha ganancia, sólo determinamos $P(24)$, el valor de $P(x)$ cuando $x = 24$:

$$P(24) = -2(24)^2 + 96(24) - 52 = 1100$$

Como $P(x)$ está en cientos de dólares, la ganancia es $\boxed{\$110\,000 \text{ semanales.}}$ La gráfica de esta función aparece en la figura 3.52.

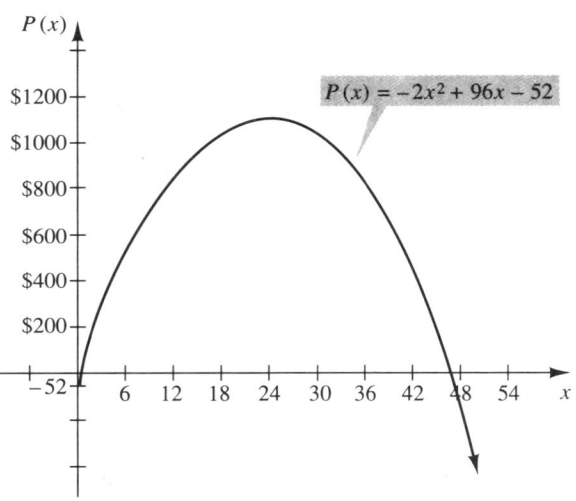

FIGURA 3.52

Como no se puede producir un número negativo de artículos, hemos restringido el dominio de $P(x)$ a valores no negativos. (De hecho, el número de artículos debe ser un número entero, pero por simplicidad trazamos la gráfica para todo número real $x \geq 0$.) Sin embargo, es posible que los valores del rango, $P(x)$, incluyan números negativos (como pérdidas), pero observe que el valor máximo de $P(x)$ es 110 000. Por lo tanto, el rango consta de todos los números reales menores o iguales a 110 000. ∎

EJEMPLO 6 Sara desea cercar un corral rectangular para su perro, junto a su casa. Como la casa sirve como uno de los lados, necesita cercar sólo tres lados. Si utiliza 80 pies lineales de cerca, ¿cuáles son las dimensiones del corral con las que obtendrá el área máxima posible? Véase la figura 3.53.

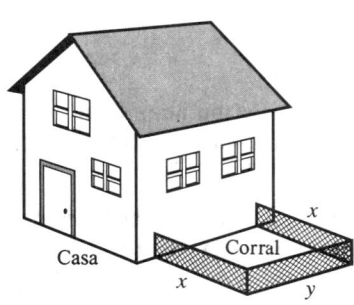

FIGURA 3.53

3.4 Funciones cuadráticas

Solución Adaptamos el esquema de la última sección para obtener un modelo matemático.

1. El diagrama está dado en el enunciado del problema.
2. Escribimos una fórmula para el área del rectángulo:

$$A = bh$$

3. Aplicamos esta fórmula al corral rectangular de la figura 3.53:

$$A = xy$$

Ésta es la cantidad que intentamos maximizar. Quisiéramos expresar el área como función de una variable.

4. Como la longitud de cerca por utilizar es 80 pies, tenemos

$$2x + y = 80 \Rightarrow y = 80 - 2x$$

5. Ahora sustituimos en la ecuación del área.

$$A = xy \quad \text{Sustituimos } y = 80 - 2x.$$
$$A = A(x) = x(80 - 2x) = -2x^2 + 80x$$

que reconocemos como una función cuadrática.

6. Si graficamos esta función con x como el eje horizontal y $A(x)$ como el eje vertical, obtenemos una parábola que abre hacia abajo. El vértice de esta parábola nos proporciona el máximo de $A(x)$, o del área. Utilizaremos el método para completar el cuadrado para determinar el vértice:

$A(x) = -2x^2 + 80x$ *Factorizamos* -2.

$\quad = -2(x^2 - 40x \quad\quad)$ *Completamos el cuadrado:* $\left[\frac{1}{2}(-40)\right]^2 = 400$.

Sumamos y restamos 400 *dentro del paréntesis.*

$\quad = -2(x^2 - 40x + 400 - 400)$

$\quad = -2(x^2 - 40x + 400) + 800$ *Para ponerlo en la forma* $a(x - h)^2 + k$.

$A(x) = -2(x - 20)^2 + 800$ *Por lo tanto,* $h = 20$ *y* $k = 800$, *y el vértice es* (20, 800).

Esto significa que el valor máximo de $A(x)$, el área del rectángulo, es 800 pies cuadrados, y esto sucede cuando $x = 20$ pies. Como x es la longitud de un lado, el otro lado (y) mide $80 - 2x = 80 - 2(20) = 40$ pies. Por lo tanto, las dimensiones que producen el área máxima son $\boxed{20 \times 40 \text{ pies}}$.

Observe que al completar el cuadrado en este problema, al mismo tiempo determinamos los valores x y $A(x)$ del vértice. Es interesante examinar la gráfica de la función área $A(x) = -2x^2 + 80x$, que aparece en la figura 3.54. Como el área del corral no puede ser negativa o cero, podemos ver que el dominio para x es el intervalo (0, 40).

Como indicamos en nuestro análisis de las líneas rectas, para describir una gráfica lo hacemos siempre moviéndonos de izquierda a derecha. Así, también podemos ver que el área aumenta al crecer x en el intervalo (0, 20], hasta alcanzar un máximo cuando $x = 20$, y después el área disminuye en el intervalo [20, 40). ∎

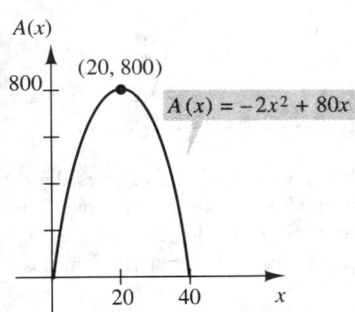

FIGURA 3.54

EJERCICIOS 3.4

En los ejercicios 1-34, trace la gráfica de la ecuación dada. Indique los ejes de simetría, el vértice y las intersecciones con los ejes donde sea adecuado.

1. $f(x) = 3x^2$
2. $f(x) = -3x^2$
3. $f(x) = (x - 3)^2$
4. $f(x) = (x + 3)^2$
5. $f(x) = x^2 + 8$
6. $f(x) = x^2 - 9$
7. $f(x) = (x - 3)^2 + 1$
8. $f(x) = -(x + 1)^2 - 1$
9. $f(x) = -3(x - 5)^2 + 4$
10. $f(x) = 3(x - 5)^2 + 4$
11. $f(x) = 2(x - 4)^2 + 3$
12. $f(x) = -2(x - 4)^2 + 3$
13. $y = x^2 - 4$
14. $y = x^2 - 4x$
15. $y = x - 4$
16. $y = x^2 - 4x + 4$
17. $y = 10 - 2x^2$
18. $y = 10 - 2x$
19. $f(x) = 3x^2 - 9x$
20. $y = 4x^2 + 8x$
21. $y = x^2 - 2x - 8$
22. $f(x) = x^2 - 4x - 12$
23. $y = f(x) = x^2 - 10x + 21$
24. $y = f(x) = x^2 - 5x + 5$
25. $y = 2x^2 + 12x + 16$
26. $y = -3x^2 + 6x + 24$
27. $f(x) = -2x^2 + 6x - 4$
28. $f(x) = 3x^2 + 3x + 6$
29. $y = 25x^2 - 1$
30. $f(x) = -3x^2 + 3x - 3$
31. $y = |x^2 - 9|$
32. $y = |1 - x^2|$
33. $y = |6x - x^2|$
34. $y = |x^2 + 4x + 3|$

En los ejercicios 35-42, determine el valor máximo o mínimo de $f(x)$, si éste existe.

35. $f(x) = -x^2 + 4x + 32$
36. $f(x) = -x^2 - 6x - 5$
37. $f(x) = -2x^2 + 6x - 18$
38. $f(x) = -3x^2 + 18x - 24$
39. $f(x) = x^2 - 4x - 32$
40. $f(x) = x^2 - 5x + 6$
41. $f(x) = 2x^2 - 6x + 18$
42. $f(x) = 3x^2 - 18x + 24$

43. Una fábrica determina que su ganancia, $P(x)$, está relacionada con el número de artículos que produce, x, de la siguiente manera:

$$P(x) = -x^2 + 80x$$

donde $P(x)$ es la ganancia diaria en dólares y x es el número de artículos producidos diariamente.
(a) Trace la gráfica de $P(x)$.
(b) ¿Cuántos artículos deben producirse diariamente para maximizar la ganancia?
(c) ¿Cuál es la ganancia máxima?

44. La ganancia $P(x)$ lograda en un concierto está relacionada con el precio de un boleto, x, de la siguiente manera:

$$P(x) = 10\,000(-x^2 + 10x - 24)$$

(a) Trace la gráfica de $P(x)$.
(b) ¿Cuál debe ser el costo del boleto para obtener la máxima ganancia?

45. El costo diario para un fabricante de mesas es

$$C(x) = 0.02x^2 - 0.48x + 428.8$$

donde $C(x)$ es la producción diaria en dólares, y x es el número de mesas producidas diariamente. ¿Cuántas mesas debe producir el fabricante para minimizar el costo de producción diaria? ¿Cuál es el costo de producción diaria?

46. La ganancia diaria obtenida por la fábrica Weldon está relacionada con el número de casos de latas de dulce producidas de la siguiente manera:

$$P(x) = -x^2 + 160x - 3400$$

donde $P(x)$ es la ganancia diaria en dólares, y x es el número de cajas de latas de dulce producidas diariamente. Determine el número de cajas de latas de dulce que deben producirse diariamente para maximizar la ganancia diaria. ¿Cuánto es tal ganancia máxima?

47. Robin lanza un cohete hacia arriba, el cual viaja de acuerdo con la ecuación

$$s(t) = -16t^2 + 864t$$

donde $s(t)$ es la altura (en pies) del cohete sobre el suelo, t segundos después del lanzamiento. ¿Cuántos segundos tarda el cohete en alcanzar su máxima altura? ¿Cuál es la altura máxima del cohete?

48. Estela está parada en el techo de un edificio y arroja una pelota hacia arriba. La bola viaja de acuerdo con la ecuación

$$s(t) = -16t^2 + 64t + 60$$

donde $s(t)$ es la altura (en pies) de la bola sobre el *suelo t* segundos después de su lanzamiento. Véase la figura que acompaña a este ejercicio.
(a) ¿Qué tan alto viaja la bola?
(b) ¿Cuántos segundos tarda la bola en golpear el suelo?
(c) ¿A qué altura se encuentra Estela cuando lanza la bola?

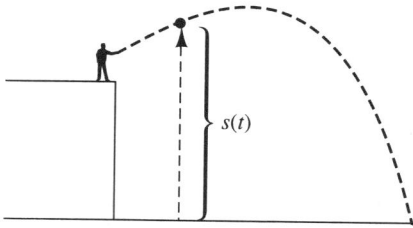

49. Para un perímetro fijo de 100 pies, ¿qué dimensiones debe tener un rectángulo con área máxima? SUGERENCIA: Trace un esquema, con un lado llamado x; determine los demás lados en términos de x y determine la ecuación del área en términos de x.

3.4 Funciones cuadráticas

50. Repita el ejercicio 49 donde el perímetro fijo es P.

51. ¿Cuáles son los dos números cuya suma es 104 que producen un producto máximo?

52. ¿Cuáles dos números cuya diferencia es 104 producirán un producto mínimo? ¿Hay un producto máximo? Explique.

53. Un agricultor desea cercar dos corrales rectangulares como se muestra en la siguiente figura. Si el agricultor tiene 800 pies de cerca, ¿qué dimensiones alcanzan el área máxima de los corrales? SUGERENCIA: Describa el área total en términos de una variable.

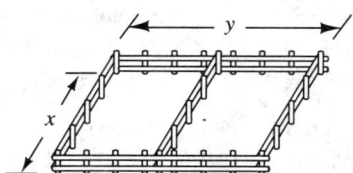

54. Suponga que un agricultor desea construir una cerca rectangular como en la figura. Además, suponga que debido a los vientos, el agricultor debe utilizar una cerca que cuesta $6 por pie lineal para la que va en dirección de norte a sur y $12 por pie lineal para la cerca en dirección de este a oeste. ¿Cuál es el área máxima que puede encerrar si sólo puede gastar un total de $1440 en la cerca?

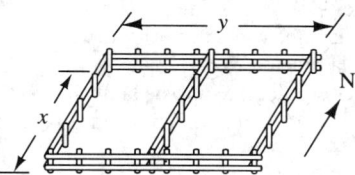

55. En economía, la función de demanda para un artículo dado indica la forma en que el precio por unidad p está relacionado con el número de unidades x que se venden. Supongamos que una compañía determina que la función de demanda para uno de sus artículos es

$$p = 10 - \frac{x}{5} \text{ donde } p \text{ está en dólares}$$

(a) ¿Cuántos artículos deben venderse si el precio fuera $7 por unidad?

(b) ¿Cuál debe ser el precio por unidad si deben venderse 25 unidades?

(c) Trace la gráfica de esta función de demanda.

(d) La función de ingreso, $R(x)$, se determina multiplicando el precio por unidad p y el número de artículos vendidos x ($R = xp$). Determine la función de ingreso correspondiente a esta función de demanda.

(e) Trace la gráfica de esta función de ingreso.

(f) ¿Cuántos artículos deben producirse para maximizar el ingreso? ¿Cuál es el precio unitario correspondiente?

56. Se va a construir una pista de atletismo con la forma de un rectángulo, con un semicírculo en cada extremo, como se indica en la figura. El perímetro de la pista debe ser una pista de $\frac{1}{4}$ de milla. Determine las dimensiones r y x que proporcionan a la pista su máxima área posible.

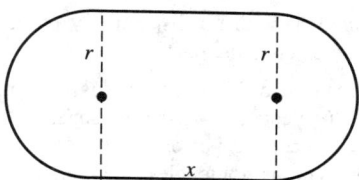

57. Una ventana normanda tiene la forma de un rectángulo con un semicírculo sobre él, como se muestra en la figura siguiente. Si el perímetro de la ventana es 12 pies, demuestre que la ventana tendrá un área máxima cuando r y x sean iguales a $\frac{12}{\pi + 4}$, y determine su área máxima.

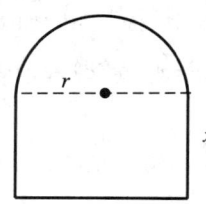

58. Un fabricante determina que el ingreso R obtenido por la producción y venta de n artículos está dado por la función

$$R = R(n) = 1.56n - 0.0002n^2$$

Recuerde que no se produce un número negativo de artículos; suponga además que el fabricante detendrá su producción cuando el ingreso sea negativo.

(a) Trace la gráfica de la función $R(n)$.

(b) ¿Cuántos artículos puede producir el fabricante sin tener una ganancia negativa?

(c) Calcule $R(7000)$.

(d) ¿Cuál es el ingreso máximo posible y cuántos artículos deben fabricarse y venderse para alcanzar este ingreso?

59. Una empresa de bienes raíces maneja un complejo de departamentos de 200 unidades. Con una renta mensual de $800, todas las unidades se encuentran ocupadas. Los administradores estiman que por cada $30 de incremento en la renta mensual por unidad, cinco unidades adicionales estarán vacantes. Por cada unidad ocupada, el administrador debe pagar $320 dólares al mes por concepto de impuestos y mantenimiento, mientras que por cada unidad vacía, el administrador debe pagar $170 en impuestos. ¿Cuál es la renta que debe cobrar para maximizar la ganancia mensual?

60. Suponga que un servicio de clasificación del consumo de un vehículo con motor determina que la distancia, d, en millas, que cierto auto puede viajar con un tanque de gasolina depende de su velocidad, v, de acuerdo con la función

$$d = d(v) = 45v - \left(\frac{v}{1.46}\right)^2 \text{ para } 10 \leq v \leq 90$$

¿Qué velocidad maximiza la distancia d y, por lo tanto, minimiza el consumo de combustible?

61. Para favorecer el uso del transporte masivo, una autoridad de tránsito local proyecta que 36 000 personas utilizarían autobuses si la tarifa fuese $4; por cada $0.25 de disminución en la tarifa, 3000 pasajeros adicionales decidirán tomar el autobús en vez de manejar.
(a) ¿Qué tarifa debe cobrarse si la autoridad de tránsito desea maximizar el ingreso para la tarifa de autobús?
(b) ¿Qué tarifa debe maximizar el ingreso si los camiones pueden transportar hasta 40 000 pasajeros?

62. Una compañía determina que si gasta x dólares en publicidad, obtiene una ganancia P, dada por la función

$$P = P(x) = 250 + 30x - .02x^2$$

Determine el gasto en publicidad que genera la máxima ganancia.

63. Para los bebés, la tasa de crecimiento g, en libras por mes, se puede aproximar mediante la función

$$g = g(w) = kw(21 - w)$$

donde w es su peso actual y k es una constante positiva. ¿Con qué peso se maximiza la tasa de crecimiento de un infante?

64. Suponga que un pedazo de cable de 20 cm de longitud es doblado para formar un rectángulo con longitud x y ancho y.
(a) Exprese el ancho y como una función de x.
(b) Exprese el área, A, del rectángulo como función de x.
(c) Utilice la función obtenida en la parte (b) para mostrar que el área A es un máximo cuando el rectángulo es un cuadrado.

65. Dada la abscisa del vértice para la parábola $f(x) = Ax^2 + Bx + C$ como $-\frac{B}{2A}$, determine la ordenada del vértice en términos de A, B y C.

66. Muestre que las coordenadas del vértice de la parábola $f(x) = Ax^2 + Bx + C$ son $\left(-\frac{B}{2A}, \frac{-B^2 + 4AC}{4A}\right)$, cambiando $f(x) = Ax^2 + Bx + C$ por su forma estándar e identificando h y k.
Sugerencia: Complete el cuadrado en $f(x) = Ax^2 + Bx + C$.

67. Trace una gráfica de $f(x) = Ax^2 + Bx + C$ que satisface las siguientes condiciones:
(a) $A > 0$ y $B^2 - 4AC < 0$
(b) $A < 0$ y $B^2 - 4AC < 0$
(c) ¿Es posible que el vértice de la gráfica descrita en (a) se encuentre debajo del eje x? ¿Por qué sí o por qué no?

68. Trace una gráfica de $f(x) = Ax^2 + Bx + C$ que satisfaga las siguientes condiciones.
(a) $A > 0$ y $B^2 - 4AC > 0$
(b) $A < 0$ y $B^2 - 4AC > 0$
(c) ¿Es posible que el vértice de la gráfica descrita en (a) esté arriba del eje x? ¿Por qué sí o por qué no?

69. Trace la gráfica de $f(x) = 2x^2 - 6x - 8$ y responda las siguientes preguntas utilizando la gráfica.
(a) ¿Cuándo $f(x) = 0$?
(b) ¿En qué intervalos de x ocurre que $f(x) > 0$?
(c) ¿En qué intervalos de x ocurre que $f(x) < 0$?
(d) ¿Cómo se relaciona su respuesta de (b) con la solución de la desigualdad $2x^2 - 6x - 8 > 0$?

70. Trace la gráfica de $f(x) = -2x^2 + 6x + 8$ y responda las siguientes preguntas utilizando la gráfica.
(a) ¿Cuándo $f(x) = 0$?
(b) ¿En qué intervalos de x ocurre $f(x) > 0$?
(c) ¿En qué intervalos de x ocurre $f(x) < 0$?
(d) ¿Cómo se relaciona su respuesta en (b) con la solución de la desigualdad $-2x^2 + 6x + 8 > 0$?

71. (a) ¿Cuál es el valor máximo de la función $f(x) = -x^2 + 4$?
(b) Utilice la información en (a) para determinar el valor máximo de la función $F(x) = \sqrt{-x^2 + 4}$.

72. (a) ¿Cuál es el valor máximo de la función $h(x) = -x^2 + 6x - 8$?
(b) ¿Cuál es el valor máximo de la función $H(x) = \sqrt{-x^2 + 6x - 8}$?

73. (a) ¿Cuál es el valor mínimo de la función $f(x) = x^2 - 4x + 7$?
(b) Utilice la información en (a) para determinar el valor máximo de la función $F(x) = \frac{1}{x^2 - 4x + 7}$.

74. (a) ¿Cuál es el valor máximo de la función $h(x) = -x^2 + 6x - 10$?
(b) ¿Cual es el valor mínimo de la función $H(x) = \frac{1}{-x^2 - 6x + 10}$?

75. Hemos observado que si una parábola tiene intersecciones con el eje x, éstas son equidistantes con respecto del eje de simetría. Suponga que la parábola $y = Ax^2 + Bx + C$ tiene intersecciones con el eje x. Verifique que la ecuación del eje de simetría sea $x = -\frac{B}{2A}$ utilizando la fórmula cuadrática para determinar las intersecciones con el eje x y utilizando después la fórmula del punto medio para determinar el punto medio entre ellos.

76. ¿Qué sucede con el razonamiento del ejercicio 75 si existe sólo una intersección con el eje x?

PREGUNTA PARA REFLEXIONAR

77. Muestre que las intersecciones de la parábola $y = a(x-h)^2 + k$ con el eje x son $x = h \pm \sqrt{\frac{-k}{a}}$. ¿Cómo deben ser los signos de a y k para que la parábola tenga dos intersecciones con el eje x? Describa lo que significan los signos de a y k en términos de la gráfica de la parábola.

3.5 Operaciones sobre funciones

El análisis del comportamiento de las funciones es uno de los temas principales del cálculo. Para analizar el comportamiento de una función como $h(x) = \frac{x^2 - 1}{x^3}$, será útil ver a $h(x)$ como el cociente de las dos funciones $f(x) = x^2 - 1$ y $g(x) = x^3$; es decir, ver a $h(x)$ como "construida" a partir de funciones sencillas por medio de las operaciones aritméticas.

Así como podemos sumar, restar, multiplicar y dividir dos números reales para crear otro número real, ahora definiremos lo que significa realizar operaciones aritméticas con las funciones. Esto se llama con frecuencia *álgebra de funciones*.

DEFINICIÓN Sean $f(x)$ y $g(x)$ dos funciones con dominios D_f y D_g, respectivamente. Definimos las siguientes cuatro funciones:

1. $(f + g)(x) = f(x) + g(x)$ La *suma* de las dos funciones
2. $(f - g)(x) = f(x) - g(x)$ La *diferencia* de las dos funciones
3. $(f \cdot g)(x) = f(x) \cdot g(x)$ El *producto* de las dos funciones
4. $\left(\dfrac{f}{g}\right)(x) = \dfrac{f(x)}{g(x)}$ El *cociente* de las dos funciones (siempre que $g(x) \neq 0$)

Como un valor x debe ser una entrada de f y de g, el dominio de $(f+g)(x)$ es el conjunto de todas las x comunes a los dominios de f y g. Esto se escribe generalmente como $D_{f+g} = D_f \cap D_g$. Se pueden enunciar proposiciones similares para el dominio de la diferencia y producto de dos funciones. En el caso del cociente, debemos imponer como restricción adicional que todos los elementos en el dominio de g tales que $g(x) = 0$ son excluidos.

EJEMPLO 1 Sean $f(x) = 3x^2 + 2$ y $g(x) = 5x - 4$. Determinar cada una de las siguientes funciones y su dominio. **(a)** $(f+g)(x)$ **(b)** $(f-g)(x)$ **(c)** $(f \cdot g)(x)$ **(d)** $\left(\dfrac{f}{g}\right)(x)$

Solución

(a) $(f + g)(x) = f(x) + g(x) = (3x^2 + 2) + (5x - 4) = \boxed{3x^2 + 5x - 2}$

(b) $(f - g)(x) = f(x) - g(x) = (3x^2 + 2) - (5x - 4)$
$= 3x^2 + 2 - 5x + 4 = \boxed{3x^2 - 5x + 6}$

(c) $(f \cdot g)(x) = f(x) \cdot g(x) = (3x^2 + 2)(5x - 4) = \boxed{15x^3 + 12x^2 + 10x - 8}$. Como D_f y D_g son cada uno el conjunto de todos los números reales, también D_{f+g}, D_{f-g} y $D_{f \cdot g}$ son cada uno el conjunto de todos los números reales.

(d) $\left(\dfrac{f}{g}\right)(x) = \dfrac{f(x)}{g(x)} = \boxed{\dfrac{3x^2 + 2}{5x - 4}}$

Para que x esté en el dominio de $\dfrac{f}{g}$, requerimos que $5x - 4 \neq 0$. Así, tenemos

$$D_{f/g} = \left\{x \mid x \neq \dfrac{4}{5}\right\}$$ ∎

EJEMPLO 2 Dadas $f(x) = \sqrt{x}$ y $g(x) = \dfrac{1}{x^2 - 5x + 6}$. Determine $(f \cdot g)(x)$ y su dominio.

Solución

$$(f \cdot g)(x) = f(x) \cdot g(x) = \sqrt{x} \cdot \dfrac{1}{x^2 - 5x + 6} = \boxed{\dfrac{\sqrt{x}}{x^2 - 5x + 6}}$$

Para que x esté en el dominio de $f(x)$, pedimos que x no sea negativo, mientras que, para que x esté en el dominio de $g(x)$, pedimos que el denominador sea distinto de cero, es decir,

$$x^2 - 5x + 6 = (x - 2)(x - 3) \neq 0$$

Tenemos que $D_f = \{x \mid x \geq 0\}$ y $D_g = \{x \mid x \neq 2, 3\}$. Por lo tanto,

$$\boxed{D_{f \cdot g} = \{x \mid x \geq 0, x \neq 2, 3\}}$$ ∎

Composición de funciones

Existe otra forma más de obtener una nueva función a partir de dos funciones dadas.

DEFINICIÓN Dada dos funciones $f(x)$ y $g(x)$, la *composición* de las dos funciones se denota con $f \circ g$ y se define como

$$(f \circ g)(x) = f[g(x)]$$

$(f \circ g)(x)$ se lee "f compuesta con g de x."

El dominio de $f \circ g$ consta de las x en el dominio de g cuyo rango de valores está en el dominio de f, es decir, las x tales que $g(x)$ está en el dominio de f.

3.5 Operaciones sobre funciones

Al componer dos funciones f y g, comenzamos con un valor de entrada x en el dominio de g y obtenemos un valor único de salida $g(x)$ en el rango de g. Este valor de salida se utiliza entonces como valor de entrada para $f(x)$, para dar el único valor de salida $f[g(x)]$. Así, $g(x)$ debe estar en el dominio de f.

Por ejemplo, suponga que tenemos las funciones $F = \{(2, z), (3, q)\}$ y $G = \{(a, 2), (b, 3), (c, 5)\}$. La función $(F \circ G)(x) = F[G(x)]$ se determina considerando los elementos en el dominio de G y evaluando como sigue:

$$(F \circ G)(a) = F[G(a)] = F(2) = z \qquad (F \circ G)(b) = F[G(b)] = F(3) = q$$

Si intentamos determinar $F(G(c))$ obtenemos $F(5)$, pero 5 no está en el dominio de $F(x)$ y por lo tanto no podemos determinar $(F \circ G)(c)$. Por lo tanto, $F \circ G = \{(a, z), (b, q)\}$. La figura 3.55 ilustra esta situación.

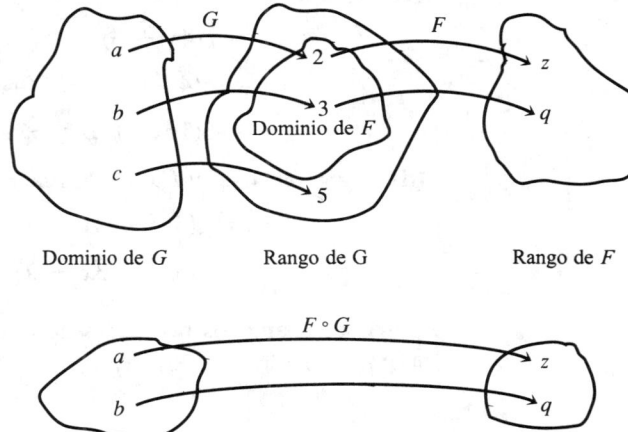

FIGURA 3.55 Diagrama que ilustra $F \circ G$

La figura 3.56 ilustra la situación para la función general $F \circ G$.

Observe que para evaluar $(F \circ G)(x)$ primero aplicamos $G(x)$

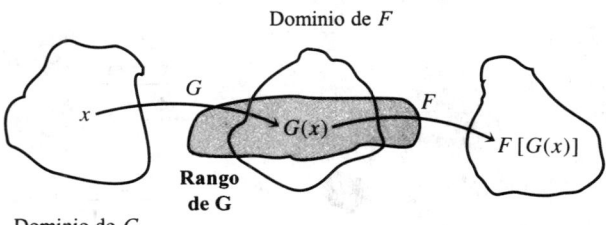

FIGURA 3.56 Diagrama que ilustra $(F \circ G)(x)$

EJEMPLO 3 Dadas $f(x) = 5x^2 - 3x + 2$ y $g(x) = 4x + 3$, determinar

(a) $(f \circ g)(-2)$ **(b)** $(g \circ f)(2)$ **(c)** $(f \circ g)(x)$ **(d)** $(g \circ f)(x)$

Solución

(a) $(f \circ g)(-2) = f[g(-2)]$ *Evaluamos primero* $g(-2) = 4(-2) + 3 = -5$
$= f(-5)$
$= 5(-5)^2 - 3(-5) + 2 = \boxed{142}$

(b) $(g \circ f)(2) = g[f(2)]$ *Evaluamos primero* $f(2) = 5(2)^2 - 3(2) + 2 = 16$.
$= g(16)$
$= 4(16) + 3 = \boxed{67}$

(c) $(f \circ g)(x) = f[g(x)]$ *Pero* $g(x) = 4x + 3$.
$= f(4x + 3)$
$= 5(4x + 3)^2 - 3(4x + 3) + 2$
$= 5(16x^2 + 24x + 9) - 12x - 9 + 2 = \boxed{80x^2 + 108x + 38}$

(d) $(g \circ f)(x) = g[f(x)]$ *Pero* $f(x) = 5x^2 - 3x + 2$.
$= g(5x^2 - 3x + 2)$
$= 4(5x^2 - 3x + 2) + 3 = \boxed{20x^2 - 12x + 11}$

Al comparar los resultados de la parte **(c)** y **(d)**, vemos que $(f \circ g)(x)$ no es igual a $(g \circ f)(x)$. ■

EJEMPLO 4 Dadas $f(x) = \dfrac{x}{x+1}$ y $g(x) = \dfrac{2}{x-1}$, determinar

(a) $(f \circ g)(x)$ y su dominio **(b)** $(g \circ f)(x)$ y su dominio.

Solución

(a) $(f \circ g)(x) = f[g(x)] = f\left(\dfrac{2}{x-1}\right)$ *En* $f(x)$, *sustituimos* $\dfrac{2}{x-1}$ *en vez de x.*

$= \dfrac{\dfrac{2}{x-1}}{\dfrac{2}{x-1} + 1}$ *Simplificamos la fracción compleja multiplicando el numerador y el denominador por* $x - 1$.

$= \dfrac{\dfrac{2}{x-1} \cdot (x-1)}{\left(\dfrac{2}{x-1} + 1\right) \cdot (x-1)}$

$= \dfrac{2}{2 + x - 1} = \boxed{\dfrac{2}{x+1}}$

3.5 Operaciones sobre funciones

En esta respuesta final podemos ver con facilidad que x no puede ser igual a -1. Sin embargo, no es suficiente ver solamente la forma final de $(f \circ g)(x)$. Como ya hemos establecido, x debe ser una entrada en $g(x)$ y por lo tanto debe estar en el dominio de g. Como 1 no está en el dominio de g (¿por qué?), entonces 1 no está en el dominio de $f \circ g$. Por lo tanto, x no puede ser igual a 1. Así, la respuesta final para el dominio de $f \circ g$ es

$$\boxed{D_{f \circ g} = \{x \mid x \neq \pm 1\}}.$$

(b) $(g \circ f)(x) = g[f(x)] = g\left(\dfrac{x}{x+1}\right)$ *En $g(x)$, sustituimos $\dfrac{x}{x+1}$ en vez de x.*

$$= \dfrac{2}{\dfrac{x}{x+1} - 1}$$ *Simplificamos la fracción compleja multiplicando el numerador y el denominador por $x+1$.*

$$= \dfrac{2x+2}{x-(x+1)}$$

$$= \dfrac{2x+2}{-1} = \boxed{-2x-2}$$

Si observamos la forma final de $f \circ g$, podemos pensar erróneamente que su dominio es el conjunto de todos los números reales. De nuevo, si recordamos que x debe ser primero una entrada en $f(x)$ y por lo tanto debe estar en el dominio de f, vemos que el dominio de $g \circ f$ es $\boxed{D_{g \circ f} = \{x \mid x \neq -1\}}$. ∎

¿Por qué -1 no está en el dominio de $f(x)$?

Descomposición de funciones

Tal vez el aspecto más importante de la composición de funciones sea el hecho de que nos permite expresar una función dada en términos de funciones más simples.

En la composición $(f \circ g)(x) = f[g(x)]$, es muy útil ver a g como la "función interna" y a f como la "función externa". Es muy útil en precálculo y cálculo representar una función dada $h(x)$ como la composición de dos funciones $f(x)$ y $g(x)$. El proceso de identificar funciones posibles $f(x)$ y $g(x)$ se llama *descomposición* de la función $h(x)$. Ilustramos el proceso de descomposición de una función en el siguiente ejemplo.

EJEMPLO 5   Sea $h(x) = \sqrt{x^2 + 1}$. Determinar dos funciones $f(x)$ y $g(x)$ de modo que $h(x) = (f \circ g)(x)$.

Solución   Observando $h(x) = \sqrt{x^2 + 1}$, podemos ver a $x^2 + 1$ como la función interna y la función raíz cuadrada como la función externa. Esto sugiere que podemos establecer $g(x) = x^2 + 1$ y $f(x) = \sqrt{x}$; entonces

$$(f \circ g)(x) = f[g(x)] = f(x^2 + 1) = \sqrt{x^2 + 1} = h(x) \qquad \text{como se pedía}$$

Es importante observar que ésta no es la única solución. Podemos hacer $g(x) = x^2$ y $f(x) = \sqrt{x+1}$; entonces

$$(f \circ g)(x) = f[g(x)] = f(x^2) = \sqrt{x^2 + 1} = h(x) \qquad \text{como se requiere}$$

Aunque las dos soluciones son correctas, la primera tiene la ventaja de ser más parecida a nuestra descripción de g como la función interna y f como la función externa. Recuerde esto cuando utilice la clave de la respuesta para verificar las respuestas de los ejercicios al final de esta sección. ■

Si regresa a varios ejemplos de la sección 3.1 (en particular, los ejemplos 2 y 11) y el ejemplo 1 de la sección 3.4, verá que hemos graficado las diversas funciones, con una descomposición mental para identificar la función subyacente. De hecho, en nuestro vocabulario, la *función subyacente* es un sinónimo frecuente de la *función interna*.

Concluimos esta sección con una aplicación de las funciones compuestas.

EJEMPLO 6 Suponga que el radio r de un círculo aumenta, de modo que su longitud en centímetros después de t segundos está dada por la función

$$r = r(t) = 5t + 3 \qquad \text{donde } 0 \leq t \leq 8$$

(a) Utilizar la composición de funciones para expresar el área del círculo como una función de t.

(b) Determinar el área del círculo después de 6 segundos.

(c) Determinar cuántos segundos tarda el área en ser 324π centímetros cuadrados.

Solución

(a) El área es una función de r; r, a su vez, es una función de t, de modo que si componemos las dos funciones, obtendremos el área como función de t. Sabemos que la fórmula del área de un círculo es $A = \pi r^2$. Así, el área de un círculo es una función de su radio, y podemos escribir

$$A = A(r) = \pi r^2$$

También sabemos que la longitud del radio es una función de t, $r(t) = 5t + 3$, por lo que podemos escribir el área como función de t así:

$$A = A(r) = A[r(t)] = A(5t + 3) = \pi(5t + 3)^2$$

por lo que el área del círculo como función de t es $\boxed{A = A(t) = \pi(5t + 3)^2}$

(b) Una vez que hemos expresado el área como función de t, sólo sustituimos $t = 6$ para determinar el área después de 6 segundos.

$$A = A(t) = \pi(5t + 3)^2 \qquad \textit{Sustituimos } t = 6.$$
$$= \pi(5(6) + 3)^2 = \pi(33)^2$$
$$= \boxed{1089\pi \text{ centímetros cuadrados}}$$

(c) Queremos determinar el valor de t tal que el área es 324π. Podemos utilizar el resultado de la parte (a), que expresa el área como función de t.

$$A(t) = \pi(5t + 3)^2 \qquad \textit{Sustituimos } 324\pi \textit{ para el área.}$$
$$324\pi = \pi(5t + 3)^2$$
$$324 = (5t + 3)^2 \qquad \textit{Calculamos las raíces cuadradas.}$$
$$\pm\sqrt{324} = 5t + 3 \qquad \textit{Consideramos la raíz cuadrada positiva.}$$
$$18 = 5t + 3$$
$$t = \boxed{3 \text{ segundos}}$$

■

3.5 Operaciones sobre funciones

EJERCICIOS 3.5

En los ejercicios 1-32, utilice las siguientes funciones f, g, h, r, s y t.

$$f(x) = 2x^2 - x - 3 \qquad g(x) = 3x - 2 \qquad h(x) = 5$$
$$s(x) = \frac{1}{x} \qquad r(x) = x^3 - 1 \qquad t(x) = \frac{4}{x+2}$$

En los ejercicios 1-14, determine el valor requerido.

1. $(g + r)(2)$
2. $(f - t)(-3)$
3. $(h \cdot s)(-6)$
4. $(r \cdot t)(3)$
5. $\left(\dfrac{g}{f}\right)(4)$
6. $\left(\dfrac{s}{t}\right)(x)$
7. $\left(\dfrac{h}{r}\right)(-1)$
8. $(t - s)(8)$
9. $(f \circ g)(4)$
10. $(g \circ f)(4)$
11. $(h \circ s)(-6)$
12. $(s \circ h)(8)$
13. $(f + g)(x)$
14. $(s \cdot r)(x)$

En los ejercicios 15-32, utilice las funciones f, g, h, r, s y t para determinar la función requerida y su dominio.

15. $(f - g)(x)$
16. $(r + s)(x)$
17. $\left(\dfrac{s}{h}\right)(x)$
18. $\left(\dfrac{h}{s}\right)(x)$
19. $(r - f)(x)$
20. $(s + t)(x)$
21. $(g \cdot t)(x)$
22. $\left(\dfrac{g}{t}\right)(x)$
23. $(f \circ g)(x)$
24. $(g \circ f)(x)$
25. $(r \circ s)(x)$
26. $(s \circ r)(x)$
27. $(h \circ t)(x)$
28. $(t \circ h)(x)$
29. $(r \circ g)(x)$
30. $(g \circ r)(x)$
31. $(s \circ t)(x)$
32. $(t \circ s)(x)$

33. Sean $f(x) = \sqrt{x+1}$ y $g(x) = 2x - 7$.
    (a) Determine $(f \circ g)(x)$ y su dominio.
    (b) Determine $(g \circ f)(x)$ y su dominio.

34. Sean $F(x) = \dfrac{x-1}{x+1}$ y $G(x) = \dfrac{2}{x}$. Determine
    (a) $(F \circ G)(x)$
    (b) $(G \circ F)(x)$

35. Sean $f(t) = t^2 + t$ y $g(t) = \dfrac{6}{t-3}$. Determine
    (a) $(f \circ g)(t)$
    (b) $(g \circ f)(t)$
    (c) $(f \circ f)(t)$
    (d) $(g \circ g)(t)$

36. Sean $f(x) = 3x - 5$ y $g(x) = \dfrac{1}{3}(x + 5)$. Determine
    (a) $(f \circ g)(x)$
    (b) $(g \circ f)(x)$

37. Podemos definir la composición de tres funciones como sigue:
    $$(f \circ g \circ h)(x) = f\{g[h(x)]\}$$
    Sean $f(x) = 2x + 3$, $g(x) = \sqrt{x}$, y $h(x) = \dfrac{1}{x}$. Determine
    (a) $(h \circ g \circ f)(x)$
    (b) $(f \circ h \circ g)(x)$
    (c) $(g \circ f \circ h)(x)$

38. Sean $f(x) = x^2$ y $g(x) = \sqrt{x}$.
    (a) Determine $(f \circ g)(x)$ y su dominio.
    (b) Determine $(g \circ f)(x)$ y su dominio.
    (c) Son $(f \circ g)(x)$ y $(g \circ f)(x)$ la misma función? Explique.

En los ejercicios 39-44, determine dos funciones $f(x)$ y $g(x)$ tales que la función dada cumpla $h(x) = (f \circ g)(x)$.

39. $h(x) = (x + 3)^3$
40. $h(x) = \sqrt{5x - 3}$
41. $h(x) = \left(\dfrac{x+4}{x-1}\right)^2$
42. $h(x) = \sqrt[3]{x^2 - 4x + 5}$
43. $h(x) = \dfrac{1}{x} + 6$
44. $h(x) = \dfrac{1}{x+6}$

45. Sea $f(x) = 5x - 3$. Determine $g(x)$ de modo que $(f \circ g)(x) = 2x + 7$.

46. Sea $f(x) = 2x + 1$. Determine $g(x)$ de modo que $(f \circ g)(x) = 3x - 1$.

47. Sea $f(x) = 8 - 5x$. Determine $g(x)$ de modo que $(f \circ g)(x) = x$.

48. Sea $f(x) = \dfrac{2x+3}{5}$. Determine $g(x)$ de modo que $(f \circ g)(x) = x$.

49. Suponga que un técnico de laboratorio tiene un cultivo de bacteria tal que el número de bacterias presentes N depende de la temperatura Celsius, C, del aire ambiente y está dado por la función

    $$N = N(C) = 3C^2 + 250C + 10\,200 \text{ para } 15 \leq C \leq 40$$

    La temperatura Celsius C, a su vez, depende del número de horas h después de que comienza a crecer el cultivo y está dada por la función

    $$C(h) = 5h + 15 \qquad \text{para } 0 \leq h \leq 5$$

    (a) Exprese el número de bacterias N como función de h.
    (b) ¿Cuántas bacterias están presentes después de 4 horas?
    (c) ¿Después de cuántas horas existen 30 000 bacterias?

50. Suponga que la base de una caja rectangular es un cuadrado de lado x y que su altura es 6 pulgadas. La longitud de x depende del número de minutos t que han transcurrido después de $t = 0$ minutos, de acuerdo con la función

    $$x(t) = 25 - t^2 \qquad \text{para } 0 \leq t \leq 4$$

    (a) Exprese el volumen de la caja como función de x.
    (b) Exprese el volumen de la caja como función de t.
    (c) ¿Cuál es el volumen de la caja después de 3 segundos?

51. Un fabricante de calculadoras establece el precio P de una calculadora 30% por arriba del costo de producción. El costo de producción de n calculadoras está dado por la función

$$c = c(n) = 32n + 370$$

  (a) Si se produce 1 calculadora, ¿cuál será su precio?
  (b) Si se producen 10 calculadoras, ¿cuál será el precio de cada una?
  (c) Si se producen n calculadoras, exprese el precio por calculadora P como una función de n.

52. El volumen V de una esfera de radio r está dado por la fórmula

$$V = \frac{4}{3}\pi r^3$$

El radio decrece con el tiempo t, de acuerdo con la fórmula

$$r = \frac{1}{\sqrt{t+1}} \quad \text{para } t \geq 0$$

Exprese el volumen como una función de t.

PREGUNTA PARA REFLEXIONAR

53. Hemos visto a través de varios ejemplos y ejercicios que, en general, $(f \circ g)(x) \neq (g \circ f)(x)$. ¿Podría determinar un ejemplo específico para el cual $(f \circ g)(x) = (g \circ f)(x)$? ¿Podría describir algunos ejemplos o categorías generales de funciones para las que $(f \circ g)(x) = (g \circ f)(x)$?

3.6 Funciones inversas

En nuestro análisis inicial enfatizamos el aspecto crítico de una función, que a cada x le corresponde *exactamente una y*. Observamos que es posible que una función asigne el mismo valor y a dos valores x diferentes.

Además, hemos sido muy específicos al designar las variables utilizadas para definir las funciones: x es la variable independiente y y es la variable dependiente; o bien, como lo hemos venido diciendo, "Se elige x y se obtiene y". Siempre hemos convenido en enumerar la variable independiente (el valor elegido) como la primera coordenada y la variable dependiente (el valor obtenido) como la segunda coordenada. Sin embargo, esta disposición es algo arbitraria.

Examinemos la siguiente función F, bastante sencilla, definida por el siguiente conjunto de parejas ordenadas:

F: $\{(-2, 2), (0, 4), (1, 5), (3, 7)\}$

con dominio $D_F = \{-2, 0, 1, 3\}$ y rango $R_F = \{2, 4, 5, 7\}$

Si observamos con cuidado estas parejas ordenadas, podemos notar que no sólo estas parejas definen a y como función de x, sino que también definen a x como función de y. Es decir, como cada valor y tiene exactamente un valor de x asociado, estas parejas ordenadas nos permiten "elegir y y obtener x". Llamemos G a esta función; es decir, G es el resultado de utilizar estas parejas ordenadas para definir x como función de y. Registramos esta función G como

G: $\{(2, -2), (4, 0), (5, 1), (7, 3)\}$

con dominio $D_G = \{2, 4, 5, 7\}$ y rango $R_G = \{-2, 0, 1, 3\}$

Recuerde que la variable independiente se registra como la primera coordenada, de modo que G se obtiene *intercambiando* las coordenadas (x, y) de F.

Examinemos lo que ocurre cuando componemos las funciones F y G en cualquier orden.

3.6 Funciones inversas

$(F \circ G)(x)$	$(G \circ F)(x)$
$(F \circ G)(2) = F[G(2)] = F(-2) = 2$	$(G \circ F)(-2) = G[F(-2)] = G(2) = -2$
$(F \circ G)(4) = F[G(4)] = F(0) = 4$	$(G \circ F)(0) = G[F(0)] = G(4) = 0$
$(F \circ G)(5) = F[G(5)] = F(1) = 5$	$(G \circ F)(1) = G[F(1)] = G(5) = 1$
$(F \circ G)(7) = F[G(7)] = F(3) = 7$	$(G \circ F)(3) = G[F(3)] = G(7) = 3$

La figura 3.57 ilustra $(F \circ G)(x)$ y $(G \circ F)(x)$ por medio de un diagrama. Vemos que $(F \circ G)(x) = x$ para cada x en el dominio de G y $(G \circ F)(x) = x$ para todo x en el dominio de F. Las funciones que tienen esta propiedad son **funciones inversas**.

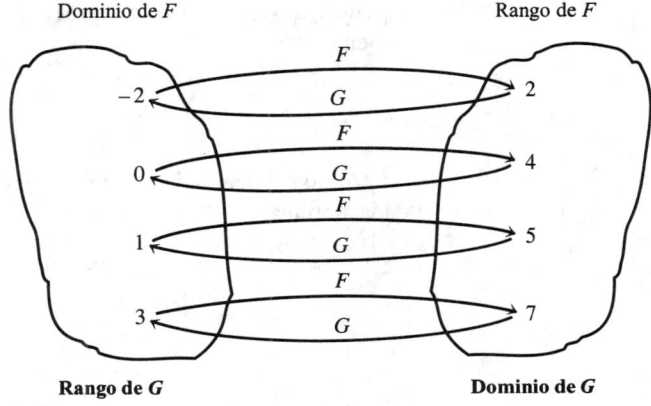

FIGURA 3.57 Diagrama que ilustra $(F \circ G)(x)$ y $(G \circ F)(x)$

DEFINICIÓN Se dice que dos funciones f y g son **funciones inversas** si y sólo si

$$f[g(x)] = x \quad \text{para todo } x \text{ en el dominio de } g$$

y

$$g[f(x)] = x \quad \text{para todo } x \text{ en el dominio de } f$$

EJEMPLO 1 Verifique que las funciones $f(x) = \frac{1}{2}x - 5$ y $g(x) = 2x + 10$ son funciones inversas.

Solución De acuerdo con la definición, para verificar que f y g son funciones inversas, debemos verificar que $f[g(x)] = x$ y $g[f(x)] = x$.

$$f[g(x)] = f(2x + 10) \qquad\qquad g[f(x)] = g\left(\frac{1}{2}x - 5\right)$$

$$= \frac{1}{2}(2x + 10) - 5 \qquad\qquad = 2\left(\frac{1}{2}x - 5\right) + 10$$

$$= x + 5 - 5 \qquad\qquad\qquad = x - 10 + 10$$

$$= x \quad \text{Como se pedía} \qquad\qquad = x \quad \text{Como se pedía}$$

Así, hemos verificado que f y g son funciones inversas. ∎

Observe que, con base en esta definición, las funciones F y G descritas anteriormente, que tienen sus coordenadas (x, y) intercambiadas, son funciones inversas.

Se acostumbra denotar la función inversa de $f(x)$ como $f^{-1}(x)$, que se lee "f inversa de x". Con esta notación, podemos expresar el resultado del ejemplo 1 escribiendo

$$f(x) = \frac{1}{2}x - 5 \qquad \text{y} \qquad f^{-1}(x) = 2x + 10$$

Importante Aunque en general utilizamos el exponente -1 para indicar un recíproco, la notación de la función inversa es una excepción a esta regla. Deberá ser consciente de que $f^{-1}(x)$ *no* es el recíproco de f.

$$f^{-1}(x) \neq \frac{1}{f(x)}$$

Si queremos escribir el recíproco de la función $f(x)$ mediante un exponente negativo, debemos escribir

$$\frac{1}{f(x)} = [f(x)]^{-1}$$

Como f^{-1} denota la función inversa de f, la definición de las funciones inversas recién dada implica

$$f^{-1}[f(x)] = x \qquad \text{para toda } x \text{ en el dominio de } f$$

y

$$f[f^{-1}(x)] = x \qquad \text{para toda } x \text{ en el dominio de } f^{-1}$$

Como ya hemos observado, una función se puede ver como una máquina que considera una entrada x y realiza algo con ella. Las funciones inversas son en cierto sentido "opuestas", en el sentido de que tienen la propiedad de deshacer lo que ha hecho una función. Así, al componer dos funciones inversas, obtenemos de nuevo el valor de entrada original x. Véase la figura 3.58.

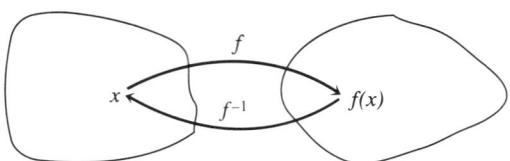

FIGURA 3.58 La interacción de las funciones inversas

Ahora examinemos esta idea desde un punto de vista más general. Vamos a suponer que tenemos una función, lo que significa que a cada x le corresponde exactamente una y. Podríamos preguntarnos si esta asignación también define a x como función de y. Si elegimos y, ¿esta ecuación determina un valor único de x?

3.6 Funciones inversas

Por ejemplo, $F = \{(2, 4), (3, 6), (5, 4)\}$ es una función que tiene un único y asignado a cada x. Sin embargo, observe que no define a x como función de y. Es decir, *cada y no tiene asignado un único x*. En forma alternativa, podemos decir que si invertimos las coordenadas (x, y), el conjunto resultante de parejas ordenadas $\{(4, 2), (6, 3), (4, 5)\}$ no es una función.

¿Por qué $\{(4, 2), (6, 3), (4, 5)\}$ no es una función?

Si consideramos la función definida por la ecuación $y = f(x) = x^2$ y elegimos $y = 4$, obtenemos $x^2 = 4$, de modo que $x = \pm 2$. Así, en general podemos ver que una ecuación que define a y como función de x no necesariamente define a x *como función de y*.

¿Por qué $y = x^2$ no define x como función de y?

Una pregunta natural sería ¿podemos especificar condiciones bajo las cuales una función $y = f(x)$ también especifique a x como función de y? Para que y sea una función de x, cada x debe tener asignada una única y, y para que x sea una función de y, cada y debe tener asignada una única x. Por lo tanto, debe existir una correspondencia uno a uno entre los elementos del dominio (x) y los elementos del rango (y). Esto significa que no podemos tener dos x asignadas al mismo valor y, como ocurrió en los dos ejemplos anteriores. En el lenguaje de las funciones, podemos formular estas ideas como sigue:

DEFINICIÓN Una función $f(x)$ es **uno a uno** si y sólo si para cada dos valores distintos del dominio, $x_1 \neq x_2$ implica que $f(x_1) \neq f(x_2)$. En palabras, esta condición dice que valores diferentes de x necesariamente proporcionan valores diferentes de y.

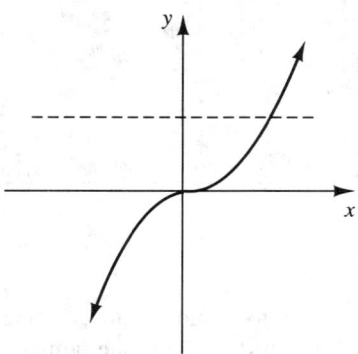

Una función que satisface el criterio de la recta horizontal.
(a)

FIGURA 3.59(a)

Examinemos esta definición gráficamente. Suponga que tenemos una función $y = f(x)$ y que conocemos su gráfica. Si queremos que la ecuación $y = f(x)$ también defina a x como función de y, entonces a cada valor y le debe corresponder exactamente un valor de x. Si recordamos que el criterio de la recta vertical expresa de manera gráfica la idea de que a cada valor de x le corresponde exactamente un valor y, reconocemos que un *criterio de la recta horizontal* (aquí definido) garantizará que a cada valor y le debe corresponder exactamente un valor de x.

EL CRITERIO DE LA RECTA HORIZONTAL

Una función $y = f(x)$ también definirá a x como función de y, siempre que cualquier recta horizontal interseque la gráfica en a lo más un punto.

Las figuras 3.59(a) y (b) ilustran una función que satisface el criterio de la recta horizontal y otra que no lo satisface.

Observe que, aunque sólo una de las gráficas de la figura 3.59 satisface el criterio de la recta horizontal, ambas son gráficas de funciones, pues ambas satisfacen el criterio de la recta vertical.

Básicamente, el criterio de la recta horizontal dice que la gráfica de una función no repite valores y; así, los dos enunciados siguientes son equivalentes:

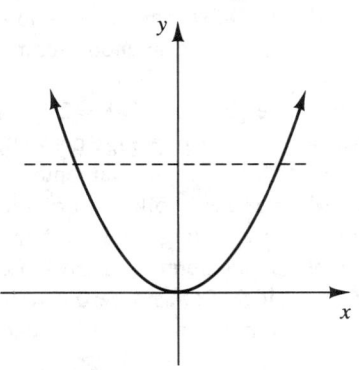

Una función que no satisface el criterio de la recta horizontal.
(b)

FIGURA 3.59(b)

1. La gráfica de $y = f(x)$ satisface el criterio de la recta horizontal.
2. La función $y = f(x)$ es uno a uno.

PERSPECTIVAS DIFERENTES: *Funciones uno a uno*

INTERPRETACIÓN GEOMÉTRICA

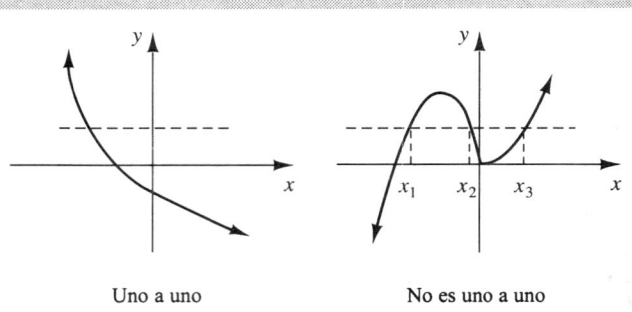

Uno a uno   No es uno a uno

Para que una función sea uno a uno, cualquier recta horizontal puede intersecar la gráfica a lo más en un punto.

INTERPRETACIÓN ALGEBRAICA

Una función uno a uno necesariamente asigna valores diferentes de y a valores diferentes de x.

En otras palabras, una función es uno a uno si y sólo si $x_1 \neq x_2 \Rightarrow f(x_1) \neq f(x_2)$.

En resumen, con base en nuestro análisis hasta el momento hemos visto que una función uno a uno $y = f(x)$ no sólo define a y como una función de x, sino que también define a x como función de y. Además, la función que se obtiene al ver x como función de y nos proporciona la función inversa de $f(x)$. De hecho, podemos establecer el siguiente teorema.

TEOREMA 3.1 $f(x)$ tiene una inversa, $f^{-1}(x)$, si y sólo si $f(x)$ es una función uno a uno.

Este teorema nos dice cuándo una función tendrá una inversa, pero ¿cómo podemos determinar realmente la función inversa de una función uno a uno? Consideremos la función $y = f(x) = 2x - 1$, cuya gráfica es una línea recta de pendiente 2. Esta función es uno a uno, por lo que podemos ver la ecuación $y = 2x - 1$ de manera usual, definiendo y como función de x o definiendo x como función de y.

Las parejas ordenadas $(0, -1)$, $(-1, -3)$, $(2, 3)$, y $(5, 9)$ satisfacen la ecuación $y = 2x - 1$, y con base en nuestras reglas básicas, sabemos lo que esto significa. Si x se elige como 0, -1, 2, 5, entonces los valores de y correspondientes son -1, -3, 3, 9, respectivamente.

Recuerde que las diversas técnicas de graficación que hemos desarrollado han sido diseñadas de modo que la variable independiente se represente a lo largo del eje horizontal (es decir, como la primera coordenada) y la variable dependiente se represente a lo largo del eje vertical (es decir, como la segunda coordenada). Para no perder toda la maquinaria de graficación que hemos construido, insistiremos en la continuidad de esto.

Por lo tanto, si regresamos a las parejas ordenadas para $y = 2x - 1$ y queremos verlas como "se elige y y se obtiene x", las registramos como

$$(-1, 0), (-3, -1), (3, 2) \text{ y } (9, 5).$$

3.6 Funciones inversas

De hecho, lo que estamos haciendo es *intercambiar los papeles de x y de y*. Como vimos al principio de esta sección, si intercambiamos las coordenadas x y y de una función uno a uno obtenemos su función inversa. Puesto que la mayor parte de las funciones que encontraremos se definen mediante una ecuación y no como un conjunto de parejas ordenadas, en vez de intercambiar las coordenadas de los puntos, intercambiaremos los papeles de x y de y en la ecuación. Sin embargo, si recordamos que lo usual es tener funciones donde la variable dependiente está despejada en forma explícita ($y = f(x)$), después de intercambiar x y y queremos que en esta nueva función inversa la variable dependiente y aparezca despejada en forma explícita.

EJEMPLO 2 Dada $y = f(x) = \frac{1}{4}x + 3$, determinar $f^{-1}(x)$.

Solución Primero observamos que la gráfica de $y = f(x) = \frac{1}{4}x + 3$ es una recta no horizontal. Así, $f(x)$ satisface el criterio de la recta horizontal y, por lo tanto, tiene una inversa. Con base en nuestro análisis anterior, intercambiamos x y y para después despejar y.

$$y = \frac{1}{4}x + 3 \qquad \textit{Intercambiamos x y y.}$$

$$x = \frac{1}{4}y + 3 \qquad \textit{Ahora despejamos y.}$$

$$4x = y + 12$$

$$4x - 12 = y \qquad \textit{Ésta es la función inversa.}$$

Así, $\boxed{f^{-1}(x) = 4x - 12}$.

Se deja como ejercicio verificar que si componemos f y f^{-1} en cualquier orden, obtenemos x. (Véase el ejemplo 1.) ∎

Así, hemos visto que la ecuación de una función uno a uno se puede ver como algo que define a y como función de x o viceversa y que si intercambiamos los papeles de x y de y, obtenemos una función que es la inversa de la función original.

Recuerde que, como estamos intercambiando los papeles de x y de y, también intercambiamos el dominio y el rango. Es decir, el dominio de la función inversa es el rango de la función original y viceversa.

El siguiente cuadro resume nuestro análisis hasta el momento.

FUNCIONES INVERSAS

Para determinar la inversa de una función uno a uno $y = f(x)$,

1. Intercambiamos x y y en la ecuación $y = f(x)$.
2. Despejamos y en la ecuación resultante, con lo que obtenemos la función inversa.
3. El dominio de la función inversa es el rango de la función original y el rango de la función inversa es el dominio de la función original.

EJEMPLO 3 Dada $y = f(x) = x^3$, determinar $f^{-1}(x)$ y su dominio.

Solución De nuevo, comenzamos intercambiando x y y para que después despejemos y.

$y = x^3$ *Intercambiamos x y y.*

$x = y^3$ *Obtenemos la raíz cúbica de ambos lados.*

$\sqrt[3]{x} = y$ *Ésta es la función inversa. Así,* $\boxed{f^{-1}(x) = \sqrt[3]{x}}$

El dominio de la función inversa es el conjunto de todos los números reales.

Las funciones $y = f(x) = x^3$ y $f^{-1}(x) = \sqrt[3]{x}$ muestran con claridad la idea de una función y su inversa que deshacen la acción una de la otra. Lo que hace la función cúbica, lo deshace la función raíz cúbica. ∎

GRAFIJACIÓN

1. Utilice una calculadora gráfica. Trace las gráficas de $y = \dfrac{1}{4}x + 3$ (del ejemplo 2), su inversa $y = 4x - 12$ y $y = x$ en el mismo conjunto de ejes de coordenadas. ¿Podría hacer una conjetura acerca de la relación entre las gráficas de las dos primeras ecuaciones con respecto de la gráfica de $y = x$?

2. Trace las gráficas de $y = x^3$ (del ejemplo 3), su inversa $y = \sqrt[3]{x}$, y $y = x$ en el mismo conjunto de ejes de coordenadas. Le será útil utilizar $\boxed{\text{RANGE}}$ para cambiar la ventana de visión. ¿Podría hacer una conjetura acerca de la relación entre las gráficas de las dos primeras ecuaciones con respecto de la gráfica de $y = x$?

EJEMPLO 4 Sea $y = f(x) = \dfrac{x}{x + 2}$. Determine $f^{-1}(x)$ y verifique que satisface la definición de una función inversa.

Solución

$y = \dfrac{x}{x + 2}$ *Intercambiamos x y y.*

$x = \dfrac{y}{y + 2}$ *Ahora despejamos y.*

$x(y + 2) = y$

$xy + 2x = y$ *Que se convierte en*

$2x = y - xy = y(1 - x)$ *por lo que tenemos*

$\dfrac{2x}{1 - x} = y$ *Ésta es la función inversa.*

$\boxed{f^{-1}(x) = \dfrac{2x}{1 - x}}$

3.6 Funciones inversas

De acuerdo con la definición, necesitamos verificar que $f^{-1}[f(x)] = x$ y $f[f^{-1}(x)] = x$.

$$f^{-1}[f(x)] = f^{-1}\left(\frac{x}{x+2}\right) = \frac{2\left(\frac{x}{x+2}\right)}{1 - \frac{x}{x+2}} = \frac{2\left(\frac{x}{x+2}\right) \cdot (x+2)}{\left(1 - \frac{x}{x+2}\right) \cdot (x+2)} = \frac{2x}{x+2-x} = \frac{2x}{2} = x$$

y

$$f[f^{-1}(x)] = f\left(\frac{2x}{1-x}\right) = \frac{\frac{2x}{1-x}}{\frac{2x}{1-x} + 2} = \frac{\left(\frac{2x}{1-x}\right) \cdot (1-x)}{\left(\frac{2x}{1-x} + 2\right) \cdot (1-x)} = \frac{2x}{2x + 2(1-x)} = \frac{2x}{2} = x$$

como se pedía. ∎

En el ejemplo 1 determinamos que $y = f(x) = \frac{1}{2}x - 5$ y $y = g(x) = 2x + 10$ son funciones inversas. Grafiquemos estas dos funciones en el mismo sistema de coordenadas. Las gráficas aparecen en la figura 3.60.

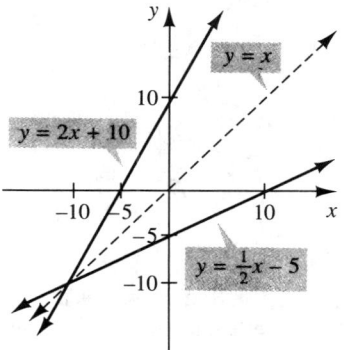

FIGURA 3.60

Observe que también hemos trazado la recta $y = x$ y que las gráficas de las funciones inversas $y = f(x) = \frac{1}{2}x - 5$ y $y = g(x) = 2x + 10$ son simétricas con respecto de la recta $y = x$.

En otras palabras, si colocamos un espejo a lo largo de la recta $y = x$, las gráficas de $f(x)$ y $g(x)$ serán reflexiones una de la otra. (Recuerde que ya hemos visto la simetría con respecto de dos rectas particulares, los ejes.)

Las gráficas de las funciones inversas exhiben este tipo de simetría.

La gráfica de $y = f^{-1}(x)$ se puede obtener al reflejar la gráfica de $y = f(x)$ con respecto de la recta $y = x$ (y viceversa).

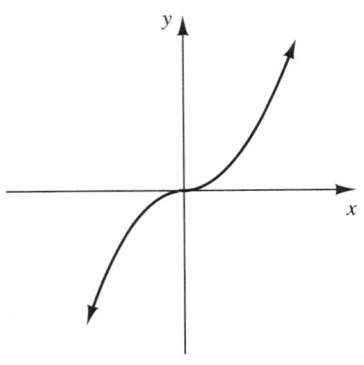

FIGURA 3.61

En el ejercicio 52 al final de esta sección haremos un análisis más detallado de la simetría con respecto de una recta.

EJEMPLO 5 Utilizar la gráfica que aparece en la figura 3.61 para responder lo siguiente.

(a) ¿Es ésta la gráfica de una función? (b) ¿Tiene esta función una inversa?
(c) Si $f(x)$ es la función con la gráfica dada, trace la gráfica de $f^{-1}(x)$.

Solución

(a) Puesto que esta gráfica satisface el criterio de la recta vertical, es la gráfica de una función.
(b) Puesto que esta gráfica satisface el criterio de la recta horizontal, esta función tiene una inversa.
(c) Trazamos la gráfica original y la recta $y = x$. La gráfica de $f^{-1}(x)$ se obtiene al reflejar la gráfica de $f(x)$ con respecto de la recta $y = x$. Véase la figura 3.62.

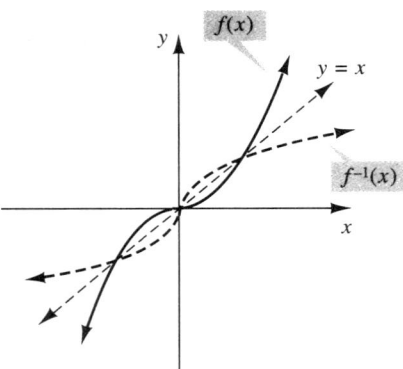

FIGURA 3.62

Regresaremos a esta idea de una función inversa junto con varias funciones especiales que encontraremos en secciones posteriores del texto.

EJERCICIOS 3.6

En los ejercicios 1-6, utilice la gráfica dada para determinar si la función tiene una inversa.

1.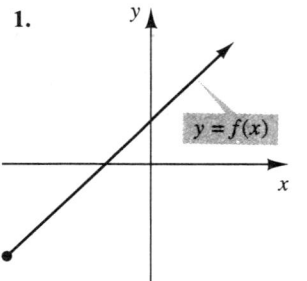

2.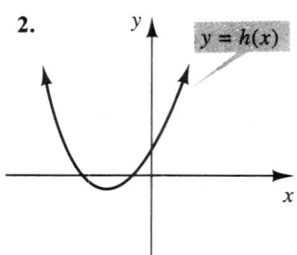

3.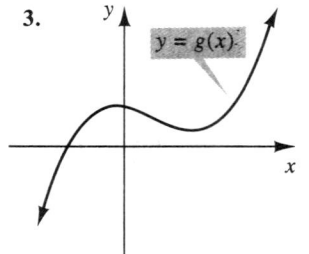

4.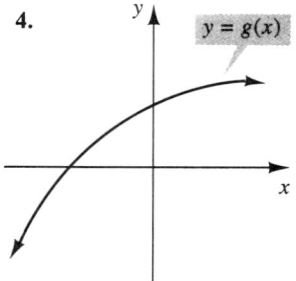

3.6 Funciones inversas

5.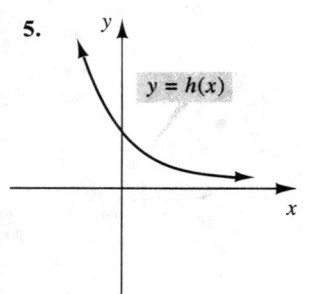

6.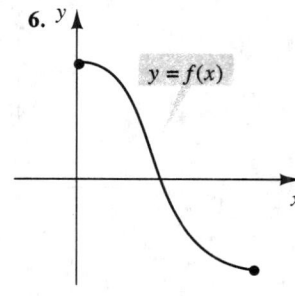

37. $f(x) = \dfrac{5x+3}{1-2x}$

38. $f(x) = \sqrt[3]{x+1}$

39. Determine la inversa de $y = f(x) = x^2$ para $x \geq 0$. Explique por qué se necesita la restricción $x \geq 0$. Determine el dominio y rango de f y f^{-1}.

40. Determine la inversa de $y = f(x) = (x+1)^2$ para $x \geq -1$. Explique por qué se necesita la restricción $x \geq -1$. Determine el dominio y rango de f y f^{-1}.

En los ejercicios 41-48, determine si la gráfica dada de la función tiene una inversa. En tal caso, trace la gráfica de la función inversa.

En los ejercicios 7-14, verifique que $f(x)$ y $g(x)$ son funciones inversas.

7. $f(x) = x - 1$; $g(x) = x + 1$

8. $f(x) = 6x$; $g(x) = \dfrac{x}{6}$

9. $f(x) = x^3$; $g(x) = \sqrt[3]{x}$

10. $f(x) = 5x + 4$; $g(x) = \dfrac{x-4}{5}$

11. $f(x) = \dfrac{1}{3}x + \dfrac{2}{5}$; $g(x) = 3x - \dfrac{6}{5}$

12. $f(x) = \sqrt[5]{x} + 6$; $g(x) = (x-6)^5$

13. $f(x) = \dfrac{4x}{x+4}$; $g(x) = \dfrac{4x}{4-x}$

14. $f(x) = \dfrac{x+5}{2x+1}$; $g(x) = \dfrac{5-x}{2x-1}$

15. Muestre que $f(x) = \dfrac{1}{x}$ es su propia inversa.

16. Muestre que $f(x) = \dfrac{x+1}{x-1}$ es su propia inversa.

En los ejercicios 17-32, determine la inversa de la función dada.

17. $y = f(x) = 5x - 9$
18. $y = g(x) = \dfrac{1}{3}x + 6$
19. $y = F(x) = 2x^3 + 1$
20. $y = G(x) = 8 - x^5$
21. $y = h(x) = \dfrac{1}{x+4}$
22. $y = H(x) = \dfrac{1}{x} + 4$
23. $y = f(x) = 2\sqrt{x} - 7$
24. $y = F(x) = \sqrt{2x-7}$
25. $y = h(x) = x^2 - 1$ para $x \geq 0$
26. $y = h(x) = (x-1)^2$ para $x \geq 1$
27. $y = g(x) = \dfrac{2x+5}{3x-2}$
28. $y = G(x) = \dfrac{6x}{x+3}$
29. $y = f(x) = x^{3/5}$
30. $y = f(x) = -x^{-5/3}$
31. $y = f(x) = x^{-5/7} + 1$
32. $y = g(x) = \sqrt[3]{x^3 - 5}$

En los ejercicios 33-38, determine $f^{-1}(x)$ y verifique que $f^{-1}[f(x)] = f[f^{-1}(x)] = x$.

33. $f(x) = 7x - 6$
34. $f(x) = \dfrac{2x-9}{4}$
35. $f(x) = 1 - \dfrac{3}{x}$
36. $f(x) = \dfrac{4-x}{3x}$

41.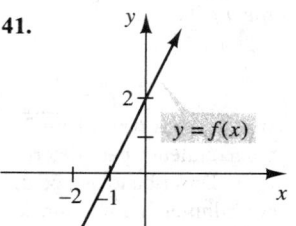

42.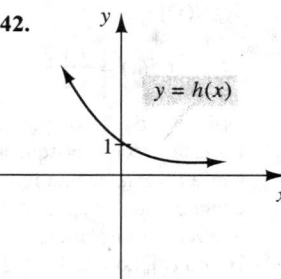

43.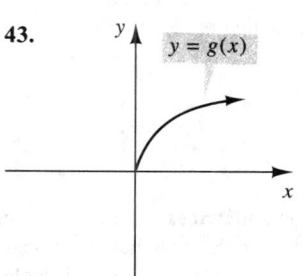

44.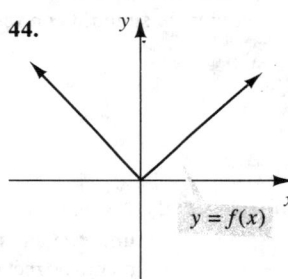

45.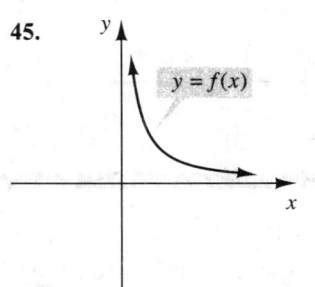

46.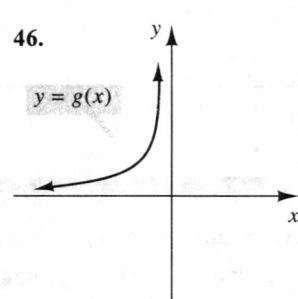

47.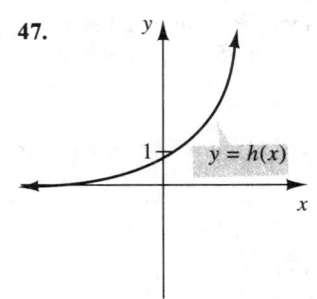

48.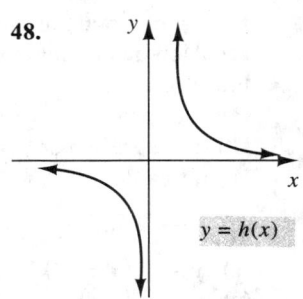

PREGUNTAS PARA REFLEXIONAR

49. Suponga que $y = f(x)$ tiene una inversa. Analice el significado del siguiente conjunto de implicaciones.

$$y = f(x) \Rightarrow f^{-1}(y) = f^{-1}[f(x)] \Rightarrow f^{-1}(y) = x$$

50. Una vez que comprendemos que $f^{-1}(x)$ es la función que tiene la propiedad de que $(f \circ f^{-1})(x) = x$, podemos utilizar esta propiedad como método alternativo para determinar f^{-1} como sigue: Sea $f(x) = 5x - 3$; entonces f^{-1} debe satisfacer

$f[f^{-1}(x)] = x$ *Se utiliza la definición de $f(x)$.*
$5[f^{-1}(x)] - 3 = x$ *Se despeja $f^{-1}(x)$.*

$$f^{-1}(x) = \frac{x+3}{5}$$

Utilice este método para determinar $f^{-1}(x)$ para $f(x) = \sqrt[3]{x+7}$.

51. En esta sección bosquejamos un procedimiento para determinar la inversa de una función uno a uno. Describa lo que ocurre cuando usted intenta aplicar este procedimiento a una función que *no* sea uno a uno.

52. Hemos dicho que las gráficas de funciones inversas son simétricas con respecto de la recta $y = x$. Este ejercicio desarrolla la idea de simetría con respecto de una recta.

DEFINICIÓN   Dos puntos P y Q son **simétricos con respecto de una recta L** si y sólo si L es la mediatriz del segmento de recta que une P con Q. La figura siguiente ilustra esta definición.

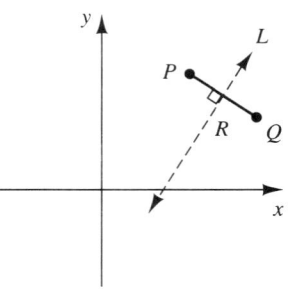

Los puntos P y Q son simétricos con respecto de la recta L. Observe que $\overline{PR} = \overline{QR}$. En el ejercicio 50 vimos que $y = 5x - 3$ y $y = \dfrac{x+3}{5}$ son funciones inversas. El punto $(2, 7)$ está sobre la gráfica de $y = 5x - 3$, y, por supuesto, $Q(7, 2)$ está sobre la gráfica de $y = \dfrac{x+3}{5}$. Verifique que estos dos puntos son simétricos con respecto de la recta $y = x$ utilizando esta definición. En primer lugar, muestre que la recta que une los puntos $P(2, 7)$ y $Q(7, 2)$ es perpendicular a la recta $y = x$. En segundo lugar, sea $R(a, a)$ el punto donde el segmento de recta $\overline{PQ}$ interseca la recta $y = x$ y muestre que $|\overline{PR}| = |\overline{QR}|$. Observe que no fue necesario determinar el valor de a.

GRAFIJACIÓN

En los ejercicios 53-56, determine la inversa de la función dada y después utilice una calculadora gráfica o computadora para graficar la función dada, su inversa, y $y = x$ en el mismo sistema de coordenadas.

53. $y = 3x - 6$ 54. $y = x^3 - 1$
55. $y = \dfrac{x-1}{x+1}$ 56. $y = \dfrac{5}{x} - 1$

Capítulo 3   RESUMEN

Al terminar este capítulo usted debe:

1. Poder utilizar los principios básicos de graficación. (Secciones 3.1 y 3.2)
   Los cambios algebraicos específicos realizados en la ecuación de una función tienen un efecto predecible sobre su gráfica.
   Por ejemplo:
   Utilice la gráfica de $y = f(x)$ en la figura 3.63 para trazar la gráfica de

   (a) $y = 2f(x)$ (b) $y = \dfrac{1}{2}f(x)$
   (c) $y = f(x - 2)$ (d) $y = f(x) - 2$
   (e) $y = f(-x)$ (f) $y = -f(x)$

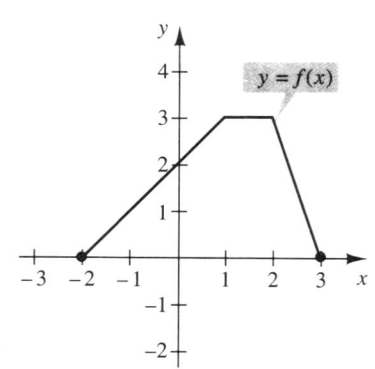

FIGURA 3.63

Solución:

(a) La gráfica de $y = 2f(x)$ se obtiene al "estirar" la gráfica de $f(x)$ lejos del eje x. La gráfica aparece en la figura 3.64(a).

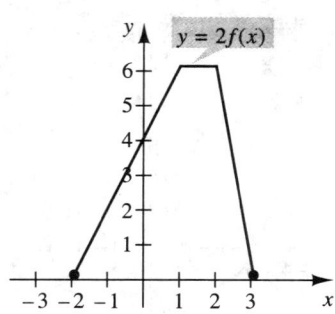

FIGURA 3.64(a)

(b) La gráfica de $y = \dfrac{1}{2}f(x)$ se obtiene "empujando" la gráfica de $f(x)$ hacia el eje x. La gráfica aparece en la figura 3.64(b).

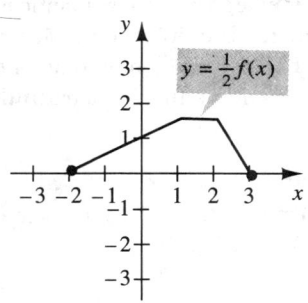

FIGURA 3.64(b)

(c) La gráfica de $y = f(x - 2)$ se obtiene al recorrer la gráfica original 2 unidades a la derecha. La gráfica aparece en la figura 3.64(c).

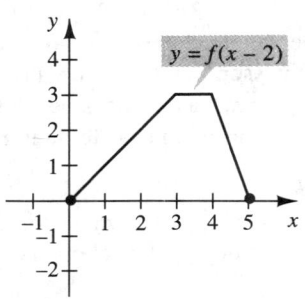

FIGURA 3.64(c)

(d) La gráfica de $f(x) - 2$ se obtiene recorriendo la gráfica original 2 unidades hacia abajo. La gráfica aparece en la figura 3.64(d).

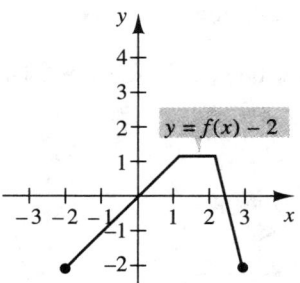

FIGURA 3.64(d)

(e) La gráfica de $y = f(-x)$ se obtiene al reflejar la gráfica de $y = f(x)$ con respecto del eje y. La gráfica aparece en la figura 3.64(e).

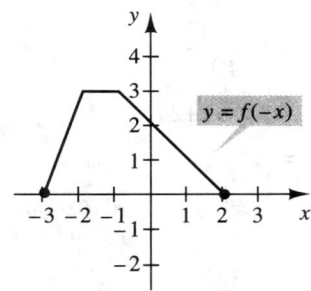

FIGURA 3.64(d)

(f) La gráfica de $y = -f(x)$ se obtiene al reflejar la gráfica de $y = f(x)$ con respecto del eje x. La gráfica aparece en la figura 3.64(f).

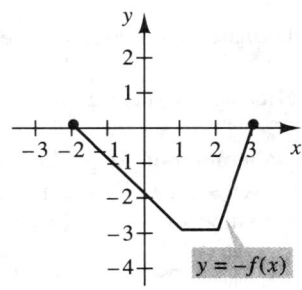

FIGURA 3.64(f)

2. Poder extraer funciones de situaciones *de la vida real*. (Sección 3.3)
Por ejemplo:
Exprese la hipotenusa y del $\triangle ADE$, en la figura 3.65, como una función de su altura h.
Solución:
Podemos ver que el $\triangle ADE$ es semejante al $\triangle ACB$. Por lo tanto,

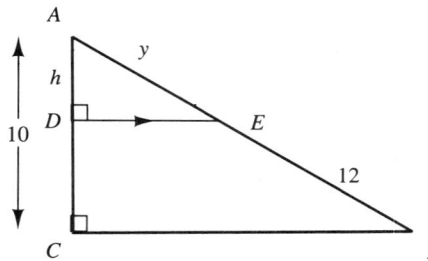

FIGURA 3.65

$$\frac{y}{h} = \frac{y + 12}{10}$$

$$10y = hy + 12h$$

$$10y - hy = 12h$$

$$y(10 - h) = 12h \qquad \textit{Al despejar y obtenemos y como función de h.}$$

$$y = y(h) = \frac{12h}{10 - h}$$

Como h es la altura del $\triangle ADE$, h debe ser mayor o igual que 0 y menor o igual que la altura del $\triangle ACB$, que es 10. Por lo tanto, el dominio para $y(h)$ es $\{h \mid 0 \leq h \leq 10\}$.

3. Poder trazar las gráficas de funciones cuadráticas. (Sección 3.4)
La gráfica de una función cuadrática es una parábola.
Por ejemplo:
Trazar la gráfica de $y = f(x) = x^2 + 4x + 3$.
Solución:
Puesto que sabemos que la gráfica de una función cuadrática $y = Ax^2 + Bx + C$ es una parábola, comenzamos determinando su vértice. La abscisa del vértice es $x = -\frac{B}{2A} = -\frac{4}{2(1)} = -2$. La ordenada del vértice se determina calculando $f(-2)$. Obtenemos $y = (-2)^2 + 4(-2) + 3 = -1$. Así, el vértice es $(-2, -1)$.

Determinamos la intersección con el eje y, $f(0)$, como 3, y las intersecciones con el eje x (que se determinan haciendo $y = 0$) como $x = -1$ y $x = -3$. La gráfica aparece en la figura 3.66.

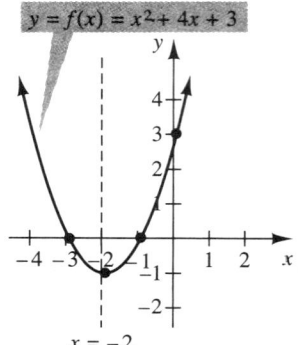

FIGURA 3.66

4. Reconocer que los valores máximo o mínimo de una función cuadrática se pueden determinar identificando el vértice de la parábola. (Sección 3.4.)
5. Comprender el álgebra de las funciones. (Sección 3.5.)
Usted puede realizar operaciones aritméticas sobre las funciones. La composición de funciones es otra forma de obtener una nueva función a partir de dos funciones dadas.

Por ejemplo:
Dadas $f(x) = 3x^2 - 5x + 2$ y $g(x) = x + 4$, determinar
(a) $(f \cdot g)(x)$ y **(b)** $(f \circ g)(x)$.
Solución:
(a) $(f \cdot g)(x) = f(x) \cdot g(x)$
$= (3x^2 - 5x + 2)(x + 4)$
$= 3x^3 + 7x^2 - 18x + 8$
(b) $(f \circ g)(x) = f[g(x)]$
$= f(x + 4)$
$= 3(x + 4)^2 - 5(x + 4) + 2$
$= 3(x^2 + 8x + 16) - 5x - 20 + 2$
$= 3x^2 + 19x + 30$

6. Comprender las funciones inversas. (Sección 3.6.) Dos funciones f y g son funciones inversas si y sólo si $(f \circ g)(x) = (g \circ f)(x) = x$. Las gráficas de las funciones inversas son simétricas con respecto de la recta $y = x$.

Por ejemplo:
Dada $y = f(x) = 5x - 2$, determinar su función inversa y trazar la gráfica de f y f^{-1} en el mismo sistema de coordenadas.

Capítulo 3 Ejercicios de repaso

Solución:
Para determinar la función inversa de $y = f(x)$, intercambiamos x y y para después despejar y:

$y = 5x - 2$ Intercambiamos x y y.

$x = 5y - 2$ Despejamos y.

$y = f^{-1}(x) = \dfrac{x+2}{5}$

Observe que las gráficas de f y f^{-1} en la figura 3.67 son simétricas con respecto de la recta $y = x$.

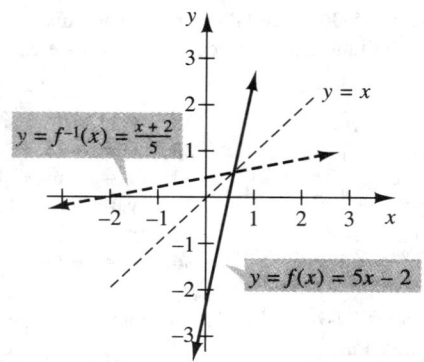

FIGURA 3.67

Capítulo 3   EJERCICIOS DE REPASO

En los ejercicios 1-16, utilice las gráficas de $y = f(x)$ y $y = g(x)$ dadas en las figuras para graficar cada una de las siguientes funciones.

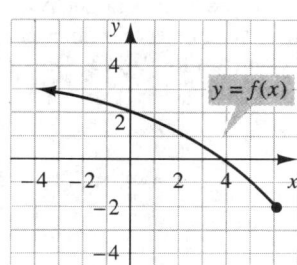
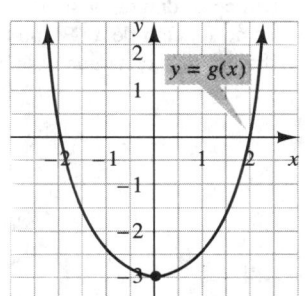

1. $f(-x)$
2. $-f(x)$
3. $-g(x)$
4. $g(-x)$
5. $f(x + 2)$
6. $f(x) + 2$
7. $|f(x)|$
8. $|g(x)|$
9. $g(x) + 3$
10. $-f(x - 2)$
11. $g(3 - x)$
12. $f(x) - 2$
13. $-f(x) - 1$
14. $g(-x) + 3$
15. $-f(x - 4)$
16. $|g(x) - 1|$

En los ejercicios 17-20, utilice la gráfica de $y = f(x)$ dada en la figura para determinar la ecuación de cada una de las siguientes gráficas en términos de $f(x)$.

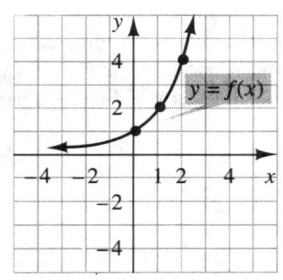

17.
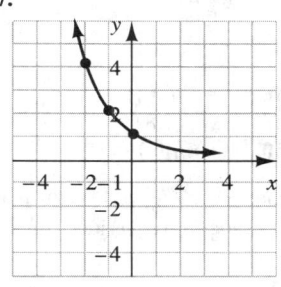

18.
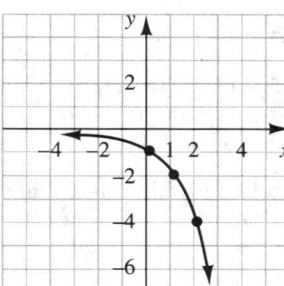

19.
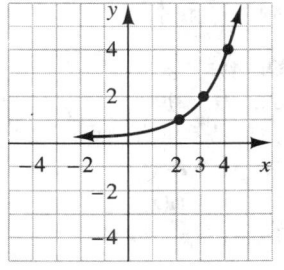

20.
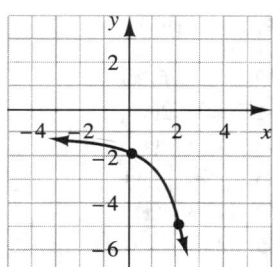

21. Determine el vértice y el eje de simetría de la función cuadrática $f(x) = -(x - 4)^2 + 6$.
22. Determine el vértice y el eje de simetría de la parábola cuya ecuación es $f(x) = x^2 - 6x + 5$.
23. ¿Cuál es el valor máximo de la función $y = -2x^2 - 9x$?
24. ¿Cuál es el valor mínimo de la función $f(x) = 3x^2 - 4x + 2$?

En los ejercicios 25-36, trace la gráfica de cada una de las siguientes funciones. Indique las intersecciones con los ejes en los casos adecuados.

25. $y = x^2 - 5$
26. $y = -(x - 3)^2 - 2$
27. $y = |2x - 6|$
28. $f(x) = |x + 1| - 3$
29. $f(x) = 2x^2 - 3x - 2$
30. $y = -x^2 + 4x - 5$
31. $f(x) = 36 - 9x^2$
32. $y = 2(x - 1)^2 - 8$
33. $y = 2x^2 - 10x$
34. $y = |x^2 - 2x - 3|$
35. $y = 3x^2 - 6x + 2$
36. $y = -3x^2 - 4$

Para los ejercicios 37-70, utilice las funciones f, g, h, r, s, y t definidas a continuación.

$f(x) = 3x^2 - 4x + 1 \qquad g(x) = 5 - 2x \qquad h(x) = -3$

$r(x) = x^3 + 8 \qquad s(x) = \dfrac{-2}{x} \qquad t(x) = \dfrac{3}{x - 4}$

En los ejercicios 37-50, determine el valor requerido.

37. $(g + h)(2)$
38. $(r - t)(-3)$
39. $(f \cdot s)(-6)$
40. $(t \cdot f)(3)$
41. $\left(\dfrac{g}{f}\right)(4)$
42. $\left(\dfrac{s}{t}\right)(4)$
43. $\left(\dfrac{r}{h}\right)(-1)$
44. $(s - t)(8)$
45. $(f \circ g)(4)$
46. $(g \circ f)(4)$
47. $(h \circ s)(-6)$
48. $(s \circ h)(8)$
49. $(r \circ g)(a)$
50. $(s \circ h)(c)$

En los ejercicios 51-70, utilice las funciones f, g, h, r, s y t definidas previamente para determinar la función requerida y su dominio.

51. $(f - g)(x)$
52. $(r \cdot s)(x)$
53. $\left(\dfrac{s}{h}\right)(x)$
54. $\left(\dfrac{h}{s}\right)(x)$
55. $(r - f)(x)$
56. $(s + t)(x)$
57. $(g \cdot t)(x)$
58. $\left(\dfrac{g}{t}\right)(x)$
59. $(g \circ f)(x)$
60. $(f \circ g)(x)$
61. $(s \circ r)(x)$
62. $(r \circ s)(x)$
63. $(t \circ h)(x)$
64. $(h \circ t)(x)$
65. $(g \circ g)(x)$
66. $(t \circ t)(x)$
67. $(t \circ s)(x)$
68. $(s \circ t)(x)$
69. $(s \circ g \circ t)(x)$
70. $(t \circ s \circ g)(x)$

En los ejercicios 71-74, determine funciones $f(x)$ y $g(x)$ para que la función dada $h(x)$ sea igual a $(f \circ g)(x)$.

71. $h(x) = \dfrac{1}{\sqrt{x + 2}}$
72. $h(x) = (3x + 2)^4$
73. $h(x) = (5x - 7)^{-3}$
74. $h(x) = \sqrt[3]{\dfrac{x}{x + 1}}$

75. Suponga que un técnico cría un cultivo de bacterias donde el número de bacterias presentes N depende de la temperatura C en grados Celsius del aire circundante, según la función

$$N(C) = C^2 + 125C + 1000 \qquad \text{para } 20 \leq C \leq 32$$

La temperatura C en grados Celsius depende a su vez del número de horas h después de que comienza a crecer el cultivo, según la función

$$C(h) = 4h + 10 \qquad \text{para } 0 \leq h \leq 6$$

(a) Exprese el número de bacterias N como función de h.
(b) ¿Cuántas bacterias están presentes después de 4 horas?
(c) ¿Después de cuántas horas (aproximadamente) hay 10 000 bacterias?

76. Suponga que la longitud del radio de un círculo depende del número t de minutos transcurridos después de $t = 0$ minutos, según la función

$$r(t) = 64 = t^2 \qquad \text{para } 0 \leq t \leq 8$$

(a) Exprese el área del círculo como función de t.
(b) ¿Cuál es el área del círculo después de 4 minutos?

77. Utilice el diagrama siguiente para expresar el área del $\triangle ABC$ como función de x. El punto (x, y) se elige en el primer cuadrante en la recta que pasa por los puntos $(0, 0)$ y $(3, 4)$.

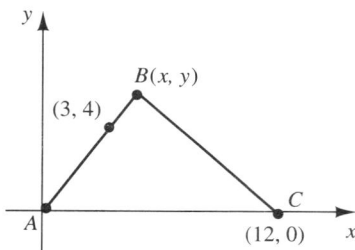

78. Un cilindro circular recto cerrado tiene un área de la superficie de 20π centímetros cuadrados. Exprese el volumen del cilindro como función de r.

79. Una caja rectangular cerrada tiene una base con x unidades de ancho y el doble de esto por largo. Si h es la altura de la caja y el área total de la superficie de la caja es 180 centímetros cuadrados, exprese el volumen de la caja como función de x.

80. Un agricultor desea cercar un jardín rectangular y subdividir su interior, como se indica en la figura. La cerca cuesta $6 el pie para la división exterior y $4 el pie para la división interior.

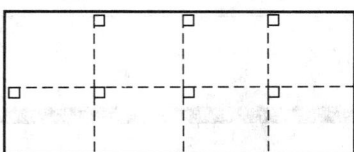

(a) Exprese el área que puede cercarse con un costo total de $240 como función de una variable.
(b) ¿Cuál es el área máxima que puede cercarse por $240?

En los ejercicios 81-82, determine si la función cuya gráfica está dada tiene una inversa.

81. 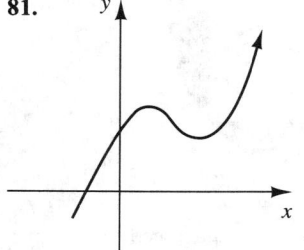   **82.**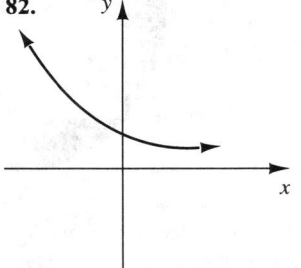

En los ejercicios 83-86, trace la gráfica de la inversa de la función dada f. Indique el dominio y el rango para f y para f^{-1}.

83. 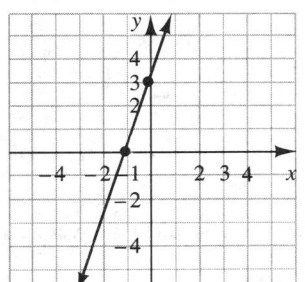   **84.**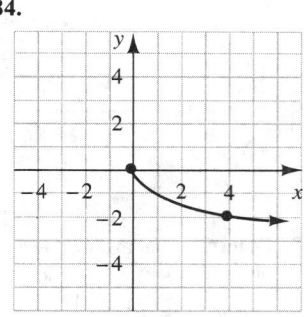

85. 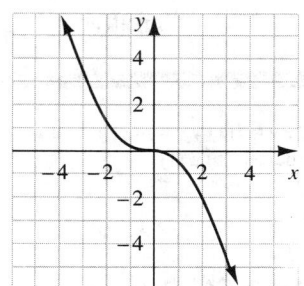   **86.**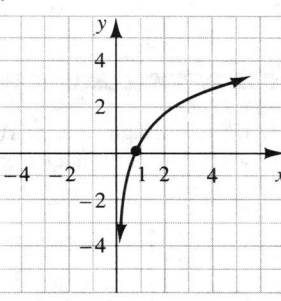

En los ejercicios 87-92, encuentre la inversa de la función dada y verifique que

$$(f^{-1} \circ f)(x) = (f \circ f^{-1})(x) = x$$

87. $f(x) = \dfrac{1}{4}x + 5$ **88.** $f(x) = 8 - 5x$

89. $f(x) = \dfrac{x + 4}{x - 3}$ **90.** $f(x) = \sqrt{x - 5}$

91. $f(x) = \dfrac{3}{x + 6}$ **92.** $f(x) = \dfrac{1}{x} - 2$

Capítulo 3 EXAMEN DE PRÁCTICA

1. Utilice las siguientes gráficas de $y = f(x)$ y $y = g(x)$ para trazar la gráfica de cada función en las partes (a) a (f).

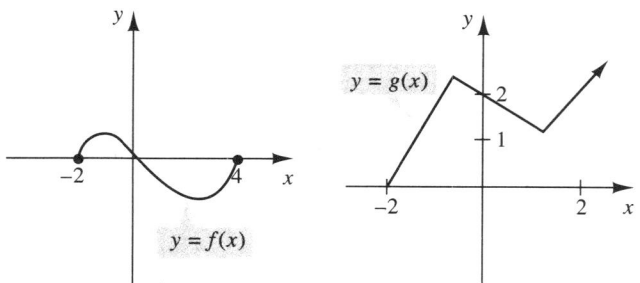

   (a) $f(-x)$ (b) $-f(x)$ (c) $|f(x)|$
   (d) $g(x) + 2$ (e) $g(x+2)$ (f) $-f(x+2)$

2. Determine el vértice y eje de simetría de las siguientes funciones cuadráticas.
   (a) $y = 3(x+5)^2 - 3$ (b) $y = -2x^2 - 5x + 1$

3. Trace las gráficas de cada una de las siguientes funciones. Indique las intersecciones con los ejes en los casos adecuados.
   (a) $y = 25 - x^2$
   (b) $f(x) = |4x + 8|$
   (c) $y = -2(x+3)^2 + 8$
   (d) $f(x) = x^2 + 4x - 5$
   (e) $y = 3x^2 - 48x$
   (f) $f(x) = -x^2 + 3x - 4$
   (g) $y = |2x^2 - 10|$
   (h) $f(x) = 2x^2 - 5x - 1$

4. Dadas $f(x) = 7 - x^2$, $g(x) = \dfrac{3}{x+2}$ y $h(x) = \sqrt{x-1}$, determine lo siguiente.
   (a) $(f \cdot h)(3)$
   (b) $(g + h)(10)$
   (c) $\left(\dfrac{f}{g}\right)(-3)$
   (d) $(f \circ g)(x)$
   (e) $(g \circ f)(x)$
   (f) $(g \circ g)(x)$
   (g) $(g \circ f \circ h)(x)$

5. Sean $f(x) = \dfrac{2x}{x+1}$ y $g(x) = \dfrac{x}{x-1}$.
   (a) Determine el dominio de $(f \circ g)(x)$.
   (b) Determine el dominio de $(g \circ f)(x)$.

6. Un rectángulo de largo 12 y ancho x está inscrito en un círculo de radio r. Utilice la siguiente figura para expresar el área de la porción sombreada como función de r.

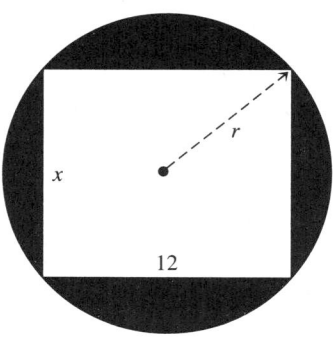

7. Explique por qué la función cuya gráfica aparece en la figura siguiente tiene una inversa, y trace la gráfica de la función inversa.

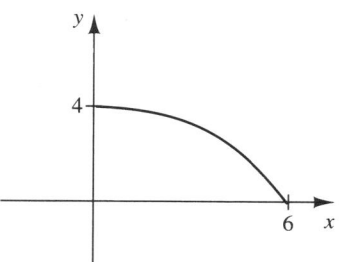

8. Determine la inversa de las funciones siguientes y verifique que $(f^{-1} \circ f)(x) = (f \circ f^{-1})(x) = x$.
   (a) $f(x) = \dfrac{5x - 4}{3}$
   (b) $f(x) = \sqrt[3]{2x + 9}$
   (c) $f(x) = \dfrac{2}{x} - 5$

CAPÍTULO 4

Funciones polinomiales, racionales y radicales

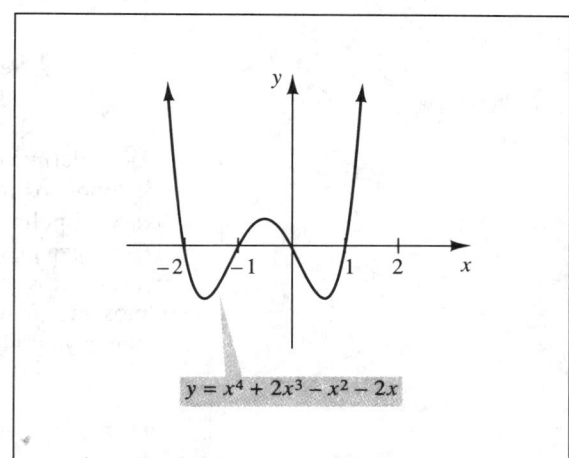

$y = x^4 + 2x^3 - x^2 - 2x$

4.1 Funciones polinomiales

4.2 División de polinomios y división sintética

4.3 Raíces de ecuaciones polinomiales: el teorema del residuo y el teorema del factor

4.4 Más acerca de las raíces de ecuaciones polinomiales: El teorema de la raíz racional y la regla de los signos de Descartes

4.5 Funciones racionales

4.6 Funciones radicales

4.7 Variación

Resumen ■ *Ejercicios de repaso* ■ *Examen de práctica*

En este capítulo continuaremos nuestro análisis de los distintos tipos de funciones mencionadas en el capítulo 3. Muchas de las ideas introducidas en este capítulo tienen una amplia aplicación en las matemáticas.

En las primeras cuatro secciones investigaremos las funciones polinomiales. En la sección 4.5, examinaremos las funciones racionales y compararemos y contrastaremos su comportamiento con el de las funciones polinomiales. El capítulo concluye con un análisis de las funciones radicales y la variación.

4.1 Funciones polinomiales

En la sección 3.2 dimos la siguiente definición de función polinomial.

DEFINICIÓN Una **función polinomial** es una función de la forma

$$y = p(x) = a_n x^n + a_{n-1} x^{n-1} + a_{n-2} x^{n-2} + \cdots + a_2 x^2 + a_1 x + a_0, \qquad a_n \neq 0$$

Donde cada a_i es un número real, y n es un entero no negativo. a_n se llama el **coeficiente dominante (principal)**. Se dice que una función polinomial de este tipo, tiene **grado n**.

De la definición, podemos ver que el dominio de una función polinomial es el conjunto de todos los números reales. Recuerde que un polinomio de grado 1 es una *función lineal* y un polinomio de grado 2 es una *función cuadrática*.

Comenzamos examinando las funciones polinomiales más sencillas, de la forma $y = f(x) = ax^n$. Con frecuencia, se les llama *funciones potencia puras*. Si $n = 0$ o 1, entonces estamos trabajando con una función de la forma $y = a$ o $y = ax$, que reconocemos como una función cuya gráfica es una línea recta.

GRAFIJACIÓN

Utilice una calculadora gráfica o una computadora.

1. Grafique lo siguiente en el mismo conjunto de ejes coordenados:

    $$y = x^2, \qquad y = x^4, \qquad y = x^6$$

    Considere el rectángulo de visión $-3 \leq x \leq 3$ y $0 \leq y \leq 4$.
    Para los valores pares de n, ¿puede usted deducir cómo afecta a la gráfica $y = x^n$ el cambio de n?

2. Grafique lo siguiente en el mismo conjunto de ejes coordenados:

    $$y = x^3, \qquad y = x^5, \qquad y = x^7$$

    Considere el rectángulo de visión $-3 \leq x \leq 3$ y $-3 \leq y \leq 3$.

    Para los valores impares de n, ¿cómo se puede deducir la forma en que afecta a la gráfica $y = x^n$ el cambio de n?

Consideremos primero los enteros positivos pares n. Si $n = 2$, entonces tratamos con una función cuadrática cuya gráfica es una parábola. Para tener una idea del comportamiento de estas funciones, consideremos los valores de $y = x^2$ y $y = x^4$ (tabla 4.1) y las gráficas que obtenemos de esta tabla (figura 4.1).

Al observar las gráficas, podemos ver que en el intervalo $(-1,1)$, la gráfica de $y = x^4$ es "más plana" que la gráfica de $y = x^2$, mientras que fuera de este intervalo (es decir, para $x < -1$ o $x > 1$), la gráfica de $y = x^4$ es "más vertical" que la gráfica de $y = x^2$. En otras palabras, para $|x| < 1$, la gráfica de $y = x^4$ está bajo la gráfica de $y = x^2$, pero para $|x| > 1$, las posiciones de las gráficas se invierten.

TABLA 4.1

x	$y = x^2$	$y = x^4$
−2	$y = (-2)^2 = 4$	$y = (-2)^4 = 16$
−1.5	$y = (-1.5)^2 = 2.25$	$y = (-1.5)^4 = 5.0625$
−1	$y = (-1)^2 = 1$	$y = (-1)^4 = 1$
−.5	$y = (-.5)^2 = .25$	$y = (-.5)^4 = .0625$
0	$y = (0)^2 = 0$	$y = (0)^4 = 0$
.5	$y = (.5)^2 = .25$	$y = (.5)^4 = .0625$
1	$y = (1)^2 = 1$	$y = (1)^4 = 1$
1.5	$y = (1.5)^2 = 2.25$	$y = (1.5)^4 = 5.0625$
2	$y = (2)^2 = 4$	$y = (2)^4 = 16$

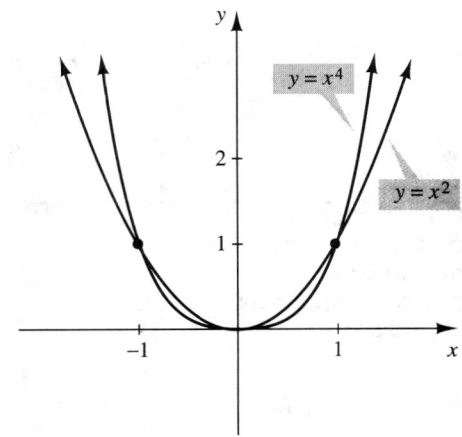

FIGURA 4.1

Un momento de reflexión debe convencernos que para todos los enteros *pares* $n > 1$, la gráfica de una función de la forma $y = f(x) = x^n$ tendrá una forma similar a la gráfica de $y = x^2$. Decimos que tiene la "apariencia de x^2."*

Es importante reconocer que las gráficas de $y = x^n$, n par, son similares pero no idénticas. Cuando n crece (pero sigue siendo par), las gráficas de $y = x^n$ se aplanan más en el intervalo $(-1,1)$ y fuera de este intervalo tienen una pendiente más pronunciada (como vimos en la figura 4.1).

Ahora examinemos las gráficas de $y = x^n$ para enteros impares $n > 1$. Comencemos con la función $y = f(x) = x^3$. Calculemos una tabla de valores de $y = f(x) = x^3$ y $y = f(x) = x^5$ (tabla 4.2) y tracemos la gráfica sugerida (figura 4.2).

TABLA 4.2

x	$y = x^3$	$y = x^5$
−3	$y = (-3)^3 = -27$	$y = (-3)^5 = -243$
−2	$y = (-2)^3 = -8$	$y = (-2)^5 = -32$
−1	$y = (-1)^3 = -1$	$y = (-1)^5 = -1$
$-\frac{1}{2}$	$y = (-\frac{1}{2})^3 = -\frac{1}{8}$	$y = (-\frac{1}{2})^5 = -\frac{1}{32}$
0	$y = (0)^3 = 0$	$y = (0)^5 = 0$
$\frac{1}{2}$	$y = (\frac{1}{2})^3 = \frac{1}{8}$	$y = (\frac{1}{2})^5 = \frac{1}{32}$
1	$y = (1)^3 = 1$	$y = (1)^5 = 1$
2	$y = (2)^3 = 8$	$y = (2)^5 = 32$
3	$y = (3)^3 = 27$	$y = (3)^5 = 243$

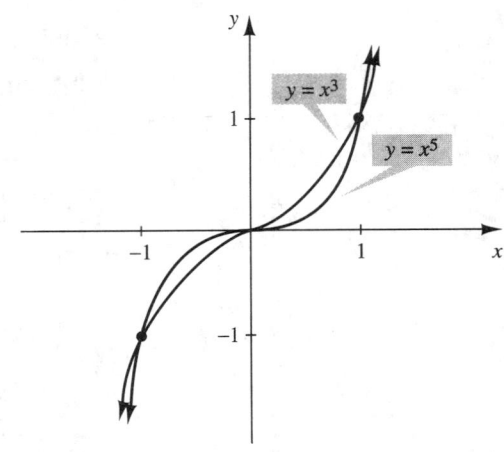

FIGURA 4.2

De nuevo, es importante reconocer que las gráficas de $y = x^3$ y $y = x^5$ son similares pero no idénticas. Cuando n crece (pero sigue siendo impar), las gráficas de $y = x^n$ tienen forma similar pero son más planas en el intervalo $(-1,1)$ y fuera de este intervalo tienen una pendiente más pronunciada (como vimos en la figura 4.2). Decimos que tiene la "apariencia de x^3".

---

* Es muy importante darse cuenta de que, aunque las gráficas de $y = x^n$ para n entero positivo par son *similares* a una parábola, *no son* parábolas. La única función de la forma $y = x^n$ que es una parábola es $y = x^2$.

Observemos las similitudes y diferencias entre las gráficas de $y = x^2$ y $y = x^3$. Para ambas funciones, $|y|$ crece cuando $|x|$ crece. (Piense en esta afirmación.) Para valores positivos de x, $y = x^2$ y $y = x^3$ son positivas, mientras que para valores negativos de x, $y = x^2$ es positivo y $y = x^3$ es negativo.

Resumimos estos resultados en el siguiente recuadro.

Estas gráficas deben añadirse a nuestro catálogo de funciones básicas cuyas gráficas reconoceremos de inmediato.

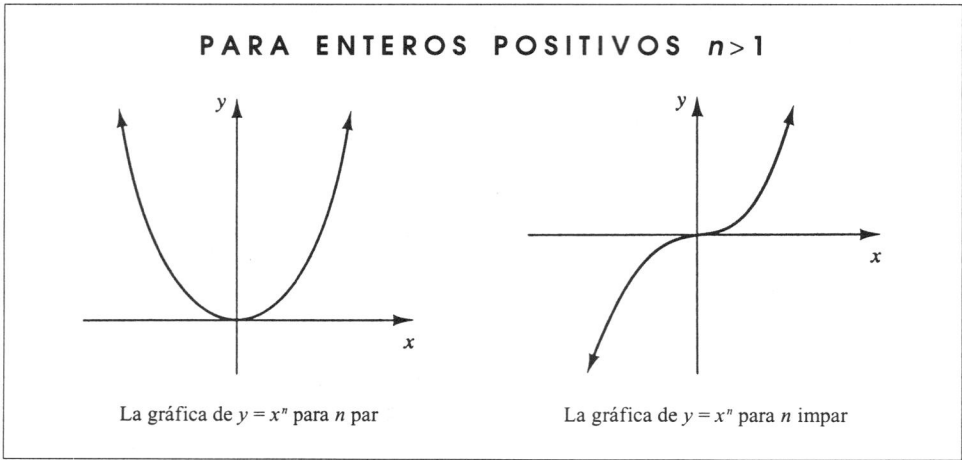

PARA ENTEROS POSITIVOS $n > 1$

La gráfica de $y = x^n$ para n par

La gráfica de $y = x^n$ para n impar

Con base en el principio de alargamiento, reconocemos que la descripción del recuadro se aplica también a funciones de la forma $y = ax^n$. El coeficiente a sólo alarga la gráfica de $y = x^n$ si a es positivo y también refleja la gráfica con respecto al eje x si a es negativo.

EJEMPLO 1 Trace las gráficas de

(a) $y = f(x) = (x + 2)^4$ **(b)** $y = g(x) = 1 - x^5$ **(c)** $y = h(x) = 5x^3$.

Solución

Compare las gráficas de $y = x^4$, $y = x^4 + 2$ y $y = (x + 2)^4$.

(a) La gráfica de $y = (x + 2)^4$ es similar a la gráfica de $y = x^4$ (tendrá la apariencia de x^2) pero recorrida 2 unidades a la izquierda. Al sustituir $x = 0$, encontramos que la intersección con el eje y es $y = 16$. La gráfica aparece en la figura 4.3.

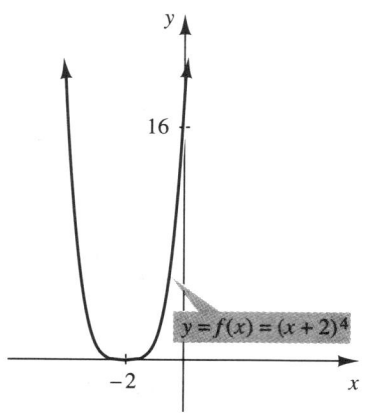

FIGURA 4.3

4.1 Funciones polinomiales

(b) Para obtener la gráfica de $y = 1 - x^5$, es útil ver la ecuación como $y = -x^5 + 1$. Podemos obtener la gráfica de $y = -x^5 + 1$ a partir de la gráfica de $y = x^5$ (que tiene apariencia de x^3) al reflejarla con respecto del eje x y recorrerla 1 unidad hacia arriba. Al sustituir $x = 0$, encontramos que la intersección con el eje y es $y = 1$. La(s) intersección(es) con el eje x se encuentran haciendo $y = 0$. Estos pasos se muestran en la figura 4.4.

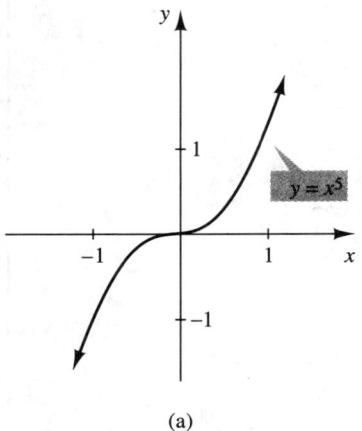
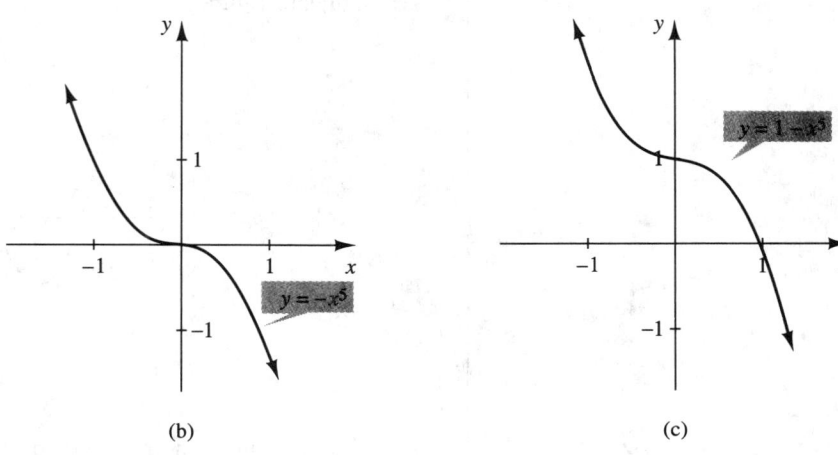

FIGURA 4.4

(c) Con base en el análisis anterior, la gráfica de $y = 5x^3$ será similar a la gráfica de $y = x^3$. El coeficiente 5 alarga la gráfica de $y = x^3$. La gráfica aparece en la figura 4.5. ∎

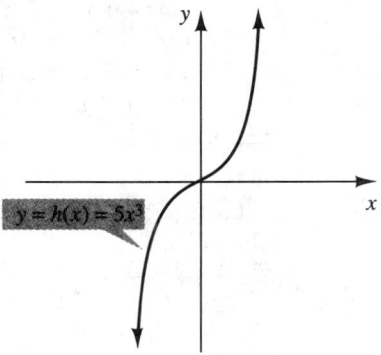

FIGURA 4.5

Antes de analizar más polinomios, introduciremos alguna terminología útil. Por **punto de retorno (cambio)** de una gráfica, queremos representar un punto de la gráfica donde la función cambia de creciente (la gráfica sube) a decreciente (la gráfica baja) o viceversa. En la figura 4.6, los puntos P y Q son puntos de retorno.

Un ejemplo de punto de retorno que encontramos antes es el vértice de una parábola.

Para dibujar las gráficas de polinomios más generales, necesitaremos aceptar algunas propiedades básicas de estas gráficas. (Estas propiedades se pueden demostrar mediante las ideas de cálculo.)

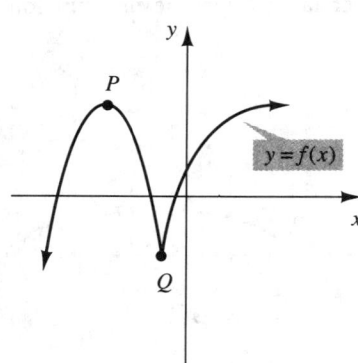

FIGURA 4.6 P y Q son puntos de inflexión de la gráfica $y = f(x)$.

PROPIEDADES DE LAS FUNCIONES POLINOMIALES

1. La gráfica de un polinomio es una curva suave y continua. La palabra suave significa que la gráfica no tiene esquinas como puntos de retorno. Véase la siguiente figura.

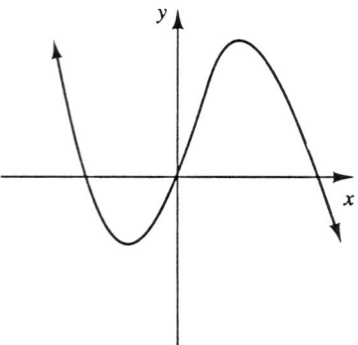

2. Si $p(x)$ es un polinomio de grado n, entonces la ecuación polinomial $p(x) = 0$ tiene *a lo más* n soluciones distintas; es decir, $p(x)$ tiene a lo más n ceros. Esto equivale a decir que la gráfica de $y = p(x)$ cruza el eje x a lo más n veces. Así, un polinomio de grado 5 puede tener *a lo más* 5 intersecciones con el eje x.
3. La gráfica de un polinomio de grado n puede tener *a lo más* $n - 1$ puntos de retorno. Por ejemplo, la gráfica de un polinomio de grado 5 puede tener *a lo más* 4 puntos de retorno. En particular, la gráfica de un polinomio cuadrático (grado 2) siempre tiene exactamente un punto de retorno, su vértice.
4. La gráfica de un polinomio siempre exhibe la característica de que cuando $|x|$ es muy "grande", $|y|$ es muy "grande".

¿Qué significa que $|y|$ se incremente cuando $|x|$ se incrementa?

La figura 4.7 ilustra dos gráficas que *no pueden* ser las gráficas de una función polinomial.

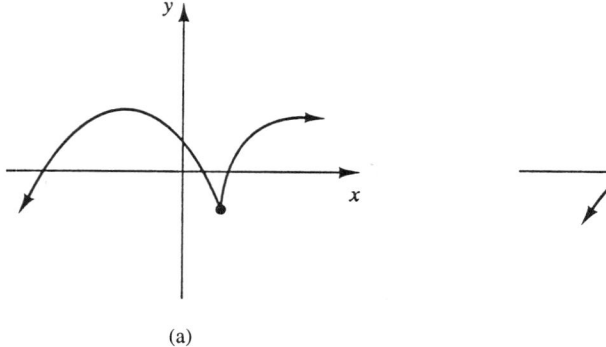

(a)
Esta gráfica tiene una esquina.

(b)
Esta gráfica tiene un salto.

FIGURA 4.7 Estas gráficas no pueden ser gráficas de funciones polinomiales.

4.1 Funciones polinomiales

Nuestro análisis en ésta y las siguientes secciones desarrolla con cuidado estas propiedades. Es importante reconocer que estas propiedades de los polinomios resaltan la relación íntima entre las propiedades algebraicas de éstos (por ejemplo, el número de soluciones de la ecuación $p(x) = 0$) y las propiedades gráficas (por ejemplo, el número de intersecciones de la gráfica con el eje x). De hecho, generalmente utilizamos la información de una gráfica para determinar las raíces de una función, y en otros casos utilizamos la información relativa a las raíces de una función como ayuda para trazar la gráfica.

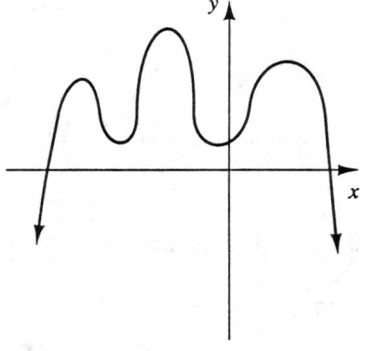

FIGURA 4.8

EJEMPLO 2 Supongamos que la figura 4.8 muestra la gráfica de una función polinomial. ¿Cuál es el mínimo grado posible del polinomio?

Solución

¿QUÉ NECESITO DETERMINAR?	El mínimo grado posible del polinomio cuya gráfica está dada.
¿QUÉ INFORMACIÓN OBTENEMOS DE LA GRÁFICA?	La gráfica es una función polinomial con 2 raíces (intersecciones con el eje x) y 5 puntos de retorno.
¿QUÉ CONCLUSIÓN PUEDE EXTRAERSE DEL NÚMERO DE RAÍCES?	La propiedad 2 para polinomios dice que si un polinomio tiene 2 raíces, entonces debe tener al menos grado 2.
¿QUÉ CONCLUSIÓN PUEDE DEDUCIRSE DEL NÚMERO DE PUNTOS DE RETORNO?	La propiedad 3 para polinomios dice que si un polinomio tiene grado n entonces debe tener a lo más $n - 1$ puntos de retorno. En otras palabras, el grado de un polinomio debe ser mayor o igual que uno más que el número de puntos de retorno. Como esta gráfica tiene 5 puntos de retorno, el grado del polinomio debe ser al menos 6.

En resumen, con base en el número de raíces, el polinomio debe tener al menos grado 2, mientras que, con base en el número de puntos de retorno, el polinomio debe ser de grado mayor o igual que 6. Por lo tanto, concluimos que el mínimo grado posible del polinomio es 6.

Recuerde que, aunque un polinomio de sexto grado *puede* tener seis raíces reales, no necesariamente tiene todas éstas. ∎

Dada una función polinomial, como $y = f(x) = x^3 + x^2 - 2x$, podemos obtener un esquema de su gráfica trazando un número suficiente de puntos (probablemente se necesitará una gran cantidad de puntos para tener una buena idea de la apariencia real de la gráfica). De hecho, ésta es básicamente la forma en que una calculadora gráfica traza la gráfica de una función. Para obtener una descripción detallada de la gráfica de un polinomio y entender *por qué* se ve de esta forma, es necesario emplear las ideas de cálculo. No obstante, para ciertos polinomios podemos utilizar algunas de las ideas para resolver desigualdades cuadráticas desarrolladas en el capítulo 1. Ilustremos esto con el siguiente ejemplo.

EJEMPLO 3 Trazar la gráfica de $y = f(x) = x^3 + x^2 - 2x$. Identificar las intersecciones con los ejes.

Solución En la sección 3.4 analizamos la forma de utilizar la gráfica de una función para determinar los intervalos donde la función es positiva y negativa. En este ejemplo haremos lo opuesto. Determinamos las intersecciones con el eje x y los intervalos donde $f(x)$ es positiva y negativa como ayuda para trazar la gráfica. Hacemos esto mediante el análisis del signo de $f(x)$. Primero determinaremos los ceros de $f(x)$.

$$y = f(x) = x^3 + x^2 - 2x = 0$$

$$x(x^2 + x - 2) = 0$$

$$x(x + 2)(x - 1) = 0 \qquad \text{Por lo tanto, los puntos de corte son } x = 0, x = -2 \text{ y } x = 1.$$

Trazamos una recta numérica y completamos el análisis del signo eligiendo un punto de prueba en cada intervalo. Hemos elegido -10, -1, $\dfrac{1}{2}$ y 5 como puntos de prueba.

El signo de $f(x) = x(x + 2)(x - 1)$

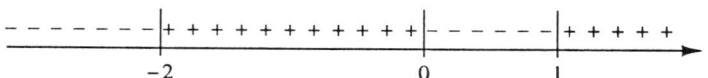

Cuando $f(x)$ sea positiva, su gráfica estará por arriba del eje x, y cuando $f(x)$ sea negativa, la gráfica estará por debajo del eje x. Gracias a este análisis del signo, sabemos que la gráfica de $f(x)$ estará debajo del eje x para x menor que -2 y entre 0 y 1, mientras que la gráfica de $f(x)$ estará arriba del eje x entre -2 y 0 y para x mayor que 1. Recuerde que los puntos de corte son las intersecciones de la gráfica de $f(x)$ con el eje x. En otras palabras, la gráfica estará en las regiones sombreadas de la figura 4.9.

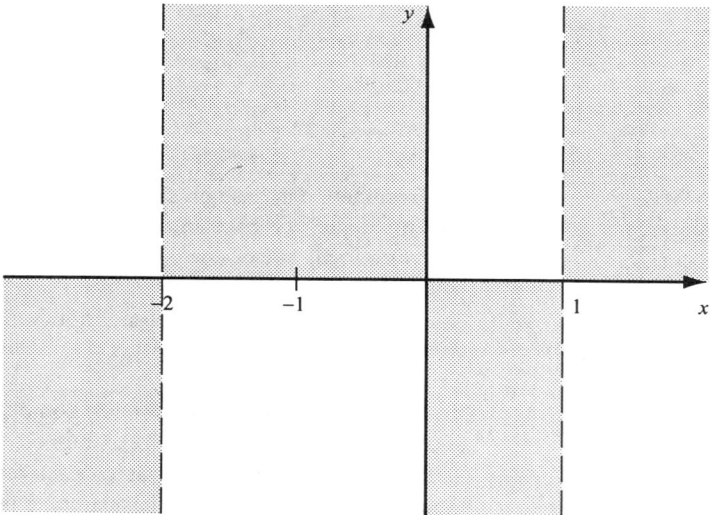

FIGURA 4.9 La gráfica de $f(x)$ debe estar en las regiones sombreadas.

Entonces es claro que la gráfica debe tener un punto de retorno para $-2 < x < 0$ y otro para $0 < x < 1$. Como $f(x)$ es un polinomio de grado 3, sabemos que tiene a lo más 2 puntos de retorno, y por lo tanto obtenemos *todos* los puntos de retorno. Como los valores

4.1 Funciones polinomiales

precisos de x de estos puntos de retorno es un tema del cálculo, nos conformaremos con determinar algunos otros valores de $f(x)$ que nos ayuden a trazar la gráfica. Incluiremos valores que nos ayuden a analizar el comportamiento de $f(x)$ en el extremo izquierdo y en el extremo derecho.

$$f(x) = x^3 + x^2 - 2x \quad \text{Elegimos varios valores de } x.$$
$$\text{Aquí puede ser útil una calculadora.}$$

$$f(-1) = (-1)^3 + (-1)^2 - 2(-1) = -1 + 1 + 2 = 2$$

$$f\left(\frac{1}{2}\right) = \left(\frac{1}{2}\right)^3 + \left(\frac{1}{2}\right)^2 - 2\left(\frac{1}{2}\right) = \frac{1}{8} + \frac{1}{4} - 1 = -\frac{5}{8}$$

$$f(-100) = (-100)^3 + (-100)^2 - 2(-100)$$
$$= -1,000,000 + 10,000 + 200 = -989,800$$

$$f(100) = (100)^3 + (100)^2 - 2(100)$$
$$= 1,000,000 + 10,000 - 200 = 1,009,800$$

Estos valores concuerdan con la propiedad polinomial de que $|f(x)|$ es muy grande cuando $|x|$ aumenta. Hacemos una estimación de los puntos de retorno; la gráfica aparece en la figura 4.10.

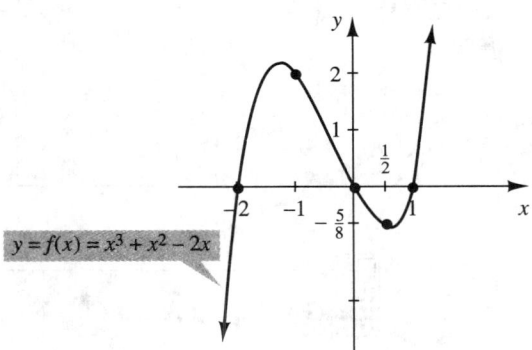

FIGURA 4.10

GRAFIJACIÓN

Utilice una calculadora gráfica o computadora para trazar la gráfica de la función del ejemplo 3, $f(x) = x^3 + x^2 - 2x$, y estime los puntos de retorno de $f(x)$.

Hemos hecho énfasis en varias ocasiones, en que determinar los ceros de una función corresponde a encontrar las intersecciones de su gráfica con el eje x, y viceversa. La determinación de los puntos de intersección de dos gráficas también se puede interpretar como la determinación de los ceros de una función. Por ejemplo, si queremos determinar los puntos de intersección de las gráficas de $y = x^3$ y $y = -x^2 + 2x$, queremos resolver la ecuación $x^3 = -x^2 + 2x$, que es equivalente a resolver $x^3 + x^2 - 2x = 0$. Así, determinar los puntos de intersección de $y = x^3$ y $y = -x^2 + 2x$ es equivalente a determinar los ceros de $f(x) = x^3 + x^2 - 2x$, lo que hicimos en el ejemplo anterior.

PERSPECTIVAS DIFERENTES: *Puntos de intersección*

La determinación de los puntos de intersección de las gráficas de dos funciones puede tratarse en forma geométrica y algebraica.

DESCRIPCIÓN GEOMÉTRICA

Si queremos determinar los puntos de intersección de la gráfica de $y = g(x) = x^3$ y la parábola $y = h(x) = -x^2 + 2x$, podemos trazar sus gráficas, las que aparecen en la siguiente figura.

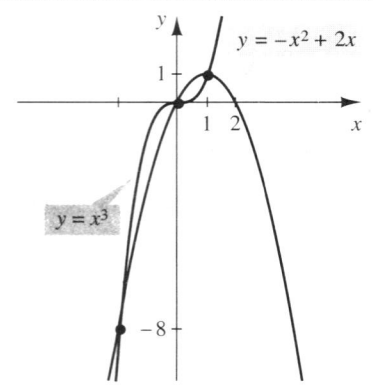

De la figura podemos ver que las dos gráficas se intersecan en tres puntos: $(-2, -8)$, $(0, 0)$ y $(1, 1)$.

DESCRIPCIÓN ALGEBRAICA

Para determinar los puntos de intersección de $y = g(x) = x^3$ y $y = h(x) = -x^2 + 2x$ algebraicamente, escribimos $x^3 = -x^2 + 2x$ como $x^3 + x^2 - 2x = 0$, que es exactamente la ecuación resuelta en el ejemplo 3. Encontramos que las soluciones son $x = -2, 0$ y 1. Al sustituir estos valores de x obtenemos los puntos de intersección $(-2, -8)$, $(0, 0)$ y $(1, 1)$.

 GRAFIJACIÓN

Utilice una calculadora gráfica o una computadora para estimar los puntos de intersección de $y = f(x) = x^3 + 1$ y $y = g(x) = x^2 + 3x + 1$, graficando primero $f(x)$ y $g(x)$, observando sus puntos de intersección; en segundo lugar, trazando la función $h(x) = f(x) - g(x)$ y observando sus intersecciones con el eje x.

Concavidad

Antes de ver otro ejemplo, ocuparemos un momento para analizar la forma de una curva. En todo nuestro análisis hemos descrito una gráfica moviéndonos de izquierda a derecha. La figura 4.11 ilustra cuatro gráficas. Las primeras dos gráficas crecen entre los puntos A y B aunque tengan distinta forma, y las segundas dos gráficas bajan entre los puntos A y B y también tienen distintas formas.

Cuando la primera gráfica crece, se curvea hacia arriba; cuando la segunda gráfica crece, se curvea hacia abajo. De manera análoga, la tercera curva baja y se curvea hacia arriba, mientras que la cuarta curva baja y se curvea hacia abajo. Una gráfica que se curvea hacia arriba como en la figura 4.11(a) y (c) es *cóncava hacia arriba*; una gráfica que se curvea hacia abajo como en la figura 4.11(b) y (d) es *cóncava hacia abajo (o convexa)*.

Las funciones que se ilustran en las primeras dos gráficas de la figura 4.11 son crecientes. ¿Cómo se describiría la diferencia entre estas dos gráficas?

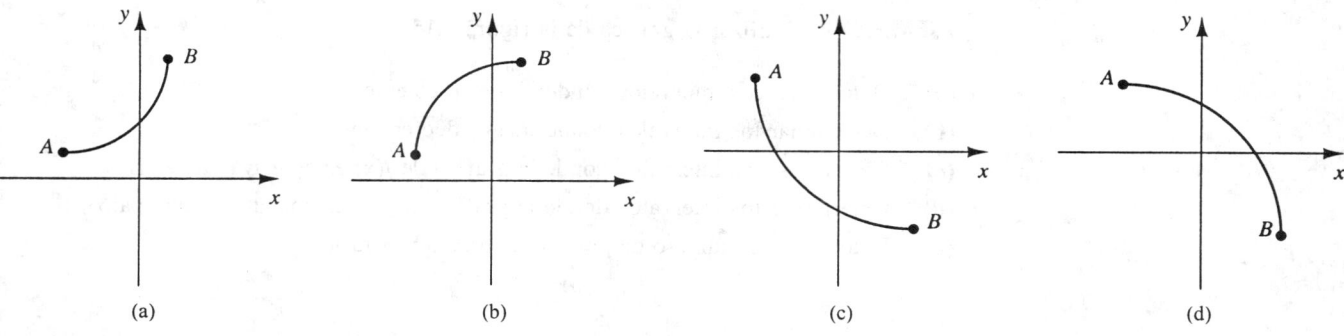

FIGURA 4.11 Gráficas que suben y bajan con distintas formas

La figura 4.12(a) ilustra dos gráficas cóncavas hacia arriba, y la figura 4.12(b) ilustra dos gráficas cóncavas hacia abajo.

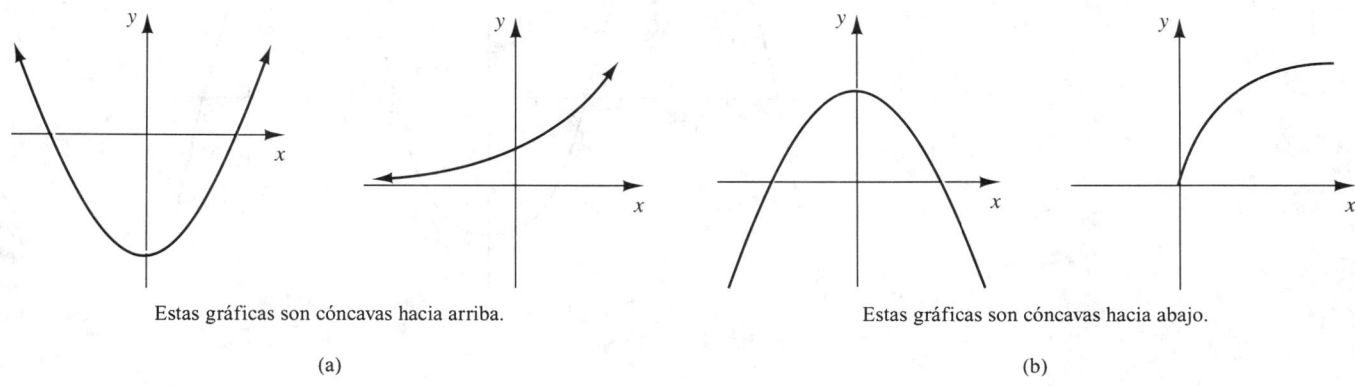

FIGURA 4.12

La figura 4.13 ilustra una gráfica que sube de A a B, es cóncava hacia arriba en una parte del camino (arriba del punto C) y después se convierte en cóncava hacia abajo. El punto donde cambia la concavidad es un **punto de inflexión**.

Al observar la gráfica de $y = x^3 + x^2 - 2x$ del ejemplo 3, que repetimos en la figura 4.14, podemos ver que la gráfica parece tener un punto de inflexión un poco más a la izquierda del eje y.

¿Qué relación existe entre un punto de inflexión y la concavidad de una gráfica?

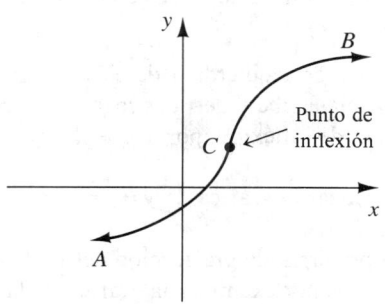

FIGURA 4.13 C es un punto de inflexión.

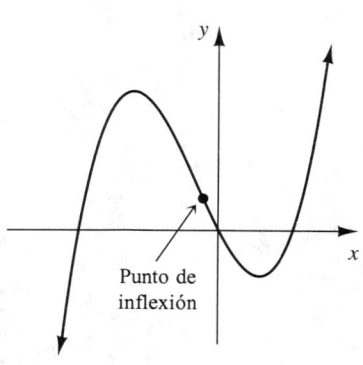

FIGURA 4.14 La gráfica de $y = f(x) = x^3 + x^2 - 2x$ tiene un punto de inflexión.

EJEMPLO 4 Utilizar la gráfica de la figura 4.15.

(a) Determinar los intervalos donde $f(x)$ es creciente.
(b) Determinar los intervalos donde $f(x)$ es decreciente.
(c) Determinar los intervalos donde la gráfica de $f(x)$ es cóncava hacia arriba.
(d) Determinar los intervalos donde la gráfica de $f(x)$ es cóncava hacia abajo.
(e) Determinar el número de puntos de inflexión para $f(x)$.

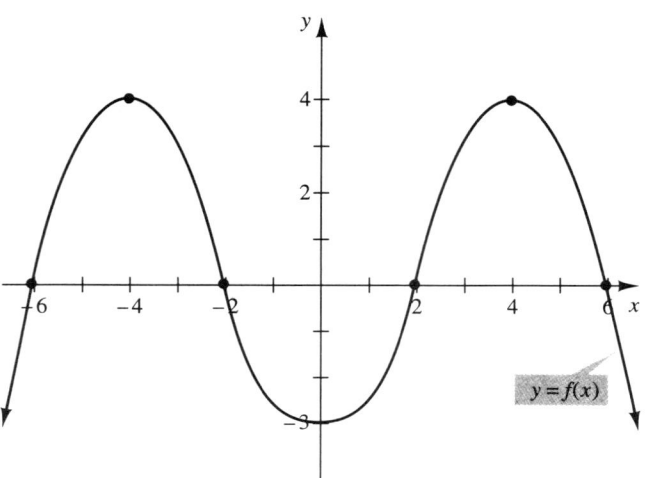

FIGURA 4.15

Solución

(a) Los intervalos donde $f(x)$ es creciente son los intervalos de x donde la gráfica crece, $(-\infty, -4] \cup [0, 4]$.

(b) Los intervalos donde $f(x)$ es decreciente son los intervalos de x en donde la gráfica decrece, $[-4, 0] \cup [4, \infty)$.

(c) Parece que la gráfica de $f(x)$ es cóncava hacia arriba en el intervalo $(-2, 2)$.

(d) Parece que la gráfica de $f(x)$ es cóncava hacia abajo en el intervalo $(-\infty, -2)$ y en el intervalo $(2, \infty)$.

(e) Al movernos de izquierda a derecha, la gráfica cambia de cóncava hacia abajo a cóncava hacia arriba y después regresa a cóncava hacia abajo. Cada cambio sucede en un punto de inflexión, por lo que $f(x)$ tiene dos puntos de inflexión. ∎

EJEMPLO 5 Trazar la gráfica de $y = |x^3 - 1|$.

Solución El principio de graficación del valor absoluto de una función familiar sugiere que comencemos por examinar la gráfica de la función subyacente, $y = x^3 - 1$. La gráfica de $y = x^3 - 1$ se obtiene al recorrer la gráfica de $y = x^3$ una unidad hacia abajo. Véase la figura 4.16(a). El valor absoluto considera la parte de la gráfica de $y = x^3 - 1$ que está por debajo del eje x y la refleja por arriba del eje x, lo que produce la gráfica de la figura 4.16(b). ∎

4.1 Funciones polinomiales

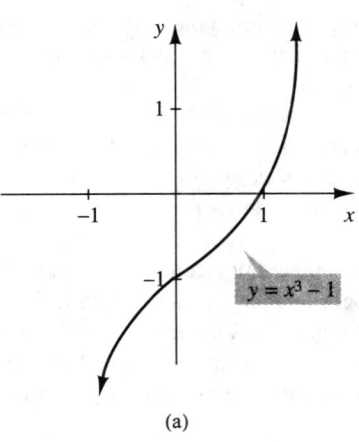
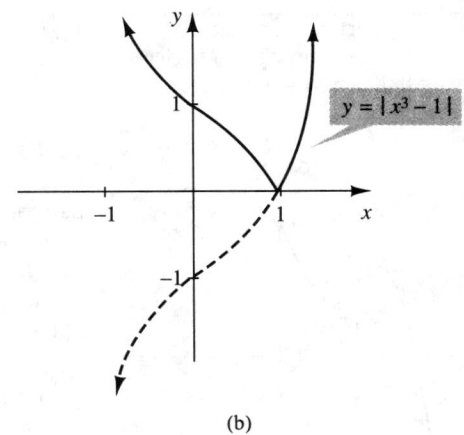

FIGURA 4.16

EJEMPLO 6 Supongamos que $p(x)$ es una función polinomial con las siguientes condiciones: $p(x)$ tiene exactamente tres puntos de retorno en $(-3, -4)$, $(0, 2)$, $(3, -4)$ y exactamente dos puntos de inflexión en $(-1, 0)$ y $(1, 0)$.
(a) Trazar una gráfica de $p(x)$ con base en esta información.
(b) ¿Cuántas raíces reales tiene $p(x)$?

Solución
(a) Comenzamos graficando los puntos dados e identificándolos como puntos de retorno o puntos de inflexión. Véase la figura 4.17(a). Analicemos la información dada

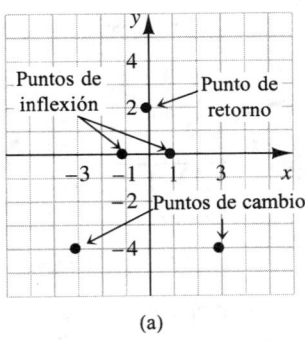
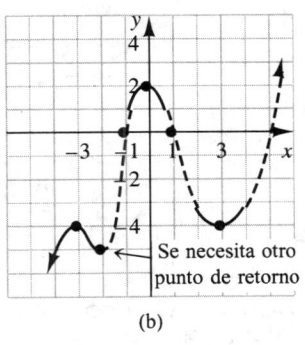
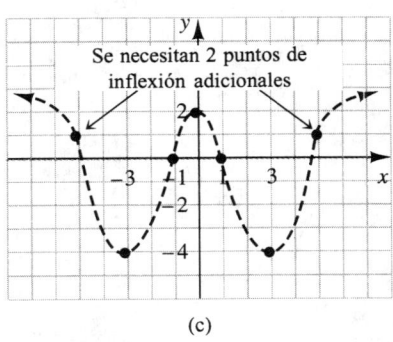

FIGURA 4.17

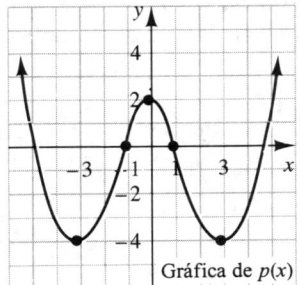

FIGURA 4.18

lógicamente. Supongamos que los puntos de retorno dados de $p(x)$ se ven como en la gráfica a color de la figura 4.17(b). Entonces uniríamos los puntos mediante la gráfica punteada que aparece en la misma figura. Sin embargo, esto implicaría que la gráfica tiene más de los tres puntos de retorno dados. De manera análoga, si intentamos unir los puntos como en la figura 4.17(c), entonces la gráfica tendría *cuatro* puntos de inflexión en vez de dos.

Como sabemos que $p(x)$ es un polinomio, su gráfica será una curva suave sin saltos o esquinas, y como no hay otros puntos de retorno distintos de los dados, la gráfica de la figura 4.18 es una justa representación de $p(x)$.

Observe que los puntos de inflexión nos ayudan a trazar la gráfica. Observe también que la gráfica muestra que los valores de y en la gráfica son muy grandes cuando $|x|$ es muy grande, como es de esperarse en una función polinomial.

¿Qué propiedades de los polinomios hemos utilizado en este argumento?

(b) Con base en la información dada y nuestro análisis de la gráfica, podemos ver que la gráfica debe tener cuatro intersecciones con el eje x. Por lo tanto, $p(x)$ tiene cuatro raíces reales. ∎

Es importante conocer los puntos de retorno y los puntos de inflexión para una función, pero aún necesitamos desarrollar la habilidad de sintetizar toda esta información para obtener la gráfica de la función. Esto es exactamente lo que intentaremos hacer a lo largo de este capítulo.

Una de las propiedades importantes de los polinomios es que sus gráficas no tienen saltos. (La terminología técnica es que una función polinomial es *continua*.) Así, si un polinomio tiene −3 y 4 como valores en el rango, entonces todos los valores entre −3 y 4 también deben ser valores en el rango. Véase la figura 4.19.

Este resultado puede establecerse formalmente como el **teorema del valor intermedio para polinomios**.

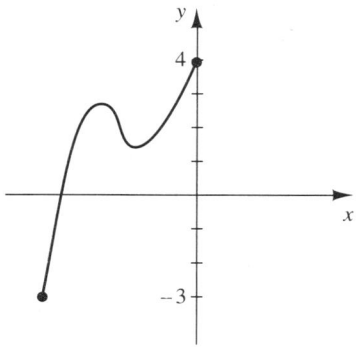

FIGURA 4.19 Si −3 y 4 son valores en el rango de un polinomio, entonces todos los valores entre −3 y 4 también deben estar en el rango.

TEOREMA 4.1 *Teorema del valor intermedio para polinomios*

Considere un polinomio $p(x)$ y un intervalo cerrado $[a, b]$. Para cualquier valor c entre $p(a)$ y $p(b)$, existe al menos un valor x en $[a, b]$ tal que $p(x) = c$.

La figura 4.20 ilustra el contenido del teorema del valor intermedio.

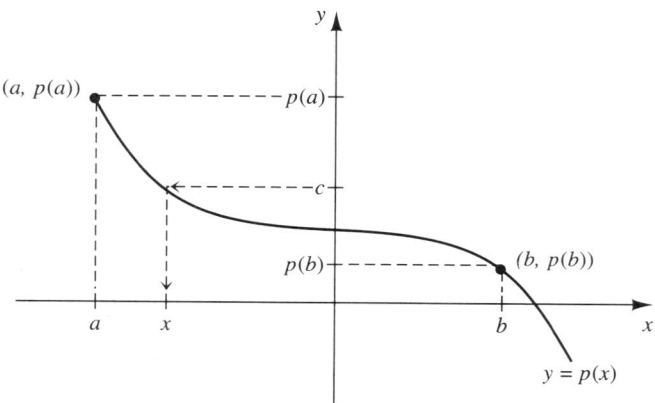

FIGURA 4.20 Una ilustración del teorema del valor intermedio

En palabras, este teorema dice que una función polinomial asume todos los valores entre dos valores arbitrarios del rango. En particular, este teorema dice que *si sabemos que $p(a)$ es negativa y $p(b)$ es positiva, entonces debe existir un valor x entre a y b para el cual $p(x) = 0$.* Veamos cómo aplicar esta idea para aproximar la raíz de un polinomio.

4.1 Funciones polinomiales

GRAFIJACIÓN

Utilice una calculadora gráfica para graficar los siguientes polinomios.

$$p(x) = x^4 - x^2 - 2 \qquad p(x) = x^5 - 2x^2 + 1$$

1. Utilice la gráfica para analizar la posición de las raíces entre dos enteros consecutivos.
2. Utilice la tecla $\boxed{\text{RANGE}}$ para cambiar la ventana de visión y cambie la escala en el eje x con incrementos de 0.1. Vuelva a trazar la gráfica en esta nueva ventana de visión y localice los ceros entre décimos consecutivos.

EJEMPLO 7 Aproximar la raíz real de $p(x) = x^3 - x^2 - 2$.

Solución Como no podemos factorizar $p(x)$, calculamos primero algunos valores de $p(x)$ esperando encontrar dos valores de x para los cuales $p(x)$ cambie de positivo a negativo. De acuerdo con el teorema del valor intermedio, sabremos que $p(x)$ tiene una raíz entre estos valores.

x	-2	-1	0	1	2
$p(x)$	-14	-4	-2	-2	2

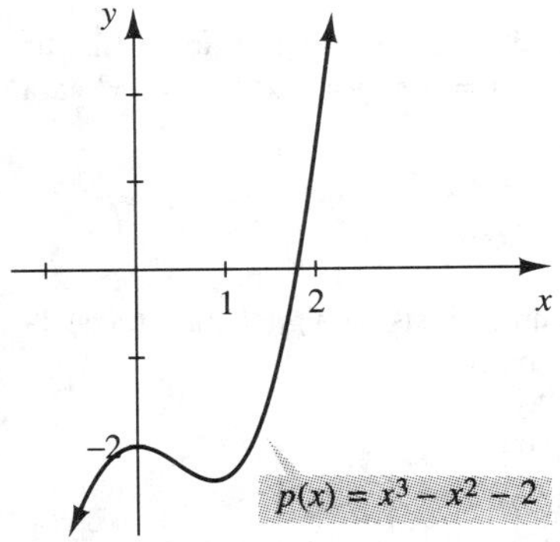

FIGURA 4.21 La gráfica de $p(x) = x^3 - x^2 - 2$ tiene una raíz entre 1.6 y 1.7.

Como $p(1)$ es negativo y $p(2)$ es positivo, sabemos que $p(x)$ tiene una raíz entre 1 y 2.

Para obtener una mejor aproximación de la raíz, subdividimos el intervalo de 1 a 2 en décimos y evaluamos $p(x)$ en 1.1, 1.2, 1.3, ..., 1.9. Al hacer esto, tenemos que

$$p(1.6) = -0.464 \quad \text{y} \quad p(1.7) = 0.023$$

y, por lo tanto, sabemos que $p(x)$ tiene una raíz entre 1.6 y 1.7. De esta manera, podemos aproximar la raíz de $p(x)$ con el grado de aproximación deseado. Incluimos un esquema de la gráfica de $p(x)$ para completar. Véase la figura 4.21. ∎

Gran parte del trabajo en esta sección ha girado en torno a determinar las raíces de funciones polinomiales, lo que ha sido posible gracias a la factorización. En la siguiente sección nos desviaremos un poco para analizar la división de polinomios, la cual nos permitirá desarrollar algunos métodos adicionales para encontrar raíces de funciones polinomiales.

EJERCICIOS 4.1

En los ejercicios 1-8, si la gráfica dada fuese la gráfica de un polinomio, ¿cuál es su grado mínimo? Si no puede ser la gráfica de un polinomio, explique por qué.

1.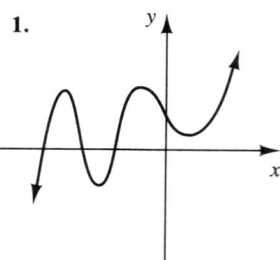

2.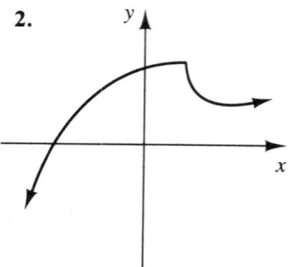

3.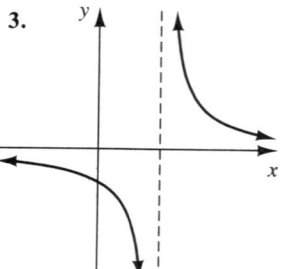

4.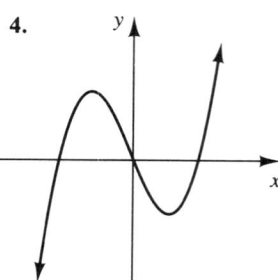

5.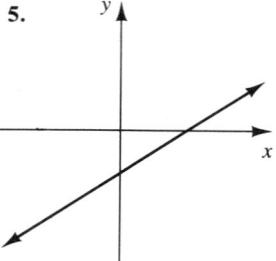

6.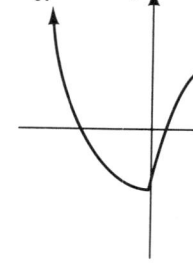

7.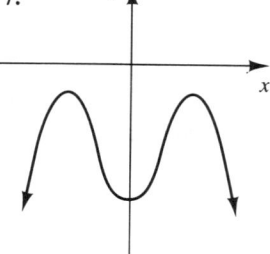

8.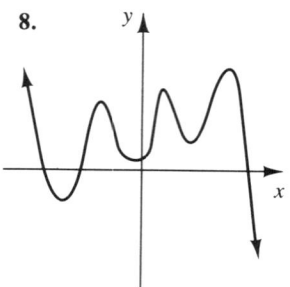

En los ejercicios 9-26, trace la gráfica de la función dada. Identifique las intersecciones con los ejes donde sea adecuado.

9. $y = x^3 + 1$
10. $y = (x + 1)^3$
11. $y = (x - 1)^4$
12. $y = x^4 - 1$
13. $y = 8 - x^3$
14. $y = 9 - x^2$
15. $y = x^2 - 4$
16. $y = (x - 4)^2$
17. $y = -(x + 2)^5$
18. $y = (x - 2)^4 - 16$
19. $y = 2x^3 - 16$
20. $y = -4x^6 - 2$
21. $y = -(x - 1)^5 + 1$
22. $y = (x - 2)^3 - 1$
23. $y = |(x - 2)^3|$
24. $y = |x^3 - 8|$
25. $y = |1 - x^4|$
26. $y = |x^6 - 1|$

27. En el mismo conjunto de ejes coordenados, trace e identifique las gráficas de $y = x^3$, $y = 2x^3$, $y = 3x^3$, $y = \frac{1}{2}x^3$.

28. En el mismo conjunto de ejes coordenados, trace e identifique las gráficas de $y = -x^4$, $y = -2x^4$, $y = -3x^4$, $y = -\frac{1}{2}x^4$.

29. En el mismo conjunto de ejes coordenados, trace e identifique las gráficas de $y = x^2$, $y = x^4$, $y = x^6$ y $y = x^8$ para $x \geq 0$.

30. En el mismo conjunto de ejes coordenados, trace e identifique las gráficas de $y = -x^3$, $y = -x^5$, $y = -x^7$ y $y = -x^9$ para $x \geq 0$.

En los ejercicios 31-44, utilice un análisis de signos para trazar la gráfica de la función polinomial dada.

31. $y = f(x) = x^3 - x^2 - 2x$
32. $y = f(x) = -x^3 + x^2 + 6x$
33. $y = g(x) = x^2 - 6x + 8$
34. $y = h(x) = 3x^2 + 2x - 8$
35. $y = p(x) = x^3 - 9x^2$
36. $y = h(x) = x^3 + 6x^2 + 8x$
37. $y = f(x) = x^4 + x^2$
38. $y = g(x) = 5x - 8$
39. $y = h(x) = x(x - 1)(x + 1)(x + 2)$
40. $y = r(x) = x^4 - 5x^2 + 4$
41. $y = f(x) = (x + 1)(x - 2)(x + 3)(x - 4)$
42. $y = g(x) = (x - 1)(x + 2)(3 - x)(x + 4)$
43. $y = f(x) = x^3 + x^2 - 2x - 2$
44. $y = g(x) = x^3 + 2x^2 - 4x - 8$

4.1 Funciones polinomiales

En los ejercicios 45-50, la información dada pertenece a una función polinomial $p(x)$. Trace una gráfica de $p(x)$ consistente con esta información.

45. $p(x)$ tiene exactamente un punto de retorno en $(2, 0)$ y siempre es cóncava hacia abajo.
46. $p(x)$ tiene exactamente tres puntos de retorno en $(-3, 2)$, $(0, -3)$ y $(3, 2)$ y exactamente dos puntos de inflexión en $(-1, -1)$ y $(1, -1)$.
47. $p(x)$ tiene exactamente un punto de retorno en $(0, 0)$ y exactamente dos puntos de inflexión en $(1, 2)$ y $(3, 5)$.
48. $p(x)$ tiene exactamente un punto de retorno en $(2, -6)$, un punto de inflexión en $(6, 0)$ y una intersección con el eje x adicional en $(-4, 0)$.
49. $p(x)$ tiene exactamente dos puntos de retorno en $(-1, 4)$ y $(2, -1)$ y exactamente un punto de inflexión en $(1, 0)$.
50. $p(x)$ tiene exactamente tres puntos de retorno en $(-1, 0)$, $(0, 3)$ y $(2, -10)$ y dos puntos de inflexión en $(-0.5, 2)$ y $(1.5, -6)$.

En los ejercicios 51-56, coloque las raíces reales de $p(x)$ entre décimos consecutivos; por ejemplo, una raíz podría estar entre 3.6 y 3.7. Cada ejercicio indica cuántas raíces reales existen.

51. $p(x) = x^3 - 2$; una raíz real.
52. $p(x) = 4 - x^5$; una raíz real.
53. $p(x) = x^3 + x^2 - 8x + 8$; una raíz real.
54. $p(x) = \frac{1}{3}x^3 - x^2 - 3x - 6$; una raíz real.
55. $p(x) = x^4 + 2x^3 - 1$; dos raíces reales.
56. $p(x) = x^4 - 3x^3 + 3x^2 - x - 1$; dos raíces reales.
57. Determine los puntos de intersección de la gráfica de $y = x^3$ con la gráfica de $y = 9x$.
58. Determine los puntos de intersección de la gráfica de $y = 3x^2$ con la gráfica de $y = x^3 - 10x$.
59. Determine los puntos de intersección de la gráfica de $y = x^5$ con la gráfica de $y = 2x^4 + 3x^3$.
60. Determine los puntos de intersección de la gráfica de $y = x^2$ con la gráfica de $y = 49x^2 - 4x^3$.
61. Sea $f(x) = x^3$; determine y simplifique el cociente de diferencias $\dfrac{f(x) - f(2)}{x - 2}$.
62. Sea $f(x) = x^4$; determine y simplifique el cociente de diferencias $\dfrac{f(x) - f(3)}{x - 3}$.
63. Sea $f(x) = x^4$; determine y simplifique el cociente de diferencias $\dfrac{f(x + h) - f(x)}{h}$.
64. Sea $f(x) = x^3 + 1$; determine y simplifique el cociente de diferencias $\dfrac{f(x + h) - f(x)}{h}$.

65. Suponga que n es un entero positivo y $|x| < \dfrac{1}{2}$. ¿Cuál es el valor mínimo de n para el cual $|x^n| < 0.005$?
66. ¿Para cuál rango de valores de x ocurre que $|x^4| < 10^{-4}$?
67. ¿Para cuál rango de valores de x ocurre que $\left|\dfrac{x^3}{6}\right| < 0.001$?
68. Suponga que n es un entero positivo y $|x| < \dfrac{1}{3}$. ¿Cuál es el valor mínimo de n para el cual $\left|\dfrac{x^n}{n}\right| < 10^{-5}$?

PREGUNTAS PARA REFLEXIONAR

69. Hemos establecido que un polinomio de grado n puede tener a lo más n raíces y $n - 1$ puntos de retorno. Muestre que si un polinomio de grado n tiene n raíces distintas, entonces debe tener $n - 1$ puntos de retorno distintos. Muestre también que el recíproco de esta proposición es falso.
70. Considere $p(x) = 2x^3 - 10x^2 - 3x - 100$ y calcule $p(10)$, $p(100)$, $p(1000)$, $p(10,000)$ y $p(100,000)$. Podemos escribir

$$p(x) = 2x^3 - 10x^2 - 3x - 100$$
$$= x^3\left(2 - \frac{10}{x} - \frac{3}{x^2} - \frac{100}{x^3}\right)$$

Analice esta factorización de $p(x)$ para justificar el hecho de que las funciones polinomiales tienen la propiedad de que $|p(x)|$ se hace muy grande cuando $|x|$ es muy grande.
71. Considere el polinomio general de tercer grado

$$p(x) = ax^3 + bx^2 + cx + d$$

¿Qué determina si $p(x) \to +\infty$ o $p(x) \to -\infty$ cuando $|x|$ es grande?

SUGERENCIA: Utilice la técnica de factorización ilustrada en el ejercicio 70.

72. Determine una función polinomial que tenga exactamente cuatro raíces reales en $x = -3, -1, 2, 4$. ¿Existe algún otro polinomio como éste?

GRAFIJACIÓN

Utilice una calculadora gráfica o una computadora para los siguientes ejercicios.

73. Trace las gráficas de $y = 2x^4$, $y = 2x^6$ y $y = 2x^8$ en el intervalo $[-2, 2]$.
74. Trace las gráficas de $y = 2x^3$, $y = 2x^5$ y $y = 2x^7$ en el intervalo $[-2, 2]$.

75. Trace las gráficas de $y = x^4$, $y = x^4 - 1$ y $y = x^4 + 2$ en el intervalo $[-2, 2]$.

76. Trace la gráfica de $p(x) = x^4 - 2x^2 + 1$ y trace la función para aproximar sus raíces reales hasta décimos.

77. Trace la gráfica de $p(x) = x^5 - 5x^2 + 3$ y trace la función para aproximar sus raíces reales hasta décimos.

78. (a) Trace la gráfica de $y = 2x^3 - x^4$ utilizando el método descrito en el ejemplo 3.
    (b) ¿Indica la gráfica que existen puntos de inflexión?
    (c) Trace la gráfica de esta función utilizando una calculadora gráfica.
    (d) ¿Qué comparación existe entre la gráfica obtenida mediante la calculadora gráfica y la obtenida en la parte (a)?

En los ejercicios 79-81, trace las gráficas y comente si la gráfica exhibe las diversas propiedades de las funciones polinomiales descritas en esta sección.

79. $y = x^5 - 5x^3 + 4x + 1$
80. $y = x^4 - 5x^2 + 6$
81. $y = x^6 - x^2 - 4$

82. Trace la gráfica de $y = x^3 + 4x^2 - 3$.
    (a) Utilice esta gráfica para localizar las raíces entre enteros consecutivos.
    (b) Utilice la tecla $\boxed{\text{RANGE}}$ para cambiar la ventana de visión y configure la escala en el eje x con incrementos de 0.1. Trace de nuevo la gráfica en esta ventana de visión y localice las raíces entre décimos consecutivos.

83. Repita el procedimiento del ejercicio 82 para $y = x^4 - 5x^2 + 3$ y localice las raíces de esta función entre centésimos consecutivos.

4.2 División de polinomios y división sintética

En la última sección vimos que las raíces reales de una función polinomial proporcionan información muy valiosa que puede ser útil para trazar su gráfica. Hemos analizado brevemente cómo aproximar las raíces reales de un polinomio, pero en la mayoría de los casos hemos determinado las raíces factorizando el polinomio. Sin embargo, no tenemos un método general para factorizar polinomios de grado mayor que dos. En esta sección y la siguiente dedicaremos nuestra atención a los métodos que nos permitirán encontrar raíces de polinomios de grado superior. Para esto, necesitamos primero analizar el proceso de división para polinomios.

El mismo proceso de cuatro pasos de la división larga (dividir, multiplicar, restar y bajar) utilizado al dividir números se puede aplicar para la división larga de polinomios.

Comencemos con la división $\dfrac{2x^2 - 11x + 5}{x - 3}$. Haremos la división larga como si se tratase de números y llevaremos a cabo los cuatro pasos. Observe que al realizar el proceso de división larga, nos aseguramos de que el dividendo y el divisor estén en forma canónica (escritos de la potencia más alta a la más baja).

1. Primero dividimos $2x^2$ entre x: $\dfrac{2x^2}{x} = 2x$.
   Esto es el primer término del cociente.

2. Multiplicamos el divisor $x - 3$ por el término $2x$ obtenido en el paso 1. Esto produce $2x^2 - 6x$, que se escribe debajo del dividendo, como se muestra.

$$\begin{array}{r} 2x - 5 \\ x - 3 \overline{\smash{)}\, 2x^2 - 11x + 5} \\ -(2x^2 - 6x) \\ \hline -5x + 5 \\ -(-5x + 15) \\ \hline -10 \end{array}$$

He aquí el **arreglo** de la división larga.

4.2 División de polinomios y división sintética

3. Después restamos $2x^2 - 6x$ de $2x^2 - 11x$ en el dividendo, obteniendo $-5x$. Observe que indicamos la resta encerrando $2x^2 - 6x$ entre paréntesis con un signo menos frente a éste.

4. Por último, bajamos el siguiente término o términos del dividendo y continuamos repitiendo los pasos 1 a 3.

Así, cuando $2x^2 - 11x + 5$ se divide entre $x - 3$, el cociente es $2x - 5$ y el residuo es -10. Podemos escribir este resultado en dos formas, ya sea como

$$\frac{2x^2 - 11x + 5}{x - 3} = 2x - 5 + \frac{-10}{x - 3} \qquad (1)$$

o, si multiplicamos ambos lados de la ecuación por $x - 3$,

$$\underbrace{2x^2 - 11x + 5}_{\textbf{Dividendo}} = \underbrace{(x-3)}_{\textbf{divisor}} \cdot \underbrace{(2x-5)}_{\textbf{cociente}} + \underbrace{(-10)}_{\textbf{residuo}} \qquad (2)$$

Es importante observar que el proceso de división termina cuando el grado del residuo es menor que el grado del divisor, de manera similar a la división de números naturales, donde nos detenemos cuando el residuo es menor que el divisor. También observe que la ecuación (1) es válida para toda $x \neq 3$, mientras que la ecuación (2) es válida para todos los valores de x.

Ilustramos de nuevo este proceso en el siguiente ejemplo.

EJEMPLO 1 Dividir: $\dfrac{6x^3 + 19x^2 - 25}{3x + 5}$.

Solución Como hemos mencionado, al plantear la división larga, queremos que el dividendo y el divisor se encuentren en forma canónica. Además, si existe algún término "faltante" en el *dividendo*, insertamos estos términos faltantes con coeficientes nulos, como indicamos aquí. Estos coeficientes nulos sirven como separadores para hacer la "contabilidad" un poco más sencilla.

$$
\begin{array}{r}
2x^2 + 3x - 5 \\
3x+5 \overline{\smash{)} 6x^3 + 19x^2 + 0x - 25} \\
\underline{-(6x^3 + 10x^2)} \\
9x^2 + 0x \\
\underline{-(9x^2 + 15x)} \\
-15x - 25 \\
\underline{-(-15x - 25)} \\
0
\end{array}
$$

El hecho de que el residuo sea nulo significa que la división es exacta. Por lo tanto, tenemos

$$6x^3 + 19x^2 - 25 = (3x + 5)(2x^2 + 3x - 5)$$

y por lo tanto $3x + 5$ es un factor de $6x^3 + 19x^2 - 25$. ∎

EJEMPLO 2 Dividir: $\dfrac{x^4 - 1}{x^2 + 2x}$.

Solución

$$x^2 + 2x \overline{\smash{\big)}\, \begin{array}{l} x^2 - 2x + 4 \\ x^4 + 0x^3 + 0x^2 + 0x - 1 \end{array}}$$

$$\begin{array}{r} -(x^4 + 2x^3) \\ \hline -2x^3 + 0x^2 \\ -(-2x^3 - 4x^2) \\ \hline 4x^2 + 0x \\ -(4x^2 + 8x) \\ \hline -8x - 1 \end{array}$$

De nuevo, esta división larga significa que

$$\underbrace{x^4 - 1}_{\textbf{Dividendo}} = \underbrace{(x^2 + 2x)}_{\textbf{divisor}} \cdot \underbrace{(x^2 - 2x + 4)}_{\textbf{cociente}} + \underbrace{(-8x - 1)}_{\textbf{residuo}}$$

Se deja como ejercicio al lector verificar esta última ecuación. ∎

> Un algoritmo es una secuencia precisa de pasos que pueden seguirse para resolver un problema específico.

El resultado de este proceso de división para polinomios puede resumirse en el siguiente teorema, llamado el **algoritmo de la división**.

TEOREMA 4.2 *El algoritmo de la división*

Sean $p(x)$ y $d(x)$ polinomios, con $d(x) \neq 0$ y el grado de $d(x)$ menor o igual que el grado de $p(x)$. Entonces existen polinomios $q(x)$ y $R(x)$ tales que

$$\underbrace{p(x)}_{\textbf{Dividendo}} = \underbrace{d(x)}_{\textbf{divisor}} \cdot \underbrace{q(x)}_{\textbf{cociente}} + \underbrace{R(x)}_{\textbf{residuo}}$$

donde $R(x) = 0$ o el grado de $R(x)$ es menor o igual al grado de $d(x)$.

En la siguiente sección veremos que este teorema es un instrumento para deducir resultados importantes relativos a los polinomios.

División sintética

Cuando dividimos un polinomio entre un divisor de la forma $x - r$, se repite un poco la escritura. Podemos abreviar este proceso al reconocer que toda la información esencial en el proceso de división está dada por los diversos coeficientes y su lugar específico en el arreglo.

Reescribamos dos veces el problema de división con el que iniciamos esta sección, una vez como antes y otra sólo con los coeficientes.

$$x - 3 \overline{\smash{\big)}\, \begin{array}{l} 2x - 5 \\ 2x^2 - 11x + 5 \end{array}}$$

$$\begin{array}{r} 2x^2 - 6x \\ \hline -5x + 5 \\ -5x + 15 \\ \hline -10 \end{array}$$

$$-3 \overline{\smash{\big)}\, \begin{array}{l} 2 - 5 \\ 2 - 11 + 5 \end{array}}$$

$$\begin{array}{r} \,②- 6 \\ \hline ⊖ + ⑤ \\ ⊖ + 15 \\ \hline -10 \end{array}$$

Los coeficientes encerrados en círculos son simples duplicados de los coeficientes en el cociente o el dividendo, de modo que los eliminamos y condensamos el arreglo en forma vertical, como sigue:

$$
\begin{array}{r}
2 - 5 \\
-3\overline{\smash{)}2 - 11 + 5} \\
- 6 \\
\hline
 + 15 \\
\hline
 -10
\end{array}
\qquad
\begin{array}{r}
2 -5 \\
-3\overline{\smash{)}2 -11 5} \\
-6 15 \\
\hline
 -10
\end{array}
$$

Ahora movemos los coeficientes del cociente a la fila inferior.

$$
\begin{array}{r}
-3\overline{\smash{)}2 -11 5} \\
-6 15 \\
\hline
2 -5 -10
\end{array}
$$

Cuando dividimos entre $x - r$, representamos el divisor por r.

Por último, para evitar la resta (que a veces introduce errores por falta de cuidado), cambiamos el signo del divisor y los signos de la segunda fila, lo que nos permite *sumar* en cada columna en vez de restar.

El formato final siguiente se llama **división sintética** para la división de $2x^2 - 11x + 5$ entre $x + 3$. Incluimos una explicación de la construcción de esta tabla.

1. Como el divisor es $x - 3$, representamos el divisor como 3, escrito a la izquierda de la fila superior. Escribimos los coeficientes del dividendo en la primera fila de la tabla. Recuerde reservar un lugar para los términos faltantes, incluyendo un coeficiente 0.

$$
\begin{array}{r}
3\overline{\smash{)}2 -11 5} \\
6 -15 \\
\hline
2 -5 \boxed{-10}
\end{array} \leftarrow Residuo
$$

2. Baje el 2.
3. Multiplique 3×2; escriba 6 en la segunda columna y sume para obtener -5.
4. Multiplique $3 \times (-5)$; escriba -15 en la tercera columna y sume para obtener -10.
5. Al reconocer el último número en el renglón de abajo como el residuo, leemos los coeficientes del cociente como 2 y -5. Por lo tanto, el cociente es $2x - 5$ y el residuo es -10.

Podemos resumir el procedimiento de división sintética como sigue:

DIVISIÓN SINTÉTICA

Para dividir $a_4x^4 + a_3x^3 + a_2x^2 + a_1x + a_0$ entre $x - r$ mediante el proceso de división sintética, construimos la siguiente tabla.

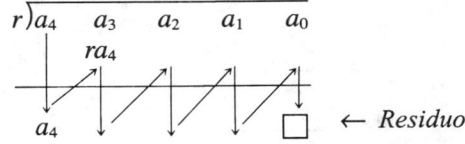

Observe que las flechas diagonales indican una multiplicación por r, y las flechas verticales indican una suma en cada columna.

Es muy importante recordar que el proceso de división sintética *sólo* funciona cuando el divisor tiene la forma $x - r$.

EJEMPLO 3 Utilice la división sintética para determinar el cociente $\dfrac{x^5 + x^4 - 2x^2 + 24}{x + 2}$.

Solución Como el divisor $x + 2$ corresponde a $x - r$, tenemos que $r = -2$ para el proceso de división sintética. (Es decir, $x - (-2) = x + 2$.) Además, debemos recordar que se insertan 0 para los coeficientes de los términos faltantes. En otras palabras, vemos el dividendo como $x^5 + x^4 + 0x^3 - 2x^2 + 0x + 24$.

$$
\begin{array}{r|rrrrrr}
-2) & 1 & 1 & 0 & -2 & 0 & 24 \\
   &   & -2 & 2 & -4 & 12 & -24 \\
\hline
   & 1 & -1 & 2 & -6 & 12 & \boxed{0}
\end{array}
$$
$\leftarrow$ *Residuo*

Cociente: $\boxed{x^4 - x^3 + 2x^2 - 6x + 12}$ ∎

En la siguiente sección analizaremos algunas propiedades importantes de los polinomios y las ecuaciones polinomiales.

EJERCICIOS 4.2

En los ejercicios 1-20, realice la división larga solicitada.

1. $\dfrac{x^2 - 5x - 14}{x - 4}$

2. $\dfrac{x^2 + 6x - 16}{x + 8}$

3. $\dfrac{x^2 + 7x - 18}{x + 9}$

4. $\dfrac{x^2 - 3x - 10}{x - 4}$

5. $\dfrac{6t^2 - 23t + 15}{3t - 4}$

6. $\dfrac{10a^2 + 7a - 10}{2a + 3}$

7. $\dfrac{y^2 + 2}{y^2 + 1}$

8. $\dfrac{x^3 - 4}{x^2 - 1}$

9. $\dfrac{2x^3 + x^2 - 5x + 2}{x + 2}$

10. $\dfrac{x^4 - 4x^3 - x^2 + x - 8}{x - 3}$

11. $\dfrac{3x^4 - x^3 + 6}{x - 1}$

12. $\dfrac{5x^3 + 3x^2 + 15}{x + 3}$

13. $\dfrac{8c^3 + 1}{2c + 1}$

14. $\dfrac{27z^3 - 1}{3z - 1}$

15. $\dfrac{2w^4 + w^3 - 3w^2 - 5w + 4}{w^2 + w + 1}$

16. $\dfrac{x^6 + 3x^5 - 2x^4 - 6x^3 + x^2 + 3x + 2}{x^2 + 3x}$

17. $\dfrac{x^4 - 16}{x - 2}$

18. $\dfrac{125 - x^3}{x - 5}$

19. $\dfrac{3x^2 + 6 - x + x^3}{x - 2}$

20. $\dfrac{8 - 2x^3 + 6x^2}{3 - x}$

En los ejercicios 21-40, utilice la división sintética para determinar el cociente y el residuo.

21. $\dfrac{x^2 - 8x + 7}{x - 2}$

22. $\dfrac{5x^2 + 6x - 9}{x + 3}$

23. $\dfrac{2x^3 + x^2 - 3x + 15}{x + 2}$

24. $\dfrac{x^4 - 5x^3 + 3x^2 - 3x - 2}{x - 3}$

25. $\dfrac{2x^4 + x^3 - 6x^2 - 10x + 13}{x - 1}$

26. $\dfrac{6x^3 + 4x^2 - 3x - 5}{x + 1}$

27. $\dfrac{5x^2 - 23}{x + 4}$

28. $\dfrac{5x^3 - 4x - 12}{x - 2}$

29. $\dfrac{2x^3 + 4x^2 + 6}{x + 3}$

30. $\dfrac{x^4 - 7x^2 + 8x - 42}{x - 3}$

31. $\dfrac{x^4 - 64}{x - 4}$

32. $\dfrac{x^5 + 1}{x + 1}$

33. $\dfrac{6x^3 - 3x^2 - 8x + 4}{x - \dfrac{1}{2}}$

34. $\dfrac{12x^3 + 4x^2 - 15x - 5}{x + \dfrac{1}{3}}$

35. $\dfrac{2x^3 - 3x^2 + 4x - 6}{x - \dfrac{3}{2}}$

36. $\dfrac{3x^3 - 2x^2 + 12x - 8}{x - \dfrac{2}{3}}$

37. $\dfrac{x^3 + a^3}{x + a}$

38. $\dfrac{x^3 - a^3}{x - a}$

39. $\dfrac{x^4 - a^4}{x - a}$

40. $\dfrac{x^5 - a^5}{x - a}$

41. Dados $p(x) = x^3 + x^2 + 4x - 5$ y $d(x) = x - 5$, utilice el algoritmo de la división para determinar $q(x)$ y $R(x)$.

42. Dados $p(x) = x^4 - 16$ y $d(x) = x - 2$, utilice el algoritmo de la división para determinar $q(x)$ y $R(x)$.

43. Al dividir $x^3 - kx + 5$ entre $x - 2$, el residuo es 1. Determine k.

44. Al dividir $2x^3 + kx^2 - 6$ entre $x + 1$, el residuo es -3. Determine k.

45. Al dividir $p(x) = x^3 + kx + 4$ entre $x + 2$, el residuo es igual al que se obtiene al dividir $q(x) = 2x^3 + kx^2 - 2$ entre $x - 2$. Determine k.

46. Al dividir $p(x) = 3x^4 + kx^2 + 7$ entre $x - 1$, el residuo es igual al que se obtiene al dividir $q(x) = x^4 + kx - 6$ entre $x - 2$. Determine k.

PREGUNTAS PARA REFLEXIONAR

47. Sea $p(x) = 2x^3 - 5x^2 + 6x + 4$. Utilice la división sintética para dividir $p(x)$ entre $x - 2$. ¿Cuál es el residuo? Evalúe $p(2)$. Ahora divida $p(x)$ entre $x + 2$, determine el residuo y evalúe $p(-2)$. ¿Observa algo especial?

48. Analice el algoritmo de la división para determinar cuál será el residuo al dividir un polinomio $p(x)$ entre $x - a$. SUGERENCIA: Observe lo que sucede al calcular $p(a)$.

4.3 Raíces de ecuaciones polinomiales: El teorema del residuo y del factor

Como vimos en la sección 4.1, la determinación de las raíces de una función polinomial puede ayudar a trazar su gráfica. Con la ayuda del algoritmo de la división, podemos deducir dos teoremas importantes que nos permitirán reconocer las raíces de polinomios.

El algoritmo de la división establece que si dividimos un polinomio $p(x)$ entre un polinomio $d(x)$, donde el grado de $d(x)$ es menor o igual que el grado de $p(x)$, entonces existen polinomios $q(x)$ y $R(x)$ tales que

$$p(x) = d(x) \cdot q(x) + R(x)$$

donde $R(x) = 0$ o el grado de $R(x)$ es menor que el grado de $d(x)$.

Si aplicamos el algoritmo de la división en el caso en que el divisor, $d(x)$, es lineal, es decir, de la forma $x - r$, obtenemos

$$p(x) = (x - r)q(x) + R$$

¿Por qué R debe ser una constante?

Observe que, como el divisor es de primer grado, el residuo, R, debe ser constante. Si sustituimos $x = r$ en esta ecuación, obtenemos

$$p(r) = (r - r)q(x) + R = 0 \cdot q(r) + R \quad \text{Por lo tanto,}$$

$$p(r) = R$$

El resultado que hemos demostrado es el **teorema del residuo.**

TEOREMA 4.3 **El teorema del residuo**

Cuando un polinomio $p(x)$ de grado al menos 1 es dividido entre $x - r$, el residuo es $p(r)$.

Utilice la división sintética para dividir $p(x) = x^3 - x^2 + 3x - 1$ entre $x - 2$ y verifique el teorema del residuo.

Solución Realizamos la división sintética:

$$\begin{array}{r|rrrr} 2) & 1 & -1 & 3 & -1 \\ & & 2 & 2 & 10 \\ \hline & 1 & 1 & 5 & \boxed{9} \end{array} \leftarrow \text{Residuo}$$

En este ejemplo, $x - r = x - 2$ y por lo tanto $r = 2$; así, de acuerdo con el teorema del residuo, el residuo debe ser igual a $p(2)$.

$p(x) = x^3 - x^2 + 3x - 1$ *Sustituimos $x = 2$.*

$p(2) = 2^3 - 2^2 + 3(2) - 1$

$\quad\quad = 8 - 4 + 6 - 1 = 9$ *Así,*

$p(2) = 9$ *que es el residuo, como se pedía.* ∎

> De acuerdo con el teorema del residuo, ¿qué significa que $p(2) = 9$?

Como corolario inmediato del teorema del residuo, reconocemos que si $x - r$ es un factor de $p(x)$, entonces el residuo debe ser 0; recíprocamente, si el residuo es 0, entonces $x - r$ es un factor de $p(x)$. Esto se conoce como el **teorema del factor**.

TEOREMA 4.4 **El teorema del factor**

$x - r$ es un factor de $p(x)$ si y sólo si $p(r) = 0$.

Recuerde que al resolver una ecuación cuadrática $p(x) = x^2 - 3x - 10 = 0$, obtenemos

$p(x) = x^2 - 3x - 10 = 0$

$(x - 5)(x + 2) = 0$ *Los factores de $p(x)$ son $x - 5$ y $x + 2$.*

$x = 5$ o $x = -2$ *Las raíces son 5 y -2.*

Así, el teorema del factor es una generalización de lo ya analizado para ecuaciones cuadráticas.

EJEMPLO 2 Dado que una raíz de la ecuación $p(x) = x^3 - 23x + 10 = 0$ es $x = -5$, determinar las otras raíces.

Solución Como $x = -5$ es una raíz de $p(x) = 0$, el teorema del factor dice que $x + 5$ es un factor. Si dividimos $p(x)$ entre $x + 5$, sabemos que el residuo será 0 y el cociente será de grado 2, por lo cual podemos aplicar las técnicas para determinar las raíces de ecuaciones cuadráticas. Podemos utilizar división sintética para dividir el polinomio $x^3 - 23x + 10$ entre $x + 5$.

Observe que si -5 es la raíz, entonces -5 aparece como divisor en el arreglo de la división sintética.

> Si $x + 5$ es un factor de $p(x)$, ¿cuál será el residuo al dividir $p(x)$ entre $x + 5$?

$$\begin{array}{r|rrrr} -5) & 1 & 0 & -23 & 10 \\ & & -5 & 25 & -10 \\ \hline & 1 & -5 & 2 & \boxed{0} \end{array}$$

4.3 Raíces de ecuaciones polinomiales: El teorema del residuo y del factor

El cociente de los polinomios es $q(x) = x^2 - 5x + 2$, y la ecuación original se convierte en

$$x^3 - 23x + 10 = (x + 5)(x^2 - 5x + 2) = 0$$

Así, cualquier raíz adicional debe ser solución de $x^2 - 5x + 2 = 0$. Podemos determinar las raíces de $x^2 - 5x + 2 = 0$ utilizando la fórmula cuadrática:

$$x = \frac{5 \pm \sqrt{17}}{2}$$

Recuerde lo establecido en la sección 4.1: para un polinomio $p(x)$ de grado n, la ecuación $p(x) = 0$ tiene a lo más n soluciones. Como tenemos tres raíces en la ecuación de tercer grado $x^3 - 23x + 10 = 0$, hemos determinado *todas* las raíces de esta ecuación. Las raíces son $x = 5$, $x = \dfrac{5 \pm \sqrt{17}}{2}$. ∎

EJEMPLO 3 Factorizar $p(x) = 2x^4 + x^3 - 14x^2 - 19x - 6$ de la forma más completa posible, dado que $x = 3$ y $x = -\dfrac{1}{2}$ son raíces de $p(x) = 0$.

Solución Como $x = 3$ es una raíz, sabemos que $x - 3$ es un factor, por lo que comenzamos dividiendo $p(x)$ entre $x - 3$. (Observe que también podemos comenzar dividiendo $p(x)$ entre $x + \dfrac{1}{2}$.) Como antes, utilizamos la división sintética.

$$\begin{array}{r|rrrrr} 3) & 2 & 1 & -14 & -19 & -6 \\ & & 6 & 21 & 21 & 6 \\ \hline & 2 & 7 & 7 & 2 & \boxed{0} \end{array}$$

Por lo que tenemos

$$p(x) = 2x^4 + x^3 - 14x^2 - 19x - 6 = (x - 3)(2x^3 + 7x^2 + 7x + 2)$$

Como $x = -\dfrac{1}{2}$ es también una raíz de $p(x) = 0$, esto implica que $x + \dfrac{1}{2}$ debe ser un factor de $2x^3 + 7x^2 + 7x + 2$.

Utilizamos otra vez la división sintética para dividir $2x^3 + 7x^2 + 7x + 2$ entre $x + \dfrac{1}{2}$. Recuerde que el divisor para la división sintética es $-\dfrac{1}{2}$.

$$\begin{array}{r|rrrr} -\tfrac{1}{2}) & 2 & 7 & 7 & 2 \\ & & -1 & -3 & -2 \\ \hline & 2 & 6 & 4 & \boxed{0} \end{array}$$

Así, obtenemos

$$p(x) = 2x^4 + x^3 - 14x^2 - 19x - 6 = (x - 3)(2x^3 + 7x^2 + 7x + 2)$$
$$= (x - 3)\left(x + \frac{1}{2}\right)(2x^2 + 6x + 4)$$

Ahora factorizamos $2x^2 + 6x + 4$ como $2(x^2 + 3x + 2) = 2(x + 2)(x + 1)$, y entonces la factorización completa de $p(x)$ es

$$p(x) = 2x^4 + x^3 - 14x^2 - 19x - 6 = 2(x + 2)(x + 1)(x - 3)\left(x + \frac{1}{2}\right)$$

Podemos incorporar el factor 2 en $x + \frac{1}{2}$ y reescribimos la factorización como

$$p(x) = 2x^4 + x^3 - 14x^2 - 19x - 6 = \boxed{(x + 2)(x + 1)(x - 3)(2x + 1)} \quad \blacksquare$$

Raíces de polinomios

Los teoremas del factor y del residuo establece la relación íntima entre los factores de un polinomio $p(x)$ y las raíces de la ecuación $p(x) = 0$. En la sección 4.1 mencionamos varias propiedades de las funciones polinomiales, una de las cuales era que un polinomio de grado n puede tener a lo más n raíces. Desarrollaremos ahora esta idea.

Para contar de manera más uniforme las raíces de polinomios, introducimos la noción de *multiplicidad*. Por ejemplo, la ecuación polinomial $x^2 - 2x + 1 = (x - 1)(x - 1) = 0$ tiene como única raíz $x = 1$; sin embargo, como el factor $x - 1$ aparece dos veces, decimos que 1 es una **raíz doble** o una **raíz de multiplicidad 2**. En general, si $(x - a)$ aparece como factor de un polinomio k veces, decimos que a es una **raíz de multiplicidad k**.

¿Tiene raíz cualquier ecuación polinomial (de grado mayor o igual a uno)? Nuestra respuesta depende del sistema numérico en el que estemos trabajando. Si nos restringimos al sistema de números reales, entonces ya es familiar el hecho de que una ecuación como $x^2 + 1 = 0$ no tiene soluciones *reales*. Sin embargo, esta ecuación tiene dos raíces en el sistema de números complejos. (Las raíces son i y $-i$).

Carl Friedrich Gauss (1777-1855) es considerado como uno de los matemáticos más grandes que el mundo haya conocido.* En 1799, Gauss, en su disertación doctoral, demostró el importante hecho de que dentro del sistema de números complejos, toda ecuación polinomial de grado mayor o igual a 1 tiene al menos una raíz. Este hecho tiene tal alcance que se conoce como el **teorema fundamental del álgebra**.

TEOREMA 4.5 El teorema fundamental del álgebra

Si $p(x)$ es un polinomio de grado $n > 0$ cuyos coeficientes son números complejos, entonces la ecuación $p(x) = 0$ tiene al menos una raíz en el sistema de números complejos.

Recuerde que, como los números reales son también números complejos, un polinomio con coeficientes reales también satisface el teorema fundamental del álgebra.

Como una consecuencia inmediata del teorema fundamental del álgebra, podemos demostrar lo siguiente.

---

* Aunque ha habido muchos matemáticos ilustres, tres de ellos (Arquímedes, Newton y Gauss) son considerados por lo general, en una clasificación superior.

4.3 Raíces de ecuaciones polinomiales: El teorema del residuo y del factor

TEOREMA 4.6 **El teorema de factorización lineal**

Si $p(x) = a_n x^n + a_{n-1} x^{n-1} + \cdots + a_1 x + a_0$, donde $n \geq 1$ y $a_n \neq 0$, entonces

$$p(x) = a_n(x - r_1)(x - r_2) \cdots (x - r_n)$$

donde r_i son números complejos (posiblemente reales y no necesariamente distintos).

En palabras, este teorema dice que cualquier polinomio de grado mayor o igual que 1 con coeficientes complejos puede expresarse como un producto de factores lineales.

Demostración En virtud del teorema fundamental, sabemos que la ecuación $p(x) = 0$ tiene al menos una raíz compleja, digamos, r_1. Por el teorema del factor sabemos que $x - r_1$ es un factor de $p(x)$. Por lo tanto, podemos escribir

$$p(x) = (x - r_1)q_1(x)$$

donde el grado de $q_1(x)$ es $n - 1$ y, de nuevo tiene coeficiente principal a_n. (Esto es cierto, pues dividimos entre $x - r_1$, que tiene coeficiente principal 1. Véase ejercicio 38.)

Si el grado de $q_1(x)$ es cero, hemos terminado. (¿Por qué?) En caso contrario, el teorema fundamental aplicado a $q_1(x)$ dice que $q_1(x)$ tiene al menos una raíz, digamos, r_2. Al aplicar el teorema del factor a $q_1(x)$, obtenemos

$$q_1(x) = (x - r_2)q_2(x)$$

donde el grado de $q_2(x)$ es $n - 2$ y, de nuevo, tiene coeficiente principal a_n. Por lo tanto, obtenemos

$$p(x) = (x - r_1)q_1(x) = (x - r_1)(x - r_2)q_2(x)$$

Podemos continuar este proceso hasta que el último cociente $q_n(x)$ sea una constante; como hemos visto, debe ser a_n. Así, $q_n(x) = a_n$, lo que implica

$$p(x) = (x - r_1)(x - r_2) \cdots (x - r_n)a_n$$

como se pedía. ∎

Una consecuencia inmediata del teorema de factorización lineal es el hecho ya mencionado de que un polinomio de grado n puede tener a lo más n raíces distintas. De hecho, podemos establecer aún más.

TEOREMA 4.7 Toda ecuación polinomial de grado $n \geq 1$ tiene exactamente n raíces en el sistema de números complejos, donde una raíz de multiplicidad k se cuenta k veces.

EJEMPLO 4 En cada una de las siguientes ecuaciones, expresar el polinomio en la forma descrita por el teorema de factorización lineal. Enumere cada raíz y su multiplicidad.
(a) $p(x) = x^3 - 6x^2 - 16x = 0$ (b) $q(x) = 3x^2 - 10x + 8 = 0$
(c) $f(x) = 2x^4 + 8x^3 + 10x^2 = 0$

Solución

(a) Podemos factorizar $p(x)$ como sigue:

$$p(x) = x^3 - 6x^2 - 16x = x(x^2 - 6x - 16)$$
$$= x(x-8)(x+2)$$

Para ajustarse al teorema de factorización lineal, escribimos $x + 2 = x - (-2)$.

$$= x(x-8)(x-(-2))$$

> El factor $(x - 0)$ se escribe por lo general como x.

Las raíces de $p(x) = 0$ son 0, 8 y -2, cada una de multiplicidad uno.

(b) Podemos factorizar $q(x)$ como sigue:

$$q(x) = 3x^2 - 10x + 8 = (3x-4)(x-2)$$

Para ajustarse al teorema de factorización lineal, escribimos $3x - 4$ como $3\left(x - \dfrac{4}{3}\right)$

$$= 3\left(x - \dfrac{4}{3}\right)(x-2)$$

Las raíces de $p(x) = 0$ son $\dfrac{4}{3}$ y 2, cada una de multiplicidad uno.

(c) Podemos factorizar $f(x)$ como sigue:

$$f(x) = 2x^4 + 8x^3 + 10x^2 = 2x^2(x^2 + 4x + 5)$$

Podemos determinar las raíces de $x^2 + 4x + 5$ utilizando la fórmula cuadrática. Las raíces son $-2 \pm i$. Por lo tanto, tenemos

$$= 2x^2[x-(-2+i)][x-(-2-i)]$$

Las raíces de $f(x) = 0$ son: 0, de multiplicidad dos y $-2 + i$ y $-2 - i$, cada una de multiplicidad uno. ∎

EJEMPLO 5

(a) Determinar una ecuación polinomial $p(x) = 0$ exactamente con las siguientes raíces y multiplicidades:

Raíz	Multiplicidad
-1	3
2	4
5	2

¿Existen otros polinomios con estas mismas raíces y multiplicidades?

(b) Determinar un polinomio $f(x)$ con las raíces descritas en la parte **(a)** y tal que $f(1) = 32$.

Solución

(a) Con base en el teorema del factor podemos escribir el polinomio

$$p(x) = (x-(-1))^3(x-2)^4(x-5)^2 = (x+1)^3(x-2)^4(x-5)^2$$

con precisamente las raíces y multiplicidades solicitadas.

4.3 Raíces de ecuaciones polinomiales: El teorema del residuo y del factor

Como éstas son las únicas raíces y, por lo tanto, los únicos factores lineales, cualquier otro polinomio debe ser un múltiplo de $p(x)$. Por lo tanto, cualquier polinomio de la forma $kp(x)$, donde k es una constante distinta de cero, tendrá las mismas raíces y multiplicidades.

(b) Con base en la parte (a), sabemos que $f(x) = k(x+1)^3(x-2)^4(x-5)^2$. Como queremos $f(1) = 32$, tenemos

$$f(1) = k(1+1)^3(1-2)^4(1-5)^2$$

$$32 = k(8)(1)(16) \Rightarrow 32 = 128k \Rightarrow \boxed{k = \frac{1}{4}}$$

Así, $\boxed{f(x) = \frac{1}{4}(x+1)^3(x-2)^4(x-5)^2}$. ∎

Nuestra experiencia en el uso de la fórmula cuadrática para ecuaciones cuadráticas con coeficientes reales nos ha mostrado que las raíces complejas siempre aparecen por pares conjugados. Por ejemplo, las raíces de $x^2 - 2x + 5 = 0$ son $1 + 2i$ y $1 - 2i$. De hecho, esta propiedad se extiende a todas las ecuaciones polinomiales con coeficientes reales.

TEOREMA 4.8 **Teorema de raíces conjugadas**

Sea $p(x)$ un polinomio con coeficientes reales. Si el número complejo $a + bi$ (donde a y b son números reales) es una raíz de $p(x) + 0$, entonces también lo es su conjugado $a - bi$.

La demostración de este teorema es una consecuencia directa de las propiedades de los conjugados y se describe en el ejercicio 39 al final de esta sección.

EJEMPLO 6 Sea $r(x) = x^4 + 2x^3 - 9x^2 + 26x - 20$. Dado que $1 - i\sqrt{3}$ es una raíz, determinar las otras raíces de $r(x) = 0$.

Solución De acuerdo con el teorema de raíces conjugadas, si $1 - i\sqrt{3}$ es una raíz, entonces su conjugado, $1 + i\sqrt{3}$, también debe ser una raíz. Por lo tanto, $x - (1 - i\sqrt{3})$ y $x - (1 + i\sqrt{3})$ son ambos factores de $r(x)$, de modo que su producto debe ser un factor de $r(x)$. El lector debe verificar que

$$[x - (1 - i\sqrt{3})][x - (1 + i\sqrt{3})] = x^2 - 2x + 4.$$

Dividimos $r(x)$ entre $x^2 - 2x + 4$.

$$
\begin{array}{r}
x^2 + 4x - 5 \\
x^2 - 2x + 4 \overline{\smash{)}\, x^4 + 2x^3 - 9x^2 + 26x - 20} \\
\underline{-(x^4 - 2x^3 + 4x^2)} \\
4x^3 - 13x^2 + 26x \\
\underline{-(4x^3 - 8x^2 + 16x)} \\
-5x^2 + 10x - 20 \\
\underline{-(-5x^2 + 10x - 20)} \\
0
\end{array}
$$

Por lo tanto, tenemos
$$r(x) = (x^2 - 2x + 4)(x^2 + 4x - 5) = (x^2 - 2x + 4)(x + 5)(x - 1)$$
de modo que las raíces de $r(x) = 0$ son $1 - i\sqrt{3}$, $1 + i\sqrt{3}$, -5 y 1. ∎

Los teoremas que hemos analizado en esta sección son *teoremas de existencia,* ya que aseguran la existencia de raíces y factores lineales de polinomios. Sin embargo, es importante reconocer que estos teoremas no indican *cómo* determinar las raíces o los factores lineales. Analizaremos algunas técnicas para determinar realmente las raíces de ciertos polinomios en la siguiente sección.

EJERCICIOS 4.3

En los ejercicios 1-8, realice la división solicitada. Determine el cociente y el residuo y verifique el teorema del residuo mediante el cálculo de $p(a)$.

1. Divida $p(x) = x^2 - 5x + 8$ entre $x + 4$.
2. Divida $p(x) = 2x^2 - 7x + 3$ entre $x - 3$.
3. Divida $p(x) = 2x^3 - 7x^2 + x + 4$ entre $x - 4$.
4. Divida $p(x) = 4x^3 - x^2 + 1$ entre $x + 2$.
5. Divida $p(x) = 1 - x^4$ entre $x - 1$.
6. Divida $p(x) = x^3 + 27$ entre $x + 3$.
7. Divida $p(x) = x^5 - 2x^2 - 3$ entre $x + 1$.
8. Divida $p(x) = x^6 - 16x^3 + 64$ entre $x - 2$.

En los ejercicios 9-18, utilice el teorema del residuo para determinar $p(c)$.

9. $p(x) = x^2 - 5x + 3$, $c = 4$
10. $p(x) = 3x^2 + 7x - 2$, $c = -3$
11. $p(x) = x^3 - 2x^2 + 3x - 5$, $c = -2$
12. $p(x) = -2x^3 + 7x - 4$, $c = 3$
13. $p(x) = 3x^4 - 5x^2 - 6x - 16$, $c = 2$
14. $p(x) = x^5 + 2x^4 - 5x^3 + 6x^2 - 15x + 36$, $c = -4$
15. $p(x) = -x^6 + 6x^4 + 23$, $c = -3$
16. $p(x) = x^7 - 3x^5 - x^3 - x^2 - x + 18$, $c = -2$
17. $p(x) = 8x^4 + 4x^3 - 6x + 3$, $c = \dfrac{1}{2}$
18. $p(x) = 9x^3 + 3x^2 - 12x + 7$, $c = -\dfrac{1}{3}$
19. Dado que $p(4) = 0$, factorice
$$p(x) = 2x^3 - 11x^2 + 10x + 8$$
de la forma más completa posible.
20. Dado que $q(x) = 6x^3 - 5x^2 - 7x + 4$ y $q(-1) = 0$, determine las raíces restantes de $q(x)$.
21. Dado que $r(x) = 4x^3 - x^2 - 36x + 9$ y $r\left(\dfrac{1}{4}\right) = 0$, determine las raíces restantes de $r(x)$.
22. Dado que $s\left(-\dfrac{1}{5}\right) = 0$, factorice
$$s(x) = 30x^3 - 19x^2 - 35x - 6$$
de la forma más completa posible.

23. Dado que 3 es una raíz doble de
$$p(x) = x^4 - 3x^3 - 19x^2 + 87x - 90 = 0$$
determine todas las raíces de $p(x) = 0$.
24. Dado que -2 es una raíz doble de
$$q(x) = 3x^4 + 10x^3 - x^2 - 28x - 20 = 0$$
determine todas las raíces de $q(x) = 0$.
25. Sea $p(x) = x^3 - 3x^2 + x - 3$. Verifique que $p(3) = 0$ y determine las demás raíces de $p(x) = 0$.
26. Sea $q(x) = 3x^3 + x^2 - 4x - 10$. Verifique que $q\left(\dfrac{5}{3}\right) = 0$ y determine las demás raíces de $q(x) = 0$.
27. Exprese $p(x) = x^3 - x^2 - 12x$ en la forma descrita por el teorema de factorización lineal. Enumere cada raíz y su multiplicidad.
28. Exprese $q(x) = 6x^5 - 33x^4 - 63x^3$ en la forma descrita en el teorema de factorización lineal. Haga una lista de cada una de las raíces y sus multiplicidades.
29. (a) Escriba el polinomio general $p(x)$ cuyas únicas raíces son 1, 2 y 3, con multiplicidades 3, 2 y 1, respectivamente. ¿Cuál es su grado?
    (b) Determine el polinomio $p(x)$ descrito en la parte (a) si $p(0) = 6$.
30. (a) Escriba el polinomio general $q(x)$ cuyas únicas raíces son -4 y -3, con multiplicidades 4 y 6, respectivamente. ¿Cuál es su grado?
    (b) Determine el polinomio $q(x)$ descrito en la parte (a) si $q(1) = 48$.
31. Escriba un polinomio con raíces 0, -2 y 1, de multiplicidades 2, 2 y 1, respectivamente. ¿Cuál es su grado?
32. Escriba un polinomio cuya única raíz sea 6, con multiplicidad 7. ¿Cuál es su grado?

En los ejercicios 33-36, utilice la información dada para determinar las raíces restantes.

33. $2 - 3i$ es una raíz de $2x^3 - 5x^2 - 14x + 39 = 0$
34. $1 + 2i$ es una raíz de $x^4 - x^3 - 9x^2 + 29x - 60 = 0$
35. $3 + 4i$ es una raíz de
$$4x^4 - 28x^3 + 129x^2 - 130x + 125 = 0$$

36. $i\sqrt{2}$ y $3i$ son raíces de
$$x^6 - 2x^5 + 12x^4 - 22x^3 + 29x^2 - 36x + 18 = 0$$

PREGUNTAS PARA REFLEXIONAR

37. Sea $p(x) = x^3 - 5x^2 + 3x - 2$. Calcule $p\left(\dfrac{3}{4}\right)$ directamente y mediante la división sintética. ¿Cuál método piensa que es más sencillo en este caso?

38. Suponga que un polinomio tiene un coeficiente principal de $a_n \neq 0$, es decir, suponga
$$p(x) = a_n x^n + a_{n-1} x^{n-1} + \cdots + a_1 x + a_0$$
Muestre que si $p(x)$ se divide entre $x - a$, el coeficiente principal del cociente será también a_n.

39. El conjugado de un número complejo z se denota con frecuencia como $\bar{z}$. Así, si $z = a + bi$, entonces $\bar{z} = a - bi$. Utilice las propiedades siguientes de conjugados para demostrar el teorema de raíces conjugadas.

(a) $\bar{r} = r$ para todos los números reales r
(b) $u = v \Rightarrow \bar{u} = \bar{v}$
(c) $\overline{uv} = \bar{u}\,\bar{v}$
(d) $\overline{u^m} = \bar{u}^m$

SUGERENCIA: Muestre que para un polinomio, $p(\bar{z}) = \overline{p(z)}$, de modo que si $p(z) = 0$, entonces $p(\bar{z}) = 0$

GRAFIJACIÓN

40. Trace la gráfica de $y = p(x) = (x - 1)^2(x + 2)^4$. ¿Qué observa en la gráfica cerca de las raíces de multiplicidad par?

41. Trace la gráfica de $y = p(x) = (x - 2)^3(x + 1)^5$. ¿Qué observa en la gráfica cerca de las raíces de multiplicidad impar?

42. Trace la gráfica de $y = p(x) = (2x - 3)^2(3x + 1)^3$. ¿Qué diferencia observa entre el comportamiento de un polinomio en una raíz de multiplicidad par y en una de multiplicidad impar?

43. Trace la gráfica de $y = p(x) = x^4 + x^2 + 1$. ¿Tiene $p(x)$ raíces reales? ¿Viola esto el teorema fundamental del álgebra? Explique.

4.4 Más acerca de las raíces de ecuaciones polinomiales: El teorema de raíces racionales y la regla de los signos de Descartes

El teorema de factorización lineal que analizamos en la última sección garantiza que podemos factorizar un polinomio de grado mayor o igual que uno en factores lineales, ¡pero no nos dice cómo!

Sabemos por experiencia que si $p(x)$ es un polinomio cuadrático, entonces podemos resolver $p(x) = Ax^2 + Bx + C = 0$ utilizando la fórmula cuadrática para obtener las raíces

$$x = \frac{-B \pm \sqrt{B^2 - 4AC}}{2A}$$

Una pregunta natural es si existe alguna "fórmula" algebraica que implique a los coeficientes, las cuatro operaciones aritméticas básicas, y varios radicales, para calcular las raíces de una ecuación polinomial, $p(x) = 0$, de grado mayor que 2.

Esta pregunta ha interesado a los matemáticos por muchos años. A principios del siglo XVI se realizaron avances significativos, y se obtuvieron varias fórmulas para resolver la ecuación general cúbica y cuártica (de cuarto grado). Por ejemplo, dada la ecuación general cúbica $p(x) = x^3 + a_2 x^2 + a_1 x + a_0 = 0$,* existe una fórmula explícita, aunque compleja, para obtener sus tres raíces; es la **fórmula de Cardan**, y parte de lo que dice es lo siguiente:

$$\text{Sean } p = a_1 - \frac{(a_2)^2}{3} \quad \text{y} \quad q = \frac{2(a_2)^3}{27} - \frac{a_1 a_2}{3} + a_0$$

---

*Sin pérdida de generalidad, podemos suponer que $a_3 = 1$; en caso contrario, podemos dividir ambos lados de la ecuación $a_3 x^3 + a_2 x^2 + a_1 x + a_0 = 0$ entre a_3.

y sea

$$P = \sqrt[3]{-\frac{q}{2} + \sqrt{\frac{p^3}{27} + \frac{q^2}{4}}} \quad y \quad Q = \sqrt[3]{-\frac{q}{2} - \sqrt{\frac{p^3}{27} + \frac{q^2}{4}}}$$

Entonces, una de las tres raíces de $p(x) = 0$ está dada por $x = P + Q - \frac{a_2}{3}$. Las otras dos raíces están dadas por fórmulas similares.

Si $p(x) = x^3 - 2x - 21$, tenemos que $a_2 = 0$, $a_1 = -2$ y $a_0 = -21$ (el hecho de que $a_2 = 0$ simplifica la fórmula de manera significativa); aún así, es un poco laborioso utilizar la fórmula para obtener $x = 3$ como raíz. (¡Inténtelo!)

Los matemáticos continuaron la búsqueda de una fórmula para las raíces de la ecuación polinomial general de grado mayor o igual que 5. Finalmente, en 1828, el matemático noruego Niels Abel demostró un hecho trascendental: la búsqueda era inútil. Demostró que el problema de determinar tal fórmula no consistía en que los matemáticos no eran lo bastante ingeniosos para encontrarla, sino que no existe tal fórmula para resolver la ecuación polinomial general de grado mayor o igual que 5. Hay que recordar que esto no significa que este tipo de ecuaciones no tengan soluciones (de hecho, nuestros teoremas anteriores aseguran que sí las tienen); esto dice que, *en general*, no podemos expresar las soluciones en términos de los coeficientes y radicales. Finalmente, en 1830 el matemático francés Evariste Galois (a la edad de 18 años) concluyó la cuestión al describir con exactitud los polinomios que pueden resolverse en términos de sus coeficientes y radicales.

Dedicamos el resto de esta sección al desarrollo de algunos métodos especiales para determinar las raíces de ecuaciones polinomiales.

Como hemos visto, aunque no tenemos técnicas generales para factorizar polinomios de grado mayor que 2, si conocemos una raíz, digamos, r, podemos utilizar la división sintética para dividir $p(x)$ entre $x - r$ y obtener un cociente polinomial de grado *menor*. Si podemos obtener un cociente polinomial hasta llegar a un polinomio cuadrático, entonces podremos determinar todas las raíces. Pero ¿cómo determinar una raíz para comenzar este proceso? El siguiente teorema puede ser de utilidad.

TEOREMA 4.9   **El teorema de la raíz racional**

Suponga que
$$f(x) = a_n x^n + a_{n-1} x^{n-1} + \cdots + a_2 x^2 + a_1 x + a_0$$
$$\text{donde } n \geq 1,\ a_n \neq 0$$

es un polinomio de grado n con coeficientes *enteros*. Si $\frac{p}{q}$ es una raíz racional de $f(x) = 0$, donde p y q no tienen factores en común distintos de ± 1, entonces p es un factor de a_0 y q es un factor de a_n.

Bosquejamos una demostración general de este teorema en el ejercicio 53 al final de esta sección; sin embargo, con un ejemplo nos haremos una idea de la razón de la validez de este teorema. Suponga que $\frac{3}{2}$ es una raíz de la ecuación de tercer grado

$$a_3 x^3 + a_2 x^2 + a_1 x + a_0 = 0$$

4.4 Más acerca de las raíces de ecuaciones polinomiales

Entonces

$$a_3\left(\frac{3}{2}\right)^3 + a_2\left(\frac{3}{2}\right)^2 + a_1\left(\frac{3}{2}\right) + a_0 = 0$$

$$\frac{27a_3}{8} + \frac{9a_2}{4} + \frac{3a_1}{2} = -a_0 \quad \text{Multiplicamos ambos lados de la ecuación por 8.}$$

$$27a_3 + 18a_2 + 12a_1 = -8a_0 \quad (1)$$

lo que puede escribirse también como

$$27a_3 = -18a_2 - 12a_1 - 8a_0 \quad (2)$$

Si observamos con cuidado la ecuación (1), podemos ver que el lado izquierdo es divisible entre 3, y por lo tanto el lado derecho también debe ser divisible entre 3. Pero si $-8a_0$ es divisible entre 3, entonces a_0 debe ser divisible entre 3 (pues 8 no es divisible entre 3). De manera análoga, si observamos el lado derecho de la ecuación (2), podemos notar que es divisible entre 2, y como 27 no es divisible entre 2, a_3 debe ser divisible entre 2. Esto es exactamente lo que asegura el teorema de la raíz racional.

Vale la pena observar que si un polinomio tiene coeficiente principal igual a 1, entonces el teorema de la raíz racional dice que cualquier raíz racional debe ser divisor del término constante a_0.

> ¿Por qué el teorema de la raíz racional nos dice que si el coeficiente principal de un polinomio es 1, entonces sus raíces racionales deben ser un factor del término constante?

EJEMPLO 1 Determinar todas las raíces de la ecuación $p(x) = 2x^3 + 3x^2 - 23x - 12 = 0$.

Solución Comencemos buscando cualquier raíz racional posible de la ecuación dada. De acuerdo con el teorema de la raíz racional, si $\frac{p}{q}$ es una raíz racional de la ecuación dada, entonces p debe ser un factor de -12 y q debe ser un factor de 2. Así, tenemos

Valores posibles de p: $\pm 1, \pm 2, \pm 3, \pm 4, \pm 6, \pm 12$

Valores posibles de q: $\pm 1, \pm 2$

Raíces racionales posibles $\frac{p}{q}$: $\pm 1, \pm 1/2, \pm 2, \pm 3, \pm \frac{3}{2}, \pm 4, \pm 6, \pm 12$

Observe que los cocientes posibles de $\frac{p}{q}$ repiten ciertas raíces, las que enumeramos sólo una vez.

Por ejemplo, $\frac{6}{2} = \frac{3}{1}$.

Podemos verificar estas posibles raíces, sustituyendo los valores en $p(x)$; sin embargo, es más eficaz verificar los valores utilizando la división sintética, ya que si determinamos la raíz, tendremos disponible el cociente.

```
 1 ) 2   3   -23   -12        -1 ) 2   3   -23   -12
         2    5    -18                  -2   -1    24
     ─────────────────             ─────────────────────
     2   5   -18  |-30|            2    1   -24   | 12 |
```

> ¿Cómo sabemos que $p(1) = -30$ y $p(-1) = 12$?

Por lo tanto, sabemos que $p(1) = -30$ y $p(-1) = 12$. Como $p(1)$ es negativo y $p(-1)$ es positivo, el teorema del valor intermedio garantiza que $p(x)$ tiene una raíz entre -1 y 1. Así, parece razonable buscar en nuestra lista las raíces racionales que están entre -1 y 1.

$$\begin{array}{r|rrrr} \tfrac{1}{2}) & 2 & 3 & -23 & -12 \\ & & 1 & 2 & -\tfrac{21}{2} \\ \hline & 2 & 4 & -21 & \boxed{-\tfrac{45}{2}} \end{array} \qquad \begin{array}{r|rrrr} -\tfrac{1}{2}) & 2 & 3 & -23 & -12 \\ & & -1 & -1 & +12 \\ \hline & 2 & 2 & -24 & \boxed{0} \end{array}$$

Por lo tanto, $-\dfrac{1}{2}$ es una raíz, y podemos leer el cociente en la fila inferior de la división sintética.

$$p(x) = 2x^3 + 3x^2 - 23x - 12 = \left(x + \dfrac{1}{2}\right)(2x^2 + 2x - 24)$$

Ahora, intentaremos determinar otra raíz utilizando el teorema de la raíz racional para $2x^2 + 2x - 24$. Sin embargo, es más fácil intentar factorizar el polinomio cuadrático directamente.

$$2x^2 + 2x - 24 = 2(x^2 + x - 12) = 2(x + 4)(x - 3)$$

Por lo tanto, la ecuación original resulta

$$\begin{aligned} p(x) = 2x^3 + 3x^2 - 23x - 12 &= \left(x + \dfrac{1}{2}\right)(2x^2 + 2x - 24) \\ &= 2\left(x + \dfrac{1}{2}\right)(x + 4)(x - 3) = 0 \end{aligned}$$

y todas las raíces son $-\dfrac{1}{2}, -4, 3$. ∎

EJEMPLO 2 Determinar todas las raíces racionales de

$$p(x) = 2x^4 - 12x^3 + 19x^2 - 6x + 9 = 0$$

Solución De acuerdo con el teorema de la raíz racional, consideramos

$$\dfrac{\text{valores posibles de } p}{\text{valores posibles de } q} \longrightarrow \dfrac{\text{factores de } 9}{\text{factores de } 2} \longrightarrow \dfrac{\pm 1, \pm 3, \pm 9}{\pm 1, \pm 2,}$$

Por lo tanto, las raíces racionales posibles de $p(x)$ son $\pm 1, \pm 3, \pm 9, \pm\dfrac{1}{2}, \pm\dfrac{3}{2}, \pm\dfrac{9}{2}$.

Dejamos al estudiante verificar que 1 y -1 no son raíces de la ecuación. Después verificamos si $x = 3$ es una raíz, mediante la división sintética.

$$\begin{array}{r|rrrrr} 3) & 2 & -12 & 19 & -6 & 9 \\ & & 6 & -18 & 3 & -9 \\ \hline & 2 & -6 & 1 & -3 & \boxed{0} \end{array}$$

Por lo tanto, 3 es una raíz y tenemos

$$p(x) = 2x^4 - 12x^3 + 19x^2 - 6x + 9 = (x - 3)(2x^3 - 6x^2 + x - 3)$$

y buscamos ahora las raíces racionales de $q(x) = 2x^3 - 6x^2 + x - 3 = 0$. En vez de trabajar con la lista de posibles raíces racionales de $p(x) = 0$, podemos aplicar el teorema de la raíz racional a $q(x) = 0$, con lo que esperamos obtener una lista más corta de raíces racionales posibles. Para $q(x)$ consideramos las raíces de la forma

$$\frac{\text{factores de } -3}{\text{factores de } 2} \longrightarrow \begin{array}{c} \pm 1, \pm 3 \\ \pm 1, \pm 2 \end{array}$$

Por lo tanto, las raíces racionales posibles de $q(x) = 0$ son $\pm 1, \pm 3, \pm\frac{1}{2}, \pm\frac{3}{2}$.

Como ya hemos visto que 1 y -1 no son raíces de $p(x) = 0$, ± 1 no pueden ser raíces de $q(x) = 0$. (¿Por qué?) Sin embargo, 3 podría ser raíz de $q(x) = 0$. Podemos verificar esto por medio de la división sintética.

$$\begin{array}{r|rrrr} 3) & 2 & -6 & 1 & -3 \\ & & 6 & 0 & 3 \\ \hline & 2 & 0 & 1 & \boxed{0} \end{array}$$

de modo que 3 es una raíz de $q(x) = 0$. Tenemos

$$p(x) = 2x^4 - 12x^3 + 19x^2 - 6x + 9 = (x-3)(2x^3 - 6x^2 + x - 3)$$
$$= (x-3)(x-3)(2x^2 + 1)$$

Como $2x^2 + 1 = 0$ no tiene raíces reales, $p(x) = 0$ tiene una raíz racional, 3, con multiplicidad 2. ∎

> ¿Por qué si 1 no es raíz de $p(x)$, entonces no puede ser raíz de cualquier factor de $p(x)$?

GRAFIJACIÓN

Utilice una calculadora gráfica o computadora para graficar $y = 6x^3 - 23x^2 - 29x + 12$. ¿Como puede ayudarle la información obtenida de esta gráfica con respecto de las raíces de esta función, a utilizar el teorema de la raíz racional con mayor eficiencia para determinar sus raíces exactas?

Hemos visto que un polinomio de grado n tiene exactamente n raíces (contando su multiplicidad) en el sistema de números complejos. Sin embargo, si trazamos la gráfica de un polinomio, solamente estamos interesados en las raíces *reales*. (Recuerde que aunque utilicemos una calculadora gráfica o una computadora para trazar la gráfica de una función, ésta nos mostrará solamente las raíces *reales* de la función). Los siguientes dos teoremas son útiles para determinar el número de raíces reales que tiene un polinomio.

Como no es difícil determinar si 0 es una raíz de un polinomio (sólo vemos si x es factor de $p(x)$), para nuestro análisis supondremos que $p(x) = a_n x^n + a_{n-1}x^{n-1} + \cdots + a_1 x + a_0$ donde $a_0 \neq 0$. Esto garantiza que 0 no es raíz de $p(x)$. De nuevo, para este análisis supondremos que todos los polinomios están escritos en forma canónica; es decir, de la potencia mayor a la menor.

Para establecer el primer teorema, necesitamos introducir la siguiente idea. Por una *variación de signo* de los coeficientes reales de un polinomio, queremos entender que dos coeficientes consecutivos tienen signos opuestos. Por ejemplo, los coeficientes del polinomio $p(x) = 5x^3 - 7x^2 - 4x + 6$ cambian de 5 a -7 (una variación de signo) y después de -4 a 6 (segunda variación en el signo). De modo que $p(x) = 5x^3 - 7x^2 - 4x + 6$ tiene dos variaciones de signo.

Podemos ahora establecer la **regla de los signos de Descartes**, que trata de la cantidad de raíces reales positivas y negativas* que puede tener un polinomio.

TEOREMA 4.10   **Regla de los signos de Descartes**

Sea $p(x)$ un polinomio con coeficientes reales tal que $p(0) \neq 0$. Entonces

1. El número de *raíces reales positivas* de $p(x)$ es igual al número de variaciones en el signo de $p(x)$ o es menor que ese número por un entero par.
2. El número de *raíces reales negativas* de $p(x)$ es igual al número de variaciones en el signo de $p(-x)$ o es menor que ese número por un entero par.

Recuerde que este teorema habla de las raíces *reales* de $p(x)$, y que para aplicar este teorema, $p(x)$ debe estar en forma estándar y tener un término constante distinto de cero. No demostraremos este teorema.

Al aplicar la regla de los signos de Descartes, contamos las raíces con su multiplicidad. Por ejemplo, en la ecuación $p(x) = x^2 - 6x + 9 = 0$, existen dos variaciones en el signo y entonces la ecuación tiene dos raíces reales positivas o un número par menor que 2, lo que significa que no tiene raíces. La forma factorizada de esta ecuación es $p(x) = (x-3)^2 = 0$, de donde 3 es una raíz de multiplicidad 2, lo que concuerda con el teorema.

EJEMPLO 3   Aplicar la regla de los signos de Descartes para determinar las raíces reales de

$$p(x) = x^5 + 2x^4 + x^3 + 2x^2 + 3x + 6$$

Solución   Primero examinamos $p(x)$ y vemos que existen 0 variaciones en los signos de sus coeficientes. Por lo tanto, de acuerdo con la regla de los signos de Descartes, $p(x)$ debe tener 0 raíces reales positivas.

Ahora examinamos

$$p(-x) = (-x)^5 + 2(-x)^4 + (-x)^3 + 2(-x)^2 + 3(-x) + 6$$
$$= -x^5 + 2x^4 - x^3 + 2x^2 - 3x + 6$$

¿Por qué no hay que verificar las posibles raíces racionales positivas?

y vemos que $p(-x)$ tiene 5 variaciones de los signos de sus coeficientes, de modo que por la segunda parte de la regla de los signos de Descartes, $p(x)$ debe tener 5, 3 o 1 raíces reales negativas.

Al aplicar el teorema de la raíz racional a $p(x)$, vemos que las posibles raíces racionales son $\pm 1, \pm 2, \pm 3, \pm 6$. Al verificar las posibles raíces racionales negativas mediante la división sintética, determinamos que -2 es una raíz y que

$$p(x) = x^5 + 2x^4 + x^3 + 2x^2 + 3x + 6 = (x+2)(x^4 + x^2 + 3)$$

Al examinar $q(x) = x^4 + x^2 + 3$, determinamos que $q(x)$ y $q(-x)$ tienen 0 variaciones de signo y por lo tanto $q(x)$ no tiene raíces reales. Por lo tanto, la única raíz real de $p(x)$ es -2. ∎

---

* La terminología número *real positivo* es redundante, ya que los números complejos no pueden ser positivos ni negativos. Sólo los números reales pueden ser positivos o negativos. No obstante, pensamos que la redundancia es útil para enfatizar el hecho de que hablamos de las raíces reales de $p(x)$.

4.4 Más acerca de las raíces de ecuaciones polinomiales

Como hemos visto, el teorema de la raíz racional puede implicar varias raíces racionales posibles. El siguiente teorema puede ser útil para reducir el número de raíces racionales posibles en cuestión.

Decimos que un número real U es una **cota superior** para las raíces reales de una función f si todas las raíces reales de f son menores o iguales que U. De igual manera, un número real L es una cota inferior para las raíces reales de f si todas las raíces reales de f son mayores o iguales que L. En otras palabras, si una función tiene una cota superior U y una cota inferior L para sus raíces reales, entonces todas sus raíces reales deben estar en el intervalo $[L, U]$ en la recta numérica. Véase la figura 4.22.

FIGURA 4.22 Todas las raíces reales de f estarán en el intervalo cerrado (L, U).

TEOREMA 4.11 **El teorema de la cota superior e inferior**

Sea $p(x)$ un polinomio con coeficientes reales cuyo coeficiente principal es positivo. Suponga que dividimos $p(x)$ entre $x - r$ utilizando la división sintética.

1. Si $r > 0$ y todos los números en la fila inferior de la tabla de división sintética son positivos o cero, entonces r es una cota superior para las raíces reales de $p(x) = 0$.
2. Si $r < 0$ y todos los números en la fila inferior de la tabla de división sintética son positivos y negativos en forma alternada (las entradas nulas cuentan como positivas o negativas), entonces r es una cota inferior para las raíces reales de $p(x) = 0$.

En el ejercicio 54 bosquejamos una justificación de la parte 2 de este teorema.

EJEMPLO 4 Determinar las cotas superior e inferior para las raíces reales de $p(x) = x^3 - 3x^2 - 2x + 10 = 0$.

Solución Verificamos 1, 2, 3, 4, . . . como posibles cotas superiores mediante la división sintética de $p(x)$ entre $x - 1$, $x - 2$, etcétera.

$$
\begin{array}{r|rrrr}
1) & 1 & -3 & -2 & 10 \\
  &   & 1 & -2 & -4 \\ \hline
  & 1 & -2 & -4 & \boxed{6}
\end{array}
\qquad
\begin{array}{r|rrrr}
2) & 1 & -3 & -2 & 10 \\
  &   & 2 & -2 & -8 \\ \hline
  & 1 & -1 & -4 & \boxed{2}
\end{array}
$$

$$
\begin{array}{r|rrrr}
3) & 1 & -3 & -2 & 10 \\
  &   & 3 & 0 & -6 \\ \hline
  & 1 & 0 & -2 & \boxed{4}
\end{array}
\qquad
\begin{array}{r|rrrr}
4) & 1 & -3 & -2 & 10 \\
  &   & 4 & 4 & 8 \\ \hline
  & 1 & 1 & 2 & \boxed{18}
\end{array}
$$

Como todas las entradas de la última fila de la división sintética de $p(x)$ entre $x - 4$ son positivas, de acuerdo con el teorema de la cota superior e inferior, 4 es una cota superior para las raíces reales de $p(x)$. (Detengámonos un momento para ver lo que dice la parte 1 de este teorema. Con base en esta última división, tenemos

$$p(x) = x^3 - 3x^2 - 2x + 10 = (x - 4)(x^2 + x + 2) + 18$$

Si observamos el lado derecho de esta ecuación, podemos ver que si $x > 4$, entonces $x - 4$ es positivo, lo mismo que $x^2 + x + 2$. Por lo tanto, para $x > 4$, el lado derecho de la ecuación es positivo. Por lo tanto, $p(x)$ debe ser positivo y no puede anularse para $x > 4$.)

Para determinar una cota inferior, realizamos la división sintética de $p(x)$ entre $x - (-1)$, $x - (-2)$, etcétera.

$$
\begin{array}{r|rrrr}
-1) & 1 & -3 & -2 & 10 \\
 &   & -1 & 4 & -2 \\ \hline
 & 1 & -4 & 2 & \boxed{8}
\end{array}
\qquad
\begin{array}{r|rrrr}
-2) & 1 & -3 & -2 & 10 \\
 &   & -2 & 10 & -16 \\ \hline
 & 1 & -5 & 8 & \boxed{-6}
\end{array}
$$

> Con un análisis similar al anterior, el cual mostró que 4 es una cota superior, muestre que −2 es una cota inferior para las raíces de $p(x)$

Como las entradas de la última fila de la división sintética de $p(x)$ entre $x - (-2)$ son positivas y negativas en forma alternada, de acuerdo con el teorema de la cota superior e inferior, −2 es una cota inferior para las raíces reales de $p(x)$. Todas las raíces de $p(x)$ están en el intervalo $[-2, 4]$. ∎

Como vimos en la sección 4.1, conocer la posición de las raíces de una función resulta útil para bosquejar su gráfica. Concluimos esto con un ejemplo en el que utilizamos los tres teoremas de esta sección que tratan de la determinación de raíces de polinomios.

EJEMPLO 5 Determinar todas las raíces reales de $y = f(x) = x^4 - x^3 + x^2 - 3x - 6$ y obtener su gráfica.

Solución Comenzamos con la regla de los signos de Descartes y vemos que $f(x)$ tiene 3 variaciones de signo, de modo que $f(x)$ tiene 3 o 1 raíces reales positivas. Como

$$f(-x) = (-x)^4 - (-x)^3 + (-x)^2 - 3(-x) - 6 = x^4 + x^3 + x^2 + 3x - 6$$

tiene una variación de signo, $f(x)$ tiene exactamente una raíz real negativa.

De acuerdo con el teorema de la raíz racional, consideramos las raíces de la forma

$$\frac{\text{factores de 6}}{\text{factores de 1}} \;\to\; \frac{\pm 1, \pm 2, \pm 3, \pm 6}{\pm 1}$$

Por lo tanto, las posibles raíces racionales de $f(x)$ son $\pm 1, \pm 2, \pm 3, \pm 6$.

Intentamos ver si $x = 1$ y $x = 2$ son raíces mediante la división sintética, y obtenemos

> Si $x - 2$ es un factor de $p(x)$ ¿cuál será el residuo al dividir $p(x)$ entre $x - 2$?

$$
\begin{array}{r|rrrrr}
1) & 1 & -1 & 1 & -3 & -6 \\
 &   & 1 & 0 & 1 & -2 \\ \hline
 & 1 & 0 & 1 & -2 & \boxed{-8}
\end{array}
\qquad
\begin{array}{r|rrrrr}
2) & 1 & -1 & 1 & -3 & -6 \\
 &   & 2 & 2 & 6 & 6 \\ \hline
 & 1 & 1 & 3 & 3 & \boxed{0}
\end{array}
$$

No sólo vemos que 2 es una raíz, sino que, como todos los números de la fila inferior en la división entre 2 son positivos, el teorema de la cota superior e inferior dice que 2 es una cota superior para las raíces positivas de $f(x)$. Por lo tanto, podemos ignorar 3 y 6 como raíces posibles y tenemos que $x = 2$ es la única raíz racional positiva.

Como ya hemos observado, sabemos que $f(x)$ tiene exactamente una raíz negativa, de modo que verificamos las raíces racionales negativas posibles en el cociente obtenido en la última división sintética.

$$
\begin{array}{r|rrrr}
-1) & 1 & 1 & 3 & 3 \\
 &   & -1 & 0 & -3 \\ \hline
 & 1 & 0 & 3 & \boxed{0}
\end{array}
$$

Por lo tanto, $x = -1$ es también una raíz y tenemos que 2 y −1 son las únicas raíces reales de $f(x)$.

4.4 Más acerca de las raíces de ecuaciones polinomiales

¿Por qué el factor $(x^2 + 3)$ no contribuye con un punto de corte?

Como sabemos que $x - 2$ y $x + 1$ son factores de $f(x)$, podemos factorizar $f(x)$:

$$f(x) = (x - 2)(x + 1)(x^2 + 3)$$

Al hacer un análisis de signos en $f(x) = (x - 2)(x + 1)(x^2 + 3)$ y reconocer que $x^2 + 3$ es siempre positivo, obtenemos la figura 4.23.

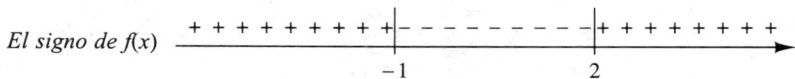

El signo de $f(x)$

FIGURA 4.23 El análisis de signo para $f(x) = (x - 2)(x + 1)(x^2 + 3)$

Tenemos $f(1) = -8$ (del teorema del residuo y la división sintética) y la intersección con el eje y es $f(0) = -6$. Al verificar algunos valores, vemos que y es positiva para valores grandes de $|x|$. Un esquema aproximado de la gráfica de $f(x)$ aparece en la figura 4.24. ∎

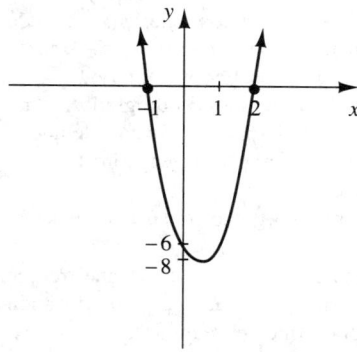

FIGURA 4.24 Un esquema aproximado de la gráfica de $y = x^4 - x^3 + x^2 - 3x - 6$

Si, después de utilizar el teorema de la raíz racional, determinamos que un polinomio no tiene raíces racionales, una calculadora gráfica sería de utilidad para estimar sus raíces. Recuerde que podemos utilizar la regla de los signos de Descartes y el teorema de la cota superior e inferior para obtener información que nos ayude a elegir el rectángulo de visión adecuado y utilizar las funciones de trazo y acercamiento con mayor eficacia.

EJERCICIOS 4.4

En los ejercicios 1-18, determine las raíces racionales de la ecuación dada.

1. $x^3 - 4x^2 - 7x + 10 = 0$
2. $x^4 + 7x^3 + 17x^2 + 17x + 6 = 0$
3. $2x^3 - 5x^2 + 15 = 28x$ 4. $3x^3 + 13x^2 + 2x = 8$
5. $x^3 - 4x^2 + 5x - 2 = 0$ 6. $2x^3 + 3x^2 = 1$
7. $4x^3 - 3x = 1$
8. $4y^3 + 3y^2 + 8y + 6 = 0$
9. $t^5 - 4t^3 + t^2 - 4 = 0$
10. $30z^3 - 31z^2 - 15z + 4 = 0$
11. $6u^3 + u^2 - 4u + 1 = 0$
12. $w^5 + 9w^3 - w^2 - 9 = 0$
13. $-x^4 + 8x^2 - 15 = 0$
14. $-x^6 + 4x^4 + x^2 - 4 = 0$
15. $8x^3 + 18x^2 + 45x + 27 = 0$
16. $9x^4 + 15x^3 - 20x^2 - 20x + 16 = 0$
17. $9x^6 - 18x^5 - 28x^4 + 38x^3 + 39x^2 - 4x - 4 = 0$
18. $4x^6 - 21x^4 + 11x^2 - 4 = 0$

En los ejercicios 19-26, utilice la regla de los signos de Descartes para determinar el posible número de raíces reales positivas y negativas de $p(x)$.

19. $p(x) = 8x^3 + 1$
20. $p(x) = x^3 - 5x^2 - 6x + 3$
21. $p(x) = 3x^4 + 5x^2 + 2$
22. $p(x) = x^4 - x^3 - 6$
23. $p(x) = x^4 - 3x^3 + 7x$
24. $p(x) = -x^4 + x^3 - 3x^2 - 2x + 1$
25. $p(x) = x^5 - x^4 + x^3 - x^2 + x - 8$
26. $p(x) = 4x^3 - 3x^2 + 7x - 4$

En los ejercicios 27-40, utilice el teorema de la cota superior e inferior para determinar cotas superior e inferior para las raíces de la ecuación dada.

27. $x^2 - 5x + 3 = 0$
28. $3x^2 + 9x - 2 = 0$
29. $x^3 - 3x^2 - 18x + 4 = 0$
30. $x^3 - 4x^2 - 5x + 8 = 0$
31. $x^4 - x^2 + 3x + 2 = 0$
32. $x^4 - 2x^3 + 4x - 3 = 0$
33. $2x^3 - 5x + 1 = 0$
34. $3x^3 - 6x^2 - 14 = 0$
35. $-x^4 - 6x^3 + 3x + 7 = 0$
36. $-2x^3 + 6x^2 - 4x + 3 = 0$
37. $x^3 + 3x^2 + 5 = 0$
38. $2x^3 - 3x^2 + 12x + 9 = 0$
39. $\frac{1}{3}x^3 - x^2 - 3x + 4 = 0$
40. $\frac{1}{2}x^3 - \frac{1}{3}x^2 - 3x + 4 = 0$

En los ejercicios 41-48, utilice los diversos teoremas de esta sección para determinar todas las raíces de la ecuación dada.

41. $3x^3 - 7x^2 + 5x - 1 = 0$
42. $2x^3 + 13x^2 - 2x - 4 = 0$
43. $2x^4 + 7x^3 - 8x + 3 = 0$
44. $x^4 + 4x^3 - x^2 - 20x - 20 = 0$
45. $6x^4 - 19x^3 + 21x^2 - 19x + 15 = 0$
46. $x^3 - 5x^2 + 6x - 8 = 0$
47. $3x^5 - 9x^4 - 28x^3 + 84x^2 + 9x - 27 = 0$
48. $2x^4 + 13x^3 + 4x^2 - 13x - 6 = 0$

En los ejercicios 49-52, utilice un análisis de signos para determinar los intervalos donde $f(x)$ sea positiva y donde sea negativa.

49. $f(x) = x^4 + 2x^3 - 13x^2 - 14x + 24$
50. $f(x) = x^4 - 2x^3 + 5x^2 - 8x + 4$
51. $f(x) = x^5 - 5x^3 - x^2 + 5$
52. $f(x) = x^5 + x^4 - 2x^3 + 8x^2 + 8x - 16$

PREGUNTAS PARA REFLEXIONAR

53. Revise el análisis posterior a la proposición del teorema de la raíz racional. Después, utilice el siguiente esquema para demostrar el teorema. Suponga que

$$f(x) = a_n x^n + a_{n-1} x^{n-1} + \cdots + a_1 x + a_0$$

y que $\dfrac{p}{q}$ es una solución de $f(x) = 0$, donde $\dfrac{p}{q}$ está reducido a su mínima expresión.

(a) Muestre que si $f\left(\dfrac{p}{q}\right) = 0$, entonces

$$a_n p^n + a_{n-1} p^{n-1} q + \cdots + a_1 p q^{n-1} + a_0 q^n = 0$$

(b) Muestre que esto implica que p debe dividir a a_0 y que q debe dividir a a_n.

54. Utilice el siguiente esquema para explicar la parte 2 del teorema de la cota superior e inferior.

(a) Utilice la división sintética para dividir

$$p(x) = 2x^3 + 5x^2 - x + 3 \text{ entre } x + 3$$

(b) Examine la línea inferior del arreglo de la división sintética y observe que satisface la condición de la parte 2 del teorema de la cota superior e inferior.
(c) Traduzca la división a la forma $p(x) = (x + 3)q(x) + R$.
(d) Verifique que para $x < -3$ debemos tener $p(x) < 0$, de modo que $p(x)$ no puede tener raíces menores que -3, como lo afirma el teorema de la cota superior e inferior.

55. ¿Es posible que la gráfica de un polinomio de grado par no tenga intersecciones con el eje x? Explique. ¿Es posible que la gráfica de un polinomio de grado impar no tenga intersecciones con el eje x? Explique.
56. Demuestre que todo polinomio de grado impar debe tener al menos una raíz real.
57. Como mencionamos al principio de esta sección, muestre que 3 se puede obtener como la raíz de $x^3 - 2x - 21 = 0$ utilizando la fórmula de Cardan. Ahora, utilice el teorema de la raíz racional para enumerar las posibles raíces racionales y verifique después que 3 es una raíz. ¿Cuál método piensa que es más sencillo?

GRAFIJACIÓN

58. (a) Trace la gráfica de

$$y = p(x) = 6x^3 - 31x^2 + 25x + 12$$

y estime sus raíces.
(b) Utilice el teorema de la raíz racional en $p(x)$ para determinar sus raíces. ¿Cuál método fue más sencillo? ¿Más preciso?
59. Grafique $y = p(x) = 12x^3 - 40x^2 + 13x + 30$. Utilice la gráfica para estimar las raíces de $p(x)$, y utilice esta información para aplicar el teorema de la raíz racional con más eficiencia y determinar las raíces exactas de $p(x)$.
60. Repita el proceso del ejercicio 59 para

$$y = p(x) = 48x^4 + 4x^3 - 128x^2 - 29x + 15$$

4.5 Funciones racionales

Una **función racional** es una función de la forma

$$y = f(x) = \frac{p(x)}{q(x)} \quad \text{donde } p(x) \text{ y } q(x) \text{ son polinomios y } q(x) \neq 0$$

Algunos ejemplos de funciones racionales son

$$f(x) = \frac{3}{x + 5} \qquad g(x) = \frac{x - 1}{x^2 - 9} \qquad h(x) = \frac{1}{x^2 + 4}$$

4.5 Funciones racionales

A diferencia de una función polinomial, cuyo dominio es siempre el conjunto de todos los números reales, una función racional puede tener un dominio restringido, ya que debemos excluir cualquier valor que anule al denominador. Considere las funciones f, g y h definidas en la página anterior. El dominio de $f(x)$ excluye a $x = -5$, y el dominio de $g(x)$ excluye a los valores $x = \pm 3$. Por otro lado, como $x^2 + 4$ no puede ser igual a cero (para valores reales de x), el dominio de $h(x)$ es el conjunto de todos los números reales.

EJEMPLO 1 Determinar el dominio y los ceros de la función $f(x) = \dfrac{3x - 5}{x^2 - x - 12}$.

Solución Aquellos valores de x para los que $x^2 - x - 12 = 0$ se excluyen del dominio de $f(x)$. Como $x^2 - x - 12 = (x - 4)(x + 3)$, tenemos que $D_f = \{x \mid x \neq -3, 4\}$.

Para determinar los ceros de $f(x)$, reconocemos que la única forma para que una fracción se anule es cuando el numerador se anula. En general,

$$\frac{p(x)}{q(x)} = 0 \quad \text{si y sólo si} \quad p(x) = 0 \text{ y } q(x) \neq 0$$

Por lo tanto, para determinar los ceros de $f(x)$, resolvemos $3x - 5 = 0$, de donde obtenemos $x = \dfrac{5}{3}$. Como $\dfrac{5}{3}$ no anula al denominador, $f(x)$ tiene un cero, $x = \dfrac{5}{3}$. ∎

Durante el análisis siguiente de las funciones racionales, suponemos que el numerador y el denominador no tienen factores comunes. (Véase el ejemplo 5 en la sección 3.1 para ver lo que sucede si no insistimos en que $p(x)$ y $q(x)$ no tengan factores comunes.)

En la sección 4.1 utilizamos un análisis de signos de funciones polinomiales para trazar su gráfica. Si sabemos dónde es positivo, negativo o cero un polinomio, junto con el comportamiento de éste cuando $|x|$ toma valores grandes, podemos obtener un esquema más preciso de su gráfica. Para obtener la gráfica de funciones racionales, también debemos investigar el comportamiento de la función cerca de los valores de x que anulan al denominador.

Comencemos nuestro análisis con el siguiente ejemplo.

EJEMPLO 2 Trazar la gráfica de $y = f(x) = \dfrac{1}{x}$.

Solución Como es usual, en vez de comenzar a graficar puntos, trataremos de analizar esta función para obtener información que nos ayude a trazar la gráfica.

El dominio de $f(x)$ es $x \neq 0$, y por lo tanto la gráfica de $f(x)$ no tiene intersecciones con el eje y. (¿Por qué?) De manera análoga, como no existen valores x para los cuales $\dfrac{1}{x} = 0$ (recuerde que para que una fracción se anule, el numerador debe ser igual a cero), la gráfica no tiene intersecciones con el eje x. $\left(\text{Trate de resolver } \dfrac{1}{x} = 0. \right)$

Al observar la ecuación $y = \dfrac{1}{x}$, podemos ver que si x es positivo, entonces y es positivo y si x es negativo, entonces y es negativo. En términos de la gráfica, esto significa que la gráfica sólo aparece en los cuadrantes I y III. Sin embargo, como hemos establecido

¿Por qué la gráfica de $y = \dfrac{1}{x}$ no tiene intersecciones con los ejes?

290 Capítulo 4 Funciones polinomiales, racionales y radicales

que no hay intersecciones con los ejes, la gráfica debe constar de dos partes separadas, una en el cuadrante I y otra en el cuadrante III. Véase la figura 4.25.

En otras palabras, esta gráfica tiene un salto, a diferencia de la gráfica de un polinomio, que no puede tener saltos.

También debemos observar que, para $f(x) = \dfrac{1}{x}$,

$$f(-x) = \dfrac{1}{-x} = -\dfrac{1}{x} = -f(x)$$

lo que significa que la gráfica de esta función tiene simetría con respecto del origen. Esto concuerda con nuestra observación de que la gráfica está en los cuadrantes I y III.

Ahora examinemos lo que sucede al hacer que $|x|$ tome valores muy grandes. Cuando nos movemos a lo largo del eje x cada vez más hacia la derecha, digamos, $x = 10$; 100; 1000; 10,000; etcétera, los valores de $y = \dfrac{1}{x}$ se acercan cada vez más a 0 (los valores de y serían 0.1, 0.01, 0.001, 0.0001, etcétera). De igual manera, cuando nos movemos a lo largo del eje x cada vez más hacia la izquierda, digamos $x = -10$, -100, -1000, $-10\,000$, etcétera, los valores de $y = \dfrac{1}{x}$ nuevamente se acercan cada vez más a 0 (los valores de y serían -0.1, -0.01, -0.001, -0.0001, etcétera).

Así, "en los extremos", la gráfica se acerca cada vez más al eje x, sin tocarlo, pues, como ya hemos establecido, no existe una intersección con el eje x. En esta situación, el eje x (con ecuación $y = 0$) es una **asíntota horizontal**. Véase la figura 4.26.

En general, decimos que una recta es una **asíntota** para una gráfica si la distancia entre la gráfica y la recta se aproxima a 0 cuando nos alejamos a lo largo de la gráfica.*

Sólo nos resta determinar el comportamiento de y para valores de x cercanos a 0, donde y no está definida. Queremos determinar lo que sucede a los valores de y cuando los valores x se acercan a cero. Examinemos algunos valores de y para valores de x cercanos a 0 (positivos y negativos).

Para indicar que x se aproxima a 0 *por la derecha*, escribimos $x \to 0^+$.

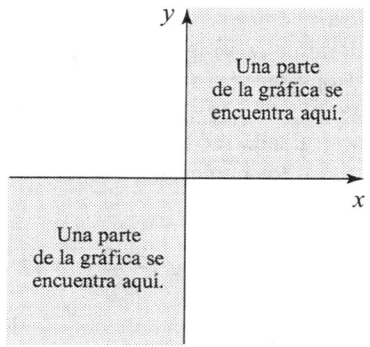

FIGURA 4.25 La gráfica de $y = \dfrac{1}{x}$ está en los cuadrantes I y III.

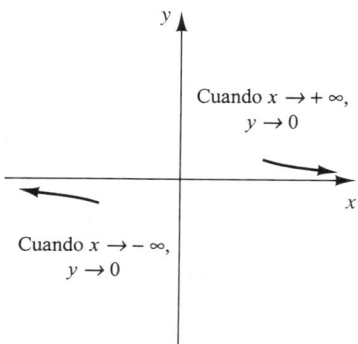

FIGURA 4.26

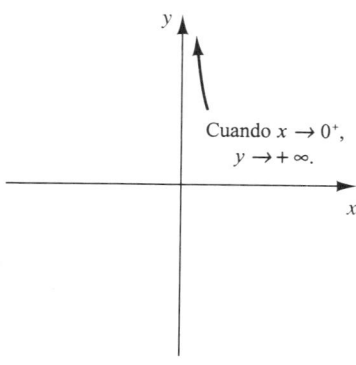

FIGURA 4.27

x	1	0.	0.1	0.01	0.001	0.0001	$x \to 0^+$
$y = \dfrac{1}{x}$	1	2	10	100	1000	10 000	$y \to \infty$

$y \to \infty$ significa que y crece sin límite. En otras palabras, cuando x se acerca a cero desde el lado derecho del eje y, los valores crecen cada vez más. Véase la figura 4.27.

* Observe que esta descripción permite que una gráfica cruce una asíntota horizontal *antes* de ir hacia los extremos.

4.5 Funciones racionales

Para indicar que x se aproxima a 0 *por la izquierda*, escribimos $x \to 0^-$.

x	−1	−0.5	−0.1	−0.01	−0.001	−0.0001	$x \to 0^-$
$y = \dfrac{1}{x}$	−1	−2	−10	−100	−1000	−10 000	$y \to -\infty$

$y \to -\infty$ significa que y decrece sin límite; es decir, cuando x se acerca a cero por el lado izquierdo del eje y, los valores de y son negativos pero su valor absoluto crece. Véase la figura 4.28.

En resumen, cuando x se acerca a cero por el lado derecho, la gráfica crece pero sin tocar al eje y (¿por qué no?), mientras que cuando x se acerca a cero por el lado izquierdo, la gráfica decrece pero sin tocar al eje y. Así, el eje y (con ecuación $x = 0$) es una **asíntota vertical**.

Reunimos toda la información acerca de la función y su gráfica, para obtener la figura 4.29.

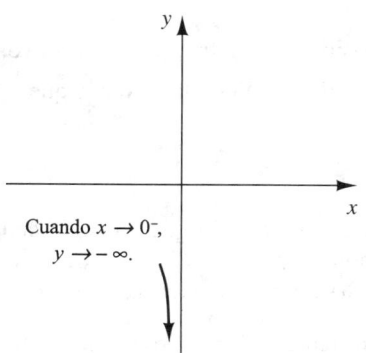

FIGURA 4.28

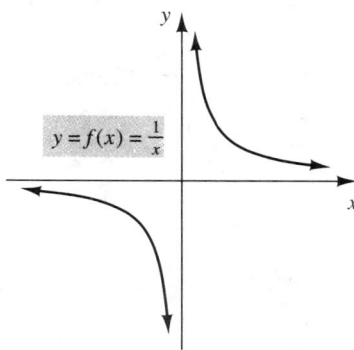

FIGURA 4.29 Observe que la gráfica se aproxima pero nunca toca a los ejes.

Recuerde que toda nuestra información no nos dice la forma exacta de la curva. Como mencionamos antes, para determinar la concavidad de una gráfica se requieren ciertas técnicas del cálculo. Se puede mostrar que la figura 4.29 describe la forma de $y = \dfrac{1}{x}$ con precisión. ∎

Después de este detallado análisis para $y = \dfrac{1}{x}$, podemos hacer ahora un análisis similar mucho más rápido.

EJEMPLO 3 Trazar la gráfica de $y = f(x) = \dfrac{1}{x^2}$.

Solución Nuestro análisis de la función nos conducirá a muchas de las conclusiones a las que llegamos con $y = \dfrac{1}{x}$. La gráfica no tendrá intersecciones con los ejes y tendrá al eje x como asíntota horizontal y al eje y como asíntota vertical.

Sin embargo, para $y = \dfrac{1}{x^2}$, sin importar que x sea positivo o negativo, y será positivo, y por lo tanto, la gráfica sólo estará en los cuadrantes I y II. También observemos que

$$f(-x) = \frac{1}{(-x)^2} = \frac{1}{x^2} = f(x)$$

de modo que la gráfica $f(x)$ exhibe simetría con respecto del eje y, lo que coincide con nuestra observación de que la gráfica está en los cuadrantes I y II.

Observe que cuando x se acerca a cero, por la derecha o por la izquierda, x^2 será un número positivo pequeño que se acerca a cero, y por lo tanto $y = \dfrac{1}{x^2}$ crece sin límite. Véase la figura 4.30(a). La gráfica aparece en la figura 4.30(b). ∎

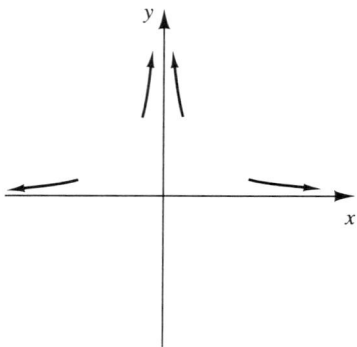

El comportamiento de $y = f(x) = \dfrac{1}{x^2}$
(a)

La gráfica de $y = f(x) = \dfrac{1}{x^2}$
(b)

FIGURA 4.30

GRAFIJACIÓN

Utilice una calculadora gráfica o una computadora.

1. Grafique lo siguiente en el mismo conjunto de ejes coordenados:

$$y = \frac{1}{x}, \qquad y = \frac{1}{x^3}, \qquad y = \frac{1}{x^5}$$

Para valores impares de n, ¿qué puede concluir acerca de la forma en que afecta el cambio de n a la gráfica de $y = \dfrac{1}{x^n}$?

2. Grafique lo siguiente en el mismo conjunto de ejes coordenados:

$$y = \frac{1}{x^2}, \qquad y = \frac{1}{x^4}, \qquad y = \frac{1}{x^6}$$

Para valores pares de n, ¿qué puede concluir acerca de la forma en que afecta el cambio de n a la gráfica de $y = \dfrac{1}{x^n}$?

4.5 Funciones racionales

EJEMPLO 4 Trazar las gráficas de (a) $y = f(x) = \dfrac{1}{x^3}$ (b) $y = g(x) = \dfrac{1}{x^4}$.

Solución

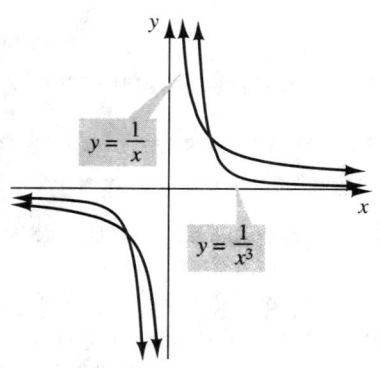

FIGURA 4.31

(a) Se deja al estudiante analizar la función $y = \dfrac{1}{x^3}$ y reconocer que tiene todas las características esenciales de $y = \dfrac{1}{x}$, incluyendo el mismo dominio y rango. Esto se debe directamente al hecho de que el exponente 3 es impar, y por lo tanto, cuando x es negativo, y es negativo, lo que coloca a la gráfica en los cuadrantes I y III. La gráfica aparece en la figura 4.31. También se muestra la gráfica de $y = \dfrac{1}{x}$. Observe que el exponente más alto (3) acerca la gráfica al eje x.

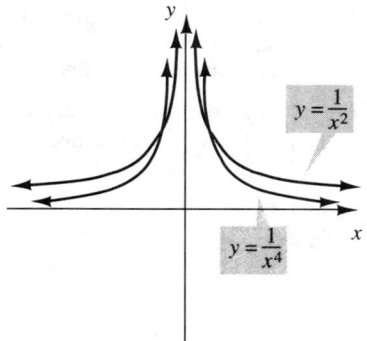

FIGURA 4.32

(b) Otra vez se deja al estudiante analizar la función $y = \dfrac{1}{x^4}$ y reconocer que tiene todas las características esenciales de $y = \dfrac{1}{x^2}$, incluyendo el mismo dominio y rango. Esto se debe directamente al hecho de que el exponente 4 es par, y por lo tanto, cuando x es negativo, y es positivo, lo que coloca la gráfica en los cuadrantes I y II. La gráfica aparece en la figura 4.32. También se muestra la gráfica de $y = \dfrac{1}{x^2}$.

Observe que el exponente más alto (4) acerca a la gráfica al eje x. ∎

Con base en estos ejemplos, podemos generalizar como sigue:

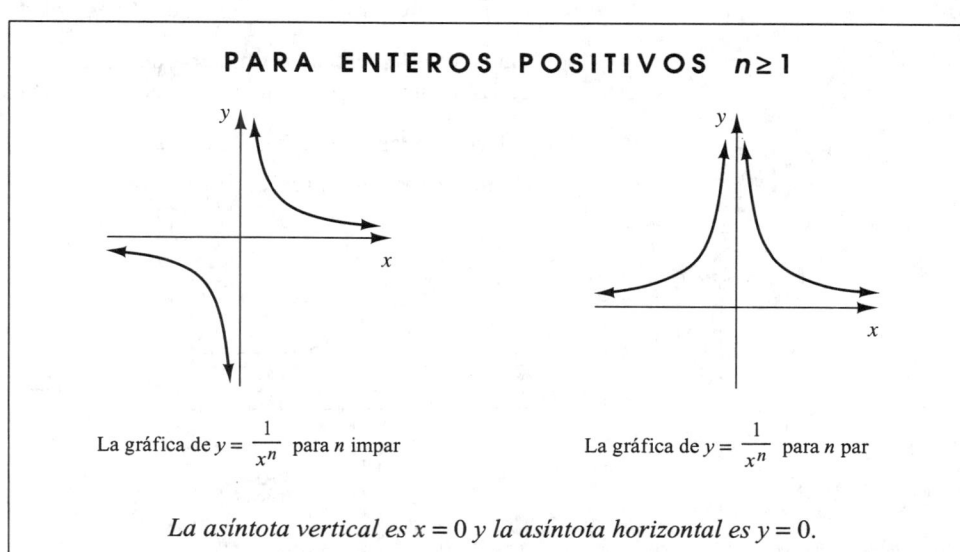

PARA ENTEROS POSITIVOS $n \geq 1$

La gráfica de $y = \dfrac{1}{x^n}$ para n impar

La gráfica de $y = \dfrac{1}{x^n}$ para n par

La asíntota vertical es $x = 0$ y la asíntota horizontal es $y = 0$.

Debemos agregar estas gráficas a nuestro catálogo de funciones básicas cuyas gráficas reconocemos de inmediato.

EJEMPLO 5 Trazar las gráficas de

(a) $y = \dfrac{5}{x + 2}$ (b) $y = \dfrac{1}{x} + 2$ (c) $y = -\dfrac{1}{(x - 3)^2}$.

294 Capítulo 4 Funciones polinomiales, racionales y radicales

Solución

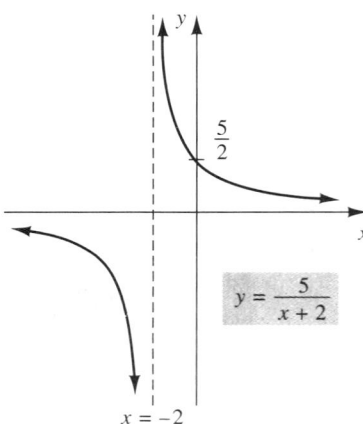

FIGURA 4.33

(a) Como conocemos la gráfica de $y = \dfrac{1}{x}$, nuestros principios básicos de graficación dicen que $y = \dfrac{5}{x} = 5\left(\dfrac{1}{x}\right)$ tendrá la misma forma y comportamiento que $y = \dfrac{1}{x}$. Como vimos con las funciones potencia, la multiplicación de una función por una constante sólo estira la gráfica. La gráfica de $y = \dfrac{5}{x+2}$ se obtiene al desplazar la gráfica de $y = \dfrac{5}{x}$ dos unidades a la izquierda. La gráfica aparece en la figura 4.33. Observe que la asíntota horizontal sigue siendo el eje x ($y = 0$) pero la asíntota vertical se desplaza del eje y ($x = 0$) a la recta $x = -2$. Como es usual, determinamos la intersección con y haciendo $x = 0$.

(b) De nuevo, aplicamos nuestros principios básicos de graficación y obtenemos la gráfica de $y = \dfrac{1}{x} + 2$, recorriendo la gráfica de $y = \dfrac{1}{x}$, 2 unidades hacia arriba. El eje y sigue siendo la asíntota vertical, pero ahora la asíntota horizontal se recorre dos unidades hacia arriba del eje x ($y = 0$), hasta la recta $y = 2$. Es adecuado determinar las intersecciones con el eje x (haciendo $y = 0$).

$$0 = \dfrac{1}{x} + 2 \quad \text{Al despejar } x \text{ obtenemos} \quad x = -\dfrac{1}{2}$$

¿Por qué no nos preocupamos por buscar una intersección con el eje y?

La gráfica aparece en la figura 4.34.

(c) La gráfica de $y = -\dfrac{1}{(x-3)^2}$ se obtiene al desplazar la gráfica de $y = \dfrac{1}{x^2}$ tres unidades a la derecha y reflejarla después con respecto del eje x. La asíntota horizontal sigue siendo el eje x y la asíntota vertical se recorre a $x = 3$. Es adecuado determinar las intersecciones con el eje y. Si $x = 0$, obtenemos $y = -\dfrac{1}{9}$. La gráfica aparece en la figura 4.35. ∎

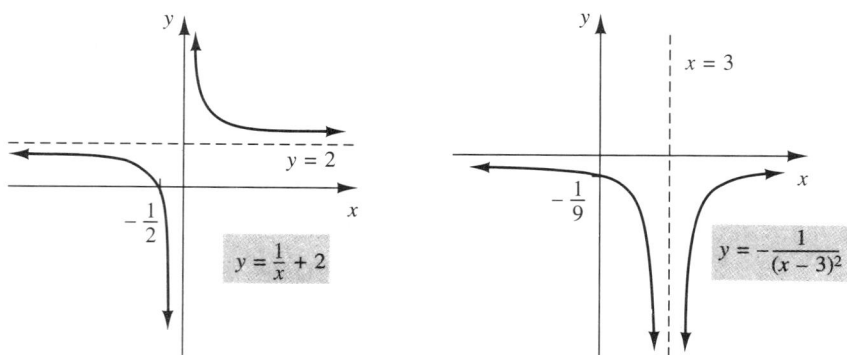

FIGURA 4.34 **FIGURA 4.35**

4.5 Funciones racionales

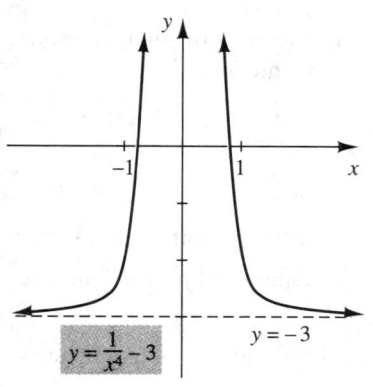

FIGURA 4.36

EJEMPLO 6 Trazar la gráfica de (a) $y = \dfrac{1}{x^4} - 3$ (b) $y = \dfrac{1}{(x-2)^5} + 1$.

Solución

(a) Reconocemos que la gráfica subyacente es de la forma $y = \dfrac{1}{x^n}$, con n par, de modo que la gráfica tendrá la apariencia de $\dfrac{1}{x^2}$, y recorremos la gráfica básica 3 unidades hacia abajo. Así, el eje y es la asíntota vertical y la asíntota horizontal es ahora $y = -3$. Determinamos las intersecciones con el eje x.

$$0 = \dfrac{1}{x^4} - 3 \Rightarrow 3 = \dfrac{1}{x^4}$$

$$x = \pm \dfrac{1}{\sqrt[4]{3}} \approx \pm 0.76$$

La gráfica aparece en la figura 4.36.

(b) Reconocemos que la gráfica subyacente de esta función tiene la forma $y = \dfrac{1}{x^n}$ con n impar, de modo que la gráfica tendrá la apariencia de $\dfrac{1}{x}$, y recorremos la gráfica subyacente 2 unidades a la derecha y 1 unidad hacia arriba. Así, recorremos la asíntota vertical 2 unidades a la derecha a $x = 2$ y la asíntota horizontal una unidad a $y = 1$. Determinamos las intersecciones con los ejes.

Sea $y = 0$.

$$y = \dfrac{1}{(x-2)^5} + 1$$

$$0 = \dfrac{1}{(x-2)^5} + 1$$

$$-1 = \dfrac{1}{(x-2)^5}$$

$-1 = (x-2)^5$ *Calculamos la raíz quinta.*

$-1 = x - 2$

$1 = x$ La intersección con x es 1.

Sea $x = 0$.

$$y = \dfrac{1}{(x-2)^5} + 1$$

$$y = \dfrac{1}{(0-2)^5} + 1$$

$$y = -\dfrac{1}{32} + 1 = \dfrac{31}{32}$$

La intersección con y es $\dfrac{31}{32}$.

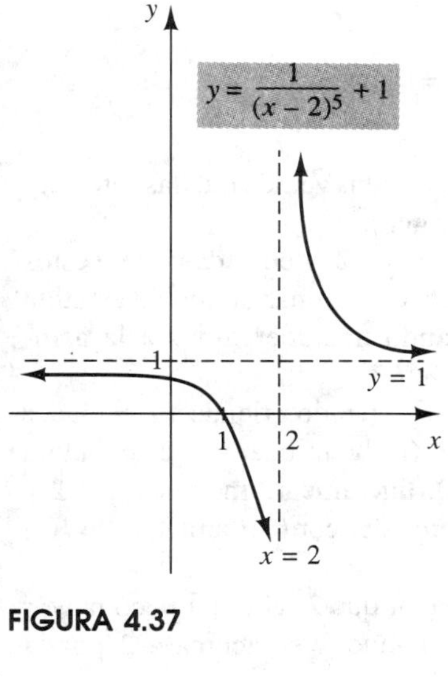

La gráfica aparece en la figura 4.37.

FIGURA 4.37

El siguiente ejemplo ilustra que esta misma técnica se puede aplicar a veces si primero hacemos algo de álgebra.

EJEMPLO 7 Trazar la gráfica de $y = \dfrac{1-x}{x-3}$.

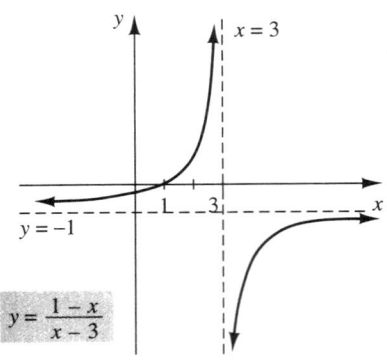

FIGURA 4.38

Solución Observamos que los grados del numerador y el denominador son iguales, de modo que podemos realizar una división larga (o una división sintética):

$$\frac{1-x}{x-3} = -1 - \frac{2}{x-3} = -\frac{2}{x-3} - 1$$

Podemos ver ahora que la gráfica se puede obtener al recorrer la gráfica de $\frac{2}{x}$ tres unidades a la derecha, reflejarla con respecto del eje x, y después recorrerla 1 unidad hacia abajo.

Dejamos al estudiante verificar que la intersección con el eje y es $-\frac{1}{3}$ y que la intersección con el eje x es $x = 1$. La gráfica aparece en la figura 4.38. ■

El mismo tipo de método utilizado en el ejemplo 7 funciona para cualquier función racional de la forma

$$f(x) = \frac{ax+b}{cx+d}$$

Una función racional tendrá una asíntota vertical en cada valor x que anule al denominador (pero no al numerador) y sólo en tales valores, de modo que una función racional no necesita tener asíntotas verticales. Véase los ejercicios 57 y 58 para más información relativa a las asíntotas.

Para determinar la forma exacta de la gráfica de una función racional arbitraria, necesitamos técnicas más complejas, como mencionamos en nuestro análisis de las funciones polinomiales. Sin embargo, el siguiente ejemplo presenta algunas ideas que nos permitirán obtener un esquema razonable de la gráfica de una función racional.

EJEMPLO 8 Trazar la gráfica de $y = f(x) = \dfrac{x}{x^2 - 4}$.

Solución Comencemos observando que

$$f(-x) = \frac{-x}{(-x)^2 - 4} = -\frac{x}{x^2 - 4} = -f(x)$$

lo que indica que la gráfica tiene simetría con respecto del origen. Vemos que las intersecciones con x y y son ambas cero (la gráfica pasa por el origen).

El dominio consta de todos los números reales excepto $x = \pm 2$, y en cada uno de estos valores la gráfica tendrá una asíntota vertical. Sólo nos resta determinar el tipo de asíntota vertical; es decir, lo que sucede a los valores de y cuando nos acercamos a la asíntota vertical por ambas direcciones.

Analicemos con cuidado lo que ocurre con los valores de y cuando x tiende a 2 unidades *por la derecha*. Recuerde que escribimos esto como $x \to 2$. (Debe utilizar una calculadora para calcular $f(x)$ para algunos valores de x cercanos a 2, ligeramente menores que 2 y ligeramente mayores que 2, para obtener información acerca del comportamiento de $f(x)$ cerca de $x = 2$.)

Cuando x se acerca a 2 por la derecha, x es un poco mayor que 2, x^2 es un poco mayor que 4, y $x^2 - 4$ es un número positivo cercano a cero. Cuando x se acerca a 2 por la derecha, el denominador se acerca a 0. Así,

$$\text{Cuando } x \to 2^+, \qquad y = \frac{\text{un número cercano a 2}}{\text{un número positivo cercano a 0}}$$

de modo que al acercarse x a 2 por la derecha, y crece sin límite. En forma simbólica,

$$\text{Cuando } x \to 2^+, \qquad y \to +\infty$$

4.5 Funciones racionales

Analicemos también con cuidado lo que sucede a los valores de y cuando x se aproxima a -2 *por la derecha*. (Recuerde que escribimos esto como $x \to -2^+$. De nuevo, utilice una calculadora para analizar el comportamiento de $f(x)$ para valores cercanos a $x = -2$). Cuando x se acerca a -2 por la derecha, x es un poco mayor que -2 (por ejemplo, -1.99), x^2 es un poco *menor* que 4, y $x^2 - 4$ es un número *negativo* cercano a cero. Entre más se acerque x a -2 por la derecha, el denominador se acercará más a 0, pero permanece negativo. Por lo tanto,

$$\text{Cuando } x \to -2^+, \quad y = \frac{\text{un número cercano a } -2}{\text{un número negativo cercano a } 0}$$

y así, al acercarse x a -2 por la derecha, el valor de y se incrementa sin límite. De manera simbólica,

$$\text{cuando } x \to -2^+, \quad y \to +\infty$$

Se pide al lector que lleve a cabo el mismo tipo de análisis cuando x se aproxima a 2 y -2 desde el lado izquierdo, lo que escribimos como $x \to 2^-$ y $x \to -2^-$, respectivamente. La siguiente tabla resume el comportamiento de $f(x)$ cerca de la asíntota vertical.

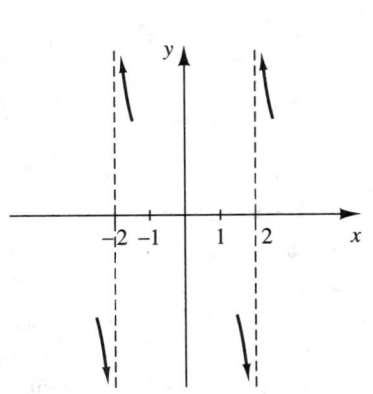

FIGURA 4.39

Cuando $x \to 2^+$	$x^2 - 4$ es un número positivo cercano a 0	$y = \dfrac{x}{x^2 - 4} \to +\infty$
Cuando $x \to 2^-$	$x^2 - 4$ es un número negativo cercano a 0	$y = \dfrac{x}{x^2 - 4} \to -\infty$
Cuando $x \to -2^+$	$x^2 - 4$ es un número negativo cercano a 0	$y = \dfrac{x}{x^2 - 4} \to +\infty$
Cuando $x \to -2^-$	$x^2 - 4$ es un número positivo cercano a 0	$y = \dfrac{x}{x^2 - 4} \to -\infty$

Esta información permite visualizar los puntos de la gráfica cercanos a la asíntota vertical, como se muestra en la figura 4.39.

Por último, nos gustaría examinar el comportamiento de $f(x)$ "en los extremos"; es decir, cuando $|x|$ toma valores muy grandes.

Utilizamos una calculadora para calcular algunos valores de $f(x)$ y tener una idea de lo que sucede. (Registramos el resultado que aparece en la calculadora.)

$$f(100) = \frac{100}{100^2 - 4} \approx 0.01$$

$$f(1000) = \frac{1000}{1000^2 - 4} \approx 0.001$$

$$f(10,000) = \frac{10,000}{10,000^2 - 4} \approx 0.0001$$

Intente calcular $f(x)$ para algunos valores adicionales grandes de x.

Parece entonces que, cuando $x \to +\infty$, tenemos $y = f(x) \to 0$. No necesitamos calcular $f(x)$ cuando $x \to -\infty$, ya que hemos establecido que la gráfica tiene simetría con respecto del origen. Esto implica entonces que, cuando $x \to -\infty$, tenemos también $f(x) \to 0$. En consecuencia, el eje x es una asíntota horizontal.

Al utilizar un poco de álgebra, podemos hacer más evidente el comportamiento de una función racional cuando $|x| \to +\infty$. Podemos dividir el numerador y el denominador de $f(x)$ entre la potencia más alta de x en el denominador. En el caso de $y = \dfrac{x}{x^2 - 4}$, dividimos cada término del numerador y el denominador entre x^2.

$$y = f(x) = \frac{x}{x^2 - 4} = \frac{\dfrac{x}{x^2}}{\dfrac{x^2}{x^2} - \dfrac{4}{x^2}} = \frac{\dfrac{1}{x}}{1 - \dfrac{4}{x^2}}$$

Ahora, cuando $|x|$ crece, $\dfrac{1}{x}$ y $\dfrac{4}{x^2}$ se aproximan a 0, de modo que $f(x)$ tiende a $\dfrac{0}{1-0} = 0$. Esto concuerda con la evidencia numérica, la cual indica que el eje x es una asíntota horizontal.

Al reunir toda la información acumulada de $f(x)$, obtenemos la gráfica de la figura 4.40.

> Realice un análisis de signos para $\dfrac{x}{x^2 - 4}$. ¿Concuerdan sus resultados con la gráfica de la figura 4.40?

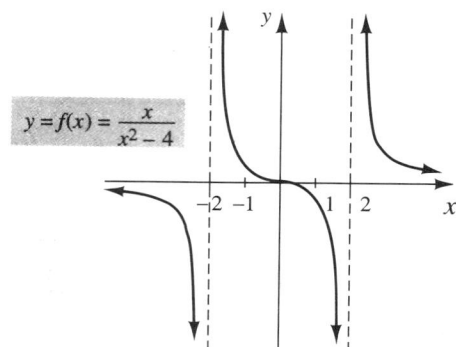

FIGURA 4.40

Muchos estudiantes indican que pueden obtener las diversas piezas de información relativa a una función pero que tienen problemas para trazar una gráfica consistente con toda esta información. Es importante que regrese a este problema y se asegure de ver cómo se obtiene toda la información relativa a $f(x)$ (sus intersecciones con los ejes y su comportamiento cerca de las asíntotas horizontal y vertical) y cómo se integra para producir la gráfica de la figura 4.40. Aunque no podemos responder directamente la pregunta de concavidad, la información relativa a las asíntotas sugiere la imagen de concavidad esquematizada en la gráfica. ∎

GRAFIJACIÓN

Trazar la gráfica de $y = \dfrac{2x^2}{x^2 - 1}$.

Utilizar una función de trazo para determinar los valores de y cuando $|x|$ crece.

¿Qué puede concluir acerca de la asíntota horizontal de la gráfica?

4.5 Funciones racionales

Debemos puntualizar que las técnicas que hemos desarrollado son limitadas en cierta medida y que no dicen la historia completa de muchas funciones racionales, como se ilustra en el ejercicio 60. Varios ejercicios tratan ideas adicionales acerca de las asíntotas.

EJERCICIOS 4.5

En los ejercicios 1-6, determine el dominio y los ceros reales de la función dada.

1. $f(x) = \dfrac{3}{x^2 - 25}$
2. $g(x) = \dfrac{x - 3}{x^2 - 4x - 12}$
3. $h(x) = \dfrac{x^2 - 4x}{2x^2 + 3x - 20}$
4. $f(x) = \dfrac{x^2 - 16}{x^2 + 4}$
5. $g(x) = \dfrac{x^2 - 2x + 5}{x^2}$
6. $g(x) = \dfrac{(x - 3)^2}{x^3 - 3x^2 + 2x}$

7. Trace las gráficas.
   (a) $y = \dfrac{2}{x}$ (b) $y = \dfrac{2}{x - 3}$ (c) $y = \dfrac{2}{x} - 3$

8. Trace las gráficas.
   (a) $y = \dfrac{3}{x^2}$ (b) $y = \dfrac{3}{x^2} + 2$
   (c) $y = \dfrac{3}{(x + 2)^2}$

9. Trace las gráficas.
   (a) $y = -\dfrac{1}{x^4}$ (b) $y = -\dfrac{1}{(x - 1)^4}$
   (c) $y = -\dfrac{1}{x^4} - 1$

10. Trace las gráficas.
    (a) $y = \dfrac{2}{x^3}$ (b) $y = \dfrac{2}{x^3} - 4$
    (c) $y = \dfrac{2}{(x + 4)^3}$

11. En el mismo conjunto de ejes coordenados, trace las gráficas de
    $y = \dfrac{1}{x}, \ y = \dfrac{6}{x}, \ y\ y = \dfrac{10}{x}$.

12. En el mismo conjunto de ejes coordenados, trace las gráficas de
    $y = -\dfrac{1}{x^2}, \ y = -\dfrac{4}{x^2}, \ y\ y = -\dfrac{9}{x^2}$.

En los ejercicios 13-44, trace la gráfica de cada función. Asegúrese de identificar las intersecciones con los ejes y las asíntotas horizontal y vertical en los casos adecuados.

13. $y = \dfrac{4}{x^6}$
14. $y = \dfrac{3}{x^5}$
15. $y = \dfrac{1}{x} - 5$
16. $y = \dfrac{1}{x - 5}$
17. $y = \dfrac{1}{(x - 2)^2}$
18. $y = \dfrac{1}{x^2} - 2$
19. $y = \dfrac{1}{x^3} - 8$
20. $y = \dfrac{1}{(x - 1)^4}$
21. $y = 9 - \dfrac{1}{x^2}$
22. $y = 4 - \dfrac{1}{x}$
23. $y = \dfrac{x}{x + 5}$
24. $y = \dfrac{-2x}{x - 2}$
25. $y = \dfrac{3x - 5}{x}$
26. $y = \dfrac{5x + 4}{2x}$
27. $y = \dfrac{x + 2}{x - 2}$
28. $y = \dfrac{x - 3}{x + 6}$
29. $y = \dfrac{5 - x}{x + 4}$
30. $y = \dfrac{6x - 3}{2x - 3}$
31. $y = \dfrac{2x}{x^2 - 1}$
32. $y = \dfrac{-x}{x^2 - 9}$
33. $y = \dfrac{x^2}{x^2 - 4}$
34. $y = \dfrac{3x^2}{1 - x^2}$
35. $y = \dfrac{x - 1}{x^2 - 2x - 3}$
36. $y = \dfrac{x + 1}{x^2 - x - 6}$
37. $y = \dfrac{2 - x}{2x^2 - x - 3}$
38. $y = \dfrac{x^2 - 4}{x^2 + 2x - 3}$
39. $y = \dfrac{x^2 - 4x + 3}{x^2 - 2x}$
40. $y = \dfrac{x^2 - 4x + 3}{x^2 - 4x}$
41. $y = \left|\dfrac{1}{x}\right| - 2$
42. $y = \left|\dfrac{1}{x} - 2\right|$
43. $y = \left|\dfrac{1}{x^2} - 4\right|$
44. $y = \left|\dfrac{1}{x^2}\right| - 4$

45. Sea $f(x) = \dfrac{1}{x}$; calcule y simplifique el cociente de diferencias
    $\dfrac{f(x) - f(5)}{x - 5}$.

46. Sea $f(x) = \dfrac{1}{x + 1}$; calcule y simplifique el cociente de diferencias $\dfrac{f(x) - f(2)}{x - 2}$.

47. Sea $f(x) = \dfrac{1}{x^2}$; calcule y simplifique el cociente de diferencias
    $\dfrac{f(x + h) - f(x)}{h}$.

48. Sea $f(x) = \dfrac{1}{x^2 - 4}$; calcule y simplifique el cociente de diferencias $\dfrac{f(x) - f(a)}{x - a}$.

49. Determine el comportamiento de $\dfrac{x^3 - 8x - 3}{x - 3}$ cuando x es cercano a 3.

50. Determine el comportamiento de $\dfrac{2x^4 - 3x^2 + 1}{x + 1}$ cuando x está cerca de -1.

51. Se desea construir una barda que encierre un campo rectangular y lo divida a la mitad, como se indica en el diagrama. Si el área del campo es de 60,000 pies cuadrados, exprese la longitud, L, de la barda necesaria como función de x.

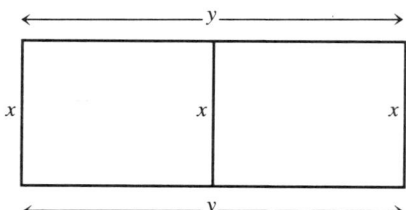

52. Utilice el hecho de que el volumen de un cilindro circular recto cerrado es de 200 unidades cúbicas para expresar el área de la superficie S del cilindro como función de r, el radio del cilindro.

Ciertos procedimientos en el cálculo aplicados a funciones racionales dan lugar a los siguientes tipos de problemas.

53. Muestre que $\dfrac{(x^2 + 1)(2x) - (x^2 - 1)(2x)}{(x^2 + 1)^2} = \dfrac{4x}{(x^2 + 1)^2}$.

54. Muestre que $\dfrac{(x + 2)^3(2x) - (x^2 - 1)3(x + 2)^2}{(x + 2)^6} = \dfrac{3 + 4x - x^2}{(x + 2)^4}$.

55. Muestre que $\dfrac{x^3(2x - 2) - (x^2 - 2x - 3)3x^2}{x^6} = \dfrac{-x^2 + 4x + 9}{x^4}$.

56. Muestre que $\dfrac{(x + 3)^2 \cdot 3x^2 - x^3 \cdot 2(x + 3)}{(x + 3)^4} = \dfrac{x^2(x + 9)}{(x + 3)^3}$.

PREGUNTAS PARA REFLEXIONAR

57. Como mencionamos en esta sección, una función racional puede no tener asíntotas horizontales ni verticales. Considere la función $y = f(x) = \dfrac{x^4 + 2}{x^2 + 1}$.

    (a) Verifique que $f(x)$ no tiene asíntotas verticales.
    (b) Calcule $f(x)$ para $x = 10$, 100 y 1000 y para $x = -10, -100$ y -1000. ¿Qué sucede con $f(x)$ cuando $x \to +\infty$? ¿Cuando $x \to -\infty$?
    (c) Verifique su conjetura de la parte (b). SUGERENCIA: Divida el numerador y el denominador de $f(x)$ entre x^2 y determine entonces lo que sucede con $f(x)$ cuando $|x| \to \infty$.
    (d) ¿Por qué esto implica que $f(x)$ no tiene asíntotas horizontales?

58. Aunque una función racional no tiene por qué tener asíntotas horizontales y verticales, podría tener una *asíntota oblicua* o *inclinada*. La gráfica siguiente es de $y = f(x) = \dfrac{x^2 + 1}{x}$.

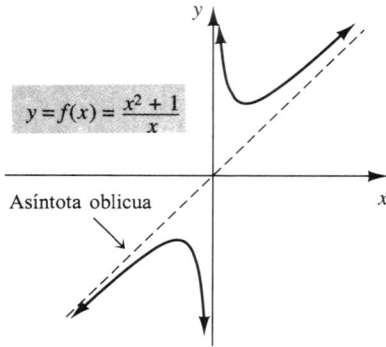

(a) Muestre que $y = f(x) = x + \dfrac{1}{x}$ y que cuando $|x| \to \infty$, tenemos que y se acerca a x. Así, la gráfica de $f(x)$ se acerca a la gráfica de $y = x$.

(b) Muestre también que cuando $x \to 0$, $y \approx \dfrac{1}{x}$, de modo que cerca del eje y, la gráfica de $f(x)$ se parece a la gráfica de $y = \dfrac{1}{x}$.

59. La gráfica de cualquier función racional donde el grado del numerador es exactamente uno más que el grado del denominador tendrá siempre una asíntota oblicua.

    (a) Utilice la división larga para mostrar que
    $$y = f(x) = \dfrac{x^2 - x + 6}{x - 2} = x + 1 + \dfrac{8}{x - 2}$$
    (b) Muestre que esto significa que la recta $y = x + 1$ es una asíntota oblicua para la gráfica y trace la gráfica de $y = f(x)$.

GRAFIJACIÓN

60. (a) Intente trazar la gráfica de $y = \dfrac{x^2 - 4}{x^2 + 1}$ utilizando las técnicas desarrolladas en esta sección.
    (b) ¿Desarrolla el método la información suficiente para obtener una gráfica precisa?
    (c) Utilice una calculadora gráfica para trazar la gráfica de esta función y vea si puede justificar las diversas características de la gráfica a partir de su ecuación.

(d) ¿Se parece la gráfica exhibida en la calculadora a la que se intentó trazar en la parte (a)?

61. (a) Intente trazar la gráfica de $y = \dfrac{x^2 - 1}{x + 2}$ utilizando las técnicas desarrolladas en esta sección.

(b) ¿Desarrolla nuestro método la información suficiente para obtener una gráfica precisa?

(c) Utilice una calculadora gráfica para trazar la gráfica de esta función y vea si puede justificar las diversas características de la gráfica a partir de su ecuación.

(d) Trace la gráfica de $y = x - 2$ con una calculadora en el mismo conjunto de ejes coordenados. ¿Qué conclusión se puede extraer?

4.6 Funciones radicales

Una **función radical** es una función que contiene raíces de variables. Los ejemplos siguientes son de funciones radicales.

$$f(x) = \sqrt{x} \qquad g(x) = \dfrac{\sqrt[3]{x+1}}{x^2 + 2} \qquad h(x) = \dfrac{(x-4)^{1/6}}{3}$$

Recuerde que $h(x)$ es una función radical ya que $(x - 4)^{1/6} = \sqrt[6]{x - 4}$.

Dada una función radical, lo primero, como es usual, es determinar su dominio.

EJEMPLO 1 Determinar el dominio de cada función.

(a) $f(x) = \dfrac{1}{\sqrt{12 + 4x - x^2}}$ **(b)** $g(x) = \dfrac{\sqrt{x + 5}}{x - 3}$ **(c)** $h(x) = \sqrt[3]{x - 3}$

Solución

(a) El dominio de $f(x)$ consta de aquellos números tales que $\sqrt{12 + 4x - x^2}$ es un número real distinto de cero. (¿Por qué?) Así, necesitamos que $12 + 4x - x^2 > 0$, lo cual podemos resolver mediante un análisis de signos.

$12 + 4x - x^2 > 0$ *Multiplicamos ambos lados por -1.*

$x^2 - 4x - 12 < 0$

$(x + 2)(x - 6) < 0$ *Los puntos de corte son -2 y 6.*

El signo de $(x + 2)(x - 6)$

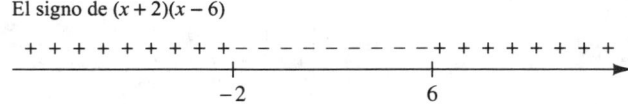

Así, $D_f = \{x \mid -2 < x < 6\}$.

(b) Para que x esté en el dominio de $g(x)$, se requiere que

$$x + 5 \geq 0 \quad \text{y} \quad x - 3 \neq 0$$

y por lo tanto, $D_g = \{x \mid x \geq -5 \text{ y } x \neq 3\}$.

(c) Como la raíz cúbica está definida para todo número real, no hay restricciones en el dominio de $h(x)$, de modo que D_h consta de todos los números reales. ∎

GRAFIJACIÓN

Utilice la gráfica de $y = \dfrac{\sqrt{x+3}}{x-1}$ para determinar su dominio y su rango.

Las funciones radicales pueden exhibir un comportamiento complejo, y puede ser difícil obtener su gráfica, aún con las herramientas del cálculo. Sin embargo, al utilizar algunas de las ideas que hemos desarrollado, podemos describir las gráficas de una clase amplia de funciones radicales.

Suponga que queremos determinar la gráfica de la función radical $y = f(x) = \sqrt{x}$, cuyo dominio es $\{x \mid x \geq 0\}$. A primera vista, esta función no parece estar relacionada con las que hemos estudiado hasta ahora, por lo que su gráfica no es evidente. Consideremos la siguiente estrategia para obtener la gráfica de $y = \sqrt{x}$. Al observar la ecuación $y = f(x) = \sqrt{x}$, podemos ver que $f(x)$ es una función uno a uno. (Todo valor y proviene de un único valor x.). Por lo tanto, sabemos que $f(x)$ tiene una función inversa. Tal vez la función inversa tenga una gráfica con la que *estamos* más familiarizados, de modo que podamos reflejarla con respecto de la recta $y = x$ para obtener la gráfica de $y = \sqrt{x}$.

Así, encontremos la inversa de $y = \sqrt{x}$ recordando que y está definida sólo para $x \geq 0$.

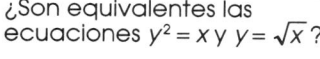
¿Son equivalentes las ecuaciones $y^2 = x$ y $y = \sqrt{x}$?

$$y = \sqrt{x} \quad para\ x \geq 0 \qquad \textit{Intercambiamos } x \textit{ y } y.$$
$$x = \sqrt{y} \quad para\ x \geq 0 \qquad \textit{Ahora despejamos } y.$$
$$x^2 = y \quad para\ x \geq 0$$

Así, vemos que la función inversa de $y = f(x) = \sqrt{x}$ para $x \geq 0$ es la función $y = f^{-1}(x) = x^2$ para $x \geq 0$. Podemos obtener la gráfica de $y = \sqrt{x}$ al reflejar la gráfica de $y = x^2$ para $x \geq 0$ con respecto de la recta $y = x$. Véase la figura 4.41(a) y (b).

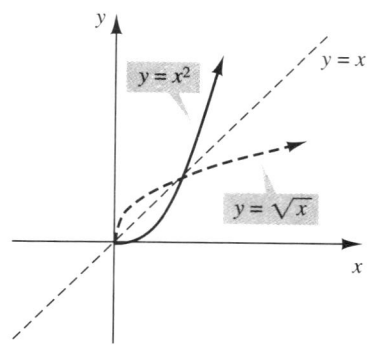

La gráfica de $y = f(x) = x^2$ para $x \geq 0$

(a)

La gráfica de $y = f(x) = \sqrt{x}$

(b)

FIGURA 4.41

4.3 Funciones radicales

Ésta es una gráfica importante y debe añadirse a nuestro catálogo de gráficas básicas.

EJEMPLO 2 Trazar la gráfica de $y = f(x) = \sqrt[3]{x}$.

Solución Utilizamos el mismo enfoque esbozado anteriormente y observamos que $y = f(x) = \sqrt[3]{x}$ es una función uno a uno. Determinamos la función inversa, trazamos su gráfica y utilizamos el principio de reflexión para funciones inversas, con el fin de obtener la gráfica que nos interesa.

$$y = \sqrt[3]{x} \quad \text{Intercambiamos } x \text{ y } y.$$
$$x = \sqrt[3]{y} \quad \text{Ahora despejamos } y.$$
$$x^3 = y$$

De modo que la función inversa de $y = f(x) = \sqrt[3]{x}$ es la función $y = f^{-1}(x) = x^3$. Podemos obtener la gráfica de $y = \sqrt[3]{x}$ reflejando la gráfica $y = x^3$ con respecto de la recta $y = x$. Véase la figura 4.42(a) y (b).

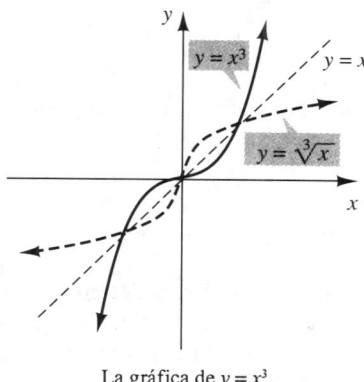
La gráfica de $y = x^3$ y su inversa
(a)

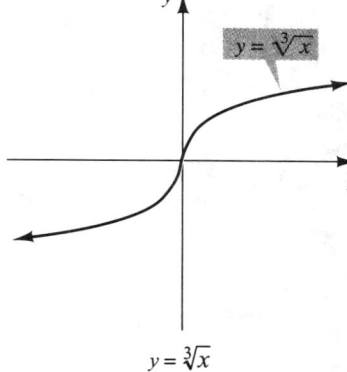
$y = \sqrt[3]{x}$
(b)

FIGURA 4.42

GRAFIJACIÓN

Utilice una calculadora gráfica o una computadora.

1. Grafique lo siguiente en el mismo conjunto de ejes coordenados:

$$y = \sqrt{x} = x^{1/2}, \quad y = \sqrt[4]{x} = x^{1/4}, \quad y = \sqrt[6]{x} = x^{1/6},$$

Para valores pares de n, ¿qué se puede concluir acerca de la forma en que n afecta la gráfica de $y = x^{1/n}$?

2. Grafique lo siguiente en el mismo conjunto de ejes coordenados:

$$y = \sqrt[3]{x} = x^{1/3}, \quad y = \sqrt[5]{x} = x^{1/5}, \quad y = \sqrt[7]{x} = x^{1/7},$$

Para valores impares de n, ¿qué se puede concluir acerca de la forma en que n afecta la gráfica de $y = x^{1/n}$?

EJEMPLO 3 Trazar las gráficas de (a) $y = \sqrt[4]{x}$ y (b) $y = \sqrt[5]{x}$.

Solución

(a) Procedemos como lo hicimos antes para $y = \sqrt{x}$, y vemos que la función inversa de $y = \sqrt[4]{x}$ para $x \geq 0$ es $y = x^4$ para $x \geq 0$. Obtenemos la gráfica de $y = \sqrt[4]{x}$ reflejando la gráfica de $y = x^4$ para $x \geq 0$ con respecto de la recta $y = x$. Véase la figura 4.43(a) y (b). La gráfica de $y = \sqrt[4]{x}$ es más plana que la gráfica de $y = \sqrt{x}$.

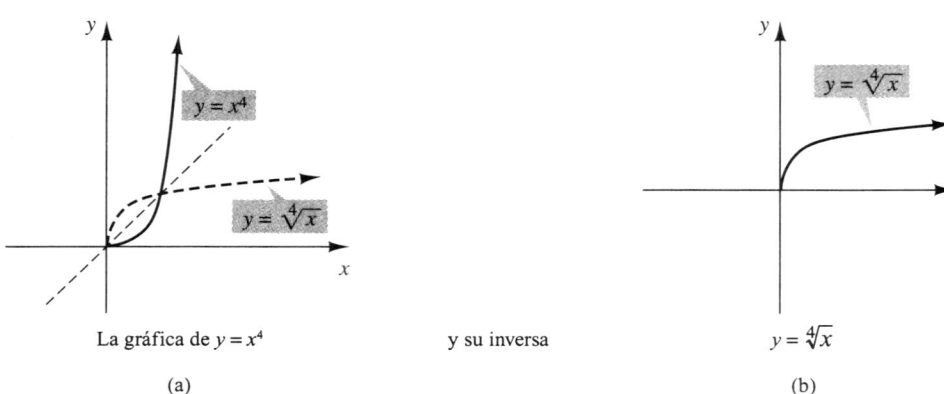

FIGURA 4.43

(b) Procedemos como para $y = \sqrt[3]{x}$, y determinamos que la función inversa de $y = \sqrt[5]{x}$ es $y = x^5$. La gráfica de $y = \sqrt[5]{x}$ se obtiene al reflejar la gráfica de $y = x^5$ con respecto de la recta $y = x$. Véase la figura 4.44(a) y (b). La gráfica de $y = \sqrt[5]{x}$ será más plana que la gráfica de $y = \sqrt[3]{x}$.

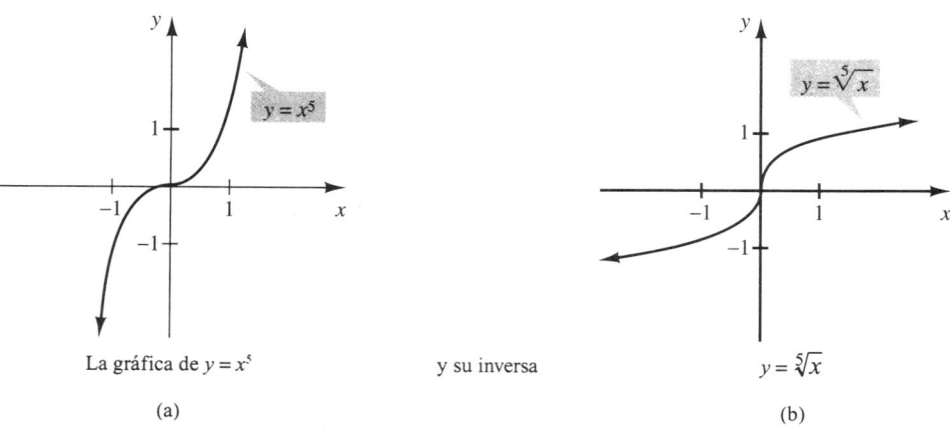

FIGURA 4.44

4.6 Funciones radicales

Con base en estos ejemplos comprendemos que la gráfica de $y = \sqrt[n]{x}$ será similar a la gráfica de $y = \sqrt{x}$ cuando el índice n sea *par* y similar a la gráfica de $y = \sqrt[3]{x}$ cuando el índice n es *impar*. Estos resultados se resumen a continuación.

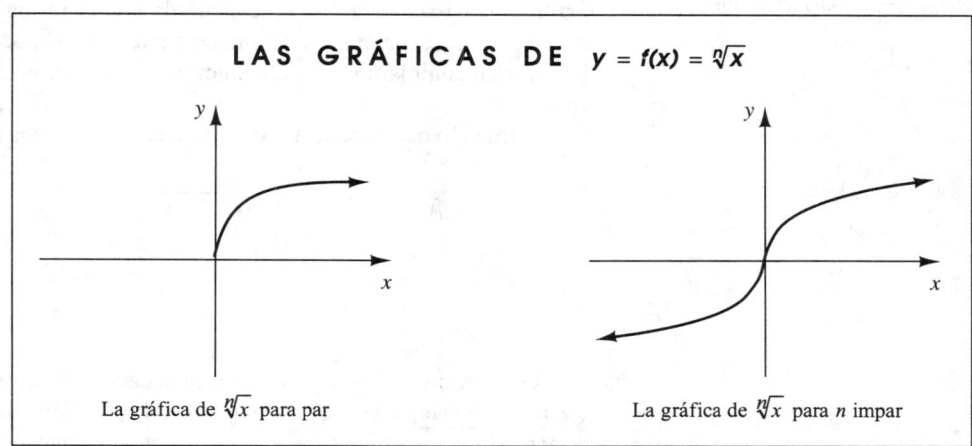

LAS GRÁFICAS DE $y = f(x) = \sqrt[n]{x}$

La gráfica de $\sqrt[n]{x}$ para par   La gráfica de $\sqrt[n]{x}$ para n impar

Estas gráficas se deben añadir a nuestro catálogo de gráficas básicas.

EJEMPLO 4 Trazar las gráficas de   (a) $y = \sqrt{x - 4}$ y   (b) $y = x^{1/3} - 2$.

Solución

(a) La gráfica de $y = \sqrt{x - 4}$ se puede obtener recorriendo la gráfica de $y = \sqrt{x}$ de manera horizontal, 4 unidades a la derecha. Véase la figura 4.45.

(b) Reconocemos que $y = x^{1/3} - 2$ es igual a $y = \sqrt[3]{x} - 2$. La gráfica de $y = \sqrt[3]{x} - 2$ se puede obtener recorriendo la gráfica de $y = \sqrt[3]{x}$ 2 unidades hacia abajo. Véase la figura 4.46. Determinamos las intersecciones de $y = \sqrt[3]{x} - 2$ con el eje x haciendo $y = 0$.

$$0 = \sqrt[3]{x} - 2$$
$$2 = \sqrt[3]{x} \qquad \text{Elevamos al cubo ambos lados de la ecuación.}$$
$$8 = x$$

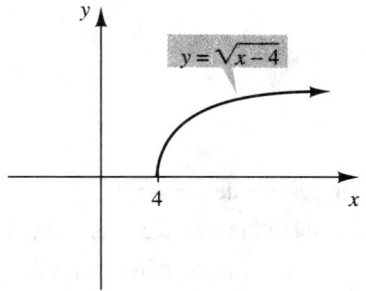

FIGURA 4.45

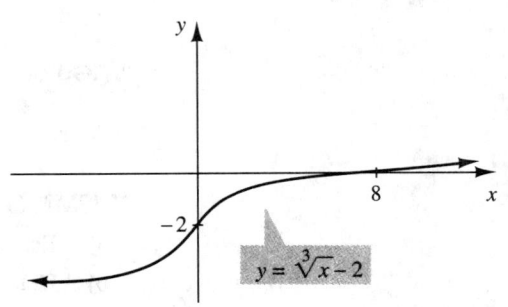

FIGURA 4.46

¿Piensa usted que las gráficas de $y = \sqrt{9 - x^2}$ y $y = \sqrt{9 - x}$ son similares?

EJEMPLO 5 Trazar la gráfica de $y = \sqrt{9 - x^2}$.

Solución Esta ecuación no concuerda con la forma de las funciones radicales que hemos visto. La expresión que aparece debajo del símbolo de radical no es lineal. Sin embargo, si manipulamos y analizamos un poco esta ecuación podemos determinar su gráfica.

Veamos lo que sucede al elevar al cuadrado ambos lados de la ecuación.

$$y = \sqrt{9 - x^2} \quad \text{\textit{Elevamos al cuadrado ambos lados.}}$$
$$y^2 = 9 - x^2$$
$$x^2 + y^2 = 9$$

Reconocemos $x^2 + y^2 = 9$ como la ecuación de un círculo con centro $(0, 0)$ y radio 3, cuya gráfica aparece en la figura 4.47(a). Sin embargo, cada punto que satisface $y = \sqrt{9 - x^2}$ satisface $x^2 + y^2 = 9$ pero *no* viceversa. Por ejemplo, $(0, -3)$ satisface $x^2 + y^2 = 9$ pero no $y = \sqrt{9 - x^2}$. De hecho, en la ecuación original $y = \sqrt{9 - x^2}$, y no debe ser negativa, ya que la raíz cuadrada es, por definición, no negativa. Por lo tanto, para obtener la gráfica de $y = \sqrt{9 - x^2}$, eliminamos la porción de la gráfica de $x^2 + y^2 = 9$ tal que y es negativa; es decir, eliminamos la parte de la gráfica que está debajo del eje x. La gráfica de $y = \sqrt{9 - x^2}$ aparece en la figura 4.47(b).

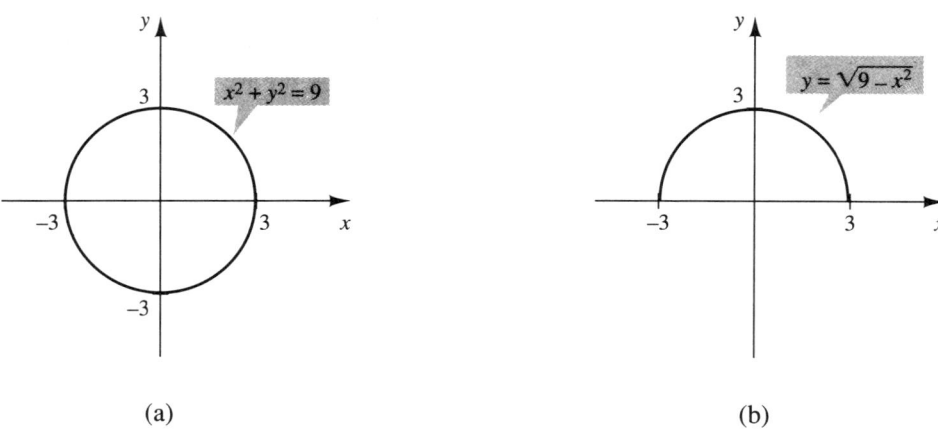

(a)　　　　　　　　　　　　　　(b)

FIGURA 4.47 ∎

EJEMPLO 6 Trazar la gráfica de $y = \sqrt{x + 2}$ y $y = x$.
(a) Estimar los puntos de intersección de las dos gráficas.
(b) Determinar los puntos de intersección de las dos gráficas de manera algebraica.

4.6 Funciones radicales

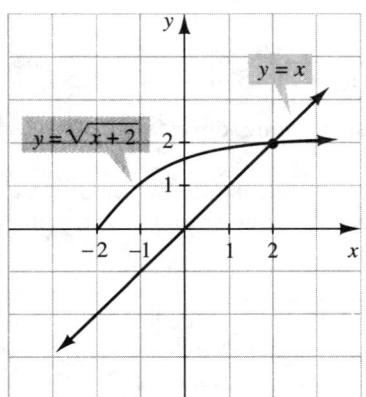

FIGURA 4.48

Solución Trazamos las gráficas de $y = \sqrt{x+2}$ y $y = x$ en el mismo sistema de coordenadas. La gráfica de $y = \sqrt{x+2}$ se obtiene recorriendo la gráfica de $y = \sqrt{x}$ dos unidades hacia la izquierda. La gráfica de $y = x$ es la ya familiar recta de pendiente 1 que pasa por el origen. Véase la figura 4.48.

(a) Al examinar las gráficas, podemos ver que las gráficas se intersecan en un punto. Estimamos que el punto de intersección de las dos gráficas es (2, 2).

(b) Podemos determinar los puntos de intersección de manera algebraica, reconociendo que en cualquier punto de intersección, los valores y de las gráficas deben ser iguales. Si igualamos los valores y, obtenemos

$$\sqrt{x+2} = x \qquad \textit{Elevamos al cuadrado ambos lados.}$$
$$x + 2 = x^2$$
$$x^2 - x - 2 = 0$$
$$(x-2)(x+1) = 0$$
$$x = 2 \quad \text{o} \quad x = -1$$

Al sustituir estos valores x en la ecuación $y = x$, obtenemos $x = 2, y = 2$ y $x = -1$, $y = -1$. Sin embargo, si verificamos estos puntos en la ecuación $y = \sqrt{x+2}$ vemos que (2, 2) la satisface, pero (−1, −1) no. (Recuerde que $\sqrt{x+2}$ significa la raíz cuadrada no negativa.) Esto concuerda con el resultado de la parte (a), donde vimos que existe un único punto de intersección. ∎

Analizaremos con más detalle la determinación de puntos de intersección y la solución de sistemas de ecuaciones no lineales en el capítulo 10.

También existen situaciones de la vida real que dan lugar a funciones radicales.

EJEMPLO 7 Los puntos A y B se encuentran en lados opuestos de un río recto que tiene 1 milla de ancho. El punto C está 3 millas río abajo, del mismo lado que B. Una persona nada desde A a algún punto P entre B y C y después corre desde P a C.

(a) Expresar la distancia total, D, como función de una variable.

(b) Si la persona puede nadar a 1.5 millas/hora y correr a 7 millas/hora, expresar también el tiempo total, T, para ir de A a C como función de una variable.

Solución

(a) La figura 4.49 ilustra la situación dada. Observe que hemos identificado la distancia de B a P como x.

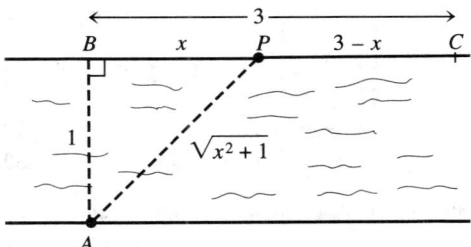

FIGURA 4.49

Utilizamos el teorema de Pitágoras para determinar que la distancia entre A y P es $\sqrt{x^2 + 1}$, y que la distancia entre P y C es $3 - x$.

Por lo tanto, la distancia total es $\boxed{D = D(x) = \sqrt{x^2 + 1} + (3 - x)}$.

Del diagrama podemos ver con claridad que el dominio de esta función es $\{x \mid 0 \leq x \leq 3\}$.

(b) Como cada distancia se cubre con velocidad uniforme, calculamos el tiempo para cubrir cada parte del viaje dividiendo cada distancia entre su velocidad. Por lo tanto, el tiempo total necesario para cubrir la distancia D es

$$T = T(x) = \frac{\sqrt{x^2 + 1}}{1.5} + \frac{(3 - x)}{7} \quad \text{para} \quad 0 \leq x \leq 3$$

Para determinar donde debe estar el punto P para *minimizar* el tiempo necesario para llegar de A a C deben utilizarse técnicas de cálculo sobre esta función. ∎

Los tipos de funciones que hemos analizado en este capítulo, funciones polinomiales, funciones racionales y funciones radicales, son parte de una categoría general llamada *funciones algebraicas*.

DEFINICIÓN Una **función algebraica** es una función que se obtiene al aplicar un número finito de sumas, restas, multiplicaciones, divisiones y calculando raíces de constantes y/o variables.

En el siguiente capítulo comenzaremos a examinar funciones que no son algebraicas.

EJERCICIOS 4.6

En los ejercicios 1-24, trace la gráfica de la ecuación dada. Identifique las intersecciones con los ejes donde sea adecuado.

1. $y = \sqrt{x + 3}$
2. $y = \sqrt{x} + 3$
3. $y = \sqrt{x - 4}$
4. $y = |\sqrt{x} - 4|$
5. $y = \sqrt{2x - 6}$
6. $y = \sqrt{2x} - 6$
7. $y = 2\sqrt{x} - 6$
8. $y = -\sqrt{x}$
9. $y = \sqrt{-x}$
10. $y = \sqrt{|x|}$
11. $y = \sqrt[3]{x + 2}$
12. $y = \sqrt[3]{x} + 2$
13. $y = \sqrt[3]{x} - 3$
14. $y = 2 - \sqrt[3]{x}$
15. $y = |\sqrt[3]{x} - 3|$
16. $y = |\sqrt[3]{x - 3}|$
17. $y = \sqrt[5]{x - 1}$
18. $y = \sqrt[5]{x} - 1$
19. $y = \sqrt[6]{x} - 1$
20. $y = \sqrt[6]{x - 1}$
21. $y = \sqrt{16 - x^2}$
22. $x = \sqrt{16 - y^2}$
23. $y = -\sqrt{16 - x^2}$
24. $x = -\sqrt{16 - y^2}$

25. Sea $f(x) = \sqrt{x}$; calcule el cociente de diferencias y muestre que
$$\frac{f(x) - f(4)}{x - 4} = \frac{1}{\sqrt{x} + 2}.$$

26. Sea $f(x) = \sqrt{x}$; calcule el cociente de diferencias y muestre que
$$\frac{f(9 + h) - f(9)}{h} = \frac{1}{\sqrt{9 + h} + 3}.$$

27. Sea $f(x) = \frac{1}{\sqrt{x}}$; calcule el cociente de diferencias y muestre que
$$\frac{f(t) - f(3)}{t - 3} = -\frac{1}{\sqrt{3t}(\sqrt{3} + \sqrt{t})}.$$

28. Sea $f(x) = 2\sqrt{x}$; calcule el cociente de diferencias y muestre que $\frac{f(u) - f(5)}{u - 5} = -\frac{2}{\sqrt{u} + \sqrt{5}}.$

En los ejercicios 29-34, determine en forma algebraica los puntos de intersección de las gráficas de las dos funciones dadas.

29. $y = \sqrt{x}, \, y = x - 2$
30. $y = \sqrt{x - 4}, \, y = 4 - x$
31. $y = \sqrt{x - 2}, \, y = -x$
32. $y = \sqrt{x + 5}, \, y = x - 1$
33. $y = \sqrt{9 - x}, \, y = x + 3$
34. $y = \sqrt{x - 2}, \, y = \frac{1}{6}(x - 4)$

4.6 Funciones radicales

35. Los ejercicios 25-28 ilustran la forma de simplificar las expresiones radicales, en particular las obtenidas mediante cociente de diferencias. ¿Por qué es tan difícil determinar el comportamiento de la expresión $\dfrac{\sqrt{x-2}}{x-4}$ cuando x está cerca de 4? Racionalice el numerador de esta expresión. ¿Es más fácil analizar ahora el comportamiento de esta expresión cuando x está cerca de 4? ¿Qué le sucede a esta expresión cuando x está cerca de 4?

36. Con el mismo procedimiento del ejercicio 35, analice el comportamiento de $\dfrac{\sqrt{x+3}-3}{x-6}$ cuando x está cerca de 6.

37. (a) Escriba una ecuación que identifique los puntos equidistantes a los puntos (2, 3) y (5, 1).
    (b) Verifique que la ecuación obtenida en la parte (a) es la ecuación de la mediatriz del segmento de recta que une a los dos puntos.

38. Escriba una ecuación que identifique los puntos equidistantes del punto (0, 4) y el eje x.

39. Los puntos A y B se encuentran frente a frente, en orillas opuestas de un río de 3 millas de ancho. El punto C se encuentra 8 millas río abajo, del mismo lado que B. Una compañía petrolera desea tender una tubería para bombear el petróleo del punto A al punto C. Sin embargo, cuesta el doble tender una milla de la tubería bajo el agua que tenderla sobre el terreno. Por lo tanto, la compañía piensa tender la tubería del punto A a algún punto P entre B y C, digamos, a x millas de B.
    (a) Exprese la longitud total de la tubería necesaria, L, como función de x.
    (b) Si cuesta D dólares por milla tender la tubería sobre tierra y $2D$ dólares por milla tenderla bajo el agua, expresar el costo total de la tubería, C, como función de x.
    (c) Si la compañía elige el punto P a 5 millas río abajo de B, aproxime el costo total de la tubería en términos de D.
    (Los métodos del cálculo nos permiten determinar realmente donde debe estar el punto P para minimizar el costo de la tubería.)

40. Dos postes, de 20 y 30 pies de altura, serán clavados en la tierra, con cables que van de la parte superior de cada uno de ellos hasta un punto que está entre los dos postes, separados 50 pies. Véase la siguiente figura. Exprese la longitud total del cable necesario, L, como función de x.

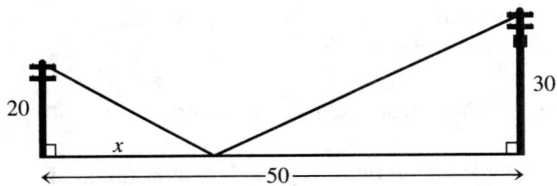

41. La altura oblicua s de un cono recto circular se indica en la siguiente figura.

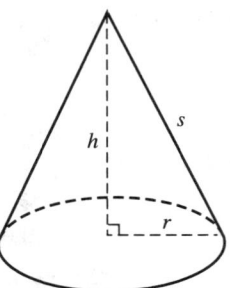

Si la altura del cono es 8 cm, exprese el volumen del cono como función de s.

42. Un cilindro recto circular abierto de altura h está inscrito en una esfera de radio 12 cm. Véase la siguiente figura.

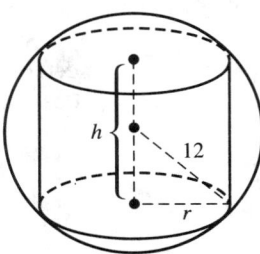

(a) Exprese el área de la superficie del cilindro como función de r.
(b) Exprese el volumen del cilindro como función de r.

43. Un rectángulo con base b y altura h está inscrito en un círculo de radio 18 metros. Exprese el área del rectángulo como función de h.

44. Utilice la fórmula del área S de la superficie de una esfera para expresar el radio de la esfera en función de S.

Ciertos procedimientos del cálculo, aplicados a funciones radicales, dan lugar a otros tipos de problemas.

45. Muestre que $x^{1/2} + (x+8)\dfrac{1}{2}x^{-1/2} = \dfrac{3x+8}{2\sqrt{x}}$.

46. Muestre que $\dfrac{x^{1/2} - (x-1)\frac{1}{2}x^{-1/2}}{x} = \dfrac{x+1}{2\sqrt{x^3}}$.

47. Muestre que
$x\left(\dfrac{1}{2}\right)(x^2+4)^{-1/2}(2x) + (x^2+4)^{1/2} = \dfrac{2x^2+4}{\sqrt{x^2+4}}$.

48. Muestre que
$$\frac{\sqrt{x^2+1} - x[\frac{1}{2}(x^2+1)^{-1/2}(2x)]}{(\sqrt{x^2+1})^2} = \frac{1}{(x^2+1)^{3/2}}$$

49. Muestre que $\sqrt[3]{x} + (x-3)x^{-2/3} = \frac{2x-3}{3\sqrt[3]{x^2}}$.

50. Muestre que
$$\frac{x^2 \frac{1}{3}(x-1)^{-2/3} - (x-1)^{1/3}(2x)}{x^4} = \frac{6-5x}{3x^3\sqrt[3]{(x-1)^2}}.$$

4.7 Variación

En la sección 3.3 analizamos la forma de utilizar las funciones para describir las relaciones entre varias cantidades físicas. Decimos que la ecuación que describe estas relaciones es un modelo matemático de las situaciones de la vida real. En esta sección ampliamos estas ideas a algunos tipos particulares de relaciones, que utilizan funciones polinomiales, racionales y radicales estudiadas en este capítulo.

Estamos familiarizados con el hecho de que si viajamos con una velocidad constante de 50 millas/hora durante un periodo de t horas, entonces la distancia recorrida es $d = 50t$. En este caso, d es una función de t, y con frecuencia decimos que "La distancia varía directamente con respecto del tiempo".

Suponga que alguien deja caer una pesada bola de metal desde un puente y puede determinar la distancia que ha caído el objeto (en pies) después de t segundos, los resultados aparecen en la siguiente tabla.

t	1	2	3	4
d	16.3	64.7	144.5	256.8

Con base en estas observaciones, podemos conjeturar que un modelo matemático para la distancia es $d = 16t^2$, lo que produce distancias de 16, 64, 144 y 256 pies después de 1, 2, 3 y 4 segundos, respectivamente. De hecho, si la bola cayera en el vacío, sin resistencia del aire, la distancia que tarda la bola en caer estaría dada exactamente por $d = 16t^2$. Esto nos proporciona la distancia de caída como función de t.

En ambos casos, $d = 50t$ y $d = 16t^2$, la distancia es una función del tiempo t. Sin embargo, existe un vocabulario especial que se utiliza para describir estas funciones y que indica la forma en que la distancia es función del tiempo. En el caso $d = 50t$, decimos que la distancia varía *directamente con el tiempo*, mientras que en el caso $d = 16t^2$, decimos que la distancia varía *directamente con el cuadrado del tiempo*.

Una fórmula de la física, llamada la ley de Boyle, dice que si los demás factores permanecen sin modificación, el volumen V ocupado por una cantidad específica de gas es una función de la presión P de acuerdo con la fórmula

$$V = \frac{k}{P} \qquad \text{donde } k \text{ es una constante distinta de cero}$$

Otra fórmula de la física dice que la intensidad de iluminación, I, de una fuente de luz es una función de la distancia, d, a la fuente de acuerdo con la fórmula

$$I = \frac{k}{d^2} \qquad \text{donde } k \text{ es una constante distinta de cero}$$

4.7 Variación

De nuevo, aunque V es una función de P e I es una función de d, el lenguaje utilizado para describir estas funciones no es el mismo. Con frecuencia decimos "El volumen del gas varía *en relación inversa con la presión*" y "La intensidad de la iluminación varía *en relación inversa al cuadrado* de la distancia a la fuente de luz".

Lo siguiente precisa esta terminología.

Variación directa

Las siguientes tres proposiciones son equivalentes.

1. y **varía directamente** con respecto de x.
2. y es **directamente proporcional** a x.
3. $y = kx$, para alguna constante k distinta de cero.

Variación inversa

Las siguientes tres proposiciones son equivalentes.

1. y **varía inversamente** con respecto de x.
2. y es **inversamente proporcional** a x.
3. $y = \dfrac{k}{x}$ para alguna constante k distinta de cero.

k es la **constante de variación** o **de proporcionalidad**.

Por ejemplo, en la fórmula de la circunferencia de un círculo, $C = 2\pi r$, vemos que la circunferencia de un círculo varía directamente con respecto de su radio, y la constante de variación para esta relación es 2π. Por otro lado, de la fórmula del área del círculo, $A = \pi r^2$, vemos que el área de un círculo es directamente proporcional al *cuadrado* de su radio, y la constante de proporcionalidad es π.

> Si y varía directamente con respecto de x, ¿se deduce que x varía directamente con respecto de y?
>
> Si y varía inversamente con respecto de x, ¿se deduce que x varía inversamente con respecto de y?

EJEMPLO 1 Suponer que s varía directamente con respecto de t y que $s = 12$ cuando $t = 5$. Determinar (a) s cuando $t = 9$ (b) t cuando $s = \dfrac{3}{4}$.

Solución

(a) Como s varía directamente con respecto de t, utilizamos la definición de variación directa para escribir

$$s = kt \qquad \textit{Ahora sustituimos } s = 12 \textit{ y } t = 5 \textit{ para determinar } k.$$

$$12 = k(5) \;\Rightarrow\; k = \dfrac{12}{5} \qquad \textit{Por lo que la ecuación de variación es}$$

$$s = \dfrac{12}{5} t \qquad \textit{Ahora sustituimos } t = 9.$$

$$s = \dfrac{12}{5}(9) \quad \text{o} \quad \boxed{s = \dfrac{108}{5}}$$

Un método alternativo consiste en reconocer que si s varía directamente con respecto de t, entonces podemos escribir

$$s = kt \quad \text{o} \quad \dfrac{s}{t} = k$$

Por lo tanto, la razón $\frac{s}{t}$ es constante y podemos establecer la siguiente proporción:

$$\frac{12}{5} = \frac{s}{9} \Rightarrow \boxed{s = \frac{108}{5}}$$

El primer método ofrece la ventaja de que obtenemos la ecuación de variación $s = \frac{12}{5}t$, la cual se puede utilizar para determinar valores adicionales de s o t, como se ilustra en la parte (b).

(b) Utilizamos la ecuación de variación $s = \frac{12}{5}t$ obtenida en la parte (a), con lo que podemos sustituir $s = \frac{3}{4}$ para determinar t.

$$s = \frac{12}{5}t \qquad \textit{Sustituimos } s = \tfrac{3}{4}.$$

$$\frac{3}{4} = \frac{12}{5}t \Rightarrow \boxed{t = \frac{5}{16}}$$ ∎

EJEMPLO 2 Como ya hemos mencionado, la intensidad de iluminación I de una fuente de luz es inversamente proporcional al cuadrado de la distancia desde la fuente. Si una fuente de luz tiene una intensidad de 1000 lumens (lm) a una distancia de 1.5 pies, determinar la intensidad a una distancia de 10 pies.

Solución La ecuación de variación para este ejemplo es $I = \frac{k}{d^2}$. Utilizamos la información dada para determinar la constante de proporcionalidad.

$$I = \frac{k}{d^2} \qquad \textit{Sustituimos } I = 1000 \textit{ y } d = 1.5.$$

$$1000 = \frac{k}{1.5^2} \Rightarrow k = 2250 \qquad \textit{La ecuación de variación es}$$

$$I = \frac{2250}{d^2} \qquad \textit{Ahora sustituimos } d = 10.$$

$$I = \frac{2250}{10^2} \Rightarrow \boxed{I = 22.5 \text{ lumens}}$$

A una distancia de 10 pies, la fuente de luz tiene una intensidad de 22.5 lumens. ∎

Contar con el modelo de variación para una situación particular permite analizar la relación entre las variables, como se ilustra en el siguiente ejemplo.

EJEMPLO 3 El volumen de una esfera varía directamente con respecto del cubo de su radio, de acuerdo con la fórmula

$$V = \frac{4}{3}\pi r^3$$

4.7 Variación

> Vea qué sucede al volumen de una esfera si el radio se duplica, de 3 a 6 pulgadas.

¿Qué le sucede al volumen de una esfera si se triplica el radio?

Solución Triplicar el radio significa cambiar el radio de r a $3r$. Cuando el radio es r, el volumen es

$$V = \frac{4}{3}\pi r^3$$

Cuando el radio es $3r$, el volumen es

$$V = \frac{4}{3}\pi(3r)^3 = \frac{4}{3}\pi(27)r^3 = 27\left(\frac{4}{3}\pi r^3\right)$$

> ¿Qué se obtiene al dividir el volumen de la esfera con radio $3r$ entre el volumen de la esfera con radio r?

Cuando el radio es $3r$, podemos ver que el volumen es 27 veces el volumen cuando el radio es r. Por lo tanto, concluimos que al triplicar el radio el volumen se incrementa por un factor de 27. ∎

Existen más tipos de variación. Por ejemplo, si z varía directamente con respecto del producto de x y y, entonces $z = kxy$, para alguna k constante distinta de cero y decimos que **z varía conjuntamente con respecto de x y y**. Si z varía directamente con respecto de x e inversamente con respecto de y, escribimos

$$z = k\left(\frac{x}{y}\right) = \frac{kx}{y}$$

Si z varía directamente con respecto del cuadrado de x e inversamente con respecto de la raíz cuadrada de y, escribimos

$$z = \frac{kx^2}{\sqrt{y}}$$

EJEMPLO 4 La resistencia R de un cable a una corriente eléctrica (medida en ohms) es directamente proporcional a la longitud L del cable e inversamente proporcional al cuadrado del diámetro d del cable. Si la resistencia de 50 metros de cable con diámetro 0.1 cm es de 8 ohms, determinar la resistencia de 100 metros del mismo tipo de cable con un diámetro de 0.05 cm.

Solución La relación dada puede traducirse en la siguiente ecuación de variación

$$R = \frac{kL}{d^2}$$ *Sustituimos $R = 8$, $L = 50$ y $d = 0.1$ y resolvemos para k.*

$$8 = \frac{k(50)}{(0.1)^2} \Rightarrow k = 0.0016$$ *La ecuación de variación es entonces*

$$R = \frac{0.0016L}{d^2}$$ *Ahora sustituimos $L = 100$ y $d = 0.05$.*

$$R = \frac{0.0016(100)}{(0.05)^2} = 64 \text{ ohms}$$

Observe que al duplicar la longitud del cable (de 50 a 100 metros) y dividir a la mitad del diámetro (de 0.1 a 0.05 cm), la resistencia se incrementa por un factor de 8 (de 8 ohms a 64 ohms). ∎

EJERCICIOS 4.7

En los siguientes ejercicios, asegúrese de identificar la constante de variación. Redondee las respuestas a centésimos en caso necesario.

1. Si y varía directamente con respecto de x y $y = 15$ cuando $x = 8$, determine y cuando $x = 25$.
2. Si y varía inversamente con respecto de x y $y = 15$ cuando $x = 8$, determine y cuando $x = 25$.
3. Si u varía inversamente con respecto del cuadrado de t y $u = 4$ cuando $t = 8$, determine u cuando $t = 10$.
4. Si a varía directamente con respecto de la raíz cuadrada de b y $a = 5$ cuando $b = 12$, determine b cuando $a = 6$.
5. Si z varía conjuntamente con respecto de m y p y $z = 20$ cuando $m = \frac{1}{2}$ y $p = 7$, determine z cuando $m = -3$ y $p = \frac{2}{9}$.
6. Si v varía directamente con respecto de r e inversamente con respecto de s y $v = -12$ cuando $r = 3$ y $s = 4$, determine s cuando $v = 2$ y $r = -6$.
7. Si z varía directamente con respecto del cuadrado de x e inversamente con respecto del cubo de y y $z = 1$ cuando $x = 2$ y $y = 3$, determine z cuando $x = 3$ y $y = 2$.
8. Si z varía conjuntamente con respecto del cubo de x y la cuarta potencia de y y $z = 2$ cuando $x = 0.25$ y $y = 0.5$, determine x cuando $z = 0.2$ y $y = 1.2$.
9. Suponga que y varía inversamente con respecto de x. ¿Qué sucede a y si x se multiplica por un factor de 4?
10. Suponga que y varía directamente con respecto de x. ¿Qué sucede a y si x se multiplica por un factor de 4?
11. Suponga que y varía directamente con respecto de la raíz cuadrada de x. ¿Qué sucede a y si x se multiplica por un factor de 9?
12. Suponga que y varía inversamente con respecto de la raíz cúbica de x. ¿Qué le sucede a y si x se multiplica por un factor de 8?
13. Suponga que s varía conjuntamente con respecto de t y a u. ¿Qué le sucede a s si t se duplica y u se triplica?
14. Suponga que r varía directamente con respecto de c e inversamente con respecto de d. ¿Qué le sucede a r si c se triplica y d se divide a la mitad?
15. La ley de Hooke para resortes establece que la fuerza o peso necesarios para estirar un resorte x unidades más allá de su longitud natural es directamente proporcional a x. Si se necesita un peso de 5 libras para estirar un resorte desde su longitud natural de 8 cm hasta 8.4 cm, determine el peso necesario para estirar el resorte hasta una longitud de 9.2 cm.
16. La ley de Hooke también se aplica a la fuerza o peso necesario para comprimir un resorte x unidades dentro de su longitud natural. Si se necesita una fuerza de 25 libras para comprimir un resorte 4 pulgadas más corto que su longitud natural, determine la fuerza necesaria para comprimir un resorte 6 pulgadas adicionales.
17. Si una fuerza de 30 libras estira un resorte 6.5 pulgadas, ¿qué tanto se estirará el resorte con una fuerza de 42 libras?
18. Una fuerza de 45 libras estira un resorte 6 cm. Si el resorte tiene una longitud natural de 30 cm y puede estirarse a lo más dos veces su longitud natural, ¿cuál es el máximo peso que puede soportar el resorte?
19. Si un faro tiene un intensidad de 50,000 lumens a una distancia de 100 pies, ¿cuál será la intensidad a una distancia de 200 pies? (Véase el ejemplo 2.)
20. Si una fuente de luz tiene una intensidad de 1600 lumens a una distancia de 10 pies, ¿a qué distancia será la intensidad de 2 lumens? (Véase el ejemplo 2.)
21. De acuerdo con la ley de Boyle, si los demás factores no se modifican, el volumen V ocupado por una cantidad específica de gas varía inversamente con respecto de la presión P. Si 100 pulgadas cúbicas de un gas ejercen una presión de 40 libras/pulgada cuadrada, ¿qué presión será ejercida si la misma cantidad de gas se comprime hasta 30 pulgadas cúbicas?
22. ¿Hasta qué volumen se debe permitir expandir el gas del ejercicio 21 si ejerce una presión de 15 libras/pulgada cuadrada?
23. La resistencia eléctrica de un cable varía directamente con respecto de su longitud e inversamente con respecto del cuadrado de su diámetro. Si un cable de 100 metros de longitud con un diámetro de 0.36 cm tiene una resistencia de 80 ohms, ¿cuánta resistencia habrá si se utilizan sólo 40 metros de cable?
24. Si desea utilizar un cable hecho del mismo material que el del ejercicio 23 (lo que significa que tiene la misma constante de variación) y desea que 100 pies de este cable tengan una resistencia de 40 ohms, ¿qué grueso debe tener el cable?
25. Al analizar la escena de un accidente, la policía puede estimar la velocidad de un vehículo (antes de aplicar los frenos), midiendo la longitud de las marcas de deslizamiento de las ruedas y utilizando el hecho de que la velocidad es directamente proporcional a la raíz cuadrada de la longitud de las marcas. Si se hacen marcas de 50 pies a 35 millas/hora, estime la velocidad de un auto que hace marcas de deslizamiento de 125 pies.
26. El conductor de un automóvil involucrado en un accidente reclama que él manejaba al límite de velocidad legal de 55 millas/hora. Se verifica su automóvil y deja una marca de deslizamiento de 20 pies a 30 millas/hora. Si el vehículo dejó marcas de 160 pies en el lugar del accidente ¿es plausible su reclamo?
27. La fuerza destructiva F de un auto en un accidente automovilístico se puede describir en forma aproximada, diciendo que varía conjuntamente con respecto del peso del auto w y el cuadrado de la velocidad del auto v. ¿Cómo se afectaría F si
    (a) se duplica la velocidad del auto?
    (b) se duplica el peso del auto?
    (c) se duplican la velocidad y el peso del auto?
28. El alcance de un proyectil, como una granada disparada desde un cañón o un acróbata de motocicletas que vuelan desde una rampa es directamente proporcional al cuadrado de la velocidad de despegue. Si un acróbata salta una distancia de 168 pies con una velocidad de despegue de 70 millas/hora, ¿a qué distancia piensa saltar con una velocidad de despegue de 85 millas/hora?

4.7 Variación

29. La carga L que puede soportar con seguridad una viga con una sección transversal rectangular varía directamente con respecto del producto del ancho w y el cuadrado de la profundidad d de la sección transversal y varía inversamente con la longitud de la viga ℓ. Para este análisis suponemos que el ancho es la dimensión más corta de la sección transversal. Si una viga de 3 por 5 pulgadas que tiene 10 pies de largo puede cargar con seguridad una carga de 750 libras, ¿cuál es la máxima carga que puede soportar con seguridad una viga del mismo material si tiene 2.5 pulgadas por 4 pulgadas por 15 pies de largo?

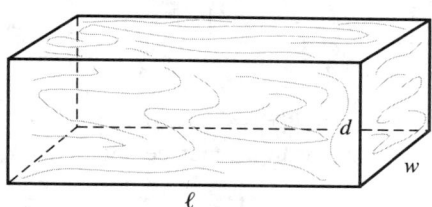

30. Con la información del ejercicio 29, ¿cómo es afectada la carga segura al duplicar cada una de las dimensiones de la viga individualmente? ¿Qué pasa si se duplican todas juntas?
31. La ley de gravitación de Newton establece que la fuerza F de atracción entre dos objetos de masa m_1 y m_2 es

$$F = G\frac{m_1 m_2}{d^2}$$

donde G es una constante y d es la distancia entre las dos masas. (Al utilizar esta fórmula, realizamos los cálculos como si toda la masa estuviera concentrada en el centro de cada objeto.)

(a) Utilice la fórmula dada para describir la variación de la fuerza de atracción entre dos objetos en relación a sus masas y la distancia entre ellos.

(b) Suponga que si dos masas de 1 kg se colocan a 1 metro de distancia, éstas ejercen una fuerza de atracción de 6.67×10^{-11} newtons (N). Determine la constante de variación G.

(c) La Tierra tiene una masa aproximada de 5.98×10^{24} kg Determine la fuerza gravitacional ejercida por la Tierra sobre un satélite de 1000 kg que gira alrededor de la Tierra a una altura de 400 km (El radio aproximado de la Tierra es 6400 km.)

32. La luna tiene una masa de 6.7×10^{22} kg y está a una distancia aproximada de 385,000 km de la Tierra. Utilice la información obtenida en la parte (b) del ejercicio anterior para determinar la atracción gravitacional entre la Tierra y la Luna.

En los ejercicios 33-38, utilice la ecuación dada para describir con palabras la forma en que la variable del lado izquierdo de la ecuación varía con respecto de las *variables* del lado derecho. En cada caso, k es una constante.

33. $S = 2\pi rh$ 34. $V = \pi r^2 h$

35. $V = \dfrac{4}{3}\pi r^3$ 36. $y = \dfrac{kx^4}{\sqrt{z}}$

37. $z = \dfrac{kx^2 y^3}{4w}$ 38. $s = \dfrac{\sqrt[3]{rt}}{kv^2}$

PREGUNTAS PARA REFLEXIONAR

39. En la fórmula $d = rt$, que relaciona la distancia, la velocidad y el tiempo, describa cuáles cantidades varían directamente y cuáles inversamente con respecto de las otras dos.
40. La resistencia eléctrica de un cable varía directamente con respecto de su longitud e inversamente con respecto del área de su sección transversal. ¿Concuerda esto o no con la proposición del ejemplo 4?

Capítulo 4 RESUMEN

Al terminar este capítulo, usted debe:
1. Reconocer las gráficas de las funciones de potencias básicas (sección 4.1)
   Para $n > 1$, la gráfica de $y = x^n$ se parece a la gráfica de $y = x^2$ cuando n es par y a la gráfica de $y = x^3$ cuando n es impar.
   Por ejemplo:
   Trazar las gráficas de
   (a) $y = (x - 1)^3$ **(b)** $y = (x + 2)^4 - 16$.
   Solución:
   (a) La gráfica de $y = (x - 1)^3$ se obtiene al recorrer la gráfica de $y = x^3$ una unidad a la derecha.
   (b) La gráfica de $y = (x + 2)^4 - 16$ se obtiene al recorrer la gráfica de $y = x^4$ dos unidades a la izquierda y 16 unidades abajo. Las intersecciones con los ejes se determinan de manera usual. Las gráficas aparecen en la figura 4.50(a) y (b).

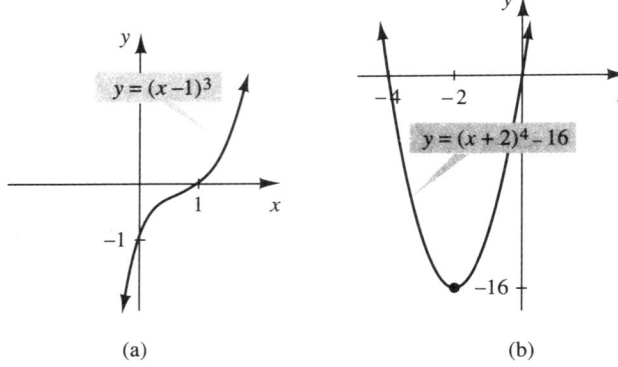

FIGURA 4.50

2. Poder trazar la gráfica de una función polinomial cuando se conocen sus raíces. (Sección 4.1). Podemos utilizar las propiedades de las funciones polinomiales para trazar las gráficas de polinomios más generales. Las raíces de f son las intersecciones de la gráfica de $f(x)$ con el eje x. Un análisis de signos nos indica dónde la gráfica se encuentra por arriba del eje x y dónde por debajo del eje x.
   Por ejemplo:
   Trazar la gráfica de $y = f(x) = x^3 + 4x^2 + 3x$.
   Solución:
   Comenzamos determinando las raíces de f mediante un análisis de signos para $f(x)$.

$$f(x) = x^3 + 4x^2 + 3x = x(x^2 + 4x + 3) = 0$$
$$= x(x + 1)(x + 3) = 0$$

Los puntos de corte son $0, -1, -3$.

El signo de $f(x) = x(x + 1)(x + 3)$

```
- - - - | + + + + | - - - | + + + +
        -3       -1      0
```

Recordemos que $|f(x)| \to \infty$ cuando $|x| \to \infty$, por lo que trazamos la gráfica que aparece en la figura 4.51.

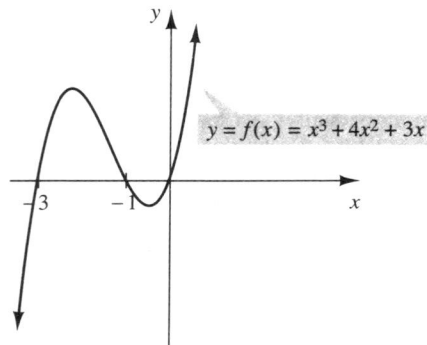

FIGURA 4.51

3. Poder utilizar la división larga para dividir polinomios y la división sintética para dividir un polinomio entre $x - a$. (Sección 4.2)
4. Comprender los teoremas del factor y del residuo y utilizarlos para determinar si $x - a$ es o no un factor de $p(x)$. (Sección 4.3)
   De acuerdo con el teorema del factor, $x - a$ es un factor de $p(x)$ si y sólo si $p(a) = 0$.
   Por ejemplo:
   Determinar si $x + 2$ es un factor de $p(x) = 2x^4 + x^3 - 3x^2 - 12$.
   Solución:
   Vemos a $x + 2$ como $x - a$, lo que implica $a = -2$. Ya que
   $$p(-2) = 2(-2)^4 + (-2)^3 - 3(-2)^2 - 12$$
   $$= 32 - 8 - 12 - 12 = 0$$
   sabemos que al dividir $p(x)$ entre $x - (-2) = x + 2$, el residuo es 0, y por lo tanto, $x + 2$ es un factor de $p(x)$.

5. Comprender el teorema de la raíz racional, la regla de los signos de Descartes y el teorema de la cota superior e inferior, y utilizarlos como ayuda para factorizar un polinomio (Sección 4.4)

Al determinar los factores de a_0 y a_n en la ecuación polinomial

$$f(x) = a_n x^n + a_{n-1} x^{n-1} + \cdots + a_1 x + a_0 = 0$$

donde $n \geq 1$, $a_n \neq 0$, podemos determinar las posibles raíces racionales de $f(x) = 0$. Podemos utilizar después la división sintética para verificar estas posibles raíces.

Por ejemplo:
Determinar todas las raíces reales de
$f(x) = x^3 - 3x^2 + 2x - 6$.
Solución:

De acuerdo con el teorema de la raíz racional, si $\dfrac{p}{q}$ es una raíz racional de $f(x) = 0$, entonces p debe ser factor de -6 y q debe ser un factor de 1. Así, tenemos

valores posibles de p: $\pm 1, \pm 2, \pm 3, \pm 6$

valores posibles de q: ± 1

posibles raíces racionales $\dfrac{p}{q}$: $\pm 1, \pm 2, \pm 3, \pm 6$

Mediante la división sintética, podemos dividir $f(x)$ entre $x \pm 1$, $x \pm 2$, $x \pm 3$ y $x \pm 6$. Determinamos que el residuo al dividir $f(x)$ entre $x - 3$ es cero, por lo que el teorema del factor afirma que $x - 3$ es un factor y tenemos

$f(x) = x^3 - 3x^2 + 2x - 6 = (x - 3)(x^2 + 2)$

Como $x^2 + 2$ no tiene raíces reales, 3 es la única raíz real de $f(x)$.

6. Estar familiarizado con las gráficas de las funciones racionales básicas. (Sección 4.5)

Para $n \geq 1$, la gráfica de $y = \dfrac{1}{x^n}$ se parece a la gráfica de $y = \dfrac{1}{x}$ cuando n es impar y a la gráfica de $y = \dfrac{1}{x^2}$ cuando n es par.

Por ejemplo:
Trazar las gráficas de

(a) $y = \dfrac{1}{x} + 1$ (b) $y = \dfrac{1}{(x-3)^2}$

Solución:

(a) La gráfica de $y = \dfrac{1}{x} + 1$ se puede obtener recorriendo la gráfica de $y = \dfrac{1}{x}$ una unidad hacia arriba. La gráfica aparece en la figura 4.52.

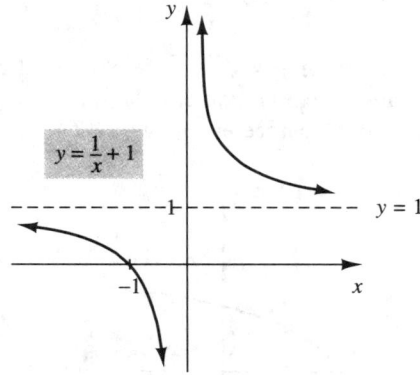

FIGURA 4.52

(b) La gráfica de $y = \dfrac{1}{(x-3)^2}$ se puede obtener recorriendo 3 unidades hacia la derecha la gráfica de $y = \dfrac{1}{x^2}$. La gráfica aparece en la figura 4.53.

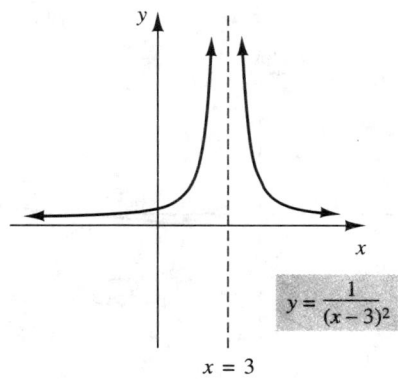

FIGURA 4.53

7. Estar familiarizado con las gráficas de las funciones radicales básicas. (Sección 4.6).
La gráfica de $y = \sqrt[n]{x}$ se parecerá a la gráfica de $y = \sqrt{x}$ cuando n es par y a la gráfica de $y = \sqrt[3]{x}$ cuando n es impar.
Por ejemplo:
Trazar las gráficas de
(a) $y = \sqrt{x+3}$ (b) $y = \sqrt[5]{x} - 2$
Solución:
(a) La gráfica de $y = \sqrt{x+3}$ se obtiene al recorrer 3 unidades hacia la izquierda la gráfica de $\sqrt{x}$.
La gráfica aparece en la figura 4.54.

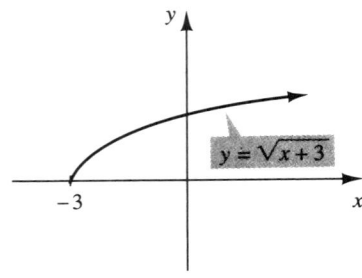

FIGURA 4.54

(b) La gráfica de $y = \sqrt[5]{x} - 2$ se obtiene al recorrer la gráfica de $y = \sqrt[5]{x}$ dos unidades hacia abajo. La gráfica aparece en la figura 4.55.

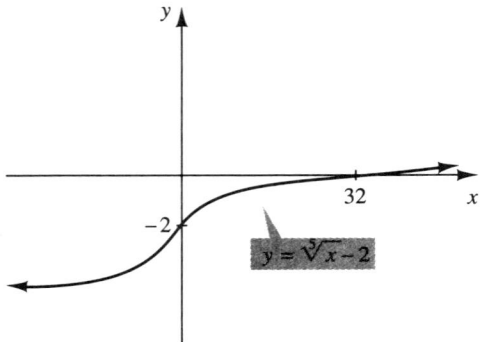

FIGURA 4.55

8. Poder traducir enunciados de variación y resolver problemas de variación. (Sección 4.7)
La relación entre algunas cantidades físicas se puede expresar como una variación. El modelo matemático puede ser una función polinomial, racional o racional utilizada para describir problemas de la vida real.
Por ejemplo:
Suponga que z varía directamente con respecto de la raíz cuadrada de x e inversamente con respecto del cuadrado de y. Si $z = 20$ cuando $x = 4$ y $y = 3$, determinar z cuando $x = 10$ y $y = 2$.
Solución:
La relación de variación dada se traduce como $z = \dfrac{k\sqrt{x}}{y^2}$.
Podemos determinar la constante de variación, k, sustituyendo los valores dados.

$z = \dfrac{k\sqrt{x}}{y^2}$ *Sustituimos $z = 20$, $x = 4$, y $y = 3$.*

$20 = \dfrac{k\sqrt{4}}{3^2} \Rightarrow k = 90$ *Por lo tanto, tenemos*

$z = \dfrac{90\sqrt{x}}{y^2}$ *Sustituimos $x = 10$ y $y = 2$.*

$z = \dfrac{90\sqrt{10}}{2^2}$

$= \boxed{\dfrac{45\sqrt{10}}{2}}$

Capítulo 4 EJERCICIOS DE REPASO

En los ejercicios 1-22, trace la gráfica de la función dada. Asegúrese de indicar las intersecciones y las asíntotas donde sea adecuado.

1. $y = x^3 + 8$
2. $y = (x - 2)^6$
3. $y = (x - 1)^4 - 16$
4. $y = (x + 2)^5 - 1$
5. $y = x^3 - x^2 - 6x$
6. $y = x^4 - 4x^2$
7. $y = x^2 - 6x + 9$
8. $y = 1 - x^4$
9. $y = \dfrac{1}{(x-1)^2}$
10. $y = \dfrac{-1}{x} + 2$
11. $y = \dfrac{1}{x+2} - 3$
12. $y = \dfrac{1}{(x-3)^4} + 2$
13. $y = \dfrac{x+3}{x+2}$
14. $y = \dfrac{x}{x+1}$
15. $y = \dfrac{x}{x^2-1}$
16. $y = \dfrac{x^2+2}{4-x^2}$
17. $y = \sqrt{2x-5}$
18. $y = \sqrt[3]{4-x} + 1$
19. $y = \sqrt[5]{x} - 2$
20. $y = \sqrt[4]{3x+6}$
21. $y = |x^3 - 8|$
22. $y = |(x-2)^3|$

En los ejercicios 23-26, utilice la división larga para determinar el cociente y el residuo.

23. $\dfrac{2x^3 - 3x^2 + 4x - 7}{2x - 3}$
24. $\dfrac{x^4 - x + 1}{x^2 + 1}$
25. $\dfrac{2x^4 + x^3 + 2x + 1}{2x + 1}$
26. $\dfrac{x^5 + 3x^4 - 4x^2 + 2}{x^2 + x - 1}$

En los ejercicios 27-30, utilice la división sintética para determinar el cociente y el residuo.

27. $\dfrac{2x^3 - 3x^2 - 4x - 15}{x - 3}$
28. $\dfrac{x^4 - 5x + 3}{x + 2}$
29. $\dfrac{x^5 - 2x^4 + x^3 - 3x^2 + 5x - 4}{x - 2}$
30. $\dfrac{x^6 - x - 3}{x + 1}$

En los ejercicios 31-36, determine todas las raíces del polinomio dado.

31. $p(x) = x^3 - 13x - 12$
32. $p(x) = x^3 + 2x^2 - 3x - 6$
33. $p(x) = x^3 - 6x^2 + 7x - 10$
34. $p(x) = 3x^3 - 2x^2 - 27x + 18$
35. $p(x) = 2x^4 + 7x^3 - 2x^2 + 7x - 4$
36. $p(x) = x^4 - 2x^3 - 3x^2 + 4x + 4$
37. Si -2 y $5 - 2i$ son dos raíces de un polinomio de tercer grado, ¿cuántas raíces más tiene $p(x)$? ¿Cuáles son? ¿Cómo puede ser $p(x)$?
38. Si $2 + 3i$ y $1 - i$ son dos raíces de un polinomio de cuarto grado $p(x)$, ¿cuántas raíces más tiene $p(x)$? ¿Cuáles son? ¿Cómo puede ser $p(x)$?
39. ¿Cuántas raíces reales positivas puede tener el polinomio $p(x) = 2x^3 + 4x^2 + 5x + 3$?
40. ¿Cuántas raíces reales negativas puede tener el polinomio $p(x) = x^4 - x^3 - 2x^2 + 3x + 4$?
41. ¿Cuántas raíces reales positivas puede tener el polinomio $p(x) = 3x^5 - 4x^2 + 3x - 5$?
42. ¿Cuántas raíces reales negativas puede tener el polinomio $p(x) = x^6 - x^5 + x^4 - x^3 + x^2 - x + 1$?

En los ejercicios 43-46, determine una cota superior e inferior para las raíces reales de $p(x)$.

43. $p(x) = x^4 - 4x^3 + 15$
44. $p(x) = 2x^3 - 3x^2 - 12x + 9$
45. $p(x) = x^3 - \dfrac{2}{3}x^2 + \dfrac{1}{2}x - \dfrac{1}{3}$
46. $p(x) = x^4 - 4x^3 + 16x - 17$
47. El perímetro del cuadrado $ABCD$ es 20 cm. Exprese el área del triángulo como función de x. Véase la siguiente.

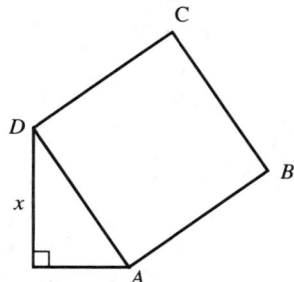

48. La base de una caja rectangular cerrada es un cuadrado de lado x. Si el volumen de la caja es 100 cm^3, exprese el área S de la superficie de la caja como función de x.

En los ejercicios 49-52, determine los puntos de intersección de las gráficas de las dos funciones algebraicas dadas.

49. $y = \sqrt{4-x}$, $y = x + 2$
50. $y = \sqrt{x} - 3$, $y = x - 9$
51. $y = \sqrt{2x+5} - 2$, $y = x - 7$
52. $y = 4 - \sqrt{x}$, $y = 2x + 1$
53. Si x varía inversamente con respecto de la raíz cúbica de y y $x = 27$ cuando $y = 27$, determine x cuando $y = 8$.
54. Si z varía conjuntamente con respecto de x y del cuadrado de y y $z = 30$ cuando $x = 5$ y $y = 2$, determine x cuando $z = 10$ y $y = 3$.
55. Suponga que en cierto planeta, la distancia que cae un objeto es directamente proporcional a la longitud del tiempo que cae elevado a la potencia $\frac{3}{2}$. Si un objeto en este planeta cae 350 pies en 4 segundos, ¿cuánto tardará un objeto en caer 500 pies?
56. El volumen de un cono varía conjuntamente con su altura y el cuadrado de su radio. Si un cono con una altura de 3 cm y un radio de 2 cm tiene un volumen de 4π centímetros cúbicos, determine el volumen de un cono cuya altura es 2 cm, con un radio de 3 cm.

Capítulo 4 EXAMEN DE PRÁCTICA

1. Trace la gráfica de la función dada. Asegúrese de indicar las intersecciones con los ejes y las asíntotas donde sea adecuado.

    (a) $y = \dfrac{1}{x-2} + 3$ (b) $y = \dfrac{-3}{(x+1)^2}$

    (c) $y = 2 - \sqrt{x}$ (d) $y = \dfrac{x+3}{x-2}$

    (e) $y = x^3 - x^2 - 12x$ (f) $y = \dfrac{2x}{9-x^2}$

    (g) $y = \sqrt[3]{x-2} + 1$ (h) $y = (x+1)^2(x-2)^2$

2. Divida: $\dfrac{3x^4 - 10x^3 - 7x^2 + 17x + 3}{3x-4}$

3. ¿Cuáles de los siguientes son factores de $p(x) = 2x^4 - x^3 - 11x^2 + 4x + 12$?

    (a) $x+3$ (b) $x-2$ (c) $x-1$ (d) $x+2$

4. Determine todas las raíces de los siguientes polinomios.

    (a) $p(x) = 3x^3 - 20x^2 + 29x + 12$
    (b) $p(x) = 2x^4 - 9x^3 + 19x^2 - 15x$

5. Según la ley de Poiseuille, la presión P en un vaso sanguíneo varía directamente con respecto de la longitud del vaso e inversamente con respecto de la cuarta potencia de su radio. ¿Qué ocurre con la presión sanguínea en una vena particular si, debido a una acumulación de colesterol en la vena, el radio disminuye de 3 mm a 2 mm?

CAPÍTULO 5

Funciones exponenciales y logarítmicas

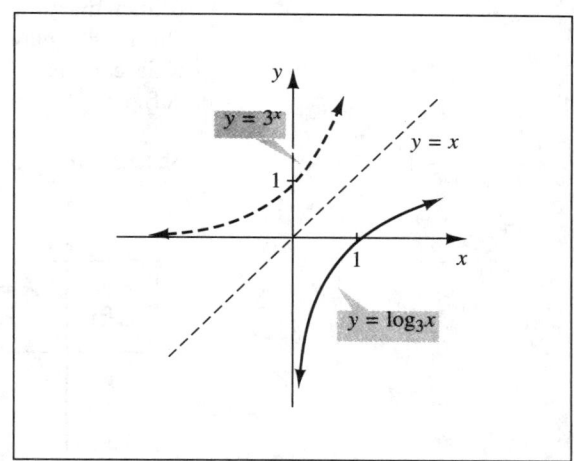

- **5.1** Funciones exponenciales
- **5.2** Funciones logarítmicas
- **5.3** Propiedades de los logaritmos; ecuaciones logarítmicas
- **5.4** Logaritmos comunes y naturales; ecuaciones exponenciales y cambio de base
- **5.5** Aplicaciones

   Resumen ■ *Ejercicios de repaso* ■ *Examen de práctica*

En el capítulo anterior examinamos las funciones polinomiales, racionales y radicales, las cuales son tipos de *funciones algebraicas*, como describimos en el capítulo 2. En este capítulo, presentaremos dos nuevas funciones *no algebraicas*, la función exponencial y su inversa, la función logarítmica. Como hemos visto, estas nuevas funciones tienen una gran variedad de aplicaciones.

5.1 Funciones exponenciales

Consideremos el siguiente ejemplo.

EJEMPLO 1 Una estudiante decide ahorrar para comprar un auto usado, que cuesta $2600. Inicia lo que piensa es un modesto plan de ahorro. Decide ahorrar 2 centavos el primer día y duplicar la cantidad que ahorra al día siguiente. Al segundo día, planea ahorrar 4 centavos, al tercer día 8 centavos, etcétera. Escribir una expresión que represente la cantidad ahorrada en el día n y determinar cuántos días necesitaría para ahorrar suficiente dinero como para comprar el auto. (La respuesta le sorprenderá.)

Solución Construimos una tabla que registre la cantidad de dinero guardado al día n.

Día	A = Cantidad de dinero ahorrado *en* ese día	T = Cantidad total ahorrada *hasta* ese día
1	$2¢ = 2^1¢$	$2¢$
2	$4¢ = 2^1¢$	$2¢ + 4¢ = 6¢$
3	$8¢ = 2^3¢$	$2¢ + 4¢ + 8¢ = 14¢$
4	$16¢ = 2^4¢$	$2¢ + 4¢ + 8¢ + 16¢ = 30¢$
.	.	.
.	.	.
.	.	.
n	$2^n¢$	.
.	.	.
.	.	.
.	.	.
16	$65\,536¢ = 2^{16}¢$	$131\,070¢ = \$1310.70$
17	$131\,072¢ = 2^{17}¢$	$262\,142¢ = \$2621.42$

La expresión $A = 2^n$ representa la cantidad ahorrada el día n. Como muestra la tabla, la expresión 2^n crece rápidamente. Si la estudiante puede seguir este plan de ahorro un tanto agresivo, ¡podrá adquirir su auto en sólo 17 días!

(En el capítulo 11 desarrollamos ciertas fórmulas que nos permitirán calcular directamente los valores de T, la cantidad total ahorrada hasta el día n, sin tener que sumar las cantidades de los días anteriores). ■

En el ejemplo 1 reconocemos que la cantidad A ahorrada en el día n es una *función* de n. Éste es nuestro primer encuentro con una función donde la variable aparece en el exponente y nuestro primer ejemplo de una función no algebraica, por lo general llamada una **función trascendente**. La función $A = 2^n$ es un tipo particular de función trascendente, llamada **función exponencial**.

En la sección 4.1 examinamos funciones de la forma $f(x) = x^n$, donde n es constante. ¿En qué difiere esto de $f(x) = n^x$?

DEFINICIÓN Una función de la forma $y = f(x) = b^x$, donde $b > 0$ y $b \neq 1$, es una **función exponencial**. b es la **base** de la función exponencial.

El ejercicio 75 analiza por qué restringimos b como no negativo y distinto de 1.

5.1 Funciones exponenciales

Como hemos visto varias veces, lo primero que debemos hacer al encontrar una nueva función es determinar su dominio. Como los exponentes racionales están bien definidos, sabemos que cualquier número racional estará en el dominio de una función exponencial.

Por ejemplo, cuando $b = 3$ y x asume los valores racionales $4, -2, \frac{1}{2}$ y $\frac{4}{5}$,

$$\text{tenemos} \quad f(x) = 3^x$$
$$f(4) = 3^4 = 3 \cdot 3 \cdot 3 \cdot 3 = 81$$
$$f(-2) = 3^{-2} = \frac{1}{3^2} = \frac{1}{9}$$
$$f\left(\frac{1}{2}\right) = 3^{1/2} = \sqrt{3}$$
$$f\left(\frac{4}{5}\right) = 3^{4/5} = \sqrt[5]{3^4} = \sqrt[5]{81}$$

Observe que aunque no conocemos el valor *exacto* de $\sqrt{3}$ o $\sqrt[5]{81}$, sabemos con exactitud lo que significan.

Sin embargo, ¿qué ocurre con $f(x)$ para valores irracionales de x?

$$f(\sqrt{2}) = 3^{\sqrt{2}} = ?$$

No hemos definido el significado de los exponentes irracionales.

De hecho, una definición formal precisa de b^x, para x irracional, requiere de ideas del cálculo. Sin embargo, podemos tener una idea de lo que debe ser $3^{\sqrt{2}}$, utilizando aproximaciones *racionales* sucesivas a $\sqrt{2}$. Por ejemplo, tenemos

$1.414 < \sqrt{2} < 1.415$ *Así, parece razonable esperar que*

$3^{1.414} < 3^{\sqrt{2}} < 3^{1.415}$ *Como 1.414 y 1.415 son números racionales, $3^{1.414}$ y $3^{1.415}$ están bien definidos, aunque no podamos calcular sus valores en forma directa. Con una calculadora obtenemos*

$4.7276950 < 3^{\sqrt{2}} < 4.7328918$

Si utilizamos mejores aproximaciones de $\sqrt{2}$, obtenemos

$3^{1.4142} < 3^{\sqrt{2}} < 3^{1.4143}$ *Utilizamos de nuevo una calculadora obtenemos*

$4.7287339 < 3^{\sqrt{2}} < 4.7292535$ *El cálculo directo en una calculadora $3^{\sqrt{2}}$ da $3^{\sqrt{2}} \approx 4.7288044$.*

Esta evidencia numérica sugiere que cuando x tiende a $\sqrt{2}$, los valores de 3^x tienden a un número real único que denotamos $3^{\sqrt{2}}$, y así aceptaremos, sin demostración, el hecho de que el dominio de la función exponencial es el conjunto de todos los números reales.

De hecho, estableceremos aún más.

La función exponencial $y = b^x$, donde $b > 0$ y $b \neq 1$, está definida para todos los valores reales de x. Además, todas las reglas para exponentes racionales también son válidas para los exponentes reales.

Antes de establecer algunos hechos generales de las funciones exponenciales, veamos si podemos determinar la gráfica de una función exponencial.

GRAFIJACIÓN

Utilice una calculadora gráfica o una computadora.

1. Trace las gráficas de $y = 2^x$, $y = 4^x$ y $y = 6^x$ en el mismo conjunto de ejes coordenados. Analice las similitudes y diferencias entre estas 3 gráficas. ¿Qué puede conjeturar acerca de la forma en que cambia la curva cuando la base b varía para $b > 1$?

2. Trace las gráficas de $y = \left(\dfrac{1}{2}\right)^x$, $y = \left(\dfrac{1}{3}\right)^x$ y $y = \left(\dfrac{1}{5}\right)^x$ en el mismo conjunto de ejes coordenados. Analice las similitudes y diferencias entre estas 3 gráficas. ¿Qué puede conjeturar acerca de la forma en que cambia la curva cuando la base b varía para $0 < b < 1$?

EJEMPLO 2 Trazar la gráfica de la función $y = 2^x$ e identificar su dominio y su rango.

Solución Como ayuda para nuestro análisis, establecemos una breve tabla de valores como marco de referencia (Tabla 5.1).

TABLA 5.1

x	$y = f(x) = 2^x$	y
-3	$y = 2^{-3}$	$\frac{1}{8}$
-2	$y = 2^{-2}$	$\frac{1}{4}$
-1	$y = 2^{-1}$	$\frac{1}{2}$
0	$y = 2^0$	1
1	$y = 2^1$	2
2	$y = 2^2$	4
3	$y = 2^3$	8

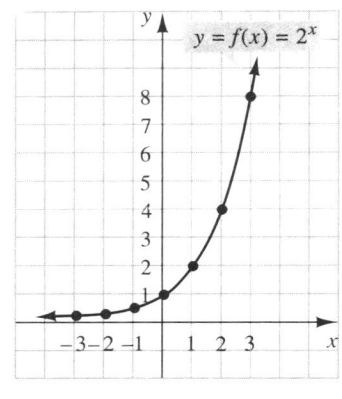

FIGURA 5.1

Con estos puntos a la mano, podemos trazar una curva suave que pase por ellos, obteniendo la gráfica que aparece en la figura 5.1. Es importante reconocer que al unir estos puntos suponemos que la función exponencial está definida para *todos los números reales*.

Observamos varios aspectos importantes de esta gráfica. En primer lugar, cuando $x \to +\infty$, los valores de y aumentan con rapidez, mientras que cuando $x \to -\infty$, los valores y se acercan cada vez más a 0. Así, el eje x es una asíntota horizontal.

En segundo lugar, no existen intersecciones con el eje x. De hecho, la gráfica de una función exponencial $y = b^x$ nunca tendrá intersecciones con el eje x, ya que $b^x \neq 0$ para cualquier valor de x.

Recuerde que $x \to +\infty$ significa que x asume valores extremadamente grandes (x asume valores en el extremo derecho), y $x \to -\infty$ significa que x asume valores extremadamente pequeños (x asume valores en el extremo izquierdo).

5.1 Funciones exponenciales

¿Existen valores de x para los cuales $3^x = 0$? ¿Existen valores de x para los cuales $3^x < 0$?

En tercer lugar, la intersección con y es 1. La gráfica de cualquier función exponencial de la forma $y = f(x) = b^x$ tendrá una intersección con el eje y en 1, ya que $b^0 = 1$ (recuerde que $b \neq 0$).

En cuarto lugar, de la gráfica podemos ver que el rango de $y = f(x) = 2^x$ es el *conjunto de números reales positivos*. ∎

EJEMPLO 3 Trazar la gráfica de $y = f(x) = \left(\dfrac{1}{2}\right)^x$.

Solución Sería muy instructivo calcular una tabla de valores como en el ejemplo 1 (pedimos que lo haga). Sin embargo, utilizaremos un método diferente. Observamos que

$$y = f(x) = \left(\frac{1}{2}\right)^x = \frac{1}{2^x} = 2^{-x}$$

Analizamos el principio de graficación para $f(-x)$ en la sección 3.2.

Si $f(x) = 2^x$, entonces $f(-x) = 2^{-x}$. Así, por el principio de graficación para $f(-x)$, podemos obtener la gráfica de $y = 2^{-x}$ reflejando la gráfica de $y = 2^x$, determinada en el ejemplo 2, con respecto del eje y. La gráfica aparece en la figura 5.2.

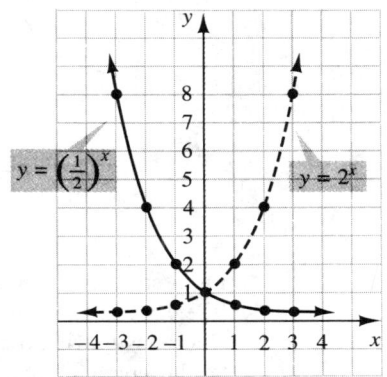

FIGURA 5.2

De nuevo, el eje x es una asíntota horizontal, no existe intersección con el eje x, 1 es la intersección con el eje y, y el rango es el conjunto de números reales positivos. Sin embargo, ahora la gráfica es decreciente en vez de creciente. ∎

Si construimos una tabla de valores similar a la tabla 5.1 para $b = 3$ o 5 o $\dfrac{7}{2}$ (de hecho, para toda $b > 1$), podemos ver que la gráfica de la función exponencial $y = b^x$ se parece mucho a la gráfica del ejemplo 2. Esta función exhibe un **crecimiento exponencial**. Por otro lado, una tabla similar para $b = \dfrac{1}{3}$ o $\dfrac{4}{5}$ (de hecho, para toda $0 < b < 1$) revelaría que la gráfica de la función exponencial $y = b^x$ se parece mucho a la gráfica de $y = \left(\dfrac{1}{2}\right)^x$ del ejemplo 3. Esta función exhibe un **decaimiento exponencial**. También observamos que las gráficas de los ejemplos 2 y 3 satisfacen la prueba de la línea horizontal, de modo que las funciones $y = 2^x$ y $y = \left(\dfrac{1}{2}\right)^x$ son uno a uno.

El siguiente cuadro resume los hechos importantes relativos a las funciones exponenciales y sus gráficas.

LA FUNCIÓN EXPONENCIAL $y = f(x) = b^x$

1. El dominio de la función exponencial es el conjunto de todos los números reales.
2. El rango de la función exponencial es el conjunto de todos los números reales *positivos*.
3. La gráfica de $y = b^x$ exhibe un crecimiento exponencial si $b > 1$ o un decaimiento exponencial si $0 < b < 1$.

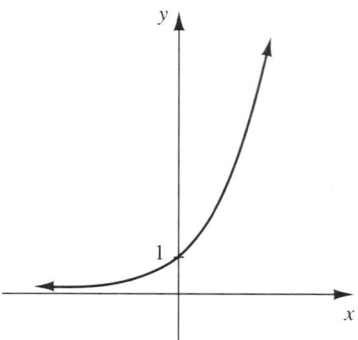

La gráfica de $y = b^x$ para $b > 1$
Crecimiento exponencial

La gráfica de $y = b^x$ para $0 < b < 1$
Decaimiento exponencial

4. La intersección con el eje y es 1. No existen intersecciones con el eje x.
5. El eje x es una asíntota horizontal.
6. Como las gráficas de la figura anterior satisfacen la prueba de la línea horizontal, la función exponencial es uno a uno. *Algebraicamente, esto significa que si* $b^{x_1} = b^{x_2}$, *entonces* $x_1 = x_2$.

El ejemplo 5 de la página 327 ilustra el significado algebraico del hecho de que las funciones exponenciales sean uno a uno.

Estas gráficas de crecimiento y decaimiento exponencial deben agregarse a nuestro catálogo de gráficas básicas.

EJEMPLO 4 Trazar la gráfica de cada una de las siguientes funciones. Determinar el dominio, el rango, las intersecciones con los ejes y las asíntotas.

(a) $y = f(x) = 3^x + 1$ **(b)** $y = g(x) = 3^{x+1}$ **(c)** $y = h(x) = \left(\dfrac{2}{3}\right)^x$

Solución

(a) Para obtener la gráfica de $y = 3^x + 1$, comenzamos con la gráfica de $y = 3^x$, que es la gráfica básica de crecimiento exponencial, y la recorremos 1 unidad hacia arriba. La gráfica aparece en la figura 5.3. De la gráfica podemos ver que el dominio es el

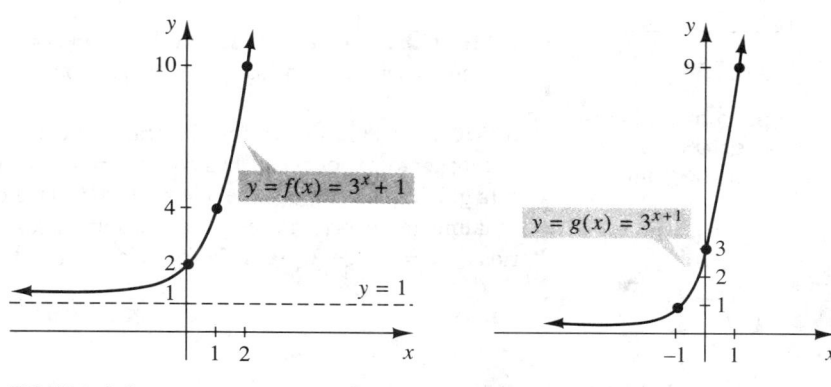

FIGURA 5.3

FIGURA 5.4

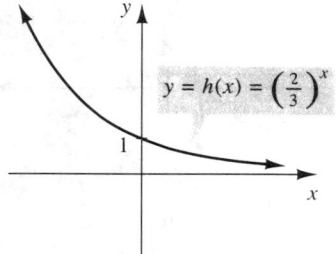

FIGURA 5.5

conjunto de todos los números reales; el rango es el conjunto de todos los números mayores que 1; la intersección con el eje y es 2; no existen intersecciones con el eje x y la recta $y = 1$ es una asíntota horizontal.

(b) Para obtener la gráfica de $y = 3^{x+1}$, comenzamos con la gráfica de $y = 3^x$, y la recorremos una unidad hacia la izquierda. La gráfica aparece en la figura 5.4. De la gráfica podemos ver que el dominio es el conjunto de todos los números reales; el rango es el conjunto de números reales mayores que 0; no existen intersecciones con el eje x; si hacemos $x = 0$, determinamos que la intersección con el eje y es 3; el eje x es una asíntota horizontal.

(c) Como $\dfrac{2}{3}$ es menor que 1, la gráfica de $y = \left(\dfrac{2}{3}\right)^x$ es la curva de decaimiento exponencial básico con el mismo dominio, rango, intersecciones con los ejes y asíntotas que la descrita en el cuadro anterior. La gráfica aparece en la figura 5.5. ∎

El hecho de que todas las funciones exponenciales sean uno a uno nos permite resolver ecuaciones en que la variable aparece en el exponente, como muestra el siguiente ejemplo. Éstas son las **ecuaciones exponenciales**.

EJEMPLO 5 Despejar x: $8^x = 16$.

Solución Como hemos observado, una función exponencial es uno a uno. Recuerde que si una función es uno a uno, esto significa que no podemos tener el mismo valor de y para dos valores distintos de x. De manera simbólica, podemos escribir que, para una función uno a uno, $f(x_1) = f(x_2)$ implica $x_1 = x_2$. En el caso de la función exponencial, esto significa, por ejemplo, que $2^a = 2^b \Rightarrow a = b$. Así, si podemos reescribir la ecuación dada de modo que ambos lados se expresen en términos de la misma base, podremos resolver la ecuación. Procedemos como sigue:

$8^x = 16$ *Podemos reescribir ambos lados con la base 2.*

$(2^3)^x = 2^4$

$2^{3x} = 2^4$ *Como la función exponencial es uno a uno, esto implica que*

$3x = 4$ *y por lo tanto* $\boxed{x = \dfrac{4}{3}}$. ∎

Analizaremos ecuaciones exponenciales más generales en la sección 5.4.

Recuerde que $9^{-x} = \left(\dfrac{1}{9}\right)^x$, y que -9^x no es lo mismo que $(-9)^x$, que no está definido, pues la base es negativa.

EJEMPLO 6 Trazar la gráfica de $y = F(x) = -9^{-x} + 3$. Determinar el dominio, el rango, las intersecciones con los ejes y las asíntotas.

Solución Para determinar la gráfica de $y = -9^{-x} + 3$, comenzamos con la gráfica de decaimiento exponencial básico de $y = 9^{-x}$. Véase la figura 5.6(a). Reflejamos después esta gráfica con respecto del eje x, que nos da la gráfica de $y = -9^{-x}$. Véase la figura 5.6(b). Finalmente, recorremos esta gráfica 3 unidades hacia arriba para obtener la gráfica requerida de $y = -9^{-x} + 3$. Véase la figura 5.6(c).

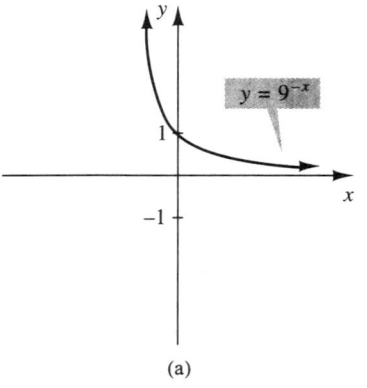
(a)

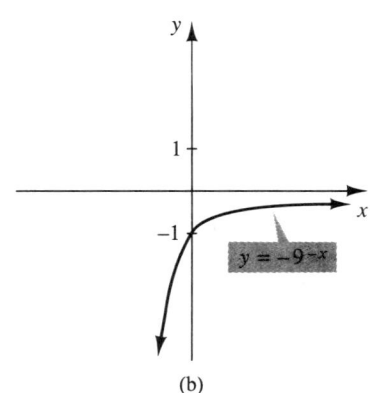
(b)

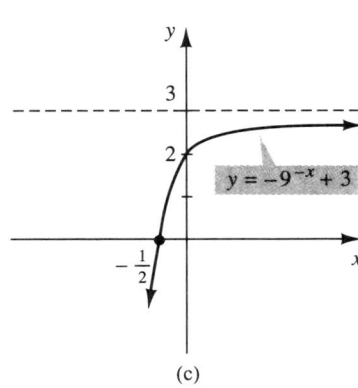
(c)

FIGURA 5.6 Los pasos que conducen a la gráfica de $y = -9^{-x} + 3$

De la gráfica para $y = -9^{-x} + 3$ podemos ver lo siguiente:

1. El dominio es el conjunto de todos los números reales.
2. El rango es el conjunto de los números reales menores que 3.
3. La recta $y = 3$ es una asíntota horizontal.
4. Si $x = 0$, determinamos que la intersección con el eje y es igual a 2.

No es fácil determinar la intersección con el eje x de la gráfica, de modo que sustituimos $y = 0$ e intentamos resolver la ecuación resultante.

$$y = -9^{-x} + 3 \qquad \textit{Sustituimos } y = 0.$$
$$0 = -9^{-x} + 3$$

De nuevo, resolvemos esta ecuación exponencial expresando ambos lados de la ecuación en términos de la *misma* base.

$$9^{-x} = 3 \qquad \textit{Expresamos ambos lados en base 3.}$$
$$(3^2)^{-x} = 3$$
$$3^{-2x} = 3^1 \qquad \textit{Como la función exponencial es uno a uno,}$$
$$\qquad\qquad\qquad 3^a = 3^b \Rightarrow a = b; \textit{ por lo tanto,}$$
$$-2x = 1$$
$$x = -\dfrac{1}{2} \qquad \textit{Así, la intersección con el eje } x \textit{ es } -\dfrac{1}{2}. \qquad \blacksquare$$

5.1 Funciones exponenciales

Hemos descrito la forma en que la base determina el crecimiento exponencial, si $b > 1$ y el decaimiento exponencial, si $0 < b < 1$. Sin embargo, el tamaño de b también tiene que ver con la forma relativa de la gráfica de $y = b^x$. Para $b > 1$, cuando b crece, la gráfica del crecimiento exponencial crece con mayor rapidez, mientras que para $0 < b < 1$, cuando b se acerca a 0, la gráfica de decaimiento exponencial decrece con mayor rapidez. La figura 5.7 muestra varias gráficas de funciones exponenciales para varios valores de b.

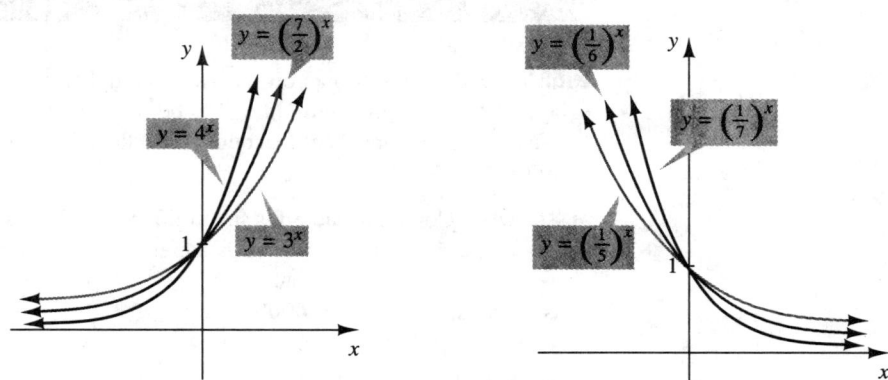

FIGURA 5.7 Las gráficas de $y = b^x$ para varios valores de b.

El conocimiento del comportamiento de las funciones exponenciales; en particular, el hecho de que la función exponencial nunca se anule, nos permite determinar las raíces de funciones relacionadas con ella, como en el siguiente ejemplo.

¿Qué significa una raíz de $f(x)$?

EJEMPLO 7 Determinar las raíces de $f(x) = 2(x^3)5^x - (8x)5^x$.

Solución Resolvemos $f(x) = 0$ factorizando $f(x)$.

$2(x^3)5^x - (8x)5^x = 0$ *Existe un factor en común de $2x5^x$.*

$2x5^x(x^2 - 4) = 0$

¿Existe un valor de x para el cual $5^x = 0$?

Podemos ignorar el factor 5^x ya que nunca se anula. De manera análoga, podemos dividir ambos lados de la ecuación entre 5^x sin perder soluciones. Por lo tanto, tenemos

$x = 0$ o $x^2 - 4 = 0$

$x = 0$ o $x = \pm 2$

Por lo tanto, las raíces de $f(x)$ son 0, 2 y -2.   ∎

Hemos visto que podemos resolver una ecuación como $3^x = 9$, expresando ambos lados de la ecuación como potencias de la misma base. Sin embargo, una ecuación como $3^x = 9x^2$ no admite este método de solución. De hecho, no tenemos una técnica algebraica que resuelva esta ecuación. Observamos en el capítulo 4 que las soluciones de la ecuación $3^x - 9x^2 = 0$ son las intersecciones con el eje x de la gráfica de $y = 3^x - 9x^2$. Aunque esta ecuación es difícil de graficar a mano, una calculadora gráfica puede trazarla y permitirnos aproximar a las intersecciones con el eje x y por lo tanto a las soluciones de la ecuación dada.

GRAFICACIÓN

Utilice una calculadora gráfica o una computadora para trazar la gráfica de $y = 3^x - 9x^2$, estime las intersecciones con el eje x, y al hacerlo obtenga las soluciones aproximadas a la ecuación $3^x - 9x^2 = 0$.

EJEMPLO 8 Una población de bacterias del tipo DT3 se duplica cada 3 horas en una caja de Petri. Si la población inicial es de 4000 bacterias, ¿cuántas habrá en la caja de Petri **(a)** después de 6 horas? **(b)** Después de 12 horas? **(c)** Después de t horas? **(d)** Después de 17 horas?

Solución   Como las bacterias se duplican cada 3 horas, sea A = el número de bacterias en la caja de Petri; esquematizamos este crecimiento como sigue:

a las 0 horas,	$A = 4000$		*Éste es el número inicial de bacterias.*
después de 3 horas,	$A = 4000(2)$	$= 8000$	*El número de bacterias se ha duplicado una vez.*
después de 6 horas,	$A = [4000(2)](2) = 4000(2)^2$	$= 16\,000$	*El número de bacterias se ha duplicado dos veces.*
después de 9 horas,	$A = [4000(2)^2](2) = 4000(2)^3$	$= 32\,000$	*El número de bacterias se ha duplicado tres veces.*
después de 12 horas,	$A = [4000(2)^3](2) = 4000(2)^4$	$= 64\,000$	*El número de bacterias se ha duplicado cuatro veces.*

(a) Del diagrama podemos ver que el número de bacterias al final de 6 horas es $\boxed{16\,000}$.

(b) Al final de 12 horas es $\boxed{64\,000}$.

(c) Observe el patrón: Cuando las 4000 bacterias se han duplicado 5 veces, el número de bacterias presentes es $4000(2)^5$.

Como el número de bacterias se duplica cada 3 horas, en t horas el número se duplicará $\dfrac{t}{3}$ veces. Por lo tanto, si continuamos con este patrón, vemos que el número de bacterias al final del tiempo t es:

$$\boxed{A = 4000(2^{t/3})} \qquad \text{donde } t \text{ es el tiempo en horas}$$

(d) Para determinar el número de bacterias en la caja de Petri al final de 17 horas, necesitamos utilizar la fórmula determinada en la parte (c).

$A = 4000(2)^{t/3}$ *Como $t = 17$, obtenemos*

$= 4000(2)^{17/3}$ *Evaluamos primero $2^{17/3}$ en una calculadora para obtener*

$= 4000(50.796834) = 203\,187.33$ *Lo que redondeamos a*

$= \boxed{203\,187 \text{ bacterias}}$ ∎

5.1 Funciones exponenciales

Hemos observado que la función exponencial es uno a uno, y sabemos que una función uno a uno tiene una función inversa. La inversa de la función exponencial es el tema de la siguiente sección.

EJERCICIOS 5.1

En los ejercicios 1-10, resuelva la ecuación exponencial dada.

1. $2^{x-1} = 8$
2. $2^{x^2-1} = 8$
3. $3^{2x} = 243$
4. $25^{a+3} = 5$
5. $9^t = 27$
6. $4^x = \dfrac{1}{2}$
7. $\left(\dfrac{1}{2}\right)^{x+2} = 16$
8. $\left(\dfrac{1}{3}\right)^{s+1} = 9$
9. $8^x = \sqrt{2}$
10. $16^{3a-2} = \dfrac{1}{4}$

En los ejercicios 11-16, determine el dominio de la función dada.

11. $f(x) = \dfrac{1}{6^x}$
12. $g(x) = \sqrt{3^x + 1}$
13. $h(x) = \sqrt{2^x - 8}$
14. $f(x) = \dfrac{5}{4^x - 1}$
15. $g(x) = \dfrac{1}{2^{3x} - 2}$
16. $h(x) = \dfrac{1}{2^{3x-2}}$

En los ejercicios 17-30, trace la gráfica de la función dada. Identifique el dominio, el rango, las intersecciones con los ejes y las asíntotas.

17. $y = 5^{-x}$
18. $y = -5^x$
19. $y = 4^x - 1$
20. $y = 4^{x-1}$
21. $y = 9 - 3^x$
22. $y = 3^{-x} + 2$
23. $y = 2^{x-3} - 8$
24. $y = 3^{x+2} - 9$
25. $y = -3^{-x} + 1$
26. $y = \left(\dfrac{1}{2}\right)^x - 4$
27. $y = 2^{x^2}$
28. $y = 2^{|x|}$
29. $y = \dfrac{1}{2^{x-1}}$
30. $y = \dfrac{5}{3^{x+2}}$

En los ejercicios 31-36, sean $f(x) = 5^x$, $g(x) = x^2 - 6x + 2$, $h(x) = \dfrac{1}{x+1}$, y $t(x) = \sqrt{x}$. Determine lo siguiente.

31. $(f \circ g)(x)$
32. $(g \circ f)(x)$
33. $(f \circ t)(x)$
34. $(t \circ f)(x)$
35. $(h \circ f)(x)$
36. $(f \circ h)(x)$

En los ejercicios 37-42, determine todas las raíces reales de la función dada.

37. $f(x) = x4^x$
38. $g(x) = \dfrac{2^x - 8}{x}$
39. $h(x) = 9(2^x) - x^2 2^x$
40. $F(x) = 6(3^x) - 5x3^x + x^2 3^x$
41. $f(x) = \dfrac{1 - 3^x}{x^2}$
42. $g(x) = 5(2^x) - 10$

43. Resuelva la ecuación $3^x + 3^{-x} = 2$. SUGERENCIA: Sea $u = 3^x$, con lo que se obtiene una ecuación cuadrática en u.
44. Resuelva la ecuación $2^x - 4(2^{-x}) = 3$. SUGERENCIA: Sea $u = 2^x$, con lo que se obtiene una ecuación cuadrática en u.
45. Sea $f(x) = 2^x$. Muestre que $f(x + 3) = 8f(x)$.
46. Sea $g(x) = 5^x$. Muestre que $g(x - 2) = \dfrac{1}{25} g(x)$.
47. Sea $f(x) = 3^x$. Muestre que $\dfrac{f(x+2) - f(x)}{2} = 4(3^x)$.
48. Sea $f(x) = 4^x$. Muestre que

$$\dfrac{f(x+h) - f(x)}{h} = 4^x \left(\dfrac{4^h - 1}{h}\right)$$

49. En el mismo sistema de coordenadas, trace las gráficas de
$y = 2^x$, $y = \left(\dfrac{5}{2}\right)^x$, y $y = 3^x$.

50. En el mismo sistema de coordenadas, trace las gráficas de
$y = \left(\dfrac{1}{2}\right)^x$, $y = \left(\dfrac{2}{5}\right)^x$, y $y = \left(\dfrac{1}{3}\right)^x$.

Los siguientes ejercicios tratan de aplicaciones del crecimiento y el decaimiento exponencial. Una calculadora le será útil para muchos ejercicios. Redondee sus respuestas con dos cifras decimales.

51. La población de Rabbitville se duplica cada 2 meses. Si la población inicial es 4, ¿cuántas personas habrá en Rabbitville al final de 6 meses? ¿Al final de t meses? ¿Al final de 2 años?
52. Desde 1960, la población de Lewistown se ha duplicado cada 10 años. Si continúa esta tendencia y había 800 personas viviendo en Lewistown en 1972, ¿cuántas personas se espera que vivan ahí en 1995?
53. El valor contable B de un auto utilizado t años después de nuevo, por lo general se calcula mediante la fórmula

$$B = N\left(\dfrac{S}{N}\right)^{t/10} \quad \text{para } 0 \leq t \leq 10$$

donde N es el valor del auto cuando nuevo y S es el valor de recuperación del auto después de 10 años. Suponga que un auto nuevo cuesta $12\,000 y que tendrá un valor de recuperación de $600 después de 10 años.
(a) Trace la gráfica de B como función de t.
(b) ¿Cuál será el valor contable del auto cuando tenga 3 años?

54. El argón-39 radiactivo tiene una vida media de 4 minutos. Esto significa que cada 4 minutos, una mitad de la cantidad de argón-39 se modifica por otra sustancia, debido al decaimiento radiactivo.

(a) Si comenzamos con A_0 miligramos de argón-39, explique por qué la cantidad de A que permanece después de t minutos está dada por la fórmula

$$A = A_0(2^{-t/4})$$

(b) Si $A_0 = 50$ mg, trace la gráfica de

$$A = 50(2^{-t/4})$$

Observe los valores de A para $t = 0, 1, 2, 4, 8, 16$ y 20 minutos.

(c) Si $A_0 = 50$ mg, ¿cuánto argón-39 quedará después de 1 hora?

55. La función de demanda de cierto producto está dada por

$$p = 600 - 0.4(3^{0.005x})$$

donde p es el precio en dólares que puede cargarse para una demanda de x unidades. Determine el precio p que puede cargarse cuando (a) $x = 500$ y (b) $x = 900$.

56. Una compañía estima que la ganancia anual P (en dólares) de las ventas de un artículo particular x años después de su introducción por primera vez puede calcularse como

$$P = P(x) = 120\,000 - 80\,000\left(\frac{1}{3}\right)^x$$

(a) ¿Cuál será la ganancia anual después de 3 años? ¿Después de 6 años?

(b) Trace la gráfica de $y = P(x)$ para $x \geq 0$.

(c) ¿Cuál es la máxima ganancia que puede esperar la compañía de este artículo? ¿Se logra en algún momento esta máxima ganancia?

57. La presión atmosférica P a una altura de x pies sobre el nivel del mar se puede aproximar mediante la función

$$P = P(x) = (14.69)3^{-0.000035x}$$

donde la presión está dada en atmósferas. Una atmósfera (1 atm) es aproximadamente igual a 14.69 libras de presión por pulgada cuadrada.

(a) ¿Cuál es la presión atmosférica al nivel del mar?

(b) ¿Cuál es la presión atmosférica en la cima del Monte Everest, que se encuentra a 29 028 pies sobre el nivel del mar?

(c) ¿Cuál es la presión atmosférica en el Mar Muerto, que se encuentra a 1290 pies *bajo* el nivel del mar?

58. Cierto libro establece que la presión atmosférica a x pies sobre el nivel del mar se puede calcular mediante la fórmula

$$P = P(x) = 2^{3.8777 - 0.0000555x}$$

Utilice esta fórmula para responder las preguntas del ejercicio 57.

¿Cómo se relacionan las respuestas con las obtenidas utilizando la fórmula del ejercicio 57?

59. La población P de una localidad crece de acuerdo con la fórmula

$$P = P(t) = P_0 2^{0.05t}$$

donde P_0 es la población en cierto año y P es la población después de t años transcurridos. Suponga que la población de esta localidad en 1990 es 12 000.

(a) Determine la población 4 y 5 años después.

(b) Determine la población 19 y 20 años después.

(c) Determine la razón entre las dos poblaciones determinadas en la parte (a) y las dos poblaciones determinadas en la parte (b).

(d) ¿Cuál es la relación entre la población t años después y $t + 1$ años después?

60. El tipo de bacteria *E. coli* crece de acuerdo con la fórmula

$$N = N_0 2^{t/25}$$

donde N_0 es el número de bacterias presentes inicialmente y N es el número de bacterias presentes después de t minutos.

(a) Si una colonia de *E. coli* comienza con una población de 1000, ¿cuánto tiempo tardará la población en duplicarse hasta 2000?

(b) ¿Cuánto tiempo tardará la población en duplicarse de 2000 a 4000?

(c) Con base en sus respuestas de las partes (a) y (b), ¿que podría concluir respecto del tiempo que tarda en duplicarse una población de la bacteria *E. coli*?

(d) Muestre que el tiempo de duplicación para las bacterias *E. coli* es 25 minutos.

61. La mosca *Drosophila* de la fruta se utiliza por lo general para estudios genéticos. Una población típica de esta mosca se duplicará en 2.5 días.

(a) Si comenzamos con una población inicial de N_0 moscas, explique por qué el número N de moscas de la fruta después de t días está dado por la fórmula

$$N = N_0 2^{t/2.5}$$

(b) Si partimos de una población inicial con 10 moscas macho y 10 moscas hembra, ¿cuántas moscas habrá después de 1 semana?

62. El uso de ciertos insecticidas ha sido discontinuado, debido a su actividad perdurable sobre el ambiente. Suponga que cierto insecticida tiene una vida media de 16 años; es decir, transcurren 16 años hasta que la mitad de una cantidad dada de insecticida se convierta en inactiva e inofensiva.

(a) Si comenzamos con una cantidad inicial de insecticida A_0, explique por qué la cantidad de insecticida A que permanece activa después de t años está dada por la fórmula

$$A = a_0 2^{-t/16}$$

(b) Si un agricultor utiliza 100 libras de este insecticida en su cosecha, ¿cuanto insecticida seguirá activo después de 10 años? ¿Después de 100 años?

63. Los isótopos radiactivos que tienen una vida media relativamente breve se utilizan con frecuencia en los procedimientos de obtención de imágenes médicas. Suponga que cierto radioisótopo tiene una vida media de 4 horas.

(a) Escriba una ecuación que proporcione la cantidad A de isótopo que permanece radiactivo t horas después de que una cantidad inicial A_0 se inyecta en el cuerpo.

(b) Si se inyectan 10 mg en el cuerpo, ¿qué cantidad permanecerá radiactiva después de 2 horas? ¿Después de 24 horas?

64. Suponga que la carga restante en una batería decae en forma exponencial de acuerdo con la fórmula

$$C = C(t) = C_0(0.65)^T$$

donde C es la carga en coulombs que resta T días después de que la batería recibe una carga inicial C_0. Si una bacteria tiene una carga de 3.5×10^{-5} coulombs restante después de 14 días, determine la carga inicial.

65. De acuerdo con la ley de enfriamiento de Newton, la razón con la que un objeto se enfría es directamente proporcional a la diferencia de temperatura entre el objeto y su ambiente. Una varilla de metal, cuya temperatura inicial es 100°C, se enfría al colocarse al aire, el cual se mantiene a una temperatura de 15°C. Con el cálculo determinamos que, en tal situación, la temperatura T de la varilla decae en forma exponencial de acuerdo con la ecuación

$$T = 15 + 85(3^{-m})$$

donde m es el número de minutos que la varilla ha estado expuesta al aire frío. ¿Cuánto tiempo tardará la varilla en enfriarse hasta una temperatura de 40°C?

66. La vida media biológica de un medicamento es la cantidad de tiempo que tarda una cantidad inicial de medicamento en perder la mitad de su efectividad. Suponga que cierto medicamento tiene una vida media de 9 horas en el cuerpo de una persona no fumadora pero una vida media de sólo 5 horas en el cuerpo de un fumador. Si se administran dosis iguales de este medicamento a un no fumador y a un fumador, compare las cantidades de medicamento que resta en cada persona después de 24 horas.

67. La razón con la que ciertos artículos eléctricos fallan se describe por lo general mediante funciones exponenciales. Por ejemplo, suponga que una gran oficina corporativa tiene 2400 focos de luz y que el departamento de mantenimiento reemplaza todos los focos viejos al mismo tiempo, con focos nuevos que tienen una vida media de 800 horas. En esta situación, el número de focos N que se espera se fundan después de t horas, se puede dar mediante la ecuación

$$N = N(t) = 2400(1 - 0.998^t)$$

(a) Utilice unidades adecuadas en los ejes y trace la gráfica de $y = N(t)$.

(b) ¿Cuántos focos se espera se fundan después de 400 horas? ¿Después de 600 horas? ¿Después de 800 horas?

(c) Interprete los resultados de la parte (b) en términos del *porcentaje* de focos que se han fundido después de 400, 600 y 800 horas.

(d) Explique por qué la ecuación para N sugiere que es más económico reemplazar todos los focos de luz una vez en vez de cambiarlos conforme se fundan.

68. Suponga que 18 lobos (9 machos y 9 hembras) se introducen a un área deshabitada. Además, suponga que la población de lobos se incrementa 20% al año durante los siguientes 15 años, momento en el que la población de lobos llega a ser tan grande que trastorna el ambiente, destruyendo elementos importantes de la cadena alimenticia. Como resultado, la población de lobos decrece 15% por año durante los siguientes 25 años.

(a) Utilice una función definida por partes y exprese la población de lobos P como una función del tiempo t (en años) durante un periodo de 40 años.

(b) Estime la población máxima y mínima y los años en que ocurren.

69. Con frecuencia, los técnicos médicos aplican transfusiones intravenosas de un nutriente o medicamento especial. La concentración C de un nutriente o un medicamento en la sangre t minutos después de iniciada la transfusión podría darse con una fórmula como

$$C = C(t) = F + (I - F)3^{-0.01t}$$

(a) Explique el significado de I. SUGERENCIA: Intente determinar la concentración cuando $t = 0$.

(b) Explique el significado de F. SUGERENCIA: Intente determinar la concentración cuando $t = 100, 200$, etcétera.

70. Hemos visto que si un objeto pesado (como una piedra) se arroja desde un lugar alto y despreciamos la resistencia del aire, entonces su velocidad v, después de t segundos está dada por $v = -32t$ pies por segundo. Por otro lado, si un paracaidista salta desde un aeroplano con los brazos y las piernas extendidas, la resistencia del aire tiene un efecto significativo en la velocidad. Por ejemplo, después de saltar desde el aeroplano a una altura de 10 000 pies, la velocidad v del paracaidista, en pies por segundo, estaría dada por una ecuación como

$$v = v(t) = -220(1 - 0.9^t)$$

donde t es el número de segundos transcurridos después del salto pero antes de abrir el paracaídas.

(a) Trace la gráfica de $y = v(t)$.

(b) Determine la velocidad del paracaidista después de 4 segundos, y compare con la velocidad de una piedra después de 4 segundos de haber sido arrojada desde una altura de 10 000 pies.

(c) Cuando t crece, ¿qué le sucede a la velocidad del paracaidista? Determine v después de 10 segundos, 20 segundos, 30 segundos, etcétera. (Esta velocidad "límite" es la *velocidad terminal*.)

(d) ¿Cuál es la velocidad terminal? (Se impresionará si la convierte a millas por hora, donde 88 pies/segundo = 60 millas/hora.)

71. Los oceanógrafos saben que la cantidad de luz que penetra x metros bajo la superficie decae exponencialmente como función de x. Por ejemplo, en cierto lugar, si la intensidad de la luz en la superficie es 12 lúmenes (lm), entonces la intensidad I de la luz a x metros bajo la superficie puede darse como

$$I = 12(0.45)^x$$

Determine la intensidad de la luz a una profundidad de 5 metros.

72. Suponga que si se añaden 20 gramos de azúcar a una cantidad de agua, entonces la cantidad de azúcar S que permanece sin disolver después de t minutos está dada por

$$S = S(t) = 20\left(\frac{5}{7}\right)^t$$

Determine la cantidad de azúcar que permanece sin disolver después de 5 minutos.

PREGUNTAS PARA REFLEXIONAR

73. Al principio de esta sección observamos que la función exponencial es uno a uno, por lo que sabemos que tiene una función inversa. De hecho, hemos utilizado esta idea para resolver algunas ecuaciones exponenciales.

(a) Despeje x: $2^x = 16$. Explique cómo se utiliza la idea de la inyectividad de la función exponencial en la solución.

(b) ¿Existe una solución de $2^x = 15$? ¿Como podría determinarla?

74. Intente determinar la función inversa de $y = 2^x$. ¿Existen dificultades para seguir nuestro esquema familiar para determinar una función inversa: intercambiar x y y para después despejar y?

75. En la definición de la función exponencial, restringimos la base b a $b > 0$ y $b \neq 1$.

(a) Si permitimos que $b = 1$, ¿qué le sucede a la función $y = b^x$?

(b) Si permitimos que b sea negativa, ¿qué sucede con el dominio de $y = b^x$? Piense en lo que ocurre cuando intentamos determinar los valores de y correspondientes a $x = \frac{1}{2}$, $\frac{3}{4}$, etcétera.

5.2 Funciones logarítmicas

En la última sección observamos que la función exponencial $y = f(x) = b^x$ ($b > 0$ y $b \neq 1$) es uno a uno. Por nuestro trabajo anterior con funciones, sabemos que esto significa que la función exponencial tiene una función inversa.

Revisemos el proceso para determinar una función inversa, comparando el proceso para la función polinomial $y = x^3$ y para la función exponencial $y = 3^x$. Recuerde que en todo el texto, x es la variable *independiente* y y la variable *dependiente*, y entonces, cuando sea posible, queremos obtener una función donde aparezca despejada y de manera explícita.

Para determinar la inversa de $y = x^3$:

$y = x^3$ *Intercambiamos x y y.*
$x = y^3$ *Despejamos y.*
$y = \sqrt[3]{x}$

Para determinar la inversa de $y = 3^x$.

$y = 3^x$ *Intercambiamos x y y.*
$x = 3^y$ *Despejamos y.*
$y = ?$

No existe un procedimiento algebraico que podamos utilizar para despejar a y en $x = 3^y$. Esta comparación nos muestra la diferencia entre una función algebraica (como $y = x^3$) y una función trascendente, como $y = 3^x$.

De hecho, si hubiésemos estudiado las funciones y sus inversas antes de aprender radicales, hubiéramos tenido que inventar una notación radical para poder expresar la

5.2 Funciones logarítmicas

inversa de $y = x^3$ de manera explícita en la forma $y = \sqrt[3]{x}$. En otras palabras, $y^3 = x$ y $y = \sqrt[3]{x}$ significan precisamente lo mismo: y es el número cuyo cubo es x. La única diferencia es que en $y = \sqrt[3]{x}$, y aparece despejada en forma explícita.

De manera análoga, si queremos expresar $x = 3^y$ de manera explícita como función de x, necesitamos idear una notación especial para esto. La idea clave es considerar la ecuación $x = 3^y$ y expresarla de manera verbal.

$x = 3^y$ significa   que y es el exponente al que debe elevarse 3 para obtener x

Presentamos la siguiente notación, la cual expresa esta misma idea de manera más compacta.

DEFINICIÓN   Para $b > 0$ y $b \neq 1$, escribimos $y = \log_b x$ para indicar que y es el exponente al que debe elevarse b para obtener x. En otras palabras,

$$x = b^y \Leftrightarrow y = \log_b x$$

Leemos $y = \log_b x$ como "y igual al logaritmo base b de x" o "y igual al logaritmo de x en base b".

RECUERDE: $y = \log_b x$ es sólo una forma alternativa de escribir $x = b^y$.

Cuando una expresión se escribe en la forma $x = b^y$, está en **forma exponencial**. Cuando una expresión está escrita de la forma $y = \log_b x$, está en **forma logarítmica**. Todo nuestro trabajo con los logaritmos será más fácil si recordamos que, de acuerdo con la definición, *un logaritmo es sólo un exponente*.

La tabla 5.2 ilustra la equivalencia de las formas exponencial y logarítmica de un número de proposiciones.

Asegúrese de comprender la equivalencia entre las dos formas en cada línea de la tabla 5.2.

TABLA 5.2

Forma exponencial	Forma logarítmica
$4^2 = 16$	$\log_4 16 = \mathbf{2}$
$2^4 = 16$	$\log_2 16 = \mathbf{4}$
$5^{-3} = \dfrac{1}{125}$	$\log_5 \dfrac{1}{125} = \mathbf{-3}$
$6^{1/2} = \sqrt{6}$	$\log_6 \sqrt{6} = \dfrac{\mathbf{1}}{\mathbf{2}}$
$7^0 = 1$	$\log_7 1 = \mathbf{0}$
$b^m = u$	$\log_b u = \mathbf{m}$

EJEMPLO 1 Escribir lo siguiente en forma exponencial.

(a) $\log_3 \dfrac{1}{9} = -2$ (b) $\log_{16} 2 = \dfrac{1}{4}$

Solución Utilizamos el hecho de que $y = \log_b x$ es equivalente a $b^y = x$.

(a) $\log_3 \dfrac{1}{9} = -2$ significa $\boxed{3^{-2} = \dfrac{1}{9}}$.

(b) $\log_{16} 2 = \dfrac{1}{4}$ significa $\boxed{16^{1/4} = 2}$. ■

EJEMPLO 2 Escribir lo siguiente en forma logarítmica.

(a) $10^{-3} = 0.001$ (b) $27^{2/3} = 9$

Solución Utilizamos el hecho de que $b^y = x$ es equivalente a $y = \log_b x$.

(a) $10^{-3} = 0.001$ significa $\boxed{\log_{10} 0.001 = -3}$

(b) $27^{2/3} = 9$ significa $\boxed{\log_{27} 9 = \dfrac{2}{3}}$. ■

EJEMPLO 3 Evaluar lo siguiente.

(a) $\log_3 81$ (b) $\log_8 \dfrac{1}{64}$ (c) $\log_9 3$ (d) $\log_{16} 8$ (e) $\log_2 (-2)$

Solución

(a) Si queremos determinar $\sqrt[3]{243}$, restablecemos la pregunta utilizando la operación inversa: Para determinar $\sqrt[3]{243}$ preguntamos "¿Cuál es el número que elevado a la tercera potencia nos da 243?" De la misma manera, cuando queremos determinar $\log_3 81$ podemos restablecer "¿Cuál es el exponente de 3 que proporciona como respuesta 81?" Una vez restablecido $\log_3 81$ de esta forma, reconocemos que la respuesta es 4, ya que $3^4 = 81$. Sin embargo, la respuesta no siempre es tan obvia, así que ofrecemos un método más formal que gira sobre una idea analizada en la última sección. Sea $t = \log_3 81$; entonces reescribimos esta ecuación en forma exponencial, obteniendo $3^t = 81$, Ahora, si podemos expresar ambos lados en términos de la misma base, podemos resolver la ecuación exponencial resultante, como sigue:

$\quad$ Sea $t = \log_3 81$ $\qquad$ *Traducimos a una forma exponencial.*

$\qquad\quad 3^t = 81$ $\qquad\qquad$ *Expresamos ambos lados en términos de la misma base.*

$\qquad\quad 3^t = 3^4$ $\qquad\qquad$ *Puesto que la función exponencial es uno a uno*

$\qquad\quad\; t = 4$

Por lo tanto, $\boxed{\log_3 81 = 4}$.

5.2 Funciones logarítmicas

(b) Aplicamos el mismo procedimiento de la parte (a).

$$\text{Sea } t = \log_8 \frac{1}{64} \qquad \textit{Reescribimos en forma exponencial.}$$

$$8^t = \frac{1}{64} \qquad \textit{Expresamos ambos lados en términos de la misma base.}$$

$$8^t = \frac{1}{8^2} = 8^{-2} \qquad \textit{Por lo tanto,}$$

$$t = -2$$

Por lo tanto, $\boxed{\log_8 \dfrac{1}{64} = -2}$.

(c) Sea $t = \log_9 3$.

$$9^t = 3$$
$$(3^2)^t = 3^1$$
$$3^{2t} = 3^1$$
$$2t = 1 \quad \text{y entonces} \quad t = \frac{1}{2}$$

Por lo tanto, $\boxed{\log_9 = \dfrac{1}{2}}$.

(d) Sea $t = \log_{16} 8$.

$$16^t = 8 \qquad \textit{Expresamos ambos lados en términos de la base 2.}$$
$$(2^4)^t = 2^3$$
$$2^{4t} = 2^3 \qquad \textit{Por lo tanto,}$$
$$4t = 3 \quad \text{y entonces} \quad t = \frac{3}{4}$$

Por lo tanto, $\boxed{\log_{16} 8 = \dfrac{3}{4}}$.

> Recuerde que, como una función exponencial y su función logarítmica correspondiente son inversas, el dominio de la función logarítmica es igual al rango de la función exponencial.

(e) Sea $t = \log_2(-2)$, lo que significa

$$2^t = -2$$

Pero ningún valor de t puede hacer que 2^t sea negativo; $2^t > 0$ para todos los valores de t. De modo que $\log_2(-2)$ no está definido. ∎

El resultado del ejemplo 3(e) ilustra que, como restringimos la base de las funciones exponencial y logarítmica a números positivos, *el logaritmo de un número no positivo no está definido.*

Como señalamos al principio de esta sección, la notación de logaritmo fue ideada para expresar la inversa de la función exponencial. Así, $\log_b x$ es una función de x. Por lo general, escribimos $f(x) = \log_b x$ en vez de escribir $f(x) = \log_b(x)$ y sólo se utilizan paréntesis cuando se necesita aclarar la entrada de la función logarítmica. En este contexto, la palabra *argumento* se utiliza con frecuencia en vez de la palabra *entrada*. Por ejemplo, en la función $f(x) = \log_5(4 - x)$, los paréntesis indican que $4 - x$ es el argumento de la función logarítmica. Así, podemos decir que el argumento de la función logarítmica debe ser positivo.

> Si $f(x) = \log_5(4 - x)$, entonces $f(a) = \log_5(4 - a)$, a es la entrada de $f(x)$; $4 - a$ es el argumento de la función logarítmica.

Por ejemplo,

Si $f(x) = \log_5(4 - x)$, entonces $f(-1) = \log_5[4 - (-1)] = \log_5 5 = 1$, mientras que si $f(x) = 4 - \log_5 x$, entonces $f(-1) = 4 - \log_5(-1)$, que no está definido.

EJEMPLO 4 Determinar $\log_5 5^7$.

Solución De nuevo, sea

$$t = \log_5 5^7 \qquad \textit{Reescribimos en forma exponencial.}$$
$$5^t = 5^7 \Rightarrow t = 7$$

Por lo tanto, $\boxed{\log_5 5^7 = 7}$. De manera alterna, si sólo entendemos que $\log_5 5^7$ significa "el exponente al que debe elevarse 5 para obtener 5^7", entonces la respuesta 7 de inmediato debe ser clara. ∎

> Explique con palabras por qué $\log_b b^n = n$.

El siguiente ejemplo ilustra varias *ecuaciones logarítmicas*. Como en los últimos dos ejemplos, con frecuencia resulta útil reescribir la ecuación logarítmica en forma exponencial.

EJEMPLO 5 Despejar t en cada una de las siguientes ecuaciones.

(a) $\log_5 t = 4$ (b) $\log_8 \dfrac{1}{2} = t$ (c) $\log_t 216 = 3$

Solución
(a) Reescribimos $\log_5 t = 4$ en forma exponencial para obtener $t = 5^4 = \boxed{625}$.
(b) Reescribimos la ecuación logarítmica en forma exponencial.

$$\log_8 \frac{1}{2} = t \Rightarrow 8^t = \frac{1}{2}$$
$$(2^3)^t = 2^{-1}$$
$$3t = -1 \Rightarrow \boxed{t = -\frac{1}{3}}$$

(c) $\log_t 216 = 3 \Rightarrow t^3 = 216 \Rightarrow t = \sqrt[3]{216} \Rightarrow \boxed{t = 6}$. ∎

Como $b^1 = b$ y $b^0 = 1$, observamos los siguientes útiles enunciados en relación con los logaritmos (ciertos para toda $b > 0$).

$$\boxed{\log_b b = 1 \quad \text{y} \quad \log_b 1 = 0}$$

5.2 Funciones logarítmicas

GRAFICACIÓN

Utilice una calculadora gráfica o una computadora para graficar las funciones $y = 10^x$, $y = \log x$ y $y = x$ en el mismo conjunto de ejes coordenados. Recuerde que $\boxed{\log}$ en su calculadora significa $\log_{10}$. ¿Qué le sugieren estas tres gráficas?

Si reconocemos que las funciones logarítmica y exponencial son inversas, podemos deducir una gran cantidad de información acerca de la función logarítmica y su gráfica a partir de la función exponencial y su gráfica.

EJEMPLO 6 Trazar la gráfica de cada una de las siguientes ecuaciones. Determinar el dominio y el rango de cada una. **(a)** $y = \log_3 x$ **(b)** $y = \log_{1/2} x$

Solución

(a) Como $y = \log_3 x$ es la inversa de $y = 3^x$, podemos obtener la gráfica de $y = \log_3 x$ reflejando la gráfica de $y = 3^x$ con respecto de la recta $y = x$. La gráfica aparece en la figura 5.8.

(b) Para obtener la gráfica de $y = \log_{1/2} x$, reflejamos la gráfica de $y = \left(\dfrac{1}{2}\right)^x$ con respecto de la recta $y = x$. La gráfica aparece en la figura 5.9.

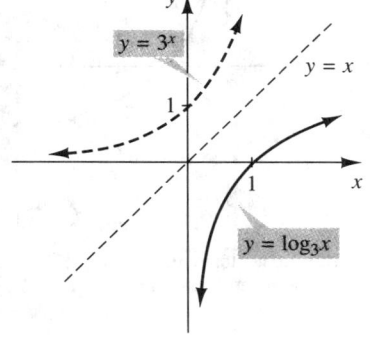

FIGURA 5.8

Tomamos nota de las características de ambas gráficas, que son resultado del hecho de que la función logarítmica es la inversa de la función exponencial.

1. Como las gráficas de $y = b^x$ pasan todas por el punto $(0,1)$, las gráficas de $y = \log_b x$ pasan todas por $(1,0)$.

2. Cuando la gráfica de una función exponencial tiene la parte negativa del eje x como asíntota horizontal, la gráfica de su inversa, es decir, de la función logarítmica, tiene la parte negativa del eje y como asíntota vertical. Véase la figura 5.8.

 Cuando la gráfica de una función exponencial tiene la parte positiva del eje x como asíntota horizontal, la gráfica de su inversa, es decir, de la función logarítmica, tiene la parte positiva del eje y como asíntota vertical. Véase la figura 5.9.

3. De la gráfica podemos ver que el dominio de $y = \log_3 x$ es el conjunto de números reales positivos y que su rango es el conjunto de todos los números reales (que son, respectivamente, el rango y el dominio de la función exponencial). Una proposición similar es cierta para $y = \log_{1/2} x$.

Estos enunciados concuerdan con el hecho de que las funciones inversas intercambian su dominio y su rango. ∎

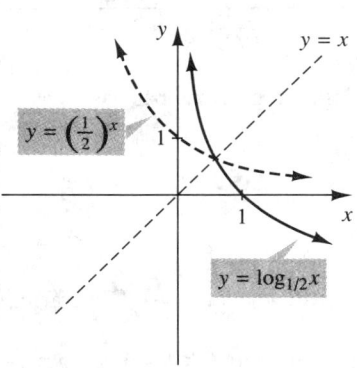

FIGURA 5.9

Hemos mencionado que la función exponencial crece o decrece con mucha rapidez; es decir, un cambio pequeño en x puede causar un cambio muy grande en y. Por ejemplo, para la función $y = f(x) = 2^x$, $f(9) = 512$ y $f(10) = 1024$. De modo que un cambio de una unidad en x causa en cambio de 512 unidades en y. Si consideramos la función $y = g(x) = \log_2 x$, tenemos que $g(512) = 9$ y $g(1024) = 10$. Para esta función logarítmica, un cambio de 512 unidades en x causa un cambio de una unidad en y. Por lo tanto, la función logarítmica

340 Capítulo 5 Funciones exponenciales y logarítmicas

crece o decrece con mucha lentitud. Un cambio grande en x causa un cambio pequeño en y. Para $b > 1$, la gráfica de $y = \log_b x$ siempre es creciente, pero con lentitud. Esto es un *crecimiento logarítmico*. Si $0 < b < 1$, la gráfica exhibe un *decaimiento logarítmico*.

El siguiente cuadro resume la información importante para la función logarítmica.

> Observe que el dominio de $f(x) = \log_b x$ es $(0, \infty)$, lo que concuerda con nuestro comentario anterior en el sentido de que el logaritmo de un número no positivo no está definido.

LA FUNCIÓN LOGARÍTMICA $y = \log_b x$

1. El dominio de la función logarítmica es el conjunto de números reales positivos.
2. El rango de la función logarítmica es el conjunto de todos los números reales.
3. La gráfica de $y = \log_b x$ exhibe un crecimiento logarítmico si $b > 1$ o un decaimiento logarítmico si $0 < b < 1$.

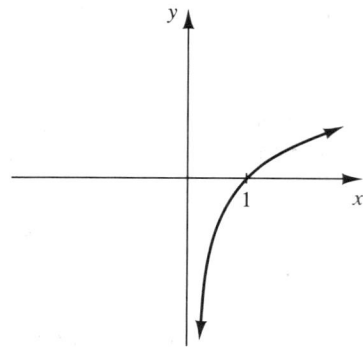
La gráfica de $y = \log_b x$ para $b > 1$
Crecimiento logarítmico

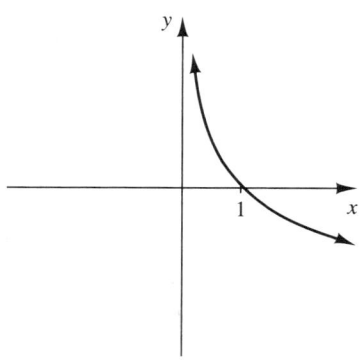
La gráfica de $y = \log_b x$ para $0 < b < 1$
Decaimiento logarítmico

4. La intersección con el eje x es 1. No existe intersección con el eje y.
5. El eje y es una asíntota vertical.

Agregamos estas gráficas logarítmicas a nuestro catálogo de gráficas básicas.

EJEMPLO 7 Trazar las gráficas de
(a) $y = \log_{10} x$ (b) $y = \log_{1/10} x$ (c) $y = -\log_{10} x$

Solución

(a) La gráfica de $y = \log_{10} x$ es la gráfica básica del logaritmo para $b > 1$. La gráfica aparece en la figura 5.10.
(b) La gráfica de $y = \log_{1/10} x$ es la gráfica básica del logaritmo para $0 < b < 1$. La gráfica aparece en la figura 5.11.
(c) Podemos obtener la gráfica de $y = -\log_{10} x$ si reflejamos la gráfica de $y = \log_{10} x$ de la figura 5.10 con respecto del eje x. Sin embargo, la gráfica obtenida mediante esta

5.1 Funciones logarítmicas

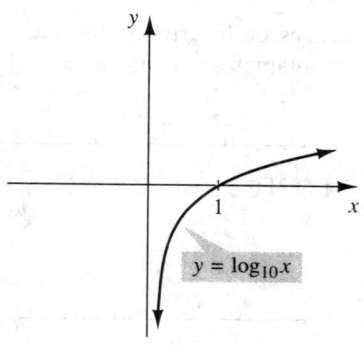

FIGURA 5.10

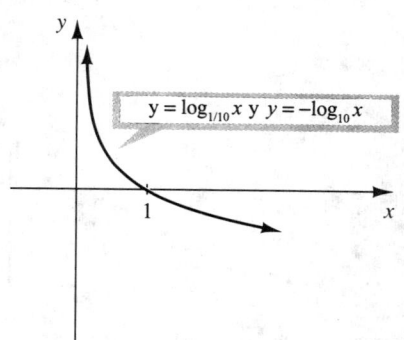

$y = \log_{1/10} x$ y $y = -\log_{10} x$

FIGURA 5.11

reflexión es idéntica a la gráfica de la figura 5.11. Como resultado, sabemos que $\log_{1/10} x = -\log_{10} x$. Esta idea surgirá de nuevo en los ejercicios. ∎

EJEMPLO 8 Dada $f(x) = \log_5 x$, determinar

(a) $f(25)$ (b) $f\left(\dfrac{1}{25}\right)$ (c) $f(0)$ (d) $f(-125)$

Solución Como $f(x) = \log_5 x$,

(a) $f(25) = \log_5 25 = \boxed{2}$ (ya que $5^2 = 25$)

(b) $f\left(\dfrac{1}{25}\right) = \log_5 \left(\dfrac{1}{25}\right) = \boxed{-2}$ $\left(\text{ya que } 5^{-2} = \dfrac{1}{25}\right)$

(c) $f(0) = \log_5 0$ no está definida. (¿Qué potencia de 5 es igual a 0?) Decimos que 0 no está en el dominio de $f(x)$.

(d) $f(-125) = \log_5(-125)$ no está definida. (¿Qué potencia de 5 es igual a -125?) Decimos que -125 no está en el dominio de $f(x)$. ∎

EJEMPLO 9 Determinar el dominio de $f(x) = \log_6(2 - 5x)$.

Solución Como establecimos antes, no podemos calcular el logaritmo de un número no positivo. Por lo tanto, podemos reformular el hecho de determinar el dominio de $\log_6(2 - 5x)$ resolviendo la desigualdad $2 - 5x > 0$, lo que proporciona el dominio $\left\{x \mid x < \dfrac{2}{5}\right\}$. En notación de intervalos, el dominio es $\left(-\infty, \dfrac{2}{5}\right)$. ∎

¿Por qué el hecho de que el dominio de $\log_6(2 - 5x)$ sea $\left(-\infty, \dfrac{2}{5}\right)$ no contradice la proposición anterior en el sentido de que el logaritmo de un número negativo no está definido?

Una vez que entendamos con claridad que el logaritmo es sólo un exponente y que la función logarítmica y exponencial son inversas una de la otra, podemos deducir algunas relaciones útiles.

Sean $f(x) = \log_b b^x$ y $g(x) = b^x$; entonces f y g son funciones inversas, y por definición de funciones inversas tenemos que $f[g(x)] = x$ y $g[f(x)] = x$. En otras palabras, tenemos

$$f[g(x)] = f(b^x) = \log_b b^x = x$$

$$g[f(x)] = g(\log_b x) = b^{\log_b x} = x$$

Capítulo 5 Funciones exponenciales y logarítmicas

Estas relaciones básicas de logaritmos son muy importantes para nuestro trabajo a futuro, por lo que las resaltamos en el siguiente cuadro.

RELACIONES LOGARÍTMICAS BÁSICAS

1. $\log_b b^x = x$
2. $b^{\log_b x} = x$

Aunque estas dos relaciones parezcan algo obscuras, se comprenderán mejor si analizamos de manera verbal lo que dicen.

Para la primera, $\log_b b^x$ indica el exponente al que debe elevarse b para obtener b^x, por lo que la respuesta es x. En otras palabras, $\log_b b^x$ pregunta $b^? = b^x$, por lo que la respuesta es x.

Para la segunda, $\log_b x$ significa el exponente al que debemos elevar b para obtener x. Por lo tanto, si b se eleva a esta potencia, la respuesta debe ser x. En otras palabras, $b^{\log_b x} = x$.

EJEMPLO 10 Simplificar (a) $3^{\log_3 7}$ (b) $\log_4(\log_2 16)$

Solución

> Piense por qué $3^{\log_3 9} = 9$ y por qué $3^{\log_3 7} = 7$.

(a) Aunque no conocemos el valor de $\log_3 7$, podemos utilizar la segunda relación logarítmica básica para obtener $3^{\log_3 7} = \boxed{7}$

(b) $\log_4(\log_2 16) = \log_4 4$ *Ya que $2^4 = 16$, tenemos que $\log_2 16 = 4$*
$ = 1$ *Ya que $4^1 = 4$*

De modo que $\log_4(\log_2 16) = \boxed{1}$. ∎

En la siguiente sección desarrollaremos más propiedades de las funciones logarítmicas, que nos permitirán aplicar los logaritmos a varias situaciones.

EJERCICIOS 5.2

En los ejercicios 1-20, traduzca las expresiones logarítmicas dadas a una forma exponencial y las expresiones exponenciales dadas a una forma logarítmica.

1. $\log_7 49 = 2$
2. $10^4 = 10\,000$
3. $3^{-4} = \dfrac{1}{81}$
4. $\log_9 3 = \dfrac{1}{2}$
5. $\log_{1/4} 64 = -3$
6. $\log_8 4 = \dfrac{2}{3}$
7. $27^{-1/3} = \dfrac{1}{3}$
8. $\left(\dfrac{1}{5}\right)^{-2} = 25$
9. $\log_8 \dfrac{1}{2} = -\dfrac{1}{3}$
10. $7^0 = 1$
11. $5^{1/4} = \sqrt[4]{5}$
12. $\log_7 7 = 1$
13. $\log_2 \dfrac{1}{2} = -1$
14. $11^{1/2} = \sqrt{11}$
15. $\log_{2/3} \dfrac{27}{8} = -3$
16. $\log_{16} 8 = \dfrac{3}{4}$
17. $4^5 = 1024$
18. $\log_8 1 = 0$
19. $\left(\dfrac{1}{9}\right)^{-1/2} = 3$
20. $\log_4 \dfrac{1}{2} = -\dfrac{1}{2}$

En los ejercicios 21-46, evalúe las expresiones logarítmicas dadas (cuando estén definidas).

21. $\log_2 32$
22. $\log_{10} 1000$
23. $\log_6 \dfrac{1}{6}$
24. $\log_{1/3} 9$
25. $\log_8 16$
26. $\log_{16} 8$
27. $\log_{16} \dfrac{1}{8}$
28. $\log_8 \dfrac{1}{16}$

5.3 Propiedades de los logaritmos; ecuaciones logarítmicas

29. $\log_3(-9)$
30. $\log_9\left(\dfrac{1}{27}\right)$
31. $\log_4 \dfrac{1}{8}$
32. $\log_5(-25)$
33. $\log_{10} 0.0001$
34. $\log_{1/2} 8$
35. $\log_5 \sqrt[3]{25}$
36. $\log_4 \sqrt{128}$
37. $\log_5(\log_3 243)$
38. $\log_6(\log_7 7)$
39. $\log_2(\log_9 3)$
40. $\log_3(\log_8 2)$
41. $4^{\log_4 7}$
42. $\log_8 8^{0.3}$
43. $\log_6 \dfrac{1}{\sqrt{6}}$
44. $2^{\log_2 \sqrt{5}}$
45. $\log_b b^6$
46. $\log_b b^{2/3}$

En los ejercicios 47-52, despeje t en las ecuaciones dadas.

47. $\log_3 t = 4$
48. $\log_{36} \dfrac{1}{6} = t$
49. $\log_t \dfrac{1}{8} = -3$
50. $\log_5 t = 0$
51. $\log_{32} 16 = t$
52. $\log_t 1 = 0$

53. Dada $F(x) = \log_2(x^2 - 4)$, determine $F(6)$ y el dominio de $F(x)$.
54. Dada $g(x) = \log_3(x^2 - 4x + 3)$, determine $g(4)$ y el dominio de $g(x)$.

En los ejercicios 55-61, trace la gráfica de la función dada e identifique el dominio, el rango, las intersecciones con los ejes y las asíntotas.

55. $y = f(x) = \log_2(x - 3)$.
56. $y = f(x) = -3 + \log_2 x$.
57. $y = f(x) = \log_5(x + 4)$.
58. $y = f(x) = 4 + \log_5 x$.
59. $y = f(x) = -\log_3(-x)$.
60. $y = f(x) = 3\log_5 x$.
61. $y = f(x) = \log_3 |x|$.

PREGUNTAS PARA REFLEXIONAR

62. Utilice el significado de $\log_b x$ para responder cada pregunta.
    (a) ¿Qué es mayor, $\log_2 35$ o $\log_2 41$? Explique.
    (b) ¿Qué es mayor, $\log_2 35$ o $\log_3 35$? Explique.
    (c) ¿Qué es mayor, $\log_4 60$ o $\log_3 40$? Explique.
63. Trace las gráficas de $y = f(x) = -\log_4 x$ y $y = g(x) = \log_{1/4} x$ en el mismo sistema de coordenadas. ¿Qué observa?
64. Muestre que $\log_{1/6} x = -\log_6 x$. SUGERENCIA: Escriba ambos lados en forma exponencial.
65. Muestre que $\log_{1/6} x = \log_6 \dfrac{1}{x}$. SUGERENCIA: Escriba ambos lados en forma exponencial.
66. Establezca y demuestre una generalización del resultado del ejercicio 63.
67. Suponga que $\log_b u = m$ y $\log_b v = n$. Exprese
    (a) $\log_b(uv)$ en términos de m y n.
    (b) $\log_b \dfrac{u}{v}$ en términos de m y n.
    (c) $\log_b(u^r)$ en términos de m y n, donde r es un número real.

5.3 Propiedades de los logaritmos; ecuaciones logarítmicas

Históricamente, los logaritmos se desarrollaron para simplificar cálculos numéricos largos y complejos. Las calculadoras manuales y de bajo costo han hecho que el cálculo de logaritmos sea virtualmente obsoleto. Sin embargo, la función logarítmica, en virtud de las propiedades logarítmicas que desarrollamos en esta sección, conserva un papel importante en matemáticas.

Hemos observado en muchas ocasiones que por lo general, $f(s + t) \neq f(s) + f(t)$. Este hecho también es cierto para las funciones logarítmicas, $\log_b(s + t) \neq \log_b s + \log_b t$. Si encontramos una función tal que $f(s + t) = f(s) + f(t)$, consideramos que es una "propiedad especial" exhibida por la función que otras funciones no poseen en general. En la última sección enfatizamos varias veces que un logaritmo es sólo un exponente, y por lo tanto no debe sorprendernos que la función logarítmica tenga propiedades especiales "heredadas" de las propiedades de los exponentes. La demostración de las propiedades que se enumeran aquí destacan la conexión íntima entre las propiedades de los logaritmos y las reglas básicas para los exponentes.

El siguiente cuadro contiene las propiedades básicas de los logaritmos. En la sección anterior realizamos la deducción de las propiedades 4 y 5 como consecuencia directa de las definiciones. Las incluiremos aquí para una fácil referencia.

> **PROPIEDADES DE LOS LOGARITMOS**
>
> Las siguientes propiedades suponen que b, u y v son positivos ($b \neq 1$).
>
> 1. $\log_b(uv) = \log_b u + \log_b v$.
>   En palabras, el logaritmo de un producto es igual a la suma de los logaritmos de los factores.
> 2. $\log_b\left(\dfrac{u}{v}\right) = \log_b u - \log_b v$
>   En palabras, el logaritmo de un cociente es igual al logaritmo del numerador menos el logaritmo del denominador.
> 3. $\log_b(u^r) = r \log_b u$
>   En palabras el logaritmo de una potencia es el exponente por el logaritmo.
> 4. $\log_b b^x = x$
> 5. $b^{\log_b x} = x$

Demostramos estas propiedades utilizando el hecho

$$x = b^y \iff \log_b x = y$$

Demostración de la propiedad 1   Sean $u = b^m$ y $v = b^n$; escribimos estos enunciados exponenciales en forma logarítmica.

$$u = b^m \iff \log_b u = m \qquad (1)$$

$$v = b^n \iff \log_b v = n \qquad (2)$$

¿Cómo se relaciona la propiedad 1 de los logaritmos con la propiedad de los exponentes que establece $b^m b^n = b^{m+n}$?

¿Cómo se relaciona la propiedad 2 de los logaritmos con la propiedad de los exponentes que establece $\dfrac{b^m}{b^n} = b^{m-n}$?

¿Cómo se relaciona la propiedad 3 de los logaritmos con la propiedad de los exponentes que establece $(b^m)^n = b^{nm}$?

Así,

$uv = b^m b^n = b^{m+n}$ *Reescribimos esto en forma logarítmica y obtenemos*

$uv = b^{m+n} \iff \log_b(uv) = m + n$ *Utilizamos (1) y (2) y sustituimos m y n para obtener*

$\log_b(uv) = \log_b u + \log_b v$ *Como se pedía* ∎

La propiedad 1 para los logaritmos sólo es, de hecho, un enunciado logarítmico para una propiedad de los exponentes. La demostración de la propiedad 2 es similar y se deja como ejercicio al estudiante.

Demostración de la propiedad 3   De nuevo, sea $u = b^m$; escribimos este enunciado exponencial en forma logarítmica.

$$u = b^m \iff \log_b u = m \qquad (1)$$

Así,

$u^r = (b^m)^r = b^{rm}$ *Reescribimos esto en forma logarítmica y obtenemos*

$u^r = b^{rm} \iff \log_b(u^r) = rm$ *Utilizamos (1) y sustituimos m para obtener*

$\log_b(u^r) = r \log_b u$ *Como se pedía* ∎

5.3 Propiedades de los logaritmos; ecuaciones logarítmicas

De nuevo, la propiedad 3 de los logaritmos es sólo una forma logarítmica de una propiedad de los exponentes.

Como muestran los siguientes ejemplos, estas propiedades logarítmicas nos permiten reescribir expresiones logarítmicas más complejas en términos de expresiones logarítmicas sencillas. Este proceso es especialmente útil en las aplicaciones (sección 5.5) y en el cálculo.

EJEMPLO 1 Exprese en términos de logaritmos más sencillos:

(a) $\log_b(x^3 y)$ **(b)** $\log_b(x^3 + y)$

Solución

(a) $\log_b(x^3 y)$ *Utilizamos la propiedad 1 del logaritmo y obtenemos*

$$= \log_b x^3 + \log_b y \quad \text{Utilizamos la propiedad 3 y obtenemos}$$

$$= \boxed{3 \log_b x + \log_b y}$$

Observe la diferencia entre las partes (a) y (b) del ejemplo 1.

(b) Al examinar las tres propiedades de los logaritmos, vemos que tratan el logaritmo de un producto, un cociente y una potencia. De modo que $\log_b(x^3 + y)$, que es el logaritmo de una *suma*, *no puede* simplificarse utilizando las propiedades del logaritmo. ∎

EJEMPLO 2 Expresar en términos de logaritmos más sencillos: $\log_b\left(\dfrac{\sqrt{xy}}{z^3}\right)$.

Solución Como un logaritmo es un exponente, por lo general es más fácil simplificar una expresión logarítmica si reescribir las expresiones radicales en forma exponencial.

$$\log_b\left(\frac{\sqrt{xy}}{z^3}\right) = \log_b\left(\frac{(xy)^{1/2}}{z^3}\right) \quad \text{Utilizamos la propiedad 2 con el cociente.}$$

$$= \log_b(xy)^{1/2} - \log_b z^3 \quad \text{Utilizamos la propiedad 3 con las potencias.}$$

$$= \frac{1}{2}\log_b(xy) - 3\log_b z \quad \text{Utilizamos la propiedad 1 con el producto.}$$

$$= \boxed{\frac{1}{2}(\log_b x + \log_b y) - 3\log_b z}$$

∎

EJEMPLO 3 Mostrar que $\log_b \dfrac{1}{2} = -\log_b 2$.

Solución Mostraremos dos métodos.

Método 1:

$\log_b \dfrac{1}{2}$ *Utilizamos la propiedad 2 del logaritmo y obtenemos*

$= \log_b 1 - \log_b 2$ *Pero $\log_b 1 = 0$*

$= \boxed{-\log_b 2}$

Método 2:

$\log_b \dfrac{1}{2} = \log_b 2^{-1}$ *Ahora utilizamos la propiedad 3 del logaritmo*

$= \boxed{-\log_b 2}$

∎

El ejemplo anterior puede generalizarse como el siguiente resultado útil:

$$\log_b \frac{1}{x} = -\log_b x$$

También es importante reconocer lo que *no* dicen las propiedades del logaritmo.

Correcto	Incorrecto
$\log_b(uv) = \log_b u + \log_b v$	$\log_b(u + v) = \log_b u + \log_b v$
$\log_b\left(\dfrac{u}{v}\right) = \log_b u - \log_b v$	$\dfrac{\log_b u}{\log_b v} = \log_b u - \log_b v$
$\log_b(u^r) = r \log_b u$	$(\log_b u)^r = r \log_b u$

Así,

$$\log_b(x^2 + y^3) \neq 2\log_b x + 3\log_b y$$

y

$$\frac{\log_b x^3}{\log_b y^4} \neq 3 \log_b x - 4 \log_b y \qquad \blacksquare$$

También podemos utilizar las propiedades de los logaritmos para reescribir una expresión que implique varias expresiones logarítmicas como un único logaritmo. Este proceso es útil al resolver ecuaciones logarítmicas.

EJEMPLO 4 Expresar como un logaritmo: $\log_b x + 3 \log_b y - \dfrac{1}{2} \log_b z$.

Solución Utilizamos las propiedades del logaritmo a la inversa.

$$\begin{aligned}
&\log_b x + 3 \log_b y - \tfrac{1}{2}\log_b z && \text{Utilizamos la propiedad 3 del logaritmo.}\\
&= \log_b x + \log_b y^3 - \log_b z^{1/2} && \text{Utilizamos la propiedad 1 del logaritmo.}\\
&= \log_b(xy^3) - \log_b z^{1/2} && \text{Utilizamos la propiedad 2 del logaritmo.}\\
&= \boxed{\log_b\left(\frac{xy^3}{z^{1/2}}\right)}
\end{aligned}$$

$\blacksquare$

Las propiedades de los logaritmos se pueden aplicar para resolver ecuaciones logarítmicas, como en los siguientes tres ejemplos.

EJEMPLO 5 Despejar x de $\log_6 x - \log_6 3 = 2$.

Solución En la última sección resolvimos una ecuación logarítmica sencilla con un único logaritmo, al traducirla a forma exponencial. Así, nuestro primer paso es utilizar las propiedades del logaritmo para reescribir el lado izquierdo de la ecuación dada como un único logaritmo.

5.3 Propiedades de los logaritmos; ecuaciones logarítmicas

$$\log_6 x - \log_6 3 = 2 \quad \text{Utilizamos la propiedad 2 del logaritmo.}$$

$$\log_6 \frac{x}{3} = 2 \quad \text{Reescribimos en forma exponencial.}$$

$$\frac{x}{3} = 6^2 = 36$$

$$\boxed{x = 108}$$

Verificación: $x = 108$

$$\log_6 108 - \log_6 3 = \log_6\left(\frac{108}{3}\right) = \log_6 36 \stackrel{\checkmark}{=} 2$$

Observe que aunque no conocemos con exactitud los valores de $\log_6 108$ y $\log_6 3$, las propiedades del logaritmo nos permiten calcular su diferencia con exactitud. ∎

EJEMPLO 6 Despejar x de $\log_2 x + \log_2(x+2) = 3$.

Solución De nuevo comenzamos reescribiendo la ecuación de modo que implique un único logaritmo.

$$\log_2 x + \log_2(x+2) = 3 \quad \text{Utilizamos la propiedad 1 del logaritmo.}$$

$$\log_2[x(x+2)] = 3 \quad \text{Reescribimos en forma exponencial.}$$

$$x(x+2) = 2^3 \Rightarrow x^2 + 2x - 8 = 0$$

$$(x+4)(x-2) = 0 \Rightarrow x = -4 \quad \text{o} \quad x = 2$$

¡Tenga cuidado! $x = -4$ satisface $\log_2[x(x+2)] = 3$ (cambia el argumento por $-4(-2) = 8$), pero no satisface la ecuación original, ya que $\log_2 x$ y $\log_2(x+2)$ no están definidos para $x = -4$. *Recuerde que el argumento de una función logarítmica no puede ser negativo.* Así, la única solución de la ecuación dada es $\boxed{x = 2}$. *Verificación:* $x = 2$

$$\log_2 x + \log_2(x+2) = 3 \quad \text{Sustituimos } x = 2.$$

$$\log_2 2 + \log_2 4 \stackrel{?}{=} 3$$

$$1 + 2 \stackrel{\checkmark}{=} 3 \quad \blacksquare$$

Hemos utilizado el hecho de que una función exponencial es uno a uno. Por supuesto, como la función logarítmica es la inversa de la función exponencial, también es uno a uno. También podemos utilizar este hecho para resolver ecuaciones logarítmicas.

> El hecho de que la función logarítmica sea uno a uno significa que $\log_b U = \log_b V \Rightarrow U = V$.

EJEMPLO 7 Despejar x de $\log_b(8-x) - \log_b(2-x) = \log_b 3$.

Solución

$$\log_b(8-x) - \log_b(2-x) = \log_b 3 \quad \text{Utilizamos la propiedad 2 del logaritmo.}$$

$$\log_b\left(\frac{8-x}{2-x}\right) = \log_b 3 \quad \text{Como la función log es uno a uno, tenemos}$$

$$\frac{8-x}{2-x} = 3$$

$$8 - x = 6 - 3x \Rightarrow 2x = -2 \Rightarrow \boxed{x = -1}$$

Observe que aunque $x = -1$ es un número negativo, es una solución perfectamente válida de la ecuación original. Cuando $x = -1$, entonces

$$\log_b(8-x) = \log_b(8-(-1)) \qquad \text{y} \qquad \log_b(2-x) = \log_b(2-(-1))$$
$$= \log_b 9 \qquad \qquad \qquad \qquad \qquad = \log_b 3$$

están bien definidas. Se deja como ejercicio al estudiante terminar la verificación. ∎

EJEMPLO 8 Evaluar $2^{3 \log_2 4}$.

Solución Sabemos que $b^{\log_b x} = x$. Desafortunadamente, la expresión $2^{3 \log_2 4}$ no tiene esa forma. Sin embargo, podemos utilizar la propiedad 3 del logaritmo para cambiar la expresión a la forma $b^{\log_b x}$ como sigue:

$2^{3 \log_2 4}$ *Utilizamos la propiedad 3 para reescribir* $3 \log_2 4$ *como* $\log_2 4^3$.

$= 2^{\log_2 4^3}$ *Como* $b^{\log_b x} = x$ *obtenemos*

$= 4^3 = \boxed{64}$ ∎

Como comentario final queremos señalar que las propiedades del logaritmo solamente se pueden aplicar cuando ambos lados tienen sentido. Es decir, $\log_b x^2$ está definido para toda $x \neq 0$, mientras que $2 \log_b x$ sólo está definido para $x > 0$. Por lo tanto, la igualdad $\log_b x^2 = 2 \log_b x$ sólo es válida cuando ambos lados están definidos; es decir, para $x > 0$. Otra forma de decir esto es que el dominio de $f(x) = \log_b x^2$ consta de todos los números reales distintos de cero, mientras que el dominio de $g(x) = 2 \log_b x$ está formado por todos los números reales positivos.

EJERCICIOS 5.3

En los ejercicios 1-14, utilice las propiedades de los logaritmos para escribir la expresión dada en términos de logaritmos más sencillos. Exprese la respuesta de modo que no contenga logaritmos de productos, cocientes o potencias. Si la expresión no se puede simplificar, diga por qué.

1. $\log_4(x^2 y z^3)$
2. $\log_2\left(\dfrac{5a}{b^2}\right)$
3. $\log_b\left(\dfrac{x^3}{yz^4}\right)$
4. $\log_b b^5$
5. $\log_5 \sqrt{5x^3}$
6. $\log_t \sqrt[3]{\dfrac{4}{t}}$
7. $\log_b(x^3 + y^2 - z^5)$
8. $\log_2\left(\dfrac{4x}{\sqrt{y^3}}\right)$
9. $\log_b(x^2 - 4)$
10. $\log_b \sqrt{x^2 - x - 6}$
11. $\log_4 \sqrt[3]{\dfrac{x-3}{2x^2}}$
12. $\log_9 \sqrt{\dfrac{x}{3}}$
13. $\log_b \sqrt{\dfrac{x^2 - 16}{x^2 - 2x - 8}}$
14. $\log_3 \sqrt{\dfrac{27r^5 s}{t^3}}$

En los ejercicios 15-18, determine si la proposición dada es verdadera o falsa.

15. $\log_b(x^3 - y^4) = 3 \log_b x - 4 \log_b y$
16. $\dfrac{\log_b x^3}{\log_b y^4} = 3 \log_b x - 4 \log_b y$
17. $\log_b\left(\dfrac{x^3}{y^4}\right) = 3 \log_b x - 4 \log_b y$
18. $(\log_b x)^3 = 3 \log_b x$

En los ejercicios 19-30, escriba la expresión dada como un único logaritmo con coeficiente 1 y simplifique lo más posible.

19. $4 \log_b 2 + \log_b 3$
20. $2 \log_b x + \log_b y - 3 \log_b z$
21. $\dfrac{1}{2} \log_b s - \dfrac{3}{2} \log_b t$
22. $5 \log_b 3 - 2 \log_b 4$
23. $\log_{10} 50 - \log_{10} 5$
24. $\log_8 80 - \log_8 5$

25. $\log_6 9 + \log_6 24$
26. $\log_{10} 200 + \log_{10} 5$
27. $3 \log_b x - 4 \log_b y - 2 \log_b z$
28. $\frac{1}{3} \log_b(x + 1) - \frac{1}{3} \log_b(x + 2)$
29. $\frac{1}{4} \log_b x + \frac{1}{3} \log_b y - \frac{1}{2} \log_b z$
30. $\log_b \frac{x}{4} + \log_b \frac{y}{3} - \log_b \frac{z}{2}$

En los ejercicios 31-36, sean $\log_{10} 2 = A$, $\log_{10} 3 = B$ y $\log_{10} 5 = C$. Verifique cada uno de los siguientes enunciados.

31. $\log_{10} 16 = 4A$
32. $\log_{10} 18 = A + 2B$
33. $\log_{10} \sqrt{6} = \frac{1}{2}(A + B)$
34. $\log_{10} \frac{1}{20} = -A - 1$
35. $\log_{10} 300 = B + 2$
36. $\log_{10} \sqrt[3]{24} = A + \frac{1}{3}B$

En los ejercicios 37-40, utilice $\log_b 2 = 0.69$, $\log_b 3 = 1.09$ y $\log_b 5 = 1.61$ para evaluar los logaritmos dados.

37. $\log_b 12$
38. $\log_b 25$
39. $\log_b \frac{1}{18}$
40. $\log_b 60$

En los ejercicios 41-54, resuelva cada ecuación logarítmica.

41. $\log_3 4 + \log_3 x = 2$
42. $\log_2 x = 4 + \log_2 3$
43. $2 \log_5 x = \log_5 49$
44. $\frac{1}{2} \log_4 x = \log_4 9$
45. $\log_2 t - \log_2(t - 2) = 3$
46. $\log_6 2 - \log_6 x = 1$
47. $\log_{10} 8 + \log_{10} x + \log_{10} x^2 = 3$
48. $\log_4 x + \log_4(x - 6) = 2$
49. $\log_9(2x + 7) - \log_9(x - 1) = \log_9(x - 7)$
50. $\log_2 6 + \log_2 x - \log_2(x + 2) = 2$
51. $\log_4 x - \log_4(x - 4) = \log_4(x - 6)$
52. $\log_3 7 - \log_3 x - \log_3(x - 2) = 2$
53. $\frac{1}{2} \log_3 x = \log_3(x - 6)$
54. $\frac{1}{2} \log_2(x + 1) = 2 + \frac{1}{2} \log_2 5$
55. Evalúe $3^{2 \log_3 5}$.
56. Evalúe $5^{3 \log_5 2}$.

PREGUNTA PARA REFLEXIONAR

57. Al final de esta sección explicamos por qué, a pesar de las propiedades de los logaritmos, las funciones $f(x) = \log_b x^2$ y $g(x) = 2 \log_b x$ no son iguales. Trace las gráficas de estas funciones.

5.4 Logaritmos comunes y naturales; ecuaciones exponenciales y cambio de base

En las secciones 5.1 y 5.2 presentamos las funciones exponencial y logarítmica sin prestar atención especial a la base elegida. Sin embargo, existen dos bases de particular importancia en matemáticas.

Logaritmos comunes

Hemos mencionado que, históricamente, los logaritmos fueron desarrollados para simplificar cálculos numéricos complejos. Como hacemos aritmética en un sistema numérico de base 10, los logaritmos de base 10, llamados **logaritmos comunes**, juegan un papel significativo. De hecho, por lo general, $\log_{10} x$ se escribe $\log x$. En otras palabras, si una función logarítmica aparece sin su base, se supone que la base es 10.

LOGARITMOS COMUNES

$f(x) = \log_{10} x$ es la **función logarítmica común**. Escribimos

$$\log_{10} x = \log x$$

EJEMPLO 1 Evaluar (a) log 1000   (b) log 0.01

Solución

(a) Sea $a = \log 1000$.   *Escribimos esto en forma exponencial. Recuerde que la base es 10.*

$$10^a = 1000 = 10^3 \Rightarrow \boxed{a = 3}$$

(b) Sea $t = \log 0.01$ *Escribimos esto en forma exponencial.*

$$10^t = 0.01 = 10^{-2} \Rightarrow \boxed{t = -2}$$ ■

La función exponencial natural y la función logarítmica natural

La segunda base especial, y tal vez la más importante para el trabajo en matemáticas y en la ciencia, es el número irracional denotado por la letra *e*. Tendremos mucho más que decir acerca del número *e* en la siguiente sección, pero por ahora basta saber que hasta siete cifras decimales, tenemos

$$e \approx 2.7182818$$

La función $y = f(x) = e^x$ es la **función exponencial natural**. *Parecería que utilizar 2 o 3 o 10 como base para la función logarítmica sería más sencillo y natural que utilizar el número *e*; sin embargo, una vez que expongamos ciertas ideas matemáticas del cálculo, será más claro por qué *e* es la base "natural".

Como *e* es un número entre 2 y 3, la gráfica de $y = e^x$ exhibe un crecimiento exponencial y está entre las gráficas de $y = 2^x$ y $y = 3^x$. Véase la figura 5.12.

FIGURA 5.12 La gráfica de $y = e^x$

EJEMPLO 2 Trazar la gráfica de

(a) $y = f(x) = e^{x-1}$ (b) $y = g(x) = e^{-x} - 1$

Solución

(a) Para determinar la gráfica de $y = e^{x-1}$, recorremos la gráfica de $y = e^x$ de manera horizontal 1 unidad a la derecha. Si $x = 0$, determinamos que la gráfica cruza al eje y en $y = e^{-1} = \dfrac{1}{e} \approx 0.37$. La gráfica aparece en la figura 5.13.

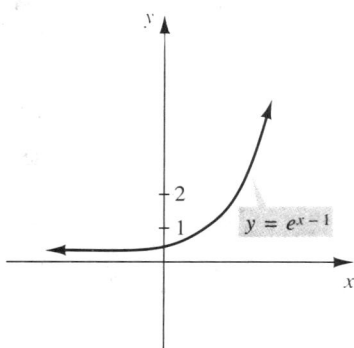

FIGURA 5.13

*La letra *e* se utiliza para denotar la base de la función logarítmica natural en honor del brillante matemático suizo Leonhard Euler (1707-1783), a quien se le acredita su uso por vez primera.

5.4 Logaritmos comunes y naturales; ecuaciones exponenciales y cambio... **351**

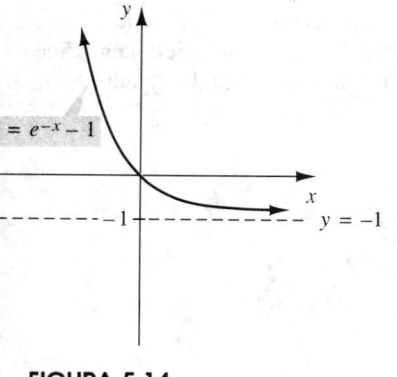

FIGURA 5.14

(b) Como e es mayor que 1, la gráfica de $y = e^{-x}$ exhibe un decaimiento exponencial. La gráfica de $y = e^{-x} - 1$ se obtiene recorriendo la gráfica de $y = e^{-x}$ de manera vertical hacia abajo 1 unidad. Esto hace que la recta $y = -1$ sea una asíntota horizontal. Se deja al lector verificar que esta gráfica pasa por el origen. La gráfica aparece en la figura 5.14. ∎

La inversa de la función exponencial natural es la **función logarítmica natural** y tiene una notación especial.

LOGARITMOS NATURALES

$f(x) = \log_e x$ es la **función logarítmica natural**. Escribimos

$$\log_e x = \ln x$$

EJEMPLO 3 Determinar **(a)** $\ln 1$ **(b)** $\ln e$.

Solución

(a) Como $\ln 1 = \log_e 1$, pedimos el exponente de e que proporciona 1, de modo que la respuesta es 0. Por lo tanto, $\boxed{\ln 1 = 0}$.

(b) Como $\ln e = \log_e e$, pedimos el exponente de e que proporciona e; es claro que la respuesta es 1. Por lo tanto, $\boxed{\ln e = 1}$. ∎

GRAFICACIÓN

Utilice una calculadora gráfica o una computadora para graficar las funciones $y = e^x$, $y = \ln x$ y $y = x$ en el mismo conjunto de ejes coordenados. Recuerde que $\boxed{\text{ln}}$ en su calculadora significa $\log_e$. ¿Qué sugieren las tres gráficas?

EJEMPLO 4 Determinar la función inversa de $y = f(x) = e^x + 1$ y trazar las gráficas de $f(x)$ y de $f^{-1}(x)$ en el mismo conjunto de ejes coordenados.

Solución Para determinar $f^{-1}(x)$, comenzamos con $y = e^x + 1$, intercambiamos x y y, y después despejamos y.

$$y = e^x + 1 \quad \text{Intercambiamos } x \text{ y } y,$$
$$x = e^y + 1 \quad \text{Despejamos } y.$$
$$x - 1 = e^y \quad \text{Reescribimos en forma logarítmica.}$$
$$\ln(x - 1) = y \quad \text{Esto es } f^{-1}(x).$$

La gráfica de $y = e^x + 1$ se obtiene al recorrer 1 unidad hacia arriba la gráfica de $y = e^x$. Como e es mayor que 1, la gráfica de $y = \ln x$ exhibe un crecimiento logarítmico; la gráfica de $y = \ln(x - 1)$ se obtiene al recorrer la gráfica de $y = \ln x$ una unidad a la derecha. Las gráficas de $f(x)$ y $f^{-1}(x)$ aparecen en la figura 5.15.

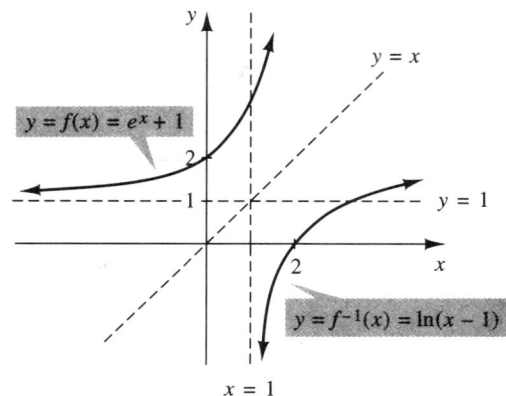

FIGURA 5.15

Como éstas son las gráficas de funciones inversas, son simétricas con respecto de la recta $y = x$. De hecho, obtuvimos la gráfica de $y = \ln(x - 1)$ reflejando la gráfica de $y = e^x + 1$ con respecto de la recta $y = x$. ∎

El siguiente ejemplo trata del uso de una calculadora para evaluar expresiones que impliquen e.

EJEMPLO 5 Utilice una calculadora para aproximar el valor de e^5. Redondee a dos cifras decimales.

Solución Ofrecemos varias posibles soluciones. Una posibilidad es introducir **2.7182818**, la aproximación con siete decimales de e, en la calculadora y después utilizar la tecla $\boxed{y^x}$ para elevar esta cantidad a la quinta potencia. La secuencia de teclas sería escribir **2.7182818** y después oprimir

$$\boxed{y^x} \;\boxed{5}\; \boxed{=}$$

Entonces, en la pantalla se leería **148.41315**. Así, la respuesta sería $\boxed{148.41}$. Algunas calculadoras tienen una tecla $\boxed{e^x}$, de modo que al oprimirla calcula e a cualquier potencia que aparezca en la pantalla. En estas calculadoras, la secuencia de teclas

$$\boxed{5} \;\boxed{e^x}\; \boxed{=}$$

haría que apareciera en la pantalla **148.41316**, lo que da la misma respuesta redondeada a cuatro cifras decimales.

Aún si su calculadora no tiene la tecla $\boxed{e^x}$, debe tener la tecla $\boxed{\text{inv}}$, que junto con la tecla $\boxed{\ln}$ producen el mismo resultado. Sabemos que las funciones exponencial y logarítmica

5.4 Logaritmos comunes y naturales; ecuaciones exponenciales y cambio... **353**

son inversas entre sí y que ln e = 1. Por lo tanto, si utilizamos $\boxed{\text{inv}}$ con $\boxed{\text{ln}}$, esto es equivalente a tener la tecla e^x. En otras palabras, para obtener el valor de e podemos utilizar la secuencia de teclas

$$\boxed{1} \; \boxed{\text{inv}} \; \boxed{\text{ln}}$$

para obtener **2.7182818** en la pantalla.

De manera análoga, para obtener e^5 tecleamos

$$\boxed{5} \; \boxed{\text{inv}} \; \boxed{\text{ln}}$$

y como antes, obtener **148.41316**. ∎

Ecuaciones exponenciales

Podemos resolver ciertas ecuaciones exponenciales como $5^x = \frac{1}{25}$, expresando cada lado como una potencia de la misma base ($5^x = 5^{-2}$), y así obtener la solución $x = -2$. Sin embargo, este método no funciona para resolver ecuaciones como $5^x = 2$. ¿Cómo determinamos, con cierta precisión, el exponente x tal que $5^x = 2$?

La definición de una función requiere que cada entrada x produzca una única salida $f(x)$. De manera simbólica decimos: Si $a = b$, entonces $f(a) = f(b)$. Como el logaritmo es una función, si $U = V$, entonces $\log_b U = \log_b V$.

Así, si dos expresiones son iguales, sus logaritmos son iguales. Decimos que cuando tenemos una ecuación, podemos "obtener el logaritmo de ambos lados". Una vez que tengamos la ecuación en forma logarítmica, por lo general podemos aplicar las propiedades del logaritmo que nos permitan resolver la ecuación. En particular, la propiedad 3 de los logaritmos aplicada a una ecuación exponencial nos permite *obtener la variable del exponente* y resolver con mayor facilidad la ecuación.

EJEMPLO 6 Despejar x en $3^{x+1} = 7$. Redondear a cuatro cifras decimales.

Solución Como no podemos expresar con facilidad ambos lados en términos de la misma base, obtenemos el logaritmo de ambos lados de la ecuación. Aunque podemos utilizar cualquier base, la mayoría de las calculadoras tienen una tecla log y una tecla ln, por lo que para resolver los problemas, utilizaremos por lo general logaritmos en base 10 (es decir, utilizaremos log) o logaritmos en base e (es decir, utilizaremos ln).

$$3^{x+1} = 7 \qquad \textit{Calculamos ln de ambos lados.}$$
$$\ln 3^{x+1} = \ln 7 \qquad \textit{Utilizamos la propiedad 3 del logaritmo.}$$
$$(x+1)\ln 3 = \ln 7$$
$$x + 1 = \frac{\ln 7}{\ln 3}$$
$$x = \frac{\ln 7}{\ln 3} - 1 \qquad \textit{Ésta es la respuesta exacta.}$$

Con una calculadora podemos aproximar esta respuesta como $\boxed{x = 0.7712}$ ∎

EJEMPLO 7 Despejar x.

(a) $5^{x+2} = 3^{2x+1}$ **(b)** $5^{2x} = 25^{3x+1}$

Solución

(a) Procedemos como antes.

$$5^{x+2} = 3^{2x+1}$$ *Calculamos el logaritmo de cada lado.*

$$\log(5^{x+2}) = \log(3^{2x+1})$$ *Aplicamos la propiedad 3 del logaritmo.*

$$(x+2)\log 5 = (2x+1)\log 3$$ *Recuerde que $\log 5$ y $\log 3$ son números. Ahora tenemos una ecuación lineal similar a $(x+2)7 = (2x+1)4$. Desarrollamos ambos lados.*

$$x \log 5 + 2 \log 5 = x(2 \log 3) + \log 3$$ *Agrupamos los términos con x de un lado y factorizamos x.*

$$x \log 5 - x(2 \log 3) = \log 3 - 2 \log 5$$

$$x(\log 5 - 2 \log 3) = \log 3 - 2 \log 5$$

$$\boxed{x = \frac{\log 3 - 2 \log 5}{\log 5 - 2 \log 3}}$$ *Ésta es la respuesta exacta.*

Con una calculadora, esta respuesta es aproximadamente 3.6071991. Al sustituir este valor en la ecuación original, el lado izquierdo es $5^{5.6071991}$, que en la calculadora es 8303.5533, mientras que el lado derecho es $3^{8.2143982}$, que también con la calculadora es 8303.5533.

(b) $5^{2x} = 25^{3x+1}$ *Podemos comenzar calculando el logaritmo de cada lado de la ecuación, pero en esta ecuación podemos obtener una respuesta racional exacta al expresar cada lado en términos de la misma base.*

$$5^{2x} = (5^2)^{3x+1}$$

$$5^{2x} = 5^{6x+2}$$ *Como la función exponencial es uno a uno tenemos que n*

$$2x = 6x + 2 \Rightarrow \boxed{x = -\frac{1}{2}}$$

Las partes (a) y (b) del ejemplo 7 ilustran dos métodos para resolver ecuaciones exponenciales ¿Cómo sabe usted cuál método debe utilizar?

Debe recordar algunas cosas al resolver ecuaciones. Primero, si necesitamos o nos piden determinar la respuesta *exacta* a una ecuación exponencial, necesitamos dejar la respuesta en términos de logaritmos en vez de utilizar la calculadora para aproximar la respuesta (de la misma forma, damos $\sqrt{2}$ como respuesta exacta en vez de 1.414214...).

En segundo lugar, las ecuaciones que contienen variables en sus exponentes podrían no tener métodos algebraicos de solución. Por ejemplo, no tenemos un método *algebraico* para resolver la ecuación $2^x = 3x + 4$. Sin embargo, siempre podemos determinar una solución aproximada mediante graficación. Si tenemos acceso a una calculadora gráfica o una computadora con capacidad gráfica, podemos aproximar la solución de la ecuación $2^x = 3x + 4$ al graficar $y = 2^x$ y $y = 3x + 4$ y localizar sus puntos de intersección en $x = 4$ y $x = -1.17$. (Véase la figura 5.16(a). De manera análoga, podemos determinar la solución al graficar $y = 2^x - (3x + 4)$ y localizar las intersecciones con el eje x, como se ilustra en la figura 5.16(b)).

5.4 Logaritmos comunes y naturales; ecuaciones exponenciales y cambio... 355

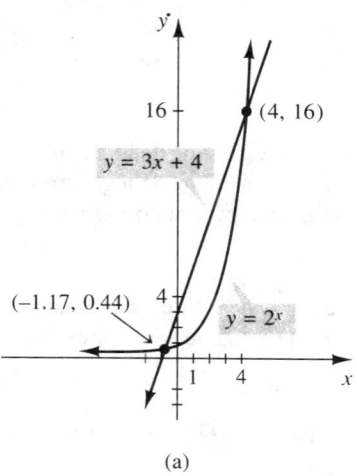
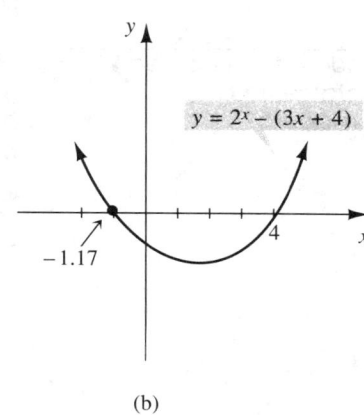

(a)   (b)

FIGURA 5.16

GRAFIJACIÓN

Utilice una calculadora gráfica o una computadora.

1. Aproxime (hasta décimos) la solución o soluciones de la ecuación

$$3^x = 2x + 4$$

   graficando $y = 3^x$ y $y = 2x + 4$ en el mismo conjunto de ejes y utilizando la tecla $\boxed{\text{TRACE}}$ para determinar los valores x de sus puntos de intersección.

2. Aproxime (hasta décimos) la solución o soluciones de la ecuación

$$3^x = 2x + 4$$

   graficando $y = 3^x - 2x - 4$ y utilizando la tecla $\boxed{\text{TRACE}}$ para determinar las intersecciones con el eje x.

3. Aproxime (hasta décimos) la solución o soluciones de la ecuación

$$5^x = 3x + 2$$

   graficando $y = 5^x$ y $y = 3x + 2$ en el mismo conjunto de ejes y utilice la tecla $\boxed{\text{TRACE}}$ para determinar los valores x de sus puntos de intersección.

4. Aproxime (hasta décimos) la solución o soluciones de la ecuación

$$5^x = 3x + 2$$

   graficando $y = 5^x - 3x - 2$ y utilice la tecla $\boxed{\text{TRACE}}$ para determinar las intersecciones con el eje x.

El método consistente en obtener el logaritmo de ambos lados de la ecuación puede utilizarse para resolver un amplio rango de ecuaciones exponenciales.

Ahora podemos evaluar ciertas expresiones logarítmicas, como $\log_5 25$, si reconocemos que podemos resolver la ecuación exponencial $5^x = 25$. Sin embargo, entramos en dificultades si deseamos evaluar $\log_5 2$. En el siguiente ejemplo utilizamos la técnica que hemos

Capítulo 5 Funciones exponenciales y logarítmicas

desarrollado para tratar con este problema, y con esto obtendremos una fórmula general para cambiar logaritmos de una base a otra.

¿Puede determinar $\log_5 2$ directamente de su calculadora?

EJEMPLO 8

(a) Expresar $\log_5 2$ en términos de logaritmos en base 10.
(b) Expresar $\log_5 2$ en términos de logaritmos naturales.
(c) Utilice estos resultados para aproximar $\log_5 2$ hasta tres cifras decimales.

Solución

Sea $x = \log_5 2$, que equivale a la ecuación exponencial $5^x = 2$. Podemos ahora calcular el logaritmo con base 10 (o base e) de ambos lados de esta ecuación.

(a)
$$5^x = 2 \qquad \textit{Calculamos el logaritmo en base 10 de ambos lados.}$$
$$\log 5^x = \log 2 \qquad \textit{Utilizamos la propiedad 3 del logaritmo.}$$
$$x \log 5 = \log 2$$
$$x = \frac{\log 2}{\log 5} \qquad \textit{Así,}$$
$$\boxed{\log_5 2 = \frac{\log 2}{\log 5}}$$

(b) Repetimos este proceso con los logaritmos en base e.

$$5^x = 2 \qquad \textit{Calculamos ln de ambos lados.}$$
$$\ln 5^x = \ln 2 \qquad \textit{Utilizamos la propiedad 3 del logaritmo.}$$
$$x \ln 5 = \ln 2$$
$$x = \frac{\ln 2}{\ln 5} \qquad \textit{Así,}$$
$$\boxed{\log_5 2 = \frac{\ln 2}{\ln 5}}$$

Lo que hicimos en las partes **(a)** y **(b)** es convertir una expresión con logaritmos con base 5 a logaritmos con base 10 y con base e.

(c) Primero, reconocemos que no podemos utilizar una calculadora para aproximar directamente $\log_5 2$, ya que no existe una tecla $\log_5$ en una calculadora. Para aproximar $\log_5 2$, utilizamos una calculadora para calcular las respuestas obtenidas en las partes **(a)** y **(b)**.

$$\log_5 2 = \frac{\log 2}{\log 5} \qquad\qquad \log_5 2 = \frac{\ln 2}{\ln 5}$$
$$= \frac{0.30103}{0.69897} = 0.4306766 \qquad\qquad = \frac{0.6931472}{1.6094379} = 0.4306766$$
$$= 0.431 \quad \textit{Redondeado a 3 cifras} \qquad\qquad = 0.431 \quad \textit{Redondeado a 3 cifras}$$

■

5.4 Logaritmos comunes y naturales; ecuaciones exponenciales y cambio... **357**

El método ilustrado en el último ejemplo para convertir logaritmos con base 5 a logaritmos con base 10 o con base e se puede generalizar con facilidad mediante la siguiente **fórmula de cambio de base**. Se le pide demostrar esta fórmula en el ejercicio 38.

FÓRMULA DE CAMBIO DE BASE

$$\log_b c = \frac{\log_a c}{\log_a b}$$

EJEMPLO 9 Expresar $\log_4 x$ en términos de $\log_{16} x$.

Solución Podemos proceder como en el último ejemplo o utilizar la fórmula de cambio de base de manera directa para obtener

$$\log_4 x = \frac{\log_{16} x}{\log_{16} 4} \quad \text{Pero } \log_{16} 4 = \tfrac{1}{2}.$$

$$= \frac{\log_{16} x}{\tfrac{1}{2}} = \boxed{2 \log_{16} x}$$

■

Piense en la relación entre la base 4 y la 16, y explique por qué la respuesta al ejemplo 9 tiene sentido.

En la siguiente sección veremos varias aplicaciones para las funciones exponencial y logarítmica.

EJERCICIOS 5.4

En los ejercicios 1-6, simplifique la expresión dada.

1. $\ln e^5$
2. $\log 0.001$
3. $\log \sqrt{10}$
4. $y = \ln \dfrac{1}{e}$
5. $e^{\ln(x+1)}$
6. $y = \log 10^{(2t+3)}$

En los ejercicios 7-14, trace la gráfica de la función dada. Indique el dominio, el rango, las intersecciones con los ejes y las asíntotas, donde sea adecuado.

7. $y = 10^{x+1}$
8. $y = \log(x + 1)$
9. $y = 2 - \ln x$
10. $y = e^{x-2}$
11. $y = \log_{10}(x - 3)$
12. $y = \log_{10}(2x + 5)$
13. $y = \log x^2$
14. $y = \ln(ex)$
15. Determine la función inversa de $y = f(x) = e^{(3x-1)}$.
16. Determine la función inversa de $y = f(x) = 10^{(5-x)}$.
17. Sea $f(x) = e^{\sqrt{x}}$. Determine una función $g(x)$ tal que $(f \circ g)(x) = (g \circ f)(x) = x$.
18. Sea $g(x) = 10^{(x-3)/2}$. Determine una función $h(x)$ tal que $(g \circ h)(x) = (h \circ g)(x) = x$.

En los ejercicios 19-24, evalúe el logaritmo dado utilizando la fórmula de cambio de base, una vez con logaritmos con base 10 y otra con logaritmos naturales. Redondee la respuesta hasta dos cifras decimales.

19. $\log_7 4$
20. $\log_4 7$
21. $\log_{1/2} 5$
22. $\log_8 30$
23. $\log_9 \dfrac{2}{3}$
24. $\log_6 14$

25. Exprese $\log_3 x$ en términos de $\log_9 x$.
26. Exprese $\log_8 x$ en términos de $\log_4 x$.
27. Exprese $\log_{10} x$ en términos de $\ln x$.
28. Exprese $\ln x$ en términos de $\log_{10} x$.

En los ejercicios 29-36, resuelva la ecuación dada. Puede dejar su respuesta en términos de logaritmos naturales.

29. $e^{1-2x} = 5$
30. $3e^{x-3} = 10$
31. $\dfrac{e^{3x+2}}{4} = 5$
32. $6e^{x/5} = 2$
33. $3^{4-x} = 7$
34. $5^{2x+3} = 4^{x-2}$
35. $2^{2x-2} = 6^{-x}$
36. $3^{-x^2} = 4$

PREGUNTAS PARA REFLEXIONAR

37. Utilice una calculadora para evaluar la expresión $\left(1+\frac{1}{n}\right)^n$ para $n = 10; 20; 50; 100; 1000$ y $10\,000$. Observe que los valores parecen tender al valor e. De hecho, ésta es otra forma de definir e.

38. Utilice el método descrito en el ejemplo 8 para demostrar la fórmula de cambio de base $\log_b c = \dfrac{\log_a c}{\log_a b}$.

GRAFIJACIÓN

En los ejercicios 39-41, aproxime la solución de la ecuación $f(x) = g(x)$ de dos formas: primero, determinando los puntos de intersección de las gráficas $y = f(x)$ y $y = f(x) - g(x)$; segundo, determinando las intersecciones de la gráfica de $y = f(x) - g(x)$ con el eje x.

39. $f(x) = 3^x \quad g(x) = 2 - 3x$
40. $f(x) = 2^x \quad g(x) = 3x + 2$
41. $f(x) = x^2 \quad g(x) = 2^x$

5.5 Aplicaciones

Existen muchas cantidades en la vida real que aumentan o disminuyen en proporción con la cantidad presente. Algunos ejemplos son la población humana, las bacterias en un cultivo, la radioactividad, la concentración de sustancias en la corriente sanguínea, y el valor de ciertos tipos de inversiones. Se puede mostrar que este tipo de incremento o decremento queda descrito mediante una función exponencial.

Analicemos algunas ideas del mundo de las finanzas, donde puede sorprender que aparezca el número e. Comencemos por introducir alguna terminología. Suponga que se invierten $1000 en una cuenta con una tasa de interés anual de 6%. $1000 es el **capital** y se le designa con frecuencia como P. Al final de un año, la cantidad en la cuenta debe ser

$$\text{capital} + \text{interés} = \text{nuevo capital}$$
$$1000 + 0.06(1000) = 1000(1 + 0.06) = 1.06(1000) = 1060 \qquad (1)$$

Si el interés obtenido cada año permanece en la cuenta para que, en los años subsecuentes, el interés gane a su vez intereses, la cuenta gana un **interés compuesto**.

Comencemos con P dólares en una cuenta que paga una tasa de interés compuesto anual r (r expresado como decimal; esto significa que el interés se calcula al final de cada año) e intentemos desarrollar una fórmula para la cantidad A en la cuenta después de t años.

Nuestro cálculo se simplificará si reconocemos que, como en (1), *la cantidad en la cuenta al final de cada año es $(1 + r)$ veces el capital anterior* (donde, de nuevo, r es la tasa de interés expresada como un decimal). Por lo tanto, tenemos lo siguiente:

al final de 1 año: $\quad A = P(1 + r) \qquad\qquad$ *Esto es ahora el nuevo capital, como en* (1)

al final de 2 años: $\quad A = \underbrace{P(1 + r)}_{\text{Capital anterior}}[1 + r] = P(1 + r)^2$

al final de 3 años: $\quad A = \underbrace{P(1 + r)^2}_{\text{Capital anterior}}[1 + r] = P(1 + r)^3$

al final de t años: $\quad A = P(1 + r)^t \qquad\qquad\qquad\qquad\qquad\qquad\qquad (2)$

5.5 Aplicaciones

EJEMPLO 1 Suponga que se invierten $1000 en una cuenta de ahorro que paga 6% por año.
(a) ¿Cuánto dinero habrá en la cuenta después de 10 años?
(b) ¿Cuánto tardará en duplicarse el capital de $1000?
(c) ¿Cuánto tardará en duplicarse un capital inicial de $1000 si la tasa de interés anual es 8%?

Solución

(a) Utilizamos la fórmula $A = P(1 + r)^t$, y sustituimos $P = 1000$, $r = 0.06$ y $t = 10$ para obtener

$$A = 1000(1 + 0.06)^{10} = 1000(1.06)^{10} \quad \textit{Utilizamos una calculadora y obtenemos}$$
$$= \$1790.85 \text{ en la cuenta al final de 10 años.}$$

(b) Como buscamos el número de años que tarda en duplicarse el capital, queremos que la cantidad A sea $2000. Sustituimos $A = 2000$, $P = 1000$ y $r = 0.06$ en la fórmula $A = P(1 + r)^t$ y despejamos t.

$$2000 = 1000(1.06)^t \quad \textit{Para despejar t, primero dividimos ambos lados de la ecuación entre 1000.}$$

$$2 = 1.06^t \quad \textit{Después, calculamos } \ln \textit{ (o } \log_{10}\textit{) de ambos lados.}$$

$$\ln 2 = \ln(1.06^t) \quad \textit{Utilizamos la propiedad 3 del logaritmo.}$$

$$\ln 2 = t \ln 1.06$$

$$t = \frac{\ln 2}{\ln 1.06} \approx \boxed{11.9 \text{ años}}$$

Como el interés se paga al final de cada año, el dinero se duplica al cabo de 12 años.

(c) Si la tasa de interés anual es 8%, entonces $1 + r = 1 + 0.08 = 1.08$; con el mismo procedimiento utilizado en la parte (b) tenemos

$$t = \frac{\ln 2}{\ln 1.08} \approx 9$$

Así, si se incrementa la tasa de interés a 8%, se reduce el tiempo de duplicación, de 12 años a cerca de 9 años. ∎

Suponga que queremos modificar la forma de componer el interés. Muchos bancos no calculan el interés en una cuenta una vez al año, sino que calculan el interés varias veces al año. Por ejemplo, si un banco compone el interés cada 3 meses, calcula y acredita el interés 4 veces al año (cada 3 meses), utilizando un cuarto de la tasa de interés anual cada vez. De manera análoga, los bancos pueden componer el interés cada mes, calculando y sumando los intereses a la cuenta 12 veces al año, utilizando $\frac{1}{12}$ de la tasa de interés anual cada vez, o diariamente, calculando $\frac{1}{365}$ de la tasa de interés anual cada día.

En esencia, lo que sucede es que cada vez hacemos más breves los periodos de interés, con tasas cada vez más pequeñas. Si componemos $1000 cada 3 meses con una tasa de interés anual de 6%, calculamos un nuevo capital 4 veces al año, utilizando una tasa de interés de $\frac{0.06}{4} = 0.015$. (Esta situación nos produce la misma cantidad de dinero que $1000 invertidos con 1.5% anual durante 4 años.)

Para ilustrar, comencemos de nuevo con $1000 invertidos con una tasa de interés anual de 6%. Veamos lo que sucede si componemos esta tasa de interés anual trimestral, mensual y diariamente durante un año.

compuesta trimestralmente: $A = 1000\left(1 + \dfrac{0.06}{4}\right)^4 = 1000(1.015)^4 = \$1061.36$

compuesta mensualmente: $A = 1000\left(1 + \dfrac{0.06}{12}\right)^{12} = 1000(1.005)^{12} = \$1061.68$

compuesta diariamente: $A = 1000\left(1 + \dfrac{0.06}{365}\right)^{365}$

$= 1000(1.0001644)^{365} = \$1061.83$

Observe que al incrementar el número de periodos de interés de 12 por año a 365 por año se incrementa el interés anual en sólo 15 centavos.

También observe que si componemos el interés anual mensualmente por un periodo de 5 años, habrá 5(12) = 60 periodos de interés y por lo tanto

$$A = 1000\left(1 + \dfrac{0.06}{12}\right)^{5(12)} = 1000(1.005)^{60} = \$1348.85$$

Como resultado de este análisis, establecemos la siguiente fórmula.

FÓRMULA DE INTERÉS COMPUESTO

Si se invierten P dólares con una tasa de interés anual de r, compuesta n veces al año, entonces A, la cantidad de dinero presente después de t años, está dada por

$$A = P\left(1 + \dfrac{r}{n}\right)^{nt}$$

EJEMPLO 2 En el ejemplo 1 vimos que $1000 tarda 11.9 años en duplicarse con una tasa del 6% anual. Si los $1000 invertidos a 6% se componen diariamente, ¿cuánto tardará la cantidad en duplicarse?

Solución Utilizamos la fórmula de interés compuesto, sustituimos $A = 2000$, $P = 1000$, $r = 0.06$ y $n = 365$ y despejamos t.

$2000 = 1000\left(1 + \dfrac{0.06}{365}\right)^{365t}$ *Dividimos ambos lados entre* 1000.

$2 = 1.0001644^{365t}$ *Calculamos* ln *de ambos lados (o* $\log_{10}$ *de ambos lados), y aplicamos la propiedad* 3 *del logaritmo.*

$\ln 2 = 365t(\ln 1.0001644)$ *Despejamos t.*

$t = \dfrac{\ln 2}{365 \ln 1.0001644} \approx 11.55$

5.5 Aplicaciones

Así, al calcular diariamente, el tiempo para duplicar se ha reducido de 11.9 años a un poco más de $11\frac{1}{2}$ años. Compare esto con la reducción del tiempo de duplicación si la tasa de interés se incrementa de 6% a 8% (véase el ejemplo 1 (c)). ∎

EJEMPLO 3 ¿Qué tasa de interés simple sería equivalente a una tasa de interés anual de 6% compuesto mensualmente? (Los bancos llaman a una tasa de interés anual simple un *rendimiento anual efectivo*.)

Solución Utilizamos la fórmula de interés compuesto y tenemos que

$$A = P\left(1 + \frac{0.06}{12}\right)^{12} \approx P(1.0617)$$

lo que significa que al final de 1 año tenemos 1.0617 veces la cantidad inicial original. Esto equivale a un interés anual simple de 6.17% por año. Así, una cuenta que paga 6% de interés compuesto por año, mensualmente tiene un rendimiento anual efectivo de 6.17%. ∎

Una pregunta natural es ¿qué sucede si comenzamos con P dólares y componemos con una tasa de interés de r cada minuto? ¿Cada segundo? ¿Crecerá la cantidad A con mayor rapidez? ¿Existe algún límite para el crecimiento de la cantidad A al componer con cada vez mayor frecuencia? Como hemos visto, al incrementar el número de periodos de interés se incrementa la cantidad A, pero no tanto como quisiéramos. Se puede ver que existe un límite para el crecimiento de A según las veces que se compone el interés cada año.

Supongamos que se invierte $1 a una tasa anual de 100% compuesto n veces al año. Utilizando la fórmula de interés compuesto con $r = 1$, la cantidad A al final de 1 año está dada por

$$A = \left(1 + \frac{1}{n}\right)^n$$

si componemos anualmente, entonces $n = 1 \quad A = \left(1 + \frac{1}{1}\right)^1 = 2$

semestralmente, entonces $n = 2 \quad A = \left(1 + \frac{1}{2}\right)^2 = 2.25$

trimestralmente, entonces $n = 4 \quad A = \left(1 + \frac{1}{4}\right)^4 \approx 2.44$

mensualmente, entonces $n = 12 \quad A = \left(1 + \frac{1}{12}\right)^{12} \approx 2.61$

diariamente, entonces $n = 365 \quad A = \left(1 + \frac{1}{365}\right)^{365} \approx 2.7146$

cada minuto, entonces $n = 525\,600 \quad A = \left(1 + \frac{1}{525\,600}\right)^{525\,600} \approx 2.71828$

cada segundo, entonces $n = 31\,536\,000 \quad A = \left(1 + \frac{1}{31\,536\,000}\right)^{31\,536\,000} \approx 2.71828$

Cuando n es mayor que 365, la cantidad permanece estable en $2.72, suponiendo que el banco redondeará hasta centavos. Si permitimos que el número de períodos de interés se incrementen, nos aproximamos a lo que describiríamos como una *composición continua*.

Observe que al incrementar n, el valor de $\left(1+\dfrac{1}{n}\right)^n$ tiende a e. De hecho, ésta es otra forma de definir e.

La siguiente fórmula se deduce en cálculo.

FÓRMULA DEL INTERÉS COMPUESTO (COMPOSICIÓN CONTINUA)

Si se invierten P dólares con una tasa de interés anual r compuesto de manera continua, entonces A, la cantidad de dinero presente después de t años, está dada por

$$A = Pe^{rt}$$

EJEMPLO 4 ¿Con qué tasa anual, compuesta de manera continua, deben invertirse $10 000 para llegar a $25 000 en 8 años?

Solución Utilizamos la fórmula $A = Pe^{rt}$ con $A = 25\,000$, $P = 10\,000$ y $t = 8$ y despejamos r.

$25\,000 = 10\,000 e^{8r}$ *Dividimos ambos lados entre* 10 000.

$2.5 = e^{8r}$ *Calculamos* ln *de ambos lados y utilizamos la propiedad* 3 *del logaritmo.*

$\ln 2.5 = 8r \;\Rightarrow\; r = \dfrac{\ln 2.5}{8} \approx 0.1145$

Así, la tasa anual debe ser 11.45%. ∎

Cuando una ecuación describe una situación de la vida real (así como la fórmula $A = Pe^{rt}$, que describe la cantidad en una inversión), con frecuencia decimos que la ecuación es un **modelo** de la situación. Podemos generalizar este modelo a otras situaciones donde una cantidad se incrementa o disminuye en proporción a la cantidad presente en un tiempo t.

Si comenzamos con una población o cantidad de una sustancia, A_0, que crece a una razón continua r por unidad de tiempo (por año, por día, por minuto, etcétera) entonces, después de t unidades de tiempo (t años, t días, t minutos, etcétera), el número o cantidad presente será A, donde A está dado por la ecuación exponencial que aparece en el siguiente cuadro. Las poblaciones o sustancias cuyo crecimiento está descrito por una ecuación como ésta son un **modelo de crecimiento exponencial**.

5.5 Aplicaciones

Recuerde que si la tasa de crecimiento está dada como un porcentaje, debe convertirse a su forma decimal para utilizarla en los modelos de crecimiento y decaimiento.

EL MODELO DE CRECIMIENTO EXPONENCIAL

Suponga que una población o sustancia crece a una razón continua r por unidad de tiempo. Sea A_0 el número inicial o cantidad presente. Entonces la cantidad, A, presente después de t unidades de tiempo está dada por

$$A = A_0 e^{rt} \qquad \text{donde } r > 0$$

De manera análoga, si comenzamos con una población o cantidad A_0 de una sustancia, que decae a una razón continua r por unidad de tiempo, entonces el número o cantidad presente después de t unidades de tiempo es un **modelo de decaimiento exponencial**.

EL MODELO DE DECAIMIENTO EXPONENCIAL

Suponga que una población o sustancia decae a una razón continua r por unidad de tiempo. Sea A_0 el número inicial o cantidad presente. Entonces la cantidad, A, presente después de t unidades de tiempo está dada por

$$A = A_0 e^{-rt} \qquad \text{donde } r > 0$$

Observe que, en los dos modelos exponenciales, la razón r es positiva. El *signo* del exponente determina si el modelo exponencial es de crecimiento o de decaimiento.

Observe que en ambos modelos exponenciales, la razón r es positiva. En el modelo de crecimiento, el exponente es positivo, mientras que en el modelo de decaimiento, el exponente es negativo.

EJEMPLO 5 De acuerdo con un almanaque mundial, la población del mundo en 1986 se estimaba en 4.7 miles de millones de personas. Suponiendo que la población del mundo crece a razón de 1.8% al año,

(a) Estimar la población del mundo en el año 2000.
(b) ¿En que año la población del mundo será 10 mil millones?

Solución Utilizamos el modelo de crecimiento exponencial $A = A_0 e^{rt}$ con $A_0 = 4.7$ y $r = 0.018$ (el equivalente decimal de 1.8%). A representa la población (en miles de millones) t años después de 1986, y A_0 representa la población (en miles de millones) de la Tierra en 1986 (ésta es la población inicial). Así, tenemos

$$A = 4.7 e^{0.018 t}$$

(a) Como queremos estimar la población de la tierra en el año 2000, habrán pasado 14 años desde el año inicial de 1986. Sustituimos $t = 14$ en la ecuación de crecimiento.

$$A = 4.7 e^{0.018 t} \qquad \text{Sustituimos } t = 14.$$
$$= 4.7 e^{0.018(14)} = 4.7 e^{0.252} \qquad \text{Con una calculadora obtenemos}$$
$$A \approx 6.05$$

Así, la población de la Tierra en el año 2000 será aproximadamente 6.05 miles de millones de personas, de acuerdo con este modelo.

(b) Para determinar el año en que la población de la Tierra será de 10 miles de millones, utilizamos de nuevo la ecuación $A = 4.7e^{0.018t}$, pero esta vez queremos determinar el valor de t tal que $A = 10$.

$$A = 4.7e^{0.018t} \quad \text{Sea } A = 10 \text{ y despejamos } t.$$

$$10 = 4.7e^{0.018t} \quad \text{Dividimos ambos lados entre 4.7.}$$

$$\frac{10}{4.7} = e^{0.018t} \quad \text{Calculamos ln de ambos lados.}$$

$$\ln \frac{10}{4.7} = \ln e^{0.018t} = 0.018t$$

$$\frac{\ln \frac{10}{4.7}}{0.018} = t \quad \text{Con una calculadora obtenemos}$$

$$t \approx 41.95$$

Pasarán casi 42 años, o hasta el año 2028 (42 años después de 1986), hasta que la población mundial alcance la cifra de 10 miles de millones. ∎

EJEMPLO 6 Con el modelo de crecimiento exponencial, en términos de r, ¿cuánto tiempo tardará en duplicarse la población si crece a razón de r por año?

Solución Comenzamos con el modelo de población $A = A_0 e^{rt}$ y observamos que queremos determinar el tiempo t que tarda la cantidad A en convertirse en $2A_0$, dos veces la cantidad inicial.

$$A = A_0 e^{rt} \quad \text{Sustituimos } 2A_0 \text{ en vez de } A.$$

$$2A_0 = A_0 e^{rt} \quad \text{Dividimos ambos lados de la ecuación entre } A_0.$$

$$2 = e^{rt} \quad \text{Calculamos ln de ambos lados (o reescribimos en forma ln).}$$

$$\ln 2 = rt \quad \text{Despejamos } t.$$

$$t = \frac{\ln 2}{r}$$

Por lo tanto, si una población crece a razón de 5% anual, entonces $r = 0.05$ y tarda en duplicarse $\frac{\ln 2}{0.05} \approx \frac{0.6931}{0.05} \approx 13.86$ años, mientras que una población que crece a razón de 15% anual tarda $\frac{\ln 2}{0.15} \approx 4.6$ años en duplicarse. ∎

EJEMPLO 7 Suponga que tenemos 100 gramos de sustancia radioactiva que decae a razón de 4% por hora.

(a) ¿En cuánto tiempo quedarán sólo 50 gramos de sustancia radiactiva?

(b) ¿En cuánto tiempo permanecerán sólo 25 gramos de sustancia radiactiva?

(c) Determine el tiempo que tarda la cantidad inicial A_0 de esta sustancia radiactiva en decaer a la mitad de su cantidad. Este tiempo es la *vida media* de la sustancia.

5.5 Aplicaciones

Solución La ecuación de decaimiento exponencial para esta sustancia es

$$A = 100e^{-0.04t}$$

(a) Para determinar el tiempo que tardan 100 gramos en decaer hasta 50 gramos, hacemos $A = 50$ y despejamos t.

$50 = 100e^{-0.04t}$ *Dividimos ambos lados entre* 100.

$0.5 = e^{-0.04t}$ *Calculamos* ln *de ambos lados*.

$\ln 0.5 = -0.04t$

$$t = \frac{\ln 0.5}{-0.04} \approx 17.33$$

Así, tarda aproximadamente 17.33 horas en decaer 100 gramos hasta 50 gramos.

(b) Podemos determinar el tiempo en que sólo quedan 25 gramos de sustancia radiactiva utilizando exactamente el mismo método que en la parte (a) o determinando el tiempo que tardan 50 gramos en decaer hasta 25 gramos y después sumar este tiempo a la respuesta obtenida en la parte (a). Mostraremos ambos métodos.

$25 = 100e^{-0.04t}$	$25 = 50e^{-0.04t}$
$0.25 = e^{-0.04t}$	$0.5 = e^{-0.04t}$
$\ln 0.25 = -0.04t$	$\ln 0.5 = -0.04t$
$t = \dfrac{\ln 0.25}{-0.04} \approx 34.66$	$t = \dfrac{\ln 0.5}{-0.04} \approx 17.33$
Así, transcurren 34.66 horas hasta que 100 gramos decaen a 25 gramos.	Así, transcurren 17.33 horas para que 50 gramos decaigan a 25 gramos. Por lo tanto, en total transcurren 34.66 horas para que 100 gramos decaigan a 25 gramos.

(c) Para determinar la vida media de esta sustancia, queremos conocer el tiempo que tarda una cantidad inicial A_0 en decaer a una cantidad $\frac{1}{2}A_0$.

$\frac{1}{2}A_0 = A_0 e^{-0.04t}$ *Dividimos ambos lados entre* A_0.

$0.5 = e^{-0.04t} \Rightarrow \ln 0.5 = -0.04t$

$$t = \frac{\ln 0.5}{-0.04} \approx 17.33$$

Así, la vida media aproximada de esta sustancia es 17.33 horas. Observe (como sugieren las partes (a) y (b)) que esta respuesta es independiente de la cantidad inicial. Este hecho es crucial en la habilidad de los científicos para utilizar el decaimiento radioactivo del carbono 14 para determinar la edad de los fósiles y artefactos arqueológicos. (Véase el ejercicio 47). ∎

EJEMPLO 8 Suponga que una colonia de bacterias crece de una población aproximada de 600 a 4500 en 12 horas. Determine un modelo de crecimiento exponencial para estas bacterias.

Solución Comenzamos con el modelo de crecimiento exponencial $A = A_0 e^{rt}$ y observamos que, dados $A = 4500$, $A_0 = 600$ y $t = 12$, necesitamos despejar r.

$$4500 = 600 e^{12r} \quad \text{Divida ambos lados entre 600.}$$

$$7.5 = e^{12r} \quad \text{Calculamos ln de ambos lados.}$$

$$\ln 7.5 = 12r \;\Rightarrow\; r = \frac{\ln 7.5}{12} \approx 0.17$$

Así, un modelo de crecimiento exponencial para estas bacteria es $A = A_0 e^{0.17t}$. ∎

EJEMPLO 9 La vida media de una sustancia radiactiva es 8 minutos. ¿Cuánto tiempo tardan 80 gramos de esta sustancia en decaer a 7 gramos?

Solución

¿QUÉ NECESITAMOS HACER?	Determinar el tiempo que tardan 80 gramos de una sustancia en decaer a 7 gramos, dada su vida media.
¿CÓMO COMENZAMOS?	Primero escribimos el modelo de decaimiento exponencial: $A = A_0 e^{-rt}$. Después determinamos las variables dadas y las que debemos determinar.
TENEMOS QUE $A_0 = 7$ Y $A = 80$. NECESITAMOS DETERMINAR T, PERO NO TENEMOS r.	¿Existe información dada en el problema que nos ayude a determinar r?
TENEMOS LA VIDA MEDIA DE LA SUSTANCIA. ¿CÓMO PODEMOS UTILIZAR ESTA INFORMACIÓN PARA DETERMINAR R?	Recuerde que la vida media de una sustancia es la cantidad de tiempo que tarda una cantidad inicial en decaer a la mitad. Si $A = \frac{1}{2} A_0$ y $t = 8$ minutos, podemos sustituir estos valores en el modelo de decaimiento exponencial y despejar r.

$A = A_0 e^{-rt}$ *La vida media, el tiempo que tarda la sustancia en decaer hasta la mitad, es 8 minutos, lo que significa que tarda 8 minutos a A en decaer hasta $\frac{1}{2} A_0$, de modo que sustituimos $A = \frac{1}{2} A_0$ y $t = 8$ para obtener*

$\frac{1}{2} A_0 = A_0 e^{-8r}$ *Recuerde, primero necesitamos despejar r. Divida ambos lados entre A_0.*

$\frac{1}{2} = e^{-8r}$ *Ahora traduzca esto a la forma ln.*

$\ln 0.5 = -8r$ *Despejamos r.*

$r = \dfrac{\ln 0.5}{-8} \approx 0.086643$

5.5 Aplicaciones

AHORA QUE TENEMOS EL VALOR DE R, ¿QUÉ HACEMOS?

Dado r, tenemos el modelo de decaimiento para la sustancia: $A = A_0 e^{-0.086643t}$, donde t se mide en minutos. Ahora, podemos sustituir $A_0 = 80$ y $A = 7$ en el modelo para determinar t, el tiempo que tardan 80 gramos en decaer hasta 7 gramos:

Véase el ejercicio 59 para un método un poco distinto de resolver este ejercicio.

$A = A_0 e^{-0.086643t}$ *Sustituimos $A_0 = 80$ y $A = 7$.*

$7 = 80 e^{-0.086643t}$ *Dividimos ambos lados entre 80.*

$0.0875 = e^{-0.086643t}$ *Escribimos en forma ln.*

$\ln 0.0875 = -0.086643t$ *Despejamos t.*

$t = \dfrac{\ln 0.0875}{-0.086643} \approx 28.12 \text{ min}$ ∎

Los ejercicios ilustran muchas áreas en las cuales aparecen funciones exponenciales y logarítmicas.

EJERCICIOS 5.5

1. Si una tienda eleva sus precios 20% y después los reduce 20%, ¿regresan los artículos a su precio original? Explique.
2. ¿Resulta equivalente reducir los precios primero en 25% y después 15% o hacer una reducción del 40%? Explique.

En los siguientes ejercicios, suponga que las situaciones y poblaciones descritas son gobernadas por un modelo de crecimiento o decaimiento exponencial.

3. El plutonio-239 (^{239}Pu), uno de los desechos radioactivos resultantes de la producción de energía nuclear, tiene una vida media aproximada de 25,000 años. Determine el modelo de decaimiento exponencial para ^{239}Pu.
4. La fórmula para el decaimiento radioactivo del radio es $A = A_0 e^{-0.0004279t}$. Determine la vida media del radio.
5. La vida media aproximada del carbono-14 (^{14}C) es 5730 años. De 100 gramos de ^{14}C, ¿cuánto quedará después de 1000 años?
6. De 50 gramos de ^{14}C ¿cuánto habrá decaído en 100 años?
7. El neptunio-239 (^{239}Np) tiene una vida media breve, de aproximadamente 2.24 días. Determine el modelo de decaimiento para el neptunio y determine, de una cantidad inicial de 40 gramos, la cantidad que permanece radiactiva después de 30 días.
8. Calcule cuanto tardarán 10 gramos de neptunio en decaer a menos de 0.1 gramos.
9. Si 80 gramos de una sustancia radiactiva tardan 100 años en decaer hasta 60 gramos, ¿cuánto tiempo tardará una cantidad de esta sustancia en decaer hasta su quinta parte?
10. El estroncio-90, otro desecho de los reactores de fisión nuclear, tiene una vida media aproximada de 28 años. ¿Cuánto tardará una muestra de estroncio-90 en reducirse por un factor de 100?
11. Una población de una colonia de bacterias se incrementa de acuerdo con el modelo de crecimiento $A = A_0 3^{t/20}$ (donde t se mide en horas) ¿Cuánto tiempo tarda la población en crecer de 100 a 200? ¿De 100 a 300? (Debe poder responder esta segunda pregunta sin utilizar la calculadora.)
12. Cierto tipo de bacteria crece de acuerdo con el modelo de crecimiento $A = A_0 e^{0.357t}$, donde el tiempo t se mide en horas. Si una colonia de bacterias comienza con aproximadamente 400 bacterias, ¿cuántas habrá después de 6 horas? ¿Después de 2 días?
13. De acuerdo con los datos del censo *World Almanac* de 1986, la población de los Estados Unidos se incrementó de aproximadamente 203.3 millones en 1970 a 226.5 millones en 1980. Determine la tasa de crecimiento anual durante este periodo de 10 años.
14. De acuerdo con los datos del censo *World Almanac* de 1986, la población de los Estados Unidos se incrementó de aproximadamente 39.8 millones en 1870 a 50.2 millones en 1880. Determine la tasa de crecimiento anual durante este periodo de 10 años. Compare esta tasa con el resultado del ejercicio 11. ¿Le sorprende el resultado? ¿Qué piensa que causó la tasa de crecimiento tan alta para el periodo entre 1870 y 1880?
15. Se estima que la población mundial era 4.7 miles de millones en 1986. Suponiendo una tasa de crecimiento del 1.8% para el futuro previsible, ¿cuál será la población de la Tierra en el año 2000?

16. Se estima que en 1986, la población del "tercer mundo" era 3.7 miles de millones, o cerca del 79% de la población mundial. Si la población del tercer mundo crece a una razón de 2.1%, utilice el resultado del ejercicio 15 para determinar la parte de la población mundial que será parte del tercer mundo en el año 2000.

17. De acuerdo con estimaciones de las Naciones Unidas, la población en la República de China era 686.4 *millones* en 1960 y 1.032 *miles de millones* en 1984. Determine la tasa de crecimiento de la población en la República de China. ¿Es esta tasa de crecimiento más alta o más baja que la tasa de crecimiento actual del mundo (1.8%)?

18. Se sabe que la bacteria B satisface un modelo de crecimiento exponencial $A = A_0 e^{0.37t}$, donde t es el número de horas en que un número inicial de bacterias se colocan en un medio de crecimiento particular a una cierta temperatura. Supóngase que un técnico coloca 800 bacterias de un tipo desconocido en el mismo medio de crecimiento, a la misma temperatura, y observa que después de 18 horas hay aproximadamente 12,800 bacterias presentes. ¿Concluiría usted que estas bacterias son del tipo B? Explique.

19. Si se depositan $10 000 en una cuenta bancaria que paga una tasa de interés anual de 7.6% compuesta trimestralmente, ¿cuánto tiempo transcurre hasta que haya $15 000 en la cuenta?

20. Si se invierten $8500 a 6.5% anual, compuesto diariamente, ¿cuánto tiempo tarda en duplicarse la inversión?

21. ¿Cuál es el rendimiento anual efectivo si se invierten $3000 a 6.7% anual, compuesto mensualmente? ¿Depende su respuesta de la cantidad de dinero en la cuenta?

22. ¿Cuántos años tardan $500 invertidos a 8.3% compuesto semanalmente en crecer hasta $1500?

23. ¿Qué tasa de composición continua produce un rendimiento anual efectivo de 6.7%?

24. Determine el tiempo de duplicación para una inversión al 6% compuesto de manera continua. ¿Cómo debe ser la tasa de interés si el tiempo de duplicación se reduce a la mitad?

25. ¿Cuánto dinero debe invertirse al 5.8% compuesto de manera continua para obtener un rendimiento de $6000 al cabo de 5 años?

26. ¿Cuánto dinero debe invertirse al 8% compuesto de manera continua para obtener un rendimiento de A dólares al cabo de 10 años?

27. Determine el número de años que tardan en duplicarse $1000 invertidos al 6% compuesto de manera continua. Compare con el tiempo de duplicación si la tasa de interés se compone diariamente, lo que se calculó en el ejemplo 2. ¿Cómo se refleja esto en la afirmación del texto, en el sentido de que al incrementar el número de composiciones no se incrementa significativamente la cantidad de interés acumulado?

28. Una tarjeta de crédito común carga un interés anual de 18.5% compuesto mensualmente. Si usted realiza una compra de $600 con cargo a su tarjeta de crédito y no realiza pago alguno durante un año, ¿cuál será su deuda al final del año?

En los ejercicios 29-32, utilice la información del ejercicio 29.

29. El plazo de reembolso para la mayoría de los préstamos a largo plazo, como las hipotecas y los préstamos para autos, se calculan de modo que la cantidad prestada más los intereses se paguen mediante cantidades mensuales iguales. La fórmula general para los pagos mensuales, M, requeridos por una cantidad prestada A con una tasa anual r durante t años es

$$M = \frac{Ar}{12\left[1 - \left(1 + \frac{r}{12}\right)^{-12t}\right]}$$

   (a) ¿Cuáles son los pagos requeridos mensualmente por un préstamo para autos, de $8000 a una tasa anual de 9% durante un periodo de 4 años?
   (b) En este periodo de 4 años, ¿cuánto se pagará para liquidar el préstamo de $8000?

30. Si alguien puede afrontar un pago de reembolso mensual de $200 durante 3 años, ¿qué tan grande puede ser el préstamo para la adquisición de un auto a una tasa de 10%?

31. (a) ¿Cómo deben ser los pagos mensuales en una hipoteca a 30 años, de $80 000 al 8.2%?
    (b) Durante estos 30 años de hipoteca, ¿cuánto dinero se liquidará en total?

32. Si una pareja desea pagar $700 al mes por concepto de hipoteca, ¿qué tan grande puede ser la hipoteca, a 30 años, para pagar un interés de 7.8%?

LA ESCALA RICHTER

33. Los sismólogos miden la magnitud de los terremotos mediante la escala Richter. Esta escala define la magnitud R de un terremoto como

$$R = \log \frac{I}{I_0} \quad \text{(recuerde que log significa log}_{10}\text{)}$$

donde I es la intensidad medida del terremoto e I_0 es la intensidad de un terremoto de *nivel cero*.
   (a) Determine la medida en escala Richter de un terremoto que es 1000 veces más intenso que un terremoto de nivel cero; es decir, $I = 1000 I_0$.
   (b) El gran terremoto de San Francisco en 1906 tuvo una medida aproximada en escala Richter de 8.3. Compare la intensidad de este terremoto con respecto de un terremoto de nivel cero.

34. El terremoto de Loma Prieta, que interrumpió la Serie Mundial de 1989, registró 7.1 en la escala de Richter. Compare las intensidades del terremoto de Loma Prieta y del gran terremoto de 1906, que registró 8.3 en la escala de Richter.

35. Suponga que tres terremotos E_1, E_2 y E_3 registran $R_1 = 2$, $R_2 = 6$ y $R_3 = 10$, respectivamente, en la escala de Richter. Observe que las diferencias entre R_1 y R_2 y entre R_2 y R_3 son ambas iguales a 4. Compare las intensidades de los tres terremotos.

5.5 Aplicaciones

36. Muestre que si un terremoto E_2 tiene una magnitud R_2 en la escala de Richter y el doble de la intensidad del terremoto E_1, con una magnitud de R_1 en la escala de Richter, entonces $R_2 - R_1 = \log 2$.

NIVELES pH

37. Los químicos han definido el pH (*potencial de hidrógeno*) de una solución como

$$\text{pH} = -\log[\text{H}_3\text{O}^+]$$

donde $[\text{H}_3\text{O}^+]$ representa la concentración del ion de hidronio en la solución (medido en moles por litro). El pH es una medida de la acidez o alcalinidad de la solución. El agua, que es neutral, tiene un pH igual a 7. Las soluciones por debajo de 7 son ácidas, mientras que aquéllas con un pH mayor que 7 son alcalinas. ¿Cuál es el pH de un vaso de jugo de naranja si su concentración de ion de hidronio es 6.82×10^{-5}?

38. ¿Cuál es la concentración de ion de hidronio en una solución con un pH de 9.1?

39. Los ambientalistas revisan de manera constante los niveles de pH en la lluvia o la nieve, debido a los efectos destructivos de la "lluvia ácida", causada principalmente por las emisiones de bióxido de azufre. La lluvia y la nieve tienen una concentración natural igual a $[\text{H}_3\text{O}^+] = 2.5 \times 10^{-6}$ debido al bióxido de carbono que se encuentra normalmente en la atmósfera. Determine el pH natural de la lluvia y la nieve.

40. Si en una muestra de lluvia, la concentración de $[\text{H}_3\text{O}^+]$ se ha incrementado en un factor de 100, ¿cómo es su nivel de pH? Utilice la información del ejercicio 39.

PSICOFÍSICA

41. La ley de *Weber-Fechner* en psicofísica relaciona la intensidad S de una sensación (una reacción sicológica) con la intensidad P de un estímulo físico. Esta ley fue publicada en 1930 por Gustav Fechner y se basó en experimentos realizados por Ernst Weber un año antes. Establece que el cambio en la intensidad de una sensación causada por un pequeño cambio en la intensidad de un estímulo es proporcional no a la cantidad de cambio en P, como se esperaría, sino al *porcentaje* de cambio en P. Mediante técnicas del cálculo, esta relación implica la ley de Weber-Fechner, que establece

$$S = K \ln\left(\frac{P}{P_0}\right)$$

donde P_0 es la intensidad mínima perceptible, y K es cierta constante que determina las unidades de medición de S.

El brillo de las estrellas a simple vista se mide en unidades llamadas *magnitudes*. El astrónomo griego Ptolomeo estableció seis categorías; las estrellas más opacas tienen magnitud 6 y las estrellas más brillantes tienen magnitud 1. Si I es la brillantez de una estrella de magnitud M e I_0 la brillantez mínima para que una estrella sea visible, entonces utilizamos la ley de Weber – Fechner para deducir la siguiente fórmula para la magnitud M.

$$M = 6 - 2.5 \log\left(\frac{I}{I_0}\right)$$

(a) Calcule la razón de la intensidad de luz de una estrella de magnitud 2 con la de una estrella de magnitud 1.
(b) Calcule la razón de la intensidad de luz de una estrella de magnitud 5 con la de una estrella de magnitud 4.
(c) Con base en los resultados de (a) y (b), ¿en que proporción es más intensa la luz de una estrella de cualquier magnitud en relación con una estrella de magnitud una unidad menor?
(d) Si la intensidad de la luz de una estrella se incrementa en un factor de 40 antes de ser una nova, ¿en cuántas magnitudes se incrementa?

42. Suponga que la mínima corriente eléctrica que usted puede percibir es 1 miliamperio y que la mínima *diferencia* en corriente que puede detectar es de 25 miliamperios. Utilice la ley de Weber–Fechner para desarrollar una escala de corriente eléctrica perceptible. Llame a una unidad en esta escala un *jolt*, y escriba una fórmula para el número de jolts correspondientes a una corriente de A miliamperios.

INTENSIDAD DEL SONIDO

43. La unidad de medida que se utiliza con frecuencia para medir los niveles de sonido es el *decibel* (dB). La cantidad de decibeles N de un sonido con intensidad I (por lo general medido en vatios por centímetro cuadrado, W/cm^2) se define como

$$N = 160 + 10 \log I$$

El sonido más débil perceptible por el oído humano tiene una intensidad aproximada de 10^{-16} W/cm^2. ¿Cuál es el nivel de decibeles de este sonido?

44. Un sonido en el umbral del dolor del oído humano tiene una intensidad aproximada de 10^{-4} W/cm^2. ¿Cuál es el nivel de decibeles de este sonido?

RECURSOS NATURALES

45. Gran parte de los recursos naturales del mundo han sido consumidos a una razón que se incrementa de manera exponencial con respecto del tiempo. Suponga que existe un modelo de crecimiento exponencial para el consumo de productos derivados del petróleo.
   (a) Si el mundo consumía aproximadamente 1.5 miles de millones de barriles de productos derivados del petróleo en 1940 y 3.6 miles de millones de barriles en 1960, estime la razón de incremento del consumo en ese periodo de 20 años.
   (b) Si el mundo consumió aproximadamente 12.1 miles de millones de barriles de productos derivados del petróleo en 1965 y 20.4 miles de millones de barriles en 1975, estime la razón de incremento del consumo en ese periodo de 10 años.

46. Se puede demostrar (utilizando el cálculo) que si se consume una cantidad A_0 en cierto año, y si existe una tasa de crecimiento anual r, entonces la cantidad A de petróleo consumido en los siguientes T años está dada por la fórmula

$$A = \frac{A_0}{r}(e^{rT} - 1)$$

   (a) Muestre que al despejar T en esta fórmula obtenemos

$$T = \frac{\ln\left[\dfrac{rA}{A_0} + 1\right]}{r}.$$

   (b) En 1990, se estimó que las reservas de petróleo disponibles en el mundo eran de 983.4 miles de millones de barriles de petróleo y que se consumieron 21.3 miles de millones de barriles de petróleo ese año. Si existe una tasa de crecimiento en el consumo de petróleo del 2.5%, utilice la fórmula de la parte (a) para determinar el tiempo en que se terminará la reserva de 1990.

FECHADO POR CARBONO

47. El tejido de todas las plantas y animales vivas contiene carbono-12, que no es radioactivo, y carbono-14, que es radioactivo, con una vida media aproximada de 5730 años. Mientras el organismo esté vivo, la proporción entre el carbono-14 y el carbono-12 permanece constante. Al morir el organismo (diremos que $t = 0$), el carbono–14 comienza a decaer. Así, mientras más pequeña sea la proporción entre el carbono-14 y el carbono-12, más antiguos serán los restos.
   (a) Verifique que el modelo de decaimiento del carbono-14 es
   $A = A_0 e^{-0.000121t}$.
   (b) Dado que la vida media del carbono-14 es de 5730 años, explique por qué un modelo alternativo de decaimiento es
   $A = A_0\left(\dfrac{1}{2}\right)^{t/5730}$. SUGERENCIA: Examine lo que sucede cuando $t = 5730$, $t = 11\,460 = 2(5730)$, etcétera.
   (c) Verifique que ambas ecuaciones proporcionan el mismo resultado para la cantidad de carbono-14 que resta de una cantidad inicial de 60 gramos después de 1000 años.
   (d) Suponga que un fósil contiene el 65% de carbono-14 que contenía originalmente. Estime la edad del fósil.

48. Se determinó que los restos de un esqueleto contienen 35% de su carbono-14 original. Estime la edad del esqueleto.

49. En 1947, un ganadero árabe entró a una gruta cerca de Qumran a las orillas del Mar Muerto en busca de una cabra perdida. Encontró algunos vasijas de barro que contenían lo que conocemos como los *rollos del Mar Muerto*. Se analizaron los escritos y se determinó que contenían 76% de su carbono-14 original. Estime la edad de los rollos del Mar Muerto.

50. Si se estima que un fósil tiene 1 millón de años, ¿qué porcentaje contiene de su carbono-14 original?

PROBLEMAS DIVERSOS

51. Suponga que se añade agua y cloro de manera continua a una alberca de modo que el número de gramos de cloro en la alberca al tiempo t horas está dado por

$$c(t) = 100 - 30e^{-t/10}$$

   (a) ¿Cuánto cloro hay en la alberca inicialmente (al tiempo $t = 0$)?
   (b) ¿Cuánto cloro hay en la alberca después de 5 horas?
   (c) ¿Cuánto cloro hay en la alberca después de 10 horas?
   (d) ¿Cuánto cloro hay en la alberca después de 100 horas?

52. Un principio básico de enfriamiento en física (llamado la ley de enfriamiento de Newton) establece que si un objeto a temperatura T_0 se coloca en un medio ambiente, el cual se encuentra a una temperatura constante C, entonces la temperatura T del objeto después de t minutos está dada por

$$T = C + (T_0 - C)e^{-kt}$$

   donde k es una constante que depende del objeto particular.
   (a) Determine la constante k (hasta centésimos) para una botella de jugo de naranja que tarda 10 minutos en enfriarse de 70°F a 55°F después de colocarla en un refrigerador que mantiene una temperatura constante de 45°F.
   (b) ¿Cuál será la temperatura del jugo media hora después de colocarlo en el refrigerador?
   (c) De acuerdo con la fórmula para T, ¿es posible que el jugo alcance la temperatura de 45°F? Explique.

53. Si la inflación tiene una tasa estable anual r en un periodo amplio, entonces el valor de A_0 dólares después de t años está dado por

$$A = A_0(1 - r)^t$$

Suponga una tasa de inflación del 4.8%.
(a) ¿Cuánto valdrán $100 después de 5 años?
(b) ¿Cuánto tiempo debe transcurrir para que $100 valgan sólo $50?

54. Un altímetro es un instrumento que mide la altitud. Los altímetros utilizados en la mayoría de los aviones miden la altitud mediante la presión barométrica exterior P y después despliegan la altitud por medio de una escala que se calibra utilizando la siguiente *ecuación barométrica*:

$$a = (30T + 8000)\ln(P_0/P)$$

que relaciona la altitud a en metros sobre el nivel del mar, la temperatura del aire T en grados Celsius, la presión atmosférica P_0 al nivel del mar y la presión atmosférica P a una altitud a. (La presión atmosférica se mide en centímetros de mercurio). Suponga que la presión atmosférica a cierta altitud es 24.9 cm de mercurio y que la temperatura es −3°C. Si la presión atmosférica al nivel del mar es 76 cm de mercurio, utilice la ecuación barométrica para determinar la altitud en pies (1 metro mide aproximadamente 3.3 pies).

55. El número $n!$ (se lee *n factorial*) se define como

$$n! = n(n - 1)(n - 2) \cdots 3 \cdot 2 \cdot 1$$

para todos los enteros positivos n. Por ejemplo,

$$5! = 5 \cdot 4 \cdot 3 \cdot 2 \cdot 1 = 120.$$

La *fórmula de Stirling* establece

$$n! \approx \left(\frac{n}{e}\right)^n \sqrt{2\pi n}$$

y se puede utilizar para aproximar factoriales grandes. Utilice la fórmula de Stirling para aproximar 20! y compare con el valor real.

PREGUNTAS PARA REFLEXIONAR

56. Desarrolle una fórmula para la vida media de una sustancia que decae a una razón anual r.

57. Si estamos expuestos a dos sonidos con intensidades I_1 y I_2 y niveles de decibeles de N_1 y N_2, respectivamente, entonces experimentamos sonidos con un nivel de intensidad $I_1 + I_2$. Sin embargo, el nivel de decibeles de la combinación de sonidos *no* es $N_1 + N_2$. En otras palabras, al combinar dos sonidos de 80 y 90 decibeles no se obtiene un sonido de 170 decibeles. Suponga que las reglas de un sindicato prohíben que los patrones construyan un ambiente de trabajo donde un trabajador quede expuesto a un nivel de sonido mayor de 100 decibeles. Si un obrero trabaja con una máquina que produce 90 decibeles y en las inmediaciones hay una nueva máquina que produce 80 decibeles, ¿se ha violado las reglas sindicales?

58. Explique la forma en que la escala de decibeles analizada en el ejercicio 43 es una aplicación de la ley de Weber-Fechner analizada en el ejercicio 41.

59. En el ejemplo 9 utilizamos el modelo de decaimiento exponencial para determinar cuánto tiempo tardan 80 gramos de una sustancia con una vida media de 8 minutos en decaer hasta 7 gramos.
(a) Explique por qué un modelo de decaimiento exponencial alternativo para esta sustancia es $A = A_0\left(\dfrac{1}{2}\right)^{t/8}$.
(b) Utilice este modelo de decaimiento alternativo para responder la pregunta del ejemplo 9. ¿Cuál modelo es más fácil de usar?

Capítulo 5 RESUMEN

Después de completar este capítulo usted debe:

1. Reconocer las gráficas de las funciones exponencial y logarítmica básicas. Véase la figura 5.17. (Secciones 5.1 y 5.2)

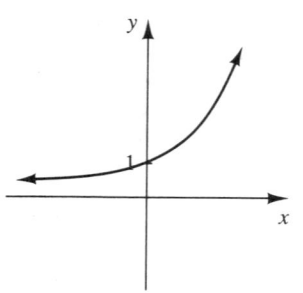

$y = b^x$ para $b > 1$

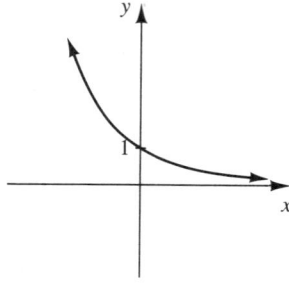

$y = b^x$ para $0 < b < 1$

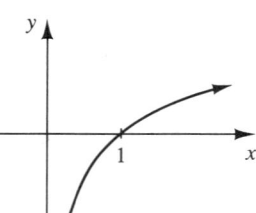

$y = \log_b x$ para $b > 1$

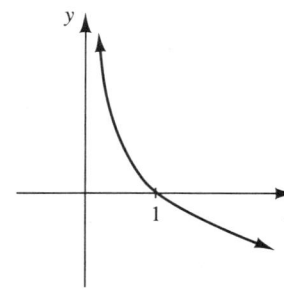

$y = \log_b x$ para $0 < b < 1$

FIGURA 5.17

2. Poder traducir enunciados de una forma exponencial a una forma logarítmica y viceversa. (Sección 5.2)
Un logaritmo es simplemente un exponente

$$x = b^y \iff y = \log_b x$$

Es decir, y es el exponente al que debe elevarse b para obtener x.
Por ejemplo:
La proposición exponencial $4^{-3} = \dfrac{1}{64}$ es equivalente a la proposición logarítmica $\log_4 \dfrac{1}{64} = -3$.

3. Poder utilizar la definición de los logaritmos para evaluar expresiones logarítmicas. (Sección 5.2)

Por ejemplo:
Determinar $\log_8 \dfrac{1}{4}$.

Sea $\log_8 \dfrac{1}{4} = a$; traducimos esto a su forma exponencial, y resolvemos la ecuación exponencial resultante.

$\log_8 \dfrac{1}{4} = a \quad$ *es equivalente a*

$8^a = \dfrac{1}{4} \quad$ *Expresamos ambos lados en términos de la base 2.*

$(2^3)^a = \dfrac{1}{2^2}$

$2^{3a} = 2^{-2} \implies 3a = -2 \implies a = -\dfrac{2}{3}$

Así, $\log_8 \dfrac{1}{4} = -\dfrac{2}{3}$

4. Poder utilizar las propiedades de los logaritmos para reescribir expresiones logarítmicas. (Sección 5.3)
Las propiedades de los logaritmos nos permiten expresar los logaritmos de productos, cocientes y potencias como sumas y diferencias de logaritmos más sencillos.
Por ejemplo:
Escribir en términos de expresiones logarítmicas más sencillas:

$\log_b \left(\dfrac{\sqrt[3]{xy}}{z^4} \right)$.

$\log_b \left(\dfrac{\sqrt[3]{xy}}{z^4} \right) = \log_b \left(\dfrac{(xy)^{1/3}}{z^4} \right) \quad$ *Utilizamos la propiedad 2.*

$= \log_b (xy)^{1/3} - \log_b z^4 \quad$ *Utilizamos la propiedad 3.*

$= \dfrac{1}{3} \log_b (xy) - 4 \log_b z \quad$ *Utilizamos la propiedad 1.*

$= \dfrac{1}{3} (\log_b x + \log_b y) - 4 \log_b z$

5. Poder utilizar las propiedades de los logaritmos para resolver ecuaciones logarítmicas. (Sección 5.3)
Por ejemplo:
Despejar x.

$\log_2(3x - 1) + \log_2(x + 1) = 5$

Lo escribimos como un logaritmo sencillo.

$\log_2[(3x-1)(x+1)] = 5$

Escribimos la forma exponencial.

$$(3x-1)(x+1) = 2^5 = 32$$
$$3x^2 + 2x - 33 = 0$$
$$(3x+11)(x-3) = 0$$
$$x = -\frac{11}{3} \quad \text{o} \quad x = 3$$

Rechazamos $x = -\frac{11}{3}$, pues hace negativo al argumento; la solución de la ecuación es $\boxed{x = 3}$.

6. Poder utilizar logaritmos para resolver ecuaciones exponenciales. (Sección 5.4)
   Si dos expresiones son iguales, sus logaritmos son iguales y podemos obtener el logaritmo de ambos lados. Entonces aplicamos las propiedades de los logaritmos para resolver la ecuación.
   Por ejemplo:
   Despejar t: $7^{2t-1} = 5$.
   Como no es fácil expresar ambos lados en términos de la misma base, podemos utilizar los logaritmos para resolver la ecuación.

$7^{2t-1} = 5$ *Calculamos el logaritmo natural de ambos lados.*

$\ln 7^{2t-1} = \ln 5$ *Utilizamos las propiedades del logaritmo.*

$(2t-1)\ln 7 = \ln 5 \;\Rightarrow\; t = \dfrac{\ln 5}{2 \ln 7} + \dfrac{1}{2} \approx 0.914$

7. Resolver problemas de aplicación que impliquen funciones exponenciales y logarítmicas. (Sección 5.5)
   Muchas situaciones de la vida real, como la composición continua, el crecimiento de poblaciones y el decaimiento radioactivo, se pueden resolver mediante el modelo de crecimiento exponencial o el modelo de decaimiento exponencial.
   Por ejemplo:
   ¿Cuál es la suma de dinero que debe invertirse al 7.3% compuesto de manera continua para obtener $10 000 en 12 años?
   Solución:
   Utilizamos la fórmula $A = A_0 e^{rt}$ con $A = 10\,000$, $r = 0.073$ y $t = 12$ y despejamos A_0.

$10\,000 = A_0 e^{0.073(12)}$

$10\,000 = A_0 e^{0.876}$

$A_0 = \dfrac{10\,000}{e^{0.876}} \approx \$4164$ redondeado a dólares.

Capítulo 5 EJERCICIOS DE REPASO

En los ejercicios 1-6, trace la gráfica de la función dada. Asegúrese de indicar cualquier asíntota y las intersecciones con los ejes.

1. $y = 2^{x-1}$
2. $f(x) = \left(\dfrac{1}{4}\right)^x - 1$
3. $f(x) = \log_{2/3}(x+3)$
4. $y = 5 + \log_5 x$
5. $y = e^{x+2} - 1$
6. $f(x) = 2 + \ln x^2$

En los ejercicios 7-12, traduzca los enunciados logarítmicos a su forma exponencial y viceversa.

7. $\log_6 \dfrac{1}{6} = -1$
8. $9^{1/2} = 3$
9. $8^{-2/3} = \dfrac{1}{4}$
10. $\log_3 81 = 4$
11. $\log_b b^6 = 6$
12. $b^{\log_b t} = t$

En los ejercicios 13-20, evalúe el logaritmo dado.

13. $\log_{10} 10{,}000$
14. $\log_{10} 0.000001$
15. $\log_3 \dfrac{1}{9}$
16. $\log_{1/2} 8$
17. $\log_{32} 16$
18. $\log_b \sqrt{b^3}$
19. $\log_b 1$
20. $\log_{1/5} 25$

En los ejercicios 21-26, exprese el logaritmo dado en términos de logaritmos más sencillos, cuando sea posible.

21. $\log_b(x^3 y^4 z^2)$
22. $\log_b\left(\dfrac{b^3}{\sqrt{xy}}\right)$
23. $\log_b \sqrt[3]{\dfrac{6x}{by^4}}$
24. $\log_b(x^2 + y^5)$
25. $\dfrac{\sqrt{\log_b x}}{\sqrt[3]{\log_b y}}$
26. $\log_b \dfrac{\sqrt{x}}{\sqrt[3]{y}}$

En los ejercicios 27-42, resuelva la ecuación exponencial o logarítmica dada.

27. $8^x = \dfrac{1}{64}$ 28. $\left(\dfrac{1}{9}\right)^x = 29$

29. $\log_b(3x) + \log_b(x+2) = \log_b 9$
30. $\log_2 x + \log_2(x+1) = 1$
31. $7^{x-1} = 3$
32. $\log_2(t+1) + \log_2(t-1) = 3$
33. $\log_5(6x) - \log_5(x+2) = 1$
34. $3^x = 5^{x+2}$ 35. $3^x = 5(2^x)$
36. $\log_4 x - \log_4(x-4) = \log_4(x-6)$
37. $\dfrac{1}{2}\log_3 x = \log_3(x-6)$
38. $2\log_b x = \log_b(6x-5)$ 39. $8^{3x-2} = 9^{x+2}$
40. $\log x = 2 + \log(x-1)$ 41. $\log_b 125 = 3$
42. $\log_8 128 = x$

43. Verifique que $f(x) = e^{2x-3}$ y $g(x) = \dfrac{3 + \ln x}{2}$ son funciones inversas.
44. Determine la función inversa de $y = f(x) = 2^{x+3}$.
45. Determine la función inversa de
$$y = f(x) = 5 + \log_3(x-1)$$
46. Exprese $\log_6 x$ en términos de logaritmos con base 3.

47. Estime $\log_7 11$. Redondee su respuesta a dos cifras decimales.
48. Si se invierten $2000 en una cuenta que paga un interés anual de 6.5% compuesto diariamente, ¿cuánto dinero habrá en la cuenta después de 6 años?
49. ¿Cuánto dinero debe invertirse al 7.2% de interés anual compuesto de manera continua para que la inversión produzca $10 000 en 8 años?
50. ¿Qué tasa anual compuesta de manera continua hará que una inversión de $1000 crezca a $2000 en 6 años?
51. Una colonia de bacterias crece según el modelo de crecimiento exponencial. Suponga que 800 bacterias aumentan hasta 2000 en 16 horas.
    (a) ¿Cuántas bacterias estarán presentes después de 10 horas?
    (b) ¿Cuánto tiempo habrá de transcurrir para que haya 3000 bacterias?
52. Determine el tiempo de duplicación de una colonia de bacterias con la ecuación de crecimiento $A = A_0 2^{0.06t/4}$, donde t se mide en horas.
53. Una sustancia radiactiva tiene una vida media de 53 días. Si existe un modelo de decaimiento exponencial, determine la ecuación de decaimiento para este modelo.
54. Ciertas sustancias radiactivas artificiales tienen vidas medias extremadamente cortas. Determine el modelo de decaimiento exponencial para una sustancia con una vida media de 5 minutos.
55. En el modelo de decaimiento exponencial $A = A_0 e^{-rt}$, describa la forma en que se modifica la vida media si r se duplica de 0.1 a 0.2.

Capítulo 5 EXAMEN DE PRÁCTICA

1. Trace las gráficas de las siguientes funciones. Indique las intersecciones con los ejes.
    (a) $y = \left(\dfrac{1}{2}\right)^{x+1} - 4$ (b) $y = 1 + \log_3 x$
2. Dada $y = f(x) = 2^{x+1}$, determine su función inversa y trace las gráficas de $f(x)$ y su inversa en el mismo sistema de coordenadas.
3. Evalúe lo siguiente. Redondee a centésimos en caso necesario.
    (a) $\log_9 \dfrac{1}{3}$ (b) $\log_7 4$
    (c) $\log_8 16$ (d) $\log_{1/2} \dfrac{1}{4}$
4. Resuelva las siguientes ecuaciones. Redondee su respuesta a centésimos en caso necesario.
    (a) $3^{2x-1} = 9$
    (b) $\log_3(x-9) + \log_3(x+1) = 2$
    (c) $\dfrac{1}{2}\log_2 x - \log_2(x-3) = 1$ (d) $5^{x+1} = 10$
5. Una colonia de bacterias crece según el modelo de crecimiento exponencial. Suponga que 600 bacterias aumentan a 1500 en 20 horas.
    (a) ¿Cuántas bacterias estarán presentes después de 10 horas?
    (b) ¿Cuánto tiempo transcurre hasta que sean 6000 bacterias?
6. Una sustancia radiactiva tiene una vida media de 750 años. Si existe un modelo de decaimiento exponencial, determine la ecuación de decaimiento para este modelo, la vida media de la sustancia, así como la cantidad sobrante de 100 gramos de esta sustancia en 200 años.

CAPÍTULO 6

Trigonometría

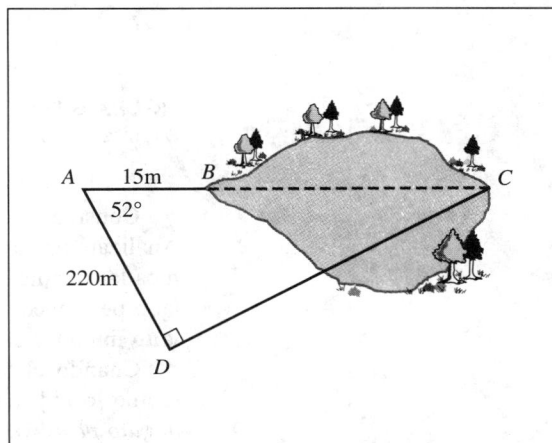

6.1	Medición de ángulos y dos triángulos especiales
6.2	Las funciones trigonométricas de un ángulo general
6.3	Trigonometría de un triángulo rectángulo y aplicaciones
6.4	Las funciones trigonométricas como funciones de números reales

Resumen ■ *Ejercicios de repaso* ■ *Examen de práctica*

La trigonometría* es la rama de las matemáticas que se centra en el estudio de los ángulos. Los antiguos griegos utilizaban la trigonometría hace más de dos mil años para resolver los problemas de la vida diaria, como por ejemplo la topografía, la navegación y la ingeniería.

El estudio de la trigonometría en este capítulo comienza con un análisis de la medición de ángulos. A continuación definiremos las funciones trigonométricas de los ángulos. Hasta este momento, los dominios de las funciones que hemos manejado han sido casi en exclusiva subconjuntos de los números reales. Veremos que las funciones trigonométricas pueden ser vistas como funciones que tienen dominios de ángulos o de conjuntos de números reales.

---

* La palabra trigonometría se deriva de la palabra griega *trigōnon*, que significa triángulo, y *metria*, que significa medida.

6.1 Medición de ángulos y dos triángulos especiales

Un **ángulo** es la figura formada por dos líneas o rayos con un extremo común. A este punto común se le llama **vértice** del ángulo (Véase la figura 6.1).

FIGURA 6.1 A es el vértice. A este ángulo se le llama ángulo A (a menudo se escribe ∠A).

Consideramos conveniente hablar de los ángulos desde un punto de vista dinámico. Analizaremos los ángulos en función de la magnitud y de la *orientación*; es decir, tomaremos las dos líneas que forman el ángulo como coincidentes (que comienzan juntas). Un lado permanece fijo y el otro lado gira para formar el ángulo. El lado fijo se denomina **lado inicial** y el lado que gira se llama **lado terminal**.

Cuando el lado terminal gira en la dirección contraria a las manecillas del reloj (como lo indica la flecha dentro del ángulo en la figura 6.2(a)), a ∠B se le llamará un *ángulo positivo*. Si el lado termina gira en la dirección de las manecillas del reloj (como se indica con la flecha dentro del ángulo de la figura 6.2(b)), a ∠B se le llamará un ángulo *negativo*.

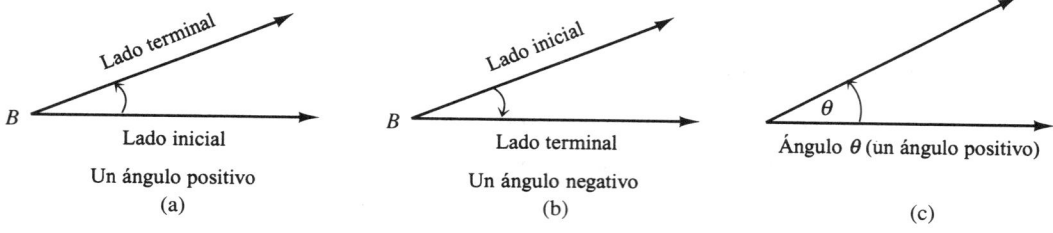

FIGURA 6.2

Además de nombrar a un ángulo por su vértice, a menudo colocamos una letra dentro del ángulo y lo utilizamos como su nombre. Por ejemplo, en la figura 6.2(c) se muestra el ángulo θ (la letra griega *theta*, un nombre común para un ángulo). Algunas otras letras griegas que se utilizan con frecuencia para nombrar a los ángulos son α (alfa), β (beta) y γ (gamma).

La medición de un ángulo

¿Qué hace a un ángulo mayor que otro?

Si le pidiéramos a un niño pequeño que mirara los dos ángulos de la figura 6.3 y que nos dijera cuál es "más grande", el niño probablemente nos respondería que ∠A es mayor, pero nosotros sabemos que ∠B es mayor. ¿Qué significa que ∠B sea mayor que ∠A? ¿Qué cualidad tratamos de medir en un ángulo cuando medimos su magnitud? Después de reflexionar un poco, llegaremos a la conclusión de que cuando medimos un ángulo tratamos de responder la siguiente pregunta: ¿Qué parte de la rotación total ha recorrido el lado terminal? *Cuanto más haya girado el lado terminal, mayor será el ángulo.*

6.1 Medición de ángulos y dos triángulos especiales 377

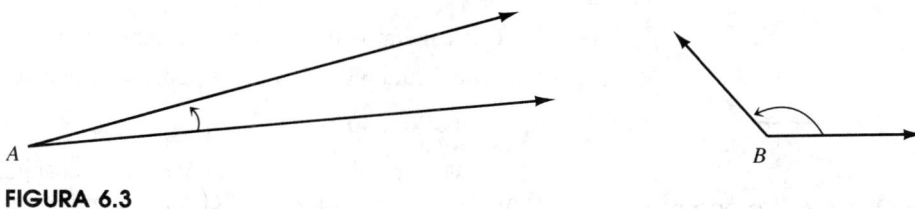

FIGURA 6.3

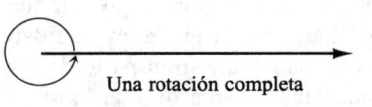

Una rotación completa

FIGURA 6.4

Cuando medimos un ángulo, tratamos de asignarle un número que indique la magnitud de éste. Cuanto mayor sea el ángulo (es decir, cuanto más haya de una rotación completa), el número deberá ser mayor. Si pensamos en el ángulo de la figura 6.4 como una rotación completa, podríamos asignarle el número 1.

Así podemos obtener de forma "natural" los ángulos y sus asignaciones numéricas que se muestran en la figura 6.5.

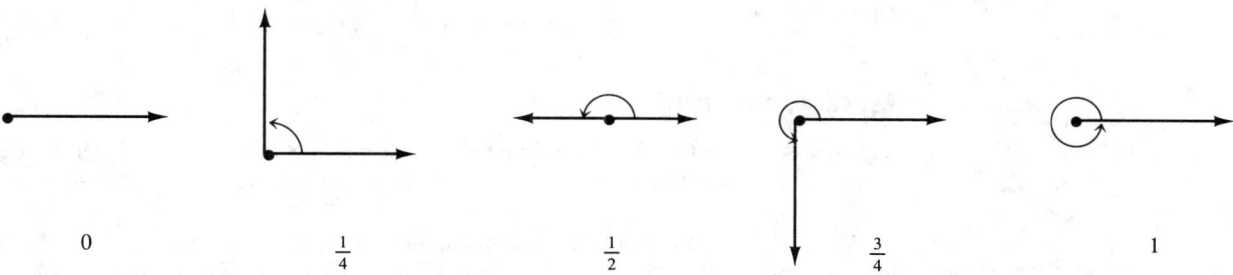

FIGURA 6.5 Posibles asignaciones numéricas para distintos ángulos

Sin embargo, éstos no son los números que la mayoría de nosotros estamos acostumbrados a utilizar cuando medimos los ángulos. Estamos familiarizados con el empleo de medidas en *grados* para describir el tamaño de un ángulo.

La utilización de las medidas en grados simplemente significa que en lugar de asignarle el número 1 a una rotación completa, le asignamos 360; es decir, dividimos una rotación completa en 360 partes iguales. Por lo tanto, un grado (que se escribe 1°) es $\frac{1}{360}$ de una rotación completa.

Podemos regresar ahora a dibujar la figura 6.5 e incluir las medidas en grados de los distintos ángulos. (Véase la figura 6.6.)

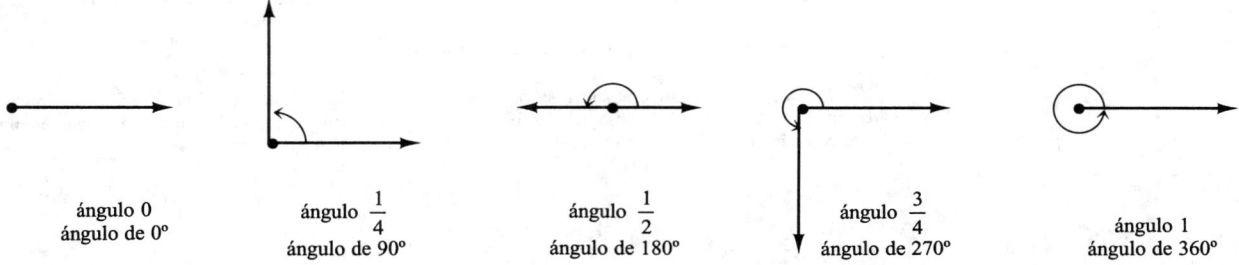

FIGURA 6.6 Posibles asignaciones numéricas para distintos ángulos

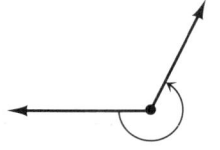

FIGURA 6.7 Un ángulo de $\frac{2}{3}$ de una rotación completa, que equivale a 240°

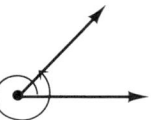

FIGURA 6.8 Un ángulo de 400°

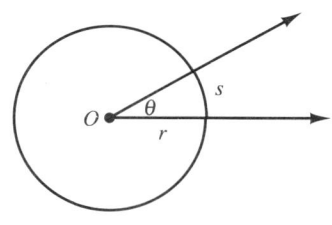

FIGURA 6.9

De manera análoga, podemos dibujar un ángulo de $\frac{2}{3}$ de una rotación completa. Véase la figura 6.7. Fácilmente podemos calcular que la medida en grados de este ángulo es $\frac{2}{3}(360°) = 240°$.

Observe que no existe razón por la cual el ángulo no pueda ser mayor que una rotación completa; es decir, mayor de 360°. Por ejemplo, un ángulo de 400° se vería como el que se presenta en la figura 6.8.

Hay que recordar que la división de una rotación completa en 360 partes iguales es totalmente arbitraria. En teoría, pudimos de igual manera haber dividido una rotación completa en 500 partes iguales (en cuyo caso cada parte sería más pequeña que 1°).*

Conforme avancemos en nuestro estudio de la trigonometría, veremos que aunque la medición en grados tiene la ventaja de que nos es familiar, existen una gran cantidad de razones por las cuales la medición en grados no es adecuada para gran parte de las tareas matemáticas y científicas. Podremos hablar un poco más acerca de esta "insuficiencia" después de introducir un procedimiento distinto para asignarles números a los ángulos con el fin de indicar su tamaño. Esto nos llevará a una unidad alternativa para medir los ángulos, que se acercan mucho más a las unidades "naturales" que vimos en la figura 6.5.

Medición en radianes

Consideremos un ángulo θ y dibujemos un círculo de radio r con el vértice de θ en su centro O. Sea s la *longitud* del arco del círculo interceptado por $\angle \theta$. Véase la figura 6.9.

La geometría básica nos dice que el ángulo central θ es la misma parte fraccionaria de una rotación completa como s lo es de la circunferencia del círculo. Por ejemplo, si θ es $\frac{1}{4}$ de una rotación completa, entonces s será $\frac{1}{4}$ de la circunferencia. (Hay que recordar que la fórmula para la circunferencia C de un círculo es $C = 2\pi r$.)

En otras palabras, podemos establecer la siguiente proporción:

$$\frac{\theta}{(1 \text{ rotación completa})} = \frac{s}{(\text{circunferencia del círculo})} = \frac{s}{2\pi r}$$

Si utilizamos esta razón de $\frac{s}{2\pi r}$ para medir θ, obtenemos exactamente el número que vimos en la figura 6.5. Sin embargo, por motivos que serán obvios conforme avancemos, modificamos esta razón al multiplicarla por 2π. Observe que esto no altera el hecho de que la razón sigue reflejando el tamaño del ángulo. Así, a esta razón se le llama medida de un ángulo en **radianes**.

DEFINICIÓN La medida en **radianes** de un ángulo θ está definida como $\theta = \frac{s}{r}$, donde θ, s y r están descritas en la figura 6.9.

---

* Han habido varias sugerencias históricas de la razón por la que una rotación completa se divide en 360 partes iguales. Lo más probable es que a los babilonios, que utilizaban un sistema numérico basado en el número 60, les convino emplear 360 partes iguales en una rotación completa.

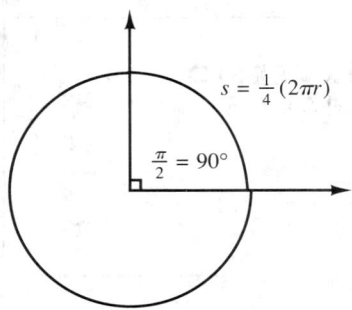

FIGURA 6.10 Un ángulo de $90° = \frac{\pi}{2}$ radianes

De este modo, un ángulo de 90°, que es $\frac{1}{4}$ de una rotación completa, subtiende (corta) un arco s que es $\frac{1}{4}$ de la circunferencia del círculo. Véase la figura 6.10. Por lo tanto, tenemos $s = \frac{1}{4}(2\pi r) = \frac{\pi r}{2}$. La medida en radianes de θ es entonces

$$\theta = \frac{s}{r} = \frac{\frac{\pi r}{2}}{r} = \frac{\pi r}{2} \cdot \frac{1}{r} = \frac{\pi}{2}$$

Observe que este resultado es independiente de r.

En consecuencia, $90° = \frac{\pi}{2}$ radianes; si multiplicamos este resultado por 2, nos da

$$\boxed{180° = \pi \text{ radianes}}$$

Hay que aclarar varios puntos importantes. Primero, hay que tener en mente que no estamos diciendo que los números 180 y π sean iguales, al igual que el hecho de que 36 pulgadas son iguales a 3 pies no significa que los números 3 y 36 sean iguales. Como número, π es aproximadamente igual a 3.14 (hay que recordar que π es irracional). Lo que estamos diciendo es que un ángulo que mide π radianes es del mismo tamaño que un ángulo que mide 180°, de la misma manera en que podríamos decir que una mesa que mide 2 metros de largo tiene la misma longitud que una mesa que mide 6.56 pies. Si utilizamos una medición en grados, una rotación completa es igual a 360°; si utilizamos la medición en radianes, una rotación completa es de 2π radianes.

Segundo, es importante reconocer que la medida en radianes de un ángulo es un *número real* que no va acompañado de unidades. En la definición $\theta = \frac{s}{r}$, tanto s como r deben ser medidos en las mismas unidades de longitud. Por ejemplo, si $s = 6$ cm y $r = 3$ cm, entonces $\theta = \frac{6 \text{ cm}}{3 \text{ cm}} = 2$. El número 2 no tiene unidades. *Así, un ángulo de 2 (radianes) significa un ángulo que subtiende un arco que es dos veces la longitud del radio.* Véase la figura 6.11.

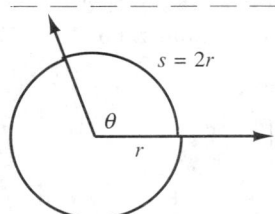

FIGURA 6.11 θ es un ángulo de 2 (radianes).

Tercero, si θ es un ángulo que subtiende un arco cuya longitud es la misma que el radio; es decir, $s = r$, entonces según la definición,

$$\theta = \frac{s}{r} = \frac{r}{r} = 1$$

Así, un ángulo de 1 radián es un ángulo central que subtiende un arco igual a la longitud del radio. Véase la figura 6.12. De hecho, ésta es una forma alterna de definir la medición de un ángulo en radianes; es decir, podemos definir un ángulo de 1 radián como el ángulo central que subtiende un arco igual a la longitud del radio.

Al igual que en la mayoría de los problemas de conversión de una unidad de medición a otra, al convertir de radianes a grados o viceversa, podemos utilizar una proporción para llevar a cabo dicha conversión.

La proporción que podemos utilizar es la siguiente.

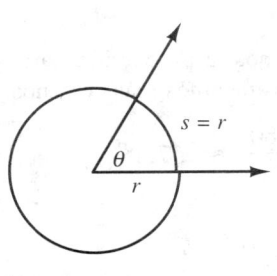

FIGURA 6.12 Un ángulo de 1 radián

FÓRMULA PARA LA CONVERSIÓN ENTRE RADIANES Y GRADOS

$$\frac{(\theta \text{ en grados})}{180°} = \frac{(\theta \text{ en radianes})}{\pi}$$

EJEMPLO 1 Convertir cada una de las siguientes medidas en radianes a grados.

(a) $\dfrac{\pi}{6}$ (b) $\dfrac{\pi}{4}$ (c) $\dfrac{\pi}{3}$ (d) $-\dfrac{3\pi}{5}$ (e) 1

Solución Podemos utilizar la proporción dada en el cuadro anterior para hacer las conversiones. Sea θ la medida en grados de cada uno de los ángulos dados.

(a) $\dfrac{\theta}{180°} = \dfrac{\frac{\pi}{6}}{\pi}$

$\dfrac{\theta}{180°} = \dfrac{\pi}{6} \cdot \dfrac{1}{\pi} = \dfrac{1}{6}$ *Multiplicamos ambos lados de la ecuación por* 180.

$\theta = \dfrac{1}{6} \cdot 180° = \boxed{30°}$

Al convertir la medida en radianes de un ángulo dado en términos de π, en vez de utilizar la proporción ya dada, podemos simplemente sustituir π por 180°. En otras palabras,

$$\frac{\pi}{6} = \frac{180°}{6} = \boxed{30°}$$

(b) $\dfrac{\pi}{4} = \dfrac{180°}{4} = \boxed{45°}$

(c) $\dfrac{\pi}{3} = \dfrac{180°}{3} = \boxed{60°}$

(d) $-\dfrac{3\pi}{5} = -\dfrac{3(180°)}{5} = \boxed{-108°}$

(e) Como 1 radián no está en términos de π, utilizamos la proporción para hacer la conversión. Redondearemos nuestra respuesta a los décimos más cercanos.

$$\frac{\theta}{180} = \frac{1}{\pi} \Rightarrow \theta = \frac{180}{\pi} \approx \frac{180}{3.14} \approx 57.3°$$

Así, 1 radián es aproximadamente 57°. ∎

EJEMPLO 2 Convertir en radianes.   (a) 90°   (b) 270°

Solución

(a) Sea θ la medida en radianes de 90°. Utilizando la proporción de conversión, obtenemos:

$$\frac{\theta}{\pi} = \frac{90°}{180°} = \frac{1}{2} \Rightarrow \theta = \boxed{\frac{\pi}{2}}$$

(b) En vez de utilizar la proporción de la conversión, observemos que $270° = 3(90°)$. En la parte (a) determinamos que $90° = \frac{\pi}{2}$, y por lo tanto tenemos que $270° = \boxed{\frac{3\pi}{2}}$ ∎

De hecho, con frecuencia trabajaremos con ángulos que son múltiplos de 30°, 45°, 60° y 90°. Si conocemos las medidas en radianes de estos ángulos, obtendremos con facilidad la medida en radianes de sus múltiplos.

Habiendo completado los ejemplos 1 y 2, observemos que la proporción de la conversión utilizada es equivalente a usar los siguientes factores de conversión.

Por ejemplo, para determinar la medida en radianes de 135°, reconocemos que $135° = 3(45°)$. Conociendo que $45° = \frac{\pi}{4}$, obtenemos $135° = \frac{3\pi}{4}$.

Para convertir de radianes a grados, multiplicar la medida en radianes por $\frac{180°}{\pi}$.

Para convertir de grados a radianes, multiplicamos la medida en grados por $\frac{\pi}{180°}$.

Hemos mencionado antes que la medida en radianes es simplemente otra unidad de medición que se aplica a los ángulos. Si bien, en principio somos libres de escoger cualquier unidad de medición que deseemos, la unidad de medición que seleccionemos deberá ser la adecuada para lo que vamos a medir. Por ejemplo, si estamos midiendo la longitud de una mesa, podríamos decirle a alguien que la mesa mide 36 pulgadas de largo, 3 pies o bien, una yarda. La mesa siempre tiene la misma longitud; simplemente estamos cambiando la unidad de longitud que empleamos para describirla. También podríamos decirle a alguien que esta misma mesa mide 0.0005682 millas, y aunque esto puede ser exacto, no es precisamente adecuado medir la longitud de una mesa en millas; no nos da una idea clara de lo larga que es.

Cuando lleguemos a las gráficas de las funciones trigonométricas, veremos que en realidad no tiene sentido medir los ángulos en grados y que la medición en radianes es más adecuada.

Longitud del arco y área

A la porción sombreada de la figura 6.13 se le llama un **sector**. De la definición de medida en radianes de un ángulo θ, tenemos

$$\theta = s/r \quad \text{Despejamos } s.$$
$$r\theta = s$$

Así, tenemos lo siguiente.

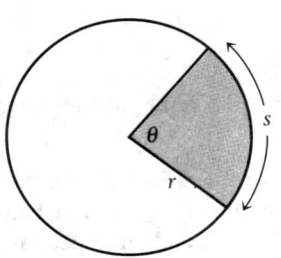

FIGURA 6.13 Un sector de un círculo

LONGITUD DE ARCO DE UN SECTOR

$s = r\theta \quad$ donde θ es la medida en radianes

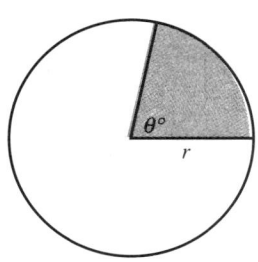

FIGURA 6.14

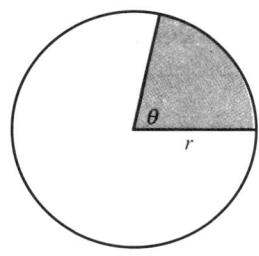

FIGURA 6.15

El uso de la medida en radianes simplifica con frecuencia fórmulas en la geometría.

EJEMPLO 3 Deducir fórmulas para el área de un sector con ángulo central θ y radio r.

(a) Para el caso donde θ está medido en grados

(b) Para el caso donde θ está medido en radianes

Solución Nos referiremos a la figura 6.13. Sabemos que el área de todo el círculo es πr^2. Para determinar el área del sector necesitamos saber la fracción que tenemos de todo el círculo. Después multiplicamos el área de todo el círculo por esta fracción.

(a) Escribimos $\theta°$ para indicar que el ángulo central está medido en grados. Véase la figura 6.14. Puesto que todo el ángulo central de un círculo es 360°, el sector es $\dfrac{\theta°}{360°}$ de todo el círculo. Por lo tanto, el área del sector es $A = \dfrac{\theta°}{360°}\pi r^2$.

(b) En el caso en que θ se mida en radianes, todo el ángulo central es 2π radianes, y por lo tanto el sector es $\dfrac{\theta}{2\pi}$ de todo el círculo. Véase la figura 6.15. Por lo tanto, el área del sector es $A = \dfrac{\theta}{2\pi}\pi r^2 = \dfrac{1}{2}r^2\theta$. ∎

Así pues, hemos deducido la siguiente fórmula.

ÁREA DE UN SECTOR

$$A = \dfrac{1}{2}r^2\theta \quad \text{donde } \theta \text{ está medido en radianes}$$

Observe que la fórmula para el área de un sector es más simple cuando el ángulo central se mide en radianes.

De aquí en adelante, cada vez que se dé la medida de un ángulo, se asumirá que es una medida en radianes, a menos que se indique otra cosa.

Dos triángulos especiales

Durante el análisis de la siguiente sección, necesitaremos información acerca de dos triángulos especiales. Ellos son el **triángulo rectángulo isósceles** y el **triángulo rectángulo de 30° y 60°**.

El triángulo rectángulo isósceles La figura 6.16 muestra un triángulo rectángulo isósceles. Observe que como los catetos son iguales, los ángulos de la base deben ser iguales, y puesto que los ángulos de la base tienen que sumar 90°, cada uno debe medir 45°. Hemos nombrado a los catetos s y a la hipotenusa x. Despejamos x, aplicando el teorema de Pitágoras.

$$x^2 = s^2 + s^2 \Rightarrow x^2 = 2s^2 \Rightarrow x = \pm s\sqrt{2}$$

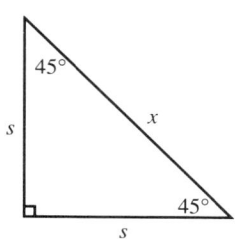

FIGURA 6.16 Un triángulo rectángulo isósceles

Como x es una longitud, rechazamos la solución negativa, y por lo tanto $x = s\sqrt{2}$. Acabamos de deducir lo siguiente.

EL TRIÁNGULO RECTÁNGULO ISÓSCELES (45°)

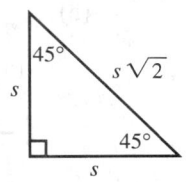

En palabras, el diagrama dice que en un triángulo rectángulo de 45°, los catetos son iguales y la hipotenusa es $\sqrt{2}$ veces la longitud del cateto.

El triángulo rectángulo 30°-60° La figura 6.17(a) muestra un triángulo rectángulo 30°-60°. Hemos etiquetado la hipotenusa h. Si duplicamos el triángulo como lo indica la línea punteada de la figura 6.17(b), podemos ver que el $\triangle ABD$ es equilátero (ya que cada ángulo mide 60°), así que $\left|\overline{AD}\right|$ también es h y $\left|\overline{AC}\right|$ debe ser $\dfrac{h}{2}$.

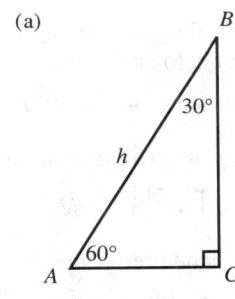
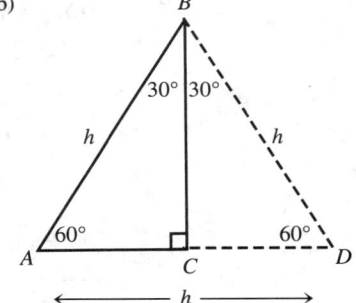

FIGURA 6.17

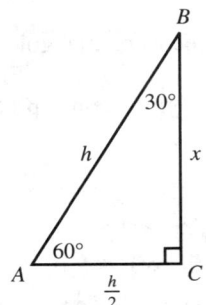

FIGURA 6.18

En la figura 6.18, volvimos a dibujar la figura 6.17. Hemos nombrado a la hipotenusa h, $\left|\overline{AC}\right|$ es $\dfrac{h}{2}$, y el lado desconocido $\left|\overline{BC}\right|$ como x. Determinamos x utilizando nuevamente el teorema de Pitágoras. $x^2 + \left(\dfrac{h}{2}\right)^2 = h^2 \Rightarrow x^2 = \dfrac{3h^2}{4} \Rightarrow x = \pm\dfrac{h}{2}\sqrt{3}$. Como antes, rechazamos la solución negativa, de modo que $x = \dfrac{h}{2}\sqrt{3}$. Por lo tanto, hemos deducido lo siguiente.

¿Por qué el nombre de "triángulo rectángulo de 30°-60°" es realmente redundante?

EL TRIÁNGULO RECTÁNGULO DE 30° – 60°

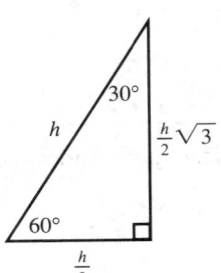

En palabras, el diagrama dice que en un triángulo rectángulo 30°– 60°, el lado opuesto al ángulo de 30° es la mitad de la hipotenusa, y el lado opuesto al ángulo de 60° mide la mitad de la hipotenusa multiplicado por $\sqrt{3}$.

EJEMPLO 4 Determinar los lados y ángulos faltantes en cada uno de los siguientes triángulos.

(a)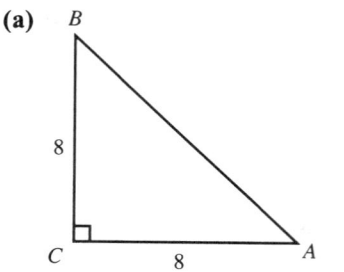

(b)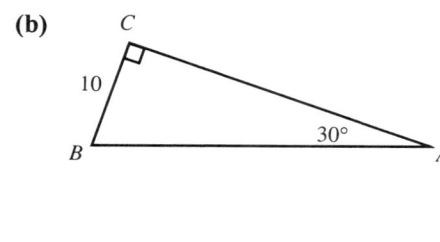

Solución

(a) Puesto que el triángulo es un triángulo rectángulo isósceles, $\angle A = \angle B = 45°$. Puesto que la hipotenusa de un triángulo rectángulo de 45° es $\sqrt{2}$ veces el cateto, $\left|\overline{AB}\right| = 8\sqrt{2}$.

(b) A partir del diagrama, podemos ver que $\angle B$ debe ser de 60°. Puesto que se trata de un triángulo rectángulo de 30°- 60°, el lado opuesto al ángulo de 30° es igual a la mitad de la hipotenusa. Por lo tanto, $\left|\overline{BC}\right| = 10 = \frac{1}{2}\left|\overline{AB}\right|$, y por lo tanto $\left|\overline{AB}\right| = 20$. $\left|\overline{AC}\right|$ es el lado opuesto a 60° y es, por lo tanto, la mitad de la hipotenusa multiplicado por $\sqrt{3}$, y así $\left|\overline{AC}\right| = 10\sqrt{3}$. ∎

En muchos casos, cuando tengamos que referirnos a alguno de estos triángulos especiales, podremos elegir el triángulo particular con el que estamos trabajando. En estos casos, por lo general, escogemos uno de los siguientes dos triángulos como prototipos para los dos triángulos especiales.

En palabras, describa la relación entre los diferentes lados de un triángulo rectángulo isósceles.

En palabras, describa la relación entre los diferentes lados de un triángulo rectángulo de 30°-60°.

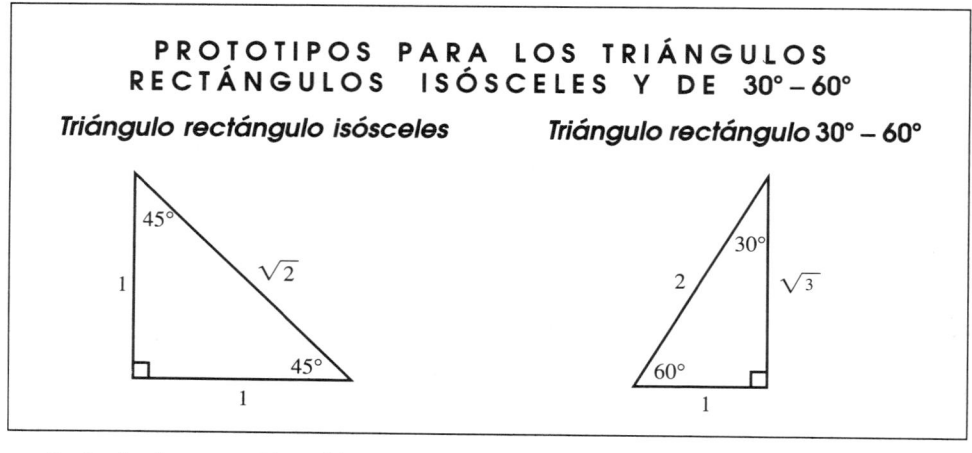

En la siguiente sección utilizaremos las ideas aquí presentadas cuando escribamos las funciones trigonométricas.

EJERCICIOS 6.1

En los ejercicios 1-16, convierta el ángulo dado de radianes a grados.

1. $\dfrac{\pi}{6}$
2. $\dfrac{\pi}{4}$
3. $\dfrac{\pi}{3}$
4. $\dfrac{\pi}{2}$
5. $-\dfrac{5\pi}{2}$
6. $-\dfrac{4\pi}{3}$
7. $\dfrac{11\pi}{6}$
8. $\dfrac{7\pi}{4}$
9. $\dfrac{3\pi}{2}$
10. $-\dfrac{2\pi}{5}$
11. 3
12. 5
13. -2
14. -2π
15. $-\dfrac{\pi}{12}$
16. $\dfrac{\pi}{18}$

En los ejercicios 17-26, convierta el ángulo dado de grados a radianes.

17. 150°
18. 315°
19. $-120°$
20. $-270°$
21. 18°
22. 100°
23. $-40°$
24. 225°
25. 210°
26. 330°

En los ejercicios 27-28, determine la longitud de arco s y el área A del sector dado.

27.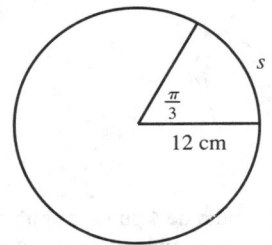
12 cm

28.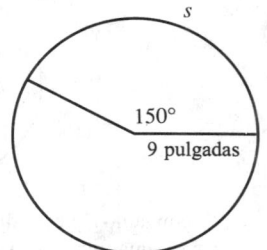
9 pulgadas

29. Determine el radio de un sector con un ángulo central de $\dfrac{\pi}{6}$ y una longitud de arco de π cm.
30. Determine el ángulo central θ de un sector con un radio de 20 pulgadas y una longitud de arco de 4π pulgadas.
31. Determine el ángulo central θ de un sector con radio de 8 cm y un área de 32π centímetros cuadrados.
32. Determine el radio de un sector con un ángulo central de 45° y un área de 25π pies cuadrados.
33. Determine el área A de un sector si su ángulo central es de 120° y su longitud de arco es de 24π metros.
34. Determine la longitud de arco s de un sector si su ángulo central es $\dfrac{\pi}{9}$ y su área es de 48π metros cuadrados.
35. Determine el ángulo central (redondeado a los décimos más cercanos) de un sector con un radio de 4.3 pulgadas y una longitud de arco de 9.5 pulgadas.
36. Determine el radio (redondeado a los centésimos más cercanos) de un sector con un ángulo central de $\dfrac{\pi}{7}$ y un área de 20 centímetros cuadrados.
37. Una rueda de motor gira 700 vueltas por minuto. En un minuto, ¿cuántos radianes gira la rueda? En un minuto, ¿cuántos grados gira la rueda?
38. Por lo general, la velocidad con la cual un objeto gira se mide en *revoluciones por minuto (rpm)*. Convierta las siguientes velocidades de rpm a radianes por minuto.
    (a) 30 rpm   (b) 10 000 rpm   (c) 1 rpm
39. Convierta cada una de las siguientes velocidades de rotación a rpm.
    (a) 180° por segundo   (b) 180° por día
40. Convierta las siguientes velocidades de rotación a rpm.
    (a) $\dfrac{\pi}{4}$ radianes por segundo   (b) 90π radianes por día
41. Una rueda de bicicleta tiene un radio de 1 pie. Si la rueda está rotando a una velocidad de 150 rpm, ¿cuál es la distancia aproximada que recorre la rueda en una hora?
42. Considere un punto P en la orilla de una rueda que tiene un diámetro de 20 pulgadas. Si la rueda da 60 revoluciones, ¿cuál es la distancia que recorre el punto P?
43. Un péndulo de 4 pies se balancea de un lado a otro recorriendo un arco de 2 pies. Determine el número de grados que recorre el péndulo en un balanceo. (Véase la siguiente figura.)

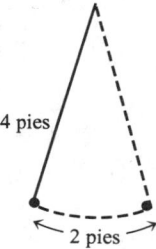

44. Las ruedas de un automóvil giran a una velocidad de $\dfrac{100}{\pi}$ revoluciones por segundo cuando éste camina a 80 pies/segundo. ¿Cuál es el diámetro de la rueda?

45. Una polea con un diámetro de 10 pulgadas, como la que se ilustra en la figura siguiente, se utiliza para levantar un peso.

¿Qué distancia recorre el peso si la polea rota $\dfrac{5\pi}{2}$ radianes?

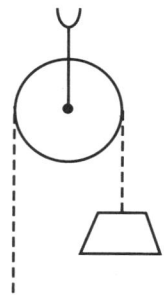

46. Si la polea del ejercicio 45 gira a una velocidad de $\dfrac{\pi}{3}$ radianes/segundo, ¿a qué velocidad se mueve el peso?

En los ejercicios 47-54, determine todos los lados y ángulos que no se dan en la figura.

47.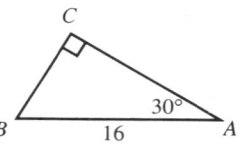

48.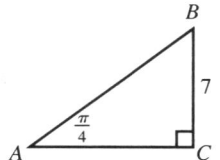

49.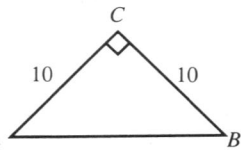

50.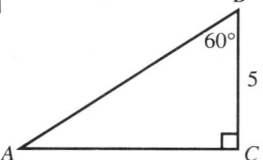

51.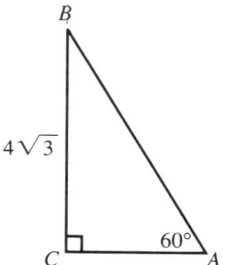

52.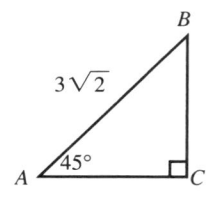

53.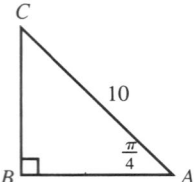

54.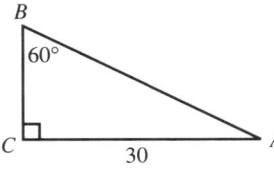

PREGUNTAS PARA REFLEXIONAR

55. Dé dos definiciones para la medición en radianes de un ángulo.

56. Analice la diferencia entre la medición en grados y la medición en radianes.

57. Convierta la fórmula dada para la longitud del arco de un sector cuando θ se da en radianes a una fórmula donde θ se da en grados.

58. Verifique que si un ángulo θ de un sector es igual a 2π, entonces la longitud del arco es toda la circunferencia del círculo.

59. Describa un ángulo de 5 radianes.

60. Si un punto P está rotando alrededor de algún punto central, la velocidad a la cual cambia el ángulo θ se llama *velocidad angular*, mientras que la velocidad con la cual cambia la distancia d se llama *velocidad lineal*. Véase la figura siguiente.

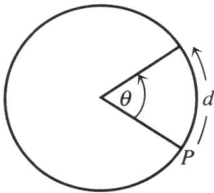

Supongamos que un disco con un radio de 4 pulgadas gira a 45 rpm y que una mosca que se encuentra sobre el disco también está rotando. Determine la velocidad angular y la velocidad lineal de una mosca que se encuentra en los siguientes lugares del disco:

(a) a 1 pulgada del centro
(b) a 3 pulgadas del centro

6.2 Las funciones trigonométricas de un ángulo general

En el estudio que se presenta a continuación, veremos todos los ángulos en el contexto de un sistema cartesiano de coordenadas; es decir, que cuando se da un ángulo θ, comenzamos poniendo a θ en una **posición canónica**, lo cual significa que el vértice de θ se encuentra en el origen y el lado inicial de θ se coloca a lo largo del eje x. Por supuesto, el lugar en el que se encuentre el lado terminal de θ dependerá del tamaño de θ. En la figura 6.19, se presenta un típico ángulo positivo θ en posición canónica. En este caso, el lado terminal se encuentra en el segundo cuadrante.

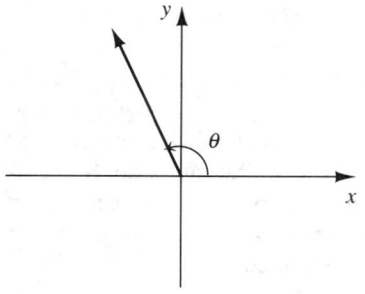

FIGURA 6.19 Típico ángulo positivo en posición canónica.

A continuación, ubique un punto P (diferente al origen) en el lado terminal de q e identifique sus coordenadas (x, y) y su distancia hasta el origen, la cual llamaremos r. Véase la figura 6.20. Recuerde que r es la distancia entre (x, y) y el origen, por lo que r debe ser positivo.

Con θ en posición canónica, ahora definiremos las tres primeras funciones trigonométricas de θ. (Más adelante en esta sección, definiremos las otras tres funciones.)

DEFINICIÓN

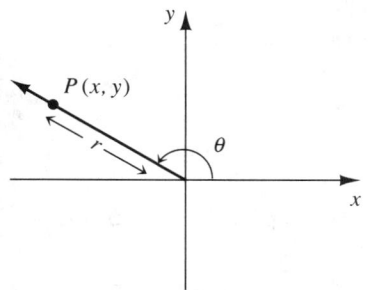

FIGURA 6.20 $P(x, y)$ es un punto (distinto del origen) en el lado terminal y r es la distancia entre P y el origen.

Nombre de la función	Abreviatura	Definición
seno θ	sen θ	sen $\theta = \dfrac{y}{r}$
coseno θ	cos θ	cos $\theta = \dfrac{x}{r}$
tangente θ	tan θ	tan $\theta = \dfrac{y}{x}$

Al igual que en el caso de la función logarítmica, las funciones trigonométricas a menudo se escriben sin paréntesis alrededor del *argumento* de la función. En otras palabras,

$$\text{sen } \theta \text{ significa lo mismo que sen}(\theta)$$

Se pueden hacer afirmaciones similares para todas las funciones trigonométricas. Del mismo modo en que antes escribimos funciones como $f(x) = x^2 - 3x + 5$, podemos escribir ahora funciones como $f(\theta) = \text{sen } \theta$ y $g(\theta) = \cos \theta$.

EJEMPLO 1 Determinar sen $\dfrac{\pi}{6}$, cos $\dfrac{\pi}{6}$ y tan $\dfrac{\pi}{6}$.

Solución Seguiremos el procedimiento que describimos al principio de esta sección en el caso específico de $\theta = \dfrac{\pi}{6}$. Puesto que estamos más familiarizados con la medida en grados, podemos comenzar por convertir $\dfrac{\pi}{6}$ a una medida en grados.

$$\dfrac{\pi}{6} = 30°$$

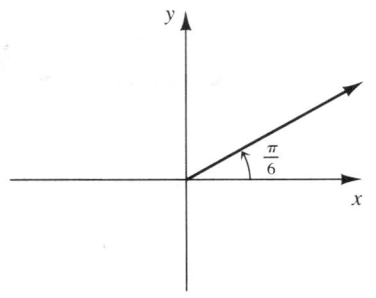

FIGURA 6.21 Ángulo $\frac{\pi}{6} = 30°$ en posición canónica

El primer paso es poner el ángulo de 30° en una posición canónica, como se muestra en la figura 6.21.

Después, tenemos que localizar un punto en el lado terminal de θ. Puesto que θ es de 30°, el lado terminal queda en el primer cuadrante. En general, no hay ningún método para determinar un punto en una línea si sólo se conoce el ángulo que forma con el eje x; sin embargo, como se trata de un ángulo de 30°, sí podemos encontrar tal punto. Si recordamos el triángulo rectángulo de 30°-60° de la sección anterior, podemos seleccionar un punto P en el lado terminal de θ que esté a 2 unidades del origen, y construimos una perpendicular desde este punto hasta el eje x. Véase la figura 6.22.

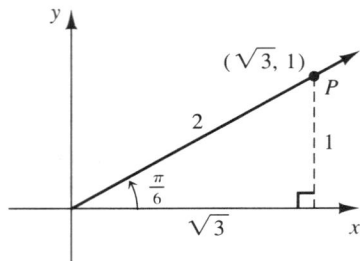

FIGURA 6.22 Diagrama para un ángulo de $\frac{\pi}{6} = 30°$ en posición canónica

A partir del triángulo que hemos formado, podemos identificar las coordenadas de P como $(\sqrt{3}, 1)$ y $r = 2$. Por lo tanto, al calcular el seno, el coseno y la tangente de $\frac{\pi}{6}$, emplearemos $x = \sqrt{3}$, $y = 1$ y $r = 2$. En consecuencia, tenemos

$\operatorname{sen} \frac{\pi}{6} = \frac{y}{r} = \boxed{\frac{1}{2}}$ *Recuerde que* $\operatorname{sen} \frac{\pi}{6}$ *significa* $\operatorname{sen}\left(\frac{\pi}{6}\right)$. *Ésta es la notación de función.*

$\cos \frac{\pi}{6} = \frac{x}{r} = \boxed{\frac{\sqrt{3}}{2}}$

$\tan \frac{\pi}{6} = \frac{y}{x} = \boxed{\frac{1}{\sqrt{3}} = \frac{\sqrt{3}}{3}}$ *Las dos formas de la respuesta son aceptables. Comentaremos sobre racionalización de los denominadores, más adelante en esta sección.*

Observe que el triángulo que formamos sólo fue una ayuda para encontrar las coordenadas de un punto en el lado terminal. ∎

En este punto, se podrá preguntar acerca de las definiciones de las funciones de seno, coseno y tangente. Supuestamente hemos definido el seno, coseno y tangente "de un ángulo θ"; sin embargo, nuestra definición parece depender del punto que hemos seleccionado en el lado terminal de θ. Si en realidad hemos definido una función de θ, entonces el valor de la función debe ser independiente del punto que seleccionamos en el lado terminal; de lo contrario, la definición es ambigua.

Así, en el ejemplo 1, supongamos que hubiésemos decidido que el punto P estuviera a 8 unidades del origen en lugar de 2. Entonces nuestro diagrama hubiera sido como se

6.2 Las funciones trigonométricas de un ángulo general

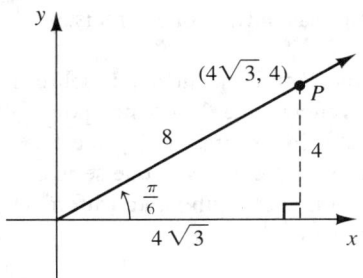

FIGURA 6.23 Un diagrama alternativo para $\frac{\pi}{6}$

muestra en la figura 6.23. Obtendríamos sen $\frac{\pi}{6} = \frac{y}{r} = \frac{4}{8} = \frac{1}{2}$, que es la misma respuesta obtenida antes; sucede algo similar para el coseno y la tangente.

De hecho, una breve reflexión nos convencerá de que para cualesquiera dos puntos $P_1(x_1, y_1)$ y $P_2(x_2, y_2)$ seleccionados en el lado terminal de θ, los triángulos formados serán semejantes, y por lo tanto, sus lados correspondientes serán proporcionales. Por lo tanto, aunque los valores de x, y y r puedan ser distintos, las *razones*; es decir, el seno, coseno y tangente, seguirán siendo los mismos.

EJEMPLO 2 Determinar sen $\frac{4\pi}{3}$, cos $\frac{4\pi}{3}$ y tan $\frac{4\pi}{3}$.

Solución Seguiremos el mismo procedimiento que en el ejemplo anterior. De nuevo, podemos convertir primero $\frac{4\pi}{3}$ en una medida en grados.

$$\frac{4\pi}{3} = 4\left(\frac{\pi}{3}\right) = 4(60°) = 240°$$

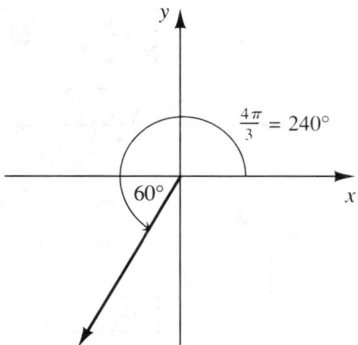

FIGURA 6.24 Un ángulo de 240° en posición canónica con un ángulo de referencia de 60°

Colocamos un ángulo de $\frac{4\pi}{3}$ en posición canónica, como se muestra en la figura 6.24. Después tenemos que localizar un punto en el lado terminal de θ. Observemos que como θ es de 240°, el lado terminal queda en el tercer cuadrante y el ángulo agudo formado por el lado terminal y el eje x negativo es de 240° − 180° = 60°. Este ángulo de 60° es el *ángulo de referencia*. Véase la figura 6.24. (Daremos una definición precisa del ángulo de referencia después de completar este ejemplo.)

El hecho de que el ángulo de referencia sea de 60°, nos permite utilizar la información que hemos obtenido acerca del triángulo rectángulo de 30°-60°, de la siguiente manera. Recordando el típico triángulo rectángulo de 30°-60°, podemos seleccionar un punto P en el lado terminal de θ que se encuentre a 2 unidades del origen, y construimos una perpendicular desde este punto hasta el eje x. Al triángulo formado de esta manera se le llama *triángulo de referencia*. Observe que este triángulo de referencia es un triángulo rectángulo 30°-60° y por eso sabemos que los otros dos lados del triángulo son 1 y $\sqrt{3}$, como se indica en la figura 6.25. Podemos ver que las coordenadas de P son $(-1, -\sqrt{3})$. Por lo tanto, para calcular el seno, el coseno y la tangente de $\frac{4\pi}{3}$, empleamos $x = -1$, $y = -\sqrt{3}$ y $r = 2$. En consecuencia, tenemos

$$\operatorname{sen}\frac{4\pi}{3} = \frac{y}{r} = \boxed{\frac{-\sqrt{3}}{2}}$$

$$\cos\frac{4\pi}{3} = \frac{x}{r} = \boxed{\frac{-1}{2}}$$

$$\tan\frac{4\pi}{3} = \frac{y}{x} = \frac{-\sqrt{3}}{-1} = \boxed{\sqrt{3}}$$

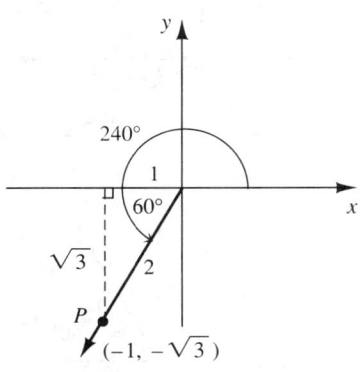

FIGURA 6.25 Un triángulo de referencia para un ángulo de 240°

No hay que perder de vista el hecho de que encontramos el seno, el coseno y la tangente de $\frac{4\pi}{3}$ (o 240°). El ángulo de referencia de 60° simplemente fue una ayuda para identificar x, y y r. ∎

Antes de pasar a ver varios ejemplos más, daremos algunas definiciones precisas.

DEFINICIÓN Sea θ un ángulo en posición canónica cuyo lado terminal no queda sobre el eje x ni sobre el eje y. El **ángulo de referencia** (que denotamos por θ') es el ángulo *agudo positivo* formado por el lado terminal de θ y el eje x.
Un **triángulo de referencia** es un triángulo que tiene a θ' y que se forma mediante la construcción de una perpendicular desde un punto (diferente del origen) en el lado terminal de θ hacia el eje x.

EJEMPLO 3 Dados los siguientes ángulos, dibuje el ángulo en posición canónica e identifique el ángulo de referencia tanto en radianes como en grados.

(a) $\dfrac{3\pi}{4}$ (b) $\dfrac{7\pi}{6}$ (c) $-\dfrac{\pi}{6}$ (d) $\dfrac{\pi}{3}$

Solución

(a) $\dfrac{3\pi}{4} = 3\left(\dfrac{\pi}{4}\right) = 3(45°) = 135°$. Trazamos el ángulo en posición canónica. Para encontrar el ángulo de referencia, calculamos

$\pi - \dfrac{3\pi}{4} = 180° = 135°$; por lo tanto, el ángulo de referencia es $\boxed{\dfrac{\pi}{4} = 45°}$.

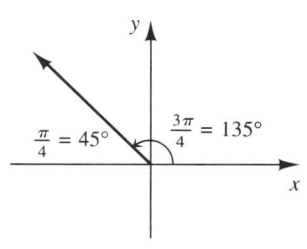

(b) $\dfrac{7\pi}{6} = 7\left(\dfrac{\pi}{6}\right) = 7(30°) = 210°$. Dibujamos el ángulo en posición canónica. Para determinar el ángulo de referencia, calculamos

$\dfrac{7\pi}{6} - \pi = 210° - 180°$; por lo tanto, el ángulo de referencia es $\boxed{\dfrac{\pi}{6} = 30°}$.

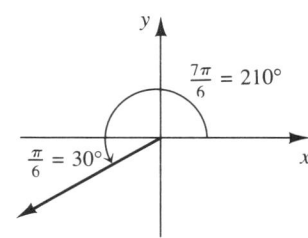

(c) $-\dfrac{\pi}{6} = -\dfrac{180°}{6} = -30°$. Dibujamos el ángulo en posición canónica y podemos ver que el ángulo de referencia es $\boxed{\dfrac{\pi}{6} = 30°}$.

Recuerde que de acuerdo a la definición, el ángulo de referencia debe ser positivo.

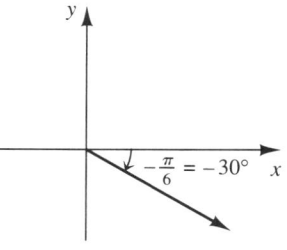

(d) $\dfrac{\pi}{3} = \dfrac{180°}{3} = 60°$. Dibujamos el ángulo en posición canónica y podemos ver que el ángulo de referencia es igual al ángulo mismo, o bien $\boxed{\dfrac{\pi}{3} = 60°}$.

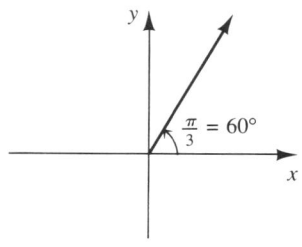

Observe que para todos los ángulos θ del primer cuadrante, el ángulo de referencia θ' es igual a θ.

6.2 Las funciones trigonométricas de un ángulo general

EJEMPLO 4 Determinar el seno, coseno y tangente de $\dfrac{9\pi}{4}$.

Solución Al convertir $\dfrac{9\pi}{4}$ a grados, obtenemos 405°. Al poner un ángulo de 405° en posición canónica obtenemos la figura 6.26. Observe que, como se ha indicado, el ángulo de referencia es $\dfrac{\pi}{4} = 45°$. Hemos elegido un punto en el lado terminal, que está a $\sqrt{2}$ unidades del origen y trazamos los lados del triángulo de referencia según el típico triángulo rectángulo de 45°. Por consiguiente, hemos nombrado al punto P como $(1, 1)$.

Por lo tanto, tenemos que $x = 1$, $y = 1$ y $r = \sqrt{2}$:

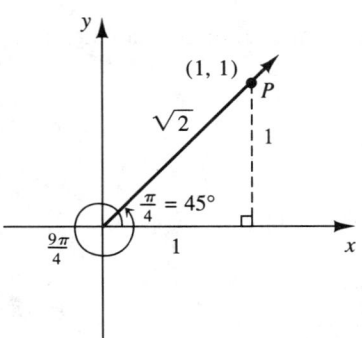

FIGURA 6.26 Un ángulo de $\dfrac{9\pi}{4} = 405°$ en posición canónica

$$\operatorname{sen}\frac{9\pi}{4} = \frac{y}{r} = \boxed{\frac{1}{\sqrt{2}} = \frac{\sqrt{2}}{2}}$$

$$\cos\frac{9\pi}{4} = \frac{x}{r} = \boxed{\frac{1}{\sqrt{2}} = \frac{\sqrt{2}}{2}}$$

$$\tan\frac{9\pi}{4} = \frac{y}{x} = \frac{1}{1} = \boxed{1}$$

Observe que el lado terminal de $\dfrac{9\pi}{4}$ tiene exactamente la misma posición que el lado terminal de $\dfrac{\pi}{4}$. Los ángulos cuyos lados terminales tienen la misma posición se llaman **coterminales**. Puesto que la suma (o resta) de 2π (o 360°) a (o de) cualquier ángulo nos regresa a la misma posición, la suma de cualquier múltiplo entero de 2π a un ángulo nos dará un ángulo coterminal. También es importante hacer notar que como los valores de las funciones trigonométricas se determinan por la posición del lado terminal del ángulo (ya que esto, a su vez, determina la razón), dos ángulos cualesquiera con el mismo lado terminal tendrán los mismos valores trigonométricos. Volveremos a esta idea en repetidas ocasiones en nuestro estudio de las funciones trigonométricas. ∎

Se observará que la definición de un ángulo de referencia excluye a aquellos ángulos cuyos lados terminales se encuentran en el eje x o en el eje y. El siguiente ejemplo explicará por qué.

EJEMPLO 5 Determinar el seno, coseno y tangente de $\dfrac{\pi}{2}$.

Solución Al igual que lo hicimos anteriormente, comenzamos poniendo un ángulo de $\dfrac{\pi}{2}$ (o 90°) en posición canónica, como se muestra en la figura 6.27. Nuestro siguiente paso es ubicar un punto en el lado terminal del ángulo. En los ejemplos anteriores necesitábamos el ángulo de referencia para identificar x, y y r. Sin embargo, en este ejemplo, como el lado terminal de $\dfrac{\pi}{2}$ se encuentra sobre el eje positivo de y, es muy sencillo tomar un punto P sobre el lado terminal e identificar x, y y r. Por ejemplo, podemos ver que el punto $(0, 1)$ está en el lado terminal de $\dfrac{\pi}{2}$.

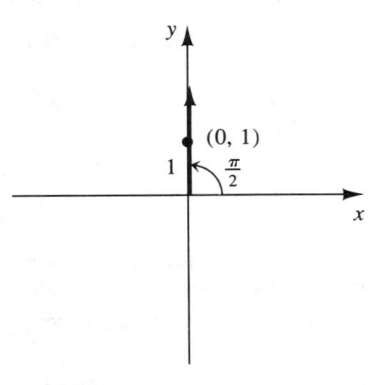

FIGURA 6.27 Un ángulo de $\dfrac{\pi}{2} = 90°$ en posición canónica

Por lo tanto, tenemos $x = 0$ y $y = 1$; r, que es la distancia desde P al origen, también es 1, como se indica en la figura 6.27. Así, tenemos

$$\operatorname{sen} \frac{\pi}{2} = \frac{y}{r} = \frac{1}{1} = \boxed{1}$$

$$\cos \frac{\pi}{2} = \frac{x}{r} = \frac{0}{1} = \boxed{0}$$

$$\tan \frac{\pi}{2} = \frac{y}{x} = \frac{1}{0} \rightarrow \boxed{\text{indefinido}}$$

El hecho de que $\tan \dfrac{\pi}{2}$ sea indefinido es otra manera de decir que $\dfrac{\pi}{2}$ no se encuentra en el dominio de la función tangente. ∎

Observe que no tuvimos necesidad de un triángulo de referencia para identificar x, y y r. De hecho, no había ningún ángulo de referencia. Si seguimos la definición de un triángulo de referencia, construimos una perpendicular desde P sobre el lado terminal de $\dfrac{\pi}{2}$ hasta el eje x. Como esta perpendicular coincide con el lado terminal de $\dfrac{\pi}{2}$, no existe ningún ángulo de referencia (puesto que, de acuerdo a la definición, el ángulo de referencia debe ser agudo); además, la perpendicular *no* formaría ningún triángulo de referencia.

En consecuencia, vemos que un ángulo de referencia se define sólo para un ángulo cuyo lado terminal no queda sobre el eje x o el eje y. La siguiente definición nos será de gran utilidad.

DEFINICIÓN   Un **ángulo de cuadrante** es aquel cuyo lado terminal queda sobre el eje x o el eje y. De manera alterna, podemos decir que un ángulo de cuadrante es aquel que es un múltiplo de $\dfrac{\pi}{2}$ (o 90°).

Así pues, en el ejemplo 5, $\dfrac{\pi}{2}$ es un ángulo de cuadrante.

Es importante que se familiarice mucho con el seno, el coseno y la tangente de todos los ángulos de cuadrante, así como con los múltiplos de $\dfrac{\pi}{6}$, $\dfrac{\pi}{4}$ y $\dfrac{\pi}{3}$. Véanse los ejercicios 73 y 74.

Las funciones recíprocas

Antes de continuar con varios ejemplos más, nos detendremos a definir las otras tres funciones trigonométricas. Se llaman **funciones recíprocas** y se definen como sigue. (Incluimos las tres funciones trigonométricas originales para que el cuadro quede completo.)

6.2 Las funciones trigonométricas de un ángulo general

DEFINICIÓN: LAS FUNCIONES TRIGONOMÉTRICAS

Nombre de la función	Abreviatura	Definición	Funciones recíprocas		
			Nombre de la función	Abreviatura	Definición
seno θ	sen θ	sen $\theta = \dfrac{y}{r}$	cosecante θ	csc θ	csc $\theta = \dfrac{1}{\text{sen } \theta} = \dfrac{r}{y}$
coseno θ	cos θ	cos $\theta = \dfrac{x}{r}$	secante θ	sec θ	sec $\theta = \dfrac{1}{\cos \theta} = \dfrac{r}{x}$
tangente θ	tan θ	tan $\theta = \dfrac{y}{x}$	cotangente θ	cot θ	cot $\theta = \dfrac{1}{\tan \theta} = \dfrac{x}{y}$

EJEMPLO 6 Determinar las seis funciones trigonométricas de cada ángulo.

(a) $\dfrac{7\pi}{4}$ (b) $-180°$ (c) $-\dfrac{5\pi}{6}$

Solución

(a) Un ángulo de $\dfrac{7\pi}{4}$, que equivale a 315°, aparece en la figura 6.28. Hemos dibujado el triángulo de referencia, que contiene el ángulo de referencia de 45°. Si pensamos en el típico triángulo rectángulo de 45°, podemos seleccionar un punto en el lado terminal que esté a $\sqrt{2}$ unidades del origen. Esto nos permite llenar los lados del triángulo de referencia como aparecen en la figura 6.28. Así, para P tenemos $x = 1$ y $y = -1$; $r = \sqrt{2}$. Por lo tanto,

$$\text{sen } \dfrac{7\pi}{4} = \dfrac{y}{r} = \boxed{\dfrac{-1}{\sqrt{2}} = -\dfrac{\sqrt{2}}{2}}$$

$$\cos \dfrac{7\pi}{4} = \dfrac{x}{r} = \boxed{\dfrac{1}{\sqrt{2}} = \dfrac{\sqrt{2}}{2}}$$

$$\tan \dfrac{7\pi}{4} = \dfrac{y}{x} = \dfrac{-1}{1} = \boxed{-1}$$

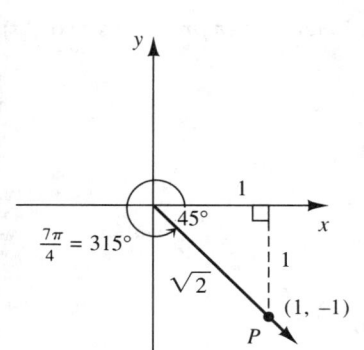

FIGURA 6.28 Un ángulo de $\dfrac{7\pi}{4}$ en posición canónica

Para obtener los valores de las funciones recíprocas, tomamos los recíprocos de los valores que acabamos de obtener.

$$\csc \dfrac{7\pi}{4} \text{ es el recíproco de sen } \dfrac{7\pi}{4}, \text{ y así } \boxed{\csc \dfrac{7\pi}{4} = -\sqrt{2}}$$

$$\sec \dfrac{7\pi}{4} \text{ es el recíproco de cos } \dfrac{7\pi}{4}, \text{ y así } \boxed{\sec \dfrac{7\pi}{4} = \sqrt{2}}$$

$\cot \dfrac{7\pi}{4}$ es el recíproco de $\tan \dfrac{7\pi}{4}$, y así $\boxed{\cot \dfrac{7\pi}{4} = -1}$ *

(b) La colocación de $-180°$ en posición canónica nos da la figura 6.29. Observe que como se trata de un ángulo negativo, la rotación va en el sentido de las manecillas del reloj. Podemos identificar con facilidad que el punto $P(-1, 0)$ se encuentra sobre el lado terminal; puesto que este punto se encuentra a 1 unidad del origen, tenemos que $x = -1$, $y = 0$ y $r = 1$.

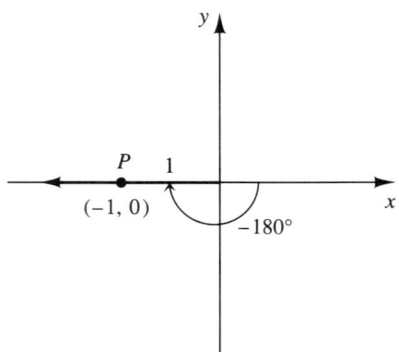

FIGURA 6.29 Un ángulo de $-180°$ en posición canónica

Recuerde que r es la distancia de P al origen y, por lo tanto, *siempre* es positivo. Así pues

$$\operatorname{sen}(-180°) = \dfrac{y}{r} = \dfrac{0}{1} = 0$$

$$\cos(-180°) = \dfrac{x}{r} = \dfrac{-1}{1} = -1$$

$$\tan(-180°) = \dfrac{y}{x} = \dfrac{0}{-1} = 0$$

$\csc(-180°)$ es el recíproco de $\operatorname{sen}(-180°)$. Como $\operatorname{sen}(-180°) = 0$, $\csc(-180°)$ es $\boxed{\text{indefinido}}$

$\sec(-180°)$ es el recíproco de $\cos(-180°)$ y por lo tanto $\boxed{\sec(-180°) = -1}$

$\cot(-180°)$ es el recíproco de $\tan(-180°)$. Puesto que $\tan(-180°) = 0$, $\cot(-180°)$ es $\boxed{\text{indefinido}}$

---

* Cuando se trabaja con valores de las funciones trigonométricas, no siempre es conveniente racionalizar los denominadores. En este ejemplo, si utilizamos el valor racionalizado para $\operatorname{sen} \dfrac{7\pi}{4} = -\dfrac{1}{\sqrt{2}} = \dfrac{\sqrt{2}}{2}$, entonces la función recíproca cosecante *no* tendrá un denominador racionalizado. En consecuencia, en este texto no siempre insistiremos en que los valores trigonométricos tengan denominadores racionalizados.

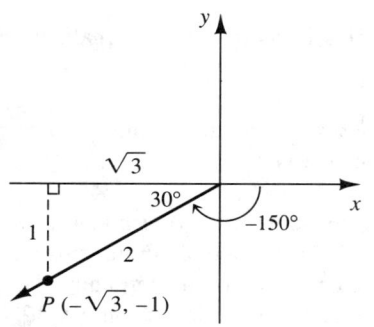

FIGURA 6.30 Un ángulo de $-\dfrac{5\pi}{6}$ en posición canónica

(c) Un ángulo de $-\dfrac{5\pi}{6}$ equivale a $-150°$. Si ponemos este ángulo en posición canónica, obtenemos la figura 6.30. Observe que el ángulo de referencia (el ángulo agudo entre el lado terminal y el eje x) es de $\dfrac{\pi}{6}$ o bien $30°$. Hemos dibujado el triángulo de referencia y hemos empleado el típico triángulo rectángulo de $30°$ para nombrar los lados, y así tenemos para P que $x = -\sqrt{3}$ y $y = -1$; $r = 2$. Por lo tanto

$$\operatorname{sen}\left(-\frac{5\pi}{6}\right) = \frac{y}{r} = \boxed{-\frac{1}{2}} \qquad \cos\left(-\frac{5\pi}{6}\right) = \frac{x}{r} = \boxed{-\frac{\sqrt{3}}{2}}$$

$$\tan\left(-\frac{5\pi}{6}\right) = \frac{y}{x} = \frac{-1}{-\sqrt{3}} = \boxed{\frac{1}{\sqrt{3}}}$$

Recuerde que el ángulo de referencia siempre es un ángulo positivo.

Para obtener los valores de las funciones recíprocas simplemente tomamos los recíprocos de los valores que acabamos de obtener.

$$\boxed{\csc\left(-\frac{5\pi}{6}\right) = -2} \qquad \boxed{\sec\left(-\frac{5\pi}{6}\right) = -\frac{2}{\sqrt{3}}} \qquad \boxed{\cot\left(-\frac{5\pi}{6}\right) = \sqrt{3}} \qquad ∎$$

Hasta ahora, nuestro trabajo ha mostrado que el *signo* de un función trigonométrica depende del cuadrante donde se encuentre el lado terminal. Si recordamos que en las razones trigonométricas, r siempre es positivo, el signo de una función trigonométrica depende de los signos de x y y.

Para θ:

En el cuadrante I, x y y son positivos, de modo que *todas* las funciones trigonométricas son positivas.
En el cuadrante II, x es negativa y y positiva, de modo que el seno y su recíproco, la cosecante, son positivos.
En el cuadrante III, x es negativa y y es negativa, de modo que la tangente y su recíproco, la cotangente, son positivas.
En el cuadrante IV, x es positiva y y es negativa, de modo que el coseno y su recíproco son positivos.

Véase la figura 6.31.

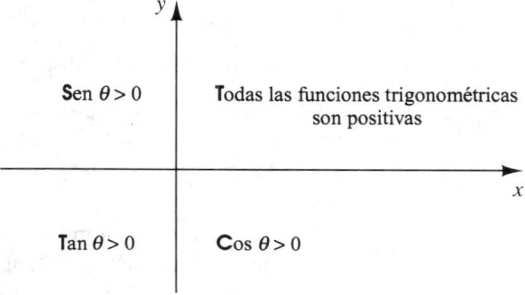

FIGURA 6.31 Determinación de los signos de las funciones trigonométricas

Los estudiantes recuerdan a menudo los signos empezando en el cuadrante 1 y usan la nmemonica.

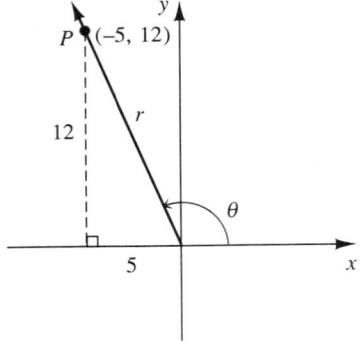

FIGURA 6.32

Veamos algunos ejemplos que combinan las diferentes ideas que hemos analizado hasta ahora.

EJEMPLO 7 Si el punto $P(-5, 12)$ queda sobre el lado terminal de un ángulo θ en posición canónica, determinar las seis funciones trigonométricas de θ.

Solución El hecho de que el punto $(-5, 12)$ se encuentre sobre el lado terminal de θ significa que el lado terminal de θ está en el cuadrante II. En la figura 6.32, dibujamos un diagrama representativo de θ en posición canónica. Hemos construido una perpendicular desde P hasta el eje x, y creamos así el triángulo de referencia cuyos lados son 5 y 12, como se indica.

A partir de la figura 6.32, podemos ver que $x = -5$ y $y = 12$, pero para determinar las seis funciones trigonométricas de θ, tenemos que encontrar r; podemos hacerlo si observamos que r es la hipotenusa del triángulo de referencia.

$$r^2 = 5^2 + 12^2 = 169 \implies r = \pm 13$$

Puesto que r es la distancia al origen, debe ser positiva. Por lo tanto,

$$r = 13$$

Ahora que conocemos los valores de x, y y r, tenemos que

$$\boxed{\operatorname{sen} \theta = \frac{12}{13}} \qquad \boxed{\csc \theta = \frac{13}{12}}$$

$$\boxed{\cos \theta = -\frac{5}{13}} \qquad \boxed{\sec \theta = -\frac{13}{5}}$$

$$\boxed{\tan \theta = -\frac{12}{5}} \qquad \boxed{\cot \theta = -\frac{5}{12}}$$

Si no hubiéramos dado sen $\theta < 0$, ¿que podría concluir acerca del cuadrante donde θ se encuentra?

¿Cuáles otros puntos del lado terminal de θ en el tercer cuadrante nos daría una tangente de $\frac{1}{2}$?

EJEMPLO 8 Dado $\tan \theta = \frac{1}{2}$ y sen $\theta < 0$, determinar $\cos \theta$.

Solución El hecho de que $\tan \theta = \frac{1}{2}$ y, por lo tanto, que sea positivo, y que sen θ sea negativo, nos dice que θ (es decir, el lado terminal de θ) tiene que estar en el tercer cuadrante (Éste es el único cuadrante en el cual la tangente es positiva y el seno es negativo.) Sabemos que la razón para la tangente es $\frac{y}{x}$, y por lo tanto tenemos $\frac{y}{x} = \frac{1}{2}$. Sin embargo, como estamos en el cuadrante III, tanto x como y tienen que ser negativos. Así que dibujamos un ángulo con el lado terminal en el cuadrante III y nombramos un punto en el lado terminal $(-2, -1)$, lo cual nos da el valor correcto para $\tan \theta$. Véase la figura 6.33.

En la figura 6.33, nombramos la hipotenusa del triángulo de referencia como r y determinamos r aplicando el teorema de Pitágoras. (¡Cuidado! A pesar de que los lados del triángulo son 1 y 2, no se trata de un triángulo de 30°– 60°. ¿Por qué?)

6.2 Las funciones trigonométricas de un ángulo general

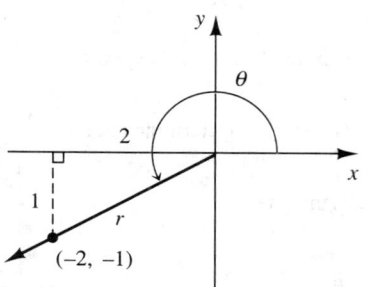

FIGURA 6.33 Un ángulo en el cuadrante III con $\tan \theta = \frac{1}{2}$

$$r^2 = 1^2 + 2^2 = 5 \Rightarrow r = \pm\sqrt{5} \qquad \text{Como antes, } r \text{ debe ser positivo.}$$
$$r = \sqrt{5}$$

Por lo tanto, $\cos \theta = \dfrac{x}{r} = \boxed{\dfrac{-2}{\sqrt{5}} = \dfrac{-2\sqrt{5}}{5}}$ ∎

EJERCICIOS 6.2

En los ejercicios 1-16, dibuje el ángulo dado en posición canónica y determine el ángulo de referencia. Si el ángulo es de cuadrante, indique en dónde queda el lado terminal; por ejemplo, en el eje x positivo, en el eje y negativo, etcétera.

1. $\dfrac{2\pi}{3}$
2. $\dfrac{5\pi}{4}$
3. $\dfrac{7\pi}{6}$
4. $\dfrac{4\pi}{3}$
5. $315°$
6. $150°$
7. $60°$
8. $45°$
9. $\dfrac{\pi}{2}$
10. π
11. $-\dfrac{5\pi}{6}$
12. $-\dfrac{3\pi}{4}$
13. 2π
14. $\dfrac{3\pi}{2}$
15. $495°$
16. $\dfrac{13\pi}{4}$

En los ejercicios 17-36, determine el valor indicado.

17. $\operatorname{sen} \dfrac{5\pi}{6}$
18. $\cos \dfrac{3\pi}{4}$
19. $\tan \dfrac{4\pi}{3}$
20. $\operatorname{sen} \dfrac{11\pi}{6}$
21. $\operatorname{sen} \dfrac{3\pi}{2}$
22. $\cos \pi$
23. $\tan \dfrac{\pi}{2}$
24. $\cot 0$
25. $\sec 225°$
26. $\csc 300°$
27. $\cos 270°$
28. $\operatorname{sen} 180°$
29. $\cot \dfrac{3\pi}{4}$
30. $\sec \dfrac{2\pi}{3}$
31. $\operatorname{sen} 30°$
32. $\cos 60°$
33. $\sec(-225°)$
34. $\cot(-150°)$
35. $\operatorname{sen}\left(-\dfrac{3\pi}{2}\right)$
36. $\tan\left(-\dfrac{5\pi}{3}\right)$

En los ejercicios 37-54, utilice la información dada para determinar el valor solicitado.

37. $\cos \theta = \dfrac{2}{3}$; determine $\sec \theta$.
38. $\operatorname{sen} \theta = -\dfrac{3}{7}$; determine $\csc \theta$.
39. $\csc \theta = -3$; determine $\operatorname{sen} \theta$.
40. $\cot \theta = -4$; determine $\tan \theta$.
41. $\operatorname{sen} \theta = \dfrac{3}{5}$; θ está en el cuadrante II. Determine $\cos \theta$.
42. $\cos \theta = -\dfrac{4}{5}$; θ está en el cuadrante III. Determine $\operatorname{sen} \theta$.
43. $\tan \theta = -\dfrac{1}{3}$; θ está en el cuadrante IV. Determine $\cos \theta$.
44. $\cot \theta = \dfrac{1}{5}$; θ está en el cuadrante I. Determine $\operatorname{sen} \theta$.

45. $\csc \theta = \dfrac{2}{\sqrt{3}}$; θ está en el cuadrante II. Determine $\tan \theta$.

46. $\sec \theta = \dfrac{3}{\sqrt{5}}$; θ está en el cuadrante IV. Determine $\cot \theta$.

47. $\cos \theta = -\dfrac{5}{13}$; $\tan \theta < 0$; determine $\tan \theta$.

48. $\text{sen } \theta = -\dfrac{12}{13}$; $\cot \theta > 0$; determine $\sec \theta$.

49. $\tan \theta = \dfrac{3}{4}$; $\cos \theta < 0$; determine $\text{sen } \theta$.

50. $\cot \theta = \dfrac{2}{5}$; $\text{sen } \theta < 0$; determine $\cos \theta$.

51. $\sec \theta = -\dfrac{5}{4}$; $\cot \theta < 0$; determine $\tan \theta$.

52. $\csc \theta = -\dfrac{4}{3}$; $\tan \theta > 0$; determine $\cos \theta$.

53. $\tan \theta = 3$; $\cos \theta < 0$; determine $\cos \theta$.
54. $\cot \theta = 2$; $\text{sen } \theta > 0$; determine $\text{sen } \theta$.
55. ¿Para qué valores de θ está definido $\text{sen } \theta$?
56. ¿Para qué valores de θ está definido $\cos \theta$?
57. ¿Para qué valores de θ está definido $\tan \theta$?
58. ¿Para qué valores de θ está definido $\cot \theta$?

En los ejercicios 59-64, dé dos ángulos, uno positivo y uno negativo, que sean coterminales con el ángulo dado.

59. $\dfrac{2\pi}{3}$ **60.** $200°$

61. $110°$ **62.** $\dfrac{7\pi}{6}$

63. $\dfrac{3\pi}{2}$ **54.** $180°$

65. Determine tres ángulos θ para los cuales $\text{sen } \theta = \dfrac{1}{2}$.

66. Determine tres ángulos θ para los cuales $\cos \theta = -\dfrac{\sqrt{2}}{2}$.

67. Determine tres ángulos θ para los cuales $\tan \theta = -\sqrt{3}$.
68. Determine tres ángulos θ para los cuales $\csc \theta = -1$.
69. En trigonometría, normalmente escribimos $\text{sen}^2 \theta$ en vez de $(\text{sen } \theta)^2$; para las otras funciones trigonométricas se utilizan expresiones similares. Determine el valor de $\text{sen}^2 \dfrac{\pi}{3} + \cos^2 \dfrac{\pi}{3}$.

70. Determine el valor de $\text{sen}^2 \dfrac{\pi}{6} + \cos^2 \dfrac{\pi}{6}$.

71. Determine el valor de $\text{sen}^2 \dfrac{\pi}{2} + \cos^2 \dfrac{\pi}{2}$.

72. Determine el valor de $\sec^2 \dfrac{\pi}{4} - \tan^2 \dfrac{\pi}{4}$.

En los ejercicios 73-74, complete las siguientes tablas.

73.

θ	sen θ	cos θ	tan θ
0			
$\dfrac{\pi}{6}$			
$\dfrac{\pi}{4}$			
$\dfrac{\pi}{3}$			
$\dfrac{\pi}{2}$			
$\dfrac{2\pi}{3}$			
$\dfrac{3\pi}{4}$			
$\dfrac{5\pi}{6}$			
π			

74.

θ	sen θ	cos θ	tan θ
π			
$\dfrac{7\pi}{6}$			
$\dfrac{5\pi}{4}$			
$\dfrac{4\pi}{3}$			
$\dfrac{3\pi}{2}$			
$\dfrac{5\pi}{3}$			
$\dfrac{7\pi}{4}$			
$\dfrac{11\pi}{6}$			
2π			

PREGUNTAS PARA REFLEXIONAR

75. ¿Es posible que sen $\theta = 2$? ¿Por qué sí o por qué no?
76. ¿Es posible que cos $\theta = -4$? ¿Por qué sí o por qué no?
77. A la luz de las respuestas de los ejercicios 75 y 76, ¿qué se puede decir de los posibles valores de csc θ y sec θ?
78. ¿Existen algunas limitaciones con respecto a los valores de tan θ? Explique.
79. Compare los valores de sen $\frac{\pi}{4}$ y sen$\left(-\frac{\pi}{4}\right)$, sen $\frac{2\pi}{3}$ y sen$\left(-\frac{2\pi}{3}\right)$ y sen $\frac{11\pi}{6}$ y sen$\left(-\frac{11\pi}{6}\right)$. ¿Es posible que esto se pueda generalizar? Explique.
80. Compare los valores de cos $\frac{3\pi}{4}$ y cos$\left(-\frac{3\pi}{4}\right)$, cos $\frac{\pi}{3}$ y cos$\left(-\frac{\pi}{3}\right)$ y cos $\frac{7\pi}{6}$ y cos$\left(-\frac{7\pi}{6}\right)$. ¿Es posible que esto se pueda generalizar? Explique.
81. Basados en las generalizaciones de los ejercicios 79 y 80, ¿qué se puede decir con respecto de tan θ y tan$(-\theta)$?

6.3 Trigonometría de un triángulo rectángulo y aplicaciones

En la sección anterior, analizamos la trigonometría de un ángulo θ general cuando se encuentra en posición canónica. Esta restricción dificulta un poco ver cómo se puede aplicar la trigonometría a las situaciones del mundo real. En este capítulo examinaremos la trigonometría de un triángulo rectángulo general (es decir, triángulos rectángulos que no sean el triángulo rectángulo isósceles, ni el triángulo rectángulo de 30-60°).

Si θ se encontrara en el primer cuadrante, entonces, como lo vimos en el capítulo anterior, θ es su propio ángulo de referencia. Véase la figura 6.34.

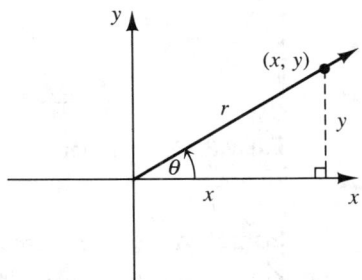

FIGURA 6.34 Un ángulo en el primer cuadrante

Si vemos el triángulo de referencia desde la perspectiva del ángulo θ, veremos que podemos volver a nombrar el lado que habíamos llamado y como el lado *opuesto* a θ, el lado nombrado x, como el lado *adyacente* a θ y el lado nombrado r como la *hipotenusa*. Véase la figura 6.35. Observe que este proceso sólo se puede aplicar a los ángulos (agudos) θ del primer cuadrante.

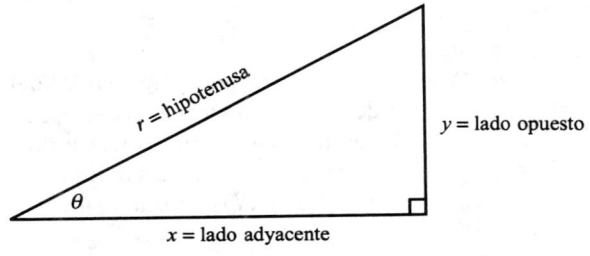

FIGURA 6.35 Nombres de los lados del triángulo de referencia

Así, para un ángulo agudo θ en un triángulo rectángulo, podemos volver a establecer las definiciones de las seis funciones trigonométricas como sigue:

DEFINICIONES DE LAS FUNCIONES TRIGONOMÉTRICAS EN EL TRIÁNGULO RECTÁNGULO

Para un ángulo agudo θ en un triángulo rectángulo, como se muestra en la siguiente figura,

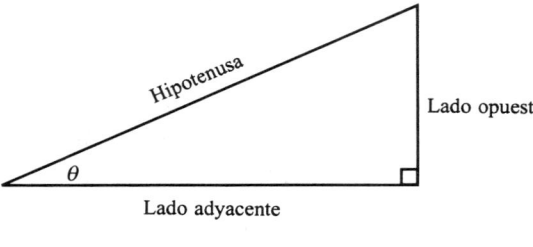

$$\operatorname{sen} \theta = \frac{\text{opuesto}}{\text{hipotenusa}} \qquad \csc \theta = \frac{\text{hipotenusa}}{\text{opuesto}}$$

$$\cos \theta = \frac{\text{adyacente}}{\text{hipotenusa}} \qquad \sec \theta = \frac{\text{hipotenusa}}{\text{adyacente}}$$

$$\tan \theta = \frac{\text{opuesto}}{\text{adyacente}} \qquad \cot \theta = \frac{\text{adyacente}}{\text{opuesto}}$$

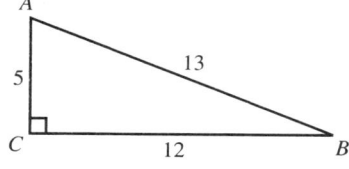

FIGURA 6.36

EJEMPLO 1 Determinar el seno, coseno y tangente del ángulo A en el triángulo de la figura 6.36.

Solución Si vemos los lados del triángulo *desde la perspectiva de* $\angle A$, el lado opuesto $\angle A$ es 12, el lado adyacente a $\angle A$ es 5 y la hipotenusa es 13. Por lo tanto,

$$\operatorname{sen} A = \frac{\text{opuesto}}{\text{hipotenusa}} = \boxed{\frac{12}{13}}$$

$$\cos A = \frac{\text{adyacente}}{\text{hipotenusa}} = \boxed{\frac{5}{13}}$$

$$\tan A = \frac{\text{opuesto}}{\text{adyacente}} = \boxed{\frac{12}{5}}$$

■

Observe que al emplear las definiciones de "opuesto, adyacente, hipotenusa" en lugar de "x, y, r", no tenemos que poner primero al $\angle A$ en posición canónica, lo cual implicaría que tendríamos que volver a orientar el triángulo con respecto al origen. Pero hay que tener en mente que las definiciones de opuesto, adyacente e hipotenusa *sólo se aplican a ángulos agudos en triángulos rectángulos*.

6.3 Trigonometría de un triángulo rectángulo y aplicaciones

El uso de una calculadora para determinar valores trigonométricos

Volvamos ahora a nuestro estudio para determinar las funciones trigonométricas de diferentes ángulos. Hasta este momento, nos hemos limitado a analizar el caso en que θ (o su ángulo de referencia θ') es un ángulo "especial"; es decir, θ es un múltiplo de 30°, 45° o 60°, o bien, que θ es un ángulo de cuadrante.

En caso de que θ o θ' no sea un ángulo especial, necesitamos una calculadora o una tabla de valores de funciones trigonométricas. Dada la amplia disponibilidad de calculadoras manuales científicas económicas que pueden calcular los valores de las funciones trigonométricas, cuando sea necesario, utilizaremos una calculadora para determinar los valores requeridos de las funciones trigonométricas. Sin embargo, si no tenemos a la mano una calculadora, se puede utilizar una tabla para resolver los ejemplos del texto, así como los ejercicios presentados. El apéndice contiene una tabla de valores trigonométricos junto con una explicación de cómo utilizarla.

Para utilizar una calculadora, por lo general, decidimos el *modo* en el cual introduciremos el ángulo; es decir, grados o radianes. A continuación, introducimos el ángulo en la pantalla y oprimimos la tecla que indica la función trigonométrica que nos interesa.

Por ejemplo, para encontrar sen 28°, primero nos cercioramos de que la calculadora esté en modo de grados y a continuación oprimimos la siguiente secuencia de teclas:

$$\boxed{2}\ \boxed{8}\ \boxed{\text{sen}}$$

Hay que estar conscientes del hecho de que algunas calculadoras piden que para calcular sen 28° sea necesario introducir $\boxed{\text{sen}}\ \boxed{2}\ \boxed{8}$.

En la pantalla aparecería **0.4694716**, lo cual, redondeado a cuatro decimales, es 0.4695 (que es el valor que se obtiene en la tabla).

Para determinar cos 3, primero debemos asegurarnos de que la calculadora esté en modo de radianes (hay que recordar que si no hay unidades, 3 significa 3 radianes), y a continuación se oprime la siguiente secuencia de teclas:

$$\boxed{3}\ \boxed{\cos}$$

En la pantalla aparecerá **−0.9899925**.

La mayor parte de las calculadoras no tienen una tecla para secante, cosecante o cotangente. Para evaluar estas funciones tenemos que utilizar la tecla $\boxed{1/x}$ junto con la función recíproca correspondiente. Por ejemplo, para encontrar sec 29°, introducimos 29°, oprimimos la tecla de coseno, y finalmente oprimimos $\boxed{1/x}$ para obtener el recíproco de 29°, lo cual da sec 29°. En resumen, para encontrar sec 29°, la secuencia de teclas es (hay que recordar que la calculadora debe estar en modo de grados):

¿Qué significa sen 10, seno de 10° o bien seno de 10 radianes? Determine sen 10° y sen 10.

$$\boxed{2}\ \boxed{9}\ \boxed{\cos}\ \boxed{1/x}$$

En la pantalla aparecerá **1.1433541**.

EJEMPLO 2 Determinar la longitud del lado $\overline{AB}$ en el triángulo de la figura 6.37. (Redondee la respuesta a los décimos más cercanos.)

Solución Observando el triángulo desde la perspectiva del ángulo de 40°, se nos da la longitud del lado $\overline{BC}$, que es el lado *opuesto* al ángulo de 40°, y estamos buscando la longitud del lado $\overline{AB}$ (etiquetado como x), que es la *hipotenusa*. Puesto que éste es un triángulo rectángulo, podemos utilizar la función seno para determinar x.

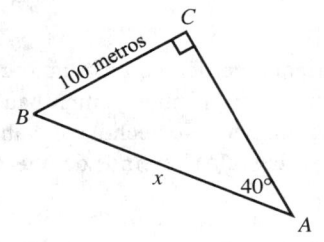

FIGURA 6.37

$$\text{sen } 40° = \frac{\text{opuesto}}{\text{hipotenusa}} = \frac{100}{x}$$

Podemos utilizar una calculadora para determinar sen 40°.

$$0.6427876 = \frac{100}{x}$$

Ahora despejamos x.

$$0.6427876x = 100 \Rightarrow x = \frac{100}{0.6427876} = 155.57238$$

Redondeando a los décimos más cercanos, obtenemos $\boxed{x = 155.6 \text{ metros}}$. Así, la longitud del lado $\overline{AB}$ es de 155.6 metros. ∎

Las relaciones cofuncionales

En la figura 6.38, dibujamos un triángulo rectángulo típico. Como los dos ángulos agudos de un triángulo rectángulo son complementarios (suman 90°), hemos nombrado los dos ángulos agudos θ y $90° - \theta$. Así, tenemos

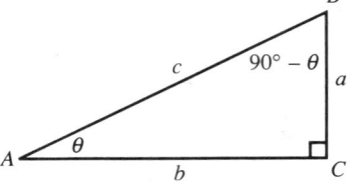

FIGURA 6.38 Un triángulo rectángulo típico

$$\text{sen } \theta = \frac{a}{c} = \cos(90° - \theta)$$

$$\tan \theta = \frac{a}{b} = \cot(90° - \theta)$$

$$\sec \theta = \frac{c}{b} = \csc(90° - \theta)$$

A éstas se les llama relaciones **cofuncionales**. El prefijo "co" que se utiliza en los nombres de tres de las funciones viene de la palabra *co*mplementario.

A continuación, resumimos las relaciones *co*funcionales.

LAS RELACIONES COFUNCIONALES

$$\text{sen } \theta = \cos\left(\frac{\pi}{2} - \theta\right) \qquad \text{sen } \theta = \cos(90° - \theta)$$

$$\tan \theta = \cot\left(\frac{\pi}{2} - \theta\right) \qquad \tan \theta = \cot(90° - \theta)$$

$$\sec \theta = \csc\left(\frac{\pi}{2} - \theta\right) \qquad \sec \theta = \csc(90° - \theta)$$

Expresado en palabras, esto significa que la función trigonométrica de un ángulo es igual a la "co" función trigonométrica del ángulo complementario. Hemos comprobado estos hechos empleando las relaciones del triángulo rectángulo, pero, de hecho, son válidas aun cuando θ no sea un ángulo agudo en un triángulo rectángulo. Veremos de nuevo estas relaciones en el capítulo 8, desde otro punto de vista.

6.3 Trigonometría de un triángulo rectángulo y aplicaciones

EJEMPLO 3 Expresar el valor trigonométrico dado como una función trigonométrica de un ángulo agudo menor que 45° $\left(o \, \dfrac{\pi}{4}\right)$.

(a) sen 56° **(b)** cot 78° **(c)** sec $\dfrac{2\pi}{5}$

Solución

(a) Utilizando la relación cofuncional para el seno y el coseno, vemos que

$$\text{sen } 56° = \cos(90 - 56)° = \boxed{\cos 34°}$$

(b) Utilizando la relación cofuncional para la cotangente y la tangente, vemos que

$$\cot 78° = \tan(90 - 78)° = \boxed{\tan 12°}$$

(c) Utilizando la relación cofuncional para la secante y la cosecante, vemos que

$$\sec \dfrac{2\pi}{5} = \csc\left(\dfrac{\pi}{2} - \dfrac{2\pi}{5}\right) = \boxed{\csc \dfrac{\pi}{10}}$$

Observe que todos los ángulos dados son mayores que 45° $\left(o \, \dfrac{\pi}{4}\right)$, por lo que sus complementos serán todos menores que 45°, como se pedía. ∎

En el ejemplo 2, empleamos las funciones trigonométricas para determinar el lado faltante de un triángulo rectángulo. La misma idea también se puede utilizar para determinar el ángulo faltante de un triángulo rectángulo.

EJEMPLO 4 Determinar el valor de θ al grado más cercano. Véase la figura 6.39.

Solución De la figura 6.39 podemos ver que sen $\theta = \dfrac{3}{7}$. Anteriormente, describimos cómo utilizar la calculadora para encontrar la función trigonométrica de un ángulo dado. Con la calculadora también podemos determinar el ángulo agudo asociado a un valor trigonométrico particular. (Analizaremos la forma de determinar el ángulo asociado con un valor trigonométrico negativo en la sección 7.5).

La siguiente secuencia de teclas nos dará θ:

$$\boxed{3} \; \boxed{\div} \; \boxed{7} \; \boxed{=} \; \boxed{\text{inv}} \; \boxed{\text{sen}} \; \boxed{=}$$

La pantalla se lee **25.376934** grados. Si redondeamos la respuesta al grado más cercano, tenemos que $\boxed{\theta = 25°}$. ∎

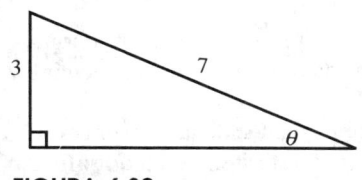

FIGURA 6.39

Algunas calculadoras tienen una tecla $\boxed{\text{2nd}}$ o $\boxed{\text{shift}}$ en vez de la tecla $\boxed{\text{inv}}$.

En el siguiente capítulo, analizaremos con más detalle las funciones trigonométricas inversas.

Como lo indicamos al principio de este capítulo, la trigonometría tiene muchas aplicaciones prácticas, y las ilustraremos con los siguientes ejemplos.

EJEMPLO 5 Para determinar la longitud del lago Angosto, un topógrafo desea medir la distancia entre los puntos *A* y *C* en orillas opuestas del lago, como se indica en la figura 6.40. Desde el punto *C*, el topógrafo mide una distancia de 250 metros hasta el punto *B*, de manera que $\overline{BC}$ es perpendicular a la línea visual entre *A* y *C*. Mediante el empleo de un instrumento llamado *tránsito*, que mide los ángulos, el topógrafo encuentra que la medida del $\angle B$ es de 82°. Determinar la distancia entre *A* y *C* (que hemos nombrado *x*) redondeada al metro más cercano.

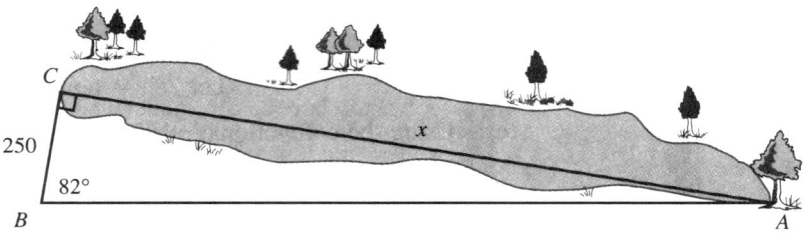

FIGURA 6.40 Diagrama del lago Angosto

Solución Es muy difícil medir en forma directa una gran distancia a través de una masa de agua. Sin embargo, mediante la aplicación de la trigonometría, resulta relativamente sencillo encontrar dicha distancia. Si miramos el diagrama, veremos que el lado que estamos buscando es el lado *opuesto* al ángulo de 82°, y el lado que conocemos es el lado *adyacente* al ángulo de 82°. Por lo tanto, emplearemos la función tangente.

$$\tan 82° = \frac{x}{250} \quad \textit{Determinamos tan 82°.}$$

$$7.1153697 = \frac{x}{250} \quad \Rightarrow \quad x = 7.1153697(250) = 1778.8424$$

Así, la longitud del lago Angosto es $\boxed{1779 \text{ metros,}}$ redondeado al metro más cercano. ∎

Veamos otras situaciones diversas en las cuales podemos aplicar las ideas trigonométricas que hemos desarrollado hasta ahora. Pero antes, introduciremos algunos términos que nos serán de utilidad.

En una situación en la cual dos observadores *A* y *B* estén situados de tal manera que *B* se encuentre arriba del nivel de visión de *A*, a menudo nos referiremos al **ángulo de elevación** o al **ángulo de depresión**, como se indica en la figura 6.41.

En una situación dada, ¿cuál es la relación entre el ángulo de elevación y el ángulo de depresión?

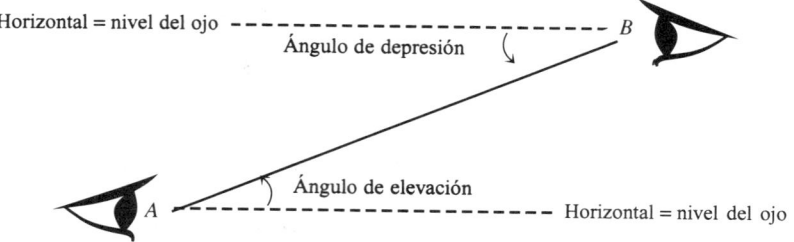

FIGURA 6.41 Ángulo de elevación y ángulo de depresión

6.3 Trigonometría de un triángulo rectángulo y aplicaciones

En otras palabras, el ángulo de elevación es el ángulo al que el ojo del observador debe elevarse a partir del nivel de la vista para mirar un punto determinado. De manera análoga, el ángulo de depresión es el ángulo con que debe bajar la vista del observador, a partir del nivel de su visión, para mirar un punto determinado.

EJEMPLO 6 Un piloto de un jet de la fuerza naval va a aterrizar en un portaviones. A una altitud de 3000 pies, el piloto observa el portaviones con un ángulo de depresión de 15°. Véase la figura 6.42. Redondeado al décimo de milla más cercano, ¿cuál es la distancia horizontal entre el avión y el portaviones?

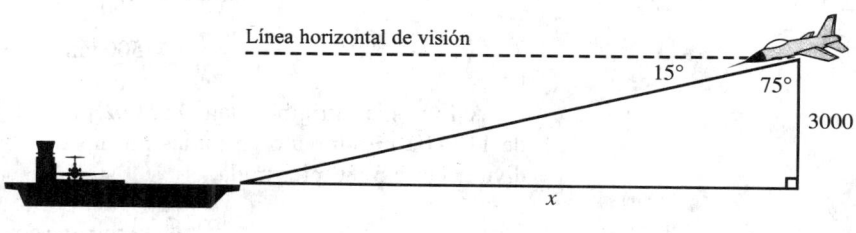

FIGURA 6.42

Solución Sea x la distancia horizontal entre el avión y el portaviones. Como el ángulo de depresión es de 15°, su complemento es 90° − 15° = 75°. Si miramos el triángulo en la figura, veremos que lo que estamos buscando es el lado opuesto al ángulo de 75°, y que conocemos el lado adyacente al ángulo de 75°. Por lo tanto, empleamos la función tangente.

$$\tan 75° = \frac{x}{3000}$$

$x = 3000 \tan 75°$ *Utilizando una calculadora obtenemos*

$x = 11\ 196.152$ *Esta respuesta está en pies, así que dividimos entre 5280 para convertirlos en millas.*

$x = 2.1204834$ millas

Así, la distancia horizontal entre el jet y el portaviones es de $\boxed{2.1 \text{ millas}}$, redondeado al décimo de milla más cercano. ∎

EJEMPLO 7 El dirigible de Goodyear está volando a una altitud de 500 pies y pasa directamente por encima de un observador en el suelo. Después de un minuto, el ángulo de elevación desde el observador hacia el dirigible es de 24°. Determinar la velocidad del dirigible, redondeada a la milla/hora más cercana.

Solución En la figura 6.43 se resume la información dada. A representa el punto directamente por encima del observador, y B es la posición del dirigible un minuto después. Una vez que hayamos encontrado la distancia que el dirigible viajó en 1 minuto (a la que llamamos x), podremos calcular la velocidad del mismo.

¿De qué manera nos ayudará buscar la distancia que recorre el dirigible para calcular su velocidad?

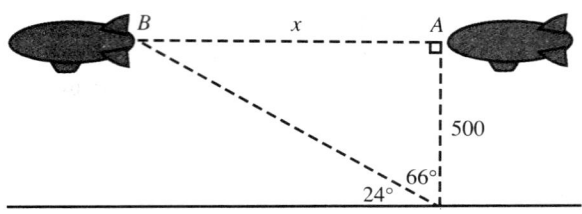

FIGURA 6.43

$$\tan 66° = \frac{x}{500}$$

$$x = 500 \tan 66° \approx 1123.02 \text{ pies}$$

Así pues, el dirigible viajó 1123.02 pies en un minuto. Para convertir esta velocidad de 1123.02 pies/minuto en millas por hora, debemos multiplicar por 60 minutos/hora y dividir entre 5280 pies/milla.

$$\frac{60(1123.02)}{5280} \approx 12.76$$

Redondeando a la milla por hora más cercana,

la velocidad del dirigible es de 13 millas/hora. ∎

EJEMPLO 8 Una mujer se encuentra parada en una ventana a 80 pies sobre el nivel del suelo. Observa a un niño que camina directamente hacia ella, mientras que el ángulo de depresión hacia el niño cambia de 42° a 65°. ¿Qué distancia ha recorrido el niño (redondeado al décimo de pie más cercano?

Solución Resumimos la información dada en la figura 6.44(a). La distancia que ha recorrido el niño es la distancia entre los puntos A y B, que hemos llamado x. Puesto que x no es un lado de un triángulo rectángulo, no podemos (en este momento) determinar x en forma directa. Sin embargo, observamos dos triángulos rectángulos, $\triangle DCB$ y $\triangle DCA$. El $\triangle DCB$ tiene el lado d y el $\triangle DCA$ tiene el lado $d + x$. Si podemos determinar estos lados, podremos calcular su diferencia: $(d + x) - d = x$.

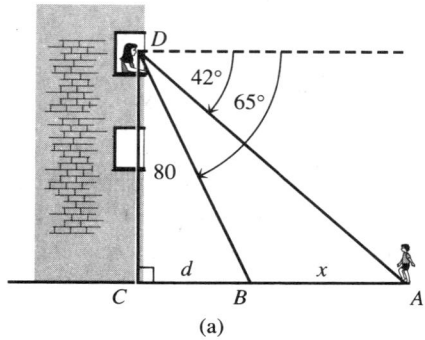
(a)

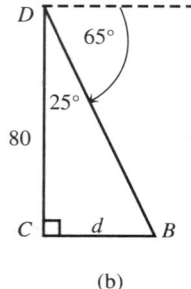
(b)

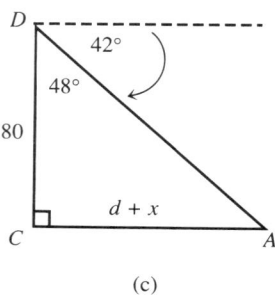
(c)

FIGURA 6.44

Para determinar los lados de los dos triángulos rectángulos, utilizamos los ángulos de los triángulos complementarios de los ángulos de depresión. Véanse las figuras 6.44(b) y (c). Primero debemos encontrar $|\overline{BC}|$, que hemos nombrado d. Una vez encontrado d, podremos determinar x. En $\triangle DCB$ tenemos

$$\tan 25° = \frac{d}{80} \Rightarrow d = 80 \tan 25°$$

Ahora podemos analizar $\triangle DCA$. En $\triangle DCA$ tenemos

$$\tan 48° = \frac{x+d}{80} \qquad \textit{Sustituyendo } d = 80 \tan 25° \textit{ obtenemos}$$

$$\tan 48° = \frac{x + 80 \tan 25°}{80} \qquad \textit{Despejando x obtenemos}$$

$$x = 80 \tan 48° - 80 \tan 25° \approx 51.54$$

Redondeando a los décimos de pie más cercanos, vemos que el niño caminó $\boxed{51.5 \text{ pies.}}$ ∎

EJEMPLO 9 Una escalera eléctrica forma un ángulo de 20° con respecto al suelo y transporta a la gente a través de una distancia vertical de 38 pies entre una plataforma del metro y la calle. Si una persona tarda 30 segundos en llegar desde el principio de la escalera hasta el final, ¿a qué velocidad (redondeado a la décima más cercana) se mueve la escalera?

Solución Con la información dada, podemos crear el diagrama de la figura 6.45. Para determinar la velocidad de la escalera, necesitamos encontrar la distancia (nombrada x) que recorre ésta en 30 segundos.

$$\text{sen } 20° = \frac{38}{x}$$

$$x = \frac{38}{\text{sen } 20°} \approx 111.10457$$

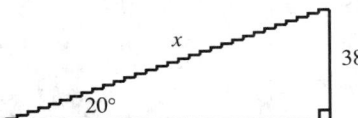

FIGURA 6.45 Una escalera eléctrica con un ángulo de 20° con respecto al suelo

Redondeando a los décimos más cercanos, vemos que la escalera viaja 111.1 pies en 30 segundos, y por lo tanto, r es

$$r = \frac{111.1 \text{ pies}}{30 \text{ segundos}} = \boxed{3.7 \text{ pies/segundos}}$$ ∎

Veamos otro ejemplo del tipo que discutimos en la sección pasada a la luz de las nuevas ideas que introducimos en esta sección.

EJEMPLO 10 Determinar $\cos 150°$.

Solución Damos dos soluciones para este ejemplo. La primera con base en el enfoque que explicamos en la sección anterior, mientras que la segunda ofrece un enfoque alternativo utilizando las ideas que desarrollamos en esta sección.

Lo primero que debemos reconocer es que *no podemos* aplicar aquí las definiciones de opuesto, adyacente e hipotenusa, ya que 150° **no** es un ángulo agudo de un triángulo rectángulo.

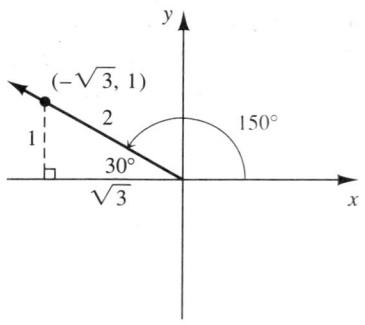

FIGURA 6.46

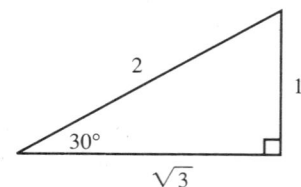

FIGURA 6.47 Triángulo de referencia para un ángulo de referencia de 30°

Si seguimos el enfoque de la sección anterior, trazamos un ángulo de 150° en posición canónica, encontramos el ángulo de referencia de 30°, dibujamos el triángulo de referencia, escribimos los datos de los lados, y finalmente, nombramos x, y y r, como se indica en la figura 6.46. Así tenemos que

$$\boxed{\cos 150° = -\frac{\sqrt{3}}{2}}$$

Otro método es reconocer que cada vez que un ángulo θ tiene un ángulo de referencia de 30°, en forma independiente del cuadrante en el cual se encuentra el ángulo, las longitudes de los lados del triángulo de referencia serán como se presenta en la figura 6.47. Conforme el ángulo θ se mueve de cuadrante en cuadrante, lo único que va a cambiar serán los *signos* que utilizamos para poner las coordenadas (x, y). El triángulo de referencia sigue siendo el mismo. Así, cuando el ángulo de referencia es de 30°, la coordenada x del punto será $\sqrt{3}$ o bien $-\sqrt{3}$, y la coordenada y será 1 o -1.

En otras palabras, cualquier función trigonométrica de un ángulo con un ángulo de referencia de 30° implica a los mismos números que la función de 30°. Lo único que puede ser diferente es el signo de la respuesta.

Volviendo al ejemplo, un ángulo de 150° es un ángulo del segundo cuadrante con un ángulo de referencia de 30°. Basados en nuestro análisis de la sección anterior, sabemos que la función coseno es negativa en el segundo cuadrante. Por lo tanto, tenemos

$\cos 150° = ?\cos 30°$ *El valor será el mismo que $\cos 30°$. El signo ? indica que el signo de la respuesta aún no se ha determinado.*

$ = -\cos 30°$ *La respuesta es negativa, puesto que 150° es un ángulo del segundo cuadrante. Determinamos $\cos 30°$ aplicando la razón de adyacente sobre hipotenusa en un triángulo rectángulo de 30°-60°. Véase la figura 6.47.*

$ = \boxed{-\dfrac{\sqrt{3}}{2}}$ ∎

Este enfoque puede parecer más eficiente, ya que no es necesario completar todo el diagrama para el ángulo en posición canónica.

El área de un triángulo

Finalizaremos esta sección con la deducción de la forma trigonométrica de la fórmula para el área de un triángulo. Sabemos que la fórmula para el área de un triángulo es

$$\text{Área} = \frac{1}{2}bh$$

Consideremos el triángulo de la figura 6.48. Observe que hemos nombrado el lado opuesto a cada ángulo con la letra minúscula de la letra del mismo ángulo: a es opuesto al $\angle A$, b es opuesto al $\angle B$ y c es opuesto al $\angle C$. Así es como se acostumbra nombrar un triángulo.

Podemos expresar la altura h en términos del seno del $\angle C$, puesto que en el triángulo rectángulo BCD tenemos

$$\text{sen } C = \frac{h}{a} \qquad \textit{Despejamos h.}$$

$$a \text{ sen } C = h$$

Por lo tanto, podemos sustituir a sen C en la fórmula del área $A = \dfrac{1}{2}bh$ para obtener $A = \dfrac{1}{2}ab$ sen C.

6.3 Trigonometría de un triángulo rectángulo y aplicaciones

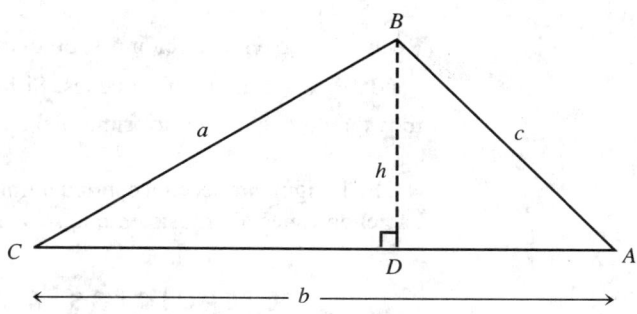

FIGURA 6.48 Triángulo con altura h al lado $\overline{AC}$

Si queremos determinar el área de un triángulo, ¿qué ventaja se podría tener con la fórmula $A = \frac{1}{2} ab$ sen C con respecto de la fórmula $A = \frac{1}{2} bh$?

LA FORMA TRIGONOMÉTRICA DE LA FÓRMULA PARA EL ÁREA DE UN TRIÁNGULO

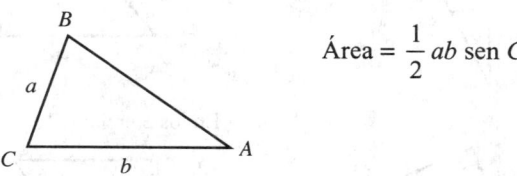

Área $= \frac{1}{2} ab$ sen C

Expresado en palabras, esta fórmula dice que el área de un triángulo es igual a la mitad del producto de las longitudes de dos lados cualesquiera de un triángulo, multiplicado por el seno del ángulo encerrado entre dichos lados. (El alumno deberá verificar la fórmula en el caso en que la altura del lado $\overline{AC}$ cae *fuera* del $\triangle ABC$.)

EJEMPLO 11 En la figura 6.49 se ilustra un sector de 100° de un círculo con radio de 6 cm. Dentro del sector queda inscrito un triángulo como se muestra. Determinar el área de la región sombreada, redondeada al décimo más cercano.

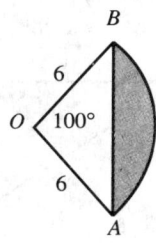

FIGURA 6.49

Intente encontrar el área del sector utilizando la fórmula $A = \frac{1}{2} r^2 \theta$.

Solución En el sector AOB, tanto $\overline{OA}$ como $\overline{OB}$ son radios de un círculo. Por lo tanto, tenemos que $|\overline{OA}| = |\overline{OB}| = 6$. El área de la región sombreada es igual al área del sector menos el área del triángulo. De manera simbólica, podemos escribir

$$A_{\text{sombreada}} = A_{\text{sector}} - A_{\text{triángulo}}$$

Observe que la información dada facilita el empleo de la forma trigonométrica, de la fórmula para el área del triángulo.

$$A_{\text{sombreada}} = \frac{\theta°}{360°} \cdot \pi r^2 - \frac{1}{2} |\overline{OA}| \cdot |\overline{OB}| \text{ sen } \theta$$

$$= \frac{100}{360} \cdot \pi(6)^2 - \frac{1}{2}(6)(6) \text{ sen } 100°$$

$$= 10\pi - 18 \text{ sen } 100° \approx 13.689387$$

$$= \boxed{13.7 \text{ centímetros cuadrados}} \text{ redondeado al décimo más cercano.}$$

Recuerde que en la sección 6.1, obtuvimos la fórmula $A = \dfrac{1}{2} r^2 \theta$ para el área de un sector donde θ está medido en radianes. Si hubiésemos querido utilizar esta fórmula, hubiéramos tenido que convertir primero el ángulo de 100° a una medida en radianes. ∎

En la siguiente sección continuaremos nuestro análisis de las funciones trigonométricas, haciendo especial énfasis en que se vean como funciones de números reales.

EJERCICIOS 6.3

En los ejercicios 1-10, determine las seis funciones trigonométricas de θ.

En los ejercicios 11-12, determine sen A y cos B.

1.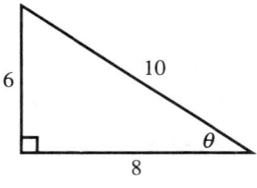

2.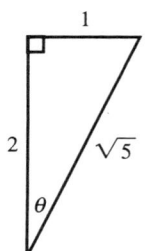

11.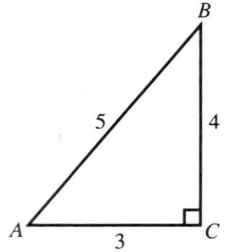

12.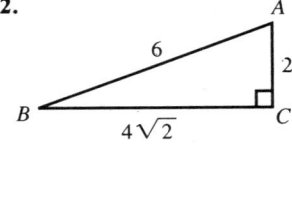

En los ejercicios 13-14, determine tan α y cot β.

3.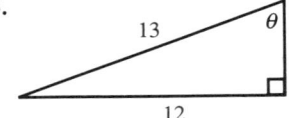

4.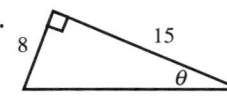

13.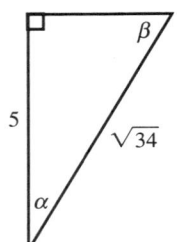

14.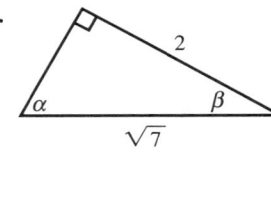

5.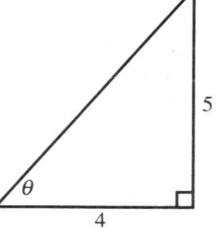

6.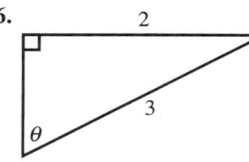

En los ejercicios 15-16, determine sec P y csc Q.

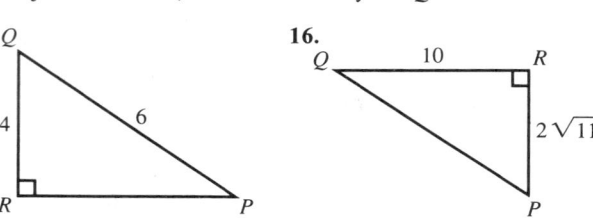

7.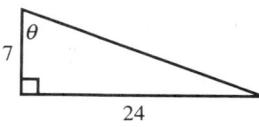

8.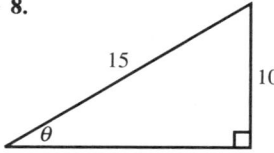

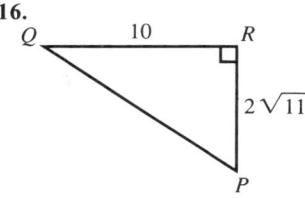

En los ejercicios 17-22, determine x. Redondee sus respuestas a los décimos más cercanos.

9.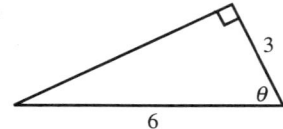

10.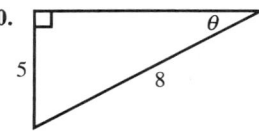

17.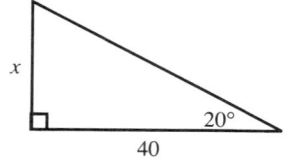

18.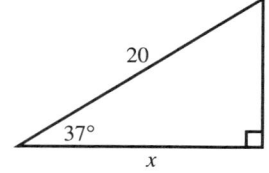

6.3 Trigonometría de un triángulo rectángulo y aplicaciones

19.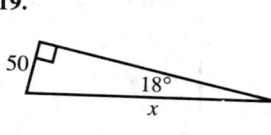
20.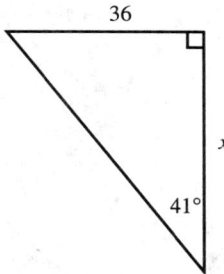

En los ejercicios 49-54, exprese el valor dado como función trigonométrica de un ángulo agudo menor que 45° o $\frac{\pi}{4}$ radianes.

49. sen 76° **50.** cos 52°
51. csc 88° **52.** tan 63°
53. cos $\frac{3\pi}{7}$ **54.** sen $\frac{5\pi}{12}$

En los ejercicios 55-58, evalúe la expresión dada. Observe que sen^2 θ = (sen θ)^2. De igual manera para cos^2 θ, etcétera.

55. sen^2 30° + cos^2 30° **56.** sec^2 60° − tan^2 60°
57. csc^2 45° − cot^2 45° **58.** sen^2 60° + cos^2 60°

21.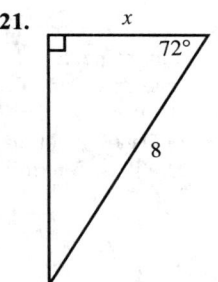
22.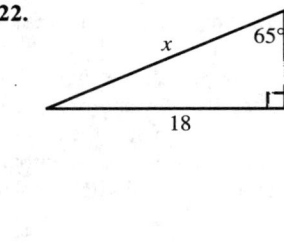

En los ejercicios 59-101, redondee sus respuestas a los décimos más cercanos a menos que se indique otra cosa.

59. Una escalera de 25 pies de largo está reclinada en un edificio. Si la escalera forma un ángulo de 37° con el suelo, ¿a qué altura del edificio llega la escalera?

60. Una escalera está reclinada en un edificio. Si la escalera forma un ángulo de 63° con el suelo y llega al edificio a una altura de 16 metros, ¿a qué distancia del edificio se encuentra el pie de la escalera?

En los ejercicios 23-26, determine θ al grado más cercano.

23.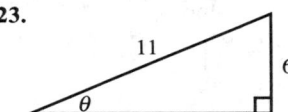
24.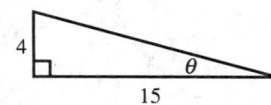

61. Un observador, que se encuentra a 50 pies de la base del asta de una bandera, determina que el ángulo de elevación hasta la punta del asta es de 48°. ¿Qué altura tiene el asta?

62. Un guardabosque se encuentra en una torre a 40 metros sobre el nivel del suelo. Descubre un incendio a un ángulo de depresión de 6°. ¿A qué distancia se encuentra el incendio de la torre del guardabosque?

25.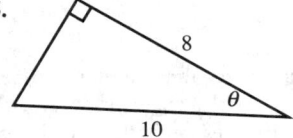
26.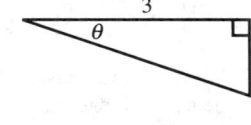

63. Un alambre de soporte debe ser colocado en la punta de un poste telefónico de 30 pies de altura y fijado en la tierra. ¿Qué cantidad de alambre se necesitará para que hiciera un ángulo de 50° con el nivel del suelo?

64. Una escalera eléctrica debe transportar a la gente a una distancia vertical de 18 pies y debe hacer un ángulo de 20° con el suelo. ¿Qué longitud debe tener la escalera?

En los ejercicios 27-38, determine el valor indicado. Utilice una calculadora sólo cuando sea necesario.

27. sen 123° **28.** cos 212°
29. tan 351° **30.** cos 317°
31. sec 225° **32.** csc 330°
33. cos 158° **34.** sen 204°
35. tan 111° **36.** cot 249°
37. sec 150° **38.** csc 240°

65. Un pentágono regular (la palabra *regular* significa que todos los lados tienen la misma longitud) está inscrito en un círculo con un radio de 12 cm. Determine el área del pentágono.

66. Un hexágono regular está inscrito en un círculo con un radio de 10 pulgadas. Determine el área del hexágono.

67. Un globo de aire caliente se mantiene a una altitud constante de 800 metros y pasa directamente por encima de un observador. Después de dos minutos, el observador ve el globo con un ángulo de elevación de 70°. Determine la velocidad del globo, redondeado al kilómetro por hora más cercano.

En los ejercicios 39-48, determine θ o x hasta el grado más cercano en el intervalo [0, 90°].

39. sen θ = 0.4384 **40.** cos θ = 0.7547
41. tan x = 1.428 **42.** cot x = 6.314
43. sec θ = 3.420 **44.** csc x = 1.086
45. sen x = 0.9630 **46.** cos θ = 0.7450
47. tan θ = 0.5275 **48.** csc θ = 1.320

68. Una lancha de motor se encuentra a media milla exactamente enfrente del punto A y viaja en dirección paralela de la playa. Después de cinco minutos se observa la lancha a un ángulo de 34° retirada de la línea de visión original. Determine la velocidad de la lancha, redondeado a la milla por hora más cercana.

69. Si un hombre de 6 pies de altura proyecta una sombra de 9 pies de largo sobre el nivel del suelo, aproxime el ángulo de elevación del Sol redondeado al grado más cercano.

70. Si el Sol se encuentra a un ángulo de elevación de 62°, ¿qué largo tendrá la sombra proyectada por una niña de 5 pies de altura?

71. Una mujer está conduciendo directamente hacia la presa Hoover, que tiene una altura de 221 metros. Si se traslada en un camino nivelado desde el punto en el que el ángulo de elevación a la punta de la presa es de 20° hasta un punto en el cual el ángulo de elevación es de 25°, ¿cuál es la distancia que ha recorrido?

72. El edificio Empire State tiene una altura de 1250 pies. Si la esquina de la calle 33 y la Quinta Avenida se ven con un ángulo de depresión de 79° desde la punta, y la esquina de la calle 32 y la Quinta Avenida se ven con un ángulo de depresión de 67° desde la punta, ¿qué distancia hay entre las dos esquinas?

73. En la figura siguiente, una antena de TV está colocada en la orilla de la azotea de una casa con altura de 30 pies. Desde un punto a 100 pies de la base de la casa, el ángulo de elevación hasta la punta de la antena es de 24°. ¿Qué altura tiene la antena?

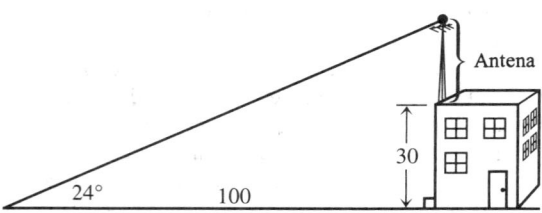

74. Utilice la información dada en la figura siguiente para determinar la distancia del punto B al punto C en los lados opuestos del lago. Observe que $\overline{AC}$ es el segmento de recta.

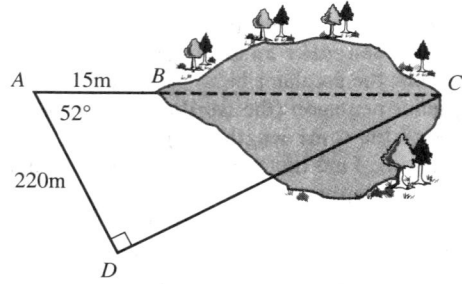

75. Un observador de la guardia costera se encuentra en un faro a 58 pies sobre el nivel del agua. Observa dos barcos en lados opuestos al faro, sobre la misma línea de visión. Uno se encuentra con un ángulo de depresión de 41° y se dirige directamente hacia el faro, mientras que el otro se encuentra con un ángulo de depresión de 28° y se traslada en dirección opuesta al faro. ¿Qué distancia hay entre los dos barcos?

76. Utilice la figura siguiente para encontrar la longitud de $\overline{AD}$.

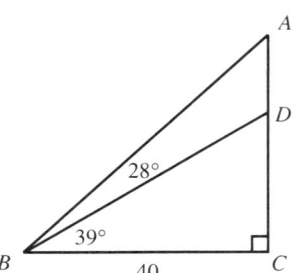

77. Muchos satélites son lanzados a una órbita *geosincrónica*, lo cual significa que la posición del satélite con respecto a la Tierra permanece sin cambio. Supongamos que desde uno de estos satélites uno observará un ángulo de 41.4° con el horizontal, como se indica en la figura siguiente. Dado que el radio de la Tierra es de aproximadamente 4000 millas, determine la altitud del satélite sobre la Tierra.

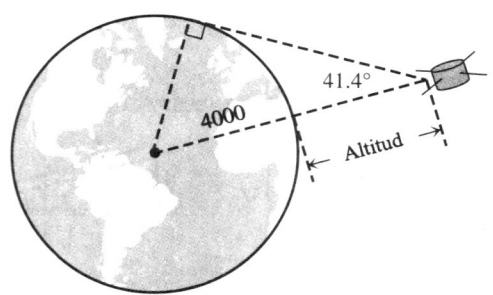

78. Un cohete multipasos es lanzado verticalmente de tal manera que su velocidad durante los primeros 43 segundos es de 1675 millas/hora, momento en el cual se desprende la primera parte. Si una fotógrafa se encuentra a 1.3 millas del sitio de lanzamiento, ¿a qué ángulo de elevación debe ella dirigir su cámara de manera que pueda fotografiar la separación?

79. Determine al área de un pentágono regular cuyos lados miden 20 mm de largo cada uno? Sugerencia: Dibuje segmentos desde el centro del pentágono hacia los vértices, creando cinco triángulos.

80. Un pentágono regular cuyos lados miden 12 cm cada uno, está inscrito en un círculo. Determinar el área del círculo. Sugerencia: Dibujar la altura desde el centro del pentágono hacia un lado.

81. Un hexágono regular con un lado de 12 pulgadas está inscrito en un círculo. Determine el área del circulo.

82. Un círculo está inscrito en un hexágono con lados de 12 pulgadas. Determine el área del círculo.

83. En la figura siguiente se muestra un pentágono regular, con lados de 8 cm, inscrito en un círculo. Determine el área sombreada dentro del círculo y fuera del pentágono.

6.3 Trigonometría de un triángulo rectángulo y aplicaciones   **413**

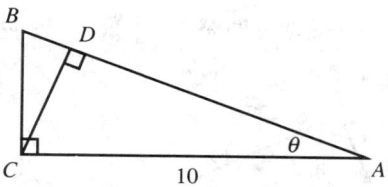

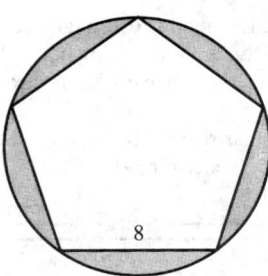

84. En la figura siguiente se muestra un círculo inscrito en un pentágono regular con lados de 8 cm. Determine el área sombreada dentro del pentágono y fuera del círculo.

88. La fórmula para el volumen V de un cono circular recto es $V = \dfrac{1}{3}\pi r^2 h$. Si $r = 6$, utilice el diagrama siguiente para expresar el volumen como función de θ.

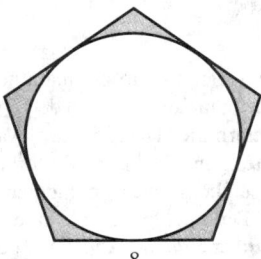

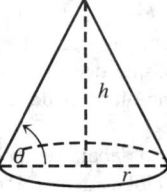

85. La figura siguiente representa un triángulo rectángulo y un semicírculo. Exprese el área de la figura como una función de r, el radio del semicírculo.

89. Dada la figura siguiente, exprese $\left|\overline{AC}\right|$ en términos de θ.

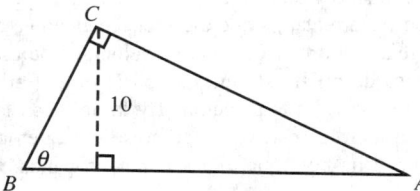

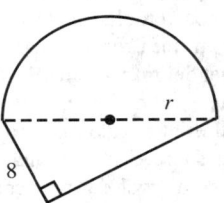

90. Dado el triángulo siguiente, exprese sen θ y cos θ en términos de x.

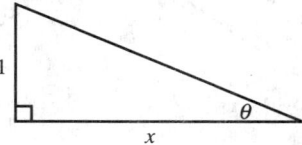

86. La figura siguiente muestra un círculo inscrito en un cuadrado con los lados s. Exprese el área de la pare sombreada de la figura como función de s.

91. Dada la figura siguiente, exprese $\left|\overline{PQ}\right|$ como función de θ.

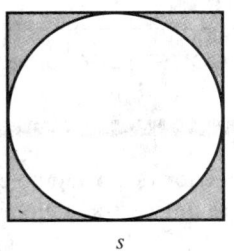

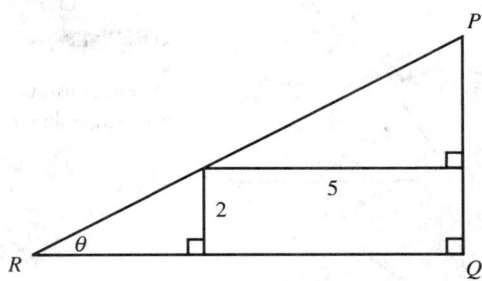

87. Dada la figura siguiente, exprese el área de cada uno de los siguientes triángulos en términos de θ.
 (a) $\triangle ACD$ **(b)** $\triangle ABC$ **(c)** $\triangle BCD$

92. Dada la figura siguiente, exprese $|\overline{RS}|$ en términos de θ.

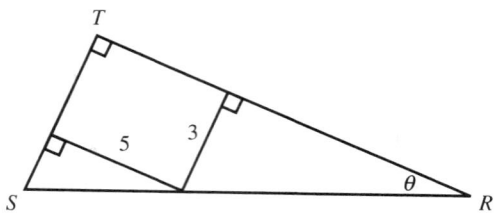

93. Un avión que viaja a una altitud estable de 1500 pies, pasa directamente sobre una planta nuclear, y el piloto observa que una fábrica de fuegos artificiales se encuentra atrás de la planta con un ángulo de depresión de 30°. ¿A qué distancia se encuentra la planta nuclear de la fábrica de fuegos artificiales?

94. Lew está descansando debajo de un árbol, cuando observa el lanzamiento de un globo meteorológico a 1200 pies de distancia. Al mirar hacia arriba, observa un globo con un ángulo de elevación de 20°. Comienza a leer un libro, y después de 10 minutos vuelve a mirar hacia arriba y el ángulo de elevación del mismo globo es de 70°. Suponiendo que el globo se eleva en línea recta, ¿a qué distancia se elevó el globo mientras él leía su libro, y cuál era su velocidad de ascenso?

95. Una mesa de billar está puesta con la pinta (la bola que se golpea primero) en la posición A y la bola con la cual debe chocar está en la posición B, como se indica en el diagrama siguiente. Una bola que choca contra la banda, rebotará de tal manera que los ángulos α son iguales. ¿Hacia qué punto P en la banda debe apuntar un jugador el tiro de la pinta si quiere utilizarla para chocar con un tiro de banda contra la bola en B?

96. Una bola de billar recorre la trayectoria indicada por el diagrama siguiente. Determine θ.

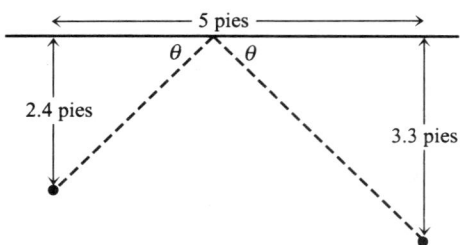

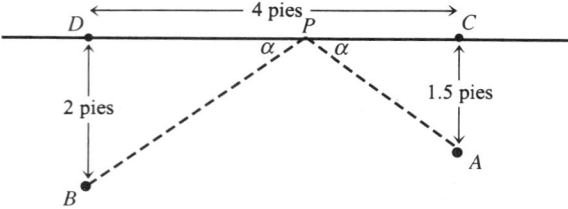

97. Una señal en un tramo recto de una autopista advierte a los conductores que la inclinación será de 15° durante las siguientes 5 millas. Determine el cambio de elevación de un vehículo que recorre este tramo inclinado de 5 millas de la autopista.

98. A las 2:00 A.M. un hombre está parado en una calle a 300 pies de un edificio. De repente, se percata de una luz que parpadea directamente encima de la ventana con un ángulo de elevación de 42°. Después observa otra luz que parpadea arriba de la ventana con un ángulo de elevación de 65°. ¿A qué distancia se encuentran las luces parpadeantes?

99. Una rampa de 30 pies tiene que ser construida de tal manera que suba hasta 5 pies sobre el nivel del suelo. ¿Qué ángulo debe tener la rampa con el suelo?

100. Un piloto vuela en línea recta a una altitud constante, a 800 pies sobre el nivel del mar. A unos 3000 pies hay una montaña, la cual, de acuerdo con su mapa, tiene una elevación de 2000 pies. ¿Cuál es el ángulo mínimo al cual debe dirigir el avión para poder sobrevolar la montaña?

101. Un piloto despega a nivel del mar con un ángulo de 15° y viaja a una velocidad constante de 179 pies/segundo. ¿Cuánto tiempo le tomará al avión alcanzar una altitud de 5000 pies?

6.4 Las funciones trigonométricas como funciones de números reales

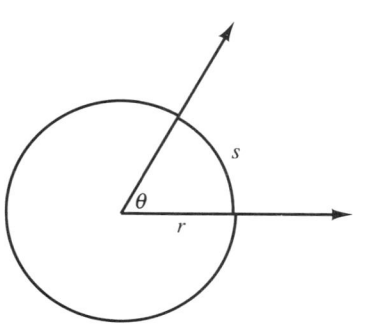

FIGURA 6.50

En la sección 6.1, introducimos la noción de la medición de un ángulo en radianes. Recordemos que la medición de un ángulo en radianes se define como sigue (figura 6.50):

$$\theta = \frac{s}{r} \quad \text{donde } \theta \text{ es el ángulo en radianes}$$

s es la longitud del arco subtendido por θ
r es la longitud del radio

Como lo indicamos en ese momento, como s y r son longitudes, el cociente s/r es un

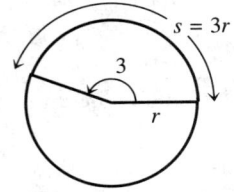

FIGURA 6.51 Un ángulo de 3 radianes, que corresponde al número 3

En la figura 6.51, hay que recordar que un ángulo de π radianes (aproximadamente 3.14 radianes) es la mitad de una vuelta completa. Por lo tanto, un ángulo de 3 radianes es un poco menos que la mitad de una vuelta completa.

¿Cómo visualizaría un ángulo de 2?

Determine $\operatorname{sen}^2 3$ y $\operatorname{sen} 3^2$.

6.3 Las funciones trigonométricas como funciones de números reales

número que no va acompañado de unidad alguna. Por ejemplo, si $s = 8$ cm y $r = 4$ cm, entonces

$$\theta = \frac{s}{r} = \frac{8 \text{ cm}}{4 \text{ cm}} = 2$$

Así pues, cualquier ángulo puede interpretarse como un número real. En forma inversa, cualquier número real puede interpretarse como un ángulo. Por ejemplo, el número real 3 corresponde a un ángulo que incluye un arco que es 3 veces la longitud del radio. Un ángulo como éste es un ángulo de 3 radianes; aparece en la figura 6.51.

Cuando analizamos sen θ o cualquiera de las otras funciones trigonométricas, θ puede ser cualquier valor en el dominio de esa función en particular. Tal como es el caso de todas las funciones que hemos estudiado en forma detallada, obviamente tenemos que determinar el dominio y el rango de cada una de las funciones trigonométricas. Antes de pasar a hacer esto en el siguiente capítulo, contemplaremos varios ejemplos que ilustran la manipulación algebraica de las expresiones trigonométricas. En cada uno de los ejemplos trataremos de mostrar cómo se maneja la expresión trigonométrica con las mismas líneas con las que se aplican a expresiones algebraicas similares.

EJEMPLO 1 Multiplicar y simplificar: $(\operatorname{sen} \theta + 4)^2$.

Solución $(\operatorname{sen} \theta + 4)^2$ se maneja exactamente de la misma forma que $(A + 4)^2$.

$$(A + 4)^2 = (A + 4) \cdot (A + 4) = A^2 + 8 \cdot A + 16$$
$$(\operatorname{sen} \theta + 4)^2 = (\operatorname{sen} \theta + 4)(\operatorname{sen} \theta + 4) = (\operatorname{sen} \theta)^2 + 8 \operatorname{sen} \theta + 16$$

Observe que escribimos $(\operatorname{sen} \theta)^2$. Sería incorrecto escribir sen θ^2, lo cual equivaldría a $\operatorname{sen}(\theta^2)$, y que significa el seno del cuadrado de θ en lugar del cuadrado del seno de θ.

En general, utilizamos la notación $f^n(x) = [f(x)]^n$ excepto cuando $n = -1$ (que reservamos para las funciones inversas). Así, $f^2(x) = [f(x)]^2$ y, de la misma manera, escribimos

$$\operatorname{sen}^2 \theta = (\operatorname{sen} \theta)^2$$

lo cual hace innecesarios los paréntesis adicionales. Así, podemos escribir la respuesta de la siguiente manera:

$$(\operatorname{sen} \theta + 4)^2 = \boxed{\operatorname{sen}^2 \theta + 8 \operatorname{sen} \theta + 16}$$ ∎

EJEMPLO 2 Multiplicar y simplificar.

(a) $(\operatorname{sen} 3\theta - 2)(\operatorname{sen} 3\theta + 1)$ (b) $\cos 4\theta (\cos 2\theta - 3)$

Solución

(a) Multiplicamos como lo haríamos con cualesquiera dos binomios.

$$(\operatorname{sen} 3\theta - 2)(\operatorname{sen} 3\theta + 1) = \underbrace{(\operatorname{sen} 3\theta)(\operatorname{sen} 3\theta)}_{} + \operatorname{sen} 3\theta - 2 \operatorname{sen} 3\theta - 2$$
$$= \boxed{\operatorname{sen}^2 3\theta - \operatorname{sen} 3\theta - 2}$$

Observe que cuando multiplicamos $(\operatorname{sen} 3\theta)(\operatorname{sen} 3\theta)$, no multiplicamos 3θ por 3θ, así como no multiplicamos t por t cuando multiplicamos $f(t)f(t) = [f(t)]^2$ (que también podemos escribir como $f^2(t)$). Estamos multiplicando las *funciones*, *no* los *argumentos* de las funciones.

(b) $\cos 4\theta (\cos 2\theta - 3) = \boxed{\cos 4\theta \cos 2\theta - 3 \cos 4\theta}$ ∎

EJEMPLO 3 Combinar en una sola fracción: $\dfrac{5}{4 \operatorname{sen} \theta} - \dfrac{1}{\cos 3\theta}$.

Solución Ofrecemos la solución a este problema al lado de la solución de un ejemplo algebraico paralelo con x y y.

$\dfrac{5}{4 \operatorname{sen} \theta} - \dfrac{1}{\cos 3\theta}$ *El MCD es $4 \operatorname{sen} \theta \cos 3\theta$.* $\dfrac{5}{4x} - \dfrac{1}{y}$ *El MCD es $4xy$.*

$= \dfrac{5(\cos 3\theta)}{4 \operatorname{sen} \theta \cos 3\theta} - \dfrac{1(4 \operatorname{sen} \theta)}{4 \operatorname{sen} \theta \cos 3\theta}$ $= \dfrac{5(y)}{4xy} - \dfrac{1(4x)}{4xy}$

$= \boxed{\dfrac{5 \cos 3\theta - 4 \operatorname{sen} \theta}{4 \operatorname{sen} \theta \cos 3\theta}}$ $= \dfrac{5y - 4x}{4xy}$ ∎

EJEMPLO 4 Factorizar $2 \operatorname{sen}^2 \theta - 3 \operatorname{sen} \theta - 2$ de la forma más completa posible.

Solución $2 \operatorname{sen}^2 \theta - 3 \operatorname{sen} \theta - 2$ está en la forma $2S^2 - 3S - 2$, que no tiene factor común. Sin embargo, puede factorizarse como

$$2S^2 - 3S - 2 = (2S + 1)(S - 2)$$

De manera análoga,

$$2 \operatorname{sen}^2 \theta - 3 \operatorname{sen} \theta - 2 = \boxed{(2 \operatorname{sen} \theta + 1)(\operatorname{sen} \theta - 2)}$$ ∎

EJEMPLO 5 Reducir a su mínima expresión: $\dfrac{\cos^2 \theta - \cos \theta}{\cos^2 \theta - 2 \cos \theta + 1}$

Solución Esta expresión es similar a $\dfrac{C^2 - C}{C^2 - 2C + 1}$, que no puede ser reducida en la forma que tiene. Primero factorizamos el numerador y el denominador y a continuación reducimos la fracción.

$$\dfrac{C^2 - C}{C^2 - 2C + 1} = \dfrac{C(C-1)}{(C-1)(C-1)} = \dfrac{C}{C-1}$$

De manera análoga,

$$\dfrac{\cos^2 \theta - \cos \theta}{\cos^2 \theta - 2 \cos \theta + 1} = \dfrac{\cos \theta(\cos \theta - 1)}{(\cos \theta - 1)(\cos \theta - 1)} = \boxed{\dfrac{\cos \theta}{\cos \theta - 1}}$$ ∎

En el siguiente ejemplo repasaremos una idea referente a la notación funcional en el contexto de las funciones trigonométricas.

EJEMPLO 6 Sean $g(\theta) = \text{sen } 2\theta$ y $h(\theta) = 2 \text{ sen } \theta$. Comparar los valores de $g\left(\dfrac{\pi}{6}\right)$ y $h\left(\dfrac{\pi}{6}\right)$.

Solución

$$g\left(\frac{\pi}{6}\right) = \text{sen } 2\left(\frac{\pi}{6}\right) = \text{sen }\frac{\pi}{3} = \boxed{\frac{\sqrt{3}}{2}}$$

$$h\left(\frac{\pi}{6}\right) = 2 \text{ sen }\frac{\pi}{6} = 2 \cdot \frac{1}{2} = \boxed{1}$$

Es muy común que los alumnos confundan sen 2θ con 2 sen θ. El último ejemplo muestra con claridad que, en general, sen $2\theta \neq 2$ senθ.

Esto no debe sorprender, ya que en el capítulo 2 vimos que en general $f(2x) \neq 2 f(x)$. Éste sólo es un caso especial del hecho general de que

$$f(nx) \neq nf(x)$$

Esto se aplica por igual a las funciones trigonométricas.

Recuerde: En general, sen$(n\theta) \neq n$ sen θ.

Una proposición similar a la del cuadro anterior se puede hacer para todas las funciones trigonométricas.

EJEMPLO 7 Demostrar que $\dfrac{\text{sen }\theta}{\cos \theta} = \tan \theta$.

Solución Utilizamos las definiciones básicas de las funciones seno y coseno.

$$\frac{\text{sen }\theta}{\cos \theta} = \frac{\dfrac{y}{r}}{\dfrac{x}{r}} = \frac{y}{r} \cdot \frac{r}{x} = \frac{y}{x} = \tan \theta, \qquad \text{como se pedía}$$

Utilizamos este resultado en el siguiente capítulo.

EJEMPLO 8 Utilizar la figura 6.52 para expresar x como función de θ.

Solución Utilizando la definición de opuesto sobre hipotenusa para la función seno, obtenemos

$$\text{sen }\theta = \frac{x}{8} \qquad \textit{Despejamos x, para obtener}$$

$$\boxed{x = 8 \text{ sen }\theta} \qquad \textit{Que expresa a x en función de }\theta$$

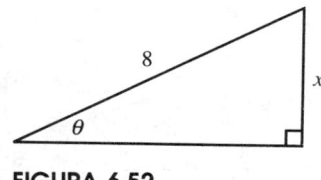

FIGURA 6.52

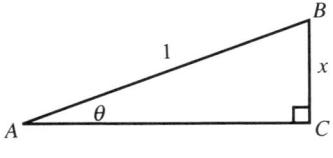

FIGURA 6.53

EJEMPLO 9 Utilizar la figura 6.53 para expresar $\tan \theta$ como función de x.

Solución Dado este triángulo rectángulo, nos gustaría emplear la definición de cateto opuesto sobre cateto adyacente para la función tangente. Para poder hacer esto, debemos encontrar el lado faltante del triángulo aplicando el teorema de Pitágoras.

$$|\overline{AC}|^2 + x^2 = 1^2$$
$$|\overline{AC}|^2 = 1 - x^2$$
$$|\overline{AC}| = \pm\sqrt{1-x^2} \qquad \text{Tomamos la raíz cuadrada positiva como la longitud.}$$
$$|\overline{AC}| = \sqrt{1-x^2}$$

Por lo tanto,

$$\tan \theta = \frac{\text{opuesto}}{\text{adyacente}} = \frac{x}{|\overline{AC}|}$$

¿Qué significa que $\tan \theta$ sea una función de x?

$$\boxed{\tan \theta = \frac{x}{\sqrt{1-x^2}}} \qquad \text{Esto expresa } \tan \theta \text{ como función de } x.$$

Los dos últimos ejemplos ilustran que ciertas expresiones algebraicas se pueden expresar en términos de funciones trigonométricas, y viceversa. Esto nos permite aplicar las técnicas algebraicas a expresiones trigonométricas y las técnicas de la trigonometría a expresiones algebraicas.

Las técnicas algebraicas que analizamos en esta sección nos serán de utilidad en el siguiente capítulo, cuando exploremos más relaciones entre las distintas funciones trigonométricas.

EJERCICIOS 6.4

En los ejercicios 1.42, realice las operaciones indicadas.

1. $2\cos\theta(\cos\theta - 1)$
2. $\tan\theta(3\tan\theta + 2)$
3. $\sen 5\theta(\sen 5\theta + 4)$
4. $\sec 2\theta(3 - \sec 2\theta)$
5. $(\csc\theta - 2)^2$
6. $(3 - \cot\theta)^2$
7. $(\cos 4\theta + 1)^2$
8. $(\sen 3\theta - 1)^2$
9. $(5\sen\theta - 2)(\sen\theta + 3)$
10. $(4\cos\theta + 3)(\cos\theta - 2)$
11. $(\cos 2\theta + 3)(\cos 2\theta - 3)$
12. $(\tan 4\theta - 1)(\tan 4\theta + 1)$
13. $(\sen 3\theta + 2)(\sen 5\theta - 4)$
14. $(\cos 6\theta - 3)(\cos 2\theta + 4)$
15. Factorice: $\sen^2\theta - \sen\theta - 2$.
16. Factorice: $\cos^2\theta - 2\cos\theta + 1$.
17. Factorice: $\tan^2\theta + 2\tan\theta - 8$.
18. Factorice: $\sec^2\theta + 5\sec\theta + 6$.
19. Factorice: $2\csc^2\theta - 5\csc\theta - 3$.
20. Factorice: $3\cot^2\theta + 7\cot\theta - 6$.

21. $\dfrac{2}{\sen\theta} + \dfrac{3}{\cos\theta}$
22. $\dfrac{1}{\sen^2\theta} - \dfrac{5}{\sen\theta}$
23. $\dfrac{\sen\theta}{\cos^2\theta} - \dfrac{1}{\sen\theta}$
24. $\dfrac{\cos\theta}{2\sen\theta} + \dfrac{2}{3\sen^2\theta}$
25. $\dfrac{1}{\cos^2\theta} + 1$
26. $\dfrac{1}{\tan^2\theta} - 1$
27. $\dfrac{1}{\tan\theta} + \sec\theta$
28. $\cot\theta - \dfrac{1}{\csc\theta}$
29. $1 - \dfrac{1}{\cot^2\theta}$
30. $\dfrac{1}{\tan^2\theta} + \dfrac{1}{\sec^2\theta}$
31. $\dfrac{3}{\sen 2\theta} + \dfrac{2}{\sen 3\theta}$
32. $\dfrac{5}{\cos 2\theta} - \dfrac{7}{2\cos\theta}$
33. $\dfrac{1}{\cos^2\theta} + \dfrac{\tan^2\theta}{2\cos\theta}$
34. $\dfrac{1}{\tan 3\theta} + \dfrac{1}{3\tan\theta}$

35. $\operatorname{sen} \theta + \dfrac{1}{\operatorname{sen} \theta}$

36. $\csc \theta + \dfrac{1}{\csc \theta}$

37. Simplifique: $\dfrac{5 \cos \theta}{3 \cos^2 \theta + 2 \cos \theta}$

38. Simplifique: $\dfrac{8 \operatorname{sen} \theta}{4 \operatorname{sen} \theta - 2 \operatorname{sen}^2 \theta}$

39. Simplifique: $\dfrac{1 - \operatorname{sen}^2 \theta}{(1 - \operatorname{sen} \theta)^2}$

40. Simplifique: $\dfrac{4 \cos^2 \theta - 1}{2 \cos^2 \theta - 5 \cos \theta - 3}$

41. Simplifique: $\dfrac{\operatorname{sen}^2 4\theta}{\operatorname{sen}^2 4\theta - \operatorname{sen} 4\theta}$

42. Simplifique: $\dfrac{9 - \cos^2 2\theta}{9 - 6 \cos 2\theta + \cos^2 2\theta}$

En los ejercicios 43-54, utilice el triángulo dado.

43. Exprese:
    sen θ en términos de x.

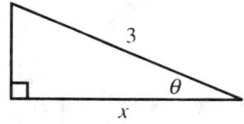

44. Exprese:
    cot θ en términos de a.

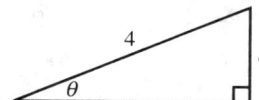

45. Exprese:
    tan θ en términos de y.

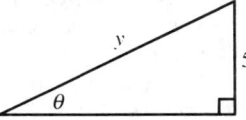

46. Exprese:
    cos θ en términos de x.

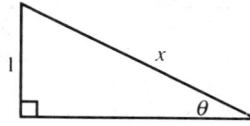

47. Exprese:
    sec θ en términos de a.

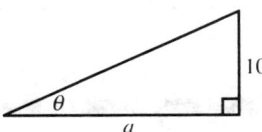

48. Exprese:
    csc θ en términos de x.

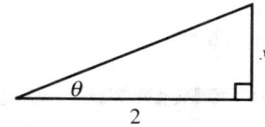

49. Exprese:
    x en términos de sen θ.

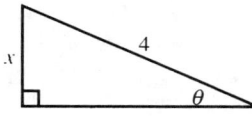

50. Exprese:
    x en términos de sen θ.

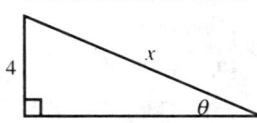

51. Exprese:
    y en términos de tan θ.

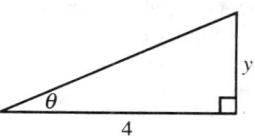

52. Exprese:
    y en términos de tan θ.

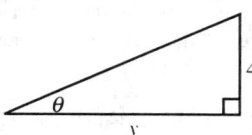

53. Exprese:
    s en términos de sec θ.

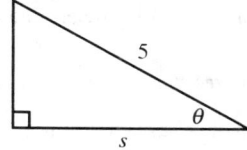

54. Exprese:
    s en términos de sec θ.

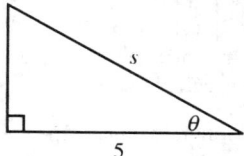

55. Un peso de 5 kg que está sujeto al extremo de un resorte es jalado hacia abajo y se *desplaza* 6 pulgadas abajo de su posición de equilibrio (véase la figura siguiente). Una vez que se suelta el peso, éste oscilará de arriba hacia abajo. Supongamos que, si ignoramos la resistencia del aire y la fricción, la distancia d del peso hacia la posición de equilibrio en el tiempo t, en segundos, está dada por

$$d = 6 \cos 4t$$

donde d es positivo si el peso se encuentra debajo de su posición de equilibrio y negativo si éste se encuentra encima de la posición de equilibrio.

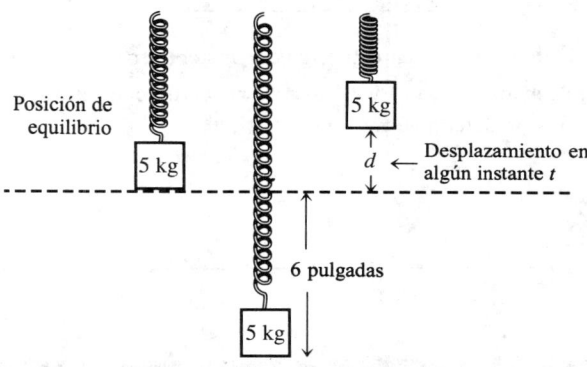

¿Qué distancia hay entre el peso y su posición de equilibrio en cada instante?
(a) $t = 0$ segundos (b) $t = 2$ segundos
(c) $t = 5$ segundos

56. Una empresa fabrica un producto de temporada. Sus ventas mensuales se estiman mediante la ecuación

$$w = 27.5 + 6.4 \operatorname{sen}\left(\dfrac{\pi t}{6}\right)$$

donde *w* es el número de unidades vendidas (en miles) y *t* es el mes determinado del año, donde $t = 1$ representa enero, $t = 2$ representa febrero y así sucesivamente. Estime el número de unidades vendidas en enero, marzo, julio y octubre.

PREGUNTAS PARA REFLEXIONAR

57. En cálculo se muestra que para valores "pequeños" de *x*, el polinomio $p(x) = x - \frac{x^3}{6}$ aproxima sen *x* con un error máximo de $\left|\frac{x^5}{120}\right|$. Utilice $p(x)$ para aproximar sen 0.1 y determine el error máximo en esta aproximación.

58. En cálculo se muestra que para valores "pequeños" de *x*, el polinomio $p(x) = 1 - \frac{x^2}{2} + \frac{x^4}{4}$ aproxima cos *x* con un error máximo de $\left|\frac{x^6}{720}\right|$. Utilice $p(x)$ para aproximar $\cos(-0.2)$ y determine el error máximo en esta aproximación.

59. Utilice el siguiente triángulo para convertir la expresión algebraica $\frac{x^2}{\sqrt{9-x^2}}$ en una expresión trigonométrica. SUGERENCIA: Determine tan *θ*.

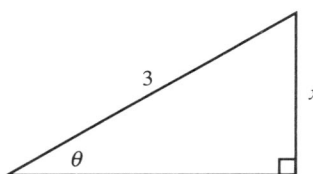

60. Utilice el siguiente triángulo para convertir la expresión algebraica $x^2\sqrt{x^2+9}$ en una expresión trigonométrica. SUGERENCIA: Determine tan *θ*.

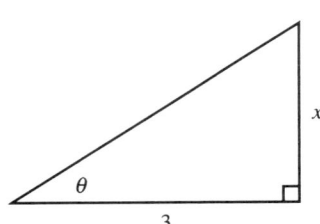

61. Utilice el siguiente triángulo para convertir la expresión algebraica $\frac{x\sqrt{x^2-9}}{9}$ en una expresión trigonométrica.

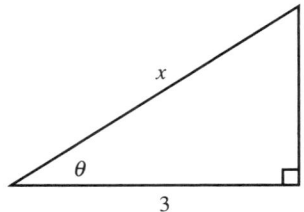

62. Sean $f(\theta) = \cos 2\theta$ y $g(\theta) = 2 \cos \theta$. Calcule $f\left(\frac{\pi}{4}\right)$ y $g\left(\frac{\pi}{4}\right)$. ¿Son iguales? ¿Deben serlo? Explique.

63. Sean $f(\theta) = \text{sen } 2\theta$ y $g(\theta) = 2 \text{ sen } \theta$. Calcule $f\left(\frac{\pi}{3}\right)$ y $g\left(\frac{\pi}{3}\right)$. ¿Son iguales? ¿Contradice este resultado la afirmación de la página 417 en el sentido de que, en general, sen $2\theta \neq 2$ sen θ? ¿Por qué?

64. Considere un ángulo *θ* en posición canónica y seleccione un punto (x, y) en el lado terminal de *θ* y en el círculo unitario. Demuestre que en este caso sen $\theta = y$ y cos $\theta = x$.

65. Utilice el resultado del ejercicio 64 para demostrar que para todos los valores de *θ* se cumple $\text{sen}^2 \theta + \cos^2 \theta = 1$.

Capítulo 6 **RESUMEN**

Al terminar este capítulo, usted será capaz de:

1. Comprender el significado de la medida en *radianes* de un ángulo (Sección 6.1)
2. Realizar una conversión de medida en radianes a medida en grados, y viceversa. (Sección 6.1)
   La siguiente proporción nos da la relación entre las mediciones en radianes y la medición en grados, y se puede emplear para realizar la conversión de una a otra:

   $$\frac{\theta \text{ en radianes}}{\pi} = \frac{\theta \text{ en grados}}{180°}$$

   Por ejemplo:
   (a) Convierta $\frac{2\pi}{3}$ a grados.
   (b) Convierta 20° a radianes.

Solución:

(a) $\dfrac{\frac{2\pi}{3}}{\pi} = \dfrac{\theta}{180°} \Rightarrow \theta = \dfrac{2\pi}{3} \cdot \dfrac{1}{\pi} \cdot 180° = \boxed{120°}$

(b) $\dfrac{\theta}{\pi} = \dfrac{20°}{180°} \Rightarrow \theta = \boxed{\dfrac{\pi}{9}}$

3. Poder establecer prototipos para los dos triángulos básicos. (Sección 6.1)

El triángulo rectángulo de 45°

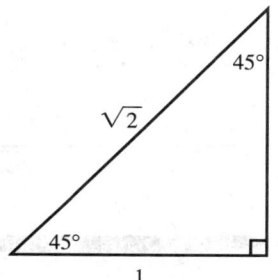

El triángulo rectángulo 30°-60°

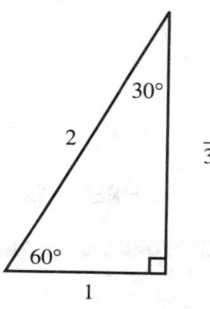

4. Conocer las definiciones de las seis funciones trigonométricas. (Sección 6.2)

5. Utilizar las definiciones para encontrar las funciones trigonométricas de un ángulo en posición canónica. (Sección 6.2)

Por ejemplo:

(a) Determine $\cos\dfrac{5\pi}{6}$. (b) Determine $\operatorname{sen}\dfrac{3\pi}{2}$.

Solución:

(a) $\dfrac{5\pi}{6} = \dfrac{5(180°)}{6} = 150°$. Como vemos en la figura 6.54, el ángulo de referencia es 30°. Dibujamos el triángulo de referencia y escribimos (x, y) y r.

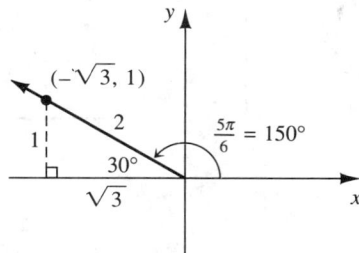

FIGURA 6.54

Por lo tanto, tenemos $\cos\dfrac{5\pi}{6} = \dfrac{x}{r} = \boxed{-\dfrac{\sqrt{3}}{2}}$.

(b) $\dfrac{3\pi}{2} = \dfrac{3(180°)}{2} = 270°$ (véase la figura 6.55)

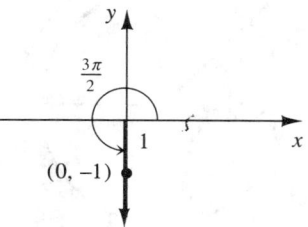

FIGURA 6.55

$\operatorname{sen}\dfrac{3\pi}{2} = \dfrac{y}{r} = \boxed{-1}$

6. Saber cómo emplear las funciones trigonométricas para encontrar las partes faltantes en un triángulo. (Sección 6.3) Las definiciones de las funciones trigonométricas para un triángulo rectángulo, que se encuentran en la página 400, se pueden aplicar para encontrar las partes faltantes de un triángulo.

Por ejemplo:
Determine x (redondeado a la décima más cercana) en el triángulo de la figura 6.56.

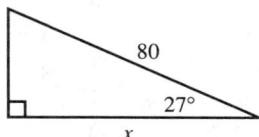

FIGURA 6.56

Solución:

$\cos 27° = \dfrac{x}{80}$ *Utilizamos una calculadora para encontrar cos 27°*

$0.8910065 = \dfrac{x}{80}$

$x = 71.3$ *Redondeado a décimos*

7. Comprender cómo los números reales se pueden interpretar como ángulos. (Sección 6.4)

Por ejemplo:
Un ángulo de 2 (radianes) corresponde a un ángulo central que subtiende un arco de un círculo del doble de la

longitud de su radio, como se ilustra en la figura 6.57. Podemos decir que un ángulo de 2 radianes corresponde al número real 2.

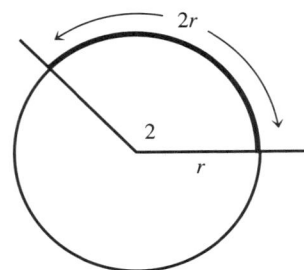

FIGURA 6.57 Un ángulo correspondiente al número real 2

8. Aplicar las técnicas algebraicas a las expresiones trigonométricas. (Sección 6.4)

Por ejemplo:

Podemos simplificar $\dfrac{\cos^2\theta - \cos\theta}{\cos^2\theta - 1}$ como sigue.

$$\dfrac{\cos^2\theta - \cos\theta}{\cos^2\theta - 1} = \dfrac{\cos\theta(\cos\theta - 1)}{(\cos\theta + 1)(\cos\theta - 1)}$$

$$= \boxed{\dfrac{\cos\theta}{\cos\theta + 1}}$$

Capítulo 6 EJERCICIOS DE REPASO

En los ejercicios 1-10, convierta las medidas dadas en grados a radianes, o bien las medidas dadas en radianes a grados.

1. $\dfrac{\pi}{12}$
2. $80°$
3. $200°$
4. $\dfrac{\pi}{9}$
5. $-\dfrac{3\pi}{5}$
6. $-400°$
7. $330°$
8. $\dfrac{3\pi}{2}$
9. $\dfrac{7\pi}{4}$
10. $-\dfrac{2\pi}{3}$

En los ejercicios 11-30, evalúe la expresión dada. Utilice una calculadora sólo cuando sea necesario.

11. $\tan\dfrac{5\pi}{6}$
12. $\sec\dfrac{7\pi}{4}$
13. $\operatorname{sen} 240°$
14. $\cos 180°$
15. $\operatorname{sen}\dfrac{\pi}{2}$
16. $\tan 0$
17. $\csc 125°$
18. $\cos(-143°)$
19. $\cot(-300°)$
20. $\cos\dfrac{\pi}{3}$
21. $\operatorname{sen}\dfrac{\pi}{9}$
22. $\csc\dfrac{11\pi}{6}$
23. $\tan 3$
24. $\operatorname{sen} 2$
25. $\sec\dfrac{\pi}{2}$
26. $\tan\dfrac{3\pi}{2}$
27. $\cos\left(-\dfrac{\pi}{15}\right)$
28. $\sec 206°$
29. $\operatorname{sen}\dfrac{5\pi}{4}$
30. $\cos\dfrac{7\pi}{6}$

En los ejercicios 31-38, utilice las funciones trigonométricas para determinar el valor de la parte indicada del triángulo. Dé el valor exacto cuando sea posible; redondee a los centésimos más cercanos cuando sea necesario.

31. Determine x.

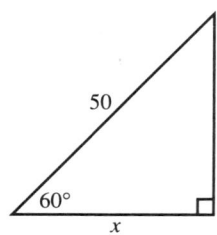

32. Determine θ.

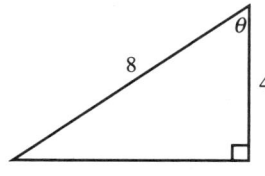

33. Determine θ.

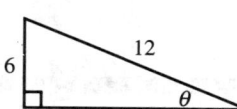

34. Determine x.

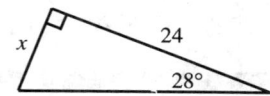

35. Determine x.

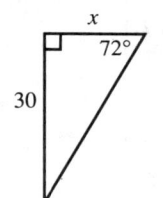

36. Determine x.

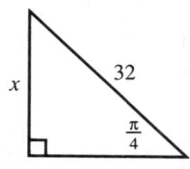

37. Determine θ.

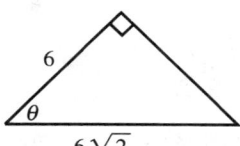

38. Determine θ.

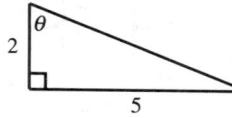

39. Determine el área de $\triangle ABC$.

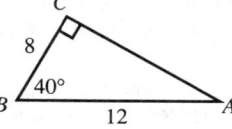

40. Determine el área de un sector de un círculo con un ángulo central de $\pi/9$ y un radio de 18 cm.

41. Determine la longitud de arco de un sector con un ángulo central de $100°$ y un radio de 9 pulgadas.

42. Determine la medida en radianes de un ángulo central en un círculo de radio 12 cm que corta un arco de longitud 3 cm.

43. Una escalera de 22 pies de altura está reclinada contra un edificio alto. Si la base de la escalera forma un ángulo de $65°$ con el nivel del suelo, ¿hasta qué punto alcanza el edificio la escalera?

44. Un helicóptero está volando directamente sobre el punto A. El piloto observa un punto B a 1000 yardas al este del punto A con un ángulo de depresión de $27°$. ¿Cuál es la altitud del helicóptero (redondeado al pie más cercano)?

45. Un jet, que está volando a una altitud constante de 10 000 pies, pasa directamente sobre un observador en el suelo. Después de veinte segundos, el observador ve el avión con un ángulo de elevación de $15°$. Determine la velocidad del jet, redondeado a la milla por hora más cercana.

46. Jane se encuentra parada a 30 metros de la base de un edificio. Una antena de televisión está colocada en el tejado en una orilla del edificio. Observa la parte más alta del edificio con un ángulo de elevación de $50°$, y la punta de la antena, con un ángulo de $54°$. Determine la altura de la antena redondeando a décimos de pie.

47. La siguiente figura muestra dos postes de teléfono fijados por cables de soporte a un punto en el suelo entre ellos. Determine la distancia entre los dos postes.

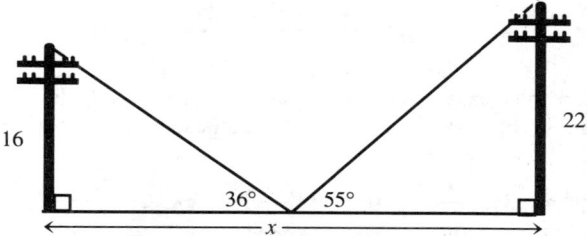

48. Determine el área de la porción sombreada de la siguiente figura. El triángulo equilátero $\triangle ABC$ está inscrito en un círculo cuyo radio es de 4.

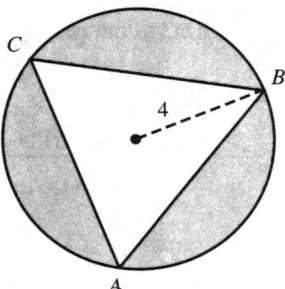

En los ejercicios 49-52, realice las operaciones indicadas y simplifique de la forma más completa posible.

49. $\dfrac{1}{\operatorname{sen}\theta} + \dfrac{4}{\cos 2\theta}$

50. $(2\tan\theta - 3)(3\tan\theta + 4)$

51. $\dfrac{2\sec^2\theta - 9\sec\theta + 9}{\sec^2\theta - 9}$

52. $\dfrac{\cot\theta}{\cot\theta + 1} - \dfrac{1}{\cot^2\theta + \cot\theta}$

Capítulo 7 EXÁMEN DE PRACTICA

1. Convierta $\dfrac{3\pi}{5}$ radianes a grados.
2. Escriba 80° en radianes.
3. Determine la longitud de $\overline{AB}$. Deje la respuesta en forma radical.

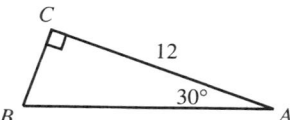

4. Evalúe cada una de las siguientes expresiones. Utilice una tabla trigonométrica o una calculadora sólo cuando sea necesario.

   (a) $\operatorname{sen}\dfrac{5\pi}{4}$ (b) $\cos\dfrac{2\pi}{3}$ (c) $\tan\dfrac{7\pi}{6}$
   (d) $\csc 180°$ (e) $\tan 270°$ (f) $\sec 39°$
   (g) $\operatorname{sen} 84°$ (h) $\cot 134°$

5. Determine la longitud de arco de un sector con un ángulo central de $\dfrac{\pi}{5}$ en un círculo de radio 10 cm.
6. Determine el área de $\triangle ABC$, redondeado a décimos.

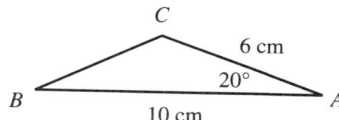

7. Determine x, redondeado a décimos.

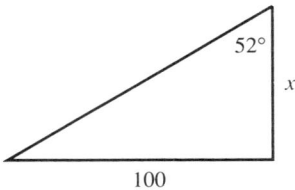

8. Determine θ, hasta el grado más cercano.

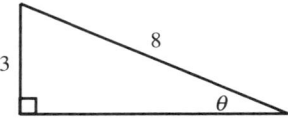

9. Un observador de la guardia costera está en la parte superior de un faro de 80 pies de altura. Si observa una lancha con un ángulo de depresión de 18°, ¿a qué distancia se encuentra la lancha del faro? (Responda redondeando a pies.)
10. Un globo de aire caliente está flotando a una altitud de 500 metros directamente sobre una persona en el punto A. La persona en el punto A comienza a correr y después de 6 minutos observa el globo con un ángulo de elevación de 16°. ¿A qué velocidad estaba corriendo la persona? (Responda redondeando a metros por minuto.)
11. Simplifique de la forma más completa posible:

$$\dfrac{1}{\operatorname{sen} 2\theta} + \dfrac{1}{2\operatorname{sen}\theta}$$

CAPÍTULO 7

Las funciones trigonométricas

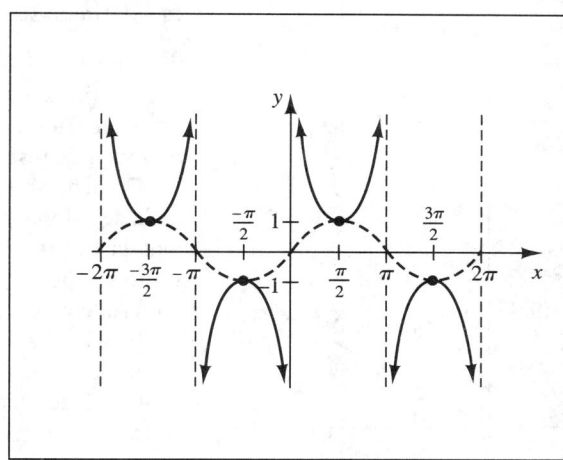

7.1 Las funciones seno y coseno y sus gráficas

7.2 Las funciones tangente, secante, cosecante y cotangente y sus gráficas

7.3 Identidades básicas

7.4 Ecuaciones trigonométricas

7.5 Las funciones trigonométricas inversas

Resumen ■ *Ejercicios de repaso* ■ *Examen de práctica*

En este capítulo analizaremos con mayor detalle las funciones trigonométricas. Las examinaremos desde la perspectiva que hemos desarrollado y utilizado para el estudio de las funciones en general. En las primeras dos secciones analizamos cada una de las seis funciones trigonométricas para determinar su dominio, rango y gráfica. En las secciones 7.3 y 7.4, centraremos nuestra atención en las identidades y ecuaciones trigonométricas. En la sección 7.5, concluiremos el capítulo con una introducción a las funciones trigonométricas inversas.

7.1 Las funciones seno y coseno y sus gráficas

Como mencionamos en el último capítulo, cualquier número real se puede interpretar como un ángulo. Por lo tanto, podemos describir los dominios "naturales" de las funciones trigonométricas dentro de la estructura del sistema de números reales.

Si $f(\theta) = \text{sen } \theta$, entonces el dominio consta de todos los números reales θ para los que está definido sen θ. Como sen $\theta = \frac{y}{r}$ y r nunca se anula, el dominio de sen θ es el conjunto de todos los números reales. De manera análoga, el dominio de $f(\theta) = \cos \theta = \frac{x}{r}$ también es el conjunto de todos los números reales. Hemos visto varias veces que, por lo general, la determinación del rango de una función es una cuestión más sutil, que con frecuencia es más fácil de responder si observamos la gráfica de la función.

Comencemos determinando cómo es la gráfica de $f(\theta) = \text{sen } \theta$. Completaremos una tabla de valores para $f(\theta) = \text{sen } \theta$ que nos ayudará a trazar la gráfica. Sin embargo, analicemos la función seno para ver si podemos determinar el comportamiento general de sus valores y, por lo tanto, su gráfica. Durante este análisis veremos una razón por la cual es preferible medir en radianes que medir en grados.

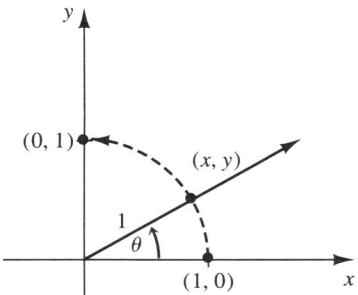

FIGURA 7.1

Para analizar $f(\theta) = \text{sen } \theta$, recordemos que una vez elegido un número real θ, trazamos el ángulo, en posición normal (canónica), correspondiente a θ. Recuerde que etiquetamos el punto del lado terminal del ángulo como (x, y) y la distancia al origen como r. Para simplificar nuestro análisis, elegimos este punto (x, y) de modo que $r = 1$. Es decir, (x, y) es un punto en el círculo $x^2 + y^2 = 1$, llamado **círculo unitario**. Así, para un ángulo θ que su lado terminal no se encuentre sobre los ejes, tenemos la figura 7.1. Observe que sen $\theta = \frac{y}{1} = y$.

Cuando el lado terminal de θ se mueve en el primer cuadrante, el valor de y crece desde 0 (cuando $\theta = 0$) hasta 1 (cuando $\theta = \frac{\pi}{2}$). Así, cuando θ crece de 0 a $\frac{\pi}{2}$, $y = \text{sen } \theta$ crece de manera continua de 0 a 1.

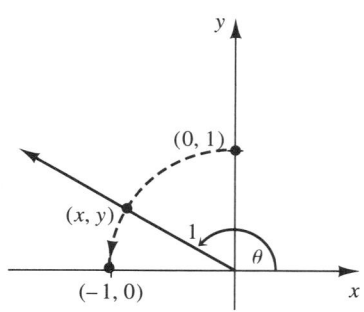

FIGURA 7.2

Cuando θ crece en el segundo cuadrante, es decir, de $\frac{\pi}{2}$ a π, el valor de y decrece de 1 a 0. Véase la figura 7.2. Así, si θ crece de $\frac{\pi}{2}$ a π, sen θ decrece de 1 a 0. Un análisis similar (véase las figuras 7.3 y 7.4) revela que cuando θ crece de π a $\frac{3\pi}{2}$, sen θ decrece de 0 a -1; y cuando θ crece de $\frac{3\pi}{2}$ a 2π, sen θ crece de -1 a 0.

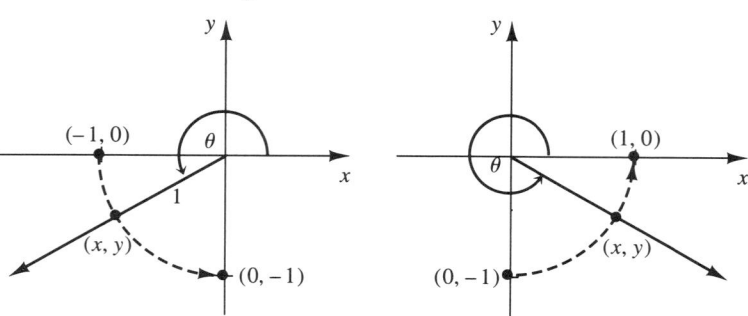

FIGURA 7.3　　　　　　　　　　　　　　　　　　　　　　　　　　　　FIGURA 7.4

7.1 Las funciones seno y coseno y sus gráficas

La siguiente tabla muestra algunos valores adicionales, que ilustran el patrón ya descrito. Utilizamos una calculadora cuando es necesario aproximar valores.

θ	0	$\frac{\pi}{6}$	$\frac{\pi}{4}$	$\frac{\pi}{3}$	$\frac{\pi}{2}$	$\frac{2\pi}{3}$	$\frac{3\pi}{4}$	$\frac{5\pi}{6}$	π	$\frac{7\pi}{6}$	$\frac{5\pi}{4}$	$\frac{4\pi}{3}$	$\frac{3\pi}{2}$	$\frac{5\pi}{3}$	$\frac{7\pi}{4}$	$\frac{11\pi}{6}$	2π
sen θ	0	0.5	0.707	0.866	1	0.866	0.707	0.5	0	−0.5	−0.707	−0.866	−1	−0.866	−0.707	−0.5	0

Utilizamos como ayuda estos puntos, para obtener la gráfica de $f(\theta) = \text{sen } \theta$ que aparece en la figura 7.5.

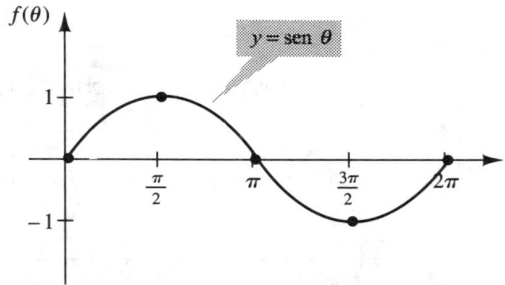

FIGURA 7.5 La gráfica de $f(\theta) = \text{sen } \theta$ en el intervalo $(0, 2\pi)$

Como analizamos en la sección 6.4, los valores de $f(\theta) = \text{sen } \theta$ sólo dependen de la posición del lado terminal. Si sumamos o restamos múltiplos de 2π a θ, el valor de sen θ no se modifica. Así, los valores de $f(\theta) = \text{sen } \theta$ se repetirán cada 2π unidades. La gráfica completa de $f(\theta) = \text{sen } \theta$ aparece abajo.

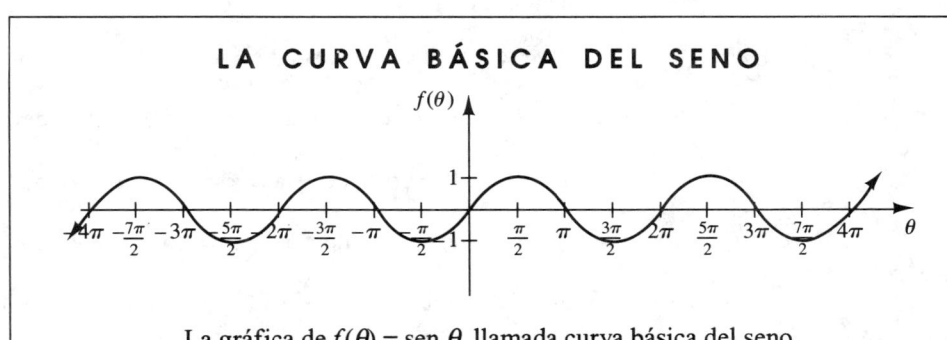

La gráfica de $f(\theta) = \text{sen } \theta$, llamada curva básica del seno.

Observe que $\frac{\pi}{2} \approx 1.57$, de modo que la gráfica de $f(\theta) = \operatorname{sen} \theta$ crece 1 unidad cuando θ cambia aproximadamente 1.57 unidades. Este hecho nos permite hacer una pausa y analizar el punto mencionado en la sección 6.1, que es más adecuado medir ángulos en radianes que en grados.

Si intentamos trazar la gráfica de $f(\theta) = \operatorname{sen} \theta$ con θ medido en grados, entonces $f(\theta)$ crece de 0 a 1 cuando θ crece de 0° a 90°. En otras palabras, se necesita un cambio en θ de 90 unidades para obtener un cambio en $f(\theta)$ de 1 unidad. Así, la gráfica se vería como la figura 7.6.

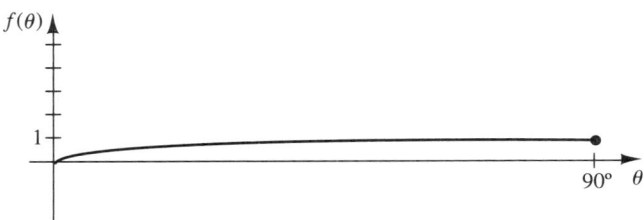

FIGURA 7.6 Una parte de la gráfica de $f(\theta) = \operatorname{sen} \theta$ con θ medido en grados

Aunque esta gráfica podría ser más exacta, parece mucho menos "legible" que nuestra gráfica anterior, donde utilizamos la medida en radianes.*

GRAFIJACIÓN

Utilice una calculadora gráfica o una computadora.

1. Trace la gráfica $y = \operatorname{sen} x$ en modo grados cuando x varía de 0° a 90°.

2. Trace la gráfica $y = \operatorname{sen} x$ en modo radianes cuando x varía de 0 a $\frac{\pi}{2}$.

Si aplicamos el mismo tipo de análisis a $f(\theta) = \cos \theta$, podremos tener una buena idea de su gráfica. La figura 7.7 muestra el ángulo correspondiente a θ cuando éste crece por los cuadrantes I, II, III y IV.

Si recordamos que $\cos \theta = \frac{x}{1} = x$, tenemos lo siguiente: Véase la figura 7.7

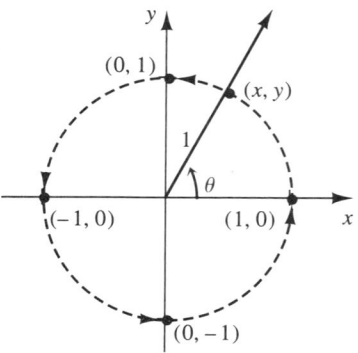

FIGURA 7.7

(a) Cuando θ crece de 0 a $\frac{\pi}{2}$, $x = \cos \theta$ *decrece* de 1 a 0.

(b) Cuando θ crece de $\frac{\pi}{2}$ a π, $x = \cos \theta$ *decrece* de 0 a -1.

(c) Cuando θ crece de π a $\frac{3\pi}{2}$, $x = \cos \theta$ *crece* de -1 a 0.

(d) Cuando θ crece de $\frac{3\pi}{2}$ a 2π, $x = \cos \theta$ *crece* de 0 a 1.

*Podemos disminuir este problema utilizando otra unidad de medida en el eje θ. Sin embargo, esto tiene otras desventajas, como analizamos en el ejercicio 55 de las Preguntas para reflexionar al final de esta sección.

7.1 Las funciones seno y coseno y sus gráficas

Con base en este análisis, tenemos la gráfica de $f(\theta) = \cos\theta$ en el intervalo $[0, 2\pi]$ como se muestra en la figura 7.8.

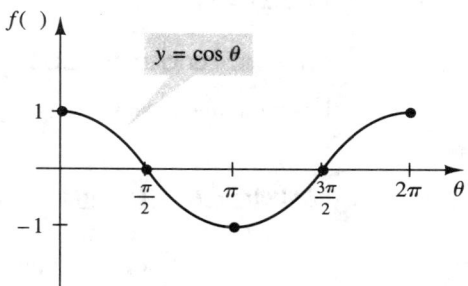

FIGURA 7.8 La gráfica de $y = \cos\theta$ en el intervalo $(0, 2\pi)$

GRAFIJACIÓN

Utilice una calculadora gráfica o una computadora para graficar la función $y = \cos x$ en el intervalo $[-2\pi, 2\pi]$.

De nuevo, utilizamos el hecho de que los valores de $f(\theta) = \cos\theta$ se repiten cada 2π unidades para obtener la gráfica del siguiente cuadro.

LA CURVA BÁSICA DEL COSENO

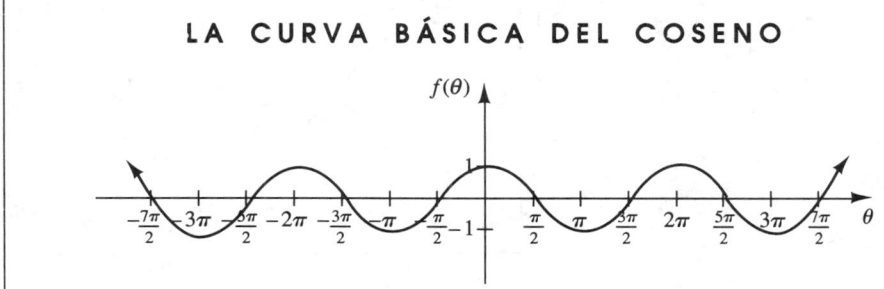

La gráfica de $f(\theta) = \cos\theta$, llamada curva básica del coseno.

Las curvas básicas del seno y del coseno son muy importantes y deben añadirse a nuestro catálogo de gráficas básicas.

En nuestro estudio anterior de la graficación de funciones, por lo general hemos denominado a la función como $y = f(x)$. Hasta ahora, en nuestro análisis de las gráficas de las funciones seno y coseno, hemos denominado a las funciones como $f(\theta) = \operatorname{sen}\theta$ y $f(\theta) = \cos\theta$. Hicimos esto para evitar confusiones entre el uso de (x, y) como el punto en el lado terminal del ángulo y el uso de x como el ángulo y y como el valor de la función.

Sin embargo, debido al hecho de que cuando trazamos la gráfica de una función, normalmente etiquetamos a nuestros ejes como x y y en vez de θ y $f(\theta)$, regresaremos a nuestra convención usual y escribimos las funciones seno y coseno como $y = f(x) = \operatorname{sen} x$ y $y = f(x) = \cos x$.

Funciones periódicas

Las funciones seno y coseno, y por lo tanto sus gráficas, exhiben una característica única.

DEFINICIÓN   Una función $y = f(x)$ es **periódica** si existe un número p tal que $f(x + p) = f(x)$ para toda x en el dominio de f. El mínimo número positivo p de este tipo es el **periodo** de la función.

Una función periódica repite el mismo conjunto de valores de y una y otra vez. Así, la gráfica de una función periódica repite el mismo segmento básico de su gráfica (véase la figura 7.9).

En el caso de las funciones seno y coseno, el periodo es 2π. Llamaremos a la parte de las gráficas de $y = \operatorname{sen} x$ y $y = \cos x$ para $0 \leq x \leq 2\pi$ el **ciclo fundamental** de la gráfica.

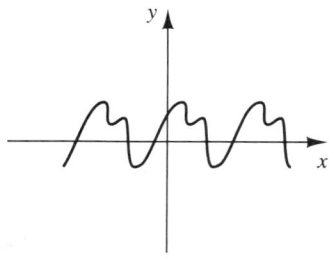

FIGURA 7.9 La gráfica de una función periódica

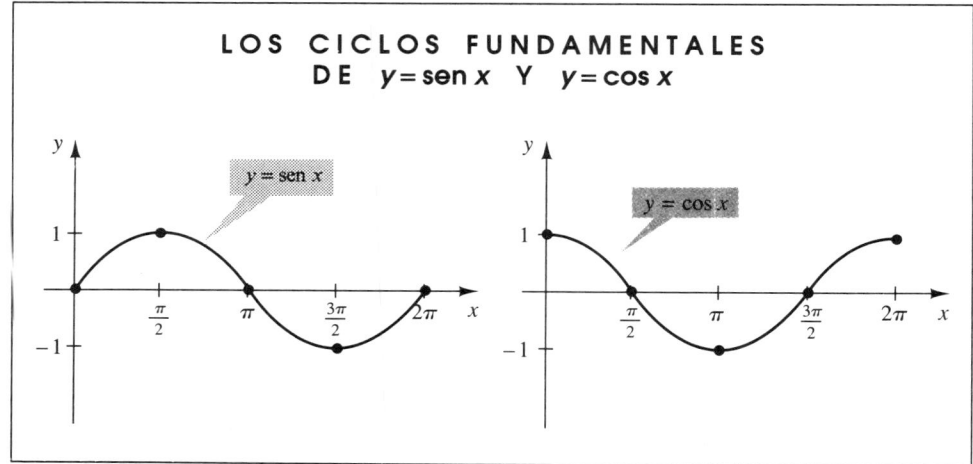

LOS CICLOS FUNDAMENTALES DE $y = \operatorname{sen} x$ Y $y = \cos x$

Muchos fenómenos que ocurren en la naturaleza varían de manera cíclica o periódica y se pueden describir de manera matemática mediante combinaciones de varias funciones trigonométricas. En cursos de matemáticas más avanzadas, estos fenómenos se modelan por lo general mediante funciones trigonométricas y se analizan con técnicas del cálculo.

Las gráficas de los ciclos fundamentales de $y = \operatorname{sen} x$ y $y = \cos x$ proporcionan un medio muy eficiente para recordar algunos hechos importantes relativos a las funciones seno y coseno. Por ejemplo, si observamos la gráfica de $y = \operatorname{sen} x$, podemos determinar con facilidad los valores de $\operatorname{sen} x$ para los ángulos de los ejes, como $\operatorname{sen} 0 = 0$, $\operatorname{sen} \dfrac{\pi}{2} = 1$ y $\operatorname{sen} \pi = 0$.

7.1 Las funciones seno y coseno y sus gráficas

Como ya hemos mencionado, una vez que tenemos las gráficas, podemos ver con facilidad el dominio y el rango. El dominio de cada función es el conjunto de todos los números reales, y su rango es $\{y \mid -1 \leq y \leq 1\}$.

Ángulos negativos

Hasta este momento hemos realizado algunos cálculos con ángulos negativos, pero no hemos descrito la forma general de trabajar con este tipo de ángulos. Ahora que tenemos las gráficas de $y = \text{sen } x$ y $y = \cos x$, podemos obtener algunas conclusiones generales.

La gráfica de la curva básica del seno aparece en la página 427.

Si observamos la gráfica de $y = \text{sen } x$, podemos ver que la gráfica exhibe una simetría con respecto del origen. Recuerde que tal función (una función *impar*) se caracteriza por satisfacer la relación funcional $F(-x) = -F(x)$. Así, tenemos que

$$\text{sen}(-x) = -\text{sen}(x)$$

La gráfica de la curva básica del coseno aparece en la página 429.

De manera análoga, si observamos la gráfica de $y = \cos x$, podemos ver que la gráfica exhibe una simetría con respecto del eje y. Recuerde que tal función (una función *par*) se caracteriza por satisfacer la relación funcional $F(-x) = F(x)$. Así, tenemos

$$\cos(-x) = \cos(x)$$

En el ejemplo 7 de la sección 6.4 mostramos que $\tan x = \dfrac{\text{sen } x}{\cos x}$, y por lo tanto

$$\tan(-x) = \frac{\text{sen}(-x)}{\cos(-x)} = \frac{-\text{sen } x}{\cos x} = -\tan x$$

Los resultados para las funciones cosecante, secante y cotangente de ángulos negativos pueden obtenerse de las relaciones recíprocas.

$$\csc(-x) = \frac{1}{\text{sen}(-x)} = \frac{1}{-\text{sen } x} = -\csc x$$

$$\sec(-x) = \frac{1}{\cos(-x)} = \frac{1}{\cos x} = \sec x$$

$$\cot(-x) = \frac{1}{\tan(-x)} = \frac{1}{-\tan x} = -\cot x$$

Resumimos estos resultados en el siguiente cuadro.

FUNCIONES TRIGONOMÉTRICAS DE ÁNGULOS NEGATIVOS

$\text{sen}(-x) = -\text{sen } x$	$\csc(-x) = -\csc x$
$\cos(-x) = \cos x$	$\sec(-x) = \sec x$
$\tan(-x) = -\tan x$	$\cot(-x) = -\cot x$

Podemos utilizar los resultados anteriores para convertir expresiones con ángulos negativos en expresiones con ángulos positivos, como se ilustra en el siguiente ejemplo.

EJEMPLO 1 Expresar sen(−132°) como función de un ángulo agudo *positivo*.

Solución

$$\text{sen}(-132°) = -\text{sen}\,132° \quad \text{\textit{El ángulo de referencia es 48°.}}$$

$$= \boxed{-\text{sen}\,48°} \qquad \blacksquare$$

Ahora aplicaremos algunas de nuestras técnicas de graficación a las funciones trigonométricas.

EJEMPLO 2 Trazar la gráfica de **(a)** $y = \text{sen}\left(x + \dfrac{\pi}{2}\right)$ **(b)** $y = 1 + \cos x$.

Solución

(a) Así como la gráfica de $y = (x + 2)^2$ es la gráfica de la parábola básica recorrida 2 unidades a la *izquierda*, la gráfica de $y = \text{sen}\left(x + \dfrac{\pi}{2}\right)$ es la gráfica básica del seno recorrida $\dfrac{\pi}{2}$ unidades a la izquierda. Decimos que la gráfica básica del seno ha sufrido un *desfasamiento* de $\dfrac{\pi}{2}$ unidades a la izquierda o, de manera equivalente, un desfasamiento de $-\dfrac{\pi}{2}$ unidades. Véase la figura 7.10. Observe que la gráfica de $y = \text{sen}\left(x + \dfrac{\pi}{2}\right)$ es idéntica a la gráfica de $y = \cos x$. Con frecuencia decimos que las gráficas de $y = \text{sen}\,x$ y $y = \cos x$ están desfasadas $\dfrac{\pi}{2}$ unidades.

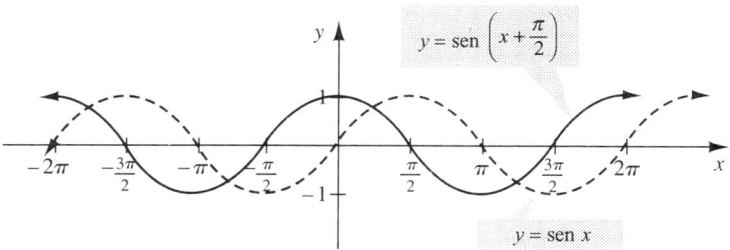

FIGURA 7.10

El hecho de que $\text{sen}\left(x + \dfrac{\pi}{2}\right) = \cos x$ para *toda* x hace de esta ecuación una identidad trigonométrica. Demostraremos esta identidad, y otras como ésta, utilizando otras relaciones trigonométricas que obtendremos en el siguiente capítulo.

(b) La gráfica de $y = 1 + \cos x$ se obtiene al desplazar 1 unidad hacia arriba la curva básica del coseno. Véase la figura 7.11. La gráfica de $y = \cos x$ aparece como la curva punteada.

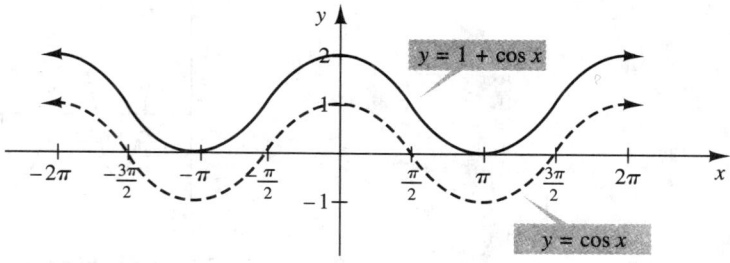

FIGURA 7.11

Introduciremos cierta terminología que se utiliza con frecuencia junto con las funciones trigonométricas (debido a su periodicidad). Si observamos las curvas básicas del seno y del coseno, podemos ver que el valor máximo en cada gráfica es 1 y el valor mínimo en cada una es −1. Si pensamos en 0 como el valor medio entre los valores máximo y mínimo, la distancia que sube la gráfica por arriba de este valor medio es la **amplitud** de la función. La amplitud se define formalmente como sigue.

DEFINICIÓN La **amplitud** de una función periódica $f(x)$ es

$$A = \frac{1}{2}[\text{valor máximo de } f(x) - \text{valor mínimo de } f(x)]$$

Así, la amplitud de las funciones básicas seno y coseno es 1.

La parte de la gráfica de las funciones seno y coseno en un periodo es un **ciclo completo** de la gráfica. En otras palabras, la parte mínima de la gráfica del seno o del coseno que se repite es un ciclo completo de la gráfica. En el caso de una curva *básica* del seno o coseno, un ciclo completo corresponde a *cualquier* parte de la gráfica en un intervalo de longitud 2π.

Una forma de comparar las curvas seno y coseno es por medio de sus amplitudes. Otra forma de comparar otras gráficas seno y coseno con las curvas básicas es por medio del número de ciclos que tienen en un intervalo de longitud 2π.

> Recuerde que la parte de las curvas básicas del seno y coseno en el intervalo $(0, 2\pi)$ es el ciclo fundamental de la gráfica.

DEFINICIÓN El número de ciclos completos de una gráfica de tipo seno o coseno hechos en un intervalo de longitud igual a 2π es su **frecuencia**.

La frecuencia de la curva básica del seno $y = \text{sen } x$ y de la curva básica del coseno $y = \cos x$ es 1, ya que cada gráfica realiza 1 ciclo completo en el intervalo $[0, 2\pi]$.

Si una función seno tiene un periodo de $\frac{\pi}{2}$ (Véase la figura 7.12 de la página 434), entonces el número de ciclos completos que realiza su gráfica en un intervalo de longitud 2π es $\frac{2\pi}{\pi/2} = 4$. Así, si una función seno tiene un periodo de $\frac{\pi}{2}$, su frecuencia es 4 y su gráfica tiene 4 ciclos completos en un intervalo de longitud 2π.

434 Capítulo 7 Las funciones trigonométricas

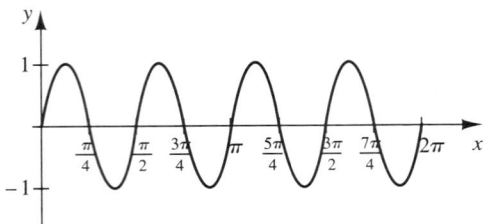

FIGURA 7.12 Una gráfica de tipo seno, con periodo $\frac{\pi}{2}$ y frecuencia 4.

> ### GRAFIJACIÓN
> Utilice una calculadora gráfica o una computadora.
> 1. Trace la gráfica de lo siguiente en el mismo conjunto de ejes coordenados:
>
> $$y = \operatorname{sen} x \quad y = 0.5 \operatorname{sen} x \quad y = 4 \operatorname{sen} x$$
>
>   ¿Qué puede concluir acerca de la forma en que afecta el coeficiente A a la gráfica $y = A \operatorname{sen} x$?
> 2. Trace la gráfica de lo siguiente en el mismo conjunto de ejes coordenados:
>
> $$y = \operatorname{sen} x \quad y = \operatorname{sen} 2x \quad y = \operatorname{sen}\left(\tfrac{1}{2}\right)x$$
>
>   ¿Qué puede concluir acerca de la forma en que afecta el coeficiente B a la gráfica $y = \operatorname{sen} Bx$?

EJEMPLO 3 Trazar las gráficas de lo siguiente en el intervalo $[0, 2\pi]$. Determinar la amplitud, el periodo y la frecuencia de cada una. **(a)** $y = \operatorname{sen} 2x$ **(b)** $y = 2 \cos x$

Solución Podemos obtener estas gráficas aplicando nuestro conocimiento de las gráficas básicas del seno y coseno.

(a) Para la curva básica del seno, tenemos

$$\operatorname{sen} 0 = 0 \quad \operatorname{sen} \frac{\pi}{2} = 1 \quad \operatorname{sen} \pi = 0 \quad \operatorname{sen} \frac{3\pi}{2} = -1 \quad \operatorname{sen} 2\pi = 0$$

Estos valores en los ejes sirven como puntos guía, que nos ayudarán a trazar la gráfica. Para obtener puntos guía similares para $y = \operatorname{sen} 2x$, nos preguntamos para cuáles valores de x se cumplen

$$2x = 0 \quad 2x = \frac{\pi}{2} \quad 2x = \pi \quad 2x = \frac{3\pi}{2} \quad 2x = 2\pi$$

y obtenemos

$$x = 0 \quad x = \frac{\pi}{4} \quad x = \frac{\pi}{2} \quad x = \frac{3\pi}{4} \quad x = \pi$$

Así, $y = \text{sen } 2x$ tendrá los valores 0, 1, 0, −1, 0 en $x = 0$, $\frac{\pi}{4}$, $\frac{\pi}{2}$, $\frac{3\pi}{4}$ y π, respectivamente. Estos puntos guía aparecen en la figura 7.13(a). La gráfica de $y = \text{sen } 2x$ completará entonces un ciclo en el intervalo $[0, \pi]$, y repetirá los mismos valores en el intervalo $[\pi, 2\pi]$. $\Big($Por ejemplo, en $x = \frac{5\pi}{4}$, $\text{sen } 2\Big(\frac{5\pi}{4}\Big) = \text{sen } \frac{5\pi}{2} = \text{sen}\Big(2\pi + \frac{\pi}{2}\Big) = \text{sen } \frac{\pi}{2} = 1$, que es el mismo valor de $y = \text{sen } 2x$ en $x = \frac{\pi}{4}$.$\Big)$

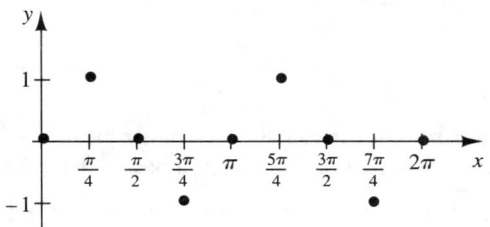
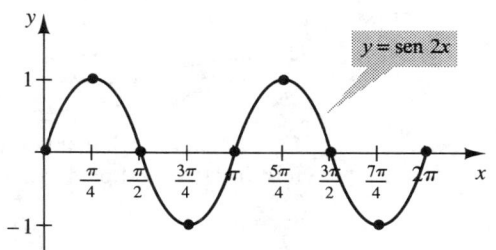

FIGURA 7.13 (a) Los puntos guía de $y = \text{sen } 2x$; (b) La gráfica de $y = \text{sen } 2x$ en $(0, 2\pi)$

La gráfica de $y = \text{sen } 2x$ aparece en la figura 7.13(b). De esta gráfica podemos ver que $y = \text{sen } 2x$ tiene una amplitud igual a 1, periodo π (ya que un ciclo completo se realiza en π unidades) y frecuencia 2 (ya que la gráfica realiza 2 ciclos completos en el intervalo $[0, 2\pi]$).

La gráfica de $y = 2 \cos x$ se obtiene al estirar la gráfica de $y = \cos x$.

(b) Podemos trazar la gráfica con facilidad $y = 2 \cos x$ si reconocemos que los valores de $y = 2 \cos x$ son el doble de los valores de $y = \cos x$. Así, duplicamos los valores de y en la curva básica del coseno. La gráfica aparece en la figura 7.14. De esta gráfica podemos ver que $y = 2 \cos x$ tiene una amplitud de 2, un periodo de 2π y una frecuencia de 1.

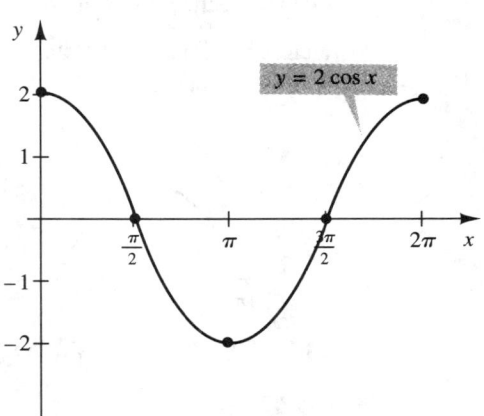

FIGURA 7.14 La gráfica de $y = 2 \cos x$ en $(0, 2\pi)$

EJEMPLO 4 Trazar la gráfica de $y = 3 \operatorname{sen} \frac{1}{2}x$ y determinar su amplitud, periodo y frecuencia.

Solución Nuestro análisis de $y = 3 \operatorname{sen} \frac{1}{2}x$ combina las ideas que utilizamos en el ejemplo 3. Queremos centrar nuestra atención en los puntos principales, que nos ayudarán a trazar la gráfica; es decir, los puntos más altos y más bajos de la gráfica, así como las intersecciones con el eje x. Así, buscamos de nuevo aquellos valores x tales que

$$\frac{1}{2}x = 0 \qquad \frac{1}{2}x = \frac{\pi}{2} \qquad \frac{1}{2}x = \pi \qquad \frac{1}{2}x = \frac{3\pi}{2} \qquad \frac{1}{2}x = 2\pi$$

de donde

$$x = 0 \qquad x = \pi \qquad x = 2\pi \qquad x = 3\pi \qquad x = 4\pi$$

Un segundo método para obtener la misma información consiste en determinar primero el ciclo fundamental para esta función. El ciclo fundamental para la función básica del seno $y = \operatorname{sen} x$ aparece en el intervalo $0 \leq x \leq 2\pi$. Por lo tanto, para $y = \operatorname{sen}\frac{1}{2}x$, resolvemos la desigualdad

$$0 \leq \frac{1}{2}x \leq 2\pi \qquad \text{de donde}$$

$$0 \leq x \leq 4\pi$$

Así, la gráfica realiza un ciclo completo en el intervalo $[0, 4\pi]$. Para obtener los puntos guía, sólo dividimos este intervalo en cuatro partes iguales. Como el intervalo $[0, 4\pi]$ tiene longitud 4π unidades, los puntos guía serán $0, \pi, 2\pi, 3\pi$ y 4π, como ya habíamos obtenido. (Veremos que este segundo método es un poco más eficiente y lo utilizaremos de nuevo en el siguiente ejemplo.)

El coeficiente 3 en $y = 3 \operatorname{sen} \frac{1}{2}x$ hace que los valores máximos y mínimos de la función sean 3 y −3, respectivamente. Por lo tanto, la gráfica es como se muestra en la figura 7.15. De la gráfica podemos ver que la amplitud es 3, el periodo es 4π (ya que un ciclo se realiza en 4π unidades), y la frecuencia es $\frac{1}{2}$ (ya que la gráfica completa medio ciclo en el intervalo $[0, 2\pi]$).

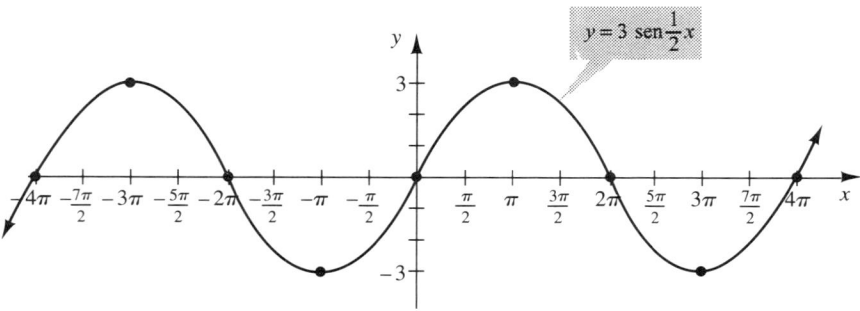

FIGURA 7.15

7.1 Las funciones seno y coseno y sus gráficas

En los ejemplos anteriores hemos visto que las funciones básicas del seno y coseno experimentan desfasamientos y cambios en la amplitud y la frecuencia. En los siguientes ejemplos, la función seno experimenta los tres cambios.

> ### GRAFIJACIÓN
>
> Utilice una calculadora gráfica o una computadora.
>
> 1. Trace la gráfica de lo siguiente en el mismo conjunto de ejes coordenados:
> $y = \text{sen } x$, $y = \text{sen}\left(x + \frac{\pi}{2}\right)$ y $y = \text{sen}\left(x - \frac{\pi}{4}\right)$. Describa la forma en que el cambio de C afecta a la gráfica de $y = \text{sen}(x + C)$.
> 2. Trace la gráfica de lo siguiente en el mismo conjunto de ejes coordenados:
> $y = \text{sen } 2x$, $y = \text{sen}(2x + \pi)$ y $y = \text{sen}\left(2x - \frac{\pi}{2}\right)$. Describa la forma en que el cambio de C afecta a la gráfica de $y = \text{sen}(2x + C)$.

EJEMPLO 5 Trazar la gráfica de $y = 5 \text{ sen}(2x + \pi)$.

Solución Utilizamos la idea mencionada en el ejemplo anterior y determinamos el ciclo fundamental resolviendo la desigualdad

$$0 \leq 2x + \pi \leq 2\pi \qquad \textit{Despejamos x en esta desigualdad.}$$
$$-\pi \leq 2x \leq \pi$$
$$-\frac{\pi}{2} \leq x \leq \frac{\pi}{2}$$

Así, el intervalo para el ciclo fundamental es $\left[-\frac{\pi}{2}, \frac{\pi}{2}\right]$. Obtenemos los puntos guía dividiendo este intervalo en cuatro partes iguales. (Podemos hacer esto aplicando la fórmula del punto medio.) Esto nos proporciona los siguientes valores de x: $-\frac{\pi}{2}, -\frac{\pi}{4}, 0, \frac{\pi}{4}, \frac{\pi}{2}$.

El coeficiente 5 en $y = 5 \text{ sen}(2x + \pi)$ dice que los valores máximos y mínimos de la función serán 5 y −5, respectivamente.

Como sabemos que las funciones trigonométricas son periódicas, podemos obtener el ciclo fundamental de la gráfica y completar toda la gráfica repitiendo este ciclo fundamental. Véase la figura 7.16.

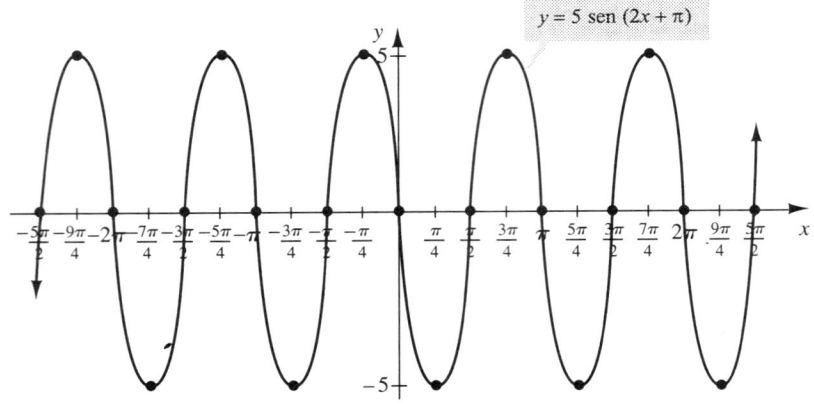

FIGURA 7.16 El ciclo fundamental está en el intervalo $\left[-\frac{\pi}{2}, \frac{\pi}{2}\right]$

Con base en los ejemplos anteriores, podemos extraer información de la ecuación $y = A\,\text{sen}(Bx + C)$ y $y = A\cos(Bx + C)$.

Describa el significado de los números 4 y 7 en la ecuación $y = 7\,\text{sen}\,4x$.

LAS GRÁFICAS DE $y = A\,\text{sen}(Bx + C)$ Y $y = A\cos(Bx + C)$

Las gráficas de $y = A\,\text{sen}(Bx + C)$ y $y = A\cos(Bx + C)$ tienen

$$\text{Amplitud} = |A|$$

$$\text{Periodo} = \frac{2\pi}{|B|}$$

$$\text{Frecuencia} = |B|$$

$$\text{Desfasamiento} = -\frac{C}{B}$$

Podemos determinar el intervalo para el ciclo fundamental resolviendo la desigualdad

$$0 \leq Bx + C \leq 2\pi$$

Podemos determinar los puntos guía dividiendo este intervalo en cuatro partes iguales.

Observe que podemos reconocer el desfasamiento $-\frac{C}{B}$ con mayor facilidad, si escribimos $A\,\text{sen}(Bx + C)$ en la forma equivalente $A\,\text{sen}\left[B\left(x + \frac{C}{B}\right)\right]$, que se ajusta a nuestra descripción general del desplazamiento horizontal que muestra $f(x + h)$ con respecto de $f(x)$.

EJEMPLO 6 Trazar la gráfica de $y = \frac{1}{2}\cos\left(2x - \frac{\pi}{3}\right)$ en un periodo de la gráfica. Determinar la amplitud, el periodo, la frecuencia y el desfasamiento.

7.1 Las funciones seno y coseno y sus gráficas

Solución De la ecuación $y = \frac{1}{2}\cos\left(2x - \frac{\pi}{3}\right)$, obtenemos $A = \frac{1}{2}$, $B = 2$ y $C = -\frac{\pi}{3}$. Así, la amplitud es $A = \frac{1}{2}$, el periodo es $\frac{2\pi}{B} = \frac{2\pi}{2} = \pi$, la frecuencia es $B = 2$ y el desfasamiento es $-\frac{C}{B} = \frac{-\pi/3}{2} = \frac{\pi}{6}$ unidades hacia la derecha. Determinamos el ciclo fundamental resolviendo la desigualdad $0 \leq 2x - \frac{\pi}{3} \leq 2\pi$. El intervalo para el ciclo fundamental es $\left[\frac{\pi}{6}, \frac{7\pi}{6}\right]$. Dividimos este intervalo en cuatro partes iguales para determinar los puntos guía. La gráfica aparece en la figura 7.17. ∎

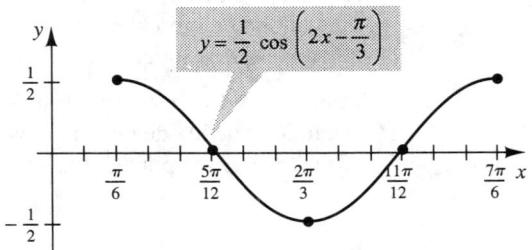

FIGURA 7.17 La gráfica de $y = \frac{1}{2}\cos\left(2x - \frac{\pi}{3}\right)$ en un periodo

EJEMPLO 7 Trazar la gráfica de $y = \text{sen}\left(\frac{\pi}{2} - x\right)$ en el intervalo $[-\pi, \pi]$.

Solución Podemos utilizar nuestro conocimiento del comportamiento de la función seno para ángulos negativos para facilitar este ejemplo. Tenemos:

$$y = \text{sen}\left(\frac{\pi}{2} - x\right) = \text{sen}\left(-x + \frac{\pi}{2}\right) = \text{sen}\left[-\left(x - \frac{\pi}{2}\right)\right] \quad \text{Como } \text{sen}(-t) = -\text{sen } t, \text{ tenemos}$$

$$= -\text{sen}\left(x - \frac{\pi}{2}\right)$$

Ahora reconocemos la función $y = -\text{sen}\left(x - \frac{\pi}{2}\right)$. Obtenemos su gráfica de la manera siguiente: consideramos la curva básica del seno, la desplazamos $\frac{\pi}{2}$ unidades a la derecha, y después la reflejamos con respecto del eje x. Estos pasos se ilustran en la figura 7.18.

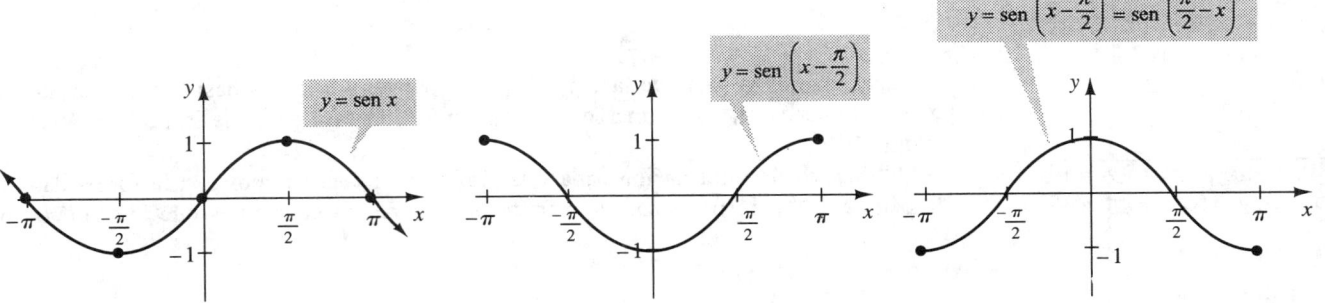

FIGURA 7.18

440   Capítulo 7   Las funciones trigonométricas

Podemos describir y aproximar algunos fenómenos recurrentes o periódicos mediante las funciones seno y coseno:

$$y = A\,\text{sen}(Bx + C) \quad \text{o} \quad y = A\cos(Bx + C)$$

Por ejemplo, la longitud de un día y las fases de la Luna son fenómenos periódicos que pueden aproximarse mediante una función de tipo seno. Como se demuestra en el siguiente ejemplo, podemos interpretar la información específica en términos de las diversas características de la función seno que hemos analizado en esta sección.

EJEMPLO 8   En una región particular, el día más largo del año ocurre el 21 de junio (15 horas con luz de día); el día más corto es el 21 de diciembre (9 horas con luz de día). Los equinoccios (los días en que la longitud del día y la noche son ambos iguales a 12 horas) suceden el 21 de marzo y el 21 de septiembre. Dado que la relación entre la longitud de un día y el día del año se aproxima mediante una curva de tipo seno, construir una ecuación que relacione la longitud de un día con el día del año. (Suponga que no es un año bisiesto.)

Solución   Con esta información, trazamos una gráfica de la función $H(t)$, donde $H(t)$ es la cantidad de luz de día en horas (en el eje vertical), t es el día del año (en el eje horizontal) y $t = 1$ corresponde al primero de enero. Véase la figura 7.19.

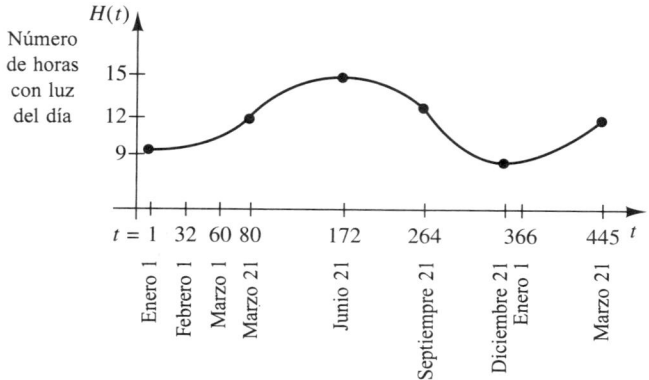

FIGURA 7.19

Comenzamos observando que se nos ha dicho que la función es (aproximadamente) una función de tipo seno, la cual podemos ver que está desplazada en forma vertical hacia arriba; por lo tanto, tiene la ecuación $H(t) = D + A\,\text{sen}(Bx + C)$ o, en una forma más conveniente,

$$H(t) = D + A\,\text{sen}\left[B\left(x + \frac{C}{B}\right)\right] \tag{1}$$

Localizamos la parte de la gráfica que se parece a la curva básica del seno, la cual parece comenzar el 21 de marzo. Trabajaremos con esta parte de la gráfica. Véase la figura 7.20.

¿Por qué podemos suponer que A y B son positivos?

Utilizamos la información dada y la gráfica y la comparamos con la forma dada en la página 438 para poder determinar los valores de las constantes que indican su am-

7.1 Las funciones seno y coseno y sus gráficas

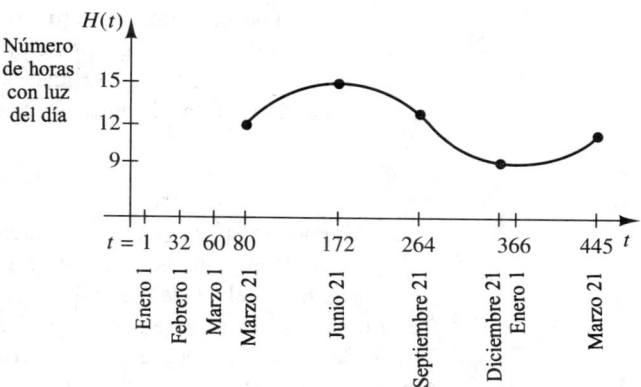

FIGURA 7.20

plitud (A), periodo $\left(\dfrac{2\pi}{B}\right)$, desfasamiento $\left(-\dfrac{C}{B}\right)$ y desplazamiento vertical (D). (Como estamos observando la curva básica del seno, A y B son positivos.) Por definición, la amplitud de la función seno es $\dfrac{1}{2}$ [valor máximo de $H(t)$ − valor mínimo de $H(t)$], que es igual, según podemos ver de la gráfica, a

$$\dfrac{1}{2}[15-9] = 3$$

De aquí, la amplitud es 3; por lo tanto, $A = 3$.

El periodo es $\dfrac{2\pi}{B}$. Sabemos que el periodo (un ciclo completo) para nuestro problema es de 365 días. De aquí, obtenemos

$$\dfrac{2\pi}{B} = 365 \Rightarrow B = \dfrac{2\pi}{365}$$

Nuestro siguiente paso es determinar el desfasamiento. La curva *básica* del seno comienza en el valor de y a la mitad entre los valores mínimo y máximo de y de la curva de tipo seno *donde la curva crece*. La curva de tipo seno para nuestra gráfica tiene un valor medio de y igual a 12 horas (a la mitad entre 9 y 15); pasa por este punto cuando está creciendo, el 21 de marzo. Comparamos esta curva con la curva básica del seno y vemos que mientras la curva se desplaza en forma horizontal hasta el 21 de marzo, que es el día 80 del año. De aquí tenemos que la curva de tipo seno se desplaza 80 días a la derecha.

Como el desfasamiento de las curvas de tipo seno es $-\dfrac{C}{B}$, tenemos

$$-\dfrac{C}{B} = 80 \Rightarrow \dfrac{C}{B} = -80$$

Si sustituimos los valores para A, B y $\dfrac{C}{B}$ en la ecuación (1) obtenemos

$$H(t) = D + 3 \operatorname{sen}\left[\dfrac{2\pi}{365}(t - 80)\right]$$

donde D es el desplazamiento vertical. Como la curva básica del seno comienza a altura 0 y la curva seno de nuestra gráfica comienza a altura 12, podemos ver que hemos desplazado la curva seno en forma vertical 12 unidades hacia arriba; por lo tanto, $D = 12$. Así, la ecuación de la gráfica del número de horas con luz del día en función del día del año es

$$H(t) = 12 + 3 \operatorname{sen}\left[\frac{2\pi}{365}(t - 80)\right]$$ ∎

Debemos señalar algunas cosas acerca de la forma en que etiquetamos originalmente el eje horizontal de la gráfica. Nuestra elección de 1 en el eje t como el primero de enero (y, por lo tanto, el 31 de diciembre como $t = 0$) permite una lectura sencilla, pero es algo arbitraria. Es decir, podemos elegir cualquier día como el día inicial, por ejemplo el primero de abril, y aunque esto no tendría efecto en la amplitud o el periodo, nuestra elección del punto 0 *tendría* un efecto en el desfasamiento.

De hecho, si observamos la gráfica y la comparamos con la curva básica del seno, podemos ver que el punto de inicio más conveniente es el 21 de marzo. Si elegimos este día como el 0 en el eje t, entonces no habrá desfasamiento (lo que significa que C sería 0).

EJERCICIOS 7.1

En los ejercicios 1-8, determine la amplitud A, el periodo P y la frecuencia f de la función dada.

1. $y = 3 \operatorname{sen} x$
2. $y = \cos 3x$
3. $f(x) = \cos 5x$
4. $y = 5 \operatorname{sen} x$
5. $y = \frac{1}{4} \operatorname{sen} 2x$
6. $f(x) = 2 \cos \frac{1}{4} x$
7. $y = -2 \cos \frac{x}{7}$
8. $y = -\frac{1}{3} \operatorname{sen} \frac{2x}{5}$

En los ejercicios 9-12, determine la amplitud A, el periodo P, la frecuencia f y el desfasamiento s de la función dada.

9. $y = 3 \cos\left(x - \frac{\pi}{3}\right)$
10. $y = -2 \operatorname{sen}\left(x + \frac{\pi}{6}\right)$
11. $y = -4 \operatorname{sen}\left(3x + \frac{\pi}{4}\right)$
12. $y = \frac{1}{3} \cos\left(2x - \frac{\pi}{2}\right)$

En los ejercicios 13-32, trace la gráfica de la función dada en el intervalo $[-2\pi, 2\pi]$.

13. $y = 2 \operatorname{sen} x$
14. $y = 4 \cos x$
15. $y = \operatorname{sen} x$
16. $y = \cos 4x$
17. $y = 1 + 3 \cos \theta$
18. $y = -1 + 2 \operatorname{sen} \theta$
19. $y = 2 -\operatorname{sen} x$
20. $y = 3 - 2 \cos x$
21. $y = \cos \frac{1}{3} x$
22. $y = \frac{1}{3} \operatorname{sen} x$
23. $y = -2 \operatorname{sen} 2x$
24. $y = -\cos 2x$
25. $y = -2 + 4 \cos 3x$
26. $y = 1 - 3 \operatorname{sen} 2x$
26. $y = |\operatorname{sen} t|$
28. $y = |\cos t|$
29. $y = |1 + \operatorname{sen} x|$
30. $y = |\operatorname{sen} x| + 1$
31. $y = |-1 + 2 \cos \theta|$
32. $y = |2 \cos \theta| - 1$

En los ejercicios 33-44, trace la gráfica de la ecuación dada en un ciclo completo.

33. $y = \operatorname{sen}\left(x + \frac{\pi}{4}\right)$
34. $y = \cos\left(x - \frac{\pi}{2}\right)$
35. $y = 3 \cos\left(x - \frac{\pi}{3}\right)$
36. $y = -2 \operatorname{sen}\left(x + \frac{\pi}{6}\right)$
37. $y = \operatorname{sen}(\theta + \pi)$
38. $y = -\cos(\theta + \pi)$
39. $y = 3 \cos(2x - \pi)$
40. $y = 4 \operatorname{sen}(3x + \pi)$
41. $y = \operatorname{sen}(-x + \pi)$
42. $y = |\cos(x + \pi)|$
43. $y = \left|\cos\left(t - \frac{\pi}{2}\right)\right|$
44. $y = \operatorname{sen}\left(t - \frac{\pi}{2}\right)$

En los ejercicios 45-48, identifique la ecuación de la gráfica dada. Cada una es de la forma $y = A \operatorname{sen} Bx$ o $y = A \cos Bx$.

45.
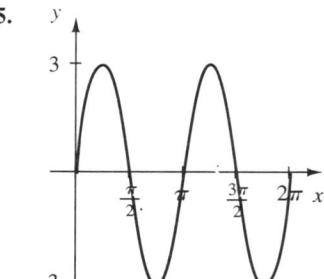

46.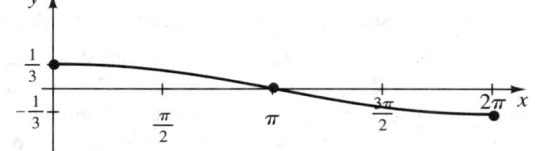

47.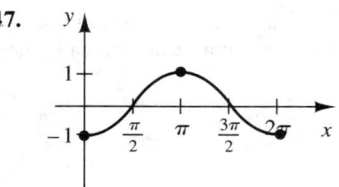

48.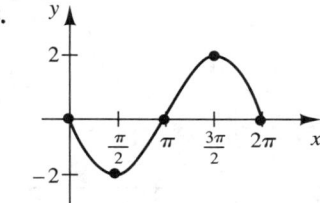

49. El número de horas con luz del día para un área particular se relaciona con el día del año de la manera siguiente

$$D = 12 + 2.5 \operatorname{sen}\left[\frac{2\pi}{365}(t-81)\right]$$

donde D es el número de horas con luz del día y t es el día del año, donde $t = 1$ corresponde al primero de enero. Trace una gráfica de esta función. Determine su periodo, amplitud, desfasamiento y desplazamiento vertical.

50. La temperatura promedio diaria de una región está dada por la ecuación

$$F = 68 + 18 \cos\left[\frac{2\pi}{365}(t-140)\right]$$

donde F es el promedio de temperatura diaria para esa región (en grados Fahrenheit) y t es el día del año, donde $t = 1$ corresponde al primero de enero. Trace una gráfica de esta función. Determine su periodo, amplitud, desfasamiento y desplazamiento vertical.

51. Un peso de 5 kg que cuelga del extremo de un resorte es jalado hacia abajo (*desplazado*) 6 pulgadas por debajo de su posición de equilibrio (véase el diagrama siguiente). Ignore la resistencia del aire y la fricción y suponga que la distancia d de este peso a su posición de equilibrio en el instante t (en segundos) está dada por

$$d = 6 \cos 4t$$

Trace una gráfica de esta función. Determine su periodo, amplitud, desfasamiento y desplazamiento vertical.

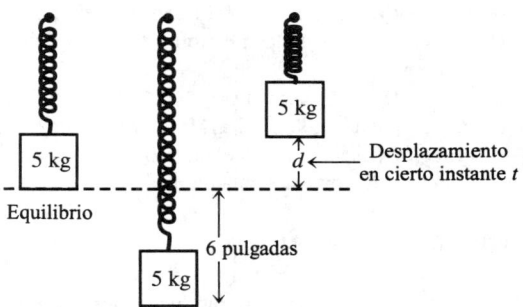

52. Un *mes lunar* consta de $29\frac{1}{2}$ días. Decimos que la Luna tiene un periodo de 29.5 días, lo que significa que transcurren 29.5 días de una Luna llena a la siguiente. Suponga que la parte de la Luna que se ve en el cielo (llamada *fase* de la Luna) se puede expresar mediante una función de tipo seno, en términos del día del mes lunar. Trace una gráfica que relacione la fase de la luna con el día del mes lunar, y utilice la función de tipo seno para expresar la fase de la Luna como función del día del mes lunar.

53. Suponga que la temperatura diaria promedio de una región particular es periódica. La temperatura media más baja de una región es 40°F, la cual ocurre el 10 de febrero, mientras que la temperatura media más alta es 96°F y ocurre el 10 de agosto. Trace una gráfica de la temperatura diaria promedio para esa región, y exprese la temperatura diaria promedio como función del día del año, utilizando la función coseno.

PREGUNTAS PARA REFLEXIONAR

54. En el mismo conjunto de ejes coordenados, trace las gráficas de $y = \operatorname{sen} x$ y $y = \cos\left(x - \frac{\pi}{2}\right)$. ¿Qué implica esto con respecto de las gráficas de $y = \operatorname{sen} x$ y $y = \cos x$?

55. En el análisis de esta sección mencionamos que si queremos utilizar la medida en grados, una forma de hacer más razonable la gráfica de $y = \operatorname{sen} x$ sería utilizar una escala diferente en los ejes x y y. Sin embargo, el uso de unidades de tamaño diferentes en los ejes x y y tiene otras implicaciones. Por ejemplo, si no utilizamos unidades del mismo tamaño en ambos ejes, ¿cómo se verá una recta con pendiente $\frac{2}{5}$? Trace dos rectas con

pendiente $\frac{2}{5}$, una en la que las unidades en x sean mayores que las unidades en y y otra donde ocurra el recíproco.

56. Suponga que θ es un ángulo en el segundo cuadrante. ¿En cuál cuadrante se encuentra $-\theta$? Al consultar los ángulos de referencia para θ y $-\theta$, ¿qué puede decir de sen θ con respecto de sen$(-\theta)$? ¿de cos θ con respecto de cos$(-\theta)$? ¿de tan(θ) con respecto de tan$(-\theta)$? ¿Concuerda esto con las generalizaciones de esta sección acerca de las funciones trigonométricas de ángulos negativos?

57. Trace la gráfica de $y = \cos x$ para $0 \leq x \leq 2\pi$ y explique la forma en que se puede utilizar la gráfica para determinar el signo de la función coseno cuando el ángulo correspondiente a x asume valores en los diversos cuadrantes.

GRAFIJACIÓN

58. En cálculo se muestra que para valores "pequeños" de x, podemos aproximar la función $y = \text{sen } x$ mediante el polinomio $p(x) = x - \frac{x^3}{6}$. Utilice una calculadora gráfica para trazar las gráficas de ambas funciones en el mismo sistema de coordenadas, para $-2\pi \leq x \leq 2\pi$. ¿Cómo se comparan las dos gráficas?

59. En cálculo también se muestra que para valores "pequeños" de x, podemos aproximar la función $y = \cos x$ mediante el polinomio $p(x) = 1 - \frac{x^2}{2} + \frac{x^4}{24}$. Utilice una calculadora gráfica para trazar las gráficas de estas dos funciones en el mismo sistema de coordenadas para $-2\pi \leq x \leq 2\pi$. ¿Cómo se comparan las dos gráficas?

7.2 Las funciones tangentes, secante, cosecante y cotangente y sus gráficas

La función tangente

Ya hemos determinado antes que existen algunos valores θ donde la función $f(\theta) = \tan \theta$ no está definida. Como $\tan \theta = \frac{y}{x}$ no está definida para $x = 0$, $\tan \theta$ no está definida cuando el lado terminal del ángulo correspondiente a θ está sobre el eje y. Esto sucede cuando $\theta = \frac{\pi}{2}$, a lo que podemos sumar o restar cualquier múltiplo de π que lleve de nuevo el lado terminal al eje y. Por lo general, escribimos el dominio de $\tan \theta$ como $\left\{\theta \mid \theta \neq \frac{\pi}{2} + n\pi\right\}$, donde n es entero.

Para determinar la gráfica de la función tangente, procederemos como en la última sección y examinaremos lo que sucede con los valores de $f(\theta) = \tan \theta$ cuando θ crece de 0 a 2π. De nuevo, sea (x, y) un punto a 1 unidad del origen y que se encuentra en el lado terminal del ángulo correspondiente a θ. Véase la figura 7.21. Como $\tan \theta = \frac{y}{x}$, cuando θ crece de 0 a $\frac{\pi}{2}$, y *crece* de 0 a 1 y x *decrece* de 1 a 0. Así, el cociente $\frac{y}{x}$ *crece* en el primer cuadrante para $0 \leq \theta < \frac{\pi}{2}$.

Observe que cuando θ se acerca a $\frac{\pi}{2}$, el valor de y está cada vez más cerca de 1, mientras que el de x se acerca a 0, por lo que el cociente $\frac{y}{x}$ crece cada vez más. De hecho,

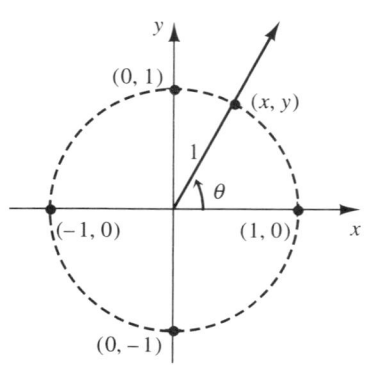

FIGURA 7.21

¿Qué le sucede al valor del cociente $\frac{y}{x}$ cuando y crece de 0 a 1 y x decrece de 1 a 0?

7.2 Las funciones tangentes, secante, cosecante y cotangente y sus gráficas

> Verifique estos valores con una calculadora. Asegúrese que su calculadora esté en modo radianes.

para valores de θ muy cercanos (pero menores) a $\frac{\pi}{2}$, $\tan \theta$ crece más que cualquier valor predeterminado. Por ejemplo,

Para $\theta = \dfrac{\pi}{2.01}$, $\tan \theta = 127.95798$

Para $\theta = \dfrac{\pi}{2.001}$, $\tan \theta = 1273.8762$ *Observe que estos valores de θ son menores que $\frac{\pi}{2}$.*

Para $\theta = \dfrac{\pi}{2.0001}$, $\tan \theta = 12733.032$, etcétera

En $\theta = \dfrac{\pi}{2}$, $\tan \theta$ no está definida

Es interesante observar que para valores de θ muy cercanos pero mayores a $\frac{\pi}{2}$ (correspondientes a ángulos en el segundo cuadrante), y estará muy cerca de 1, y x será un número *negativo* muy cercano a 0. Por lo tanto, el cociente y/x será negativo pero tendrá un valor absoluto muy grande. Por ejemplo,

Para $\theta = \dfrac{\pi}{1.9999}$, $\tan \theta = -12731.759$

Para $\theta = \dfrac{\pi}{1.999}$, $\tan \theta = -1272.6024$ *Observe que estos valores de $\tan \theta$ están <u>creciendo</u>.*

Para $\theta = \dfrac{\pi}{1.99}$, $\tan \theta = -126.68471$, etcétera

Si continuamos en el segundo cuadrante, los valores siguen creciendo. En $\theta = \pi$, $\tan \theta = 0$. En vez de continuar nuestro análisis de esta forma, en una tabla resumiremos lo que ocurre.

θ	x	y	$\tan \theta = \dfrac{y}{x}$
Cuando θ crece de 0 a $\frac{\pi}{2}$	x decrece de 1 a 0	y crece de 0 a 1	$\tan \theta$ crece de 0 a ∞
Cuando θ crece de $\frac{\pi}{2}$ a π	x decrece de 0 a -1	y decrece de 1 a 0	$\tan \theta$ crece de $-\infty$ a 0
Cuando θ crece de π a $\frac{3\pi}{2}$	x crece de -1 a 0	y decrece de 0 a -1	$\tan \theta$ crece de 0 a ∞
Cuando θ crece de $\frac{3\pi}{2}$ a 2π	x crece de 0 a 1	y crece de -1 a 0	$\tan \theta$ crece de $-\infty$ a 0

Observará que la gráfica tendrá asíntotas verticales en $\theta = \dfrac{\pi}{2}$ y $\theta = \dfrac{3\pi}{2}$ $\Big($ de hecho, en todos los múltiplos impares de $\dfrac{\pi}{2}\Big)$.

Tal vez desee agregar algunos valores específicos para este análisis. En cualquier caso, obtenemos lo siguiente como gráfica de la función tangente. Observe que al igual que con las gráficas de las funciones seno y coseno, al terminar nuestro análisis etiquetamos los ejes coordenados como x y y en vez de θ y $f(\theta)$.

En palabras, describa el dominio de la función tangente.

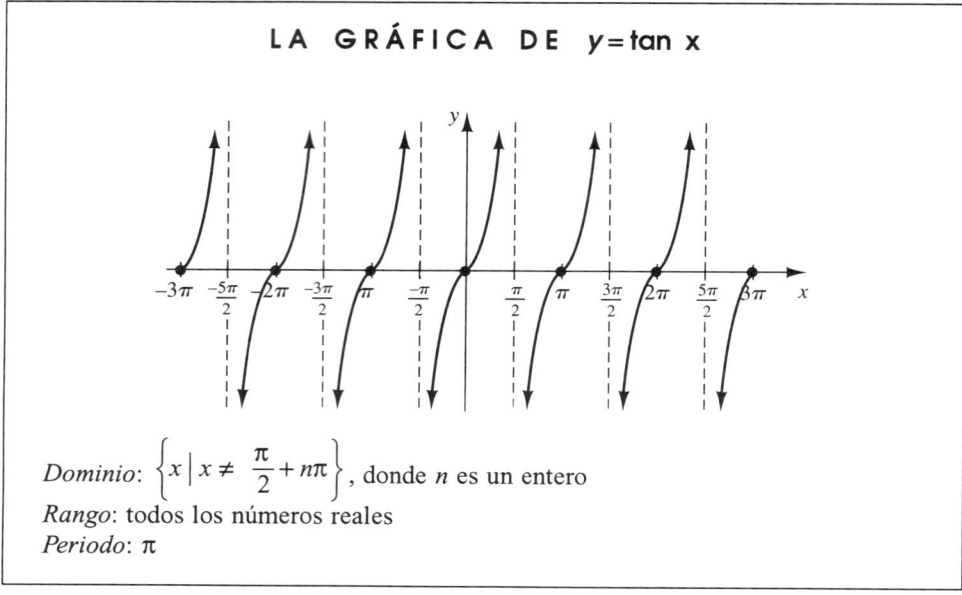

LA GRÁFICA DE $y = \tan x$

Dominio: $\left\{x \mid x \neq \dfrac{\pi}{2} + n\pi\right\}$, donde n es un entero
Rango: todos los números reales
Periodo: π

EJEMPLO 1 Trazar la gráfica de $y = 5 \tan 2x$, para $0 \leq x \leq 2\pi$.

Solución En la última sección vimos que para obtener el periodo de $y = A \operatorname{sen} Bx$, dividimos el periodo de la función seno entre $|B|$. De manera análoga, como la función tangente tiene periodo π, $\tan 2x$ tendrá un periodo de $\dfrac{\pi}{2}$. El coeficiente 5 sirve para estirar la gráfica básica de la tangente de modo que crezca con mayor rapidez. La gráfica aparece en la figura 7.22.

¿Tiene sentido hablar de la *amplitud* de la función tangente?

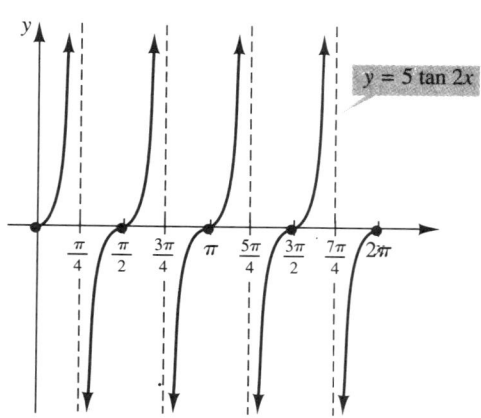

FIGURA 7.22

La función cotangente

$f(x) = \cot x = \dfrac{1}{\tan x}$ no está definida si $\tan x = 0$. De la gráfica de $\tan x$, sabemos que $\tan x = 0$ si x es un múltiplo de π. Por lo tanto, el dominio de $\cot x$ es $\{x \mid x \neq n\pi\}$, para n entero.

Para obtener la gráfica de $y = \cot x$, podríamos analizar la función cotangente de la misma forma que la función tangente. Sin embargo, podemos obtener el mismo resultado utilizando la relación cofuncional entre las funciones tangente y cotangente.

$$y = \cot x$$
$$= \tan\left(\dfrac{\pi}{2} - x\right) \quad \textit{Debido a la relación cofuncional.}$$
$$= \tan\left(-x + \dfrac{\pi}{2}\right)$$

Recuerde que si conocemos la gráfica de $y = f(x)$, entonces obtenemos la gráfica de $y = f(-x)$ si reflejamos la gráfica de $f(x)$ con respecto del eje y. Así, para obtener la gráfica de $y = \cot x = \tan\left(-x + \dfrac{\pi}{2}\right)$, recorremos $\dfrac{\pi}{2}$ unidades hacia la izquierda la gráfica de $y = \tan x$ y después la reflejamos con respecto del eje y. Así, obtenemos lo siguiente.

Analice el comportamiento de la función cotangente utilizando que $\cot\theta = \dfrac{x}{y}$, como lo hicimos para la función tangente. ¿Concuerda su análisis con el comportamiento que muestra la gráfica de la función cotangente?

LA GRÁFICA DE $y = \cot x$

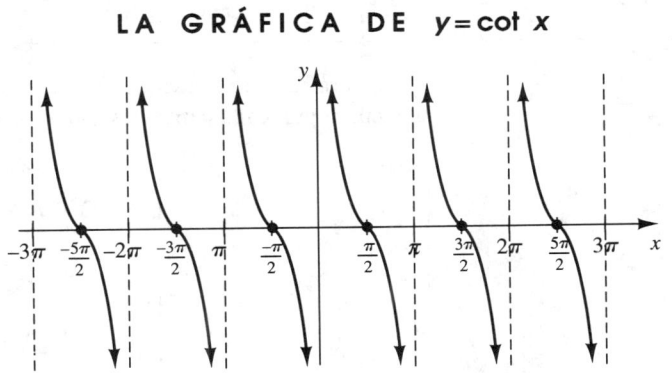

Dominio: $\{x \mid x \neq n\pi\}$, para n entero.
Rango: todos los números reales
Periodo: π

GRAFIJACIÓN

Utilice una calculadora gráfica o una computadora para trazar la gráfica de las funciones $y = \tan x$ y $y = \cot x$.

La función cosecante

$f(x) = \csc x = \dfrac{1}{\operatorname{sen} x}$ no está definida cuando $\operatorname{sen} x = 0$. De la gráfica básica del seno, sabemos que $\operatorname{sen} x = 0$ cuando x es un múltiplo de π. Por lo general escribimos el dominio de $\csc x$ como $\{x \mid x \neq n\pi\}$, donde n es entero.

Los valores de $y = \csc x$ son los recíprocos de los valores de $y = \operatorname{sen} x$. Sabemos que

$$|\operatorname{sen} x| \leq 1$$

Como $|\operatorname{sen} x|$ es no negativo, podemos dividir ambos lados de la desigualdad entre $|\operatorname{sen} x|$.

$$1 \leq \dfrac{1}{|\operatorname{sen} x|} = |\csc x|$$

Por lo tanto, tenemos $|\csc x| \geq 1$.

La siguiente tabla resume el comportamiento de la función cosecante.

> Podemos reescribir el hecho $-1 \leq \operatorname{sen} x \leq 1$ como $|\operatorname{sen} x| \leq 1$.

x	sen x	csc x
Cuando x crece de 0 a $\dfrac{\pi}{2}$	sen x crece de 0 a 1	csc x decrece de ∞ a 1
Cuando x crece de $\dfrac{\pi}{2}$ a π	sen x decrece de 1 a 0	csc x crece de 1 a ∞
Cuando x crece de π a $\dfrac{3\pi}{2}$	sen x decrece de 0 a -1	csc x crece de $-\infty$ a -1
Cuando x crece de $\dfrac{3\pi}{2}$ a 2π	sen x crece de -1 a 0	csc x decrece de -1 a $-\infty$

La gráfica de $y = \csc x$ aparece a continuación. Indicamos la gráfica de $y = \operatorname{sen} x$ con una curva punteada para ver fácilmente el comportamiento de las dos gráficas.

LA GRÁFICA DE $y = \csc x$

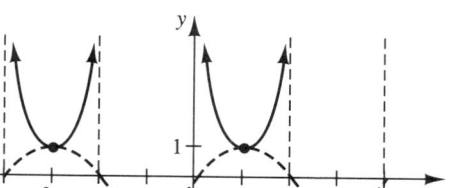

Dominio: $\{x \mid x \neq \pm n\pi\}$, para n entero
Rango: $\{y \mid y \leq -1 \ \text{ o }\ y \geq 1\}$
Periodo: 2π

7.2 Las funciones tangente, secante, cosecante y cotangente y sus gráficas

La función secante

$f(x) = \sec x = \dfrac{1}{\cos x}$ no está definida cuando $\cos x = 0$. De la gráfica básica del coseno, sabemos que $\cos x = 0$ cuando x es un múltiplo impar de $\dfrac{\pi}{2}$. Por lo tanto, el dominio de sec x es $\{x \mid x \neq \dfrac{\pi}{2} + n\pi\}$, donde n es un entero.

Podemos utilizar el mismo método que el utilizado para la función cosecante y obtener la gráfica de la función secante como el recíproco de la función coseno. Sin embargo, es más sencillo obtener la gráfica de $y = \sec x$ a partir de la gráfica de $y = \csc x$ mediante la relación cofuncional:

$$\sec x = \csc\left(\dfrac{\pi}{2} - x\right) = \csc\left(-x + \dfrac{\pi}{2}\right)$$

Así, obtenemos la gráfica de $y = \sec x$ desplazando $\dfrac{\pi}{2}$ unidades hacia la izquierda la gráfica de $y = \csc x$ y después, reflejándola con respecto del eje y. La gráfica aparece en el siguiente cuadro. Observe que hemos indicado la gráfica de $y = \cos x$ mediante una curva punteada para ver más fácilmente el comportamiento de las dos gráficas.

Analice el comportamiento de la función secante utilizando el hecho $\sec x = \dfrac{1}{\cos x}$.
¿Concuerda su gráfica con el comportamiento mostrado por la gráfica de la función secante?

LA GRÁFICA DE $y = \sec x$

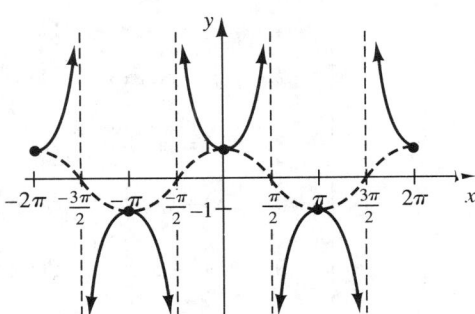

Dominio: $\{x \mid x \neq \dfrac{\pi}{2} + n\pi\}$, cuando n es un entero

Rango: $\{y \mid y \leq -1 \text{ o } y \geq 1\}$

Periodo: 2π

GRAFIJACIÓN

Utilice una calculadora gráfica o una computadora.

1. Trace una gráfica de las funciones $y = \operatorname{sen} x$ y $y = \csc x$ en el mismo conjunto de ejes coordenados. Recuerde que, en muchas calculadoras, tendrá que trazar su gráfica $y = \csc x$ como $y = \dfrac{1}{\operatorname{sen} x}$. Inicialice la ventana de visión de modo que y varíe de -6 a 6.

2. Trace una gráfica de las funciones $y = \cos x$ y $y = \sec x$ en el mismo conjunto de ejes coordenados. Recuerde que en muchas calculadoras tendrá que trazar su gráfica $y = \sec x$ como $y = \dfrac{1}{\cos x}$.

Por conveniencia, resumimos nuestro análisis de los dominios de las funciones trigonométricas en la siguiente tabla.

DOMINIOS DE LAS FUNCIONES TRIGONOMÉTRICAS

n es un entero

1. $f(x) = \operatorname{sen} x$ Dominio = todos los números reales
2. $f(x) = \cos x$ Dominio = todos los números reales
3. $f(x) = \tan x$ Dominio = $\left\{ x \mid x \neq \dfrac{\pi}{2} + n\pi \right\}$
4. $f(x) = \csc x$ Dominio = $\{ x \mid x \neq n\pi \}$
5. $f(x) = \sec x$ Dominio = $\left\{ x \mid x \neq \dfrac{\pi}{2} + n\pi \right\}$
6. $f(x) = \cot x$ Dominio = $\{ x \mid x \neq n\pi \}$

EJEMPLO 2   Trazar la gráfica de $y = 3 \sec(x - \pi)$, para $-2\pi \leq x \leq 2\pi$.

Solución   El coeficiente 3 estira la gráfica básica de la secante y hace que la rama superior de la gráfica de la secante tenga como valor mínimo 3 (en vez de 1) y que la rama inferior tenga como valor máximo -3 (en vez de -1). El hecho de que el argumento de la función cosecante sea $x - \pi$ desplaza la gráfica básica de la secante π unidades hacia la derecha. La gráfica aparece en la figura 7.23.

7.2 Las funciones tangente, secante, cosecante y cotangente y sus gráficas

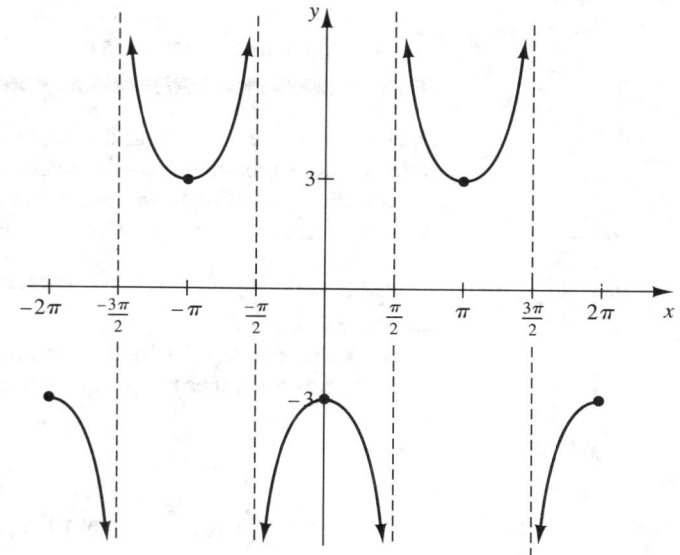

FIGURA 7.23 La gráfica de $y = 3\sec(x - \pi)$ para $-2\pi \leq x \leq 2\pi$

EJERCICIOS 7.2

En los ejercicios 1-22, trace la gráfica de la función dada en el intervalo $[-2\pi, 2\pi]$.

1. $y = \tan 2x$
2. $y = 2\tan x$
3. $y = 3\cot x$
4. $y = \cot 3x$
5. $y = -\tan x$
6. $y = \tan(-x)$
7. $y = \sec(-x)$
8. $y = -\sec x$
9. $y = \cos\left(x + \dfrac{\pi}{2}\right)$
10. $y = \sec\left(x + \dfrac{\pi}{2}\right)$
11. $y = \dfrac{1}{2}\operatorname{sen} 3x$
12. $y = 2\csc\dfrac{x}{3}$
13. $y = \cot(x - \pi)$
14. $y = \tan(\pi - x)$
15. $y = 2 + \csc x$
16. $y = 1 - \sec x$
17. $y = \operatorname{sen}\left(x + \dfrac{\pi}{2}\right)$
18. $y = \csc(x + \pi)$
19. $y = \tan\left(2x - \dfrac{\pi}{4}\right)$
20. $y = \cos(x - \pi)$
21. $y = |\tan x|$
22. $y = |\csc x|$

PREGUNTAS PARA REFLEXIONAR

23. ¿Tienen las funciones trigonométricas funciones inversas? Explique.
24. Suponga que $f(x)$ es una función periódica con periodo p. ¿Cuál será el periodo de la función $f(px)$? Explique.

GRAFIJACIÓN

25. Trace las gráficas de $y = \tan x$ y $y = \cot\left(\dfrac{\pi}{2} - x\right)$ en el mismo conjunto de ejes coordenados, para verificar la relación cofuncional para las funciones tangente y cotangente.
26. Trace las gráficas de $y = \sec x$ y $y = \csc\left(\dfrac{\pi}{2} - x\right)$ en el mismo conjunto de ejes coordenados, para verificar la relación cofuncional para las funciones secante y cosecante.
27. Trace la gráfica de $y = f(x) = \operatorname{sen} 2\pi x$. ¿Cuál es el periodo de $f(x)$?
28. Trace la gráfica de $y = f(x) = \tan \pi x$. ¿Cuál es el periodo de $f(x)$?

7.3 Identidades básicas

En el curso de nuestro análisis de las funciones trigonométricas, hemos analizado dos tipos de relaciones trigonométricas: las relaciones recíprocas y las cofuncionales. Estas relaciones son ejemplos de *identidades trigonométricas*. Recuerde que una identidad es una ecuación verdadera para *todos* los valores de reemplazo posibles de la variable. Así, $\csc \theta = \dfrac{1}{\operatorname{sen} \theta}$ es una identidad, ya que la ecuación es verdadera para todos los valores de θ tales que $\operatorname{sen} \theta \neq 0$.

De hecho, como todas las definiciones son enunciados "si y sólo si", de las definiciones de las tres funciones recíprocas surgen tres identidades, llamadas **identidades recíprocas**.

LAS IDENTIDADES RECÍPROCAS

1. $\csc \theta = \dfrac{1}{\operatorname{sen} \theta}$ 2. $\sec \theta = \dfrac{1}{\cos \theta}$ 3. $\cot \theta = \dfrac{1}{\tan \theta}$

Una identidad contrasta con una ecuación condicional, que es verdadera para (a lo más) algunos de los valores de reemplazo permisibles de la variable. Por ejemplo, $\cos \theta = \dfrac{1}{2}$ es una ecuación trigonométrica condicional. Como hemos visto, una posible solución a esta ecuación es $\theta = \dfrac{\pi}{3}$. Sin embargo, esta ecuación no es verdadera para todos los reemplazos posibles con valores de θ. (Analizaremos las ecuaciones trigonométricas con más detalle en la siguiente sección.)

Aunque existen una infinidad de identidades trigonométricas, existen algunas identidades *básicas* que nos servirán como centro de atención, por su importancia en el cálculo y por su uso para deducir otras identidades.

En el ejemplo 7 de la sección 6.4, obtuvimos el hecho

$$\frac{\operatorname{sen} \theta}{\cos \theta} = \tan \theta$$

Ésta es una identidad, ya que es cierta para todos los valores de θ para los que están definidos ambos lados. El lado izquierdo es verdadero para todos los valores θ tales que $\cos \theta \neq 0$; es decir, para θ distinto de un múltiplo impar de $\dfrac{\pi}{2}$. Éstos son precisamente los valores de θ tales que el lado derecho $\tan \theta$ está definido.

Si utilizamos la relación recíproca para la tangente, obtenemos de inmediato otra identidad,

$$\cot \theta = \frac{\cos \theta}{\operatorname{sen} \theta}$$

7.3 Identidades básicas

Estas dos últimas identidades son **identidades de cociente**.

LAS IDENTIDADES DE COCIENTE

4. $\tan\theta = \dfrac{\operatorname{sen}\theta}{\cos\theta}$ **5.** $\cot\theta = \dfrac{\cos\theta}{\operatorname{sen}\theta}$

A continuación, analicemos la expresión $\operatorname{sen}^2\theta + \cos^2\theta$. Si utilizamos la definición de $\operatorname{sen}\theta$ y $\cos\theta$, tenemos

$$\operatorname{sen}^2\theta + \cos^2\theta = \left(\frac{y}{r}\right)^2 + \left(\frac{x}{r}\right)^2 = \frac{y^2 + x^2}{r^2}$$

En la figura 7.24 hemos trazado un ángulo típico en posición canónica, con el punto (x, y) en el lado terminal de θ y a r unidades del origen. Observe que los lados del triángulo de referencia han sido etiquetados como $|x|$ y $|y|$, ya que, en general, no especificamos si x y y son positivos o negativos.

En el triángulo de referencia tenemos $|y|^2 + |x|^2 = r^2$, pero $|y|^2 = y^2$ y $|x|^2 = x^2$; por lo tanto, tenemos

$$\frac{y^2 + x^2}{r^2} = \frac{r^2}{r^2} = 1$$

Así, hemos deducido el hecho $\operatorname{sen}^2\theta + \cos^2\theta = 1$ para todos los valores de θ.

Esta deducción es válida para θ correspondiente a un ángulo en cualquiera de los cuatro cuadrantes. Dejaremos como pregunta para reflexionar que el estudiante verifique este mismo resultado cuando θ es un ángulo de cuadrante.

Esta identidad es la primera de un grupo de tres identidades llamadas **identidades pitagóricas**. Se llaman así ya que cada una es fundamentalmente una reformulación del teorema de Pitágoras en forma trigonométrica.

Si comenzamos con la identidad $\operatorname{sen}^2\theta + \cos^2\theta = 1$ y dividimos cada término entre $\cos^2\theta$, obtenemos lo siguiente

$\operatorname{sen}^2\theta + \cos^2\theta = 1$ *Dividimos ambos términos entre $\cos^2\theta$.*

$\dfrac{\operatorname{sen}^2\theta}{\cos^2\theta} + \dfrac{\cos^2\theta}{\cos^2\theta} = \dfrac{1}{\cos^2\theta}$

$\left(\dfrac{\operatorname{sen}\theta}{\cos\theta}\right)^2 + 1 = \left(\dfrac{1}{\cos\theta}\right)^2$ *Pero $\dfrac{\operatorname{sen}\theta}{\cos\theta} = \tan\theta$ y $\dfrac{1}{\cos\theta} = \sec\theta$.*

$\tan^2\theta + 1 = \sec^2\theta$ *Ésta es la segunda identidad pitagórica, válida para todos los valores de θ donde están definidas $\tan\theta$ y $\sec\theta$.*

Si repetimos este proceso, pero ahora dividiendo entre $\operatorname{sen}^2\theta$, obtenemos la tercera identidad pitagórica, que es

$1 + \cot^2\theta = \csc^2\theta$ para todos los valores de θ donde estén definidas $\cot\theta$ y $\csc\theta$.

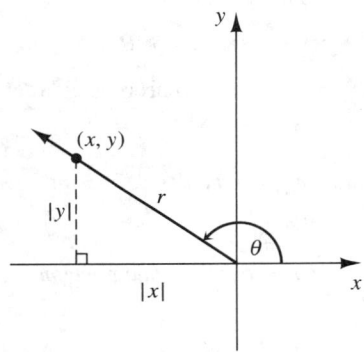

FIGURA 7.24 Triángulo típico de referencia

Deduzca la tercera identidad pitagórica: $1 + \cot^2\theta = \csc^2\theta$.

Si conoce la identidad $\text{sen}^2\,\theta + \cos^2\,\theta = 1$, puede deducir las otras identidades pitagóricas con facilidad a partir de ésta.

LAS IDENTIDADES PITAGÓRICAS

6. $\text{sen}^2\,\theta + \cos^2\,\theta = 1$ **7.** $\tan^2\,\theta + 1 = \sec^2\,\theta$ **8.** $1 + \cot^2\,\theta = \csc^2\,\theta$

Es importante poder reconocer estas identidades en formas diferentes pero equivalentes. Por ejemplo, la primera identidad pitagórica aparece con frecuencia en la forma $\text{sen}^2\,\theta = 1 - \cos^2\,\theta$; la segunda en la forma $\tan^2\,\theta = \sec^2\,\theta - 1$; y la tercera en la forma $\csc^2\,\theta - 1 = \cot^2\,\theta$. Vale la pena observar también que la identidad 6 es la más importante, ya que las otras dos se deducen con facilidad a partir de ésta.

En los siguientes ejemplos ilustraremos varios métodos de verificación de identidades. Estos ejemplos ofrecen una oportunidad excelente para practicar el manejo algebraico de expresiones trigonométricas, habilidad que le será de utilidad en cálculo.

EJEMPLO 1 Verificar las siguientes identidades: $\tan\,\theta + \cot\,\theta = \sec^2\,\theta \cot\,\theta$.

Solución 1 Ofrecemos dos soluciones, aunque existen varias. Transformaremos el lado izquierdo de la ecuación en el lado derecho.

$\tan\,\theta + \cot\,\theta \stackrel{?}{=} \sec^2\,\theta \cot\,\theta$ — *Utilizamos una de las identidades de cociente para sustituir* $\cot\,\theta = \dfrac{1}{\tan\,\theta}$.

$\tan\,\theta + \dfrac{1}{\tan\,\theta} \stackrel{?}{=} \sec^2\,\theta \cot\,\theta$ — *Combinamos el lado izquierdo en una fracción. El MCD es* $\tan\,\theta$.

$\dfrac{\tan^2\,\theta + 1}{\tan\,\theta} \stackrel{?}{=} \sec^2\,\theta \cot\,\theta$ — *Por una de las identidades pitagóricas,* $\tan^2\,\theta + 1 = \sec^2\,\theta$.

$\dfrac{\sec^2\,\theta}{\tan\,\theta} \stackrel{?}{=} \sec^2\,\theta \cot\,\theta$

$\sec^2\,\theta \cdot \dfrac{1}{\tan\,\theta} \stackrel{\checkmark}{=} \sec^2\,\theta \cot\,\theta$

Solución 2 Esta segunda solución ilustra una estrategia general que agrada a muchos estudiantes. Esta estrategia consiste en utilizar las identidades recíprocas y del cociente (cuando sea posible) para expresar ambos lados de la probable identidad en términos de $\text{sen}\,\theta$ y $\cos\,\theta$ y verificando después la identidad.

$\tan\,\theta + \cot\,\theta \stackrel{?}{=} \sec^2\,\theta \cot\,\theta$ — *Utilizamos las identidades recíproca y del cociente para sustituir tangente, cotangente y secante.*

$\dfrac{\text{sen}\,\theta}{\cos\,\theta} + \dfrac{\cos\,\theta}{\text{sen}\,\theta} \stackrel{?}{=} \dfrac{1}{\cos^2\,\theta} \cdot \dfrac{\cos\,\theta}{\text{sen}\,\theta}$ — *Del lado izquierdo agrupamos; el MCD es* $\cos\,\theta\,\text{sen}\,\theta$. *Agrupamos del lado derecho, utilizando como factor común* $\cos\,\theta$.

$\dfrac{\text{sen}^2\,\theta + \cos^2\,\theta}{\cos\,\theta\,\text{sen}\,\theta} \stackrel{?}{=} \dfrac{1}{\cos\,\theta} \cdot \dfrac{1}{\text{sen}\,\theta}$ — *Del lado izquierdo,* $\text{sen}^2\,\theta + \cos^2\,\theta = 1$.

$\dfrac{1}{\cos\,\theta\,\text{sen}\,\theta} \stackrel{\checkmark}{=} \dfrac{1}{\cos\,\theta\,\text{sen}\,\theta}$ ∎

7.3 Identidades básicas

El segundo método, aunque a veces es más largo, ofrece la ventaja de ser un método algo más sistemático y que sólo requiere recordar la primera identidad pitagórica.

También hay que mencionar que podemos utilizar las definiciones de las funciones trigonométricas en términos de x, y, r y verificar la identidad de esta manera. Sin embargo, la mayoría de los estudiantes prefieren cualquiera de los dos métodos esquematizados en el último ejemplo.

Aunque no existe un procedimiento específico que funcione con todas las identidades, ofrecemos las siguientes sugerencias.

ESQUEMA PARA VERIFICAR IDENTIDADES

1. Debe conocer las identidades básicas enumeradas en esta sección; es decir, las identidades recíprocas, de cociente y pitagóricas.
2. Si uno de los lados de la identidad parece más complejo que el otro, intente simplificar el lado más complejo y transformarlo, paso a paso, hasta que se vea exactamente como el otro lado de la identidad. Este paso podría ser más sencillo si escribe de nuevo todas las expresiones trigonométricas en términos del seno y coseno.
3. Es probable que el proceso de simplificación implique procedimientos algebraicos, como agrupar fracciones, factorizar y reducir a su mínima expresión.

¡Tenga cuidado! El único método que *no* debe utilizar es escribir la identidad por verificar como primer paso y "realizar las mismas operaciones en ambos lados", como cuando se resuelve una ecuación. Por ejemplo, si intentamos verificar una identidad, no debemos multiplicar ambos lados de la ecuación por la misma cantidad. Esto sólo puede hacerse cuando se *supone* cierta la identidad. Si intentamos *demostrar* que la identidad es cierta, no podemos suponer que lo es. Así, para demostrar una identidad, debemos trabajar cada lado de manera independiente.

EJEMPLO 2 Verificar la siguiente identidad:

$$(\text{sen } \theta - \cos \theta)(\csc \theta + \sec \theta) = \tan \theta - \cot \theta.$$

Solución El esquema sugiere que, como el lado izquierdo parece más complejo, podemos comenzar desarrollando el lado izquierdo.

$$(\text{sen } \theta - \cos \theta)(\csc \theta + \sec \theta) \stackrel{?}{=} \tan \theta - \cot \theta$$

$$\text{sen } \theta \cdot \csc \theta + \text{sen } \theta \sec \theta - \cos \theta \csc \theta - \cos \theta \sec \theta \stackrel{?}{=} \tan \theta - \cot \theta$$

Utilizamos las identidades recíprocas y simplificamos utilizando las identidades de cociente.

$$\underbrace{\text{sen } \theta \cdot \frac{1}{\text{sen } \theta}}_{\downarrow} + \underbrace{\text{sen } \theta \cdot \frac{1}{\cos \theta}}_{\downarrow} - \underbrace{\cos \theta \cdot \frac{1}{\text{sen } \theta}}_{\downarrow} - \underbrace{\cos \theta \cdot \frac{1}{\cos \theta}}_{\downarrow} \stackrel{?}{=} \tan \theta - \cot \theta$$

$$1 \quad + \quad \tan \theta \quad - \quad \cot \theta \quad - \quad 1 \stackrel{\checkmark}{=} \tan \theta - \cot \theta \quad ■$$

EJEMPLO 3 Verificar la siguiente identidad: $\sec^2 \theta - \csc^2 \theta = \tan^2 \theta - \cot^2 \theta$.

Solución Como el lado derecho implica a $\tan \theta$ y $\cot \theta$, podemos utilizar las identidades pitagóricas para reescribir el lado izquierdo en términos de $\tan \theta$ y $\cot \theta$.

$$\sec^2 \theta - \csc^2 \theta \stackrel{?}{=} \tan^2 \theta - \cot^2 \theta$$

$$(\tan^2 \theta + 1) - (1 + \cot^2 \theta) \stackrel{?}{=} \tan^2 \theta - \cot^2 \theta$$

$$\tan^2 \theta + 1 - 1 - \cot^2 \theta \stackrel{?}{=} \tan^2 \theta - \cot^2 \theta$$

$$\tan^2 \theta - \cot^2 \theta \stackrel{\checkmark}{=} \tan^2 \theta - \cot^2 \theta$$

Utilizamos las identidades $\tan^2 \theta + 1 = \sec^2 \theta$ y $1 + \cot^2 + = \csc^2 \theta$ del lado izquierdo.

Intente verificar esta identidad expresando primero todo en términos de sen θ y cos θ.

GRAFIJACIÓN

Utilice una calculadora gráfica o una computadora para verificar la identidad

$$\cos x + \cos x \tan^2 x = \sec x;$$

es decir, utilice la calculadora para trazar las gráficas de

$$y = \cos x + \cos x \tan^2 x \quad \text{y} \quad y = \sec x$$

en el mismo sistema de coordenadas.

En ocasiones, la verificación de una identidad requiere un poco más de manipulación algebraica.

EJEMPLO 4 Verificar la siguiente identidad: $\dfrac{\operatorname{sen} \theta - \cos \theta}{\csc \theta - \operatorname{sen} \theta} = \tan^3 \theta$.

Recuerde que no podemos demostrar la identidad multiplicando cada lado por csc θ – sen θ para eliminar las fracciones.

Solución Comenzamos utilizando las definiciones de secante y cosecante (las identidades recíprocas) para reescribir la ecuación en términos del seno y el coseno.

$$\dfrac{\sec \theta - \cos \theta}{\csc \theta - \operatorname{sen} \theta} \stackrel{?}{=} \tan^3 \theta$$

$$\dfrac{\dfrac{1}{\cos \theta} - \cos \theta}{\dfrac{1}{\operatorname{sen} \theta} - \operatorname{sen} \theta} \stackrel{?}{=} \tan^3 \theta \qquad \textit{El lado izquierdo es una fracción compleja, que simplificamos.}$$

$$\dfrac{\left(\dfrac{1}{\cos \theta} - \cos \theta\right) \cos \theta \operatorname{sen} \theta}{\left(\dfrac{1}{\operatorname{sen} \theta} - \operatorname{sen} \theta\right) \cos \theta \operatorname{sen} \theta} \stackrel{?}{=} \tan^3 \theta$$

7.3 Identidades básicas

$$\frac{\operatorname{sen}\theta - \cos^2\theta \operatorname{sen}\theta}{\cos\theta - \operatorname{sen}^2\theta \cos\theta} \stackrel{?}{=} \tan^3\theta \qquad \textit{Factorizamos el numerador y el denominador.}$$

$$\frac{\operatorname{sen}\theta\,(1 - \cos^2\theta)}{\cos\theta\,(1 - \operatorname{sen}^2\theta)} \stackrel{?}{=} \tan^3\theta \qquad \textit{Pero } 1 - \cos^2\theta = \operatorname{sen}^2\theta \textit{ y } 1 - \operatorname{sen}^2\theta = \cos^2\theta$$

$$\frac{\operatorname{sen}\theta \operatorname{sen}^2\theta}{\cos\theta \cos^2\theta} \stackrel{?}{=} \tan^3\theta$$

$$\frac{\operatorname{sen}^3\theta}{\cos^3\theta} = \left(\frac{\operatorname{sen}\theta}{\cos\theta}\right)^3 \stackrel{\checkmark}{=} \tan^3\theta \qquad \blacksquare$$

Cuando desarrollemos más relaciones trigonométricas, podremos demostrar una mayor variedad de identidades.

También podemos utilizar las identidades trigonométricas para calcular los valores de las funciones trigonométricas. El siguiente ejemplo apareció como ejemplo 8 en la sección 6.2. Lo repetimos para que compare la solución dada aquí con la de dicha sección.

EJEMPLO 5 Dado que $\tan\theta = \dfrac{1}{2}$ y $\operatorname{sen}\theta < 0$, determinar $\cos\theta$.

Solución Como observamos en la sección 6.2, el ejemplo dice que $\tan\theta$ es positiva y $\operatorname{sen}\theta$ es negativa, por lo que sabemos que θ debe ser un ángulo del tercer cuadrante. Utilizamos la identidad $\tan^2\theta + 1 = \sec^2\theta$, sustituimos el valor dado para $\tan\theta$ y despejamos $\sec\theta$.

$$\sec^2\theta = \tan^2\theta + 1$$

$$\sec^2\theta = \left(\frac{1}{2}\right)^2 + 1 = \frac{5}{4} \qquad \textit{Obtenemos las raíces cuadradas.}$$

$$\sec\theta = \pm\sqrt{\frac{5}{4}} = \pm\frac{\sqrt{5}}{2}$$

Compare esta solución con el método del ejemplo 8 de la sección 6.2.

Hemos observado que θ debe estar en el tercer cuadrante, por lo que $\sec\theta$ debe ser negativo. Por lo tanto,

$$\sec\theta = -\frac{\sqrt{5}}{2} \qquad \textit{Para obtener } \cos\theta, \textit{ utilizamos el recíproco de } \sec\theta.$$

$$\boxed{\cos\theta = -\frac{2}{\sqrt{5}} = -\frac{2\sqrt{5}}{5}} \qquad \blacksquare$$

Como muestra el último ejemplo, podemos utilizar las identidades pitagóricas para determinar valores específicos de las funciones trigonométricas. Sin embargo, si necesitamos calcular las raíces cuadradas, la decisión de que sean positivas o negativas depende del cuadrante donde esté θ.

Concluimos esta sección presentando una lista de identidades trigonométricas fundamentales para una fácil referencia.

LAS IDENTIDADES TRIGONOMÉTRICAS FUNDAMENTALES

Las identidades recíprocas

1. $\csc\theta = \dfrac{1}{\operatorname{sen}\theta}$

2. $\sec\theta = \dfrac{1}{\cos\theta}$

3. $\cot\theta = \dfrac{1}{\tan\theta}$

Las identidades del cociente

4. $\tan\theta = \dfrac{\operatorname{sen}\theta}{\cos\theta}$

5. $\cot\theta = \dfrac{\cos\theta}{\operatorname{sen}\theta}$

Las identidades pitagóricas

6. $\operatorname{sen}^2\theta + \cos^2\theta = 1$
7. $\tan^2\theta + 1 = \sec^2\theta$
8. $1 + \cot^2\theta = \csc^2\theta$

EJERCICIOS 7.3

En los ejercicios 1-10, simplifique la expresión dada de modo que sólo contenga sen θ, cos θ y constantes.

1. $\operatorname{sen}\theta \cot\theta$
2. $\cos\theta \tan\theta$
3. $\operatorname{sen}\theta \csc\theta$
4. $\cot\theta \sec\theta$
5. $\cos^2\theta(\tan^2\theta + 1)$
6. $\operatorname{sen}^2\theta(\cot^2\theta + 1)$
7. $\dfrac{\tan\theta}{\cot\theta}$
8. $\dfrac{\tan\theta}{\sec\theta}$
9. $\dfrac{1 - \tan\theta}{\cos\theta}$
10. $\dfrac{1 + \cot\theta}{\operatorname{sen}\theta}$

En los ejercicios 11-14, reescriba la expresión dada sólo en términos de sen θ.

11. $\dfrac{\cos^2\theta}{\operatorname{sen}\theta}$
12. $\cos^2\theta - \operatorname{sen}^2\theta$
13. $\operatorname{sen}\theta - \csc\theta$
14. $\dfrac{\tan\theta + \sec\theta}{\cos\theta}$

En los ejercicios 15-18, reescriba la expresión dada sólo en términos de cos θ.

15. $\cos\theta - \sec\theta$
16. $\dfrac{\operatorname{sen}^2\theta}{\cos\theta}$
17. $\cos^2\theta - \operatorname{sen}^2\theta$
18. $\dfrac{\cot\theta + \csc\theta}{\operatorname{sen}\theta}$

En los ejercicios 19-66, verifique la identidad dada.

19. $\dfrac{\operatorname{sen}\theta}{\tan\theta} = \cos\theta$
20. $\operatorname{sen}\theta \cot\theta = \csc\theta$
21. $\operatorname{sen}\theta \cot\theta \sec\theta = 1$
22. $\cos\theta \tan\theta \csc\theta = 1$
23. $\operatorname{sen}\alpha + \cos\alpha \cot\alpha = \csc\alpha$
24. $\cos\beta + \cos\beta \tan^2\beta = \sec\beta$
25. $(1 + \operatorname{sen} w)(1 - \operatorname{sen} w) = \dfrac{1}{\sec^2 w}$
26. $1 - 2\operatorname{sen}^2\gamma = 2\cos^2\gamma - 1$
27. $\operatorname{sen} x(\csc x - \operatorname{sen} x) = \cos^2 x$
28. $\cot\theta + \tan\theta = \csc\theta \sec\theta$
29. $\sec\beta - \cos\beta = \tan\beta \operatorname{sen}\beta$
30. $(\cos t - \operatorname{sen} t)(\cos t + \operatorname{sen} t) = 1 - 2\operatorname{sen}^2 t$
31. $\operatorname{sen}^4\theta - \cos^4\theta = \operatorname{sen}^2\theta - \cos^2\theta$
32. $\sec^4\theta - \tan^4\theta = 1 + 2\tan^2\theta$
33. $\cot^2\theta - \cos^4\theta \csc^2\theta - \cos^2\theta$
34. $(\sec\alpha + \tan\alpha)(1 - \operatorname{sen}\alpha) = \cos\alpha$
35. $\dfrac{1}{\sec^2\theta} = 1 - \dfrac{1}{\csc^2\theta}$
36. $\tan u + \cot u = \dfrac{1}{\operatorname{sen} u \cos u}$
37. $\dfrac{\operatorname{sen} x + \cos x}{\cos x} = 1 + \tan x$

38. $\dfrac{\tan x + \cos x}{\operatorname{sen} x} = \sec x + \cot x$

39. $\dfrac{\operatorname{sen} t + \tan t}{\operatorname{sen} t} = 1 + \sec t$

40. $\dfrac{1 + \sec \theta}{\csc \theta} = \operatorname{sen} \theta + \tan \theta$

41. $\dfrac{\cos x}{1 + \operatorname{sen} x} + \dfrac{\cos x}{1 - \operatorname{sen} x} = 2 \sec x$

42. $\dfrac{\cos x + \tan x}{\operatorname{sen} x \cos x} = \csc x + \sec^2 x$

43. $\tan \theta (\tan \theta + \cot \theta) = \sec^2 \theta$

44. $\tan^2 \beta - \operatorname{sen}^2 \beta = \tan^2 \beta \operatorname{sen}^2 \beta$

45. $(\tan u + \cot u)(\cos u + \operatorname{sen} u) = \sec u + \csc u$

46. $(\cot \gamma + \csc \gamma)(\tan \gamma - \operatorname{sen} \gamma) = \sec \gamma - \cos \gamma$

47. $\csc x = \dfrac{\cot x + \tan x}{\sec x}$

48. $\dfrac{\operatorname{sen} t}{\csc t} + \dfrac{\cos t}{\sec t} = 1$

49. $\dfrac{1 + \cos u}{\operatorname{sen} u} + \dfrac{\operatorname{sen} u}{1 + \cos u} = 2 \csc u$

50. $\dfrac{\sec \theta - \cos \theta}{\tan \theta} = \dfrac{\tan \theta}{\sec \theta}$

51. $\dfrac{\cot A \cos A}{\csc^2 A - 1} = \operatorname{sen} A$

52. $\dfrac{\cot B - \tan B}{\operatorname{sen} B + \cos B} = \csc B - \sec B$

53. $(\operatorname{sen}^2 \theta + \cos^2 \theta)^6 = 1$

54. $(\sec^2 \theta - \tan^2 \theta)^{10} = 1$

55. $\dfrac{1}{\tan \alpha + \cot \alpha} = \operatorname{sen} \alpha \cos \alpha$

56. $1 - \operatorname{sen} C = \dfrac{\cot C - \cos C}{\cot C}$

57. $\dfrac{\cos \gamma}{1 - \operatorname{sen} \gamma} = \sec \gamma + \tan \gamma$

58. $\dfrac{1 + \operatorname{sen} \theta}{\cos \theta} = \dfrac{\cos \theta}{1 - \operatorname{sen} \theta}$

59. $\dfrac{\operatorname{sen} A + \tan A}{1 + \sec A} = \operatorname{sen} A$

60. $\dfrac{1 + \tan B}{1 - \tan B} = \dfrac{\cot B + 1}{\cot B - 1}$

61. $\dfrac{\tan^2 \beta}{\sec \beta + 1} = \dfrac{1 - \cos \beta}{\cos \beta}$

62. $\dfrac{\operatorname{sen} C}{1 - \cos C} = \csc C + \cot C$

63. $\dfrac{\operatorname{sen} A + \cos A}{\operatorname{sen} A - \cos A} = \dfrac{\sec A + \csc A}{\sec A - \csc A}$

64. $\dfrac{\cos B \cot B}{\cot B - \operatorname{sen} B} = \dfrac{\cot B + \cos B}{\cos B \cot B}$

65. $\ln |\sec x| = -\ln |\cos x|$

66. $\ln |\operatorname{sen} x| = -\ln |\csc x|$

En los ejercicios 67-72, determine el valor requerido.

67. Si $\operatorname{sen} \theta = \dfrac{4}{5}$ y $\tan \theta$ es negativo, determine $\cos \theta$.

68. Si $\cos A = -\dfrac{5}{13}$ y $\cot A$ es positivo, determine $\operatorname{sen} A$.

69. Si $\tan B = -\dfrac{2}{3}$ y $\operatorname{sen} B > 0$, determine $\sec B$.

70. Si $\sec C = \dfrac{5}{3}$ y $\csc B < 0$, determine $\tan B$.

71. Si $\csc \theta = -\dfrac{7}{3}$ y $\cos \theta < 0$, determine $\tan \theta$.

72. Si $\cot \theta = \dfrac{3}{4}$ y $\cos \theta > 0$, determine $\sec \theta$.

PREGUNTAS PARA REFLEXIONAR

73. Verifique la identidad $\operatorname{sen}^2 \theta + \cos^2 \theta = 1$ para el caso en que θ sea un ángulo de cuadrante.

74. En la siguiente figura, $\triangle PQR$ es un triángulo rectángulo y $\overset{\frown}{RS}$ es un arco de un círculo con centro en P. $|\overline{PS}| = 8$

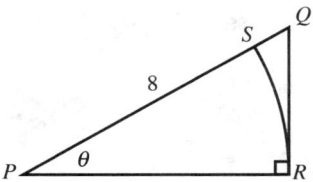

(a) Utilice la fórmula $A = \dfrac{1}{2} bh$ para expresar el área del triángulo en función de θ.

(b) Utilice la fórmula $A = \dfrac{1}{2} ab \operatorname{sen} C$ para expresar el área del triángulo en función de θ.

(c) Demuestre que las funciones obtenidas en (a) y (b) son en realidad las mismas.

75. Si se le pregunta a un estudiante lo siguiente: Dado $\tan \theta = \dfrac{4}{5}$ para un ángulo θ en el primer cuadrante, determine $\operatorname{sen} \theta$ y $\cos \theta$. El estudiante razona así: como $\tan \theta = \dfrac{\operatorname{sen} \theta}{\cos \theta}$, entonces $\operatorname{sen} \theta = 4$ y $\cos \theta = 5$. ¿Es correcta la lógica del estudiante? Explique.

7.4 Ecuaciones trigonométricas

En las secciones anteriores se nos daba un ángulo (o número) específico y se nos pedía calcular cierta función trigonométrica del ángulo dado. Ahora estamos listos para invertir este proceso. Utilizaremos varios ejemplos para ilustrar esta idea.

EJEMPLO 1 Resolver la ecuación 2 sen $x - 1 = 0$, donde

(a) x está en el intervalo $[0, 2\pi)$ **(b)** x no tiene restricciones.

Solución

(a) Para resolver esta ecuación necesitamos determinar el valor (o valores) donde sen x satisface la ecuación dada. Primero despejamos sen x en la ecuación.

$$2 \text{ sen } x - 1 = 0$$
$$2 \text{ sen } x = 1$$
$$\text{sen } x = \frac{1}{2}$$

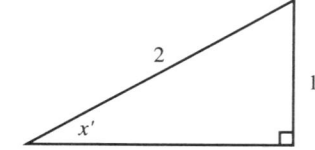

FIGURA 7.25 Ángulo de referencia x', con sen $x' = \frac{1}{2}$

Ahora buscamos los valores de x donde sen $x = \frac{1}{2}$. Podemos razonar como sigue: trazamos un triángulo de referencia con ángulo de referencia x' cuyo seno cumpla $\frac{1}{2} = \frac{\text{opuesto}}{\text{hipotenusa}}$ (véase la figura 7.25). Reconocemos éste como un triángulo rectángulo con ángulos de 30° y 60° y x' como $\frac{\pi}{6}$. Como el valor del seno es positivo, el ángulo de referencia x' puede estar en el primer o segundo cuadrantes.

Si $x' = \frac{\pi}{6}$ está en el primer cuadrante, entonces $x = \frac{\pi}{6}$.

Si $x' = \frac{\pi}{6}$ está en el segundo cuadrante, entonces $x = \frac{5\pi}{6}$.

Por lo tanto, nuestra respuesta es $\boxed{x = \frac{\pi}{6} \text{ o } x = \frac{5\pi}{6}}$.

(b) Las soluciones determinadas en la parte (a) en el intervalo $[0, 2\pi)$ se llaman las *soluciones básicas*, o *soluciones fundamentales*, de la ecuación. Como sabemos, podemos sumar múltiplos de 2π a estas soluciones básicas y sen x tendrá el mismo valor. Éstas son las *soluciones generales* de la ecuación dada.

Así, nuestras soluciones generales son $\boxed{x = \frac{\pi}{6} + 2n\pi \text{ o } x = \frac{5\pi}{6} + 2n\pi}$, donde n es un entero. Esta respuesta significa, por ejemplo:

Si $n = 3$, entonces una solución es $x = \frac{\pi}{6} + 2(3)\pi = \frac{\pi}{6} + 6\pi = \frac{37\pi}{6}$.

Si $n = -2$, entonces una solución es $x = \frac{5\pi}{6} - 2(2)\pi = \frac{5\pi}{6} - 4\pi = \frac{19\pi}{6}$. ■

PERSPECTIVAS DIFERENTES: *Ecuaciones trigonométricas*

Para determinar el número de soluciones de una ecuación trigonométrica como $2\cos x = 1$ en el intervalo $[0, 2\pi]$, podemos ver la ecuación en forma geométrica y en forma algebraica.

DESCRIPCIÓN GEOMÉTRICA

Podemos trazar las gráficas de $y = 2\cos x$ y $y = 1$ en el mismo sistema de coordenadas y contar el número de puntos donde se intersecan sus gráficas.

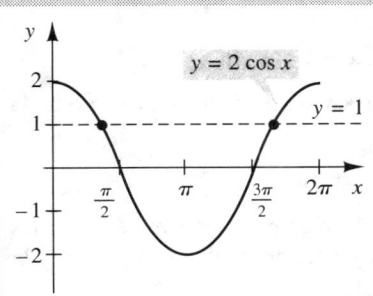

De estas gráficas podemos ver que la ecuación $2\cos x = 1$ tiene 2 soluciones en el intervalo $[0, 2\pi]$. Podemos aproximar estas soluciones con buena precisión mediante una calculadora gráfica.

DESCRIPCIÓN ALGEBRAICA

Para resolver la ecuación $2\cos x = 1$ primero necesitamos determinar el valor (o valores) de $\cos x$ donde se satisface la ecuación.

$$2\cos x = 1$$
$$\cos x = \frac{1}{2}$$

Ahora determinamos los valores de x para los que $\cos x = \frac{1}{2}$. Trazamos un triángulo de referencia y determinamos que el ángulo de referencia es $\frac{\pi}{3}$. Para que el coseno sea positivo, el ángulo de referencia debe estar en el primer o cuarto cuadrantes. Así, existen dos soluciones de la ecuación $2\cos x = 1$ en el intervalo $[0, 2\pi]$. Estas soluciones son $\frac{\pi}{3}$ y $\frac{5\pi}{3}$.

EJEMPLO 2 Determinar la solución general de $\tan^2 \theta = 1$.

Solución Comenzamos calculando las raíces cuadradas. Recuerde que $\tan^2 \theta = (\tan \theta)^2$.

$$\tan^2 \theta = 1 \quad \text{Utilizamos el teorema de la raíz cuadrada.}$$
$$\tan \theta = \pm\sqrt{1} = \pm 1$$

Ahora buscamos los valores de θ tales que $\tan \theta = \pm 1$. Por el momento ignoramos el signo de la tangente, y de nuevo trazamos un triángulo de referencia cuyo ángulo de referencia θ' tenga tangente igual a 1. Véase la figura 7.26. Reconocemos éste como un triángulo rectángulo con ángulos de $\frac{\pi}{4}$, por lo que $\theta' = \frac{\pi}{4}$. Como $\tan \theta = \pm 1$, θ' puede estar en cualquiera de los cuatro cuadrantes.

Así, nuestras soluciones básicas son $\theta = \frac{\pi}{4}, \frac{3\pi}{4}, \frac{5\pi}{4}, \frac{7\pi}{4}$, a las que podemos sumar o restar múltiplos de π (ya que la función tangente tiene un periodo de π).

Escribimos las soluciones generales como $\frac{\pi}{4} + n\pi, \frac{3\pi}{4} + n\pi, \frac{5\pi}{4} + n\pi, \frac{7\pi}{4} + n\pi$. Sin embargo, si observamos que las cuatro soluciones básicas se pueden obtener sumando sucesivamente $\frac{\pi}{2}$ a la primera, podemos escribir la solución general como

$$\boxed{\theta = \frac{\pi}{4} + \frac{n\pi}{2}}, \text{donde } n \text{ es cualquier entero.}$$

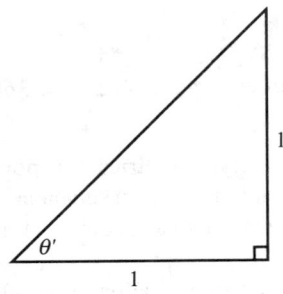

FIGURA 7.26 Ángulo de referencia θ', con $\tan \theta' = 1$

GRAFIJACIÓN

Utilice una calculadora gráfica o una computadora para trazar las gráficas de las funciones $y = \tan^2 x$ y $y = 1$ en el mismo sistema de coordenadas. Utilice estas gráficas para estimar las soluciones de $\tan^2 x = 1$ y compare sus respuestas con las obtenidas en el ejemplo anterior.

Podemos aplicar algunos de los procedimientos algebraicos que hemos aprendido a las ecuaciones trigonométricas.

EJEMPLO 3 Despejar x en $[0, 2\pi)$: $\text{sen}^2 x + 2 = 3 \text{ sen } x$.

Solución Esta ecuación es cuadrática en **sen x**; es decir, si $u = \text{sen } x$, la ecuación se convierte en

$$u^2 + 2 = 3u$$

a la que podemos aplicar los métodos disponibles para resolver ecuaciones cuadráticas. Ilustramos la analogía en el procedimiento resolviendo al mismo tiempo las ecuaciones algebraica y trigonométrica.

$\text{sen}^2 x + 2 = 3 \text{ sen } x$	← *es similar a* →	$u^2 + 2 = 3u$
$\text{sen}^2 x - 3\text{sen } x + 2 = 0$	← *El lado izquierdo se puede factorizar.* →	$u^2 - 3u + 2 = 0$
$(\text{sen } x - 1)(\text{sen } x - 2) = 0$		$(u - 1)(u - 2) = 0$
$\text{sen } x = 1 \text{ o } \text{sen } x = 2$		$u = 1 \text{ o } u = 2$

Sin embargo, en el caso de la ecuación trigonométrica, aún debemos despejar x, es decir, determinar el valor (o valores) donde $\text{sen } x = 1$ o $\text{sen } x = 2$. Con base en la gráfica de $y = \text{sen } x$, sabemos que $\text{sen } \frac{\pi}{2} = 1$; por lo tanto, $x = \frac{\pi}{2}$. De la gráfica, sabemos también que no existen valores tales que $\text{sen } x = 2$. Por lo tanto, la única solución de la ecuación en el intervalo $[0, 2\pi)$ es $\boxed{x = \frac{\pi}{2}}$. ∎

EJEMPLO 4 Despejar x, aproximando al grado más cercano, para $0° \leq x < 360°$: $3 \cos x = 4 \text{sen } x$.

Solución Las ecuaciones trigonométricas con una función trigonométrica son por lo general más sencillas que las ecuaciones con más de una función. En consecuencia, un método básico para resolver una ecuación trigonométrica con más de una función es tratar de transformarla en una ecuación con una función.

La manera más sencilla de enfrentar esta ecuación es dividir ambos lados de la ecuación entre $\text{sen } x$ (o $\cos x$). Sin embargo, para dividir ambos lados de la ecuación entre $\text{sen } x$, debemos estar seguros de que $\text{sen } x \neq 0$. Si $\text{sen } x = 0$ y x debe satisfacer la ecuación, entonces $\cos x$ también debe ser igual a 0. Pero un vistazo a las gráficas de $y = \text{sen } x$ y $y = \cos x$ muestra que no existen valores x tales que el seno y el coseno se anulen, de manera simultánea. Por lo tanto, podemos suponer que $\text{sen } x \neq 0$ y dividir ambos lados de la ecuación entre $\text{sen } x$. La solución es como sigue:

En relación con la ecuación 3 sen x = 4 cos x ¿por qué sen x = 0 implica que cos x = 0 (y viceversa)?

7.4 Ecuaciones trigonométricas

$$3\cos x = 4\,\text{sen}\,x \quad \textit{Dividimos ambos lados entre } \text{sen}\,x.$$

$$3\left(\frac{\cos x}{\text{sen}\,x}\right) = 4$$

$$3\cot x = 4 \;\Rightarrow\; \cot x = \frac{4}{3} \text{ o, de manera equivalente, } \tan x = \frac{3}{4}.$$

Como éste no es un valor familiar, utilizamos una calculadora (con modo grados) para determinar x. Las teclas son

$$\boxed{4}\;\boxed{\div}\;\boxed{3}\;\boxed{=}\;\boxed{1/x}\;\boxed{\text{inv}}\;\boxed{\tan} = 36.869898 = 37°, \quad \text{redondeado a grados}$$

Como la mayor parte de las calculadoras no tienen la tecla de función cotangente, primero utilizamos la tecla recíproca con el valor de la tangente para obtener la cotangente. Observe también que al utilizar una calculadora sólo obtenemos la respuesta en el primer cuadrante. Un ángulo de referencia de 37° en el tercer cuadrante proporciona el mismo resultado, por lo que x también puede ser 217°.

Así, la respuesta final es $\boxed{x = 37° \text{ o } x = 217°}$. ∎

> De manera equivalente, $\cot x = \frac{4}{3}$ implica que $\tan x = \frac{3}{4}$, por lo que podemos utilizar las teclas $\boxed{3}\;\boxed{\div}\;\boxed{4}\;\boxed{=}\;\boxed{\text{inv}}\;\boxed{\tan}$

GRAFIJACIÓN

Utilice una calculadora gráfica o una computadora para aproximar (hasta décimos) la solución o soluciones de las siguientes ecuaciones:

1. $\text{sen}\,x = \frac{1}{2}x$, graficando $y = \text{sen}\,x$ y $y = \frac{1}{2}x$ en el mismo conjunto de ejes y determinando los valores x de sus puntos de intersección.

2. $2\,\text{sen}\,x = \cos x - 1$, trazar la gráfica $y = 2\,\text{sen}\,x - \cos x + 1$ y trazar la gráfica de los valores de x para determinar las intersecciones con el eje x.

3. $\tan x = \cos x$ en el intervalo $\left[-\frac{\pi}{2}, \frac{\pi}{2}\right]$, trazar la gráfica de $y = \tan x$ y $y = \cos x$ en el mismo conjunto de ejes y determinar los valores x de sus puntos de intersección.

4. $\tan x = \text{sen}\,x - 1$ en el intervalo $\left[-\frac{\pi}{2}, \frac{\pi}{2}\right]$, trazar la gráfica de $y = \tan x - \text{sen}\,x + 1$ y trazar los valores x para determinar las intersecciones con el eje x.

Poder resolver ecuaciones trigonométricas nos permite responder algunas preguntas relacionadas con el tema.

EJEMPLO 5 Determinar el dominio de $f(\theta) = \dfrac{5}{4\,\text{sen}^2\,\theta - 3}$.

Solución Debemos excluir todos los valores de θ donde $4\,\text{sen}^2\,\theta - 3 = 0$. En otras palabras, buscamos la solución general de esta ecuación.

$$4\,\text{sen}^2\,\theta - 3 = 0 \;\Rightarrow\; \text{sen}^2\,\theta = \frac{3}{4} \quad \textit{Calculamos las raíces cuadradas.}$$

$$\text{sen}\,\theta = \pm\sqrt{\frac{3}{4}} = \pm\frac{\sqrt{3}}{2}$$

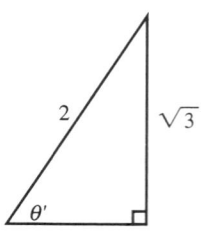

FIGURA 7.27 Triángulo de referencia para el ángulo de referencia cuyo seno es $\frac{\sqrt{3}}{2}$

Como antes, ignoramos por el momento el signo de nuestra respuesta, y trazamos un triángulo de referencia con ángulo de referencia θ' cuyo seno es $\frac{\sqrt{3}}{2}$. Véase la figura 7.27. Reconocemos que θ' es $\frac{\pi}{3}$. Como sen θ puede ser positivo o negativo, el ángulo de referencia puede estar en cualquiera de los cuatro cuadrantes. Así, tenemos $\theta = \frac{\pi}{3}, \frac{2\pi}{3}, \frac{4\pi}{3}, \frac{5\pi}{3}$. Como la primera y la tercera solución difieren en un factor de π, lo mismo que la segunda y la cuarta, podemos escribir el dominio como

$$D_f = \left\{\theta \,\middle|\, \theta \neq \frac{\pi}{3} + n\pi, \frac{2\pi}{3} + n\pi, \text{ donde } n \text{ es un entero}\right\}$$

■

EJEMPLO 6 Determinar el dominio de $g(\theta) = \sqrt{\csc \theta}$ para $-2\pi \leq \theta \leq 2\pi$.

Solución En principio, para poder definir $g(\theta)$, θ debe estar en el dominio de la función cosecante. Así, θ no puede ser un múltiplo entero de π. Pero además, para que $\sqrt{\csc \theta}$ esté definida en el sistema de números reales, debemos pedir que $\csc \theta \geq 0$. Si observamos la gráfica de $y = \csc \theta$ en la página 448 en el intervalo dado, vemos que

$$D_g = \left\{\theta \,\middle|\, -2\pi < \theta < -\pi,\ 0 < \theta < \pi\right\}$$

■

EJEMPLO 7 Despejar x en el intervalo $[0, 2\pi)$: $\text{sen}^2 x - \cos^2 x = 1$.

Solución De nuevo, preferimos trabajar con una ecuación que tenga una función trigonométrica. Podemos lograr esto, utilizando una de nuestras identidades básicas.

$$\text{sen}^2 x - \cos^2 x = 1 \qquad \textit{Sustituimos } \cos^2 x = 1 - \text{sen}^2 x.$$
$$\text{sen}^2 x - (1 - \text{sen}^2 x) = 1$$
$$\text{sen}^2 x - 1 + \text{sen}^2 x = 1$$
$$2\,\text{sen}^2 x - 1 = 1$$
$$2\,\text{sen}^2 x = 2$$
$$\text{sen}^2 x = 1$$
$$\text{sen } x = \pm 1 \qquad \textit{De la gráfica del seno obtenemos}$$

$$x = \frac{\pi}{2} \quad \text{o} \quad x = \frac{3\pi}{2}$$

■

EJEMPLO 8 Determinar la solución general de $2 \cos 2\theta = -1$.

Solución La ecuación dada $2 \cos 2\theta = -1$ implica que $\cos 2\theta = -\frac{1}{2}$. Así, 2θ debe ser un número cuyo coseno sea $-\frac{1}{2}$. Reconocemos que la función coseno será igual a $-\frac{1}{2}$

7.4 Las funciones trigonométricas como funciones de números reales

cuando el argumento sea $\frac{2\pi}{3}$ o $\frac{4\pi}{3}$, a lo que podemos sumar múltiplos enteros de 2π. Por lo tanto, el ángulo 2θ puede ser $\frac{2\pi}{3} \pm 2n\pi$ o $\frac{4\pi}{3} \pm 2n\pi$. Tenemos entonces

$$2\theta = \frac{2\pi}{3} + 2n\pi \quad \text{o} \quad 2\theta = \frac{4\pi}{3} + 2n\pi$$

Dividimos ambos lados de cada ecuación entre 2 para obtener

$$\boxed{\theta = \frac{\pi}{3} + n\pi} \quad \boxed{\theta = \frac{2\pi}{3} + n\pi}$$

Éstas son las soluciones generales. ∎

Podemos obtener algunas soluciones aproximadas de las ecuaciones trigonométricas mediante una calculadora.

EJEMPLO 9 Despejar t hasta centésimos, donde $0° \leq t < 90°$:

$$\operatorname{sen}^2 t - 4 \operatorname{sen} t + 1 = 0.$$

La ecuación $\operatorname{sen}^2 t - 4 \operatorname{sen} t + 1 = 0$ es de la forma $u^2 - 4u + 1 = 0$.

Solución Como el lado izquierdo de esta ecuación no se puede factorizar, utilizamos la fórmula cuadrática, con $A = 1$, $B = -4$ y $C = 1$.

$\operatorname{sen}^2 t - 4 \operatorname{sen} t + 1 = 0$

$$\operatorname{sen} t = \frac{-(-4) \pm \sqrt{(-4)^2 - 4(1)(1)}}{2(1)} = \frac{4 \pm \sqrt{12}}{2}$$

Al utilizar la calculadora, obtenemos

¿Por qué $\operatorname{sen} t = 3.7320508$ no tiene soluciones?

$\operatorname{sen} t = 3.7320508 \quad$ o $\quad \operatorname{sen} t = 0.2679492 \quad$ *La primera ecuación no tiene soluciones.*

Para determinar el valor de t que satisface $\operatorname{sen} t = 0.2679492$, introducimos este valor en la pantalla y después utilizamos la siguiente serie de teclas (en modo grados):

$$\boxed{\text{inv}}\ \boxed{\text{sen}}$$

que proporciona **15.542268**, o $\boxed{15.54°}$ hasta centésimos. ∎

En la siguiente sección, esta labor con las ecuaciones trigonométricas nos ayudará a analizar las funciones trigonométricas inversas.

EJERCICIOS 7.4

En los ejercicios 1-44, determine todas las soluciones de la ecuación dada en el intervalo $[0, 2\pi)$.

1. $\operatorname{sen} x = \frac{1}{2}$
2. $\cos x = -\frac{1}{2}$
3. $\cos x = -\frac{\sqrt{3}}{2}$
4. $\operatorname{sen} x = \frac{\sqrt{2}}{2}$
5. $\operatorname{sen} x = 1$
6. $\sec x = 1$
7. $\tan \theta + 1 = 0$
8. $1 - \cot \theta = 0$
9. $\csc x = 1$
10. $\csc x = -1$
11. $\tan \theta = -\sqrt{3}$
12. $\cot x = \sqrt{3}$
13. $3 \cos x + 1 = 5$
14. $4 \csc \theta + 3 = 6$
15. $\sqrt{3} \tan t = 1$
16. $4 \sec t = 8$
17. $\cos x = 0$
18. $\cot x = 0$
19. $5 \sec \theta = 2$
20. $\sec \theta = 0$
21. $\operatorname{sen}^2 x + 4 = 5$
22. $\tan^2 x = 3$
23. $4 \cos^2 x - 3 = 0$
24. $5 \sec^2 x - 4 = 6$
25. $6 \cot^2 w + 1 = 3$
26. $3 \csc^2 z - 4 = 0$
27. $\cos^2 x + 2 = 3 \cos x$
28. $\operatorname{sen}^2 x - 2 + \sin x = 0$
29. $\tan^2 \theta = \tan \theta$
30. $\sec^2 \theta = 2 \sec \theta$
31. $2 \operatorname{sen} t = \operatorname{sen} t \cos t$
32. $\csc t = \csc t \sec t$
33. $\operatorname{sen} x = \cos x$
34. $\operatorname{sen} x = \tan x$
35. $\cos w - \sec w = 0$
36. $\tan u = \cot u$
37. $\operatorname{sen} x + 3 = -2 \csc x$
38. $2 \cos x - 3 \sec x = 5$
39. $2 \cos^2 x - \operatorname{sen} x - 1 = 0$
40. $2 \operatorname{sen}^2 \theta + 3 \cos \theta = 0$
41. $3 \tan^2 x - \sec^2 x = 5$

42. $\cot^2 t - \csc t = 1$
43. $\text{sen } \theta + \cos \theta = 1$
   SUGERENCIA: Eleve ambos lados al cuadrado.
44. $\tan \theta + 1 = \sec \theta$
   SUGERENCIA: Eleve ambos lados al cuadrado.

En los ejercicios 45-50, resuelva la ecuación dada, redondeando a grados, en [0°, 360°).

45. $5 \text{ sen } x = 3$
46. $3 \cos x = -2$
47. $7 - 4 \tan x = 14$
48. $7 \sec x = 4$
49. $9 \csc x = -20$
50. $2 \cot x - 1 = 5$

En los ejercicios 51-54, utilice una calculadora para resolver la ecuación dada en el intervalo indicado. Redondee su respuesta a centésimos.

51. $\cos^2 x - \cos x - 1 = 0$ en $[0, 2\pi)$
52. $3 \text{sen}^2 \theta + 5 \text{sen } \theta + 1 = 0$ en $[0°, 360°)$
53. $2 \tan^2 t - 3 \tan t - 4 = 0$ en $[0°, 360°)$
54. $\sec^2 \theta + 2 \sec \theta - 1 = 0$ en $[0, 2\pi)$

En los ejercicios 55-68, determine la solución general de la ecuación dada. Utilice la medida en radianes.

55. $2 \text{ sen } x = 1$
56. $2 \cos x = -\sqrt{3}$
57. $\tan^2 x = 3$
58. $\sec^2 x = 4$
59. $3 \csc^2 x = 4$
60. $3 \cot^2 x = 1$
61. $5 \cos x = 0$
62. $-4 \text{ sen } x = 0$
63. $5 \text{ sen } x = -5$
64. $4 \cos x = -2$
65. $\text{sen } 3x = 1$
66. $\tan 2x = \sqrt{3}$
67. $2 \cos 4x = -\sqrt{2}$
68. $4 \text{ sen } 2\theta + 5 = 1$

En los ejercicios 69-76, determine el dominio de la función dada.

69. $f(\theta) = \dfrac{1}{\text{sen } \theta - 1}$
70. $g(\theta) = -\dfrac{3}{2 \cos \theta + 1}$
71. $h(\theta) = 2 \text{ sen } \theta \cos \theta$
72. $F(\theta) = \dfrac{1}{\sec^2 \theta}$
73. $G(x) = \dfrac{6}{4 \cos^2 x - 3}$
74. $H(x) = \dfrac{7}{3 \tan^2 x - 1}$
75. $f(t) = \dfrac{5}{2 - \csc t}$
76. $g(u) = \dfrac{5}{2 - \sec^2 u}$

En los ejercicios 77-84, determine el dominio de la función dada para θ restringida a $[0, 2\pi)$.

77. $f(\theta) = \sqrt{\sec \theta}$
78. $g(\theta) = \sqrt{\text{sen } \theta}$
79. $g(\theta) = \dfrac{1}{\csc \theta}$
80. $f(\theta) = \dfrac{1}{\sqrt{\csc \theta}}$
81. $F(\theta) = \dfrac{1}{1 - \tan \theta}$
82. $G(\theta) = \dfrac{1}{2 - \text{sen } \theta}$
83. $f(\theta) = \dfrac{1}{2 \cos^2 \theta - 1}$
84. $f(\theta) = \tan^2 \theta - 3$

PREGUNTA PARA REFLEXIONAR

85. Analice las diferencias entre la ecuación $\text{sen } \theta + \cos \theta = 1$ y la identidad $\text{sen}^2 \theta + \cos^2 \theta = 1$.

GRAFIJACIÓN

En los ejercicios 86-95, utilice una calculadora gráfica o una computadora para resolver la ecuación trigonométrica dada. Cuando sea necesario, estime las soluciones hasta décimos.

86. $3 \text{ sen } x = 1$
87. $5 \tan x + 4 = 3$
88. $2 \sec^2 x = 6$
89. $3 \cos^2 x - 1 = 0$
90. $\cot x = 4$
91. $4 \csc x - 1 = 6$
92. $\dfrac{1}{2} \text{sen } x + \cos x = \dfrac{1}{2}$
93. $\text{sen } x + \tan x = 1$
94. $\text{sen}^2 x + \text{sen } x = 1$
95. $\cos^2 x + 3 \cos x = 2$

7.5 Las funciones trigonométricas inversas

Cada vez que hemos encontrado un nuevo tipo de función, nuestro estudio de ésta ha incluido la pregunta de si tiene o no una inversa.

Por la prueba de la recta horizontal, podemos revisar las gráficas de cada una de las seis funciones trigonométricas, ver que cada una no cumple el criterio de la recta horizontal, y por lo tanto sabemos que ninguna de las funciones trigonométricas tiene una función inversa. Por ejemplo, véase la figura 7.28.

Cuando evaluamos $y = f(x) = \text{sen } x$ para $x = \dfrac{\pi}{6}$, obtenemos $f\left(\dfrac{\pi}{6}\right) = \text{sen } \dfrac{\pi}{6} = \dfrac{1}{2}$. Sin embargo, cuando intentamos revertir este proceso, como en el ejemplo 1 de la sección anterior, obtenemos *dos* soluciones de la ecuación $\text{sen } x = \dfrac{1}{2}$ en el intervalo $[0, 2\pi)$. Para

7.5 Las funciones trigonométricas inversas

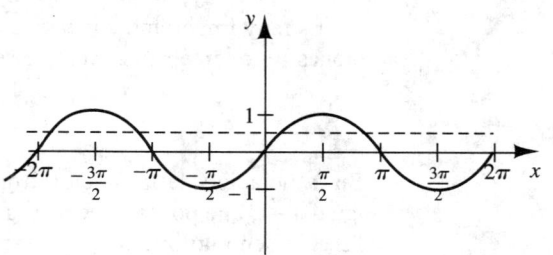

FIGURA 7.28 La gráfica de $y = \operatorname{sen} x$ no satisface el criterio de la recta horizontal.

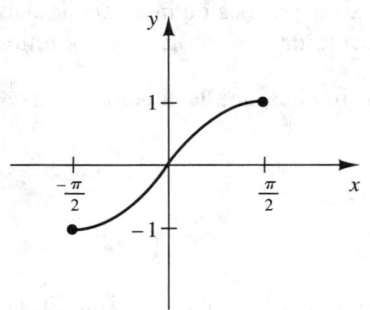

FIGURA 7.29 $y = \operatorname{sen} x$ restringido al intervalo $\left[-\dfrac{\pi}{2}, \dfrac{\pi}{2}\right]$

que $y = \operatorname{sen} x$ tenga una función inversa, necesitamos elegir una y y obtener x de manera única, algo que, como hemos visto, no se puede lograr. En otras palabras, al intercambiar x y y en $y = \operatorname{sen} x$ para obtener $x = \operatorname{sen} y$, no obtenemos y como función de x, *a menos que restrinjamos de algún modo el conjunto de valores posibles* de y para que la función sea uno a uno.

Encontraremos problemas similares al intentar determinar las inversas de cualquier función trigonométrica. Nos centraremos en la función seno y en la figura 7.29.

Observe que, en este dominio restringido, la función seno asume *todos* los valores de su rango. En otras palabras, no hemos perdido alguno de los valores del rango, pero ahora tenemos una función uno a uno.

Con este dominio restringido, sabemos que la función seno es uno a uno y por lo tanto tiene una inversa. Seguimos nuestra rutina para determinar la inversa de una función y comenzamos con

$$y = \operatorname{sen} x \qquad \textit{Intercambiamos } x \textit{ y } y.$$
$$x = \operatorname{sen} y \qquad \textit{Ahora despejamos } y.$$

Por desgracia, no tenemos un método algebraico para despejar y. (Recuerde que estábamos exactamente en la misma situación cuando analizamos la inversa de la función exponencial en la sección 5.2.)

En consecuencia, sólo inventaremos un nombre para la función inversa. Así, escribimos

$$x = \operatorname{sen} y \iff y = \operatorname{sen}^{-1} x$$

En palabras, $y = \operatorname{sen}^{-1} x$ dice que "y es el número (ángulo) en el intervalo $\left[-\dfrac{\pi}{2}, \dfrac{\pi}{2}\right]$ cuyo seno es x."

Debemos mencionar también que existe otra notación común para las funciones trigonométricas.

$$y = \operatorname{sen}^{-1} x \qquad \text{es equivalente a} \qquad y = \operatorname{arc\ sen} x$$

Por ejemplo, $\operatorname{sen}^{-1}(-1) = -\dfrac{\pi}{2}$, pues $-\dfrac{\pi}{2}$ es el número del intervalo $\left[-\dfrac{\pi}{2}, \dfrac{\pi}{2}\right]$ cuyo seno es -1. De manera análoga, $\operatorname{arc\ sen} \dfrac{1}{2} = 30°$, pues $30°$ es el ángulo en el intervalo $[-90°, 90°]$ cuyo seno es $\dfrac{1}{2}$.

Es muy importante distinguir la forma en que representamos las potencias de las funciones trigonométricas. Aunque $\operatorname{sen}^2 x = (\operatorname{sen} x)^2$,

$$\operatorname{sen}^{-1} x \neq (\operatorname{sen} x)^{-1}$$

En la notación de la función trigonométrica inversa, el -1 *no* representa un exponente igual a -1, que por lo general nos da un recíproco. Si deseamos escribir el recíproco de la función seno utilizando como exponente -1, debemos escribirlo como

$$(\operatorname{sen} x)^{-1} = \frac{1}{\operatorname{sen} x}$$

Como hemos visto, el intercambio de los papeles de x y y provoca un intercambio del dominio y el rango. Si consideramos la función restringida $y = \operatorname{sen} x$ con dominio $D = \left\{x \mid -\frac{\pi}{2} \leq x \leq \frac{\pi}{2}\right\}$ y rango $R = \{y \mid -1 \leq y \leq 1\}$, esto implica que la función inversa $y = \operatorname{sen}^{-1} x$ tiene dominio

$$D = \{x \mid -1 \leq x \leq 1\} \text{ y rango } R = \left\{y \mid -\frac{\pi}{2} \leq y \leq \frac{\pi}{2}\right\}$$

Ahora podemos trabajar con la función coseno desde el mismo punto de vista. En la figura 7.30 vemos que la gráfica de la función coseno no satisface la prueba de la recta horizontal.

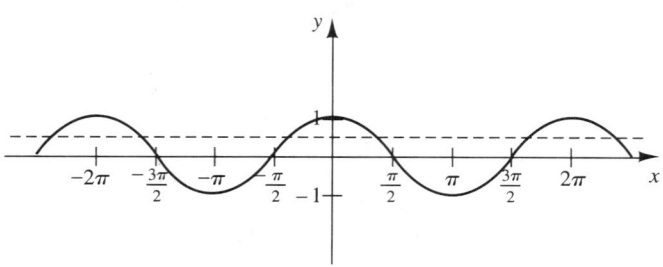

FIGURA 7.30 La gráfica de $y = \cos x$ no satisface el criterio de la recta horizontal.

En la figura 7.31 hemos restringido el dominio de la función coseno de modo que esta función asume todos los valores del rango y satisface el criterio de la recta horizontal y por lo tanto tiene una inversa.

Con la misma notación que presentamos para la inversa de la función seno, escribimos

$$x = \cos y \iff y = \cos^{-1} x$$

En palabras, $y = \cos^{-1} x$ dice que "y es el número (ángulo) en el intervalo $[0, \pi]$ cuyo coseno es x".

Además

$$y = \cos^{-1} x \quad \text{es equivalente a} \quad y = \operatorname{arc} \cos x$$

De manera análoga, el prefijo "arc" se utiliza para indicar la inversa de las otras funciones trigonométricas.

Aunque utilizaremos ambas notaciones para familiarizarnos con ambas, principalmente utilizaremos la notación sen^{-1} y $\cos^{-1}$.

Ahora podemos formalizar la definición de las funciones inversas del seno y coseno.

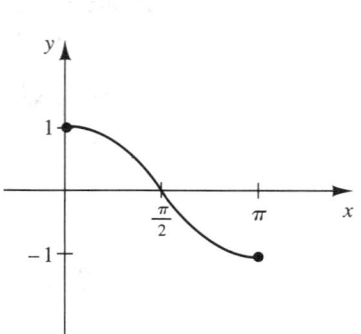

FIGURA 7.31 $y = \cos x$ restringido al intervalo $(0, \pi)$

¿Por qué no restringimos la gráfica del coseno al intervalo $\left[-\frac{\pi}{2}, \frac{\pi}{2}\right]$ como lo hicimos con la gráfica del seno?

7.5 Las funciones trigonométricas inversas

DEFINICIONES DE LAS FUNCIONES INVERSAS DEL SENO Y DEL COSENO

$y = \text{sen}^{-1} x \Leftrightarrow x = \text{sen } y$ Dominio $= \{x \mid -1 \leq x \leq 1\}$

Rango $= \left\{ y \mid -\dfrac{\pi}{2} \leq y \leq \dfrac{\pi}{2} \right\}$

$y = \cos^{-1} x \Leftrightarrow x = \cos y$ Dominio $= \{x \mid -1 \leq x \leq 1\}$

Rango $= \{y \mid 0 \leq y \leq \pi\}$

En palabras, $y = \text{sen}^{-1} x$ significa "y es el número cuyo seno es x". Tenemos una proposición similar para $y = \cos^{-1} x$.

EJEMPLO 1 Evaluar **(a)** $\text{sen}^{-1}\left(\dfrac{\sqrt{2}}{2}\right)$ **(b)** $\cos^{-1}\left(-\dfrac{1}{2}\right)$.

Solución

(a) Si $y = \text{sen}^{-1}\left(\dfrac{\sqrt{2}}{2}\right)$, entonces $y = \dfrac{\sqrt{2}}{2}$. En otras palabras, y es el número (ángulo) en el intervalo $\left[-\dfrac{\pi}{2}, \dfrac{\pi}{2}\right]$ cuyo seno es $\dfrac{\sqrt{2}}{2}$. Si no reconocemos la respuesta, podemos trazar un triángulo de referencia con ángulo de referencia y' cuyo seno sea $\dfrac{\sqrt{2}}{2}$. Véase la figura 7.32. Debemos reconocer entonces que el ángulo de referencia es $\dfrac{\pi}{4}$. Así, $\boxed{\text{sen}^{-1}\left(\dfrac{\sqrt{2}}{2}\right) = \dfrac{\pi}{4}}$. Observe que sólo existe una solución en el intervalo $\left[-\dfrac{\pi}{2}, \dfrac{\pi}{2}\right]$.

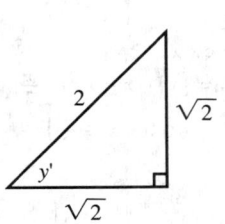

FIGURA 7.32 Triángulo de referencia para un ángulo cuyo seno es $\dfrac{\sqrt{2}}{2}$

(b) Si $y = \cos^{-1}\left(-\dfrac{1}{2}\right)$, entonces $\cos y = -\dfrac{1}{2}$. En otras palabras, y es el número (ángulo) del intervalo $[0, \pi]$ cuyo coseno es $-\dfrac{1}{2}$. De nuevo, si no reconocemos la respuesta, podemos trazar un triángulo de referencia con ángulo de referencia y' cuyo coseno sea $\dfrac{1}{2}$. Si observamos la figura 7.33, debemos reconocer que el ángulo de referencia es $\dfrac{\pi}{3}$. Para que $\cos y = -\dfrac{1}{2}$ y que y esté en el rango de la función inversa, debe corresponder a un ángulo en el segundo cuadrante.

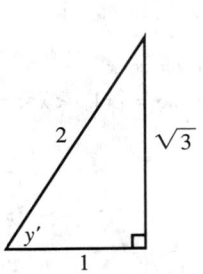

FIGURA 7.33 Triángulo de referencia para un ángulo cuyo coseno es $-\dfrac{1}{2}$

Por lo tanto, $\cos^{-1}\left(-\dfrac{1}{2}\right) = \boxed{\dfrac{2\pi}{3}}$. ∎

470 Capítulo 7 Las funciones trigonométricas

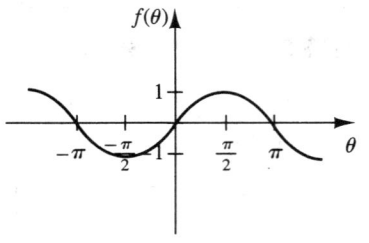

FIGURA 7.34

EJEMPLO 2 Evaluar arc sen(−1).

Solución Recuerde que arc sen(−1) significa lo mismo que sen^{-1}(−1); es decir, el número (ángulo) en el intervalo $\left[-\dfrac{\pi}{2}, \dfrac{\pi}{2}\right]$ cuyo seno es −1. De la gráfica de la función seno (véase la figura 7.34), podemos ver que la respuesta es $-\dfrac{\pi}{2}$.

Así, arc sen(−1) = $\boxed{-\dfrac{\pi}{2}}$. ■

Ahora centraremos nuestra atención en las demás funciones trigonométricas. La convención usual consiste en limitar sus dominios, como se muestra en la figura 7.35.

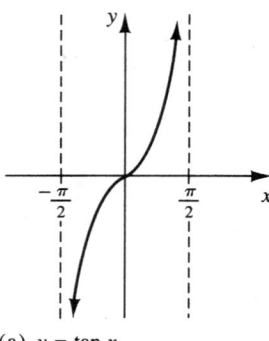

(a) $y = \tan x$
Dominio = $\left\{x \mid -\dfrac{\pi}{2} < x < \dfrac{\pi}{2}\right\}$

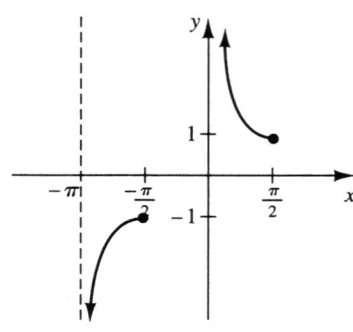

(b) $y = \csc x$
Dominio = $\left\{x \mid -\pi < x \leq -\dfrac{\pi}{2}\right.$
o $\left. 0 < x \leq \dfrac{\pi}{2}\right\}$

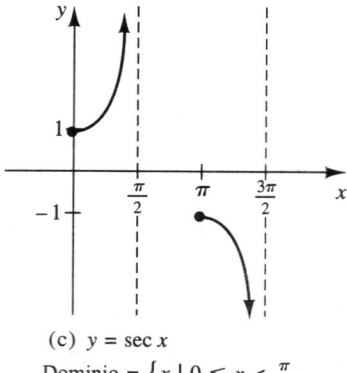

(c) $y = \sec x$
Dominio = $\left\{x \mid 0 \leq x < \dfrac{\pi}{2}\right.$
o $\left. \pi \leq x < \dfrac{3\pi}{2}\right\}$

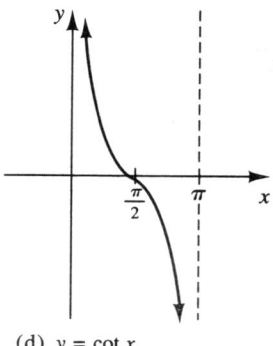

(d) $y = \cot x$
Dominio = $\{x \mid 0 < x < \pi\}$

FIGURA 7.35

Con base en este análisis y en las figuras 7.29, 7.31 y 7.35, podemos definir las otras cuatro funciones trigonométricas inversas. Para facilitar su referencia, el siguiente cuadro contiene las definiciones de las seis funciones trigonométricas inversas.

7.5 Las funciones trigonométricas inversas

DEFINICIONES DE LAS FUNCIONES TRIGONOMÉTRICAS INVERSAS

$y = \text{sen}^{-1} x \Leftrightarrow x = \text{sen } y$
Dominio $= \{x \mid -1 \leq x \leq 1\}$
Rango $= \left\{y \mid -\dfrac{\pi}{2} \leq y \leq \dfrac{\pi}{2}\right\}$

$y = \cos^{-1} x \Leftrightarrow x = \cos y$
Dominio $= \{x \mid -1 \leq x \leq 1\}$
Rango $= \{y \mid 0 \leq y \leq \pi\}$

$y = \tan^{-1} x \Leftrightarrow x = \tan y$
Dominio = todos los números reales
Rango $= \left\{y \mid -\dfrac{\pi}{2} < y < \dfrac{\pi}{2}\right\}$

$y = \csc^{-1} x \Leftrightarrow x = \csc y$
Dominio $= \{x \mid x \leq -1 \text{ o } x \geq 1\}$
Rango $= \left\{y \mid 0 < y \leq \dfrac{\pi}{2} \text{ o } -\pi < y \leq -\dfrac{\pi}{2}\right\}$

$y = \sec^{-1} x \Leftrightarrow x = \sec y$
Dominio $= \{x \mid x \leq -1 \text{ o } x \geq 1\}$
Rango $= \left\{y \mid 0 \leq y < \dfrac{\pi}{2} \text{ o } \pi \leq y < \dfrac{3\pi}{2}\right\}$

$y = \cot^{-1} x \Leftrightarrow x = \cot y$
Dominio = todos los números reales
Rango: $\{y \mid 0 < y < \pi\}$

GRAFIJACIÓN

Utilice las definiciones de las funciones trigonométricas inversas dadas en el cuadro y una calculadora gráfica o una computadora, para trazar las gráficas de las seis funciones trigonométricas inversas.

EJEMPLO 3 Evaluar lo siguiente.

(a) $\sec^{-1} 2$ (b) arc tan 1   (c) $\csc^{-1}\left(-\sqrt{2}\right)$ (d) $\cot^{-1}\sqrt{3}$

Solución

(a) De acuerdo con la definición, $\sec^{-1} 2$ es el número en $\left[0, \dfrac{\pi}{2}\right) \cup \left[\pi, \dfrac{3\pi}{2}\right)$ cuya secante es igual a 2 $\left(\text{o, de manera equivalente, cuyo coseno es } \dfrac{1}{2}\right)$. Utilizamos un triángulo de referencia y determinamos que la respuesta es .

(b) arc tan 1 es el número del intervalo $\left(-\frac{\pi}{2}, \frac{\pi}{2}\right)$ cuya tangente es 1. La respuesta es $\boxed{\frac{\pi}{4}}$.

(c) $\csc^{-1}(-\sqrt{2})$ es el número en $\left(-\pi, -\frac{\pi}{2}\right] \cup \left(0, \frac{\pi}{2}\right]$ cuya cosecante es $-\sqrt{2}$ $\left(\text{o, de manera equivalente, cuyo seno es } -\frac{1}{\sqrt{2}}\right)$. La respuesta es $\boxed{-\frac{3\pi}{4}}$.

(d) $\cot^{-1}\sqrt{3}$ es el número en el intervalo $(0, \pi)$ cuya cotangente es $\sqrt{3}$ $\left(\text{o, de manera equivalente, cuya tangente es } \frac{1}{\sqrt{3}}\right)$. La respuesta es $\boxed{\frac{\pi}{6}}$. ∎

EJEMPLO 4 Evaluar lo siguiente.

(a) $\operatorname{sen}^{-1}\left(\operatorname{sen}\frac{\pi}{6}\right)$ **(b)** $\cos(\tan^{-1} 0)$ **(c)** $\tan^{-1}\left(\sec\frac{\pi}{7}\right)$ **(d)** $\cos\left(\operatorname{sen}^{-1}\frac{2}{3}\right)$

Solución

(a) Comenzamos evaluando $\operatorname{sen}\frac{\pi}{6} = \frac{1}{2}$. Por lo tanto, $\operatorname{sen}^{-1}\left(\operatorname{sen}\frac{\pi}{6}\right) = \operatorname{sen}^{-1}\left(\frac{1}{2}\right)$, que es el número del intervalo $\left[-\frac{\pi}{2}, \frac{\pi}{2}\right]$ cuyo seno es $\frac{1}{2}$. La respuesta es $\boxed{\frac{\pi}{6}}$.

De manera alternativa, podemos reconocer que, como $\frac{\pi}{6}$ está en el dominio restringido de la función seno, esto implica de inmediato que $\operatorname{sen}^{-1}\left(\operatorname{sen}\frac{\pi}{6}\right) = \frac{\pi}{6}$. Esto es tan solo la relación fundamental de las funciones inversas; es decir, $(f^{-1} \circ f)(x) = x$.

(b) Comenzamos determinando que $\tan^{-1} 0 = 0$. Entonces, $\cos(\tan^{-1} 0) = \cos(0) = \boxed{1}$.

(c) Como $\frac{\pi}{7}$ no es uno de los ángulos básicos con los que estamos familiarizados, necesitamos una calculadora (o una tabla) para evaluar esta expresión. De este modo, para determinar $\tan^{-1}\left(\sec\frac{\pi}{7}\right)$, la serie de teclas es

¿Qué hace la calculadora con esta secuencia de teclas?

$\boxed{\pi} \ \boxed{\div} \ \boxed{7} \ \boxed{=} \ \boxed{\cos} \ \boxed{1/x} \ \boxed{\text{inv}} \ \boxed{\tan}$

y la respuesta final es $\boxed{0.8374,}$ redondeada a cuatro cifras decimales.

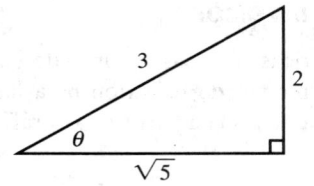

FIGURA 7.36 El triángulo de referencia para sen $\theta = \frac{2}{3}$

(d) Comenzaremos utilizando una calculadora para evaluar $\text{sen}^{-1}\frac{2}{3}$, como en la parte (c). Sin embargo, si comprendemos el significado de las funciones inversas, podemos razonar como sigue: Si $\theta = \text{sen}^{-1}\frac{2}{3}$, esto significa que sen $\theta = \frac{2}{3}$. Trazamos un triángulo de referencia para θ y completamos el triángulo con el teorema de Pitágoras. Véase la figura 7.36. Si observamos el triángulo de referencia, vemos que

$$\cos\left(\text{sen}^{-1}\frac{2}{3}\right) = \cos\theta = \boxed{\frac{\sqrt{5}}{3}}$$

Observamos que, como el seno es positivo, la definición de la función inversa del seno nos pide que θ esté en el primer cuadrante, y por lo tanto el coseno será también positivo. ∎

EJEMPLO 5 Evaluar lo siguiente. (a) $\text{sen}^{-1}\left(\text{sen}\frac{5\pi}{4}\right)$ (b) $\cos^{-1}\left(\cos\frac{5\pi}{7}\right)$

Solución

(a) Podemos comenzar evaluando $\text{sen}\frac{5\pi}{4} = -\frac{\sqrt{2}}{2}$. Por lo tanto, tenemos $\text{sen}^{-1}\left(\text{sen}\frac{5\pi}{4}\right)$ $= \text{sen}^{-1}\left(-\frac{\sqrt{2}}{2}\right)$, que es, por definición, el número en el intervalo $\left[-\frac{\pi}{2}, \frac{\pi}{2}\right]$ cuyo seno es $-\frac{\sqrt{2}}{2}$. Así, la respuesta final es $\text{sen}^{-1}\left(\text{sen}\frac{5\pi}{4}\right) = \text{sen}^{-1}\left(-\frac{\sqrt{2}}{2}\right) = \boxed{-\frac{\pi}{4}}$. Observe que, como $\frac{5\pi}{4}$ *no* está en el dominio restringido de la función seno, no podemos utilizar la relación de la función inversa. En otras palabras, $\text{sen}^{-1}\left(\text{sen}\frac{5\pi}{4}\right) \neq \frac{5\pi}{4}$.

(b) Como $\frac{5\pi}{7}$ está en el intervalo $[0, \pi]$, el dominio restringido de la función coseno, podemos utilizar la relación de la función inversa para concluir que $\cos^{-1}\left(\cos\frac{5\pi}{7}\right) = \boxed{\frac{5\pi}{7}}$. Observe que con la relación de la función inversa, no necesitamos determinar el valor de $\cos\frac{5\pi}{7}$. ∎

En nuestro desarrollo de las funciones trigonométricas inversas, la elección del dominio restringido para cada función fue, de alguna manera, arbitraria. Para obtener un conjunto completo de valores del rango para cada una de las funciones trigonométricas y seguir teniendo una inversa, podemos optar por restringir los dominios en otra forma. Por ejemplo, para la función tangente, podemos elegir el intervalo $\left(\frac{\pi}{2}, \frac{3\pi}{2}\right)$ como nuestro dominio. Véase la figura 7.37.

Los dominios restringidos que hemos estado utilizando son los aceptados de manera más común.

Con una calculadora ¿determina usted que $\text{sen}^{-1}(\text{sen}(150°)) = 150°$? ¿Deben ser iguales?

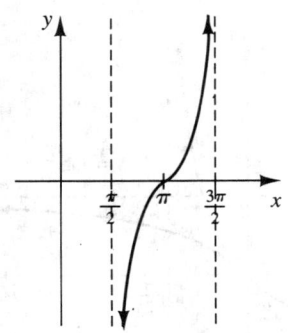

FIGURA 7.37 Una restricción alternativa sobre el dominio de $y = \tan x$

Las gráficas de las funciones trigonométricas inversas

Podemos obtener las gráficas de las funciones trigonométricas inversas a partir de las gráficas de las funciones trigonométricas, utilizando el principio de reflexión para las funciones inversas. Sabemos que podemos obtener la gráfica de $f^{-1}(x)$ a partir de la gráfica de $f(x)$, reflejándola con respecto de la recta $y = x$.

En la figura 7.38 hemos trazado la gráfica de $y = \operatorname{sen} x$ en el intervalo $\left[-\frac{\pi}{2}, \frac{\pi}{2}\right]$ y la reflejamos con respecto de la recta $y = x$ para obtener la gráfica de $y = \operatorname{sen}^{-1} x$.

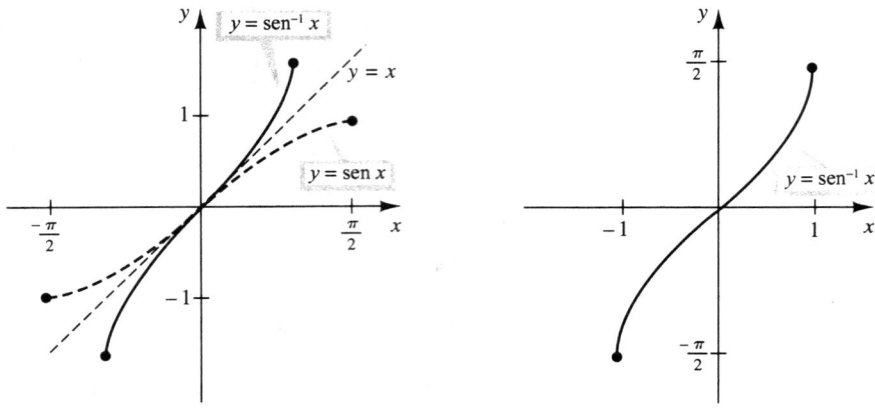

FIGURA 7.38

Las figuras 7.39(a) y (b) muestran las gráficas de $y = \cos^{-1} x$ y $y = \tan^{-1} x$ obtenidas mediante el principio de reflexión para funciones inversas.

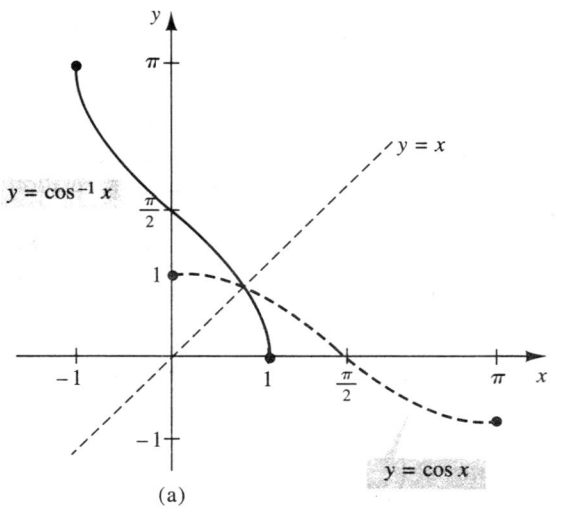

(a)

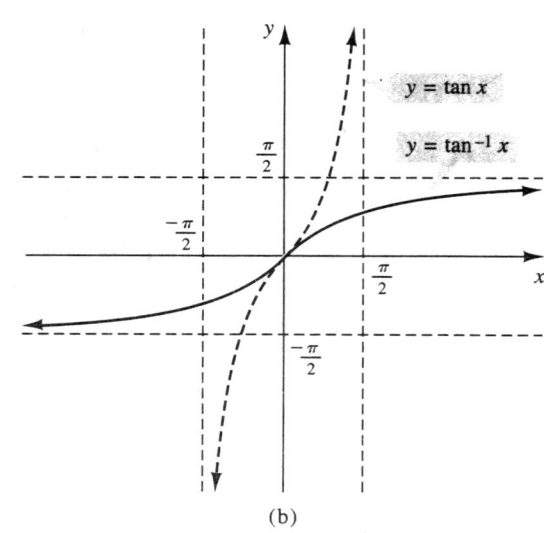

(b)

FIGURA 7.39

7.5 Las funciones trigonométricas inversas

Dejaremos como ejercicio el empleo del principio de reflexión para obtener las gráficas de $y = \csc^{-1} x$, $y = \sec^{-1} x$ y $y = \cot^{-1} x$.

El siguiente cuadro resume las gráficas de las funciones trigonométricas inversas.

LAS GRÁFICAS DE LAS FUNCIONES TRIGONOMÉTRICAS INVERSAS

$y = \text{sen}^{-1} x$

$y = \cos^{-1} x$

$y = \tan^{-1} x$

$y = \csc^{-1} x$

$y = \sec^{-1} x$

$y = \cot^{-1} x$

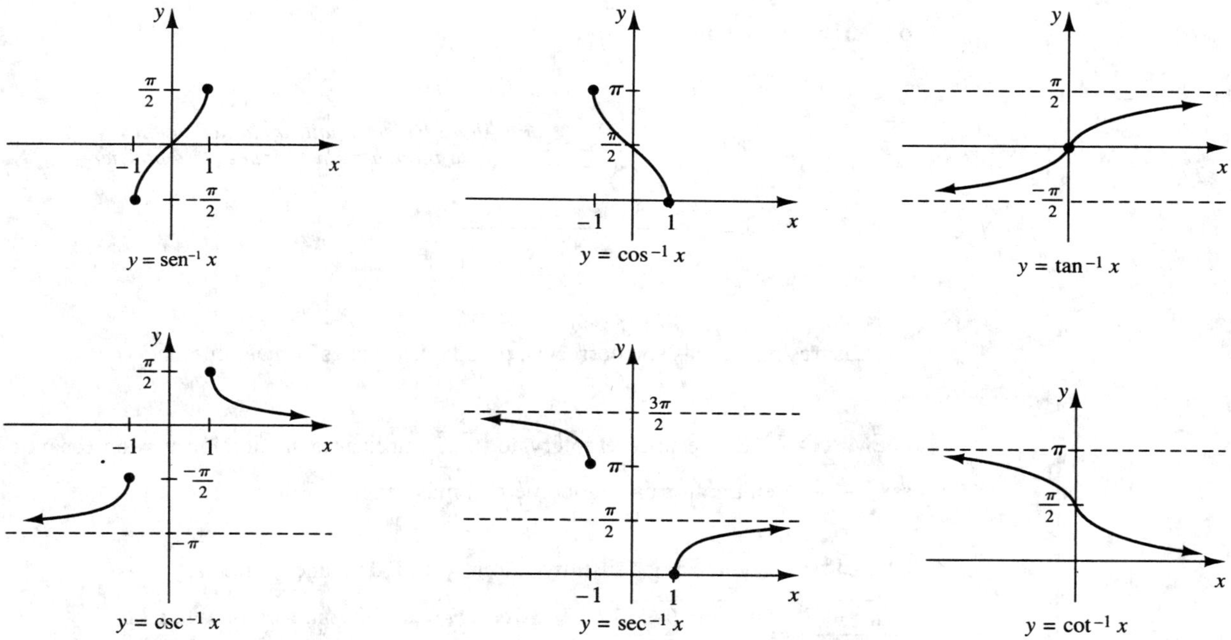

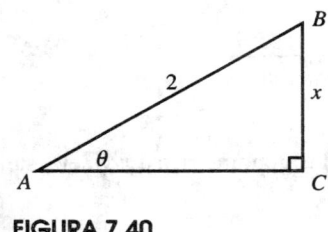

FIGURA 7.40

Uno de los usos más importantes de las funciones trigonométricas inversas es que permiten expresar ciertas expresiones algebraicas en forma trigonométrica, y viceversa, como lo muestran los dos ejemplos siguientes.

EJEMPLO 6 Utilice el diagrama de la figura 7.40 para expresar θ en función de x.

Solución Del diagrama vemos que

$\text{sen } \theta = \dfrac{x}{2}$ *Como θ es un ángulo agudo, podemos utilizar la definición de la función inversa del seno para obtener*

$$\boxed{\theta = \text{sen}^{-1} \dfrac{x}{2}}$$

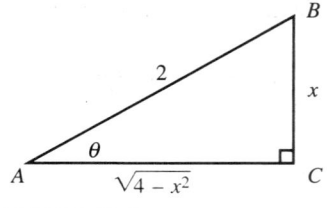

FIGURA 7.41

Observe que podemos utilizar el teorema de Pitágoras para determinar $|\overline{AC}|$. El triángulo se vería entonces como el de la figura 7.41. Así, tenemos

$$\cos \theta = \frac{\sqrt{4-x^2}}{2}$$

Ahora podemos utilizar la definición de la inversa de coseno para obtener

$$\boxed{\theta = \cos^{-1} \frac{\sqrt{4-x^2}}{2}}$$

o podríamos escribir

$$\tan \theta = \frac{x}{\sqrt{4-x^2}}$$

Ahora podemos utilizar la definición de la inversa de la tangente para obtener

$$\boxed{\theta = \tan^{-1} \frac{x}{\sqrt{4-x^2}}}$$

Las tres respuestas son correctas, pero la primera es la más sencilla. ∎

EJEMPLO 7 Si θ está en el intervalo $\left(0, \frac{\pi}{2}\right)$, utilizar la sustitución $u = \tan \theta$ para expresar $\frac{\sqrt{u^2+1}}{u}$ en una forma trigonométrica más sencilla.

Solución Comenzamos sustituyendo $u = \tan \theta$ de manera directa.

$$\frac{\sqrt{u^2+1}}{u} = \frac{\sqrt{\tan^2 \theta + 1}}{\tan \theta} \quad \text{Utilizamos la identidad } \tan^2 \theta + 1 = \sec^2 \theta$$

$$= \frac{\sqrt{\sec^2 \theta}}{\tan \theta} \quad \text{Como } \theta \text{ está restringido a } \left(0, \frac{\pi}{2}\right), \sec \theta \text{ es positivo.}$$
$$\text{Por lo tanto, } \sqrt{\sec^2 \theta} = \sec \theta.$$

$$= \frac{\sec \theta}{\tan \theta} = \frac{\frac{1}{\cos \theta}}{\frac{\text{sen } \theta}{\cos \theta}} = \frac{1}{\cos \theta} \cdot \frac{\cos \theta}{\text{sen } \theta} = \frac{1}{\text{sen } \theta} = \boxed{\csc \theta} \quad \blacksquare$$

La habilidad para transformar expresiones algebraicas en trigonométricas, y viceversa, es muy útil para realizar ciertos procedimientos en cálculo.

EJERCICIOS 5.5

En los ejercicios 1-38, evalúe la expresión dada. Obtenga los valores exactos cuando sea posible; utilice calculadora sólo en caso necesario. Cuando utilice una calculadora, redondee su respuesta a cuatro cifras decimales.

1. $\operatorname{sen}^{-1}\dfrac{\sqrt{3}}{2}$
2. $\cos^{-1}\left(-\dfrac{\sqrt{2}}{2}\right)$
3. $\arccos\left(-\dfrac{1}{2}\right)$
4. $\arccos\dfrac{1}{2}$
5. $\tan^{-1}(-\sqrt{3})$
6. $\cot^{-1} 1$
7. $\sec^{-1} 2$
8. $\csc^{-1}(-\sqrt{2})$
9. $\operatorname{sen}^{-1}\dfrac{2}{5}$
10. $\tan^{-1}\dfrac{1}{2}$
11. $\csc^{-1}(-1)$
12. $\sec^{-1} 1$
13. $\cot^{-1} 0$
14. $\tan^{-1}(-1)$
15. $\operatorname{arcsen} 1$
16. $\arccos(-1)$
17. $\operatorname{sen}\left(\cos^{-1}\dfrac{\sqrt{3}}{2}\right)$
18. $\cos\left(\operatorname{sen}^{-1}\left(-\dfrac{1}{\sqrt{2}}\right)\right)$
19. $\tan\left(\operatorname{sen}^{-1}\left(-\dfrac{1}{2}\right)\right)$
20. $\cot\left(\cos^{-1}\dfrac{1}{2}\right)$
21. $\cos(\cos^{-1} 1)$
22. $\operatorname{sen}\left(\operatorname{arcsen}\left(-\dfrac{\sqrt{3}}{2}\right)\right)$
23. $\cos\left(\tan^{-1}\dfrac{1}{2}\right)$
24. $\csc\left(\cos^{-1}\left(-\dfrac{3}{4}\right)\right)$
25. $\tan\left(\operatorname{sen}^{-1}\dfrac{2}{5}\right)$
26. $\operatorname{sen}\left(\cos^{-1}\dfrac{1}{4}\right)$
28. $\sec(\csc^{-1} 1)$
28. $\tan(\cos^{-1}(-1))$
29. $\operatorname{sen}^{-1}\left(\operatorname{sen}\dfrac{\pi}{3}\right)$
30. $\cos^{-1}\left(\cos\dfrac{7\pi}{4}\right)$
31. $\cos^{-1}\left(\cos\dfrac{5\pi}{3}\right)$
32. $\operatorname{sen}^{-1}\left(\operatorname{sen}\dfrac{7\pi}{4}\right)$
33. $\cos^{-1}\left(\cos\left(-\dfrac{\pi}{3}\right)\right)$
34. $\csc^{-1}\left(\csc\dfrac{\pi}{6}\right)$
35. $\tan(\csc^{-1} 1)$
36. $\sec(\operatorname{sen}^{-1} 1)$
37. $\operatorname{sen}^{-1}(\cos 82°)$
38. $\cot^{-1}(\tan 23°)$

39. Utilice el diagrama siguiente para expresar θ en función de x.

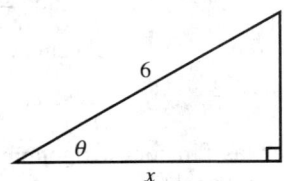

40. Utilice la figura siguiente al ejercicio 39 para expresar x en función de θ.

41. Utilice el diagrama siguiente para expresar θ en función de x.

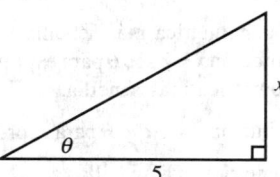

42. Utilice la figura siguiente al ejercicio 41 para expresar x en función de θ.

43. Utilice el diagrama siguiente para expresar $\sqrt{16+x^2}$ en función de θ.

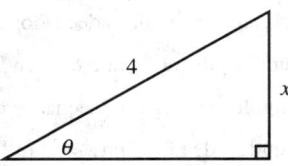

44. Utilice el diagrama siguiente para expresar $\sqrt{x^2-16}$ en función de θ.

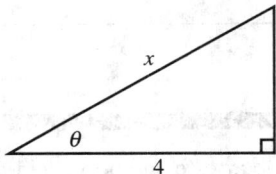

45. Utilice el diagrama siguiente para expresar $\sqrt{x^2+16}$ en función de θ.

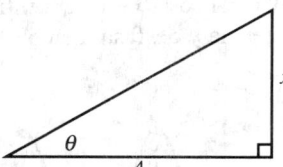

46. Utilice el diagrama siguiente para expresar $\sqrt{36+x^2}$ en función de θ.

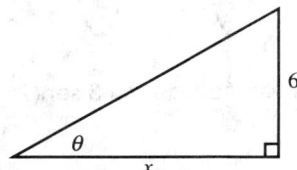

47. Utilice la sustitución $u = 3\,\text{sen}\,\theta$ para expresar $u\sqrt{9-u^2}$ en una forma trigonométrica más sencilla.
48. Utilice la sustitución $u = 8\cos\theta$ para expresar $\dfrac{\sqrt{64-u^2}}{u}$ en una forma trigonométrica más sencilla.
49. Utilice la sustitución $x = 2\sec\theta$ para expresar $x^2\sqrt{x^2-4}$ en una forma trigonométrica más sencilla.
50. Utilice la sustitución $y = 5\csc\theta$ para expresar $\dfrac{y}{\sqrt{y^2-25}}$ en una forma trigonométrica más sencilla.
51. Utilice la sustitución de $u = 4\tan\theta$ para expresar $\dfrac{u^2}{16+u^2}$ en una forma trigonométrica más sencilla.
52. Utilice la sustitución $x = 9\tan\theta$ para expresar $\dfrac{1}{x^2\sqrt{x^2+81}}$ en una forma trigonométrica más sencilla.
53. Trace un triángulo rectángulo adecuado, con θ como uno de sus ángulos agudos, de modo que $\theta = \text{sen}^{-1}\dfrac{x}{5}$.
54. Trace un triángulo rectángulo adecuado, con θ como uno de sus ángulos agudos, de modo que $\theta = \tan^{-1}\dfrac{x}{4}$.
55. Trace un triángulo rectángulo adecuado, con θ como uno de sus ángulos agudos, de modo que $\theta = \sec^{-1}\dfrac{x}{a}$.
56. Trace un triángulo rectángulo adecuado, con θ como uno de sus ángulos agudos, de modo que $\theta = \cos^{-1}\dfrac{x}{b}$.
57. Trace un triángulo rectángulo adecuado, con θ como uno de sus ángulos agudos, de forma que dos de los lados sean x y $\sqrt{x^2-9}$; entonces exprese la razón $\dfrac{\sqrt{x^2-9}}{x}$ en función de θ.

PREGUNTAS PARA REFLEXIONAR

58. (a) Trace la gráfica de $y = \text{sen}\,2x$.
    (b) Determine un dominio restringido adecuado para que $y = \text{sen}\,2x$ tenga una función inversa.
    (c) Determine la inversa de $y = \text{sen}\,2x$ en este dominio restringido y trace su gráfica.
59. ¿Puede generalizar los resultados del ejercicio 58 para $y = \text{sen}\,3x$, $y = \text{sen}\,4x$, etcétera; es decir, para $y = \text{sen}\,kx$?
60. En cálculo se muestra que para valores "pequeños" de x, el polinomio $p(x) = x - \dfrac{x^3}{3} + \dfrac{x^5}{5}$ aproxima a $\tan^{-1}x$ con un error máximo de $\left|\dfrac{x^7}{7}\right|$. Utilice $p(x)$ para aproximar $\tan^{-1}0.5$ y determinar el error máximo en esta aproximación.

Capítulo 7 RESUMEN

Después de completar este capítulo usted debe:
1. Estar familiarizado con las gráficas básicas de las seis funciones trigonométricas. (Secciones 7.1 y 7.2).
2. Poder trazar la gráfica de una función de la forma $y = A\,\text{sen}(Bx+C)$ y $y = A\cos(Bx+C)$ e identificar su amplitud, periodo, frecuencia y desfasamiento. (Sección 7.1.)

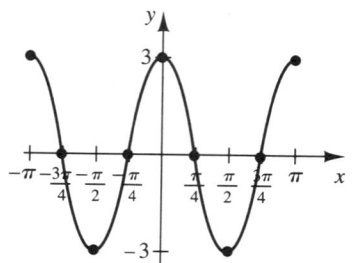

FIGURA 7.42 La gráfica de $y = 3\,\text{sen}(2x + \dfrac{\pi}{2})$

Por ejemplo:

La gráfica de $y = 3\,\text{sen}\left(2x + \dfrac{\pi}{2}\right)$ en el intervalo $[-\pi, \pi]$ aparece en la figura 7.42.

En general, para $y = A\,\text{sen}(Bx+C)$, tenemos

Amplitud $= |A|$
Periodo $= \dfrac{2\pi}{|B|}$
Frecuencia $= |B|$
Desfasamiento $= -\dfrac{C}{B}$

Para $y = 3\,\text{sen}\left(2x + \dfrac{\pi}{2}\right)$, tenemos

Amplitud $= 3$
Periodo $= \pi$
Frecuencia $= 2$
Desfasamiento $= -\dfrac{\pi}{4}$

3. Poder expresar las funciones trigonométricas de ángulos negativos en términos de ángulos positivos. (Sección 7.2.)

7.5 Las funciones trigonométricas inversas

Por ejemplo:
(a) $\text{sen}(-28°) = -\text{sen } 28°$
(b) $\cos(-145°) = \cos 145°$
(c) $\tan(-95°) = -\tan 95°$

4. Conocer las identidades trigonométricas fundamentales. (Sección 7.3)

5. Poder utilizar las identidades trigonométricas fundamentales para verificar otras identidades. (Sección 7.3)

Por ejemplo:
Verificar la siguiente identidad:

$$\frac{\csc \theta - \text{sen } \theta}{\sec \theta - \tan \theta} = \cot \theta + \cos \theta$$

Comenzamos expresando el lado izquierdo en términos del seno y el coseno.

$$\frac{\frac{1}{\text{sen } \theta} - \text{sen } \theta}{\frac{1}{\cos \theta} - \frac{\text{sen } \theta}{\cos \theta}} \stackrel{?}{=} \cot \theta + \cos \theta$$

Simplificamos la fracción compleja.

$$\frac{\left(\frac{1}{\text{sen } \theta} - \text{sen } \theta\right) \text{sen } \theta \cos \theta}{\left(\frac{1}{\cos \theta} - \frac{\text{sen } \theta}{\cos \theta}\right) \text{sen } \theta \cos \theta} \stackrel{?}{=} \cot \theta + \text{sen } \theta$$

$$\frac{\cos \theta - \cos \theta \, \text{sen}^2 \theta}{\text{sen } \theta - \text{sen } \theta} \stackrel{?}{=} \cot \theta + \text{sen } \theta$$

Factorizamos y reducimos.

$$\frac{\cos \theta (1 - \text{sen } \theta)(1 + \text{sen } \theta)}{\text{sen } \theta (1 - \text{sen } \theta)} \stackrel{?}{=} \cot \theta + \cos \theta$$

$$\frac{\cos \theta (1 + \text{sen } \theta)}{\text{sen } \theta} \stackrel{?}{=} \cot \theta + \cos \theta$$

$$\frac{\cos \theta}{\text{sen } \theta} + \frac{\cos \theta \, \text{sen } \theta}{\text{sen } \theta} \stackrel{?}{=} \cot \theta + \cos \theta$$

$$\cot \theta + \cos \theta \stackrel{\checkmark}{=} \cot \theta + \cos \theta$$

6. Poder resolver ecuaciones trigonométricas (Sección 7.4). Podemos aplicar algunos de los procedimientos algebraicos que hemos aprendido a las ecuaciones trigonométricas. Un triángulo de referencia le ayudará a identificar el ángulo de referencia.

Por ejemplo:
(a) Determinar la solución general de $2 \cos x = -\sqrt{3}$.

$$2\cos x = -\sqrt{3} \Rightarrow \cos x = -\frac{\sqrt{3}}{2}$$

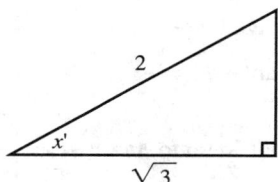

FIGURA 7.43

Trazamos un triángulo de referencia, en la figura 7.43, de modo que el coseno del ángulo de referencia sea $\frac{\sqrt{3}}{2}$; reconocemos que el ángulo de referencia es $\frac{\pi}{6}$. Como el coseno es negativo, el ángulo de referencia debe estar en el segundo o tercer cuadrantes. Por lo tanto, $x = \frac{5\pi}{6}$ o $\frac{7\pi}{6}$.

Así, la solución general es

$$\boxed{x = \frac{5\pi}{6} + 2n\pi, \frac{7\pi}{6} + 2n\pi}$$

(b) Despejar x en el intervalo $[0, 2\pi)$:
$2 \text{ sen}^2 x + 3 \text{ sen } x = 2$.

$$2\text{sen}^2 x + 3 \text{ sen } x - 2 = 0$$
$$(2 \text{ sen } x - 1)(\text{sen } x + 2) = 0$$
$$\text{sen } x = \frac{1}{2} \quad \text{o} \quad \text{sen } x = -2$$

sen $x = -2$ *no tiene soluciones*.

$$\text{sen } x = \frac{1}{2} \Rightarrow \boxed{x = \frac{\pi}{6}, \frac{5\pi}{6}}$$

7. Conocer el dominio y rango de las funciones trigonométricas inversas. (Sección 7.5)
Al restringir el dominio de cada función trigonométrica, podemos definir su inversa. $y = \text{sen}^{-1} x$ significa que y es el número (ángulo) cuyo seno es x.

8. Poder evaluar expresiones que impliquen funciones trigonométricas inversas. (Sección 7.5)

Por ejemplo:

Evaluar **(a)** $\tan^{-1}(-1)$ **(b)** $\csc^{-1}\left(\csc \frac{\pi}{3}\right)$.

(a) $\tan^{-1}(-1)$ indica el número en el intervalo $\left(-\frac{\pi}{2}, \frac{\pi}{2}\right)$ cuya tangente es -1.

$\tan\left(-\frac{\pi}{4}\right) = -1$

por lo tanto, $\tan^{-1}(-1) = \boxed{-\frac{\pi}{4}}$.

(b) Reconocemos que $\frac{\pi}{3}$ está en el dominio restringido de la función cosecante, de modo que tenemos la composición de una función con su inversa.

Por lo tanto, $\csc^{-1}\left(\csc \frac{\pi}{3}\right) = \boxed{\frac{\pi}{3}}$.

9. Poder utilizar las funciones trigonométricas y las funciones trigonométricas inversas para cambiar la forma de las expresiones. (Sección 7.5)

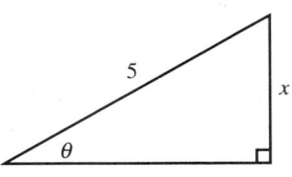

FIGURA 7.44

Por ejemplo:
Utilizar el triángulo rectángulo de la figura 7.44 para expresar θ en términos de x.

Del triángulo vemos que sen $\theta = \frac{x}{5}$, por lo que tenemos

$\boxed{\theta = \operatorname{sen}^{-1}\frac{x}{5}}$.

Capítulo 7 EJERCICIOS DE REPASO

En los ejercicios 1-12, trace la gráfica de la función dada en el intervalo $[0, 2\pi]$.

1. $y = \operatorname{sen} 2x$
2. $y = 2 \operatorname{sen} x$
3. $y = -\cos x$
4. $y = 2 \tan\left(\frac{1}{2}x\right)$
5. $y = \csc 3x$
6. $y = \sec\left(\frac{1}{3}x\right)$
7. $y = 3 \operatorname{sen}\left(x + \frac{\pi}{4}\right)$
8. $y = -2\cos\left(x - \frac{\pi}{2}\right)$
9. $y = 4 \tan(2x - \pi)$
10. $y = -5 \operatorname{sen}\left(\frac{1}{2}x + \frac{\pi}{2}\right)$
11. $y = \operatorname{sen} \pi x$
12. $y = \cos\frac{\pi}{2}x$

En los ejercicios 13-18, exprese la función dada de un ángulo negativo como función de un ángulo *agudo* positivo.

13. $\operatorname{sen}(-80°)$
14. $\cos\left(-\frac{5\pi}{7}\right)$
15. $\tan\left(-\frac{9\pi}{8}\right)$
16. $\cot(-329°)$
17. $\csc(-187°)$
18. $\sec(-256°)$

En los ejercicios 19-24, verifique la identidad dada.

19. $\operatorname{sen} \theta + \operatorname{sen} \theta \cot^2 \theta = \frac{1}{\operatorname{sen} \theta}$
20. $\frac{\sec \beta}{\csc \theta} + \frac{\operatorname{sen} \beta}{\cos \beta} = 2 \tan \beta$
21. $\frac{1 + \sec x}{\operatorname{sen} x + \tan x} = \csc x$
22. $\frac{1}{\tan A + \cot A} \operatorname{sen} A \cos A$
23. $\tan^2 \alpha - \operatorname{sen}^2 \alpha = \tan^2 \alpha \operatorname{sen}^2 \alpha$
24. $\sec \gamma - \frac{\cos \gamma}{1 + \operatorname{sen} \gamma} = \tan \gamma$

En los ejercicios 25-32, determine la solución general de la ecuación dada.

25. $2 \cos x = -1$
26. $\tan^2 x = 3$
27. $3 \csc^2 x = 6$
28. $\cot x = -1$
29. $4 \operatorname{sen} x = 2$
30. $5 \sec^2 x = 5$
31. $\sec x - 1 = 1$
32. $\operatorname{sen}^2 x + -1 = 2$

En los ejercicios 33-44, determine la solución (o soluciones) de la ecuación dada en el intervalo $[0, 2\pi)$. Utilice una calculadora (o una tabla) sólo en caso necesario, y redondee a cuatro cifras decimales.

33. $2 \operatorname{sen}^2 x = 1$
34. $4 \cos^2 x = 3$
35. $\cos^2 \theta \operatorname{sen} \theta = \cos \theta$
36. $\operatorname{sen}^2 x - \operatorname{sen} x - 2 = 0$
37. $1 - \operatorname{sen}^2 x - \cos x = 6$
38. $\tan^2 \theta \cot \theta = \tan \theta$
39. $2 \operatorname{sen}^2 \theta + 1 = 3 \operatorname{sen} \theta$
40. $\sec^2 \theta + 2 = 3 \sec \theta$
41. $2 \csc^2 \theta - 3 \csc \theta = 2$
42. $12 \operatorname{sen}^2 \theta = 13$
43. $5 \operatorname{sen}^2 \theta = 3$
44. $2 \tan^2 \theta = 14$

En los ejercicios 45-50, determine la solución (o soluciones) de la ecuación dada en el intervalo $[0°, 360°)$. Utilice una calculadora (o una tabla) sólo en caso necesario, y redondee a grados.

45. $4 \cos x = 1$
46. $\cot^2 x = 10$
47. $\sec \theta \csc \theta = \sec \theta$
48. $2 \cos^2 \theta + 1 = 3 \cos \theta$
49. $2 \operatorname{sen}^2 \theta + 1 = 3 \operatorname{sen} \theta$
50. $2 \csc^2 x + 3 \csc x - 9 = 0$

En los ejercicios 51-64, evalúe la expresión dada.

51. $\operatorname{sen}^{-1}\left(-\frac{\sqrt{3}}{2}\right)$
52. $\operatorname{sen}^{-1}\left(-\frac{1}{\sqrt{3}}\right)$
53. $\sec^{-1}(\sqrt{2})$
54. $\csc^{-1}(-2)$
55. $\sec^{-1}(0)$
56. $\cos^{-1}(-1)$
57. $\operatorname{sen}^{-1}\left(\cos \frac{2\pi}{3}\right)$
58. $\tan(\operatorname{sen}^{-1} 1)$
59. $\sec\left(\cot^{-1}\left(-\frac{\sqrt{3}}{3}\right)\right)$
60. $\csc^{-1}(\operatorname{sen} 45°)$
61. $\csc^{-1}\left(\cos\left(\frac{5\pi}{6}\right)\right)$
62. $\tan^{-1}\left(\sec\left(-\frac{\pi}{6}\right)\right)$
63. $\operatorname{sen}^{-1}\left(\operatorname{sen} \frac{5\pi}{3}\right)$
64. $\sec^{-1}\left(\sec\left(-\frac{\pi}{6}\right)\right)$

65. Utilice el siguiente diagrama para expresar θ en función de x.

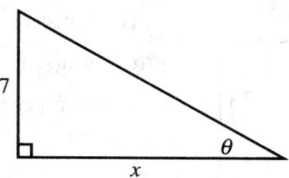

66. Utilice la sustitución $x = 3 \operatorname{sen} \theta$ para expresar $x\sqrt{9 - x^2}$ en una forma trigonométrica más sencilla.

67. Utilice el diagrama siguiente para expresar $\sqrt{x^2 - 64}$ en función de θ.

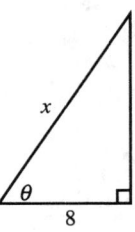

68. Trace un triángulo rectángulo adecuado para que $\theta = \operatorname{sen}^{-1}\frac{x}{7}$.

Capítulo 7   EXAMEN DE PRÁCTICA

1. ¿Cuál es el dominio y rango de la función $y = \tan 3x$?

2. Trace la gráfica de $y = 3 \cos 2x$ en el intervalo $[-2\pi, 2\pi]$.

3. Trace la gráfica de $y = -\operatorname{sen}\left(x + \frac{\pi}{2}\right)$ en el intervalo $[-\pi, \pi]$.

4. Trace la gráfica de $y = \tan\left(\frac{1}{2}x + \pi\right)$ en el intervalo $[-2\pi, 2\pi]$.

5. Trace la gráfica de $y = \frac{1}{2} \csc 3x$ en el intervalo $(0, \pi)$.

6. Verifique las siguientes identidades.

(a) $\dfrac{\sec \theta}{\tan \theta} = \dfrac{\tan \theta}{\sec \theta - \cos \theta}$ (b) $\dfrac{1 + \sec A}{\tan A + \operatorname{sen} A} = \csc A$

7. Determine las soluciones generales de las siguientes ecuaciones.

(a) $2 \cos x + 1 = 0$ (b) $\tan^2 \theta = 3$

8. Determine todas las soluciones de las siguientes ecuaciones en el intervalo $[0, 2\pi)$.

(a) $\operatorname{sen}^2 x = \sqrt{3} \operatorname{sen} x \cos x$ (b) $3 \operatorname{sen}^2 x - \operatorname{sen} x = 4$

9. ¿Cuál es el dominio de la función $f(x) = \dfrac{5}{\sec x + 1}$?

10. Exprese cada una de las siguientes expresiones como una función trigonométrica de un ángulo *agudo positivo*.

   (a) sen(−127°)   (b) $\cos\left(-\dfrac{7\pi}{8}\right)$

11. Evalúe lo siguiente.

   (a) $\text{sen}^{-1}\left(-\dfrac{\sqrt{3}}{2}\right)$ (b) arccos(−1)
   (c) $\tan^{-1} 0$ (d) $\text{sen}(\text{sen}^{-1}\sqrt{2})$
   (e) $\csc^{-1}\left(\csc\left(-\dfrac{\pi}{3}\right)\right)$ (f) $\cos^{-1}\left(\cos\left(\dfrac{5\pi}{6}\right)\right)$

12. Utilice el siguiente diagrama para expresar θ en función de x.

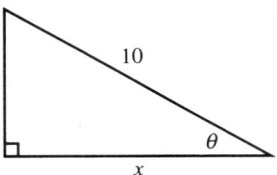

13. Utilice la sustitución $x = 4 \tan \theta$ para expresar $\dfrac{x^2}{x^2 + 16}$ en una forma trigonométrica más sencilla.

CAPÍTULO 8

Más trigonometría y sus aplicaciones

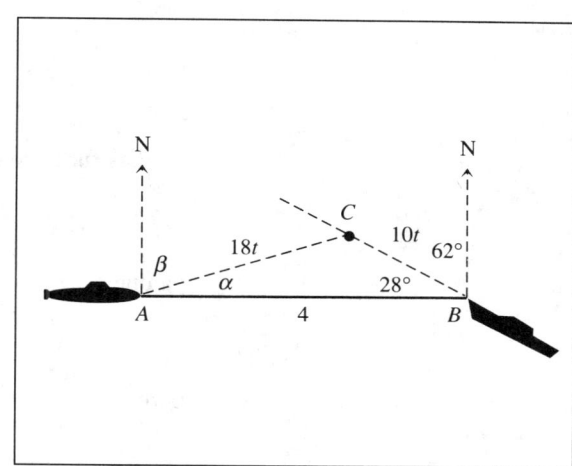

- **8.1** Las fórmulas para la suma
- **8.2** Las fórmulas para el doble y para la mitad de un ángulo
- **8.3** La ley de los senos y la ley de los cosenos
- **8.4** Vectores
- **8.5** La forma trigonométrica de los números complejos y el teorema de DeMoivre
- **8.6** Coordenadas polares

Resumen ■ *Ejercicios de repaso* ■ *Examen de práctica*

En los dos últimos capítulos hemos descubierto y analizado muchas propiedades de las funciones trigonométricas. Las primeras tres secciones de este capítulo continúan el desarrollo de varias relaciones trigonométricas. En las tres secciones restantes aplicamos nuestro conocimiento de trigonometría para analizar los vectores en el plano; para desarrollar las relaciones entre la trigonometría y los números complejos; y para presentar el sistema de coordenadas polares y algunas gráficas interesantes.

8.1 Las fórmulas para la suma

Nuestra experiencia previa con las funciones nos ha mostrado que, en general,

$$f(A + B) \neq f(A) + f(B)$$

Por ejemplo, si $f(x) = x^2 + 7$, entonces

$$f(2 + 3) = f(5) = 5^2 + 7 = 32$$

pero

$$f(2) + f(3) = (2^2 + 7) + (3^2 + 7) = 11 + 16 = 27$$

Las funciones trigonométricas se comportan de modo similar. Por ejemplo,

$$\operatorname{sen}\left(\frac{\pi}{3} + \frac{\pi}{6}\right) \neq \operatorname{sen}\left(\frac{\pi}{3}\right) + \operatorname{sen}\left(\frac{\pi}{6}\right)$$

ya que

$$\operatorname{sen}\left(\frac{\pi}{3} + \frac{\pi}{6}\right) = \operatorname{sen}\left(\frac{2\pi}{6} + \frac{\pi}{6}\right) = \operatorname{sen}\left(\frac{\pi}{2}\right) = 1$$

pero

$$\operatorname{sen}\left(\frac{\pi}{3}\right) + \operatorname{sen}\left(\frac{\pi}{6}\right) = \frac{\sqrt{3}}{2} + \frac{1}{2} \neq 1$$

Así, vemos que, en general, $\operatorname{sen}(A + B) \neq \operatorname{sen} A + \operatorname{sen} B$.

Sin embargo, existe una forma de expresar las funciones trigonométricas de $A \pm B$ en términos de las funciones trigonométricas de A y B.

Comenzamos obteniendo una fórmula para $\cos(A - B)$, donde $A \neq B$. Como A y B son distintos, supondremos que $0 < B < A < 2\pi$. En la figura 8.1(a) hemos trazado un círculo unitario e indicado los ángulos correspondientes a A y B (en posición canónica) y $A - B$. La figura 8.1(b) muestra el ángulo correspondiente a $A - B$ girado de modo que esté en posición canónica. (R se gira hasta P y S se gira hasta Q.)

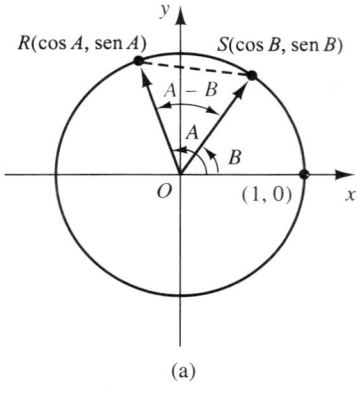
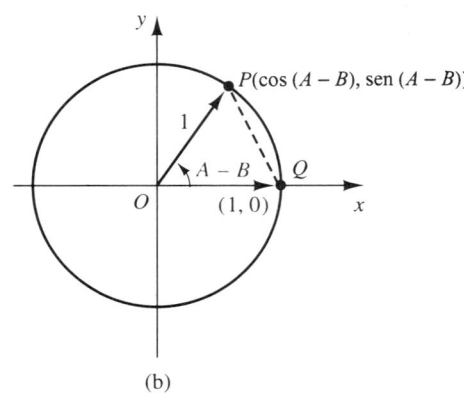

Para determinar las coordenadas x y y de P, tenemos $\cos(A - B) = \frac{x}{1} = x$ y $\operatorname{sen}(A - B) = \frac{y}{1} = y$.

(a)   (b)

FIGURA 8.1

8.1 Las fórmulas para la suma

Hemos etiquetado las coordenadas de P, Q, R y S utilizando la definición de las funciones seno y coseno. El hecho de que estos puntos estén sobre el círculo unitario significa que $|\overline{OR}| = |\overline{OS}| = |\overline{OP}| = |\overline{OQ}| = 1$. Observamos que, como el ángulo $A - B$ es el mismo en ambas figuras, los arcos PQ y RS tienen la misma longitud. Por lo tanto, los segmentos de recta PQ y RS (llamados cuerdas del círculo) también tienen igual longitud. Por lo tanto, aplicamos la fórmula de la distancia para obtener

Longitud de la cuerda $\overline{PQ}$ = longitud de la cuerda $\overline{RS}$

$$\sqrt{[\cos(A-B)-1]^2 + [\text{sen}(A-B)-0]^2} = \sqrt{(\cos A - \cos B)^2 + (\text{sen } A - \text{sen } B)^2} \quad \textit{Elevamos ambos lados al cuadrado.}$$

$$[\cos(A-B)-1]^2 + [\text{sen}(A-B)-0]^2 = (\cos A - \cos B)^2 + (\text{sen } A - \text{sen } B)^2$$

$$\cos^2(A-B) - 2\cos(A-B) + 1 + \text{sen}^2(A-B) = \cos^2 A - 2\cos A \cos B + \cos^2 B + \text{sen}^2 A - 2\text{ sen } A \text{ sen } B + \text{sen}^2 B$$

Pero $\text{sen}^2 \theta + \cos^2 \theta = 1$.

$$2 - 2\cos(A-B) = 2 - 2\cos A \cos B - 2 \text{ sen } A \text{ sen } B \quad \textit{Restamos 2 a ambos lados; después dividimos ambos lados entre} -2$$

¿Qué ocurre con $\cos(A - B)$ si $A = B$?

$$\boxed{\cos(A - B) = \cos A \cos B + \text{sen } A \text{ sen } B} \tag{1a}$$

Ésta es una de las *fórmulas para la suma*.

Podemos utilizar la fórmula (1a) para obtener otras fórmulas para una suma.

Para obtener una fórmula para $\cos(A + B)$, procedemos como sigue.

$\cos(A + B) = \cos(A - [-B])$ *Ahora aplicamos la fórmula para la suma* (1a).

$ = \cos A \cos(-B) + \text{sen } A \text{ sen}(-B)$ *Recuerde que* $\cos(-B) = \cos B$ *y* $\text{sen}(-B) = -\text{sen } B$.

$ = \cos A \cos B + \text{sen } A(-\text{sen } B)$

$$\boxed{\cos(A + B) = \cos A \cos B - \text{sen } A \text{ sen } B} \tag{1b}$$

A continuación, obtenemos una fórmula para $\text{sen}(A + B)$. Reescribimos $\text{sen}(A + B)$ utilizando la relación cofuncional y aplicamos la fórmula para la suma (1a). Recuerde que el seno y el coseno son cofunciones, lo que significa que $\text{sen } x = \cos\left(\dfrac{\pi}{2} - x\right)$.

$\text{sen}(A + B) = \cos\left(\dfrac{\pi}{2} - (A + B)\right)$ *Reagrupamos.*

$\phantom{\text{sen}(A+B)} = \cos\left(\left[\dfrac{\pi}{2} - A\right] - B\right)$ *Ahora utilizamos la fórmula* (1a).

$\phantom{\text{sen}(A+B)} = \cos\left(\dfrac{\pi}{2} - A\right) \cos B + \text{sen}\left(\dfrac{\pi}{2} - A\right) \text{sen } B$

    Utilizamos de nuevo la relación cofuncional.

$\phantom{\text{sen}(A+B)} = \text{sen } A \cos A + \cos A \text{ sen } B$ *Por lo tanto,*

$$\boxed{\text{sen}(A + B) = \text{sen } A \cos B + \cos A \text{ sen } B} \tag{2a}$$

> ¿Qué ocurre con sen(A − B) si A = B?

Dejaremos que el estudiante reescriba sen($A - B$) como sen($A + (-B)$) y utilice la fórmula (2a) para obtener la siguiente fórmula para sen($A - B$).

$$\text{sen}(A - B) = \text{sen } A \cos B - \cos A \text{ sen } B \qquad (2b)$$

A continuación, obtenemos fórmulas para la suma para la función tangente. Comenzamos con la identidad que expresa a la tangente como el cociente del seno y del coseno para poder utilizar las fórmulas para la suma para el seno y el coseno.

$$\tan(A + B) = \frac{\text{sen}(A + B)}{\cos(A + B)}$$

$$= \frac{\text{sen } A \cos B + \cos A \text{ sen } B}{\cos A \cos B - \text{sen } A \text{ sen } B} \qquad \textit{Dividimos cada término entre } \cos A \cos B.$$

$$= \frac{\dfrac{\text{sen } A \cos B}{\cos A \cos B} + \dfrac{\cos A \text{ sen } B}{\cos A \cos B}}{\dfrac{\cos A \cos B}{\cos A \cos B} - \dfrac{\text{sen } A \text{ sen } B}{\cos A \cos B}} \qquad \textit{Utilizamos la identidad } \dfrac{\text{sen } \theta}{\cos \theta} = \tan \theta,$$

$$\boxed{\tan(A + B) = \frac{\tan A + \tan B}{1 - \tan A \tan B}}$$

Dejamos como ejercicio obtener la fórmula para $\tan(A - B)$.

Resumimos las fórmulas para la suma, cada una de las cuales es una identidad, en el siguiente cuadro.

LAS FÓRMULAS PARA LA SUMA

1. (a) $\text{sen}(A + B) = \text{sen } A \cos B + \cos A \text{ sen } B$
   (b) $\text{sen}(A - B) = \text{sen } A \cos B - \cos A \text{ sen } B$
2. (a) $\cos(A + B) = \cos A \cos B - \text{sen } A \text{ sen } B$
   (b) $\cos(A - B) = \cos A \cos B + \text{sen } A \text{ sen } B$
3. (a) $\tan(A + B) = \dfrac{\tan A + \tan B}{1 - \tan A \tan B}$
   (b) $\tan(A - B) = \dfrac{\tan A - \tan B}{1 + \tan A \tan B}$

> En vez de memorizar la fórmula para tan($A \pm B$), puede utilizar las fórmulas para la suma para el seno y el coseno junto con las identidades de cociente.

Podemos utilizar las fórmulas para la suma para evaluar ciertas expresiones trigonométricas y verificar otras identidades.

EJEMPLO 1 Determinar el valor exacto de **(a)** sen 75° **(b)** $\tan \dfrac{\pi}{12}$.

8.1 Las fórmulas para la suma

Solución

¿Por qué reescribimos 75° como 45° + 30° en vez de 40° + 35°?

(a) Si reescribimos 75° como 45° + 30°, podemos utilizar la fórmula para la suma como sigue.

$$\text{sen } 75° = \text{sen}(45° + 30°) = \text{sen } 45° \cos 30° + \cos 45° \text{ sen } 30°$$

$$= \frac{1}{\sqrt{2}} \cdot \frac{\sqrt{3}}{2} + \frac{1}{\sqrt{2}} \cdot \frac{1}{2}$$

$$= \boxed{\frac{\sqrt{3} + 1}{2\sqrt{2}}}$$

Utilice una calculadora para calcular el valor de $\frac{\sqrt{3}+1}{2\sqrt{2}}$. Compare este valor con el calculado para sen 75°

Esta respuesta es el valor exacto de sen 75°. Recuerde que una calculadora sólo proporciona un valor aproximado (aunque bastante preciso) de sen 75°.

(b) Como $\frac{\pi}{12} = 15° = 60° - 45°$, escribimos $\frac{\pi}{12} = \frac{\pi}{3} - \frac{\pi}{4}$.

$$\tan \frac{\pi}{12} = \tan\left(\frac{\pi}{3} - \frac{\pi}{4}\right) \quad \textit{Ahora utilizamos la fórmula para la suma para } \tan(A - B).$$

¿Podemos expresar 15° utilizando otra pareja de ángulos adecuados?

$$= \frac{\tan \frac{\pi}{3} - \tan \frac{\pi}{4}}{1 + \tan \frac{\pi}{3} \tan \frac{\pi}{4}} = \frac{\sqrt{3} - 1}{1 + (\sqrt{3})(1)} = \boxed{\frac{\sqrt{3} - 1}{1 + \sqrt{3}}} \quad \blacksquare$$

EJEMPLO 2 Demostrar que $\cos(\pi - \theta) = -\cos \theta$.

Solución Podemos verificar esta identidad aplicando la fórmula para la suma para $\cos(A - B)$.

$$\cos(\pi - \theta) = \cos \pi \cos \theta + \text{sen } \pi \text{ sen } \theta$$

$$= (-1)\cos \theta + 0 \cdot \text{sen } \theta$$

$$= -\cos \theta \quad \textit{Como se pedía}$$

Si θ es un ángulo agudo, $\pi - \theta$ es un ángulo en el segundo cuadrante, con ángulo de referencia θ. El resultado de este ejemplo concuerda con nuestro análisis de la sección 7.3. $\blacksquare$

EJEMPLO 3 Supongamos que para α en el segundo cuadrante y β en el tercer cuadrante, tenemos que sen $\alpha = \frac{3}{4}$ y $\cos \beta = -\frac{2}{5}$. Determinar $\text{sen}(\alpha - \beta)$.

Solución Utilizamos la fórmula para la suma para sen$(\alpha - \beta)$, y obtenemos

$$\text{sen}(\alpha - \beta) = \text{sen } \alpha \cos \beta - \cos \alpha \text{ sen } \beta$$

Tenemos los valores de sen α y cos β; necesitamos determinar cos α y sen β. La figura 8.2 muestra dos triángulos de referencia, uno para α y otro para β. Completamos los triángulos de referencia utilizando el teorema de Pitágoras. Los resultados aparecen en la figura 8.3. Como α está en el segundo cuadrante y β está en el tercero, cos α y sen β son negativos.

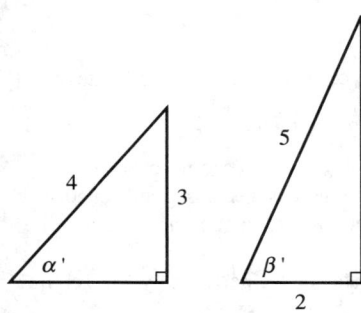

FIGURA 8.2 Los triángulos de referencia para α y β.

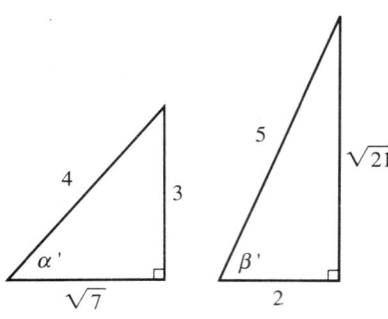

FIGURA 8.3 Los triángulos de referencia completos para α y β

Ahora podemos determinar el valor solicitado.

$\text{sen}(\alpha - \beta) = \text{sen } \alpha \cos \beta - \cos \alpha \text{ sen } \beta$

$= \left(\dfrac{3}{4}\right)\left(-\dfrac{2}{5}\right) - \left(-\dfrac{\sqrt{7}}{4}\right)\left(-\dfrac{\sqrt{21}}{5}\right)$

Recuerde que cos α es negativo, ya que α está en el segundo cuadrante. De manera análoga, sen β es negativo ya que β está en el tercer cuadrante.

$= -\dfrac{6}{20} - \dfrac{\sqrt{7}}{4} \cdot \dfrac{\sqrt{3}\sqrt{7}}{5} = \boxed{\dfrac{-6 - 7\sqrt{3}}{20}}$ ∎

En la siguiente sección utilizaremos las fórmulas para la suma para obtener algunas útiles identidades especiales.

EJERCICIOS 8.1

En los ejercicios 1-8, utilice las fórmulas para la suma para determinar el valor exacto de la expresión dada.

1. $\cos 105°$
2. $\text{sen } 15°$
3. $\tan \dfrac{5\pi}{12}$
4. $\cos \dfrac{11\pi}{12}$
5. $\text{sen } 165°$
6. $\tan 195°$
7. $\cos \dfrac{17\pi}{12}$
8. $\text{sen } \dfrac{19\pi}{12}$

En los ejercicios 9-14, utilice las fórmulas para la suma para simplificar cada expresión.

9. $\text{sen } 23° \cos 37° + \cos 23° \text{ sen } 37°$
10. $\cos 57° \cos 12° + \text{sen } 57° \text{ sen } 12°$
11. $\cos \dfrac{4\pi}{5} \cos \dfrac{3\pi}{10} + \text{sen } \dfrac{4\pi}{5} \text{ sen } \dfrac{3\pi}{10}$
12. $\text{sen } \dfrac{3\pi}{7} \cos \dfrac{4\pi}{7} + \cos \dfrac{3\pi}{7} \text{ sen } \dfrac{4\pi}{7}$
13. $\dfrac{\tan 50° + \tan 10°}{1 - \tan 50° \tan 10°}$
14. $\dfrac{\tan \dfrac{2\pi}{5} - \tan \dfrac{3\pi}{20}}{1 + \tan \dfrac{2\pi}{5} \tan \dfrac{3\pi}{20}}$

En los ejercicios 15-28, verifique la identidad dada.

15. $\text{sen}(\pi - \theta) = \text{sen } \theta$
16. $\tan(\pi - \theta) = -\tan \theta$
17. $\cos(\pi + \theta) = -\cos \theta$
18. $\text{sen}(\pi + \theta) = -\text{sen } \theta$
19. $\tan\left(x - \dfrac{\pi}{4}\right) = \dfrac{\tan x - 1}{\tan x + 1}$
20. $\text{sen}\left(x + \dfrac{\pi}{2}\right) = \cos x$
21. $\cos\left(\alpha + \dfrac{\pi}{2}\right) = -\text{sen } \alpha$
22. $\text{sen}\left(\beta + \dfrac{\pi}{4}\right) = \dfrac{\text{sen } \beta + \cos \beta}{\sqrt{2}}$
23. $\text{sen}(2\pi - \theta) = -\text{sen } \theta$
24. $\tan\left(w + \dfrac{\pi}{2}\right) = -\cot w$
25. $\cos\left(u + \dfrac{\pi}{4}\right) = \dfrac{\cos u - \text{sen } u}{\sqrt{2}}$
26. $\text{sen}\left(\gamma - \dfrac{3\pi}{2}\right) = \cos \gamma$
27. $\text{sen}(A + B) - \text{sen}(A - B) = 2 \cos A \text{ sen } B$
28. $\cos(A + B) - \cos(A - B) = -2 \text{ sen } A \text{ sen } B$
29. Dado que $\text{sen } A = -\dfrac{3}{5}$ para A en el tercer cuadrante y $\cos B = \dfrac{5}{12}$ para B en el cuarto cuadrante:
    (a) Determine $\text{sen}(A + B)$.
    (b) Determine $\cos(A + B)$.
    (c) ¿En qué cuadrante está $A + B$?
30. Dado que $\text{sen } \alpha = \dfrac{2}{3}$ para α en el segundo cuadrante y $\tan \beta = \dfrac{3}{\sqrt{5}}$ para β en el tercer cuadrante:
    (a) Determine $\tan(\alpha + \beta)$. (b) Determine $\cos(\alpha + \beta)$.
    (c) Con base en el hecho de que α está en el segundo cuadrante y que β está en el tercer cuadrante, ¿en qué cuadrante *podría* estar $\alpha + \beta$?
    (d) Con base en las respuestas de las partes (a) y (b), ¿en qué cuadrante *está* $\alpha + \beta$?
31. Si $\sec t = -\dfrac{5}{4}$ para t en el segundo cuadrante y $\cot u = \dfrac{2}{\sqrt{5}}$ para u en el tercer cuadrante, determine
    (a) $\text{sen}(u - t)$ (b) $\tan(u - t)$

8.2 Las fórmulas para el doble y para la mitad de un ángulo

32. Si sen $u = -\dfrac{2}{\sqrt{7}}$ para u en el tercer cuadrante y tan $v = -\dfrac{\sqrt{6}}{2}$ para v en el cuarto cuadrante, determine
   (a) $\sec(u+v)$ (b) $\csc(u-v)$

33. Si sec $t = -\dfrac{5}{4}$ con sen $t > 0$ y cos $r = \dfrac{4}{7}$ con tan $r < 0$, determine
   (a) $\text{sen}(r+t)$ (b) $\cos(t-r)$

34. Si sen $\alpha = -\dfrac{7}{25}$ con cos $\alpha > 0$ y cos $\beta = \dfrac{12}{13}$ con sen $b < 0$, determine
   (a) $\tan(\alpha + \beta)$ (b) $\cot(\alpha - \beta)$

35. Muestre que para cualquier triángulo ABC,
   (a) $\text{sen}(A + B) = \text{sen } C$
   (b) $\cos(A + B) = -\cos C$
   (c) $\tan(A + B) = -\tan C$

36. Demuestre que $\text{sen}(2\theta) = 2 \text{ sen } \theta \cos \theta$. Sugerencia: $2\theta = \theta + \theta$

37. Sea $f(\theta) = \text{sen } \theta$. Demuestre que
$$\dfrac{f(\theta + h) - f(\theta)}{h} = \text{sen } \theta\left(\dfrac{\cos h - 1}{h}\right) + \cos \theta\left(\dfrac{\text{sen } h}{h}\right)$$

38. Sea $f(\theta) = \cos \theta$. Demuestre que
$$\dfrac{f(\theta + h) - f(\theta)}{h} = \cos \theta\left(\dfrac{\cos h - 1}{h}\right) - \text{sen}\theta\left(\dfrac{\text{sen } h}{h}\right)$$

En los ejercicios 39-42, verifique la identidad dada.

39. $\text{sen}(A+B) + \text{sen}(A-B) = 2 \text{ sen } A \cos B$
40. $\cos(A+B) + \cos(A-B) = 2 \cos A \cos B$
41. $\text{sen}(A+B) \text{ sen}(A-B) = \text{sen}^2 A - \text{sen}^2 B$
42. $\cos(A+B) \cos(A-B) = \cos^2 A - \text{sen}^2 B$

PREGUNTAS PARA REFLEXIONAR

43. Deduzca una fórmula para $\text{sen}(A + B + C)$ en términos de funciones de A, B y C. Sugerencia: Escriba $A + B + C$ como $(A + B) + C$ y utilice la fórmula para la suma.

44. Utilice la fórmula para $\tan(A + B)$ para obtener la fórmula para $\tan(A - B)$.

45. Utilice la figura siguiente para determinar tan β.

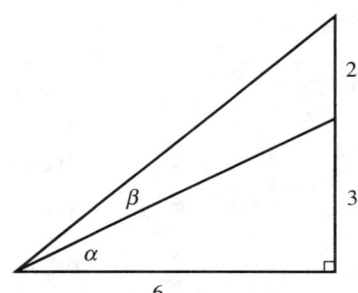

8.2 Las fórmulas para el doble y para la mitad de un ángulo

Utilizamos las fórmulas para la suma obtenidas en la última sección para deducir algunas identidades adicionales de particular utilidad en cálculo.

Las fórmulas para el doble de un ángulo

Las **fórmulas para el doble de un ángulo**, que deduciremos en los primeros tres ejemplos, se refieren a fórmulas para sen 2θ, cos 2θ y tan 2θ.

EJEMPLO 1 Obtener una fórmula para sen 2θ.

Solución Reescribimos 2θ como $\theta + \theta$ y utilizamos la fórmula para la suma para $\text{sen}(A + B)$.

sen $2\theta = \text{sen}(\theta + \theta)$ *Aplicamos la fórmula para* $\text{sen}(A + B)$.

   $= \text{sen } \theta \cos \theta + \cos \theta \text{ sen } \theta$

   $= \boxed{2 \text{ sen } \theta \cos \theta}$

¿Cómo utilizaría un método similar para determinar sen 3θ?

Ésta es la *fórmula para el doble de un ángulo* para la función seno. ∎

EJEMPLO 2 Obtener una fórmula para $\cos 2\theta$.

Solución Procedemos como en el ejemplo 1.

$\cos 2\theta = \cos(\theta + \theta)$ *Aplicamos la fórmula para $\cos(A + B)$.*

$= \cos\theta \cos\theta - \text{sen}\,\theta\,\text{sen}\,\theta$

$= \boxed{\cos^2\theta - \text{sen}^2\theta}$

Ésta es una forma de la fórmula para el doble de un ángulo para la función coseno. Utilizamos la identidad pitagórica fundamental $\text{sen}^2\theta + \cos^2\theta = 1$, y podemos escribir dos formas alternativas de la fórmula para el doble del ángulo para la función coseno.

$\cos 2\theta = \cos^2\theta - \text{sen}^2\theta$ *Sustituimos $\cos^2\theta = 1 - \text{sen}^2\theta$.*

$= 1 - \text{sen}^2\theta - \text{sen}^2\theta$

$= \boxed{1 - 2\,\text{sen}^2\theta}$

$\cos 2\theta = \cos^2\theta - \text{sen}^2\theta$ *Sustituimos $\text{sen}^2\theta = 1 - \cos^2\theta$.*

$= \cos^2\theta - (1 - \cos^2\theta)$

$= \cos^2\theta - 1 + \cos^2\theta$

$= \boxed{2\cos^2\theta - 1}$

Así, tenemos tres versiones equivalentes de la fórmula para el doble del ángulo para la función coseno. ∎

EJEMPLO 3 Obtener una fórmula para $\tan 2\theta$.

Solución

$\tan 2\theta = \tan(\theta + \theta)$ *Utilizamos la fórmula para $\tan(A + B)$.*

$= \dfrac{\tan\theta + \tan\theta}{1 - \tan\theta \tan\theta}$

$= \boxed{\dfrac{2\tan\theta}{1 - \tan^2\theta}}$ ∎

Resumimos las fórmulas para el doble del ángulo en el siguiente cuadro.

8.2 Las fórmulas para el doble y para la mitad de un ángulo   491

LAS FÓRMULAS PARA EL DOBLE DEL ÁNGULO

1. $\operatorname{sen} 2\theta = 2 \operatorname{sen} \theta \cos \theta$
2. (a) $\cos 2\theta = \cos^2 \theta - \operatorname{sen}^2 \theta$
   (b) $\cos 2\theta = 1 - 2 \operatorname{sen}^2 \theta$
   (c) $\cos 2\theta = 2 \cos^2 \theta - 1$
3. $\tan 2\theta = \dfrac{2 \tan \theta}{1 - \tan^2 \theta}$

EJEMPLO 4 Si θ es un ángulo en el segundo cuadrante tal que $\cos \theta = -\dfrac{5}{13}$, determinar
(a) $\operatorname{sen} 2\theta$ (b) $\cos 2\theta$ (c) $\tan 2\theta$

Solución El seno, el coseno y la tangente de 2θ implican las mismas funciones de θ. Por lo tanto, comenzamos completando el triángulo de referencia para θ, que aparece en la figura 8.4.

(a) $\operatorname{sen} 2\theta = 2 \operatorname{sen} \theta \cos \theta$ *El hecho de que θ esté en el segundo cuadrante dice que $\operatorname{sen} \theta$ es positivo, y $\cos \theta$ es negativo. Utilizamos el triángulo de referencia y obtenemos*

$$= 2\left(\frac{12}{13}\right)\left(-\frac{5}{13}\right)$$

$$= \boxed{-\frac{120}{169}}$$

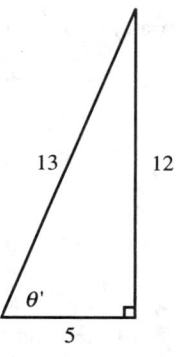

FIGURA 8.4 El triángulo de referencia para θ

(b) Podemos utilizar cualquiera de las tres fórmulas para $\cos 2\theta$. Utilizamos la tercera, ya que sólo implica el valor dado de $\cos \theta$.

$\cos 2\theta = 2 \cos^2 \theta - 1$ *Sustituimos el valor dado de $\cos \theta$.*

$$= 2\left(-\frac{5}{13}\right)^2 - 1$$

$$= 2\left(\frac{25}{169}\right) - 1$$

$$= \boxed{-\frac{119}{169}}$$

(c) $\tan 2\theta = \dfrac{2 \tan \theta}{1 - \tan^2 \theta}$ *De nuevo utilizamos el triángulo de referencia y el hecho de que θ esté en el segundo cuadrante para obtener*

$$= \dfrac{2\left(-\dfrac{12}{5}\right)}{1 - \left(-\dfrac{12}{5}\right)^2} = \dfrac{-\dfrac{24}{5}}{1 - \dfrac{144}{25}} = \dfrac{\left(-\dfrac{24}{5}\right)25}{\left(1 - \dfrac{144}{25}\right)25} = \boxed{\dfrac{120}{119}}$$

∎

EJEMPLO 5 Supongamos que θ es un ángulo en el primer cuadrante y que sen $\theta = \dfrac{a}{3}$. Expresar sen 2θ en función de a.

Solución El hecho sen $\theta = \dfrac{a}{3}$ nos permite trazar el triángulo de referencia que aparece en la figura 8.5 y determinar el lado que falta utilizando el teorema de Pitágoras.

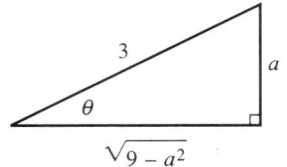

FIGURA 8.5

Para expresar sen 2θ en función de a, utilizamos la fórmula para el doble del ángulo.

sen $2\theta = 2$ sen $\theta \cos \theta$ *Utilizamos el triángulo de referencia y obtenemos*

$$= 2\left(\dfrac{a}{3}\right)\left(\dfrac{\sqrt{9-a^2}}{3}\right)$$

$$\boxed{\text{sen } 2\theta = \dfrac{2a\sqrt{9-a^2}}{9}}$$ ∎

EJEMPLO 6 Obtener una "fórmula para el triple del ángulo" para cos 3θ en términos de cos θ.

Solución Comenzamos escribiendo $3\theta = 2\theta + \theta$ y aplicamos la fórmula para la suma para la función coseno.

cos $3\theta = \cos(2\theta + \theta)$
$= \cos 2\theta \cos \theta - $ sen 2θ sen θ *Utilizamos las fórmulas para el doble del ángulo para seno y coseno. Como queremos la respuesta en términos de cos θ, utilizamos la tercera versión de la fórmula para el doble del ángulo para coseno.*

$= (2 \cos^2 \theta - 1) \cos \theta - (2 $ sen $\theta \cos \theta)$ sen θ
$= 2 \cos^3 \theta - \cos \theta - 2$ sen$^2 \theta \cos \theta$ *Sustituimos $1 - \cos^2 \theta$ por sen$^2 \theta$.*
$= 2 \cos^3 \theta - \cos \theta - 2(1 - \cos^2 \theta) \cos \theta$
$= 2 \cos^3 \theta - \cos \theta - 2 \cos \theta + 2 \cos^3 \theta$
$= \boxed{4 \cos^3 \theta - 3 \cos \theta}$ ∎

Recuerde que estas fórmulas son, de hecho, identidades trigonométricas.

En cálculo, con frecuencia tiene sus ventajas convertir una expresión con potencias altas del seno y del coseno en una que sea de primer grado en seno y coseno. Si comenzamos con la segunda y tercera fórmula para el doble del ángulo para coseno, cos $2\theta = 1 - $ sen$^2 \theta$ y cos $2\theta = 2 \cos^2 \theta - 1$, y despejamos sen$^2 \theta$ y cos$^2 \theta$, respectivamente, obtenemos lo siguiente.

8.2 Las fórmulas para el doble y para la mitad de un ángulo

FORMAS ALTERNATIVAS DE LAS FÓRMULAS PARA EL DOBLE DEL ÁNGULO PARA EL SENO Y EL COSENO

2. (d) $\operatorname{sen}^2 \theta = \dfrac{1 - \cos 2\theta}{2}$

   (e) $\cos^2 \theta = \dfrac{1 + \cos 2\theta}{2}$

EJEMPLO 7 Expresar $\operatorname{sen}^4 t$ en términos de expresiones trigonométricas de primer grado.

Solución

$\operatorname{sen}^4 t = (\operatorname{sen}^2 t)(\operatorname{sen}^2 t)$ *Utilizamos la forma alternativa 2(d) de la fórmula para el doble del ángulo para $\operatorname{sen}^2 \theta$ con $\theta = t$.*

$= \left(\dfrac{1 - \cos 2t}{2}\right)\left(\dfrac{1 - \cos 2t}{2}\right)$

$= \dfrac{1 - 2\cos 2t + \cos^2 2t}{4} = \dfrac{1}{4} - \dfrac{1}{2}\cos 2t + \dfrac{1}{4}\cos^2 2t$

Utilizamos la fórmula 2(e) para $\cos^2 \theta$ con $\theta = 2t$.

$= \dfrac{1}{4} - \dfrac{1}{2}\cos 2t + \dfrac{1}{4}\left(\dfrac{1 + \cos 4t}{2}\right) = \dfrac{1}{4} - \dfrac{1}{2}\cos 2t + \dfrac{1}{8} + \dfrac{1}{8}\cos 4t$

$= \boxed{\dfrac{3}{8} - \dfrac{1}{2}\cos 2t + \dfrac{1}{8}\cos 4t}$

Observe que la respuesta final es una expresión de primer grado en coseno. ∎

Utilizamos estas formas alternativas de las fórmulas para el doble del ángulo para obtener **fórmulas para la mitad de un ángulo**. Comencemos con la fórmula 2(d); tenemos

$\operatorname{sen}^2 \theta = \dfrac{1 - \cos 2\theta}{2}$ *Aplicamos el teorema de la raíz cuadrada.*

$\operatorname{sen} \theta = \pm\sqrt{\dfrac{1 - \cos 2\theta}{2}}$ *Sustituimos $\dfrac{\theta}{2}$ para θ.*

$\operatorname{sen} \dfrac{\theta}{2} = \pm\sqrt{\dfrac{1 - \cos 2\left(\dfrac{\theta}{2}\right)}{2}}$

$\operatorname{sen} \dfrac{\theta}{2} = \pm\sqrt{\dfrac{1 - \cos \theta}{2}}$

494   Capítulo 8   Más trigonometría y sus aplicaciones

El símbolo ± indica que debemos elegir el valor positivo o negativo según el cuadrante donde termine el ángulo asociado a $\frac{\theta}{2}$. No utilizamos el símbolo ± de la misma forma que cuando escribimos $x^2 = 5 \Rightarrow x = \pm\sqrt{5}$, donde ± indica que existen dos posibles respuestas.

Dejaremos al estudiante que deduzca las otras dos fórmulas para la mitad de un ángulo, en los ejercicios 53 y 54 al final de esta sección. Las fórmulas para la mitad de un ángulo se registran en el siguiente cuadro.

> Recuerde que ± no significa que tenemos una opción. Debemos elegir el signo + o – según el cuadrante donde esté el lado terminal del ángulo

LAS FÓRMULAS PARA LA MITAD DE UN ÁNGULO

$$\operatorname{sen}\frac{\theta}{2} = \pm\sqrt{\frac{1 - \cos\theta}{2}}$$

$$\cos\frac{\theta}{2} = \pm\sqrt{\frac{1 + \cos\theta}{2}}$$

$$\tan\frac{\theta}{2} = \pm\sqrt{\frac{1 - \cos\theta}{1 + \cos\theta}}$$

EJEMPLO 8   Utilizar una fórmula para la mitad de un ángulo para evaluar sen 105°.

Solución   Utilizamos la fórmula para la mitad de un ángulo para sen $\frac{\theta}{2}$, con $\theta = 210°$.

$$\operatorname{sen} 105° = \operatorname{sen}\left(\frac{210°}{2}\right) = \pm\sqrt{\frac{1 - \cos 210°}{2}}$$

El ángulo de referencia para 210° es 30°; 210° está en el tercer cuadrante, de modo que el coseno es negativo.

$$= \pm\sqrt{\frac{1 - \left(-\frac{\sqrt{3}}{2}\right)}{2}} = \pm\sqrt{\frac{1 + \left(\frac{\sqrt{3}}{2}\right)}{2}}$$

Simplificamos la fracción compleja.

$$= \pm\sqrt{\frac{2 + \sqrt{3}}{4}} = \frac{\pm\sqrt{2 + \sqrt{3}}}{2}$$

Como hemos mencionado, la elección del signo depende del cuadrante. Como el lado terminal del ángulo 105° está en el segundo cuadrante, sen 105° es positivo.

Así, nuestra respuesta final es $\boxed{\operatorname{sen} 105° = \dfrac{\sqrt{2 + \sqrt{3}}}{2}}$ ∎

8.2 Las fórmulas para el doble y para la mitad de un ángulo

EJEMPLO 9 Despejar x: $\cos 2x = 3 \cos x + 1$, para $0 \leq x < 2\pi$.

Solución Esta ecuación trigonométrica es un poco distinta a las que vimos en la sección 7.3. Si revisamos nuestro análisis anterior sobre las ecuaciones trigonométricas, podemos ver que en todas las ecuaciones sólo existe *un* argumento en la ecuación. Sin embargo, en esta ecuación aparecen dos argumentos: x y $2x$. Por lo general, una ecuación trigonométrica se puede resolver con mayor facilidad si sólo tiene un argumento (y, de ser posible, una función trigonométrica). Si utilizamos la fórmula para el doble del ángulo adecuada para $\cos 2x$, podemos transformar esta ecuación en otra con un argumento y una función trigonométrica.

$$\cos 2x = 3 \cos x + 1 \quad \text{Sustituimos } \cos 2x = 2\cos^2 x - 1.$$
$$2\cos^2 x - 1 = 3 \cos x + 1$$
$$2\cos^2 x - 3 \cos x - 2 = 0$$
$$(2\cos x + 1)(\cos x - 2) = 0$$
$$\cos x = -\frac{1}{2} \quad \text{o} \quad \cos x = 2$$

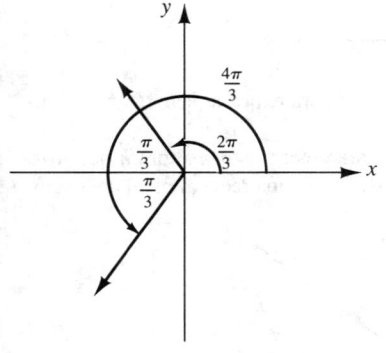

FIGURA 8.6

Ahora despejamos x. Para $\cos x = -\dfrac{1}{2}$, necesitamos que x corresponda a un ángulo de referencia de $\dfrac{\pi}{3}$ en el segundo o tercer cuadrantes (Figura 8.6). Como $\cos x$ no puede ser mayor que 1 (ni menor que -1), $\cos x = 2$ no tiene soluciones. Por lo tanto, las soluciones de la ecuación son

$$\boxed{x = \frac{2\pi}{3} \quad \text{o} \quad \frac{4\pi}{3}}$$

∎

En la sección siguiente, desarrollamos más relaciones trigonométricas.

EJERCICIOS 8.2

1. Dado que $\operatorname{sen} \theta = -\dfrac{24}{25}$ y θ está en el cuarto cuadrante, determine $\operatorname{sen} 2\theta$.

2. Dado que $\cos \theta = -\dfrac{12}{13}$ y θ está en el tercer cuadrante, determine $\cos 2\theta$.

3. Dado que $\tan \theta = \dfrac{3}{5}$, determine $\tan 2\theta$.

4. Dado que $\tan \theta = -\dfrac{1}{3}$ y $\dfrac{\pi}{2} < \theta < \pi$, determine
   (a) $\operatorname{sen} 2\theta$ (b) $\cos 2\theta$

5. Dado que $\operatorname{sen} \theta = -\dfrac{3}{5}$ y $\pi < \theta < \dfrac{3\pi}{2}$, determine
   (a) $\operatorname{sen} \dfrac{\theta}{2}$ (b) $\cos \dfrac{\theta}{2}$ (c) $\tan \dfrac{\theta}{2}$

6. Dado que $\cos \theta = \dfrac{3}{4}$ y θ está en el cuarto cuadrante, determine
   (a) $\operatorname{sen} \dfrac{\theta}{2}$ (b) $\cos \dfrac{\theta}{2}$ (c) $\tan \dfrac{\theta}{2}$

En los ejercicios 7-22, verifique la identidad dada.

7. $(\operatorname{sen} x + \cos x)^2 = 1 + \operatorname{sen} 2x$

8. $\cos 2x = \cos^4 x - \operatorname{sen}^4 x$

9. $\tan 2A = \dfrac{2}{\cot A - \tan A}$

10. $\tan x = \dfrac{\operatorname{sen} 2x}{1 + \cos 2x}$

11. $\sec 2\theta = \dfrac{\sec^2 \theta}{2 - \sec^2 \theta}$

12. $\cot 2u = \dfrac{\cot^2 u - 1}{2 \cot u}$
13. $2 \cos^2 x = \cot x \operatorname{sen} 2x$
14. $1 + \cos 2A = \cot A \operatorname{sen} 2A$
15. $\operatorname{sen} 3x = 3 \operatorname{sen} x - 4 \operatorname{sen}^3 x$
16. $\tan x = \csc 2x - \cot 2x$
17. $\cos 4x = 8 \cos^4 x - 8 \cos^2 x + 1$
18. $\cos^4 x = \dfrac{1}{8} \cos 4x + \dfrac{1}{2} \cos 2x + \dfrac{3}{8}$
19. $\operatorname{sen}^2 \dfrac{\theta}{2} = \dfrac{\sec \theta - 1}{2 \sec \theta}$
20. $\operatorname{sen}^2 \dfrac{\theta}{2} = \dfrac{\tan \theta - \operatorname{sen} \theta}{2 \tan \theta}$
21. $\tan \theta + \cot \theta = \dfrac{2}{\operatorname{sen} 2\theta}$
22. $\cos 2t = \dfrac{1 - \tan^2 t}{1 + \tan^2 t}$

En los ejercicios 23-36, determine todas las soluciones de la ecuación dada en el intervalo $[0, 2\pi)$.

23. $\operatorname{sen} 2x = \operatorname{sen} x$
24. $\cos 2\theta + \cos \theta = 0$
25. $\tan 2x = \tan x$
26. $\tan 2t = 2 \cos t$
27. $\operatorname{sen}^3 2x = \operatorname{sen} 2x$
28. $3 \cos 2x + 2 \operatorname{sen}^2 x = 2$
29. $\cos 4x = \operatorname{sen} 2x$
30. $\operatorname{sen} 4x + \operatorname{sen} 2x = 0$
31. $\operatorname{sen} x + \cos x = 1$
    SUGERENCIA: Eleve al cuadrado ambos lados.
32. $\sec x + \tan x = 1$
    SUGERENCIA: Eleve al cuadrado ambos lados.
33. $2 \operatorname{sen} \dfrac{\theta}{2} = 1$
34. $2 \operatorname{sen} \theta \cos \theta = \sqrt{3}$
35. $\operatorname{sen} \dfrac{t}{2} = 1 - \cos t$
36. $4 \operatorname{sen}^2 \dfrac{x}{2} = 2 - \cos^2 x$
37. Determine el valor exacto de $\cos \dfrac{\pi}{12}$.
38. Determine el valor exacto de $\operatorname{sen} 22.5°$.
39. Determine el valor exacto de $\tan 67.5°$.
40. Determine el valor exacto de $\cos \dfrac{\pi}{8}$.
41. Exprese $\cos^4 t$ en términos de expresiones trigonométricas de primer grado.
42. Exprese $\tan^4 t$ en términos de expresiones trigonométricas de primer grado.
43. Exprese el volumen del siguiente cuerpo geométrico como función de θ. Los extremos del cuerpo son triángulos isósceles con 2 pies por lado y la longitud del cuerpo es 8 pies.

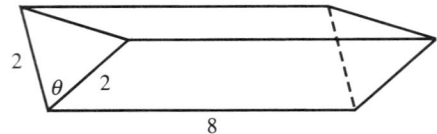

44. Utilice la siguiente figura para expresar $\cos 2\theta$ como función de x.

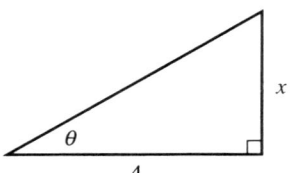

45. Utilice la figura del ejercicio 44 para expresar $\operatorname{sen} 2\theta$ como función de x.
46. Utilice la siguiente figura para determinar la altura h del pozo petrolero. Suponga que ABC forma una recta al nivel del suelo.

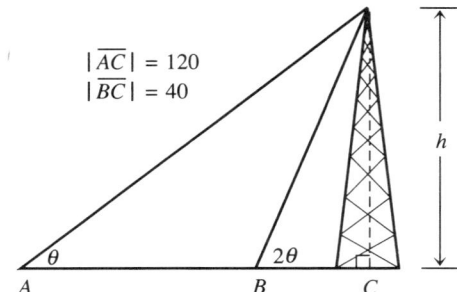

$|\overline{AC}| = 120$
$|\overline{BC}| = 40$

47. Utilice la siguiente figura para determinar x.

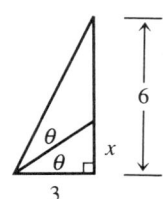

48. Utilice la siguiente figura para determinar a.

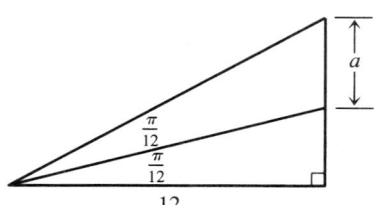

49. Dado que sen $\theta = \dfrac{a}{4}$, exprese $\cos 2\theta$ como función de a.

50. Dado que $\cos \theta = \dfrac{a}{4}$, exprese $\tan 2\theta$ como función de a.

51. Deduzca una fórmula para sen 3θ en términos de funciones trigonométricas de sen θ.

52. Deduzca una fórmula para $\tan 3\theta$ en términos de funciones trigonométricas de $\tan \theta$.

53. Deduzca la fórmula para la mitad del ángulo $\cos \dfrac{\theta}{2}$.

54. Deduzca la fórmula para la mitad del ángulo $\tan \dfrac{\theta}{2}$.

55. Deduzca la *fórmula del producto*

$$\text{sen } A \text{ sen } B = \frac{1}{2}[\cos(A - B) - \cos(A + B)].$$

SUGERENCIA: Reste las fórmulas para $\cos(A - B)$ y $\cos(A + B)$.

56. Utilice una técnica similar a la del ejercicio 55 para deducir las otras tres fórmulas del producto.

$$\cos A \cos B = \frac{1}{2}[\cos(A + B) + \cos(A - B)]$$

$$\text{sen } A \cos B = \frac{1}{2}[\text{sen}(A + B) + \text{sen}(A - B)]$$

$$\cos A \text{ sen } B = \frac{1}{2}[\text{sen}(A + B) + \text{sen}(A - B)]$$

57. Utilice los resultados de los ejercicios 55 y 56 para expresar lo siguiente como una suma o diferencia.

(a) sen $5x \cos 3x$ (b) sen $5x$ sen $3x$

(c) $\cos x \cos \dfrac{x}{2}$

58. Sustituya $u = A + B$ y $v = A - B$ en las fórmulas de los ejercicios 55 y 56 para deducir las siguientes *fórmulas de la suma*.

$$\text{sen } u + \text{sen } v = 2 \text{ sen } \frac{u + v}{2} \cos \frac{u - v}{2}$$

$$\text{sen } u - \text{sen } v = 2 \cos \frac{u + v}{2} \text{ sen } \frac{u - v}{2}$$

$$\cos u + \cos v = 2 \cos \frac{u + v}{2} \cos \frac{u - v}{2}$$

$$\cos u - \cos v = -2 \text{ sen } \frac{u + v}{2} \text{ sen } \frac{u - v}{2}$$

59. Utilice los resultados del ejercicio 58 para expresar lo siguiente como un producto.

(a) sen $5x$ + sen $3x$ (b) $\cos 7x - \cos 4x$

(c) sen $3x$ - sen $\dfrac{1}{2}x$

PREGUNTAS PARA REFLEXIONAR

60. Verifique la identidad $\tan \theta = \dfrac{\text{sen } 2\theta}{1 + \cos 2\theta}$ y utilice este resultado para deducir la siguiente forma alternativa de una fórmula para la función tangente de la mitad de un ángulo.

$$\tan \frac{\theta}{2} = \frac{\text{sen } \theta}{1 + \cos \theta}$$

61. Determine sen $105°$, utilizando la fórmula de la suma para sen$(A + B)$ como en el ejemplo 1 de la sección 8.1. Revise el ejemplo 8 de esta sección, donde determinamos sen $105°$ utilizando la fórmula para la mitad del ángulo. Compare las respuestas.

8.3   La ley de los senos y la ley de los cosenos

En nuestro análisis anterior sobre la trigonometría del triángulo rectángulo, vimos que podemos definir las funciones trigonométricas de ángulos agudos como las razones entre los lados de un triángulo rectángulo. Una pregunta natural es si existen relaciones trigonométricas entre los lados de un triángulo general. La respuesta es afirmativa; las relaciones son la *ley de los senos* y la *ley de los cosenos*.

Consideremos la situación del siguiente triángulo rectángulo, que ya hemos visto antes.

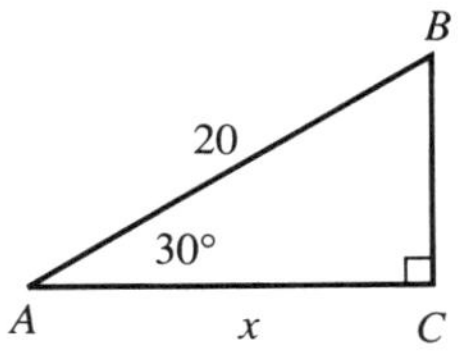

498   Capítulo 8   Más trigonometría y sus aplicaciones

FIGURA 8.7

EJEMPLO 1   Determinar x (figura 8.7).

Solución   De la figura 8.7 tenemos

$$\cos 30° = \frac{x}{20} \Rightarrow \frac{\sqrt{3}}{2} = \frac{x}{20} \Rightarrow \boxed{x = 10\sqrt{3}}$$

Observe que también podemos determinar la longitud de $\overline{AC}$ utilizando la función seno del ángulo B. ∎

Cada triángulo consta de seis partes: tres lados y tres ángulos. Una forma de ver el ejemplo anterior es que mediante cierta información dada de un triángulo rectángulo, podemos determinar cualquiera de las partes restantes, lo que nos conduce de manera natural a la siguiente pregunta: ¿Cuánta información se necesita saber de un triángulo *general* para determinar cualquiera de sus partes faltantes? El hecho de determinar los lados o ángulos restantes de un triángulo mediante cierta información dada se llama **resolver el triángulo**.

En un curso de geometría plana, un análisis de los triángulos congruentes (triángulos idénticos) da lugar al hecho de que dos triángulos son congruentes cuando satisfacen una de las siguientes condiciones de congruencia:

Notación	*Significado*
LLL	Se dan tres lados del triángulo
LAL	Se dan dos lados y el ángulo entre ellos.
ALA	Se dan dos ángulos y el lado incluido entre ellos.
LAA	Se dan dos ángulos y un lado (no el incluido).

¿Por qué la situación LAA es en realidad equivalente a la situación ALA?

Por geometría, sabemos que LLL, LAL, ALA y LAA determinan triángulos *únicos*. En trigonometría, la ley de los senos y la ley de los cosenos nos permiten determinar los lados o ángulos faltantes.

La ley de los senos

Continuaremos utilizando la convención de etiquetar los ángulos de un triángulo con A, B y C y los lados opuestos a estos ángulos como a, b y c, respectivamente.

En la figura 8.8, hemos trazado dos triángulos ABC (con $\angle A$ en posición canónica), uno con $\angle A$ agudo y el otro con $\angle A$ obtuso.

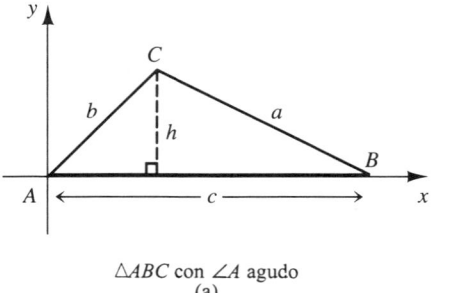

$\triangle ABC$ con $\angle A$ agudo
(a)

$\triangle ABC$ con $\angle A$ obtuso
(b)

FIGURA 8.8

8.3 La ley de los senos y la ley de los cosenos

Si observamos ambas partes (a) y (b) de la figura 8.8, podemos ver que

$$\operatorname{sen} A = \frac{h}{b} \quad \text{y} \quad \operatorname{sen} B = \frac{h}{a}$$

Y por lo tanto tenemos

$$b \operatorname{sen} A = h \quad \text{y} \quad a \operatorname{sen} B = h$$

lo que implica

$$b \operatorname{sen} A = a \operatorname{sen} B$$

Si dividimos ambos lados entre ab, obtenemos

$$\frac{\operatorname{sen} A}{a} = \frac{\operatorname{sen} B}{b}$$

Si reorientamos estos triángulos de modo que $\angle C$ esté en posición canónica con a a lo largo del eje x positivo, tenemos

$$\frac{\operatorname{sen} B}{b} = \frac{\operatorname{sen} C}{c}$$

Al combinar estos resultados obtenemos la **Ley de los senos**.

LA LEY DE LOS SENOS

En el $\triangle ABC$ con lados a, b y c, tenemos

$$\frac{\operatorname{sen} A}{a} = \frac{\operatorname{sen} B}{b} = \frac{\operatorname{sen} C}{c}$$

Observe que la primera igualdad en la ley de los senos se puede reescribir como

$$\frac{a}{b} = \frac{\operatorname{sen} A}{\operatorname{sen} B}$$

En palabras, la ley de los senos dice que en cualquier triángulo, *la razón de dos lados cualesquiera es igual a la razón de los senos de los ángulos opuestos a tales lados*.

También tenemos una forma alternativa de la ley de los senos, que se obtiene al invertir cada una de las razones. Utilizaremos la forma que parezca más adecuada.

En lo sucesivo, a menos que se especifique lo contrario, redondearemos todas las respuestas a *décimos*.

EJEMPLO 2 En la figura 8.9, resolver $\triangle ABC$: $\angle A = 48°$, $\angle B = 39°$, $c = 10$.

Solución Recuerde que resolver el triángulo significa determinar todos los lados o ángulos faltantes.

Como la suma de los ángulos de un triángulo es 180°, vemos que $\boxed{\angle C = 93°}$.
Determinamos a utilizando la ley de los senos, que implica

$$\frac{a}{\operatorname{sen} 48°} = \frac{10}{\operatorname{sen} 93°}$$

$$a = \frac{10 \operatorname{sen} 48°}{\operatorname{sen} 93°} = 7.4416468$$

$$\boxed{a = 7.4} \qquad \text{Redondeado a décimos}$$

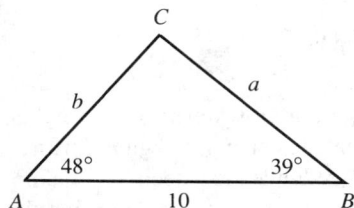

FIGURA 8.9

De manera análoga, para determinar b tenemos

$$\frac{b}{\text{sen } 39°} = \frac{10}{\text{sen } 93°}$$

$$b = \frac{10 \text{ sen } 39°}{\text{sen } 93°} = 6.3018404$$

$$\boxed{b = 6.3} \qquad \textit{Redondeado a décimos}$$

La información dada en este ejemplo corresponde a la situación ALA, y la ley de los senos nos permite determinar los lados faltantes del triángulo. ∎

EJEMPLO 3 Determinar la distancia entre los puntos A y B en las orillas opuestas de un lago, como se indica en la figura 8.10. Redondear la respuesta a metros.

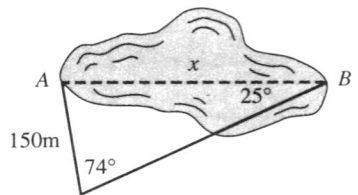

FIGURA 8.10

Solución La información dada corresponde a la situación LAA. Utilizamos la ley de los senos para obtener

$$\frac{x}{\text{sen } 74°} = \frac{150}{\text{sen } 25°}$$

$$x = \frac{150 \text{ sen } 74°}{\text{sen } 25°} = 341.18084$$

$$\boxed{x = 341 \text{ metros}} \qquad \textit{Redondeado a metros} \quad \blacksquare$$

El caso ambiguo

Al inicio de esta sección enumeramos varias relaciones de congruencia para triángulos. Es probable que recuerde que no existe una relación LLA; es decir, si se especifican dos lados de un triángulo y uno de los ángulos no incluido entre ellos, esto no determina por completo al triángulo, como se muestra en el siguiente ejemplo.

EJEMPLO 4 En el $\triangle ABC$, determinar la medida de $\angle B$ (figura 8.11).

Solución Si aplicamos la ley de los senos para determinar $\angle B$, obtenemos

$$\frac{\text{sen } B}{18} = \frac{\text{sen } 35°}{12}$$

$$\text{sen } B = \frac{18 \text{ sen } 35°}{12} = 0.8603647$$

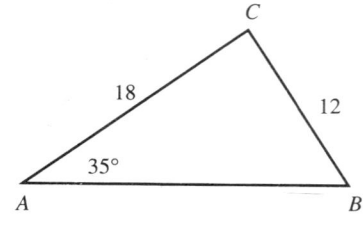

FIGURA 8.11

Con 0.8603647 en la pantalla de la calculadora, podemos oprimir las teclas $\boxed{\text{inv}}\boxed{\text{sen}}$ para obtener el ángulo B. Sin embargo, sólo obtenemos el ángulo agudo (primer cuadrante) cuyo seno es 0.860347, que es igual a $B = 59.4°$ (redondeado a décimos). Como la función seno también es positiva en el segundo cuadrante, nos sirve también un ángulo en el segundo cuadrante con un ángulo de referencia de 59.4°, y por lo tanto, B puede ser también 120.6°.

Por lo tanto, la respuesta de este ejemplo es $\boxed{B = 59.4° \text{ o } 120.6°}$.

8.3 La ley de los senos y la ley de los cosenos

Esta respuesta significa que podemos trazar dos triángulos con la información dada. Los dos triángulos aparecen en la figura 8.12(a) y (b).

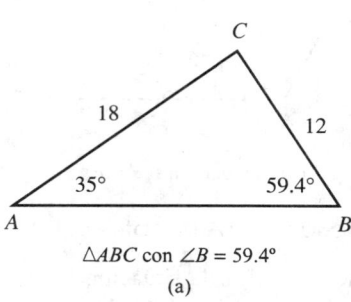
△ABC con ∠B = 59.4°
(a)

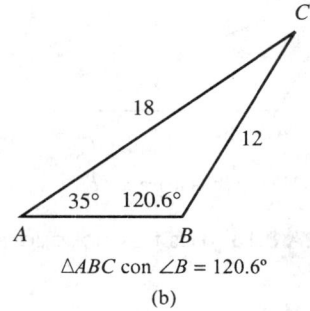
△ABC con ∠B = 120.6°
(b)

FIGURA 8.12

Como muestra este último ejemplo, existen ciertos casos de LLA donde hay dos triángulos posibles. Esta situación es el *caso ambiguo*. Ahora ilustraremos las diversas posibilidades para la situación LLA, cuando el ángulo A es agudo. Etiquetamos los lados dados como a y b y el ángulo dado como A.

El caso (i) pertenece a la situación descrita en el ejemplo 4.
Observe que existen dos triángulos posibles, pues a es mayor que h pero menor que b.

En el caso (ii), no existe un triángulo posible ya que a es menor que h.

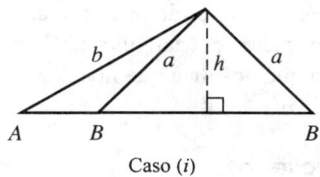
Caso (*i*)

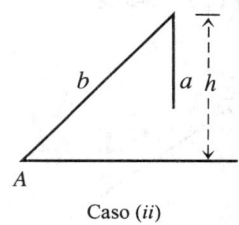
Caso (*ii*)

En el caso (iii), existe sólo un triángulo posible, ya que $a = h$.

En el caso (iv), también sólo existe un triángulo posible, ya que a es mayor que b.

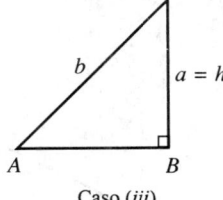
Caso (*iii*)

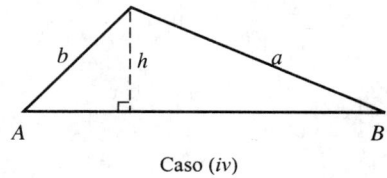
Caso (*iv*)

Si $a < b$ sen A, entonces $a < h$, lo que significa que no puede existir tal triángulo.

De hecho, estamos comparando los tamaños relativos de a, b y h. Como en cada uno de estos casos sen $A = \dfrac{h}{b}$ y, por lo tanto, $h = b$ sen A, en realidad comparamos el tamaño de a con el de b sen A.

En la figura 8.13 ilustramos las tres posibilidades para el caso LLA en que ∠A es obtuso.

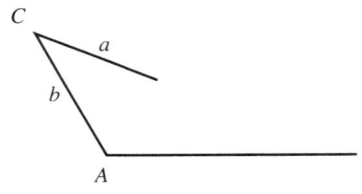
No hay solución si $a < b$

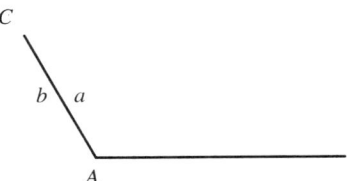
No hay solución si $a = b$

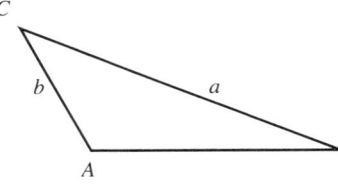
Una solución si $a > b$

FIGURA 8.13 Las tres posibilidades para LLA, cuando ∠A es obtuso.

Recuerde que al analizar la situación LLA, no importa cuál lado designemos como a y cuál como b, mientras el ángulo dado no esté incluido entre los dos lados dados.

EJEMPLO 5 Resolver △ABC, con $a = 8$, $b = 3$ y ∠B = 32°.

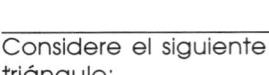

Solución Trazamos un esquema tentativo de △ABC (figura 8.14) y utilizamos la ley de los senos para determinar ∠A.

$$\frac{\operatorname{sen} A}{8} = \frac{\operatorname{sen} 32°}{3}$$

$$\operatorname{sen} A = \frac{8 \operatorname{sen} 32°}{3} = 1.413118$$

FIGURA 8.14

Como el seno de un ángulo no puede ser mayor que 1, esta ecuación no tiene soluciones y $\boxed{\text{por lo tanto no existe tal triángulo}}$.

De manera alternativa, podemos utilizar el criterio dado anteriormente. De la figura 8.14, podemos ver que en el triángulo ABC tenemos como altura $h = 8 \operatorname{sen} 32° \approx 4.24$, que es mayor que 3, lo que nos dice que no existe tal triángulo. (Véase el caso (ii) de la página 501.) ∎

Considere el siguiente triángulo:

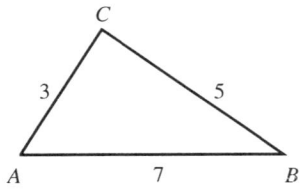

¿Podemos utilizar las ley de los senos para determinar ∠A?

La ley de los cosenos

La ley de los cosenos, que deduciremos en un momento, trata las situaciones LAL y LLL, no cubiertas por la ley de los senos.

Consideremos un triángulo general ABC y coloquémoslo en un sistema de coordenadas, de modo que ∠C esté en posición canónica, como se indica en la figura 8.15.

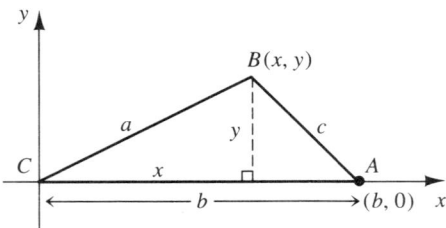

FIGURA 8.15 △ABC, con ∠C en posición canónica.

8.3 La ley de los senos y la ley de los cosenos

Observe que podemos trazar $\triangle ABC$ con $\angle C$ agudo. Dejamos como ejercicio al lector verificar que el siguiente argumento también es válido cuando $\angle C$ es obtuso (o recto).

La altura del vértice B al lado $\overline{AC}$ ha sido etiquetada como y. De la figura 8.15, tenemos

$$\cos C = \frac{x}{a} \qquad \operatorname{sen} C = \frac{y}{a}$$

$$x = a \cos C \qquad y = a \operatorname{sen} C$$

Ahora utilizaremos la fórmula de la distancia para calcular la longitud de $\overline{AB}$, que designamos como c, utilizando las coordenadas que hemos determinado.

$$\begin{aligned} c &= \sqrt{(x-b)^2 + (y-0)^2} \\ &= \sqrt{(a \cos C - b)^2 + (a \operatorname{sen} C)^2} \\ &= \sqrt{a^2(\cos C)^2 - 2ab \cos C + b^2 + a^2(\operatorname{sen} C)^2} \qquad \text{\textit{Agrupamos el primer y último términos y factorizamos } } a^2. \\ &= \sqrt{a^2(\operatorname{sen}^2 C + \cos^2 C) - 2ab \cos C + b^2} \qquad \text{\textit{Como } } \operatorname{sen}^2 C + \cos^2 C = 1, \text{\textit{ tenemos}} \\ c &= \sqrt{a^2 - 2ab \cos C + b^2} \qquad \text{\textit{Elevamos al cuadrado ambos lados de la ecuación.}} \\ c^2 &= a^2 + b^2 - 2ab \cos C \end{aligned}$$

Esta última ecuación es la **ley de los cosenos**.

Observe que si $\angle C$ es un ángulo recto, entonces $\cos C = 0$ y la ley de los cosenos se reduce al teorema de Pitágoras. De hecho, podemos ver a la ley de los cosenos como una generalización de este teorema.

Recuerde que podríamos haber comenzado con el ángulo A o el ángulo B en posición canónica, lo que nos daría otras dos formas de la ley de los cosenos.

LA LEY DE LOS COSENOS

En cualquier triángulo ABC, el cuadrado de cualquier lado es igual a la suma de los cuadrados de los otros dos lados, menos dos veces el producto de los otros dos lados por el coseno del ángulo entre ellos.

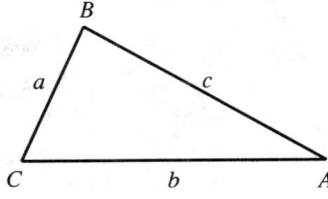

$$c^2 = a^2 + b^2 - 2ab \cos C$$
$$b^2 = a^2 + c^2 - 2ac \cos B$$
$$a^2 = b^2 + c^2 - 2bc \cos A$$

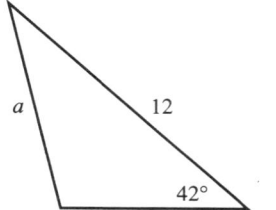

FIGURA 8.16

EJEMPLO 6 Utilizar la figura 8.16 para determinar a (redondeado a décimos).

Solución Utilizamos la ley de los cosenos para obtener

$a^2 = b^2 + c^2 - 2bc \cos A$ *Sustituimos los valores para este triángulo y obtenemos*

$a^2 = 12^2 + 7^2 - 2(12)(7) \cos 42°$

$a^2 = 193 - 168 \cos 42° = 68.151669$ *Calculamos las raíces cuadradas y redondeamos a décimos para obtener*

$\boxed{a = 8.3}$

EJEMPLO 7 Utilizar la figura 8.17 para determinar el valor de a y $\angle B$.

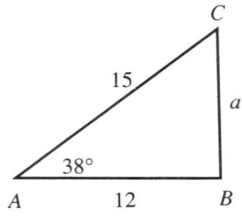

FIGURA 8.17

¿Cómo saber si debemos utilizar la ley de los senos o la ley de los cosenos?

Solución Ahora que disponemos de la ley de los senos y de la ley de los cosenos, necesitamos un momento para determinar la ley que debemos utilizar en cada situación particular. Para resolver una proporción, debemos conocer tres de los cuatro miembros de la proporción. Así, para utilizar la ley de los senos y determinar una parte faltante de un triángulo, debemos conocer al menos un ángulo y su lado correspondiente. Esto es precisamente otra forma de decir que la ley de los senos se aplica a las situaciones ALA, LAA y LLA.

Para utilizar la ley de los cosenos y determinar una parte faltante de un triángulo, necesitamos conocer dos lados y el ángulo entre ellos, o los tres lados; es decir, la ley de los cosenos se aplica en las situaciones LAL y LLL.

Como este ejemplo es una situación LAL, comenzamos aplicando la ley de los cosenos para determinar a.

$a^2 = 12^2 + 15^2 - 2(12)(15) \cos 38°$

$a^2 = 144 + 225 - 360(0.780108)$

$a^2 = 85.316129$ *Calculamos las raíces cuadradas.*

$a = 9.236673$ *Redondeamos a décimos para obtener*

$\boxed{a = 9.2}$

Ahora que tenemos el valor de a, podemos determinar $\angle B$ aplicando la forma de la ley de los cosenos que implica al ángulo B. Utilizamos el valor $a = 9.236673$ y redondeamos la respuesta al final del cálculo.

8.3 La ley de los senos y la ley de los cosenos

$$b^2 = a^2 + c^2 - 2ac \cos B$$

$$15^2 = (9.236673)^2 + 12^2 - 2(9.236673)(12)\cos B$$

$$225 = 85.316129 + 144 - 221.68015 \cos B$$

$$225 = 229.31613 - 221.68015 \cos B$$

$$-4.31613 = -221.68015 \cos B$$

$$\cos B = \frac{-4.31613}{-221.68015} = 0.0194701 \qquad \textit{Utilizamos las teclas } \boxed{\text{inv}} \boxed{\text{cos}} \textit{ y redondeamos a décimos para obtener}$$

$$\boxed{B = 88.9°}$$

Es importante observar que una vez que hemos determinado el valor de a, podríamos haber utilizado la ley de los senos para determinar $\angle B$.

$$\frac{\text{sen } B}{15} = \frac{\text{sen } 30°}{9.236673}$$

$$\text{sen } B = \frac{15 \text{ sen } 38°}{9.236673} \qquad \textit{Utilizamos una calculadora para obtener}$$

$$\text{sen } B = 0.9998104 \qquad \textit{De nuevo utilizamos una calculadora y redondeamos a décimos, de donde tenemos}$$

$$\boxed{B = 88.9°}$$

¿Por qué el $\angle B$ no es igual a 91.1°?

Para determinar el ángulo B mediante la ley de los senos necesitamos un cálculo muy sencillo, pero la elección del método depende de cada uno. ∎

Podemos resumir nuestro análisis acerca del uso de la ley de los senos y la ley de los cosenos como sigue.

USO DE LA LEY DE LOS SENOS Y LA LEY DE LOS COSENOS

Utilice la **ley de los senos** cuando conozca dos lados y uno de sus ángulos correspondientes, o dos ángulos y cualquier lado. (Esto dice que la ley de los senos se aplica a las situaciones ALA, LAA y LLA.)

Utilice la **ley de los cosenos** cuando conozca dos lados y los ángulos entre ellos, o los tres lados. (Esto dice que la ley de los cosenos se aplica a las situaciones LAL y LLL.)

EJEMPLO 8 Un guardabosque está en una torre de observación y observa dos incendios a distancias de 4 y 7 millas, respectivamente, en relación con la torre. Si el ángulo entre las líneas de visión hacia los dos puntos de fuego es de 137°, ¿a qué distancia están entre sí los incendios?

Solución El esquema de la figura 8.18 representa la información dada, con la torre de observación en el punto C y los incendios en los puntos A y B.

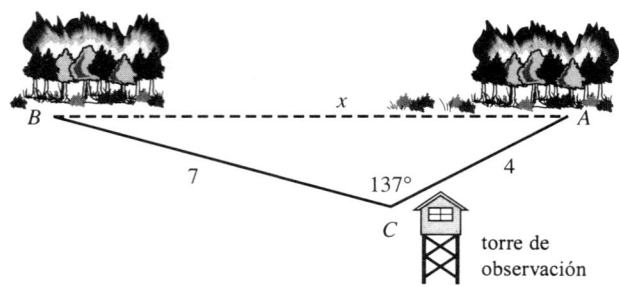

FIGURA 8.18

Podemos aplicar la ley de los cosenos para determinar la longitud de $\overline{AB}$, que hemos etiquetado como x.

$x^2 = 4^2 + 7^2 - 2(4)(7) \cos 137°$

$x^2 = 16 + 49 - 56(\cos 137°)$ *No olvide que 137° es un ángulo del segundo cuadrante. Su coseno es negativo.*

$x^2 = 105.95581$

$x = 10.293484$

Por lo tanto, los incendios están aproximadamente a $\boxed{10.3 \text{ millas}}$ de distancia entre sí. ∎

La trigonometría puede ser muy útil para resolver problemas de navegación. La dirección de un barco o un avión, su *curso*, se indica por lo general con respecto de la dirección norte y la dirección sur. Así, una dirección N40°E significa que el viaje se realiza a lo largo de un rayo que forma un ángulo de 40° en el sentido de las manecillas del reloj con respecto de la dirección norte. Una dirección S35°E significa que el viaje se realiza a lo largo de un rayo que forma un ángulo de 35° en el sentido de las manecillas del reloj con respecto de la dirección sur. En la figura 8.19 se ilustran diversas direcciones de viaje de este tipo.

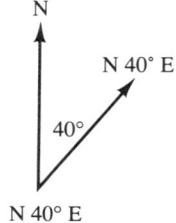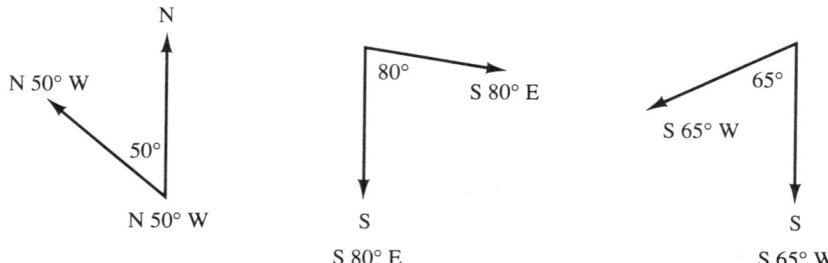

FIGURA 8.19

8.3 La ley de los senos y la ley de los cosenos

EJEMPLO 9 Un submarino utiliza un sonar para determinar que un barco está a 4 millas al este y que viaja a 10 millas/hora con dirección N62°W.

(a) Si el submarino viaja a 18 millas/hora, aproximar hasta décimas de grado la dirección en que el submarino debe viajar para interceptar al barco.

(b) ¿Cuanto tiempo tardará el submarino en interceptar el barco?

Solución

¿Qué tratamos de determinar?	La dirección en la que debe viajar el submarino y el tiempo que tardará en interceptar el barco.
¿Qué información tenemos?	La distancia del submarino al barco, la dirección de viaje del barco y la velocidad del barco y del submarino. Trazamos la figura 8.20. El submarino está en el punto A, el barco observado está en el punto B y el punto de intersección es el punto C. Observe que $\angle CBA = 90° - 62° = 28°$

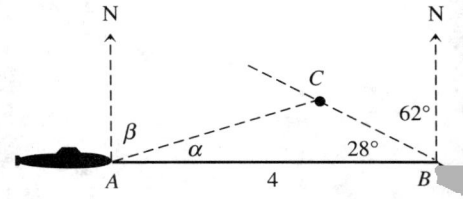

FIGURA 8.20

¿Cómo podemos restablecer el problema?	En términos del diagrama, intentamos determinar el ángulo β y el tiempo que tarda el submarino en viajar de A a C.
¿Cómo utilizamos la velocidad del submarino?	Si t es el número de horas que tarda el submarino en interceptar al barco, entonces podemos expresar $|\overline{BC}|$ y $|\overline{AC}|$ en términos de t. Como el barco viaja a 10 millas/hora y la distancia es igual a la velocidad por el tiempo, $|\overline{BC}| = 10t$. De manera análoga, como el submarino viaja a 18 millas hora, $|\overline{AC}| = 18t$. El diagrama de la figura 8.21 de la página 508 representa toda la información que tenemos hasta el momento.

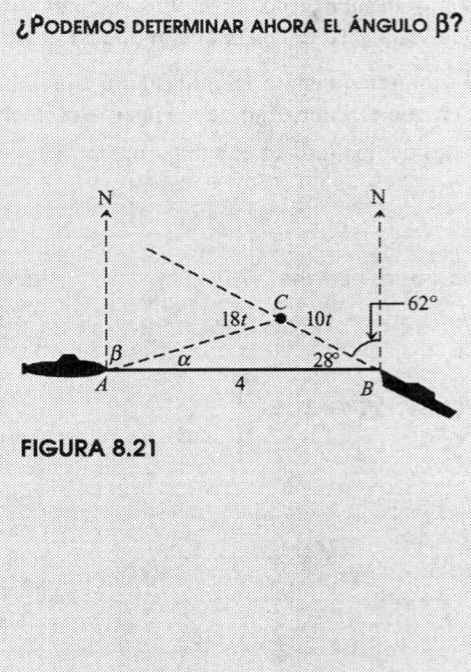

FIGURA 8.21

¿PODEMOS DETERMINAR AHORA EL ÁNGULO β?

(a) No directamente, pero podemos utilizar la ley de los senos para determinar el ángulo α, el cual podremos restar a 90° para determinar el ángulo β.

$$\frac{\operatorname{sen}\alpha}{|\overline{BC}|} = \frac{\operatorname{sen}28°}{|\overline{AC}|}$$

$$\frac{\operatorname{sen}\alpha}{10t} = \frac{\operatorname{sen}28°}{18t} \quad \textit{Despejamos sen }\alpha.$$

$$\operatorname{sen}\alpha = \frac{10t\operatorname{sen}28°}{18t} = \frac{10\operatorname{sen}28°}{18}$$

Observe cómo se cancelan las t.

$\operatorname{sen}\alpha = 0.2608175$ *Y por lo tanto*

$\alpha = 15.1°$

Redondeado a décimos.

Así, β = 90° − 15.1° = 74.9° y entonces, el submarino debe viajar en la dirección aproximada $\boxed{\text{N74.9°E}}$.

¿CÓMO DETERMINAMOS EL TIEMPO QUE TARDA EL SUBMARINO EN INTERCEPTAR AL BARCO?

Si determinamos $|\overline{AC}|$, entonces podemos utilizar la velocidad del submarino para calcular el tiempo necesario para viajar de A a C.

¿CÓMO DETERMINAMOS $|\overline{AC}|$?

(b) Primero determinamos que $\angle ACB = 180° - 28° - 15.1° = 136.9°$; después utilizamos de nuevo la ley de los senos para determinar la distancia de A a C.

$$\frac{|\overline{AC}|}{\operatorname{sen}28°} = \frac{4}{\operatorname{sen}136.9°}$$

$$|\overline{AC}| = \frac{4\operatorname{sen}28°}{\operatorname{sen}136.9°} \approx 2.7 \text{ millas}$$

Como $|\overline{AC}| = 18t$, tenemos que $18t = 2.7$ y $t = 0.15$. Así, el submarino tarda aproximadamente $\boxed{0.15 \text{ horas,}}$ o cerca de $\boxed{9 \text{ minutos,}}$ en interceptar al barco. ∎

EJERCICIOS 8.3

Una calculadora científica le será útil para este conjunto de ejercicios.

En los ejercicios 1-10, utilice la información dada para determinar las partes faltantes de $\triangle ABC$. Aproxime sus respuestas hasta décimos.

1. $A = 80°$, $B = 35°$, $a = 12$
2. $A = 80°$, $B = 35°$, $c = 12$
3. $A = 72°$, $a = 24$, $b = 15$
4. $A = 72°$, $b = 24$, $c = 15$
5. $a = 6$, $b = 9$, $c = 10$
6. $B = 53°$, $b = 7$, $c = 10$
7. $B = 110°$, $C = 25°$, $c = 16$
8. $a = 15$, $b = 12$, $c = 5$
9. $A = 138°$, $b = 5$, $c = 11$
10. $A = 80°$, $C = 41°$, $b = 30$

En los ejercicios 11-14, determine cuántos triángulos ABC pueden construirse con la información dada.

11. $A = 54°$, $a = 7$, $b = 10$
12. $A = 73°$, $a = 48$, $b = 50$
13. $C = 134°$, $a = 35$, $b = 40$
14. $B = 61°$, $a = 12$, $b = 15$

15. Un topógrafo desea medir la distancia entre los puntos A y B en las orillas opuestas de un río como se indica en la figura siguiente. El topógrafo mide 200 metros de distancia entre los puntos A y C, y utiliza un instrumento llamado tránsito para determinar que $\angle B = 63.8°$ y $\angle C = 84.2°$. Determine la distancia entre A y B.

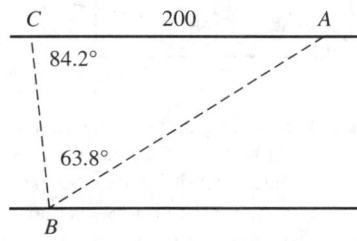

16. Dos trenes parten de una estación a las 10:00 A.M. viajando a lo largo de vías rectas, a 120 y 150 km/h, respectivamente. Si el ángulo entre sus direcciones de viaje es 118°, ¿a qué distancia están entre sí a las 10:40 A.M?
17. Un globo meteorológico flota en el aire exactamente sobre la recta que une los puntos A y B que están a 4.6 km. de distancia. Si el ángulo de elevación del globo desde los puntos A y B es de 28°50' y 52°10', respectivamente, determine la altura del globo.
18. Dos torres de observación A y B se localizan a 15 millas de distancia entre sí, en un parque nacional. Los dos observadores ven un incendio en el punto C, de modo que $\angle CAB = 73°$ y $\angle CBA = 59°$. ¿A qué distancia está el incendio de la torre B?

19. Se construye un túnel recto con extremos P y Q a través de una montaña. Desde el punto R, el topógrafo determina que $\overline{PR} = 500$ metros, $\overline{RQ} = 600$ metros y $\angle R = 76°40'$, como se indica en la siguiente figura. Determine la longitud del túnel.

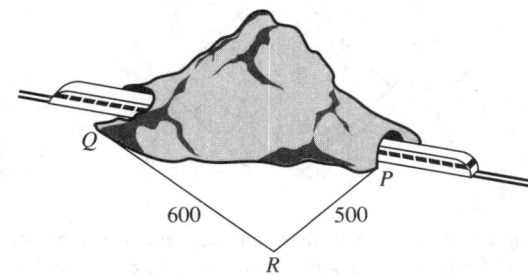

20. Un poste telefónico se sostiene mediante dos cables sujetos a la parte superior del poste y en el suelo, en lados opuestos del poste, en los puntos A y B, que están a 80 pies de distancia entre sí. Si los ángulos de elevación en A y B son de 70° y 58°, respectivamente, determine las longitudes de ambos cables y la altura del poste.
21. En la siguiente figura, determine la longitud de $\overline{CD}$. SUGERENCIA: Determine primero la longitud de $\overline{BD}$.

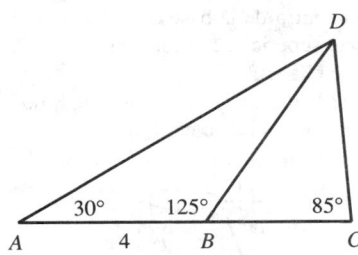

22. Suponga que, de manera ideal, un panel solar se inclina con un ángulo de 45° hacia el Sol. Un panel solar de 8 pies de largo se monta en un techo, formando un ángulo de 20° con la horizontal. Aproxime la longitud s de un soporte, perpendicular a la horizontal, necesario para soportar el panel y que forme un ángulo de 45° con la horizontal. (Véase la figura siguiente). SUGERENCIA: Las dos líneas punteadas son horizontales.

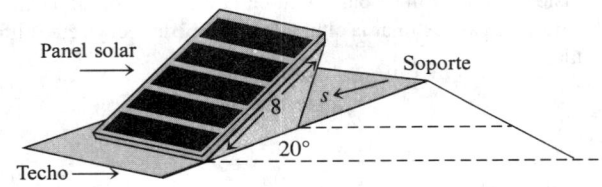

23. En las ligas mayores, un "diamante" de beisbol (en realidad, un cuadrado) tiene las bases a 90 pies de distancia, y la loma del pitcher a 60.5 pies de distancia del *home*. Véase la figura siguiente. Aproxime la distancia de la loma del pitcher a las demás bases.

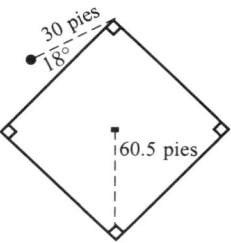

24. En un diamante de beisbol, el parador en corto se coloca en el área entre la segunda y la tercera base. Si el parador en corto "juega profundo" (es decir, hacia el jardín, a 30 pies de la segunda base y formando un ángulo de 18° con la recta que une la segunda y la tercera base), determine la distancia entre el parador en corto y la primera base. Véase la figura del ejercicio 23.
25. Un triángulo tiene lados de longitud 42, 35 y 20. Aproxime la medida del ángulo menor del triángulo.
26. La torre inclinada de Pisa tiene 179 pies de longitud, pero debido al terreno inestable, se inclina cada año con respecto de la perpendicular, de modo que se inclina con un cierto ángulo θ, como se indica en la figura siguiente. A una distancia de 100 pies desde el centro de la base de la torre, el ángulo de elevación a la parte superior de la torre es de 64.7°.
   (a) Aproxime el ángulo θ.
   (b) Aproxime la distancia de inclinación d de la torre con respecto de la perpendicular.

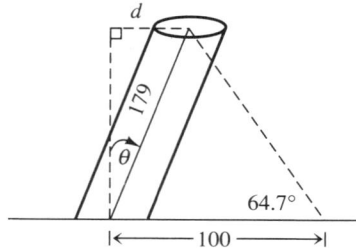

27. Un método común que se utiliza para medir la altura de un árbol o una montaña es determinar dos ángulos de elevación del objeto desde dos puntos diferentes, a lo largo de la misma línea de visión, llamada línea base. Utilice la información de la figura siguiente para estimar la altura de un árbol de secoya en California.

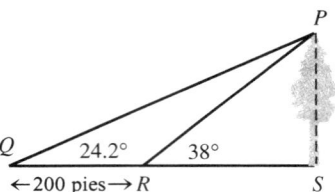

28. Con la técnica descrita en el ejercicio 27, unos observadores desean medir la altura de una montaña sobre el nivel del mar estableciendo una línea base de 1000 pies de longitud a una altura de 4000 pies. Miden el ángulo de elevación más lejano como 36.4° y el ángulo de elevación más cercano como 52.7°. Estime la elevación de la montaña con respecto del nivel del mar.
29. Un cañón de gran alcance está en el punto A, y un segundo cañón en B está a 4 millas al este de A. Desde el punto A, la dirección hacia un blanco T es N54°E, mientras que la dirección hacia T desde B es N68°W. ¿Con qué dirección deben apuntar cada uno de los cañones?
30. Una caja rectangular de lados 6, 8 y 10 se muestra en la figura siguiente. Determine el ángulo θ formado por la diagonal de la base con la diagonal del lado 6 × 8.

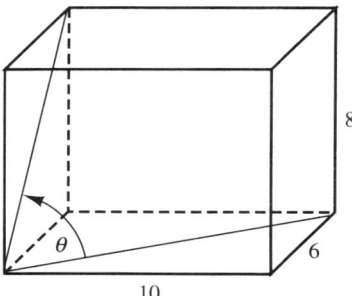

31. La figura siguiente muestra un bote que viaja en forma paralela a la orilla de la playa, a 15 millas/hora. En un momento dado, la dirección hacia donde está un observador en la orilla de la playa es S75°E, y 10 minutos después la dirección es S69°E. ¿A qué distancia está el bote de la costa?

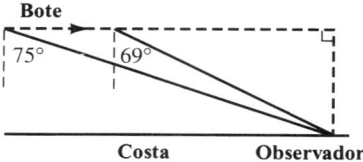

32. Tres círculos de radios 4, 8 y 12 son tangentes entre sí, como se indica en la siguiente figura. Aproxime el ángulo α.

8.3 La ley de los senos y la ley de los cosenos

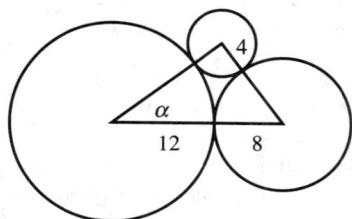

33. Un barco viaja desde el punto A durante 2 horas a una velocidad de 16 km/h con curso N65°E y después cambia su curso a N15°E durante 3 horas con la misma velocidad. Después de este periodo de 5 horas, ¿a qué distancia está el barco del punto A?

34. Un avión vuela a una altura constante. Vuela desde el punto P a una velocidad de 350 millas/hora con curso S20°W durante 4 horas y después cambia su curso a S80°W durante 5 horas a una velocidad de 400 millas/hora. Después de este periodo de 9 horas, ¿a qué distancia está el avión del punto P?

35. Para medir la altura de una montaña, un topógrafo se para en una marca y mide el ángulo de elevación hasta la cima de la montaña como 48.2°. Después, se mueve a 1000 pies más lejos de la montaña y mide el ángulo de elevación como 36.4°. ¿Cuál es la altura de la montaña?

36. Dos observadores que están a una milla de distancia entre sí observan un objeto volador no identificado que flota sobre un pequeño pueblo entre ellos. Si los observadores están a una misma altura, los ángulos de elevación de cada observador al OVNI son 28° y 46°, respectivamente. ¿A qué altura volaba el OVNI?

37. Mientras viaja en un auto a 60 km/h, hacia una montaña, un pasajero observa que el ángulo de elevación hacia la cima de la montaña es 12°. Cinco minutos después, mide el ángulo de elevación como 18°. ¿Cuál es la altura de la montaña?

38. Al viajar en un auto a 30 km/h, hacia una torre de radio, un pasajero observa que el ángulo de elevación con respecto de la parte superior de la torre es 7°. Un minuto después, mide el ángulo de elevación a 10°. ¿A qué distancia está de la torre? ¿Qué tan alta es la torre?

39. Para medir la distancia entre dos marcas en lados opuestos de una casa, Art se coloca en una posición desde la cual puede ver las dos marcas. Sabe que está a 180 pies de una marca y a 220 pies de la otra. Si el ángulo entre las dos líneas de visión es de 73°, determine la distancia entre las dos marcas.

40. Un helicóptero vuela a una altura de 1500 pies sobre la cima de una montaña A, con una altura conocida de 4800 pies. Una segunda cima de otra montaña cercana B, más alta, es vista con un ángulo de depresión de 50° desde el helicóptero y con un ángulo de elevación de 15° desde A. Véase la siguiente figura. Determine la distancia entre las dos cimas de las montañas y la altitud aproximada de B.

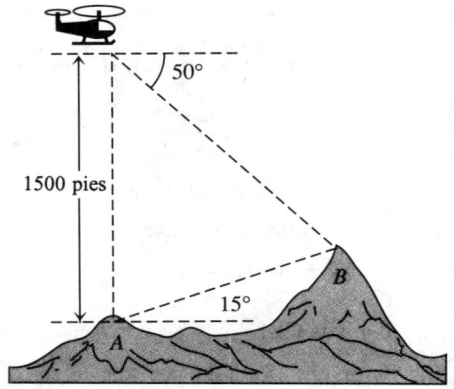

41. Determine el área del siguiente triángulo.

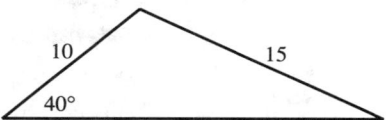

42. Determine el área del siguiente triángulo.

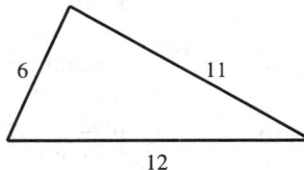

PREGUNTAS PARA REFLEXIONAR

43. En la sección 6.3 vimos que el área de un triángulo es $A = \frac{1}{2}ab \operatorname{sen} C$. Muestre la forma de utilizar esta fórmula para deducir la ley de los senos. SUGERENCIA: Utilice está fórmula del área para cada uno de los ángulos del triángulo.

44. La ley de los cosenos dice que para $\triangle ABC$, tenemos $c^2 = a^2 + b^2 - 2ab \cos C$. Hemos señalado que si $\angle C$ es un ángulo recto, entonces $\cos C = 0$ y $c^2 = a^2 + b^2$. Suponga que a y b son constantes. Trace $\triangle ABC$ cuando $\angle C$ es agudo, recto y obtuso. ¿Qué ocurre con el tamaño de c? ¿Cómo refleja este hecho la ley de los cosenos? SUGERENCIA: ¿Qué ocurre con los signos de $\cos C$?

Los siguientes ejercicios deducen un bello teorema, la *fórmula de Herón*, la cual expresa el área de un triángulo en términos de la longitud de sus lados.

45. Para el $\triangle ABC$, utilice la ley de los cosenos para demostrar

(a) $\dfrac{1}{2}ab(1 + \cos C) = \left(\dfrac{a+b+c}{2}\right)\left(\dfrac{a+b-c}{2}\right)$

(b) $\dfrac{1}{2}ab(1 - \cos C) = \left(\dfrac{-a+b+c}{2}\right)\left(\dfrac{a-b+c}{2}\right)$

46. Sea $s = \dfrac{a+b+c}{2}$; s es la mitad del perímetro del triángulo, el *semiperímetro*. Utilice el resultado del ejercicio 45 para mostrar que $\dfrac{1}{2}ab(1 + \cos C) = s(s - c)$ y $\dfrac{1}{2}ab(1 - \cos C) = (s - a)(s - b)$.

47. Si partimos de la fórmula para el área de $\triangle ABC$, $A = \dfrac{1}{2}ab \operatorname{sen} C$, tenemos lo siguiente:

$$\dfrac{1}{2}ab \operatorname{sen} C = \sqrt{\dfrac{1}{4}a^2b^2 \operatorname{sen}^2 C} = \sqrt{\dfrac{1}{4}a^2b^2(1 - \cos^2 C)}$$

$$= \sqrt{\left[\dfrac{1}{2}ab(1 + \cos C)\right]\left[\dfrac{1}{2}ab(1 - \cos C)\right]}$$

Utilice los resultados del ejercicio 46 para mostrar que $A = \sqrt{s(s-a)(s-b)(s-c)}$, que es la *fórmula de Herón*.

48. Utilice la fórmula de Herón para determinar el área del siguiente triángulo.

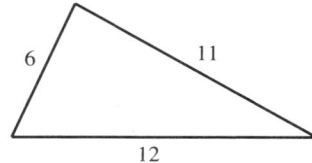

8.4 Vectores

Muchas cantidades físicas, como la longitud, el área, el volumen y la temperatura, se pueden especificar por completo mediante un único número real (según el sistema de unidades decidido). Una cantidad de este tipo es un **escalar**. Por ejemplo, cuando decimos que un rectángulo tiene un área de 26 metros cuadrados o que la temperatura es −3°C, los números 26 y −3 nos proporcionan una descripción completa de estas cantidades. Así, el área y la temperatura son ejemplos de cantidades escalares. Por otro lado, cuando los meteorólogos hablan de la velocidad del viento, se refieren a *dos* cantidades: la rapidez del viento y su dirección[1]. Una cantidad como la velocidad, que debemos especificar mediante un número (que por lo general se llama su **magnitud**) y una dirección, es un **vector**.

De manera geométrica, representamos un vector mediante una flecha: La dirección de una flecha indica la dirección en la que actúa la cantidad, mientras que la longitud de la flecha representa la magnitud de la cantidad. En la mayor parte de los casos, nos referimos a la flecha como el vector. Nuestro análisis aquí será en relación con los vectores de dos dimensiones, o vectores en el plano.

En la figura 8.22, ambas flechas representan un viento de 10 millas/hora, de modo que tienen la misma magnitud. Sin embargo, la flecha **A** representa un viento que sopla a 10 millas/hora en dirección noreste, pero la flecha **B** representa un viento que sopla a 10 millas/hora en dirección noroeste.

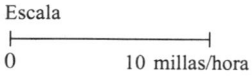

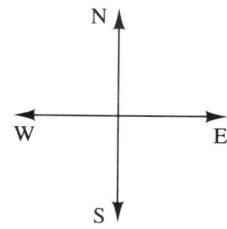

FIGURA 8.22 Dos vectores que representan un viento con una rapidez de 10 millas/hora. Tienen la misma magnitud pero diferentes direcciones.

[1] En este libro distinguiremos con frecuencia la *rapidez*, que es un número, de la *velocidad*, que es un vector. (N. del T.)

8.3 La ley de los senos y la ley de los cosenos   **513**

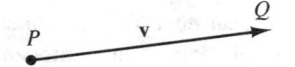

FIGURA 8.23 Vector $\overrightarrow{PQ}$, o **v**

Si utiliza en sus notas una sola letra para un vector, es recomendable escribir $\vec{v}$, ya que es más difícil escribir una letra en negritas.

Introduciremos cierta notación. Un vector trazado del punto P al punto Q se denota PQ. $\overrightarrow{P}$ es el punto inicial y Q es el punto final. También denotamos un vector mediante una letra en negritas y escribimos $PQ = \mathbf{v}$. Véase figura 8.23.

Es importante observar que los vectores $\overrightarrow{PQ}$ y $\overrightarrow{QP}$ no son iguales. Tienen la misma magnitud (longitud) pero direcciones opuestas. Denotamos la magnitud de un vector como $|\overrightarrow{PQ}|$ o $|\mathbf{v}|$. Así, $|\overrightarrow{PQ}| = |\overrightarrow{QP}|$.

Dos vectores que tienen la misma magnitud y la misma dirección son **iguales**. En la figura 8.24, los vectores **A** y **B** son iguales, aunque no estén en el mismo lugar. Podemos mover libremente un vector de un lugar a otro, mientras no se altere su magnitud o su dirección.

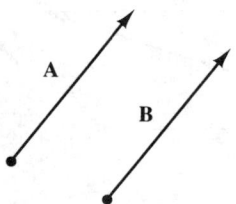

$A = B$

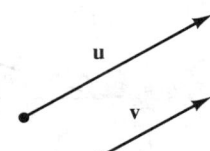

$\mathbf{u} \neq \mathbf{v}$. Tienen la misma dirección pero no la misma magnitud.

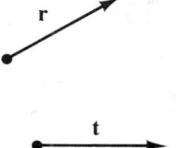

$\mathbf{r} \neq \mathbf{t}$. Tienen la misma magnitud pero no la misma dirección.

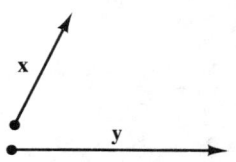

$\mathbf{x} \neq \mathbf{y}$. No tienen la misma dirección ni la misma magnitud.

FIGURA 8.24 Algunos vectores iguales y otros diferentes.

Recuerde que un vector debe tener magnitud y dirección.

Suponga que tenemos dos fuerzas representadas por los vectores **u** y **v**, las que actúan sobre un objeto en el punto A, como en la figura 8.25(a). Podemos pensar que la fuerza **u** mueve un objeto de A al final de **u** y que la fuerza **v** actúa después sobre el objeto; es decir, podemos mover **v** al final de **u** y ver que el objeto reaccionará como si la única fuerza representada por el vector **w** actuara sobre el punto A. Véase la figura 8.25(b).

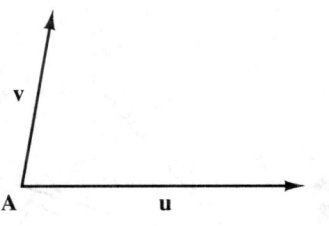
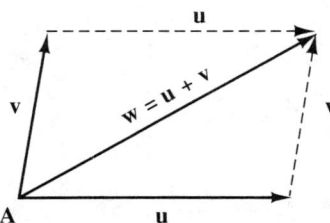

FIGURA 8.25   (a) Los vectores **u** y **v** actúan en el punto A (b) La resultante de dos vectores: **w** = **u** + **v**

El vector **w** es el vector **resultante** de **u** y **v**. El vector resultante **w** es la **suma** de los vectores **u** y **v**.

DEFINICIÓN Sean **u** y **v** dos vectores. Mueva **v** al punto final de **u** (sin cambiar su magnitud ni su dirección). Entonces, **u** + **v** es el vector que comienza en el punto inicial de **u** y termina en el punto final de **v**. El vector **u** + **v** es la **suma**, o **resultante**, de **u** y **v**.

Si consideramos dos vectores **u** y **v**, la figura 8.26 ilustra la forma de aplicar la definición anterior para determinar **u** + **v**.

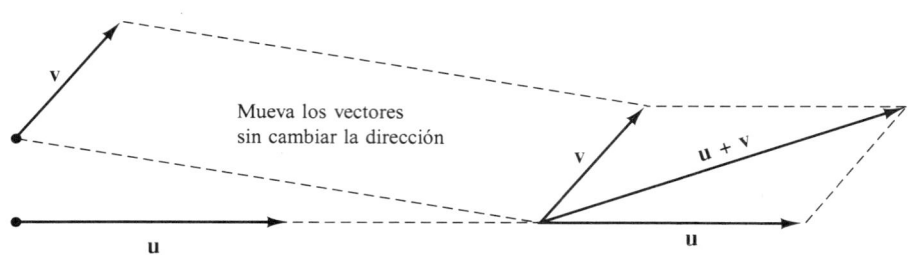

FIGURA 8.26

Si observamos el triángulo inferior de la figura 8.25(b), podemos ver que el vector resultante es **u** + **v**, mientras que el triángulo superior muestra que el vector resultante es **v** + **u**. En otras palabras, para determinar **u** + **v**, podemos mover **v** al punto final de **u** o mover **u** al punto final de **v**. Por lo tanto, la suma de vectores es conmutativa: **u** + **v** = **v** + **u**. La figura 8.25(b) ilustra por qué la definición para la suma de dos vectores se llama con frecuencia la **ley del paralelogramo**. En los ejercicios al final de esta sección presentamos varias propiedades adicionales de los vectores.

EJEMPLO 1 Determinar la resultante de las dos fuerzas en la figura 8.27; es decir, determinar la magnitud (longitud) de la resultante y el ángulo que forma la resultante con el vector horizontal $\overrightarrow{AB}$.

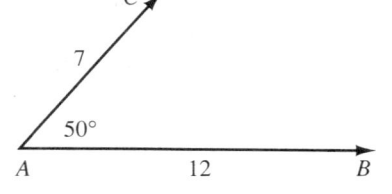

FIGURA 8.27 La fuerza de 12 es horizontal

Solución De acuerdo con la ley del paralelogramo, completamos el paralelogramo de fuerzas, como en la figura 8.28. Como los ángulos consecutivos de un paralelogramo son suplementarios, sabemos que el ángulo en B mide $130°$.

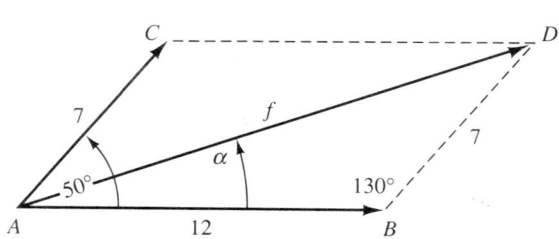

FIGURA 8.28 Como $\angle CAB = 50°$, $\angle ABD = 130°$

8.4 Vectores

Ahora, podemos utilizar la ley de los cosenos para $\triangle ABD$ y determinar la longitud f de la resultante.

$f^2 = 12^2 + 7^2 - 2(12)(7) \cos 130°$ *Recuerde que $\cos 130°$ es negativo.*

$f^2 = 144 + 49 - 168 (\cos 130°)$

$f = \sqrt{193 - 168 \cos 130°} =$

$\qquad\qquad\qquad 17.34901 = \boxed{17.3}$ *Redondeado a décimos*

Con el valor 17.349 para f, utilizamos la ley de los senos para determinar α.

$$\frac{\operatorname{sen} \alpha}{7} = \frac{\operatorname{sen} 130°}{17.349} \Rightarrow \operatorname{sen} \alpha = .3090847$$

$\alpha = \operatorname{sen}^{-1} 0.3090847$ *Utilizamos una calculadora y obtenemos*

$\boxed{\alpha = 18.0°}$ *Redondeado a décimos*

Así, la fuerza resultante tiene una magnitud aproximada de 17.3 y forma un ángulo aproximado de 18.0° con la horizontal. ∎

En el ejemplo anterior, los vectores $\overrightarrow{AB}$ y $\overrightarrow{AC}$ son **vectores componentes**, que producen el vector resultante $\overrightarrow{AD}$. Aunque un vector puede ser resultante de varios vectores componentes, limitaremos nuestra atención a los vectores con dos componentes.

La figura 8.29 muestra que un vector puede tener más de un conjunto de vectores componentes. Sin embargo, si insistimos que los vectores componentes sean horizontales y verticales (como en la tercera ilustración de la figura 8.29), entonces los vectores componentes son únicos.

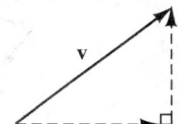

FIGURA 8.29 Un vector **v** con varios conjuntos de vectores componentes

EJEMPLO 2 Determinar la longitud de los vectores componentes horizontal y vertical del vector de la figura 8.30.

Solución Etiquetamos el vector componente horizontal como **x** y el vertical como **y** y determinamos sus longitudes mediante las definiciones de seno y coseno para un triángulo rectángulo. Recuerde que $|\mathbf{v}|$ representa la longitud del vector **v**.

$$\cos 60° = \frac{|\mathbf{x}|}{40} \qquad \operatorname{sen} 60° = \frac{|\mathbf{y}|}{40}$$

$$\frac{1}{2} = \frac{|\mathbf{x}|}{40} \qquad \frac{\sqrt{3}}{2} = \frac{|\mathbf{y}|}{40}$$

$$|\mathbf{x}| = 20 \qquad |\mathbf{y}| = 20\sqrt{3}$$

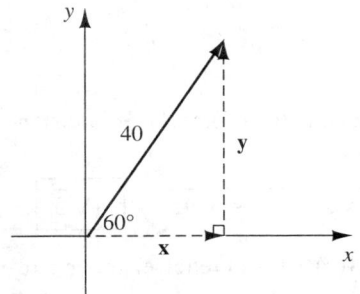

FIGURA 8.30

Así, el vector componente horizontal tiene magnitud igual a 20 y el vector componente vertical tiene magnitud igual a $20\sqrt{3}$.

Este proceso es la **resolución** de un vector en sus componentes horizontal y vertical. ∎

En lo sucesivo, cuando hablemos de *las* componentes de un vector, siempre entenderemos sus componentes x (horizontal) y y (vertical).

Hasta el momento, nuestra descripción de vectores ha sido de naturaleza geométrica. Si colocamos los vectores en un plano coordenado, también podemos ver los vectores desde un punto de vista algebraico.

EJEMPLO 3 Sean $\mathbf{u} = \overrightarrow{PQ}$ y $\mathbf{v} = \overrightarrow{RS}$, donde los puntos son $P(1, 6)$, $Q(4, 2)$, $R(3, 4)$ y $S(6, 5)$. **(a)** Determinar $\mathbf{u} + \mathbf{v}$. **(b)** Determinar $|\mathbf{u} + \mathbf{v}|$.

Solución

(a) En la figura 8.31(a), trazamos los vectores $\mathbf{u}$ y $\mathbf{v}$ en un sistema de coordenadas rectangulares. La figura 8.31(b) muestra que el vector $\mathbf{v}$ ha sido desplazado de modo que su punto inicial coincida con el punto final de $\mathbf{u}$; seguimos la ley del paralelogramo para la suma de vectores. Si observamos las componentes horizontal y vertical de $\mathbf{v}$, vemos que el vector $\mathbf{u} + \mathbf{v}$ tiene como punto inicial $(1, 6)$ y como punto final $(7, 3)$. En la figura 8.31(c) hemos determinado $\mathbf{u} + \mathbf{v}$ moviendo el punto inicial de $\mathbf{u}$ al punto final de $\mathbf{v}$. Observe que el vector obtenido de esta forma es igual al vector obtenido en la figura 8.1(b): Ambos tienen la misma magnitud y dirección. No importa la posición (el punto inicial) del vector.

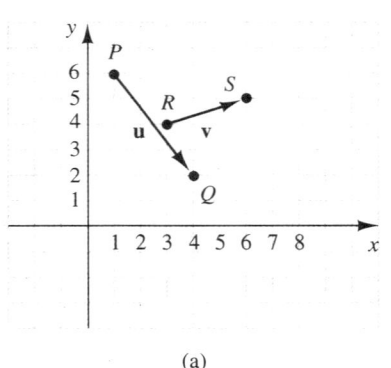
(a)

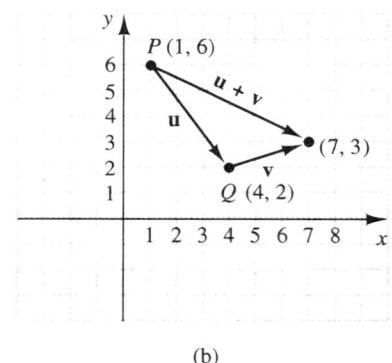
(b)

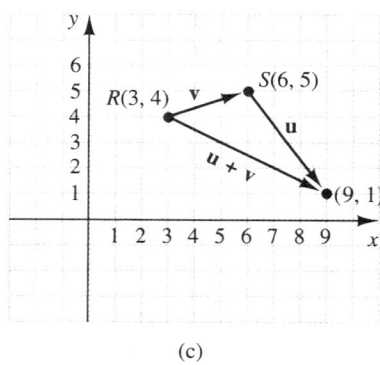
(c)

FIGURA 8.31

(b) Podemos calcular la magnitud (longitud) de $\mathbf{u} + \mathbf{v}$ mediante la fórmula de la distancia en la figura 8.31(b).

$$|\mathbf{u} + \mathbf{v}| = \sqrt{(7-1)^2 + (3-6)^2} = \sqrt{(6)^2 + (-3)^2} = \sqrt{45} = \boxed{3\sqrt{5}}$$

Dejaremos al estudiante que utilice la figura 8.31(c) para obtener el mismo resultado. ∎

8.4 Vectores

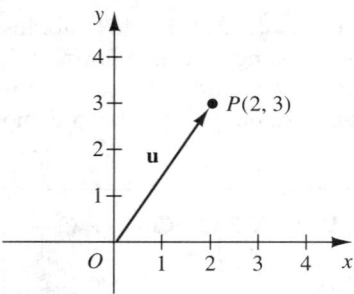

El vector **u** = $\overrightarrow{OP}$ se denota <2, 3>.

FIGURA 8.32(a)

Como hemos mencionado, no establece diferencia alguna el lugar en que está el punto inicial del vector; por lo tanto, podemos acordar que los vectores tenga su punto inicial en el origen. Estos vectores están en **posición canónica**. Si consideramos los vectores en posición canónica, podemos especificar un vector sólo mediante las coordenadas de su punto final.

Por ejemplo, denotamos al vector **u** = $\overrightarrow{OP}$, que comienza en el punto $O(0, 0)$ y termina en el punto $P(2, 3)$, como se muestra en la figura 8.32(a), mediante la notación especial de vector $\langle 2, 3 \rangle$. En general, en el vector **v** = $\langle a, b \rangle$, a es la **componente** x, u **horizontal** y b es la **componente** y, o **vertical**, de modo que $\langle a, b \rangle$ es la **forma de componentes** del vector.

Si observamos la figura 8.32(a), el teorema de Pitágoras nos dice que $|\mathbf{u}| = \sqrt{2^2 + 3^2} = \sqrt{13}$. En general, sin importar el cuadrante en que esté el punto final de **v** = $\langle a, b \rangle$, tenemos una fórmula sencilla para la longitud de un vector en posición canónica. Véase la figura 8.32(b).

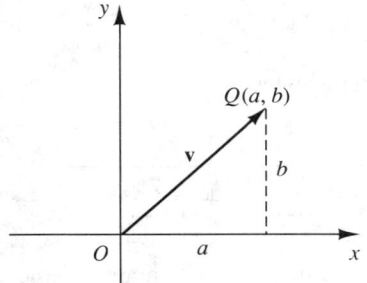

El vector **v** = $\overrightarrow{OQ}$ se denota $\langle a, b \rangle$.

FIGURA 8.32(b)

> **LA LONGITUD DE UN VECTOR EN POSICIÓN ANÓNICA**
>
> Si **v** = $\langle a, b \rangle$,
>
> $$|\mathbf{v}| = |\langle a, b \rangle| = \sqrt{a^2 + b^2}$$

Otra ventaja de trabajar con vectores en posición canónica es la facilidad para determinar si dos vectores son iguales; es decir, si tienen la misma longitud y la misma dirección.

$\langle a, b \rangle = \langle c, d \rangle$ si y sólo si $a = c$ y $b = d$

Definimos el **vector nulo**, **0**, como $\langle 0, 0 \rangle$, y por lo tanto, el vector nulo tiene longitud 0.

Suponga que tenemos los puntos finales de un vector que no está en posición canónica. ¿Cómo determinamos un vector igual en posición canónica? Observemos los vectores $\overrightarrow{PQ}$ para $P(x_1, y_1)$ y $Q(x_2, y_2)$ y $\overrightarrow{OS}$ para $S(x_2 - x_1, y_2 - y_1)$, como en la figura 8.33.

¿Por qué $\triangle PQR$ es congruente con $\triangle OST$?

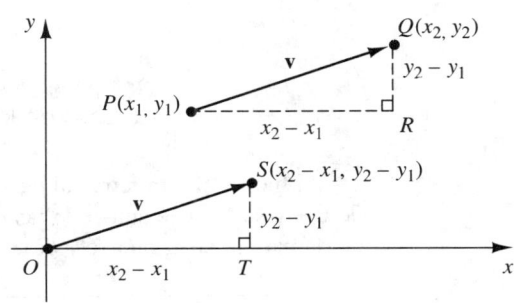

FIGURA 8.33 Los vectores $\overrightarrow{PQ}$ y $\overrightarrow{OS}$ son iguales.

De la figura 8.33 podemos ver que $\triangle PQR$ es congruente con $\triangle OST$. Por lo tanto, los vectores $\overrightarrow{PQ}$ y $\overrightarrow{OS}$ tienen la misma longitud y forman el mismo ángulo con la horizontal, por lo que son iguales. (Recuerde que la posición de un vector no importa). Si recordamos que podemos denotar $\overrightarrow{OS}$ como $\langle x_2 - x_1, y_2 - y_1 \rangle$, podemos resumir este resultado como sigue.

FORMA DE COMPONENTES DE UN VECTOR $\overrightarrow{PQ}$

Si el vector **v** tiene el punto inicial $P(x_1, y_1)$ y el punto final $Q(x_2, y_2)$, entonces

$$\mathbf{v} = \overrightarrow{PQ} = \langle x_2 - x_1, y_2 - y_1 \rangle$$

EJEMPLO 4 Sean A y B los puntos $A(-1, 4)$ y $B(6, -2)$. Trazar $\mathbf{v} = \overrightarrow{AB}$ en posición canónica y determinar sus componentes.

Solución Comenzamos poniendo $\overrightarrow{AB}$ en forma de componentes:

$$\overrightarrow{AB} = \langle 6-(-1), -2-4 \rangle = \langle 7, -6 \rangle$$

Por lo tanto, la $\boxed{\text{componente } x \text{ de } \overrightarrow{AB} \text{ es } 7}$ y la $\boxed{\text{componente } y \text{ de } \overrightarrow{AB} \text{ es } -6}$. La figura 8.34 muestra al vector $\mathbf{v} = \overrightarrow{AB}$ en posición canónica. ∎

Ya hemos descrito la forma de sumar dos vectores mediante la ley del paralelogramo. Sin embargo, si dos vectores están en forma de componentes, el proceso de suma de vectores es sencillo.

Suponga que los vectores **u** y **v** están en posición canónica, con $\mathbf{u} = \langle x_1, y_1 \rangle$ y $\mathbf{v} = \langle x_2, y_2 \rangle$. Observemos $\mathbf{u} + \mathbf{v}$, en posición canónica, en la figura 8.35.

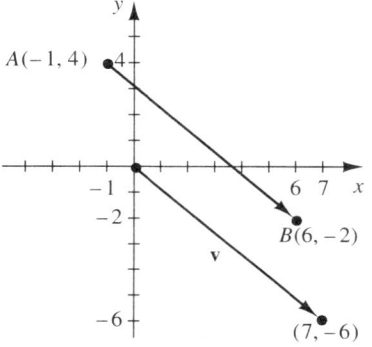

FIGURA 8.34 El vector $\mathbf{v} = \overrightarrow{AB}$ en posición canónica

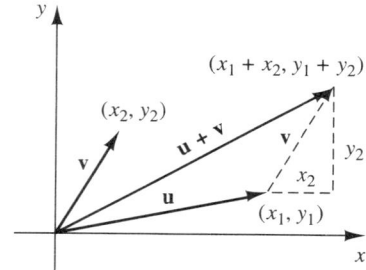

FIGURA 8.35 Las componentes de $\mathbf{u} + \mathbf{v}$ son la suma de las componentes de **u** y **v**.

Al mover el punto inicial de **v** al punto final de **u**, podemos ver que la componente x de $\mathbf{u} + \mathbf{v}$ se obtiene sumando las componentes x de **u** y de **v**. Una proposición similar es cierta para la componente y de $\mathbf{u} + \mathbf{v}$. Véase la figura 8.35.

SUMA DE VECTORES

Si $\mathbf{u} = \langle x_1, y_1 \rangle$ y $\mathbf{v} = \langle x_1, y_1 \rangle$, entonces $\mathbf{u} + \mathbf{v} = \langle x_1 + x_2, y_1 + y_2 \rangle$.

8.4 Vectores

Existe otra operación con los vectores, llamada **multiplicación por un escalar**, definida como sigue.

DEFINICIÓN Dado un vector $\mathbf{v} = \langle x_1, y_1 \rangle$ y un número real k, definimos el vector $k\mathbf{v}$ como $k\mathbf{v} = k\langle x_1, y_1 \rangle = \langle kx_1, ky_1 \rangle$.

Por ejemplo, si $\mathbf{v} = \langle 1, 5 \rangle$, entonces $2\mathbf{v} = \langle 2, 10 \rangle$ y $-4\mathbf{v} = \langle -4, -20 \rangle$. Observe que la longitud del vector es $k\mathbf{v}$ es

$$|k\mathbf{v}| = \langle kx_1, ky_1 \rangle = \sqrt{(kx_1)^2 + (ky_1)^2} = \sqrt{k^2(x_1)^2 + k^2(y_1)^2}$$
$$= \sqrt{k^2[(x_1)^2 + (y_1)^2]} = \sqrt{k^2}\sqrt{(x_1)^2 + (y_1)^2}$$
$$= |k| \cdot |\mathbf{v}|$$

que es $|k|$ veces la longitud del vector $\mathbf{v}$. Así, la multiplicación por un escalar multiplica la longitud del vector original por el valor absoluto del escalar.

En la figura 8.36, hemos trazado el vector $\mathbf{v} = \langle 3, 1 \rangle$ y los vectores $2\mathbf{v} = \langle 6, 2 \rangle$ y $-3\mathbf{v} = \langle -9, -3 \rangle$. Observe que $2\mathbf{v}$ y $\mathbf{v}$ tienen la misma dirección, pero que la longitud de $2\mathbf{v}$ es el doble de la longitud de $\mathbf{v}$. Por otro lado, los vectores $-3\mathbf{v}$ y $\mathbf{v}$ tienen direcciones *opuestas*, donde la longitud de $-3\mathbf{v}$ es el triple de la longitud de $\mathbf{v}$.

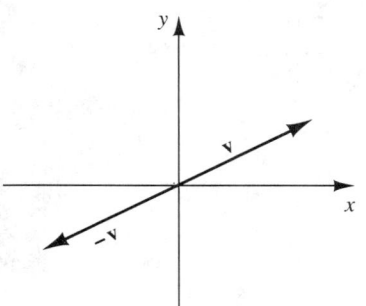

FIGURA 8.37 Los vectores $\mathbf{v}$ y $-\mathbf{v}$

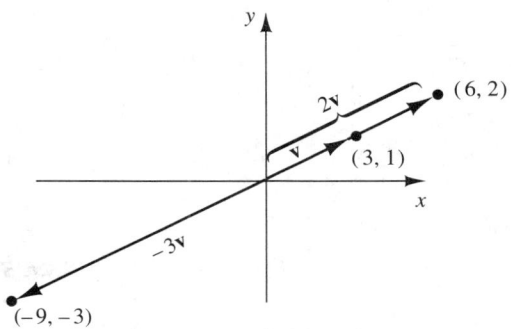

FIGURA 8.36 Múltiplos escalares de un vector

En general, los vectores $\mathbf{v}$ y $k\mathbf{v}$ tienen la misma dirección si $k > 0$, y dirección opuesta si $k < 0$. En particular, si $\mathbf{v} = \langle x_1, y_1 \rangle$, entonces $-\mathbf{v} = -1 \cdot \mathbf{v} = \langle -x_1, -y_1 \rangle$ es el **negativo** de $\mathbf{v}$. Así, los vectores $\mathbf{v}$ y $-\mathbf{v}$ tienen la misma longitud pero direcciones opuestas. Véase la figura 8.37.

Ahora podemos describir la resta de vectores. Sean $\mathbf{u} = \langle x_1, y_1 \rangle$ y $\mathbf{v} = \langle x_2, y_2 \rangle$; tenemos entonces

$$\mathbf{u} - \mathbf{v} = \mathbf{u} + (-\mathbf{v}) = \langle x_1, y_1 \rangle + \langle -x_2, -y_2 \rangle = \langle x_1 - x_2, y_1 - y_2 \rangle \quad (1)$$

En otras palabras, para restar dos vectores, sólo restamos las componentes correspondientes.

Podemos interpretar la resta de vectores de manera geométrica si recordamos la forma de componentes de un vector. La forma de componentes de un vector con punto inicial $Q(x_2, y_2)$ y punto final $P(x_1, y_1)$ es $\langle x_1 - x_2, y_1 - y_2 \rangle$, que es igual al vector $\mathbf{u} - \mathbf{v}$ descrito en (1). Por lo tanto, $\mathbf{u} - \mathbf{v}$ es el vector que va del punto final de $\mathbf{v}$ **al punto final de** $\mathbf{u}$. En otras palabras, $\mathbf{u} - \mathbf{v}$ es la diagonal dirigida (no la resultante) del paralelogramo formado por los vectores $\mathbf{u}$ y $\mathbf{v}$ indicados en la figura 8.38.

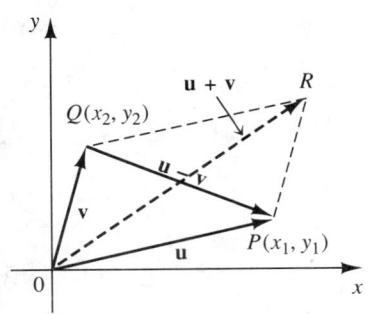

FIGURA 8.38 Paralelogramo que muestra $\mathbf{u} + \mathbf{v} = \overrightarrow{OR}$ y $\mathbf{u} - \mathbf{v} = \overrightarrow{QP}$

EJEMPLO 5 Sean $\mathbf{u} = \langle -2, 3 \rangle$ y $\mathbf{v} = \langle 4, 1 \rangle$. Determinar y trazar cada uno de los siguientes vectores.   (a) $\mathbf{u} + \mathbf{v}$ (b) $\mathbf{u} - \mathbf{v}$ (c) $-\mathbf{u}$

Solución

(a) $\mathbf{u} + \mathbf{v} = \langle -2, 3 \rangle + \langle 4, 1 \rangle = \langle -2 + 4, 3 + 1 \rangle = \boxed{\langle 2, 4 \rangle}$

(b) $\mathbf{u} - \mathbf{v} = \langle -2, 3 \rangle - \langle 4, 1 \rangle = \langle -2 - 4, 3 - 1 \rangle = \boxed{\langle -6, 2 \rangle}$ *Observe que la flecha que representa $\mathbf{u} - \mathbf{v}$ no está en posición canónica.*

(c) $-\mathbf{u} = -\langle -2, 3 \rangle = \boxed{\langle 2, -3 \rangle}$

Estos vectores aparecen en la figura 8.39. Observe que el vector $\mathbf{u} - \mathbf{v}$ es igual a $\overrightarrow{QP}$.

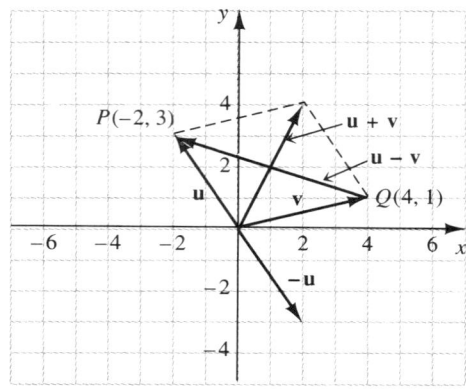

FIGURA 8.39

EJEMPLO 6 Sea $\mathbf{A} = \langle 3, 1 \rangle$ y $\mathbf{B} = \langle 1, -2 \rangle$. Calcule $2\mathbf{A} - 3\mathbf{B}$.

Solución $2\mathbf{A} - 3\mathbf{B} = 2\langle 3, 1 \rangle - 3\langle 1, -2 \rangle = \langle 6, 2 \rangle - \langle 3, -6 \rangle = \boxed{\langle 3, 8 \rangle}$. La figura 8.40 muestra $2\mathbf{A} - 3\mathbf{B}$.

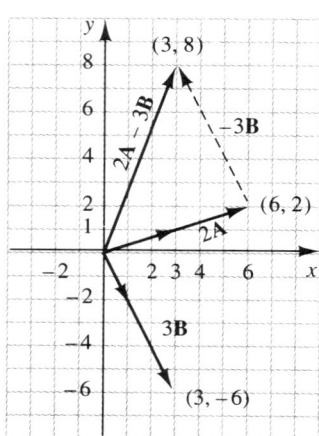

FIGURA 8.40

8.4 Vectores

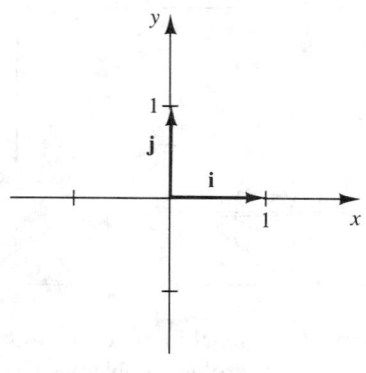

FIGURA 8.41 Los vectores unitarios **i** y **j**

Cualquier vector de longitud 1 es un **vector unitario**. Dos vectores unitarios de particular importancia son

$$\mathbf{i} = \langle 1, 0 \rangle \quad \text{y} \quad \mathbf{j} = \langle 0, 1 \rangle$$

Los vectores **i** y **j** aparecen en la figura 8.41. Estos dos vectores son importantes pues sirven como los vectores componentes básicos horizontal y vertical. *Cualquier vector $\langle a, b \rangle$ se puede expresar de manera única en términos de **i** y **j**.* Escribimos

$$a\mathbf{i} + b\mathbf{j} = a\langle 1, 0 \rangle + b\langle 0, 1 \rangle = \langle a, 0 \rangle + \langle 0, b \rangle = \langle a, b \rangle$$

Así, en general,

$$\boxed{\langle a, b \rangle = a\mathbf{i} + b\mathbf{j}}$$

Esto expresa un vector como **combinación lineal** de los vectores **i** y **j**.

EJEMPLO 7

(a) Expresar al vector $\langle -5, 4 \rangle$ como combinación lineal de **i** y **j**.
(b) Expresar el vector $\mathbf{u} = 6\mathbf{i} - 2\mathbf{j}$ en forma de componentes.

Solución

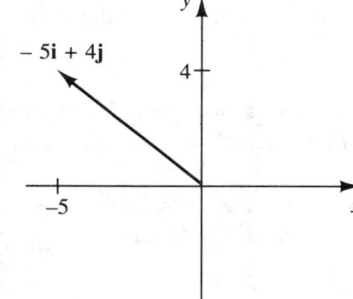

FIGURA 8.42 El vector $-5\mathbf{i} + 4\mathbf{j}$

(a) Con el resultado del cuadro anterior, tenemos que $\langle -5, 4 \rangle = \boxed{-5\mathbf{i} + 4\mathbf{j}}$. Esta combinación lineal se muestra en la figura 8.42.
(b) $\mathbf{u} = 6\mathbf{i} - 2\mathbf{j} = 6\langle 1, 0 \rangle - 2\langle 0, 1 \rangle = \langle 6, 0 \rangle + \langle 0, -2 \rangle = \boxed{\langle 6, -2 \rangle}$ ∎

EJEMPLO 8 Determinar un vector unitario con la misma dirección que $\mathbf{v} = \langle 4, 3 \rangle$.

Solución De nuestro análisis anterior, sabemos que para $k > 0$, cualquier múltiplo escalar $k\mathbf{v}$ tendrá la misma dirección que **v** y $|k|$ veces la longitud de **v**. Por lo tanto, si multiplicamos **v** por el recíproco de su longitud, obtendremos un vector de longitud 1 con la misma dirección de **v**.

Comenzamos determinando la longitud de **v**:

$$|\mathbf{v}| = |\langle 4, 3 \rangle| = \sqrt{4^2 + 3^2} = \sqrt{25} = 5$$

Afirmamos que $\frac{1}{5}\mathbf{v}$ es un vector unitario en la dirección de **v**. Como es un múltiplo escalar positivo de **v**, tiene la misma dirección. Su longitud es

$$\left|\frac{1}{5}\mathbf{v}\right| = \left|\frac{1}{5}\langle 4, 3 \rangle\right| = \left|\left\langle \frac{4}{5}, \frac{3}{5} \right\rangle\right| = \sqrt{\left(\frac{4}{5}\right)^2 + \left(\frac{3}{5}\right)^2}$$

$$= \sqrt{\frac{16}{25} + \frac{9}{25}} = \sqrt{1} = 1 \quad \text{Como se pedía}$$

Por lo tanto, el vector $\frac{1}{5}\mathbf{v} = \left\langle \frac{4}{5}, \frac{3}{5} \right\rangle$ es el vector unitario solicitado. ∎

El último ejemplo se puede generalizar como sigue.

VECTORES UNITARIOS

Un vector unitario en la dirección de $\mathbf{v} = \langle a, b \rangle$ está dado por

$$\frac{\mathbf{v}}{|\mathbf{v}|} \quad \text{o, de manera alternativa,} \quad \frac{\langle a, b \rangle}{\sqrt{a^2 + b^2}}$$

Los vectores y la trigonometría juegan un papel importante en muchas aplicaciones. Introduciremos cierta terminología que es útil para comprender y resolver problemas de navegación. En la navegación, debemos comprender la diferencia entre *curso* y *orientación*. El *curso* de un barco o un avión es la dirección real de la ruta, mientras que la *orientación* es la dirección en la que apunta el barco o avión. La razón de esta diferencia entre el curso y la orientación es que con frecuencia existe una fuerza, como la del viento o de las corrientes marítimas, que se aplican al barco o avión. Cuando hablamos de *rapidez*, sólo nos referimos a la magnitud del vector. La *rapidez del aire* se refiere a la rapidez de un avión en el aire, y la *rapidez absoluta* se refiere a la rapidez de un avión con respecto del suelo. La palabra *velocidad* se utiliza para un vector y se refiere a la rapidez y a la dirección del barco o avión.

EJEMPLO 9 Un bote de motor en una orilla de un río viaja con orientación N20°E a 18 millas/hora. El río fluye hacia el este a 5 millas/hora. Determinar la velocidad del bote hasta décimos (es decir, determinar su curso y rapidez).

Solución Comenzamos trazando un diagrama con toda la información dada. Véase la figura 8.43. Determinar la rapidez y el curso del bote significa determinar la longitud de $\overrightarrow{AC}$ y la medida de $\angle FAC$.

Podemos determinar fácilmente que $\angle ADF = 80°$, de modo que $\angle ADC = 110°$. Podemos determinar la longitud de $\overrightarrow{AC}$ mediante la ley de los cosenos para $\triangle ADC$. Observe que $|\overrightarrow{DC}| = 5$.

$$|\overrightarrow{AC}|^2 = 5^2 + 18^2 - 2(5)(18) \cos 110° = 410.56363$$

$$|\overrightarrow{AC}| = \sqrt{410.56363} = 20.3 \quad \textit{Redondeado a décimos}$$

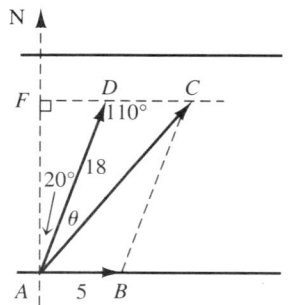

FIGURA 8.43

Ahora podemos determinar el ángulo θ utilizando la ley de los senos para $\triangle ADC$.

$$\frac{\text{sen } \theta}{5} = \frac{\text{sen } 110°}{20.262}$$

$$\text{sen } \theta = \frac{5 \text{ sen } 110°}{20.262} = 0.2318854$$

$$\theta = \text{sen}^{-1} 0.2318854 \approx 13.4°$$

Hemos determinado que el bote viaja con un curso aproximado de N33.4°E (sumamos 13.4° a la orientación inicial N20°E) con una rapidez aproximada de 20.3 millas/hora. ∎

EJEMPLO 10 Un barril de petróleo que pesa 300 libras reposa sobre una rampa que forma un ángulo de 9.5° con respecto a la horizontal. Si se desprecia la fricción, determinar la fuerza aproximada paralela a la rampa necesaria para evitar que el barril ruede hacia abajo por la rampa.

8.4 Vectores

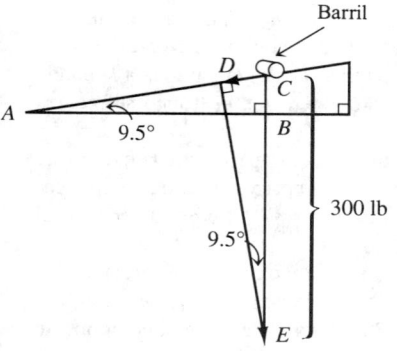

FIGURA 8.44

Solución La figura 8.44 ilustra la información dada. El peso del barril se representa como $\vec{CE}$. Queremos determinar la longitud del vector $\vec{CD}$, que representa la componente del peso paralela a la rampa que debe actuar en contra para evitar que el barril ruede por la rampa.

Tenemos que $\triangle ABC$ es similar a $\triangle DCE$ (¿por qué?) y entonces $\angle E = 9.5°$. Ahora podemos determinar $|\vec{DC}|$ utilizando la trigonometría del ángulo recto de $\triangle CDE$.

$$\text{sen } 9.5° = \frac{|\vec{DC}|}{300}$$

$$|\vec{DC}| = 300 \text{ sen } 9.5° = 49.5 \quad \textit{Redondeado a décimos}$$

Por lo tanto, se requiere de una fuerza de $\boxed{49.5 \text{ libras}}$ para evitar que el barril ruede hacia abajo por la rampa. ■

EJERCICIOS 8.4

En los ejercicios 1-6, utilice los vectores **u** y **v** como se ilustra en la siguiente figura para trazar el vector dado.

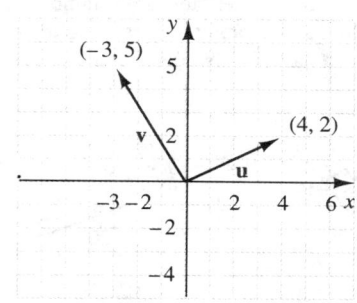

1. $2\mathbf{u}$
2. $-\mathbf{v}$
3. $\mathbf{u} + \mathbf{v}$
4. $-2\mathbf{u}$
5. $\mathbf{u} - \mathbf{v}$
6. $\frac{1}{2}\mathbf{v}$

En los ejercicios 7-14, sean O, P, Q, R y S los puntos indicados.

$O(0, 0) \qquad P(3, 4) \qquad Q(-1, 2) \qquad R(1, 5) \qquad S(4, -1)$

Localice el vector dado y determine su magnitud.

7. $\vec{OQ}$
8. $\vec{OR}$
9. $\vec{PQ}$
10. $\vec{RS}$
11. $\vec{OP} + \vec{OQ}$
12. $\vec{OS} + \vec{SQ}$
13. $\vec{OR} - \vec{OS}$
14. $\vec{PQ} - \vec{RS}$

En los ejercicios 15-20, sean $\mathbf{u} = \langle -3, 2 \rangle$ y $\mathbf{v} = \langle 2, 4 \rangle$. Exprese lo siguiente en forma de componentes y como combinación lineal de **i** y **j**.

15. $\mathbf{u} + \mathbf{v}$
16. $\mathbf{u} - \mathbf{v}$
17. $2\mathbf{u} - 3\mathbf{v}$
18. $5\mathbf{u} - 4\mathbf{v}$
19. $-6\mathbf{v} - \mathbf{u}$
20. $-(3\mathbf{u} + \mathbf{v})$

En los ejercicios 21-24, los vectores **A** y **B** representan dos fuerzas que actúan en el origen. Determine la magnitud del vector resultante y el ángulo θ que forma la resultante con **A**.

21. $\mathbf{A} = \langle 3, 0 \rangle$, $\mathbf{B} = \langle 0, 2 \rangle$
22. $\mathbf{A} = \langle -2, 0 \rangle$, $\mathbf{B} = \langle 0, 5 \rangle$
23. $\mathbf{A} = \langle 12, 0 \rangle$, $\mathbf{B} = \langle 0, -1 \rangle$
24. $\mathbf{A} = \langle 2.5, 0 \rangle$, $\mathbf{B} = \langle 0, 4.7 \rangle$

En los ejercicios 25-28, determine la longitud del vector resultante y el ángulo que forma la resultante con **v**.

25.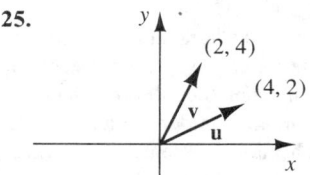
26.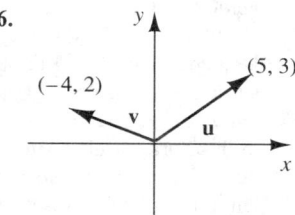
27.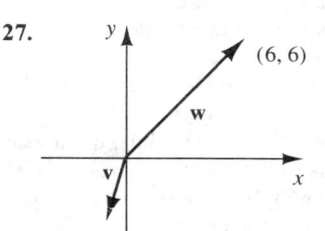
28.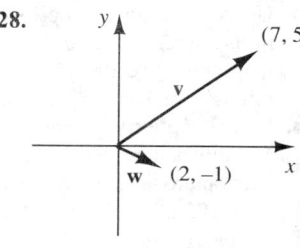

En los ejercicios 29-32, θ es el ángulo que forma el vector **v** con el eje x positivo. Dado $|\mathbf{v}|$, resuelva el vector dado en sus componentes horizontal y vertical y exprese **v** en forma de componentes.

29. $|\mathbf{v}| = 7$, $\theta = 60°$
30. $|\mathbf{v}| = 12$, $\theta = 135°$
31. $|\mathbf{v}| = 100$, $\theta = 126°$
32. $|\mathbf{v}| = 6$, $\theta = 36°$

En los ejercicios 33-38, si el vector dado está en la forma **i**, **j**, exprésalo en forma de componentes; si el vector está dado en forma de componentes, exprésalo en forma **i**, **j**.

33. $2\mathbf{i} + 7\mathbf{j}$
34. $\langle 4, -1 \rangle + \langle 2, 9 \rangle$
35. $5\langle 1, 0 \rangle - 6\langle 0, 1 \rangle$
36. $-3\mathbf{i} + 5\mathbf{j}$
37. $4\langle 2, -1 \rangle + 7\langle -3, 2 \rangle$
38. $\dfrac{2}{5}\mathbf{i} - \dfrac{3}{4}\mathbf{j}$

En los ejercicios 39-44, determine un vector unitario en la dirección de **v**.

39. $\mathbf{v} = \langle 3, 5 \rangle$
40. $\mathbf{v} = 2\mathbf{i} + 7\mathbf{j}$
41. $\mathbf{v} = \langle -1, -3 \rangle$
42. $\mathbf{v} = 3\langle 2, 4 \rangle + \langle 1, 3 \rangle$
43. $\mathbf{v} = -2\langle 1, 0 \rangle - 5\langle 0, 1 \rangle$
44. $\mathbf{v} = \dfrac{2}{3}\mathbf{i} - \dfrac{1}{6}\mathbf{j}$

45. Dos fuerzas de 17 y 30 libras actúan en el mismo punto de un plano. Si el ángulo entre los dos vectores es 51°, determine la magnitud de la fuerza resultante.

46. Dos fuerzas de 6.3 y 9.7 libras actúan en el mismo punto en el plano. Si el ángulo entre los dos vectores es de 38.2°, determine la magnitud de la fuerza resultante.

47. Dos fuerzas de 8 y 11 libras que actúan en el mismo punto del plano producen una resultante de magnitud 15 libras. Determine el ángulo entre las dos fuerzas.

48. Dos fuerzas que actúan en el mismo punto del plano producen una resultante de magnitud 22.3 libras. Si una de las fuerzas es de 18 libras y su ángulo con la resultante es de 64°, determine la otra fuerza.

49. Un bote de remos se orienta hacia el este en una corriente de agua que fluye hacia el norte con una rapidez de 1.8 millas/hora. Si el bote se desplaza a 3.2 millas/hora, determine la velocidad y el curso en que viaja el bote.

50. Un bote de motor que viaja a 16 millas/hora en aguas tranquilas debe viajar hacia el poniente en un río que fluye hacia el sur a 5.8 millas/hora. ¿Qué orientación debe llevar el bote?

51. Un avión se orienta a N28°W con una rapidez del aire de 375 millas/hora. Si el viento sopla hacia el poniente a 26 millas/hora, determine el curso y rapidez absoluta del avión.

52. Un avión se orienta a N63°E con una rapidez del aire de 420 millas/hora. Si el viento sopla hacia el este a 26 millas/hora, determine el curso y la rapidez absoluta del avión.

53. Un avión se orienta a N28.4°E con una rapidez del aire de 315 millas/hora. El viento sopla hacia el sur, causando que el avión tenga un curso de N31.2°E con una rapidez absoluta de 275 millas/hora. Determine la rapidez del viento.

54. Un helicóptero se orienta a N68.6°W con una rapidez del aire de 155 millas/hora. El viento sopla hacia el norte, causando que el helicóptero tenga un curso de N66.1°W con una rapidez absoluta de 175 millas/hora. Determine la rapidez del viento.

55. Un bloque cuyo peso es de 20 libras, reposa sobre una rampa inclinada que forma un ángulo de 18° con la horizontal. Determine las componentes paralela y perpendicular del peso con respecto a la rampa.

56. Un tronco que pesa 175 libras descansa en una banda transportadora que forma un ángulo de 24° con la horizontal. Si despreciamos la fricción, determinar la fuerza paralela a la banda transportadora, necesaria para evitar que el tronco se recorra en la banda.

57. Un bloque está colocado sobre una rampa inclinada que forma un ángulo de 15° con respecto a la horizontal. Si la componente del peso paralela a la rampa es 87.3 libras, determine el peso del bloque.

58. Un bloque reposa sobre una rampa inclinada que forma un ángulo de 9.7° con la horizontal. Si la componente del peso perpendicular a la rampa es 28.6 libras, determine la componente del peso paralela a la rampa.

59. Un barco tiene su destino final en el punto C, que está a 200 millas de distancia, con una orientación de N52°W de su posición actual A. Sin embargo, el barco debe detenerse primero en el punto B, a 125 millas de distancia, con una orientación de N26°E desde el punto A. Determine la distancia y la orientación del barco de B a C.

60. Suponga que dos pesos están unidos por una correa que pasa por una polea en la parte superior de una rampa con dos lados, como se indica en la figura siguiente. El peso de 50 libras está del lado de la rampa inclinado con un ángulo de 20°, y el peso de 20 libras está del lado de la rampa inclinado con un ángulo de 50°. Si despreciamos la fricción (y el peso de la correa), determinar cómo se deslizarán los pesos.

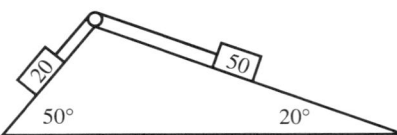

61. Un objeto en reposo está en *equilibrio estático*. Para que un objeto esté en equilibrio estático en el origen, es necesario que la suma de todas las componentes horizontales de las fuerzas que actúan en el origen sea igual a 0 y que la suma de todas las componentes verticales también se anule. Considere el siguiente diagrama de fuerzas, que representa un peso de 100 libras colgante de dos cables en los ángulos indicados. Si la tensión de $\overrightarrow{OB}$ es 50 libras, ¿cómo debe ser la tensión en $\overrightarrow{OA}$ para mantener el equilibrio?

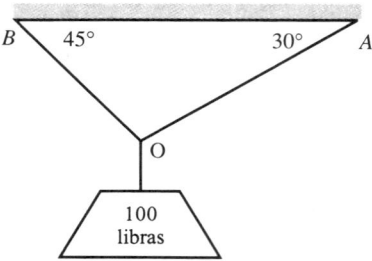

62. Repita el ejercicio 61, si $\angle OAB = 20°$ y $\angle OBA = 55°$.

El siguiente grupo de ejercicios se refiere a la siguiente operación definida para vectores.

DEFINICIÓN Dados dos vectores $\mathbf{u} = \langle x_1, y_1 \rangle = x_1\mathbf{i} + y_1\mathbf{j}$ y $\mathbf{v} = \langle x_2, y_2 \rangle = x_2\mathbf{i} + y_2\mathbf{j}$, el *producto punto* de los vectores $\mathbf{u}$ y $\mathbf{v}$ se denota $\mathbf{u} \cdot \mathbf{v}$ y se define como

$$\mathbf{u} \cdot \mathbf{v} = x_1x_2 + y_1y_2$$

($\mathbf{u} \cdot \mathbf{v}$ se lee "$\mathbf{u}$ punto $\mathbf{v}$")

En los ejercicios 63-66, determine $\mathbf{u} \cdot \mathbf{v}$.

63. $\mathbf{u} = \langle -1, 6 \rangle$, $\mathbf{v} = \langle 3, -4 \rangle$

64. $\mathbf{u} = 2\mathbf{i} - \mathbf{j}$, $\mathbf{v} = \dfrac{1}{2}\mathbf{i} + 3\mathbf{j}$

65. $\mathbf{u} = \left\langle -\dfrac{3}{4}, \dfrac{1}{10} \right\rangle$, $\mathbf{v} = \left\langle \dfrac{2}{9}, 5 \right\rangle$

66. $\mathbf{u} = 4\mathbf{i}$, $\mathbf{v} = -5\mathbf{i} + 4\mathbf{j}$

En los ejercicios 67-72, sean $\mathbf{A} = \langle -3, 4 \rangle$, $\mathbf{B} = \langle 5, 2 \rangle$ y $\mathbf{C} = \langle 6, -1 \rangle$; determine

67. $\mathbf{A} \cdot (\mathbf{B} - \mathbf{C})$ **68.** $\mathbf{A} \cdot \mathbf{B} - \mathbf{A} \cdot \mathbf{C}$
69. $\mathbf{B} \cdot (\mathbf{A} + \mathbf{C})$ **70.** $2\mathbf{A} \cdot 3\mathbf{B}$
71. $(\mathbf{A} + \mathbf{B}) \cdot (\mathbf{B} - \mathbf{C})$ **72.** $(3\mathbf{A} + \mathbf{B}) \cdot (2\mathbf{C})$

PREGUNTAS PARA REFLEXIONAR

73. Tres fuerzas de 60, 90 y 100 libras actúan en el origen con ángulos 0°, 40° y 65°, respectivamente, con respecto del eje x positivo. Determine la magnitud y dirección de la resultante de las tres fuerzas.

74. Utilice las ideas de esta sección para demostrar cada una de las propiedades siguientes para todos los vectores, $\mathbf{u}$, $\mathbf{v}$ y $\mathbf{w}$ y los escalares a y b.

(a) $\mathbf{u} + \mathbf{v} = \mathbf{v} + \mathbf{u}$
(b) $(\mathbf{u} + \mathbf{v}) + \mathbf{w} = \mathbf{v} + (\mathbf{u} + \mathbf{w})$
(c) $\mathbf{u} + \mathbf{0} = \mathbf{u}$
(d) $\mathbf{v} + (-\mathbf{v}) = \mathbf{0}$
(e) $a(\mathbf{u} + \mathbf{v}) = a\mathbf{u} + a\mathbf{v}$
(f) $(a + b)\mathbf{v} = a\mathbf{v} + b\mathbf{v}$
(g) $(ab)\mathbf{v} = a(b\mathbf{v})$
(h) $\left| \dfrac{\mathbf{v}}{||\mathbf{v}||} \right| = 1$

75. Consulte la definición del producto punto del ejercicio 63 anterior y la siguiente figura.

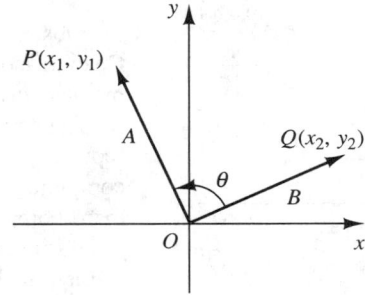

Sean $\mathbf{A} = \langle x_1, y_1 \rangle$ y $\mathbf{B} = \langle x_2, y_2 \rangle$. Utilice la ley de los cosenos para $\triangle POQ$ y muestre que $\mathbf{A} \cdot \mathbf{B} = |\mathbf{A}| |\mathbf{B}| \cos \theta$.

8.5 La forma trigonométrica de los números complejos y el teorema de DeMoivre

En esta sección investigamos y desarrollamos algunas de las interesantes (y tal vez sorprendentes) conexiones entre la trigonometría y el sistema de números complejos.

Obtenemos una representación geométrica del sistema de números reales estableciendo una correspondencia uno a uno entre el conjunto de números reales y los puntos de una recta numérica. Podemos obtener una representación geométrica del sistema de números complejos utilizando los puntos en un sistema de coordenadas rectangulares. De manera específica, podemos asociar cada número complejo $z = a + bi$ con la pareja ordenada (a, b), de modo que etiquetamos al punto (a, b) como $a + bi$. Véase la figura 8.45 de la página 526.

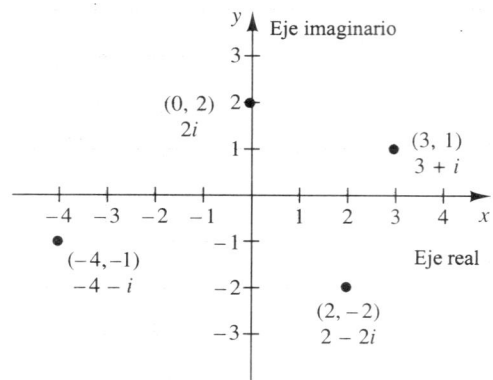

FIGURA 8.45 El plano complejo

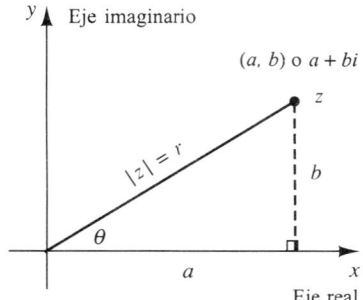

FIGURA 8.46

Recuerde que en un contexto diferente, la palabra *argumento* significa la entrada de una función.

Observe que el eje x se conoce como **eje real** y el eje y se conoce como **eje imaginario**. Cuando asociamos un número complejo con cada punto en el plano de esta forma, el sistema de coordenadas xy es el **plano complejo**.

Así como $|x|$ representa la distancia entre el origen y el número real x, $|z|=|a+bi|$ representa la distancia entre el punto (a, b), correspondiente a $a + bi$, y el origen del plano complejo. Con frecuencia denotamos $|z|=|a+bi|$ como r, llamado el **módulo** del número complejo $a + bi$.

La figura 8.46 muestra un número complejo típico $z = a + bi$ (z no tiene que estar en el primer cuadrante). Decimos que $a + bi$ es la **forma rectangular** del número complejo z. El ángulo θ de la figura 8.46 puede ser *cualquier* ángulo en posición canónica cuyo lado terminal esté en la recta que pasa por el origen y el punto (a, b). El ángulo θ, llamado **argumento** de z, se elige de manera usual en el intervalo $[0, 2\pi)$.

De la figura 8.46 tenemos

$$\cos\theta = \frac{a}{r} \;\Rightarrow\; a = r\cos\theta \tag{1}$$

$$\operatorname{sen}\theta = \frac{b}{r} \;\Rightarrow\; b = r\operatorname{sen}\theta \tag{2}$$

$$|z| = r = \sqrt{a^2 + b^2} \tag{3}$$

Con estos resultados, podemos reescribir cualquier número complejo $z = a + bi$ como

$$z = r\cos\theta + (r\operatorname{sen}\theta)i = r(\cos\theta + i\operatorname{sen}\theta)$$

llamada **forma trigonométrica** del número complejo $a + bi$.

FORMA TRIGONOMÉTRICA DE UN NÚMERO COMPLEJO $a+bi$

Sean $z = a + bi$, $r = \sqrt{a^2 + b^2}$, y θ cualquier argumento de z. Entonces

$$z = r(\cos\theta + i\operatorname{sen}\theta)$$

EJEMPLO 1 Expresar el número complejo $z = 3\left(\cos\dfrac{\pi}{6} + i \operatorname{sen}\dfrac{\pi}{6}\right)$ en forma rectangular.

Solución Al observar el número complejo, vemos que está en la forma $r(\cos\theta + i \operatorname{sen}\theta)$, de modo que $r = 3$ y $\theta = \dfrac{\pi}{6}$. Entonces, podemos utilizar (1) y (2) para determinar que $a = r\cos\theta = 3\cos\dfrac{\pi}{6} = \dfrac{3\sqrt{3}}{2}$ y $b = r\operatorname{sen}\theta = 3\operatorname{sen}\dfrac{\pi}{6} = \dfrac{3}{2}$.

Por lo tanto, en forma rectangular tenemos $\boxed{z = \dfrac{3\sqrt{3}}{2} + \dfrac{3}{2}i}$. ∎

EJEMPLO 2 Expresar $-4 + 4i$ en forma trigonométrica.

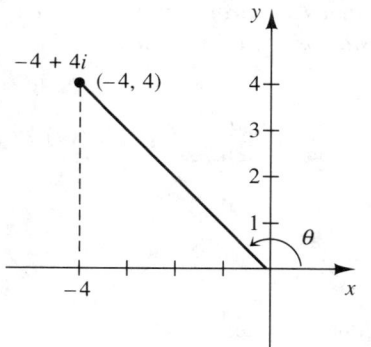

FIGURA 8.47 El número complejo $-4 + 4i$

Solución Como se nos pide escribir el número dado en la forma $r(\cos\theta + i \operatorname{sen}\theta)$, necesitamos determinar los valores r y θ. Si localizamos en el plano el punto correspondiente a $-4 + 4i$ (véase la figura 8.47), vemos que $r = \sqrt{(-4)^2 + 4^2} = \sqrt{32} = 4\sqrt{2}$. De la figura 8.47, podemos ver también que

$$\operatorname{sen}\theta = \dfrac{4}{4\sqrt{2}} = \dfrac{1}{\sqrt{2}} \quad \text{y} \quad \cos\theta = \dfrac{-4}{4\sqrt{2}} = -\dfrac{1}{\sqrt{2}}$$

Reconocemos que $\theta = \dfrac{3\pi}{4}$. De hecho, θ puede ser $\dfrac{3\pi}{4} + 2n\pi$ para cualquier entero n; sin embargo, como hemos mencionado, por lo general se elige θ en el intervalo $[0, 2\pi)$. Por lo tanto, tenemos $4\sqrt{2}\left(\cos\dfrac{3\pi}{4} + i\operatorname{sen}\dfrac{3\pi}{4}\right)$ como la forma trigonométrica solicitada. ∎

Cuando dos números complejos se escriben en forma trigonométrica, podemos deducir fórmulas muy sencillas para su producto y su cociente. Supongamos que los dos números complejos son

$$z_1 = r_1(\cos\theta_1 + i\operatorname{sen}\theta_1) \quad \text{y} \quad z_2 = r_2(\cos\theta_2 + i\operatorname{sen}\theta_2)$$

Entonces

$z_1 \cdot z_2 = r_1(\cos\theta_1 + i\operatorname{sen}\theta_1) \cdot r_2(\cos\theta_2 + i\operatorname{sen}\theta_2)$
Multiplicamos y separamos las partes real e imaginaria.

$\quad = r_1 r_2[(\cos\theta_1\cos\theta_2 + i^2\operatorname{sen}\theta_1\operatorname{sen}\theta_2) + i(\operatorname{sen}\theta_1\cos\theta_2 + \cos\theta_1\operatorname{sen}\theta_2)]$

$\quad = r_1 r_2[(\cos\theta_1\cos\theta_2 - \operatorname{sen}\theta_1\operatorname{sen}\theta_2) + i(\operatorname{sen}\theta_1\cos\theta_2 + \cos\theta_1\operatorname{sen}\theta_2)]$

Utilizamos las fórmulas para la suma de $\cos(\theta_1 + \theta_2)$ y $\operatorname{sen}(\theta_1 + \theta_2)$, para obtener

$\quad = r_1 r_2[\cos(\theta_1 + \theta_2) + i\operatorname{sen}(\theta_1 + \theta_2)]$

Así, hemos deducido la primera de las dos fórmulas del siguiente cuadro. La deducción de la segunda fórmula se deja como ejercicio para el estudiante. (Véase el ejercicio 51).

> ## EL PRODUCTO Y COCIENTE DE DOS NÚMEROS COMPLEJOS EN FORMA TRIGONOMÉTRICA
>
> Sean $z_1 = r_1(\cos\theta_1 + i\,\text{sen}\,\theta_1)$ y $z_2 = r_2(\cos\theta_2 + i\,\text{sen}\,\theta_2)$, donde $z_2 \neq 0$. Entonces
>
> $$z_1 \cdot z_2 = r_1 r_2 [\cos(\theta_1 + \theta_2) + i\,\text{sen}(\theta_1 + \theta_2)]$$
>
> $$\frac{z_1}{z_2} = \frac{r_1}{r_2}[\cos(\theta_1 - \theta_2) + i\,\text{sen}(\theta_1 - \theta_2)]$$

En palabras, estas fórmulas dicen que para multiplicar dos números complejos en forma trigonométrica, *multiplicamos sus módulos y sumamos sus argumentos*. Para dividir dos números complejos, *dividimos sus módulos y restamos sus argumentos*.

EJEMPLO 3 Sean $z = 2\left(\cos\dfrac{2\pi}{3} + i\,\text{sen}\,\dfrac{2\pi}{3}\right)$ y $w = 5\left(\cos\dfrac{\pi}{6} + i\,\text{sen}\,\dfrac{\pi}{6}\right)$. Expresar **(a)** zw **(b)** $\dfrac{z}{w}$ en forma trigonométrica y rectangular.

Solución

(a) Utilizamos la fórmula del producto que hemos deducido, y tenemos

$$zw = (2)(5)\left[\cos\left(\frac{2\pi}{3} + \frac{\pi}{6}\right) + i\,\text{sen}\left(\frac{2\pi}{3} + \frac{\pi}{6}\right)\right]$$

$$= \boxed{10\left(\cos\frac{5\pi}{6} + i\,\text{sen}\,\frac{5\pi}{6}\right)} \quad \textit{Ésta es la respuesta en forma trigonométrica.}$$

$$= 10\left(\frac{-\sqrt{3}}{2} + i\left(\frac{1}{2}\right)\right)$$

$$= \boxed{-5\sqrt{3} + 5i} \quad \textit{Ésta es la respuesta en forma rectangular.}$$

(b) Utilizamos la fórmula del cociente,

$$\frac{z}{w} = \frac{2}{5}\left[\cos\left(\frac{2\pi}{3} - \frac{\pi}{6}\right) + i\,\text{sen}\left(\frac{2\pi}{3} - \frac{\pi}{6}\right)\right]$$

$$= \boxed{\frac{2}{5}\left(\cos\frac{\pi}{2} + i\,\text{sen}\,\frac{\pi}{2}\right)} \quad \textit{Ésta es la respuesta en forma trigonométrica.}$$

$$= \boxed{\frac{2}{5}i} \quad \textit{Ésta es la respuesta en forma rectangular.} \quad \blacksquare$$

8.5 La forma trigonométrica de los números complejos

El uso iterativo de la regla del producto nos permite calcular con facilidad las potencias de un número complejo. Recuerde que cuando multiplicamos dos números complejos, multiplicamos sus módulos y sumamos sus argumentos.

Sea $z = r(\cos\theta + i\,\text{sen}\,\theta)$ *Entonces*

$z^2 = z \cdot z = r^2(\cos 2\theta + i\,\text{sen}\,2\theta)$

$z^3 = z^2 \cdot z = r^3(\cos 3\theta + i\,\text{sen}\,3\theta)$ *De manera análoga,*

$z^4 = r^4(\cos 4\theta + i\,\text{sen}\,4\theta)$

$\vdots$

$z^n = r^n(\cos n\theta + i\,\text{sen}\,n\theta)$

El siguiente resultado, conocido como teorema de DeMoivre, generaliza este patrón. El teorema de DeMoivre se puede demostrar mediante el método de inducción matemática, analizado en el capítulo 11.

TEOREMA DE DeMOIVRE

Sean $z = r(\cos\theta + i\,\text{sen}\,\theta)$ y n un número natural. Entonces

$$z^n = [r(\cos\theta + i\,\text{sen}\,\theta)]^n = r^n(\cos n\theta + i\,\text{sen}\,n\theta)$$

EJEMPLO 4 Determinar lo siguiente en forma rectangular.

(a) $\left[3\left(\cos\dfrac{\pi}{3} + i\,\text{sen}\,\dfrac{\pi}{3}\right)\right]^5$ 　　(b) $(6 - 6i)^3$

Solución

(a) De acuerdo con el teorema de DeMoivre, tenemos

$$\left[3\left(\cos\dfrac{\pi}{3} + i\,\text{sen}\,\dfrac{\pi}{3}\right)\right]^5 = 3^5\left(\cos\dfrac{5\pi}{3} + i\,\text{sen}\,\dfrac{5\pi}{3}\right)$$

$$= 243\left[\dfrac{1}{2} + i\left(\dfrac{-\sqrt{3}}{2}\right)\right] = \boxed{\dfrac{243}{2} - \dfrac{243\sqrt{3}}{2}i}$$

¿Cómo se escribe 6 − 6i en forma trigonométrica?

(b) En vez de elevar al cubo $(6 - 6i)$, podemos utilizar el teorema de DeMoivre. Sin embargo, para utilizarlo, primero debemos convertir $6-6i$ a su forma trigonométrica.

$$6 - 6i = 6\sqrt{2}\left(\cos\frac{7\pi}{4} + i \operatorname{sen}\frac{7\pi}{4}\right) \quad \text{Por lo tanto,}$$

$$(6 - 6i)^3 = \left[6\sqrt{2}\left(\cos\frac{7\pi}{4} + i \operatorname{sen}\frac{7\pi}{4}\right)\right]^3 = (6\sqrt{2})^3\left(\cos\frac{21\pi}{4} + i \operatorname{sen}\frac{21\pi}{4}\right)$$

$$= 432\sqrt{2}\left(\cos\frac{5\pi}{4} + i \operatorname{sen}\frac{5\pi}{4}\right)$$

$$= 432\sqrt{2}\left(-\frac{\sqrt{2}}{2} - \frac{\sqrt{2}}{2}i\right)$$

$$= \boxed{-432 - 432i} \quad \blacksquare$$

El siguiente ejemplo muestra la forma de utilizar el teorema de DeMoivre para determinar raíces de ecuaciones que antes no podíamos determinar. Suponga que queremos determinar las soluciones de $z^3 = 8$, o, en otras palabras, determinar las raíces cúbicas de 8. Aunque sabemos que sólo existe una solución real, $z = 2$, en la sección 4.3 vimos que una ecuación de tercer grado tiene exactamente *tres* raíces en el *sistema de números complejos*. Se puede ver que es casi directo determinar las soluciones de esta ecuación en forma trigonométrica, como muestra el siguiente ejemplo.

EJEMPLO 5 Determinar todas las raíces de la ecuación $z^3 = 8$.

Solución Suponga que $z = r(\cos\theta + i \operatorname{sen}\theta)$ es una solución de $z^3 = 8$. Podemos considerar a 8 como número complejo y escribirlo en forma trigonométrica como

$$8 = 8 + 0i = 8(\cos 0 + i \operatorname{sen} 0)$$

Por el teorema de DeMoivre, la ecuación original $z^3 = 8$ se convierte en

$$z^3 = r^3(\cos 3\theta + i \operatorname{sen} 3\theta) = 8(\cos 0 + i \operatorname{sen} 0) \tag{1}$$

Por (1), $r^3 = 8$ y por lo tanto $r = 2$. (Recuerde que r es un número real). Además, 3θ puede ser 0 o cualquier ángulo que sea coterminal con 0. En otras palabras, tenemos

$$3\theta = 0 + 2k\pi \quad \text{o} \quad \theta = \frac{2k\pi}{3} \quad \text{para} \quad k = 0, 1, 2, \ldots$$

Si usted grafica $f(x) = x^3 - 8$ en una calculadora gráfica, ¿obtendrá las tres raíces determinadas en el ejemplo 5? ¿Por qué sí o por qué no?

Si $k = 0$, obtenemos $\theta = 0$, lo que implica $z = 2$, como vimos con anterioridad.

Si $k = 1$, obtenemos $\theta = \frac{2\pi}{3}$, lo que implica $z = 2\left(\cos\frac{2\pi}{3} + i \operatorname{sen}\frac{2\pi}{3}\right)$ como una segunda raíz cúbica de 8.

Si $k = 2$, obtenemos $\theta = \frac{4\pi}{3}$, lo que implica $z = 2\left(\cos\frac{4\pi}{3} + i \operatorname{sen}\frac{4\pi}{3}\right)$ como una tercera raíz cúbica de 8.

8.5 La forma trigonométrica de los números complejos

Como sabemos que una ecuación de tercer grado tiene exactamente tres raíces cúbicas complejas, hemos determinado las tres soluciones de $z^3 = 8$. Se deja como ejercicio al estudiante verificar que si $k = 3, 4, 5, \ldots$, sólo repetimos las soluciones ya obtenidas.

En forma rectangular, las tres raíces cúbicas de 8 son $z = 2$, $z = -1 + i\sqrt{3}$ y $z = -1 - i\sqrt{3}$. (Calcule el cubo de $-1 - i\sqrt{3}$ y verifique que es una raíz cúbica de 8.) La figura 8.48 ilustra las tres raíces cúbicas de 8. Observe que aparecen colocadas a igual distancia sobre el círculo de radio 2 con respecto del origen. ∎

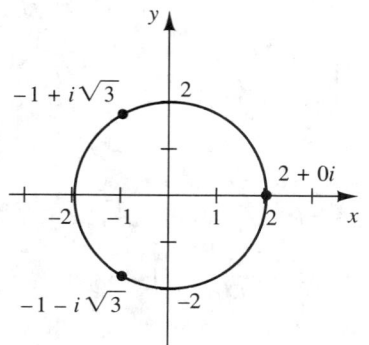

FIGURA 8.48 Las tres raíces cúbicas de 8

El ejemplo anterior ilustra el siguiente teorema.

LAS RAÍCES n-ÉSIMAS DE UN NÚMERO COMPLEJO

Sean $z = r(\cos\theta + i\,\text{sen}\,\theta)$ y n cualquier entero positivo. Las n raíces distintas de z son $w_0, w_1, w_2, \ldots, w_{n-1}$, donde

$$w_k = \sqrt[n]{r}\left(\cos\frac{\theta + 2k\pi}{n} + i\,\text{sen}\,\frac{\theta + 2k\pi}{n}\right)$$

para $k = 0, 1, 2, 3, \ldots, n - 1$.

Por lo general, no escribimos $z^{1/n}$, ya que las raíces complejas no son únicas

EJEMPLO 6 Determinar todas las raíces quintas de $z = 1 + i$.

Solución Comenzamos escribiendo el número complejo $z = 1 + i$ en forma trigonométrica, como $z = \sqrt{2}\left(\cos\frac{\pi}{4} + i\,\text{sen}\,\frac{\pi}{4}\right)$. Utilizamos el teorema de las raíces n con $n = 5$ y obtenemos

$$w_k = \sqrt[5]{\sqrt{2}}\left[\cos\left(\frac{\frac{\pi}{4} + 2k\pi}{5}\right) + i\,\text{sen}\left(\frac{\frac{\pi}{4} + 2k\pi}{5}\right)\right] \quad \text{para } k = 0, 1, 2, 3, 4$$

$\sqrt[5]{\sqrt{2}} = (2^{1/2})^{1/5} = 2^{1/10} = \sqrt[10]{2}$

De modo que las cinco raíces cúbicas son

$$w_0 = \sqrt[10]{2}\left[\cos\left(\frac{\pi}{20}\right) + i\,\text{sen}\left(\frac{\pi}{20}\right)\right]$$

$$w_1 = \sqrt[10]{2}\left[\cos\left(\frac{9\pi}{20}\right) + i\,\text{sen}\left(\frac{9\pi}{20}\right)\right]$$

$$w_2 = \sqrt[10]{2}\left[\cos\left(\frac{17\pi}{20}\right) + i\,\text{sen}\left(\frac{17\pi}{20}\right)\right]$$

$$w_3 = \sqrt[10]{2}\left[\cos\left(\frac{25\pi}{20}\right) + i\,\text{sen}\left(\frac{25\pi}{20}\right)\right] = \sqrt[10]{2}\left[\cos\left(\frac{5\pi}{4}\right) + i\,\text{sen}\left(\frac{5\pi}{4}\right)\right]$$

$$w_4 = \sqrt[10]{2}\left[\cos\left(\frac{33\pi}{20}\right) + i\,\text{sen}\left(\frac{33\pi}{20}\right)\right]$$

Estas cinco raíces quintas de $1 + i$ se muestran en la figura 8.49. De nuevo, observe que aparecen espaciadas a igual distancia sobre el círculo de radio $\sqrt[10]{2}$ con centro en el origen. ∎

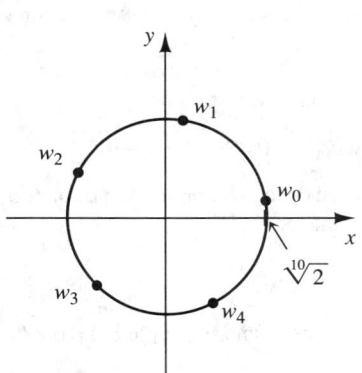

FIGURA 8.49 Las cinco raíces quintas de $1 + i$

EJERCICIOS 8.5

En los ejercicios 1-16, si el número está en forma rectangular, conviértalo a su forma trigonométrica; si está en forma trigonométrica, conviértalo a su forma rectangular. En caso necesario, puede redondear a dos cifras decimales.

1. $\sqrt{3} - i$
2. $4\left(\cos \frac{5\pi}{6} + i \operatorname{sen} \frac{5\pi}{6}\right)$
3. $10\left(\cos \frac{7\pi}{4} + i \operatorname{sen} \frac{7\pi}{4}\right)$
4. $-5 + 5i$
5. $2 - 7i$
6. $9\left(\cos \frac{2\pi}{5} + i \operatorname{sen} \frac{2\pi}{5}\right)$
7. 6
8. $3i$
9. $2\left(\cos \frac{3\pi}{2} + i \operatorname{sen} \frac{3\pi}{2}\right)$
10. $8(\cos \pi + i \operatorname{sen} \pi)$
11. $\sqrt{5} + 4i$
12. $-\frac{\sqrt{3}}{4} - \frac{1}{4}i$
13. $9(\cos 300° + i \operatorname{sen} 300°)$
14. $\frac{1}{3}(\cos 88° + i \operatorname{sen} 88°)$
15. -4
16. $-2i$

En los ejercicios 17-20, utilice las reglas del producto y del cociente para determinar $z_1 \cdot z_2$ y $\frac{z_1}{z_2}$; simplifique cuando sea posible.

17. $z_1 = 6\left(\cos \frac{\pi}{3} + i \operatorname{sen} \frac{\pi}{3}\right);\quad z_2 = 2\left(\cos \frac{\pi}{9} + i \operatorname{sen} \frac{\pi}{9}\right)$
18. $z_1 = 10(\cos 210° + i \operatorname{sen} 210°);$
    $z_2 = 4(\cos 100° + i \operatorname{sen} 100°)$
19. $z_1 = 5\left(\cos \frac{5\pi}{6} + i \operatorname{sen} \frac{5\pi}{6}\right);\quad z_2 = \left(\cos \frac{\pi}{8} + i \operatorname{sen} \frac{\pi}{8}\right)$
20. $z_1 = \sqrt{15}(\cos 210° + i \operatorname{sen} 210°);$
    $z_2 = \sqrt{5}(\cos 120° + i \operatorname{sen} 120°)$

En los ejercicios 21-24, realice las operaciones indicadas, primero en forma rectangular, y después en forma trigonométrica. Verifique que las respuestas obtenidas sean equivalentes. (Puede redondear a centésimos en caso necesario).

21. $(3 + 3i)(1 - i)$
22. $6i(-2 - 2i)$
23. $\frac{i}{1+i}$
24. $\frac{4}{-3+3i}$

En los ejercicios 25-38, calcule la potencia indicada utilizando el teorema de DeMoivre.

25. $\left[3\left(\cos \frac{\pi}{6} + i \operatorname{sen} \frac{\pi}{6}\right)\right]^5$
26. $\left[2\left(\cos \frac{\pi}{4} + i \operatorname{sen} \frac{\pi}{4}\right)\right]^6$
27. $\left[\sqrt{2}\left(\cos \frac{5\pi}{4} + i \operatorname{sen} \frac{5\pi}{4}\right)\right]^7$
28. $\left[\sqrt[3]{5}\left(\cos \frac{2\pi}{3} + i \operatorname{sen} \frac{2\pi}{3}\right)\right]^9$
29. $[\sqrt{6}(\cos 20° + i \operatorname{sen} 20°)]^6$
30. $[\sqrt[4]{3}(\cos 15° + i \operatorname{sen} 15°)]^{12}$
31. $(1 + i)^8$
32. $(\sqrt{3} - i)^4$
33. $(-3 + 3i)^5$
34. $\left(\frac{\sqrt{3}}{2} - \frac{1}{2}i\right)^6$
35. $\left(\frac{i}{1-i}\right)^3$
36. $\left(\frac{2 + 2i}{3 - 3i}\right)^5$
37. $\left(\frac{1 - i\sqrt{3}}{-1 + i}\right)^4$
38. $[(1 - i)(1 + i)]^7$

En los ejercicios 39-44, utilice el teorema de las raíces n-ésimas para determinar las raíces solicitadas del número complejo dado.

39. Determine las raíces cuartas de $3 + 3i$.
40. Determine las raíces cúbicas de $1 - i$.
41. Determine las raíces sextas de 1.
42. Determine las raíces cuadradas de i.
43. Determine las raíces quintas de $-\sqrt{3} + i$.
44. Determine las raíces cúbicas de 125.
45. Calcule las raíces cúbicas de $1 + i\sqrt{3}$. Exprese sus respuestas en forma trigonométrica y en forma rectangular. Redondee sus respuestas a dos cifras decimales.
46. Calcule las raíces quintas de i. Exprese sus respuestas en forma rectangular y en forma trigonométrica. Redondee sus respuestas a dos cifras decimales.
47. Determine las raíces cuartas de i en la forma $a + bi$ de manera exacta. Le serán útiles las fórmulas para la mitad del ángulo de la sección 8.2.
48. Determine las raíces cuartas de $-6 - 6i\sqrt{3}$ en la forma $a + bi$ de manera exacta. Le serán útiles las fórmulas para la mitad del ángulo de la sección 8.2.
49. Sean w_1, w_2 y w_3 las tres raíces cúbicas de 1. Muestre que $w_1 + w_2 + w_3 = 0$.
50. Sean w_1, w_2, w_3 y w_4 las cuatro raíces cuartas de 1. Muestre que $w_1 + w_2 + w_3 + w_4 = 0$.
51. Deduzca la fórmula del cociente de dos números complejos en forma trigonométrica. SUGERENCIA: Muestre que
$$\frac{r_1(\cos \theta_1 + i \operatorname{sen} \theta_1)}{r_2(\cos \theta_2 + i \operatorname{sen} \theta_2)} = \frac{r_1}{r_2}\left[\cos(\theta_1 - \theta_2) + i \operatorname{sen}(\theta_1 - \theta_2)\right]$$
multiplicando el numerador y el denominador del lado izquierdo por el conjugado del denominador.

PREGUNTAS PARA REFLEXIONAR

52. Explique por qué el argumento del número complejo $0 = 0 + 0i$ no está definido.
53. ¿Es más sencillo determinar $|z|$ cuando z está escrito en forma rectangular o en forma trigonométrica? Explique.

8.6 Coordenadas polares

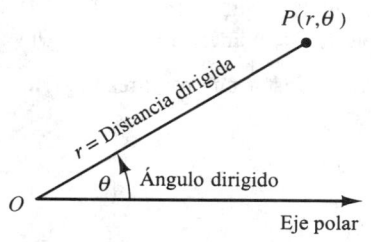

FIGURA 8.50 Coordenadas polares

Recuerde que el origen polar también se llama polo.

Hasta este momento, hemos utilizado un sistema de coordenadas rectangulares para etiquetar los puntos del plano y, por supuesto, la gráfica de cada ecuación analizada tiene una apariencia particular debida al sistema de coordenadas elegido.

Sin embargo, el sistema de coordenadas rectangulares no es el único que puede utilizarse. En esta sección presentamos otro: el **sistema de coordenadas polares**, y analizamos algunas ecuaciones y sus gráficas en este nuevo sistema de coordenadas.

Para construir el sistema de coordenadas polares, comenzamos con un punto O, llamado **origen polar**, o **polo**, y un rayo que surge de O, llamado **eje polar**. (El eje polar se traza por lo general en forma horizontal y se extiende hacia la derecha.) Véase la figura 8.50. Podemos etiquetar cada punto P con un par de coordenadas de la forma (r, θ), donde

1. r es la *distancia dirigida* de O a P. r puede ser cualquier número real: positivo, negativo o cero.

2. θ es el *ángulo dirigido* del eje polar al segmento de recta $\overline{OP}$. Seguiremos las convenciones adoptadas en trigonometría, en el sentido de que los ángulos positivos se miden en sentido contrario al de las manecillas del reloj, mientras que los negativos se miden en el sentido de las manecillas del reloj.

El siguiente ejemplo ilustra estas ideas.

EJEMPLO 1 Localice cada uno de los siguientes puntos en un sistema de coordenadas polares.

(a) $\left(2, \dfrac{\pi}{3}\right)$ (b) $\left(3, -\dfrac{\pi}{4}\right)$ (c) $\left(-4, \dfrac{5\pi}{6}\right)$ (d) $\left(-2, -\dfrac{2\pi}{3}\right)$

Solución Podemos localizar un punto dado (r, θ) en coordenadas polares determinando el rayo que surge del polo y que forma un ángulo θ con el eje polar, midiendo después $|r|$ unidades a lo largo del lado terminal de θ si r es positivo. Véase la figura 8.15(a) y (b). Si r es negativo, medimos $|r|$ unidades a lo largo del rayo con punto final O en la dirección *opuesta* a la del lado terminal de θ. Véase la figura 8.51(c) y (d).

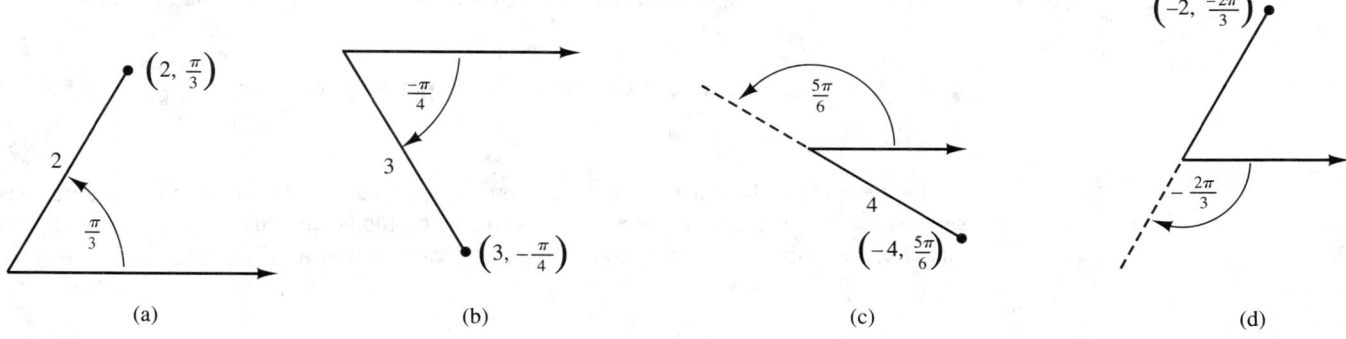

FIGURA 8.51

534   Capítulo 8   Más trigonometría y sus aplicaciones

Debemos señalar aquí varios puntos importantes. A diferencia de un sistema de coordenadas rectangulares, en donde las coordenadas de un punto son únicas, en un sistema de coordenadas polares un punto puede tener muchos pares de coordenadas. Como la suma o resta de múltiplos de 2π nos llevan al mismo lado terminal, tenemos que (r, θ) y $(r, \theta + 2k\pi)$, donde k es cualquier entero, son coordenadas del mismo punto. De manera análoga, (r, θ) y $(-r, \theta \pm \pi)$ son coordenadas del mismo punto. La figura 8.52 ilustra cuatro pares posibles de coordenadas para el punto $\left(2, \dfrac{\pi}{4}\right)$.

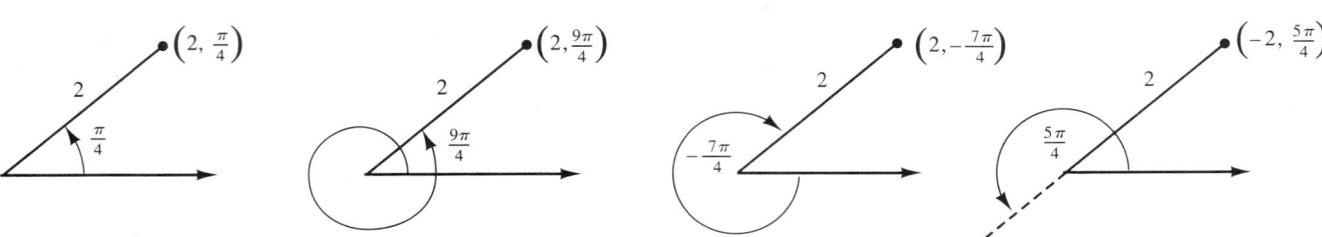

FIGURA 8.52   Otras posibles coordenadas polares para el punto $\left(2, \dfrac{\pi}{4}\right)$

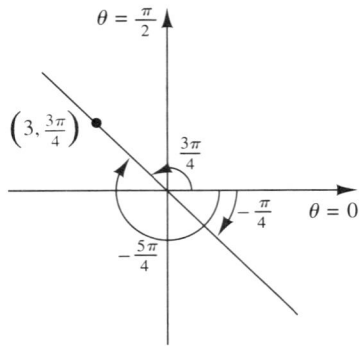

FIGURA 8.53   El punto $\left(3, \dfrac{3\pi}{4}\right)$ y otras tres posibles representaciones polares

En el caso del origen polar, en realidad no podemos definir un ángulo θ, ya que $(0, \theta)$ representará el polo para *cualquier* valor de θ. Así, acordamos que las coordenadas del polo sean $(0, \theta)$ para cualquier valor de θ.

EJEMPLO 2   Localizar el punto $\left(3, \dfrac{3\pi}{4}\right)$ en un sistema de coordenadas polares y determinar otras tres representaciones para este punto, donde al menos una tenga r negativa.

Solución   El punto $\left(3, \dfrac{3\pi}{4}\right)$ aparece en la figura 8.53. Las otras tres representaciones son

$\left(3, \dfrac{11\pi}{4}\right)$ que se obtiene al sumar 2π a $\theta = \dfrac{3\pi}{4}$

$\left(3, -\dfrac{5\pi}{4}\right)$ que se obtiene al elegir θ negativo con el mismo lado terminal

$\left(-3, -\dfrac{\pi}{4}\right)$ que se obtiene al cambiar 3 por -3 y restar π a $\theta = \dfrac{3\pi}{4}$

■

Para establecer la relación entre las coordenadas polares y rectangulares, trazamos un sistema de coordenadas rectangular y uno polar, de modo que sus orígenes coincidan y que el eje x positivo coincida con el eje polar. Véase la figura 8.54.

8.6 Coordenadas polares

Si ahora elegimos un punto P cuyas coordenadas rectangulares sean (x, y) y cuyas coordenadas polares sean (r, θ), como se indica en la figura 8.54, obtenemos las siguientes relaciones.

$$x = r \cos \theta \qquad y = r \operatorname{sen} \theta \qquad x^2 + y^2 = r^2 \qquad \tan \theta = \frac{y}{x}$$

Estas relaciones son válidas sin importar dónde esté el punto P. Podemos utilizar estas relaciones para convertir de coordenadas rectangulares a polares, y viceversa. Resumimos estas ecuaciones de conversión en el siguiente cuadro.

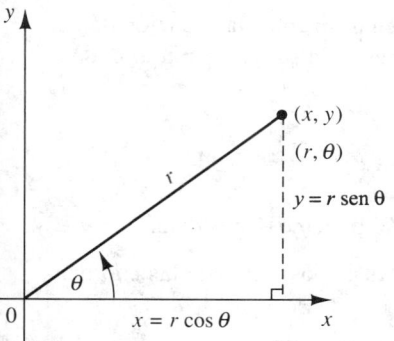

FIGURA 8.54 Coordenadas rectangulares y polares

CONVERSIÓN DE COORDENADAS

Para convertir de coordenadas polares a rectangulares
Dado un punto (r, θ) en forma polar, entonces

$$x = r \cos \theta \qquad y = r \operatorname{sen} \theta$$

Para convertir de coordenadas rectangulares a polares
Dado un punto (x, y) en forma rectangular, entonces

$$r^2 = x^2 + y^2 \qquad \tan \theta = \frac{y}{x}$$

EJEMPLO 3

(a) Convertir de forma polar a forma rectangular: **(i)** $\left(4, \dfrac{5\pi}{6}\right)$ **(ii)** $(3, 2)$.

(b) Convertir de forma rectangular a forma polar: **(i)** $(1, -1)$ **(ii)** $(3, \pi)$.

Solución

(a) Para convertir de forma polar a rectangular, utilizamos la ecuación de conversión del cuadro.

(i) Dado el punto $\left(4, \dfrac{5\pi}{6}\right)$, obtenemos

$$x = 4 \cos \frac{5\pi}{6} = 4\left(-\frac{\sqrt{3}}{2}\right) = -2\sqrt{3} \quad \text{y} \quad y = 4 \operatorname{sen} \frac{5\pi}{6} = 4\left(\frac{1}{2}\right) = 2$$

Así, las coordenadas rectangulares son $\boxed{(-2\sqrt{3},\ 2)}$.

(ii) Recuerde que se nos ha dicho que $(3, 2)$ está en *forma polar*. Así, $r = 3$ y $\theta = 2$ (en radianes).

$$x = 3 \cos 2 \approx -1.25 \quad \text{y} \quad y = 3 \operatorname{sen} 2 \approx 2.73$$

Así, las coordenadas rectangulares son, aproximadamente, $\boxed{(-1.25, 2.73)}$.

(b) Para convertir de forma rectangular a polar, también utilizamos la ecuación de conversión del cuadro, recordando que las coordenadas polares de un punto dado no son únicas.

(i) Para el punto $(1, -1)$ tenemos

$$r^2 = 1^2 + (-1)^2 = 2 \quad \text{y} \quad \tan \theta = \frac{-1}{1} = -1$$

Como el punto $(1, -1)$ está en el cuarto cuadrante, podemos considerar $r = \sqrt{2}$ y $\theta = \frac{7\pi}{4}$ o $r = -\sqrt{2}$ y $\theta = \frac{3\pi}{4}$. Así, dos de las respuestas posibles para las coordenadas polares son $\boxed{\left(\sqrt{2}, \frac{7\pi}{4}\right)}$ y $\boxed{\left(-\sqrt{2}, \frac{3\pi}{4}\right)}$.

(ii) Si recordamos que tenemos dado el punto $(3, \pi)$ en coordenadas rectangulares, entonces

$$r^2 = 3^2 + \pi^2 \quad \text{y} \quad \tan \theta = \frac{\pi}{3}$$

Como el punto $(3, \pi)$ está en el primer cuadrante, tenemos $r = \sqrt{9 + \pi^2} \approx 4.34$ y $\theta \approx 0.81$. Así, una de las respuestas posibles para las coordenadas polares es aproximadamente $\boxed{(4.34, 0.81)}$. ∎

Al comparar las partes (a) y (b) del ejemplo 3, podemos ver que la conversión de la forma polar a la rectangular es directa, mientras que la conversión de la forma rectangular a la polar es un poco más compleja. Sin embargo, en la conversión de ecuaciones, ocurre lo contrario. Si tenemos una ecuación en forma rectangular, como $y = 2x^2$, es muy fácil convertirla a su forma polar sustituyendo $x = r \cos \theta$ y $y = r \operatorname{sen} \theta$. Así,

$$y = 2x^2 \quad \text{se convierte en}$$
$$r \operatorname{sen} \theta = 2(r \cos \theta)^2$$

Por otro lado, la conversión de la forma polar a la rectangular puede requerir a veces algo de ingenio, pero la forma rectangular puede facilitar el reconocimiento de la gráfica de la ecuación. Por gráfica de la ecuación polar entendemos, por supuesto, el conjunto de los puntos (r, θ) que satisfacen la ecuación.

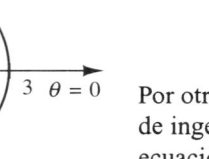

FIGURA 8.55

¿Cuál de las formas de la ecuación es más sencilla, la forma polar, $r = 3$ o la forma rectangular $x^2 + y^2 = 9$? ¿Es más sencillo verificar un punto de la forma (r, θ) en la ecuación $r = 3$ o un punto de la forma (x, y) en la ecuación $x^2 + y^2 = 9$?

EJEMPLO 4 Graficar las siguientes ecuaciones polares y verificar la respuesta determinando la ecuación rectangular correspondiente.

(a) $r = 3$ **(b)** $\theta = \frac{\pi}{4}$ **(c)** $r = 2 \sec \theta$

Solución

(a) La ecuación $r = 3$ implica que un punto estará en la gráfica si y sólo si es de la forma $(3, \theta)$, donde θ puede ser cualquier ángulo. Esto significa que la gráfica consta de todos los puntos que están a 3 unidades del polo; es decir, un círculo con centro en el origen polar y radio 3. Para convertir la ecuación $r = 3$ a forma rectangular, queremos que la ecuación contenga x y y, de modo que sustituimos $r = 3$ en la ecuación de conversión $x^2 + y^2 = r^2$ para obtener $x^2 + y^2 = 3^2$, que reconocemos como un círculo con centro en $(0, 0)$ y radio 3. La gráfica aparece en la figura 8.55.

8.6 Coordenadas polares

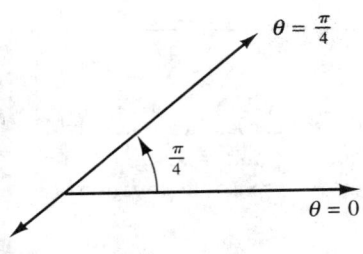

FIGURA 8.56

(b) La ecuación $\theta = \dfrac{\pi}{4}$ implica que un punto estará en la gráfica si y sólo si es de la forma $\left(r, \dfrac{\pi}{4}\right)$, donde r puede ser cualquier número real. Esto significa que la gráfica consta de todos los puntos de la recta que pasa por el polo y que forma un ángulo de $\dfrac{\pi}{4}$ con el eje polar. La gráfica aparece en la figura 8.56.

Para convertir la ecuación $\theta = \dfrac{\pi}{4}$ a su forma rectangular, podemos utilizar la ecuación de conversión $\tan \theta = \dfrac{y}{x}$ para obtener

$$\tan \dfrac{\pi}{4} = \dfrac{y}{x} \Rightarrow 1 = \dfrac{y}{x} \Rightarrow y = x$$

que reconocemos también como la recta que aparece en la figura 8.56.

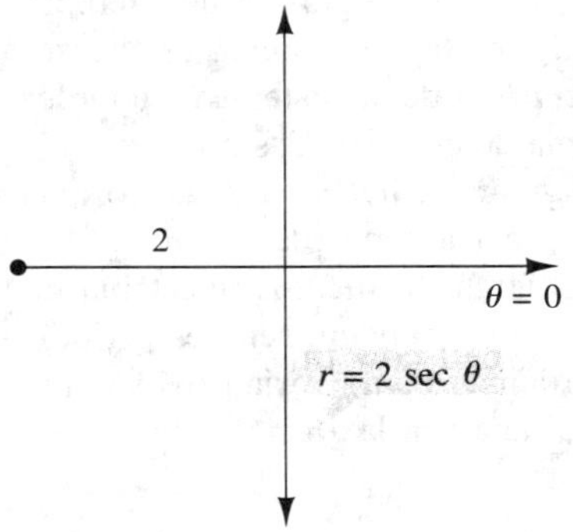

(c) La gráfica de la ecuación $r = 2 \sec \theta$ no es clara al analizar la ecuación. Sin embargo, si la transformamos en forma rectangular, obtenemos

$$r = 2 \sec \theta = \dfrac{2}{\cos \theta} \quad \text{Por lo tanto}$$

$$r \cos \theta = 2 \Rightarrow x = 2 \quad \text{¿Por qué?}$$

que reconocemos como la recta vertical de la figura 8.57. ∎

FIGURA 8.57

EJEMPLO 5 Identificar y trazar la gráfica de $r = 2 \sen \theta$.

Solución La gráfica no es evidente al analizar la ecuación polar dada. Debemos graficar un número "suficiente" de puntos para intentar tener una idea de la gráfica; sin embargo, si podemos convertir la ecuación polar dada a su forma rectangular, podríamos reconocer su gráfica. Aunque éste no es un método uniforme, es importante tener en mente las ecuaciones de conversión básicas. Nos gustaría tener una ecuación con $r \cos \theta$, $r \sen \theta$ y r^2 ya que éstas son iguales a x, y y $x^2 + y^2$, respectivamente.

Podemos multiplicar ambos lados de la ecuación por r.

$$r = 2 \sen \theta \quad \text{Multiplicamos ambos lados de la ecuación por } r.$$

$$r^2 = 2r \sen \theta \quad \text{Pero } r^2 = x^2 + y^2 \text{ y } y = r \sen \theta. \text{ Así, obtenemos}$$

$$x^2 + y^2 = 2y \quad \begin{array}{l}\text{Lo que reconocemos como la ecuación de un círculo.}\\ \text{Podemos completar el cuadrado para obtener}\end{array}$$

$$x^2 + (y-1)^2 = 1$$

que es la ecuación de un círculo con centro $(0, 1)$ y radio 1. La gráfica aparece en la figura 8.58. ∎

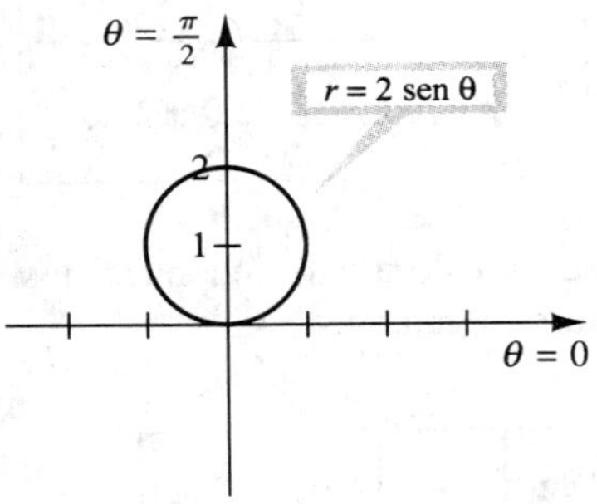

FIGURA 8.58

GRAFIJACIÓN

Utilice una calculadora gráfica o una computadora para graficar las funciones $r = 4 \cos \theta$ y $r = 4 + 4 \cos \theta$ en el mismo sistema de coordenadas polares. Asegúrese de que su calculadora pueda graficar en coordenadas polares. ¿Se relacionan estas gráficas en la forma que usted esperaba?

A veces no sólo es difícil convertir una ecuación polar a una ecuación en una forma rectangular conocida, sino que muchas ecuaciones polares tienen gráficas muy distintas a las gráficas ya conocidas.

EJEMPLO 6 Trazar la gráfica de la ecuación $r = 2 + 2 \operatorname{sen} \theta$.

Intente convertir la ecuación polar $r = 2 + 2 \operatorname{sen} \theta$ a su forma rectangular.

Solución En el último ejemplo vimos que la gráfica de $r = 2 \operatorname{sen} \theta$ es un círculo, de modo que esperaríamos que la gráfica de $r = 2 + 2 \operatorname{sen} \theta$ sea sólo la gráfica del ejemplo anterior, recorrida 2 unidades. Sin embargo, (como veremos en breve), éste no es el caso. Los principios de graficación que desarrollamos son *específicos* de un sistema de coordenadas rectangulares y por lo tanto, no se aplican al sistema de coordenadas polares.

Podemos convertir la ecuación dada a su forma rectangular (de hecho, a varias formas rectangulares), pero desafortunadamente ninguna es una gráfica conocida.

Como no estamos familiarizados con las gráficas polares, formemos una tabla de valores para graficar algunos puntos. Observemos que, como la función seno es periódica, basta ver los valores en el intervalo $[0, 2\pi]$. Si recordamos cómo varían los valores de sen θ (es útil visualizar la gráfica de $y = \operatorname{sen} \theta$), podemos analizar la gráfica de $r = 2 + 2 \operatorname{sen} \theta$ como sigue:

θ	sen θ	$r = 2 + 2$ sen θ
Cuando θ crece de 0 a $\frac{\pi}{2}$	sen θ crece de 0 a 1	Así, *r crece* de 2 a 4
Cuando θ crece de $\frac{\pi}{2}$ a π	sen θ decrece de 1 a 0	Así, *r decrece* de 4 a 2
Cuando θ crece de π a $\frac{3\pi}{2}$	sen θ decrece de 0 a -1	Así, *r decrece* de 2 a 0
Cuando θ crece de $\frac{3\pi}{2}$ a 2π	sen θ crece de -1 a 0	Así, *r crece* de 0 a 2

Elegimos algunos valores convenientes y utilizamos una calculadora para redondear los valores a décimos en caso necesario, y obtenemos los valores siguientes.

θ	0	$\frac{\pi}{6}$	$\frac{\pi}{4}$	$\frac{\pi}{3}$	$\frac{\pi}{2}$	$\frac{2\pi}{3}$	$\frac{3\pi}{4}$	$\frac{5\pi}{6}$	π	$\frac{7\pi}{6}$	$\frac{5\pi}{4}$	$\frac{4\pi}{3}$	$\frac{3\pi}{2}$	$\frac{5\pi}{3}$	$\frac{7\pi}{4}$	$\frac{11\pi}{6}$	2π
2 sen θ	0	1	1.4	1.7	2	1.7	1.4	1	0	-1	-1.4	-1.7	-2	-1.7	-1.4	-1	0
$r = 2 + 2$ sen θ	2	3	4.	3.7	4	3.7	3.4	3	2	1	0.6	0.3	0	0.3	0.6	1	2

8.6 Coordenadas polares

La figura 8.59(a), (b), (c) y (d) utiliza estos valores tabulados para trazar la parte de la curva en cada cuadrante.

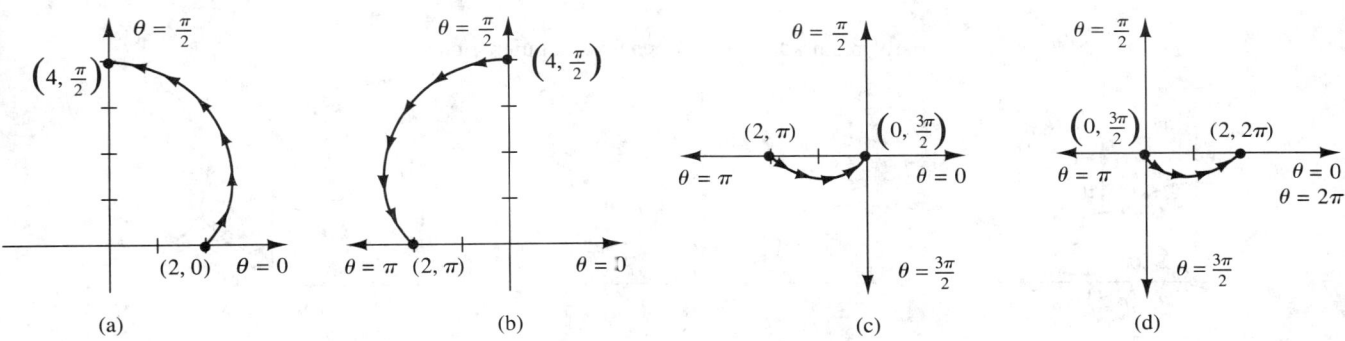

(a) (b) (c) (d)

FIGURA 8.59

Al unir estas partes, obtenemos la gráfica de la figura 8.60, llamada *cardioide*, por su forma de corazón. Observe las flechas sobre la curva, que indican la forma de trazar la curva comenzando en el punto (2, 0).

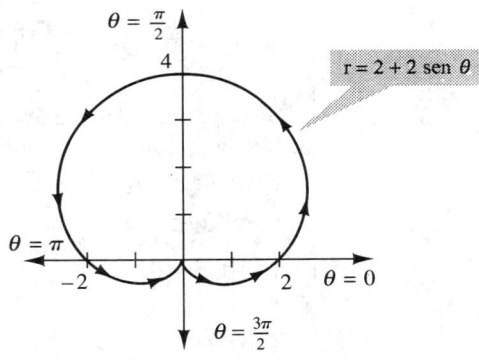

FIGURA 8.60

Hay que recordar varias ideas: cuando r es negativa para θ dado, el punto estará en el rayo determinado por θ pero en el lado opuesto del polo. Al graficar una curva polar, con frecuencia es útil determinar los valores de θ para los que r alcanza un máximo y cuando $r = 0$. Cada vez que $r = 0$, la gráfica pasa de nuevo por el polo. ∎

Como en el caso de las gráficas en un sistema de coordenadas rectangulares, las consideraciones de simetría pueden simplificar la graficación de curvas polares. En la figura 8.61(a), (b) y (c) ilustramos las simetrías con respecto del eje x, del eje y y del origen, respectivamente, e indicamos la relación de las coordenadas polares de los puntos simétricos.

Estos resultados se resumen en el siguiente cuadro.

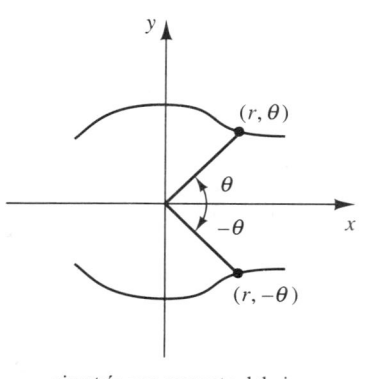

simetría con respecto del eje x
(a)

simetría con respecto del eje y
(b)

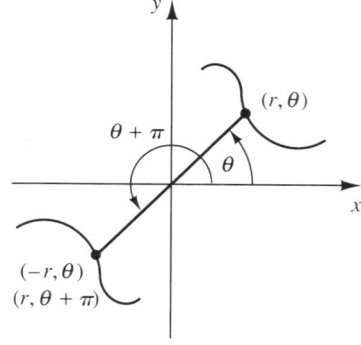

simetría con respecto del origen
(c)

FIGURA 8.61

CRITERIOS DE SIMETRÍA EN COORDENADAS POLARES

Si se realizan las siguientes sustituciones en una ecuación polar y se obtiene una ecuación equivalente, entonces la gráfica de una ecuación polar tiene la simetría indicada.

Sustituya	*La equivalencia de la ecuación indica*
1. $-\theta$ por θ	Simetría con respecto del eje polar (simetría con respecto del eje x)
2. $-r$ por r	Simetría con respecto del origen polar
3. $-r$ por r y $-\theta$ por θ	Simetría con respecto de la recta $\theta = \dfrac{\pi}{2}$ (simetría con respecto del eje y)
4. $\pi - \theta$ por θ	Simetría con respecto de la recta $\theta = \dfrac{\pi}{2}$ (simetría con respecto del eje y)

Al revisar el ejemplo 6, observamos que si reemplazamos θ por $\pi - \theta$ en la ecuación $r = 2 + 2 \, \text{sen} \, \theta$, obtenemos $r = 2 + 2 \, \text{sen}(\pi - \theta)$. Sin embargo, $\text{sen}(\pi - \theta) = \text{sen} \, \theta$ (¿por qué?), de modo que la ecuación resultante es equivalente a la original. Así, la gráfica de esta ecuación es simétrica con respecto de la recta $\theta = \dfrac{\pi}{2}$ (exhibe simetría con respecto del eje y), lo que concuerda con la gráfica obtenida.

EJEMPLO 7 Trazar la gráfica de $r^2 = 4 \cos 2\theta$.

Solución Al analizar la ecuación, podemos obtener las siguientes conclusiones en relación con su gráfica.

1. Al reemplazar θ con $-\theta$ en la ecuación, obtenemos

$$r^2 = 4 \cos 2(-\theta) = 4 \cos(-2\theta) = 4 \cos 2\theta$$

   lo cual implica que la gráfica exhibirá una simetría con respecto del eje polar.

2. Al reemplazar r por $-r$ obtenemos la misma ecuación, lo que implica que la gráfica también es simétrica con respecto del origen polar.

3. Se deja al estudiante que utilice los criterios de simetría restantes para verificar que la gráfica de esta ecuación también exhibe una simetría con respecto de la recta $\theta = \dfrac{\pi}{2}$.

4. Como r^2 no puede ser negativo, podemos ignorar cualquier valor de θ tal que $\cos 2\theta$ sea negativo. Por lo tanto, no necesitamos considerar valores de θ en el intervalo $\dfrac{\pi}{4} < \theta < \dfrac{3\pi}{4}$, ya que estos valores de θ hacen que 2θ esté entre $\dfrac{\pi}{2}$ y $\dfrac{3\pi}{2}$, donde la función coseno es negativa.

5. Por lo tanto, sólo necesitamos determinar la gráfica para $0 \leq \theta \leq \dfrac{\pi}{4}$, ya que podemos obtener la gráfica de $\dfrac{3\pi}{4} \leq \theta \leq \pi$ utilizando la simetría de la gráfica con respecto del eje y. Como muestra la siguiente tabla, la parte de la gráfica para $\pi \leq \theta \leq \dfrac{5\pi}{4}$ proviene de valores θ entre 0 y $\dfrac{\pi}{4}$, pues r puede ser negativo.

6. Como la función coseno varía de 1 a 0, $r^2 = 4\cos 2\theta$ varía de 4 a 0 y por lo tanto $|r|$ varía de 2 a 0.

La siguiente tabla contiene unos cuantos valores para ayudarnos a trazar la gráfica.

θ	0	$\dfrac{\pi}{12}$	$\dfrac{\pi}{8}$	$\dfrac{\pi}{6}$	$\dfrac{\pi}{4}$
$r = \pm\sqrt{4\cos 2\theta}$	±2	±1.9	±1.7	±1.4	0

La parte de la gráfica correspondiente a $0 \leq \theta \leq \dfrac{\pi}{4}$ aparece en la figura 8.62(a) y la gráfica completa obtenida por simetría aparece en la parte (b) de la figura. Esta gráfica es una *lemniscata*.

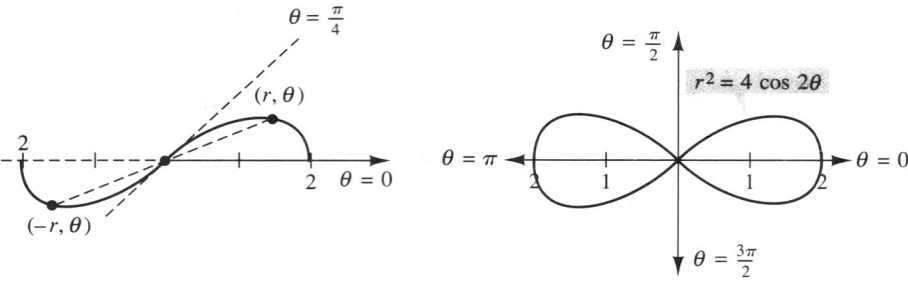

La gráfica de $r^2 = 4\cos 2\theta$ para $0 \leq \theta \leq \dfrac{\pi}{4}$
(a)

La gráfica de la lemniscata $r^2 = 4\cos 2\theta$
(b)

FIGURA 8.62

EJEMPLO 8 Trazar la gráfica de $r = \theta$ para $\theta \geq 0$.

Solución Cuando θ crece y giramos alrededor del polo, r también crece. (Tal vez desee calcular una tabla de valores que le ayude a visualizar la gráfica.) La gráfica aparece en la figura 8.63. Esta espiral infinita es llamada *espiral de Arquímedes*.

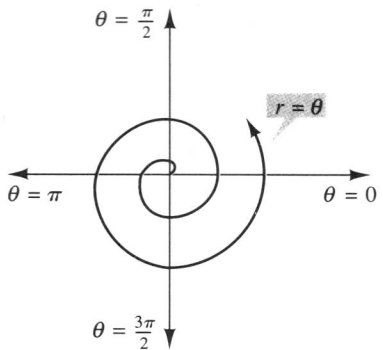

FIGURA 8.63

8.6 Coordenadas polares

EJERCICIOS 8.6

En los ejercicios 1-6, localice el punto dado en un sistema de coordenadas polares.

1. $\left(3, \dfrac{\pi}{4}\right)$
2. $\left(2, -\dfrac{2\pi}{3}\right)$
3. $\left(-1, \dfrac{\pi}{2}\right)$
4. $\left(0, \dfrac{5\pi}{6}\right)$
5. $(4, -\pi)$
6. $\left(-2, -\dfrac{3\pi}{2}\right)$

En los ejercicios 7-10, determine otras dos representaciones polares del punto dado, una con r negativo y otra con θ negativo.

7. $\left(5, \dfrac{\pi}{3}\right)$
8. $\left(4, -\dfrac{5\pi}{6}\right)$
9. $\left(-2, \dfrac{\pi}{2}\right)$
10. $\left(-3, -\dfrac{3\pi}{4}\right)$

En los ejercicios 11-22, las coordenadas dadas están descritas como rectangulares o polares. Si son rectangulares, conviértalas a polares, y viceversa. Limite θ al intervalo $[0, 2\pi)$, y redondee a 2 cifras decimales en caso necesario.

11. Polar: $\left(2, \dfrac{2\pi}{3}\right)$
12. Rectangular: $(3, -3)$
13. Rectangular: $(-4\sqrt{3}, -4)$
14. Polar: $\left(-5, -\dfrac{7\pi}{6}\right)$
15. Polar: $\left(3, \dfrac{\pi}{7}\right)$
16. Rectangular: $(5, -p)$
17. Rectangular: $(-6, 0)$
18. Polar: $\left(1, \dfrac{3\pi}{2}\right)$
19. Polar: $(2, 3)$
20. Rectangular: $(2, 3)$
21. Rectangular: $\left(-1, \dfrac{\pi}{4}\right)$
22. Polar: $\left(\dfrac{\pi}{4}, -1\right)$

En los ejercicios 23-32, convierta la ecuación dada de su forma polar a su forma rectangular. Si puede hacerlo, identifique la gráfica de la ecuación dada.

23. $r = 5 \cos \theta$
24. $r = 5$
25. $\theta = \dfrac{\pi}{3}$
26. $r = 2 \csc \theta$
27. $r \operatorname{sen} \theta = -1$
28. $r \cos \theta = 5$
29. $r = \tan \theta$
30. $r = \cos 2\theta$
31. $r = \dfrac{2}{1 - \operatorname{sen} \theta}$
32. $r = \dfrac{4}{1 + \cos \theta}$

En los ejercicios 33-40, convierta la ecuación dada de forma rectangular a forma polar.

33. $x^2 + y^2 = 16$
34. $4x - 5y = 7$
35. $2xy = 1$
36. $y = x^2$
37. $x^2 + 2x + y^2 + 2y = 0$
38. $y^2 = 4x$
39. $y = 4$
40. $x = -1$

En los ejercicios 41-59, trace la gráfica de la ecuación dada en un sistema de coordenadas polares. Algunas de estas gráficas tienen nombres (indicados entre paréntesis), que sugieren la forma de la figura.

41. $r \cos \theta = 4$
42. $r \operatorname{sen} \theta = -2$
43. $r = 2 \operatorname{sen} \theta$
44. $r = 3 \cos \theta$
45. $r = 1 - \operatorname{sen} \theta$ (cardioide)
46. $r = 1 + \cos \theta$ (cardioide)
47. $r = 2 \cos 3\theta$ (rosa de tres pétalos)
48. $r = 3 \operatorname{sen} 2\theta$ (rosa de cuatro pétalos)
49. $r^2 = \operatorname{sen} 2\theta$ (lemniscata)
50. $r^2 = 9 \cos 2\theta$ (lemniscata)
51. $r = |\operatorname{sen} \theta|$
52. $r = |2 \cos 3\theta|$
53. $r = 3 + 2 \cos \theta$ (limaçon; busque limaçine en el diccionario)
54. $r = 4 + 3 \operatorname{sen} \theta$ (limaçon)
55. $r = 1 + 2 \cos \theta$ (limaçon con un ciclo interno)
56. $r = 1 - 2 \operatorname{sen} \theta$ (limaçon con un ciclo interno)
57. $r = \dfrac{\theta}{\pi}$ para $\theta \geq 0$ (espiral)
58. $r = e^\theta$ para $\theta \geq 0$ (espiral logarítmica)
59. $r^2 = \theta$ (espiral parabólica)

PREGUNTAS PARA REFLEXIONAR

60. Muestre que la distancia d entre dos puntos $P_1(r_1, \theta_1)$ y $P_2(r_2, \theta_2)$ en el plano polar está dada por
$$d = \sqrt{(r_1)^2 + (r_2)^2 - 2r_1 r_2 \cos(\theta_2 - \theta_1)}$$

61. En un sistema de coordenadas rectangulares, la gráfica de $y = 4 \operatorname{sen} x$ es una curva sinusoidal de amplitud 4 y periodo 2π. Sin embargo, en un sistema de coordenadas polares, la gráfica de $r = 4 \operatorname{sen} \theta$ es un círculo con centro $(0, 2)$ y radio 2. Explique la diferencia.

62. A diferencia de un sistema de coordenadas rectangulares, los puntos de intersección de dos curvas polares no necesariamente se determinan resolviendo las dos ecuaciones de manera simultánea.

Por ejemplo, suponga que queremos determinar los puntos de intersección de las curvas polares $r = 2 \operatorname{sen} \theta$ y $r = 2 \cos \theta$.

(a) Utilice primero un *método algebraico*; es decir, resuelva las ecuaciones $r = 2 \operatorname{sen} \theta$ y $r = 2 \cos \theta$ de manera simultánea para determinar el punto o puntos de intersección de las dos gráficas de estas ecuaciones.

(b) Ahora, utilice un *método geométrico*; es decir, trace las gráficas de $r = 2\,\text{sen}\,\theta$ y $r = 2\cos\theta$ en el mismo sistema de coordenadas polares y determine los puntos de intersección de las dos gráficas.

(c) ¿Son iguales las respuestas que obtuvo de las partes (a) y (b)? Explique por qué no obtuvo las dos soluciones del método algebraico. SUGERENCIA: Piense en las coordenadas del polo sobre la gráfica de $r = 2\,\text{sen}\,\theta$ y en las coordenadas del polo en la gráfica de $r = 2\cos\theta$.

63. ¿Existe algo como el criterio de la recta vertical para la gráfica de una función en coordenadas polares?

64. Sabemos que la función $f(\theta) = \text{sen}\,2\theta$ tiene periodo π. Para trazar la gráfica de $r = |\text{sen}\,2\theta|$, ¿basta considerar sólo $0 \le \theta \le \pi$?

Capítulo 8 **RESUMEN**

Al terminar este capítulo deberá:

1. Comprender las fórmulas para la suma y poder aplicarlas. (Sección 8.1)
Por ejemplo:

Podemos utilizar la fórmula de la suma
$$\cos(A + B) = \cos A \cos B - \text{sen}\,A\,\text{sen}\,B$$
para verificar que $\cos\left(\theta + \dfrac{3\pi}{2}\right) = \text{sen}\,\theta$ como sigue

$$\cos\left(\theta + \dfrac{3\pi}{2}\right) = \cos\theta \cos\dfrac{3\pi}{2} - \text{sen}\,\theta\,\text{sen}\,\dfrac{3\pi}{2}$$
$$= \cos\theta\,(0) - \text{sen}\,\theta\,(-1)$$
$$= \text{sen}\,\theta \qquad \textit{como se pedía}$$

2. Comprender las fórmulas para el doble de un ángulo y para la mitad de un ángulo (Sección 8.2)
Por ejemplo:

Dado que θ está en el segundo cuadrante y $\text{sen}\,\theta = \dfrac{1}{3}$, determinar $\text{sen}\,2\theta$.

Trazamos un triángulo de referencia para θ y lo completamos utilizando el teorema de Pitágoras (véase la figura 8.64).

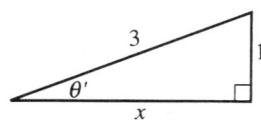

FIGURA 8.64

$$x^2 + 1^2 = 3^2$$
$$x^2 = 8$$
$$x = \sqrt{8} = 2\sqrt{2}$$
$$\text{sen}\,2\theta = 2\,\text{sen}\,\theta\cos\theta \qquad \textit{El coseno es negativo es el segundo cuadrante.}$$
$$= 2\left(\dfrac{1}{3}\right)\left(\dfrac{-2\sqrt{2}}{3}\right)$$
$$= \boxed{\dfrac{-4\sqrt{2}}{9}}$$

3. Comprender y poder utilizar la ley de los senos y la ley de los cosenos para completar un triángulo. (Sección 8.3)
Por ejemplo:

(a) Utilizar el triángulo de la figura 8.65 para determinar x hasta centésimos.

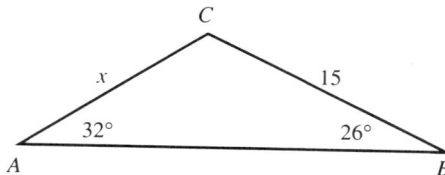

FIGURA 8.65 El triángulo implica que debemos utilizar la ley de los senos.

La información dada corresponde a LAA y debemos utilizar la ley de los senos.

$$\dfrac{x}{\text{sen}\,26°} = \dfrac{15}{\text{sen}\,32°} \Rightarrow x = \dfrac{15\,\text{sen}\,26°}{\text{sen}\,32°} \approx \boxed{12.41}$$

(b) Utilizar el triángulo de la figura 8.66 para determinar $\angle A$.

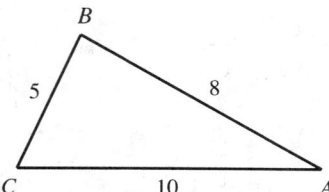

FIGURA 8.66 Este triángulo implica que debemos utilizar la ley de los cosenos.

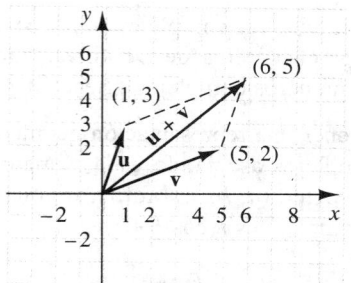

FIGURA 8.67 Uso de la ley del paralelogramo o la forma de componentes para determinar $\mathbf{u} + \mathbf{v}$

La información dada corresponde a LLL y debemos utilizar la ley de los cosenos.

$$5^2 = 8^2 + 10^2 - 2(8)(10) \cos A$$
$$25 = 164 - 160 \cos A$$
$$-139 = -160 \cos A \Rightarrow \cos A = \frac{139}{160}$$

Por lo tanto $A = \cos^{-1} \frac{139}{160} \approx \boxed{29.7°}$

4. Comprender los vectores y la notación vectorial. (Sección 8.4)

Una cantidad con magnitud y dirección es un vector. Los vectores pueden sumarse mediante la ley del paralelogramo. De manera alternativa, los vectores pueden descomponerse en sus componentes horizontal y vertical y sumarse mediante sus formas de componentes.

Por ejemplo:

(a) Exprese $\overrightarrow{PQ}$ en forma de componentes y determine $|\overrightarrow{PQ}|$ para $P(-1, 3)$ y $Q(2, 5)$.

$$\overrightarrow{PQ} = \langle 2 - (-1), 5 - 3 \rangle = \boxed{\langle 3, 2 \rangle}$$
$$|\overrightarrow{PQ}| = |\langle 3, 2 \rangle| = \sqrt{3^2 + 2^2} = \boxed{\sqrt{13}}$$

(b) Dados $\mathbf{u} = \langle 1, 3 \rangle$ y $\mathbf{v} = \langle 5, 2 \rangle$, trazar $\mathbf{u} + \mathbf{v}$.

Podemos trazar los vectores $\mathbf{u}$ y $\mathbf{v}$ y determinar entonces $\mathbf{u} + \mathbf{v}$ de manera geométrica utilizando la ley del paralelogramo, como se muestra en la figura 8.67, o podemos determinar la forma en componentes de

$$\mathbf{u} + \mathbf{v} = \langle 1, 3 \rangle + \langle 5, 2 \rangle = \langle 6, 5 \rangle$$

obteniendo el mismo resultado.

5. Utilizar vectores en problemas de aplicación. (Sección 8.4)

Por ejemplo:

Dos fuerzas de 11 y 6 libras actúan sobre el mismo punto del plano. Si el ángulo entre los dos vectores es de 58°, determinar la magnitud de la resultante hasta centésimos.

Solución:

En la figura 8.68 aparece un diagrama que representa la información dada.

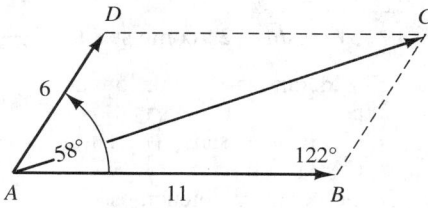

FIGURA 8.68

Hemos trazado la resultante completando el paralelogramo de fuerzas y observamos que $\angle ABC = 122°$. Podemos determinar la magnitud de la resultante mediante la ley de los cosenos.

$$|\overrightarrow{AC}|^2 = 6^2 + 11^2 - 2(6)(11) \cos 122°$$
$$|\overrightarrow{AC}|^2 = 36 + 121 - 132 \cos 122°$$
$$|\overrightarrow{AC}|^2 = 226.94934$$
$$|\overrightarrow{AC}|^2 = \sqrt{226.94934} = \boxed{15.06 \text{ libras}}$$

Redondeado a centésimos

6. Poder expresar números complejos en forma trigonométrica y utilizar el teorema de DeMoivre para calcular potencias de números complejos. (Sección 8.5)

Podemos obtener una representación geométrica de los números complejos asociando cada número complejo $a + bi$ con el punto (a, b). La forma trigonométrica de un número complejo es $r(\cos\theta + i\,\text{sen}\,\theta)$.

Por ejemplo:
Para determinar $(1 + i\sqrt{3})^4$, primero convertimos $1 + i\sqrt{3}$ a su forma trigonométrica.

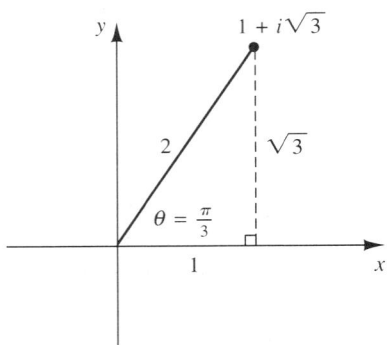

FIGURA 8.69

De la figura 8.69, podemos ver que
$r = \sqrt{1^2 \pm (\sqrt{3})^2} = \sqrt{4} = 2$; como $\text{sen}\,\theta = \dfrac{\sqrt{3}}{2}$, podemos considerar $\theta = \dfrac{\pi}{3}$. Por lo tanto,

$(1+i\sqrt{3})^4 = \left[2\left(\cos\dfrac{\pi}{3} + i\,\text{sen}\,\dfrac{\pi}{3}\right)\right]^4$. Utilizamos el teorema de DeMoivre y obtenemos

$$\left[2\left(\cos\dfrac{\pi}{3} + i\,\text{sen}\,\dfrac{\pi}{3}\right)\right]^4$$
$$= 2^4\left[\cos 4\left(\dfrac{\pi}{3}\right) + i\,\text{sen}\,4\left(\dfrac{\pi}{3}\right)\right]$$
$$= 16\left(\cos\dfrac{4\pi}{3} + i\,\text{sen}\,\dfrac{4\pi}{3}\right)$$

También podemos dar la respuesta en forma rectangular: $-8 - 8\sqrt{3}\,i$.

7. Poder convertir de coordenadas rectangulares a coordenadas polares, y viceversa, y reconocer las diferentes formas en que puede representarse un punto mediante las coordenadas polares. (Sección 8.6)

Por ejemplo:

El punto polar $\left(1, \dfrac{3\pi}{4}\right)$ tiene otras representaciones, que incluyen $\left(1, -\dfrac{5\pi}{4}\right)$ y $\left(-1, \dfrac{7\pi}{4}\right)$. Véase la figura 8.70.

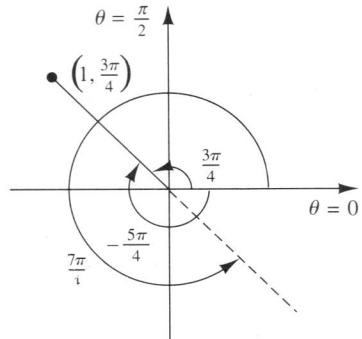

FIGURA 8.70 Diversas representaciones polares de $\left(1, \dfrac{3\pi}{4}\right)$

Si aplicamos las ecuaciones de conversión $x = r\cos\theta$ y $y = r\,\text{sen}\,\theta$ al punto $\left(1, \dfrac{3\pi}{4}\right)$, obtenemos

$x = 1\cos\dfrac{3\pi}{4} = -\dfrac{\sqrt{2}}{2}$ y $y = 1\,\text{sen}\,\dfrac{3\pi}{4} = \dfrac{\sqrt{2}}{2}$

y por lo tanto las coordenadas rectangulares de $\left(1, \dfrac{3\pi}{4}\right)$ son $\left(-\dfrac{\sqrt{2}}{2}, \dfrac{\sqrt{2}}{2}\right)$.

8. Poder graficar curvas en forma polar, localizando algunos puntos y utilizando las simetrías cuando sea posible. (Sección 8.6)

Por ejemplo:
La gráfica de $r = 2\cos\theta$ exhibe una simetría con respecto del eje polar, ya que si sustituimos $-\theta$ por θ, obtenemos la misma ecuación. Si graficamos algunos puntos para $\theta = 0, \dfrac{\pi}{2}, \pi, \dfrac{3\pi}{2}$, obtenemos la gráfica del círculo de la figura 8.71.

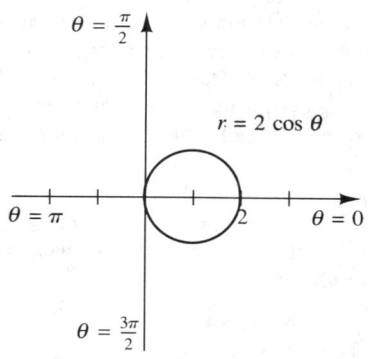

FIGURA 8.71

9. Reconocer la gráfica de una ecuación polar convirtiéndola a su forma rectangular (Sección 8.6)

Por ejemplo:

Podemos convertir la ecuación $r = 2\cos\theta$ a su forma rectangular como sigue:

$r = 2\cos\theta$ Multiplicamos ambos lados de la ecuación por r.

$r^2 = 2r\cos\theta$ Como $r^2 = x^2 + y^2$ y $x = r\cos\theta$, obtenemos

$x^2 + y^2 = 2x$ Lo que reconocemos como la ecuación de un círculo. Podemos completar el cuadrado para obtener

$(x-1)^2 + y^2 = 1$

Podemos reconocer esta ecuación como la correspondiente a un círculo con centro $(1, 0)$ y radio 1, que es precisamente la gráfica obtenida en la figura 8.71.

Capítulo 8   EJERCICIOS DE REPASO

En los ejercicios 1-4, utilice las fórmulas de la suma para determinar el valor exacto de la expresión dada.

1. $\cos 15°$
2. $\operatorname{sen}\dfrac{5\pi}{12}$
3. $\tan\dfrac{7\pi}{12}$
4. $\cos 195°$

En los ejercicios 5-16, verifique la identidad dada.

5. $\operatorname{sen}(3\pi - x) = \operatorname{sen} x$
6. $\cos(x + \pi) = -\cos x$
7. $\tan\left(\theta - \dfrac{\pi}{4}\right) = \dfrac{\tan\theta - 1}{\tan\theta + 1}$
8. $\operatorname{sen}(A + B)\operatorname{sen}(A - B) = \operatorname{sen}^2 A - \operatorname{sen}^2 B$
9. $\operatorname{sen}\left(\dfrac{\pi}{6} + x\right) = \dfrac{1}{2}(\cos x + \sqrt{3}\operatorname{sen} x)$
10. $\operatorname{sen}\left(\dfrac{\pi}{2} + \theta\right) + \cos(\pi - \theta) = 0$
11. $\operatorname{sen}(\alpha + \beta)\cos(\alpha - \beta) = \operatorname{sen}\alpha\cos\alpha + \operatorname{sen}\beta\cos\beta$
12. $\dfrac{1 + \cos 2x}{\operatorname{sen}^2 2x} = \dfrac{\csc^2 x}{2}$
13. $\dfrac{1 - \cos 2\theta}{\operatorname{sen} 2\theta} = \tan\theta$
14. $\dfrac{\operatorname{sen} 2\theta}{1 + \cos 2\theta} = \tan\theta$
15. $\tan 2A - \tan A = \tan A \sec 2A$
16. $\tan 2\beta = \dfrac{2}{\cot\beta - \tan\beta}$

En los ejercicios 17-26, resuelva cada ecuación trigonométrica en el intervalo $[0, 2\pi)$.

17. $\cos 2x = \operatorname{sen} x$
18. $2\cos^2 x + \cos 2x = 0$
19. $\cos 2x = 2\operatorname{sen}^2 x$
20. $\cos 2x + 2 = 3\cos x$
21. $\operatorname{sen} 4x = \cos 2x$
22. $\operatorname{sen} 2x = 2\cos x$
23. $\cos x = \cos\dfrac{x}{2}$
24. $\cos 4x - 7\cos 2x = 8$
25. $2 - \operatorname{sen}^2 x = 2\cos^2\dfrac{x}{2}$
26. $\operatorname{sen} 2x + \sqrt{2}\operatorname{sen} x = 0$

27. Dado que $\operatorname{sen}\theta = -\dfrac{2}{5}$ y θ está en el tercer cuadrante, determine $\operatorname{sen} 2\theta$.

28. Dado que $\cos\theta = \dfrac{3}{7}$ y θ está en el cuarto cuadrante, determine $\cos 2\theta$.

29. Dado que $\tan\theta = \dfrac{4}{9}$, determine $\tan 2\theta$.

30. Dado que $\tan\theta = -\dfrac{1}{4}$ y $\dfrac{\pi}{2} < \theta < \pi$, determine

    (a) $\operatorname{sen} 2\theta$ **(b)** $\cos 2\theta$

31. Dado que $\sen \theta = -\dfrac{3}{5}$ y $\dfrac{3\pi}{2} < \theta < 2\pi$, determine

(a) $\sen \dfrac{\theta}{2}$ (b) $\cos \dfrac{\theta}{2}$ (c) $\tan \dfrac{\theta}{2}$

32. Utilice la siguiente figura para expresar $\sen 2\theta$ como función de x.

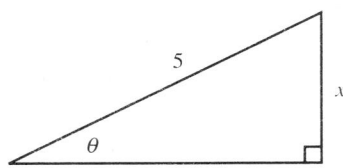

33. Utilice la figura del ejercicio 32 para expresar $\cos 2\theta$ como función de x.

34. Dado que $\sen \theta = \dfrac{a}{7}$, exprese $\cos 2\theta$ como función de a.

35. Dado que $\cos \theta = \dfrac{a}{5}$, exprese $\tan 2\theta$ como función de a.

36. Exprese $\cos 3\theta$ en términos de $\cos \theta$.

En los ejercicios 37-42, utilice la información dada para determinar las partes restantes del $\triangle ABC$. Aproxime su respuesta a décimos.

37. $A = 70°, B = 32°, a = 14$
38. $A = 105°, b = 8, c = 15$
39. $B = 39°, a = 9, c = 16$
40. $B = 41°, C = 24°, c = 5$
41. $a = 3, b = 7, c = 9$
42. $C = 115°, b = 25, c = 40$

En los ejercicios 43-46, determine cuántos triángulos ABC se pueden construir con la información dada.

43. $A = 52°, a = 8, b = 11$
44. $A = 71°, a = 30, b = 27$
45. $C = 130°, a = 65, b = 70$
46. $B = 47°, a = 12, b = 10$

47. Dos trenes parten de una estación a las 8:00 A.M. viajando por vías rectas, a 90 y 110 km/h, respectivamente. Si el ángulo entre sus direcciones de viaje es 106°, ¿a qué distancia entre sí están los trenes a las 9:15 A.M.?

48. Un helicóptero vuela sobre la línea que une los puntos A y B, que están a una distancia de 1.7 km entre sí. Si los ángulos de elevación al helicóptero desde los puntos A y B son 46.33° y 38.83°, respectivamente, determine la altura del helicóptero.

49. El ángulo de elevación de un árbol desde el punto A es 53°, mientras que el ángulo de elevación desde un segundo punto B a lo largo de la misma línea de visión al árbol, pero 50 pies más lejos es 46°. Estime la altura del árbol.

50. Un puesto de observación se localiza en el punto A, y un segundo puesto de observación en el punto B está a 3 millas hacia el poniente de A. Desde el punto A, la dirección a un blanco T es N57°E, mientras que la dirección a T desde B es N71°E. ¿A qué distancia del blanco están los puestos de observación?

En los ejercicios 51-54, trace los vectores dados $\mathbf{u}$ y $\mathbf{v}$ y sus resultantes. También determine la forma en componentes de $\mathbf{u} + \mathbf{v}$ y la longitud de la resultante.

51. $\mathbf{u} = \langle 2, 7 \rangle, \quad \mathbf{v} = \langle 5, 3 \rangle$
52. $\mathbf{u} = \langle -3, 2 \rangle, \quad \mathbf{v} = \langle 4, -1 \rangle$
53. $\mathbf{u} = 4\mathbf{i} - \mathbf{j}, \quad \mathbf{v} = \mathbf{i} + \mathbf{j}$
54. $\mathbf{u} = -3\mathbf{i} - 6\mathbf{j}, \quad \mathbf{v} = \mathbf{i} - \mathbf{j}$

En los ejercicios 55-58, sean $\mathbf{u} = \langle 2, -5 \rangle$ y $\mathbf{v} = \langle 4, 3 \rangle$. Exprese cada uno de los siguientes vectores en forma de componentes y como combinación lineal de $\mathbf{i}$ y $\mathbf{j}$.

55. $\mathbf{u} + \mathbf{v}$ **56.** $\mathbf{u} - 5\mathbf{v}$
57. $2\mathbf{u} + 4\mathbf{v}$ **58.** $-3\mathbf{u} + 5\mathbf{v}$

En los ejercicios 59-62, el vector $\mathbf{v}$ está en posición canónica y θ es el ángulo que forma $\mathbf{v}$ con el eje x positivo. Dado $|\mathbf{v}|$, resuelva el vector dado en sus componentes horizontal y vertical y exprese $\mathbf{v}$ en forma de componentes.

59. $|\mathbf{v}| = 3, \theta = 45°$ **60.** $|\mathbf{v}| 8, \theta = 30°$
61. $|\mathbf{v}| = 10, \theta = 118°$ **62.** $|\mathbf{v}| = 5, \theta = 25°$

En los ejercicios 63-66, determine un vector unitario en la dirección de $\mathbf{v}$.

63. $\mathbf{v} = \langle 5, 4 \rangle$ **64.** $\mathbf{v} = 3\mathbf{i} + 2\mathbf{j}$
65. $\mathbf{v} = 4\langle 3, 5 \rangle + \langle 2, 1 \rangle$ **66.** $\mathbf{v} = \dfrac{1}{3}\mathbf{i} - \dfrac{3}{4}\mathbf{j}$

En los ejercicios 67-70, los vectores $\mathbf{A}$ y $\mathbf{B}$ representan dos fuerzas que actúan sobre el origen con las magnitudes dadas. Determine la magnitud del vector resultante y el ángulo θ que forma la resultante con $\mathbf{A}$.

67. $\mathbf{A} = \langle 4, 0 \rangle, \mathbf{B} = \langle 0, 5 \rangle$ **68.** $\mathbf{A} = \langle 1, 3 \rangle, \mathbf{B} = \langle 2, 4 \rangle$
69. $\mathbf{A} = \langle 6, 2 \rangle, \mathbf{B} = \langle 1, 8 \rangle$ **70.** $\mathbf{A} = \langle 10, 0 \rangle, \mathbf{B} = \langle 0, 7 \rangle$

71. Dos fuerzas de 19 y 13 libras actúan en el mismo punto en el plano. Si el ángulo entre las dos fuerzas es de 28°, determine la magnitud de la fuerza resultante.

72. Dos fuerzas de 28 y 35 libras que actúan sobre el mismo punto en el plano producen una resultante de magnitud 46 libras. Determine el ángulo entre las fuerzas.

73. Dos fuerzas que actúan sobre el mismo punto en el plano producen una resultante de magnitud 15.6 libras. Si una de las fuerzas es de 9 libras y su ángulo con la resultante es de 12°, determine la otra fuerza.

74. Un bote de motor viaja hacia el norte a 25 millas/hora. La corriente va hacia el oriente a 3.6 millas/hora. Determine la dirección y rapidez del bote.
75. Un avión mantiene una dirección de N16°E y tiene una velocidad con respecto del aire de 475 millas/hora. Si el viento sopla hacia el norte a 35 millas/hora, determine el curso y la velocidad del avión con respecto del suelo.
76. Un avión mantiene una dirección de N31°E y tiene una velocidad con respecto del aire de 230 millas/hora. El viento sopla hacia el sur, lo cual causa que el avión tome un curso de N32.8°E con una velocidad con respecto de la tierra de 210 millas/hora. Determine la rapidez del viento.
77. Un bloque que pesa 50 libras reposa sobre una rampa inclinada que forma un ángulo de 12° con la horizontal. Determine las componentes del peso paralela y perpendicular a la rampa.
78. Un leño que pesa 215 libras reposa sobre una banda transportadora inclinada que forma un ángulo de 14° con la horizontal. Si despreciamos la fricción, determine la fuerza paralela a la banda necesaria para mantener el leño sin rodar.
79. Un bloque se coloca sobre una rampa inclinada que forma un ángulo de 9° con la horizontal. Si la componente del peso paralela a la rampa es 46.7 libras, determine el peso del bloque.
80. Un bloque reposa sobre una rampa inclinada que forma un ángulo de 11.2° con la horizontal. Si la componente del peso perpendicular a la rampa es 13.5 libras, determine la componente del peso paralela a la rampa.

En los ejercicios 81-84, si el número dado está en forma rectangular, conviértalo a su forma trigonométrica; si está en forma trigonométrica, conviértalo a su forma rectangular. En caso necesario, puede redondear a dos cifras decimales.

81. $\sqrt{2} - i$
82. $6\left(\cos\dfrac{7\pi}{6} + i\,\text{sen}\,\dfrac{7\pi}{6}\right)$
83. $8\left(\cos\dfrac{3\pi}{4} + i\,\text{sen}\,\dfrac{3\pi}{4}\right)$
84. $3 + 3i$

En los ejercicios 85-86, utilice las reglas del producto y cociente para determinar $z_1 \cdot z_2$ y $\dfrac{z_1}{z_2}$.

85. $z_1 = 4\left(\cos\dfrac{\pi}{3} + i\,\text{sen}\,\dfrac{\pi}{3}\right); z_2 = 3\left(\cos\dfrac{\pi}{5} + i\,\text{sen}\,\dfrac{\pi}{5}\right)$
86. $z_1 = 9(\cos 120° + i\,\text{sen}\,120°);$
    $z_2 = 3(\cos 210° + i\,\text{sen}\,210°)$

En los ejercicios 87-92, calcule la potencia indicada utilizando el teorema de DeMoivre.

87. $\left[4(\cos\dfrac{\pi}{3} + i\,\text{sen}\,\dfrac{\pi}{3})\right]^4$
88. $\left[\sqrt[3]{4}\left(\cos\dfrac{5\pi}{6} + i\,\text{sen}\,\dfrac{5\pi}{6}\right)\right]^6$
89. $(1 - i)^6$
90. $(\sqrt{3} + i)^8$
91. $(-2 - 2i)^5$
92. $\left(-\dfrac{1}{2} + \dfrac{\sqrt{3}}{2}i\right)^6$

En los ejercicios 93-96, utilice el teorema de las raíces n-ésimas para determinar las raíces solicitadas del número complejo dado.

93. Determine las raíces cuartas de $2\sqrt{3} - 2i$.
94. Determine las raíces cúbicas de $1 + i$.
95. Determine las raíces quintas de 1.
96. Determine las raíces cuadradas de $-i$.

En los ejercicios 97-100, determine otras dos representaciones polares del punto dado, una con r positivo y otra con r negativo.

97. $\left(3, \dfrac{\pi}{4}\right)$
98. $\left(5, -\dfrac{2\pi}{3}\right)$
99. $(-1, \pi)$
100. $\left(-2, -\dfrac{5\pi}{6}\right)$

En los ejercicios 101-104, las coordenadas dadas se dan como rectangulares o polares. Si son rectangulares, conviértalas a polares y viceversa. Limite θ al intervalo $[0, 2\pi)$, y redondee a dos cifras decimales en caso necesario.

101. Polar: $\left(3, \dfrac{3\pi}{4}\right)$
102. Rectangular: $(2, 2)$
103. Rectangular: $(-5\sqrt{3}, -5)$
104. Polar: $\left(-4, -\dfrac{5\pi}{6}\right)$

En los ejercicios 105-112, convierta la ecuación dada en forma polar a su forma rectangular. Si puede hacerlo, identifique la gráfica de la ecuación dada.

105. $r = 6\,\text{sen}\,\theta$
106. $r = 8$
107. $\theta = \dfrac{\pi}{4}$
108. $r = 4\sec\theta$
109. $r\,\text{sen}\,\theta = 4$
110. $r\cos\theta = -2$
111. $r = \dfrac{1}{1 - \cos\theta}$
112. $r = 2\tan\theta$

En los ejercicios 113-124, trace la gráfica de la ecuación dada en un sistema de coordenadas polares.

113. $r\,\text{sen}\,\theta = 2$
114. $r\cos\theta = -4$
115. $r = 5\cos\theta$
116. $r = 4\,\text{sen}\,\theta$
117. $r = 1 + \text{sen}\,\theta$ (cardioide)
118. $r = 1 - \cos\theta$ (cardioide)
119. $r = \text{sen}\,3\theta$ (rosa de tres pétalos)

120. $r = 4 \cos 2\theta$ (rosa de cuatro pétalos)
121. $r^2 = \cos 2\theta$ (lemniscata)
122. $r^2 = 9 \sen 2\theta$ (lemniscata)
123. $r = 2 + 4 \sen \theta$ (limaçon)
124. $r = 4 - 3 \cos \theta$ (limaçon)

Capítulo 8 EXAMEN DE PRÁCTICA

1. Utilice una fórmula para la suma y determine el valor exacto de $\cos \dfrac{7\pi}{12}$.
2. Verifique las siguientes identidades:
   (a) $\sen(\theta + \pi) = -\sen \theta$
   (b) $\tan^2 x = \dfrac{1 - \cos 2x}{1 + \cos 2x}$
3. Despeje θ en la siguiente ecuación, θ en $[0, 2\pi)$.
$$3 - \cos^2 \theta = 2 \sen^2 \dfrac{\theta}{2}$$
4. Dado que $\tan \theta = \dfrac{1}{6}$ y $\pi < \theta < \dfrac{3\pi}{2}$, determine
   (a) $\sen 2\theta$ (b) $\cos 2\theta$
5. Dado que $\cos \theta = \dfrac{2a}{3}$, exprese $\tan 2\theta$ como función de a.
6. Dada la siguiente información acerca de $\triangle ABC$, determine las partes restantes del triángulo.
   (a) $A = 75°$, $B = 43°$, $a = 20$
   (b) $B = 105°$, $a = 10$, $c = 20$
7. El ángulo de elevación a la parte superior de un puente desde el punto A es 88.4°, y el ángulo de elevación desde un segundo punto B a lo largo de la misma línea de visión hasta el puente, pero 90 pies más lejos, es 70.3°. Estime la altura del puente.
8. Trace los vectores dados $\mathbf{u}$ y $\mathbf{v}$ y su resultante. Determine también la forma de componentes de $\mathbf{u} + \mathbf{v}$ y la longitud de la resultante.
   (a) $\mathbf{u} = \langle 3,-1 \rangle$, $\mathbf{v} = \langle 2,4 \rangle$
   (b) $\mathbf{u} = 5\mathbf{i} - 2\mathbf{j}$, $\mathbf{v} = \mathbf{i} + 2\mathbf{j}$
9. Sea $\mathbf{u} = \langle 3, 7 \rangle$ y $\mathbf{v} = \langle 2, 6 \rangle$.
   (a) Exprese $5\mathbf{u} + 3\mathbf{v}$ en forma de componentes.
   (b) Exprese $-4\mathbf{u} + 3\mathbf{v}$ en forma $\mathbf{i}$, $\mathbf{j}$.
10. Suponga que el vector $\mathbf{v}$ está en posición canónica, tiene longitud 8 y forma un ángulo de 56° con el eje x positivo. Exprese el vector dado en sus componentes horizontal y vertical y exprese $\mathbf{v}$ en forma de componentes.
11. Determine un vector unitario en la dirección de $\langle 4, 5 \rangle$.
12. Sean O, P, y Q los puntos $O(0, 0)$, $P(1, 4)$ y $Q(-5, 2)$. Determine la resultante $\overrightarrow{OP} + \overrightarrow{OQ}$ y el ángulo que forma la resultante con $\overrightarrow{OP}$.
13. Un avión mantiene una dirección de N35°E con una velocidad respecto del aire de 180 millas/hora. El viento sopla hacia el oriente, lo que causa que el avión lleve un curso de N37°E y una rapidez con respecto de la tierra de 200 millas/hora. Determine la rapidez del viento.
14. Un barril de petróleo que pesa 280 libras está de lado sobre una rampa que forma un ángulo de 8° con la horizontal. Si despreciamos la fricción, determine la fuerza paralela a la rampa necesaria para rodar el barril hacia arriba en la rampa.
15. Exprese el número complejo $-1 - i\sqrt{3}$ en forma trigonométrica.
16. Utilice el teorema de DeMoivre para calcular $(1 + i)^8$.
17. Proporcione otras dos representaciones polares para el punto polar $\left(5, \dfrac{7\pi}{6}\right)$, una con r negativo y otra con θ negativo.
18. Trace la gráfica de $r = 4 - 4 \cos \theta$ en un sistema de coordenadas polares.
19. Determine las raíces cúbicas de $27i$.

CAPÍTULO 9

Secciones cónicas y sistemas no lineales

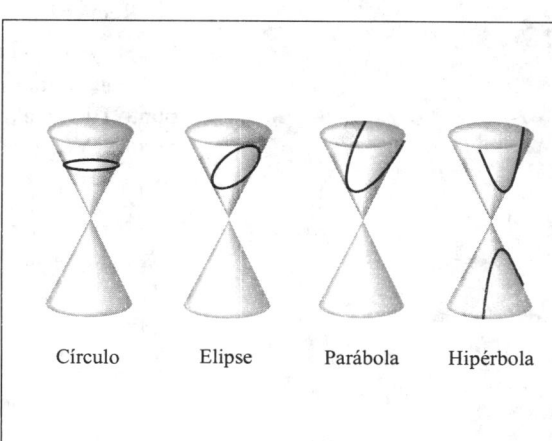

Círculo   Elipse   Parábola   Hipérbola

9.1 Secciones cónicas: círculos
9.2 La parábola
9.3 La elipse
9.4 La hipérbola
9.5 Identificación de secciones cónicas: formas degeneradas
9.6 Traslaciones y rotaciones de los ejes de coordenadas
9.7 Sistemas no lineales de ecuaciones y desigualdades

Resumen ■ *Ejercicios de repaso* ■ *Examen de práctica*

En la sección 2.1 analizamos las gráficas de ecuaciones de la forma $Ax + By = C$: las ecuaciones de primer grado en dos variables. En este capítulo analizamos las gráficas de la *ecuación general de segundo grado en dos variables*,

$$Ax^2 + Bxy + Cy^2 + Dx + Ey + F = 0 \tag{1}$$

Si existen parejas ordenadas que satisfagan tal ecuación, se puede mostrar que (con ciertas excepciones) la gráfica será alguna de las siguientes figuras: un círculo, una parábola, una elipse o una hipérbola. Estas figuras son las **secciones cónicas**, pues describen la intersección de un plano con un cono de dos hojas, como se muestra arriba.

En ésta y algunas de las siguientes secciones, nos concentraremos en los casos en que $B = 0$ en la ecuación general de segundo grado. En otras palabras, nos centraremos en ecuaciones de la forma (1) que no contienen un término xy y donde A y C no son ambos iguales a cero.

9.1 Secciones cónicas: círculos

En la sección 2.1 establecimos la definición geométrica de un círculo y desarrollamos la ecuación de un círculo aplicando la fórmula de la distancia a esta definición. Revisaremos aquí brevemente el análisis del círculo, ya que utilizaremos el mismo método para desarrollar las ecuaciones de las demás secciones cónicas.

Recuerde que la fórmula que utilizamos para determinar la distancia entre los puntos (x_1, y_1) y (x_2, y_2) en el plano cartesiano es $d = \sqrt{(x_2 - x_1)^2 + (y_2 - y_1)^2}$. El círculo se define como el conjunto de los puntos en el plano equidistantes de un punto fijo. Decimos que el punto fijo es el centro, $C(h, k)$ y la distancia del centro a cualquier punto del círculo es el radio r. Véase la figura 9.1.

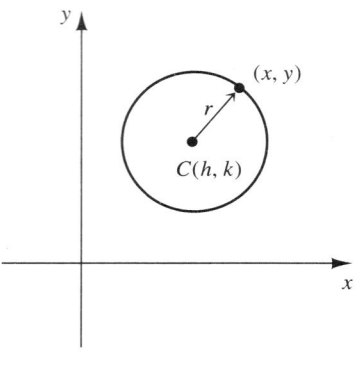

FIGURA 9.1

Por la fórmula de la distancia, un punto (x, y) está en el círculo si y sólo si $\sqrt{(x - h)^2 + (y - k)^2} = r$, que, al elevar al cuadrado ambos lados, implica la forma canónica de un círculo.

FORMA CANÓNICA DE UN CÍRCULO CON CENTRO $C(h, k)$ Y RADIO r

La ecuación de un círculo con centro (h, k) y radio r es

$$(x - h)^2 + (y - k)^2 = r^2$$

Para determinar una ecuación del círculo con centro $(-1, 5)$ y radio 4, utilizamos la forma canónica del círculo con $h = -1$, $k = 5$ y $r = 4$ para obtener

$$[x - (-1)]^2 + (y - 5)^2 = 4^2 \quad \text{o} \quad (x + 1)^2 + (y - 5)^2 = 16$$

EJEMPLO 1   Determinar el centro y radio del círculo

$$2x^2 + 2y^2 - 8x + 12y - 28 = 0.$$

Solución   La ecuación $2x^2 + 2y^2 - 8x + 12y - 28 = 0$ no está en forma canónica, así que debemos completar el cuadrado. Sin embargo, antes de hacerlo, dividimos cada lado de la ecuación entre 2 para hacer los coeficientes de los términos de segundo grado iguales a 1.

$2x^2 + 2y^2 - 8x + 12y - 28 = 0$ *Dividimos ambos lados de la ecuación entre 2.*

$x^2 + y^2 - 4x + 6y - 14 = 0$ *Sumamos 14 a cada lado y agrupamos los términos como se muestra.*

$(x^2 - 4x) + (y^2 + 6y) = 14$ *Completamos el cuadrado para cada expresión cuadrática:*

$$\left[\tfrac{1}{2}(-4)\right]^2 = 4, \quad \left[\tfrac{1}{2}(6)\right]^2 = 9$$

Sumamos 4 y 9 en ambos lados de la ecuación.

$(x^2 - 4x + 4) + (y^2 + 6y + 9) = 14 + 4 + 9$ *Reescribimos las expresiones cuadráticas en forma factorizada.*

$(x - 2)^2 + (y + 3)^2 = 27$ *Ahora está en forma canónica.*

Ahora, podemos leer $h = 2$, $k = -3$ y $r^2 = 27 \Rightarrow r = \sqrt{27} = 3\sqrt{3}$. Por lo tanto, el centro es $(2, -3)$ y el radio es $3\sqrt{3}$. Véase la figura 9.2.

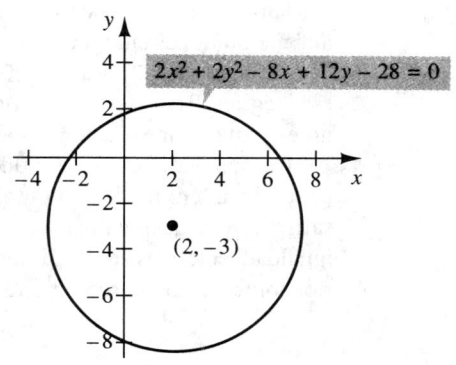

FIGURA 9.2

GRAFIJACIÓN

Para utilizar una calculadora gráfica y graficar una relación que no sea una función, como $x^2 + y^2 = 9$, primero hay que despejar a y para obtener: $y = \sqrt{9 - x^2}$. Después graficamos $y = \sqrt{9 - x^2}$ y $y = -\sqrt{9 - x^2}$ en el mismo conjunto de ejes coordenados.

1. Con este procedimiento, grafique el círculo $x^2 + y^2 = 12$ en su calculadora gráfica.
2. Con este procedimiento, grafique el círculo $(x + 5)^2 + (y - 3)^2 = 20$ en su calculadora gráfica.

Nota: Si las unidades vertical y horizontal de la pantalla no tienen la misma longitud, tal vez el círculo no se vea redondo.

¿Será la gráfica de la ecuación $x^2 + y^2 = 0$ o $x^2 + y^2 = -5$ un círculo?

En este punto, habrá reconocido que si los coeficientes de los términos cuadrados en la ecuación de segundo grado (1) son idénticos (es decir, si $A = C$ en la ecuación $Ax^2 + Cy^2 + Dx + Ey + F = 0$), entonces, al completar el cuadrado, siempre podremos escribir la ecuación en la forma $(x - h)^2 + (y - k)^2 = a$, donde a es una constante. Aunque esperamos que esta forma nos proporcione un círculo, la gráfica será un círculo sólo si $a > 0$. Diremos más acerca de los casos excepcionales en la sección 9.5.

EJEMPLO 2 Graficar la solución de la desigualdad $(x - 3)^2 + (y - 2)^2 < 16$.

Solución Graficamos las desigualdades cuadráticas utilizando el mismo método que en el caso de las desigualdades lineales. Primero graficamos la ecuación $(x - 3)^2 + (y - 2)^2 = 16$, que es un círculo con centro en $(3, 2)$ y radio 4. Esta gráfica divide al plano en dos regiones: la región dentro del círculo y la región fuera del círculo. La solución es una de las regiones.

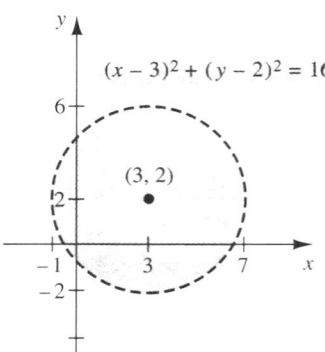

FIGURA 9.3 La solución de $(x - 3)^2 + (y - 2)^2 < 16$

Para el círculo, podemos determinar cuál región es la solución si vemos que, por la definición del círculo, $(x - 3)^2 + (y - 2)^2 < 16$ indica todos los puntos a *menos de* 4 unidades del centro, $(3, 2)$. La solución es por lo tanto, la región dentro del círculo, y sombreamos esta región. Representamos el círculo mediante una curva punteada para indicar que éste no es parte de la solución. Véase la figura 9.3.

¿Cómo interpretamos $(x - 3)^2 + (y - 2)^2 \geq 16$?

De manera alternativa, podemos determinar la solución utilizando un punto de prueba; es decir, eligiendo un punto en una de las regiones y demostrando que sus coordenadas satisfacen la desigualdad $(x - 3)^2 + (y - 2)^2 < 16$. Si sus coordenadas satisfacen la desigualdad, entonces sombreamos la región que contiene al punto de prueba; en caso contrario, sombreamos la región que no contiene al punto de prueba. ∎

EJERCICIOS 9.1

1. Determine la ecuación del círculo con centro $(3, -8)$ y radio 5.
2. Determine la ecuación del círculo con centro $\left(2, \dfrac{1}{3}\right)$ y radio 6.
3. Determine la ecuación del círculo con centro $(-3, 1)$ y radio 1. Escriba esta ecuación en la forma general de una ecuación de segundo grado.
4. Determine la ecuación del círculo con centro $\left(-\dfrac{1}{5}, \dfrac{1}{2}\right)$ y radio 3. Escriba esta ecuación en la forma general de una ecuación de segundo grado.

En los ejercicios 5-14, identifique el centro y el radio de los círculos descritos por la ecuación.

5. $(x - 2)^2 + (y + 3)^2 = 81$
6. $(x + 5)^2 + (y - 3)^2 = 16$
7. $\left(x - \dfrac{1}{2}\right)^2 + y^2 = 18$
8. $x^2 + \left(y - \dfrac{1}{3}\right)^2 = 12$
9. $x^2 + y^2 - 6x - 8y + 9 = 0$
10. $x^2 + y^2 + 10x - 6y + 10 = 0$
11. $x^2 + y^2 - 6x - 15 = 0$
12. $x^2 + y^2 - 14x + 31 = 0$
13. $4x^2 + 4y^2 - 4y - 47 = 0$
14. $9x^2 + 9y^2 - 6x - 6y - 79 = 0$
15. Existe un teorema en geometría el cual establece que cualquier recta tangente a un círculo en un punto, P, es perpendicular a la recta que pasa por P y el centro del círculo. (Véase la siguiente figura). Utilice este teorema para determinar la ecuación de la recta tangente al círculo $x^2 + y^2 = 5$ en el punto $(1, 2)$.

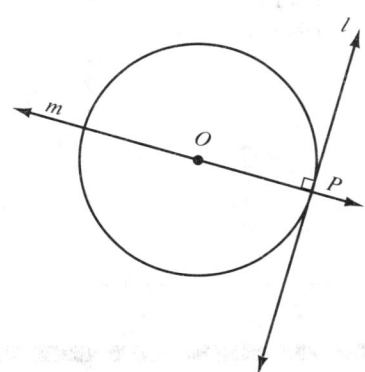

16. Utilice el teorema del ejercicio 15 para determinar la ecuación de la recta tangente al círculo $(x - 3)^2 + (y - 2)^2 = 40$ en el punto $(5, -4)$.
17. Utilice el teorema del ejercicio 15 para determinar la ecuación de la recta tangente al círculo $x^2 + (y - 3)^2 = 8$ en el punto $(2, 5)$.
18. Utilice el teorema del ejercicio 15 para determinar la ecuación de la recta tangente al círculo $(x - 1)^2 + y^2 = 32$ en el punto $(5, -4)$.

En los ejercicios 19-22, grafique la solución de cada desigualdad.

19. $x^2 + y^2 \leq 81$
20. $(x + 2)^2 + (y - 1)^2 \leq 25$
21. $x^2 + y^2 - 8x - 6y + 9 < 0$
22. $x^2 + y^2 - 2x + 10y > -10$
23. Cuando nos referimos a la distancia de un punto a una recta, hablamos de la distancia más corta a la recta, que se define como la distancia *perpendicular*: la longitud del segmento de recta perpendicular que une al punto con la recta. (Véase la siguiente figura.)

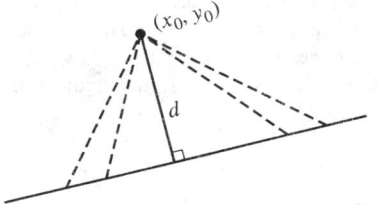

La distancia (perpendicular) del punto (x_0, y_0) a la recta $Ax + By + C = 0$ se puede determinar mediante la fórmula

$$d = \dfrac{|Ax_0 + By_0 + C|}{\sqrt{A^2 + B^2}}$$

Utilice esta fórmula para determinar la distancia entre el punto $(3, -2)$ y la recta $3x - 4y + 5 = 0$.

24. Utilice la fórmula del ejercicio 23 para determinar la distancia entre el punto $(0, -3)$ y la recta $x = 5$.
25. Determine la ecuación del círculo con centro en $(0, 0)$, si una recta tangente al círculo tiene la ecuación $2x - 3y = 12$. SUGERENCIA: Utilice la fórmula del ejercicio 23.
26. Determine la ecuación del círculo con centro $(2, 6)$, si una recta tangente al círculo tiene la ecuación $x - 3y = 9$. SUGERENCIA: Utilice la fórmula del ejercicio 23.
27. La distancia (perpendicular) del punto (x_0, y_0) a la recta $y = mx + b$ se puede determinar mediante la fórmula

$$d = \dfrac{|mx_0 + b - y_0|}{\sqrt{1 + m^2}}$$

Utilice la fórmula para determinar la distancia del punto $(2, 4)$ a la recta $y = 3x - 4$.

28. Utilice la fórmula del ejercicio 27 para determinar la distancia del punto $(3, -1)$ a la recta $y = 5x + 7$.
29. Utilice la fórmula del ejercicio 27 para mostrar que la distancia (perpendicular) entre dos rectas paralelas $y = mx + b_1$ y $y = mx + b_2$ está dada por la fórmula

$$d = \frac{|b_1 - b_2|}{\sqrt{1 + m^2}}$$

SUGERENCIA: Elija cualquier punto de la recta $y = mx + b_1$, y llámelo (x_0, y_0). Después utilice la fórmula de la distancia del punto (x_0, y_0) a la recta $y = mx + b_2$.

30. Utilice la fórmula del ejercicio 29 para determinar la distancia entre las rectas $y = 5x - 4$ y $y = 5x + 7$.
31. A continuación describimos una forma de demostrar que la ecuación de la recta tangente al círculo $x^2 + y^2 = r^2$ en el punto (x_0, y_0) tiene la ecuación

$$xx_0 + yy_0 = r^2$$

(a) Grafique primero el círculo $x^2 + y^2 = r^2$, con la recta tangente que pasa por el punto (x_0, y_0). Trace después una recta que pase por el centro y por el punto (x_0, y_0). ¿Cuál es el centro de este círculo? (Véase la figura siguiente).

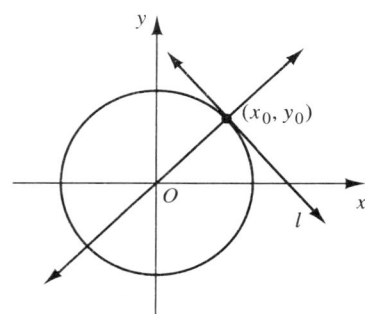

(b) Para determinar la ecuación de una recta, necesitamos un punto por donde pase la recta y la pendiente. Sabemos que la recta pasa por el punto (x_0, y_0), pero necesitamos determinar su pendiente.
(c) Sabemos que la recta tangente es perpendicular al segmento de recta que une al centro con el punto de tangencia. Utilice esta información para mostrar que la recta tangente tiene pendiente $-\dfrac{x_0}{y_0}$.
(d) Ahora tenemos la pendiente de la recta tangente y un punto por donde pasa la recta. Utilice la fórmula punto-pendiente para mostrar que la ecuación de la recta tangente es $y - y_0 = -\dfrac{x_0}{y_0}(x - x_0)$.
(e) Al multiplicar ambos lados de la ecuación por y_0 y agrupar los términos constantes del lado derecho de la ecuación, obtenemos $xx_0 + yy_0 = x_0^2 + y_0^2$. ¿Cómo obtenemos $xx_0 + yy_0 = r^2$?

32. Utilice el resultado del ejercicio 31 y determine la ecuación de la recta tangente al círculo $x^2 + y^2 = 29$ en el punto $(2, 5)$.

GRAFICACIÓN

En los ejercicios 33-36, utilice una calculadora gráfica o una computadora para graficar la ecuación.

33. $x^2 + y^2 = 36$
34. $2x^2 + 2y^2 = 18$
35. $(x - 3)^2 + (y + 4)^2 = 18$
36. $(x + 2)^2 + (y + 1)^2 = 2$

9.2 La parábola

En la sección 3.4 examinamos la función cuadrática general $f(x) = ax^2 + bx + c$ con detalle y mencionamos que la gráfica de esta función es una **parábola**. En esta sección partimos de la definición geométrica de una parábola y, como lo hicimos con el círculo, obtendremos la ecuación de una parábola aplicando la fórmula de la distancia a su definición.

9.2 La parábola

DEFINICIÓN Una **parábola** es el conjunto de puntos en un plano cuya distancia a un punto fijo es igual a su distancia a una recta fija. El punto fijo es el **foco** y la recta fija es la **directriz**. Véase la figura 9.4(a).

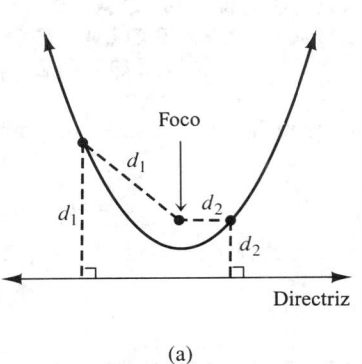

FIGURA 9.4 La parábola

La recta que pasa por el foco y es perpendicular a la directriz es el **eje de simetría**, y el punto donde la parábola interseca a su eje de simetría es el **vértice**. Véase la figura 9.4(b). Nos concentraremos en las parábolas que tienen su eje de simetría horizontal o vertical.

La parábola con vértice (0,0)

Dado el foco y su directriz, elegimos un sistema de coordenadas de modo tal que la directriz sea horizontal y el origen esté a la mitad de la distancia entre el foco y la directriz. Llamaremos p a la distancia entre el foco y el origen ($p > 0$), de modo que la distancia entre el origen y la directriz también es p. Por lo tanto, las coordenadas del foco F son $(0, p)$ y la ecuación de la directriz es $y = -p$. Véase la figura 9.5.

Por definición de una parábola, si elegimos cualquier punto de la parábola, $P(x, y)$, la distancia de $P(x, y)$ a su foco, $F(0, p)$ es igual a la distancia del punto $P(x, y)$ al punto $L(x, -p)$. (Observe que $L(x, -p)$ es el punto que se utiliza para determinar la distancia perpendicular a la recta $y = -p$.)

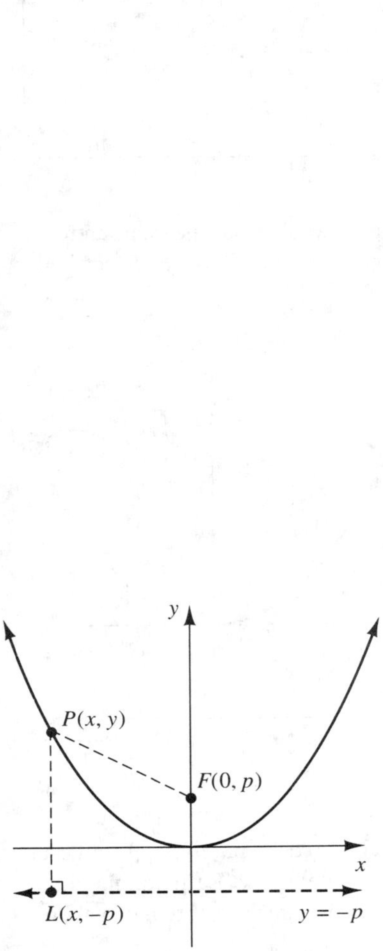

$$|\overline{PF}| = |\overline{PL}| \qquad \text{Utilizamos la fórmula de la distancia para obtener}$$

$$\sqrt{(x-0)^2 + (y-p)^2} = \sqrt{(x-x)^2 + (y+p)^2} \qquad \text{Calculamos el cuadrado de ambos lados para obtener}$$

$$(x-0)^2 + (y-p)^2 = (y+p)^2 \qquad \text{Simplificamos.}$$

$$x^2 + (y-p)^2 = (y+p)^2$$

$$x^2 + y^2 - 2py + p^2 = y^2 + 2py + p^2 \qquad \text{Lo que implica}$$

$$x^2 = 4py$$

FIGURA 9.5 La parábola con foco $(0, p)$, $p > 0$, vértice $(0, 0)$ y directriz $y = -p$

Hemos deducido lo siguiente:

558   Capítulo 9   Secciones cónicas y sistemas no lineales

La parábola "vertical" con vértice en (0, 0)

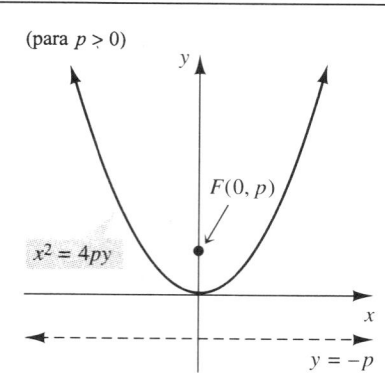

(para $p > 0$)

$x^2 = 4py$

FORMA CANÓNICA DE LA ECUACIÓN DE UNA PARÁBOLA CON FOCO (0, p) Y DIRECTRIZ y = −p

La forma canónica para la ecuación de una parábola con foco $(0, p)$ y directriz $y = -p$ es

$$x^2 = 4py$$

Ésta es una parábola con vértice en el origen y que tiene al eje y como su eje de simetría.

La figura 9.6 muestra la relación entre la forma de la parábola y la distancia entre su foco y su directriz. Observe que entre más separados se encuentren el foco y la directriz, la parábola será más abierta.

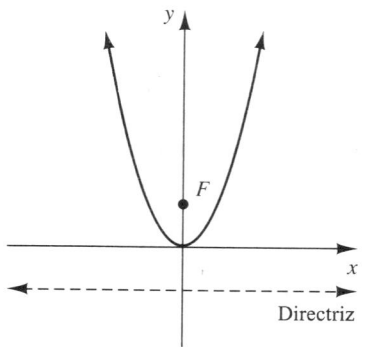
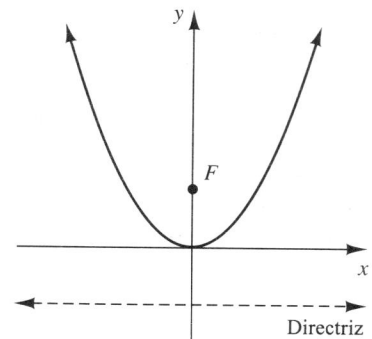
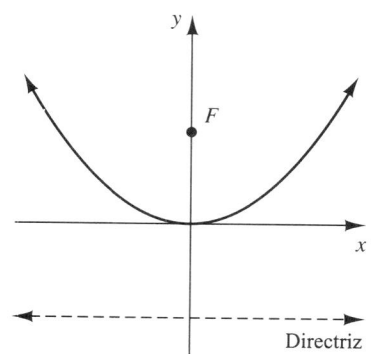

FIGURA 9.6

Recuerde que si p es negativo, entonces $-p$ es positivo.

Llegamos al mismo resultado con $p < 0$. En este caso, el foco de la parábola, $(0, p)$, está debajo del eje x, y la directriz horizontal, $y = -p$, está arriba del eje x. La parábola sigue teniendo su vértice en el origen y al eje y como su eje de simetría, pero se abre hacia abajo, como se indica en la figura 9.7.

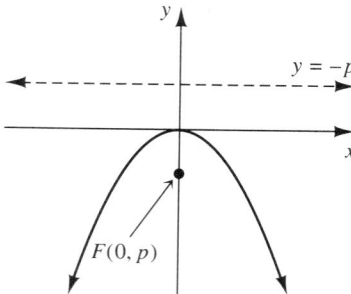

FIGURA 9.7 La parábola con foco (0, p), p < 0, vértice (0, 0) y directriz y = −p

EJEMPLO 1 Determinar el foco y la directriz de la parábola $y = -\frac{1}{3}x^2$.

Solución Para una parábola dada en la forma $x^2 = 4py$, sabemos que la ecuación de la directriz es $y = -p$ y que el foco es $(0, p)$, por lo que necesitamos identificar p. Podemos escribir la ecuación $y = -\frac{1}{3}x^2$ en la forma $x^2 = 4py$ despejando x^2:

$$y = -\frac{1}{3}x^2 \Rightarrow x^2 = -3y.$$

Comparamos esto con la forma canónica para identificar p:

$$x^2 = 4py$$
$$x^2 = -3y \qquad \textit{Vemos que } 4p = -3 \Rightarrow p = -\frac{3}{4}.$$

¿Por qué esta parábola abre hacia abajo? Si el foco está arriba de la directriz, ¿qué se puede decir acerca de la orientación de la parábola?

Por lo tanto, el foco es $\left(0, -\frac{3}{4}\right)$ y la directriz es $y = \frac{1}{3}$. Véase la figura 9.8.

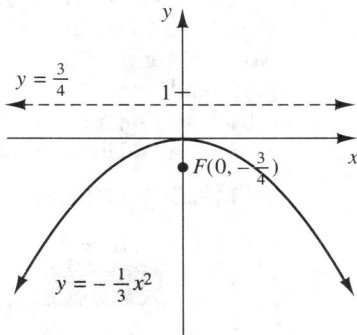

FIGURA 9.8

Ahora analizaremos la parábola con vértice en el origen pero simétrica con respecto del eje x. El foco $F(p, 0)$ y la directriz $x = -p$, como vemos en la figura 9.9.

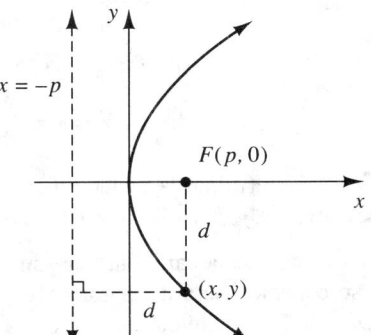

FIGURA 9.9 La parábola con foco $(p, 0)$, $p > 0$, vértice $(0, 0)$ y directriz $x = -p$

Como en el caso de la parábola simétrica con respecto del eje y, podemos deducir la ecuación de la parábola simétrica con respecto del eje x utilizando la fórmula de la distancia.

Obtenemos lo siguiente:

La parábola "horizontal" con vértice (0, 0)

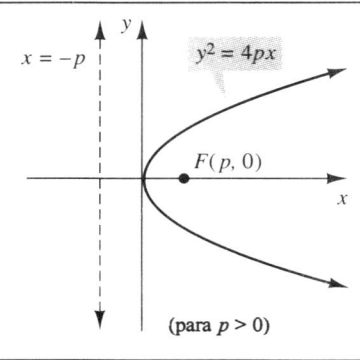

FORMA CANÓNICA PARA LA ECUACIÓN DE UNA PARÁBOLA CON FOCO (p, 0) Y DIRECTRIZ x = −p

La forma canónica para la ecuación de una parábola con foco $(p, 0)$ y directriz $x = -p$ es

$$y^2 = 4px$$

Ésta es una parábola con vértice en el origen y que tiene como eje de simetría al eje x.

Observemos más de cerca las diferencias entre las dos formas canónicas: El elemento clave para determinar si la parábola abre hacia arriba (abajo) o hacia la derecha (izquierda) es el término de segundo grado (al cuadrado). Sólo existe un término de segundo grado en la ecuación de la parábola; si existe un término x^2, la parábola abre hacia arriba o hacia abajo (simetría con respecto del eje y), pero si existe un término y^2, la parábola abre hacia la derecha o hacia la izquierda (simetría con respecto del eje x).

EJEMPLO 2 Determinar el foco y la directriz de la parábola $x = 2y^2$.

Solución Primero determinamos cuál forma canónica debemos utilizar. Observemos que como existe un término y^2 (y no existe x^2), tenemos una parábola simétrica con respecto del eje x y utilizamos la forma $y^2 = 4px$.

Podemos escribir la ecuación $x = 2y^2$ en la forma $y^2 = 4px$ y despejar y^2:

$$x = 2y^2 \Rightarrow y^2 = \frac{1}{2}x.$$

Comparamos esto con la forma canónica de la parábola con vértice en el origen y simétrica con respecto del eje x para identificar p:

$$y^2 = 4px$$

$$y^2 = \frac{1}{2}x \qquad \text{Tenemos } 4p = \frac{1}{2} \Rightarrow p = \frac{1}{8}.$$

El foco es $\left(\frac{1}{8}, 0\right)$ y la directriz es $x = -\frac{1}{8}$. Véase la figura 9.10. ∎

Directriz: $x = -\frac{1}{8}$

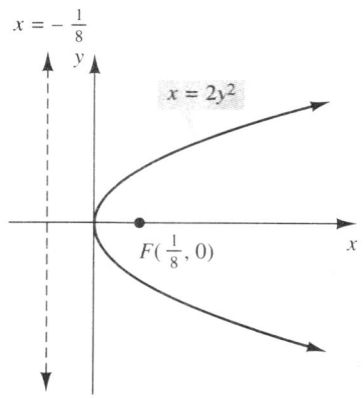

FIGURA 9.10

¿Por qué abre hacia la derecha esta parábola? Si el foco está a la derecha de la directriz, ¿qué se puede decir con respecto de la "orientación" de la parábola?

EJEMPLO 3 Determinar la ecuación de la parábola con vértice en el origen, simétrica con respecto del eje y, si su foco es $(0, -3)$.

Solución Dado que la parábola tiene su vértice en el origen y es simétrica con respecto del eje y, su ecuación será de la forma $x^2 = 4py$. Como tenemos que el foco es $(0, -3)$, entonces $p = -3$. Por lo tanto, la ecuación es $x^2 = 4(-3)y$, o $x^2 = -12y$. ∎

9.2 La parábola

Como hemos visto en capítulos anteriores, existen muchas aplicaciones de las parábolas. Si se arroja un objeto en el aire en dirección vertical y si otras fuerzas son despreciables, la gravedad actúa sobre el objeto de modo tal que su altura s sobre el suelo en el instante t puede darse por una ecuación como $s = -16t^2 + 32t + 10$, que es una función cuadrática de t cuya gráfica es una parábola. Ya hemos utilizado esta información para determinar la altura máxima de un objeto y el momento en que llega al suelo. En estos casos, consideramos importantes el vértice, el eje de simetría, o las intersecciones con los ejes e ignoramos el foco.

Otro uso importante de la parábola está relacionado con su propiedad de reflexión. La figura 9.11 muestra que cualquier rayo que entre a la parábola paralelo a su eje de simetría será reflejado a través del foco y regresado en forma paralela al eje de simetría. (Véase el ejercicio 51.)

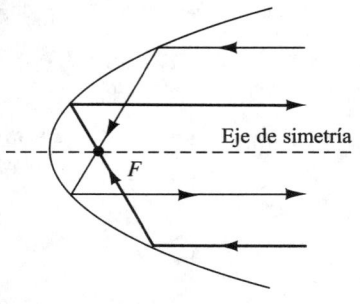

FIGURA 9.11 La propiedad de reflexión de una parábola

Esta propiedad tiene muchas aplicaciones. Por ejemplo, si fabricamos un espejo girando una parábola con respecto de su eje (un paraboloide de revolución) y colocamos una fuente de luz en el foco, el rayo se refleja en forma paralela a su eje. Esto concentra el rayo de luz en una dirección. Tal vez ha observado que los proyectores, las luces de los autos y las bombillas contienen superficies reflejantes con forma de paraboloide (véase la figura 9.12). La fuente de luz o bulbo se coloca en el foco.

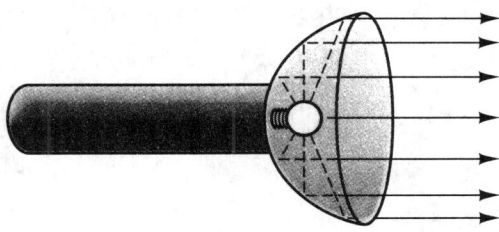

FIGURA 9.12

El mismo principio se utiliza para la recepción. Por ejemplo, los espejos de los telescopios, los platos de satélites de TV y los radiotelescopios utilizan el principio de que las ondas que llegan paralelas el eje serán reflejadas en el foco.

EJEMPLO 4 Un micrófono de campo utilizado en un juego de futbol (Figura 9.13) consta de un plato parabólico con el receptor colocado en su foco. El plato se obtiene al girar la parábola $y = \frac{1}{9}x^2$ con respecto de su eje de simetría, donde $-1.5 \leq x \leq 1.5$, y x se mide en pies. ¿Qué tan profundo debe ser el plato, y dónde debe colocarse el receptor con respecto de la parte inferior (vértice) del plato?

Solución De la figura 9.13, vemos que la sección transversal del plato es una parábola. Podemos colocar la parábola de modo que su vértice esté en el origen y que el eje de simetría sea el eje y. Por lo tanto, podemos utilizar la forma $x^2 = 4py$, con foco $(0, p)$ como se muestra en la figura 9.14.

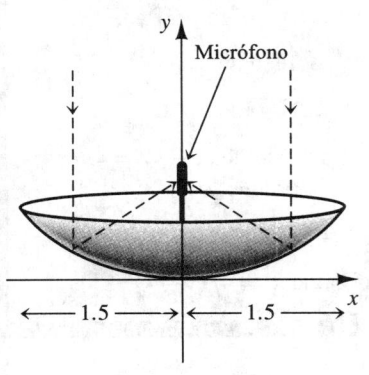

FIGURA 9.13

Si observamos la ecuación de la sección transversal del plato, $y = \frac{1}{9}x^2$, podemos identificar p despejando x^2, para obtener $9y = x^2$. Por lo tanto, $4p = 9$, de modo que $p = \frac{9}{4} = 2.25$ pies. Esto significa que el receptor debe colocarse a 2.25 pies sobre el vértice.

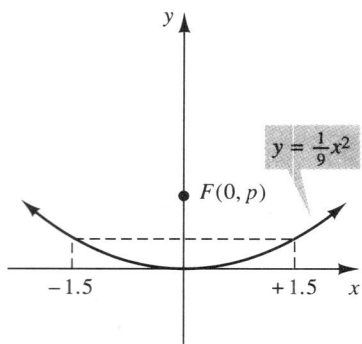

FIGURA 9.14

Observe que como $-1.5 \leq x \leq 1.5$, el plato tiene diámetro de 3 pies $[1.5 - (-1.5) = 3]$.

Para determinar la profundidad del plato, utilicemos el hecho de que $-1.5 \leq x \leq 1.5$. Si observamos la figura 9.14, vemos que al sustituir $x = 1.5$ (o $x = -1.5$) en la ecuación de la sección transversal, $y = \frac{1}{9}x^2$, podemos determinar la "altura", que nos indicará la profundidad del plato:

$$y = \frac{1}{9}x^2 \qquad \text{Sea } x = 1.5 \text{ y determinemos } y.$$

$$y = \frac{1}{9}(1.5)^2 = 0.25 \text{ pies, o 3 pulgadas, de profundidad.} \qquad \blacksquare$$

GRAFIJACIÓN

Recuerde que debe despejar a y antes de graficar con su calculadora gráfica.

1. Grafique lo siguiente en el mismo conjunto de ejes coordenados:

$$x^2 = 12y, \qquad (x-2)^2 = 12y, \qquad (x+2)^2 = 12y$$

¿Qué puede concluir acerca del efecto de h sobre la gráfica de $(x-h)^2 = 4py$?

2. Grafique lo siguiente en el mismo conjunto de ejes coordenados:

$$x^2 = 12y, \qquad x^2 = 12(y+3), \qquad x^2 = 12(y-3)$$

¿Qué puede concluir del efecto de k sobre la gráfica de $x^2 = 4p(y-k)$?

9.2 La parábola

La parábola con centro en (h, k)

La figura 9.15 ilustra lo que ocurre cuando recorremos una parábola simétrica con respecto del eje y y con vértice $(0, 0)$ *de manera horizontal h* unidades y *de manera vertical k* unidades. Obtenemos una parábola con las siguientes propiedades: su vértice es (h, k); su eje de simetría es la recta vertical $x = h$; su foco es $F(h, k + p)$; y su directriz es $y = -p + k = k - p$.

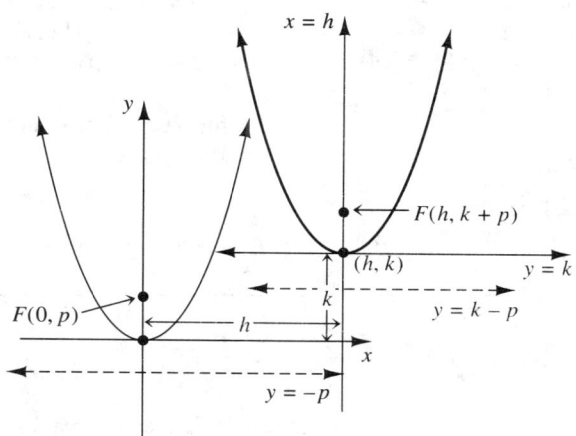

FIGURA 9.15

El desplazamiento horizontal y vertical de la figura producirá una figura con eje de simetría paralelo a su eje original. Este tipo de desplazamiento es una **traslación del eje**. En el caso anterior, el nuevo eje de la parábola será paralelo al eje y.

GRAFIJACIÓN

En una calculadora gráfica, para graficar una relación (que no sea una función) como $(y - 2)^2 = 24x$, debe graficar $y = 2 + \sqrt{24x}$ y $y = 2 - \sqrt{24x}$ en el mismo conjunto de ejes coordenados. (¿Por qué?) En su calculadora gráfica o computadora, grafique lo siguiente sobre el mismo conjunto de ejes coordenados:

$$y^2 = 20x, \quad (y - 2)^2 = 20x, \quad (y - 2)^2 = 20(x - 3).$$

¿Qué puede concluir acerca del efecto de h y k sobre la gráfica de $(y - h)^2 = 4p(x - k)$?

Si no puede graficar las tres parábolas en un conjunto de ejes, compare $y^2 = 20x$ con $(y - 2)^2 = 20x$ y después compare $(y - 2)^2 = 20x$ con $(y - 2)^2 = 20(x - 3)$.

De la misma forma en que obtuvimos la ecuación de la parábola con centro en el origen, podemos deducir la forma canónica de la ecuación para la parábola con vértice (h, k), foco $F(h, k + p)$ y eje de simetría $x = h$. Obtenemos la siguiente forma canónica.

La parábola "vertical" con vértice (h, k)

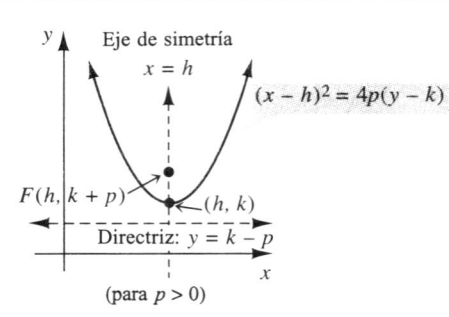

FORMA CANÓNICA PARA LA ECUACIÓN DE UNA PARÁBOLA CON FOCO $(h, k+p)$ Y DIRECTRIZ $y = k - p$

La forma canónica para la ecuación de una parábola con foco $(h, k + p)$ y directriz $y = k - p$ es

$$(x - h)^2 = 4p(y - k).$$

Ésta es una parábola con vértice (h, k) y eje de simetría $x = h$.

Compare la forma de la parábola con vértice en $(0, 0)$ y simétrica con respecto del eje y, con la forma de la parábola con vértice en (h, k) y simétrica con respecto de una recta paralela al eje y.

Para cambiar la gráfica de la parábola $x^2 = 4py$ por $(x - h)^2 = 4p(y - k)$:

Recorremos el vértice de $(0, 0)$ a (h, k).
Recorremos el eje de simetría de $x = 0$ a $x = h$.
Recorremos el foco de $(0, p)$ a $(h, k + p)$.

Si trazamos un nuevo conjunto de ejes, horizontal y vertical, que pasen por el vértice, el nuevo eje vertical es el eje de simetría.

Esto sugiere que si tenemos una parábola en la forma $(x - h)^2 = 4p(y - k)$, entonces podemos identificar h, k (y p), *trazar un nuevo conjunto de ejes coordenados que pasen por el punto (h, k) y graficar la ecuación $x^2 = 4py$ en el nuevo conjunto de ejes coordenados.*

EJEMPLO 5 Graficar la parábola $(x - 3)^2 = 8(y + 1)$. Identificar el vértice, el foco, el eje de simetría y la directriz.

Solución Comparamos la gráfica de $(x - 3)^2 = 8(y + 1)$ con la forma canónica:

$(x - h)^2 = 4p(y - k)$

$(x - 3)^2 = 8(y + 1)$ *Ahora podemos identificar $h = 3$, $k = -1$ y $p = 2$.*

Por lo tanto, el vértice es $(3, -1)$. Trazamos un nuevo conjunto de ejes coordenados con centro en $(3, -1)$ (y paralelos a los ejes x y y). Véase la figura 9.16(a) de la página 565. El eje de simetría es el nuevo eje vertical; es paralelo a y y está a 3 unidades a la derecha del eje y y, por lo tanto, tiene ecuación $x = 3$. Como $p = 2$, si nos movemos 2 unidades hacia arriba del vértice a lo largo del nuevo eje vertical, localizamos el foco en $(3, 1)$.

9.2 La parábola

Si nos movemos hacia abajo 2 unidades con respecto del vértice (3, −1) y trazamos una recta que pase por este punto, paralela al eje x, obtenemos la directriz. Como la directriz es paralela a y está a 3 unidades bajo el eje x, su ecuación es $y = -3$. Véase la figura 9.16(b).

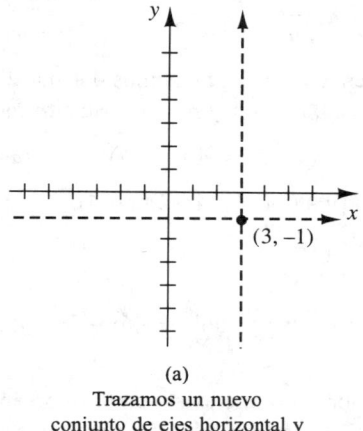
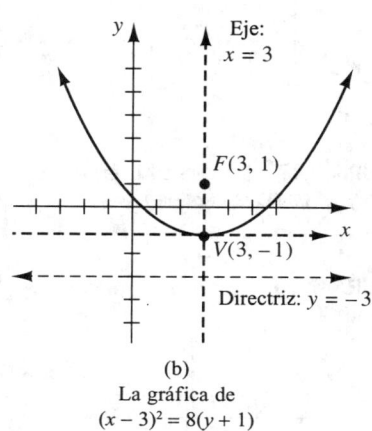

(a) Trazamos un nuevo conjunto de ejes horizontal y vertical por (3, −1)

(b) La gráfica de $(x - 3)^2 = 8(y + 1)$

FIGURA 9.16

Podemos resumir la forma canónica de la ecuación de la parábola con vértice (h, k) y eje de simetría paralelo al eje x.

La parábola "horizontal" con vértice (h, k)

FORMA CANÓNICA PARA LA ECUACIÓN DE UNA PARÁBOLA CON FOCO $(h + p, k)$ Y DIRECTRIZ $x = h - p$

La forma canónica para la ecuación de una parábola con foco $(h + p, k)$ y directriz $x = h - p$ es

$$(y - k)^2 = 4p(x - h).$$

Ésta es una parábola con vértice (h, k) y eje de simetría $y = k$.

Intente determinar el vértice (h, k) y el eje de simetría trazando la gráfica y utilizando el foco y la directriz.

EJEMPLO 6 Determinar la ecuación de la parábola con foco $(2, -1)$ y directriz $x = 6$.

Solución Localizamos el foco y trazamos la directriz (Figura 9.17). Como la directriz tiene la ecuación $x = 6$ de una recta vertical, la parábola debe tener un eje de simetría horizontal, y por lo tanto su forma general es $(y - k)^2 = 4p(x - h)$, con foco $(h + p, k)$. Como $(2, -1)$ es el foco, tenemos que $h + p = 2$ y $k = -1$. Ya tenemos k, pero necesitamos determinar h y p.

La directriz para la forma general anterior es $x = h - p$. Como nuestra directriz es $x = 6$, tenemos que $h - p = 6$.

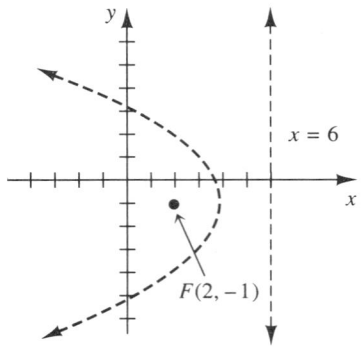

FIGURA 9.17 La directriz es $x = 6$ y el foco es $(2, -1)$.

Ahora, tenemos dos ecuaciones con dos incógnitas, $\begin{cases} h + p = 2 \\ h - p = 6 \end{cases}$ que podemos resolver:

$$h + p = 2$$
$$\underline{h - p = 6} \quad \text{Sumamos para obtener}$$
$$2h = 8 \quad \text{Lo que implica } h = 4$$

Al sustituir $h = 4$ en $h + p = 2$ obtenemos $4 + p = 2 \Rightarrow p = -2$.

Por lo tanto, $h = 4$, $k = -1$ y $p = -2$. Sustituimos estos valores en la forma general:

$$(y - k)^2 = 4p(x - h) \quad \text{Para obtener}$$
$$[y - (-1)]^2 = 4(-2)(x - 4) \quad o \quad (y + 1)^2 = -8(x - 4) \quad \blacksquare$$

FIGURA 9.18

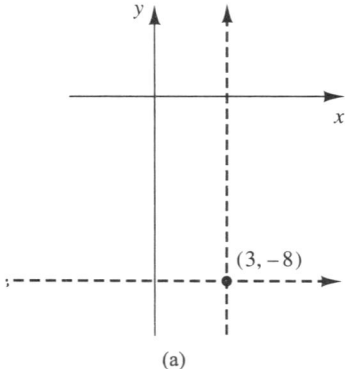

(a)
Trazamos un nuevo conjunto de ejes horizontal y vertical por $(3, -8)$.

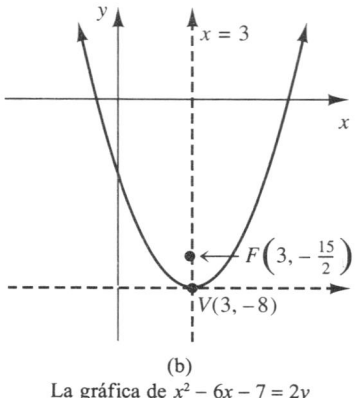

(b)
La gráfica de $x^2 - 6x - 7 = 2y$

EJEMPLO 7 Graficar la parábola $x^2 - 6x - 7 = 2y$; identificar su vértice, su eje de simetría y su foco.

Solución Reconocemos que existe un término en x^2, por lo que la parábola tiene un eje de simetría vertical. De este modo, queremos que la ecuación sea de la forma $(x - h)^2 = 4p(y - k)$. Completamos los cuadrados como sigue:

$$x^2 - 6x - 7 = 2y \quad \text{Aislamos los términos que contienen potencias de } x \text{ en un lado de la ecuación.}$$

$$x^2 - 6x = 2y + 7 \quad \text{Completamos el cuadrado del lado izquierdo: sumamos } 9 = \left[\frac{1}{2}(-6)\right]^2 \text{ a cada lado de la ecuación.}$$

$$x^2 - 6x + 9 = 2y + 7 + 9 \quad \text{Factorizamos el lado izquierdo.}$$

$$(x - 3)^2 = 2y + 16 \quad \text{Queremos que el lado derecho sea de la forma } 4p(y - k), \text{ de modo que factorizamos 2, el coeficiente de } y, \text{ para obtener}$$

$$(x - 3)^2 = 2(y + 8) \quad \text{Ahora, podemos ver que } 4p = 2, \text{ de modo que } p = \frac{1}{2}.$$

$$(x - 3)^2 = 4\left(\frac{1}{2}\right)[y - (-8)] \quad \text{La ecuación está ahora en la forma } (x - h)^2 = 4p(y - k) \text{ y podemos identificar } h, k \text{ y } p.$$

De este modo, $h = 3$, $k = -8$ y $p = \frac{1}{2}$. Trazamos un nuevo conjunto de ejes coordenados por $(3, -8)$. El vértice es $(3, -8)$. Véase la figura 9-18(a). El eje de simetría es la recta $x = 3$. Si nos movemos $\frac{1}{2}$ unidad arriba del vértice a lo largo del eje de la parábola, localizamos el foco en $\left(3, -8 + \frac{1}{2}\right) = \left(3, -\frac{15}{2}\right)$. Véase la figura 9.18(b). $\blacksquare$

9.2 La parábola

En este momento, usted podría pensar que si sólo existe un término cuadrado en la ecuación general $Ax^2 + Cy^2 + Dx + Ey + F = 0$ (es decir, si $A = 0$ o $C = 0$, pero no ambos), entonces, al completar el cuadrado, *podríamos* escribir la ecuación en la forma canónica de una parábola. Esto es una conjetura razonable, pero como en el caso del círculo, existen excepciones. Pospondremos el análisis de los casos excepcionales hasta la sección 9.5.

EJERCICIOS 9.2

En los ejercicios 1-6, identifique el foco y la directriz de las parábolas.

1. $x^2 = 12y$
2. $y^2 = -16x$
3. $x = -8y^2$
4. $y = -15x^2$
5. $6x^2 - 3y = 0$
6. $2y^2 + 10x^2 = 0$

En los ejercicios 7-10, grafique la parábola e identifique el foco, el eje y la directriz.

7. $4x^2 - 12y = 0$
8. $6y^2 - 24x = 0$
9. $x + y^2 = 0$
10. $x^2 + 16y = 0$

En los ejercicios 11-16, escriba la ecuación de la parábola utilizando la información dada.

11. La parábola tiene foco (0, 4) y vértice en el origen.
12. La parábola tiene foco (−4, 0) y vértice en el origen.
13. La parábola tiene foco (0, −3) y directriz $y = 3$.
14. La parábola tiene foco (3, 0) y directriz $x = -3$.
15. La parábola tiene su vértice en el origen y directriz $x = -5$.
16. La parábola tiene su vértice en el origen y directriz $y = 8$.
17. Una antena de satélite de TV consta de un plato parabólico con el receptor colocado en su foco. El plato puede describirse girando la parábola $y = \frac{1}{12}x^2$ con respecto de su eje de simetía, donde $-6 \leq x \leq 6$ y x se mide en pies. ¿Qué profundidad tiene el plato, y dónde debe colocarse el receptor con respecto de la parte inferior (vértice) del plato? (Véase la figura siguiente).

18. Una antena de radar consta de un plato parabólico con el receptor colocado en su foco. El plato puede describirse girando la parábola $y = \frac{1}{20}x^2$ con respecto de su eje de simetría, donde $-8 \leq x \leq 8$ y x se mide en pies. ¿Qué profundidad tiene el plato y dónde debe colocarse el receptor con respecto de la parte inferior (vértice) del plato?

19. Un proyector tiene un espejo reflector parabólico con la fuente de luz colocado en su foco. El espejo puede describirse girando la parábola $y = \frac{1}{6}x^2$ con respecto de su eje de simetría, donde $-2 \leq x \leq 2$ y x se mide en pies. ¿Qué profundidad tiene el espejo, y dónde debe colocarse la fuente de luz con respecto de la parte inferior (vértice) del espejo?

20. Un telescopio reflector tiene un espejo reflejante parabólico con el ocular centrado en el foco del espejo. El espejo puede describirse girando la parábola $y = \frac{1}{10}x^2$ con respecto de su eje de simetría, donde $-2 \leq x \leq 2$ y x está medido en pulgadas. ¿Qué profundidad tiene el espejo, y dónde debe colocarse el ocular con respecto de la parte inferior (vértice) del espejo?

21. Un arco de un edificio tiene forma de parábola. (Véase la siguiente figura). La altura del arco es de 30 pies, y el ancho de la base del arco es de 20 pies. ¿Qué ancho tiene la parábola a 10 pies por arriba de la base del arco? SUGERENCIA: Trace primero la parábola con su vértice en (0, 0), determine la forma por utilizar, identifique p, y escriba después la ecuación de la parábola.

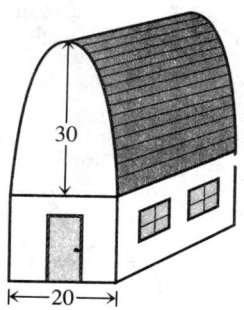

22. El cable de un puente en suspensión tiene forma de parábola. El cable se extiende sobre 200 pies de autopista. El cable de soporte más largo, en cada extremo del puente, mide 100 pies; el más corto, a la mitad del puente, mide 30 pies. Determine la longitud del cable de soporte que está a 40 pies del cable de soporte más largo. (Véase la figura siguiente).

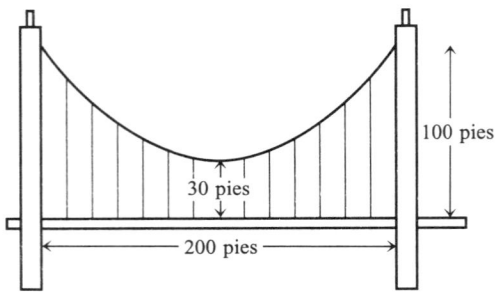

23. Un reflector está diseñado de modo que una cubierta cilíndrica guarda un espejo reflejante parabólico y la fuente de luz. (Véase la figura anexa.) Si la cubierta tiene una profundidad de 2 pulgadas y un diámetro de 4 pulgadas, ¿dónde debe colocarse la fuente de luz con respecto del vértice del espejo?

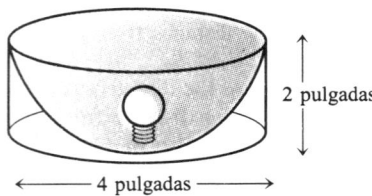

24. Una ingeniero desea diseñar un micrófono parabólico como el descrito en el ejemplo 4. Ella desea que el diámetro del plato sea de 2 pies, pero desea que el receptor se localice bajo el borde del plato. ¿Qué profundidad puede tener el plato si el receptor se localiza de manera adecuada en el foco? SUGERENCIA: Construya una parábola que se abre hacia arriba, con vértice en el origen, y examine su ecuación en forma canónica. ¿Cómo traduciría el hecho de que el receptor sea colocado "bajo el borde del plato" en una relación algebraica entre p y y?

En los ejercicios 25-30, identifique el foco y la directriz de cada parábola.

25. $(x - 2)^2 \; 8y$
26. $(y + 5)^2 = -16x$
27. $8x = y^2 - 2y - 15$
28. $4y = x^2 - 6x + 5$
29. $-5y - x^2 - 4x + 19$
30. $2x = y^2 - 6y + 3$

En los ejercicios 31-34, grafique la parábola e identifique el foco, el eje de simetría y la directriz.

31. $8y = x^2 + 10x + 33$
32. $-12x = y^2 - 4y + 16$
33. $x = 3y^2 - 6y + 5$
34. $y = -2x^2 - 12x - 19$

En los ejercicios 35-40, escriba la ecuación de la parábola utilizando la información dada.

35. La parábola con foco en $(2, 4)$ y vértice en $(5, 4)$.
36. La parábola con foco en $(-2, 3)$ y vértice en $(-2, -1)$.
37. La parábola con foco en $(2, -3)$ y directriz $y = 4$.
38. La parábola con foco en $(3, 4)$ y directriz $x = 7$.
39. La parábola tiene su vértice en $(2, 5)$ y directriz $x = -3$.
40. La parábola tiene su vértice en $(3, -1)$ y directriz $y = 2$.

En los ejercicios 41-44, grafique la solución de la desigualdad.

41. $y < 4x^2$
42. $-12x > y^2$
43. $x \geq y^2 - 6y + 5$
44. $y \geq -2x^2 - 12x - 8$

45. Utilice la fórmula de la distancia para deducir la ecuación para la parábola con centro en el origen, con foco en $(p, 0)$ y directriz $x = -p$.

46. Utilice la fórmula de la distancia para deducir la ecuación para la parábola con centro en (h, k), foco en $(h, k + p)$ y directriz $y = k - p$.

47. Definimos una recta como tangente a una parábola en el punto P si y sólo si toca a la parábola sólo en un punto P y la recta no es paralela a su eje de simetría. (Véase la figura siguiente). La ecuación para la recta tangente a la parábola $x^2 = 4py$ en el punto (x_0, y_0) está dada por

$$y = \frac{x_0}{2p} x - y_0$$

Utilice esta fórmula para determinar la ecuación de la recta tangente a la parábola $x^2 = 8y$ en el punto $(-4, 2)$.

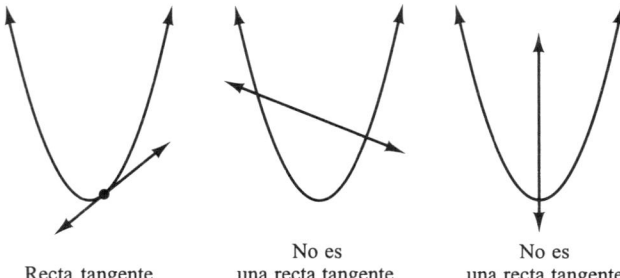

Recta tangente — No es una recta tangente — No es una recta tangente

48. Utilice la fórmula para la ecuación de la recta tangente a la parábola en el ejercicio 47 para determinar la ecuación de la recta tangente a la parábola $x^2 = 8y$ en el punto $(4, 2)$.

49. El *lado recto* de una parábola se define como el segmento de recta que pasa por el foco de la parábola, perpendicular a su eje y que tiene sus extremos en la parábola. (Véase la siguiente figura.) Muestre que la longitud del lado recto de la parábola $x^2 = 4py$ es $4p$.

9.2 La parábola

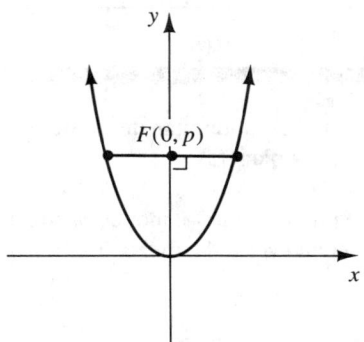

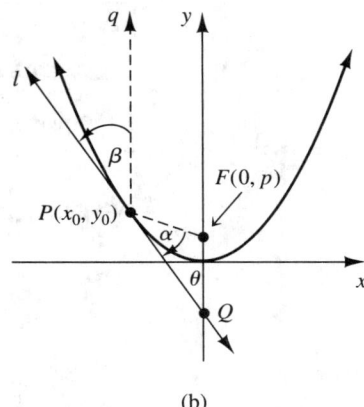

(b)

PREGUNTAS PARA REFLEXIONAR

50. Las ecuaciones $x^2 + x - 6 = 0$ y $y^2 - 6y + 9 = 0$ tienen la forma general de una ecuación de segundo grado. Si usted grafica estas ecuaciones en un sistema de coordenadas rectangulares, ¿qué tipo de figura esperaría obtener? Grafique las ecuaciones en un conjunto de ejes coordenados. ¿Es la gráfica como esperaba?

51. Podemos establecer la propiedad de reflexión de la parábola de una manera más formal como sigue: Si l es una recta tangente a una parábola en un punto P, entonces para cualquier recta q paralela a su eje de simetría, el ángulo entre l y q será igual al ángulo entre l y la recta que une a P y el foco. (Véase la figura siguiente.)

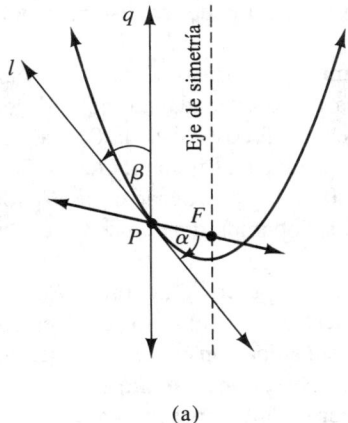

(a)

Describimos una forma de demostrar la propiedad de reflexión de la parábola; es decir, dada la figura siguiente, donde l es una recta tangente a la parábola $x^2 = 4py$ en el punto $P(x_0, y_0)$ y q es la recta paralela al eje de simetría, entonces $\alpha = \beta$. Utilizamos la fórmula de la recta tangente del ejercicio 47.

(a) El ejercicio 47 establece que la ecuación para la recta tangente l es $y = \frac{x_0}{2p}x - y_0$. Designamos el punto donde la recta tangente cruza el eje y como Q (formando el ángulo θ con el eje x). Muestre que las coordenadas de Q son $(0, -y_0)$.

(b) Muestre que la distancia del foco $F(0, p)$ a Q es entonces $p + y_0$.

(c) La ecuación de la directriz es $y = -p$. Muestre que la distancia perpendicular del punto $P(x_0, y_0)$ a la directriz también es $y_0 + p$.

(d) Pero la distancia del foco F al punto $P(x_0, y_0)$ debe ser igual a la distancia del punto $P(x_0, y_0)$ a la directriz. Explique por qué.

(e) Explique cómo podemos concluir ahora que $|\overline{FQ}| = |\overline{FP}|$.

(f) Pero si $|\overline{FQ}| = |\overline{FP}|$, entonces $\alpha = \theta$. ¿Por qué?

(g) Explique por qué $\theta = \beta$.

(h) Por lo tanto, concluimos que $\alpha = \beta$.

GRAFIJACIÓN

En los ejercicios 52-55, utilice su calculadora gráfica o computadora para trazar la gráfica.

52. $(y - 1)^2 = 18y$
53. $(y - 1)^2 = 24y$
54. $y^2 + 10y - x + 25 = 0$
55. $x^2 - 6x - 12y + 9 = 0$

9.3 La elipse

La **elipse** es otra sección cónica que es útil para proporcionar un modelo matemático de varios fenómenos físicos, como las órbitas de los planetas.

DEFINICIÓN Una **elipse** es el conjunto de puntos en un plano, cuya suma de distancias a dos puntos fijos es constante (véase la figura 9.19). Los puntos fijos son los **focos** de la elipse.

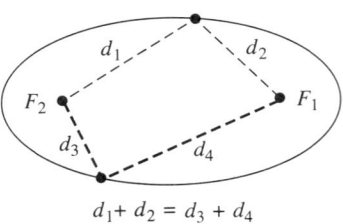

FIGURA 9.19

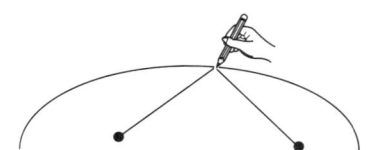

FIGURA 9.20 Construcción de una elipse

En realidad, podemos utilizar esta definición para trazar una elipse sujetando los extremos de una cuerda a dos puntos (véase la figura 9.20). Es claro que la cuerda debe ser mayor que la distancia entre los dos puntos. Si movemos el lápiz mientras mantenemos estirada la cuerda, obtendremos una elipse. Los puntos donde se sujeta la cuerda son los focos de la elipse, y la longitud de la cuerda es la suma de las distancias a los focos, que es constante.

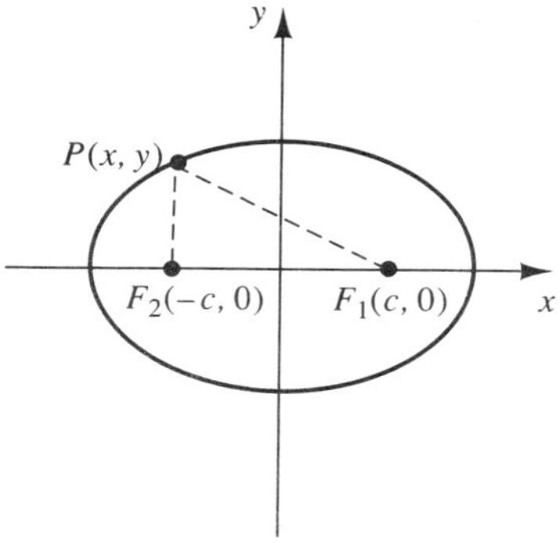

Como en el caso de la parábola, utilizamos la definición de elipse para deducir su ecuación. Comenzamos eligiendo un sistema de coordenadas tal que el foco esté en una recta horizontal con el origen a la mitad de los dos focos. Véase la figura 9.21. Si $c > 0$ es la distancia del origen al foco derecho F_1, la distancia al foco izquierdo F_2, también es c. Por lo tanto, las coordenadas de F_1 son $(c, 0)$ y las coordenadas de F_2 son $(-c, 0)$. La distancia entre los dos focos, F_1 y F_2, es $2c$. Podemos deducir una ecuación para esta elipse como sigue.

Por definición de elipse, si elegimos cualquier punto de la elipse, $P(x, y)$, la suma de las distancias de $P(x, y)$ a $F_1(c, 0)$ y la distancia de $P(x, y)$ a $F_2(-c, 0)$ es constante. Para evitar trabajar con fracciones, llamaremos a esta suma constante $2a$; observemos que para cualquier punto en la elipse, $2a > 2c$, o $a > c$. (Esto es equivalente a decir que la cuerda es mayor que la distancia entre los dos focos.) Por lo tanto tenemos

FIGURA 9.21 Elipse con focos F1(c, 0) y F2(–c, 0)

$$|\overline{PF_1}| + |\overline{PF_2}| = 2a$$

Utilizamos la fórmula de la distancia para obtener

$$\sqrt{(x-c)^2 + (y-0)^2} + \sqrt{(x+c)^2 + (y-0)^2} = 2a$$

O bien

$$\sqrt{(x-c)^2 + y^2} + \sqrt{(x+c)^2 + y^2} = 2a$$

Ahora, aislamos el primer radical.

9.3 La elipse

$$\sqrt{(x-c)^2+y^2} = 2a - \sqrt{(x+c)^2+y^2}$$ *Elevamos al cuadrado ambos lados.*

$$(x-c)^2+y^2 = 4a^2 - 4a\sqrt{(x+c)^2+y^2} + (x+c)^2+y^2$$

$$x^2 - 2cx + c^2 + y^2 = 4a^2 - 4a\sqrt{(x+c)^2+y^2} + x^2 + 2cx + c^2 + y^2$$

Simplificamos y aislamos de nuevo el término radical.

$$4a\sqrt{(x+c)^2+y^2} = 4a^2 + 4cx$$ *Dividimos entre 4 para obtener*

$$a\sqrt{(x+c)^2+y^2} = a^2 + cx$$ *Elevamos de nuevo al cuadrado ambos lados para obtener*

$$a^2[(x+c)^2+y^2] = (a^2+cx)^2$$ *lo que implica*

$$a^2x^2 + 2a^2cx + a^2c^2 + a^2y^2 = a^4 + 2a^2cx + c^2x^2$$ *que puede reescribirse como*

$$a^2x^2 - c^2x^2 + a^2y^2 = a^4 - a^2c^2$$ *o bien*

$$x^2(a^2-c^2) + a^2y^2 = a^2(a^2-c^2)$$ *Ahora, dividimos ambos lados entre $a^2(a^2-c^2)$ para obtener*

$$\frac{x^2}{a^2} + \frac{y^2}{a^2-c^2} = 1$$ *Ésta es la ecuación (1)*

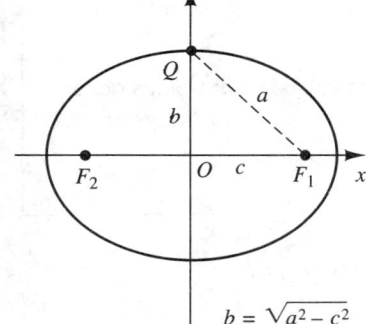

FIGURA 9.22

Observamos que a y c son positivos y $a > c$; por lo tanto, $a^2 - c^2 > 0$. Sea $b = \sqrt{a^2-c^2}$, entonces $b > 0$ y $b^2 = a^2 - c^2$. Al sustituir esto en la ecuación (1) obtenemos $\frac{x^2}{a^2} + \frac{y^2}{b^2} = 1$. Como $c > 0$ y $b^2 = a^2 - c^2$, concluimos que $a^2 > b^2$ y, por lo tanto $a > b$. De este modo, la elipse con centro en el origen con focos sobre el eje x tiene la ecuación:

$$\frac{x^2}{a^2} + \frac{y^2}{b^2} = 1 \qquad (a > b)$$

Para tener una idea de la relación geométrica entre a, b y c, considere la elipse $\frac{x^2}{a^2} + \frac{y^2}{b^2} = 1$ en la figura 9.22.

Sea Q un punto donde la elipse interseca el eje y. Q está sobre la elipse y por lo tanto, la suma de sus distancias a los focos F_1 y F_2 es $2a$. Como Q es equidistante de F_1 y F_2, entonces $|\overline{QF_1}| = a$. Como $|\overline{QF_1}| = c$, por el teorema de Pitágoras, $|\overline{OQ}| = \sqrt{a^2-c^2}$. Como definimos $\sqrt{a^2-c^2}$ como b, entonces $b = |\overline{OQ}|$

Las intersecciones con el eje x de la gráfica de la ecuación $\frac{x^2}{a^2} + \frac{y^2}{b^2} = 1$ quedan determinadas haciendo $y = 0$:

$$\frac{x^2}{a^2} + \frac{y^2}{b^2} = 1 \qquad \textit{Sea } y = 0.$$

$$\frac{x^2}{a^2} + \frac{0^2}{b^2} = 1 \qquad \textit{Despejamos } x.$$

$$\frac{x^2}{a^2} = 1 \;\Rightarrow\; x^2 = a^2 \;\text{ o }\; x = \pm a. \qquad \textit{Por lo tanto, las intersecciones con el eje } x \textit{ son } \pm a.$$

Llamamos a los puntos $V_1(a, 0)$ y $V_2(-a, 0)$ los **vértices** de esta elipse, y el segmento de recta $\overline{V_1V_2}$ es el **eje mayor**. De manera análoga, si $x = 0$, entonces determinamos las intersecciones con el eje y como $y = \pm b$. El segmento de recta que une los puntos $(0, b)$ y $(0, -b)$ es el **eje menor** de la elipse. Resumimos estos hechos como sigue.

La elipse con eje mayor horizontal, con centro en $(0, 0)$

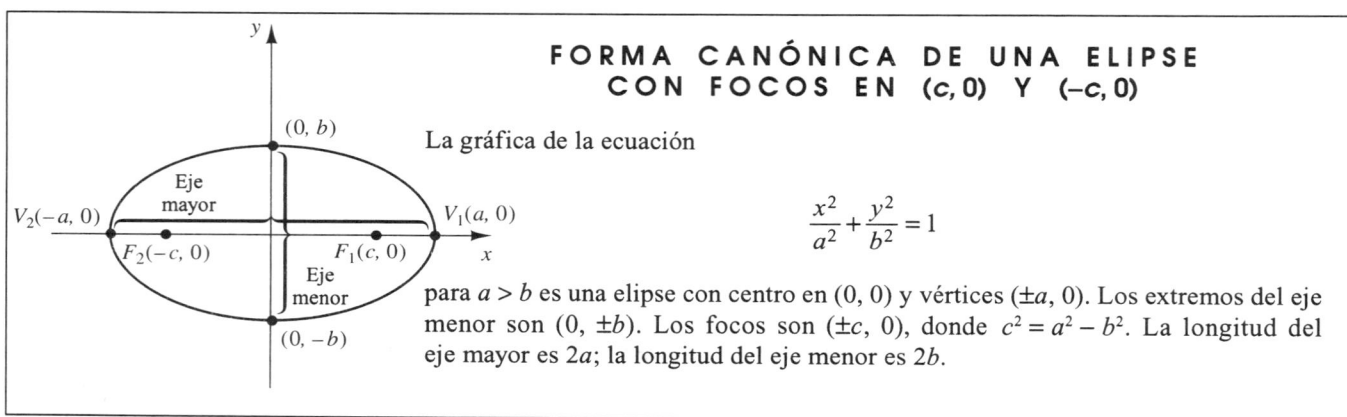

FORMA CANÓNICA DE UNA ELIPSE CON FOCOS EN $(c, 0)$ Y $(-c, 0)$

La gráfica de la ecuación

$$\frac{x^2}{a^2} + \frac{y^2}{b^2} = 1$$

para $a > b$ es una elipse con centro en $(0, 0)$ y vértices $(\pm a, 0)$. Los extremos del eje menor son $(0, \pm b)$. Los focos son $(\pm c, 0)$, donde $c^2 = a^2 - b^2$. La longitud del eje mayor es $2a$; la longitud del eje menor es $2b$.

¿Cómo se relacionan los extremos del eje mayor con los vértices?

EJEMPLO 1 Graficar las siguientes elipses. Identificar los focos.

(a) $\dfrac{x^2}{16} + \dfrac{y^2}{9} = 1$ (b) $3x^2 + 15y^2 = 45$

Solución

(a) Para graficar una elipse con centro en el origen, comparamos nuestra ecuación con la forma canónica de la elipse $\dfrac{x^2}{a^2} + \dfrac{y^2}{b^2} = 1$ y obtenemos

$a^2 = 16 \Rightarrow a = 4$ y $b^2 = 9 \Rightarrow b = 3$. *(Recuerde que a y b son positivos.)*

Graficamos los vértices $(\pm 4, 0)$ y los extremos del eje menor, $(0, \pm 3)$, y graficamos la elipse, como se muestra en la figura 9.23.

Observe que $a > b$ y $c^2 = a^2 - b^2 = 16 - 9 = 7 \Rightarrow c = \sqrt{7}$. Por lo tanto, los focos son $(\pm \sqrt{7}, 0)$.

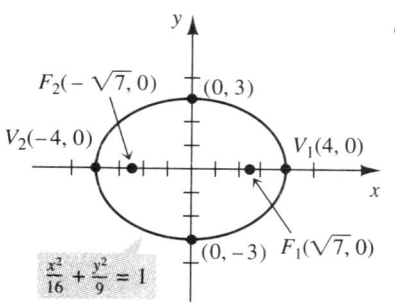

FIGURA 9.23

(b) Primero escribimos la ecuación en forma canónica. Observamos que la forma canónica requiere un 1 de un lado de la ecuación. Para esto, debemos dividir ambos lados de la ecuación entre 45.

9.3 La elipse

$$3x^2 + 15y^2 = 45 \qquad \textit{Dividimos ambos lados entre 45.}$$

$$\frac{3x^2}{45} + \frac{15y^2}{45} = \frac{45}{45} \qquad \textit{Simplificamos.}$$

$$\frac{x^2}{15} + \frac{y^2}{3} = 1 \qquad \textit{Ahora, la ecuación está en forma canónica.}$$

Al comparar nuestra ecuación con la forma canónica de la elipse, $\frac{x^2}{a^2} + \frac{y^2}{b^2} = 1$, obtenemos

$$a^2 = 15 \;\Rightarrow\; a = \sqrt{15} \;\;\text{y}\;\; b^2 = 3 \;\Rightarrow\; b = \sqrt{3}$$

Graficamos los vértices ($\pm\sqrt{15}$, 0) y los extremos del eje menor (0, $\pm\sqrt{3}$) y trazamos la gráfica de la elipse. Véase la figura 9.24.

De nuevo, $a > b$ y $c^2 = a^2 - b^2 = 15 - 3 = 12 \Rightarrow c = \sqrt{12} = 2\sqrt{3}$. Por lo tanto, los focos son ($\pm 2\sqrt{3}$, 0).

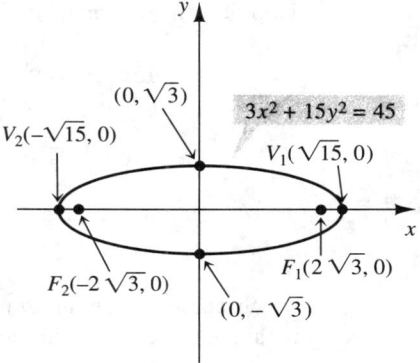

FIGURA 9.24

Mediante el mismo análisis (de nuevo con $a > b$), utilizamos la fórmula de la distancia para deducir la ecuación de una elipse con centro (0, 0) y *focos sobre el eje y*.

La elipse con eje mayor vertical, con centro en (0, 0)

FORMA CANÓNICA DE UNA ELIPSE CON FOCOS EN (0, c) Y (0, −c)

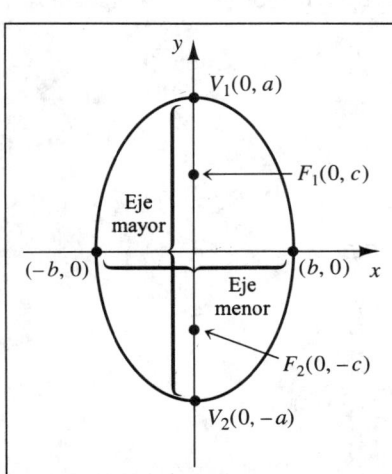

La gráfica de la ecuación

$$\frac{x^2}{a^2} + \frac{y^2}{b^2} = 1$$

para $a > b$ es una elipse con centro (0, 0) y vértices (0, $\pm a$). Los extremos del eje menor son ($\pm b$, 0). Los focos son (0, $\pm c$), donde $c^2 = a^2 - b^2$. La longitud del eje mayor es $2a$; la longitud del eje menor es $2b$.

> Cuando el denominador del término y^2 es mayor que el denominador del término x^2, ¿está el eje mayor en el eje x o en el eje y? ¿Qué distingue al eje mayor del eje menor?

Examinemos las dos formas canónicas de la elipse; observemos sus similitudes y diferencias. La primera tiene sus focos en el eje x; la segunda tiene sus focos en el eje y. Observe que las dos formas intercambian a y b como denominadores de x^2 y y^2. Esto garantiza que a es mayor que b, por lo que existen los focos determinados por $c^2 = a^2 - b^2$. También, como consecuencia, el eje mayor (el eje que contiene a los focos) siempre tiene mayor longitud (igual a $2a$) y los vértices, los extremos del eje mayor, siempre quedan determinados por a.

La elección de cuál forma utilizar depende de cuál denominador sea mayor: Si el denominador de x^2 es mayor que el denominador de y^2, entonces el eje mayor está en el eje x, y utilizamos la primera forma (ya que $a > b$). Si el denominador de y^2 es mayor que el denominador de x^2, entonces el eje mayor está en el eje y y utilizamos la segunda forma (de nuevo, $a > b$). De este modo, a^2 siempre es el denominador mayor.

EJEMPLO 2 Graficar $16x^2 + 4y^2 = 16$. Identificar sus focos.

Solución Primero escribimos la ecuación en forma canónica. Para obtener un 1 del lado derecho, debemos dividir entre 16.

$$16x^2 + 4y^2 = 16 \quad \textit{Dividimos ambos lados entre } 16.$$

$$\frac{16x^2}{16} + \frac{4y^2}{16} = \frac{16}{16} \quad \textit{Simplificamos.}$$

$$\frac{x^2}{1} + \frac{y^2}{4} = 1 \quad \textit{La ecuación está ahora en forma canónica.}$$

Si comparamos nuestra ecuación con ambas formas canónicas de la elipse, observamos que el denominador de y^2 es mayor que el denominador de x^2; por lo tanto, como a debe ser mayor que b, utilizamos la segunda forma, $\frac{x^2}{b^2} + \frac{y^2}{a^2} = 1$, una elipse con focos en el eje y. Por lo tanto,

$$a^2 = 4 \Rightarrow a = 2 \text{ y } b^2 = 1 \Rightarrow b = 1$$

Graficamos los vértices $(0, \pm 2)$ y los extremos del eje menor $(\pm 1, 0)$ y trazamos la gráfica de la elipse, Véase la figura 9.25.

Observe que $a > b$ y $c^2 = a^2 - b^2 = 4 - 1 = 3 \Rightarrow c = \sqrt{3}$. Los focos son $(0, \pm \sqrt{3})$.

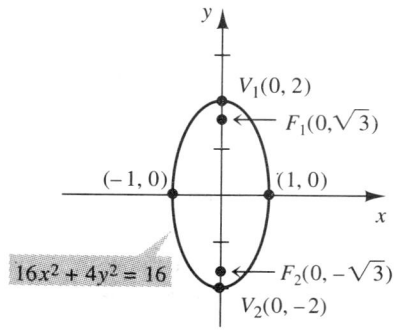

FIGURA 9.25

9.3 La elipse

EJEMPLO 3 El arco de un puente es semielíptico con un eje mayor horizontal. La base del arco abarca los 50 pies de ancho de una carretera de doble sentido y la parte más alta del arco mide 15 pies en forma vertical sobre la línea central de la carretera. ¿Puede pasar un camión de 14 pies de altura pasar debajo de este puente, estando a la derecha de la línea central, si el camión tiene 10 pies de ancho? Véase la figura 9.26.

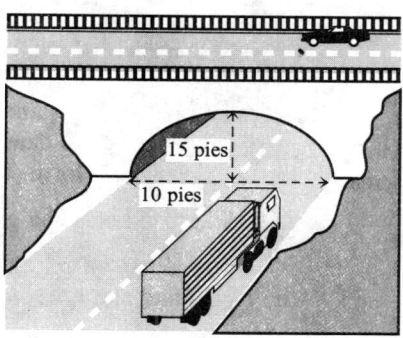

FIGURA 9.26

Solución

¿Qué necesitamos determinar?	Si el puente es lo bastante alto para que pase el camión.
¿Qué información tenemos?	Observamos que la abertura del puente es una semielipse, y podemos trazar esta elipse en un sistema de coordenadas rectangulares con centro en el origen, con el eje mayor en el eje x. Trazamos la gráfica y etiquetamos la información dada en la gráfica mostrada en la figura 9.27; la longitud del eje mayor es 50 pies. Por lo tanto, $a = 25$, y los vértices son $(\pm 25, 0)$. Como la parte más alta del arco tiene 15 pies, podemos etiquetar el extremo superior del eje menor como $(0, 15)$.

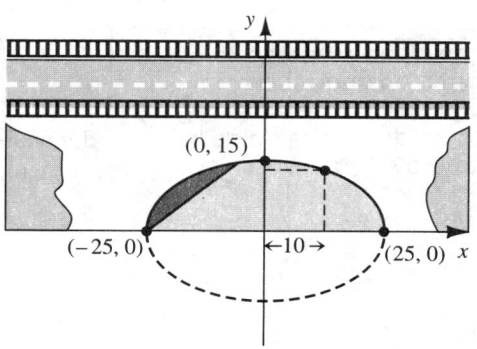

FIGURA 9.27

¿Podemos restablecer lo que necesitamos determinar en términos de la figura?

El problema pregunta si un camión que tiene 10 pies de ancho y 14 pies de altura pasa por el arco del puente estando del lado derecho de la línea central. Esto significa que necesitamos determinar la altura del arco a 10 pies del centro. Por lo tanto, en la gráfica de la figura 9.27, esto significa que necesitamos determinar y cuando $x = 10$. De manera algebraica, si tenemos la ecuación de la elipse, todo lo que necesitamos hacer es sustituir $x = 10$ en la ecuación y determinar y. Por lo tanto, nuestro siguiente paso es determinar la ecuación de la elipse con la información dada.

¿Cómo determinamos la ecuación de la elipse?

Utilizamos la forma en que el eje mayor es horizontal. Como $a = 25$, y $b = 15$, nuestra ecuación es, por lo tanto,

$$\frac{x^2}{25^2} + \frac{y^2}{15^2} = 1.$$

(Observe que los focos están en el eje horizontal, lo que significa que el número mayor entre a y b determina el denominador de x.) Ahora, sólo sustituimos $x = 10$ en la ecuación y despejamos y.

$$\frac{x^2}{25^2} + \frac{y^2}{15^2} = 1 \qquad \textit{Sea } x = 10; \textit{ despejamos y.}$$

$$\frac{10^2}{25^2} + \frac{y^2}{15^2} = 1$$

$$\frac{y^2}{15^2} = 1 - \frac{10^2}{25^2} = \frac{21}{25}$$

$$y^2 = 15^2\left(\frac{21}{25}\right) = 189 \qquad \textit{Por lo tanto, } y = \pm\sqrt{189} = \pm 3\sqrt{21}.$$

¿Tiene alguna sugerencia de la forma en que el camión podría pasar por el túnel sin pasar al lado izquierdo de la carretera?

Ignoramos el valor negativo; la altura del arco, 10 pies del centro, es $3\sqrt{21} \approx 13.75$ pies. Por lo tanto, el camión no podrá pasar. ∎

Excentricidad

Las elipses pueden variar su forma desde ser casi circulares hasta ser muy alargadas. La figura 9.28 describe dos elipses, con los mismos vértices y centro en el origen, pero con diferentes focos.

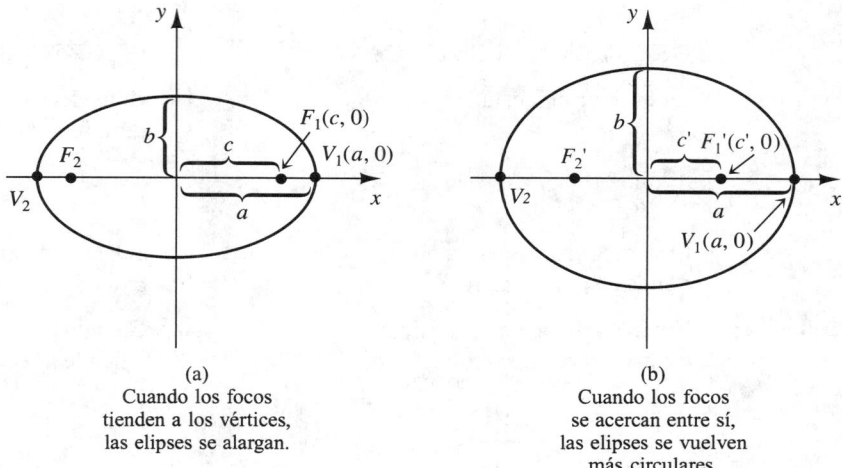

(a) Cuando los focos tienden a los vértices, las elipses se alargan.

(b) Cuando los focos se acercan entre sí, las elipses se vuelven más circulares.

FIGURA 9.28

Para comprender cómo afectan los focos la forma de la elipse, examinemos de nuevo la relación entre los focos y los ejes mayor y menor dada en forma algebraica por la ecuación $b^2 = a^2 - c^2$. Véase la figura 9.22 de la página 571.

Si observamos $b^2 = a^2 - c^2$, mantenemos a constante y variamos c, vemos que cuando c se acerca a a, b es cada vez más pequeño. En forma geométrica, esto significa que cuando los focos tienden a los vértices, el eje menor es más corto. Observe que la elipse se vuelve más alargada.

Utilizamos c y a para definir el término "excentricidad", denotado e, que describe en términos numéricos la "redondez" de una elipse.

DEFINICIÓN La **excentricidad** e de una elipse se define como

$$e = \frac{c}{a} = \frac{\sqrt{a^2 - b^2}}{a}$$

Debemos señalar aquí que la excentricidad e no es la constante $e \approx 2.72$ base del logaritmo natural, sino una variable que describe la forma de una elipse.

Examinemos cómo se relacionan los valores de e con la forma de la elipse.

Cuando $c > 0$ y $a > 0$, entonces $e = \frac{c}{a} > 0$. Además, cuando $c < a$, entonces $e = \frac{c}{a} < 1$. Al reunir esto, tenemos que $0 < e < 1$.

Si nos fijamos en la forma de la excentricidad, $e = \frac{\sqrt{a^2 - b^2}}{a}$, y mantenemos a constate, vemos que cuando b es cada vez menor o más cercana a 0, e se acerca más a 1. Por lo tanto, entre más aplanada (o alargada) esté la elipse, el valor de e se acerca más a 1. (Véase el cuadro Perspectivas diferentes en la siguiente página.)

Por otro lado, cuando b se acerca a a (a debe ser siempre mayor que b), $\sqrt{a^2-b^2}$ se acerca a 0. Por lo tanto, la elipse tiende a ser más circular cuando e tiende a 0.

PERSPECTIVAS DIFERENTES: *Excentricidad*

DESCRIPCIÓN GEOMÉTRICA

La excentricidad, e:

Cuando e tiende a 1, la elipse tiende a ser más alargada.

Cuando e tiende a 0, la elipse tiende a ser más circular.

DESCRIPCIÓN ALGEBRAICA

Consideremos la excentricidad e definida por

$$e = \frac{\sqrt{a^2-b^2}}{a}.$$

Cuando el valor de b tiende a 0, e tiende a 1.

Cuando el valor de b tiende a a, e tiende a 0.

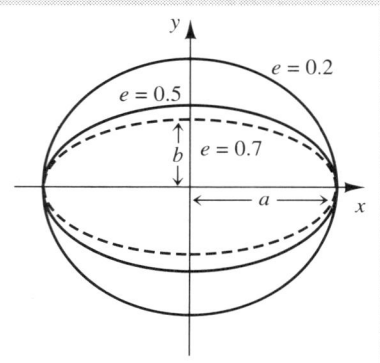

EJEMPLO 4 Determinar la excentricidad e para la elipse $\frac{x^2}{25} + \frac{y^2}{8} = 1$.

Solución Como la excentricidad es $e = \frac{\sqrt{a^2-b^2}}{a}$, determinamos e identificando primero a^2 y b^2. Para la elipse $\frac{x^2}{25} + \frac{y^2}{8} = 1$, tenemos que $a^2 = 25$ (y, por lo tanto, $a = 5$) y $b^2 = 8$. Por lo tanto

$$e = \frac{\sqrt{a^2-b^2}}{a}$$

$$e = \frac{\sqrt{25-8}}{5} = \frac{\sqrt{17}}{5} \approx 0.825$$

∎

9.3 La elipse

Las órbitas de los planetas son elípticas, con el Sol en uno de los focos. Las órbitas de la Tierra y de Marte son casi circulares (para la Tierra, $e \approx 0.017$, para Marte, $e \approx 0.093$), mientras que las órbitas de otros planetas son menos circulares, como es el caso de Plutón ($e \approx 0.25$) y Mercurio ($e \approx 0.21$). Véase la figura 9.29. Muchos cometas tienen órbitas elípticas con el Sol en uno de sus focos; por ejemplo, el cometa Haley tiene excentricidad $e \approx 0.967$.

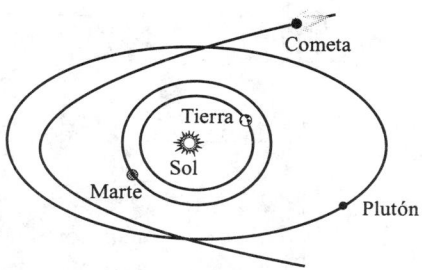

FIGURA 9.29 El sistema solar

Sin considerar la excentricidad de la elipse, se puede mostrar que *el punto de la elipse más cercano a un foco es el vértice más cercano; el punto más lejano a un foco es el vértice más lejano*. Utilizamos este hecho en el siguiente ejemplo.

EJEMPLO 5 La Tierra traza una ruta elíptica alrededor del Sol, con el Sol en uno de los focos. La longitud de la mitad del eje mayor es de 93 millones de millas, y la excentricidad es $e \approx 0.017$. Estimar la distancia más cercana de la Tierra al Sol.

Solución Si trazamos la gráfica de una elipse con centro en el origen y eje mayor horizontal, por el hecho establecido anteriormente, la Tierra (sobre la elipse) está más cerca del foco (el Sol) cuando está en el vértice más cercano a ese foco. Si podemos determinar la distancia entre el foco y su vértice, entonces tendremos la distancia requerida. Esta distancia es $a - c$ en la figura 9.30.

Como la mitad del eje mayor es de 93 millones de millas, tenemos que $a = 9.3 \times 10^7$. Ahora necesitamos determinar c. Tenemos que $e = 0.017$, de modo que utilizamos la definición de e para determinar c, como sigue

$$e = \frac{c}{a}$$ *Sustituimos $e = 0.017$ y $a = 9.3 \times 10^7$ para obtener*

$$0.017 = \frac{c}{9.3 \times 10^7}$$ *Despejamos c.*

$$c = 0.017(9.3 \times 10^7)$$

$$= 1.581 \times 10^6 \text{ o aproximadamente 1.6 millones de millas.}$$

Por lo tanto, la distancia más cercana de la Tierra al Sol es
$a - c = 93$ millones de millas $- 1.6$ millones de millas $= 91.4$ millones de millas. ∎

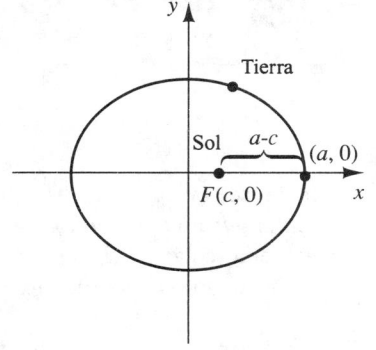

FIGURA 9.30 La Tierra tiene una órbita elíptica con el Sol en uno de sus focos.

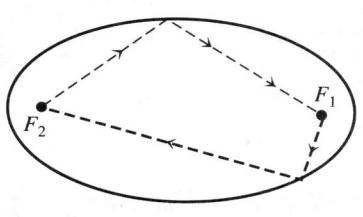

FIGURA 9.31 Las propiedades de reflexión de la elipse

La elipse también tiene una propiedad de reflexión similar a la de la parábola. En general, cualquier rayo que surja de un foco se reflejará por el otro foco de la elipse. Esto se ilustra en la figura 9.31.

Esta propiedad se utiliza en las "galerías de los susurros", como los que están en la catedral de St. Paul en Londres o en el Capitolio de Washington, D.C. En estas galerías, las secciones transversales de los techos son arcos elípticos. Si usted se coloca en uno de los focos y murmura algo que nadie más pueda oír, el sonido se refleja en el techo y cualquier persona que esté en el otro foco podrá oírlo.

GRAFICACIÓN

En una calculadora gráfica, para graficar la relación $\frac{x^2}{36}+\frac{y^2}{4}=1$, debe graficar $y=\frac{1}{3}\sqrt{36-x^2}$ y $y=-\frac{1}{3}\sqrt{36-x^2}$ en el mismo conjunto de ejes coordenados.

En su calculadora gráfica o computadora, grafique lo siguiente en el mismo conjunto de ejes coordenados:

$$\frac{x^2}{36}+\frac{y^2}{4}=1, \quad \frac{(x-2)^2}{36}+\frac{y^2}{4}=1, \quad \frac{(x-2)^2}{36}+\frac{(y+5)^2}{4}=1$$

¿Que puede concluir acerca del efecto de h y k en la gráfica de $\frac{(x-h)^2}{a^2}+\frac{(y-k)^2}{b^2}=1$?
Si no puede graficar las tres elipses en un mismo conjunto de ejes, compare la primera con la segunda y después la segunda con la tercera.

La elipse con centro en (h, k)

Como en el caso de la parábola, la figura 9.32 demuestra que la elipse con centro en $(0, 0)$ y foco en el eje x puede desplazarse h unidades en forma horizontal y k unidades en forma vertical, para centrarse en (h, k). Este elipse tendrá sus focos sobre la recta $y = k$, la recta paralela al eje x. Sus vértices son $(h \pm a, k)$, los extremos del eje menor son $(h, k \pm b)$, y los focos son $(h \pm c, k)$, donde $c^2 = a^2 - b^2$.

Mediante la fórmula de la distancia, podemos deducir la forma general de esta elipse.

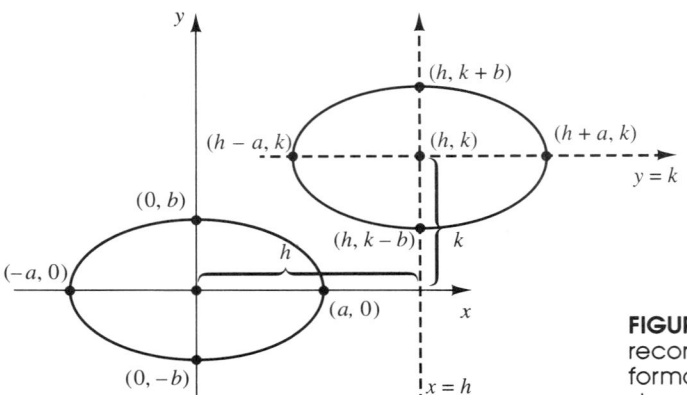

FIGURA 9.32 Una elipse recorrida h unidades en forma horizontal y k unidades en forma vertical

La elipse con eje mayor horizontal y centro en (h, k)

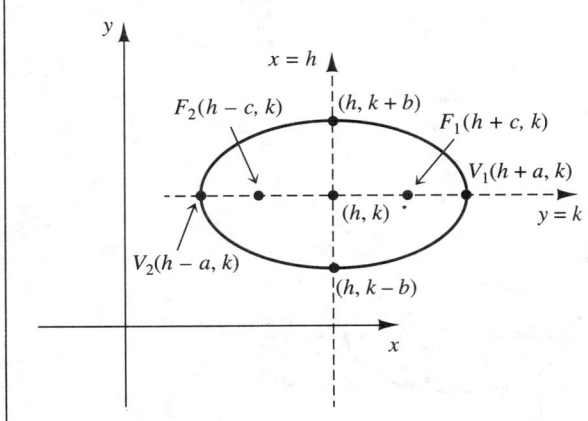

FORMA CANÓNICA DE UNA ELIPSE CON CENTRO EN (h, k) Y FOCOS EN (h+c, k) Y (h−c, k)

La gráfica de la ecuación

$$\frac{(x-h)^2}{a^2} + \frac{(y-k)^2}{b^2} = 1$$

para $a > b$ es una elipse con centro en (h, k) y vértices $(h \pm a, k)$. Los extremos del eje menor son $(h, k \pm b)$. Los focos son $(h \pm c, k)$, donde $c^2 = a^2 - b^2$. La longitud del eje mayor es $2a$; la longitud del eje menor es $2b$.

Si trazamos un nuevo conjunto de ejes horizontal y vertical por el centro, éstos contienen los ejes de la elipse.

Si comparamos $\frac{x^2}{a^2} + \frac{y^2}{b^2} = 1$, la forma canónica de la elipse con centro en $(0, 0)$, con $\frac{(x-h)^2}{a^2} + \frac{(y-k)^2}{b^2} = 1$, la forma canónica de la elipse con centro en (h, k), vemos que ambas elipses tienen la misma forma, pero el centro es recorrido h unidades en forma horizontal y k unidades en forma vertical.

En vez de memorizar los nuevos vértices, ejes y focos, si tenemos la elipse en la forma $\frac{(x-h)^2}{a^2} + \frac{(y-k)^2}{b^2} = 1$, podemos identificar h y k, trazar un nuevo conjunto de ejes coordenados por (h, k) (paralelos a los ejes x y y), y graficar la elipse en el nuevo conjunto de ejes como si tuviera la forma $\frac{x^2}{a^2} + \frac{y^2}{b^2} = 1$.

EJEMPLO 6 Trazar la gráfica de lo siguiente e identificar sus ejes, centro, vértices y focos:

$$\frac{(x-3)^2}{16} + \frac{(y+4)^2}{4} = 1$$

Solución La elipse $\frac{(x-3)^2}{16} + \frac{(y+4)^2}{4} = 1$ está en forma canónica, de modo que

$$h = 3, \quad k = -4, \quad a^2 = 16 \Rightarrow a = 4 \quad \text{y} \quad b^2 = 4 \Rightarrow b = 2$$

Trazamos un nuevo conjunto de ejes coordenados con centro en (h, k), que es $(3, -4)$. Véase la figura 9.33. El centro de la elipse es $(3, -4)$. El eje mayor está en la recta horizontal $y = -4$. Como $a = 4$, nos movemos 4 unidades en forma horizontal a la izquierda y a la derecha del centro $(3, -4)$, para determinar los vértices $(-1, -4)$ y $(7, -4)$. El eje menor está en la recta vertical $x = 3$. Como $b = 2$, nos movemos 2 unidades en forma vertical hacia arriba y hacia abajo del centro $(3, -4)$ para determinar los extremos del eje menor: $(3, -2)$ y $(3, -6)$.

Como $c^2 = a^2 - b^2 = 16 - 4 = 12 \Rightarrow c = \sqrt{12} = 2\sqrt{3}$, podemos determinar los focos moviéndonos $2\sqrt{3} \approx 3.46$ unidades en forma horizontal a la izquierda y a la derecha del centro $(3, -4)$ para obtener $F_2(3 - 2\sqrt{3}, -4)$ y $F_1(3 + 2\sqrt{3}, -4)$. La gráfica aparece adelante.

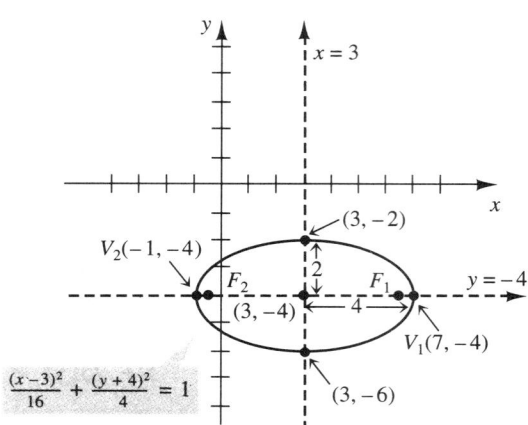

FIGURA 9.33

De manera análoga, podemos recorrer una elipse con centro en el origen y focos en el eje y en forma horizontal y vertical para que su centro esté en (h, k): Los nuevos focos estarán en la recta $x = h$, la recta paralela al eje y. Podemos deducir lo siguiente.

La elipse con eje mayor vertical, con centro en (h, k)

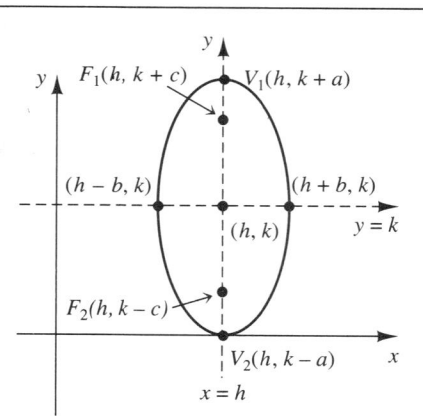

FORMA CANÓNICA DE UNA ELIPSE CON CENTRO EN (h, k) Y FOCOS EN $(h, k+c)$ Y $(h, k-c)$

La gráfica de la ecuación

$$\frac{(x-h)^2}{b^2} + \frac{(y-k)^2}{a^2} = 1$$

para $a > b$ es una elipse, con centro en (h, k) y vértices $(h, k \pm a)$. Los extremos del eje menor son $(h \pm b, k)$. Los focos son $(h, k \pm c)$, donde $c^2 = a^2 - b^2$. La longitud del eje mayor es $2a$; la longitud del eje menor es $2b$.

La elipse $\dfrac{(x-h)^2}{b^2} + \dfrac{(y-k)^2}{a^2} = 1$ tiene la misma forma que la elipse $\dfrac{x^2}{b^2} + \dfrac{y^2}{a^2} = 1$, pero su centro está recorrido h unidades en forma horizontal y k unidades en forma vertical.

9.3 La elipse

EJEMPLO 7 Graficar la elipse $16x^2 + 25y^2 - 64x - 50y - 311 = 0$ e identificar sus ejes, centro y vértices.

Solución La ecuación $16x^2 + 25y^2 - 64x - 50y - 311 = 0$ no está en forma canónica, pero podemos escribirla de esta forma si completamos el cuadrado.

$16x^2 + 25y^2 - 64x - 50y - 311 = 0$ *Sumamos 311 de cada lado, y agrupamos los términos como se muestra.*

$(16x^2 - 64x \quad) + (25y^2 - 50y \quad) = 311$

Los términos cuadrados no tienen coeficientes iguales a 1, y para completar el cuadrado necesitamos que los coeficientes sean iguales a 1. Podemos factorizar el coeficiente de cada término cuadrado, como sigue.

$(16x^2 - 64x \quad) + (25y^2 - 50y \quad) = 311$ *Factorizamos 16 en el primer grupo y 25 en el segundo.*

$16(x^2 - 4x \quad) + 25(y^2 - 2y \quad) = 311$ *Completamos el cuadrado de cada expresión encerrada entre paréntesis; sumamos 4 y 1 dentro de los paréntesis.*

$16(x^2 - 4x + 4) + 25(y^2 - 2y + 1) = 311 + 16 \cdot 4 + 25 \cdot 1$ *Observe que en realidad sumamos $16 \cdot 4$ y $25 \cdot 1$ a ambos lados de la ecuación.*

Ahora, escribimos las expresiones del lado izquierdo en forma factorizada y simplificamos la expresión numérica del lado derecho:

$16(x - 2)^2 + 25(y - 1)^2 = 400$ *Dividimos ambos lados entre 400.*

$$\frac{16(x-2)^2}{400} + \frac{25(y-1)^2}{400} = \frac{400}{400}$$ *Lo cual se simplifica como*

$$\frac{(x-2)^2}{25} + \frac{(y-1)^2}{16} = 1$$ *Esto tiene forma canónica.*

Como 25 es el mayor de los denominadores y está bajo el término x^2, tenemos que $a^2 = 25$, y la elipse tiene el eje mayor horizontal. La elipse está en forma canónica, de modo que

$$h = 2, \quad k = 1, \quad a^2 = 25 \Rightarrow a = 5 \quad \text{y} \quad b^2 = 16 \Rightarrow b = 4$$

Trazamos un nuevo conjunto de ejes coordenados con centro en (2, 1). El centro de la elipse es (2, 1). El eje mayor está en la recta horizontal $y = 1$. Como $a = 5$, movemos 5 unidades en forma horizontal a la derecha y a la izquierda de (2, 1) para determinar los vértices (7, 1) y (−3, 1).

El eje menor está en la recta vertical $x = 2$. Como $b = 4$, nos movemos 4 unidades en forma vertical hacia arriba y hacia abajo de (2, 1), para determinar los extremos del eje menor: (2, 5) y (2, −3). La gráfica aparece en la figura 9.34. ∎

Observe que el eje mayor para esta forma es paralelo al eje x.

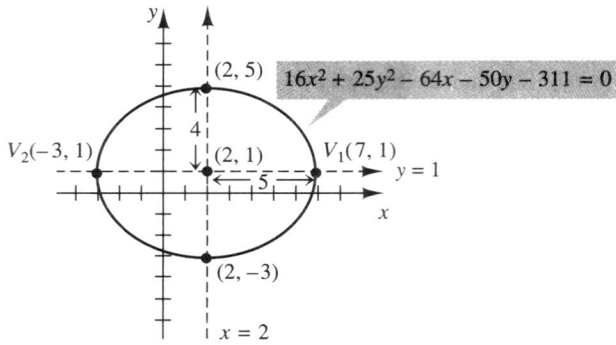

FIGURA 9.34

Como en el caso del círculo y de la parábola, podemos manipular la ecuación general $Ax^2 + Cy^2 + Dx + Ey + F = 0$ para escribirla en forma canónica, según los coeficientes de los términos cuadrados. Si los coeficientes de los términos cuadrados son iguales ($A = C$), deducimos que la gráfica es un círculo; si sólo existe un término cuadrado ($A = 0$ o $C = 0$, pero no ambos), esperamos obtener una parábola. Podemos deducir una conclusión similar para la elipse: esperamos obtener una elipse si $A \neq C$ y A y C tienen el mismo signo en la ecuación general

$$Ax^2 + Cy^2 + Dx + Ey + F = 0$$

Regresaremos a esta idea en la sección 9.5.

Grafique $\dfrac{x^2}{4} + \dfrac{y^2}{9} = 0$. ¿Es lo que esperaba?

EJERCICIOS 9.3

En los ejercicios 1-10, identifique los vértices y los focos de la elipse.

1. $\dfrac{x^2}{16} + \dfrac{y^2}{9} = 1$
2. $\dfrac{x^2}{9} + \dfrac{y^2}{16} = 1$
3. $\dfrac{x^2}{12} + \dfrac{y^2}{18} = 1$
4. $\dfrac{x^2}{20} + \dfrac{y^2}{2} = 1$
5. $\dfrac{x^2}{24} + \dfrac{y^2}{9} = 1$
6. $\dfrac{y^2}{30} + \dfrac{x^2}{25} = 1$
7. $25x^2 + 9y^2 = 225$
8. $6x^2 + y^2 = 18$
9. $y^2 + 30x^2 = 30$
10. $x^2 + 2y^2 = 16$

En los ejercicios 11-16, grafique la elipse e identifique los vértices y los focos.

11. $\dfrac{x^2}{49} + \dfrac{y^2}{9} = 1$
12. $\dfrac{y^2}{81} + \dfrac{x^2}{4} = 1$
13. $12x^2 + y^2 = 24$
14. $18y^2 + 6x^2 = 36$
15. $3x^2 + 8y^2 = 12$
16. $5x^2 + 10y^2 = 5$

En los ejercicios 17-20, identifique la excentricidad de la elipse.

17. $\dfrac{x^2}{25} + \dfrac{y^2}{36} = 1$
18. $\dfrac{y^2}{16} + \dfrac{x^2}{4} = 1$
19. $8x^2 + 3y^2 = 12$
20. $15x^2 + 10y^2 = 5$

En los ejercicios 21-24, utilice el método del punto de prueba del ejemplo 2 de la página 554 para trazar el conjunto solución de la desigualdad.

21. $\dfrac{y^2}{9} + \dfrac{x^2}{4} \leq 1$
22. $\dfrac{x^2}{36} + \dfrac{y^2}{24} > 1$
23. $10x^2 + 15y^2 > 30$
24. $3x^2 + 4y^2 \leq 12$

En los ejercicios 25-28, escriba la ecuación de la elipse utilizando la información dada.

25. La elipse tiene focos en (2, 0) y (−2, 0) y vértices en (4, 0) y (−4, 0).
26. La elipse tiene focos en (0, 3) y (0, −3) y los vértices en (0, 5) y (0, −5).
27. La elipse tiene centro en el origen; su eje mayor es horizontal, con longitud 8; la longitud del eje menor es 4.
28. La elipse tiene centro en el origen. Los ejes de la elipse tienen longitudes 5 y 9; el eje mayor es vertical.
29. El arco de un puente es semielíptico con eje mayor horizontal. Si la base del arco abarca los 80 pies de ancho de la carretera y la parte más alta del puente está a 20 pies sobre la carretera, determine la altura del arco a 10 pies del lado de la carretera.

9.3 La elipse

30. El arco de un puente es semielíptico con eje mayor horizontal. Si la base del arco abarca los 80 pies de ancho de la carretera y la parte más alta del puente está a 20 pies sobre la carretera, determine la altura del arco a 10 pies del centro de la carretera.

31. La Luna gira alrededor de la Tierra siguiendo una órbita elíptica, con la Tierra en uno de sus focos. La excentricidad de esta órbita es $e \approx 0.055$ y la longitud del eje mayor de esta órbita es de 468,972 millas. ¿Cuál es la distancia más cercana del centro de la Tierra al centro de la Luna?

32. Se lanza un satélite desde la Tierra y éste mantiene una órbita elíptica con (el centro de) la Tierra en uno de sus focos. Las distancias máxima y mínima a la superficie de la Tierra son 800 y 300 millas respectivamente. Si el radio de la Tierra es 4000 millas, determine la ecuación de la órbita.

En los ejercicios 33-40, identifique el centro, los vértices y los focos de la elipse.

33. $\dfrac{(x-2)^2}{16} + \dfrac{(y-3)^2}{4} = 1$

34. $\dfrac{(x+3)^2}{9} + \dfrac{(y-1)^2}{49} = 1$

35. $\dfrac{(y-3)^2}{18} + \dfrac{(x+1)^2}{12} = 1$

36. $\dfrac{(x+5)^2}{24} + \dfrac{y^2}{2} = 1$

37. $4x^2 + y^2 - 16x - 6y + 21 = 0$

38. $x^2 + 2y^2 + 4x + 12y + 6 = 0$

39. $6x^2 + 5y^2 - 60x - 10y + 65 = 0$

40. $x^2 + 2y^2 + 8x - 4y - 6 = 0$

En los ejercicios 41-48, grafique la elipse; identifique los vértices y los focos.

41. $\dfrac{(x-2)^2}{9} + \dfrac{(y+3)^2}{8} = 1$

42. $\dfrac{(x+3)^2}{8} + \dfrac{y^2}{12} = 1$

43. $\dfrac{(x+2)^2}{16} + \dfrac{(y-1)^2}{24} = 1$

44. $\dfrac{x^2}{6} + \dfrac{(y-5)^2}{18} = 1$

45. $16x^2 + 9y^2 - 32x + 54y = 47$

46. $x^2 + 4y^2 + 4x + 40y + 100 = 0$

47. $x^2 + 4y^2 - 2x - 24y = -29$

48. $4x^2 + y^2 - 24x + 4y + 28 = 0$

En los ejercicios 49-54, identifique y grafique la figura etiquetando sus aspectos más importantes.

49. $\dfrac{x^2}{9} + \dfrac{y^2}{4} = 1$

50. $\dfrac{x}{9} + \dfrac{y}{4} = 1$

51. $\dfrac{(x+2)^2}{16} + \dfrac{(y-1)^2}{16} = 1$

52. $y^2 - 6y - 2x + 1 = 0$

53. $x^2 - 9y = 0$

54. $4x^2 + 3y^2 - 8x - 6y - 5 = 0$

En los ejercicios 55-58, escriba la ecuación de la elipse, utilizando la información dada.

55. La elipse tiene focos en $(1, 4)$ y $(5, 4)$ y vértices en $(0, 4)$ y $(6, 4)$.

56. La elipse tiene focos en $(-1, 2)$ y $(-1, 10)$ y vértices en $(-1, 0)$ y $(-1, 12)$.

57. El eje mayor de la elipse está en la recta $y = -5$ y tiene longitud 4; el eje menor está en la recta $x = 3$ y tiene longitud 2.

58. Los ejes de la elipse tienen longitudes 1 y 6, el eje mayor es vertical y el centro de la elipse está en $(-3, 5)$.

59. Utilice la fórmula de la distancia para deducir la ecuación para la elipse con centro en el origen con focos $(0, \pm c)$ y vértices en $(0, \pm a)$

60. Utilice la fórmula de la distancia para deducir la ecuación de la elipse con centro en (h, k), focos en $(h \pm c, k)$ y vértices en $(h \pm a, k)$.

61. Definimos una recta como tangente a la elipse en el punto P si y sólo si toca a la elipse sólo en el punto P. La ecuación para la recta tangente a la elipse $\dfrac{x^2}{a^2} + \dfrac{y^2}{b^2} = 1$ en el punto (x_0, y_0) está dada por

$$\dfrac{xx_0}{a^2} + \dfrac{yy_0}{b^2} = 1.$$

(Véase la figura siguiente.) Utilice esta fórmula para determinar la ecuación de la recta tangente a la elipse $\dfrac{x^2}{16} + \dfrac{y^2}{4} = 1$ en el punto $(-2, \sqrt{3})$.

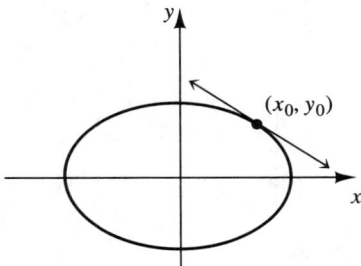

62. Utilice la fórmula para la ecuación de la recta tangente a la elipse del ejercicio 61, para determinar la ecuación de la recta tangente a la elipse

$$\frac{x^2}{8} + \frac{y^2}{9} = 1$$

en el punto (0,3).

63. El segmento de recta con extremos en una elipse, que pasa por un foco y es perpendicular al eje mayor, se llama *lado recto* de la elipse. (Véase la figura siguiente.) Muestre que $\frac{2b^2}{a}$ es la longitud de cada lado recto de la elipse $\frac{x^2}{a^2} + \frac{y^2}{b^2} = 1$.

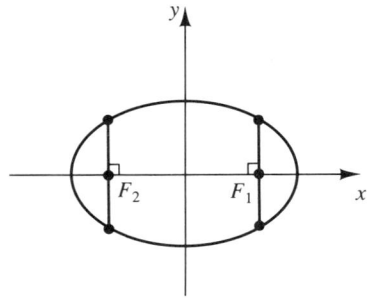

PREGUNTAS PARA REFLEXIONAR

64. Las ecuaciones $x^2 + 2y^2 + 3 = 0$ y $y^2 + 3x^2 = 0$ tienen la forma general de una ecuación de segundo grado. Si las grafica, ¿qué tipo de figuras esperaría obtener? Grafique cada ecuación en un conjunto de ejes coordenados. ¿Es lo que esperaba?

GRAFIJACIÓN

En los ejercicios 65-68, utilice su calculadora gráfica o computadora para graficar las ecuaciones.

65. $\frac{x^2}{12} + \frac{y^2}{4} = 1$

66. $8x^2 + 6y^2 = 24$

67. $x^2 + 2y^2 - 2x = 1$

68. $\frac{(x-3)^2}{12} + \frac{(y+2)^2}{4} = 1$

9.4 La hipérbola

Como en el caso de las demás secciones cónicas, comenzaremos con la definición geométrica de la **hipérbola**.

DEFINICIÓN Una **hipérbola** es el conjunto de puntos en el plano tales que el valor absoluto de la diferencia de sus distancias a dos puntos fijos es una constante positiva. Los puntos fijos son los **focos** de la hipérbola. (Véase la figura 9.35).

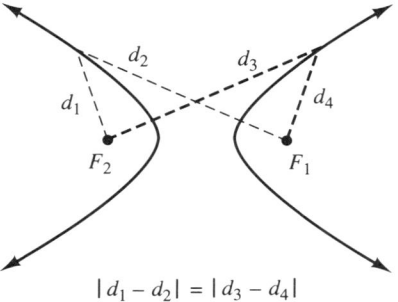

FIGURA 9.35

9.4 La hipérbola

Mientras que una elipse queda determinada por los puntos cuya suma de distancias a los dos focos es una constante, una hipérbola queda determinada por los puntos cuya *diferencia* de distancias a los dos focos es constante.

Como en el caso de la elipse, dada la definición de la hipérbola, comenzamos eligiendo un sistema de coordenadas de modo que los focos estén en el eje horizontal, con el origen a la mitad de la distancia entre los dos focos. Sea $c > 0$ la distancia del origen a cada uno de los focos F_1 y F_2. Por lo tanto, las coordenadas de F_1 son $(c, 0)$ y las coordenadas de F_2 son $(-c, 0)$. La distancia entre los focos es $2c$. (Véase la figura 9.36.). Obtendremos la ecuación de esta hipérbola.

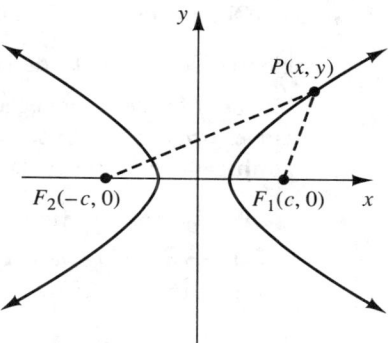

FIGURA 9.36 Hipérbola con focos $F_1(c, 0)$ y $F_2(-c, 0)$

Para mostrar que $2c > 2a$, consideremos $\triangle PF_1F_2$ en la figura 9.36. Tenemos
$|\overline{PF_1}| + |\overline{F_1F_2}| > |\overline{PF_2}| \Rightarrow$
$|\overline{F_1F_2}| > |\overline{PF_2}| - |\overline{PF_1}| = 2a$
Pero $|\overline{F_1F_2}| = 2c$. Por lo tanto, $2c > 2a$. Podemos argumentar de manera análoga para un punto P en la rama izquierda de la hipérbola.

Por definición de hipérbola, si elegimos cualquier punto sobre ella, $P(x, y)$, el valor absoluto de la diferencia de las distancias de $P(x, y)$ a $F_1(c, 0)$ y $F_2(-c, 0)$ es constante. Para evitar trabajar con fracciones, llamamos a esta distancia constante $2a$ y observamos que $2c > 2a$, o $c > a$. Por lo tanto, utilizamos la fórmula de la distancia para obtener

$$\left| \sqrt{(x-c)^2 + (y-0)^2} - \sqrt{(x+c)^2 + (y-0)^2} \right| = 2a$$

Si trabajamos con esta ecuación como hicimos en el caso de la elipse, obtenemos

$$\frac{x^2}{a^2} - \frac{y^2}{c^2 - a^2} = 1.$$

Como a y c son positivos (son distancias), y $c > a$, tenemos que $c^2 - a^2 > 0$. Si hacemos $b = \sqrt{c^2 - a^2}$, entonces $b^2 = c^2 - a^2$; por lo tanto, hemos deducido lo siguiente.

La hipérbola con centro en el origen y con focos en el eje x tiene la ecuación

$$\frac{x^2}{a^2} - \frac{y^2}{b^2} = 1 \qquad (c > a).$$

Las intersecciones de la gráfica de esta ecuación con el eje x quedan determinadas al hacer $y = 0$:

$$\frac{x^2}{a^2} - \frac{y^2}{b^2} = 1 \quad \text{Sea } y = 0; \text{ despejamos } x.$$

$$\frac{x^2}{a^2} - \frac{0^2}{b^2} = 1$$

$$\frac{x^2}{a^2} = 1 \;\Rightarrow\; x^2 = a^2 \;\Rightarrow\; x = \pm a. \quad \text{Las intersecciones con el eje } x \text{ son } \pm a.$$

Los puntos $V_1(a, 0)$ y $V_2(-a, 0)$ son los **vértices** de esta hipérbola, y el segmento de recta $\overline{V_1V_2}$ es el **eje transversal**.

Observe que si realizamos el mismo análisis para determinar las intersecciones con el eje y (hacemos $x = 0$ y despejamos y), obtenemos $-\frac{y^2}{b^2} = 1 \Rightarrow y^2 = -b^2$, lo que es imposible (pues $-b^2$ debe ser negativo y y^2 debe ser no negativo). Por lo tanto, no existen intersecciones con el eje y. El segmento de recta que une los puntos $P_1(0, b)$ y $P_2(0, -b)$ es el **eje conjugado** de la hipérbola.

Por ejemplo, la figura 9.37 muestra la gráfica de la hipérbola $\frac{x^2}{16} - \frac{y^2}{9} = 1$. Como $a^2 = 16 \Rightarrow a = 4$, los vértices son $(\pm 4, 0)$. Además, $b^2 = 9 \Rightarrow b = 3$ y como $c^2 = a^2 + b^2$, tenemos $c^2 = 16 + 9 = 25 \Rightarrow c = 5$. Por lo tanto, los focos son $(\pm 5, 0)$.

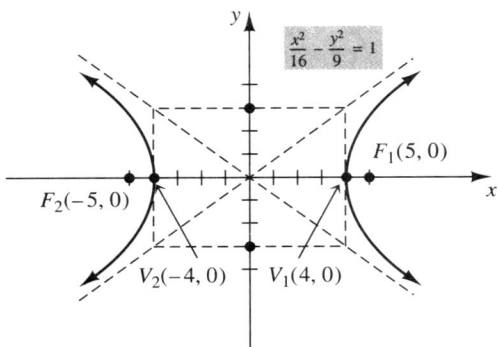

FIGURA 9.37

Si despejamos y en la ecuación $\frac{x^2}{16} - \frac{y^2}{9} = 1$, obtenemos

$$y = \pm \sqrt{\frac{9x^2 - 144}{16}} \quad \text{lo que podemos reescribir como}$$

$$y = \pm \sqrt{\frac{9}{16}(x^2 - 16)} \quad \text{o} \quad y = \pm \frac{3}{4}\sqrt{x^2 - 16}$$

¿Por qué debemos tener $|x| \geq 4$?

Si observamos con cuidado esta forma de la ecuación canónica, vemos que debemos tener $|x| \geq 4$. Observe que esto es consistente con la figura 9.37; x nunca asume valores estrictamente entre -4 y 4, y por lo tanto no existen intersecciones con el eje y.

9.4 La hipérbola

En nuestras experiencias anteriores con las gráficas, hemos trabajado con asíntotas horizontales y verticales. Una característica que distingue a la hipérbola es que tiene asíntotas, aunque no son horizontales ni verticales. Estas asíntotas se muestran en la figura 9.37. Ellas determinan la forma de la hipérbola y son una guía útil para trazar su gráfica. Para la gráfica de la hipérbola $\frac{x^2}{16} - \frac{y^2}{9} = 1$ de la figura 9.37, las ecuaciones de las asíntotas son $y = \pm \frac{3}{4}x$.

En el ejercicio 51, utilizamos la forma canónica de la hipérbola para determinar las asíntotas de la hipérbola general. Establecemos aquí este resultado sin demostración.

Las asíntotas de la hipérbola $\frac{x^2}{a^2} - \frac{y^2}{b^2} = 1$ son

$$y = \pm \frac{b}{a}x$$

Resumimos este análisis de la manera siguiente.

La hipérbola "horizontal" con centro en (0, 0)

FORMA CANÓNICA DE UNA HIPÉRBOLA CON FOCOS EN (c, 0) Y ($-c$, 0)

La gráfica de la ecuación

$$\frac{x^2}{a^2} - \frac{y^2}{b^2} = 1$$

es una hipérbola con centro en (0, 0) y vértices en ($\pm a$, 0). Los focos son ($\pm c$, 0), donde $c^2 = a^2 + b^2$. Los extremos del eje conjugado son (0, $\pm b$). La longitud del eje transversal es $2a$; la longitud del eje conjugado es $2b$. Las asíntotas de la hipérbola son $y = \pm \frac{b}{a}x$.

¿Cómo se relacionan los extremos del eje *transversal* con los vértices?

Nos referimos a los dos "arcos" de la hipérbola como las *ramas de la hipérbola*.

Una forma eficiente de trazar la hipérbola es graficar primero los vértices ($\pm a$,0) y los extremos del eje conjugado (0, $\pm b$). Véase la figura 9.38. Trazamos un rectángulo tal que estos puntos sean los puntos medios de los lados del rectángulo. Después trazamos las diagonales del rectángulo. *Las rectas determinadas por las diagonales del rectángulo son las asíntotas de la hipérbola*. Los vértices y las asíntotas son las únicas guías necesarias para trazar la hipérbola.

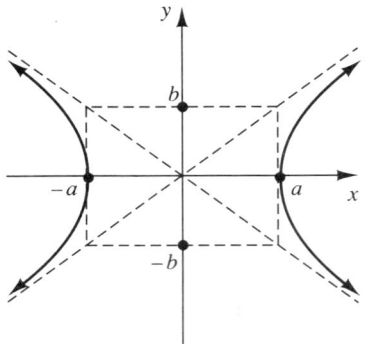

FIGURA 9.38 Trazamos el rectángulo y las diagonales. Las diagonales del rectángulo están contenidas en las asíntotas de la hipérbola.

Observe que una diagonal del rectángulo pasa por el origen y el punto (a, b). Puede utilizar la forma pendiente y ordenada al origen para verificar que la ecuación de esta diagonal es la asíntota $y = \dfrac{b}{a}x$.

EJEMPLO 1 Trazar la gráfica de la hipérbola $9x^2 - 25y^2 = 225$. Identificar los focos y las asíntotas.

Solución

Primero escribimos la ecuación en forma canónica, lo que requiere tener un 1 en un lado de la ecuación. Para tener un 1 del lado derecho, debemos dividir entre 225.

$$9x^2 - 25y^2 = 225 \qquad \text{Dividimos ambos lados entre 225.}$$

$$\frac{9x^2}{225} - \frac{25y^2}{225} = \frac{225}{225} \qquad \text{Simplificamos.}$$

$$\frac{x^2}{25} - \frac{y^2}{9} = 1 \qquad \text{Esta ecuación está en forma canónica.}$$

Comparamos nuestra ecuación con la forma canónica de la hipérbola, y obtenemos

$$a^2 = 25 \implies a = 5 \quad \text{y} \quad b^2 = 9 \implies b = 3 \quad (a \text{ y } b \text{ son ambos positivos}).$$

Graficamos los vértices $(\pm 5, 0)$ y los extremos del eje conjugado: $(0, \pm 3)$. Trazamos un rectángulo de modo que los puntos graficados sean los *puntos medios de los lados del rectángulo*. Las rectas determinadas por la diagonal del rectángulo son las asíntotas

$$y = \pm \frac{b}{a}x \implies y = \pm \frac{3}{5}x$$

Como $c^2 = a^2 + b^2 = 25 + 9 = 34$, $c = \sqrt{34}$. Por lo tanto, los focos son $(\pm\sqrt{34}, 0)$. (La longitud del eje transversal es $2(5) = 10$, y la longitud del eje conjugado es $2(3) = 6$.) Trazamos la gráfica como se muestra en la figura 9.39.

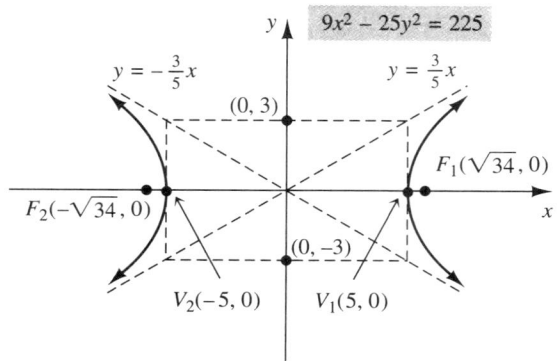

FIGURA 9.39 ■

Como en el caso de la hipérbola con focos en el eje x, podemos utilizar el mismo análisis (de nuevo con $c > a$) para identificar la forma canónica de la hipérbola con focos en el eje y, que resumimos a continuación.

La hipérbola "vertical" con centro en (0, 0)

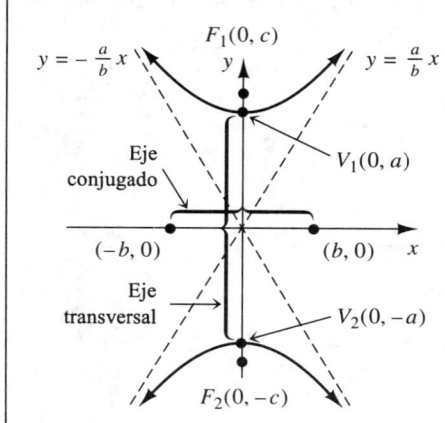

FORMA CANÓNICA DE UNA HIPÉRBOLA CON FOCOS EN $(c, 0)$ Y $(0, -c)$

La gráfica de la ecuación

$$\frac{y^2}{a^2} - \frac{x^2}{b^2} = 1$$

es una hipérbola con centro en $(0, 0)$ con vértices $(0, \pm a)$. Los focos son $(0, \pm c)$, donde $c^2 = a^2 + b^2$. Los extremos del eje conjugado son $(\pm b, 0)$. La longitud del eje transversal es $2a$; la longitud del eje conjugado es $2b$. Las asíntotas de la hipérbola son $y = \pm \frac{a}{b}x$.

Para la hipérbola con centro en el origen y focos en el eje y, los vértices $(0, \pm a)$ son las intersecciones con el eje y. No existen intersecciones con el eje x.

Compare las dos formas de la hipérbola, observe sus similitudes y diferencias. La primera forma tiene sus focos en el eje x y la segunda en el eje y. Observe que las dos formas intercambian a y b como denominadores de x^2 y y^2. La elección de la forma depende del término al cuadrado que aparezca restado: Si se resta el término en y^2, a^2 es el denominador de x^2, y los focos se encuentran en el eje x. Por otro lado, si se resta el término en x^2, a^2 es el denominador de y^2, y los focos están en el eje y.

EJEMPLO 2 Trazar la gráfica de la hipérbola $36y^2 - x^2 = 9$. Identificar sus focos.

Solución Primero escribimos la ecuación en forma canónica. Para tener 1 del lado derecho, debemos dividir entre 9.

$36y^2 - x^2 = 9$ *Dividimos ambos lados entre 9.*

$\dfrac{36y^2}{9} - \dfrac{x^2}{9} = \dfrac{9}{9}$ *Simplificamos.*

$4y^2 - \dfrac{x^2}{9} = 1$ *La ecuación todavía no está en forma canónica; sin embargo, podemos reescribir $4y^2$ como $\dfrac{y^2}{\frac{1}{4}}$.*

$\dfrac{y^2}{\frac{1}{4}} - \dfrac{x^2}{9} = 1$

Al comparar nuestra ecuación con las dos formas canónicas de la hipérbola, observamos que se resta el término en x^2; por lo tanto, a^2 es el denominador de y^2. Utilizamos la segunda forma, $\dfrac{x^2}{a^2} - \dfrac{y^2}{b^2} = 1$, una hipérbola con focos en el eje y. Por lo tanto,

$$a^2 = \frac{1}{4} \Rightarrow a = \frac{1}{2} \quad \text{y} \quad b^2 = 9 \Rightarrow b = 3$$

Graficamos los vértices $\left(0, \pm\frac{1}{2}\right)$, los extremos del eje conjugado (± 3, 0) y trazamos el rectángulo y las diagonales. La gráfica aparece en la figura 9.40. Las asíntotas son $y = \pm\frac{a}{b}x \Rightarrow y = \pm\frac{1}{6}x$. Como $c^2 = a^2 + b^2 = 9 + \frac{1}{4} = \frac{37}{4} \Rightarrow c = \sqrt{\frac{37}{4}} = \frac{\sqrt{37}}{2}$, los focos son $\left(0, \pm\frac{\sqrt{37}}{2}\right)$.

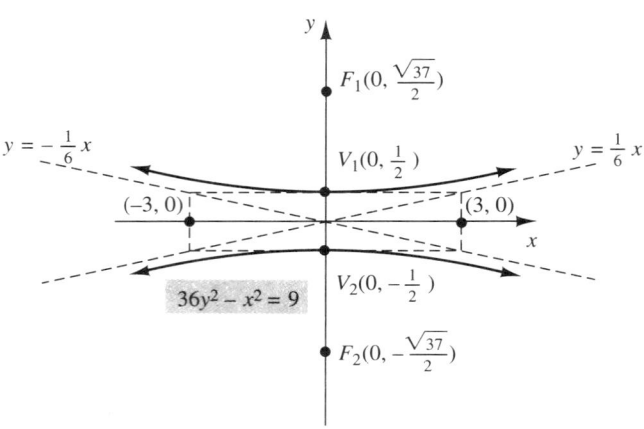

FIGURA 9.40

Las hipérbolas son importantes en la física y la ingeniería. El siguiente ejemplo muestra el uso de la hipérbola en la navegación.

EJEMPLO 3 Una explosión es registrada por dos micrófonos, M_1 y M_2, que se encuentran a 2 millas de distancia entre ellos. El micrófono M_1 recibe el sonido 4 segundos después que el micrófono M_2. Si la velocidad del sonido es de 1100 pies/segundo, determinar los lugares posibles de la explosión con respecto de la posición de los micrófonos.

Solución Comencemos colocando los micrófonos en un sistema de coordenadas, de modo que M_1 y M_2 estén en un eje horizontal con el origen a la mitad de la distancia entre ellos. Aunque no estamos seguros de qué tan lejos de los micrófonos ocurrió la explosión, sabemos que M_2 recibió el sonido 4 segundos después que M_1. Como la velocidad del sonido es 1100 pies/segundo, esto significa que la explosión E tuvo lugar a 4400 pies más lejos de M_2 que de M_1, o que *la diferencia entre las distancias de M_1 a E y de M_2 a E es de 4 400 pies*. (Véase la figura 9.41).

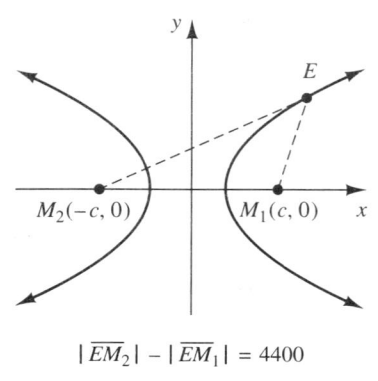

$|\overline{EM_2}| - |\overline{EM_1}| = 4400$

FIGURA 9.42

Los puntos o posiciones posibles de E que satisfacen estas condiciones corresponden a la definición de una hipérbola, por lo que trazamos una hipérbola, con los micrófonos en sus focos.

Para obtener la ecuación de la hipérbola, observamos que los micrófonos son los focos, localizados a 1 milla del origen, por lo que $c = 5280$ pies. (Expresamos la ecuación en pies.) La diferencia entre las distancias es 4400 pies; recordando la deducción de la hipérbola, esta distancia es $2a$. Por lo tanto $2a = 4400 \Rightarrow a = 2200 \quad a^2 = 4\,840\,000$.

9.4 La hipérbola

Además,

$$b^2 = c^2 - a^2 = 5280^2 - 2200^2 = 23\,038\,400$$

¿Cómo podemos decidir si la explosión ocurrió en la rama correspondiente al micrófono M_1?

Por lo tanto, la ecuación de la hipérbola (en pies) es $\dfrac{x^2}{4\,840\,000} - \dfrac{y^2}{23\,038\,400} = 1$. La explosión ocurrió en algún lado de la rama derecha (la rama más cercana a M_1) de esta hipérbola.

El sistema de navegación de gran alcance conocido como LORAN localiza barcos y aviones aplicando el principio ilustrado en el ejemplo 3. Hemos mostrado que al utilizar un par de micrófonos, la fuente de un sonido, como una explosión, se puede localizar en alguna parte a lo largo de una rama de una hipérbola.

Si se colocan otro par de micrófonos en algún lugar con una distancia fija entre ellos, que también registren el sonido, podremos determinar que la fuente de sonido se localiza en alguna parte de una rama de otra hipérbola (con respecto al segundo par de micrófonos). Como la fuente de sonido debe estar en ambas hipérbolas, podemos localizar con precisión el lugar exacto del sonido si determinamos la intersección de las dos hipérbolas, como se ilustra en la figura 9.42.

En realidad, podemos hacer lo mismo con tres micrófonos en vez de cuatro. ¿Cómo?

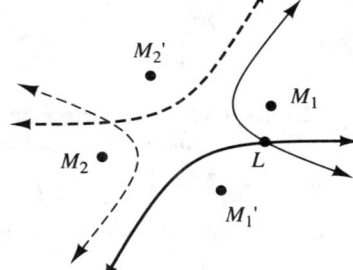

FIGURA 9.42 Localización del punto exacto L como intersección de las dos hipérbolas

---

GRAFICACIÓN

Con su calculadora gráfica o computadora, grafique lo siguiente en el mismo conjunto de ejes coordenados:

$$\frac{x^2}{9} - \frac{y^2}{4} = 1, \qquad \frac{(x-2)^2}{9} - \frac{y^2}{4} = 1, \qquad \frac{(x-2)^2}{9} - \frac{(y+1)^2}{4} = 1$$

¿Qué puede concluir acerca del efecto que tienen h y k sobre la gráfica de $\dfrac{(x-h)^2}{a^2} - \dfrac{(y-k)^2}{b^2} = 1$?

La hipérbola con centro en (h, k)

La figura 9.43 demuestra que la hipérbola con centro $(0, 0)$ y focos en el eje x puede recorrerse de manera horizontal h unidades y de manera vertical k unidades para centrarla en (h, k).

La hipérbola tendrá sus focos en la $y = k$, paralela al eje x y recorrida a k unidades del eje x. Sus vértices serán $(h \pm a, k)$, los extremos del eje conjugado son $(h, k \pm b)$ y los focos son $(h \pm c, k)$, donde $c^2 = a^2 + b^2$.

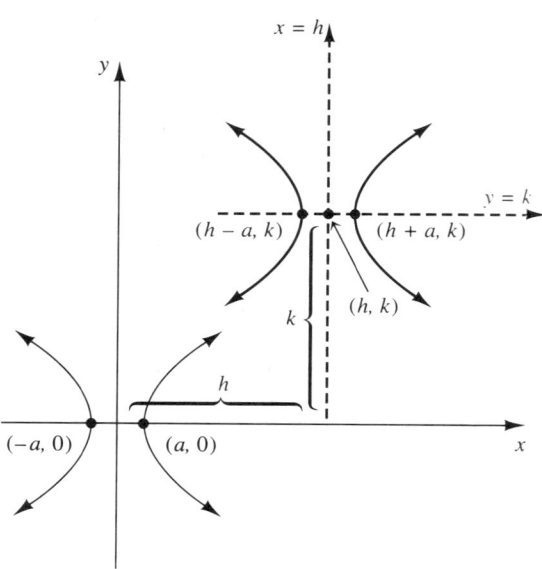

FIGURA 9.43 Una hipérbola recorrida h unidades en forma horizontal y k unidades en forma vertical

Como en el caso de las demás cónicas, generalizamos la hipérbola con centro en (h, k).

La hipérbola "horizontal" con centro en (h, k)

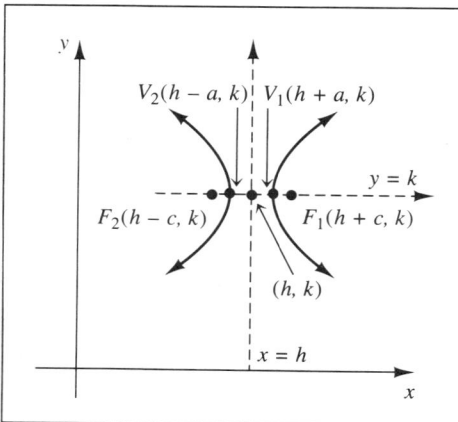

FORMA CANÓNICA DE UNA HIPÉRBOLA CON CENTRO EN (h, k) Y FOCOS EN $(h+c, k)$ Y $(h-c, k)$

La gráfica de la ecuación

$$\frac{(x-h)^2}{a^2} - \frac{(y-k)^2}{b^2} = 1$$

es una hipérbola con centro en (h, k) y vértices $(h \pm a, k)$. Los extremos del eje conjugado son $(h, k \pm b)$. Los focos son $(h \pm c, k)$, donde $c^2 = a^2 + b^2$. La longitud del eje transversal es $2a$; la longitud del eje conjugado es $2b$.

Las asíntotas de la hipérbola $\dfrac{(x-h)^2}{a^2} - \dfrac{(y-k)^2}{b^2} = 1$ están dadas por $y - k = \pm \dfrac{b}{a}(x - h)$.

De manera análoga, podemos recorrer una hipérbola con focos en el eje y de manera horizontal y vertical para centrarla en (h, k), y los nuevos focos estarán en la recta $x = h$, la recta paralela al eje y, a h unidades del eje y, con el siguiente resultado

La hipérbola "vertical" con centro en (h, k)

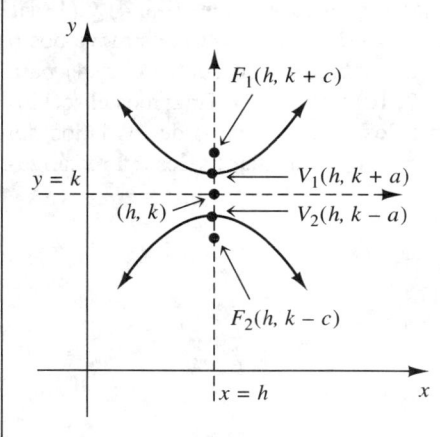

FORMA CANÓNICA DE UNA HIPÉRBOLA CON CENTRO EN (h, k) Y FOCOS EN $(h, k+c)$ Y $(h, k-c)$

La gráfica de la ecuación

$$\frac{(y-k)^2}{a^2} - \frac{(x-h)^2}{b^2} = 1$$

es una hipérbola con centro en (h, k) y vértices $(h, k \pm a)$. Los extremos del eje conjugado son $(h \pm b, k)$. Los focos son $(h, k \pm c)$, donde $c^2 = a^2 + b^2$. La longitud del eje transversal es $2a$; la longitud del eje conjugado es $2b$.

Las asíntotas de la hipérbola $\dfrac{(y-k)^2}{a^2} - \dfrac{(x-h)^2}{b^2} = 1$ están dadas por $y - k = \pm \dfrac{b}{a}(x - h)$. La hipérbola $\dfrac{(y-k)^2}{a^2} - \dfrac{(x-h)^2}{b^2} = 1$ tiene la misma forma que la hipérbola $\dfrac{y^2}{a^2} - \dfrac{x^2}{b^2} = 1$, pero su centro está recorrido h unidades en forma horizontal y k unidades en forma vertical.

Como en el caso de la elipse, en vez de memorizar el nuevo conjunto de vértices, focos, ejes y asíntotas de la hipérbola con centro en (h, k), utilizamos el hecho de que tiene la misma forma que la hipérbola con centro en el origen y graficamos una ecuación de la forma $\dfrac{(y-k)^2}{a^2} - \dfrac{(x-h)^2}{b^2} = 1$ trazando un nuevo conjunto de ejes de coordenadas por el punto (h, k), y graficando la forma de $\dfrac{y^2}{a^2} - \dfrac{x^2}{b^2} = 1$ en el nuevo conjunto de ejes. Esto se demuestra a continuación.

EJEMPLO 4 Graficar lo siguiente e identificar su centro, ejes, vértices y asíntotas.

(a) $\dfrac{(x+2)^2}{9} - \dfrac{(y-4)^2}{36} = 1$ (b) $25y^2 - 4x^2 - 250y + 24x = -489$

Solución

(a) Esta ecuación ya está en forma canónica. Como el término en y^2 se resta del término en x^2, utilizamos la primera forma canónica (los focos están en una recta horizontal) y el denominador del término en x^2 es a^2. Por lo tanto, $a^2 = 9$. Ahora podemos ver que

$$h = -2, \quad k = 4, \quad a^2 = 9 \Rightarrow a = 3, \quad b^2 = 36 \Rightarrow b = 6.$$

Trazamos un nuevo conjunto de ejes de coordenadas con centro en (h, k), que es $(-2, 4)$. La hipérbola se centra en $(-2, 4)$. El eje transversal está en la recta horizontal $y = 4$. Como $a = 3$, nos desplazamos 3 unidades en forma horizontal a la izquierda y a la derecha de su centro $(-2, 4)$, para determinar los vértices $(-5, 4)$ y $(1, 4)$.

El eje conjugado está en la recta vertical $x = -2$. Como $b = 6$, nos movemos 6 unidades en forma vertical hacia arriba y hacia abajo de su centro $(-2, 4)$ para determinar los extremos del eje conjugado: $(-2, 10)$ y $(-2, -2)$. Trazamos el rectángulo de modo que los puntos graficados sean los puntos medios de los lados del rectángulo, y las asíntotas sean las rectas que pasan por las diagonales del rectángulo. Las ecuaciones de las asíntotas son

$$y - k = \pm \frac{b}{a}(x - h) \Rightarrow y - 4 = \pm 2(x + 2) \qquad o$$

$$y = 2x + 8 \text{ y } y = -2x$$

La gráfica aparece en la figura 9.44.

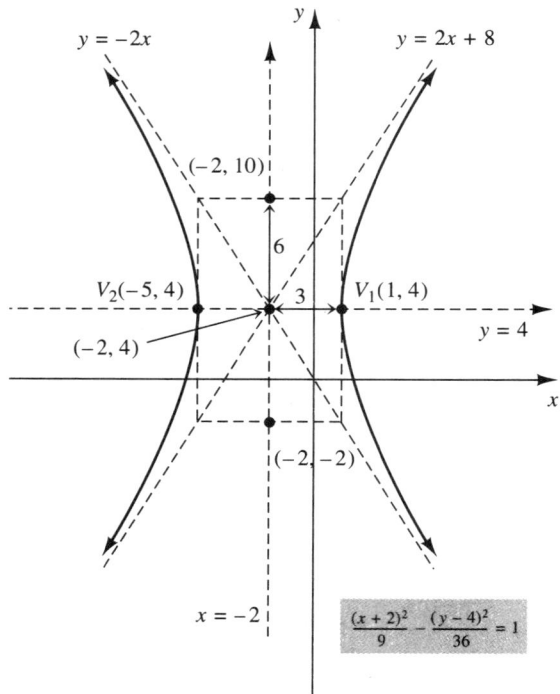

FIGURA 9.44

9.4 La hipérbola

(b) Esta ecuación no está en forma canónica, pero como en el caso de las elipses, podemos escribirla en esa forma completando el cuadrado.

$$25y^2 - 4x^2 - 250y + 24x = -489$$
Agrupamos los términos que contienen potencias de x; agrupamos los términos que contienen potencias de y.

$$(25y^2 - 250y\quad) + (-4x^2 + 24x\quad) = -489$$
Factorizamos 25 del primer grupo y –4 del segundo.

$$25(y^2 - 10y\quad) - 4(x^2 - 6x\quad) = -489$$
Completamos el cuadrado para cada expresión dentro de los paréntesis, para obtener

$$25(y^2 - 10y + 25) - 4(x^2 - 6x + 9) = -489 + 25 \cdot 25 - 4 \cdot 9$$
Observe que en realidad sumamos $25 \cdot 25$ y $-4 \cdot 9$ a ambos lados de la ecuación.

Ahora, escribimos la expresión en forma factorizada y simplificamos las expresiones numéricas del lado derecho para obtener $25(y - 5)^2 - 4(x - 3)^2 = 100$, que escribimos entonces en forma canónica como

$$\frac{(y-5)^2}{4} - \frac{(x-3)^2}{25} = 1.$$

Como se resta el "término en x^2", comparamos esta forma con la segunda forma de la hipérbola con centro en (h, k), donde los focos están en una recta vertical y a^2 es el denominador del término en y^2. Ahora tenemos que

$$h = 3, \quad k = 5, \quad a^2 = 4 \Rightarrow a = 2, \quad b^2 = 25 \Rightarrow b = 5.$$

Trazamos un nuevo conjunto de ejes de coordenadas con centro en (3, 5). La hipérbola se centra en (3, 5). El eje transversal está en la recta vertical $x = 3$. Como $a = 2$, nos movemos 2 unidades en forma vertical hacia arriba y hacia abajo con respecto de su centro (3, 5) para determinar los vértices (3, 7) y (3, 3).

El eje conjugado está en la recta horizontal $y = 5$. Como $b = 5$, nos movemos 5 unidades en forma horizontal a la izquierda y a la derecha con respecto de su centro (3, 5) para determinar los extremos del eje conjugado: (–2, 5) y (8, 5). Trazamos el rectángulo de modo que los puntos graficados sean los extremos de los lados del rectángulo, y las asíntotas sean las rectas que pasan por las diagonales del rectángulo. Las ecuaciones de las asíntotas son

$$y - k = \pm\frac{a}{b}(x - h) \Rightarrow y - 5 = \pm\frac{2}{5}(x - 3) \qquad o$$

$$y = \frac{2}{5}x + \frac{19}{5} \quad y \quad y = -\frac{2}{5}x + \frac{31}{5}.$$

La gráfica aparece en la figura 9.45. ∎

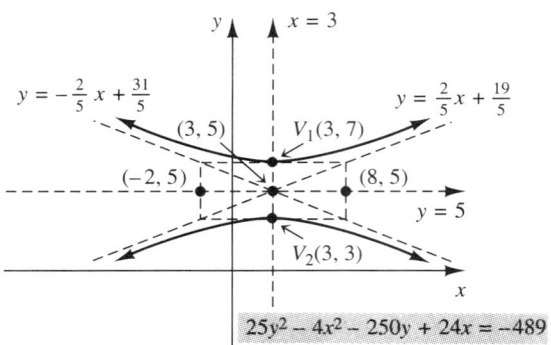

FIGURA 9.45

Como en el caso de las demás secciones cónicas, podemos manipular la ecuación general $Ax^2 + Cy^2 + Dx + Ey + F = 0$ para escribirla como alguna de las formas canónicas, según los coeficientes de los términos al cuadrado. Por ejemplo, si los coeficientes de los términos al cuadrado tienen el mismo signo (y no son ambos iguales entre sí, o no se anulan), entonces podríamos esperar que la gráfica sea una elipse. Podemos obtener una conclusión análoga para la hipérbola: Si A y C tienen signos opuestos en la ecuación $Ax^2 + Cy^2 + Dx + Ey + F = 0$, entonces esperaríamos que la gráfica de esta ecuación sea una hipérbola. Analizaremos estas condiciones y sus excepciones en la siguiente sección.

EJERCICIOS 9.4

En los ejercicios 1-10, identifique los vértices, los focos, y las ecuaciones de las asíntotas de la hipérbola.

1. $\dfrac{x^2}{9} - \dfrac{y^2}{16} = 1$
2. $\dfrac{y^2}{16} - \dfrac{x^2}{16} = 1$
3. $\dfrac{y^2}{12} - \dfrac{x^2}{18} = 1$
4. $\dfrac{x^2}{2} - \dfrac{y^2}{20} = 1$
5. $\dfrac{x^2}{9} - \dfrac{y^2}{18} = 1$
6. $\dfrac{y^2}{36} - \dfrac{x^2}{15} = 1$
7. $25x^2 - 9y^2 = 225$
8. $6y^2 - 3x^2 = 18$
9. $30y^2 - x^2 = 30$
10. $x^2 - 8y^2 = 16$

En los ejercicios 11-16, grafique la hipérbola e identifique los vértices, los focos y las ecuaciones de las asíntotas.

11. $\dfrac{x^2}{9} - \dfrac{y^2}{49} = 1$
12. $\dfrac{y^2}{81} - \dfrac{x^2}{4} = 1$
13. $8x^2 - y^2 = 24$
14. $20x^2 - 5y^2 = 40$
15. $3y^2 - 8x^2 = 24$
16. $3y^2 - 15x^2 = 30$

17. La estación A de los guardacostas se localiza 100 millas al este de la estación B. Se envían señales de radio de manera simultánea desde las estaciones A y B, que viajan a razón de 980 pies/μseg (microsegundo). Un bote navega dentro del alcance de ambas señales. Si el bote recibe la señal de la estación A 200 μseg después de recibir la señal de la estación B, exprese la posición del bote como una ecuación con respecto de las dos estaciones. SUGERENCIA: Utilice un sistema de coordenadas en el que las dos estaciones estén en el eje x, de modo que las estaciones estén en lados opuestos y equidistantes del eje y.

18. Grafique la ecuación obtenida en el ejercicio 17. Si este bote navega en forma paralela y a 20 millas al norte de las dos estaciones de guardacostas, utilice la gráfica para mostrar su posición exacta con respecto de ambas estaciones.

19. Algunos cometas siguen una órbita hiperbólica, con el Sol en uno de sus focos (y nunca volvemos a verlos de nuevo). Se puede mostrar que el vértice de una rama de una hipérbola es el punto sobre ella más cercano al foco asociado a esa rama. Dado este hecho y el que la trayectoria del cometa queda des-

crita por la hipérbola $4x^2 - 3y^2 - 12 = 0$, con el Sol en uno de los focos, determine cuál es la distancia más corta del cometa al Sol. (Los números están dados en términos de *UA*, *unidades astronómicas*, donde 1 UA ≈ 93 000 000 millas.) Véase la figura anexa.)

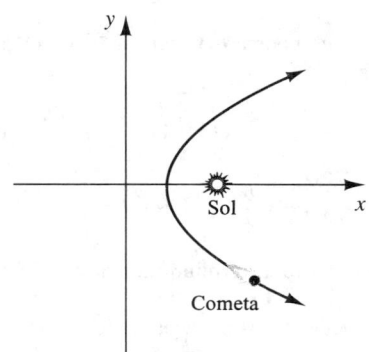

20. Las turbinas del Enterprise de Viaje a las Estrellas vuelven a encenderse, y la nave viaja con una velocidad constante pero baja. Por desgracia, la nave transporta provisiones médicas que un planeta necesita desesperadamente antes de 24 horas; las computadoras a bordo calculan que con la velocidad actual, no llegarían sino hasta dentro de 4 días. El capitán tiene una idea: Si pueden aproximarse a una estrella (convenientemente cercana) y mantener una órbita hiperbólica, la gravedad de la estrella acelerará la nave y la impulsará con una velocidad que les permitirá llegar al planeta a tiempo. Dada su velocidad y la atracción gravitacional de la estrella, la computadora a bordo calcula el ángulo de aproximación y obtiene la ecuación $5x^2 - 9y^2 - 45 = 0$ como la trayectoria que debe seguirse, con la estrella en uno de los focos. Tome en cuenta los comentarios del ejercicio 19 y diga a qué distancia (mínima) pasa la nave de la estrella.

En los ejercicios 21-28, identifique el centro, los vértices, los focos y las ecuaciones de las asíntotas de la hipérbola.

21. $\dfrac{(x - 1)^2}{4} - \dfrac{(y - 3)^2}{4} = 1$

22. $\dfrac{(y - 3)^2}{9} - \dfrac{(x + 2)^2}{16} = 1$

23. $\dfrac{(y + 3)^2}{12} - \dfrac{(x + 1)^2}{18} = 1$

24. $\dfrac{(x + 5)^2}{2} - \dfrac{y^2}{24} = 1$

25. $x^2 - 4y^2 - 6x + 8y = 11$

26. $25y^2 - 9x^2 - 100y - 54x - 206 = 0$

27. $2y^2 - 3x^2 + 4y + 6x = 49$

28. $x^2 - 2y^2 - 2x - 12y = 35$

En los ejercicios 29-36, grafique la hipérbola, identifique el centro, los vértices, los focos y las ecuaciones de las asíntotas.

29. $\dfrac{(x + 4)^2}{9} - \dfrac{(y + 3)^2}{16} = 1$

30. $\dfrac{(y - 1)^2}{4} - \dfrac{x^2}{36} = 1$

31. $\dfrac{x^2}{5} - \dfrac{(y - 3)^2}{15} = 1$

32. $\dfrac{(y - 3)^2}{20} - \dfrac{(x + 1)^2}{18} = 1$

33. $9x^2 - 16y^2 - 36x - 32y = 124$

34. $2y^2 - x^2 + 4y - 2x = 17$

35. $25y^2 - 36x^2 - 150y + 288x - 1251 = 0$

36. $18x^2 - y^2 - 72x + 6y - 45 = 0$

En los ejercicios 37-38, escriba la ecuación de la hipérbola utilizando la información dada.

37. La hipérbola tiene vértices (2, −1) y (10, −1) y focos (0, −1) y (12, −1).

38. El eje transversal de la hipérbola está en la recta $y = -2$ y tiene longitud 4; el eje conjugado está en la recta $x = 3$ y tiene longitud 6.

En los ejercicios 39-44, identifique y grafique la figura, etiquetando los aspectos importantes.

39. $\dfrac{x^2}{12} + \dfrac{y^2}{4} = 1$ **40.** $\dfrac{x}{12} - \dfrac{y}{4} = 1$

41. $\dfrac{(x + 2)^2}{9} - \dfrac{(y - 1)^2}{25} = 1$

42. $3y^2 - 2x^2 - 12 = 0$

43. $x^2 - 2y - 12 = 0$

44. $4x^2 + 4y^2 - 8x - 16y + 4 = 0$

45. Utilice la fórmula de la distancia para deducir una ecuación para la hipérbola con centro en el origen, focos (±c, 0) y vértices (±a, 0).

46. Utilice la fórmula de la distancia para deducir una ecuación para la hipérbola con centro en (h, k), focos ($h \pm c$, k) y vértices ($h \pm a$, k).

47. Una ecuación para la recta tangente a la hipérbola $\dfrac{x^2}{a^2} - \dfrac{y^2}{b^2} = 1$ en el punto (x_0, y_0) está dada por

$$\dfrac{xx_0}{a^2} - \dfrac{yy_0}{b^2} = 1$$

Utilice esta fórmula para determinar una ecuación de la recta tangente a la hipérbola $\dfrac{x^2}{16} - \dfrac{y^2}{4} - 1$ en el punto (4, 0).

48. Utilice la fórmula para la ecuación de la recta tangente a la hipérbola del ejercicio 47 para determinar una ecuación de la recta tangente a la hipérbola

$$\frac{x^2}{6} - \frac{y^2}{9} = 1$$

en el punto $(6, 3\sqrt{5})$.

49. El segmento de recta AB que pasa por un foco de una hipérbola y es perpendicular al eje transversal tiene sus extremos en la hipérbola. Véase la figura anexa.

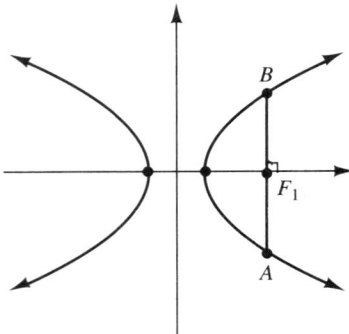

Muestre que, para la hipérbola $\frac{x^2}{a^2} - \frac{y^2}{b^2} = 1$, la longitud del segmento AB es $\frac{2b^2}{a}$.

PREGUNTAS PARA REFLEXIONAR

50. (a) Muestre que si partimos de la ecuación $\frac{x^2}{9} - \frac{y^2}{4} = 1$ y despejamos y, obtenemos

$$y = \pm \frac{2}{3}\sqrt{x^2 - 9}$$

(b) Calcule y utilizando las siguientes cuatro ecuaciones para estos valores de x: $x = 4, 10, 20, 100, 200, 1000, 2000$.

$$y = \pm \frac{2}{3}\sqrt{x^2 - 9} \qquad y = \pm \frac{2}{3}x$$

(c) Qué puede concluir acerca de la relación entre la hipérbola y las rectas

$$y = \pm \frac{2}{3}x.$$

51. (a) Muestre que si partimos de la ecuación $\frac{x^2}{a^2} - \frac{y^2}{b^2} = 1$ y despejamos y obtenemos

$$y = \pm \frac{b}{a}\sqrt{x^2 - a^2}$$

(b) Muestre que podemos factorizar x^2 en el radicando para obtener

$$y = \pm \frac{b}{a}\sqrt{x^2\left(1 - \frac{a^2}{x^2}\right)} \qquad \text{que es}$$

$$y = \pm \frac{b}{a} x \sqrt{1 - \frac{a^2}{x^2}}$$

(c) ¿Qué le ocurre al término radical en la última ecuación cuando $x \to \infty$, o $x \to -\infty$?

(d) ¿Qué puede concluir acerca de y cuando $x \to \infty$, o $x \to -\infty$?

52. La excentricidad de la hipérbola $\frac{x^2}{a^2} - \frac{y^2}{b^2} = 1$ $(c > a)$ se define como

$$e = \frac{c}{a} = \frac{\sqrt{a^2 + b^2}}{a}$$

(Véase la figura anexa.)

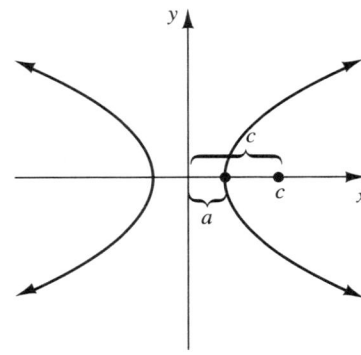

(a) ¿Cuál es el rango posible de valores para la excentricidad e de una hipérbola?

(b) ¿Qué ocurre con la forma de la hipérbola cuando e es cada vez más grande o cada vez más pequeño?

53. La ecuación $x^2 - 4y^2 = 0$ tiene la forma general de una ecuación de segundo grado. Si usted la grafica, ¿qué tipo de figura esperaría obtener? Grafique la figura en un conjunto de ejes de coordenadas. ¿Es lo que esperaba?

54. Determinar las soluciones de una desigualdad que contiene una hipérbola no es tan evidente como en el caso del círculo o la elipse. La definición de una hipérbola es un poco más compleja y la hipérbola separa al plano en tres y no en dos regiones.

La figura anexa es un ejemplo de gráfica de la desigualdad de segundo grado

$$\frac{(x-1)^2}{49} - \frac{(y-3)^2}{16} \leq 1$$

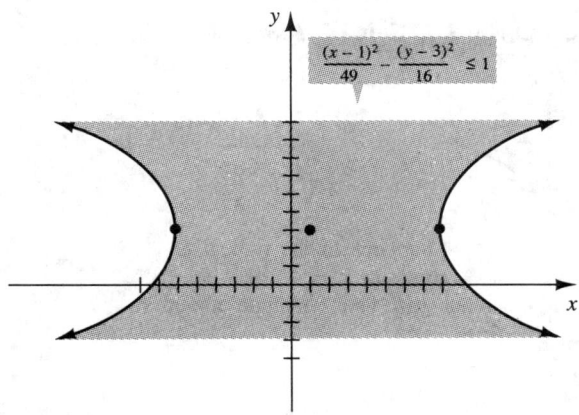

Grafique la desigualdad $\frac{x^2}{49} - \frac{y^2}{16} > 1$ mediante los pasos siguientes.

(a) Grafique la hipérbola $\frac{x^2}{49} - \frac{y^2}{16} = 1$. ¿Debe aparecer la hipérbola con una línea continua o punteada?

(b) Elija un punto de prueba (que no esté en la hipérbola) en cada región (las regiones dentro de cada rama de la hipérbola y la región entre las dos ramas) y determine si las coordenadas del punto satisfacen la desigualdad.

(c) Sombree la región (o regiones) que contienen a los puntos donde se satisface la desigualdad. Ésta es la gráfica del conjunto solución.

(d) Suponga que eligió el punto (r, s) como un punto de prueba para la región "dentro" de la rama derecha de la hipérbola que acaba de trazar. ¿En cuál región se encuentra el punto $(-r, s)$?

(e) Si analizamos la desigualdad y el punto de prueba (r, s) satisface (o no) la desigualdad, ¿podría concluir algo acerca del hecho de que $(-r, s)$ satisfaga o no la desigualdad?

(f) Si reunimos los hechos (d) y (e), si vemos que las soluciones están en la región dentro de una rama de la hipérbola, ¿qué podemos concluir acerca de las soluciones con respecto de la otra rama?

(g) ¿Cuántos puntos de prueba necesitamos en realidad? ¿Podríamos deducir las regiones de solución utilizando sólo un punto de prueba? Explique su respuesta.

En los ejercicios 55-58, utilice los resultados del ejercicio 54 para graficar las soluciones de la desigualdad.

55. $\dfrac{x^2}{9} - \dfrac{y^2}{49} < 1$

56. $\dfrac{y^2}{81} - \dfrac{x^2}{4} \geq 1$

57. $8x^2 - y^2 \leq 24$

58. $\dfrac{x^2}{5} + \dfrac{(y+3)^2}{16} > 1$

GRAFIJACIÓN

En los ejercicios 59-62, utilice su calculadora gráfica o computadora para graficar las ecuaciones.

59. $\dfrac{x^2}{8} - \dfrac{y^2}{4} = 1$

60. $9x^2 - 3y^2 = 24$

61. $x^2 - 3y^2 - 2x = 2$

62. $\dfrac{(x+3)^2}{8} - \dfrac{(y-2)^2}{2} = 1$

9.5 Identificación de secciones cónicas: formas degeneradas

Resumiremos las ecuaciones de las secciones cónicas.

SECCIONES CÓNICAS

1. El círculo:

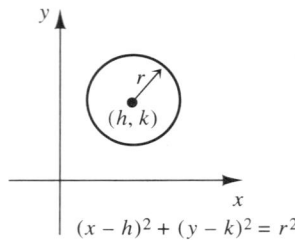

$(x - h)^2 + (y - k)^2 = r^2$

2. La parábola:

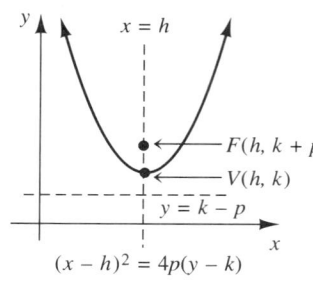 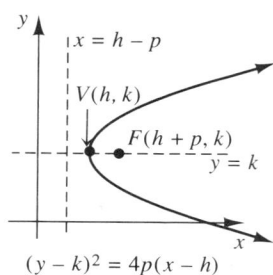

$(x - h)^2 = 4p(y - k)$ $(y - k)^2 = 4p(x - h)$

3. La elipse:

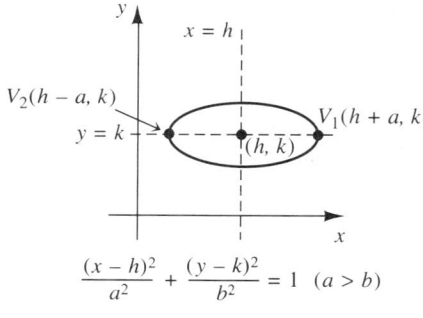 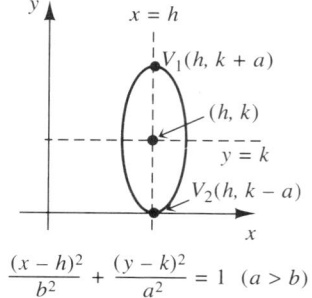

$\dfrac{(x-h)^2}{a^2} + \dfrac{(y-k)^2}{b^2} = 1 \quad (a > b)$ $\dfrac{(x-h)^2}{b^2} + \dfrac{(y-k)^2}{a^2} = 1 \quad (a > b)$

4. La hipérbola:

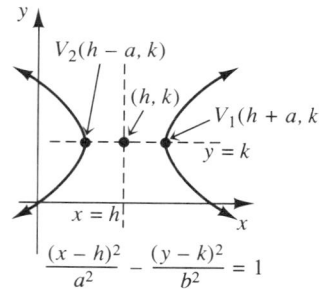 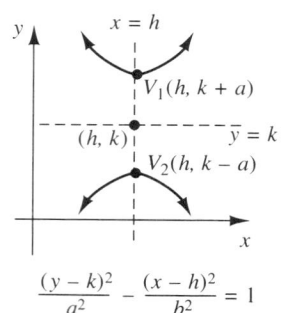

$\dfrac{(x-h)^2}{a^2} - \dfrac{(y-k)^2}{b^2} = 1$ $\dfrac{(y-k)^2}{a^2} - \dfrac{(x-h)^2}{b^2} = 1$

9.5 Identificación de secciones cónicas: formas degeneradas

En las secciones anteriores de este capítulo hemos mencionado la forma general

$$Ax^2 + Cy^2 + Dx + Ey + F = 0 \qquad (1)$$

donde A y C no son ambos iguales a cero, y hemos analizado su relación con la forma canónica de la sección cónica en cuestión. Tal vez usted piense que la ecuación de segundo grado general (al completar el cuadrado) siempre representa una sección cónica.

Sin embargo, considere la ecuación $x^2 + y^2 = -1$. Esta ecuación parece tener la forma de un círculo, pero no puede graficarse, ya que no existen dos números reales, tales que al elevarse al cuadrado y sumarse, produzcan un número negativo. La ecuación $(x - 2)^2 + (y + 5)^2 = 0$ también tiene la forma de un círculo, pero la gráfica de esta ecuación es un punto $(2, -5)$. Si la ecuación es de la forma (1), pero su gráfica no es alguna de las cuatro secciones cónicas analizadas en este capítulo, diremos que la gráfica es una **forma degenerada de una sección cónica**.

Recuerde nuestro análisis al comienzo de este capítulo acerca de las secciones cónicas: en general, son la intersección de un cono de dos mantos y un plano.

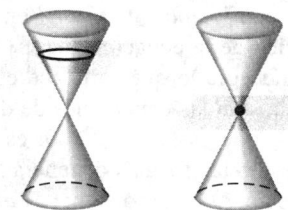

FIGURA 9.46

Si el plano es horizontal, obtenemos un círculo, pero si movemos este plano hacia abajo hasta el vértice del cono, obtenemos un punto. Así, si la ecuación puede graficarse, entonces la forma degenerada de un círculo es un punto. (Véase la figura 9.46.)

Al final de la sección 9.1, mencionamos que si los coeficientes de x^2 y y^2 en la ecuación (1) son iguales, entonces *esperaríamos* que la gráfica de la ecuación fuese un círculo. Si consideramos la posibilidad de una forma degenerada, podemos modificar este enunciado como sigue: *Si los coeficientes de x^2 y y^2 de la ecuación* (1) *son iguales, entonces la gráfica de la ecuación (si existe) es un círculo o su forma degenerada, un punto.*

La intersección del plano y el cono de dos mantos que produce una elipse también produciría un punto si movemos el plano hasta el vértice del cono de dos mantos; así que si la elipse se puede graficar, la forma degenerada es un punto. Al final de la sección 9.3 mencionamos que si los coeficientes de x^2 y y^2 de la ecuación (1) son distintos pero tienen el mismo signo, entonces esperaríamos que la gráfica de la ecuación fuese una elipse. De nuevo, podemos modificar este enunciado como sigue: *Si los coeficientes de x^2 y y^2 en la ecuación* (1) *tienen el mismo signo pero son distintos, entonces la gráfica de la ecuación (si existe) es una elipse, o su forma degenerada, un punto.*

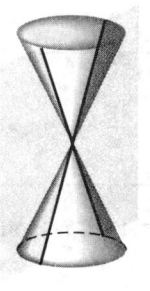

FIGURA 9.47

Suponga que comenzamos con el plano y el cono de dos mantos utilizados para producir la hipérbola y movemos el plano de modo que permanezca vertical y que pase por el vértice del cono de dos mantos. La figura que resulta está formada por dos rectas que se intersecan. (Véase la figura 9.47.) Esta condición se puede representar como

$$\frac{x^2}{a^2} - \frac{y^2}{b^2} = 0$$

Si intentamos graficar esta ecuación, obtendríamos dos rectas que se intersecan. Podemos ver esto despejando y en esta ecuación para obtener

$$y = \pm \frac{b}{a} x$$

la ecuación de dos rectas que se intersecan. Por lo tanto, la forma degenerada de una hipérbola son dos rectas que se intersecan.

Como en el caso del círculo y la elipse, podemos modificar al enunciado de la sección 9.4 como sigue: *Si los coeficientes de x^2 y y^2 en la ecuación (1) tienen signos diferentes, entonces la gráfica de la ecuación (si existe) es una hipérbola o su forma degenerada, dos rectas que se intersecan.*

Al final de la sección 9.2 establecimos que si uno de los coeficientes de x^2 o y^2 en la ecuación (1) es igual a 0, entonces esperaríamos que la gráfica de la ecuación fuese una parábola. La ecuación $x^2 - 16 = 0$ es una ecuación de segundo grado que satisface esta condición, pero si despejamos x, obtenemos $x = -4$, $x = 4$, que son las ecuaciones de dos rectas verticales. Por otro lado, la ecuación $x^2 - 6x + 9 = 0$, que es $(x - 3)^2 = 0$, es la ecuación de una recta vertical $x = 3$. Nos referimos a éstas como las formas degeneradas de la parábola y modificamos el enunciado del final de la sección 9.2 como sigue: *Si uno de los coeficientes de x^2 o y^2 en la ecuación (1) es igual a 0, entonces la gráfica de la ecuación (si existe) es una parábola, o una de sus formas degeneradas, dos rectas paralelas o una recta.*

Ahora podemos concluir lo siguiente.

La gráfica de la ecuación de segundo grado

$$Ax^2 + Cy^2 + Dx + Ey + F = 0$$

donde A y C no son ambos iguales a cero, es una sección cónica o una de sus formas degeneradas.

Podemos resumir este análisis como sigue.

Suponga que la ecuación $Ax^2 + Cy^2 + Dx + Ey + F = 0$ (donde A y C no son ambos iguales a cero) puede graficarse:

1. Si $A = 0$ o $C = 0$, entonces la gráfica de la ecuación será una parábola o una de sus formas degeneradas, una recta o dos rectas paralelas.
2. Si los signos de A y C son iguales, entonces la gráfica de la ecuación será un círculo, si $A = C$; una elipse, si $A \neq C$; o su forma degenerada, un punto.
3. Si los signos de A y C son diferentes, entonces la gráfica de la ecuación será una hipérbola o su forma degenerada, dos rectas que se intersecan.

9.5 Identificación de secciones cónicas: formas degeneradas

EJEMPLO 1 Identificar y graficar cada una de las siguientes.

(a) $-3x^2 - 3y^2 - 6x + 12y - 15 = 0$

(b) $x^2 - 9y^2 - 4x + 18y - 14 = 0$

(c) $9x^2 - 16y^2 = 0$

Solución

(a) $-3x^2 - 3y^2 - 6x + 12y - 15 = 0$

Observamos en la ecuación que los coeficientes de los términos cuadráticos son idénticos, por lo que podemos concluir que si puede graficarse, será un círculo o un punto (su forma degenerada). Con los métodos analizados con anterioridad (el estudiante debe verificar esto), escribimos esto en forma canónica para obtener $(x + 1)^2 + (y - 2)^2 = 0$, que es el punto $(-1, 2)$. Véase la figura 9.48.

(b) $x^2 - 9y^2 - 4x + 18y - 14 = 0$

Vemos en la ecuación que los coeficientes de los términos cuadráticos tienen signos opuestos, de modo que, si puede graficarse, tendremos una hipérbola o su forma degenerada, dos rectas que se intersecan. Con los métodos analizados con anterioridad (el estudiante debe verificar esto), escribimos esto en forma canónica para obtener $\dfrac{(x-2)^2}{9} - \dfrac{(y-1)^2}{1} = 1$, que es la hipérbola graficada en la figura 9.49.

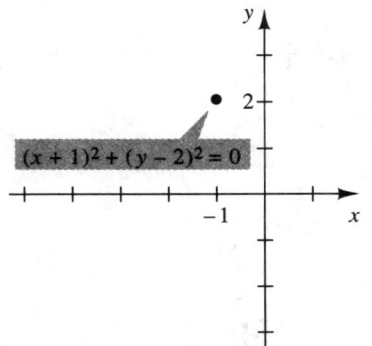

FIGURA 9.48

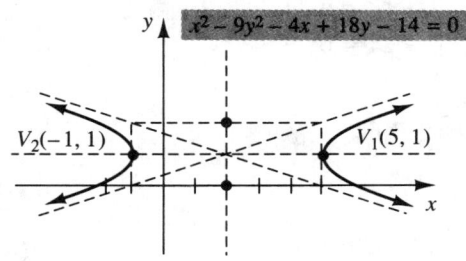

FIGURA 9.49

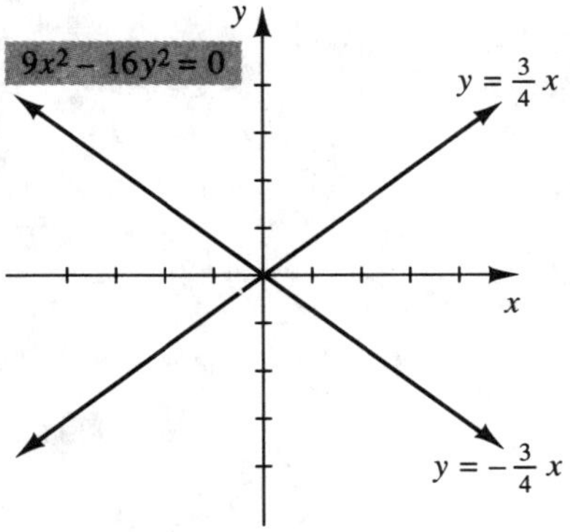

(c) $9x^2 - 16y^2 = 0$

Como los coeficientes de los términos cuadráticos tienen signos opuestos, concluimos que si la ecuación puede graficarse, describiría una hipérbola o una de sus formas degeneradas. No podemos escribir esta ecuación en forma canónica, pero notamos que podemos despejar y para obtener dos rectas que se intersecan:

$$y = \pm \frac{3}{4}x$$

que es una forma degenerada de la hipérbola, graficada en la figura 9.50.

FIGURA 9.50

EJERCICIOS 9.5

En los ejercicios 1-10, identifique el tipo de sección cónica si se puede graficar.

1. $3x^2 + 2y^2 - 18x = 0$
2. $4x^2 + 3y - 8x - 37 = 0$
3. $5x^2 - 4y^2 - 10x - 8y + 25 = 0$
4. $3x^2 - 3y^2 - 18y = 0$
5. $6x^2 + 6y^2 - 8x - 2y - 7 = 0$
6. $2y^2 - 5x + 3y = 0$
7. $-x^2 + y^2 - 50x - 6y - 16 = 0$
8. $-2x^2 - 2y^2 - 12x - 6y + 16 = 0$
9. $25x^2 + 8y^2 - 225 = 0$
10. $x^2 + y - 18 = 0$

En los ejercicios 11-40, identifique el tipo de sección cónica si se puede graficar, y grafíquela.

11. $y^2 + 16x = 0$
12. $2x^2 + 3y^2 - 8x - 6y - 37 = 0$
13. $x^2 - 10x + 25 = 0$
14. $9y^2 + 18 = 0$
15. $2x^2 + y^2 - 8x - 2y - 7 = 0$
16. $y^2 - 5x + 4y + 24 = 0$
17. $25x^2 + y^2 - 50x - 6y - 16 = 0$
18. $2x^2 + 3y^2 - 12x - 6y + 24 = 0$
19. $25x^2 + 9y^2 - 225 = 0$
20. $x^2 + y^2 - 18 = 0$
21. $x^2 - y^2 - 18 = 0$
22. $8x^2 + 2y^2 - 24 = 0$
23. $y^2 - 6y - 16 = 0$
24. $-3x^2 - 3y^2 - 30x + 12y - 91 = 0$
25. $-10x^2 + y = 0$
26. $-20x^2 + 9y^2 - 18y - 171 = 0$
27. $x^2 + y^2 + 2x - 6y - 5 = 0$
28. $y^2 - 4y + 8x = 0$
29. $x^2 + y^2 - 4x - 2y + 3 = 0$
30. $6x^2 - 8y^2 + 24 = 0$
31. $9x^2 - y^2 - 18x - 4y - 139 = 0$
32. $30x^2 + y^2 = 0$
33. $x^2 + y^2 + 36 = 0$
34. $3x^2 - 4y^2 - 8y - 52 = 0$
35. $9x^2 + 25y^2 + 18x + 9 = 0$
36. $x^2 + 14x + 49 = 0$
37. $16y^2 - x^2 = 0$
38. $2x^2 + 2y^2 + 12x - 4y + 20 = 0$
39. $x^2 - 2x + 12y - 47 = 0$
40. $9x^2 - 20y^2 - 225 = 0$

PREGUNTAS PARA REFLEXIONAR

41. Considere la ecuación general

$$Ax^2 + Cy^2 + Dx + Ey + F = 0$$

donde A y C no son ambos iguales a 0.

(a) Si $AC < 0$, ¿qué puede concluir acerca de la gráfica de la ecuación general?

(b) Si $AC > 0$, ¿qué puede concluir acerca de la gráfica de la ecuación general?

(a) Si $AC = 0$, ¿qué puede concluir acerca de la gráfica de la ecuación general?

9.6 Traslaciones y rotaciones de los ejes de coordenadas

En secciones anteriores de este capítulo hemos analizado las cónicas con centro en el origen y las cónicas con centro en (h, k) obtenidas mediante una traslación, es decir, un desplazamiento horizontal o vertical de la figura. En esta sección analizaremos las traslaciones de manera general, más formal y después continuaremos con el análisis de las rotaciones.

9.5 Traslaciones y rotaciones de los ejes de coordenadas

Traslación de ejes

En la figura 9.51(a) graficamos un punto $P(h, k)$ en un sistema de ejes de coordenadas. Trazamos dos rectas perpendiculares que se intersecan en P y que son paralelas a los ejes x y y, con lo que creamos un nuevo sistema de coordenadas, con el origen en el punto P, que etiquetamos O': figura 9.51(b). Etiquetamos el nuevo eje horizontal como el eje x' y el nuevo eje vertical como el eje y'. Otra forma de ver este nuevo sistema de coordenadas $x'y'$ es que estamos desplazando el origen h unidades de manera horizontal y k unidades de manera vertical.

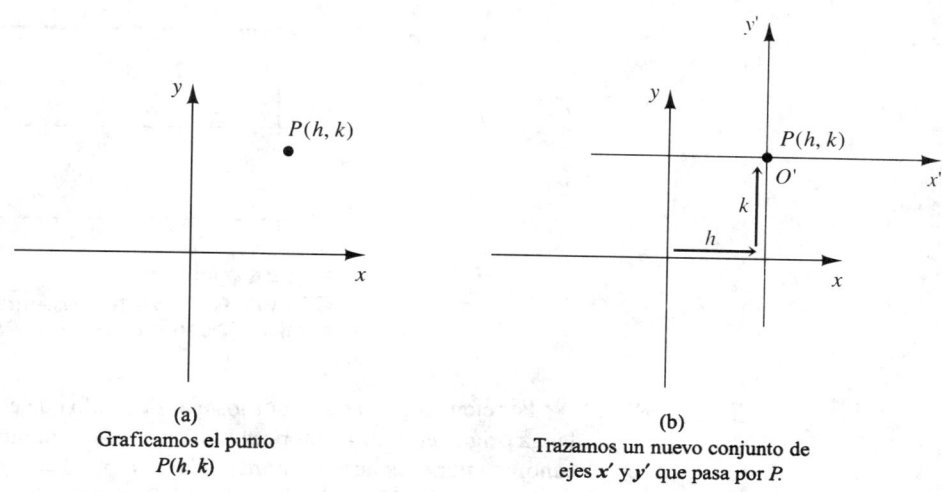

(a)
Graficamos el punto
$P(h, k)$

(b)
Trazamos un nuevo conjunto de
ejes x' y y' que pasa por P.

FIGURA 9.51

Los nuevos ejes de coordenadas creados mediante un desplazamiento horizontal y vertical del origen son los **ejes trasladados**; los nuevos ejes son paralelos a los ejes originales.

Desarrollamos un sistema de coordenadas donde un punto se denote como (x', y'), donde la coordenada x' es la distancia (perpendicular) desde el eje y' y la coordenada y' es la distancia (perpendicular) desde el eje x. Así, al nuevo origen es $(0', 0')$. Por ejemplo, $(3', -4')$ representa un punto que está a una distancia de 3 unidades a la derecha del eje y' y 4 unidades por debajo del eje x'. (Véase la figura 9.52.)

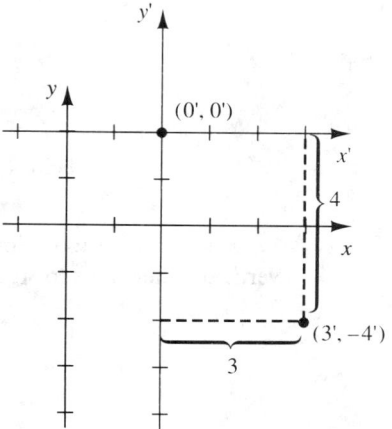

FIGURA 9.52

¿Cómo se relaciona el nuevo sistema de coordenadas con el sistema original de coordenadas? Por conveniencia, nos referimos a los ejes *xy* horizontal y vertical como el **conjunto canónico de ejes de coordenadas**.

Si recordamos que las nuevas coordenadas se obtienen desplazando los ejes de manera horizontal y vertical y observamos la figura 9.53, podemos ver la relación entre (x, y) y (x', y').

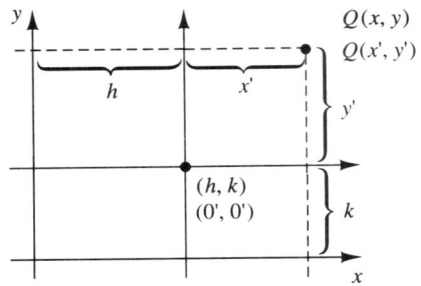

FIGURA 9.53
$Q(x, y)$ y $Q(x', y')$ representan al mismo punto. Observe que $x = x' + h$ y $y = y' + k$.

Por ejemplo, si recorremos los ejes de modo que el conjunto trasladado de coordenadas tenga origen en $(3, 2)$, entonces $h = 3$ y $k = 2$. El punto $(5, 8)$ en el sistema de coordenadas canónico tiene las nuevas coordenadas $x' = 5 - 3 = 2$ y $y' = 8 - 2 = 6$; las nuevas coordenadas son $(2', 6')$. (Véase la figura 9.54.) Otro ejemplo: El punto $(8, -5)$ tiene nuevas coordenadas $x' = 8 - 3 = 5$ y $y' = -5 - 2 = -7$; las nuevas coordenadas son $(5', -7')$.

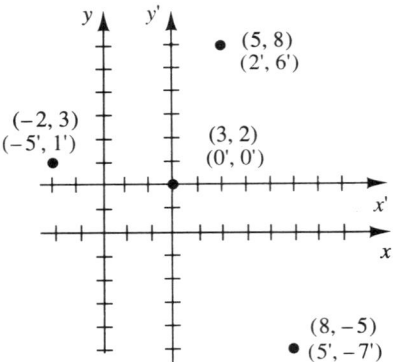

FIGURA 9.54 Los ejes $x'y'$ con origen en $(3, 2)$.

Si recorremos todos los puntos *h* unidades de manera horizontal y *k* unidades de manera vertical, obtenemos lo siguiente.

9.6 Traslaciones y rotaciones de los ejes de coordenadas

> **FÓRMULAS DE LAS COORDENADAS PARA LA TRASLACIÓN DE EJES**
>
> Si un conjunto de ejes de coordenadas se recorre h unidades de manera horizontal y k unidades de manera vertical, entonces las nuevas coordenadas (x', y') se relacionan con las antiguas coordenadas (x, y) en la siguiente forma:
>
> $$x' = x - h \quad \text{y} \quad y' = y - k$$

El punto (x, y) en el sistema canónico de coordenadas es el punto (x', y') en el nuevo sistema, donde $x' = x - h$ y $y' = y - k$. Podemos ir del sistema de coordenadas $x'y'$ al sistema canónico xy y viceversa, utilizando estas fórmulas, como se demuestra a continuación.

EJEMPLO 1 Un conjunto de ejes se traslada de modo que su nuevo origen es $(3, -1)$ en el conjunto canónico de ejes de coordenadas. Determinar las coordenadas de los siguientes puntos con respecto del conjunto de ejes trasladados. **(a)** $(-7, 2)$ **(b)** $(0, 0)$

Solución Como el nuevo origen de los ejes trasladados es $(3, -1)$, entonces $h = 3$ y $k = -1$. Sustituimos estos valores de h y k en las fórmulas de las coordenadas para la traslación de ejes $x' = x - h$ y $y' = y - k$ para obtener

$$x' = x - 3 \quad \text{y} \quad y' = y + 1$$

Utilizamos estas fórmulas para determinar las coordenadas trasladadas (x', y').

(a) Para el punto $(-7, 2)$, $x = -7$ y $y = 2$. Las nuevas coordenadas se obtienen como sigue

$x' = x - 3$ y $y' = y + 1$		Sustituimos $x = -7$ y $y = 2$ para obtener
$x' = -7 - 3$ y $y' = 2 + 1$		Por lo tanto
$x' = -10$ y $y' = 3$		Las nuevas coordenadas con respecto de los ejes $x'y'$ son $(-10', 3')$.

(b) Para el punto $(0, 0)$, $x = 0$ y $y = 0$. Las nuevas coordenadas se obtienen como sigue

$x' = x - 3$ y $y' = y + 1$		Sustituimos $x = 0$ y $y = 0$ para obtener
$x' = 0 - 3$ y $y' = 0 + 1$		Por lo tanto, el origen anterior tiene las nuevas coordenadas $(-3', 1')$.

Véase la figura 9.55. ∎

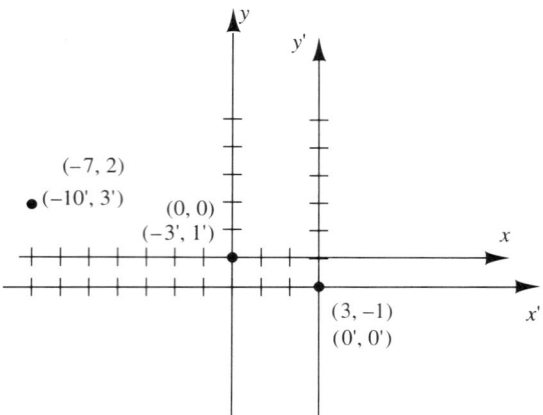

FIGURA 9.55

Como el eje y tiene la ecuación $x = 0$, el nuevo eje y' tiene la ecuación $x = h$, que es de esperar para una recta paralela al eje y que pasa por el punto (h, k). Por la misma razón, la ecuación del eje x' es $y = k$. Esto también es consistente con las fórmulas coordenadas. Véase la figura 9.56.

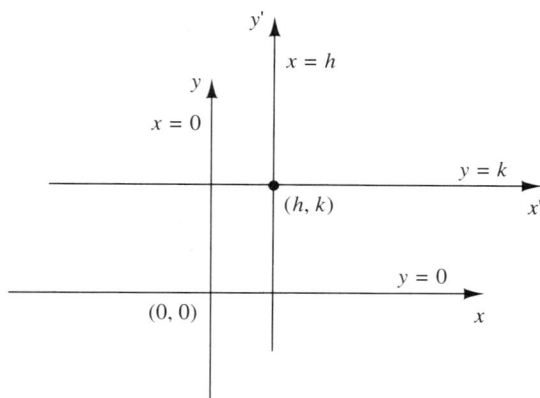

FIGURA 9.56

Con frecuencia es conveniente o necesario trasladar un conjunto de ejes para poder identificar o trazar ciertas gráficas. Ya hemos hecho con las cónicas en las secciones anteriores. Por ejemplo, aprendimos a graficar la elipse $\dfrac{(x-h)^2}{a^2} + \dfrac{(y-k)^2}{b^2} = 1$ *trazando un nuevo conjunto de ejes que pase por* (h, k)*, ignorando los ejes anteriores, y graficando la forma* $\dfrac{x^2}{a^2} + \dfrac{y^2}{b^2} = 1$ *en los nuevos ejes.*

9.6 Traslaciones y rotaciones de los ejes de coordenadas

Esto era una manera poco formal de enfrentar la cuestión de la traslación de ejes. Lo que realmente hacíamos era trazar un conjunto de ejes trasladados $x'y'$ por el punto (h, k) y graficar la elipse $\dfrac{(x')^2}{a^2}+\dfrac{(y')^2}{b^2}=1$. Seguiremos este punto de vista formal en el siguiente ejemplo.

EJEMPLO 2 Graficar la parábola $(x-3)^2 = -4(y+2)$.

Solución Si $x' = x - 3$ y $y' = y + 2$, entonces la ecuación

$$(x-3)^2 = -4(y+2) \quad \text{se convierte en}$$

$$(x')^2 = -4y'$$

Las ecuaciones $x' = x - 3$ y $y' = y + 2$ dicen que los nuevos ejes x' y y' son ahora ejes trasladados, recorridos de manera horizontal y vertical con origen en $(3, -2)$; por lo tanto, $h = 3$ y $k = -2$.

La forma $(x')^2 = -4y'$ nos dice que tenemos una parábola "vertical" con foco en el eje y', con $(0', 0')$ como su vértice; como $p = -1$, el foco es $(0', -1')$. Graficamos esto como se muestra en la figura 9.57. Si utiliza las fórmulas de las coordenadas $x' = x - 3$ y $y' = y + 2$, puede verificar las coordenadas del vértice y del foco que se muestran en la gráfica para ambos sistemas coordenados.

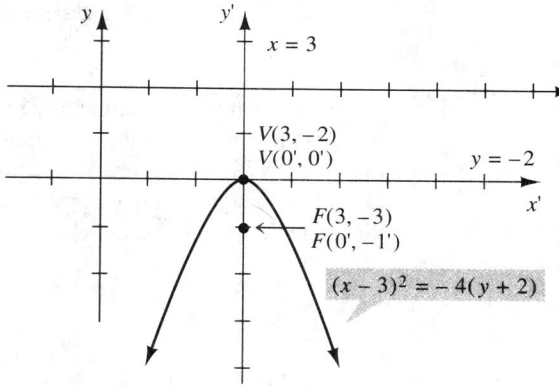

FIGURA 9.57

Rotación de ejes

En la sección 9.5, señalamos que la gráfica de la ecuación general

$$Ax^2 + Bxy + Cy^2 + Dx + Ey + F = 0 \quad \text{donde } B = 0$$

produce una sección cónica o una de sus formas degeneradas, donde los ejes de la cónica son paralelos al eje x y al eje y.

612 Capítulo 9 Secciones cónicas y sistemas no lineales

En esta sección, analizaremos el efecto del término xy en la forma general

$$Ax^2 + Bxy + Cy^2 + Dx + Ey + F = 0 \qquad \text{donde } B \neq 0$$

Veremos que el término xy produce una **rotación de los ejes**. Es decir, los ejes de la figura *no* serán paralelos a los ejes de coordenadas.

Comencemos graficando cualquier punto $P(x, y)$ en el sistema de coordenadas xy y después rotamos los ejes en sentido contrario al de las manecillas del reloj con respecto del origen un ángulo ϕ (donde $0° < \phi < 90°$), de modo que tenemos un nuevo conjunto de ejes de coordenadas, denotado por x' y y'. (Véase la figura 9.58.)

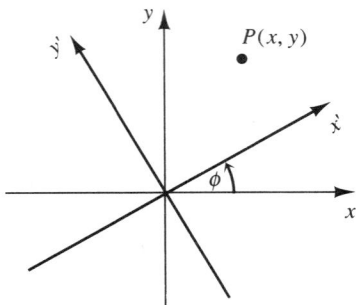

FIGURA 9.58 Rotación de ejes ϕ grados en contra del sentido de las manecillas del reloj.

Retrocedamos un momento y recordemos que el punto S de coordenadas $(5, 4)$ significa que el punto S está a una distancia de 5 unidades del eje y y a una distancia de 4 unidades del eje x. Véase la figura 9.59(a). De manera análoga, si el punto Q tiene coordenadas $(3', 7')$, esto significa que el punto Q está a una distancia de 3 unidades del eje y' y a una distancia de 7 unidades del eje x'. Véase la figura 9.59(b).

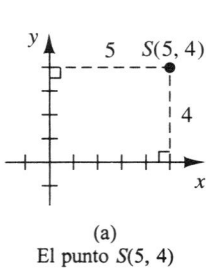

(a)
El punto $S(5, 4)$

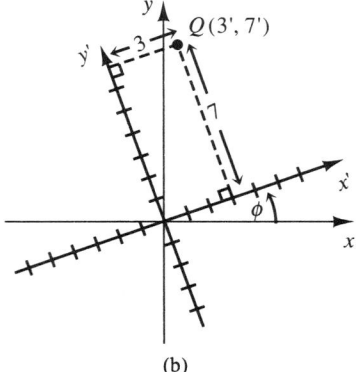

(b)
El punto $Q(3', 7')$

FIGURA 9.59

9.6 Traslaciones y rotaciones de los ejes de coordenadas

Nuestro objetivo es determinar las nuevas coordenadas de P con respecto del nuevo conjunto de ejes, $x'y'$. Vemos en la figura 9.60 que esto significa que intentamos determinar x' (la distancia de P al eje y') y y' (la distancia de P al eje x').

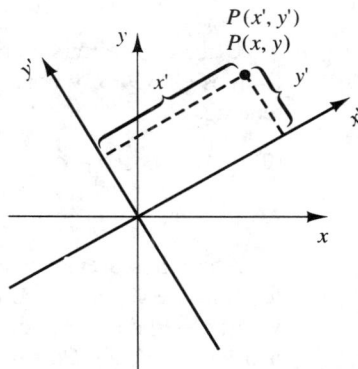

FIGURA 9.60 P tiene coordenadas (x', y') con respecto de los ejes $x'y'$

Sea r la longitud del segmento de recta entre $P(x, y)$ y el origen. Si rotamos los ejes ϕ grados (ϕ es el ángulo de rotación), y α es el ángulo entre el eje x y OP, obtenemos la figura 9.61.

P es un punto con dos etiquetas diferentes.

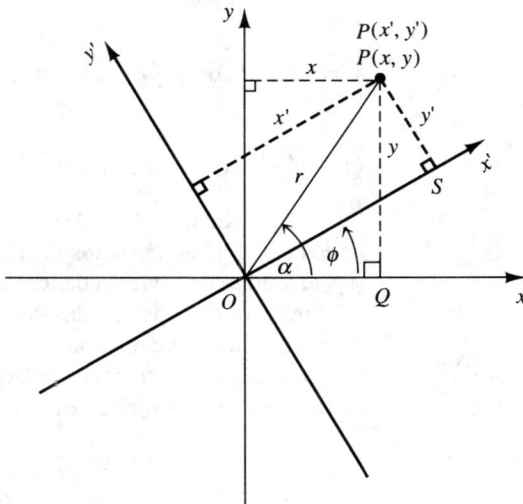

FIGURA 9.61

Con nuestros conocimientos de trigonometría, observamos el $\triangle OPQ$ de la figura 9.61 y obtenemos las siguientes relaciones para cada conjunto de ejes de coordenadas.

(1) $x = r \cos \alpha$ $y = r \operatorname{sen} \alpha$ *(x, y) son las coordenadas de P con respecto de los ejes xy.*

Utilizamos el mismo punto de vista, expresando x' y y' en términos de r, α y ϕ. Analizamos el $\triangle OPS$, y observamos que el ángulo entre el eje x' y OP es $\alpha - \phi$, con lo que tenemos

(2) $x' = r \cos(\alpha - \phi)$ $y' = r \operatorname{sen}(\alpha - \phi)$ *(x', y') también son las coordenadas de P, pero con respecto de los ejes $x'y'$.*

Ahora buscaremos una relación que exprese x y y, las coordenadas canónicas de P, en términos de x' y y', las coordenadas rotadas de P. Aplicamos las fórmulas para $\operatorname{sen}(A - B)$ y $\cos(A - B)$ de la sección 8.1 al segundo conjunto de ecuaciones y obtenemos las coordenadas de $P(x', y')$. Comenzamos con x':

$x' = r \cos(\alpha - \phi)$ *Aplicamos la fórmula para $\cos(\alpha - \phi)$ para obtener*

$ = r \cos \alpha \cos \phi - r \operatorname{sen} \alpha \operatorname{sen} \phi$ *De (1) sustituimos $x = r \cos \alpha$ y $r \operatorname{sen} \alpha$ para obtener*

(3) $x' = x \cos \phi + y \operatorname{sen} \phi$

De manera análoga procedemos con y':

$y' = r \operatorname{sen}(\alpha - \phi)$ *Aplicamos la fórmula para $\operatorname{sen}(\alpha - \phi)$ para obtener*

$ = r \operatorname{sen} \alpha \cos \phi - r \cos \alpha \operatorname{sen} \phi$ *De (1) sustituimos $x = r \cos \alpha$ y $r \operatorname{sen} \alpha$ para obtener*

(4) $y' = y \cos \phi - x \operatorname{sen} \phi$

Las ecuaciones (3) y (4) nos indican las nuevas coordenadas del punto P con respecto de los ejes $x'y'$ en términos de x y y (las coordenadas con respecto de los ejes anteriores ϕ y, el ángulo de rotación de los nuevos ejes.

Podemos considerar estas dos ecuaciones como un sistema y obtener los valores de x y y, esto produce las coordenadas anteriores, x y y, en términos de las nuevas coordenadas, x' y y', y el ángulo de rotación ϕ. Dejaremos esto como ejercicio (véase el ejercicio 53). Las ecuaciones son las siguientes:

$$x = x' \cos \phi - y' \operatorname{sen} \phi \qquad y = x' \operatorname{sen} \phi + y' \cos \phi$$

9.6 Traslaciones y rotaciones de los ejes de coordenadas

LAS FÓRMULAS DE LAS COORDENADAS PARA LA ROTACIÓN DE EJES

Si un conjunto de ejes de coordenadas se rota ϕ grados, entonces las nuevas coordenadas (x', y') se relacionan con las anteriores (x, y) de la siguiente manera:

$$\begin{cases} x' = x\cos\phi + y\sen\phi \\ y' = -x\sen\phi + y\cos\phi \end{cases} \quad \text{y} \quad \begin{cases} x = x'\cos\phi - y'\sen\phi \\ y = x'\sen\phi + y'\cos\phi \end{cases}$$

EJEMPLO 3 En el conjunto canónico de ejes de coordenadas, las coordenadas de un punto P son $(-2, 4)$. Se obtiene un nuevo conjunto de ejes de coordenadas $x'y'$ rotando los ejes canónicos 30°. (El eje x' se rota 30° en dirección contraria a la de las manecillas del reloj a partir del eje x.) Determinar las coordenadas del punto P con respecto de los ejes $x'y'$.

Solución Tenemos las coordenadas canónicas (x, y) de un punto y necesitamos determinar (x', y') cuando el ángulo de rotación es 30°. Utilizamos las fórmulas del lado izquierdo del cuadro.

$$x' = x\cos\phi + y\sen\phi \quad \text{y} \quad y' = -x\sen\phi + y\cos\phi$$

Sustituimos $x = -2$, $y = 4$ y $= 30°$ *para obtener*

$$x' = -2\cos 30° + 4\sen 30° \quad \text{y} \quad y' = -(-2)\sen 30° + 4\cos 30° \quad \text{Por lo tanto}$$

$$x' = -2\left(\frac{\sqrt{3}}{2}\right) + 4\left(\frac{1}{2}\right) \quad \text{y} \quad y' = 2\left(\frac{1}{2}\right) + 4\left(\frac{\sqrt{3}}{2}\right) \quad o$$

$$x' = -\sqrt{3} + 2 \quad \text{y} \quad y' = 1 + 2\sqrt{3}$$

Por lo tanto $(x', y') = ((-\sqrt{3} + 2)', (1 + 2\sqrt{3})')$. *Éstas son las coordenadas rotadas de* $P(-2, 4)$.

Véase la figura 9.62.

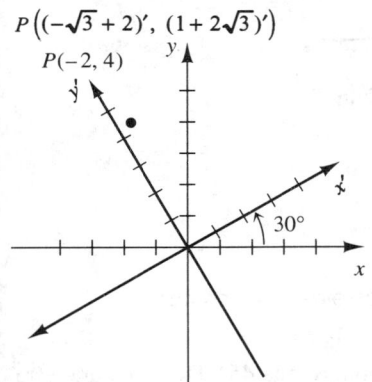

FIGURA 9.62

En la sección 4.5 examinamos la función racional $y = \frac{1}{x}$. En el siguiente ejemplo, examinaremos esta función o su equivalente $xy = 1$ como una ecuación de segundo grado.

EJEMPLO 4 El ángulo de rotación para un conjunto de ejes de coordenadas es 45°. Si la ecuación de una gráfica es $xy = 1$ en el conjunto canónico de ejes de coordenadas, expresar esta ecuación en términos del conjunto rotado de coordenadas x' y y', y graficar.

Solución Como queremos expresar la ecuación $xy = 1$ en términos de x' y y', utilizamos las fórmulas de las coordenadas para x y y.

$$x = x'\cos\phi - y'\sen\phi \quad \text{y} \quad y = x'\sen\phi + y'\cos\phi$$

Como $\phi = 45°$, *tenemos*

$$x = x'\cos 45° - y'\sen 45° \quad \text{y} \quad y = x'\sen 45° + y'\cos 45° \quad \text{Lo que implica}$$

$$x = x'\left(\frac{\sqrt{2}}{2}\right) - y'\left(\frac{\sqrt{2}}{2}\right) \quad \text{y} \quad y = x'\left(\frac{\sqrt{2}}{2}\right) + y'\left(\frac{\sqrt{2}}{2}\right) \quad o$$

$$x = \frac{\sqrt{2}}{2}(x' - y') \quad \text{y} \quad y = \frac{\sqrt{2}}{2}(x' + y')$$

Queremos escribir la ecuación $xy = 1$ en términos de las coordenadas x' y y', de modo que utilizamos las ecuaciones anteriores y sustituimos los valores de x y y en la ecuación $xy = 1$.

$$xy = 1 \quad \text{Sustituimos } x = \frac{\sqrt{2}}{2}(x' + y') \text{ y}$$
$$y = \frac{\sqrt{2}}{2}(x' + y') \text{ para obtener}$$

$$\left[\frac{\sqrt{2}}{2}(x' - y')\right]\left[\frac{\sqrt{2}}{2}(x' + y')\right] = 1 \quad \text{Ahora, simplificamos.}$$

$$\frac{1}{2}\left((x')^2 - (y')^2\right) = 1 \quad \text{lo que se puede escribir en la forma de una hipérbola para obtener}$$

$$\frac{(x')^2}{2} - \frac{(y')^2}{2} = 1$$

Ésta es la ecuación de una hipérbola, con $a = \sqrt{2}$, $b = \sqrt{2}$, y como $c^2 = a^2 + b^2 = 4$, tenemos $c = 2$. Antes de graficar la hipérbola, primero tenemos que trazar el nuevo conjunto de ejes a 45°; el eje x' es la recta $y = x$ y el eje y' es la recta $y = -x$.

Para graficar la hipérbola, partimos del origen y determinamos los vértices, desplazándonos $a = \sqrt{2}$ unidades en cada dirección a lo largo del eje x'. Los extremos del eje conjugado quedan determinados partiendo del origen y desplazándonos $b = \sqrt{2}$ unidades en cada dirección a lo largo del eje y'. Trazamos el rectángulo cuyos lados son bisecados por estos puntos y las diagonales de este rectángulo son las asíntotas: $y' = \pm \frac{b}{a} x' \Rightarrow y' = \pm x'$. Observamos que los vértices (en el nuevo conjunto de ejes de coordenadas) son $(\pm\sqrt{2}', 0')$. Como $c = 2$, los focos son $(\pm 2', 0')$. (Véase la figura 9.63.)

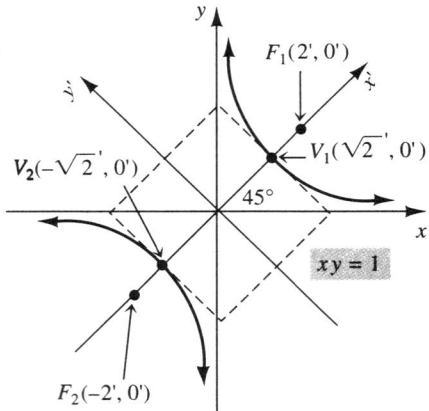

FIGURA 9.63 La gráfica de $xy = 1$, con los ejes rotados 45°

Por lo tanto, la función racional $y = \frac{1}{x}$ es una hipérbola rotada 45°. Decimos que esta ecuación es una *hipérbola rectangular*. ∎

Utilizamos el nuevo conjunto de ejes como ayuda para identificar y trazar la figura, así como para localizar sus vértices, focos y asíntotas. Aunque estos puntos y rectas dados

9.6 Traslaciones y rotaciones de los ejes de coordenadas

en la forma (x', y') son una guía útil que nos permite identificar y graficar, tal vez quisiéramos expresarlos en términos de las coordenadas canónicas (x, y). Para convertir estos puntos y ecuaciones de nuevo en el sistema canónico, utilizaríamos de nuevo las fórmulas coordenadas para las rotaciones.

Por ejemplo, en el ejemplo 4 vimos que un vértice de $xy = 1$ es $(\sqrt{2}', 0')$. Este punto se escribe con respecto de los nuevos ejes rotados. Para convertir este punto en un punto dado con respecto del conjunto canónico de ejes de coordenadas, utilizamos las mismas fórmulas de las coordenadas que empleamos para convertir $xy = 1$ en una ecuación con respecto de las coordenadas rotadas; éstas son $x = \dfrac{\sqrt{2}}{2}(x' - y')$ y $y = \dfrac{\sqrt{2}}{2}(x' + y')$.

Por lo tanto, para $(\sqrt{2}', 0')$, sustituimos $x' = \sqrt{2}$ y $y' = 0$ en las fórmulas de las coordenadas como sigue:

$$x = \frac{\sqrt{2}}{2}(x' - y') \qquad y \qquad y = \frac{\sqrt{2}}{2}(x' + y')$$

$$x = \frac{\sqrt{2}}{2}(\sqrt{2} - 0) \qquad y \qquad y = \frac{\sqrt{2}}{2}(\sqrt{2} + 0)$$

$$x = 1 \qquad y \qquad y = 1$$

> En el capítulo 4 vimos que las asíntotas de $y = 1/x$ son los ejes x y y.

Por lo tanto, el vértice $(\sqrt{2}', 0')$ es $(1, 1)$ con respecto del conjunto canónico de ejes. Al hacer el mismo tipo de transformación, vemos que el otro vértice es $(-1, -1)$; los focos son $(\sqrt{2}, 2)$ y $(-\sqrt{2}, -2)$; y las ecuaciones para las asíntotas son $y = 0$ y $x = 0$, que son, respectivamente, los ejes x y y. (Véase la figura 9.64.)

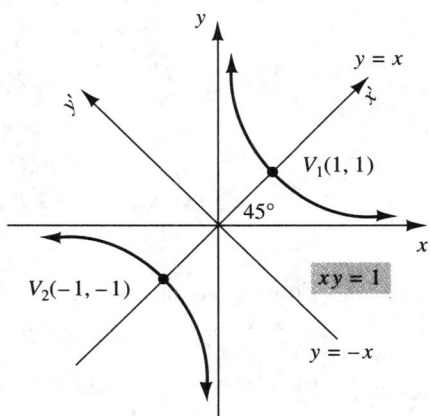

FIGURA 9.64 La gráfica de $xy = 1$ en las coordenadas canónicas.

Como hemos visto, si la ecuación $Ax^2 + Cy^2 + Dx + Ey + F = 0$ se puede graficar, será una sección cónica o alguna de sus formas degeneradas, con los ejes de simetría paralelos a los ejes de coordenadas canónicos. El proceso de completar el cuadrado nos ayudó a escribir la ecuación en alguna de las formas canónicas, para identificar y graficar con rapidez la figura.

Por otro lado, si la ecuación $Ax^2 + Bxy + Cy^2 + Dx + Ey + F = 0$ (donde $B \neq 0$) se puede graficar, también será una sección cónica o alguna de sus formas degeneradas. Sin embargo, a diferencia de la forma en que $B = 0$, el término xy no nos ofrece un método conveniente para identificar y graficar con rapidez la figura.

El ejemplo 4 muestra que si determinamos un ángulo de rotación adecuado en que los ejes rotados sean x' y y', entonces podemos transformar una ecuación de la forma

$$Ax^2 + Bxy + Cy^2 + Dx + Ey + F = 0$$

en una ecuación de la forma

$$A'(x')^2 + B'x'y' + C'(y')^2 + D'x' + E'y' + F' = 0 \qquad \text{donde } B' = 0.$$

es decir, podemos transformar la ecuación original en una ecuación con nuevos coeficientes, de modo que no aparezca el término $x'y'$. Entonces podemos graficar la ecuación transformada mediante las formas canónicas desarrolladas en las secciones anteriores de este capítulo. Para esto necesitamos determinar el ángulo de rotación ϕ que hará desaparecer el término $x'y'$. *Por lo tanto, estamos buscando ϕ que haga $B' = 0$.*

Comenzamos con la ecuación $Ax^2 + Bxy + Cy^2 + Dx + Ey + F = 0$ y sustituimos las fórmulas de rotación $x = x' \cos \phi - y' \sen \phi$ y $y = x' \sen \phi + y' \cos \phi$ en vez de x y y en la ecuación para obtener

$$A(x' \cos \phi - y' \sen \phi)^2 + B(x' \cos \phi - y' \sen \phi)(x' \sen \phi + y' \cos \phi)$$
$$+ C(x' \sen \phi + y' \cos \phi)^2 + D(x' \cos \phi - y' \sen \phi)$$
$$+ E(x' \sen \phi + y' \cos \phi) + F = 0$$

Podemos simplificar esta expresión realizando las operaciones, agrupando términos y utilizando las identidades trigonométricas básicas para escribir la ecuación en la forma

$$A'(x')^2 + B'x'y' + C'(y')^2 + D'x' + E'y' + F' = 0$$

donde A', B', C', D', E' y F' son:

$$A' = A \cos^2 \phi + B \sen \phi \cos \phi + C \sen^2 \phi$$
$$B' = 2(C - A) \sen \phi \cos \phi + B (\cos^2 \phi - \sen^2 \phi)$$
$$C' = A \sen^2 \phi - B \sen \phi \cos \phi + C \cos^2 \phi$$
$$D' = D \cos \phi + E \sen \phi$$
$$E' = E \cos \phi - D \sen \phi$$
$$F' = F$$

Como queremos $B' = 0$,

$$2(C - A) \sen \phi \cos \phi + B (\cos^2 \phi - \sen^2 \phi) = 0$$

Utilizamos las fórmulas para el doble de un ángulo para sen 2 y cos 2 para obtener

$$(C - A) \sen 2\phi + B \cos 2\phi = 0 \quad o$$

$$B \cos 2\phi = (A - C) \sen 2\phi \qquad \text{Dividimos ambos lados entre } B \sen 2\phi \text{ para obtener}$$

Observe que $A - C$ es el negativo de $C - A$.

$$\frac{B \cos 2\phi}{B \sen 2\phi} = \frac{(A - C) \sen 2\phi}{B \sen 2\phi} \qquad \text{Lo que implica}$$

$$\cot 2\phi = \frac{A - C}{B} \qquad \text{Ésta es la condición buscada.}$$

9.6 Traslaciones y rotaciones de los ejes de coordenadas

Resumimos este análisis en el siguiente cuadro.

Dada una sección cónica con ecuación

$$Ax^2 + Bxy + Cy^2 + Dx + Ey + F = 0$$

si los ejes se rotan ϕ grados, donde

$$\cot 2\phi = \frac{A-C}{B},$$

entonces la ecuación de la sección cónica en el sistema de coordenadas rotado no tendrá término en xy. (En otras palabras, B' será igual a 0.)

Se puede mostrar que siempre existe tal ϕ para $0° < \phi < 90°$. En el siguiente ejemplo demostraremos su uso.

Si tiene una calculadora gráfica, ¿qué necesitaría en primer lugar para poder graficar esta ecuación?

EJEMPLO 5 Graficar la ecuación $7x^2 - 6\sqrt{3}xy + 13y^2 - 16 = 0$

Solución Al comparar esto con la ecuación general, tenemos que $A = 7$, $B = -6\sqrt{3}$, y $C = 13$. Como existe un término en xy, queremos determinar ϕ tal que podamos transformar esta ecuación en otra que no tenga un término en $x'y'$. Como mostramos antes, esto ocurre cuando

$$\cot 2\phi = \frac{A - C}{B} \qquad \text{Por lo tanto,}$$

$$\cot 2\phi = \frac{7 - 13}{-6\sqrt{3}} = \frac{1}{\sqrt{3}} \qquad \text{lo que significa que } 2\phi = 60°, \text{ de donde } \phi = 30°.$$

Evaluamos las fórmulas de rotación para $\phi = 30°$ y obtenemos

$$x = x' \cos 30° - y' \operatorname{sen} 30° \qquad \text{y} \qquad y = x' \operatorname{sen} 30° + y' \cos 30° \qquad \text{o}$$

$$x = \frac{x'\sqrt{3} - y'}{2} \qquad \text{y} \qquad y = \frac{x' + y'\sqrt{3}}{2}$$

Sustituimos estas fórmulas para x y y en la ecuación

$$7x^2 - 6\sqrt{3}xy + 13y^2 - 16 = 0.$$

$$7x^2 - 6\sqrt{3}xy + 13y^2 - 16 = 0 \qquad \text{Sustituimos } x = \frac{x'\sqrt{3} - y'}{2} \text{ y } y \frac{x' + y'\sqrt{3}}{2}$$

$$7\left(\frac{x'\sqrt{3} - y'}{2}\right)^2 - 6\sqrt{3}\left(\frac{x'\sqrt{3} - y'}{2}\right)\left(\frac{x' + y'\sqrt{3}}{2}\right) + 13\left(\frac{x' + y'\sqrt{3}}{2}\right)^2 - 16 = 0$$

Simplificamos para obtener

$$4(x')^2 + 16(y')^2 - 16 = 0 \qquad \textit{Que se puede escribir como la forma canónica de una elipse}$$

$$\frac{(x')^2}{4} + \frac{(y')^2}{1} = 1$$

Por lo tanto, tenemos una elipse con $a = 2'$ y $b = 1'$. Los ejes de simetría son los ejes $x'y'$; el eje mayor es el eje x'. Los vértices están en el eje x' y son $(\pm 2', 0')$. Graficamos los extremos del eje menor, que son $(0', \pm 1')$ y graficamos la elipse como se muestra en la figura 9.65.

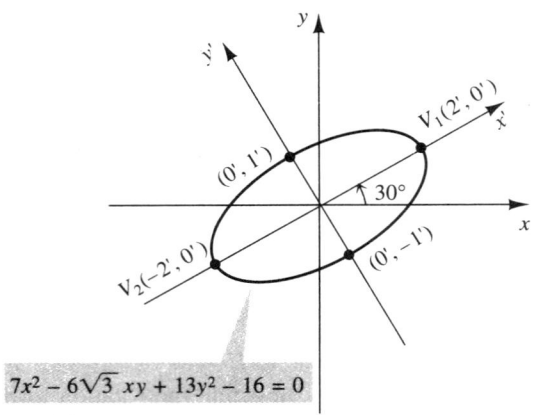

FIGURA 9.65

Podemos aplicar estos mismos procedimientos a figuras que han sido trasladadas y rotadas.

EJEMPLO 6 Identificar y graficar la siguiente figura:

$$128x^2 + 192xy + 72y^2 - 305x - 260y = -150$$

Solución Al comparar esto con la ecuación general, tenemos que $A = 128$, $B = 192$ y $C = 72$. Como existe un término en xy, queremos determinar ϕ tal que podamos transformar esta ecuación en la forma $A'(x')^2 + C'(y')^2 + D'x' + E'y' + F' = 0$. Para que esto ocurra, debemos tener

$$\cot 2\phi = \frac{A - C}{B} \qquad \textit{Por lo tanto}$$

$$\cot 2\phi = \frac{128 - 72}{192} = \frac{7}{24}$$

Las fórmulas de rotación requieren que determinemos sen y cos ϕ (y necesitaremos ϕ para graficar la figura). Para determinar estos valores exactos, observamos que podemos determinar sen ϕ y cos ϕ mediante las fórmulas para la mitad de un ángulo (sección 8.2) si conocemos el valor de cos 2ϕ. Para determinar este último valor, trazamos un triángulo de referencia y vemos que si $\cot 2\phi = \frac{7}{24}$, entonces $\cos 2\phi = \frac{7}{25}$.

9.6 Traslaciones y rotaciones de los ejes de coordenadas

Por medio de las fórmulas para la mitad de un ángulo obtenemos

$$\operatorname{sen} \phi = \sqrt{\frac{1 - \cos 2\phi}{2}} = \sqrt{\frac{1 - \frac{7}{25}}{2}} = \sqrt{\frac{9}{25}} = \frac{3}{5} \quad y$$

$$\cos \phi = \sqrt{\frac{1 + \cos 2\phi}{2}} = \sqrt{\frac{1 + \frac{7}{25}}{2}} = \sqrt{\frac{16}{25}} = \frac{4}{5}$$

Las fórmulas de rotación son

$$x = x' \cos \phi - y' \operatorname{sen} \phi \quad y \quad y = x' \operatorname{sen} \phi + y' \cos \phi \qquad \textit{que se convierten en}$$

$$x = x'\left(\frac{4}{5}\right) - y'\left(\frac{3}{5}\right) \quad y \quad y = x'\left(\frac{3}{5}\right) + y'\left(\frac{4}{5}\right) \qquad o$$

$$x = \frac{4x' - 3y'}{5} \quad y \quad y = \frac{3x' + 4y'}{5}$$

Sustituimos las fórmulas de rotación en la ecuación
$128x^2 + 192xy + 72y^2 - 305x - 260y = -150$ y simplificamos para obtener

$$200(x')^2 - 400x' - 25y' + 150 = 0 \qquad \textit{Despejamos } y' \textit{ para obtener}$$

$$8(x')^2 - 16x' + 6 = y' \qquad \textit{Ésta es una parábola trasladada cuya forma canónica es}$$

$$(x' - 1)^2 = \frac{1}{8}(y' + 2)$$

Ésta es la parábola con el vértice en las coordenadas $x'y'$ $(1', -2')$; el eje y' es el eje de simetría. Como $4p' = \frac{1}{8} \Rightarrow p' = \frac{1}{32}$, y el foco es $\left(1', \left(-\frac{63}{32}\right)'\right)$.

Las coordenadas del vértice con respecto del sistema canónico de ejes son

$$x = \frac{4x' - 3y'}{5} = \frac{4(1) - 3(-2)}{5} = 2 \quad y$$

$$y = \frac{3x' + 4y'}{5} = \frac{3(1) + 4(-2)}{5} = -1$$

El vértice es $(2, -1)$. Mediante el mismo procedimiento, las coordenadas canónicas del foco son $\left(\frac{317}{160}, -\frac{39}{40}\right)$.

Para poder obtener la gráfica, debemos tener el ángulo de rotación, ϕ. Como sabemos que $\operatorname{sen} \phi = \frac{3}{5}$, podemos utilizar una calculadora y determinar que $\phi \approx 37°$. La gráfica aparece en la figura 9.66.

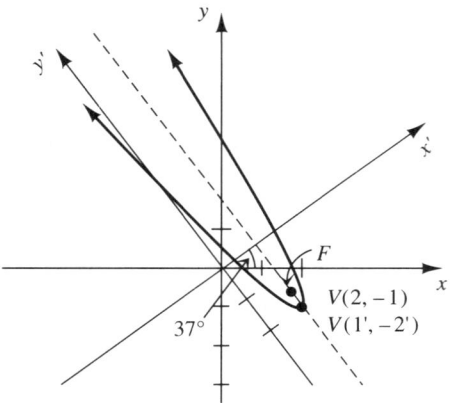

$$128x^2 + 192xy + 72y^2 - 305x - 260y = -150$$

FIGURA 9.66

El discriminante: invariantes bajo rotaciones

Si rotamos los ejes x y y un ángulo ϕ, la ecuación general

$$Ax^2 + Bxy + Cy^2 + Dx + Ey + F = 0 \qquad \textit{se convierte en}$$
$$A'(x')^2 + B'x'y' + C'(y')^2 + D'x' + E'y' + F' = 0$$

donde A, B, C, D, E, F y A', B', C', D', E' y F' y ϕ se relacionan como se indica en la página 618. Se puede mostrar (véase el ejercicio 54) que no importa cómo sean los ejes rotados $x'y'$, para los nuevos A', B' y C' se cumple que

$$B^2 - 4AC = (B')^2 - 4A'C'.$$

Las cantidades que no cambian bajo las rotaciones son **invariantes bajo rotaciones**. $B^2 - 4AC$ es un invariante bajo rotaciones.

Si partimos de la ecuación general $Ax^2 + Bxy + Cy^2 + Dx + Ey + F = 0$ donde $B \neq 0$, hemos mostrado que podemos rotar los ejes de modo que se elimine el término en xy, o que $B' = 0$ y obtenemos la ecuación rotada $A'(x')^2 + C'(y')^2 + D'x' + E'y' + F' = 0$.

1. Sabemos que si A' y C' tienen el mismo signo, la gráfica es una elipse. Podemos escribir esta condición como:

$$A'C' > 0 \implies \text{la gráfica es una elipse (o su forma degenerada).}$$

Pero $\qquad B^2 - 4AC = (B')^2 - 4A'C' \qquad$ *Y como $B' = 0$, tenemos*

$$B^2 - 4AC = -4A'C'$$

Por lo tanto, si $B^2 - 4AC < 0$, entonces $-4A'C' < 0$, lo que implica $A'C' > 0$; por lo tanto, A' y C' tienen el mismo signo. Así, *si $B^2 - 4AC < 0$, la gráfica es una elipse.*

2. Sabemos que si A' y C' tienen signos opuestos, la gráfica es una hipérbola. Podemos escribir esta condición como sigue: Si $A'C' < 0$, la gráfica es una hipérbola. Mediante el mismo razonamiento que seguimos en el caso de la elipse, concluimos que *si* $B^2 - 4AC > 0$, *la gráfica es una hipérbola*.

3. Sabemos que si $A' = 0$ o $C' = 0$, la gráfica es una parábola. Podemos escribir esta condición como $A'C' = 0$. De nuevo, utilizamos la misma lógica y obtenemos: *Si* $B^2 - 4AC = 0$, *la gráfica es una parábola*.

Resumimos nuestro análisis como sigue.

La gráfica de la ecuación

$$Ax^2 + Bxy + Cy^2 + Dx + Ey + F = 0$$

es una cónica o una de sus formas degeneradas.

1. Si $B^2 - 4AC < 0$, la gráfica es una elipse.
2. Si $B^2 - 4AC > 0$, la gráfica es una hipérbola.
3. Si $B^2 - 4AC = 0$, la gráfica es una parábola.

La cantidad $B^2 - 4AC$ es el **discriminante** de la cónica.

EJEMPLO 7 Determinar lo que es la siguiente ecuación y si puede graficarse:

$$3x^2 - 5xy + 6y^2 - 2x + 8y - 5 = 0$$

Solución Para la ecuación $3x^2 - 5xy + 6y^2 - 2x + 8y - 5 = 0$, tenemos $A = 3$, $B = -5$, y $C = 6$. Por lo tanto, $B^2 - 4AC = (-5)^2 - 4(3)(6) = -47$. Como el discriminante es menor que cero, podría ser una elipse o su forma degenerada, un punto. ∎

EJERCICIOS 9.6

En los ejercicios 1-8, se traslada un conjunto de ejes de modo que el nuevo origen sea (2, −4) en el conjunto canónico de ejes de coordenadas. Dadas las coordenadas de un punto con respecto de un conjunto de ejes, determine las coordenadas de los puntos con respecto del otro conjunto de ejes. (Los ejes trasladados son $x'y'$.)

1. $(x, y) = (3, 5)$; determine (x', y').
2. $(x', y') = (3', 0')$; determine (x, y).
3. $(x', y') = (2', 5')$; determine (x, y).
4. $(x, y) = (2, 0)$; determine (x', y').
5. $(x, y) = (-4, 4)$; determine (x', y').
6. $(x, y) = (2, -8)$; determine (x', y').
7. $(x', y') = (0', 0')$; determine (x, y).
8. $(x', y') = (-2', 3')$; determine (x, y).

En los ejercicios 9-16, determine la traslación $x' = x - h$ y $y' = y - k$ que le permita expresar la ecuación como la forma canónica de una sección cónica con centro en el origen, con los ejes de coordenadas como ejes de simetría.

9. $\dfrac{(x-3)^2}{9} - \dfrac{(y+4)^2}{18} = 1$
10. $\dfrac{(y+5)^2}{36} + \dfrac{(x-2)^2}{15} = 1$
11. $(y - 3)^2 = 18x$
12. $x^2 + (y - 2)^2 = 25$
13. $3x^2 + 4y^2 - 6x + 56y - 187 = 0$
14. $2x^2 + 2y^2 - 4x - 36y - 150 = 0$
15. $x^2 - 4y^2 - 10x + 16y + 1 = 0$
16. $y^2 - 4y - 5x - 26 = 0$

En los ejercicios 17-24, un conjunto canónico de ejes se rota un ángulo ϕ en contra de las manecillas del reloj, produciendo un nuevo conjunto de ejes, $x'y'$. Dado ϕ y el punto en un conjunto de ejes, determine las coordenadas del punto con respecto del otro conjunto de ejes.

17. $(x, y) = (2, 5)$, $\phi = 45°$; determine (x', y').
18. $(x', y') = (3', 7')$, $\phi = 30°$; determine (x, y).
19. $(x', y') = (2', -1')$, $\phi = 60°$; determine (x, y).
20. $(x, y) = (-2, -3)$, $\phi = \dfrac{3\pi}{4}$; determine (x', y').
21. $(x, y) = (2, -1)$, $\phi = 60°$; determine (x', y').
22. $(x', y') = (-3', 0')$, $\phi = \dfrac{3\pi}{4}$; determine (x, y).
23. $(x, y) = (-2, 5)$, $\phi = 45°$; determine (x', y').
24. $(x', y') = (1', 3')$, $\phi = \dfrac{\pi}{6}$; determine (x, y).

En los ejercicios 25-30, un conjunto canónico de ejes se rota un ángulo ϕ en contra de las manecillas del reloj, produciendo un nuevo conjunto de ejes, $x'y'$. Dado ϕ y la ecuación con respecto del conjunto canónico de ejes, exprese la ecuación en términos del conjunto rotado de ejes, $x'y'$.

25. $2x^2 = y$, $\phi = 60°$
26. $xy = 6$, $\phi = \dfrac{\pi}{4}$
27. $2x^2 - 4y^2 = 16$, $\phi = 30°$
28. $2xy - 3y - x = 8$, $\phi = 30°$
29. $x^2 + y^2 = 4$, $\phi = \dfrac{\pi}{4}$
30. $x^2 - 2xy - 3y^2 - 8 = 0$, $\phi = 30°$

En los ejercicios 31-34, un conjunto canónico de ejes se rota un ángulo ϕ en contra de las manecillas del reloj, produciendo un nuevo conjunto de ejes, $x'y'$. Dado ϕ y la ecuación con respecto del conjunto rotado de ejes $x'y'$, exprese la ecuación en términos del conjunto canónico de ejes, xy.

31. $3x'y' = 4$, $\phi = 45°$
32. $(x')^2 - (y')^2 = 8$, $\phi = 60°$
33. $(x')^2 - 2x'y' = 8$, $\phi = 30°$
34. $2(y')^2 = -16$, $\phi = 30°$

En los ejercicios 35-38, se da una ecuación en términos de x y y, con respecto del conjunto canónico de ejes de coordenadas. Determine el ángulo ϕ con el que deben rotarse los ejes de modo que la ecuación se pueda escribir en términos de x' y y' (con respecto del nuevo conjunto de ejes) sin un término en $x'y'$ (es decir, $B' = 0$).

35. $2x^2 - \sqrt{3}xy + 3y^2 = 0$
36. $5x^2 + xy + 5y^2 - 2x + 3y = 6$
37. $2x^2 + xy + y^2 = 5$
38. $2x^2 - xy + 8y^2 + x - y = 8$

En los ejercicios 39-48, grafique la ecuación.

39. $xy = 8$
40. $2x^2 + 4xy + 2y^2 + \sqrt{2}x - \sqrt{2}y = 0$
41. $x^2 - 10\sqrt{3}xy + 11y^2 - 16 = 0$
42. $9x^2 - 6xy + 17y^2 = 72$
43. $23x^2 + 18\sqrt{3}xy + 5y^2 - 256 = 0$
44. $3x^2 + 8xy - 3y^2 - 20 = 0$
45. $x^2 + 2xy + y^2 = 1$
46. $2xy + \sqrt{2}x - 3\sqrt{2}y = 12$
47. $31x^2 + 10\sqrt{3}xy + 21y^2 + 48x - 48\sqrt{3}y = 0$
48. $3x^2 - 6xy + 3y^2 - 16 = 0$

En los ejercicios 49-52, utilice el discriminante de las cónicas para identificar la gráfica de la ecuación.

49. $5x^2 - 7xy + 3y^2 - 2x + 4y - 8 = 0$
50. $5x^2 + xy - 2y^2 + 5x + 3y = 6$
51. $2x^2 - 7xy = 5$
52. $2x^2 - 4xy + 2y^2 - x + y = 8$

PREGUNTAS PARA REFLEXIONAR

53. Considere las dos ecuaciones $x' = x \cos \phi + y \operatorname{sen} \phi$ y $y' = -x \operatorname{sen} \phi + y \cos \phi$ como un sistema y exprese x y y en términos de x' y y'.
54. Demuestre que la cantidad $B^2 - 4AC$ es invariante bajo rotaciones; es decir, utilice las ecuaciones de la página 618 y muestre que $B'^2 - 4A'C' = B^2 - 4AC$.
55. Podemos despejar y en la ecuación

$$Ax^2 + Bxy + Cy^2 + Dx + Ey + F = 0 \ (C \neq 0)$$

si la vemos como una ecuación cuadrática en y. Podemos reescribirla como sigue:

$$Ax^2 + Bxy + Cy^2 + Dx + Ey + F = 0$$

Agrupamos el término en y^2, los términos en y y los términos que no contienen a y.

$$Cy^2 + Bxy + Ey + Ax^2 + Dx + F = 0$$

Factorizamos y de los términos en y.

$$Cy^2 + (Bx + E)y + (Ax^2 + Dx + F) = 0$$

Si pensamos esta última forma como una ecuación cuadrática en y, con C como coeficiente de y^2, $Bx + E$ como coeficiente de y, y $Ax^2 + Dx + F$ como término independiente (de y), utilice la fórmula cuadrática para mostrar que

$$y = \dfrac{-(Bx + E) \pm \sqrt{(Bx + E)^2 - 4(C)(Ax^2 + Dx + F)}}{2C}$$

GRAFIJACIÓN

En los ejercicios 56-57, utilice el resultado del ejercicio 55 para graficar la figura en su calculadora gráfica o computadora:

56. $3x^2 - 2xy + 5y^2 = 12$
57. $x^2 + 4xy - 3y^2 - 2y = 24$

9.7 Sistemas no lineales de ecuaciones y desigualdades

Hemos dedicado mucho tiempo a graficar una amplia gama de funciones y ecuaciones. Durante este análisis hemos resuelto muchos tipos de ecuaciones, en particular, para determinar las intersecciones de una gráfica con los ejes. De hecho, en las secciones 4.1 y 5.1, también vimos la forma en que las soluciones de una ecuación nos pueden conducir a los puntos de intersección de dos gráficas.

En esta sección analizaremos los sistemas no lineales. En este desarrollo veremos un repaso de las gráficas básicas de nuestro catálogo.

Hasta este momento hemos considerado sistemas que sólo contienen ecuaciones (o desigualdades) de primer grado. Un **sistema no lineal** es aquel en que al menos una de las ecuaciones no es una ecuación lineal. Los siguientes son dos ejemplos de sistemas no lineales que estudiaremos en esta sección.

$$\begin{cases} x^2 + y^2 = 9 \\ y = x^2 - 3 \end{cases} \qquad \begin{cases} \sqrt{x} + \sqrt{y} = 3 \\ x + y = 5 \end{cases}$$

Cuando el sistema implica una ecuación lineal y una cuadrática, o dos ecuaciones cuadráticas, es un **sistema cuadrático**.

Antes de analizar las técnicas algebraicas para resolver tales sistemas, tomemos un momento para utilizar nuestro conocimiento de las gráficas de las secciones cónicas para analizar lo que podríamos esperar de un sistema cuadrático. Si examinamos el primer sistema, reconocemos que la gráfica de la primera ecuación, $x^2 + y^2 = 9$ es un círculo y que la gráfica de la segunda ecuación, $y = x^2 - 3$, es una parábola. Si recordamos que cada punto de intersección de las gráficas de las ecuaciones corresponde a una solución del sistema de ecuaciones, sería útil saber cuántos puntos de intersección pueden tener un círculo y una parábola.

Las gráficas de la figura 9.67 muestran varias posibilidades para el círculo y la parábola. Como muestra la figura, un círculo y una parábola se pueden intersecar en 0, 1, 2, 3 o 4 puntos. ¿Podrían existir más de cuatro puntos de intersección? Si usted juega con las gráficas del círculo y la parábola, se convencerá rápidamente que no pueden existir más de cuatro puntos de intersección.

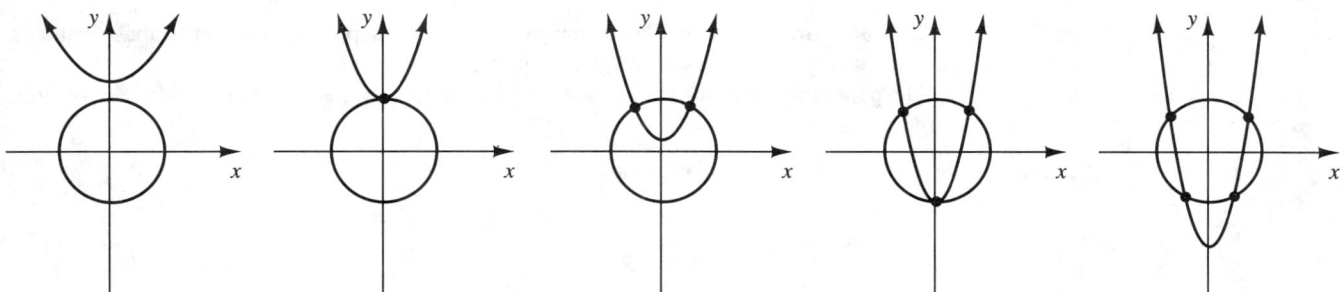

FIGURA 9.67 Posibles intersecciones de una parábola y un círculo

Un análisis similar le convencerá de que cualesquiera dos secciones cónicas (recta, parábola, círculo, elipse e hipérbola) se pueden intersecar en *a lo más*, 4 puntos. El ejercicio 55 sugiere la forma de demostrar este hecho de manera algebraica.

El hecho de conocer el número de soluciones que puede tener un sistema de ecuaciones puede ser útil para detectar errores o soluciones extrañas.

GRAFIJACIÓN

Utilice una calculadora gráfica.

1. Grafique las ecuaciones $x^2 - y = 3$ y $x + y = 3$ en el mismo conjunto de ejes de coordenadas y utilice la función de trazo para determinar sus puntos de intersección.
2. Grafique las ecuaciones $x^2 + 3y^2 = 1$ y $x - y = 1$ en el mismo conjunto de ejes de coordenadas y utilice la función de trazo para determinar sus puntos de intersección.

Ahora analizaremos las técnicas algebraicas para resolver los sistemas no lineales. Como en el caso de los sistemas lineales, existen dos métodos básicos: eliminación y sustitución. Como muestra el siguiente ejemplo, no siempre podemos elegir el método por utilizar.

EJEMPLO 1 Resolver el siguiente sistema de ecuaciones.

$$\begin{cases} 2x^2 - y^2 = 7 \\ x - y = 1 \end{cases}$$

Solución Un momento de reflexión acerca del uso del método de eliminación nos convencerá que no es de utilidad para este sistema. Para que funcione el método de eliminación, debemos eliminar *todas* las ocurrencias de una de las variables, lo que requiere la eliminación de términos semejantes. Sin embargo, en este sistema, ninguna de las dos ecuaciones tienen términos semejantes, por lo que el método de eliminación no funcionará. En consecuencia, utilizaremos el método de sustitución.

Para que el proceso de sustitución sea lo más directo posible, intentaremos utilizar la ecuación "más sencilla" y despejar en forma explícita la variable que parezca más fácil de aislar.

En este ejemplo, la segunda ecuación es más sencilla, pues es lineal en ambas variables, mientras que la primera es cuadrática en ambas.

Despejamos y en la segunda ecuación, obteniendo $y = x - 1$. Sustituimos $y = x - 1$ en la primera ecuación.

9.7 Sistemas no lineales de ecuaciones y desigualdades

$$2x^2 - y^2 = 7 \quad \text{Sustituimos } y = x - 1 \text{ y despejamos } x.$$
$$2x^2 - (x - 1)^2 = 7$$
$$2x^2 - (x^2 - 2x + 1) = 7$$
$$2x^2 - x^2 + 2x - 1 = 7$$
$$x^2 + 2x - 8 = 0 \quad \text{Ahora podemos resolver esta ecuación por factorización.}$$
$$(x + 4)(x - 2) = 0$$
$$x = -4 \quad \text{o} \quad x = 2$$

Para obtener los valores correspondientes de y, aprovechamos la ecuación en la que despejamos y de manera explícita.

$y = x - 1$ Sustituimos $x = -4$. $\qquad y = x - 1$ Sustituimos $x = 2$.
$y = -4 - 1$ $\qquad\qquad\qquad\qquad\qquad y = 2 - 1 = 1$
$y = -5$

Por lo tanto, las soluciones del sistema son $(-4, -5)$ y $(2, 1)$. El estudiante debe verificar que estas parejas ordenadas satisfagan *ambas* ecuaciones.

Observamos que la gráfica de $2x^2 - y^2 = 7$ es una hipérbola y que la gráfica de $x - y = 1$ es una línea recta, lo que es consistente con tener dos soluciones del sistema. Concluimos el ejemplo con un esquema de las gráficas y verificando que nuestra imagen coincide con nuestros resultados algebraicos en términos de la posición aproximada de la intersección de las dos gráficas (véase la figura 9.68). ■

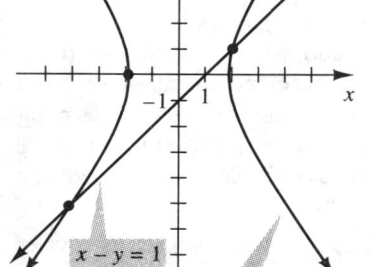

FIGURA 10.68

EJEMPLO 2 Resolver el siguiente sistema de ecuaciones.

$$\begin{cases} x^2 + y^2 = 9 \\ y = x^2 - 3 \end{cases}$$

Ofrecemos dos métodos para resolver este sistema

Solución 1 Uso del método de sustitución
El hecho de que y aparezca despejada de manera explícita en la segunda ecuación sugiere que, posiblemente, el método de sustitución sea el más sencillo. Sin embargo, como veremos, presenta algunos problemas adicionales.

$$x^2 + y^2 = 9$$ *Utilizamos la segunda ecuación para sustituir $y = x^2 - 3$.*

$$x^2 + (x^2 - 3)^2 = 9$$

$$x^2 + x^4 - 6x^2 + 9 = 9$$

$$x^4 - 5x^2 = 0$$

$$x^2(x^2 - 5) = 0$$

$$x = 0 \quad \text{o} \quad x = \pm\sqrt{5}$$ *Podemos despejar y sustituyendo en la segunda ecuación.*

Si $x = 0$, entonces

$y = x^2 - 3 = 0^2 - 3 = -3$

Si $x = \pm\sqrt{5}$, entonces

$y = (\pm\sqrt{5})^2 - 3 = 5 - 3 = 2$

Por lo tanto, tenemos tres soluciones: $(0, -3)$, $(\sqrt{5}, 2)$, $(-\sqrt{5}, 2)$. El estudiante debe verificar que estas parejas ordenadas satisfacen *ambas* ecuaciones.

Antes de entrar al segundo método, necesitamos señalar dos puntos importantes.

1. Al sustituir $y = x^2 - 3$ en la primera ecuación, obtuvimos una ecuación de *cuarto grado*. Sabemos que si tenemos una ecuación de cuarto grado, tal vez no podamos resolverla fácilmente; de cualquier modo, la solución de las ecuaciones de cuarto grado va más allá de los objetivos de este libro. En este ejemplo, pudimos resolverla pues pudimos factorizar el polinomio de cuarto grado. Así, podría ser ventajoso, al manipular el sistema dado, intentar mantener el grado de las ecuaciones resultantes lo más pequeño posible.

2. Anteriormente, cuando resolvimos sistemas lineales, una vez que obteníamos el valor de una de las variables, no importaba la ecuación en la que sustituíamos para obtener la otra variable. Sin embargo, en este ejemplo, veamos qué ocurre si sustituimos los valores obtenidos de x en la primera ecuación en vez de la segunda. Para despejar y, sustituimos $x = 0$ y $x = \pm\sqrt{5}$ en la primera ecuación.

$x^2 + y^2 = 9$ *Sea $x = 0$.*

$y^2 = 9$

$y = \pm 3$

Las "soluciones" son $(0, 3)$, $(0, -3)$.

$x^2 + y^2 = 9$ *Sea $x = \pm\sqrt{5}$.*

$(\pm\sqrt{5})^2 + y^2 = 9$

$5 + y^2 = 9$

$y^2 = 4$

$y = \pm 2$

Esto proporciona 4 *"soluciones":* $(\sqrt{5}, 2)$, $(-\sqrt{5}, 2)$, $(\sqrt{5}, -2)$, $(-\sqrt{5}, -2)$.

Observe que hemos obtenido un total de seis aparentes soluciones, lo que sabemos, por nuestro análisis anterior, es imposible para un sistema cuadrático. De hecho, si sustituimos una de las parejas ordenadas que no habíamos obtenido antes, como $(0,3)$, en la segunda ecuación, obtenemos

$y = x^2 - 3$ *Sustituimos $(0, 3)$.*

$3 \stackrel{?}{=} (0)^2 - 3$

$3 \neq -3$ *De modo que $(0, 3)$ no es una solución del sistema.*

La razón por la que obtuvimos más soluciones aparentes es que al sustituir en la primera ecuación, que es cuadrática en y, generamos más valores de y que sustituyendo en la segunda ecuación, que es lineal en y. Así, para evitar que aparezcan soluciones extrañas, una vez que hemos determinado los valores de x y queremos determinar los valores asociados de y, es buena idea sustituir en la ecuación de menor grado con respecto de y.

Solución 2 Uso del método de eliminación

Reescribimos la segunda ecuación del sistema para obtener

$$x^2 + y^2 = 9$$
$$\underline{-x^2 + y = -3} \quad \text{Sumamos las dos ecuaciones para eliminar } x^2.$$
$$y^2 + y = 6$$
$$y^2 + y - 6 = 0$$
$$(y + 3)(y - 2) = 0$$
$$y = -3 \quad \text{o} \quad y = 2$$

Ahora podemos sustituir estos valores de y en una de las ecuaciones originales para obtener los valores correspondientes de x. Con base en los comentarios realizados en el punto 2, observamos que las dos ecuaciones originales son de grado 2 en x, de modo que no hay diferencia en la ecuación por utilizar. Sustituimos en la segunda ecuación.

$y = x^2 - 3$ *Sustituimos $y = -3$.* $\qquad$ $y = x^2 - 3$ *Sustituimos $y = 2$.*
$-3 = x^2 - 3$ $\qquad\qquad\qquad\qquad\qquad$ $2 = x^2 - 3$
$x^2 = 0$ $\qquad\qquad\qquad\qquad\qquad\qquad\quad$ $x^2 = 5$
$x = 0$ $\qquad\qquad\qquad\qquad\qquad\qquad\quad$ $x = \pm\sqrt{5}$

Este resultado nos proporciona las mismas tres soluciones obtenidas mediante el método de sustitución: $(0, -3)$, $(-\sqrt{5}, 2)$, $(\sqrt{5}, 2)$.

Incluimos un esquema de la gráfica de ambas ecuaciones, pues la gráfica nos proporciona con frecuencia una forma sencilla de verificar si tenemos el número correcto de soluciones. Véase la figura 9.69.

Por último, observamos que al utilizar el método de eliminación, evitamos el problema potencial de trabajar con una ecuación de cuarto grado, que encontramos al utilizar el método de sustitución. ∎

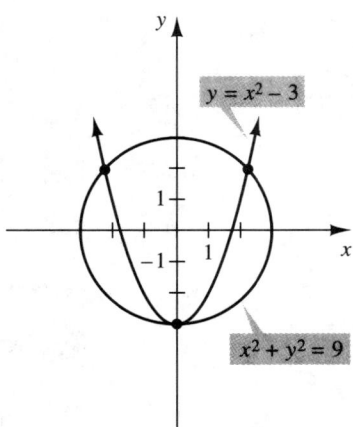

FIGURA 9.69

EJEMPLO 3 Resolver y graficar el siguiente sistema de ecuaciones.

$$\begin{cases} y = \dfrac{7}{x} \\ x = y + 3 \end{cases}$$

Redondear las respuestas a centésimos.

Solución Como en cada ecuación aparece despejada en forma explícita una de las variables, podemos sustituir la segunda ecuación en la primera, o viceversa. Utilizamos la segunda ecuación para sustituirla en la primera.

$y = \dfrac{7}{x}$ *Sustituimos $x = y + 3$.*

$y = \dfrac{7}{y + 3}$ *Multiplicamos ambos lados por $y + 3$.*

$y^2 + 3y = 7$

$y^2 + 3y - 7 = 0$ *Utilizamos la fórmula cuadrática para despejar y.*

$y = \dfrac{-3 \pm \sqrt{37}}{2}$ *Utilizamos una calculadora para obtener*

$y = 1.54, -4.54$ *redondeado a centésimos.*

Obtenemos los valores correspondientes de x sustituyendo en la ecuación (2).

$$x = 1.54 + 3 = 4.54 \quad \text{o} \quad x = -4.54 + 3 = -1.54.$$

Así, las soluciones son (4.54, 1.54) y (−1.54, −4.54). Las gráficas de la ecuaciones de este sistema aparecen en la figura 9.70.

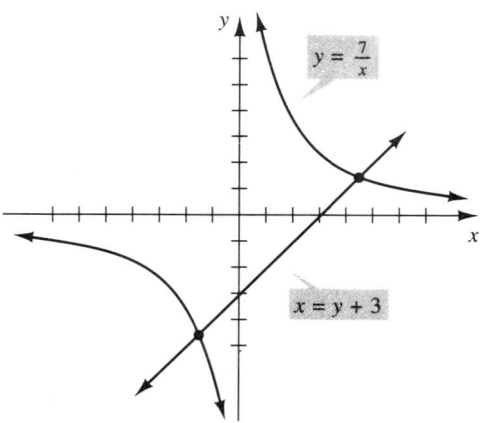

FIGURA 9.70

9.7 Sistemas no lineales de ecuaciones y desigualdades

EJEMPLO 4 Determinar los puntos de intersección (si existen) de las gráficas de las ecuaciones $16x^2 + 25y^2 = 400$ y $x^2 + y^2 = 9$.

Solución El problema nos pide resolver el siguiente sistema de ecuaciones.

$$\begin{cases} 16x^2 + 25y^2 = 400 \\ x^2 + y^2 = 9 \end{cases}$$

Como el sistema tiene términos semejantes, podemos utilizar el método de eliminación.

$$\begin{array}{l} 16x^2 + 25y^2 = 400 \\ x^2 + y^2 = 9 \end{array} \xrightarrow[\text{Multiplicamos por }-25]{\text{Tal cual}} \begin{array}{l} 16x^2 + 25y^2 = 400 \\ -25x^2 - 25y^2 = -225 \\ \hline -9x^2 = 175 \end{array}$$

$$x^2 = -\frac{175}{9}$$

$$x = \pm\sqrt{-\frac{175}{9}}$$

Así, no existen soluciones reales de este sistema, lo que significa que las gráficas de las dos ecuaciones no se intersecan.

Podríamos haber llegado a la misma conclusión si hubiéramos graficado las dos ecuaciones. La gráfica de $16x^2 + 25y^2 = 400$ es una elipse y la gráfica de $x^2 + y^2 = 9$ es un círculo. Ambos tienen su centro en el origen. Sus gráficas aparecen en la figura 9.71.

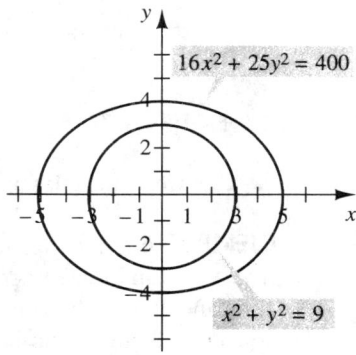

FIGURA 9.71 Las gráficas de $16x^2 + 25y^2 = 400$ y $x^2 + y^2 = 9$ no se intersecan. ∎

En la sección 9.8 vimos que podemos describir las soluciones de un sistema de desigualdades lineales graficando cada una de las desigualdades por separado. Podemos utilizar el mismo método para ciertos sistemas no lineales de desigualdades.

EJEMPLO 5 Graficar las soluciones del siguiente sistema de desigualdades:

$$\begin{cases} y \leq 4 - x^2 \\ x - y \leq 2 \end{cases}$$

Solución Como en el caso de las desigualdades lineales, graficamos las soluciones de cada desigualdad y vemos dónde se traslapan estas regiones.

Para determinar las soluciones de $y \leq 4 - x^2$, comenzamos graficando la frontera de la región, $y = 4 - x^2$. Vemos que el conjunto solución será la región en y debajo (dentro) de la parábola, puesto que la desigualdad dice que y es menor o igual a $4 - x^2$. Otra alternativa consiste en elegir un punto de prueba que no esté sobre la gráfica de $y = 4 - x^2$ y obtener el mismo resultado. El conjunto solución de la primera desigualdad queda indicado mediante la región sombreada de la figura 9.72(a).

De manera análoga, la solución de la segunda desigualdad $x - y \leq 2$ es la región sombreada en y sobre la recta $x - y = 2$ en la figura 9.72(b). Así, las soluciones del sistema de desigualdades son los puntos que están en *ambas* regiones sombreadas. Esta región se indica en la figura 9.72(b) de forma cuadriculada.

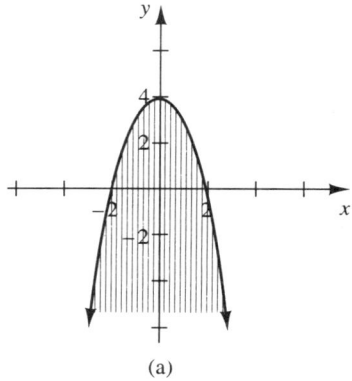
(a)

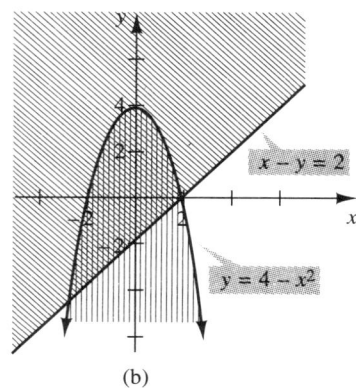
(b)

FIGURA 9.72

Con frecuencia, las aplicaciones reales dan lugar a sistemas no lineales de ecuaciones.

EJEMPLO 6 Supongamos que un fabricante desea producir cajas rectangulares con la tapa y el fondo cuadrados, de modo que el volumen de una caja sea de 200 cm³. La compañía tiene a la mano una provisión de hojas de metal, cada una de las cuales tiene un área de 210 cm². Si no hay desperdicio de material, ¿cuáles deberán ser las dimensiones de la caja (redondeando a centésimos de centímetro cuadrado) de modo que de cada hoja de metal se obtenga una caja rectangular?

Solución Comenzamos con un diagrama de la caja propuesta (véase la figura 9.73). Como sabemos que la tapa y el fondo de la caja son cuadrados, marcamos cada arista de la tapa y el fondo como x. También marcamos la altura de la caja como h.

El hecho de que el volumen de la caja debe ser 200 cm³ se traduce en la ecuación $x^2 h = 200$, y el hecho de que cada hoja de metal tiene un área de 210 cm² significa que el área de la superficie de la caja debe ser de 210 cm². El área de la tapa y del fondo es x^2, mientras que el área de cada uno de los cuatro lados es xh, de modo que el área de la superficie de la caja es $2x^2 + 4xh$. Así, tenemos una segunda ecuación, $2x^2 + 4xh = 210$.

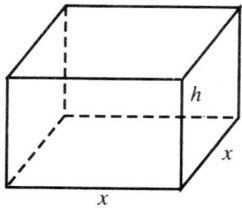

FIGURA 9.73

9.7 Sistemas no lineales de ecuaciones y desigualdades

Por lo tanto, determinar las dimensiones requeridas de la caja es equivalente a resolver el siguiente sistema de ecuaciones.

$$\begin{cases} x^2h = 200 \\ 2x^2 + 4xh = 210 \end{cases}$$

Podemos despejar h en la primera ecuación, obteniendo $h = \dfrac{200}{x^2}$, y sustituir este valor en la segunda ecuación.

$2x^2 + 4xh = 210$ *Sustituimos* $h = \dfrac{200}{x^2}$.

$2x^2 + 4x\left(\dfrac{200}{x^2}\right) = 210$ *Simplificamos.*

$2x^2 + \dfrac{800}{x} = 210$ *Multiplicamos ambos lados de la ecuación por x.*

$2x^3 + 800 = 210x$

$2x^3 - 210x + 800 = 0$ *Dividimos ambos lados de la ecuación entre 2.*

$x^3 - 105x + 400 = 0$

> Puede utilizar una calculadora gráfica para aproximar las soluciones de $x^3 - 105x + 400 = 0$.

Por el teorema de la raíz racional (sección 4.4), existen muchas raíces racionales posibles que podemos verificar mediante la división larga o la división sintética. Vemos que 5 es una raíz, de modo que $(x - 5)$ es un factor de $x^3 - 105x + 400$ y tenemos

$(x - 5)(x^2 + 5x - 80) = 0$ *Obtenemos las otras raíces mediante la fórmula cuadrática.*

$x = 5$ o $x = \dfrac{-5 \pm \sqrt{345}}{2}$ *Utilizamos una calculadora para obtener*

$x = 5$ o $x = 6.79$ o $x = -11.79$ *Redondeado a centésimos.*

Como x representa la longitud de un lado de la tapa y del fondo de la caja, no tiene sentido que x sea negativa. Al sustituir los dos valores posibles de x en $h = \dfrac{200}{x^2}$, obtenemos

$h = \dfrac{200}{x^2}$ *Sustituimos $x = 5$.* $h = \dfrac{200}{x^2}$ *Sustituimos $x = 6.79$.*

$h = \dfrac{200}{25} = 8$ $h = \dfrac{200}{(6.79)^2} = 4.34$ *Redondeado a centésimos.*

Por lo tanto, tenemos dos posibles configuraciones para la caja. Tenemos que $x = 5$ cm y $h = 8$ cm o bien $x = 6.79$ cm y $h = 4.34$ cm. ∎

EJERCICIOS 9.7

En los ejercicios 1-22, resuelva el sistema de ecuaciones.

1. $\begin{cases} x^2 + y^2 = 10 \\ x + y = 2 \end{cases}$
2. $\begin{cases} x^2 + y^2 = 8 \\ x^2 + y = 6 \end{cases}$
3. $\begin{cases} 4x^2 + y^2 = 36 \\ 2x - y = 6 \end{cases}$
4. $\begin{cases} x^2 + y^2 = 4 \\ x^2 - y = 9 \end{cases}$
5. $\begin{cases} x^2 - y^2 = 16 \\ 3x - y = 1 \end{cases}$
6. $\begin{cases} y = x^2 + 8x - 10 \\ y = 3x + 4 \end{cases}$
7. $\begin{cases} x^2 - y^2 = 8 \\ x^2 + 2y^2 = 11 \end{cases}$
8. $\begin{cases} y = 2 - x^2 \\ x^2 = y^2 - 4 \end{cases}$
9. $\begin{cases} x^2 + y^2 = 1 \\ \dfrac{x^2}{4} + y^2 = 1 \end{cases}$
10. $\begin{cases} 4x^2 + 5y^2 = 10 \\ 5x^2 + 4y^2 = 10 \end{cases}$
11. $\begin{cases} y = x^2 - 2x - 4 \\ x - y = 2 \end{cases}$
12. $\begin{cases} y = x^2 + x - 1 \\ y = -x^2 - x + 1 \end{cases}$
13. $\begin{cases} y = \sqrt{x} \\ 2x + y = 10 \end{cases}$
14. $\begin{cases} y = \sqrt{2x - 1} \\ y = \sqrt{x - 1} \end{cases}$
15. $\begin{cases} (x - 2)^2 + y^2 = 13 \\ y = \sqrt{3 - x} \end{cases}$
16. $\begin{cases} x = y^2 - 4 \\ y = -\sqrt{x^2 + 4} \end{cases}$
17. $\begin{cases} y = (x - 3)^2 \\ (x - 3)^2 + y^2 = 12 \end{cases}$
18. $\begin{cases} x^2 + (y + 2)^2 = 2 \\ x = (y + 2)^2 \end{cases}$
19. $\begin{cases} xy = 2 \\ x + 3y = 7 \end{cases}$
20. $\begin{cases} xy = 5 \\ 2y - 3x = 2 \end{cases}$
21. $\begin{cases} y = \log_2(x - 1) \\ y = \log_2(x + 3) - 1 \end{cases}$
22. $\begin{cases} y = \log_3(x - 3) \\ y = 2 - \log_3(x + 5) \end{cases}$

En los ejercicios 23-34, resuelva el sistema de ecuaciones y grafique.

23. $\begin{cases} x^2 + y^2 = 1 \\ x^2 + (y - 1)^2 = 1 \end{cases}$
24. $\begin{cases} 9x^2 + 4y^2 = 36 \\ x^2 - y^2 = 16 \end{cases}$
25. $\begin{cases} y = 2x^2 \\ y = x^2 - 1 \end{cases}$
26. $\begin{cases} y = 2x^2 - 1 \\ y = x^2 \end{cases}$
27. $\begin{cases} x^2 + y^2 = 9 \\ x - y = 3 \end{cases}$
28. $\begin{cases} y = x^2 - 4 \\ y = 4 - x^2 \end{cases}$
29. $\begin{cases} y = x^2 - 6x \\ 2x + 3y + 13 = 0 \end{cases}$
30. $\begin{cases} y = x^2 - 4x + 1 \\ 3x - 2y = 7 \end{cases}$
31. $\begin{cases} x^2 + y^2 = 9 \\ 2y = x^2 - 1 \end{cases}$
32. $\begin{cases} x^2 + 9y^2 = 9 \\ x^2 - y^2 = 4 \end{cases}$
33. $\begin{cases} x^2 + y^2 = 16 \\ x + y = 2 \end{cases}$
34. $\begin{cases} y = x^2 - 6x + 9 \\ 2x - y = 1 \end{cases}$

35. Resuelva el siguiente sistema de ecuaciones: $\begin{cases} \dfrac{8}{x^2} - \dfrac{4}{y^2} = 3 \\ \dfrac{6}{x^2} + \dfrac{8}{y^2} = 5 \end{cases}$.

    Sugerencia: Sean $u = \dfrac{1}{x^2}$ y $v = \dfrac{1}{y^2}$; reescriba el sistema en términos de u y v.

36. Resuelva el siguiente sistema de ecuaciones: $\begin{cases} \dfrac{2}{\sqrt{x}} + \dfrac{5}{\sqrt{y}} = 6 \\ \dfrac{8}{\sqrt{x}} - \dfrac{3}{\sqrt{y}} = 1 \end{cases}$.

    Sugerencia: Sean $s = \dfrac{1}{\sqrt{x}}$ y $t = \dfrac{1}{\sqrt{y}}$; reescriba el sistema en términos de s y t.

37. Resuelva el siguiente sistema de ecuaciones: $\begin{cases} y = 5^x \\ y = 5^{2x} - 12 \end{cases}$.

    Sugerencia: Observe que $5^{2x} = (5^x)^2$. Estime su respuesta hasta décimos e interprete su respuesta geométricamente.

38. Resuelva el siguiente sistema de ecuaciones: $\begin{cases} y = 3^x \\ y = 9^x - 2 \end{cases}$.

    Sugerencia: Observe que $9^x = (3^2)^x = (3^x)^2$. Estime su respuesta hasta décimos e interprete su respuesta geométricamente.

39. Determine las dimensiones de un rectángulo cuya área es 35 cm² y cuyo perímetro mide 27 cm.

40. Si la diagonal de un rectángulo mide 10 pulgadas y su perímetro mide 28 pulgadas, determine las dimensiones del rectángulo.

41. Si la hipotenusa de un triángulo rectángulo mide 25 cm y su área es 84 cm², determine las longitudes de los catetos.

42. Determine las dimensiones de un pedazo de tubo (un cilindro circular recto) cuyo volumen es 72π cm³ y el área de su superficie es 48π cm².

43. (a) Si queremos que el sistema $\begin{cases} y = x^2 - 2x - 3 \\ y = K \end{cases}$ tenga exactamente una solución, ¿cuál debe ser el valor de K?

    (b) Si queremos que el sistema no tenga soluciones reales, ¿cuál debe ser el valor de K?

44. Determine el punto (o puntos) donde la gráfica de $y = 9 - x^2$ interseca a la gráfica de $2x + y = 6$.

45. ¿Dónde se intersecan el círculo $x^2 + y^2 = 16$ y la elipse $4x^2 + y^2 = 64$?

46. ¿Cuáles puntos son comunes a las gráficas de $x^2 - 4y^2 = 12$ y $3y - x + 1 = 0$?

Capítulo 9 Resumen

47. Un agricultor tiene 180 pies de cerca con la que quiere encerrar un jardín rectangular, donde un lado será acotado por el costado de un granero. (Véase la figura siguiente.) Si no se utilizara la cerca en el lado correspondiente al granero, ¿es posible encerrar un área de 4000 pies cuadrados? En tal caso, ¿cómo?

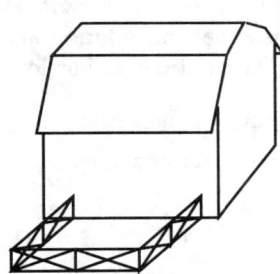

48. ¿Es posible que el agricultor del ejercicio 47 encierre un área de 4200 pies cuadrados con los 180 pies de cerca?

En los ejercicios 49-54, grafique el conjunto solución de cada sistema de desigualdades.

49. $\begin{cases} x^2 + y^2 \leq 4 \\ y \geq 1 - x^2 \end{cases}$

50. $\begin{cases} y \geq x^2 - 4 \\ x + y \leq 2 \end{cases}$

51. $\begin{cases} 4x^2 + 9y^2 < 36 \\ x^2 + y^2 > 4 \end{cases}$

52. $\begin{cases} x \leq \sqrt{9 - y^2} \\ y \leq x \end{cases}$

53. $\begin{cases} 4x^2 - 25y^2 \leq 100 \\ x^2 + y^2 < 100 \end{cases}$

54. $\begin{cases} y \geq x^2 - 4x + 1 \\ y \leq -x^2 - 4x \end{cases}$

PREGUNTA PARA REFLEXIONAR

55. Considere un sistema cuadrático consistente en dos ecuaciones en dos variables. Suponga que utilizamos el método de eliminación o el de sustitución para obtener una ecuación con una variable. ¿Cuál es el grado máximo de esta ecuación? ¿Por qué? ¿Qué nos dice esto acerca del número máximo de soluciones de este sistema? ¿Por qué?

GRAFIJACIÓN

En los ejercicios 56-59, utilice su calculadora gráfica o su computadora para determinar las soluciones de cada sistema de ecuaciones.

56. $\begin{cases} y = x^2 \\ y = 3x^2 - 2 \end{cases}$

57. $\begin{cases} y = 5x^2 - 4 \\ y = 4x^2 \end{cases}$

58. $\begin{cases} x^2 + y^2 = 16 \\ x - y = 3 \end{cases}$

59. $\begin{cases} y = x^2 - 3 \\ y = 3 - x^2 \end{cases}$

Capítulo 9 RESUMEN

Al terminar este capítulo, usted será capaz de:

1. Graficar una parábola e identificar su vértice, su foco, su eje de simetría, y su directriz. (Sección 9.2)
   Por ejemplo:
   Graficar la parábola
   $$x^2 - 2x - 8y = 23$$
   Solución:
   Reconocemos que existe un término en x^2, de modo que la parábola tiene un eje de simetría vertical. Así, queremos que la ecuación tenga la forma
   $$(x - h)^2 = 4p(y - k)$$
   Para lograr esto, completamos el cuadrado como sigue:

$x^2 - 2x - 8y = 23$ *Aislamos los términos que contienen potencias de x de un lado de la ecuación.*

$x^2 - 2x = 8y + 23$ *Completamos el cuadrado del lado izquierdo:*

$x^2 - 2x + 1 = 8y + 23 + 1$ *Escribimos cada lado en forma factorizada.*

$(x - h)^2 = 4p(y - k)$

$(x - 1)^2 = 8(y + 3)$

Ahora podemos identificar h, k y p.

Así, $h = 1$, $k = -3$ y $p = 2$. Trazamos un nuevo conjunto de ejes de coordenadas por $(1, -3)$. El vértice es $(1, -3)$. El eje de simetría es la recta $x = 1$. Si nos movemos 2 unidades hacia arriba del vértice a lo largo del eje de la parábola, localizamos el foco en $(1, -1)$. La directriz es la recta horizontal localizada 2 unidades debajo del vértice y tiene la ecuación $y = -5$. Véase la figura 9.74.

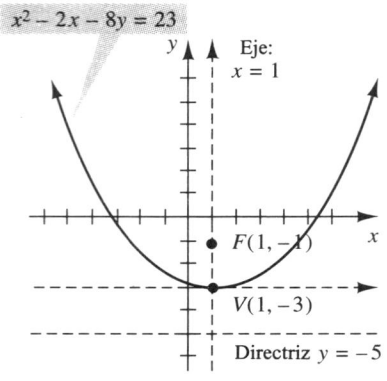

FIGURA 9.74

2. Escribir la ecuación de la parábola dadas ciertas condiciones. (Sección 9.2)

Por ejemplo:
Determinar la ecuación de la parábola si su foco es $(2, 0)$ y su vértice es $(-4, 0)$.

Solución:
Dado que la parábola tiene vértice $(-4, 0)$ y foco $(2, 0)$, observamos que el vértice y el foco están en la recta horizontal $y = 0$, que también es su eje de simetría. La forma que utilizamos es $(y - k)^2 = 4p(x - h)$. Como el vértice es $(-4, 0)$, tenemos que $h = -4$ y $k = 0$. El foco para esta forma es $(h + p, k)$. Como el foco es $(2, 0)$, tenemos

$$h + p = 2 \Rightarrow -4 + p = 2 \Rightarrow p = 6.$$

(Otra alternativa sería contar el número de unidades entre el foco y el vértice para obtener 6.) Por lo tanto, la ecuación es

$$(y - 0)^2 = 4(6)[x - (-4)] \quad \text{o} \quad y^2 = 24(x + 4).$$

3. Graficar una elipse e identificar sus vértices, focos, y ejes. (Sección 9.3)

Por ejemplo:
Graficar las elipses

(a) $\dfrac{x^2}{12} + \dfrac{y^2}{4} = 1$ (b) $\dfrac{(x + 1)^2}{16} + \dfrac{(y - 2)^2}{25} = 1$.

Solución:

(a) La ecuación está en su forma canónica, donde el término en x^2 tiene el denominador más grande, por lo que el eje mayor está en el eje x. Por lo tanto, utilizamos la forma canónica de la elipse $\dfrac{x^2}{a^2} + \dfrac{y^2}{b^2} = 1$. Si comparamos nuestra ecuación con esta forma general obtenemos

$$a^2 = 12 \Rightarrow a = 2\sqrt{3} \quad \text{y}$$
$$b^2 = 4 \Rightarrow b = 2$$

Localizamos los vértices $(\pm 2\sqrt{3}, 0)$ y los extremos del eje menor $(0, \pm 2)$ y graficamos la elipse en la figura 9.75. Como $c^2 = a^2 - b^2 = 12 - 4 = 8$, tenemos $c = 2\sqrt{2}$. Por lo tanto, los focos son $(2\sqrt{2}, 0)$.

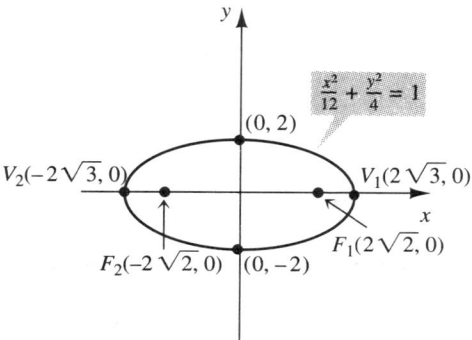

FIGURA 9.75

(b) Esta elipse tiene forma canónica, donde el "término en y^2" tiene el denominador más grande; por lo tanto, el eje mayor es una recta paralela al eje y, y utilizamos $\dfrac{(x - h)^2}{b^2} + \dfrac{(y - k)^2}{a^2} = 1$. Comparamos nuestra ecuación con esta forma e identificamos $h = 1$, $k = 2$,
$a^2 = 25 \Rightarrow a = 5$, y
$b^2 = 16 \Rightarrow b = 4$.

Trazamos un nuevo conjunto de ejes de coordenadas con origen en (h, k), que es $(-1, 2)$, el centro de la elipse. El eje mayor está en la recta vertical $x = -1$. Como $a = 5$, nos desplazamos 5 unidades en forma vertical hacia arriba y hacia abajo del centro $(-1, 2)$, para determinar los vértices $(-1, 7)$ y $(-1, -3)$.

El eje menor está en la recta horizontal $y = 2$. Como $b = 4$, nos desplazamos 4 unidades a la izquierda y a la derecha del centro $(-1, 2)$ para determinar los extremos del eje menor, $(-5, 2)$ y $(3, 2)$. Como

$$c^2 = a^2 - b^2 = 25 - 16 = 9 \Rightarrow c = 3,$$

Determinamos los focos moviéndonos 3 unidades en forma vertical hacia arriba y hacia abajo del centro $(-1, 2)$ para obtener $F_1(-1, 5)$ y $F_2(-1, -1)$. Véase la figura 9.76.

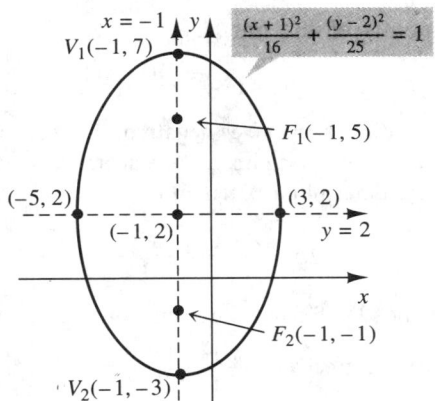

FIGURA 9.76

4. Graficar una hipérbola e identificar sus vértices, focos, ejes y asíntotas. (Sección 9.4)

Por ejemplo:
Graficar la hipérbola $2y^2 - x^2 = 4$.
Solución:
Primero escribimos la ecuación en forma canónica, lo que requiere tener un 1 del lado derecho. Para esto, debemos dividir entre 4.

$2y^2 - x^2 = 4$ *Dividimos ambos lados entre 4 para obtener*
$\dfrac{y^2}{2} - \dfrac{x^2}{4} = 1$

Si comparamos nuestra ecuación con las dos formas canónicas de la hipérbola, observamos que el término en x^2 se resta, por lo que a^2 es el denominador de y^2. Utilizamos la forma $\dfrac{y^2}{a^2} + \dfrac{x^2}{b^2} = 1$, una hipérbola con focos en el eje y. Por lo tanto,

$$a^2 = 2 \Rightarrow a = \sqrt{2} \quad \text{y} \quad b^2 = 4 \Rightarrow b = 2$$

Localizamos los vértices $(0, \pm\sqrt{2})$ y los extremos del eje conjugado $(\pm 2, 0)$ y trazamos el rectángulo y sus diagonales. Graficamos la hipérbola en la figura 9.77.

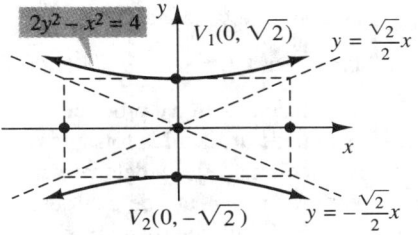

FIGURA 9.77

Las asíntotas son $y = \pm\dfrac{a}{b}x \Rightarrow y = \pm\dfrac{\sqrt{2}}{2}x$. Como $c^2 = a^2 + b^2 = 2 + 4 = 6 \Rightarrow c = \sqrt{6}$, los focos son $(0, \pm\sqrt{6})$.

5. Identificar las secciones cónicas (o sus formas degeneradas) mediante sus ecuaciones dadas en la forma general $Ax^2 + Cy^2 + Dx + Ey + F = 0$. (Sección 9.5.) Los coeficientes de los términos cuadráticos de la ecuación le ayudarán a identificar la sección cónica determinada por esa ecuación.

Por ejemplo:

Suponiendo que la ecuación

$$3x^2 - 5y^2 - 6x + 8y - 9 = 0$$

se puede graficar, para identificar la figura que proporcionará esta ecuación sin escribirla en forma canónica, observamos que los signos de los coeficientes de los términos cuadráticos son opuestos. Por lo tanto, la ecuación proporciona una hipérbola o su forma degenerada.

6. Trasladar un conjunto de ejes de coordenadas y determinar las coordenadas de un punto dado con respecto al conjunto original de ejes y con respecto a los ejes trasladados. (Sección 9.6.) Los nuevos ejes de coordenadas se crean mediante un desplazamiento horizontal y vertical. Usted puede utilizar las fórmulas de las coordenadas para la traslación de ejes y determinar las coordenadas de un punto con respecto de cualquier conjunto de ejes.

7. Rotar un conjunto de ejes de coordenadas y, dado un punto con respecto de un conjunto de ejes de coordenadas, escribir el punto con respecto del otro conjunto de ejes de coordenadas. (Sección 9.6.)
En la forma general de la ecuación

$$Ax^2 + Bxy + Cy^2 + Dx + Ey + F = 0$$

donde $B \neq 0$, el término en xy produce una rotación de los ejes. Usted puede utilizar las fórmulas de las coordenadas para la rotación de ejes y determinar las coordenadas de un punto con respecto de cualquier conjunto de ejes, donde ϕ es el ángulo de rotación.

Por ejemplo:
Se crea un nuevo conjunto de ejes de coordenadas $x'y'$ rotando los ejes xy 45° en sentido contrario a las manecillas del reloj. Determine (x', y') si $(x, y) = (1, 2)$.

Solución:
Tenemos dadas las coordenadas canónicas (x, y) de un punto y necesitamos determinar (x', y') cuando el ángulo de rotación es 45°. Utilizamos las fórmulas de las coordenadas para la rotación de ejes

$x' = x \cos \phi + y \sen \phi$ y

$y' = -x \sen \phi + y \cos \phi$

Sustituimos $x = 1, y = 2, y \phi = 45°$ *para obtener*

$x' = (1) \cos 45° + 2 \sen 45°$ y

$y' = (-1) \sen 45° + 2 \cos 45°$ *Por tanto,*

$x' = \left(\dfrac{1}{\sqrt{2}}\right) + 2\left(\dfrac{1}{\sqrt{2}}\right)$ y

$y' = -\left(\dfrac{1}{\sqrt{2}}\right) + 2\left(\dfrac{1}{\sqrt{2}}\right)$ *lo que implica*

$x' = \dfrac{3}{\sqrt{2}}$ y $x' = \dfrac{1}{\sqrt{2}}$

Las nuevas coordenadas (x', y') son $((\frac{3}{\sqrt{2}})', (\frac{1}{\sqrt{2}})')$.

8. Identificar y graficar

$$Ax^2 + Bxy + Cy^2 + Dx + Ey + F = 0, B \neq 0$$

mediante la rotación de ejes. (Sección 9.6.)
La evaluación del discriminante de la ecuación le ayudará a identificar la cónica. Si puede transformar la ecuación original en una ecuación con nuevos coeficientes que no tenga un término en $x'y'$, podrá graficar la ecuación transformada en el sistema de ejes rotados mediante las técnicas de graficación analizadas en las secciones anteriores.

Por ejemplo:
Identificar y graficar $x^2 - \sqrt{3}xy + 2y^2 - 10 = 0$.

Solución:
Al comparar esto con la ecuación general, tenemos que $A = 1, B = -\sqrt{3}$, y $C = 2$.
Examinamos el discriminante

$$B^2 - 4AC = (-\sqrt{3})^2 - 4(1)(2) = -5$$

Como el discriminante es negativo, si la ecuación se puede graficar, será una elipse o una de sus formas degeneradas. Para determinar ϕ, tenemos

$$\cot 2\phi = \dfrac{A-C}{B} = \dfrac{1}{\sqrt{3}} \Rightarrow \phi = 30°$$

Utilizamos las fórmulas de rotación para transformar la ecuación original en $\dfrac{(x')^2}{20} + \dfrac{(y')^2}{4} = 1$. La gráfica de la elipse rotada aparece en la figura 9.78.

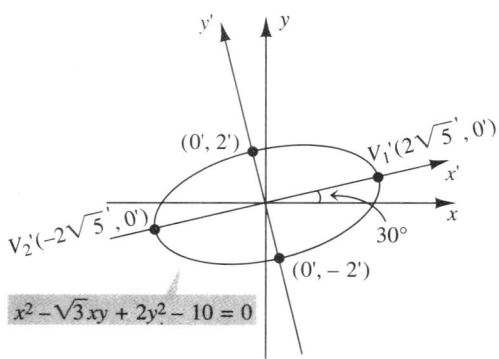

FIGURA 9.78

9. Resolver un sistema de dos ecuaciones no lineales en dos incógnitas mediante los métodos de eliminación y sustitución. (Sección 9.7.)

Por ejemplo:
Resolver el siguiente sistema de ecuaciones:
$$\begin{cases} x^2 + y^2 = 5 \\ y = 3x - 1 \end{cases}$$

El hecho de que y aparezca despejada de manera explícita en la segunda ecuación sugiere que el método de sustitución será el más sencillo.

$$x^2 + y^2 = 5$$

Utilizamos la segunda ecuación para sustituir $y = 3x - 1$.

$$x^2 + (3x - 1)^2 = 5$$
$$x^2 + 9x^2 - 6x + 1 = 5$$
$$10x^2 - 6x - 4 = 0$$
$$5x^2 - 3x - 2 = 0$$
$$(5x + 2)(x - 1) = 0$$
$$x = -\frac{2}{5} \quad \text{o} \quad x = 1$$

Podemos determinar y sustituyendo en la ecuación (2).

Si $x = -\frac{2}{5}$, $y = 3x - 1 = 3\left(-\frac{2}{5}\right) - 1 = -\frac{11}{5}$.

Si $x = 1$, $y = 3x - 1 = 3(1) - 1 = 2$. Por lo tanto, tenemos dos soluciones: $\left(-\frac{2}{5}, -\frac{11}{5}\right)$ y $(1, 2)$. El estudiante debe verificar que estas parejas ordenadas satisfacen ambas ecuaciones.

10. Graficar el conjunto solución de un sistema de desigualdades no lineales. (Sección 9.7.)

Capítulo 9 **EJERCICIOS DE REPASO**

En los ejercicios 1-4, identificar el centro y el radio del círculo descrito por la ecuación.

1. $(x - 3)^2 + (y + 4)^2 = 18$
2. $x^2 + (y - 1)^2 = 12$
3. $x^2 + y^2 - 8x - 8y - 4 = 0$
4. $x^2 + y^2 - 10x + 6y + 15 = 0$
5. Existe un teorema en geometría que afirma que cualquier recta tangente a un círculo en un punto P es perpendicular a la recta que pasa por P y el centro del círculo. Con la ayuda de este teorema, determine la ecuación de la recta tangente al círculo $x^2 + y^2 = 10$ en el punto $(1, -3)$.
6. Determine la ecuación de la recta tangente al círculo
$$x^2 + (y - 5)^2 = 4$$
en el punto $(2, 5)$. (Véase el ejercicio 5)

En los ejercicios 7-12, grafique la parábola e identifique el foco, el eje y la directriz.

7. $8x - y^2 = 0$
8. $y + 5x^2 = 0$
9. $(x - 4)^2 = 4y$
10. $(y - 2)^2 = -16x$
11. $4x = y^2 - 10y + 21$
12. $6y = x^2 - 4x - 2$

En los ejercicios 13-14, escriba la ecuación de la parábola utilizando la información proporcionada.

13. La parábola tiene su vértice en el origen y como directriz $x = 3$.
14. La parábola tiene su vértice en $(1, -1)$ y directriz $y = 2$.

15. Una lámpara tiene un espejo parabólico reflejante, con la fuente de luz colocada en su foco. El espejo queda descrito al rotar la parábola $y = \frac{1}{8}x^2$ en torno de su eje de simetría, donde $-3 \leq x \leq 3$ y x se mide en pies. ¿Qué profundidad tiene el espejo? ¿Dónde debe colocarse la fuente de luz con respecto de la parte inferior (vértice) del espejo?

16. Se construye un arco de cierto edificio con la forma de una parábola. (Véase la figura siguiente.) La altura del arco es 60 pies, y el ancho de la base de la parábola mide 30 pies. ¿Cuál es el ancho de la parábola a 10 pies sobre la base?

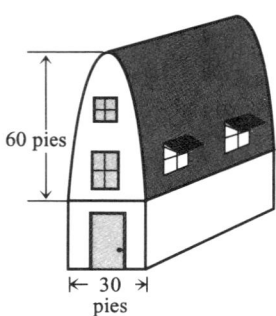

En los ejercicios 17-24, grafique la elipse e identifique los vértices y los focos.

17. $\dfrac{x^2}{9} + \dfrac{y^2}{36} = 1$

18. $\dfrac{x^2}{81} + \dfrac{y^2}{6} = 1$

19. $24x^2 + 2y^2 = 48$

20. $20y^2 + 10x^2 = 40$

21. $\dfrac{(x-2)^2}{6} + \dfrac{(y+4)^2}{4} = 1$

22. $\dfrac{x^2}{16} + \dfrac{(y+5)^2}{12} = 1$

23. $x^2 + 4y^2 - 6x + 8y = 3$

24. $6x^2 + 5y^2 + 12x - 20y - 4 = 0$

En los ejercicios 25-26, escriba la ecuación de la elipse con la información proporcionada.

25. La elipse tiene centro en el origen; los ejes de la elipse tienen longitudes 6 y 8; el eje mayor es vertical.

26. La elipse tiene focos (2, 5) y (8, 5), vértices en (0, 5) y (10, 5).

En los ejercicios 27-34, grafique la hipérbola e identifique los focos, el eje transversal, los vértices y las asíntotas.

27. $\dfrac{x^2}{49} - \dfrac{y^2}{4} = 1$

28. $\dfrac{y^2}{81} - \dfrac{x^2}{8} = 1$

29. $x^2 - 8y^2 = 24$

30. $10y^2 - 5x^2 = 40$

31. $\dfrac{(y-2)^2}{2} - \dfrac{(x-1)^2}{8} = 1$

32. $\dfrac{(x+3)^2}{12} - \dfrac{y^2}{24} = 1$

33. $x^2 - 4y^2 - 6x - 8y = 11$

34. $5y^2 - 6x^2 - 20y - 12x - 16 = 0$

En los ejercicios 35-38, identifique la curva si se puede graficar.

35. $x^2 + 6y^2 - 8x - 2y - 7 = 0$

36. $2y^2 - 2x + 5y = 0$

37. $-x^2 + y^2 + 18x - 6y + 16 = 0$

38. $4x^2 + 4y^2 - 12x - 8y - 5 = 0$

En los ejercicios 39-52, identifique la curva si se puede graficar y grafíquela.

39. $\dfrac{x^2}{36} - \dfrac{y^2}{4} = 1$

40. $\dfrac{x^2}{49} + \dfrac{y^2}{4} = 1$

41. $\dfrac{x}{4} + \dfrac{y}{9} = 1$

42. $\dfrac{(x-1)^2}{4} + \dfrac{(y+1)^2}{8} = 1$

43. $\dfrac{(y-2)^2}{2} + \dfrac{(x-1)^2}{2} = 1$

44. $\dfrac{(y-2)^2}{2} - \dfrac{(x-1)^2}{2} = 1$

45. $x^2 + 64y = 0$

46. $x^2 + 4y^2 - 2x + 24y + 21 = 0$

47. $x^2 - 8x + 16 = 0$

48. $3y^2 - 3y - 18 = 0$

49. $x^2 + 2y^2 - 2x - 8y - 7 = 0$

50. $x^2 + 4x - 5y + 24 = 0$

51. $x^2 + 25y^2 - 6x - 50y + 34 = 0$

52. $3x^2 - y^2 - 6x - 6y - 6 = 0$

En los ejercicios 53-54, un conjunto de ejes se traslada de modo que el nuevo origen es (2, 5) en el conjunto canónico de ejes de coordenadas. Dadas las coordenadas de un punto con respecto de un conjunto de ejes, determine las coordenadas del punto con respecto del otro conjunto de ejes. $((x, y)$ representa las coordenadas canónicas; (x', y') son las coordenadas con respecto del conjunto trasladado de ejes $x'y'$.)

53. $(x', y') = (2', 5')$; determine (x, y).
54. $(x, y) = (3, -4)$; determine (x', y').

En los ejercicios 55-56, se gira un conjunto canónico de ejes con un ángulo ϕ en sentido contrario al de las manecillas del reloj, obteniendo un nuevo conjunto de ejes, $x'y'$. Dado ϕ y el punto en el conjunto canónico de ejes, $P(x, y)$, determine las coordenadas del punto con respecto del conjunto rotado de ejes, $P(x', y')$.

55. $(3, 5)$; $\phi = 30°$.
56. $(-2, 3)$; $\phi = \dfrac{\pi}{4}$

57. Un conjunto canónico de ejes se rota 30° en sentido contrario al de las manecillas del reloj, obteniendo así un nuevo conjunto de ejes $x'y'$. Exprese la ecuación $x^2 - xy - 1 = 0$ en términos del conjunto rotado de ejes, $x'y'$.

58. Un conjunto canónico de ejes se rota 45° en sentido contrario al de las manecillas del reloj, obteniendo así un nuevo conjunto de ejes $x'y'$. Exprese la ecuación $3(y')^2 = -16x'$ en términos del conjunto canónico de ejes, xy.

En los ejercicios 59-62, grafique la ecuación.

59. $xy = 10$
60. $2x^2 - 2xy + 2y^2 = 9$
61. $11x^2 + 10\sqrt{3}xy + y^2 = 16$
62. $x^2 + xy + y^2 + \sqrt{2}x - \sqrt{2}y = 4$

En los ejercicios 63-68, resuelva el sistema de ecuaciones.

63. $\begin{cases} x^2 - y^2 = 8 \\ y = x - 2 \end{cases}$

64. $\begin{cases} y = 1 - x^2 \\ x^2 = y^2 - 5 \end{cases}$

65. $\begin{cases} x^2 + y^2 = 4 \\ \dfrac{y^2}{4} - \dfrac{x^2}{4} = 1 \end{cases}$

66. $\begin{cases} 2x^2 + 3y^2 = 8 \\ 5x^2 + 4y^2 = 7 \end{cases}$

67. $\begin{cases} x^2 + y^2 = 13 \\ y = x^2 - 1 \end{cases}$

68. $\begin{cases} x^2 + 2y^2 = 6 \\ x^2 - y^2 = 3 \end{cases}$

69. Si la hipotenusa de un triángulo rectángulo mide 4 cm y el área del triángulo es igual a 4 cm², determine las longitudes de los catetos.

70. Determine las dimensiones de un pedazo de tubo (un cilindro circular recto) cuyo volumen es 18π cm³ y cuya área de la superficie es 21π cm².

En los ejercicios 71-72, grafique el conjunto solución de cada sistema de desigualdades.

71. $\begin{cases} 25x^2 + 4y^2 \leq 100 \\ x^2 + y^2 > 9 \end{cases}$

72. $\begin{cases} y \geq x^2 + 1 \\ y \leq -x^2 + 4 \end{cases}$

Capítulo 9 **EXAMEN DE PRÁCTICA**

En los ejercicios 1-4, grafique la ecuación y marque los aspectos importantes de la gráfica.

1. $4x^2 + 4y = 0$
2. $4x^2 + 4y^2 = 36$
3. $\dfrac{x^2}{25} + \dfrac{y^2}{49} = 1$
4. $\dfrac{x^2}{25} - \dfrac{y^2}{49} = 1$

En los ejercicios 5-10, grafique las siguientes ecuaciones y marque los aspectos importantes de la gráfica.

5. $(x - 3)^2 + (y + 5)^2 = 5$
6. $2(x - 3)^2 + 8y + 24 = 0$
7. $\dfrac{(x - 3)^2}{4} + \dfrac{(y - 2)^2}{12} = 1$
8. $\dfrac{(y + 2)^2}{25} - \dfrac{x^2}{18} = 1$
9. $4x^2 + 5y^2 - 24x + 30y + 61 = 0$
10. $3x^2 - 4y^2 - 6x = 45$

11. Determine la ecuación de la parábola que tiene su vértice en el origen y directriz $x = -2$.
12. Determine la ecuación de la elipse con focos en $(3, 1)$ y $(-1, 1)$ y vértices en $(5, 1)$ y $(-3, 1)$.
13. Un conjunto canónico de ejes se rota un ángulo de 45° en sentido contrario al de las manecillas del reloj, produciendo un nuevo conjunto de ejes, $x'y'$.
    (a) Dado el punto $(2, -1)$ en el conjunto canónico de ejes de coordenadas, determine (x', y'), las coordenadas del punto con respecto del conjunto rotado de ejes.
    (b) Exprese la ecuación $2y^2 - \sqrt{2}x = 1$ en términos del conjunto rotado de ejes, $x'y'$.
14. Grafique la ecuación $x^2 + \sqrt{3}xy = 6$.
15. Resuelva el sistema
$$\begin{cases} x^2 + 2y^2 = 3 \\ 2x^2 - y^2 = 1 \end{cases}$$
16. Grafique el conjunto solución del sistema de desigualdades
$$\begin{cases} x^2 + y^2 \leq 4 \\ y < x^2 - 2 \end{cases}$$

TABLA 1: FUNCIONES EXPONENCIALES

x	e^x	e^{-x}	x	e^x	e^{-x}
0.00	1.0000	1.0000	1.5	4.4817	0.2231
0.01	1.0101	0.9901	1.6	4.9530	0.2019
0.02	1.0202	0.9802	1.7	5.4739	0.1827
0.03	1.0305	0.9704	1.8	6.0496	0.1653
0.04	1.0408	0.9608	1.9	6.6859	0.1496
0.05	1.0513	0.9512	2.0	7.3891	0.1353
0.06	1.0618	0.9418	2.1	8.1662	0.1225
0.07	1.0725	0.9324	2.2	9.0250	0.1108
0.08	1.0833	0.9231	2.3	9.9742	0.1003
0.09	1.0942	0.9139	2.4	11.023	0.0907
0.10	1.1052	0.9048	2.5	12.182	0.0821
0.11	1.1163	0.8958	2.6	13.464	0.0743
0.12	1.1275	0.8869	2.7	14.880	0.0672
0.13	1.1388	0.8781	2.8	16.445	0.0608
0.14	1.1503	0.8694	2.9	18.174	0.0550
0.15	1.1618	0.8607	3.0	20.086	0.0498
0.16	1.1735	0.8521	3.1	22.198	0.0450
0.17	1.1853	0.8437	3.2	24.533	0.0408
0.18	1.1972	0.8353	3.3	27.113	0.0369
0.19	1.2092	0.8270	3.4	29.964	0.0334
0.20	1.2214	0.8187	3.5	33.115	0.0302
0.21	1.2337	0.8106	3.6	36.598	0.0273
0.22	1.2461	0.8025	3.7	40.447	0.0247
0.23	1.2586	0.7945	3.8	44.701	0.0224
0.24	1.2712	0.7866	3.9	49.402	0.0202
0.25	1.2840	0.7788	4.0	54.598	0.0183
0.30	1.3499	0.7408	4.1	60.340	0.0166
0.35	1.4191	0.7047	4.2	66.686	0.0150
0.40	1.4918	0.6703	4.3	73.700	0.0136
0.45	1.5683	0.6376	4.4	81.451	0.0123
0.50	1.6487	0.6065	4.5	90.017	0.0111
0.55	1.7333	0.5769	4.6	99.484	0.0101
0.60	1.8221	0.5488	4.7	109.95	0.0091
0.65	1.9155	0.5220	4.8	121.51	0.0082
0.70	2.0138	0.4966	4.9	134.29	0.0074
0.75	2.1170	0.4724	5.0	148.41	0.0067
0.80	2.2255	0.4493	5.5	244.69	0.0041
0.85	2.3396	0.4274	6.0	403.43	0.0025
0.90	2.4596	0.4066	6.5	665.14	0.0015
0.95	2.5857	0.3867	7.0	1096.6	0.0009
1.0	2.7183	0.3679	7.5	1808.0	0.0006
1.1	3.0042	0.3329	8.0	2981.0	0.0003
1.2	3.3201	0.3012	8.5	4914.8	0.0002
1.3	3.6693	0.2725	9.0	8103.1	0.0001
1.4	4.0552	0.2466	10.0	22026	0.00005

TABLA 2: LOGARITMOS COMUNES

x	.00	.01	.02	.03	.04	.05	.06	.07	.08	.09
1.0	.0000	.0043	.0086	.0128	.0170	.0212	.0253	.0294	.0334	.0374
1.1	.0414	.0453	.0492	.0531	.0569	.0607	.0645	.0682	.0719	.0755
1.2	.0792	.0828	.0864	.0899	.0934	.0969	.1004	.1038	.1072	.1106
1.3	.1139	.1173	.1206	.1239	.1271	.1303	.1335	.1367	.1399	.1430
1.4	.1461	.1492	.1523	.1553	.1584	.1614	.1644	.1673	.1703	.1732
1.5	.1761	.1790	.1818	.1847	.1875	.1903	.1913	.1959	.1987	.2014
1.6	.2041	.2068	.2095	.2122	.2148	.2175	.2201	.2227	.2253	.2279
1.7	.2304	.2330	.2355	.2380	.2405	.2430	.2455	.2480	.2504	.2529
1.8	.2553	.2577	.2601	.2625	.2648	.2672	.2695	.2718	.2742	.2765
1.9	.2788	.2810	.2833	.2856	.2878	.2900	.2923	.2945	.2967	.2989
2.0	.3010	.3032	.3054	.3075	.3096	.3118	.3139	.3160	.3181	.3201
2.1	.3222	.3243	.3263	.3284	.3304	.3324	.3345	.3365	.3385	.3404
2.2	.3424	.3444	.3464	.3483	.3502	.3522	.3541	.3560	.3579	.3598
2.3	.3617	.3636	.3655	.3674	.3692	.3711	.3729	.3747	.3766	.3784
2.4	.3802	.3820	.3838	.3856	.3874	.3892	.3909	.3927	.3945	.3962
2.5	.3979	.3997	.4014	.4031	.4048	.4065	.4082	.4099	.4116	.4133
2.6	.4150	.4166	.4183	.4200	.4216	.4232	.4249	.4265	.4281	.4298
2.7	.4314	.4330	.4346	.4362	.4378	.4393	.4409	.4425	.4440	.4456
2.8	.4472	.4487	.4502	.4518	.4533	.4548	.4564	.4579	.4594	.4609
2.9	.4624	.4639	.4654	.4669	.4683	.4698	.4713	.4728	.4742	.4757
3.0	.4771	.4786	.4800	.4814	.4829	.4843	.4857	.4871	.4886	.4900
3.1	.4914	.4928	.4942	.4955	.4969	.4983	.4997	.5011	.5024	.5038
3.2	.5051	.5065	.5079	.5092	.5105	.5119	.5132	.5145	.5159	.5172
3.3	.5185	.5198	.5211	.5224	.5237	.5250	.5263	.5276	.5289	.5302
3.4	.5315	.5328	.5340	.5353	.5366	.5378	.5391	.5403	.5416	.5428
3.5	.5441	.5453	.5465	.5478	.5490	.5502	.5514	.5527	.5539	.5551
3.6	.5563	.5575	.5587	.5599	.5611	.5623	.5635	.5647	.5658	.5670
3.7	.5682	.5694	.5705	.5717	.5729	.5740	.5752	.5763	.5775	.5786
3.8	.5798	.5809	.5821	.5832	.5843	.5855	.5866	.5877	.5888	.5899
3.9	.5911	.5922	.5933	.5944	.5955	.5966	.5977	.5988	.5999	.6010
4.0	.6021	.6031	.6042	.6053	.6064	.6075	.6085	.6096	.6107	.6117
4.1	.6128	.6138	.6149	.6160	.6170	.6180	.6191	.6201	.6212	.6222
4.2	.6232	.6243	.6253	.6263	.6274	.6284	.6294	.6304	.6314	.6325
4.3	.6335	.6345	.6355	.6365	.6375	.6385	.6395	.6405	.6415	.6425
4.4	.6435	.6444	.6454	.6464	.6474	.6484	.6493	.6503	.6513	.6522
4.5	.6532	.6542	.6551	.6561	.6571	.6580	.6590	.6599	.6609	.6618
4.6	.6628	.6637	.6646	.6656	.6665	.6675	.6684	.6693	.6702	.6712
4.7	.6721	.6730	.6739	.6749	.6758	.6767	.6776	.6785	.6794	.6803
4.8	.6812	.6821	.6830	.6839	.6848	.6857	.6866	.6875	.6884	.6893
4.9	.6902	.6911	.6920	.6928	.6937	.6946	.6955	.6964	.6972	.6981
5.0	.6990	.6998	.7007	.7016	.7024	.7033	.7042	.7050	.7059	.7067
5.1	.7076	.7084	.7093	.7101	.7110	.7118	.7126	.7135	.7143	.7152
5.2	.7160	.7168	.7177	.7185	.7193	.7202	.7210	.7218	.7226	.7235
5.3	.7243	.7251	.7259	.7267	.7275	.7284	.7292	.7300	.7308	.7316
5.4	.7324	.7332	.7340	.7348	.7356	.7364	.7372	.7380	.7388	.7396

TABLA 2 (continuación)

Tabla 2 Logaritmos comunes

x	.00	.01	.02	.03	.04	.05	.06	.07	.08	.09
5.5	.7404	.7412	.7419	.7427	.7435	.7443	.7451	.7459	.7466	.7474
5.6	.7482	.7490	.7497	.7505	.7513	.7520	.7528	.7536	.7543	.7551
5.7	.7559	.7566	.7574	.7582	.7589	.7597	.7604	.7612	.7619	.7627
5.8	.7634	.7642	.7649	.7657	.7664	.7672	.7679	.7686	.7694	.7701
5.9	.7709	.7716	.7723	.7731	.7738	.7745	.7752	.7760	.7767	.7774
6.0	.7782	.7789	.7796	.7803	.7810	.7818	.7825	.7832	.7839	.7846
6.1	.7853	.7860	.7868	.7875	.7882	.7889	.7896	.7903	.7910	.7917
6.2	.7924	.7931	.7938	.7945	.7952	.7959	.7966	.7973	.7980	.7987
6.3	.7993	.8000	.8007	.8014	.8021	.8028	.8035	.8041	.8048	.8055
6.4	.8062	.8069	.8075	.8082	.8089	.8096	.8102	.8109	.8116	.8122
6.5	.8129	.8136	.8142	.8149	.8156	.8162	.8169	.8176	.8182	.8189
6.6	.8195	.8202	.8209	.8215	.8222	.8228	.8235	.8241	.8248	.8254
6.7	.8261	.8267	.8274	.8280	.8287	.8293	.8299	.8306	.8312	.8319
6.8	.8325	.8331	.8338	.8344	.8351	.8357	.8363	.8370	.8376	.8382
6.9	.8388	.8395	.8401	.8407	.8414	.8420	.8426	.8432	.8439	.8445
7.0	.8451	.8457	.8463	.8470	.8476	.8482	.8488	.8494	.8500	.8506
7.1	.8513	.8519	.8525	.8531	.8537	.8543	.8549	.8555	.8561	.8567
7.2	.8573	.8579	.8585	.8591	.8597	.8603	.8609	.8615	.8621	.8627
7.3	.8633	.8639	.8645	.8651	.8657	.8663	.8669	.8675	.8681	.8686
7.4	.8692	.8698	.8704	.8710	.8716	.8722	.8727	.8733	.8739	.8745
7.5	.8751	.8756	.8762	.8768	.8774	.8779	.8785	.8791	.8797	.8802
7.6	.8808	.8814	.8820	.8825	.8831	.8837	.8842	.8848	.8854	.8859
7.7	.8865	.8871	.8876	.8882	.8887	.8893	.8899	.8904	.8910	.8915
7.8	.8921	.8927	.8932	.8938	.8943	.8949	.8954	.8960	.8965	.8971
7.9	.8976	.8982	.8987	.8993	.8998	.9004	.9009	.9015	.9020	.9025
8.0	.9031	.9036	.9042	.9047	.9053	.9058	.9063	.9069	.9074	.9079
8.1	.9085	.9090	.9096	.9101	.9106	.9112	.9117	.9122	.9128	.9133
8.2	.9138	.9143	.9149	.9154	.9159	.9165	.9170	.9175	.9180	.9186
8.3	.9191	.9196	.9201	.9206	.9212	.9217	.9222	.9227	.9232	.9238
8.4	.9243	.9248	.9253	.9258	.9263	.9269	.9274	.9279	.9284	.9289
8.5	.9294	.9299	.9304	.9309	.9315	.9320	.9325	.9330	.9335	.9340
8.6	.9345	.9350	.9355	.9360	.9365	.9370	.9375	.9380	.9385	.9390
8.7	.9395	.9400	.9405	.9410	.9415	.9420	.9425	.9430	.9435	.9440
8.8	.9445	.9450	.9455	.9460	.9465	.9469	.9474	.9479	.9484	.9489
8.9	.9494	.9499	.9504	.9509	.9513	.9518	.9523	.9528	.9533	.9538
9.0	.9542	.9547	.9552	.9557	.9562	.9566	.9571	.9576	.9581	.9586
9.1	.9590	.9595	.9600	.9605	.9609	.9614	.9619	.9624	.9628	.9633
9.2	.9638	.9643	.9647	.9652	.9657	.9661	.9666	.9671	.9675	.9680
9.3	.9685	.9689	.9694	.9699	.9703	.9708	.9713	.9717	.9722	.9727
9.4	.9731	.9736	.9741	.9745	.9750	.9754	.9759	.9763	.9768	.9773
9.5	.9777	.9782	.9786	.9791	.9795	.9800	.9805	.9809	.9814	.9818
9.6	.9823	.9827	.9832	.9836	.9841	.9845	.9850	.9854	.9859	.9863
9.7	.9868	.9872	.9877	.9881	.9886	.9890	.9894	.9899	.9903	.9908
9.8	.9912	.9917	.9921	.9926	.9930	.9934	.9939	.9943	.9948	.9952
9.9	.9956	.9961	.9965	.9969	.9974	.9978	.9983	.9987	.9991	.9996

TABLA 3: LOGARITMOS NATURALES

$$\ln(a \times 10^n) = \ln a + n \ln 10, \quad \ln 10 = 2.3026$$

x	.00	.01	.02	.03	.04	.05	.06	.07	.08	.09
1.0	0.0000	0.0100	0.0198	0.0296	0.0392	0.0488	0.0583	0.0677	0.0770	0.0862
1.1	0.0953	0.1044	0.1133	0.1222	0.1310	0.1398	0.1484	0.1570	0.1655	0.1740
1.2	0.1823	0.1906	0.1989	0.2070	0.2151	0.2231	0.2311	0.2390	0.2469	0.2546
1.3	0.2624	0.2700	0.2776	0.2852	0.2927	0.3001	0.3075	0.3148	0.3221	0.3293
1.4	0.3365	0.3436	0.3507	0.3577	0.3646	0.3716	0.3784	0.3853	0.3920	0.3988
1.5	0.4055	0.4121	0.4187	0.4253	0.4318	0.4383	0.4447	0.4511	0.4574	0.4637
1.6	0.4700	0.4762	0.4824	0.4886	0.4947	0.5008	0.5068	0.5128	0.5188	0.5247
1.7	0.5306	0.5365	0.5423	0.5481	0.5539	0.5596	0.5653	0.5710	0.5766	0.5822
1.8	0.5878	0.5933	0.5988	0.6043	0.6098	0.6152	0.6206	0.6259	0.6313	0.6366
1.9	0.6419	0.6471	0.6523	0.6575	0.6627	0.6678	0.6729	0.6780	0.6831	0.6881
2.0	0.6931	0.6981	0.7031	0.7080	0.7130	0.7178	0.7227	0.7275	0.7324	0.7372
2.1	0.7419	0.7467	0.7514	0.7561	0.7608	0.7655	0.7701	0.7747	0.7793	0.7839
2.2	0.7885	0.7930	0.7975	0.8020	0.8065	0.8109	0.8154	0.8198	0.8242	0.8286
2.3	0.8329	0.8372	0.8416	0.8459	0.8502	0.8544	0.8587	0.8629	0.8671	0.8713
2.4	0.8755	0.8796	0.8838	0.8879	0.8920	0.8961	0.9002	0.9042	0.9083	0.9123
2.5	0.9163	0.9203	0.9243	0.9282	0.9322	0.9361	0.9400	0.9439	0.9478	0.9517
2.6	0.9555	0.9594	0.9632	0.9670	0.9708	0.9746	0.9783	0.9821	0.9858	0.9895
2.7	0.9933	0.9969	1.0006	1.0043	1.0080	1.0116	1.0152	1.0188	1.0225	1.0260
2.8	1.0296	1.0332	1.0367	1.0403	1.0438	1.0473	1.0508	1.0543	1.0578	1.0613
2.9	1.0647	1.0682	1.0716	1.0750	1.0784	1.0818	1.0852	1.0886	1.0919	1.0953
3.0	1.0986	1.1019	1.1053	1.1086	1.1119	1.1151	1.1184	1.1217	1.1249	1.1282
3.1	1.1314	1.1346	1.1378	1.1410	1.1442	1.1474	1.1506	1.1537	1.1569	1.1600
3.2	1.1632	1.1663	1.1694	1.1725	1.1756	1.1787	1.1817	1.1848	1.1878	1.1909
3.3	1.1939	1.1970	1.2000	1.2030	1.2060	1.2090	1.2119	1.2149	1.2179	1.2208
3.4	1.2238	1.2267	1.2296	1.2326	1.2355	1.2384	1.2413	1.2442	1.2470	1.2499
3.5	1.2528	1.2556	1.2585	1.2613	1.2641	1.2669	1.2698	1.2726	1.2754	1.2782
3.6	1.2809	1.2837	1.2865	1.2892	1.2920	1.2947	1.2975	1.3002	1.3029	1.3056
3.7	1.3083	1.3110	1.3137	1.3164	1.3191	1.3218	1.3244	1.3271	1.3297	1.3324
3.8	1.3350	1.3376	1.3403	1.3429	1.3455	1.3481	1.3507	1.3533	1.3558	1.3584
3.9	1.3610	1.3635	1.3661	1.3686	1.3712	1.3737	1.3762	1.3788	1.3813	1.3838
4.0	1.3863	1.3888	1.3913	1.3938	1.3962	1.3987	1.4012	1.4036	1.4061	1.4085
4.1	1.4110	1.4134	1.4159	1.4183	1.4207	1.4231	1.4255	1.4279	1.4303	1.4327
4.2	1.4351	1.4375	1.4398	1.4422	1.4446	1.4469	1.4493	1.4516	1.4540	1.4563
4.3	1.4586	1.4609	1.4633	1.4656	1.4679	1.4702	1.4725	1.4748	1.4770	1.4793
4.4	1.4816	1.4839	1.4861	1.4884	1.4907	1.4929	1.4952	1.4974	1.4996	1.5019
4.5	1.5041	1.5063	1.5085	1.5107	1.5129	1.5151	1.5173	1.5195	1.5217	1.5239
4.6	1.5261	1.5282	1.5304	1.5326	1.5347	1.5369	1.5390	1.5412	1.5433	1.5454
4.7	1.5476	1.5497	1.5518	1.5539	1.5560	1.5581	1.5602	1.5623	1.5644	1.5665
4.8	1.5686	1.5707	1.5728	1.5748	1.5769	1.5790	1.5810	1.5831	1.5851	1.5872
4.9	1.5892	1.5913	1.5933	1.5953	1.5974	1.5994	1.6014	1.6034	1.6054	1.6074
5.0	1.6094	1.6114	1.6134	1.6154	1.6174	1.6194	1.6214	1.6233	1.6253	1.6273
5.1	1.6292	1.6312	1.6332	1.6351	1.6371	1.6390	1.6409	1.6429	1.6448	1.6467
5.2	1.6487	1.6506	1.6525	1.6544	1.6563	1.6582	1.6601	1.6620	1.6639	1.6658
5.3	1.6677	1.6696	1.6715	1.6734	1.6753	1.6771	1.6790	1.6808	1.6827	1.6845
5.4	1.6864	1.6882	1.6901	1.6919	1.6938	1.6956	1.6974	1.6993	1.7011	1.7029

TABLA 3 (continuación)

x	.00	.01	.02	.03	.04	.05	.06	.07	.08	.09
5.5	1.7047	1.7066	1.7084	1.7102	1.7120	1.7138	1.7156	1.7174	1.7192	1.7210
5.6	1.7228	1.7246	1.7263	1.7281	1.7299	1.7317	1.7334	1.7352	1.7370	1.7387
5.7	1.7405	1.7422	1.7440	1.7457	1.7475	1.7492	1.7509	1.7527	1.7544	1.7561
5.8	1.7579	1.7596	1.7613	1.7630	1.7647	1.7664	1.7682	1.7699	1.7716	1.7733
5.9	1.7750	1.7766	1.7783	1.7800	1.7817	1.7834	1.7851	1.7867	1.7884	1.7901
6.0	1.7918	1.7934	1.7951	1.7967	1.7984	1.8001	1.8017	1.8034	1.8050	1.8066
6.1	1.8083	1.8099	1.8116	1.8132	1.8148	1.8165	1.8181	1.8197	1.8213	1.8229
6.2	1.8245	1.8262	1.8278	1.8294	1.8310	1.8326	1.8342	1.8358	1.8374	1.8390
6.3	1.8406	1.8421	1.8437	1.8453	1.8469	1.8485	1.8500	1.8516	1.8532	1.8547
6.4	1.8563	1.8579	1.8594	1.8610	1.8625	1.8641	1.8656	1.8672	1.8687	1.8703
6.5	1.8718	1.8733	1.8749	1.8764	1.8779	1.8795	1.8810	1.8825	1.8840	1.8856
6.6	1.8871	1.8886	1.8901	1.8916	1.8931	1.8946	1.8961	1.8976	1.8991	1.9006
6.7	1.9021	1.9036	1.9051	1.9066	1.9081	1.9095	1.9110	1.9125	1.9140	1.9155
6.8	1.9169	1.9184	1.9199	1.9213	1.9228	1.9242	1.9257	1.9272	1.9286	1.9301
6.9	1.9315	1.9330	1.9344	1.9359	1.9373	1.9387	1.9402	1.9416	1.9430	1.9445
7.0	1.9459	1.9473	1.9488	1.9502	1.9516	1.9530	1.9544	1.9559	1.9573	1.9587
7.1	1.9601	1.9615	1.9629	1.9643	1.9657	1.9671	1.9685	1.9699	1.9713	1.9727
7.2	1.9741	1.9755	1.9769	1.9782	1.9796	1.9810	1.9824	1.9838	1.9851	1.9865
7.3	1.9879	1.9892	1.9906	1.9920	1.9933	1.9947	1.9961	1.9974	1.9988	2.0001
7.4	2.0015	2.0028	2.0042	2.0055	2.0069	2.0082	2.0096	2.0109	2.0122	2.0136
7.5	2.0149	2.0162	2.0176	2.0189	2.0202	2.0215	2.0229	2.0242	2.0255	2.0268
7.6	2.0282	2.0295	2.0308	2.0321	2.0334	2.0347	2.0360	2.0373	2.0386	2.0399
7.7	2.0412	2.0425	2.0438	2.0451	2.0464	2.0477	2.0490	2.0503	2.0516	2.0528
7.8	2.0541	2.0554	2.0567	2.0580	2.0592	2.0605	2.0618	2.0631	2.0643	2.0656
7.9	2.0669	2.0681	2.0694	2.0707	2.0719	2.0732	2.0744	2.0757	2.0769	2.0782
8.0	2.0794	2.0807	2.0819	2.0832	2.0844	2.0857	2.0869	2.0882	2.0894	2.0906
8.1	2.0919	2.0931	2.0943	2.0956	2.0968	2.0980	2.0992	2.1005	2.1017	2.1029
8.2	2.1041	2.1054	2.1066	2.1078	2.1090	2.1102	2.1114	2.1126	2.1138	2.1150
8.3	2.1163	2.1175	2.1187	2.1199	2.1211	2.1223	2.1235	2.1247	2.1258	2.1270
8.4	2.1282	2.1294	2.1306	2.1318	2.1330	2.1342	2.1353	2.1365	2.1377	2.1389
8.5	2.1401	2.1412	2.1424	2.1436	2.1448	2.1459	2.1471	2.1483	2.1494	2.1506
8.6	2.1518	2.1529	2.1541	2.1552	2.1564	2.1576	2.1587	2.1599	2.1610	2.1622
8.7	2.1633	2.1645	2.1656	2.1668	2.1679	2.1691	2.1702	2.1713	2.1725	2.1736
8.8	2.1748	2.1759	2.1770	2.1782	2.1793	2.1804	2.1815	2.1827	2.1838	2.1849
8.9	2.1861	2.1872	2.1883	2.1894	2.1905	2.1917	2.1928	2.1939	2.1950	2.1961
9.0	2.1972	2.1983	2.1994	2.2006	2.2017	2.2028	2.2039	2.2050	2.2061	2.2072
9.1	2.2083	2.2094	2.2105	2.2116	2.2127	2.2138	2.2148	2.2159	2.2170	2.2181
9.2	2.2192	2.2203	2.2214	2.2225	2.2235	2.2246	2.2257	2.2268	2.2279	2.2289
9.3	2.2300	2.2311	2.2322	2.2332	2.2343	2.2354	2.2364	2.2375	2.2386	2.2396
9.4	2.2407	2.2418	2.2428	2.2439	2.2450	2.2460	2.2471	2.2481	2.2492	2.2502
9.5	2.2513	2.2523	2.2534	2.2544	2.2555	2.2565	2.2576	2.2586	2.2597	2.2607
9.6	2.2618	2.2628	2.2638	2.2649	2.2659	2.2670	2.2680	2.2690	2.2701	2.2711
9.7	2.2721	2.2732	2.2742	2.2752	2.2762	2.2773	2.2783	2.2793	2.2803	2.2814
9.8	2.2824	2.2834	2.2844	2.2854	2.2865	2.2875	2.2885	2.2895	2.2905	2.2915
9.9	2.2925	2.2935	2.2946	2.2956	2.2966	2.2976	2.2986	2.2996	2.3006	2.3016

TABLA 4: FUNCIONES TRIGONOMÉTRICAS

Para ángulos entre 0° y 45°, lea los ángulos a la izquierda y el encabezado de columna en la parte superior de la tabla.
Para ángulos entre 45° y 90°, lea los ángulos a la derecha
y el encabezado de columna en la parte inferior de la tabla.

Grados	Radianes	sen	cos	tan	cot	sec	sen		
0°00'	.0000	.0000	1.0000	.0000	—	1.000	—	1.5708	**90°00'**
10	.0029	.0029	1.0000	.0029	343.8	1.000	343.8	1.5679	50
20	.0058	.0058	1.0000	.0058	171.9	1.000	171.9	1.5650	40
30	.0087	.0087	1.0000	.0087	114.6	1.000	114.6	1.5621	30
40	.0116	.0116	.9999	.0116	85.94	1.000	85.95	1.5592	20
50	.0145	.0145	.9999	.0145	68.75	1.000	68.76	1.5563	10
1°00'	.0175	.0175	.9998	.0175	57.29	1.000	57.30	1.5533	**89°00'**
10	.0204	.0204	.9998	.0204	49.10	1.000	49.11	1.5504	50
20	.0233	.0233	.9997	.0233	42.96	1.000	42.98	1.5475	40
30	.0262	.0262	.9997	.0262	38.19	1.000	38.20	1.5446	30
40	.0291	.0291	.9996	.0291	34.37	1.000	34.38	1.5417	20
50	.0320	.0320	.9995	.0320	31.24	1.001	31.26	1.5388	10
2°00'	.0349	.0349	.9994	.0349	28.64	1.001	28.65	1.5359	**88°00'**
10	.0378	.0378	.9993	.0378	26.43	1.001	26.45	1.5330	50
20	.0407	.0407	.9992	.0407	24.54	1.001	24.56	1.5301	40
30	.0436	.0436	.9990	.0437	22.90	1.001	22.93	1.5272	30
40	.0465	.0465	.9989	.0466	21.47	1.001	21.49	1.5243	20
50	.0495	.0494	.9988	.0495	20.21	1.001	20.23	1.5213	10
3°00'	.0524	.0523	.9986	.0524	19.08	1.001	19.11	1.5184	**87°00'**
10	.0553	.0552	.9985	.0553	18.07	1.002	18.10	1.5155	50
20	.0582	.0581	.9983	.0582	17.17	1.002	17.20	1.5126	40
30	.0611	.0610	.9981	.0612	16.35	1.002	16.38	1.5097	30
40	.0640	.0640	.9980	.0641	15.60	1.002	15.64	1.5068	20
50	.0669	.0669	.9978	.0670	14.92	1.002	14.96	1.5039	10
4°00'	.0698	.0698	.9976	.0699	14.30	1.002	14.34	1.5010	**86°00'**
10	.0727	.0727	.9974	.0729	13.73	1.003	13.76	1.5981	50
20	.0756	.0756	.9971	.0758	13.20	1.003	13.23	1.5952	40
30	.0785	.0785	.9969	.0787	12.71	1.003	12.75	1.4923	30
40	.0814	.0814	.9967	.0816	12.25	1.003	12.29	1.4893	20
50	.0844	.0843	.9964	.0846	11.83	1.004	11.87	1.4864	10
5°00'	.0873	.0872	.9962	.0875	11.43	1.004	11.47	1.4835	**85°00'**
10	.0902	.0901	.9959	.0904	11.06	1.004	11.10	1.4806	50
20	.0931	.0929	.9957	.0934	10.71	1.004	10.76	1.4777	40
30	.0960	.0958	.9954	.0963	10.39	1.005	10.43	1.4748	30
40	.0989	.0987	.9951	.0992	10.08	1.005	10.13	1.4719	20
50	.1018	.1016	.9948	.1022	9.788	1.005	9.839	1.4690	10
6°00'	.1047	.1045	.9945	.1051	9.514	1.006	9.567	1.4661	**84°00'**
10	.1076	.1074	.9942	.1080	9.255	1.006	9.309	1.4632	50
20	.1105	.1103	.9939	.1110	9.010	1.006	9.065	1.4603	40
30	.1134	.1132	.9936	.1139	8.777	1.006	8.834	1.4573	30
40	.1164	.1161	.9932	.1169	8.556	1.007	8.614	1.4544	20
50	.1193	.1190	.9929	.1198	8.345	1.007	8.405	1.4515	10
7°00'	.1222	.1219	.9925	.1228	8.144	1.008	8.206	1.4486	**83°00'**
10	.1251	.1248	.9922	.1257	7.953	1.008	8.016	1.4457	50
20	.1280	.1276	.9918	.1287	7.770	1.008	7.834	1.4428	40
30	.1309	.1305	.9914	.1317	7.596	1.009	7.661	1.4399	30
40	.1338	.1334	.9911	.1346	7.429	1.009	7.496	1.4370	20
50	.1367	.1363	.9907	.1376	7.269	1.009	7.337	1.4341	10
		cos	sen	cot	tan	csc	sec	Radianes	Grados

TABLA 4 *(continuación)*

Grados	Radianes	sen	cos	tan	cot	sec	csc		
8°00′	.1396	.1392	.9903	.1405	7.115	1.010	7.185	1.4312	**82°00′**
10	.1425	.1421	.9899	.1435	6.968	1.010	7.040	1.4283	50
20	.1454	.1449	.9894	.1465	6.827	1.011	6.900	1.4254	40
30	.1484	.1478	.9890	.1495	6.691	1.011	6.765	1.4224	30
40	.1513	.1507	.9886	.1524	6.561	1.012	6.636	1.4195	20
50	.1542	.1536	.9881	.1554	6.435	1.012	6.512	1.4166	10
9°00′	.1571	.1564	.9877	.1584	6.314	1.012	6.392	1.4137	**81°00′**
10	.1600	.1593	.9872	.1614	6.197	1.013	6.277	1.4108	50
20	.1629	.1622	.9868	.1644	6.084	1.013	6.166	1.4079	40
30	.1658	.1650	.9863	.1673	5.976	1.014	6.059	1.4050	30
40	.1687	.1679	.9858	.1703	5.871	1.014	5.955	1.4021	20
50	.1716	.1708	.9853	.1733	5.769	1.015	5.855	1.4992	10
10°00′	.1745	.1736	.9848	.1763	5.671	1.015	5.759	1.3963	**80°00′**
10	.1774	.1765	.9843	.1793	5.576	1.016	5.665	1.3934	50
20	.1804	.1794	.9838	.1823	5.485	1.016	5.575	1.3904	40
30	.1833	.1822	.9833	.1853	5.396	1.017	5.487	1.3875	30
40	.1862	.1851	.9827	.1883	5.309	1.018	5.403	1.3846	20
50	.1891	.1880	.9822	.1914	5.226	1.018	5.320	1.3817	10
11°00′	.1920	.1908	.9816	.1944	5.145	1.019	5.241	1.3788	**79°00′**
10	.1949	.1937	.9811	.1974	5.066	1.019	5.164	1.3759	50
20	.1978	.1965	.9805	.2004	4.989	1.020	5.089	1.3730	40
30	.2007	.1994	.9799	.2035	4.915	1.020	5.016	1.3701	30
40	.2036	.2022	.9793	.2065	4.843	1.021	4.945	1.3672	20
50	.2065	.2051	.9787	.2095	4.773	1.022	4.876	1.3643	10
12°00′	.2094	.2079	.9781	.2126	4.705	1.022	4.810	1.3614	**78°00′**
10	.2123	.2108	.9775	.2156	4.638	1.023	4.745	1.3584	50
20	.2153	.2136	.9769	.2186	4.574	1.024	4.682	1.3555	40
30	.2182	.2164	.9763	.2217	4.511	1.024	4.620	1.3526	30
40	.2211	.2193	.9757	.2247	4.449	1.025	4.560	1.3497	20
50	.2240	.2221	.9750	.2278	4.390	1.026	4.502	1.3468	10
13°00′	.2269	.2250	.9744	.2309	4.331	1.026	4.445	1.3439	**77°00′**
10	.2298	.2278	.9737	.2339	4.275	1.027	4.390	1.3410	50
20	.2327	.2306	.9730	.2370	4.219	1.028	4.336	1.3381	40
30	.2356	.2334	.9724	.2401	4.165	1.028	4.284	1.3352	30
40	.2385	.2363	.9717	.2432	4.113	1.029	4.232	1.3323	20
50	.2414	.2391	.9710	.2462	4.061	1.030	4.182	1.3294	10
14°00′	.2443	.2419	.9703	.2493	4.011	1.031	4.134	1.3265	**76°00′**
10	.2473	.2447	.9696	.2524	3.962	1.031	4.086	1.3235	50
20	.2502	.2476	.9689	.2555	3.914	1.032	4.039	1.3206	40
30	.2531	.2504	.9681	.2586	3.867	1.033	3.994	1.3177	30
40	.2560	.2532	.9674	.2617	3.821	1.034	3.950	1.3148	20
50	.2589	.2560	.9667	.2648	3.776	1.034	3.906	1.3119	10
15°00′	.2618	.2588	.9659	.2679	3.732	1.035	3.864	1.3090	**75°00′**
10	.2647	.2616	.9652	.2711	3.689	1.036	3.822	1.3061	50
20	.2676	.2644	.9644	.2742	3.647	1.037	3.782	1.3032	40
30	.2705	.2672	.9636	.2773	3.606	1.038	3.742	1.3003	30
40	.2734	.2700	.9628	.2805	3.566	1.039	3.703	1.3974	20
50	.2763	.2728	.9621	.2836	3.526	1.039	3.665	1.3945	10
		cos	**sen**	**cot**	**tan**	**csc**	**sec**	**Radianes**	**Grados**

TABLA 4 *(continuación)*

Grados	Radianes	sen	cos	tan	cot	sec	csc		
16°00'	.2793	.2756	.9613	.2867	3.487	1.040	3.628	1.2915	**74°00'**
10	.2822	.2784	.9605	.2899	3.450	1.041	3.592	1.2886	50
20	.2851	.2812	.9596	.2931	3.412	1.042	3.556	1.2857	40
30	.2880	.2840	.9588	.2962	3.376	1.043	3.521	1.2828	30
40	.2909	.2868	.9580	.2994	3.340	1.044	3.487	1.2799	20
50	.2938	.2896	.9572	.3026	3.305	1.045	3.453	1.2770	10
17°00'	.2967	.2924	.9563	.3057	3.271	1.046	3.420	1.2741	**73°00'**
10	.2996	.2952	.9555	.3089	3.237	1.047	3.388	1.2712	50
20	.3025	.2979	.9546	.3121	3.204	1.048	3.356	1.2683	40
30	.3054	.3007	.9537	.3153	3.172	1.049	3.326	1.2654	30
40	.3083	.3035	.9528	.3185	3.140	1.049	3.295	1.2625	20
50	.3113	.3062	.9520	.3217	3.108	1.050	3.265	1.2595	10
18°00'	.3142	.3090	.9511	.3249	3.078	1.051	3.236	1.2566	**72°00'**
10	.3171	.3118	.9502	.3281	3.047	1.052	3.207	1.2537	50
20	.3200	.3145	.9492	.3314	3.018	1.053	3.179	1.2508	40
30	.3229	.3173	.9483	.3346	2.989	1.054	3.152	1.2479	30
40	.3258	.3201	.9474	.3378	2.960	1.056	3.124	1.2450	20
50	.3287	.3228	.9465	.3411	2.932	1.057	3.098	1.2421	10
19°00'	.3316	.3256	.9455	.3443	2.904	1.058	3.072	1.2392	**71°00'**
10	.3345	.3283	.9446	.3476	2.877	1.059	3.046	1.2363	50
20	.3374	.3311	.9436	.3508	2.850	1.060	3.021	1.2334	40
30	.3403	.3338	.9426	.3541	2.824	1.061	2.996	1.2305	30
40	.3432	.3365	.9417	.3574	2.798	1.062	2.971	1.2275	20
50	.3462	.3393	.9407	.3607	2.773	1.063	2.947	1.2246	10
20°00'	.3491	.3420	.9397	.3640	2.747	1.064	2.924	1.2217	**70°00'**
10	.3520	.3448	.9387	.3673	2.723	1.065	2.901	1.2188	50
20	.3549	.3475	.9377	.3706	2.699	1.066	2.878	1.2159	40
30	.3578	.3502	.9367	.3739	2.675	1.068	2.855	1.2130	30
40	.3607	.3529	.9356	.3772	2.651	1.069	2.833	1.2101	20
50	.3636	.3557	.9346	.3805	2.628	1.070	2.812	1.2072	10
21°00'	.3665	.3584	.9336	.3839	2.605	1.071	2.790	1.2043	**69°00'**
10	.3694	.3611	.9325	.3872	2.583	1.072	2.769	1.2014	50
20	.3723	.3638	.9315	.3906	2.560	1.074	2.749	1.2985	40
30	.3752	.3665	.9304	.3939	2.539	1.075	2.729	1.1956	30
40	.3782	.3692	.9293	.3973	2.517	1.076	2.709	1.1926	20
50	.3811	.3719	.9283	.4006	2.496	1.077	2.689	1.1897	10
22°00'	.3840	.3746	.9272	.4040	2.475	1.079	2.669	1.1868	**68°00'**
10	.3869	.3773	.9261	.4074	2.455	1.080	2.650	1.1839	50
20	.3898	.3800	.9250	.4108	2.434	1.081	2.632	1.1810	40
30	.3927	.3827	.9239	.4142	2.414	1.082	2.613	1.1781	30
40	.3956	.3854	.9228	.4176	2.394	1.084	2.595	1.1752	20
50	.3985	.3881	.9216	.4210	2.375	1.085	2.577	1.1723	10
23°00'	.4014	.3907	.9205	.4245	2.356	1.086	2.559	1.1694	**67°00'**
10	.4043	.3934	.9194	.4279	2.337	1.088	2.542	1.1665	50
20	.4072	.3961	.9182	.4314	2.318	1.089	2.525	1.1636	40
30	.4102	.3987	.9171	.4348	2.300	1.090	2.508	1.1606	30
40	.4131	.4014	.9159	.4383	2.282	1.092	2.491	1.1577	20
50	.4160	.4041	.9147	.4417	2.264	1.093	2.475	1.1548	10
		cos	sen	cot	tan	csc	sec	Radianes	Grados

Tabla 4 Funciones trigonométricas

TABLA 4 *(continuación)*

Grados	Radianes	sen	cos	tan	cot	sec	csc		
24°00′	.4189	.4067	.9135	.4452	2.246	1.095	2.459	1.1519	**66°00′**
10	.4218	.4094	.9124	.4487	2.229	1.096	2.443	1.1490	50
20	.4247	.4120	.9112	.4522	2.211	1.097	2.427	1.1461	40
30	.4276	.4147	.9100	.4557	2.194	1.099	2.411	1.1432	30
40	.4305	.4173	.9088	.4592	2.177	1.100	2.396	1.1403	20
50	.4334	.4200	.9075	.4628	2.161	1.102	2.381	1.1374	10
25°00′	.4363	.4226	.9063	.4663	2.145	1.103	2.366	1.1345	**65°00′**
10	.4392	.4253	.9051	.4699	2.128	1.105	2.352	1.1316	50
20	.4422	.4279	.9038	.4734	2.112	1.106	2.337	1.1286	40
30	.4451	.4305	.9026	.4770	2.097	1.108	2.323	1.1257	30
40	.4480	.4331	.9013	.4806	2.081	1.109	2.309	1.1228	20
50	.4509	.4358	.9001	.4841	2.066	1.111	2.295	1.1199	10
26°00′	.4538	.4384	.8988	.4877	2.050	1.113	2.281	1.1170	**64°00′**
10	.4567	.4410	.8975	.4913	2.035	1.114	2.268	1.1141	50
20	.4596	.4436	.8962	.4950	2.020	1.116	2.254	1.1112	40
30	.4625	.4462	.8949	.4986	2.006	1.117	2.241	1.1083	30
40	.4654	.4488	.8936	.5022	1.991	1.119	2.228	1.1054	20
50	.4683	.4514	.8923	.5059	1.977	1.121	2.215	1.1025	10
27°00′	.4712	.4540	.8910	.5095	1.963	1.122	2.203	1.0996	**63°00′**
10	.4741	.4566	.8897	.5132	1.949	1.124	2.190	1.0966	50
20	.4771	.4592	.8884	.5169	1.935	1.126	2.178	1.0937	40
30	.4800	.4617	.8870	.5206	1.921	1.127	2.166	1.0908	30
40	.4829	.4643	.8857	.5243	1.907	1.129	2.154	1.0879	20
50	.4858	.4669	.8843	.5280	1.894	1.131	2.142	1.0850	10
28°00′	.4887	.4695	.8829	.5317	1.881	1.133	2.130	1.0821	**62°00′**
10	.4916	.4720	.8816	.5354	1.868	1.134	2.118	1.0792	50
20	.4945	.4746	.8802	.5392	1.855	1.136	2.107	1.0763	40
30	.4974	.4772	.8788	.5430	1.842	1.138	2.096	1.0734	30
40	.5003	.4797	.8774	.5467	1.829	1.140	2.085	1.0705	20
50	.5032	.4823	.8760	.5505	1.816	1.142	2.074	1.0676	10
29°00′	.5061	.4848	.8746	.5543	1.804	1.143	2.063	1.0647	**61°00′**
10	.5091	.4874	.8732	.5581	1.792	1.145	2.052	1.0617	50
20	.5120	.4899	.8718	.5619	1.780	1.147	2.041	1.0588	40
30	.5149	.4924	.8704	.5658	1.767	1.149	2.031	1.0559	30
40	.5178	.4950	.8689	.5696	1.756	1.151	2.020	1.0530	20
50	.5207	.4975	.8675	.5735	1.744	1.153	2.010	1.0501	10
30°00′	.5236	.5000	.8660	.5774	1.732	1.155	2.000	1.0472	**60°00′**
10	.5265	.5025	.8646	.5812	1.720	1.157	1.990	1.0443	50
20	.5294	.5050	.8631	.5851	1.709	1.159	1.980	1.0414	40
30	.5323	.5075	.8616	.5890	1.698	1.161	1.970	1.0385	30
40	.5352	.5100	.8601	.5930	1.686	1.163	1.961	1.0356	20
50	.5381	.5125	.8587	.5969	1.675	1.165	1.951	1.0327	10
31°00′	.5411	.5150	.8572	.6009	1.664	1.167	1.942	1.0297	**59°00′**
10	.5440	.5175	.8557	.6048	1.653	1.169	1.932	1.0268	50
20	.5469	.5200	.8542	.6088	1.643	1.171	1.923	1.0239	40
30	.5498	.5225	.8526	.6128	1.632	1.173	1.914	1.0210	30
40	.5527	.5250	.8511	.6168	1.621	1.175	1.905	1.0181	20
50	.5556	.5275	.8496	.6208	1.611	1.177	1.896	1.0152	10
		cos	sen	cot	tan	csc	sec	Radianes	Grados

TABLA 4 (continuación)

Grados	Radianes	sen	cos	tan	cot	sec	csc		
32°00′	.5585	.5299	.8480	.6249	1.600	1.179	1.887	1.0123	**58°00′**
10	.5614	.5324	.8465	.6289	1.590	1.181	1.878	1.0094	50
20	.5643	.5348	.8450	.6330	1.580	1.184	1.870	1.0065	40
30	.5672	.5373	.8434	.6371	1.570	1.186	1.861	1.0036	30
40	.5701	.5398	.8418	.6412	1.560	1.188	1.853	1.0007	20
50	.5730	.5422	.8403	.6453	1.550	1.190	1.844	1.0977	10
33°00′	.5760	.5446	.8387	.6494	1.540	1.192	1.836	.9948	**57°00′**
10	.5789	.5471	.8371	.6536	1.530	1.195	1.828	.9919	50
20	.5818	.5495	.8355	.6577	1.520	1.197	1.820	.9890	40
30	.5847	.5519	.8339	.6619	1.511	1.199	1.812	.9861	30
40	.5876	.5544	.8323	.6661	1.501	1.202	1.804	.9832	20
50	.5905	.5568	.8307	.6703	1.492	1.204	1.796	.9803	10
34°00′	.5934	.5592	.8290	.6745	1.483	1.206	1.788	.9774	**56°00′**
10	.5963	.5616	.8274	.6787	1.473	1.209	1.781	.9745	50
20	.5992	.5640	.8258	.6830	1.464	1.211	1.773	.9716	40
30	.6021	.5664	.8241	.6873	1.455	1.213	1.766	.9687	30
40	.6050	.5688	.8225	.6916	1.446	1.216	1.758	.9657	20
50	.6080	.5712	.8208	.6959	1.437	1.218	1.751	.9628	10
35°00′	.6109	.5736	.8192	.7002	1.428	1.221	1.743	.9599	**55°00′**
10	.6138	.5760	.8175	.7046	1.419	1.223	1.736	.9570	50
20	.6167	.5783	.8158	.7089	1.411	1.226	1.729	.9541	40
30	.6196	.5807	.8141	.7133	1.402	1.228	1.722	.9512	30
40	.6225	.5831	.8124	.7177	1.393	1.231	1.715	.9483	20
50	.6254	.5854	.8107	.7221	1.385	1.233	1.708	.9454	10
36°00′	.6283	.5878	.8090	.7265	1.376	1.236	1.701	.9425	**54°00′**
10	.6312	.5901	.8073	.7310	1.368	1.239	1.695	.9396	50
20	.6341	.5925	.8056	.7355	1.360	1.241	1.688	.9367	40
30	.6370	.5948	.8039	.7400	1.351	1.244	1.681	.9338	30
40	.6400	.5972	.8021	.7445	1.343	1.247	1.675	.9308	20
50	.6429	.5995	.8004	.7490	1.335	1.249	1.668	.9279	10
37°00′	.6458	.6018	.7986	.7536	1.327	1.252	1.662	.9250	**53°00′**
10	.6487	.6041	.7969	.7581	1.319	1.255	1.655	.9221	50
20	.6516	.6065	.7951	.7627	1.311	1.258	1.649	.9192	40
30	.6545	.6088	.7934	.7673	1.303	1.260	1.643	.9163	30
40	.6574	.6111	.7916	.7720	1.295	1.263	1.636	.9134	20
50	.6603	.6134	.7898	.7766	1.288	1.266	1.630	.9105	10
38°00′	.6632	.6157	.7880	.7813	1.280	1.269	1.624	.9076	**52°00′**
10	.6661	.6180	.7862	.7860	1.272	1.272	1.618	.9047	50
20	.6690	.6202	.7844	.7907	1.265	1.275	1.612	.9018	40
30	.6720	.6225	.7826	.7954	1.257	1.278	1.606	.8988	30
40	.6749	.6248	.7808	.8002	1.250	1.281	1.601	.8959	20
50	.6778	.6271	.7790	.8050	1.242	1.284	1.595	.8930	10
39°00′	.6807	.6293	.7771	.8098	1.235	1.287	1.589	.8901	**51°00′**
10	.6836	.6316	.7753	.8146	1.228	1.290	1.583	.8872	50
20	.6865	.6338	.7735	.8195	1.220	1.293	1.578	.8843	40
30	.6894	.6361	.7716	.8243	1.213	1.296	1.572	.8814	30
40	.6923	.6383	.7698	.8292	1.206	1.299	1.567	.8785	20
50	.6952	.6406	.7679	.8342	1.199	1.302	1.561	.8756	10
		cos	sen	cot	tan	csc	sec	Radianes	Grados

Tabla 4 Funciones trigonométricas

TABLA 4 *(continuación)*

Grados	Radianes	sen	cos	tan	cot	sec	csc		
40°00′	.6981	.6428	.7660	.8391	1.192	1.305	1.556	.8727	**50°00′**
10	.7010	.6450	.7642	.8441	1.185	1.309	1.550	.8698	50
20	.7039	.6472	.7623	.8491	1.178	1.312	1.545	.8668	40
30	.7069	.6494	.7604	.8541	1.171	1.315	1.540	.8639	30
40	.7098	.6517	.7585	.8591	1.164	1.318	1.535	.8610	20
50	.7127	.6539	.7566	.8642	1.157	1.322	1.529	.8581	10
41°00′	.7156	.6561	.7547	.8693	1.150	1.325	1.524	.8552	**49°00′**
10	.7185	.6583	.7528	.8744	1.144	1.328	1.519	.8523	50
20	.7214	.6604	.7509	.8796	1.137	1.332	1.514	.8494	40
30	.7243	.6626	.7490	.8847	1.130	1.335	1.509	.8465	30
40	.7272	.6648	.7470	.8899	1.124	1.339	1.504	.8436	20
50	.7301	.6670	.7451	.8952	1.117	1.342	1.499	.8407	10
42°00′	.7330	.6691	.7431	.9004	1.111	1.346	1.494	.8378	**48°00′**
10	.7359	.6713	.7412	.9057	1.104	1.349	1.490	.8348	50
20	.7389	.6734	.7392	.9110	1.098	1.353	1.485	.8319	40
30	.7418	.6756	.7373	.9163	1.091	1.356	1.480	.8290	30
40	.7447	.6777	.7353	.9217	1.085	1.360	1.476	.8261	20
50	.7476	.6799	.7333	.9271	1.079	1.364	1.471	.8232	10
43°00′	.7505	.6820	.7314	.9325	1.072	1.367	1.466	.8203	**47°00′**
10	.7534	.6841	.7294	.9380	1.066	1.371	1.462	.8174	50
20	.7563	.6862	.7274	.9435	1.060	1.375	1.457	.8145	40
30	.7592	.6884	.7254	.9490	1.054	1.379	1.453	.8116	30
40	.7621	.6905	.7234	.9545	1.048	1.382	1.448	.8087	20
50	.7650	.6926	.7214	.9601	1.042	1.386	1.444	.8058	10
44°00′	.7679	.6947	.7193	.9657	1.036	1.390	1.440	.8029	**46°00′**
10	.7709	.6967	.7173	.9713	1.030	1.394	1.435	.8999	50
20	.7738	.6988	.7153	.9770	1.024	1.398	1.431	.8970	40
30	.7767	.7009	.7133	.9827	1.018	1.402	1.427	.7941	30
40	.7796	.7030	.7112	.9884	1.012	1.406	1.423	.7912	20
50	.7825	.7050	.7092	.9942	1.006	1.410	1.418	.7883	10
45°00′	.7854	.7071	.7071	1.0000	1.000	1.414	1.414	.7854	**45°00′**
		cos	sen	cot	tan	csc	sec	Radianes	Grados

RESPUESTAS A EJERCICIOS SELECCIONADOS

CAPÍTULO 1

EJERCICIOS 1.1

1. $\dfrac{2}{9}$ **3.** $\dfrac{41}{9}$ **5.** $\dfrac{8230}{999}$
7. Propiedad asociativa de la suma   **9.** Falso
11. Propiedad asociativa de la multiplicación
13. Propiedad distributiva
15. Propiedad del inverso multiplicativo
19. No, $\sqrt{2}$ y $-\sqrt{2}$ son ejemplos de dos números irracionales cuya suma (0) no es irracional.
21. ⟵─────⟶
    4
23. ⟵──○─⟶
    5
25. ⟵○────○⟶
  -8 -2
27. $(5, \infty)$ ⟵──○────⟶
             5
29. $[-5, \infty)$ ⟵──●────⟶
             -5
31. $[-8, -5)$ ⟵──●────○─⟶
           -8 -5
33. $(-\infty, -2]$ ⟵────●─⟶
                 -2
35. $(-9, -2]$ ⟵─○────●─⟶
            -9 -2
37. 2   **39.** $\sqrt{2} - 1$ **41.** $\begin{cases} x - 5 & \text{si } x \geq 5 \\ 5 - x & \text{si } x < 5 \end{cases}$
43. $x^2 + 1$ **45.** 1 unidad   **47.** 11 unidades

EJERCICIOS 1.2

1. -5 **3.** -36 **5.** -5.552 **7.** 3.29 **9.** -12
11. -7 **13.** 11   **15.** 10   **17.** $\dfrac{7}{2}$ **19.** $\dfrac{7}{12}$ **21.** $-\dfrac{59}{100}$
23. 0   **25.** $-\dfrac{82}{25}$ **27.** $\dfrac{48}{65}$ **29.** $\dfrac{20}{63}$ **31.** -14 **33.** 1
35. 7.0278   **37.** 1.15   **39.** 1.06   **41.** 0.087

EJERCICIOS 1.3

1. $-6x^3y^3$ **3.** $45x^3y^3$ **5.** $6x^2 - 5x - 6$
7. $6x^2 - 19x - 7$ **9.** $6x^3 - 13x^2 + 9x - 2$
11. $125x^3 + 27$ **13.** $x^3 - 4x^2 + x + 6$
15. $x^2 - 6xy + 9y^2$ **17.** $x^4 - 49$
19. $4x^2 - 12xy + 9y^2$ **21.** $x^2 - 2xy + y^2 - 49$
23. $x^2 - 2xy + y^2 + 4x - 4y + 4$ **25.** $-4x + 8$
27. $5y^3 - 51y^2 + 125y + 25$ **29.** $-12x + 18$
31. $4xh + 2h^2$ **33.** $\pi(x + 3)^2 - \pi(3)^2 = \pi x^2 + 6\pi x$
35. $6 - 4x^2$ pies cuadrados   **37.** $(x + 5)(x - 4)$
39. $2(3x - 2)(2x + 3)$ **41.** $(3a - 1)(b - 2)$
43. $5(3x - 2)(x - 1)^2$ **45.** $3(2x^2 + 1)(x^2 - 4x - 6)$
47. $(x - 2)(a + b)$ **49.** $(x - 3)(x^2 - 5)$
51. $(x - 3)(x + 3)$ **53.** $(x - 4)^2$
55. $(2x - 1)(4x^2 + 2x + 1)$ **57.** $3(3x - 2)(9x^2 + 6x + 4)$
59. $(x + 3)(x + 4)(x - 4)$ **61.** $(x^2 - 6)(x - 2)(x + 2)$
63. $(x - y - 4)(x - y + 4)$ **65.** $(a + 1)(a - 1)^2(a^2 + a + 1)$
67. $\dfrac{x + y}{2x(x - y)}$ **69.** 3   **71.** $\dfrac{12x^2 + 16}{(x^2 - 4)^3}$ **73.** $\dfrac{1}{x - 2}$
75. $\dfrac{1}{3x + 2}$ **77.** $\dfrac{2xy - x^2}{y(x - y)}$ **79.** $\dfrac{5a + 3}{a + 2}$
81. $\dfrac{2x^3 - 5x^2 + 9x - 9}{(x - 2)(x - 1)}$ **83.** $\dfrac{x^2 - 4x - 1}{(x - 2)^2}$
85. $\dfrac{x + 1}{x}$ **87.** $\dfrac{-1}{(x + 1)(x + 3)}$ **89.** $\dfrac{-5}{x(x + h)}$
91. $\dfrac{3x^2 + 7x + 2}{x^2 - 9x - 4}$

EJERCICIOS 1.4

1. x^6 **3.** $3x^5y^5$ **5.** $\dfrac{1 + 2x}{x^2 + 2x}$ **7.** $\dfrac{y + x}{x^2}$ **9.** 7.5×10^9
11. Aproximadamente 8 minutos 20 segundos
13. $\dfrac{1}{8}$ **15.** $\dfrac{9}{4}$ **17.** $x^{5/6}y^{2/3}$ **19.** $(x^2 + 1)^{1/10}$
21. $x + 4x^{1/2} + 4$ **23.** $x - 4$ **25.** $\dfrac{3}{(x + 1)^2}$
27. $\dfrac{4x(2x^2 + 1)}{(x^2 + 1)^{1/2}}$ **29.** $\dfrac{5x^3 - 6}{2(x^3 - 3)^{1/2}}$
31. $\dfrac{3}{x(x^3 - 3)^{1/2}} = 3x^{-1}(x^3 - 3)^{-1/2}$
33. $2x^2y^3\sqrt{6}$ **35.** $\dfrac{4x^4}{3}$ **37.** $3x^3\sqrt[6]{3^5x}$ **39.** $\dfrac{5\sqrt{3x}}{3x^3}$
41. $\dfrac{\sqrt{x} + 4}{x - 16}$ **43.** $\dfrac{x - 2}{\sqrt{(x - 1)(x - 2)}}$ **45.** $\dfrac{1}{\sqrt{x} + 3}$

47. $\dfrac{1}{\sqrt{x+h}+\sqrt{x}}$ **49.** $18x^3y^3\sqrt{2xy}$ **51.** $\sqrt{x-1}$
53. $15\sqrt{3}-9\sqrt{2}$ **55.** $2-6\sqrt{3}$ **57.** $a-25$
59. $12-6\sqrt{x}$ **61.** $\dfrac{\sqrt{14}+\sqrt{10}}{2}$ **63.** 12
65. $\dfrac{2x\sqrt{x^2-2}-1}{\sqrt{x^2-2}}$ **67.** $\dfrac{3x^2-8}{\sqrt{x^2-2}}$
69. $\dfrac{\sqrt{2x}-\sqrt{2(x+h)}}{h\sqrt{x(x+h)}}$

EJERCICIOS 1.5

1. 1   **3.** 1   **5.** $-i$ **7.** $3+4i$ **9.** $5-\dfrac{\sqrt{3}}{6}i$
11. $9-6i$ **13.** $17+0i=17$ **15.** $13-13i$ **17.** 61
19. $-5-12i$ **21.** $1+4i$ **23.** $3-2i$ **25.** $\dfrac{6}{5}-\dfrac{3}{5}i$
27. $-\dfrac{1}{5}+\dfrac{2}{5}i$ **29.** $0-1i=-i$ **31.** $\dfrac{26}{29}-\dfrac{22}{29}i$ **33.** -5
35. $4-6i$ **39.** $0-1i=-i$

EJERCICIOS 1.6

1. $x=\dfrac{16}{5}$ **3.** $(-\infty,-\tfrac{1}{3}]$ **5.** $(\tfrac{23}{9},\infty)$ **7.** $x=-\dfrac{6}{29}$
9. $y=\dfrac{1}{2}$ **11.** $(-\infty,\tfrac{5}{9})$ **13.** No existe solución   **15.** $x=-\dfrac{9}{5}$
17. $a=4$ **19.** $x=\dfrac{3}{2}$ **21.** No existe solución   **23.** $y=\dfrac{2x+6}{5}$
25. $W=\dfrac{S+2LH}{2L+2H}$ **27.** $h=\dfrac{2A}{b_1+b_2}$ **29.** $y=\dfrac{1}{2}$ para $x\neq\dfrac{2}{3}$
31. $s>\dfrac{x-\mu}{1.96}$ **33.** $f=\dfrac{f_1f_2}{f_1+f_2}$ **35.** $x=\dfrac{2}{3-y}$
37. ←——○————●——→
     $-\tfrac{2}{3}$ $\tfrac{7}{3}$
39. ←————○——————○——→
     $\tfrac{1}{2}$ $\tfrac{5}{2}$
41. ←——○————○——→
     $-\tfrac{5}{3}$ $\tfrac{11}{6}$
43. ←——○————○——→
     $\tfrac{5}{3}$ $\tfrac{7}{2}$

45. s se multiplica por 9   **47.** E se divide entre 9
49. Sea x el número de cajas de 20 libras; entonces $50-x$ es el número de cajas de 25 libras. $20x+25(50-x)=1175$; $x=15$; 35 cajas de 25 libras, 15 cajas de 20 libras
51. Sea x el número de asientos de orquesta; entonces $56-x$ es el número de asientos de balcón. $48x+28(56-x)=2328$; $x=38$; 38 asientos de orquesta, 18 asientos de balcón

53. Sea t el número de minutos de trabajo de la máquina antigua; entonces $110-t$ es el número de minutos de trabajo de la nueva máquina. $50t+70(110-t)=7200$, $t=25$; 1250 copias
55. Sea x el número de onzas de solución al 20%. $0.20x+0.50(5)=0.30(x+5)$, $x=10$; 10 onzas.
57. Sea x la cantidad invertida en el certificado de alto riesgo; entonces $\$8000-x$ es la cantidad invertida en el certificado de bajo riesgo. $0.14x+0.09(8000-x)\geq 890$, $x\geq\$3400$; al menos \$3400.
59. Sea t el tiempo que tardan los dos tubos en llenar juntos la alberca. $\dfrac{t}{3}+\dfrac{t}{2}=1$, $t=\dfrac{6}{5}$; $1\tfrac{1}{5}$ días.
61. Sea t el tiempo que tarda en llenarse la tina con el drenaje abierto. $\dfrac{t}{10}-\dfrac{t}{15}=1$, $t=30$; 30 minutos.

EJERCICIOS 1.7

1. $x=12$, $x=-12$ **3.** $(-9,9)$ **5.** $[6,10]$
7. $x=\dfrac{11}{2}$, $x=-\dfrac{3}{2}$ **9.** $(-4,-1)$
11. $(-\infty,0)\cup(\tfrac{4}{3},\infty)$ **13.** $(0,3)$
15. $x=-\dfrac{3}{4}$, $x=-\dfrac{21}{4}$ **17.** $(-\infty,\tfrac{1}{3})\cup(\tfrac{7}{3},\infty)$
19. $(-\infty,-3]\cup[3,\infty)$ **21.** $x=-\dfrac{5}{2}$, $x=\dfrac{11}{2}$
23. $x=\dfrac{5}{2}$, $x=\dfrac{15}{2}$ **25.** $x=\dfrac{7}{3}$, $x=-1$
27. $x=2$, $x=1$ **29.** $x=-\dfrac{1}{3}$, $x=\dfrac{5}{3}$ **31.** $(-\tfrac{7}{3},\tfrac{17}{3})$
33. No existe solución   **35.** x^2+8 **37.** $4x^2+9$
39. No es posible   **41.** $\dfrac{5+x^6}{4}$

EJERCICIOS 1.8

1. $y=\pm\sqrt{65}$ **3.** $x=5,-\dfrac{3}{2}$ **5.** $x=\pm\sqrt{10}$
7. $x=-1\pm\sqrt{5}$ **9.** $a=\dfrac{4\pm\sqrt{43}}{2}$
11. $x=1\pm\sqrt{39}$ **13.** $x=3,-1$ **15.** $x=-\dfrac{4}{3}$
17. 1.60   **19.** 323   **21.** 30   **23.** $s=\sqrt{\dfrac{2gm}{K}}=\dfrac{\sqrt{2gmK}}{K}$
25. $a=\pm\sqrt{\dfrac{3b-2}{2x+3}}=\dfrac{\pm\sqrt{(3b-2)(2x+3)}}{2x+3}\ \left(x\neq-\dfrac{3}{2}\right)$
27. $\dfrac{s_e}{\sqrt{1-r_{xy}^2}}=\dfrac{s_e\sqrt{1-r_{xy}^2}}{1-r_{xy}^2}$
29. Sea x el número; $x+\dfrac{1}{x}=\dfrac{13}{6}$; $x=\dfrac{2}{3},\dfrac{3}{2}$
31. Sea w el ancho; entonces el largo $=2w+5$. $w(2w+5)=75$, $w=5$; 5 por 15

33. Sea x el ancho de la ruta. $(21 + 2x)^2 - (21)^2 = 184$, $x = 2$; 2 pies
35. $x = 4$ **37.** $x = 9$ **39.** $x = \pm 1, \pm 4$
41. No existe solución   **43.** $a = 81$ **45.** $x = \pm 3, -4$
47. $x = 3$

EJERCICIOS 1.9

1. $(-\infty, -6) \cup (4, \infty)$ **3.** $(-\frac{1}{2}, 2)$ **5.** $[-3, 8]$
7. $(-\infty, -1] \cup [\frac{5}{2}, \infty)$ **9.** $\left[-\frac{1}{5}, \frac{2}{3}\right]$
11. $(-\infty, -\frac{3}{2}) \cup (\frac{1}{2}, \infty)$ **13.** $(-\infty, \infty)$
15. $(-\infty, 1) \cup (1, \infty)$ **17.** $(-\infty, -1) \cup (1, \infty)$
19. $(-\infty, -4) \cup (-1, 1)$ **21.** $[2, \infty)$
23. $\left(\dfrac{3 - \sqrt{21}}{2}, \dfrac{3 + \sqrt{21}}{2}\right)$
25. $\left(-\infty, \dfrac{1 - \sqrt{17}}{4}\right] \cup \left[\dfrac{1 + \sqrt{17}}{4}, \infty\right)$
27. $(-\infty, -1)$ **29.** $(-\infty, -5) \cup [\frac{1}{2}, \infty)$ **31.** $(-1, 2)$
33. $(-\infty, \frac{1}{5}] \cup (2, \infty)$ **35.** $(-\infty, 0] \cup (1, \infty)$ **37.** $(-\frac{1}{2}, 1)$
39. $[-3, -1)$ **41.** $(-1, 2] \cup (3, \infty)$
43. $(-\infty, -1) \cup [0, 1)$ **45.** $(-\infty, -5) \cup (-3, 3)$
47. $[0, \infty)$ **49.** $(-\infty, -4) \cup (-1, 1) \cup (4, \infty)$
51. $\left(\dfrac{1}{3}, 1\right)$ **53.** $\left(\dfrac{1}{2}, \infty\right)$
55. Entre (e incluyendo) 16°C y 26°C

EJERCICIOS 1.10

1. (a) Sea s la longitud de un lado. $P = 84 = 4s \Rightarrow s = 21$ pulgadas; $A = s^2 = 441$ pulgadas cuadradas.   **(b)** Sea s la longitud de un lado. $P = x = 4s \Rightarrow s = \frac{x}{4}$; $A = s^2 = \frac{x^2}{16}$ pulgadas cuadradas.   **3.** Sea s la longitud de un lado.
$s^2 + s^2 = 5^2 \Rightarrow s = \frac{5}{\sqrt{2}}$; $A = s^2 = \frac{25}{2} = 12\frac{1}{2}$ pies cuadrados
5. Sea s la longitud de un lado y d la longitud de una diagonal. $A = 84 = s^2 \Rightarrow s = \sqrt{84}$; $d^2 = s^2 + s^2 \Rightarrow d = \sqrt{168} \approx 12.96$ pulgadas   **7.** Sea s la longitud de un lado y d la longitud de una diagonal:
$P = 4s \Rightarrow s = \frac{P}{4}$; $d^2 = s^2 + s^2 \Rightarrow d = s\sqrt{2} = \frac{P\sqrt{2}}{4}$
9. Sea s la longitud de un lado y d la longitud de una diagonal.
$d^2 = s^2 + s^2 \Rightarrow s = \frac{d}{\sqrt{2}}$; $P = 4s = 2d\sqrt{2}$
11. Sea d el diámetro y r el radio.
$r = \frac{d}{2} = \frac{8}{2} = 4$; $V = \frac{4}{3}\pi r^3 \Rightarrow V = \frac{256\pi}{3} \approx 268.08$ pies cúbicos
13. Sea d el diámetro y r el radio. $r = \frac{d}{2}$; $S = 4\pi r^2 \Rightarrow S = \pi d^2$
15. $A = 100$ pies cuadrados

17. $A = 4r^2$ **19. (a)** $A = 36\pi \approx 113.10$ pulgadas cuadradas
(b) $A = \pi(3t)^2 = 9\pi t^2$ pulgadas cuadradas
21. $4500\pi \approx 14\,137.17$ pulgadas cúbicas
23. $V = \dfrac{4}{3}\pi(3t)^3 = 36\pi t^3$ pulgadas cúbicas
25. Costo $= 8(500) = \$4000$
27. Sea s la longitud de un lado. $200 = s^2 \Rightarrow s = 10\sqrt{2}$; costo $= 8(4)(10\sqrt{2}) = 320\sqrt{2} \approx \$452.55$
29. Sea C la circunferencia y r el radio. $C = 2\pi r = 2\pi(5) = 10\pi$; costo $= 2(10\pi) = 20\pi \approx \$62.83$
31. Sea A el área, r el radio y C la circunferencia.
$A = 90 = \pi r^2 \Rightarrow r = \sqrt{\dfrac{90}{\pi}} = \dfrac{3\sqrt{10\pi}}{\pi}$; $C = 2\pi r = 6\sqrt{10\pi}$;
costo $= 3(6\sqrt{10\pi}) = 18\sqrt{10\pi} \approx \$100.89$ **33.** 100 millas

CAPÍTULO 1 EJERCICIOS DE REPASO

1. $\dfrac{817}{99}$ **3.** Propiedad conmutativa de la suma
5. $[-4, \infty)$ ⟵●——⟶
                       -4
7. $(-\infty, 3)$ ⟵——○⟶
                       3
9. $\sqrt{5} - 1$ **11.** 19
13. $\dfrac{38}{9}$ **15.** $-\dfrac{25}{6}$ **17.** $108x^5y^5$ **19.** $2x^2 + x - 21$
21. $25a^6 - b^2$ **23.** $27x^3 - 1$ **25.** $2x^3 - 9x^2 + 8x + 4$
27. $(x - 5)(x + 3)$ **29.** $(x - 2)(3xy - 6y + 5)$
31. $(5x - 3)^2$ **33.** $(a - 4)(a + 4)(a + 1)$
35. $(a - 1)(a^2 - a + 1)(a + 1)^2$
37. $\dfrac{1}{x + y}$ **39.** $\dfrac{3x^2 + x - 2}{x(x - 2)}$ **41.** $\dfrac{x + 2}{(x - 1)^2}$ **43.** $\dfrac{xy}{y - 6x}$
45. $\dfrac{y^2}{x^5}$ **47.** $\dfrac{1}{x^2}$ **49.** $\dfrac{3}{xy^3}$ **51.** $x^{49/60}$ **53.** $\dfrac{1}{16}$
55. $\dfrac{4x^5 + 8x^3 + x^2 + 4x}{2(x^2 + 1)^{3/2}}$ **57.** $3x^2(x^2 + 1)^{1/2}$
59. $2x\sqrt{x + 1} + \dfrac{x^2}{\sqrt{(x^2 + 1)^3}}$ **61.** $4x^6y^7\sqrt{3y}$
63. $\dfrac{5\sqrt{x}}{x^2}$ **65.** $2x - 4\sqrt{2x} + 4$ **67.** $8\sqrt{a} - 20$
69. $\dfrac{\sqrt{22} + \sqrt{6}}{4}$ **71.** $\dfrac{2\sqrt{x^2 - 4} - 2}{\sqrt{x^2 - 4}}$ **73.** $5 - i$
75. $24 + 10i$ **77.** $\dfrac{3}{2} - i$ **79.** $x = -\dfrac{2}{7}$ **81.** $\left[\dfrac{15}{38}, \infty\right)$
83. $x = \dfrac{38}{13}$ **85.** $\left[\dfrac{8}{9}, 1\right)$ **87.** $F = \dfrac{9C + 160}{5}$
89. Sea x la cantidad de agua pura.
$0x + 0.60(2) < 0.40(x + 2)$; $x > 1$; más de un litro.

91. $x = \frac{11}{7}, x = -1$ **93.** $(-\frac{1}{3}, \frac{11}{3})$
95. $(-\infty, -\frac{7}{2}] \cup [4, \infty)$ **97.** $x = -\frac{1}{3}, x = -1$
99. $7x^2 + 3$ **101.** $x = \frac{1 \pm \sqrt{33}}{2}$ **103.** $x = \pm\sqrt{5}$
105. $x = \frac{4}{3}, 5$ **107.** $x = -\frac{3}{2}, 5$ **109.** $x = 5$
111. $x = \frac{27}{8}, -1$
113. $x = \pm\sqrt{\frac{9 - 7y^2}{5}} = \frac{\pm\sqrt{5(9 - 7y^2)}}{5}$
115. $(-\infty, -\frac{1}{3}) \cup (5, \infty)$ **117.** No existe solución
119. $(-\infty, -1) \cup (\frac{2}{3}, \infty)$ **121.** $(0, 1]$ **123.** $10^4 \text{Å} = 1\,\mu$
125. Sea x el ancho de la ruta.
$\pi(x + 10)^2 - \pi(10)^2 = 44\pi, x = 2$ pies
127. Sea C la circunferencia. $C = 2\pi r$,
costo $= 3(2\pi r) = 6\pi r$ dólares

CAPÍTULO 1 EXAMEN DE PRÁCTICA

1. Propiedad del inverso multiplicativo
2. (a)
(b)

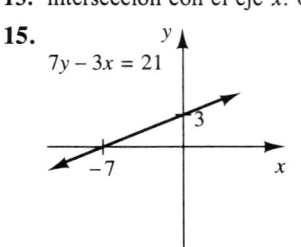

3. $\sqrt{5} - 1$ **4.** $\frac{26}{5}$ **5.** (a) $9a^6 - 4b^2$
(b) $3x^3 - 31x^2 + 75x + 25$ **6.** (a) $(5x - 2)(2x + 1)$
(b) $3(y + 3)(y^2 + 3y + 5)$ (c) $(x - 3)(x + 3)(x + 2)$
7. (a) $\frac{x + 3}{(x + 1)^2}$ (b) $\frac{ab}{a + 5b}$ (c) $\frac{(x^2 + y^2)(x + y)^2}{x^2 y^2}$
(d) $\frac{3x^2}{x^3 - 2}$ **8.** (a) $\frac{4x^2\sqrt{xy}}{3y}$ (b) $\frac{5x\sqrt{2x}}{2}$
(c) $9x^2 - 6x\sqrt{2} + 2$ (d) $\sqrt{10} + \sqrt{7}$
9. (a) $-16 - 30i$;   (b) $\frac{3}{10} - \frac{11}{10}i$ **10.** $x = \frac{5}{2}$ **11.** $(-17, \infty)$
12. $x = 0, -7$ **13.** $\left[-\frac{9}{2}, \frac{21}{2}\right]$ **14.** $(-\infty, \frac{3}{2}) \cup (\frac{11}{2}, \infty)$
15. $(-\infty, \infty)$ **16.** $x = 2, -1$
17. $x = \pm\sqrt{\frac{5}{3}} = \pm\frac{\sqrt{15}}{3}$ **18.** $x = \frac{7}{5}$ **19.** $x = 6, 5$
20. $[-1, \frac{3}{2}]$ **21.** $(-\infty, 1) \cup (4, \infty)$ **22.** $(-\infty, -\frac{1}{2}) \cup (2, \infty)$
23. $[-5, 0)$ **24.** Sea t el tiempo para procesar 200 formas.
$\frac{t}{3} + \frac{t}{2\frac{1}{3}} = 1, t = \frac{21}{16}, 1\frac{5}{16}$ horas
25. Sea $s = 0$; entonces $t = 4$: 4 segundos.   **26.** Sea A el área,
r el radio y C la circunferencia.
$A = \pi r^2 \Rightarrow r = \sqrt{\frac{A}{\pi}} = \frac{\sqrt{A\pi}}{\pi}$, $C = 2\pi r = 2\sqrt{A\pi}$,
costo $= 6(2\sqrt{A\pi}) = 12\sqrt{A\pi}$ dólares.

CAPÍTULO 2

EJERCICIQS 2.1

1. intersección con el eje x: -5; intersección con el eje y: 4
3. intersección con el eje x: 6; intersección con el eje y: 2
5. intersección con el eje x: $\frac{16}{3}$; intersección con el eje y: -2
7. intersección con el eje x: -3; intersección con el eje y: $-\frac{2}{3}$
9. intersección con el eje x: -3; no existe intersección con el eje y
11. intersección con el eje x: $-\frac{8}{5}$; intersección con el eje x: $\frac{4}{3}$
13. intersección con el eje x: 0; intersección con el eje y: 0

15. 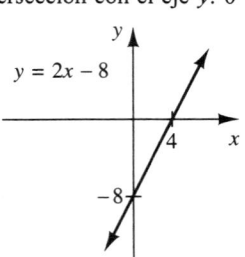   **17.**

19. 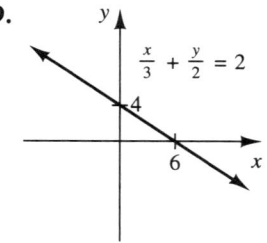   **21.**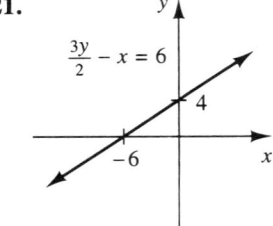

23. 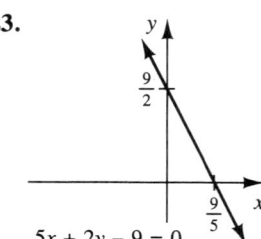   **25.**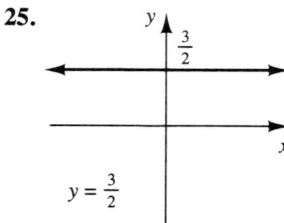

Respuestas a ejercicios seleccionados

27.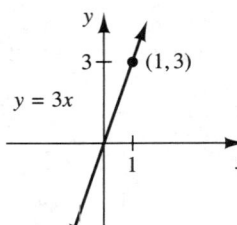

29.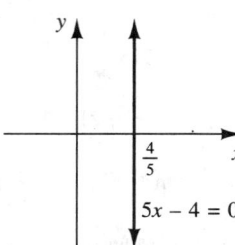

31.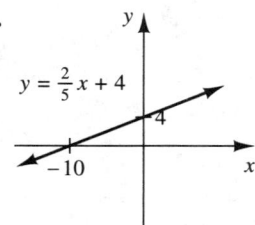

33.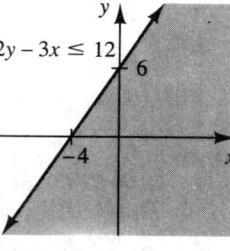

35.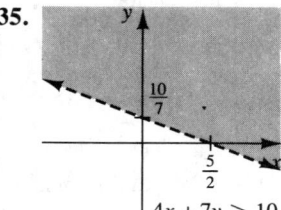

37.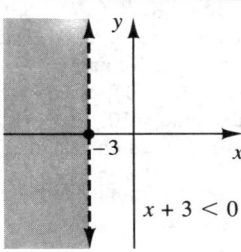

39.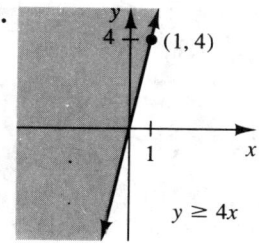

41.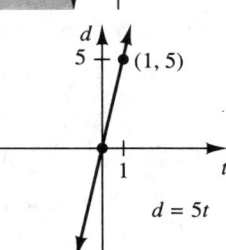

43.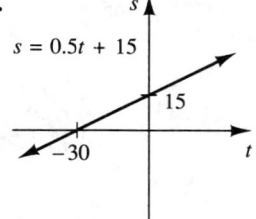

45. Longitud: $\sqrt{41}$; punto medio = $\left(-1, \dfrac{3}{2}\right)$ **47.** Longitud: $\sqrt{85}$; punto medio = $\left(0, \dfrac{1}{2}\right)$ **49.** Longitud: $|a|\sqrt{2}$; punto medio = $\left(\dfrac{a}{2}, \dfrac{a}{2}\right)$

51. $A = 15$ **53.** $A = \dfrac{13}{2}$ **55.** $w = 11, w = -5$ **57.** No

59. $(x-2)^2 + (y-3)^2 = 9$

61. $\left(x - \dfrac{1}{2}\right)^2 + (y-4)^2 = 36$ **63.** Centro: $(3, 2)$; $r = 4$

65. Centro $(0, 0)$; $r = 4$ **67.** Centro $(3, 5)$; $r = 5$

69. Centro: $(0, -3)$; $r = 3$

71.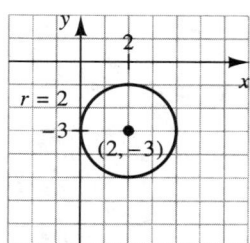

73. $(x-1)^2 + \left(y - \dfrac{3}{2}\right)^2 = \dfrac{205}{4}$

75. $(x-3)^2 + (y+5)^2 = 122$ **77.** $C = 4\pi\sqrt{17}$

79. $(x-3)^2 + (y+2)^2 = 4$

81. $(x-3)^2 + (y+3)^2 = 9$

83. (a) $x^2 + y^2 = 1$ (b) $\left(\dfrac{3}{5}, -\dfrac{4}{5}\right)$ y $\left(-\dfrac{\sqrt{3}}{2}, \dfrac{1}{2}\right)$

EJERCICIOS 2.2

1. $m = \dfrac{5}{3}$ **3.** $m = -1$ **5.** $m = -\dfrac{2}{3}$ **7.** $m = \dfrac{3}{2}$

9. $m = \dfrac{2}{3}$ **11.** $m = 0$ **13.** $m = \dfrac{4}{15}$ **15.** $m = \sqrt{3}$

17. $m = a + b$ **19.** $m = 1$

21.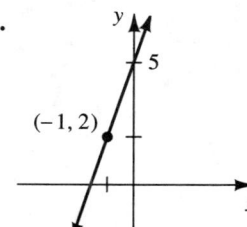

23.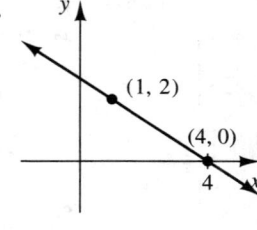

25.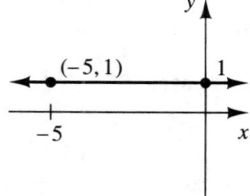

27. Paralela   **29.** Ninguno de los dos casos   **31.** Perpendicular

33. $c = 8$

35. $t = \dfrac{1}{4}$ **37.** $h = -\dfrac{1}{2}, h = 5$ **45.** $m_4 < m_2 < m_3 < m_1$

Respuestas a ejercicios seleccionados

EJERCICIOS 2.3

1. $y = 3x + 5$ **3.** $y = \dfrac{2}{5}x - \dfrac{11}{5}$

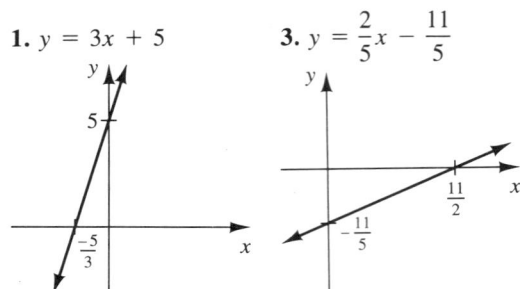

5. $y = 4x + 16$ **7.** $y = -\dfrac{1}{2}x + 7$ **9.** $y = 4x$
11. $y = -\dfrac{2}{3}x + 4$ **13.** $y = \dfrac{1}{5}x - 1$ **15.** $x = -3$
17. $y = -\dfrac{1}{3}x + 5$ **19.** $y = 5$ **21.** $y = -5$ **23.** $m = -2$
25. $m = \dfrac{2}{3}$ **27.** $m = \dfrac{1}{5}$ **29.** $m = -\dfrac{4}{3}$ **31.** $y = 4x - 9$
33. $y = \dfrac{4}{3}x + \dfrac{5}{3}$ **35.** $y = \dfrac{4}{5}x - 4$ **37.** $y = -\dfrac{7}{6}x + \dfrac{73}{6}$
39. $y = -x$ **41.** $y = 5$ **43.** $y = \dfrac{7}{2}x + 2$
45. $y = \dfrac{5}{3}x + 4$ **47.** $y = -\dfrac{5}{3}x - \dfrac{16}{45}$
49. $C = 0.30m + 29$
51. $A = \begin{cases} 7 \text{ si } 0 \le h \quad 35 \\ 0.12(h-35)+7 \text{ si } h > 35 \end{cases}$

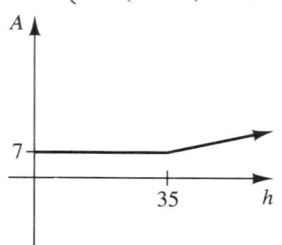

53. (a) $P = 10x + 100$ **(b)** $P = \$1000$
55. (a) $N = \dfrac{5}{3}s + 55$ **(b)** Aproximadamente 97
57. $V = -\dfrac{2125}{3}t + 8500$
59. (a) $C = 8.25d + 12\,375$ **(b)** $I = 49.95d$ **(c)** 297 días
(d) El punto de equilibrio ocurre donde se intersecan las gráficas.

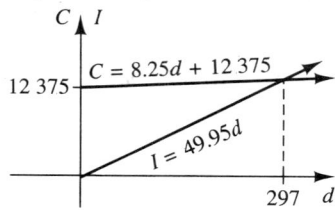

61. (a) $N = 275 - 10\left(\dfrac{P - 62.50}{2.50}\right)$ **(b)** 225   **(c)** \$71.25
63. $C = \dfrac{5}{9}(F - 32)$; $37°C$ **65. (a)** $h = 3.8f - 2.3$
(b) 195.3 cm   **67.** $y = \dfrac{5}{12}x - \dfrac{169}{12}$
69. Las tres respuestas son $x < -\dfrac{3}{2}$.

EJERCICIOS 2.4

1. $\{(A, 10), (B, 20), (C, 30)\}$; Dominio $= \{A, B, C\}$;
Rango $= \{10, 20, 30\}$; es una función.
3. $\{(6, A), (6, B), (10, B), (15, C), (19, D)\}$;
Dominio $= \{6, 10, 15, 19\}$; Rango $= \{A, B, C, D\}$; no es una función.   **5.** $\{(A, 7), (B, 7), (C, 7), (D, 7)\}$;
Dominio $= \{A, B, C, D\}$; Rango $= \{7\}$; es una función.
7. Dominio $= \{-4, 2, 4\}$; Rango $= \{-5, -3, 0, 6\}$; no es una función.   **9.** Dominio $= \{-\sqrt{3}, -1, 0, 1, \sqrt{3}\}$;
Rango $= \{0, 1, 3\}$; es una función.
11. Dominio $= \{0, 1, 2, 3, 4, 5\}$;
Rango $= \{5\}$; es una función.

<u>Todas</u> las ecuaciones de los ejercicios 13-42 definen a y como función de x.

13. Todos los números reales   **15.** $\{x \mid x \ne 2\}$ **17.** $(-\infty, \infty)$
19. $[-2, \infty)$ **21.** $\left\{x \mid x \ne -\dfrac{4}{3}\right\}$ **23.** $\{x \mid x \ne 0\}$
25. $(-\infty, -3) \cup (3, \infty)$ **27.** Todos los números reales
29. Todos los números reales   **31.** $\left\{x \mid x \le \dfrac{8}{5}\right\}$
33. Todos los números reales   **35.** $\{x \mid x \ge -5, x \ne 3\}$
37. $\left(0, \dfrac{3}{2}\right)$ **39.** $\{x \mid x \ne 5\}$ **41.** $\{x \mid x \ne \pm 4\}$
43. Función   **45.** No es una función   **47.** Función
49. Dominio $= (-\infty, \infty)$; Rango $= [-3, \infty)$
51. Dominio $= (-\infty, \infty)$; Rango $= (-\infty, 6]$
53. Dominio $= [-5, 5]$; Rango $= [-3, 3]$
55. $C = 0.11m + 110$ **57.** $d = 60 - 2t$

EJERCICIOS 2.5

1. 28   **3.** $\sqrt{37}$ **5.** 161   **7.** $-\dfrac{1}{3}$ **9.** $5x + 8$
11. $3x^2 - 10x + 8$ **13.** $\sqrt{4x^2 - 3}$ **15.** $27x^2 - 12x + 1$
17. $20x + 33$ **19.** $3x^2 + 6xh + 3h^2 - 4x - 4h + 1$
21. $\dfrac{9}{10}$ **23.** $\dfrac{1}{\sqrt{14}} = \dfrac{\sqrt{14}}{14}$ **25.** $\dfrac{1}{3}$ **27.** $\dfrac{1}{\sqrt{t^2 - 1}}$
29. Indefinido   **31.** $\dfrac{x + 1}{x + 2}$ **33.** $\sqrt{5}$ **35.** $\dfrac{40}{41}$ **37.** $\dfrac{a}{a + 3}$
39. $\dfrac{x - 1}{x}$ **41.** $20x + 25$ **43.** $\dfrac{1}{x - a}$ **45.** $\dfrac{1}{x} - \dfrac{1}{a}$
47. $\dfrac{1}{x} - a$ **49.** 156   **51.** 45   **53.** $\dfrac{1}{x^2 - x}$ **55.** $k^2x^2 - kx$

Respuestas a ejercicios seleccionados **R7**

57. $-\dfrac{7}{3}$ **59.** $\dfrac{1}{x^2} - \dfrac{1}{x} = \dfrac{1-x}{x^2}$ **61.** $x + 2$ **63.** -3
65. $2x + h - 3$ **67. (a)** -14 **(b)** 0 **(c)** 35 **69. (a)** 1
(b) Indefinido **(c)** $\dfrac{3}{2}$ **(d)** Indefinido **71. (a)** $h(1) = 34$;
$h(2) = 36$; $h(3) = 6$ **(b)** 3.125 segundos

11. (a) 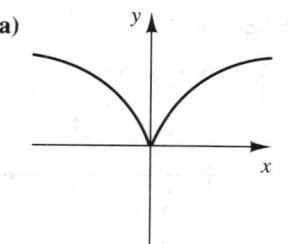 **(b)**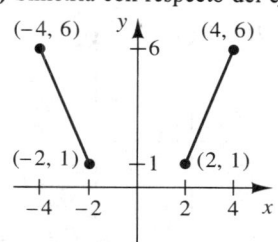

EJERCICIOS 2.6

1. (a) 2 **(b)** 2 **(c)** 1 **(d)** -1 **(e)** -1 **(f)** $x < 0$
(g) $x = 0$ **(h)** $x > 0$ **(i)** Ninguno **(a)** 5 **(b)** 1 **(c)** 3
(d) -1 **(e)** 2 **(f)** 3, 5 **(g)** $[-4, 3) \cup (5, 6]$ **(h)** $(3, 5)$
(i) $[-4, 6]$ **(j)** $[-1, 5]$ **5. (a)** Indefinido **(b)** 4
(c) Indefinido **(d)** -3 **(e)** 1 **(f)** $(-7, -3] \cup [1, 6)$
(g) $[-3, 2) \cup [3, 5)$ **7. (a)** -1.2 y 3.3 **(b)** -1.2 y
3.2 **9. (a)** -0.4 y 3.4 **(b)** -0.3 y 3.3
11. (a) $-0.6, 0,$ y 1.6 **(b)** $-0.6, 0,$ y 1.6
13. (a) $F(x) \to 1$ **(b)** $F(x) \to -4$ **(c)** $F(x) \to \infty$
15. (a) $[-\infty, -6] \cup [-2, \infty)$ **(b)** $[-6, -2]$
(c) $[-7, -3] \cup [-1, \infty)$ **(d)** $(-7, -3) \cup (-1, \infty)$
(e) $(-\infty, -7) \cup (-3, -1)$ **17. (a)** $[3, \infty)$
(b) $(-\infty, 3]$ **(c)** $(-\infty, \infty)$ **(d)** $(-\infty, 3) \cup (3, \infty)$
(e) En ningún punto **19. (a)** $[-\infty, 0) \cup [0, 2]$ **(b)** $[5, \infty)$
(c) $[2, 5]$ **(d)** $(-\infty, 0) \cup (0, 7)$ **(e)** $(7, \infty)$ **21. (a)** 3
(b) 5 **(c)** 0 **(d)** $-5, -3, 5$ **(e)** 2 **23. (a)** 3 **(b)** 3
(c) Ninguno **25. (a)** $[-7, -6) \cup (-2, 4)$
(b) $(-6, -2) \cup (4, 6]$ **(c)** $[-7, -6] \cup [-2, 4]$
27. (a) 4 **(b)** $[-7, -6) \cup (-2, 4)$ **(c)** $[-6, -2] \cup [4, 6]$
29. (a) 3 **(b)** 4 **(c)** 5 **(d)** $-9, -2, 4$ **(e)** $-7, -3, 7$
31. (a) 3 **(b)** 3 **(c)** 1 **33. (a)** $(-\infty, -7) \cup (-3, 7)$
(b) $(-7, -3) \cup (7, \infty)$ **(c)** $(-\infty, -7] \cup [-3, 7]$
35. (a) -5 **(b)** $(-\infty, -7) \cup (-2, 7)$ **(c)** $[-7, -2] \cup [7, \infty)$
37. (a) El número de cada tipo de paramecio aumenta y después disminuye. **(b)** El número de aurelia aumenta, mientras que caudatum se extinguen. **39. (a)** 13 **(b)** 700

13. (a) Simetría con respecto del eje y

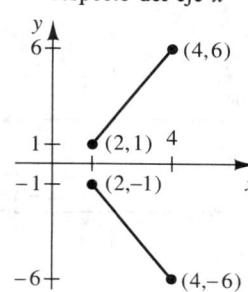

(b) Simetría con respecto del eje x

(c) Simetría con respecto del origen

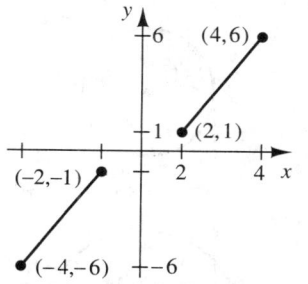

15. (a) Simetría con respecto del eje y

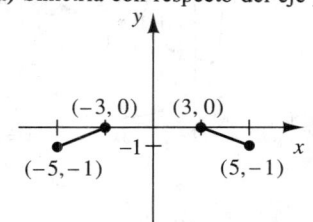

(b) Simetría con respecto del eje x

(c) Simetría con respecto del origen

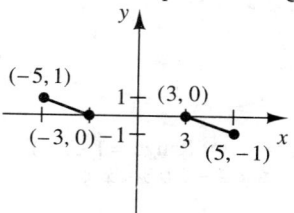

17. Simetría con respecto del eje y **19.** Simetría con respecto del origen **21.** Ninguna **23.** Simetría con respecto del origen
25. Simetría con respecto del eje y **27.** Simetría con respecto del origen **29.** Simetría con respecto del eje y **31.** Simetría con respecto del origen **33.** Ninguna

EJERCICIOS 2.7

1. Simetría con respecto del eje y **3.** Simetría con respecto del eje x **5.** Simetría con respecto del origen **7.** Ninguna
9. (a) 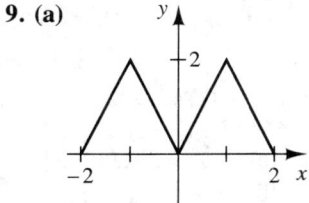 **(b)**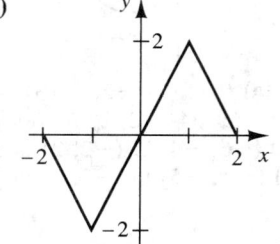

CAPÍTULO 2 EJERCICIOS DE REPASO

1.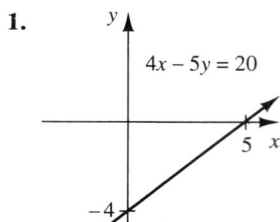

3. $3x + 7y + 14 \leq 0$
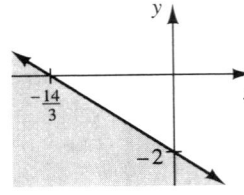

5.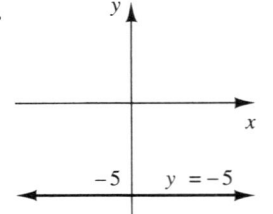

7.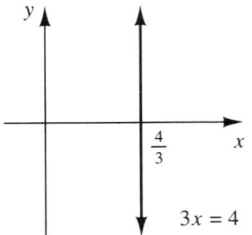

9.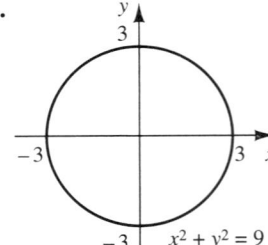

11.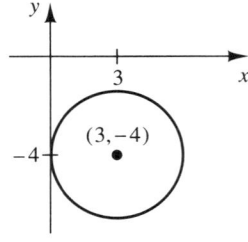

13.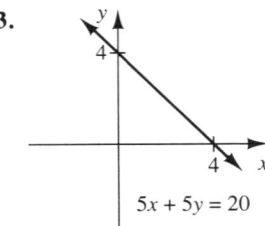

15.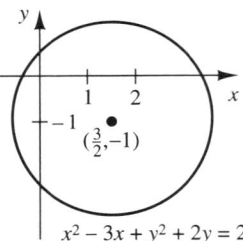

17.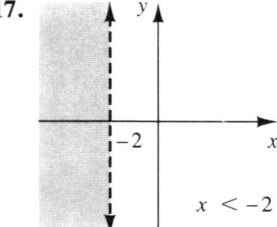

19. (a) Sí **(b)** Dominio $= (-\infty, \infty)$ **(c)** Rango $= [-5, \infty)$
21. (a) Sí **(b)** Dominio $= \{x | -5 \leq x \leq -2 \text{ o } 3 < x < 5\}$
(c) Rango $= \{y | -5 < y \leq 4\}$
23. Cuando $x = 2$, $y = 16$; cuando $x = -2$, $y = 16$; es una función
25. $y = -\frac{9}{5}x - \frac{7}{5}$
27. $t = \pm 9$ **29.** $(x + 4)^2 + (y - 1)^2 = 49$
31. Centro: $(-4, 1)$; $r = 5$ **33.** $(x + 5)^2 + (y - 4)^2 = \frac{1}{4}$
35. $\left(x - \frac{1}{2}\right)^2 + \left(y - \frac{1}{2}\right)^2 = \frac{41}{2}$ **37.** $\left\{x | x \leq \frac{5}{3}\right\}$
39. $\{x | x \neq -1, 4\}$ **41.** $[0, 6]$ **43.** $\{x | x > -4\}$
45. $f(-3) = -22; f(2x) = -4x^2 + 8x - 1; 2f(x) = -2x^2 + 8x - 2$ **47.** $h(2) = h(10) = h(-3) = \sqrt{5}$
49. $g\left(\frac{1}{2}\right) = 0$; $g(-5)$ no está definido; $g(t + 1) = \frac{2t + 1}{t + 6}$
51. $f(0) = -1; f(-1) = 0; f(-5) = 17$ **53.** $-10x + 26$
55. $\frac{3}{t(t + h)}$ **57. (a)** $f(-4) = -2; f(-2) = 2; f(0) = 3;$
$f(1) = 3$ **(b)** $-5, -3, 4$ **(c)** $(-\infty, -5) \cup (-3, 4)$
(d) $(-5, -3) \cup (4, \infty)$ **(e)** $[-4, -1]$
(f) $(-\infty, -4) \cup [2, \infty)$ **(g)** $[-1, 2]$ **59.** Simetría con respecto del eje y **61.** Simetría con respecto del eje x **63.** Ninguna
65. Simetría con respecto del origen **67.** Simetría con respecto del origen **69.** 89.5 **71.** $A = (6 + 2.5t)^2$

CAPÍTULO 2 EXAMEN DE PRÁCTICA

1. (a) -9 **(b)** $-2x^2 - 21x - 49$ **(c)** $-32x^2 - 20x + 3$
(d) $-2x^4 - 5x^2 + 3$ **(e)** $-4x - 2h - 5$ **2. (a)** $-\frac{7}{4}$
(b) $\frac{2 + t}{1 - 2t}$ **3.** $\frac{-3}{(x + 2)(x - 3)}$ **4.**

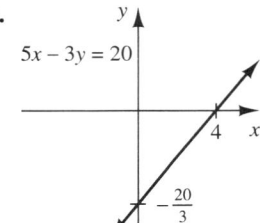

5. $y = \frac{3}{4}x - 3$ **6.** $y = -\frac{7}{3}x - \frac{29}{3}$
7. No es una función. **8.** $(x + 1)^2 + \left(y - \frac{1}{2}\right)^2 = \frac{65}{4}$

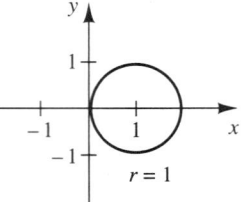

9. (a) $f(-5) = -2; f(-3) = 3; f(0) = -1; f(4) = 4$
(b) $-6, -4, -2, 2, 7$ **(c)** $(-\infty, -6) \cup (-4, -2) \cup (2, 7)$
(d) $(-6, -4) \cup (-2, 2) \cup (7, \infty)$ **(e)** $[-5, -3] \cup [0, 3]$
(f) $(-\infty, -5] \cup [-3, 0] \cup [5, \infty)$ **(g)** $[3, 5]$

10. (a) 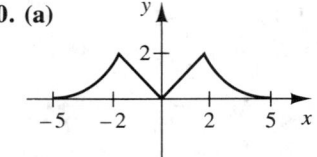 (b) 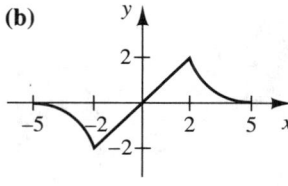 (c)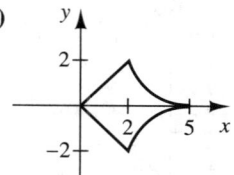

11. (a) Ninguna (b) Simetría con respecto del eje y
(c) Simetría con respecto del origen

12. $C = 3.5[2w + 2(4w - 3)] = 3.5(10w - 6)$

CAPÍTULO 3

EJERCICIOS 3.1

1. 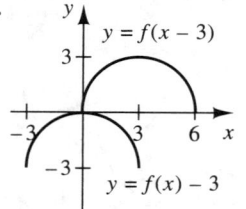 **3.**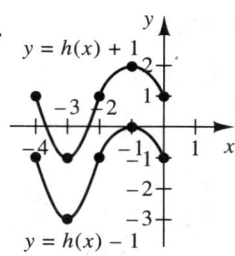

5. 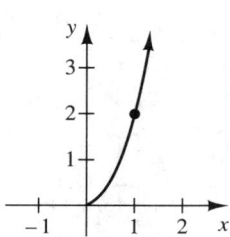 **7.**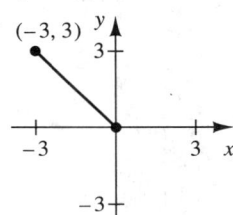

9. 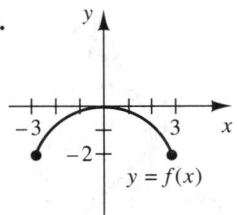 **11.**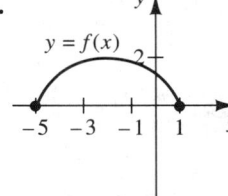

13. 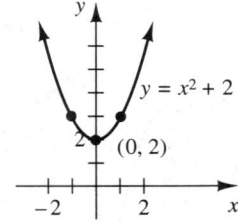 **15.**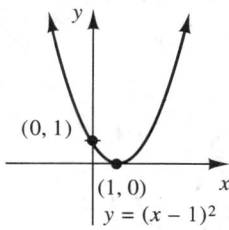

17. 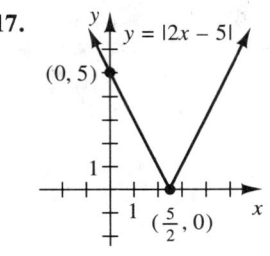 **19.**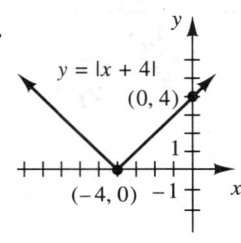

21. 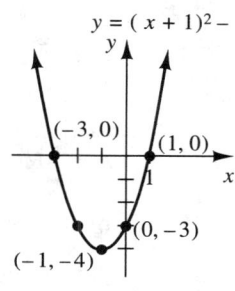 **23.**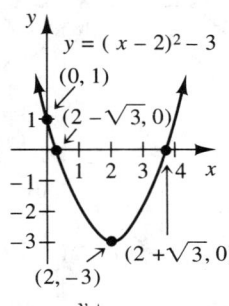

25. 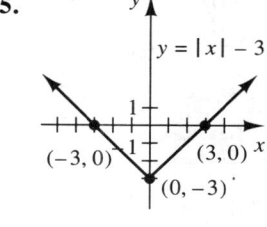 **27.**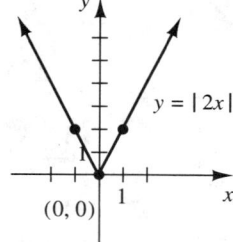

29. 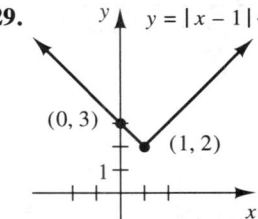 **31.**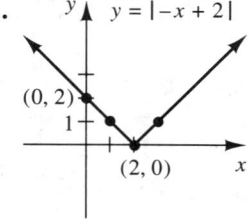

33. 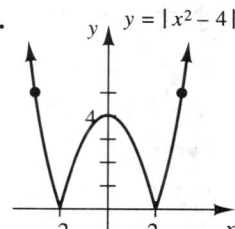 **35.**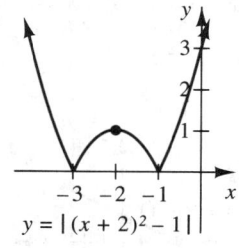

Respuestas a ejercicios seleccionados

37.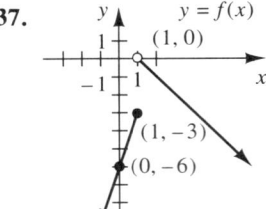
39.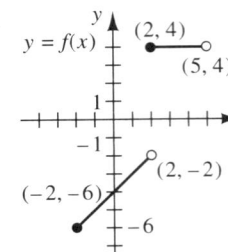
7. (a) 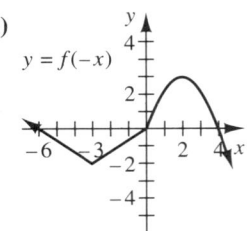 **(b)**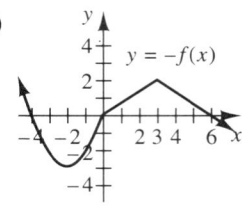

41.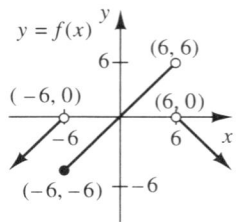
43.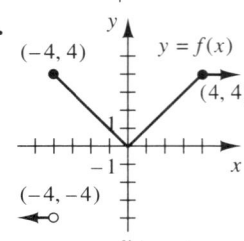
9. (a) $y = |f(x)| + 2$ 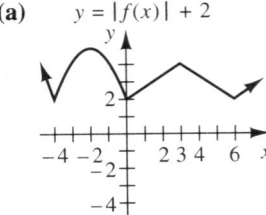 **(b)** $y = |f(x + 2)|$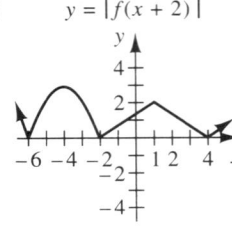

45.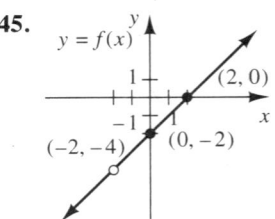
47.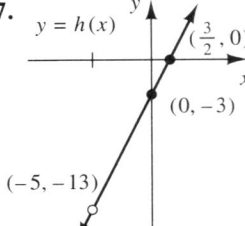
11. (a) 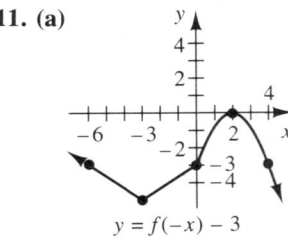 **(b)**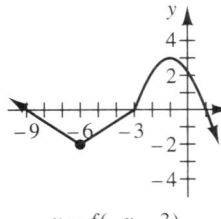

49.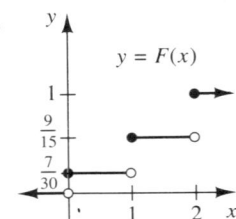
51.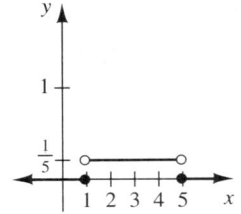
13.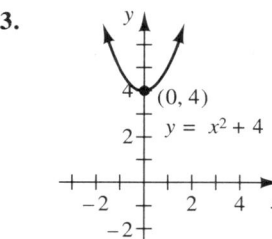
15.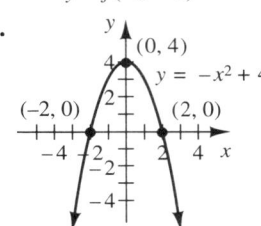

EJERCICIOS 3.2

17.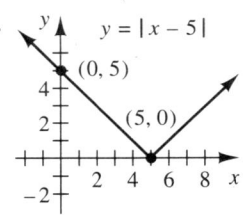
19.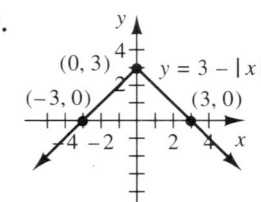

1.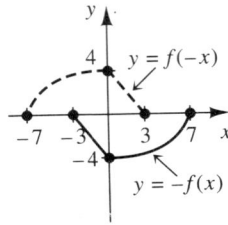
3.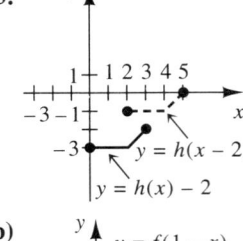

21. $y = (x+1)^2 + 1$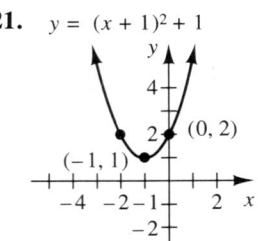
23. $y = |x^2 - 9|$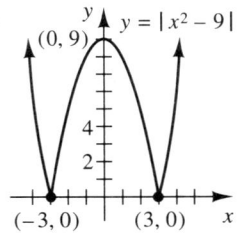

5. (a) 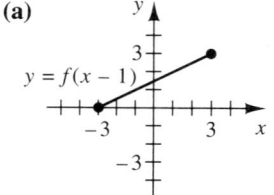 **(b)**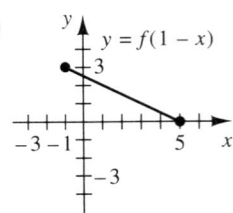

25.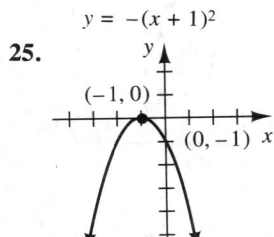
$y = -(x+1)^2$

27.
(graph with $y = f(x)$, points $(-4, 0)$, $(4, 0)$, $(0, -4)$)

29.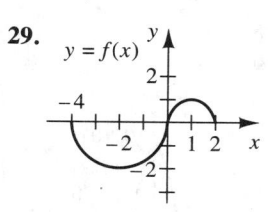
$y = f(x)$

31.
(graph with $y = f(x)$)

33. Recorra $y = f(x)$ 4 unidades hacia abajo **35.** Refleje $y = f(x)$ con respecto del eje y **37.** Grafique $y = f(x)$; después considere la porción de la gráfica bajo el eje x y refleje con respecto del eje x. **39.** Refleje $y = f(x)$ con respecto del eje x y recorra 3 unidades hacia arriba. **41.** Recorra $y = f(x)$ 3 unidades a la izquierda y 4 unidades hacia arriba. **43.** Recorra la gráfica de $y = f(x)$ 2 unidades hacia la izquierda y refleje con respecto del eje y. **45.** 6 **47.** -3

49.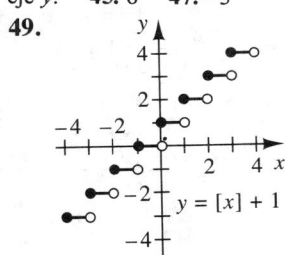
$y = [x] + 1$

51.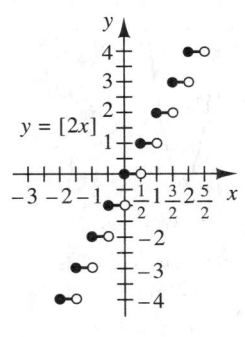
$y = [2x]$

53.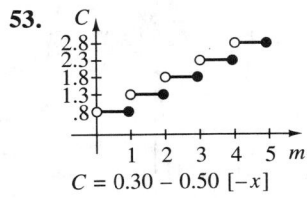
$C = 0.30 - 0.50 [-x]$

EJERCICIOS 3.3

1. (a) $y = \dfrac{6(9+x)}{x}, x > 0$ (b) $A = \dfrac{3(9+x)^2}{x}, x > 0$

3. $A = \dfrac{1}{2}\pi r^2 - \dfrac{1}{2}(5x) = \dfrac{1}{2}(\pi r^2 - 5\sqrt{4r^2 - 25}), r \geq \dfrac{5}{2}$

5. $V = 80 = x^2 h, \Rightarrow h = \dfrac{80}{x^2}$.

$A = 2x^2 + 4xh = 2x^2 + 4x\left(\dfrac{80}{x^2}\right) = \dfrac{2x^3 + 320}{x}, x > 0$

7. Como $C = 2\pi r$, $r = \dfrac{C}{2\pi}$. Por lo tanto

$A = \pi r^2 = \pi \left(\dfrac{C}{2\pi}\right)^2 = \dfrac{C^2}{4\pi}, C > 0$.

9. Como $\dfrac{20}{x+s} = \dfrac{6}{s}, s = \dfrac{3x}{7}, x > 0$.

11. Como $\dfrac{1-0}{4-a} = \dfrac{1-b}{4-0}, b = \dfrac{a}{a-4}$. Por lo tanto,

$A = \dfrac{1}{2}ab = \dfrac{1}{2}a\left(\dfrac{a}{a-4}\right) = \dfrac{a^2}{2(a-4)}, a > 4$.

13. A = área del rectángulo + área de los dos semicírculos

$= \dfrac{(200 - 2\pi r)(2r)}{2} + 2\left(\dfrac{1}{2}\right)\pi r^2$

$= 200r - \pi r^2, 0 < r < \dfrac{100}{\pi}$.

15. Si h es la altura del globo, entonces $h = rt = 5t$.

$d = \sqrt{120^2 + h^2} = \sqrt{120^2 + (5t)^2}$

$= \sqrt{14400 + 25t^2}, \quad t \geq 0$

17. (a) Si s es la longitud del lado del cuadrado, entonces la longitud del cable para el cuadrado es $4s$. Así, la longitud del cable para el círculo es $30 - 4s$. Por lo tanto, $2\pi r = 30 - 4s$ y $r = \dfrac{30 - 4s}{2\pi}$. El área del círculo es $\pi\left(\dfrac{30 - 4s}{2\pi}\right)^2 = \dfrac{(15 - 2s)^2}{\pi}$. El área del círculo y el cuadrado es

$s^2 + \dfrac{(15-2s)^2}{\pi}, 0 \leq s \leq \dfrac{15}{2}$. (b) Utilizamos el mismo razonamiento que en la parte (a), si r es el radio del círculo, entonces el área del cuadrado y del círculo es $\pi r^2 + \dfrac{(15 - \pi r)^2}{4}$,

$0 \leq r \leq \dfrac{15}{\pi}$.

19. $R(n) = (24 - .50n)(3500 + 80n), 0 \leq n \leq 48$

21. $R = R(n) = (9 + 0.5n)(8500 - 225n) = -112.5n^2 + 2225n + 76\,500$, para $0 \leq n \leq 37$

23. Sea x el lado de la barda adyacente a la casa; entonces el lado opuesto a la casa mide $80 - 2x$. $A = x(80 - 2x)$, $0 < x < 40$.

25. Sea x la longitud de los lados verticales de la barda. Si a es la longitud de todo un horizontal completo, entonces el costo C es $C = 3(2x) + 5(2x) + 5(2a)$, o $240 = 16x + 10a$.

Por lo tanto, $a = \dfrac{120 - 8x}{5}$. El área comprendida es

$A = xa = x\left(\dfrac{120 - 8x}{5}\right) = -\dfrac{8}{5}x^2 + 24x, 0 < x < 15$.

27. (a) $L = L(x) = 4x + \dfrac{1600}{3x}$, para $x > 0$

(b) $C = C(x) = 72x + \dfrac{9600}{x}$, para $x > 0$.

29. $L = \sqrt{x^2 + 1} + (6 - x)$, para $0 \leq x \leq 6$.

31. $I = \begin{cases} 0.0165b & \text{para } 0 \leq b \leq 2000 \\ 33 + 0.0125(b - 2000) & \text{para } b > 2000 \end{cases}$

33. $V = 18x(1 - 2x) = 18x - 36x^2$, para $0 < x = \frac{1}{2}$

35. Como $S = 4\pi r^2$, $r = \sqrt{\dfrac{S}{4\pi}}$. Por lo tanto
$$V = \frac{4}{3}\pi r^3 = \frac{4}{3}\pi\left(\sqrt{\frac{S}{4\pi}}\right)^3 = \frac{S\sqrt{\pi S}}{6\pi},\ S \geq 0.$$

37. $V = \pi r^2 h = \pi r^2(10) \Rightarrow r^2 = \dfrac{V}{10\pi}$. Por lo tanto,
$$S = 2\pi rh + 2\pi r^2 = 20\pi\sqrt{\frac{V}{10\pi}} + 2\pi\left(\frac{V}{10\pi}\right)$$
$$= 2\sqrt{10\pi V} + \frac{V}{5},\ \text{para } V > 0.$$

39. $D = \sqrt{x^4 - 13x^2 + 2x + 50}$, para todo real x

41. $D = \sqrt{y^2 - 7y + 12}$, para $y \leq 3$

43. $D = \sqrt{x^2 + x}$, para $x \geq 0$.

EJERCICIOS 3.4

1.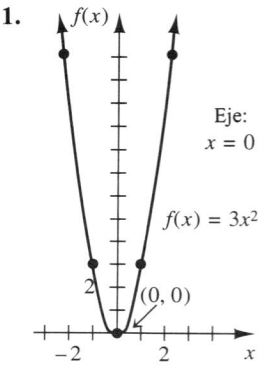

3.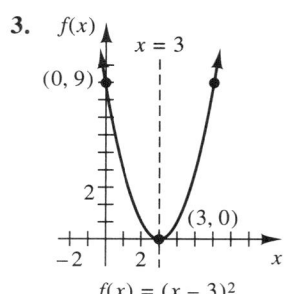

5.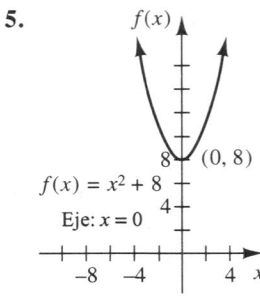

7.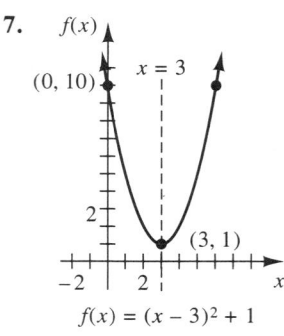

9.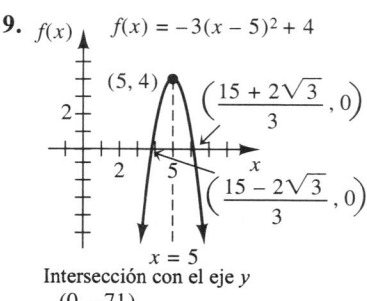

11. Intersección con el eje y $(0, 35)$
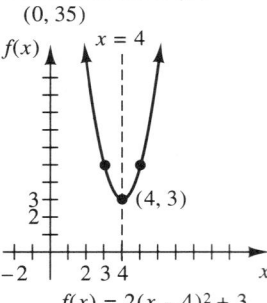

13.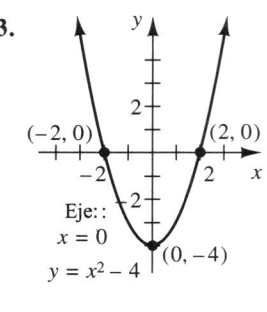

15.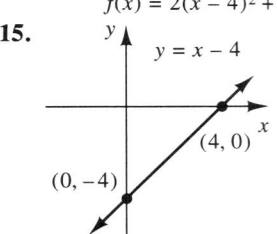

17.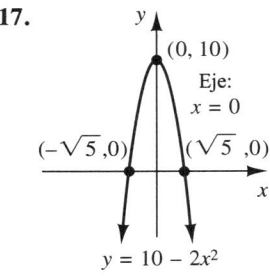

19.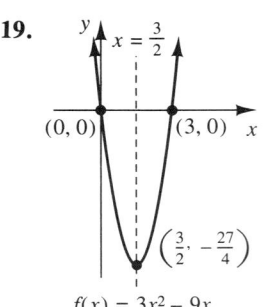

21.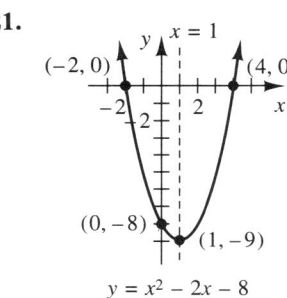

23. Intersección con el eje y $(0, 21)$
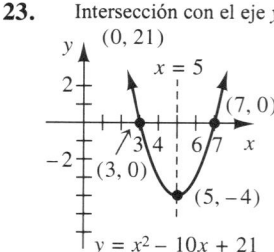

25.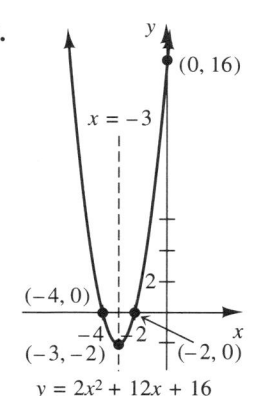

27.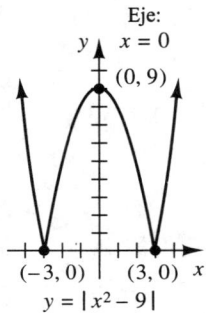
$f(x) = -2x^2 + 6x - 4$

29.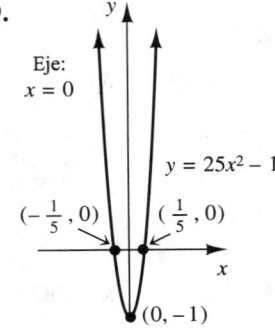
$y = 25x^2 - 1$

31.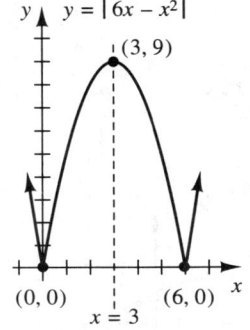
$y = |x^2 - 9|$

33.
$y = |6x - x^2|$

35. El máximo es 36   **37.** El máximo es $-\dfrac{27}{2}$

39. El mínimo es -36 **41.** El mínimo es $\dfrac{27}{2}$

43. (a) 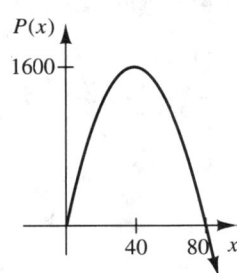   (b) $x = 40$ artículos   (c) Ganancia: $1600 diarios

45. $x = 12$ mesas; $425.92

47. $t = 27$ segundos; 11 664 pies

49. Sea x un lado; entonces el lado adyacente mide $\dfrac{100 - 2x}{2} = 50 - x$. $A = x(50 - x) = -x^2 + 50x$. El área máxima se alcanza en $x = 25$: 25×25 pies.

51. Sea x un número; entonces el otro número es $104 - x$. $P = x(104 - x) = -x^2 + 104x$. El producto máximo ocurre en $x = 52$: 52 y 52.

53. Como $800 = 3x + 2y$, entonces $y = \dfrac{800 - 3x}{2}$. Por lo tanto, $A = xy = x\left(\dfrac{800 - 3x}{2}\right) = -\dfrac{3}{2}x^2 + 400x$. El área máxima es $x = \dfrac{400}{3}$ pies: $x = 133\dfrac{1}{3}$ pies, $y = 200$ pies.

55. (a) 15   (b) $5   (c)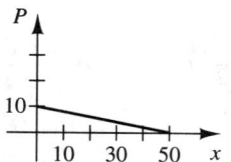

(d) $R(x) = 10x - \dfrac{x^2}{5}$ (e) 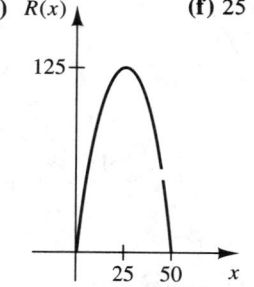   (f) 25 artículos; $5

57. $\dfrac{72}{\pi + 4}$ **59.** $1075   **61.** (a) $3.50   (b) $3.67

63. 10.5 libras

65. $f\left(-\dfrac{B}{2A}\right) = \dfrac{4AC - B^2}{4A}$

67. (a)   (b)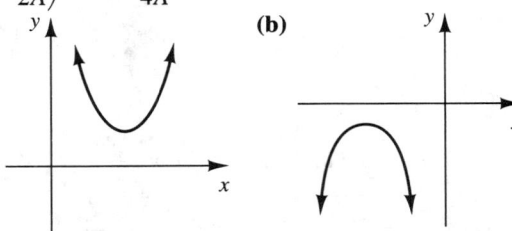

(c) No, pues $A > 0$ significa que la parábola se abre hacia arriba, mientras que $B^2 - 4AC < 0$ significa que no existen intersecciones con el eje x.   **69.** (a) en $x = -1$ y $x = 4$ (b) $(-\infty, -1) \cup (4, \infty)$ (c) $(-1, 4)$

71. (a) 4   (b) 2   **73.** (a) 3   (b) $\dfrac{1}{3}$

EJERCICIOS 3.5

1. 11   **3.** $-\dfrac{5}{6}$ **5.** $\dfrac{2}{5}$ **7.** $-\dfrac{5}{2}$ **9.** 187   **11.** 5

13. $2x^2 + 2x - 5$ **15.** $2x^2 - 4x - 1$; Dominio = todos los números reales   **17.** $\dfrac{1}{5x}$, $x \neq 0$ **19.** $x^3 - 2x^2 + x + 2$; Dominio = todos los números reales   **21.** $\dfrac{4(3x - 2)}{x + 2}$, $x \neq -2$

23. $18x^2 - 27x + 7$; Dominio = todos los números reales

25. $\dfrac{1 - x^3}{x^3}$, $x \neq 0$ **27.** 5, $x \neq -2$

29. $27x^3 - 54x^2 + 36x - 9$; Dominio = todos los números reales   **31.** $\dfrac{x + 2}{4}$, $x \neq -2$

33. (a) $\sqrt{2x-6}$; $[3, \infty)$ (b) $2\sqrt{x+1} - 7$; $[-1, \infty)$
35. (a) $\dfrac{18 + 6t}{(t-3)^2}$, $t \neq 3$ (b) $\dfrac{6}{t^2 + t - 3}$,
$t \neq \dfrac{-1 \pm \sqrt{13}}{2}$ (c) $t^4 + 2t^3 + 2t^2 + t$ (d) $\dfrac{2t - 6}{5 - t}$,
$t \neq 5, 3$ **37.** (a) $\dfrac{1}{\sqrt{2x+3}}$, $x > -\dfrac{3}{2}$ (b) $\dfrac{3x + 2\sqrt{x}}{x}$,
$x > 0$ (c) $\dfrac{\sqrt{3x^2 + 2x}}{x}$, $x \leq -\dfrac{2}{3}$ o $x > 0$
39. $f(x) = x^3$; $g(x) = x + 3$ **41.** $f(x) = x^2$; $g(x) = \dfrac{x + 4}{x - 1}$
43. $f(x) = x + 6$; $g(x) = \dfrac{1}{x}$ **45.** $g(x) = \dfrac{2}{5}x + 2$
47. $g(x) = \dfrac{8 - x}{5}$ **49.** (a) $N(h) = 75h^2 + 1700h + 14{,}625$
(b) 22 625 (c) Más allá del dominio dado de N
51. (a) 522.6 (b) 89.7 (c) $P = 41.6 + \dfrac{481}{n}$

EJERCICIOS 3.6

1. Sí **3.** No **5.** Sí **17.** $f^{-1}(x) = \dfrac{x + 9}{5}$
19. $F^{-1}(x) = \dfrac{\sqrt[3]{4x - 4}}{2}$ **21.** $h^{-1}(x) = \dfrac{1 - 4x}{x}$
23. $f^{-1}(x) = \dfrac{(x + 7)^2}{4}$, $x \geq -7$ **25.** $h^{-1}(x) = \sqrt{x + 1}$
27. $g^{-1}(x) = \dfrac{2x + 5}{3x - 2}$ **29.** $f^{-1}(x) = x^{5/3}$
31. $f^{-1}(x) = (x - 1)^{-7/5}$, $x \neq 1$ **33.** $f^{-1}(x) = \dfrac{x + 6}{7}$
35. $f^{-1}(x) = \dfrac{3}{1 - x}$ **37.** $f^{-1}(x) = \dfrac{x - 3}{2x + 5}$
39. $f^{-1}(x) = \sqrt{x}$; $D_f = D_{f^{-1}} = \{x \mid x \geq 0\}$; $R_f = R_{f^{-1}} = \{y \mid y \geq 0\}$

41. 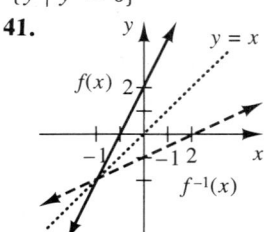 **43.**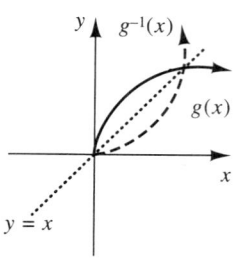

45. 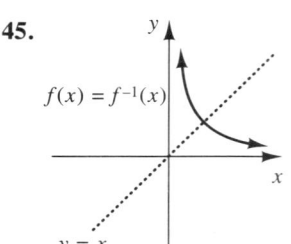 **47.**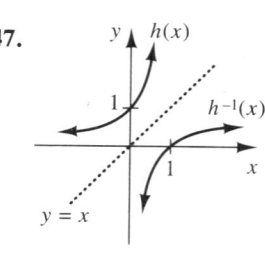

CAPÍTULO 3 EJERCICIOS DE REPASO

1. 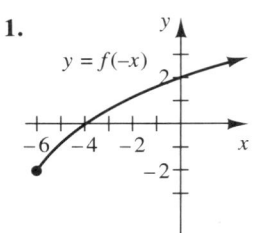 **3.**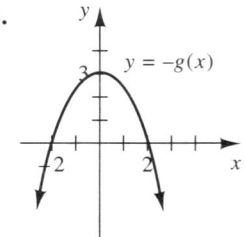

5. 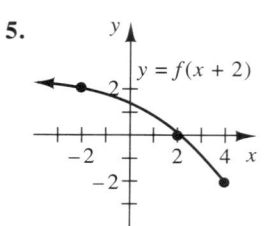 **7.**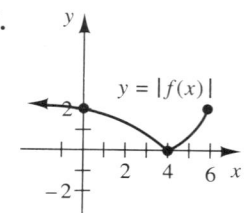

9. $y = g(x) + 3$ 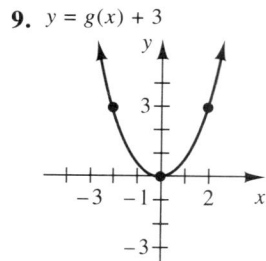 **11.**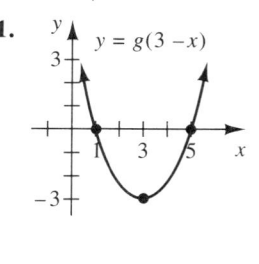

13. 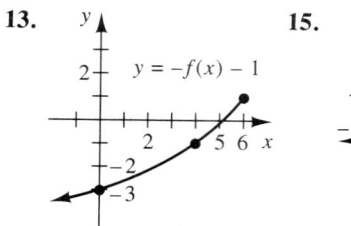 **15.**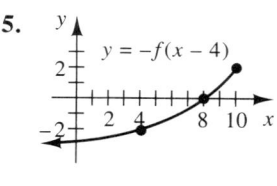

17. $y = f(-x)$ **19.** $y = f(x - 2)$
21. Vértice: $(4, 6)$; eje: $x = 4$ **23.** $\dfrac{81}{8}$

25. 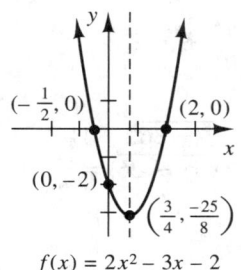 **27.**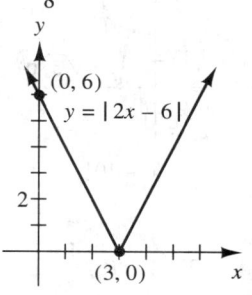

29. 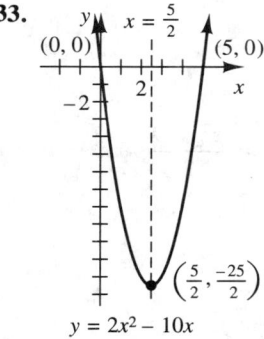 **31.**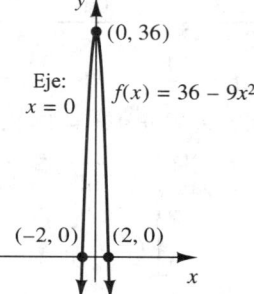

33.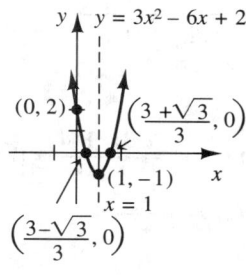

37. -2 **39.** $\dfrac{133}{3}$ **41.** $-\dfrac{1}{11}$ **43.** $-\dfrac{7}{3}$ **45.** 40
47. -3 **49.** $-8a^3 + 60a^2 - 150a + 133$
51. $3x^2 - 2x - 4$; Dominio = todos los números reales
53. $\dfrac{2}{3x}$, $x \neq 0$ **55.** $x^3 - 3x^2 + 4x + 7$; Dominio = todos los números reales **57.** $\dfrac{15 - 6x}{x - 4}$, $x \neq 4$ **59.** $-6x^2 + 8x + 3$; Dominio = todos lo números reales **61.** $-\dfrac{2}{x^3 + 8}$, $x \neq -2$
63. $-\dfrac{3}{7}$; Dominio = todos los números reales **65.** $4x - 5$; Dominio = todos los números reales

67. $\dfrac{3x}{-2 - 4x}$, $x \neq -\dfrac{1}{2}, 0$ **69.** $\dfrac{8 - 2x}{5x - 26}$, $x \neq \dfrac{26}{5}, 4$
71. $f(x) = \dfrac{1}{\sqrt{x}}$, $g(x) = x + 2$ **73.** $f(x) = x^{-3}$; $g(x) = 5x - 7$ **75. (a)** $N(h) = 16h^2 + 580h + 2350$
(b) 4926 **(c)** El valor está fuera del dominio de $N(h)$.
77. $A = 8x$
79. Como $S = 180 = 4x^2 + 6xh$, $h = \dfrac{90 - 2x^2}{3x}$.
Así, $V = 2x^2 \left(\dfrac{90 - 2x^2}{3x} \right) = \dfrac{2x}{3}(90 - 2x^2)$. **81.** No
83. $D_f = R_f$ = todos los números reales
$D_{f-1} = R_{f-1}$ = todos los números reales
85. $D_f = R_f$ = todos los números reales
$D_{f-1} = R_{f-1}$ = todos los números reales

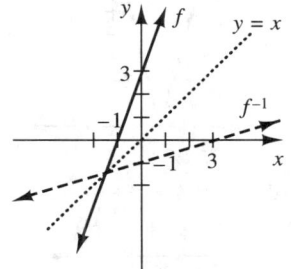 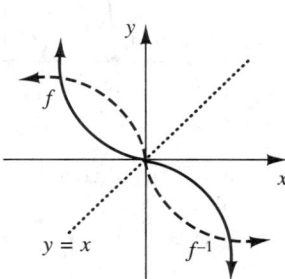

87. $f^{-1}(x) = 4x - 20$ **89.** $f^{-1}(x) = \dfrac{3x + 4}{x - 1}$
91. $f^{-1}(x) = \dfrac{3 - 6x}{x}$

CAPÍTULO 3 EXAMEN DE PRÁCTICA

1. (a) 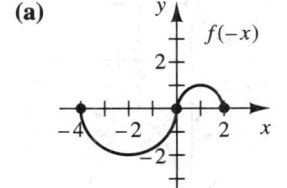 **(b)**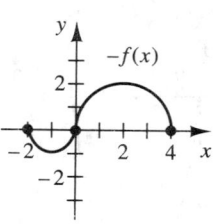

(c) 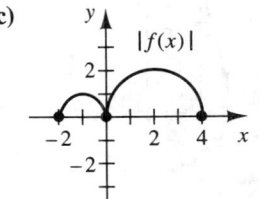 **(d)**

(e) 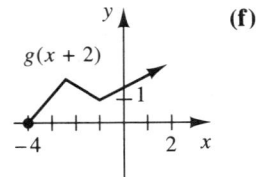 **(f)**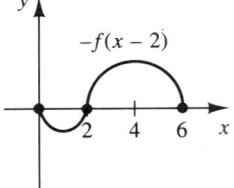

(g) 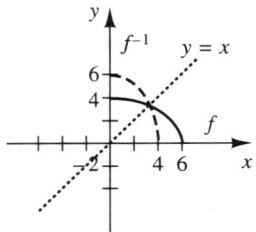 $y = |2x^2 - 10|$

(h) 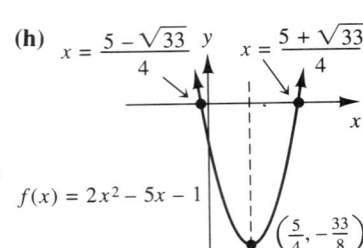 $f(x) = 2x^2 - 5x - 1$

2. **(a)** Vértice: $(-5, -3)$; eje: $x = -5$
(b) Vértice: $\left(-\dfrac{5}{4}, \dfrac{33}{4}\right)$; eje: $x = -\dfrac{5}{4}$

3. **(a)** 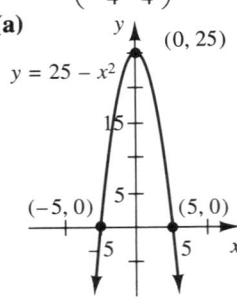 **(b)**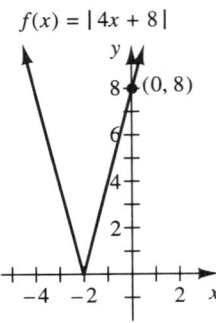

4. **(a)** $-2\sqrt{2}$ **(b)** $\dfrac{13}{4}$ **(c)** $\dfrac{2}{3}$ **(d)** $\dfrac{7x^2 + 28x + 19}{(x+2)^2}$
(e) $\dfrac{3}{9 - x^2}$ **(f)** $\dfrac{3x + 6}{7 + 2x}$ **(g)** $\dfrac{3}{10 - x}$, $x \geq 1$

5. **(a)** $x \neq \dfrac{1}{2}, 1$ **(b)** $x \neq \pm 1$

6. Como $x^2 + 12^2 = (2r)^2$, $x = 2\sqrt{r^2 - 36}$.
Así, $A = \pi r^2 - 12x = \pi r^2 - 12(2\sqrt{r^2 - 36}) = \pi r^2 - 24\sqrt{r^2 - 36}$.

(c) $y = -2(x+3)^2 + 8$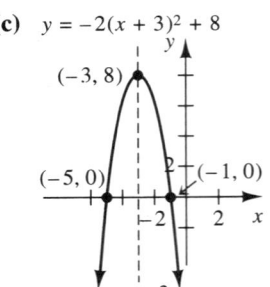
Intersección con el eje y $(0, -10)$

(d) $f(x) = x^2 + 4x - 5$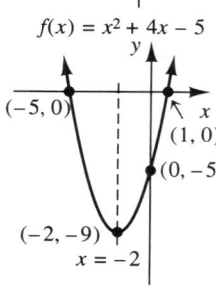

7.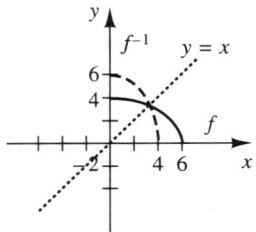

8. **(a)** $f^{-1}(x) = \dfrac{3x + 4}{5}$ **(b)** $f^{-1}(x) = \dfrac{x^3 - 9}{2}$
(c) $f^{-1}(x) = \dfrac{2}{x + 5}$

(e) $y = 3x^2 - 48x$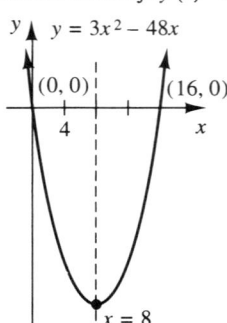
Vértice $(8, -192)$

(f) 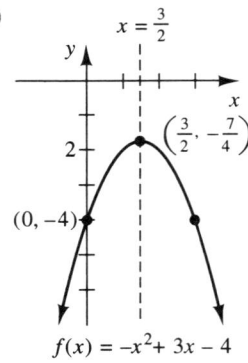 $f(x) = -x^2 + 3x - 4$

CAPÍTULO 4

EJERCICIOS 4.1

1. El grado es al menos 5   **3.** No es un polinomio; tiene un salto
5. El grado es 1   **7.** El grado es al menos 4

9. 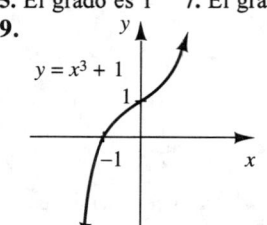 $y = x^3 + 1$

11. 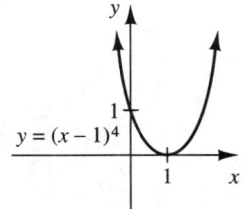 $y = (x-1)^4$

13. 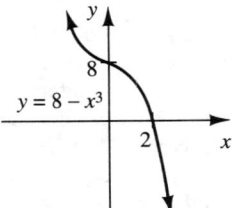 $y = 8 - x^3$

15. 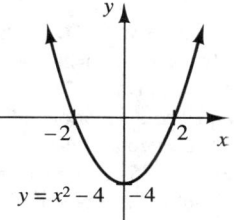 $y = x^2 - 4$

17. 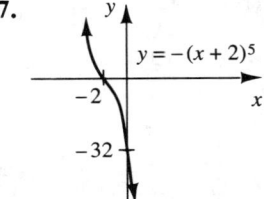 $y = -(x+2)^5$

19. 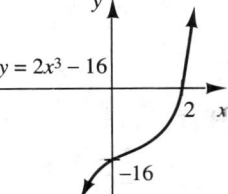 $y = 2x^3 - 16$

21. 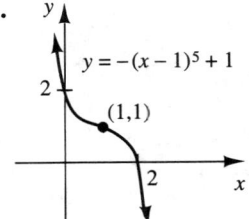 $y = -(x-1)^5 + 1$

23. 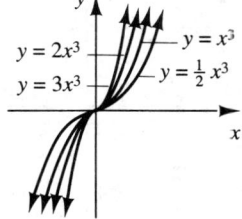 $y = |(x-2)^3|$

25. $y = |1 - x^4|$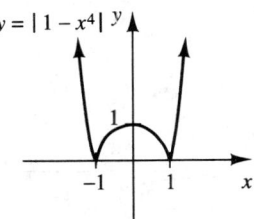

27. $y = 2x^3$, $y = 3x^3$, $y = x^3$, $y = \frac{1}{2}x^3$

29. 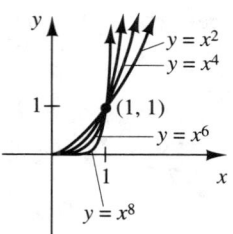 $y = x^2$, $y = x^4$, $y = x^6$, $y = x^8$

31. $y = x^3 - x^2 - 2x$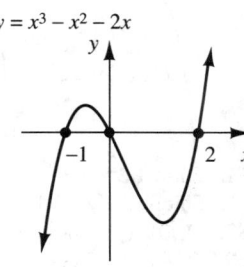

33. $y = x^2 - 6x + 8$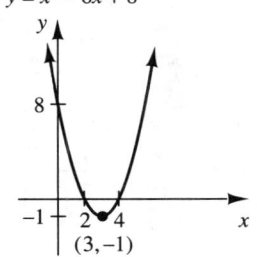

35. 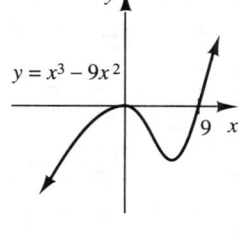 $y = x^3 - 9x^2$

37. 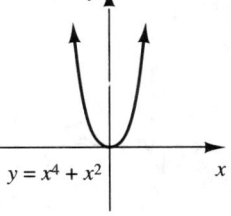 $y = x^4 + x^2$

39. $y = x(x-1)(x+1)(x+2)$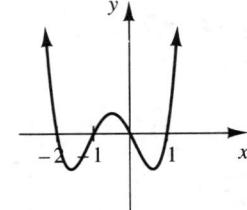

41. $y = (x+1)(x-2)(x+3)(x-4)$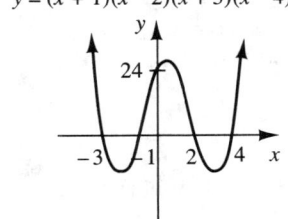

43. 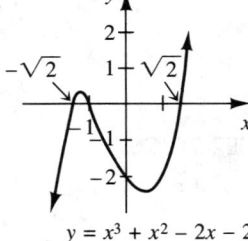 $y = x^3 + x^2 - 2x - 2$

45.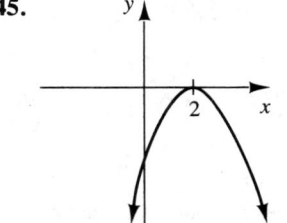

47.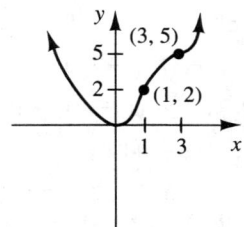

49.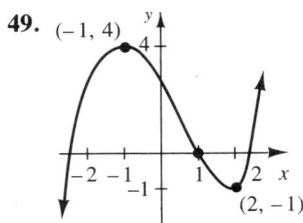

51. Entre 1.2 y 1.3   **53.** Entre -3.8 y -3.7
55. Entre -2.2 y -2.1; entre 0.7 y 0.8
57. $(0, 0), (3, 27), (-3, -27)$
59. $(0, 0), (3, 243), (-1, -1)$
61. $x^2 + 2x + 4$ **63.** $4x^3 + 6x^2h + 4xh^2 + h^3$
65. $n = 8$ **67.** $|x| < 0.182$

EJERCICIOS 4.2

1. $x - 1 - \dfrac{18}{x-4}$ **3.** $x - 2$ **5.** $2t - 5 - \dfrac{5}{3t-4}$
7. $1 + \dfrac{1}{y^2+1}$ **9.** $2x^2 - 3x + 1$
11. $3x^3 + 2x^2 + 2x + 2 + \dfrac{8}{x-1}$
13. $4c^2 - 2c + 1$
15. $2w^2 - w - 4 + \dfrac{8}{w^2+w+1}$
17. $x^3 + 2x^2 + 4x + 8$ **19.** $x^2 + 5x + 9 + \dfrac{24}{x-2}$
21. $x - 6; R = -5$ **23.** $2x^2 - 3x + 3; R = 9$
25. $2x^3 + 3x^2 - 3x - 13$ **27.** $5x - 20; R = 57$
29. $2x^2 - 2x + 6; R = -12$ **31.** $x^3 + 4x^2 + 16x + 64$; $R = 192$ **33.** $6x^2 - 8$ **35.** $2x^2 + 4$ **37.** $x^2 - ax + a^2$
39. $x^3 + ax^2 + a^2x + a^3$ **41.** $q(x) = x^2 + 6x + 34$; $R(x) = 165$ **43.** $k = 6$ **45.** $k = -3$

EJERCICIOS 4.3

1. $x - 9; p(-4) = 44$ **3.** $2x^2 + x + 5; p(4) = 24$
5. $-x^3 - x^2 - x - 1; p(1) = 0$
7. $x^4 - x^3 + x^2 - 3x + 3; p(-1) = -6$
9. $p(4) = -1$ **11.** $p(-2) = -27$ **13.** $p'(2) = 0$
15. $p(-3) = -220$ **17.** $p\left(\dfrac{1}{2}\right) = 1$
19. $p(x) = (x - 4)(2x + 1)(x - 2)$
21. $r(x) = 4\left(x - \dfrac{1}{4}\right)(x + 3)(x - 3)$
23. $3, -5, 2$ **25.** $\pm i$
27. $p(x) = x(x - 4)(x - (-3))$; las raíces son 0, 4, -3, todas de multiplicidad 1.

En los ejercicios 29-32, un múltiplo constante $k[p(x)]$ ($k \neq 0$) también es solución.

29. $p(x) = (x - 1)^3(x - 2)^2(x - 3)$; grado = 6
31. $p(x) = x^2(x + 2)^2(x - 1)$; grado = 5
33. $2 + 3i, -\dfrac{3}{2}$ **35.** $3 - 4i, \dfrac{1}{2} \pm i$

EJERCICIOS 4.4

1. $-2, 1, 5$ **3.** $-3, \dfrac{1}{2}, 5$ **5.** $1, 2$ **7.** $-\dfrac{1}{2}, 1$
9. $-2, -1, 2$ **11.** $\dfrac{1}{3}, \dfrac{1}{2}, -1$ **13.** No existen raíces racionales
15. $-\dfrac{3}{4}$ **17.** $-1, -\dfrac{1}{3}, \dfrac{1}{3}, 2$ **19.** No tiene raíces positivas; 1 raíz negativa   **21.** No tiene raíces reales   **23.** 0 o 2 raíces positivas; 1 raíz negativa   **25.** 1, 3 o 5 raíces positivas; no tiene raíces negativas   **27.** 5 es cota superior; -1 es cota inferior.
29. 6 es cota superior; -4 es cota inferior.   **31.** 1 es cota superior; -2 es cota inferior.   **33.** 2 es cota superior; -2 es cota inferior.   **35.** 2 es cota superior; -6 es cota inferior.   **37.** 1 (en realidad, 0) es cota superior; -4 es cota inferior.
39. 5 es cota superior; -3 es cota inferior   **41.** $x = 1, \dfrac{1}{3}$
43. $x = -3, \dfrac{-1 \pm \sqrt{5}}{2}, \dfrac{1}{2}$ **45.** $x = \dfrac{3}{2}, \dfrac{5}{3}, \pm i$
47. $x = \pm 3, \pm \dfrac{\sqrt{3}}{3}$ **49.** Positiva para:
$x < -4, -2 < x < 1, x > 3$; negativa para:
$-4 < x < -2, 1 < x < 3$ **51.** Positiva para:
$-\sqrt{5} < x < 1, x > \sqrt{5}$; negativa para $x < -\sqrt{5}$, $1 < x < \sqrt{5}$

EJERCICIOS 4.5

1. $D_f = \{x \mid x \neq \pm 5\}$; no tiene raíces
3. $D_h = \left\{x \mid x \neq -4, \dfrac{5}{2}\right\}$; raíces: $x = 0, 4$
5. $D_g = \{x \mid x \neq 0\}$; no tiene raíces reales
7. (a) $y = \dfrac{2}{x}$ (b) $y = \dfrac{2}{x-3}$

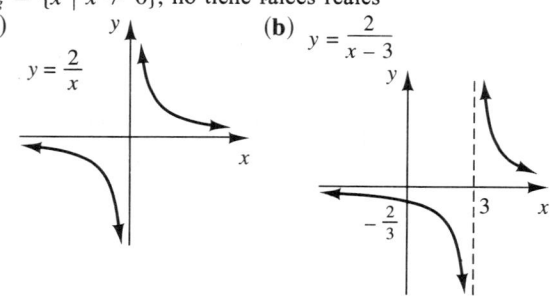

(c) $y = \dfrac{2}{x} - 3$

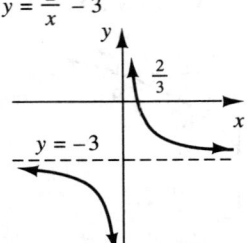

19. $y = \dfrac{1}{x^3} - 8$

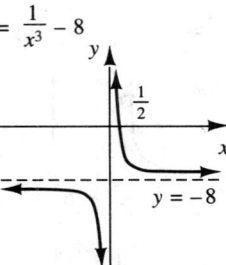

21. $y = 9 - \dfrac{1}{x^2}$

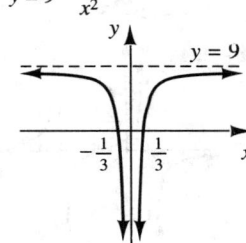

9. (a) $y = -\dfrac{1}{x^4}$

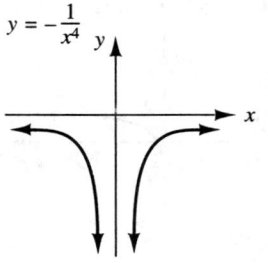

(b) $y = \dfrac{1}{(x-1)^4}$

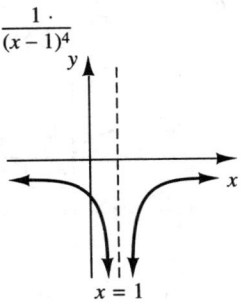

23. $y = \dfrac{x}{x+5}$

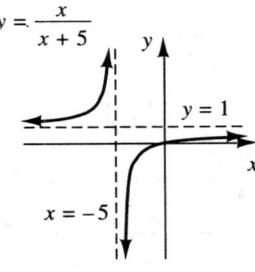

25. $y = \dfrac{3x-5}{x}$

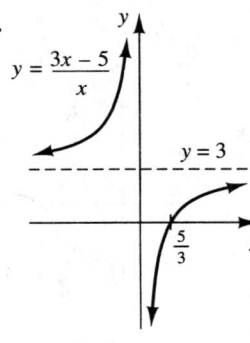

(c) $y = -\dfrac{1}{x^4} - 1$

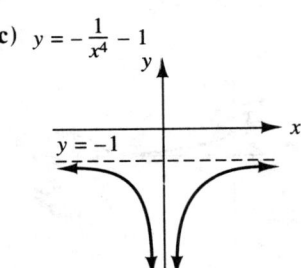

27. $y = \dfrac{x+2}{x-2}$

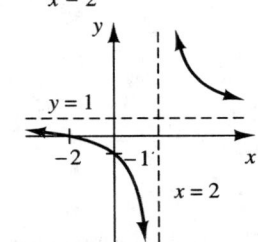

29. $y = \dfrac{5-x}{x+4}$

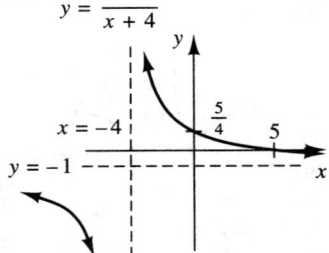

11. $y = \dfrac{10}{x}$, $y = \dfrac{6}{x}$, $y = \dfrac{1}{x}$

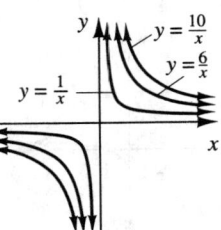

13. $y = \dfrac{4}{x^6}$

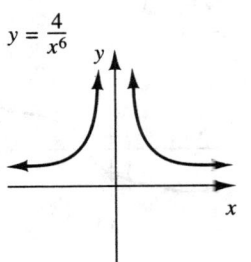

31. $y = \dfrac{2x}{x^2-1}$

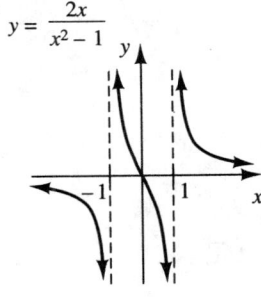

33. $y = \dfrac{x^2}{x^2-4}$

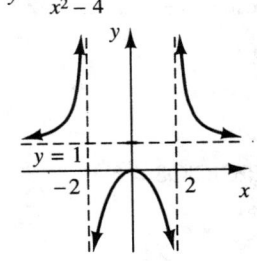

15. $y = \dfrac{1}{x} - 5$

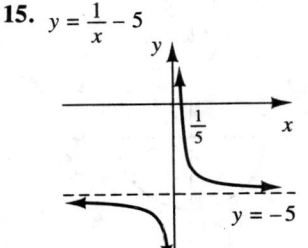

17. $y = \dfrac{1}{(x-2)^2}$

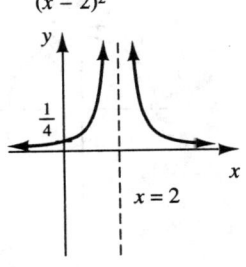

35. $y = \dfrac{x-1}{x^2 - 2x - 3}$

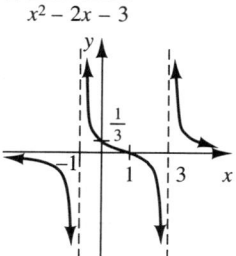

37. $y = \dfrac{2-x}{2x^2 - x - 3}$

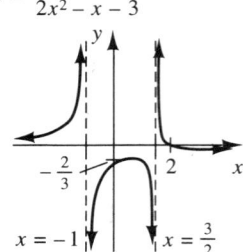

5. $y = \sqrt{2x - 6}$

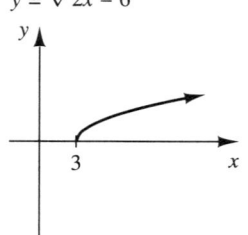

7. $y = 2\sqrt{x} - 6$

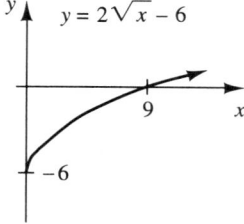

39. $y = \dfrac{x^2 - 4x + 3}{x^2 - 2x}$

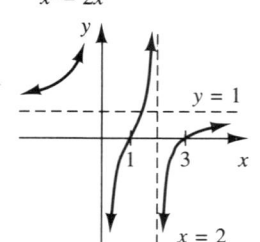

41. $y = \left|\dfrac{1}{x}\right| - 2$

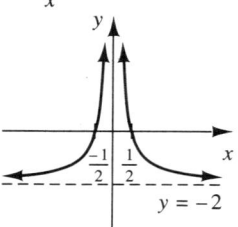

9. $y = \sqrt{-x}$

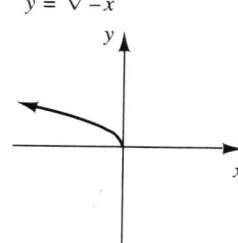

11. $y = \sqrt[3]{x + 2}$

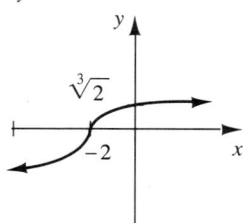

13. $y = \sqrt[3]{x} - 3$

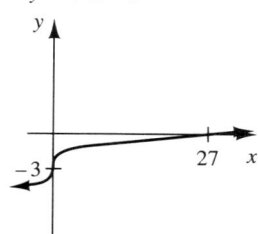

15. $y = |\sqrt[3]{x} - 3|$

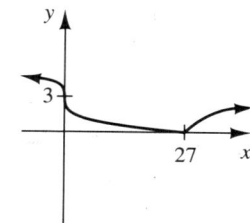

43. $y = \left|\dfrac{1}{x^2} - 4\right|$

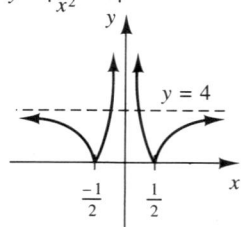

17. $y = \sqrt[5]{x - 1}$

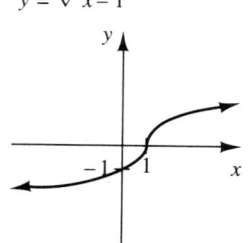

19. $y = \sqrt[6]{x} - 1$

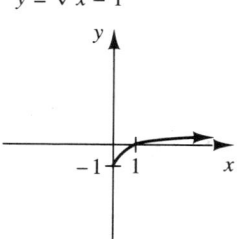

45. $-\dfrac{1}{5x}$ **47.** $\dfrac{-2x - h}{x^2(x+h)^2}$ **49.** El valor de la expresión es cercano a 19.   **51.** $L = 3x + \dfrac{120\,000}{x}$

EJERCICIOS 4.6

1. $y = \sqrt{x + 3}$

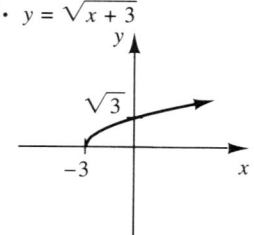

3. $y = \sqrt{x} - 4$

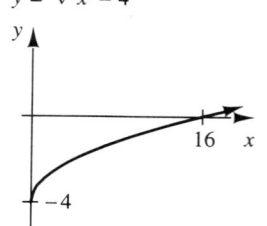

21. $y = \sqrt{16 - x^2}$

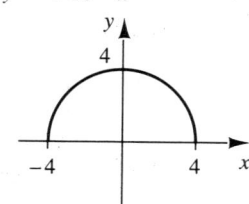

23. $y = -\sqrt{16 - x^2}$

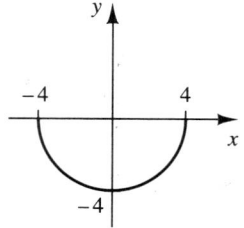

29. (4, 2) **31.** (1, −1) **33.** (0, 3) **35.** $\dfrac{\sqrt{x} - 2}{x - 4} = \dfrac{1}{\sqrt{x} + 2}$, que es cercano a $\dfrac{1}{4}$ cuando x está cerca de 4

37. (a) $\sqrt{(x-2)^2 + (y-3)^2} = \sqrt{(x-5)^2 + (y-1)^2}$
(b) Ambas ecuaciones se convierten en $6x - 4y = 13$.
39. (a) $L = \sqrt{x^2 + 9} + 8 - x$
(b) $C = 2D\sqrt{x^2 + 9} + D(8 - x)$ **(c)** Aproximadamente 14.7D dólares

41. $V = \dfrac{8}{3}\pi(s^2 - 64)$ **43.** $A = h\sqrt{1296 - h^2}$

EJERCICIOS 4.7

1. $y = \dfrac{375}{8}$ **3.** $u = \dfrac{64}{25}$ **5.** $z = -\dfrac{80}{21}$ **7.** $z = \dfrac{243}{32}$

9. y se multiplica por un factor $\dfrac{1}{4}$ **11.** y se multiplica por un factor 3 **13.** s se multiplica por un factor 6 **15.** 15 libras **17.** 9.1 pulgadas **19.** 12 500 lúmenes **21.** 133.33 libras/pulgada cuadrada **23.** 32 ohms **25.** 55 millas/hora **27. (a)** La fuerza se cuadruplica **(b)** La fuerza se duplica. **(c)** La fuerza se multiplica por un factor 8. **29.** 266.67 libras **31. (a)** La fuerza conjuntamente con las dos masas e inversamente con el cuadrado de la distancia. **(b)** 6.67×10^{-11} **(c)** 8 626 newtons
33. S varía conjuntamente con r y h. **35.** V varía directamente con el cubo de r. **37.** z varía conjuntamente con el cuadrado de x y el cubo de y e inversamente con w.

CAPÍTULO 4 EJERCICIOS DE REPASO

1. $y = x^3 + 8$

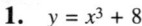
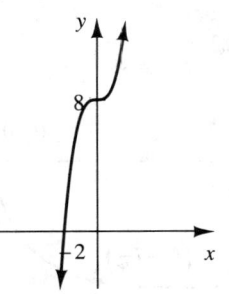

3. $y = (x - 1)^4 - 16$

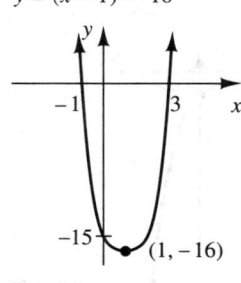

5. $y = x^3 - x^2 - 6x$

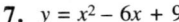
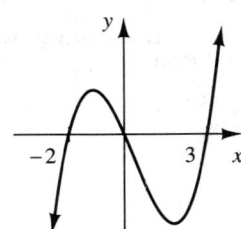

7. $y = x^2 - 6x + 9$

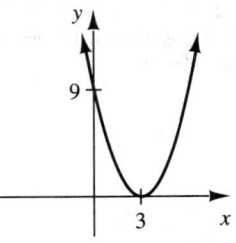

9. $y = \dfrac{1}{(x - 1)^2}$

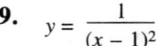
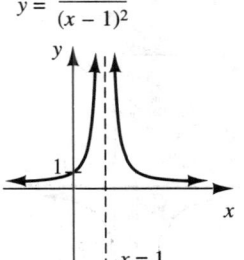

11. $y = \dfrac{1}{x + 2} - 3$

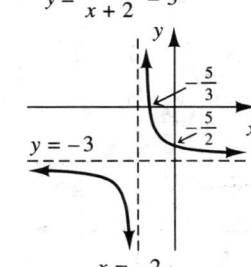

13. $y = \dfrac{x + 3}{x + 2}$

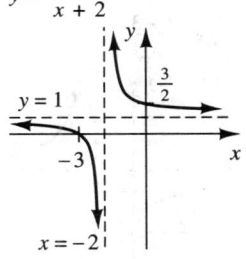

15. $y = \dfrac{x}{x^2 - 1}$

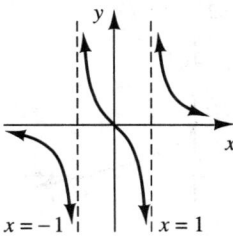

17. $y = \sqrt{2x - 5}$

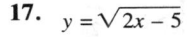
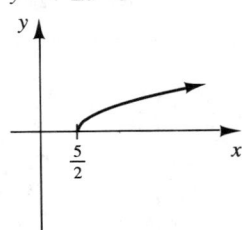

19. $y = \sqrt[5]{x} - 2$

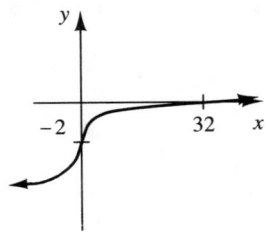

21. $y = |x^3 - 8|$

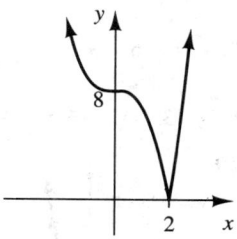

23. $x^2 + 2$; $R = -1$ **25.** $x^3 + 1$ **27.** $2x^2 + 3x + 5$
29. $x^4 + x^2 - x + 3$; $R = 2$ **31.** $-3, -1, 4$
33. $5, \dfrac{1 \pm i\sqrt{7}}{2}$ **35.** $-4, \dfrac{1}{2}, \pm i$ **37.** 1 más; $5 + 2i$; $p(x) = x^3 - 8x^2 + 9x + 58$ **39.** 0 **41.** 3 o 1
43. Cota superior: 4; cota inferior: −1 **45.** Cota superior: 1; cota inferior: −1 **47.** $A = \dfrac{1}{2}x\sqrt{25 - x^2}$ **49.** (0, 2)
51. (10, 3) **53.** $x = \dfrac{81}{2}$ **55.** Aproximadamente 5.1 segundos

Respuestas a ejercicios seleccionados

CAPÍTULO 4 EXAMEN DE PRÁCTICA

1. (a) $y = \dfrac{1}{x-2} + 3$
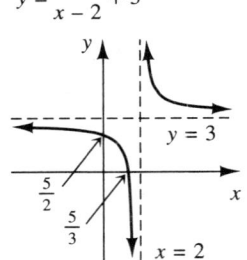

(b) $y = \dfrac{-3}{(x+1)^2}$
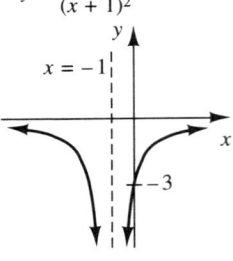

(c) $y = 2 - \sqrt{x}$
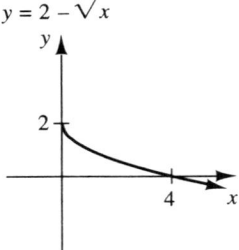

(d) $y = \dfrac{x+3}{x-2}$
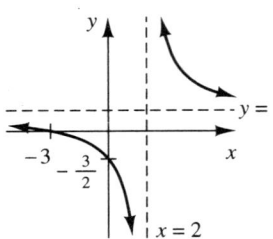

(e) $y = x^3 - x^2 - 12x$
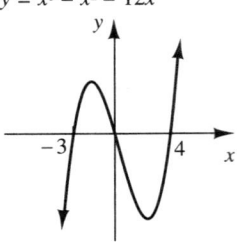

(f) $y = \dfrac{2x}{9-x^2}$
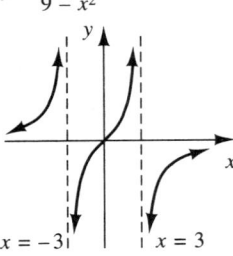

(g) $y = \sqrt[3]{x-2} + 1$
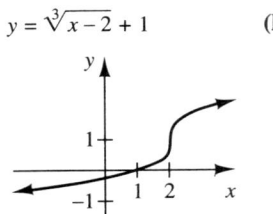

(h) $y = (x+1)^2(x-2)^2$
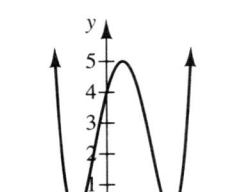

2. $x^3 - 2x^2 - 5x - 1 - \dfrac{1}{3x-4}$

3. $x - 2$ y $x + 2$

4. (a) $x = 3, 4, -\dfrac{1}{3}$ **(b)** $x = 0, \dfrac{3}{2}, \dfrac{3 \pm i\sqrt{11}}{2}$

5. La presión sanguínea aumentaría en un factor aproximado de 5.

CAPÍTULO 5

EJERCICIOS 5.1

1. $x = 4$ **3.** $x = \dfrac{5}{2}$ **5.** $t = \dfrac{3}{2}$ **7.** $x = -6$ **9.** $x = \dfrac{1}{6}$

11. D_f: todos los números reales   **13.** D_h: $[3, \infty)$ **15.** $x = \dfrac{1}{3}$

17.
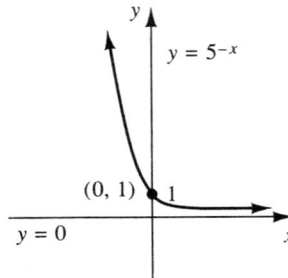
D: todos los números reales
R: $\{y \mid y > 0\}$

19.
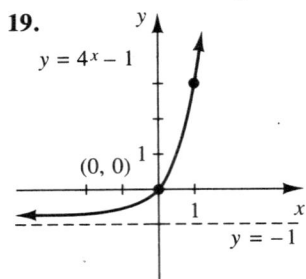
D: todos los números reales
R: $\{y \mid y > -1\}$

21.
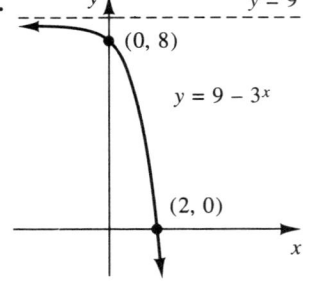
D: todos los números reales
R: $\{y \mid y < 9\}$

23.
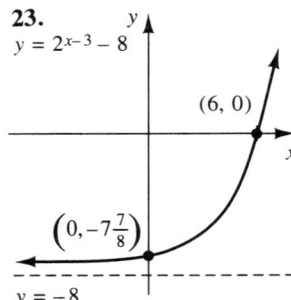
D: todos los números reales
R: $\{y \mid y > -8\}$

25.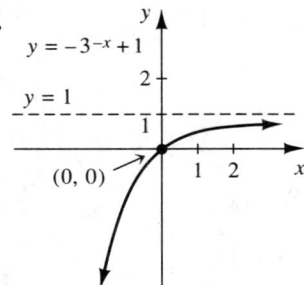

D: todos los números reales
R: $\{y \mid y < 1\}$

27.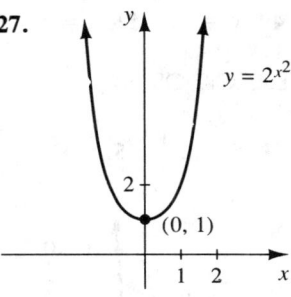

D: todos los números reales
R: $\{y \mid y \geq 1\}$

29.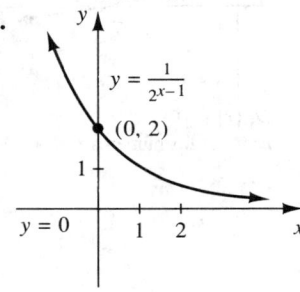

D: todos los números reales
R: $\{y \mid y > 0\}$

31. $5^{x^2 - 6x + 2}$ **33.** $5^{\sqrt{x}}$ para $x \geq 0$ **35.** $\dfrac{1}{5^x + 1}$ **37.** $x = 0$
39. $x = \pm 3$ **41.** Ninguno   **43.** $x = 0$
49.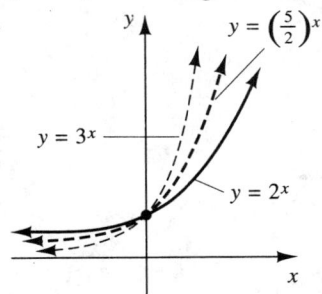

51. $32; 4(2^{t/2}); 16\,384$
53. (a) 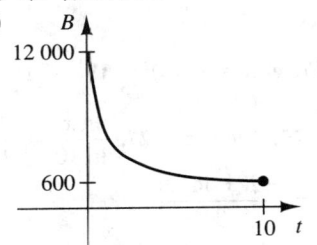   **(b)** Aprox. $4885

55. (a) $593.76   **(b)** $543.88   **57. (a)** 1 atmósfera; 14.69 libras/pulgada cuadrada   **(b)** 0.33 atmósferas; 4.81 libras/pulgada cuadrada   **(c)** 1.05 atmósferas; 15.44 libras/pulgada cuadrada   **59. (a)** 13 784; 14 270   **(b)** 23 182; 24 000   **(c)** 1.04; 1.04   **(d)** La población en el año $t + 1$ es $2^{0.05}$ veces la población en el año t.   **61. (b)** Aproximadamente 139   **63. (a)** $A = A_0 2^{-t/4}$;   **(b)** 7.07 mg; 0.16 mg   **65.** Aproximadamente 1.11 minutos
67. (a)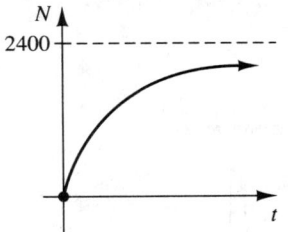

(b) 1322; 1678; 1916   **(c)** 55%, 70%, 80%
69. (a) I es la concentración inicial.   **(b)** F es el nivel de concentración al cual se tiende al transcurrir más y más tiempo.
71. 0.22 lúmenes

EJERCICIOS 5.2

1. $7^2 = 49$ **3.** $\log_3 \dfrac{1}{81} = -4$ **5.** $\left(\dfrac{1}{4}\right)^{-3} = 64$
7. $\log_{27} \dfrac{1}{3} = -\dfrac{1}{3}$ **9.** $8^{-1/3} = \dfrac{1}{2}$ **11.** $\log_5 \sqrt[4]{5} = \dfrac{1}{4}$
13. $2^{-1} = \dfrac{1}{2}$ **15.** $\left(\dfrac{2}{3}\right)^{-3} = \dfrac{27}{8}$ **17.** $\log_4 1024 = 5$
19. $\log_{1/9} 3 = -\dfrac{1}{2}$ **21.** 5   **23.** -1 **25.** $\dfrac{4}{3}$ **27.** $-\dfrac{3}{4}$
29. No está definido   **31.** $-\dfrac{3}{2}$ **33.** -4 **35.** $\dfrac{2}{3}$ **37.** 1
39. -1 **41.** 7   **43.** $-\dfrac{1}{2}$ **45.** 6   **47.** $t = 81$
49. $t = 2$ **51.** $t = \dfrac{4}{5}$ **53.** $(-\infty, -2) \cup (2, \infty)$; $F(6) = 5$
55.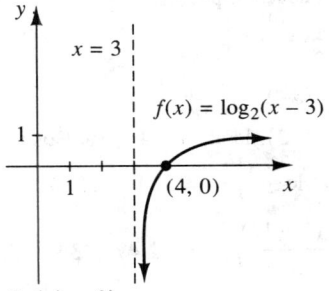

D: $\{x \mid x > 3\}$
R: todos los números reales

57. $x = -4$

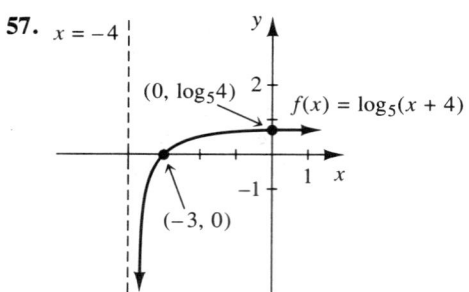

D: $\{x \mid x > -4\}$
R: todos los números reales

59.

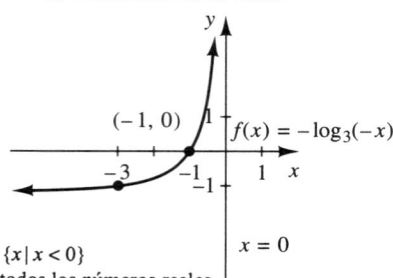

D: $\{x \mid x < 0\}$
R: todos los números reales

61.

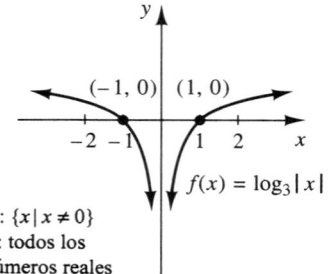

D: $\{x \mid x \neq 0\}$
R: todos los números reales

EJERCICIOS 5.3

1. $2 \log_4 x + \log_4 y + 3 \log_4 z$
3. $3 \log_b x - \log_b y - 4 \log_b z$
5. $\dfrac{1}{2} + \dfrac{3}{2} \log_5 x$ **7.** No se puede simplificar
9. $\log_b(x - 2) + \log_b(x + 2)$
11. $\dfrac{1}{3}\log_4(x - 3) - \dfrac{1}{6} - \dfrac{2}{3}\log_4 x$
13. $\tfrac{1}{2}\log_b(x + 4) - \tfrac{1}{2}\log_b(x + 2)$ donde $x \neq 4$ **15.** Falso
17. True   **19.** $\log_b 48$ **21.** $\log_b \dfrac{s^{1/2}}{t^{3/2}}$ **23.** 1   **25.** 3
27. $\log_b\left(\dfrac{x^3}{y^4 z^2}\right)$ **29.** $\log_b\left(\dfrac{x^{1/4} y^{1/3}}{z^{1/2}}\right)$ **37.** 2.47   **39.** -2.87
41. $x = \dfrac{9}{4}$ **43.** $x = 7$ **45.** $t = \dfrac{16}{7}$ **47.** $x = 5$

49. $x = 10$ **51.** $x = 8$ **53.** $x = 9$ **55.** 25

EJERCICIOS 5.4

1. 5   **3.** $\dfrac{1}{2}$ **5.** $x + 1$

7.

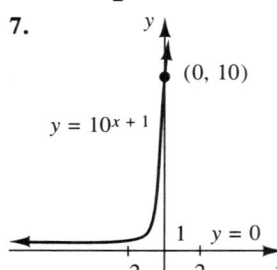

D: todos los números reales
R: $\{y \mid y > 0\}$

9.

D: $\{x \mid x > 0\}$
R: todos los números reales

11.

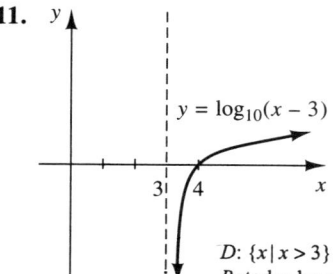

D: $\{x \mid x > 3\}$
R: todos los números reales

13.

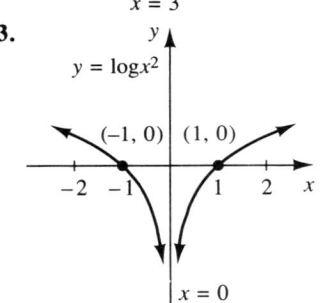

D: $\{x \mid x \neq 0\}$
R: todos los números reales

15. $f^{-1}(x) = \dfrac{1 + \ln x}{3}$ **17.** $g(x) = (\ln x)^2$ **19.** 0.71
21. -2.32 **23.** -0.18 **25.** $2 \log_9 x$ **27.** $\dfrac{\ln x}{\ln 10} = \dfrac{\ln x}{2.303}$
29. $x = \dfrac{1 - \ln 5}{2}$ **31.** $x = \dfrac{-2 + \ln 20}{3}$
33. $x = \dfrac{4 \ln 3 - \ln 7}{\ln 3}$ **35.** $x = \dfrac{2 \ln 2}{2 \ln 2 + \ln 6}$

EJERCICIOS 5.5

1. No **3.** $A = A_0 e^{-0.00002773t}$ **5.** 88.6 gramos
7. $A = A_0 e^{-0.30944t}$; 0.00372 gramos **9.** 559 años
11. 12.6 horas; 20 horas **13.** 1.08% **15.** 6.05 miles de millones **17.** 1.7%; más baja **19.** 5.39 años **21.** 6.91%; no **23.** 6.49% **25.** $4489.59 **27.** 11.552 años compuesto continuamente; 11.553 años compuesto diariamente
29. (a) $199.08 **(b)** $9555.86 **31. (a)** $598.20 **(b)** $215 353.28 **33. (a)** 3 **(b)** $10^{8.3} = 199\,526\,231.5$ veces más intensa. **35.** E_3 es 10 000 veces más intensa que E_2, que es 10 000 veces más intensa que E_1. **37.** 4.2 **39.** 5.6
41. (a) 2.51 **(b)** 2.51 **(c)** 2.5 **(d)** 4 **43.** $N = 0$ decibeles
45. (a) 4.38% **(b)** 5.22% **47. (d)** Aproximadamente 3560 años de edad **49.** Aproximadamente 2268 años de edad
51. (a) 70 gramos **(b)** 81.8 gramos **(c)** 89.0 gramos **(d)** 100.0 gramos **53. (a)** $78.20 **(b)** 14.09 años
55. Fórmula de Stirling: $2.422786844 \times 10^{18}$; valor real: $2.432902008 \times 10^{18}$

CAPÍTULO 5 EJERCICIOS DE REPASO

1.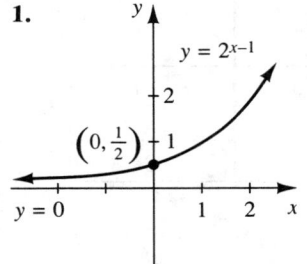

3.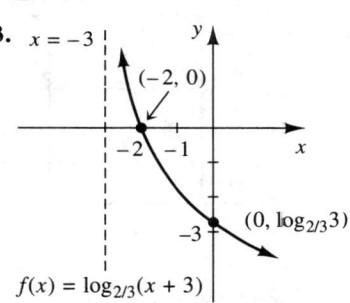

5.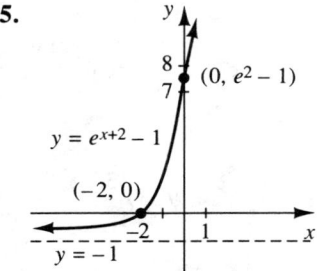

7. $6^{-1} = \frac{1}{6}$ **9.** $\log_8\left(\frac{1}{4}\right) = -\frac{2}{3}$ **11.** $b^6 = b^6$ **13.** 4
15. -2 **17.** $\frac{4}{5}$ **19.** 0 **21.** $3\log_b x + 4\log_b y + 2\log_b z$
23. $\frac{1}{3}\log_b 6 + \frac{1}{3}\log_b x - \frac{1}{3} - \frac{4}{3}\log_b y$ **25.** No se puede simplificar **27.** $x = -2$ **29.** $x = 1$

31. $x = \dfrac{\ln 3 + \ln 7}{\ln 7} \approx 1.565$ **33.** $x = 10$
35. $x = \dfrac{\ln 5}{\ln 3 - \ln 2} \approx 3.969$ **37.** $x = 9$
39. $x = \dfrac{2\ln 8 + 2\ln 9}{3\ln 8 - \ln 9} \approx 2.117$ **41.** $b = 5$
45. $f^{-1}(x) = 1 + 3^{x-5}$ **47.** 1.23 **49.** $5621.42
51. (a) 1418 bacterias **(b)** 23 horas **53.** $A = A_0 e^{-0.013078t}$ (t en días) **55.** La vida media se divide a la mitad, de 6.9 a 3.45 años.

CAPÍTULO 5 EXAMEN DE PRÁCTICA

1. (a)   **(b)**

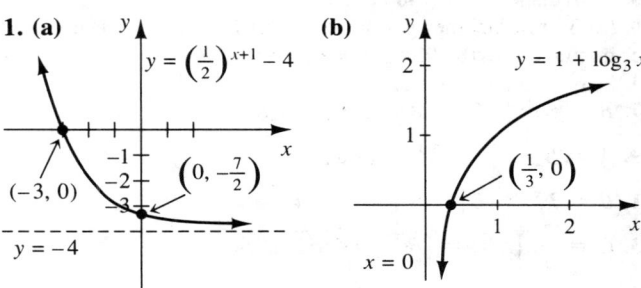

2.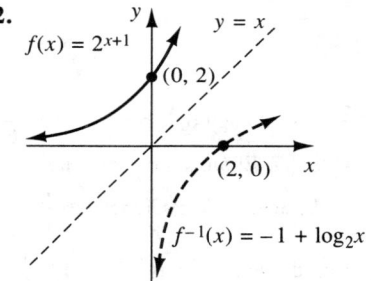

3. (a) $-\dfrac{1}{2}$ **(b)** 0.71 **(c)** $\dfrac{4}{3}$ **(d)** 2
4. (a) $x = \dfrac{3}{2}$ **(b)** No existe solución **(c)** $x = 4$
(d) $x = \dfrac{\ln 10 - \ln 5}{\ln 5} \approx 0.43$
5. (a) 949 **(b)** 50.25 horas
6. $A = A_0 e^{-0.000924196t}$ para t en años; 83.1 gramos

CAPÍTULO 6

EJERCICIOS 6.1

1. $30°$ 3. $60°$ 5. $-450°$ 7. $330°$ 9. $270°$
11. $171.9°$ 13. $-114.6°$ 15. $-15°$ 17. $\dfrac{5\pi}{6}$
19. $-\dfrac{2\pi}{3}$ 21. $\dfrac{\pi}{10}$ 23. $-\dfrac{2\pi}{9}$ 25. $\dfrac{7\pi}{6}$
27. $s = 4\pi$ cm; $A = 24\pi$ cm² 29. $r = 6$ cm
31. $\theta = \pi$ 33. $A = 432p$ metros cuadrados
35. 2.2 radianes 37. 1400π; $252\,000°$
39. (a) 30 revoluciones por minuto (b) 0.00035 revoluciones por minuto 41. $18\,000\pi$ pies ≈ 10.7 millas
43. $28.6°$ 45. 39.3 pulgadas
47. $B = 60°$; $|\overline{AC}| = 8\sqrt{3}$; $|\overline{BC}| = 8$
49. $A = B = \dfrac{\pi}{4}$; $|\overline{AB}| = 10\sqrt{2}$
51. $B = 30°$; $|\overline{AB}| = 8$; $|\overline{AC}| = 4$
53. $C = \dfrac{\pi}{4}$; $|\overline{AB}| = |\overline{BC}| = 5\sqrt{2}$

EJERCICIOS 6.2

1. El ángulo de referencia es $\dfrac{\pi}{3}$. 3. El ángulo de referencia es $\dfrac{\pi}{6}$.
5. El ángulo de referencia es $45°$. 7. El ángulo de referencia es $60°$. 9. Eje y positivo 11. El ángulo de referencia es $\dfrac{\pi}{6}$.
13. Eje x positivo 15. El ángulo de referencia es $45°$. 17. $\dfrac{1}{2}$
19. $\sqrt{3}$ 21. -1 23. Indefinido 25. $-\sqrt{2}$ 27. 0 29. -1
31. $\dfrac{1}{2}$ 33. $-\sqrt{2}$ 35. 1 37. $\dfrac{3}{2}$ 39. $-\dfrac{1}{3}$ 41. $-\dfrac{4}{5}$
43. $\dfrac{3}{\sqrt{10}}$ 45. $-\sqrt{3}$ 47. $-\dfrac{12}{5}$ 49. $-\dfrac{3}{5}$ 51. $-\dfrac{3}{4}$
53. $-\dfrac{1}{\sqrt{10}}$ 55. Todos los números reales
57. $\theta \neq$ múltiplo impar de $\dfrac{\pi}{2}$ 59. $\dfrac{8\pi}{3}, -\dfrac{4\pi}{3}$
61. $470°, -250°$ 63. $\dfrac{7\pi}{2}, -\dfrac{\pi}{2}$

En 65 y 67, éstas son tres de las muchas respuestas posibles.

65. $\theta = \dfrac{\pi}{6}, \dfrac{5\pi}{6}, \dfrac{13\pi}{6}$ 67. $\theta = \dfrac{2\pi}{3}, \dfrac{5\pi}{3}, -\dfrac{\pi}{3}$

69. 1 71. 1
73.

θ	sen θ	cos θ	tan θ
0	0	1	0
$\dfrac{\pi}{6}$	$\dfrac{1}{2}$	$\dfrac{\sqrt{3}}{2}$	$\dfrac{1}{\sqrt{3}} = \dfrac{\sqrt{3}}{3}$
$\dfrac{\pi}{4}$	$\dfrac{1}{\sqrt{2}} = \dfrac{\sqrt{2}}{2}$	$\dfrac{1}{\sqrt{2}} = \dfrac{\sqrt{2}}{2}$	1
$\dfrac{\pi}{3}$	$\dfrac{\sqrt{3}}{2}$	$\dfrac{1}{2}$	$\sqrt{3}$
$\dfrac{\pi}{2}$	1	0	Indefinida
$\dfrac{2\pi}{3}$	$\dfrac{\sqrt{3}}{2}$	$-\dfrac{1}{2}$	$-\sqrt{3}$
$\dfrac{3\pi}{4}$	$\dfrac{1}{\sqrt{2}}$	$-\dfrac{1}{\sqrt{2}}$	-1
$\dfrac{5\pi}{6}$	$\dfrac{1}{2}$	$-\dfrac{\sqrt{3}}{2}$	$-\dfrac{1}{\sqrt{3}}$
π	0	-1	0

EJERCICIOS 6.3

1. sen $\theta = \dfrac{3}{5}$; cos $\theta = \dfrac{4}{5}$; tan $\theta = \dfrac{3}{4}$; csc $\theta = \dfrac{5}{3}$; sec $\theta = \dfrac{5}{4}$; cot $\theta = \dfrac{4}{3}$

3. sen $\theta = \dfrac{12}{13}$; cos $\theta = \dfrac{5}{13}$; tan $\theta = \dfrac{12}{5}$; csc $\theta = \dfrac{13}{12}$; sec $\theta = \dfrac{13}{5}$; cot $\theta = \dfrac{5}{12}$

5. sen $\theta = \dfrac{5}{\sqrt{41}}$; cos $\theta = \dfrac{4}{\sqrt{41}}$; tan $\theta = \dfrac{5}{4}$; csc $\theta = \dfrac{\sqrt{41}}{5}$; sec $\theta = \dfrac{\sqrt{41}}{4}$; cot $\theta = \dfrac{4}{5}$

7. sen $\theta = \dfrac{24}{25}$; cos $\theta = \dfrac{7}{25}$; tan $\theta = \dfrac{24}{7}$; csc $\theta = \dfrac{25}{24}$; sec $\theta = \dfrac{25}{7}$; cot $\theta = \dfrac{7}{24}$

9. $\operatorname{sen}\theta = \dfrac{\sqrt{3}}{2}$; $\cos\theta = \dfrac{1}{2}$; $\tan\theta = \sqrt{3}$; $\csc\theta = \dfrac{2}{\sqrt{3}}$; $\sec\theta = 2$; $\cot\theta = \dfrac{1}{\sqrt{3}}$

11. $\operatorname{sen}A = \cos B = \dfrac{4}{5}$ **13.** $\tan\alpha = \cot\beta = \dfrac{3}{5}$

15. $\sec P = \csc Q = \dfrac{3}{\sqrt{5}}$ **17.** $x = 14.6$ **19.** $x = 161.8$

21. $x = 2.5$ **23.** $33°$ **25.** $37°$ **27.** 0.8387
29. -0.1584 **31.** $-\sqrt{2}$ **33.** -0.9272 **35.** -2.6051
37. $-\dfrac{2}{\sqrt{3}}$ **39.** $\theta = 26°$ **41.** $x = 55°$ **43.** $\theta = 73°$
45. $x = 74°$ **47.** $\theta = 28°$ **49.** $\cos 14°$ **51.** $\sec 2°$
53. $\operatorname{sen}\dfrac{\pi}{14}$ **55.** 1 **57.** 1 **59.** 15.0 pies
61. 55.5 pies **63.** 39.2 pies **65.** $A = 342.4$ cm^2
67. 9 km/h **69.** $34°$ **71.** 133.3 metros
73. 14.5 pies **75.** 175.8 pies **77.** 2048.6 millas
79. 688.2 mm^2 **81.** 452.4 pulgadas cuadradas
83. 35.4 cm^2 **85.** $A = \dfrac{1}{2}\pi r^2 + 8\sqrt{r^2 - 16}$
87. (a) $A = 50\operatorname{sen}\theta\cos\theta$ **(b)** $A = 50\tan\theta$
(c) $A = 50(\tan\theta - \operatorname{sen}\theta\cos\theta)$
89. $|\overline{AC}| = 10\sec\theta$ **91.** $|\overline{PQ}| = 2 + 5\tan\theta$
93. 2598.1 pies **95.** a 1.7 pies del punto C
97. 1.3 millas **99.** $9.6°$ **101.** 1 minuto 53.6 segundos

EJERCICIOS 6.4

1. $2\cos^2\theta - 2\cos\theta$ **3.** $\operatorname{sen}^2 5\theta + 4\operatorname{sen}5\theta$
5. $\csc^2\theta - 4\csc\theta + 4$ **7.** $\cos^2 4\theta + 2\cos 4\theta + 1$
9. $5\operatorname{sen}^2\theta + 13\operatorname{sen}\theta - 6$ **11.** $\cos^2 2\theta - 9$
13. $\operatorname{sen}3\theta\operatorname{sen}5\theta - 4\operatorname{sen}3\theta + 2\operatorname{sen}5\theta - 8$
15. $(\operatorname{sen}\theta - 2)(\operatorname{sen}\theta + 1)$
17. $(\tan\theta + 4)(\tan\theta - 2)$ **19.** $(2\csc\theta + 1)(\csc\theta - 3)$
21. $\dfrac{2\cos\theta + 3\operatorname{sen}\theta}{\operatorname{sen}\theta\cos\theta}$ **23.** $\dfrac{\operatorname{sen}^2\theta - \cos^2\theta}{\operatorname{sen}\theta\cos^2\theta}$
25. $\dfrac{1 + \cos^2\theta}{\cos^2\theta}$ **27.** $\dfrac{1 + \tan\theta\sec\theta}{\tan\theta}$ **29.** $\dfrac{\cot^2\theta - 1}{\cot^2\theta}$

31. $\dfrac{3\operatorname{sen}3\theta + 2\operatorname{sen}2\theta}{\operatorname{sen}2\theta\operatorname{sen}3\theta}$ **33.** $\dfrac{2 + \cos\theta\tan^2\theta}{2\cos^2\theta}$
35. $\dfrac{\operatorname{sen}^2\theta + 1}{\operatorname{sen}\theta}$ **37.** $\dfrac{5}{3\cos\theta + 2}$ **39.** $\dfrac{1 + \operatorname{sen}\theta}{1 - \operatorname{sen}\theta}$
41. $\dfrac{\operatorname{sen}4\theta}{\operatorname{sen}4\theta - 1}$ **43.** $\operatorname{sen}\theta = \dfrac{\sqrt{9 - x^2}}{3}$
45. $\tan\theta = \dfrac{5}{\sqrt{y^2 - 25}}$ **47.** $\sec\theta = \dfrac{\sqrt{a^2 + 100}}{a}$
49. $x = 4\operatorname{sen}\theta$ **51.** $y = 4\tan\theta$ **53.** $s = \dfrac{5}{\sec\theta}$
55. (a) $d = 6$ pulgadas
(b) $d = -0.87$ pulgadas **(c)** $d = 2.45$ pulgadas

CAPÍTULO 6 EJERCICIOS DE REPASO

1. $15°$ **3.** $\dfrac{10\pi}{9}$ **5.** $-108°$ **7.** $\dfrac{11\pi}{6}$ **9.** $315°$
11. $-\dfrac{1}{\sqrt{3}}$ **13.** $-\dfrac{\sqrt{3}}{2}$ **15.** 1 **17.** 1.2208 **19.** $\dfrac{1}{\sqrt{3}}$
21. 0.3420 **23.** -0.1425 **25.** Indefinido **27.** 0.9781
29. $-\dfrac{1}{\sqrt{2}}$ **31.** $x = 25$ **33.** $\theta = \dfrac{\pi}{6}$ **35.** $x = 9.7$
37. $\theta = \dfrac{\pi}{4}$ **39.** 30.9 **41.** 5π pulgadas **43.** 19.9 pies
45. 1272 millas/hora **47.** 37.4 pies **49.** $\dfrac{\cos 2\theta + 4\operatorname{sen}\theta}{\operatorname{sen}\theta\cos 2\theta}$
51. $\dfrac{2\sec\theta - 3}{\sec\theta + 3}$

CAPÍTULO 6 EXAMEN DE PRÁCTICA

1. $108°$ **2.** $\dfrac{4\pi}{9}$ **3.** $|\overline{AB}| = 8\sqrt{3}$ **4. (a)** $-\dfrac{1}{\sqrt{2}}$
(b) $-\dfrac{1}{2}$ **(c)** $\dfrac{1}{\sqrt{3}}$ **(d)** Indefinido **(e)** Indefinido **(f)** 1.2868
(g) 0.9945 **(h)** -0.9657 **5.** 2π cm **6.** 10.3 cm^2
7. $x = 78.1$ **8.** $\theta = 22°$ **9.** 246 pies
10. 291 metros/minuto **11.** $\dfrac{2\operatorname{sen}2\theta + \operatorname{sen}2\theta}{2\operatorname{sen}\theta\operatorname{sen}2\theta}$

CAPÍTULO 7

EJERCICIOS 7.1

1. $A = 3; P = 2\pi; f = 1$ **3.** $A = 1; P = \dfrac{2\pi}{5}; f = 5$
5. $A = \dfrac{1}{4}; P = \pi; f = 2$ **7.** $A = 2; P = 14\pi; f = \dfrac{1}{7}$

9. $A = 3; P = 2\pi; f = 1; s = \dfrac{\pi}{3}$
11. $A = 4; P = \dfrac{2\pi}{3}; f = 3; s = -\dfrac{\pi}{12}$

R28 Respuestas a ejercicios seleccionados

13. $y = 2\,\text{sen}\,x$
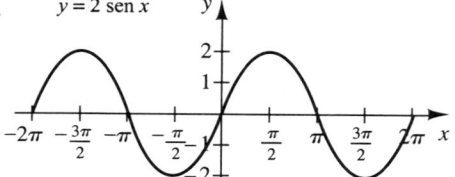

15. $y = \text{sen}\,2x$
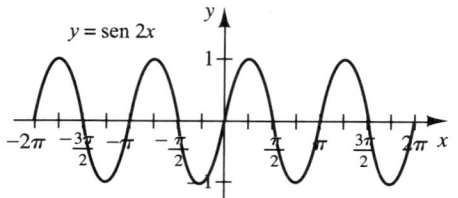

17. $y = 3\cos\theta + 1$
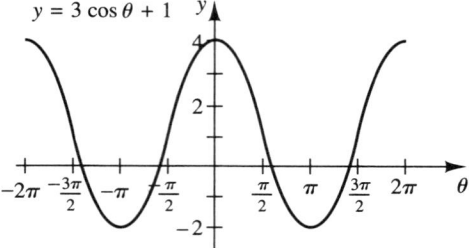

19. $y = 2 - \text{sen}\,x$
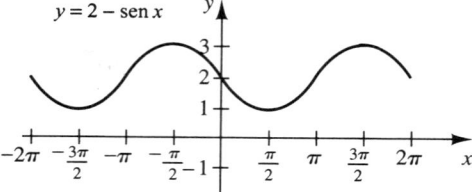

21. $y = \cos\frac{1}{3}x$
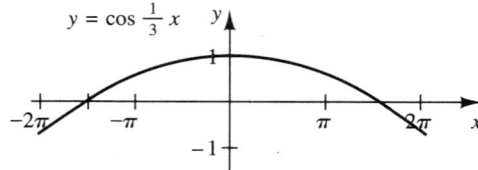

23. $y = -2\,\text{sen}\,2x$
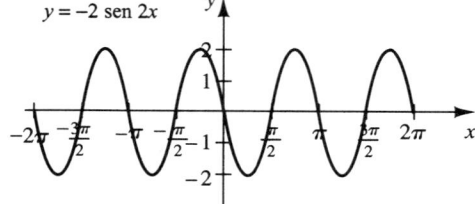

25. $y = 4\cos 3x - 2$
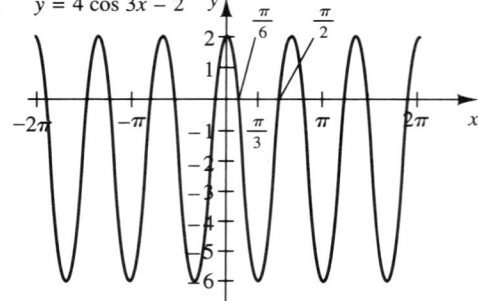

27. $y = |\text{sen}\,t|$
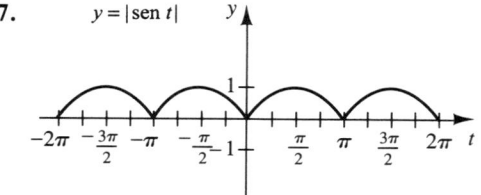

29. $y = |\text{sen}\,x + 1|$
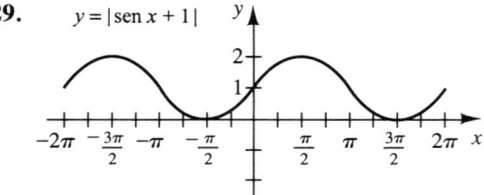

31. $y = |2\cos\theta - 1|$
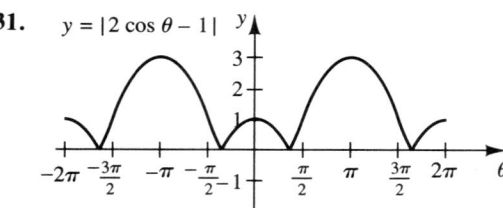

33. $y = \text{sen}\left(x + \frac{\pi}{4}\right)$
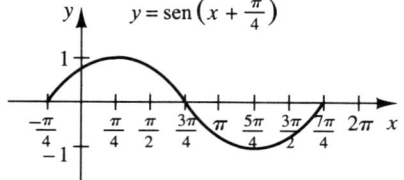

35. $y = 2\cos\left(x - \frac{\pi}{8}\right)$

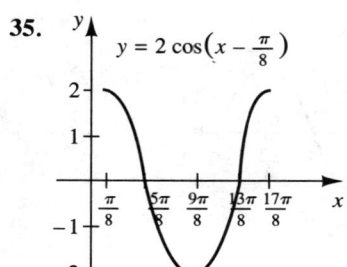

37. $y = -\text{sen}(\theta + \pi)$

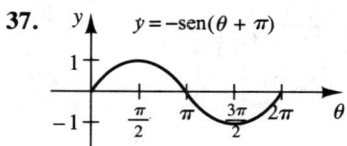

39. $y = 3\cos(2x - \pi)$

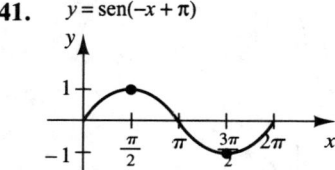

41. $y = \text{sen}(-x + \pi)$

43. $y = \left|\cos\left(t - \frac{\pi}{2}\right)\right|$

45. $y = 3\,\text{sen}\,2x$ **47.** $y = -\cos x$

49. Amplitud = 2.5
Periodo = 365
Desfasamiento = 81
Desplazamiento vertical = 12
$$D = 12 + 2.5\,\text{sen}\left(\frac{2\pi}{365}(t - 81)\right)$$

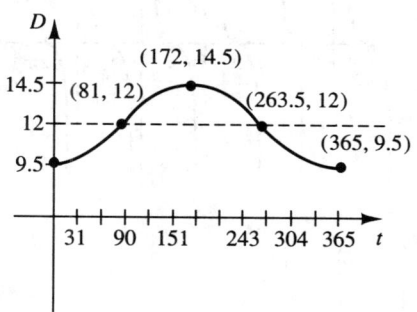

51. Amplitud = 6
Periodo = $\frac{\pi}{2}$
Desfasamiento = 0
Desplazamiento vertical = 0

$d = 6\cos 4t$

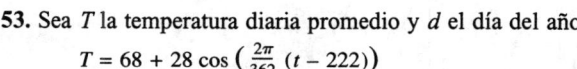

53. Sea T la temperatura diaria promedio y d el día del año
$$T = 68 + 28\cos\left(\frac{2\pi}{362}(t - 222)\right)$$

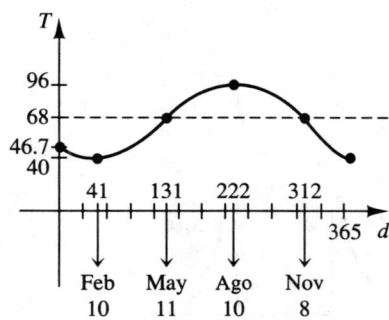

Respuestas a ejercicios seleccionados

EJERCICIOS 7.2

1. $y = \tan 2x$

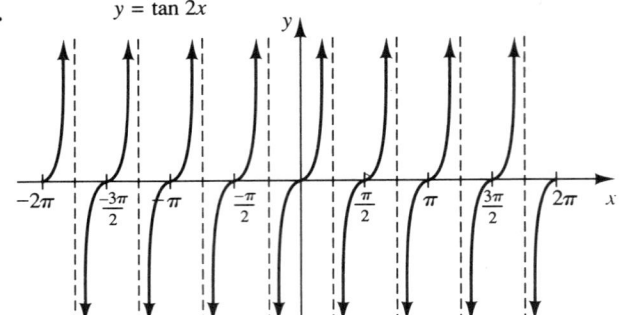

3. $y = 3 \cot x$

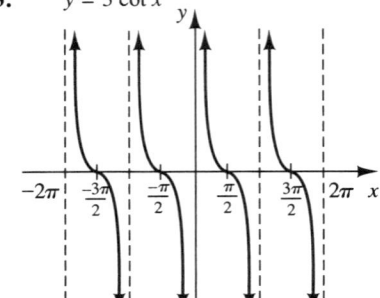

5. $y = -\tan x$

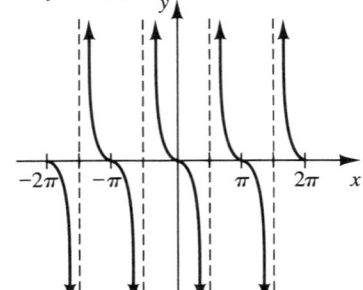

7. $y = \sec(-x)$

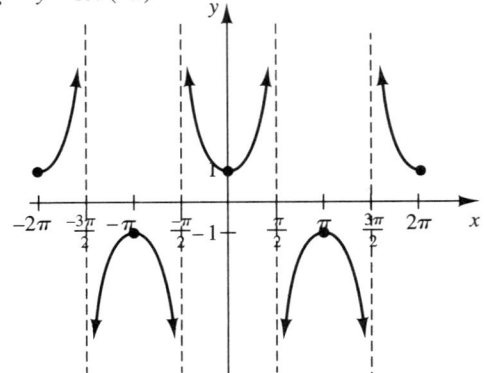

9. $y = \cos\left(x + \frac{\pi}{2}\right)$

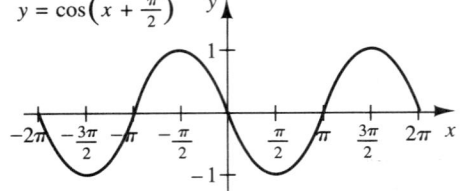

11. $y = \frac{1}{2}\,\text{sen}\,3x$

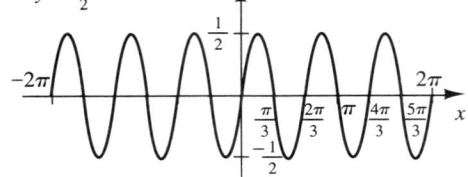

13.

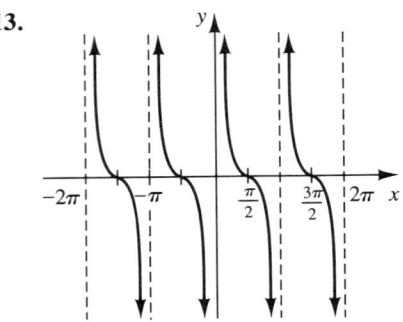

$y = \cot(x - \pi)$

15. $y = 2 + \csc x$

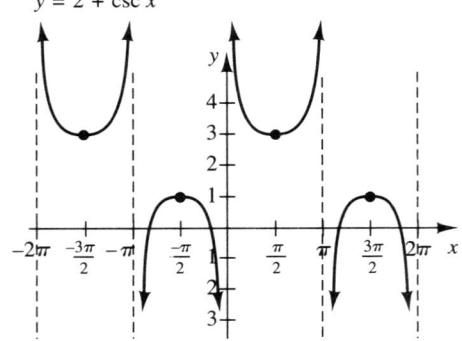

17. $y = \text{sen}\left(x + \frac{\pi}{2}\right)$

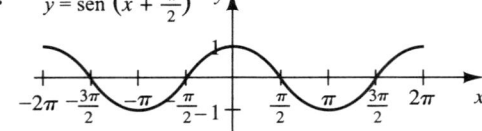

19. $y = \tan\left(2x - \frac{\pi}{4}\right)$

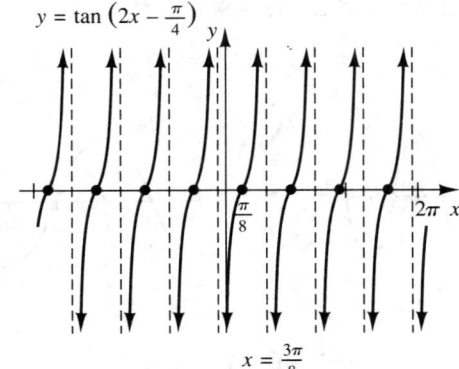

$x = \frac{3\pi}{8}$

21. $y = |\tan x|$

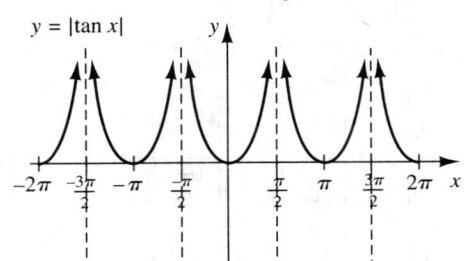

25. $y = \tan x = \cot\left(\frac{\pi}{2} - x\right)$

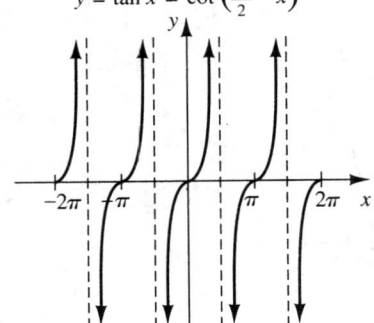

27. $y = \text{sen}(2\pi x)$

Periodo = 1

EJERCICIOS 7.3

1. $\cos \theta$ **3.** $\dfrac{1}{\cos \theta}$ **5.** 1 **7.** $\dfrac{\text{sen}^2 \theta}{\cos^2 \theta}$ **9.** $\dfrac{\cos \theta - \text{sen } \theta}{\cos^2 \theta}$

11. $\dfrac{1 - \text{sen}^2 \theta}{\text{sen } \theta}$ **13.** $\sin \theta - \dfrac{1}{\text{sen } \theta} = \dfrac{\text{sen}^2 \theta - 1}{\text{sen}^2 \theta}$

15. $\dfrac{\cos^2 \theta - 1}{\cos \theta}$ **17.** $2 \cos^2 \theta - 1$ **67.** $\cos \theta = -\dfrac{3}{5}$

69. $\sec B = -\dfrac{\sqrt{13}}{3}$ **71.** $\tan \theta = \dfrac{3\sqrt{10}}{20}$

EJERCICIOS 7.4

1. $x = \dfrac{\pi}{6}, \dfrac{5\pi}{6}$ **3.** $x = \dfrac{5\pi}{6}, \dfrac{7\pi}{6}$ **5.** $x = \dfrac{\pi}{2}$

7. $\theta = \dfrac{3\pi}{4}, \dfrac{7\pi}{4}$ **9.** $x = \dfrac{\pi}{2}$ **11.** $\theta = \dfrac{2\pi}{3}, \dfrac{5\pi}{3}$

13. No existe solución **15.** $t = \dfrac{\pi}{6}, \dfrac{7\pi}{6}$ **17.** $x = \dfrac{\pi}{2}, \dfrac{3\pi}{2}$

19. No existe solución **21.** $x = \dfrac{\pi}{2}, \dfrac{3\pi}{2}$

23. $x = \dfrac{\pi}{6}, \dfrac{5\pi}{6}, \dfrac{7\pi}{6}, \dfrac{11\pi}{6}$ **25.** $w = \dfrac{\pi}{3}, \dfrac{2\pi}{3}, \dfrac{4\pi}{3}, \dfrac{5\pi}{3}$

27. $x = 0$ **29.** $\theta = 0, \dfrac{\pi}{4}, \pi, \dfrac{5\pi}{4}$ **31.** $t = 0, \pi$

33. $x = \dfrac{\pi}{4}, \dfrac{5\pi}{4}$ **35.** $w = 0, \pi$ **37.** $x = \dfrac{3\pi}{2}$

39. $x = \dfrac{\pi}{6}, \dfrac{5\pi}{6}, \dfrac{3\pi}{2}$ **41.** $\theta = \dfrac{\pi}{3}, \dfrac{2\pi}{3}, \dfrac{4\pi}{3}, \dfrac{5\pi}{3}$

43. $\theta = 0, \dfrac{\pi}{2}$ **45.** $x = 37°, 143°$

47. $x = 120°, 300°$ **49.** $x = 207°, 333°$

51. $x = 2.24, 4.05$

53. $t = 66.96°, 139.61°, 246.96°, 319.61°$

55. $x = \dfrac{\pi}{6} + 2n\pi, \dfrac{5\pi}{6} + 2n\pi$ **57.** $x = \dfrac{\pi}{3} + n\pi, \dfrac{2\pi}{3} + n\pi$

59. $x = \dfrac{\pi}{3} + n\pi, \dfrac{2\pi}{3} + n\pi$ **61.** $x = \dfrac{\pi}{2} + n\pi,$

63. $x = \dfrac{3\pi}{2} + 2n\pi$ **65.** $x = \dfrac{\pi}{6} + \dfrac{2n\pi}{3}$

67. $x = \dfrac{3\pi}{16} + \dfrac{n\pi}{2}, \dfrac{5\pi}{16} + \dfrac{n\pi}{2}$

69. $D_f = \left\{\theta \mid \theta \neq \dfrac{\pi}{2} + 2n\pi\right\}$

71. D_h = todos los números reales

73. $D_G = \left\{x \mid x \neq \dfrac{\pi}{6} + n\pi, \dfrac{5\pi}{6} + n\pi\right\}$

75. $D_f = \left\{ t \mid t \neq \dfrac{\pi}{6} + n\pi, \dfrac{5\pi}{6} + n\pi \right\}$

77. $D_f = \left[0, \dfrac{\pi}{2} \right) \cup \left(\dfrac{3\pi}{2}, 2\pi \right)$ **79.** $D_g = \{ \theta \mid \theta \neq 0, \pi \}$

81. $D_F = \left\{ \theta \mid \theta \neq \dfrac{\pi}{4}, \dfrac{5\pi}{4} \right\}$

83. $D_f = \left\{ \theta \mid \theta \neq \dfrac{\pi}{4}, \dfrac{3\pi}{4}, \dfrac{5\pi}{4}, \dfrac{7\pi}{4} \right\}$

CAPÍTULO 7 EJERCICIOS DE REPASO

1. $y = \text{sen } 2x$

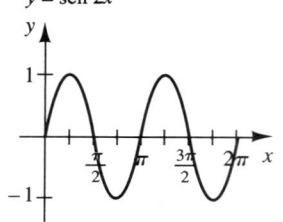

3. $y = -\cos x$

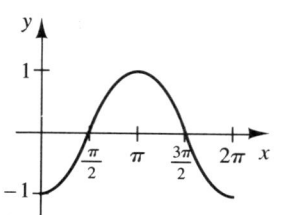

5. $y = \csc 3x$

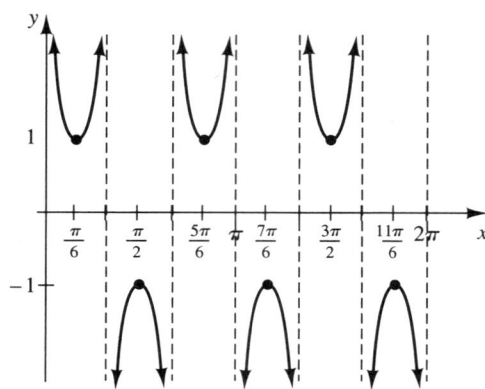

EJERCICIOS 7.5

1. $\dfrac{\pi}{3}$ **3.** $\dfrac{2\pi}{3}$ **5.** $-\dfrac{\pi}{3}$ **7.** $\dfrac{\pi}{3}$ **9.** 0.4115 **11.** $-\dfrac{\pi}{2}$

13. $\dfrac{\pi}{2}$ **15.** $\dfrac{\pi}{2}$ **17.** $\dfrac{1}{2}$ **19.** $-\dfrac{\sqrt{3}}{3}$ **21.** 1 **23.** $\dfrac{2}{\sqrt{5}}$

25. $\dfrac{2}{\sqrt{21}}$ **27.** No está definido   **29.** $\dfrac{\pi}{3}$ **31.** $\dfrac{\pi}{3}$ **33.** $\dfrac{\pi}{3}$

35. No está definido   **37.** $8°$ **39.** $\theta = \cos^{-1}\left(\dfrac{x}{6}\right)$

41. $\theta = \tan^{-1}\left(\dfrac{x}{5}\right)$ **43.** $\sqrt{16 - x^2} = 4 \cos \theta$

45. $\sqrt{x^2 + 16} = 4 \sec \theta$ **47.** $9 \text{ sen } \theta \cos \theta$

49. $8 \tan \theta \sec^2 \theta$ **51.** $\dfrac{\tan^2 \theta}{\sec^2 \theta} = \text{sen}^2 \theta$

53.

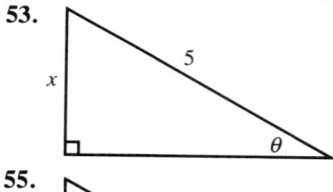

55.

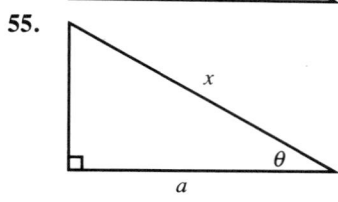

57. $\dfrac{\sqrt{x^2 - 9}}{x} = \text{sen } \theta$

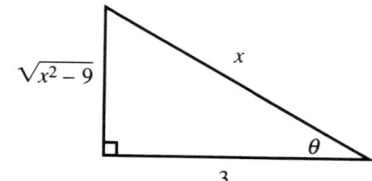

7. $y = 3 \text{ sen } \left(x + \dfrac{\pi}{4}\right)$

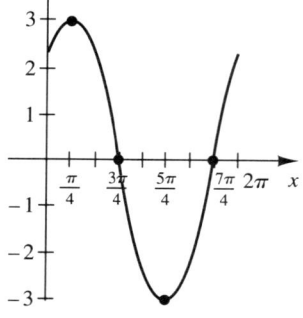

9. $y = 4 \tan (2x - \pi)$

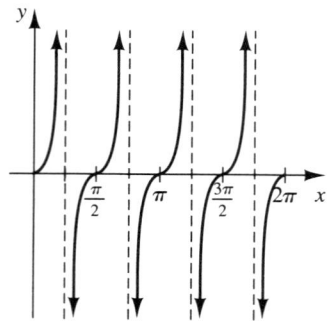

11. $y = \text{sen}(\pi x)$

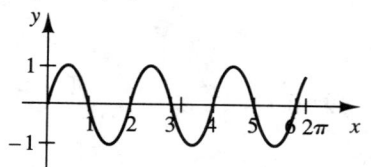

13. $-\text{sen}\, 80°$ **15.** $-\tan\dfrac{\pi}{8}$ **17.** $\csc 7°$

25. $x = \dfrac{2\pi}{3} + 2n\pi, \dfrac{4\pi}{3} + 2n\pi$ **27.** $x = \dfrac{\pi}{4} + n\pi, \dfrac{3\pi}{4} + n\pi$

29. $x = \dfrac{\pi}{3} + 2n\pi, \dfrac{2\pi}{3} + 2n\pi$

31. $x = \dfrac{\pi}{6} + 2n\pi, \dfrac{11\pi}{6} + 2n\pi$ **33.** $x = \dfrac{\pi}{4}, \dfrac{3\pi}{4}, \dfrac{5\pi}{4}, \dfrac{7\pi}{4}$

35. $\theta = \dfrac{\pi}{2}, \dfrac{3\pi}{2}$ **37.** No existe solución   **39.** $\theta = \dfrac{\pi}{6}, \dfrac{\pi}{2}, \dfrac{5\pi}{6}$

41. $\theta = \dfrac{\pi}{6}, \dfrac{5\pi}{6}$ **43.** $\theta = 0.8861, 2.2555, 4.0277, 5.3971$

45. $x = 76°, 284°$ **47.** No existe solución   **49.** $\theta = 30°, 90°, 150°$

51. $-\dfrac{\pi}{3}$ **53.** $\dfrac{\pi}{4}$ **55.** $\dfrac{\pi}{2}$ **57.** $-\dfrac{\pi}{6}$ **59.** 2

61. $\dfrac{5\pi}{6}$ **63.** $-\dfrac{\pi}{3}$ **65.** $\theta = \cot^{-1}\left(\dfrac{x}{7}\right)$

67. $\sqrt{x^2 - 64} = 8\tan\theta$

CAPÍTULO 7 EXAMEN DE PRÁCTICA

1. Dominio $= \left\{x \mid x \neq \dfrac{\pi}{6} + \dfrac{n\pi}{3}\right\}$ Rango = todos los números reales

2.

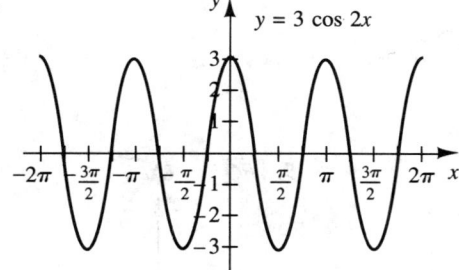

$y = 3\cos 2x$

3. $y = -\text{sen}\left(x + \dfrac{\pi}{2}\right)$

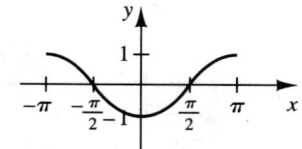

4. $y = \tan\left(\dfrac{1}{2}x + \pi\right)$

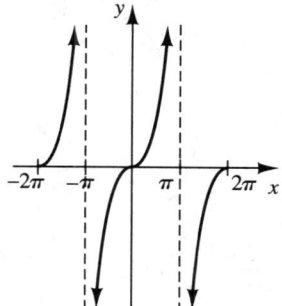

5. $y = \dfrac{1}{2}\csc(3x)$

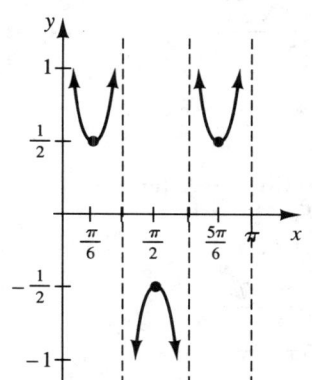

7. (a) $x = \dfrac{2\pi}{3} + 2n\pi, \dfrac{4\pi}{3} + 2n\pi$

(b) $\theta = \dfrac{\pi}{3} + n\pi, \dfrac{2\pi}{3} + n\pi$

8. (a) $x = 0, \dfrac{\pi}{3}, \pi, \dfrac{4\pi}{3}$ **(b)** $x = \dfrac{3\pi}{2}$

9. $D_f = \{x \mid x \neq \pi + 2n\pi, x \in R\}$

10. (a) $-\text{sen}\, 53°$ **(b)** $-\cos\dfrac{\pi}{8}$

11. (a) $-\dfrac{\pi}{3}$ **(b)** π **(c)** 0

(d) $\dfrac{\sqrt{2}}{2}$ **(e)** $-\dfrac{\pi}{3}$ **(f)** $\dfrac{5\pi}{6}$

12. $\theta = \cos^{-1}\left(\dfrac{x}{10}\right)$ **13.** $\text{sen}^2\theta$

CAPÍTULO 8

EJERCICIOS 8.1

1. $\dfrac{\sqrt{2} - \sqrt{6}}{4}$ **3.** $\dfrac{3 + \sqrt{3}}{3 - \sqrt{3}}$

5. $\dfrac{\sqrt{6} - \sqrt{2}}{4}$ **7.** $\dfrac{\sqrt{2} - \sqrt{6}}{4}$ **9.** $\dfrac{\sqrt{3}}{2}$

11. 0 **13.** $\sqrt{3}$

29. (a) $\dfrac{4\sqrt{119} - 15}{60}$ **(b)** $\dfrac{-20 - 3\sqrt{119}}{60}$ **(c)** II

31. (a) $\dfrac{4\sqrt{5} + 6}{15}$ **(b)** $\dfrac{4\sqrt{5} + 6}{8 - 3\sqrt{5}}$

33. (a) $\dfrac{4\sqrt{33} + 12}{35}$ **(b)** $\dfrac{-16 - 3\sqrt{33}}{35}$

EJERCICIOS 8.2

1. $-\dfrac{336}{625}$ **3.** $\dfrac{15}{8}$ **5. (a)** $\dfrac{3}{\sqrt{10}}$ **(b)** $-\dfrac{1}{\sqrt{10}}$ **(c)** -3

23. $x = 0, \dfrac{\pi}{3}, \pi, \dfrac{5\pi}{3}$ **25.** $x = 0, \pi$

27. $x = 0, \dfrac{\pi}{2}, \pi, \dfrac{3\pi}{2}, \dfrac{\pi}{4}, \dfrac{3\pi}{4}, \dfrac{5\pi}{4}, \dfrac{7\pi}{4}$

29. $x = \dfrac{\pi}{12}, \dfrac{5\pi}{12}, \dfrac{13\pi}{12}, \dfrac{17\pi}{12}, \dfrac{3\pi}{4}, \dfrac{7\pi}{4}$

31. $x = 0, \dfrac{\pi}{2}$ **33.** $\theta = \dfrac{\pi}{3}, \dfrac{5\pi}{3}$ **35.** $t = 0, \dfrac{\pi}{3}, \dfrac{5\pi}{3}$

37. $\dfrac{\sqrt{2 + \sqrt{3}}}{2}$ **39.** $\sqrt{\dfrac{2 + \sqrt{2}}{2 - \sqrt{2}}}$

41. $\dfrac{1}{8}\cos 4t + \dfrac{1}{2}\cos 2t + \dfrac{3}{8}$ **43.** $V = 16\,\text{sen}\,\theta$

45. $\text{sen}\,2\theta = \dfrac{8x}{x^2 + 16}$ **47.** $x = \dfrac{-3 + 3\sqrt{5}}{2} \approx 1.9$

49. $\cos 2\theta = 1 - \dfrac{a^2}{8}$

51. $\text{sen}\,3\theta = 2\,\text{sen}\,\theta\cos^2\theta + \text{sen}\,\theta - 2\,\text{sen}^3\theta$

57. (a) $\dfrac{1}{2}(\text{sen}\,8x + \text{sen}\,2x)$ **(b)** $\dfrac{1}{2}(\cos 2x - \cos 8x)$

(c) $\dfrac{1}{2}\left(\cos\dfrac{3x}{2} + \cos\dfrac{x}{2}\right)$

59. (a) $2\,\text{sen}\,4x\cos x$ **(b)** $-2\,\text{sen}\,\dfrac{11x}{2}\,\text{sen}\,\dfrac{3x}{2}$

(c) $2\cos\dfrac{7x}{4}\,\text{sen}\,\dfrac{5x}{4}$

EJERCICIOS 8.3

1. $C = 65°; b = 7.0; c = 11.0$
3. $B = 36.5°; C = 71.5°; c = 23.9$
5. $A = 36.3°; B = 62.6°; C = 81.1°$
7. $A = 45°; a = 26.8; b = 35.6$
9. $B = 12.8°; C = 29.2°; a = 15.1$ **11.** Ninguno
13. 1 triángulo **15.** 221.8 metros **17.** 1.8 km **19.** 686.8 metros **21.** 3.9 **23.** 63.7 pies a la primera y la tercera base; 66.8 pies a la segunda base **25.** 28.3° **27.** 211.6 pies
29. Alcance del cañón A = 1.77 millas; alcance del cañón B = 2.77 millas **31.** 2.2 millas **33.** 72.8 millas **35.** 2163.3 pies
37. 3.1 km **39.** 240 pies
41. $A = 68.2$

EJERCICIOS 8.4

1.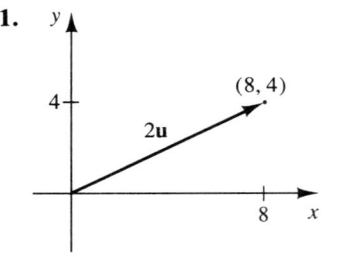

3.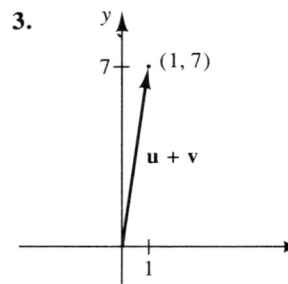

5.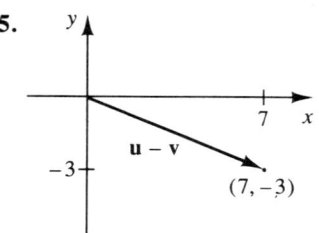

7. $|\vec{OQ}| = \sqrt{5}$

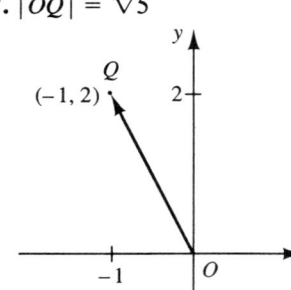

9. $|\vec{PQ}| = 2\sqrt{5}$

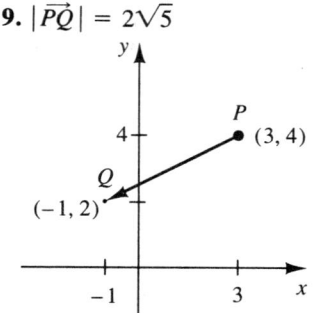

11. $|\overrightarrow{OP} + \overrightarrow{OQ}| = 2\sqrt{10}$ **13.** $|\overrightarrow{OR} - \overrightarrow{OS}| = 3\sqrt{5}$

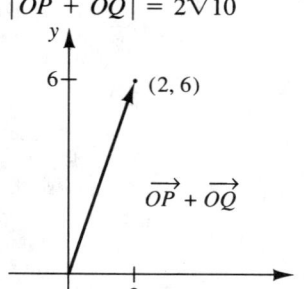
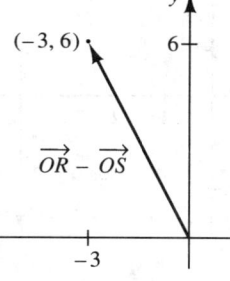

15. $\langle -1, 6 \rangle$; $-\mathbf{i} + 6\mathbf{j}$ **17.** $\langle -12, -8 \rangle$; $-12\mathbf{i} - 8\mathbf{j}$
19. $\langle -9, -26 \rangle$; $-9\mathbf{i} - 26\mathbf{j}$
21. $|\mathbf{A} + \mathbf{B}| = \sqrt{13}$; $\theta = 33.7°$
23. $|\mathbf{A} + \mathbf{B}| = \sqrt{145}$; $\theta = 4.8°$
25. $|\mathbf{u} + \mathbf{v}| = 6\sqrt{2}$; $\theta = 18.4°$
27. $|\mathbf{v} + \mathbf{w}| = \sqrt{34}$; $\theta = 139.4°$ **29.** $\left\langle \dfrac{7}{2}, \dfrac{7\sqrt{3}}{2} \right\rangle$
31. $\langle -58.8, 80.9 \rangle$ **33.** $\langle 2, 7 \rangle$ **35.** $5\mathbf{i} - 6\mathbf{j}$
37. $-13\mathbf{i} + 10\mathbf{j}$ **39.** $\dfrac{1}{\sqrt{34}}\langle 3, 5 \rangle$ **41.** $\dfrac{1}{\sqrt{10}}\langle -1, -3 \rangle$
43. $\dfrac{1}{\sqrt{29}}\langle -2, -5 \rangle$ **45.** 42.8 libras   **47.** 76.9°
49. Rapidez = 3.7 millas/hora; curso = N60.6°E   **51.** Velocidad con respecto de la tierra: 396.5 millas/hora; curso: N33.4°W
53. 42.4 millas/hora   **55.** Componente paralela: 6.2 libras; componente perpendicular: 19 libras   **57.** 337.3 libras
59. 212.7 millas con una dirección de N87°W
61. $200 - 50\sqrt{2} \approx 129.3$ libras   **63.** -27 **65.** $\dfrac{1}{3}$
67. 15   **69.** 21   **71.** 16

EJERCICIOS 8.5

1. $2\left(\cos\dfrac{11\pi}{6} + i \,\text{sen}\,\dfrac{11\pi}{6}\right)$ **3.** $5\sqrt{2} - i5\sqrt{2}$
5. $\sqrt{53}(\cos 285.95° + i \,\text{sen}\, 285.95°)$
7. $6(\cos 0 + i \,\text{sen}\, 0)$ **9.** $-2i$
11. $\sqrt{21}(\cos 60.79° + i \,\text{sen}\, 60.79°)$ **13.** $\dfrac{9}{2} - \dfrac{9\sqrt{3}}{2}i$
15. $4(\cos \pi + i \,\text{sen}\, \pi)$
17. $z_1 \cdot z_2 = 12\left(\cos\dfrac{4\pi}{9} + i \,\text{sen}\,\dfrac{4\pi}{9}\right)$;
$\dfrac{z_1}{z_2} = 3\left(\cos\dfrac{2\pi}{9} + i \,\text{sen}\,\dfrac{2\pi}{9}\right)$

19. $z_1 \cdot z_2 = 5\left(\cos\dfrac{23\pi}{24} + i \,\text{sen}\,\dfrac{23\pi}{24}\right)$;
$\dfrac{z_1}{z_2} = 5\left(\cos\dfrac{17\pi}{24} + i \,\text{sen}\,\dfrac{17\pi}{24}\right)$
21. 6; $6(\cos 360° + i \,\text{sen}\, 360°)$
23. $\dfrac{1}{2} + \dfrac{1}{2}i$; $\dfrac{1}{\sqrt{2}}\left(\cos\dfrac{\pi}{4} + i \,\text{sen}\,\dfrac{\pi}{4}\right)$
25. $243\left(\cos\dfrac{5\pi}{6} + i \,\text{sen}\,\dfrac{5\pi}{6}\right)$ **27.** $8\sqrt{2}\left(\cos\dfrac{3\pi}{4} + i \,\text{sen}\,\dfrac{3\pi}{4}\right)$
29. $216(\cos 120° + i \,\text{sen}\, 120°)$
31. $16(\cos 0 + i \,\text{sen}\, 0)$
33. $972\sqrt{2}\left(\cos\dfrac{7\pi}{4} + i \,\text{sen}\,\dfrac{7\pi}{4}\right)$
35. $\dfrac{\sqrt{2}}{4}\left(\cos\dfrac{\pi}{4} + i \,\text{sen}\,\dfrac{\pi}{4}\right)$
37. $4\left(\cos\dfrac{2\pi}{3} + i \,\text{sen}\,\dfrac{2\pi}{3}\right)$
39. $w_0 = \sqrt[8]{18}\left(\cos\dfrac{\pi}{16} + i \,\text{sen}\,\dfrac{\pi}{16}\right)$;
$w_1 = \sqrt[8]{18}\left(\cos\dfrac{9\pi}{16} + i \,\text{sen}\,\dfrac{9\pi}{16}\right)$;
$w_2 = \sqrt[8]{18}\left(\cos\dfrac{17\pi}{16} + i \,\text{sen}\,\dfrac{17\pi}{16}\right)$;
$w_3 = \sqrt[8]{18}\left(\cos\dfrac{25\pi}{16} + i \,\text{sen}\,\dfrac{25\pi}{16}\right)$
41. $w_0 = \cos 0 + i \,\text{sen}\, 0$; $w_1 = \cos\dfrac{\pi}{3} + i \,\text{sen}\,\dfrac{\pi}{3}$;
$w_2 = \cos\dfrac{2\pi}{3} + i \,\text{sen}\,\dfrac{2\pi}{3}$; $w_3 = \cos \pi + i \,\text{sen}\, \pi$;
$w_4 = \cos\dfrac{4\pi}{3} + i \,\text{sen}\,\dfrac{4\pi}{3}$; $w_5 = \cos\dfrac{5\pi}{3} + i \,\text{sen}\,\dfrac{5\pi}{3}$
43. $w_0 = \sqrt[5]{2}\left(\cos\dfrac{\pi}{6} + i \,\text{sen}\,\dfrac{\pi}{6}\right)$;
$w_1 = \sqrt[5]{2}\left(\cos\dfrac{17\pi}{30} + i \,\text{sen}\,\dfrac{17\pi}{30}\right)$;
$w_2 = \sqrt[5]{2}\left(\cos\dfrac{29\pi}{30} + i \,\text{sen}\,\dfrac{29\pi}{30}\right)$;
$w_3 = \sqrt[5]{2}\left(\cos\dfrac{41\pi}{30} + i \,\text{sen}\,\dfrac{41\pi}{30}\right)$;
$w_4 = \sqrt[5]{2}\left(\cos\dfrac{53\pi}{30} + i \,\text{sen}\,\dfrac{53\pi}{30}\right)$

45. $w_0 = \sqrt[3]{2}\left(\cos\dfrac{\pi}{9} + i\,\text{sen}\,\dfrac{\pi}{9}\right) = 1.18 + 0.43i;$

$w_1 = \sqrt[3]{2}\left(\cos\dfrac{7\pi}{9} + i\,\text{sen}\,\dfrac{7\pi}{9}\right) = -0.97 + 0.81i;$

$w_2 = \sqrt[3]{2}\left(\cos\dfrac{13\pi}{9} + i\,\text{sen}\,\dfrac{13\pi}{9}\right) = -0.22 - 1.24i$

47. $w_0 = \dfrac{\sqrt{2+\sqrt{2}}}{2} + i\dfrac{\sqrt{2-\sqrt{2}}}{2};$

$w_1 = -\dfrac{\sqrt{2-\sqrt{2}}}{2} + i\dfrac{\sqrt{2+\sqrt{2}}}{2};$

$w_2 = -\dfrac{\sqrt{2+\sqrt{2}}}{2} - i\dfrac{\sqrt{2-\sqrt{2}}}{2};$

$w_3 = \dfrac{\sqrt{2-\sqrt{2}}}{2} - i\dfrac{\sqrt{2+\sqrt{2}}}{2}$

EJERCICIOS 8.6

1.–5.

7. $\left(-5, -\dfrac{2\pi}{3}\right); \left(5, -\dfrac{5\pi}{3}\right)$ **9.** $\left(-2, \dfrac{5\pi}{2}\right); \left(2, -\dfrac{\pi}{2}\right)$

11. $(-1, \sqrt{3})$ **13.** $\left(8, \dfrac{7\pi}{6}\right)$ **15.** $(2.70, 1.30)$

17. $(6, \pi)$ **19.** $(-1.98, 0.28)$

21. $\left(\dfrac{\sqrt{\pi^2+16}}{4}, 2.48\right)$ **23.** $x^2 + y^2 = 5x$; círculo

25. $y = \sqrt{3}\,x$; recta **27.** $y = -1$; recta

29. $y^2 = \dfrac{x^4}{1-x^2}$

31. $y = \dfrac{1}{4}x^2 - 1$; parábola **33.** $r = 4$

35. $r^2 = \csc 2\theta$ **37.** $r = -2\cos\theta - 2\,\text{sen}\,\theta$

39. $r = \dfrac{4}{\text{sen}\,\theta}$

41.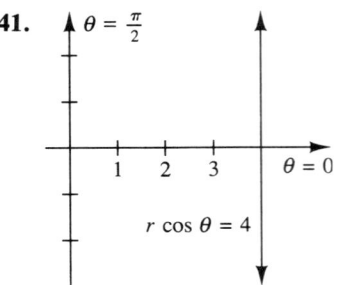

43.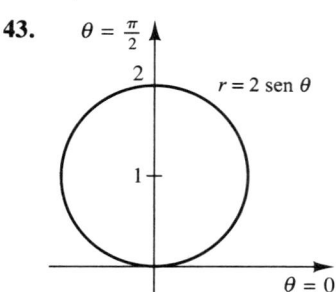

45.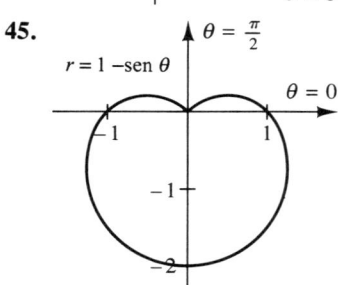

47.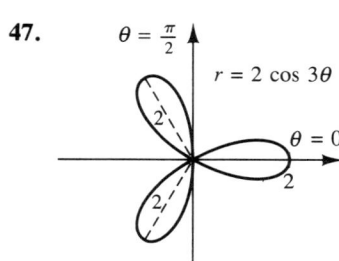

49.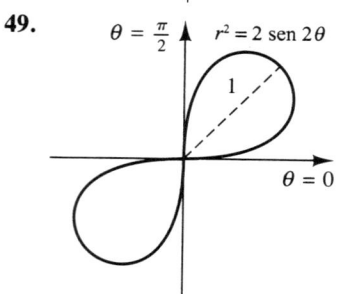

51.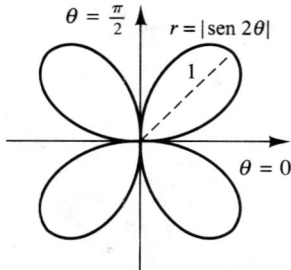

53.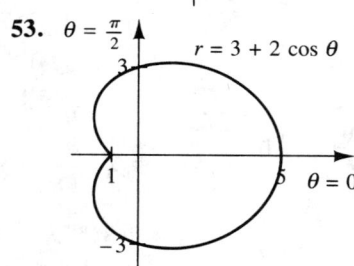

55.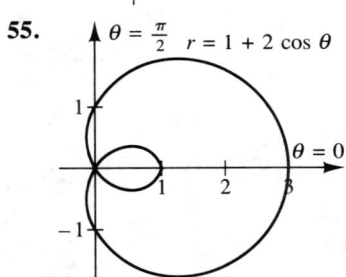

57.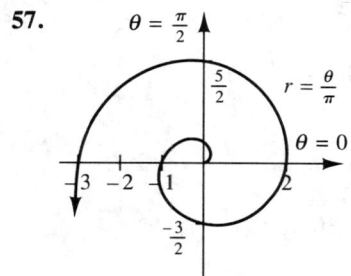

59.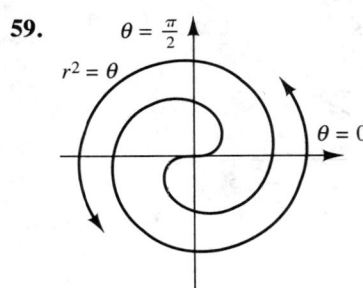

CAPÍTULO 8 EJERCICIOS DE REPASO

1. $\dfrac{\sqrt{6}+\sqrt{2}}{4}$ **3.** $\dfrac{1+\sqrt{3}}{1-\sqrt{3}}$ **17.** $x=\dfrac{\pi}{6};\dfrac{5\pi}{6};\dfrac{3\pi}{2}$

19. $x=\dfrac{\pi}{6},\dfrac{5\pi}{6},\dfrac{7\pi}{6},\dfrac{11\pi}{6}$

21. $x=\dfrac{\pi}{4},\dfrac{3\pi}{4},\dfrac{5\pi}{4},\dfrac{7\pi}{4},\dfrac{\pi}{12},\dfrac{5\pi}{12},\dfrac{13\pi}{12},\dfrac{17\pi}{12}$

23. $x=0,\dfrac{4\pi}{3}$ **25.** $x=0,\dfrac{\pi}{2},\dfrac{3\pi}{2}$

27. $\dfrac{4\sqrt{21}}{25}$ **29.** $\dfrac{72}{65}$ **31. (a)** $\dfrac{3}{\sqrt{10}}$

(b) $-\dfrac{1}{\sqrt{10}}$ **(c)** -3 **33.** $\cos 2\theta = 1 - \dfrac{2x^2}{25}$

35. $\tan 2\theta = \dfrac{2a\sqrt{25-a^2}}{2a^2-25}$ **37.** $C=78°; b=7.9;$
$c=14.6$ **39.** $A=32.3°; C=108.7°; b=10.6$
41. $A=16.2°; B=40.6°; C=123.2$ **43.** 0 **45.** 1
47. 200.2 millas **49.** 235.6 pies **51.** $\mathbf{u}+\mathbf{v}=\langle 7,10\rangle$;
$|\mathbf{u}+\mathbf{v}|=\sqrt{149}$ **53.** $\mathbf{u}+\mathbf{v}=\langle 5,0\rangle; |\mathbf{u}+\mathbf{v}|=5$
55. $\langle 6,-2\rangle; 6\mathbf{i}-2\mathbf{j}$ **57.** $\langle 20,2\rangle; 20\mathbf{i}+2\mathbf{j}$
59. Componente horizontal $=\dfrac{3\sqrt{2}}{2}$;

componente vertical $=\dfrac{3\sqrt{2}}{2}; \left\langle \dfrac{3\sqrt{2}}{2},\dfrac{3\sqrt{2}}{2}\right\rangle$

61. Componente horizontal $=-4.7$;
componente vertical $=8.8; \langle -4.7, 8.8\rangle$

63. $\dfrac{1}{\sqrt{41}}\langle 5,4\rangle$ **65.** $\dfrac{1}{\sqrt{13}}\langle 2,3\rangle$ **67.** $|\mathbf{A}+\mathbf{B}|=\sqrt{41}$;
$\theta=51.3°$ **69.** $|\mathbf{A}+\mathbf{B}|=\sqrt{149}; \theta=36.6°$
71. 31.1 libras **73.** 7.0 libras **75.** Velocidad con respecto de la tierra: 508.7 millas/hora; curso: N14.9°E **77.** Componente paralela $=10.4$ libras; componente perpendicular $=48.9$ libras
79. 298.5 libras **81.** $\sqrt{3}(\cos 324.74° + i \operatorname{sen} 324.74°)$
83. $-4\sqrt{2}+4i\sqrt{2}$ **85.** $z_1 \cdot z_2 = 12\left(\cos\dfrac{8\pi}{15}+i\operatorname{sen}\dfrac{8\pi}{15}\right)$;
$\dfrac{z_1}{z_2}=\dfrac{4}{3}\left(\cos\dfrac{2\pi}{15}+i\operatorname{sen}\dfrac{2\pi}{15}\right)$ **87.** $256\left(\cos\dfrac{4\pi}{3}+i\operatorname{sen}\dfrac{4\pi}{3}\right)$

89. $8\left(\cos\dfrac{\pi}{2}+i\operatorname{sen}\dfrac{\pi}{2}\right)$ **91.** $128\sqrt{2}\left(\cos\dfrac{\pi}{4}+i\operatorname{sen}\dfrac{\pi}{4}\right)$

93. $w_0=\sqrt{2}\left(\cos\dfrac{11\pi}{24}+i\operatorname{sen}\dfrac{11\pi}{24}\right)$;

$w_1=\sqrt{2}\left(\cos\dfrac{23\pi}{24}+i\operatorname{sen}\dfrac{23\pi}{24}\right)$;

$w_2=\sqrt{2}\left(\cos\dfrac{35\pi}{24}+i\operatorname{sen}\dfrac{35\pi}{24}\right)$;

$w_3=\sqrt{2}\left(\cos\dfrac{47\pi}{24}+i\operatorname{sen}\dfrac{47\pi}{24}\right)$

95. $w_0 = \cos 0 + i \,\text{sen}\, 0$;
$w_1 = \cos \dfrac{2\pi}{5} + i \,\text{sen}\, \dfrac{2\pi}{5}$; $w_2 = \cos \dfrac{4\pi}{5} + i \,\text{sen}\, \dfrac{4\pi}{5}$;
$w_3 = \cos \dfrac{6\pi}{5} + i \,\text{sen}\, \dfrac{6\pi}{5}$; $w_4 = \cos \dfrac{8\pi}{5} + i \,\text{sen}\, \dfrac{8\pi}{5}$

97. $\left(3, -\dfrac{7\pi}{4}\right); \left(-3, \dfrac{5\pi}{4}\right);$ **99.** $(1, 0); (-1, -\pi)$

101. $\left(-\dfrac{3\sqrt{2}}{2}, \dfrac{3\sqrt{2}}{2}\right)$ **103.** $\left(10, \dfrac{7\pi}{6}\right)$

105. $x^2 + y^2 = 6y$; círculo **107.** $y = x$; recta

109. $y = 4$; recta **111.** $x = \dfrac{1}{2}y^2 - \dfrac{1}{2}$

113.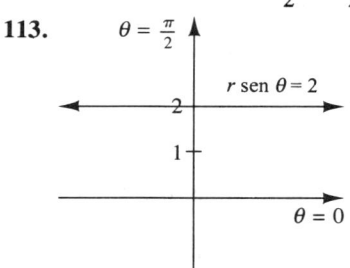

115.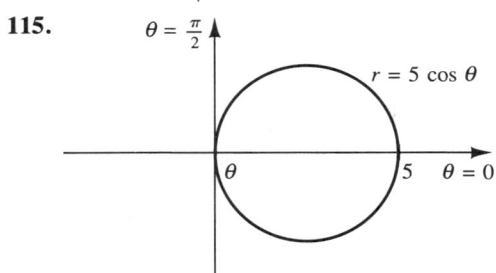

117.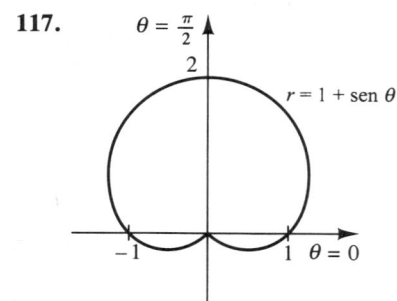

119.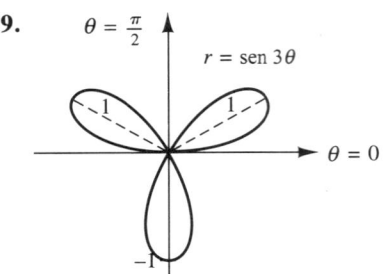

121.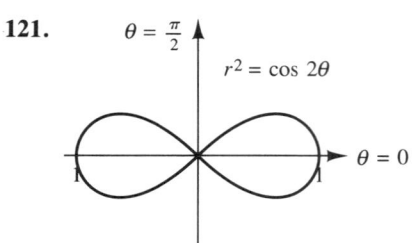

123.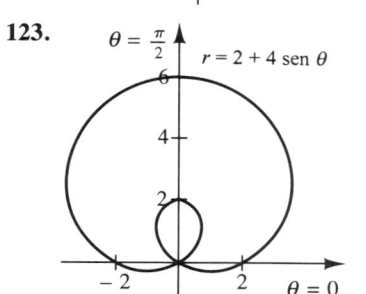

CAPÍTULO 8 EXAMEN DE PRÁCTICA

1. $\dfrac{\sqrt{2} - \sqrt{6}}{4}$ **3.** $\theta = \pi$ **4.** (a) $\dfrac{12}{37}$ (b) $\dfrac{35}{37}$

5. $\tan 2\theta = \dfrac{4a\sqrt{9 - 4a^2}}{8a^2 - 9}$

6. (a) $C = 62°; b = 14.1; c = 18.3°$
(b) $A = 23.1°; C = 51.9°; b = 24.6$

7. 272.6 pies **8.** (a) $u + v = \langle 5, 3 \rangle; |u + v| = \sqrt{34}$

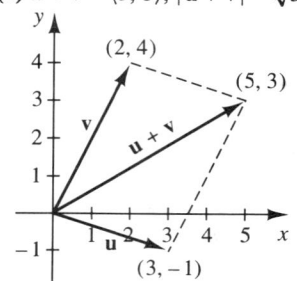

(b) $\mathbf{u} + \mathbf{v} = \langle 6, 0 \rangle$: $|\mathbf{u} + \mathbf{v}| = 6$

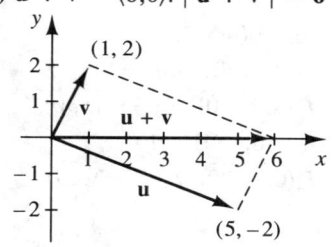

9. (a) $\langle 21, -17 \rangle$ **(b)** $-6\mathbf{i} + 46\mathbf{j}$
10. Componente horizontal = 4.5; componente vertical = 6.6
11. $\dfrac{1}{\sqrt{41}} \langle 4, 5 \rangle$ **12.** Resultante = $\langle -4, 6 \rangle$; ángulo = 47.7°
13. 21.1 millas/hora **14.** Una fuerza mayor que 38.9 libras
15. $2\left(\cos \dfrac{4\pi}{3} + i \operatorname{sen} \dfrac{4\pi}{3}\right)$ **16.** $16(\cos 0 + i \operatorname{sen} 0) = 16$
17. $\left(5, -\dfrac{5\pi}{6}\right); \left(-5, \dfrac{\pi}{6}\right)$ **18.**

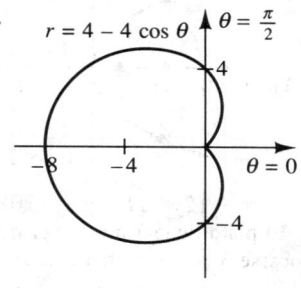

CAPÍTULO 9

EJERCICIOS 9.1

1. $(x - 3)^2 + (y + 8)^2 = 25$
3. $x^2 + y^2 + 6x - 2y + 9 = 0$
5. $C(2, -3); r = 9$ **7.** $C\left(\dfrac{1}{2}, 0\right); r = 3\sqrt{2}$
9. $C(3, 4); r = .4$ **11.** $C(3, 0); r = 2\sqrt{6}$ **13.** $C\left(0, \dfrac{1}{2}\right);$ $r = 2\sqrt{3}$ **15.** $y = -\dfrac{1}{2}x + \dfrac{5}{2}$ **17.** $y = -x + 7$
19.

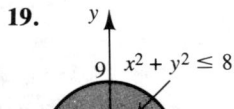

21. $x^2 + y^2 - 8x - 6y + 9 < 0$

23. $\dfrac{22}{5}$ **25.** $x^2 + y^2 = \dfrac{144}{13}$ **27.** $\dfrac{\sqrt{10}}{5}$

EJERCICIOS 9.2

1. $F(0, 3)$; directriz: $y = -3$ **3.** $F\left(-\dfrac{1}{32}, 0\right)$; directriz: $x = \dfrac{1}{32}$ **5.** $F\left(0, \dfrac{1}{8}\right)$; directriz: $y = -\dfrac{1}{8}$
7. $4x^2 - 12y = 0$

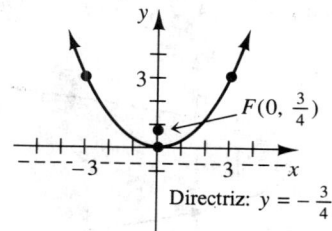

Directriz: $y = -\dfrac{3}{4}$

Eje: $x = 0$

R40

Respuestas a ejercicios seleccionados

9. $x + y^2 = 0$ **11.** $x^2 = 16y$

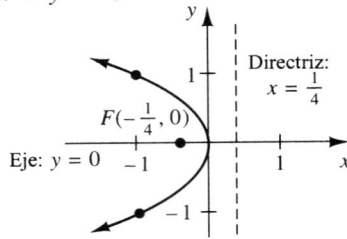

Eje: $y = 0$

13. $x^2 = -12y$ **15.** $y^2 = 20x$
17. El plato tiene 3 pies de profundidad. El receptor debe colocarse 3 pies directamente sobre el vértice.
19. El espejo tiene 8 pulgadas de profundidad. La fuente de luz debe colocarse 18 pulgadas directamente sobre el vértice.
21. $\dfrac{20\sqrt{6}}{3} \approx 16.33$ pies   **23.** $\dfrac{1}{2}$ pulgadas sobre el vértice
25. $F(2, 2)$; directriz: $y = -2$ **27.** $F(0, 1)$; directriz: $x = -4$ **29.** $F\left(2, -\dfrac{17}{4}\right)$; directriz: $y = -\dfrac{7}{4}$
31. $8y = x^2 + 10x + 33$ **33.** $x = 3y^2 - 6y + 5$

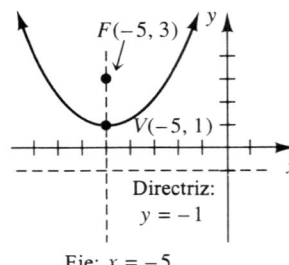

Eje: $x = -5$

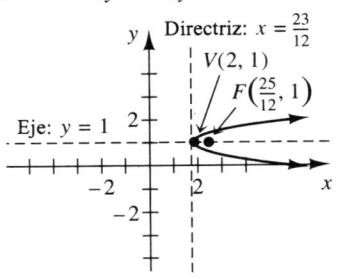

35. $(y - 4)^2 = -12(x - 5)$ **37.** $(x - 2)^2 = -14\left(y - \dfrac{1}{2}\right)$
39. $(y - 5)^2 = 20(x - 2)$
41. $y < 4x^2$ **43.** $x \geq y^2 - 6y + 5$

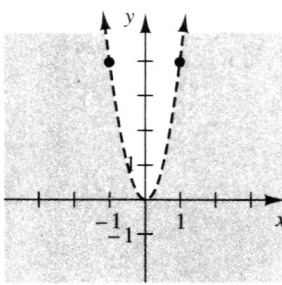

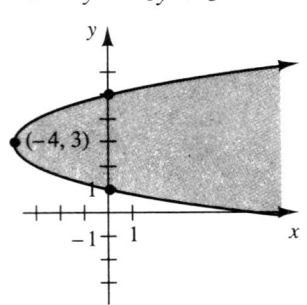

47. $y = -x - 2$

EJERCICIOS 9.3

1. $V_1(4, 0)$, $V_2(-4, 0)$, $F_1(\sqrt{7}, 0)$, $F_2(-\sqrt{7}, 0)$
3. $V_1(0, 3\sqrt{2})$, $V_2(0, -3\sqrt{2})$, $F_1(0, \sqrt{6})$, $F_2(0, -\sqrt{6})$
5. $V_1(2\sqrt{6}, 0)$, $V_2(-2\sqrt{6}, 0)$, $F_1(\sqrt{15}, 0)$, $F_2(-\sqrt{15}, 0)$
7. $V_1(0, 5)$, $V_2(0, -5)$, $F_1(0, 4)$, $F_2(0, -4)$
9. $V_1(0, \sqrt{30})$, $V_2(0, -\sqrt{30})$, $F_1(0, \sqrt{29})$, $F_2(0, -\sqrt{29})$
11. $\dfrac{x^2}{49} + \dfrac{y^2}{9} = 1$

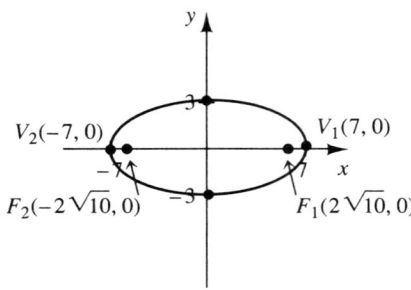

13. $12x^2 + y^2 = 24$

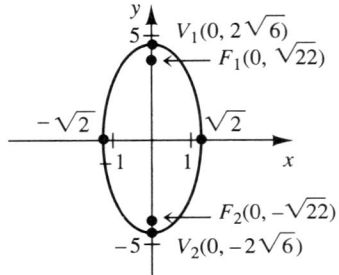

15. $3x^2 + 8y^2 = 12$

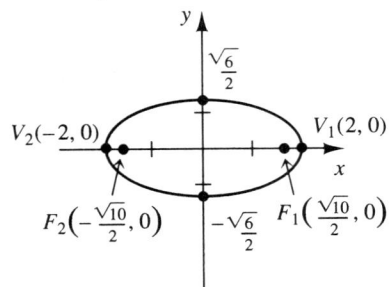

17. $e = \dfrac{\sqrt{11}}{6}$ **19.** $e = \dfrac{\sqrt{10}}{4}$

21. $\dfrac{x^2}{36} + \dfrac{y^2}{24} > 1$

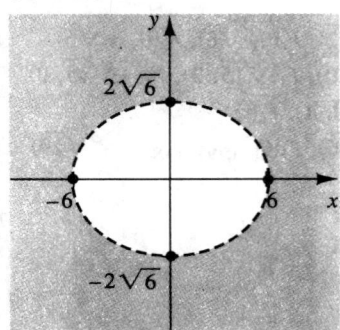

23. $3x^2 + 4y^2 \leq 12$

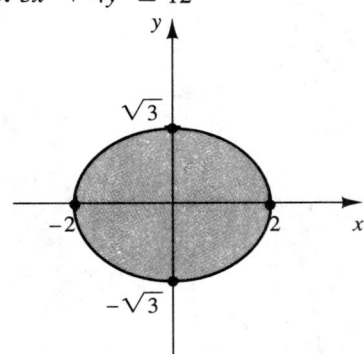

25. $\dfrac{x^2}{16} + \dfrac{y^2}{12} = 1$ **27.** $\dfrac{x^2}{16} + \dfrac{y^2}{4} = 1$

29. $5\sqrt{7} \approx 13.23$ pies   **31.** 221 589 millas   **33.** $C(2, 3)$ $V_1(6, 3), V_2(-2, 3), F_1(2 + 2\sqrt{3}, 3), F_2(2 - 2\sqrt{3}, 3)$
35. $C(-1, 3), V_1(-1, 3 + 3\sqrt{2}), V_2(-1, 3 - 3\sqrt{2}),$ $F_1(-1, 3 + \sqrt{6}), F_2(-1, 3 - \sqrt{6})$ **37.** $C(2, 3), V_1(2, 5),$ $V_2(2, 1), F_1(2, 3 + \sqrt{3}), F_2(2, 3 - \sqrt{3})$ **39.** $C(5, 1),$ $V_1(5, 1 + 3\sqrt{2}), V_2(5, 1 - 3\sqrt{2}), F_1(5, 1 + \sqrt{3}),$ $F_2(5, 1 - \sqrt{3})$

41. $\dfrac{(x-2)^2}{9} + \dfrac{(y+3)^2}{8} = 1$

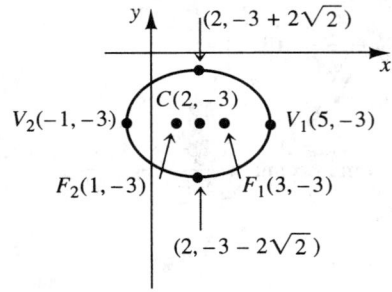

43. $\dfrac{(x+2)^2}{16} + \dfrac{(y-1)^2}{24} = 1$

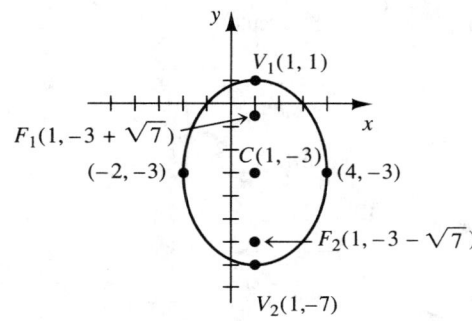

45. $16x^2 + 9y^2 - 32x + 54y = 47$

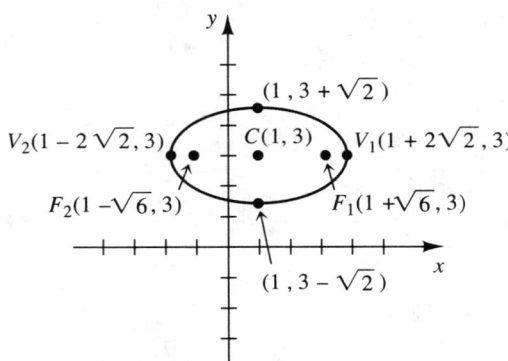

47. $x^2 + 4y^2 - 2x - 24y = -29$

49. $\dfrac{x^2}{9} + \dfrac{y^2}{4} = 1$; elipse

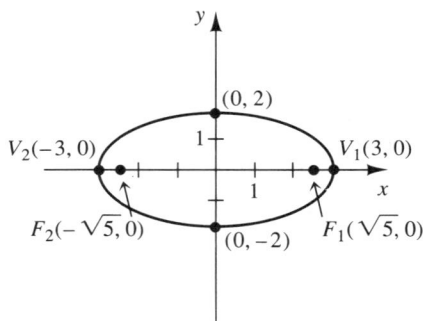

51. $\dfrac{(x+2)^2}{16} + \dfrac{(y-1)^2}{16} = 1$; círculo

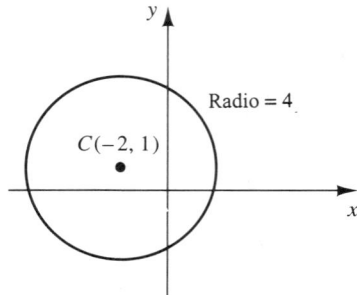

53. $x^2 - 9y = 0$; parábola

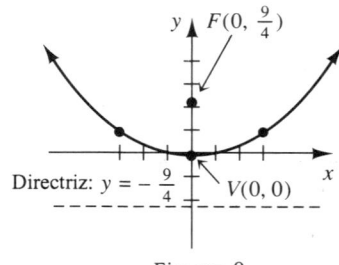

55. $\dfrac{(x-3)^2}{9} + \dfrac{(y-4)^2}{5} = 1$ **57.** $\dfrac{(x-3)^2}{4} + (y+5)^2 = 1$

61. $-x + 2\sqrt{3}\,y = 8$

EJERCICIOS 9.4

1. $V_1(3, 0)$, $V_2(-3, 0)$, $F_1(5, 0)$, $F_2(-5, 0)$; asíntotas: $y = \pm\dfrac{4}{3}x$ **3.** $V_1(0, 2\sqrt{3})$, $V_2(0, -2\sqrt{3})$, $F_1(0, \sqrt{30})$, $F_2(0, -\sqrt{30})$; asíntotas: $y = \pm\dfrac{\sqrt{6}}{3}x$ **5.** $V_1(3, 0)$, $V_2(-3, 0)$, $F_1(3\sqrt{3}, 0)$, $F_2(-3\sqrt{3}, 0)$; asíntotas: $y = \pm\sqrt{2}x$ **7.** $V_1(3, 0)$, $V_2(-3, 0)$, $F_1(\sqrt{34}, 0)$, $F_2(-\sqrt{34})$; asíntotas: $y = \pm\dfrac{5}{3}x$ **5.** $V_1(0, 1)$, $V_2(0, -1)$, $F_1(0, \sqrt{31})$, $F_2(0, -\sqrt{31})$; asíntotas: $y = \pm\dfrac{\sqrt{30}}{30}x$

11. $\dfrac{x^2}{9} - \dfrac{y^2}{49} = 1$

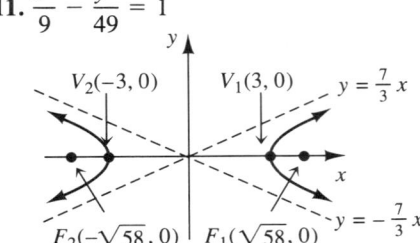

13. $8x^2 - y^2 = 24$

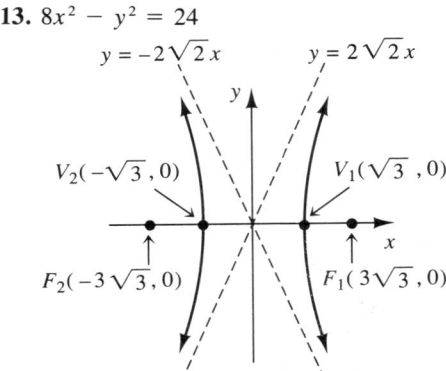

15. $3y^2 - 8x^2 = 24$

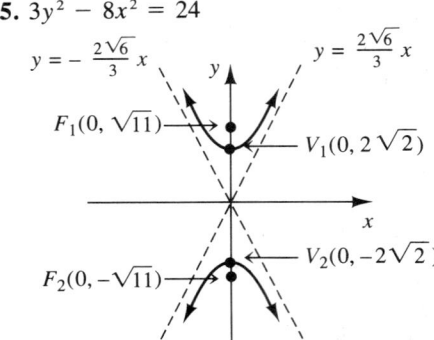

17. En millas (hasta una cifra decimal): $\dfrac{x^2}{344.5} - \dfrac{y^2}{2155.5} = 1$

19. $\sqrt{7} - \sqrt{3} \approx 0.9137$ AU

21. $C(1, 3)$, $V_1(3, 3)$, $V_2(-1, 3)$, $F_1(1 + 2\sqrt{2}, 3)$, $F_2(1 - 2\sqrt{2}, 3)$; asíntotas: $y = x + 2$, $y = -x + 4$

23. $C(-1, -3)$, $V_1(-1, -3 + 2\sqrt{3})$, $V_2(-1, -3 - 2\sqrt{3})$, $F_1(-1, -3 + \sqrt{30})$; $F_2(-1, -3 - \sqrt{30})$; asíntotas:
$y = \dfrac{\sqrt{6}}{3}x + \dfrac{\sqrt{6} - 9}{3}$, $y = -\dfrac{\sqrt{6}}{3}x - \dfrac{\sqrt{6} + 9}{3}$

25. $C(3, 1)$, $V_1(7, 1)$, $V_2(-1, 1)$, $F_1(3 + 2\sqrt{5}, 1)$, $F_2(3 - 2, 1)$; asíntotas: $y = \dfrac{1}{2}x - \dfrac{1}{2}$, $y = -\dfrac{1}{2}x = + \dfrac{5}{2}$

27. $C(1, -1)$, $V_1(1, -1 + 2\sqrt{6})$, $V_2(1, -1 - 2\sqrt{6})$, $F_1(1, -1 + 2\sqrt{10})$, $F_2(1, -1 - 2\sqrt{10})$; asíntotas:
$y = \dfrac{\sqrt{6}}{2}x - \dfrac{\sqrt{6}+2}{2}$, $y = -\dfrac{\sqrt{6}}{2}x + \dfrac{\sqrt{6} - 2}{2}$

29. $\dfrac{(x + 4)^2}{9} - \dfrac{(y + 3)^2}{16} = 1$

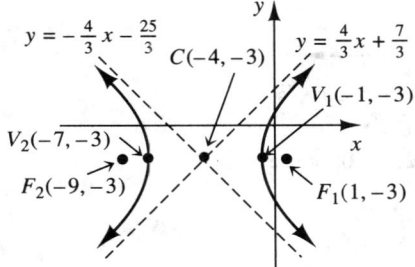

31. $\dfrac{x^2}{5} - \dfrac{(y - 3)^2}{15} = 1$

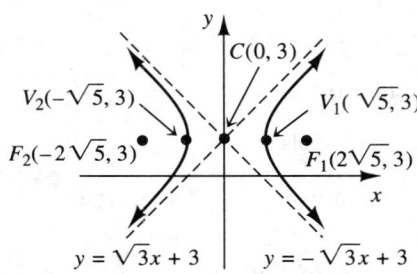

33. $9x^2 - 16y^2 - 36x - 32y = 124$

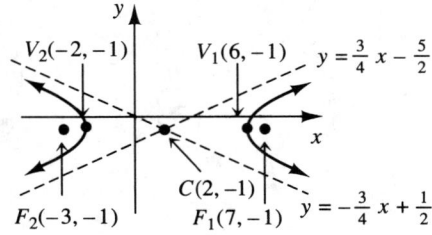

35. $25y^2 - 36x^2 - 150y + 288x - 1251 = 0$

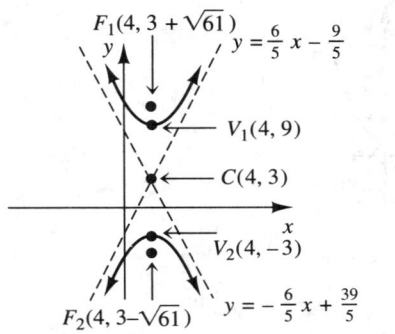

37. $\dfrac{(x - 6)^2}{16} - \dfrac{(y + 1)^2}{20} = 1$

39. $\dfrac{x^2}{12} + \dfrac{y^2}{4} = 1$; elipse

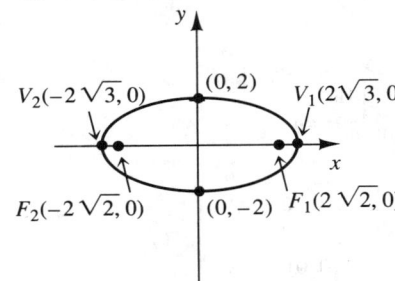

41. $\dfrac{(x + 2)^2}{9} - \dfrac{(y - 1)^2}{25} = 1$; hipérbola

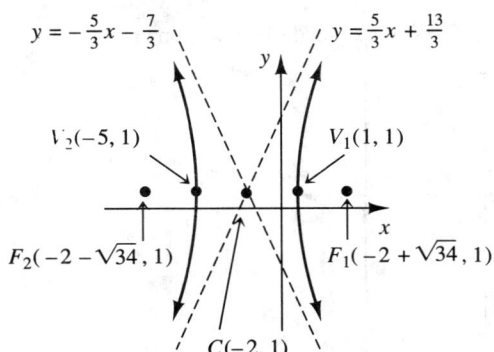

43. $x^2 - 2y - 12 = 0$; parábola

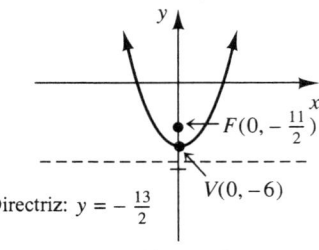

47. $x = 4$

EJERCICIOS 9.5

1. Una elipse o su forma degenerada   **3.** Una hipérbola o su forma degenerada   **5.** Un círculo o su forma degenerada
7. Una hipérbola o su forma degenerada   **9.** Una elipse o su forma degenerada
11. $y^2 + 16x = 0$; parábola

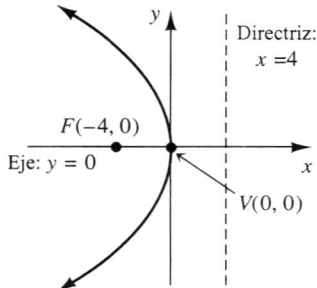

13. $x^2 - 10x + 25 = 0$; parábola degenerada: una recta $x = 5$

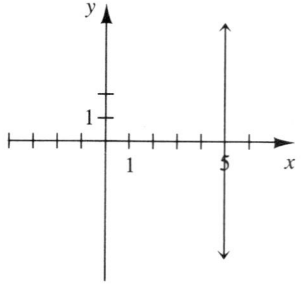

15. $2x^2 + y^2 - 8x - 2y - 7 = 0$; elipse

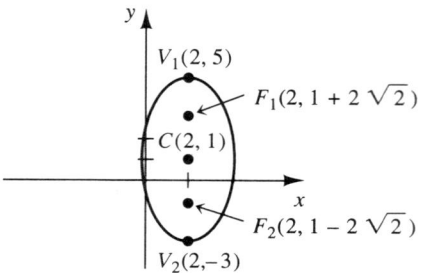

17. $25x^2 + y^2 - 50x - 6y - 16 = 0$; elipse

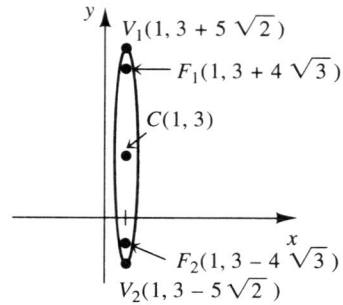

19. $25x^2 + 9y^2 - 225 = 0$; elipse

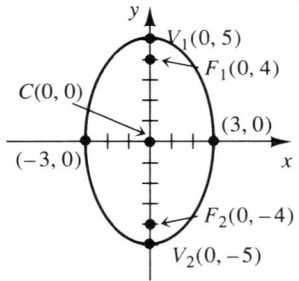

21. $x^2 - y^2 - 18 = 0$; hipérbola

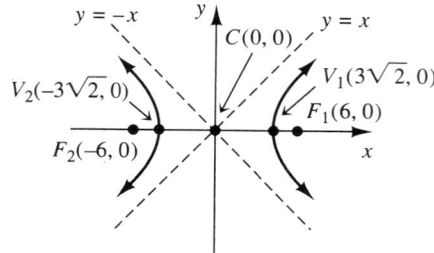

23. $y^2 - 6y - 16 = 0$; parábola degenerada: 2 rectas paralelas. $y = 8$ y $y = -2$

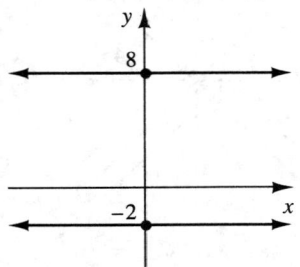

25. $-10x^2 + y = 0$; parábola

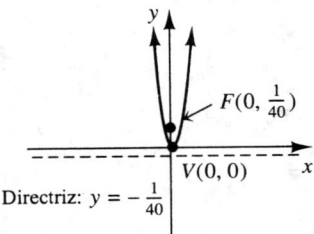

Eje: $x = 0$

27. $x^2 + y^2 + 2x - 6y - 5 = 0$; círculo

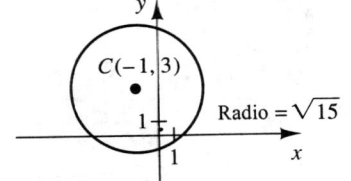

29. $x^2 + y^2 - 4x - 2y + 3 = 0$; círculo

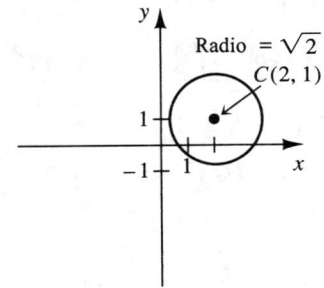

31. $9x^2 - y^2 - 18x - 4y - 139 = 0$; hipérbola

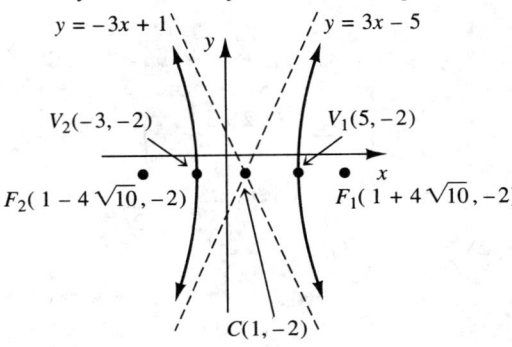

33. $x^2 + y^2 + 36 = 0$; círculo degenerado (no graficable)
35. $9x^2 + 25y^2 + 18x + 9 = 0$; elipse degenerada: el punto $(-1, 0)$

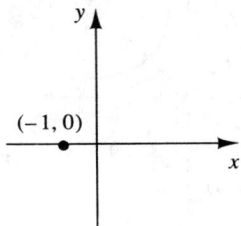

37. $16y^2 - x^2 = 0$; hipérbola degenerada: dos rectas que se intersecan

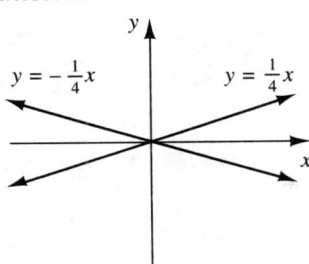

39. $x^2 - 2x + 12y - 47 = 0$; parábola

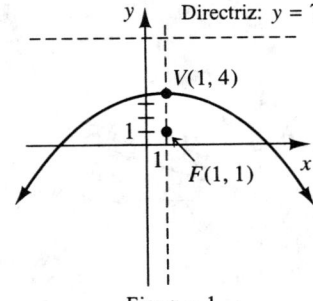

Eje: $x = 1$

EJERCICIOS 9.6

1. $(1', 9')$ 3. $(4, 1)$ 5. $(-6', 8')$ 7. $(2, -4)$
9. $x' = x - 3, y' = y + 4$ 11. $x' = x, y' = y - 3$
13. $x' = x - 1, y' = y + 7$ 15. $x' = x - 5, y' = y - 2$
17. $\left(\dfrac{7}{\sqrt{2}}, \dfrac{3}{\sqrt{2}}\right)$ 19. $\left(\dfrac{2 + \sqrt{3}}{2}, \dfrac{2\sqrt{3} - 1}{2}\right)$
21. $\left(\dfrac{2 - \sqrt{3}}{2}, \dfrac{-1 - 2\sqrt{3}}{2}\right)$ 23. $\left(\dfrac{3}{\sqrt{2}}, \dfrac{7}{\sqrt{2}}\right)$
25. $(x')^2 - 2\sqrt{3}x'y' + 3(y')^2 - \sqrt{3}x' - y' = 0$
27. $(x')^2 - 6\sqrt{3}x'y' - 5(y')^2 - 32 = 0$
29. $(x')^2 + (y')^2 - 4 = 0$ 31. $-3x^2 + 3y^2 - 8 = 0$
33. $(3 + 2\sqrt{3})x^2 + (2\sqrt{3} - 4)xy +$
$\qquad (1 - 2\sqrt{3})y^2 - 32 = 0$
35. $\phi = 30°$ 37. $\phi = 22.5°$
39. $xy = 8$

$\dfrac{(x')^2}{16} - \dfrac{(y')^2}{16} = 1$

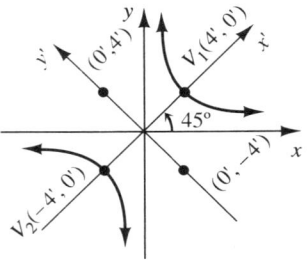

41. $x^2 - 10\sqrt{3}xy + 11y^2 - 16 = 0$

$(y')^2 - \dfrac{(x')^2}{4} = 1$

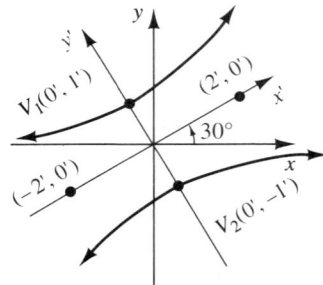

43. $23x^2 + 18\sqrt{3}xy + 5y^2 - 256 = 0$

$\dfrac{(x')^2}{8} - \dfrac{(y')^2}{64} = 1$

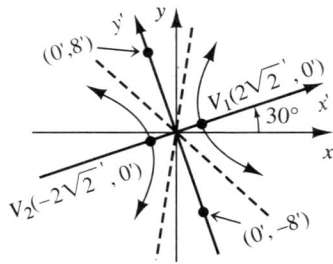

45. $x^2 + 2xy + y^2 = 1$

$x' = \dfrac{\sqrt{2}}{2}$

$x' = -\dfrac{\sqrt{2}}{2}$

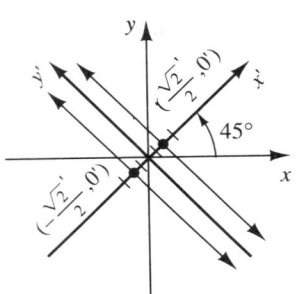

47. $31x^2 + 10\sqrt{3}xy + 21y^2 + 48x - 48\sqrt{3}y = 0$

$\dfrac{(x')^2}{4} + \dfrac{(y' - 3)^2}{9} = 1$

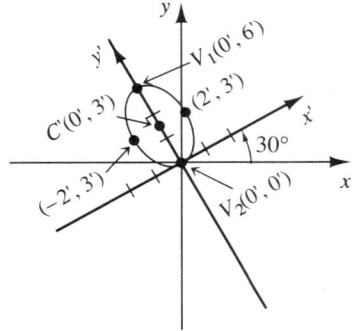

49. Una elipse o su forma degenerada
51. Una hipérbola o su forma degenerada

EJERCICIOS 9.7

1. $(3, 1), (-1, 3)$ 3. $(0, -6), (3, 0)$ 5. No tiene soluciones reales   7. $(3, 1), (3, -1), (-3, 1), (-3, -1)$
9. $(0, 1), (0, -1)$
11. $\left(\dfrac{3 + \sqrt{17}}{2}, \dfrac{-1 + \sqrt{17}}{2}\right), \left(\dfrac{3 - \sqrt{17}}{2}, \dfrac{-1 - \sqrt{17}}{2}\right)$
13. $(4, 2)$ 15. $(-1, 2)$ 17. $(3 + \sqrt{3}, 3),$
$(3 - \sqrt{3}, 3)$ 19. $\left(6, \dfrac{1}{3}\right), (1, 2)$ 21. $(5, 2)$
23. $\left(\dfrac{\sqrt{3}}{2}, \dfrac{1}{2}\right), \left(-\dfrac{\sqrt{3}}{2}, \dfrac{1}{2}\right)$

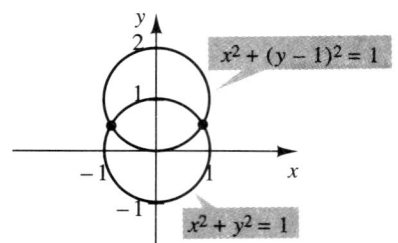

25. No existen soluciones reales

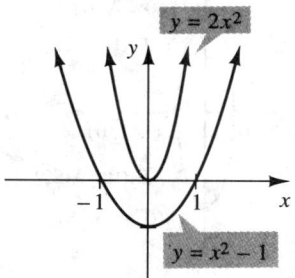

27. $(0, -3), (3, 0)$

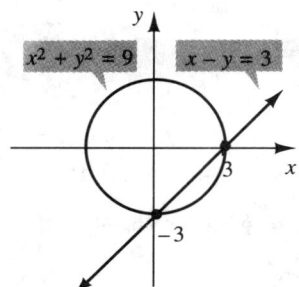

29. $\left(\dfrac{13}{3}, -\dfrac{65}{9}\right), (1, -5)$

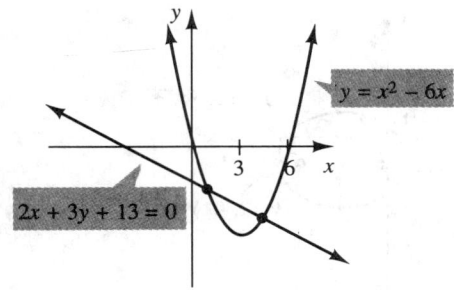

31. $(\sqrt{5}, 2), (-\sqrt{5}, 2)$

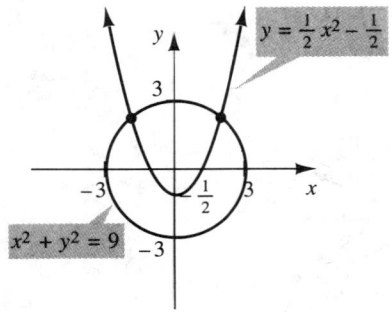

33. $(1 + \sqrt{7}, 1 - \sqrt{7}), (1 - \sqrt{7}, 1 + \sqrt{7})$

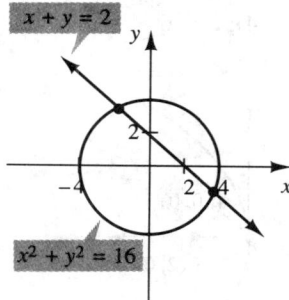

35. $(\sqrt{2}, 2), (\sqrt{2}, -2), (-\sqrt{2}, 2), (-\sqrt{2}, -2)$
37. $(\log_5 4, 4) \approx (0.9, 4)$
39. 3.5 cm por 10 cm   **41.** 7 cm por 24 cm
43. (a) $K = -4$ (b) $K < -4$ **45.** $(4, 0), (-4, 0)$
47. Sí; 40×100 o 50×80 pies
49.

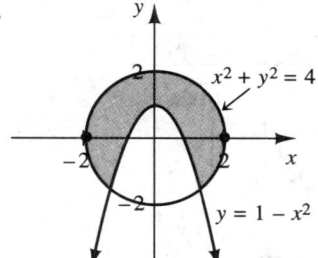

51.

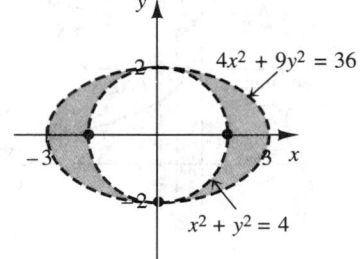

53.

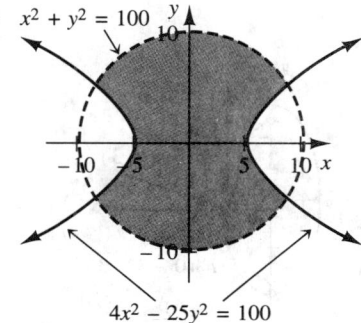

CAPÍTULO 9 EJERCICIOS DE REPASO

1. $C(3, -4); r = 3\sqrt{2}$ **3.** $C(4, 4); r = 6$
5. $y = \dfrac{1}{3}x - \dfrac{10}{3}$
7. $8x - y^2 = 0$

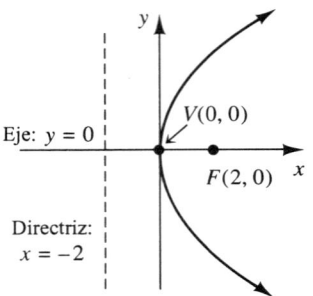

9. $(x - 4)^2 = 4y$

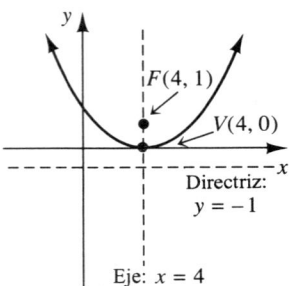

11. $4x = y^2 - 10y + 21$

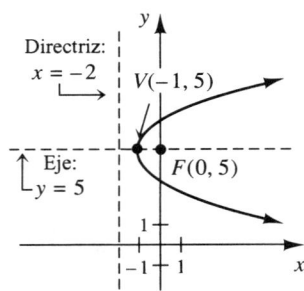

13. $y^2 = -12x$
15. El espejo tiene $1\dfrac{1}{8}$ pies de profundidad. La fuente de luz debe colocarse a 2 pies sobre el vértice.
17. $\dfrac{x^2}{9} + \dfrac{y^2}{36} = 1$

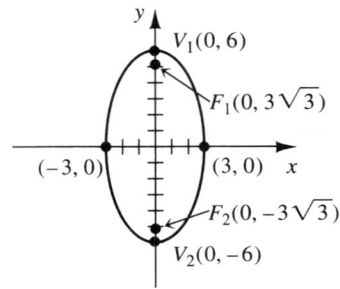

19. $24x^2 + 2y^2 = 48$

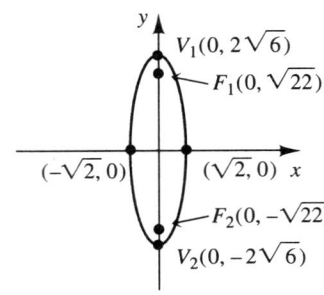

21. $\dfrac{(x - 2)^2}{6} + \dfrac{(y + 4)^2}{4} = 1$

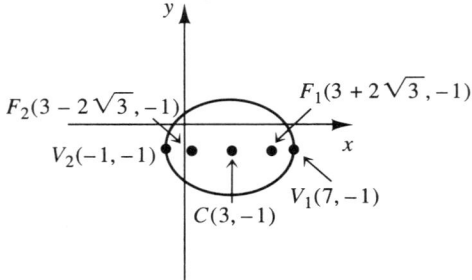

23. $x^2 + 4y^2 - 6x + 8y = 3$

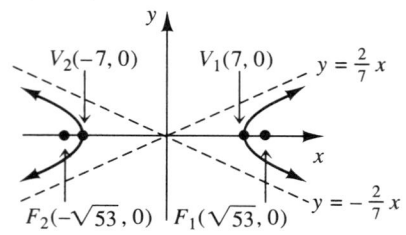

25. $\dfrac{x^2}{9} + \dfrac{y^2}{16} = 1$

27. $\dfrac{x^2}{49} - \dfrac{y^2}{4} = 1$

Respuestas a ejercicios seleccionados

29. $x^2 - 8y^2 = 24$

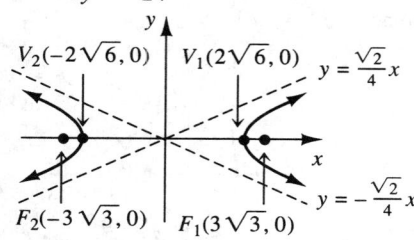

31. $\dfrac{(y-2)^2}{2} - \dfrac{(x-1)^2}{8} = 1$

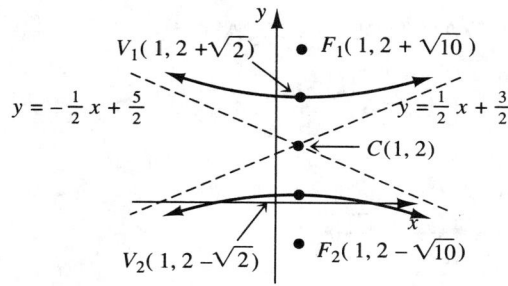

33. $x^2 - 4y^2 - 6x - 8y = 11$

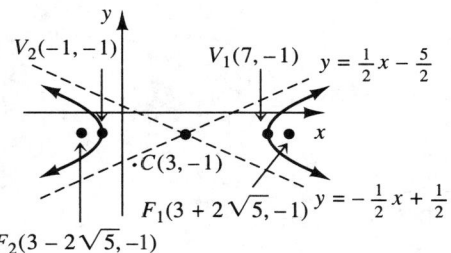

35. Una elipse o su forma degenerada   **37.** Una hipérbola o su forma degenerada

39. $\dfrac{x^2}{36} - \dfrac{y^2}{4} = 1$; hipérbola

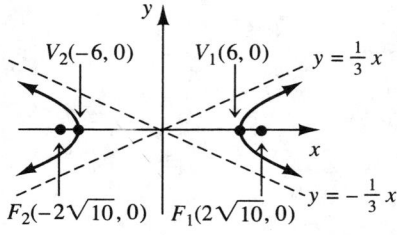

41. $\dfrac{x}{4} + \dfrac{y}{9} = 1$; recta

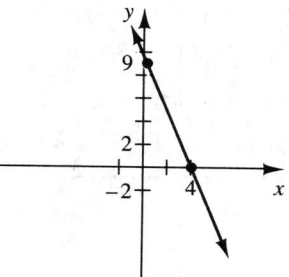

43. $\dfrac{(y-2)^2}{2} + \dfrac{(x-1)^2}{2} = 1$; círculo

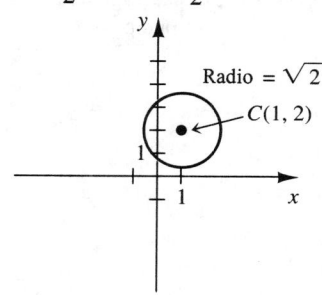

45. $x^2 = -64y$; parábola

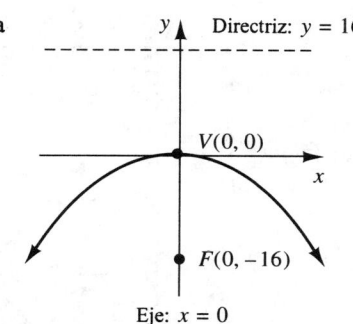

47. $x^2 - 8x + 16 = 0$; parábola degenerada; una recta

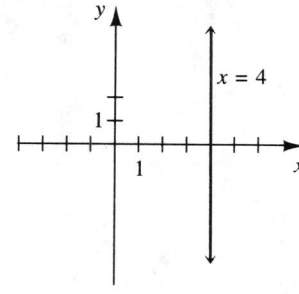

49. $x^2 + 2y^2 - 2x - 8y - 7 = 0$; elipse

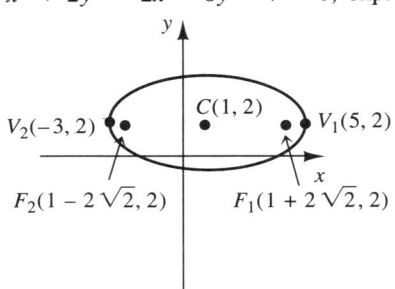

51. $x^2 + 25y^2 - 6x - 50y + 34 = 0$; elipse degenerada: un punto

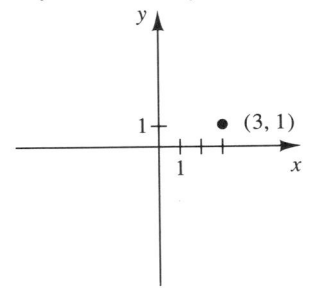

53. $(4, 10)$ **55.** $\left(\dfrac{3\sqrt{3}+5}{2}, \dfrac{5\sqrt{3}-3}{2}\right)$

57. $(3 - \sqrt{3})(x')^2 - (2 + 2\sqrt{3})x'y' + (1 + \sqrt{3})(y')^2 - 4 = 0$

59. $xy = 10$

$\dfrac{(x')^2}{20} - \dfrac{(y')^2}{20} = 1$

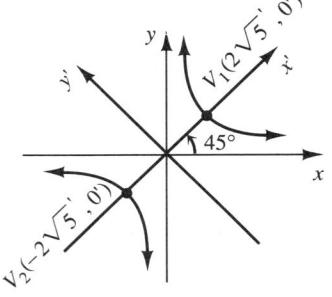

61. $11x^2 + y^2 + 10\sqrt{3}xy = 16$

$(x')^2 - \dfrac{(y')^2}{4} = 1$

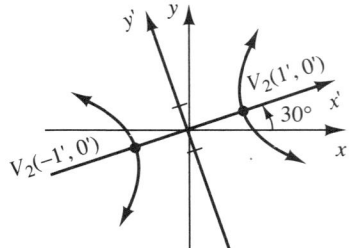

63. $(3, 1)$ **65.** $(0, 2), (0, -2)$ **67.** $(2, 3), (-2, 3)$

69. Ambos catetos miden $2\sqrt{2} \approx 2.83$ cm

71. $\begin{cases} 25x^2 + 4y^2 \leq 100 \\ x^2 + y^2 > 9 \end{cases}$

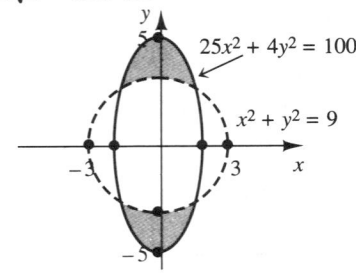

CAPÍTULO 9 EXAMEN DE PRÁCTICA

1. $4x^2 + 4y = 0$; parábola

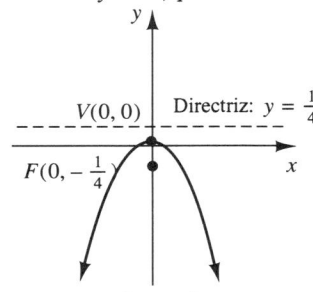

Eje: $x = 0$

2. $4x^2 + 4y^2 = 36$; círculo

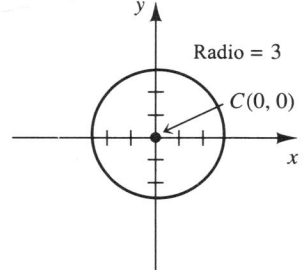

3. $\dfrac{x^2}{25} + \dfrac{y^2}{49} = 1$; elipse

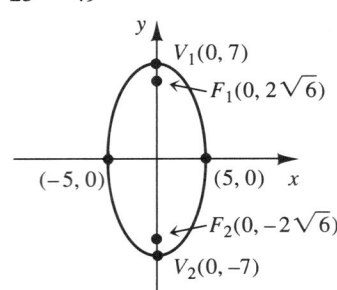

4. $\dfrac{x^2}{25} - \dfrac{y^2}{49} = 1$; hipérbola

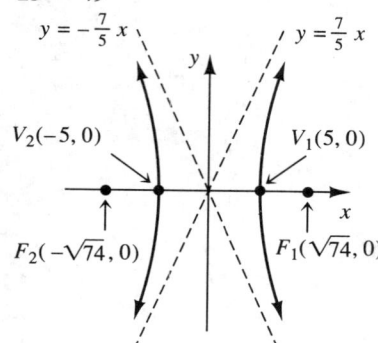

5. $(x-3)^2 + (y+5)^2 = 5$; círculo

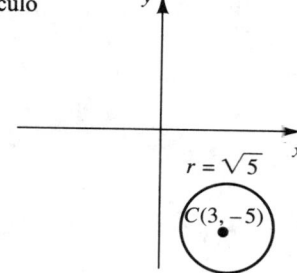

6. $2(x-3)^2 + 8y + 24 = 0$; parábola

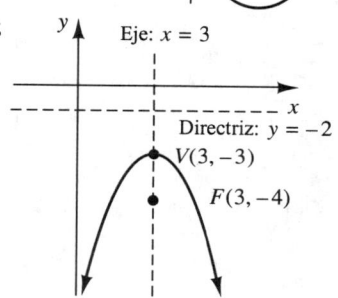

7. $\dfrac{(x-3)^2}{4} + \dfrac{(y-2)^2}{12} = 1$; elipse

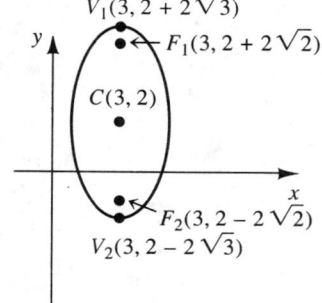

8. $\dfrac{(y+2)^2}{25} - \dfrac{x^2}{18} = 1$; hipérbola

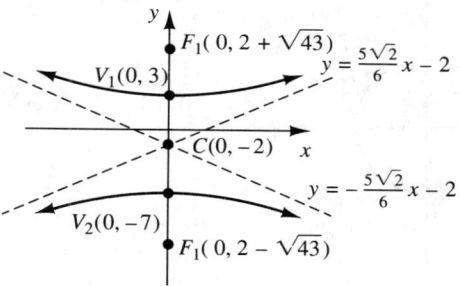

9. $4x^2 + 5y^2 - 24x + 30y + 61 = 0$; elipse

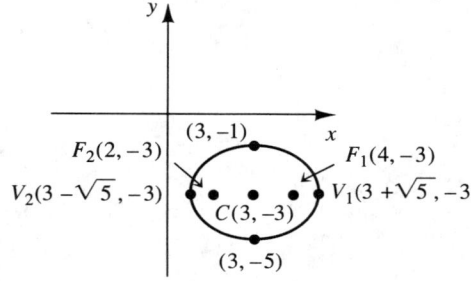

10. $3x^2 - 4y^2 - 6x = 45$; hipérbola

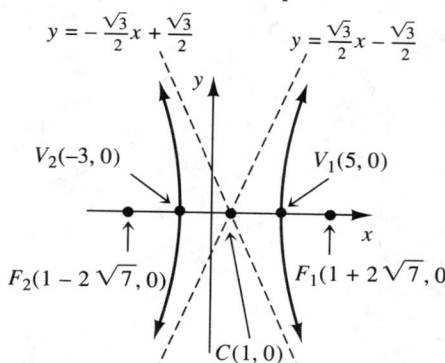

11. $y^2 = 8x$

12. $\dfrac{(x-1)^2}{16} + \dfrac{(y-1)^2}{12} = 1$ **13. (a)** $\left(\dfrac{1}{\sqrt{2}}, -\dfrac{3}{\sqrt{2}}\right)$

(b) $(x')^2 + 2x'y' + (y')^2 - x' + y' - 1 = 0$

14. $x^2 + \sqrt{3}\,xy = 6$

$\dfrac{(x')^2}{4} - \dfrac{(y')^2}{12} = 1$

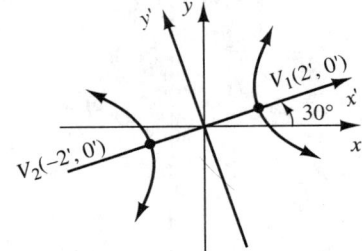

15. $(1, 1), (1, -1), (-1, 1), (-1, -1)$
16.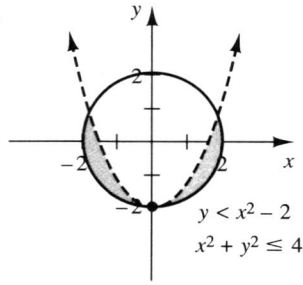
$y < x^2 - 2$
$x^2 + y^2 \leq 4$

ÍNDICE

A

Abel, Niels, 280
Álgebra, 1-86
   de funciones, 225-226
   de polinomios, 19-27
   desigualdades cuadráticas y racionales, 73-79, 133
   ecuaciones cuadráticas y ecuaciones en forma cuadrática, 65-73
   ecuaciones y desigualdades de primer grado en una variable, 51-59
   ecuaciones y desigualdades de valor absoluto, 60-65
   exponentes y radicales, 32-45
   expresiones racionales, 27-30
   números complejos, 46-51
   números reales, 2-18
      conjuntos básicos de, 2-3
      distancia en la recta numérica, 9-10
      notación de intervalo, 7-8
      operaciones con, 11-18
      orden y la recta numérica real, 5-6
      propiedades de los, 4-5
      valor absoluto de, 8-9
   sustitución, 13, 79-82
   teorema fundamental del álgebra, 274, 275
Amplitud
   de funciones periódicas, 433
   de funciones seno y coseno, 433, 434-442
Ángulo de cuadrante, 392
Ángulo doble, fórmulas para un, 489-493, 703
Ángulo negativo, 376
   funciones trigonométricas de, 431-442
Ángulo positivo, 376
Ángulo(s)
   coterminales, 391
   de elevación y de depresión, 404-406
   definición, 376
   denominación de los, 376
   lado inicial del, 376
   medición de, 376-381
      radián, 378-381, 382, 414
   positivos vs. negativos, 376
      ángulo de cuadrante, 392
      ángulo de referencia y triángulo de referencia, 389, 390-392, 399, 408
      de 3 radianes, 415
      definición, 387, 393, 400
      funciones recíprocas, 392-397
      funciones trigonométricas de ángulo negativo, 431-442
      generales, funciones trigonométricas de, 387-399
      posición canónica de, 387, 394
      signos determinantes de las funciones trigonométricas, 395
      vértice del, 376
Ángulos coterminales, 391
Apariencia de x^2, 251
Apariencia de x^3, 251
Área
   de la superficie de un cilindro circular recto cerrado, 206-207
   del círculo, 81, 203-204
   del cuadrado, 80
   del sector, 382
   del triángulo, 206, 408-410
Área de la superficie y volumen del cilindro circular recto cerrado, 206-207
Argumento, 526
Arquímedes, espiral de, 542
Asíntota horizontal, 290-298
   en una función exponencial, 324, 325, 326
Asíntota vertical, 291-298
Asíntotas, 290-298
   de una hipérbola, 589-592, 591, 592, 595, 597
      de una hipérbola rectangular, 616
   horizontales, 290-298
      en funciones exponenciales, 324, 325, 326
   inclinada (oblicua), 300 (ejercicio 58)
   vertical, 291-298

B

Base, 12
   de una función exponencial, 322, 329
   fórmula de cambio de, 356-357
Boyle, ley de, 310

C

Calculadora
   fracciones complejas en, 16-17
   para calcular expresiones que incluyen a e, 352-353
   para determinar valores trigonométricos, 401-402
   notación científica en, 34-35
   Véase también Calculadora gráfica o computadora
Calculadora gráfica o computadora
   demostración del principio de desplazamiento horizontal con, 185
   determinar la intersección de la función, 151
   graficación de la intersección de secciones cónicas con, 626
   graficación de parábolas con, 562
   graficación de un círculo con, 554
   graficación de una elipse con, 580

para determinar las raíces de la función, 151
para ecuaciones trigonométricas, 462-465
para estimar puntos de intersección de dos funciones, 258
para graficar ecuaciones de la línea recta, 117
para graficar ecuaciones lineales, 90
para graficar en coordenadas polares, 538
para graficar funciones, 149
   con valor absoluto, 183
   $f(-x)$, 193
   funciones exponenciales, 324
   funciones inversas, 238
   funciones logarítmicas, 339
   funciones racionales, 292
   funciones radicales, 303
para graficar parábolas, 177
   efectos de sumar una constante a x^2, 178
para resolver desigualdades, 153
para seno y coseno, 428, 429
solución de ecuaciones exponenciales con, 355
verificación de identidades con, 456
Cardan, fórmula para las raíces de ecuaciones polinomiales, 279-280
Cardioide, 539
Caso ambiguo, 500-502
Cero(s)
   división entre, 11-12
Ciclo completo de una gráfica, 433
Círculo unitario, 426
Círculo(s), 100-103
   área del, 81, 203-204
   como sección cónica, 552-556, 602
   definición, 100, 552
   forma canónica de la ecuación del, 100-101
      con centro en (h, k) y radio r, 552-554
   forma degenerada del, 604, 605
   intersecciones posibles entre parábola y, 625
   unidad, 426
Cociente
   de diferencias, 142-143
   de dos funciones, 225
   de dos números complejos en forma trigonométrica, 528
   Véase también División
Cociente de diferencias, 142-143
Coeficiente
   principal, 250
Coeficiente principal, 250
Combinación lineal, vector expresado como una, 521
Completar el cuadrado, 67-68
Componente horizontal de un vector, 517
Componente vertical de un vector, 517
Composición continua, 362
Composición de dos funciones, 515-517
Concavidad de las gráficas de funciones polinomiales, 258-263
Conjugado complejo, 49
Conjugado, 43
   complejo, 49
Conjunto canónico de ejes coordenados, 608
Constante de proporcionalidad, 311, 312
Constante de variación, 311
Contradicción, 52
Coordenada x, 89
Coordenada y, 89
Coordenada(s), 2
   conversión de, 535-537
   coordenadas x, y, 89

sistema de coordenadas polares, 533-542
Véase también sistema cartesiano de coordenadas
cos (función coseno), 387-397, 426-444
   amplitud del, 433, 434-442
   ciclo completo de una gráfica, 433
   curva básica del coseno, 429
   de un ángulo agudo en un triángulo rectángulo, 400
   fórmula de la mitad de un ángulo para el, 494, 495
   fórmula de la suma para el, 485, 486
   fórmula del doble ángulo para el, 490, 491, 493
   frecuencia de la curva, 433-442
   funciones periódicas, 430-444
   inverso, 468, 469
   manipulación algebraica del, 415-416
   relación cofuncional con el seno, 402-403
   rotación de ejes y uso del, 614-622
Cosenos, Ley de los, 497, 502-506, 515
Costo marginal, 124 (ejercicio 62)
cot (función cotangente), 393-397, 447
   de ángulos negativos, 431
   de un ángulo agudo en un triángulo rectángulo, 400
   dominio de la, 447, 450
   inversa, 470, 471
   relación cofuncional con la tangente, 402-403
Cota inferior, 286
Crecimiento exponencial, 325, 326, 329
   modelo de, 362-364, 366
Crecimiento logarítmico, 340
Criterio de la recta horizontal, 235-236, 237
   sobre gráficas de funciones trigonométricas, 466-467
Criterio de la recta vertical, 134-136, 235
csc (función cosecante), 393-397, 448
   de ángulos negativos, 431
   de un ángulo agudo en un triángulo rectángulo, 400
   dominio de la, 448, 450
   inversa, 470, 471
   relación cofuncional con la secante, 402-403
Cuadrado, área del, 80
Cuadrantes, 89
Curso, 522

D

Decaimiento exponencial, 325, 326, 328-329
   modelo de, 363, 364-367
Decaimiento logarítmico, 340
Decibel, 369
Decimal finito y periódico, 2-3
Decimal finito, 2-3
Decimales periódicos, 2-3
DeMoivre, teorema de, 529-531
Denominador
   mínimo común (MCD), 15-16
   racionalización, 43-44, 394
Depresión, ángulo de, 404-406
Descartes, regla de los signos de, 284-285
Descartes, René, 88
Descomposición de funciones, 229-230
Desfasamiento, 432, 438, 441-442
Desigualdades
   análisis geométrico y algebraico de las, 152, 153
   cuadráticas, 73-77, 133
   de primer grado, 56-58
   débiles, 6

ÍNDICE

del triángulo, 64
estrictas, 6
interpretación gráfica de las, 152-153
lineales
    graficación de desigualdades de dos variables, 93-97
notación de intervalos para expresar, 7-8
propiedades de las, 56
racionales, 77-78
símbolos de las, 6
valor absoluto, 61-64
Desigualdades cuadráticas, 73-77, 133
    forma canónica de las, 73
Desigualdades de primer grado, 56-58
Desigualdades débiles, 6
Desigualdades estrictas, 6
Desigualdades lineales
    en dos variables, graficación de, 93-97
Desigualdades racionales, 77-78
Directriz, 557, 558, 559, 564, 565
Discriminante
    de una ecuación cuadrática, 218-219
    de una sección cónica, 623
Distancia
    definición, 9
    sobre la recta numérica, 9-10
Distancia de un punto a una recta, 555 (ejercicio 23)
Distancia, fórmula de la, 81, 97-99, 103, 111, 552
División
    cociente de dos funciones, 225
    con fracciones, 14, 15
    de dos números complejos en forma trigonométrica, 528
    de números complejos, 50
    de polinomios, 266-271
    definición, 11
    entre cero de un número distinto de cero, 11-12
    sintética, 268-270, 272-273
División sintética, 268-270, 272-273
División, algoritmo de la, 268, 271
Dominio
    de la composición de dos funciones, 226-229
    de la función cosecante, 448, 450
    de la función cotangente, 447, 450
    de la función definida por partes, 143
    de la función exponencial, 323, 326
    de la función inversa, 237, 339
    de la función logarítmica, 340
    de la función racional, 289
    de la función radical, 301
    de la función secante, 449, 450
    de la función tangente, 446, 450
    de una función, 131-133, 136
    de una relación, 126-129
    natural, 131
Dominio natural, 131

E

e (base de los logaritmos naturales), 350
Ecuación condicional, 52, 452
Ecuación lineal, 90-93
Ecuaciones
    condicionales, 52, 452
    cuadráticas, 65-69
    de línea recta, 115-125
        de la mediatriz, 120-121
        forma pendiente-ordenada al origen, 116-117, 118
        forma punto-pendiente, 115-116, 121
    de primer grado, 51-56
    de segundo grado, 65
    definición, 51
    equivalentes, 52
    exponenciales, 327, 353-357
    lineales, 90-93
    literales, 54
    logarítmicas, 338, 346-348
    polinomiales. *Véase también* raíces de ecuaciones polinomiales
        radicales, 69-72
    relación de las ecuaciones con sus gráficas, 145-162
        desigualdades, 152-153
        funciones crecientes y decrecientes, 154-155
        raíces de una función, 149-151
        tendencias generales de una función, 152
    trigonométricas, 460-466
    valor absoluto, 60-61, 63
    Véase también sistemas lineales
Ecuaciones cuadráticas, 65-69
    forma canónica de las, 65
Ecuaciones de cuarto grado, 628
Ecuaciones de primer grado, 51-56
    en una variable, 52-56
Ecuaciones de segundo grado, 65. *Véase también* ecuaciones cuadráticas
Ecuaciones equivalentes, 52
Ecuaciones exponenciales, 327, 353-357
Ecuaciones literales, 54
Ecuaciones logarítmicas, 338, 346-348
Ecuaciones polinomiales, raíces de, 271-288
    fórmula de Cardan para, 279-280
    regla de los signos de Descartes, 284-285
    teorema fundamental del álgebra, 274, 275
    teorema de la factorización lineal y, 275-277, 279
    teorema de la raíz racional, 280-284, 286, 718
    teorema de las cotas superior e inferior, 285-287
    teorema de las raíces conjugadas y, 277-278
    teorema del factor, 272-274
    teorema del residuo, 271-272
Ecuaciones radicales, 69-72
Eje conjugado de la hipérbola, 588, 590, 591, 594, 595
Eje imaginario, 526
Eje mayor de la elipse, 572
Eje menor de la elipse, 572
Eje polar, 533
Eje real, 526
Eje transversal de la hipérbola, 588, 590, 591, 594, 595
Eje, ejes
    coordenadas, 88
        conjunto canónico de, 608
        rotación de, 611-622
        traslación de, 563, 607-611
    de simetría, 162, 176, 215-218, 557
        eje x como, 163-167, 559-561
        eje y como, 163, 164-167, 558-559
    de una hipérbola
        conjugado, 588, 590, 591, 594, 595
        transversal, 588, 590, 591, 594, 595
    imaginario, 526
    mayor y menor de una elipse, 572
    polar, 533
    real, 526

Ejes de coordenadas, 88
　conjunto canónico de, 608
　rotación de, 611-622
　traslación de, 563, 607-611
Elevación, ángulo de, 404-406
Eliminación, método de,
　para resolver un sistema no lineal, 626, 629, 631
Elipse, 570-586, 602
　aplicaciones que utilizan la, 579, 584
　con centro en (h, k), 580-584
　con focos en $(0, c)$ y $(0, c)$, forma canónica de la, 573, 576
　con focos en $(c, 0)$ y $(c, 0)$, forma canónica de la, 572-573
　definición, 570
　ejes mayor y menor de la, 572
　excentricidad (e) de la, 577-580
　focos de la, 570, 572, 573, 581, 582
　forma degenerada de la, 603, 604
　gráfica en ejes trasladados, 610-611
　invariante respecto a la rotación, 623
　propiedad reflejante de la, 579-580
　vértices de la, 572
Encabezado, 522
Enteros, 2
Escalar, 512
Esfera, volumen de la, 82
Espiral de Arquímedes, 542
Euler, Leonhard, 350
Excentricidad (e) de la elipse, 577-580
Existencia, teoremas de, 278
Exponente cero, 32
Exponente fraccionario, 37
Exponentes irracionales, 323
Exponentes negativos, 32
Exponentes racionales negativos, 36, 37
Exponentes racionales, 35-39
　factorización de términos que contienen, 38-39
Exponentes, 12, 32-39
　definición, 12
　fraccionarios, 37
　negativos, 32
　notación científica, 33-34
　nulo, 32
　racionales, 35-39
　reglas para enteros, 32-33
　reglas para números naturales, 20
Expresión fraccionaria, 27
Expresiones algebraicas, definición, 18. *Véase también* polinomios;
　expresiones racionales
Expresiones equivalentes, descripciones geométricas y algebraicas de, 182
Expresiones racionales, 27-30
　definición, 27
　operaciones con, 28-30
　puntos de corte de, 77-78
Expresiones radicales, 39-44
　propiedades de las, 41
　racionalización de las, 43-44, 394
　simplificación de las, 40-43

F

Factor máximo común, 23-24
Factor(es), 4
　máximo común, 23-24
Factor, teorema del, 272-274

Factorización
　de polinomios, 23-27
　　de términos que contienen exponentes racionales, 38-39
　　de trinomios, 24-25
　　factor máximo común, 23-24
　　por agrupación, 24
　　utilizando productos especiales, 25-27
Factorización de polinomios por agrupación, 24
Factorización lineal, teorema de la, 275-277, 279
Fechar con radiocarbono, 370
Foco, focos
　de una elipse, 573, 581, 582
　de una hipérbola, 586, 590, 591, 592, 594, 595
　　de una hipérbola rectangular, 616
　de una parábola, 557, 558, 559, 564, 565
Forma canónica, 19
　de desigualdades cuadráticas, 73
　de elipses, 572-576, 581-584
　de funciones cuadráticas, 215
　de la ecuación cuadrática, 65
　de la ecuación del círculo, 100-101
　de la hipérbola, 589-598
　de parábolas, 215, 558-561, 564-567
　de polinomios, 19
Forma cuadrática, ecuaciones reducibles a, 69-72
Forma de componentes de un vector, 526
Forma exponencial, 335-338
Forma logarítmica, 335-338
　aplicaciones de las, 358-366
　　interés compuesto, 358-362
　　modelo de crecimiento exponencial, 362-364, 366
　　modelo de decaimiento exponencial, 363, 364-367
　definición, 335
　dominio y rango de las, 340
　función logarítmica común, 349
　graficación de las, 339-341
　natural, 351-353, T4-T5
　relaciones logarítmicas básicas, 342
　resumen de información importante acerca de las, 340
Forma pendiente-ordenada al origen de la ecuación de una línea recta, 116-117, 118
Forma rectangular de un número complejo, 526
Formas degeneradas de las secciones cónicas, 602-606
Formato de división larga, 266
Fórmula cuadrática, 68-69
Fórmula de cambio de base, 356-357
Fórmula del triple de un ángulo, 492
Fórmula genérica, 206, 207, 209
Fórmula punto-pendiente para la línea recta, 115-116, 121
Fórmulas de la suma para funciones trigonométricas, 484-489
Fórmulas para la mitad de un ángulo, 493-495, 621
Fracciones complejas, 15-17
Fracciones equivalentes, 13-14, 27-28
Fracciones, 13-17
　complejas, 15-17
　equivalentes, 13-14, 27-28
　principio fundamental de las, 14, 27, 43
　operaciones con, 14, 15
Frecuencia de las curvas del seno o el coseno, 433-442
Función (funciones), 129-138
　criterio de la recta vertical, 134-136
　definición, 130
　definidas por partes, 143
　　graficación de, 180-181

ÍNDICE

descripción geométrica y algebraica de la, 135, 150
dominio de una, 131-133, 136
extraídas de situaciones de la vida real, 202-214
    modelos matemáticos, 208-210
    problemas de optimización, 202-208
función polinomial, 257-258, 263
gráfica de una, 134-136
operaciones con, 225-232
    composición de funciones, 226-229
    descomposición de funciones, 229-230
    operaciones aritméticas, 225-226
par-impar, 169 (ejercicio 36), 431
raíces de, 149-151, 255
    función exponencial, 329
rango de una, 132, 136
relación de ecuaciones con sus gráficas, 145-162
    desigualdades, 152-153
    funciones crecientes y decrecientes, 154-155
    tendencias generales de la función, 152
tipos de, 198-200, 250
    Véase también funciones exponenciales; funciones inversas; funciones logarítmicas; funciones polinomiales; funciones cuadráticas; funciones radicales; funciones racionales; relaciones; funciones trigonométricas

Función algebraica, 308, 344. *Véase también* funciones polinomiales; funciones radicales; funciones racionales
Función creciente, 154-155
Función de demanda, 223 (ejercicio 55)
Función de probabilidad, 168, 431. *Véase también* Simetría con respecto del origen
Función de valor real de una variable real, 131
Función escalonada, 200
Función exponencial natural, 350-351
    inverso de la, 351-353
Función lineal, 198-250
Función logarítmica natural, 351-353, T4-T5
Función máximo entero [x], 199-200
Función par, 168, 431. *Véase también* simetría con respecto del eje y
Función trascendente, 322, 334. *Véase también* funciones exponenciales
Función uno a uno, 235-237, 303
    interpretaciones geométricas y algebraicas de la, 236
Funciones constantes, 198
Funciones cuadráticas, 199-250
    definición, 214
    discriminante de las, 218-219
    forma canónica de las, 215
    forma general de las, 215
    graficación de las, 214-225
    vértice de las, 176, 215-220, 253
Funciones de potencias puras, 250
Funciones decrecientes, 154-155
Funciones definidas por partes, 143
    graficación de las, 180-181
Funciones exponenciales, 322-334, T1
    aplicaciones de las, 358, 366
        interés compuesto, 358-362
        modelo de crecimiento exponencial, 362-364, 366
        modelo de decaimiento exponencial, 363, 364-367
    base de las, 322, 329
    definición, 322
    dominio de las, 323, 326
    graficación de las, 324-329
        de crecimiento exponencial, 325, 326, 329
        de decaimiento exponencial, 325, 326, 328-329
        naturales, 350-351
            inversas, 351-353
    raíces de las, 329
    rango de las, 326
    resumen de hechos importantes relacionados con las, 326
Funciones inversas, 232-242
    criterio de la recta horizontal, 235-236, 237
    de funciones exponenciales. *Véase* funciones logarítmicas
    de funciones radicales, 302-305
    de funciones uno a uno, 235-237
    definición, 233
    dominio y rango de las, 237
        intercambio de, 339
    interacción de, 234
    notación, 234
    principio de reflexión para, 239, 303, 474
    simetría de gráficas de, 239-240
Funciones periódicas, 430-431
    amplitud de las, 433
Funciones polinomiales, 199, 250-266
    concavidad de las, 258-263
    definición, 250
    gráficas para enteros positivos n mayores que 1, 1, 252
    propiedades de las, 254
    punto de inflexión en las, 259, 261-262
    punto de retorno de gráficas de las, 254-255
    raíces de las, 257-258, 263
Funciones racionales, 199, 288-301
    definición, 288
    dominio de las, 289
    graficación de las, 289-299
        asíntotas horizontales y verticales, 290-298
        para enteros positivos n mayores o iguales a 1, 293
Funciones radicales, 301-310
    definición, 301
    dominio de las, 301
    función inversa de las, 302-305
    graficación de las, 302-308
Funciones recíprocas, 392-397
Funciones trigonométricas inversas, 466-476
Funciones trigonométricas, 425-475, T6-T11
    como función de números reales, 414-420
    de ángulo general, 387-399
        ángulo de cuadrante, 392
        ángulo de referencia y triángulo de referencia, 389, 390-392, 408
        definición, 387, 393, 400
        determinación de signos para las funciones trigonométricas, 395
        funciones recíprocas, 392-397
    de ángulos negativos, 431-442
    dominios de las, 446, 447, 448, 449, 450
    ecuaciones trigonométricas, 460-466
    fórmulas de suma de las, 484-489
    fórmulas del doble ángulo y de la mitad de un ángulo para las, 489-497
    funciones periódicas, 430-431, 433
    identidades básicas de las, 452-459
    inversas, 466-476
    Ley de los cosenos, 497, 502-506, 515
    Ley de los senos, 497-502, 505, 508, 515
    Véase también cos; cot; sec; sen; tan

G

Galois, Evariste, 280
Gauss, Carl Friedrich, 274

Geometría analítica, 97
Grado de un monomio, 19
Grado de un polinomio, 19
Grado n, 250
Grados a radianes, fórmula para convertir, 380-381
Gráfica(s), graficación
    de desigualdades lineales en dos variables, 93-97
    de funciones polinomiales, 254-255
    de una función, 134-136
        de funciones cuadráticas, 214-225
        de funciones definidas por partes, 180-181
        de funciones logarítmicas, 339-341
        de funciones racionales, 289-299
        de funciones radicales, 302-308
        de funciones trigonométricas inversas, 474-476
        de la función cosecante, 448
        de la función cotangente, 447
        de la función exponencial, 324-329
        de la función secante, 449
        de la función tangente, 446
        de las funciones seno y coseno, 426-444
        de una función periódica, 430
    de una relación, 128, 129, 134
    definición de gráfica, 90
    del círculo, 100, 101, 102
    línea recta, 89-93
    pendiente y, 105-114
    principios de la, 176-190
        para graficar una función de valor absoluto, 182-185, 198
        para $y = -f(x)$, 191-193
        para $y = -f(x)$, 198
        para $y = f(-x)$, 194-197
        para $y = f(-x)$, 198
        principio de alargamiento, 177-178, 197, 252
        principio para el desplazamiento vertical, 180, 197, 217
        principios para el desplazamiento horizontal, 185-187, 197
        resumen de, 197-198
    punto de retorno de una gráfica, 155, 253, 261-262
    relación de ecuaciones con sus gráficas, 145-162
        desigualdades, 152-153
        funciones crecientes y decrecientes, 154-155
        raíces de una función, 149-151
        tendencias generales de la función, 152
    simetría en, 162-169
        en la notación de funciones, 167-168
        pruebas de, 164-167
        simetría con respecto del eje x, 163-164, 165
        simetría con respecto del eje y, 163, 164, 165
        simetría con respecto del origen, 163, 164, 165
    Véase también sistema cartesiano de coordenadas

H

Hipérbola rectangular, 616
Hipérbola, 586-601, 602
    aplicaciones que implican una, 592, 598
    asíntotas de la, 589-590, 591, 592, 594, 595, 597, 616
    con centro en (h, k), 593-598
    definición, 586
    eje conjugado de la, 588, 590, 591, 594, 595
    eje transversal de la, 588, 590, 591, 594, 595
    excentricidad, 600 (ejercicio 52)
    focos de la, 586, 590, 591, 592, 594, 595, 616
    forma degenerada de la, 604, 605
    invariante respecto a una rotación, 623
    ramas de la, 589
    rectangular, 616
    uso en la navegación, 592-593
    vértices de la, 588, 589, 595
        hipérbola rectangular, 616
Hipotenusa, 98

I

Identidades de cocientes, 453, 455, 458
Identidades recíprocas, 452, 455, 456, 458
Identidades, 4, 52
    multiplicativas, 4
    pitagóricas, 453-455, 457, 458, 490
    trigonométricas 452-459. *Véase también* fórmulas para el doble de un ángulo
        fórmulas para la mitad de un ángulo
    verificación de, 455-459
Indefinido, 11-12
Indeterminado, 11-12
Índice
    de radicales, 39
Infinito, 7
Inflexión, punto de, 259, 261-262
Interés compuesto, 226-229
    composición continua, 358-362
    fórmula del, 360
Interés compuesto, 358-362
Intersección con el eje x, 90-92
    como raíz de la función, 149, 150
    definición, 90
    determinar la intersección de la función, 151
    fórmula cuadrática para determinar, 217
Intersección con el eje y, 90-92
    definición, 90
Intersecciones con los ejes, 90-92
    interpretaciones geométricas y algebraicas de las, 92
    Véase también intersección con el eje x; intersección con el eje y
Intervalos acotados, 7
Intervalos no acotados, 7
Intervalos, funciones crecientes o decrecientes en, 154-155
Invariante respecto a la rotación, 622-623
Inverso aditivo, 4
Inverso multiplicativo, 4
Isósceles, triángulo rectángulo, 382-383, 384

L

Lado inicial del ángulo, 376
Lado recto
    de la elipse, 586 (ejercicio 63)
    de la parábola, 568 (ejercicio 49)
Lado terminal de un ángulo, 376
Lemniscata, 542
Ley de los cosenos, 497-502, 505, 508, 515
Ley de los senos, 497-502, 505, 508, 515
Línea recta
    ecuaciones de, 115-125
        forma pendiente-ordenada al origen, 116-117, 118
        forma punto-pendiente, 115-116, 121
    graficación, 89-93
Línea, *Véase* línea recta
$\ln x$, 351

ÍNDICE

Logaritmos
　comunes, 349-350, T2-T3
　propiedades de los, 343-349
　　aplicados a las ecuaciones exponenciales, 353-357
Logaritmos comunes, 349-350, T2-T3
　función logarítmica común, 349
Longitud de arco y área, 381, 382
LORAN, 678

M

Magnitud, 512
Media armónica, 16-17
Media armónica, 16-17
Media geométrica, 17 (ejercicio 35)
Mediatriz, determinar la ecuación de la, 120-121
Medición en grados de un ángulo, 377-378
Mínimo común denominador, 15-16
Modelos matemáticos, 208-210
Modelos, 362-367
　de crecimiento exponencial, 362-364, 366
　de decaimiento exponencial, 363, 364-367
Módulo de un número complejo, 526
Monomio, grado de un, 19
Multiplicación
　de dos números complejos en forma trigonométrica, 528, 529
　de fracciones, 14, 15
　de números complejos, 48-50
　de polinomios, 20-23
　por un escalar, 519
　producto de dos funciones, 225
　propiedad asociativa de la, 4
　propiedad conmutativa de la, 4
　propiedad de la cerradura de la, 4
Multiplicación de matrices,
　propiedades, 488
Multiplicación por un escalar, 519
Multiplicidad, 274

N

n-ésima potencia de x, 12
n-ésima raíz de x, 35, 39
Negativo de un vector, 519
Neutro aditivo, 4
Neutro multiplicativo, 4
Newton, ley de enfriamiento de, 333 (ejercicio 65)
Notación científica, 33-34
Notación de conjuntos, 7
Notación de funciones, 138-145
　definición, 138
　definiciones de simetría que utilizan, 167-168
　en el contexto de las funciones trigonométricas, 416-417
　funciones definidas por partes, 143
Notación de intervalos, 7-8
Numerador, racionalización del, 43-44
Número enteros no negativos, 2
Números complejos, 46-51
　definición, 47
　equivalencia de los, 48
　forma rectangular de los, 48-50
　forma trigonométrica de los, 526
　módulo de los, 526
　raíces de orden n de los, 531
Números irracionales, 2, 3

Números naturales, 2
Números racionales, 2, 3
Números reales, 2-18
　conjuntos básicos de los, 2-3
　distancia sobre la recta numérica, 9-10
　funciones trigonométricas como función de, 414-420
　notación de intervalo, 7-8
　operaciones con, 11-18
　　exponentes, 12
　　fracciones complejas, 15-17
　　fracciones y sus operaciones, 13-17
　　operaciones múltiples, 12
　　resta y división, 11-12
　　sustitución, 13
　orden y recta numérica real, 5-6
　propiedades de, 4-5
　valor absoluto, 8-9
Números, conjuntos básicos de, 2-3. *Véase también* números reales

O

Operaciones
　con expresiones racionales, 28-30
　con fracciones, 14, 15
　con números complejos, 48-50
　con números reales, 11-18
　conjunto cerrado bajo, 5
　de funciones, 225-232
　　composición, 226-229
　　descomposición, 229-230
　　operaciones aritméticas, 225-226
　de polinomios, 19-23
　múltiples, 12
　orden de las, 12
Operaciones múltiples, 12
Optimización, problemas de, 202-208
Orden
　de operaciones, 12
　recta numérica y, 5-6
Origen polar (polo), 533-542
Origen, 88
　de ejes trasladados, 607
　polar, 533

P

Par ordenado, 89
　para describir una relación, 127
Parábola, 214-225, 250, 251
　básica, 176-177
　como sección cónica, 556-569; 602
　　aplicaciones que implican una, 561-562
　　con centro en (h, k), 563, 567
　　con vértice $(0, 0)$, 557-562
　　definición, 557
　　propiedades reflexivas de la, 561
　efecto de sumar una constante a x^2, 178
　eje de simetría de la, 215-218
　foco de la, 557, 558, 559, 564, 565
　forma canónica de la, 215
　　con foco $(0, p)$ y directriz $y = -p$, 558-559
　　con foco $(h + p, k)$ y directriz $y = h - p$, 565-567
　　con foco $(h, k + p)$ y directriz $y + k - p$, 564-565
　　con foco $(p, 0)$ y directriz $x = -p$, 559-561
　forma degenerada de la, 604

intersecciones posibles del círculo y la, 625
invariante respecto a una rotación, 625
vértice de la, 176, 215-220, 253, 557-562
Paralelogramo, ley del, 514
Parte imaginaria de los números complejos, 47
Parte real de un número complejo, 47
Pendiente de una recta horizontal, 109
Pendiente negativa, 108
Pendiente positiva, 108
Pendiente, 105-114
    como razón de cambio, 108
    de rectas paralelas y perpendiculares, 110-113
    de una recta horizontal, 109
    de una recta vertical, 108, 109
    definición, 106
    fórmula punto-pendiente de una línea recta, 115-116, 121
    positiva y negativa, 108
Periodo de una función, 430
    graficación del, 434-442
Periodo fundamental
    de gráficas, 430
    determinación para la función seno básica, 436-438
pH, 369
Pitágoras, teorema de, 80, 98, 111, 308, 383
    Ley de los cosenos como generalización del, 503
Pitagóricas, identidades, 453-455, 457, 458, 490
Planetas, órbitas elípticas de los, 579
Plano cartesiano, 88
Plano complejo, 525-528
Polinomio nulo, 19
Polinomio(s), 19-27
    cero, 19
    división de, 19-23
        división sintética, 268-270, 272-273
    en una variable, 19
    forma canónica, 19
    grado de un, 19
    operaciones, 19-23
    raíces, 274-278
        positivas y negativas, 284-285
    teorema del valor intermedio para polinomios, 262-263, 281
    término de un, 19
Posición canónica
    de un ángulo, 387, 394
    vectores en, 517
Principal, 358
Principio de alargamiento en la graficación, 177-178, 197, 252
Principio de desplazamiento horizontal
    para gráficas, 185-187, 197
Principio de la reflexión para funciones inversas, 239, 303, 474
Principio del desplazamiento vertical, 180, 197, 217
Producto punto, 525
Producto(s)
    de dos funciones, 225
    de dos números complejos en forma trigonométrica, 528, 529
    especial, 21-22, 25-27
    Véase también Multiplicación
Productos notables, 21-22
    factorización utilizando, 25-27
Progresión aritmética. *Véase también* sucesiones aritméticas
Progresión geométrica. *Véase también* sucesión geométrica
Propiedad de la igualdad para la suma, 52
Propiedad distributiva, 4
Propiedad multiplicativa para la igualdad, 52, 69

Propiedades asociativas, 4
Propiedades conmutativas, 4
Propiedades de la cerradura, 4
Propiedades reflejantes
    de la elipse, 579-580
    de la parábola, 561
Proporcionalidad directa, 311
Proporcionalidad inversa, 311
Proporcionalidad, 311, 312
Prototipos de triángulo rectángulo isósceles y de 30° − 60°, 384
Punto de equilibrio, 124
Punto de inflexión, 259, 261-262
Punto de retorno de la gráfica, 155, 253, 261-262
    de una función polinomial, 254-255
Punto medio, fórmula del, 99-100, 103, 217
    para determinar la ecuación de una mediatriz, 120-121
Puntos de corte de expresiones racionales, 77-78
Puntos de intersección de gráficas de dos funciones, 257-258
Puntos de intersección de las gráficas de dos funciones, 257-258

R

Racionalización del numerador o del denominador, 43-44, 394
Radianes a grados, fórmula de conversión de, 380-381
Radianes, medición de un ángulo en, 378-381, 382, 414
Radical (signo del radical), 39
Radicando, 39
Radio, 100
    determinar la longitud del, 103
Raíces conjugadas, teorema de las, 277-278
Raíces de ecuaciones polinomiales. *Véanse* ecuaciones polinomiales, raíces de
Raíces reales negativas de un polinomio, 284-285
Raíces reales positivas de un polinomio, 284-285
Raíz cuadrada, teorema de la, 66-68
Raíz cúbica, 35
Raíz de multiplicidad k, 274
Raíz doble, 274
Raíz n-ésima principal de a, 35-36, 39
Raíz racional, teorema de la, 280-284, 286, 633
Raíz, raíces
    de una función, 149-151, 255
        de una función polinomial, 257-258, 263, 274-278
        descripción geométrica y algebraica, 150
        función exponencial, 329
        positivas y negativas, 284-285
Rango
    de una función, 132, 136
        función exponencial, 326
        función inversa, 237, 339
        función logarítmica, 340
    de una relación, 126-129
Recta numérica
    distancia sobre la, 9-10
    gráfica de una desigualdad lineal sobre la, 93
    orden y, 5-6
Recta vertical, 108, 109
Rectas paralelas, pendiente de, 110-113
Rectas perpendiculares, pendiente de, 110-113
Rectas tangentes
    a un círculo, 555 (ejercicio 31)
    a una elipse, 585 (ejercicio 61)
    a una parábola, 568 (ejercicio 47)
Referencia, ángulo de, 389, 390-392, 408

ÍNDICE

Referencia, triángulo de, 389, 390, 391, 392, 408
    nombre de los lados de un, 399
Regla del producto cero, 65, 71
Relaciones cofuncionales, 402-408, 447, 449, 485
Relaciones, 126-129
    definición, 126, 127
        mediante ecuación o fórmula, 128
    gráfica de las, 128, 129, 134
    Véase también Funciones
Residuo, teorema del, 271-272
Resolución de vectores, 516
Resta
    de fracciones, 14, 15
    de números complejos, 48
    de polinomios, 20
    de vectores, 519
    definición, 11
    diferencia de dos funciones, 225
Resta de vectores, 519
Resultantes (o suma) de vectores, 513-514
Richter, escala de, 368
Rotación de ejes, 611-622
    definición, 612
    fórmulas coordenadas para, 615-622
    invariante respecto a las rotaciones, 622-623

S

sec (función secante), 393-397, 449
    de ángulos negativos, 431
    de un ángulo agudo en un triángulo rectángulo, 400
    dominio de la, 449-450
    inversa de la, 470-471
    relación cofuncional con la cosecante, 402-403
Secciones cónicas, 551-642
    círculos, 552-556, 602
    definición, 551
    elipse, 570-586, 602
    formas degeneradas de las, 602-606
    hipérbolas, 586-601, 602
    parábolas, 556-569, 602
    resumen de ecuaciones, 602
    sistemas no lineales de ecuaciones y desigualdades, 625-635
    traslaciones y rotaciones de los ejes coordenados, 606-624
Sector, 381
    área del, 382
    longitud de arco del, 381
sen (función seno), 387-397, 426-444
    amplitud del, 433, 434-442
    ciclo completo de la gráfica del, 433
    curva básica del seno, 427
    de un ángulo agudo en un triángulo rectángulo, 400
    fórmula de la mitad de un ángulo para el, 493-494
    fórmula de la suma para el, 485, 486
    fórmula del doble ángulo para, 408-410
    frecuencia de la curva del, 433-442
    funciones periódicas, 430-431, 433
    inverso, 468, 469
    manipulación algebraica del, 415-417
    relación cofuncional con el coseno, 402-403
    rotación de ejes y uso del, 614-622
Senos, ley de los, 497-502, 505, 508, 515
Signos, análisis de, 74, 133, 152, 153
Signos, variación de, 283-284

Simetría con respecto al origen
    criterios para la, 164-167
    gráficas que exhiben, 163, 164, 165
Simetría con respecto del eje x, 559-561
    criterios para, 164-167
    gráficas que presentan, 163-164, 165
Simetría con respecto del eje y, 558-559
    criterios para, 164, 167
    gráficas que presentan, 163, 164, 165
Simetría, 162-169
    criterios para, 164-167
    en coordenadas polares, 540
    de gráficas de funciones inversas, 239-240
    eje de, 176, 215-218, 557
        eje x como, 163-164, 165, 559-561
        eje y como, 163, 164, 165, 558-559
    en la notación de funciones, 167-168
    origen de, 163, 164, 165
Sistema cartesiano de coordenadas, 88-105
    círculos, 100-103
    cuadrantes, 89
    fórmula de la distancia, 81, 97-99, 103, 111, 637
    fórmula del punto medio, 99-100, 103, 120-121, 217
    gráficas de desigualdades lineales en dos variables, 93-97
    intersecciones con los ejes, 90-92
Sistema cuadrático, 625
Sistema de coordenadas polares, 533-542
    conversión a coordenadas rectangulares, 535-537
    criterios de simetría en coordenadas polares, 540
Sistema de coordenadas rectangulares, conversión a coordenadas polares, 535
Sistemas no lineales
    de ecuaciones y desigualdades, 625-635
    técnicas algebraicas para resolver, 626-633
Solución de un triángulo, 498-508
Solución extraña, 70
Solución, soluciones
    básica (fundamental) de una ecuación, 460
    definición, 51
    extraña, 70
Soluciones básicas (soluciones fundamentales) de una ecuación, 460
Soluciones generales para la ecuación, 460
Stirling, fórmula de, 371 (ejercicio 55)
Suma
    con fracciones, 14, 15
    de números complejos, 48
    de polinomios, 20
    propiedad asociativa de la, 4
    propiedad conmutativa de la, 4
    propiedad de cerradura para la, 4
    suma
        de dos funciones, 225
        de vectores, 513-514
    vectorial, 518
Suma de vectores, 518
Suma, *Véase* adición
Sustitución, 13, 79-82
    de variables, 71
    para resolver sistemas no lineales, 626-629, 630, 633
Sustitución, propiedad de la, 52

T

tan (función tangente), 387-397, 444-446
    de un ángulo agudo en un triángulo rectángulo, 400

dominio de la, 446, 450
fórmula de la mitad de un ángulo para la, 494
fórmula de la suma para la, 486
fórmula del doble ángulo para la, 490, 491
inversa, 470, 471
relación cofuncional con la cotangente, 402-403
técnicas algebraicas aplicadas a la, 418
Teorema de las cotas superior e inferior, 285-287
Teorema del valor intermedio para polinomios, 262-263, 281
Teorema fundamental del álgebra, 274, 275
Teorema(s)
  de existencia, 278
  de funciones inversas, 236
  de la factorización lineal, 275-277, 279
  de la gráfica de una línea recta, 90
  de la pendiente de las rectas paralelas y perpendiculares, 110
  de la raíz cuadrada, 66-68
  de la raíz racional, 280-284, 286, 633
  de las cotas superior e inferior, 285-287
  de las ecuaciones radicales, 69-70
  de las raíces conjugadas, 277-278
  de las raíces de un polinomio, 275
  de Pitágoras, 80, 98, 111, 308, 383
  del algoritmo de la división, 268, 271
  del factor, 272-274
  del residuo, 271-272
  del valor intermedio para polinomios, 262-263, 281
  fundamental del álgebra, 274, 275
Término(s), 4
  de un polinomio, 19
Traslación, ejes de, 563, 607-611
  fórmulas coordenadas para, 609-611
Triángulo
  área del, 206, 408-410
  de referencia, 389, 390, 391, 392, 408
  nombres de los lados del, 399
  solución del, 498-508
  Véase también triángulo rectángulo
Triángulo rectángulo
  de 30° − 60°, 383-384
  definiciones de funciones trigonométricas, 400
  isósceles, 382-383, 384
  trigonometría y sus aplicaciones, 399-414
    área del triángulo, 408-410
    relaciones cofuncionales, 402-408
    uso de la calculadora para encontrar valores trigonométricos, 401-402
Triángulo, desigualdad del, 64, (ejercicio 39)
Tricotomía, propiedad de la, 6
Trigonometría, 375-424
  DeMoivre, teorema de, 529-531
  forma trigonométrica de los números complejos, 525-528
  longitud de arco y área, 381-382
  medición de ángulos, 376-381
    área del triángulo, 408-410
    medición en radianes, 378-381, 382, 414
    relaciones cofuncionales, 402-408
    trigonometría del triángulo rectángulo y sus aplicaciones, 399-414
      uso de la calculadora para determinar valores trigonométricos, 401-402
    triángulo rectángulo de 30° − 60°, 383-384
    triángulo rectángulo isósceles, 382-383, 384
    vectores y, 512-525
Trinomios, 24-25

V

Valor absoluto, 8-9
  algebraico, definición de, 182
  definición, 8
  efecto en la gráfica, 182-185, 198
  propiedades del, 64
Valor absoluto, desigualdades de, 61-64
Valor absoluto, ecuaciones de, 60-61, 63
Variable dependiente, 131
  en notación de funciones, 138
Variable independiente, 131
  en la notación de funciones, 138
Variable(s)
  como subíndice, 13
  dependiente, 131, 138
  independiente, 131, 138
  sustitución de, 71
Variables con subíndices, 13
Variación conjunta, 313
Variación directa, 311-312
Variación inversa, 311
Variación, 310-313
  conjunta, 313
  constante de, 311
  directa, 311, 312
  en el signo, 283-284
  inversa, 311
Vector nulo, 517
Vector unitario, 521-522
Vector(es), 512-525
  aplicaciones de los, 522-523
  componente de los, 515-517
  forma de componente de los, 517-518, 519
  igual, 513
  ley del paralelogramo, 514
  longitud del vector en posición canónica, 517
  magnitud, 512
  negativo de un, 519
  nulo, 517
  resultante (o suma de), 513-514
  solución, 516
  unitario, 521-522
Vectores componentes, 517-518, 519
Velocidad angular, 386 (ejercicio 60)
Velocidad del aire, 522
Velocidad horizontal, 522
Velocidad, 512
Vértice(s),
  de un ángulo, 376
  de una elipse, 572
  de una hipérbola, 588, 589, 595
    de una hipérbola rectangular, 616
  de una parábola, 176, 215-220, 253, 557-562
Vida media, 364
Volumen
  de la esfera, fórmula para el, 82
  del cilindro circular recto cerrado, 206-207

W

Weber-Fechner, ley de, 369 (ejercicio 41)

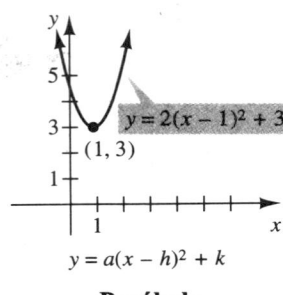
Parábola

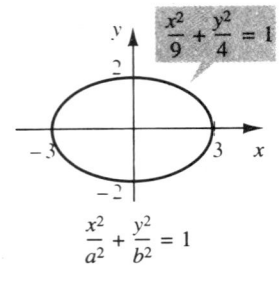
Elipse

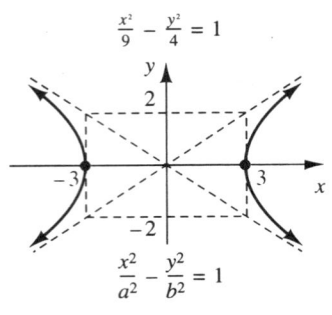
Hipérbola

GRÁFICAS DE LAS FUNCIONES TRIGONOMÉTRICAS EN EL INTERVALO $(0, 2\pi)$

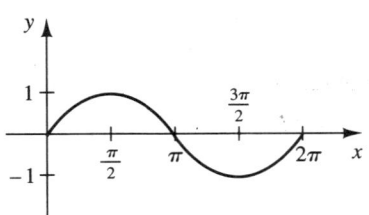
$y = \operatorname{sen} x$

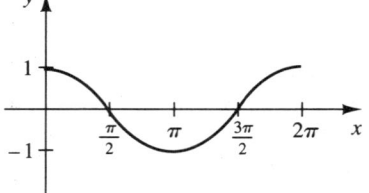
$y = \cos x$

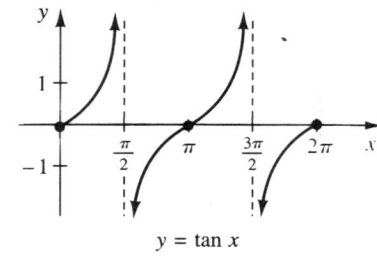
$y = \tan x$

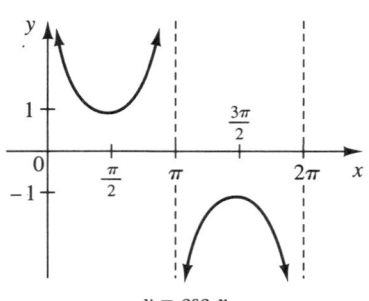
$y = \csc x$

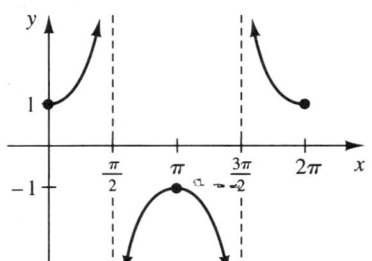
$y = \sec x$

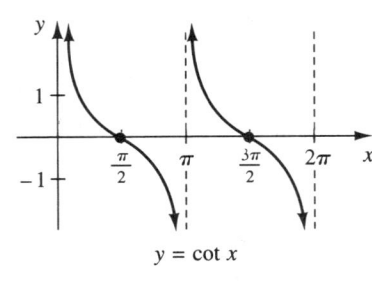
$y = \cot x$

GRÁFICAS DE LAS FUNCIONES TRIGONOMÉTRICAS INVERSAS

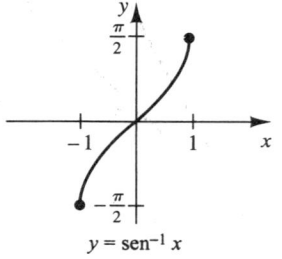
$y = \operatorname{sen}^{-1} x$

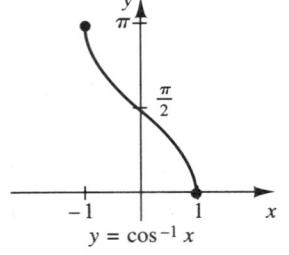
$y = \cos^{-1} x$

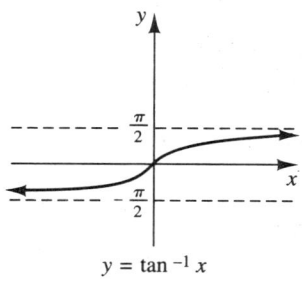
$y = \tan^{-1} x$